D1721354

Pohls Einführung in die Physik

K. Lüders · R.O. Pohl (Hrsg.)

Pohls Einführung in die Physik

Band 2: Elektrizitätslehre und Optik

23., neu bearbeitete und mit Kommentaren
und Aufgaben versehene Auflage
mit historischer Filmdokumentation von Ekkehard Sieker
und 36 Videofilmen auf DVD sowie 632 Abbildungen

Professor Dr. Klaus Lüders
Fachbereich Physik, Freie Universität Berlin
Arnimallee 14
14195 Berlin, Deutschland
lueders@physik.fu-berlin.de

Professor Dr. Robert Otto Pohl
Department of Physics, Cornell University
Clark Hall
Ithaca, NY 14853-2501, USA
pohl@ccmr.cornell.edu

Ursprünglich erschienen als zweiter und dritter von drei Bänden unter dem Titel:
R.W. Pohl: *Einführung in die Physik*

Wir danken der IWF Wissen und Medien gGmbH, Göttingen, dem 1. Physikalischen Institut, Universität Göttingen und Ekkehard Sieker für die freundliche Genehmigung das Videomaterial zu verwenden.

ISBN 978-3-642-01627-1 e-ISBN 978-3-642-01628-8
DOI 10.1007/978-3-642-01628-8
Springer Heidelberg Dordrecht London New York

Die Deutsche Nationalbibliothek verzeichnet diese Publikation in der Deutschen Nationalbibliografie; detaillierte bibliografische Daten sind im Internet über http://dnb.d-nb.de abrufbar.

Satz und Herstellung: le-tex publishing services GmbH, Leipzig
Einbandentwurf: WMXDesign GmbH, Heidelberg

Gedruckt auf säurefreiem Papier

Springer ist Teil der Fachverlagsgruppe Springer Science+Business Media (www.springer.de)

Vorwort zur dreiundzwanzigsten Auflage

Nachdem im vergangenen Jahr Bd. 1 der POHL'schen Einführung in die Physik mit den Bereichen Mechanik, Akustik und Wärmelehre in neuer Auflage erschienen ist, folgt jetzt auch Bd. 2 mit den Bereichen Elektrizitätslehre und Optik in einer weiteren Auflage[1]. Wieder nutzten wir die Gelegenheit, uns wichtig erscheinende Ergänzungen einzufügen. Neben zusätzlichen oder überarbeiteten Kommentaren und etlichen sachlichen Klarstellungen im Text sind dies vor allem wieder weitere Videofilme und eine Aufgabensammlung. In der Elektrizitätslehre wurde das Kapitel über Ferromagnetismus aus früheren Auflagen als neuer Paragraph in Kap. XIV wieder aufgenommen.

Die neuen Filme entstanden wieder in eigener Regie im neuen Göttinger Hörsaal bzw. in Zusammenarbeit mit der Physik-Didaktik der Freien Universität Berlin. Der Grundstock der Aufgaben zur Elektrizitätslehre stammt aus einer bereits 1930 erschienenen englischsprachigen Auflage. Wir fanden es aber wiederum sinnvoll, dieser Sammlung weitere Aufgaben, nicht nur zur Elektrizitätslehre, sondern auch zur Optik hinzuzufügen. Sie sind vor allem an Fragestellungen orientiert, die sich aus dem Text, aus Abbildungen oder auch Filmen ergeben und stellen damit ergänzende Informationen bzw. Hilfestellungen dar, die das Nacharbeiten des Stoffes erleichtern sollen. Fragen und Bemerkungen der Leser sind willkommen.

Gern danken wir wieder für die hilfreiche Unterstützung unserer Institute, dem 1. Physikalischen Institut der Universität Göttingen, vor allem Herrn Prof. Dr. K. Samwer, und dem Fachbereich Physik der Freien Universität Berlin. Besonderer Dank gilt auch wieder den Herren Prof. Dr. G. Beuermann, J. Feist und Dr. J. Kirstein für ihren kompetenten Einsatz bei der Erstellung der neuen Videofilme. Auch sei die wiederum angenehme Zusammenarbeit mit dem Springer-Verlag, vor allem Herrn Dr. Th. Schneider dankend erwähnt.

Berlin, Göttingen, Juni 2009

K. Lüders
R.O. Pohl

[1] Hinweise auf Bd. 1 beziehen sich auf die 20. Auflage, 2009.

Aus dem Vorwort zur zweiundzwanzigsten Auflage

Robert Wichard Pohl hatte mit der 1940 erschienenen ersten Auflage der „Optik" seine dreibändige „Einführung in die Physik" vervollständigt. Nachdem der erste Band mit den Bereichen Mechanik, Akustik und Wärmelehre in neuer Auflage erschienen war, entschieden wir uns, im zweiten Band die Grundlagen-Kapitel der Elektrizitätslehre und Optik zusammenzufassen. Wie schon beim ersten Band galt es, aus der Vielzahl der verschiedenen Auflagen eine richtige Auswahl zu treffen. Der vorliegende zweite Band basiert auf der 20. Auflage der „Elektrizitätslehre" und der 12. Auflage der „Optik und Atomphysik", beide 1967 erschienen. Auch für diesen Band wurden vom IWF Wissen und Medien in Göttingen wieder kurze Videofilme zu einzelnen Experimenten gedreht. Sie sind dem Buch auf einer DVD beigefügt.

Videofilm: „Einfachheit ist das Zeichen des Wahren" – Das Leben und Wirken des Robert Wichard Pohl –
Der Filmtitel ist die Übersetzung des Wahlspruchs „Simplex Sigillum Veri", unter dem R.W. Pohl jahrzehntelang seine Vorlesungen hielt. Er stand an der Stirnwand des Göttinger Hörsaals, von Spöttern zuweilen mit „Siegellack ist das einzig Wahre" missgedeutet. Pohls Nachfolger, R. Hilsch, fand den Spruch nicht mehr zeitgemäß und ließ ihn später bei einer Hörsaalrenovierung entfernen.

Zusätzlich enthält die DVD den historischen Dokumentarfilm „Einfachheit ist das Zeichen des Wahren", der von dem Wissenschaftsjournalisten Ekkehard Sieker geplant, gestaltet und gemeinsam mit der Düsseldorfer Produktionsfirma Kiosque hergestellt wurde. Der Film beschäftigt sich ausführlich mit dem Leben und Wirken Robert Wichard Pohls in Göttingen. Er beschreibt, wie R. W. Pohl gemeinsam mit seinen bekannten Kollegen Max Born und James Franck durch ihre Forschung und Lehre die Physik im Deutschland der zwanziger Jahre wesentlich mitgestaltet hat. Die Physikalischen Institute der Universität Göttingen entwickelten sich damals zu einem der wichtigsten internationalen Zentren der Physik. Max Born beschäftigte sich früh mit der Relativitätstheorie Einsteins und trug maßgeblich dazu bei, die theoretischen Grundlagen der modernen Quantentheorie zu entwickeln. James Francks Forschungsschwerpunkte lagen ebenfalls im Bereich der Quantentheorie und dort vor allem im Bereich der Atom- und Molekülphysik. R. W. Pohl beeinflusste als Pionier der Festkörperphysik und als genialer Lehrer Generationen von Physikern aus aller Welt. Diese herausragende Stellung der Göttinger Physik wurde mit der politischen Machtergreifung durch die Nationalsozialisten Ende Januar 1933 jäh beendet. Max Born und James Franck wurden zur Emigration aus Deutschland gezwungen. R. W. Pohl blieb als einziger in Göttingen. Er war kein in der Öffentlickeit politisch agierender Mensch. Er war ein Wissenschaftler, der sich im Rahmen seines Instituts engagierte.

Doch bei seinen Recherchen stieß E. Sieker auf die bis heute wenig bekannte Tatsache, dass R. W. Pohl Verbindung zum zivilen bürgerlichen Widerstand gegen das Nazi-Regime um Carl Friedrich Goerdeler besaß. Nach dem gescheiterten Attentat vom 20. Juli 1944 wurde sein Freund und Kontaktmann zum Goerdeler-Kreis, der Studienrat Hermann Kaiser, zum Tode verurteilt und am 23. Januar 1945 in Berlin-Plötzensee hingerichtet. Nach der Kapitulation beriefen die britischen Besatzungstruppen – neben anderen – R. W. Pohl in den Entnazifizierungsausschuss der Göttinger Universität. Pohl sah es auch als eine Verpflichtung der Universität an, den 1933 aus Göttingen vertriebenen Wissenschaftlern eine umfassende Wiedergutmachung zuteil werden zu lassen. Der Film enthält zahlreiche Zeitdokumente und Gespräche mit Verwandten, Freunden und anderen Zeitzeugen, die ungewöhnliche Einblicke in das Leben des Experimentalphysikers Robert Wichard Pohl geben.

Berlin, Göttingen, August 2005

K. Lüders
R. O. Pohl

Inhaltsverzeichnis

A. Elektrizitätslehre

B. Optik

Videofilmverzeichnis

A. Elektrizitätslehre

I. Messinstrumente für Strom und Spannung

§ 1. Vorbemerkung. In Lehrbüchern der Mechanik beginnt man mit den Begriffen *Länge, Zeit* und *Masse*. Man erläutert kurz die im täglichen Leben erprobten Messinstrumente, also unsere heutigen Maßstäbe, Uhren und Waagen, und nimmt sie gleich in Benutzung. Niemand bedient sich für die ersten Experimente einer Sonnen- oder Wasseruhr oder gar eines pulszählenden Sklaven. Niemand legt zunächst die ganze historische Entwicklung der Sekunde dar. Jedermann greift ohne Bedenken zu einer Taschenuhr oder einer modernen Stoppuhr mit Hundertstelsekundenteilung. Man kann sich einer Uhr bedienen, auch ohne ihre Konstruktionseinzelheiten zu kennen oder gar ihre historische Entwicklung.

Beim Übergang zur Wärmelehre führt man allgemein den neuen Begriff der *Temperatur* ein. Man bespricht am Anfang kurz die heute jedem bekannten Thermometer und verwendet diese vertrauten Hilfsmittel schon bei den ersten Experimenten.

In entsprechender Weise benutzen wir in der Elektrizitätslehre sogleich die heute im täglichen Leben gebräuchlichen Begriffe *elektrischer Strom* und *elektrische Spannung*. Wir erläutern kurz experimentell die Instrumente für ihre Messung. Dann führen wir die Begriffe *elektrischer Widerstand, Energie* und *Leistung* ein.

In späteren Jahren wird dies ganze Kapitel fortfallen können. Sein Inhalt sollte dann allgemein aus dem Schulunterricht ebenso bekannt sein wie heute das Prinzip der Uhren, Waagen und Thermometer.[K1]

K1. Das ist vielleicht schon heute der Fall – wenigstens teilweise. Da aber dieses Kapitel eine gute Einführung in das in diesem Teil des Buches Behandelte darstellt, möchten wir es doch nicht auslassen. Auch sehen wir keine Probleme, wenn der Dozent in der Vorlesung tatsächlich heute praktisch verwendete Stromquellen wie Netzgeräte oder digitale Messgeräte für Strom und Spannung verwenden will.

§ 2. Der elektrische Strom. Wir sprechen im täglichen Leben von einem elektrischen Strom in Leitungsdrähten oder Leitern. Wir wollen die Kennzeichen des Stromes vorführen. Dazu erinnern wir zunächst an zwei altbekannte Beobachtungen:

1. Zwischen dem „Nordpol" und dem „Südpol" eines Stabmagneten kann man mit Eisenfeilspänen ein Bild magnetischer Feldlinien herstellen. Wir legen z. B. einen Hufeisenmagneten auf eine glatte Unterlage und streuen auf diese unter leichtem Klopfen Eisenfeilspäne. Wir erhalten das Bild der Abb. 1.

2. Ein Magnet übt auf einen anderen Magneten und auf weiches Eisen mechanische Kräfte aus. In beiden Fällen geben uns die mit Eisenfeilspänen dargestellten Feldlinien recht eindrucksvolle Bilder. In Abb. 2 „versucht" ein Hufeisenmagnet eine Kompassnadel zu drehen. In Abb. 3 zieht ein Hufeisenmagnet ein Stück weiches Eisen (Schlüssel) an sich heran. Wir bedienen uns hier absichtlich einer etwas primitiven Ausdrucksweise.

Nach dieser Vorbemerkung bringen wir jetzt die *drei Kennzeichen des elektrischen Stromes:*

1. *Der Strom erzeugt ein Magnetfeld.* Ein vom Strom durchflossener Draht ist von ringförmigen magnetischen Feldlinien umgeben. Abb. 4 zeigt diese Feldlinien mit Eisenfeilspänen auf einer Glasplatte. Der Draht stand senkrecht zur Papierebene. Er ist nachträglich aus dem Loch in der Mitte herausgezogen worden. — Dies Magnetfeld des Stromes kann mannigfache mechanische Bewegungen hervorrufen. Wir bringen sechs verschiedene Beispiele (a bis f):

K. Lüders, R. O. Pohl (Hrsg.), *Pohls Einführung in die Physik*
DOI 10.1007/978-3-642-01628-8, © Springer 2010

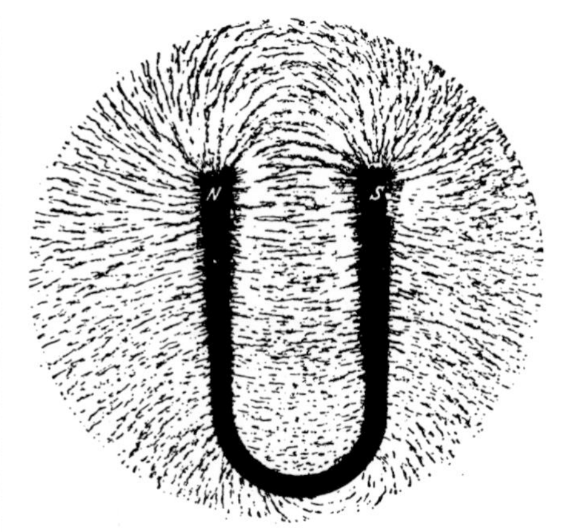

Abb. 1. Magnetische Feldlinien, dargestellt mit Eisenfeilspänen

Abb. 2. Magnetische Feldlinien. Der Hufeisenmagnet *SN* dreht die Kompassnadel gegen den Uhrzeiger.

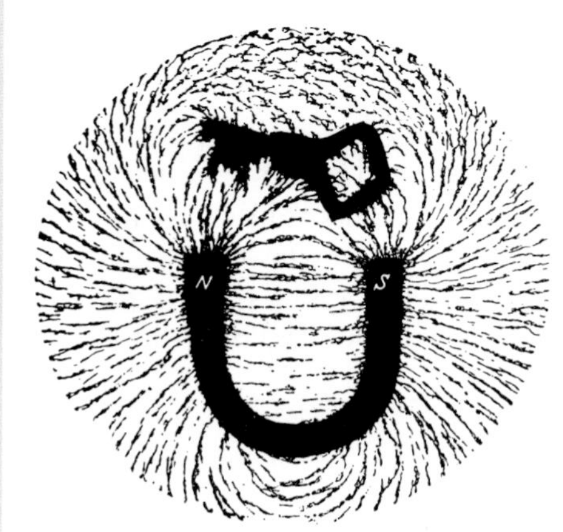

Abb. 3. Magnetische Feldlinien. Anziehung eines Schlüssels durch einen Hufeisenmagneten.

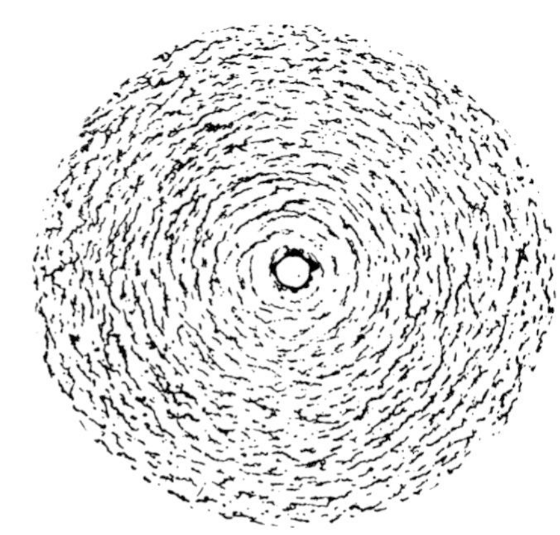

Abb. 4. Kreisförmige magnetische Feldlinien eines stromdurchflossenen Drahtes

a) Parallel über einem geraden Leitungsdraht *KA* hängt ein Stabmagnet (Kompassnadel) *SN* (Abb. 5). Beim Einschalten des Stromes wirkt ein Drehmoment auf den Magneten, der Magnet stellt sich quer zum Leiter.

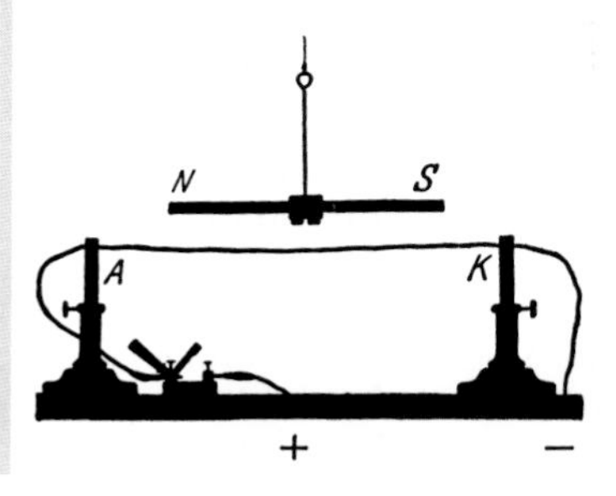

Abb. 5. Starr befestigter Leiter *KA* und beweglich aufgehängter Stabmagnet *SN*. Ohne Strom zeigt das Ende *N* nach Norden. Man nennt es daher den Nordpol des Magneten. Beim Stromschluss tritt der Nordpol auf den Beschauer zu aus der Papierebene heraus.

b) Der Vorgang lässt sich umkehren. In Abb. 6a wird der Stabmagnet *SN* festgehalten. Neben ihm hängt ein leicht bewegliches, gewebtes Metallband *KA*. Beim Stromdurchgang stellt sich der Leiter quer zum Magnet: das Band wickelt sich spiralig um den Magnet herum (Abb. 6b).

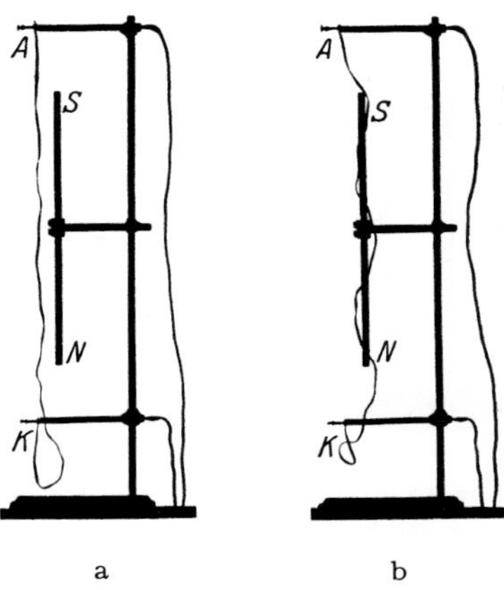

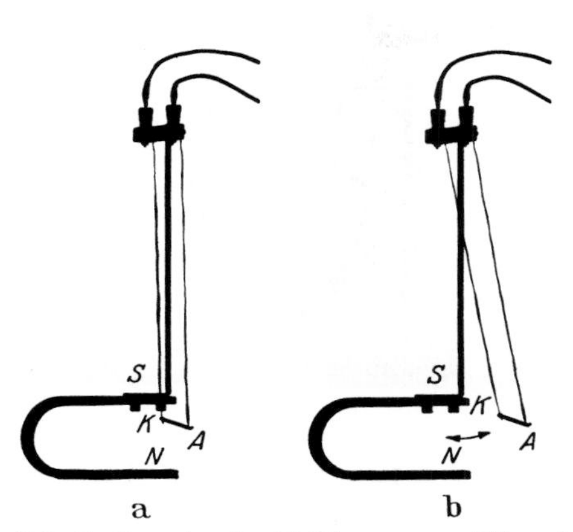

Abb. 6. Starr befestigter Stabmagnet *SN* und beweglicher, biegsamer Leiter *KA* aus gewebtem Metallband

Abb. 7. Feststehender Hufeisenmagnet *SN* und beweglicher gerader Leiter *KA*, an gewebten Metallbändern trapezartig aufgehängt

c) Wir bringen einen geraden Leiter *KA* in das Magnetfeld des Hufeisenmagneten *SN* (Abb. 7a). Der Leiter ist wie eine Trapezschaukel aufgehängt. Beim Einschalten des Stromes bewegt er sich in einer der Richtungen des Doppelpfeiles (Abb. 7b).

d) Wir ersetzen den geraden Leiter durch einen aufgespulten Leiter. Beim Einschalten des Stromes dreht sich die Leiterspule um die Achse *KA* (Abb. 8a und b).

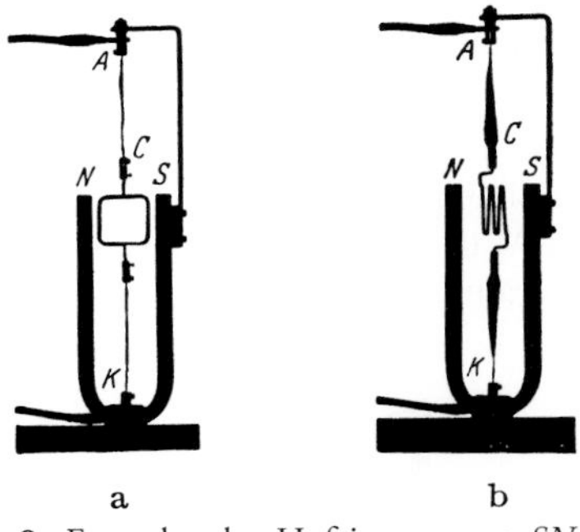

Abb. 8. Feststehender Hufeisenmagnet *SN* und drehbarer Leiter *KA* in Spulenform. Zuleitungen zur Drehspule aus gewebtem Metallband. Zugleich Schema eines „Drehspulstrommessers" oder „Drehspulgalvanometers".

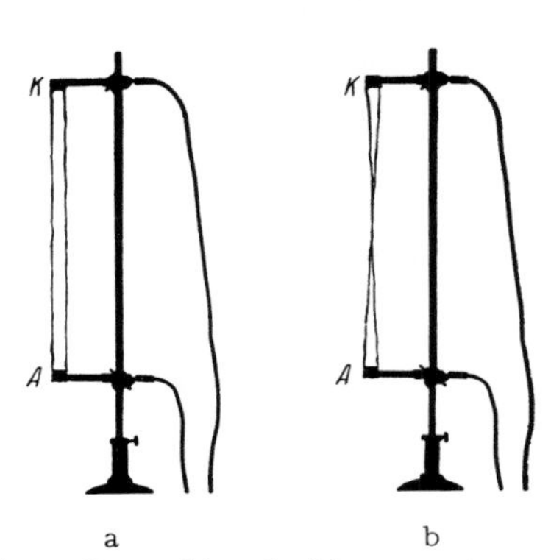

Abb. 9. Gegenseitige Anziehung zweier stromdurchflossener Leiter (Metallbänder)

e) Bisher wirkte stets das Magnetfeld eines Leiters auf das Magnetfeld eines Permanentmagneten. Man kann das Magnetfeld des letzteren durch das eines zweiten stromdurchflossenen Leiters ersetzen. In Abb. 9a und b gabelt sich der bei *A* zufließende Strom in zwei Zweigströme. Bei *K* vereinigen sie sich wieder. Die Leiterstrecken *AK* bestehen aus zwei

K2. In flüssigen Leitern, z. B. in Quecksilber, kann dies zur Abschnürung des Leiters führen, s. 21. Aufl. der Elektrizitätslehre, S. 242.

leicht gespannten, gewebten Metallbändern. Ohne Strom verlaufen sie angenähert parallel zueinander. Bei Stromdurchgang klappen sie bis zur Berührung zusammen.[K2]

Abb. 10 zeigt eine oft technisch ausgenutzte Variante dieses Versuches. Die beiden beweglichen Bänder sind durch eine feste und eine drehbare Spule ersetzt. Beide werden vom gleichen Strom durchflossen (Abb. 10a). Die bewegliche Spule stellt sich parallel zur festen Spule (Abb. 10b).

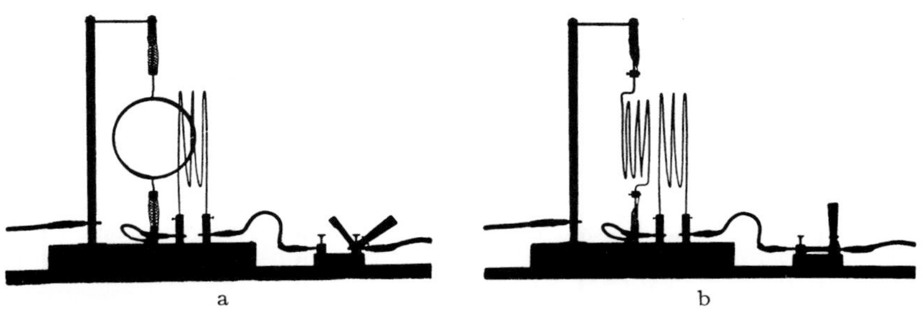

Abb. 10. Rechts eine feste, links eine drehbare Spule. Zuleitungen zur „Drehspule" aus gewebtem Metallband, zugleich Schema der Drehspul-Messinstrumente für Strom und Spannung, auch für Wechselströme (§ 72).

f) Endlich nehmen wir (in Analogie zu Abb. 3) in Abb. 11 ein Stück weiches Eisen *Fe*. Es wird in das Magnetfeld eines aufgespulten Leiters hineingezogen. — Soweit unsere Beispiele für mechanische Bewegungen im Magnetfeld eines Stromes.

Abb. 11. Feststehende Spule und drehbar aufgehängtes weiches Eisen *Fe*

2. *Der vom Strom durchflossene Leiter wird erwärmt.* Er kann bis zur Weißglut erhitzt werden. Das zeigt jede Glühlampe. Abb. 12 zeigt in einem einfachen Schauversuch, wie sich ein Draht infolge der Stromwärme („JOULE'sche Wärme", siehe § 12) ausdehnt. — Das alles bezog sich auf feste Leiter, wir haben Metalldrähte benutzt.

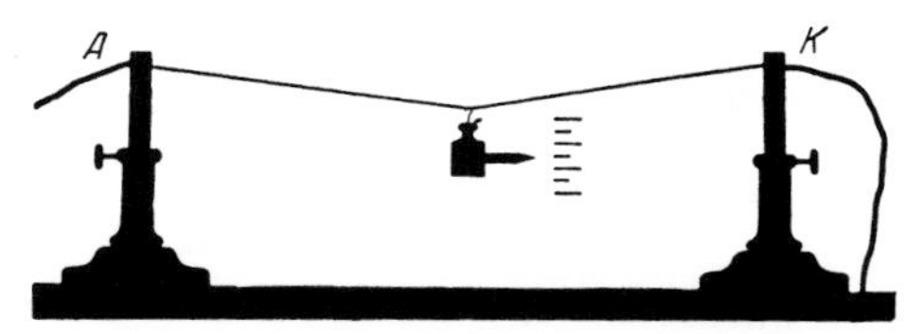

Abb. 12. Längenausdehnung eines vom Strom erwärmten Drahtes *KA*

Ein *flüssiger Leiter* zeigt in gleicher Weise Magnetfeld und Wärmewirkung. Zum Nachweis des Magnetfeldes benutzt man in Abb. 13 ein mit angesäuertem Wasser gefülltes Glasrohr. Auf ihm befindet sich eine kleine Kompassnadel. Zur Zu- und Ableitung des Stromes dienen zwei Drähte *K* und *A*. — Außer dem Magnetfeld und der Wärmewirkung beobachten wir bei flüssigen Leitern noch eine dritte Wirkung:

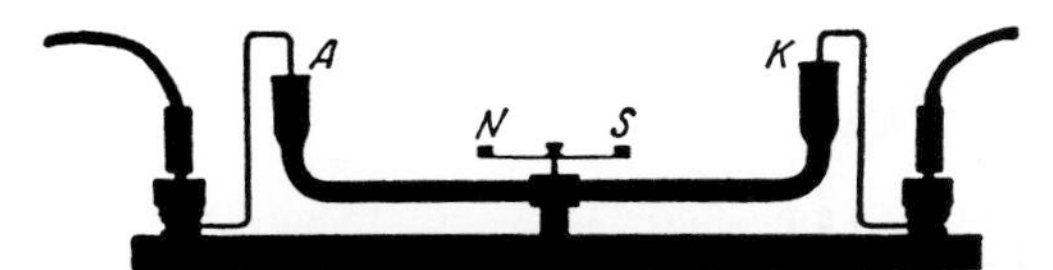

Abb. 13. Das Magnetfeld eines Stromes in einem flüssigen Leiter (Wasser mit etwas Schwefelsäure) wird mit einer Kompassnadel *SN* nachgewiesen; an den Nadelenden Papierfähnchen

3. *Der Strom ruft in flüssigen Leitern chemische Vorgänge hervor. Man nennt sie elektrolytisch.* — Beispiele:

a) In ein Gefäß mit angesäuertem Wasser sind als *Elektroden* zwei Platindrähte *K* und *A* eingeführt (Abb. 14). Beim Fließen des Stromes steigen von der Elektrode *A* Sauerstoffbläschen auf, von der Elektrode *K* Wasserstoffbläschen. *Vereinbarungsgemäß nennt man die Wasserstoff liefernde Elektrode K den negativen Pol. Der andere Pol A heißt der positive Pol.* („*K*" für Kathode, „*A*" für Anode.) Wir definieren also hier den Unterschied von negativem und positivem Pol elektrolytisch.

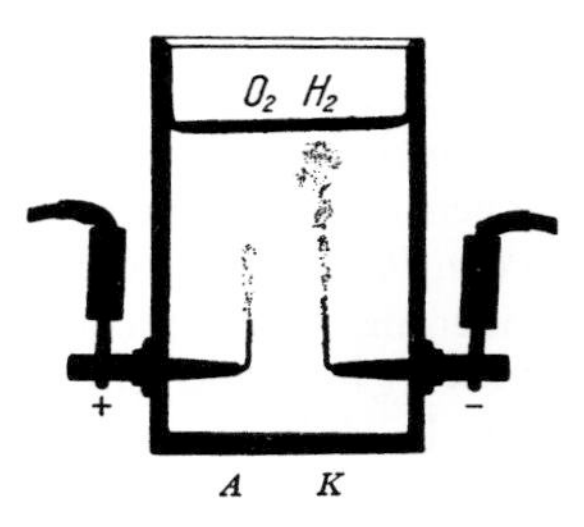

Abb. 14. Abscheidung von Wasserstoff (H_2) und Sauerstoff (O_2) beim Durchgang des Stromes durch verdünnte Schwefelsäure (Momentbild zwei Sekunden nach dem Einschalten des Stromes)

b) In ein Gefäß mit wässriger Bleiazetatlösung ragen als Elektroden zwei Bleidrähte hinein. Beim Fließen des Stromes bildet sich am negativen Pol *K* ein zierliches, aus Kristallblättern zusammengesetztes „Bleibäumchen" (Abb. 15). In diesem Fall wird durch die elektrolytische Wirkung ein Metall abgeschieden.

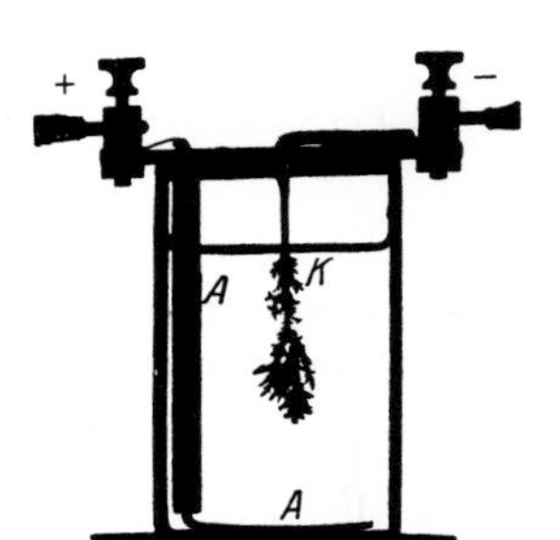

Abb. 15. Abscheidung von Bleikristallen beim Durchgang des Stromes durch wässrige Bleiazetatlösung

Endlich nehmen wir statt eines festen und flüssigen Leiters ein *leitendes Gas*. In dem U-förmigen Rohr der Abb. 16 befindet sich das Edelgas Neon. Zur Zu- und Ableitung des Stromes dienen wieder zwei Metallelektroden *K* und *A*. Oben auf dem Rohr trägt ein kleiner Reiter eine Kompassnadel *SN*. Wir verbinden die Zuleitungen *A* und *K* mit einer Stromquelle. Sogleich sehen wir alle drei Wirkungen des Stromes. Die Magnetnadel schlägt aus. Das Rohr wird warm. Ein blendendes orangerotes Licht im ganzen Rohr verrät tiefgreifende Änderungen im Gas, wie wir sie sonst bei den chemischen Prozessen in Flammen beobachten.

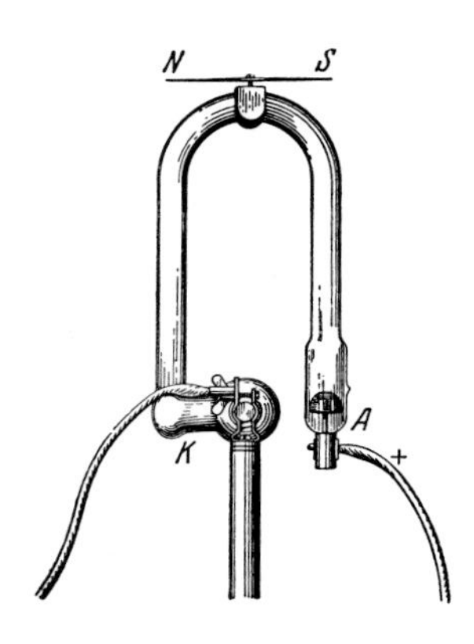

Abb. 16. Das Edelgas Neon als gasförmiger Leiter in einem U-förmigen Glasrohr. *K* und *A* metallische Zuleitungen. *SN* Kompassnadel.

Ergebnis dieses Paragraphen. Wir kennzeichnen den elektrischen Strom in einem Leiter einstweilen durch drei Erscheinungen:

1. Das Magnetfeld,
2. die Erwärmung[1]

} bei allen Leitern.

3. „Chemische" Wirkungen (in erweitertem Sinn) in flüssigen und gasförmigen Leitern.

Oder anders ausgedrückt: Wir beobachten die drei genannten Erscheinungen in enger Verknüpfung und *erfinden* für ihre Zusammenfassung den *Begriff* „elektrischer Strom". — Das ist eine *qualitative* Definition. Eine solche genügt aber nicht für physikalische Zwecke. Für alle Begriffe, die man zur Erfassung physikalischer Vorgänge und Zustände braucht, muss man durch Messverfahren *Größen* definieren, d. h. Produkte aus einem *Zahlenwert* und aus einer *Einheit*. — Dabei hat man zwei Dinge auseinanderzuhalten:

1. die *Vereinbarung* eines Messverfahrens,
2. *den technischen* Aufbau der Messinstrumente.

Wir beginnen hier im Fall des elektrischen Stromes mit dem technischen Aufbau der Instrumente. Dieser kann einfach gehalten werden: Man baut Strommesser zur direkten Ablesung des Stromes auf einer Skala.

Bei quantitativen Angaben benutzt man statt des Wortes Strom oft das Wort *Stromstärke*. Das erscheint überflüssig. Man nennt ja auch einen gemessenen Druck nicht Druckstärke und eine gemessene Zeit nicht Zeitstärke usw. Doch kann man beim Strom einen Grund anführen: Ein Strom hat eine Richtung, seine Stärke aber ist von der Richtung unabhängig.

K3. Die technische Ausführung der heute im Labor verwendeten Messinstrumente, meist mit digitaler Anzeige, basiert auf Prinzipien der Vakuum- und Festkörperphysik. Solche Instrumente behandelt man also zunächst als „black boxes", wie das in der Praxis bei komplizierten Geräten im Allgemeinen auch geschieht.

§ 3. Technische Ausführung von Strommessern oder Amperemetern[K3]. Für den Bau dieser Geräte benutzt man sowohl die magnetische als auch die Wärmewirkung des Stromes:

a) *Strommesser auf magnetischer Grundlage* (Zeichenschema in Abb. 17) ergeben sich aus den in den Abb. 5 bis 11 beschriebenen Anordnungen. Man benutzt die auftretenden Kräfte, um Zeiger über eine Skala hinweg zu bewegen. Die Ruhelage der Zeiger wird durch Spiralfedern oder dergleichen bestimmt. Eine große Rolle spielen die *Drehspulstrommesser*. Sie gehen aus der Anordnung der Abb. 8 hervor.

Die Magnetfelder erhalten meist eine radialsymmetrische Form, Abb. 18 zeigt zwei Ausführungsformen.

Abb. 19a zeigt die Spule eines solchen Strommessers mit einem mechanischen Zeiger. Bei empfindlichen Instrumenten benutzt man einen *Lichtzeiger*: Der bewegliche Teil trägt

[1] Sie entfällt bei supraleitenden Materialien.

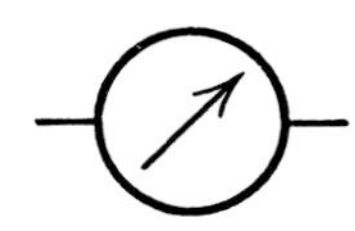

Abb. 17. Zeichenschema eines Strommessers. Wird später auch bei solchen Strommessern angewandt, die als Spannungsmesser oder Voltmeter umgeeicht sind.

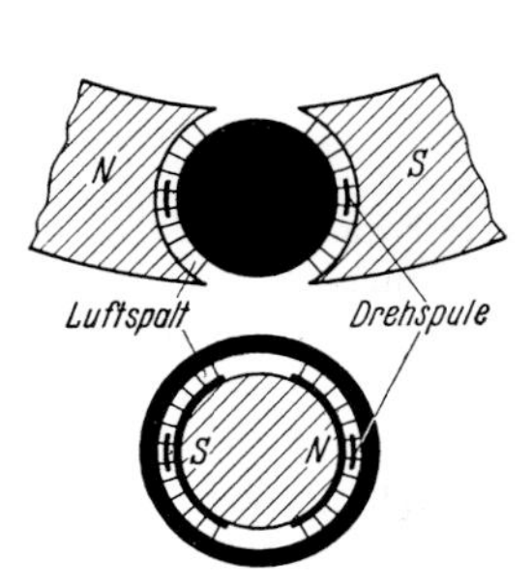

Abb. 18. Radialsymmetrische Magnetfelder von Drehspulstrommessern, oben mit Außenpolen, unten mit Innenpolen. Magnete schraffiert, weiches Eisen schwarz. Zwei kurze Kreisbögen markieren den Schnitt der Drehspule mit der Papierfläche.

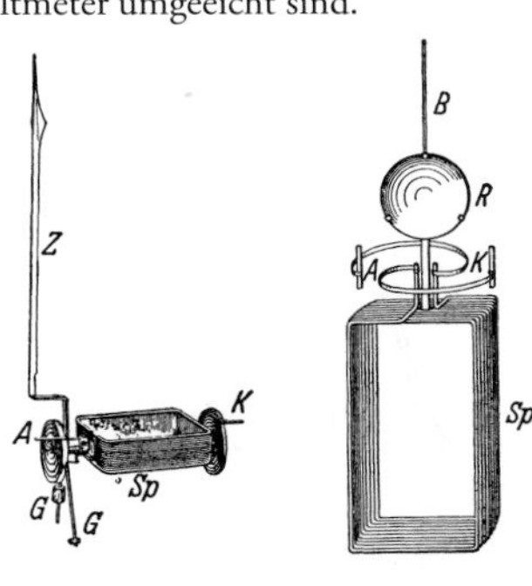

Abb. 19. Zwei Ausführungen der Drehspulen *Sp* von Drehspulstrommessern oder „Galvanometern". *K* und *A* sind spiralige Stromzuführungen. *K* und *A* bzw. *B* liefern überdies das „Richtmoment", d. h. drehen die Spule im stromlosen Zustand in die Nullstellung zurück. *R*: Spiegel für einen Lichtzeiger.

einen Spiegel *R* zur Reflexion eines Lichtbündels (z. B. Laserstrahl) (Abb. 19b). Solche Instrumente nennt man meistens *Spiegelgalvanometer*.[K4]

b) *Auf Wärmewirkung beruhende Strommesser.* Der zu messende Strom erwärmt einen Draht *KA*. Dieser wird länger. Die Verlängerung wird irgendwie auf eine Zeigeranordnung übertragen: *Hitzdrahtstrommesser* (Abb. 20).[K5]

K4. Das heutzutage vielleicht „altertümlich" anmutende Galvanometer ist nichts anderes als ein besonders empfindliches Drehspulinstrument, wie es noch vielfältig in Gebrauch ist. Für Hörsaalexperimente bietet ein Galvanometer noch immer einige Vorzüge, da es sowohl zur Messung kleiner Ströme als auch ballistisch zur Messung von Stromstößen geeignet ist. Darüber hinaus lassen sich gedämpfte Schwingungen einschließlich des aperiodischen Grenzfalles übersichtlich damit demonstrieren.

K5. Diese Instrumente sind heute wohl weitgehend veraltet.

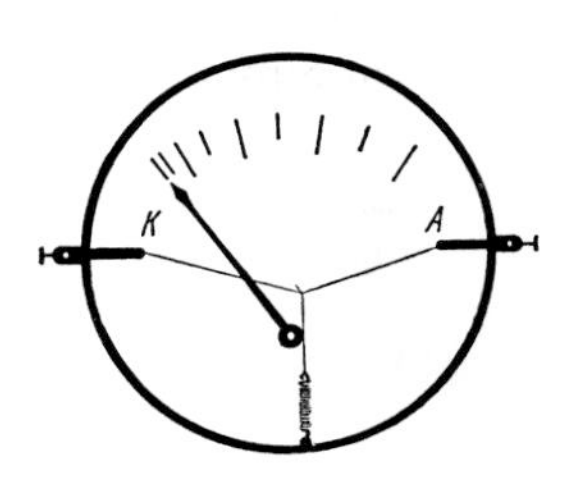

Abb. 20. Schema eines Hitzdrahtstrommessers. Man denke sich den Faden zwischen der gespannten Spiralfeder und dem Hitzdraht *KA* um die Achse des Zeigers herumgeschlungen.

§ 4. Die Eichung der Strommesser oder Amperemeter. Die Eichung dieser Geräte beruht auf der willkürlichen Festsetzung eines Messverfahrens und einer Stromeinheit. Das für Verständnis und Unterricht *einfachste* Messverfahren wurde auf der *elektrolytischen Wirkung* des Stromes aufgebaut. Es benutzte zur Messung des Stromes den Quotienten

$$\frac{\text{Masse } m \text{ des abgeschiedenen Stoffes}}{\text{Flusszeit } t \text{ des Stromes}}\,.$$

Der Strom, der in einer Sekunde 1,1180 Milligramm Silber elektrolytisch abscheidet, wurde als Einheitsstrom vereinbart und 1 Ampere genannt. Die seltsamen Dezimalen sind historisch bedingt.

Die elektrolytische Darstellung der Ampere genannten Stromeinheit ist begrifflich besonders befriedigend. Sie besagt im Grunde: Derjenige Strom wird ein Ampere genannt, bei dem durch die Querschnittsfläche der Strombahn in einer bestimmten Zeit eine vereinbarte Anzahl elektrischer Elementarladungen *e*

(§ 35) hindurchtritt (in einer Sekunde rund $6{,}24 \cdot 10^{18}$). Die Messung dieser Anzahl durch Abzählen gelingt heute noch nicht mit der wünschenswerten Genauigkeit. Daher lässt man jede einzelne elektrische Elementarladung von einem Träger, nämlich einem Silberatom, transportieren und misst statt der *Anzahl* dieser *Träger* ihre gesamte *Masse* $M = 1{,}1180$ Milligramm.[K6] — Es gibt natürlich auch andere Verfahren zur Darstellung des Ampere. Die heutige Definition beruht auf der Kraft zwischen zwei stromführenden Leitern (§ 61).[K7]

K6. Jedem geladenen Silberatom (dem Ion Ag^+) fehlt tatsächlich eine Elementarladung. Silber hat die molare Masse 107,87 g/mol, also werden $6{,}24 \cdot 10^{18}$ Elementarladungen von $107{,}87\,\text{g} \cdot 6{,}24 \cdot 10^{18} / 6{,}02 \cdot 10^{23} =$ 1,118 mg Ag transportiert. Dies ist eine Anwendung von FARADAYS Äquivalenzprinzip, wonach das Verhältnis von Ladung Q (s. § 23, Gl. 15, Einheit: Amperesekunde) zu abgeschiedener Stoffmenge n gegeben ist durch

$$\frac{Q}{n} = z \cdot 9{,}65 \cdot 10^4 \frac{\text{As}}{\text{mol}},$$

wobei z die Wertigkeit der Ionen ist (= 1 für Silber). (Aufg. 1)

K7. Das Ampere als Einheit der elektrischen Stromstärke gehört neben Meter, Kilogramm, Sekunde, Kelvin, Mol und Candela zu den *Basiseinheiten* des SI (Système International d'Unités), die durch eine Messvorschrift festgelegt sind. Alle weiteren Einheiten werden aus diesen abgeleitet. Siehe PTB-Mitteilungen 117, Heft 2 (2007). (Aufg. 1)

Bei vielen Strommessern, insbesondere den Drehspulstrommessern, sind die Ausschläge proportional zum Strom; man findet den Quotienten

$$D_\text{I} = \frac{\text{Strom}}{\text{Ausschlag}}, \text{ gemessen in } \frac{\text{Ampere}}{\text{Skalenteil}}$$

konstant und nennt ihn den *Eichfaktor* des Instrumentes.

§ 5. Die elektrische Spannung. Wir sprechen im täglichen Leben von einer Spannung zwischen zwei Körpern, etwa zwischen den Polen einer Taschenlampenbatterie oder zwischen den beiden Kontakten einer Steckdose. — Wir nennen die beiden Kennzeichen der elektrischen Spannung:

1. *Die Spannung kann einen Strom erzeugen.* — Das bedarf keiner weiteren Erläuterung.

2. Zwei Körper, zwischen denen eine elektrische Spannung herrscht, üben Kräfte aufeinander aus. Man nennt sie oft *elektrostatische Kräfte.*

Das lässt sich mit einem Kraftmesser, z. B. einer Waage, vorführen. Wir sehen in Abb. 21 einen leichten Waagebalken aus Aluminium. Er ist auf der Metallsäule S gelagert. Am linken Arm befindet sich eine Metallscheibe K, auf dem rechten als Gegenlast kleine Reiterchen R aus Papier. Unterhalb der Metallscheibe K befindet sich eine zweite, feste Metallscheibe A in einigen Millimetern Abstand. Man verbindet die Scheibe A und die Säule S durch je einen Draht mit den beiden Kontakten einer Stromquelle. Sogleich schlägt der Waagebalken aus. Die *zwischen* A und K herrschende Spannung erzeugt eine anziehende Kraft (§ 33).

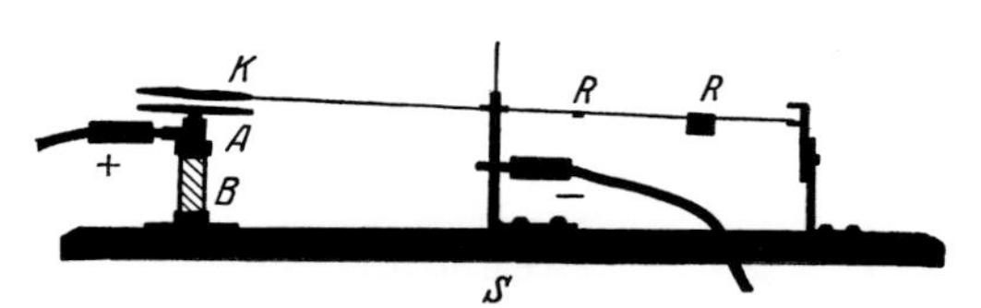

Abb. 21. „Spannungswaage", B: Bernsteinisolator

So weit die qualitativen Kennzeichen der elektrischen Spannung. Für physikalische Zwecke muss auch für die Spannung ein *Messverfahren* definiert werden. Auch hier ist der technische Aufbau der Messinstrumente und die Vereinbarung eines Messverfahrens getrennt zu behandeln. Auch hier beginnen wir mit dem Bau der Messinstrumente. Man benutzt für diese die beiden Kennzeichen der elektrischen Spannung und unterscheidet demgemäß stromdurchflossene Spannungsmesser und statische Spannungsmesser („Elektrometer"). Wir behandeln beide Gruppen getrennt in den §§ 6 und 8.

K8. Auch hier gilt das im Kommentar K3 Gesagte.

§ 6. Technischer Aufbau statischer Spannungsmesser oder Voltmeter[K8]. Diese Instrumente benutzen die durch die Spannung hervorgerufenen „statischen" Kräfte. Sie entsprechen dem Prinzip einer Briefwaage: Die von den Spannungen herrührenden Kräfte rufen Ausschläge hervor, und diese werden an einer Skala abgelesen. Wir nennen aus einer großen Reihe nur drei verschiedene Ausführungsformen:

a) Das *Goldblattvoltmeter* (Abb. 22), altertümlich. In das Metallgehäuse A ragt, durch Bernstein B isoliert, ein Metallstift hinein. An diesem befindet sich seitlich als beweglicher Zeiger ein Streifen K aus Blattgold. Zwischen A und K wird die Spannung hervorgerufen, z. B. durch Verbindung mit einer Stromquelle. Der Blattgoldzeiger wird von der Wand angezogen und die Größe des Ausschlages an einer Skala abgelesen (Zeichenschema statischer Spannungsmesser: Abb. 23).

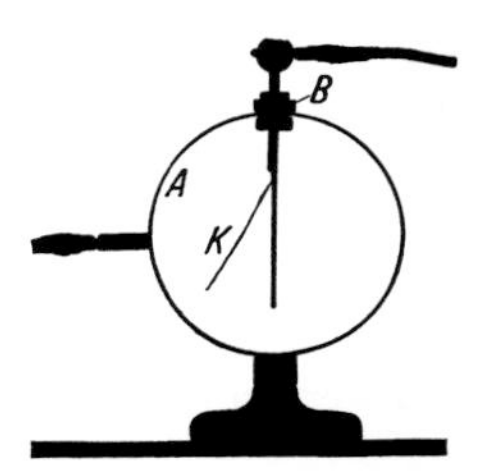

Abb. 22. Statischer Spannungsmesser mit einem Goldblattzeiger (Instrumente mit Glasgehäuse sind unbrauchbar, § 16)

Abb. 23. Zeichenschema eines „statischen Spannungsmessers", „statischen Voltmeters" oder „Elektrometers". Ohne Eichung auch „Elektroskop" genannt. Erfinder: J. A. NOLLET, 1752.

b) Das *Zeigervoltmeter* (Abb. 24). Alles wie bei a), nur ist das Goldblättchen durch einen zwischen Spitzen gelagerten Aluminiumzeiger K ersetzt.

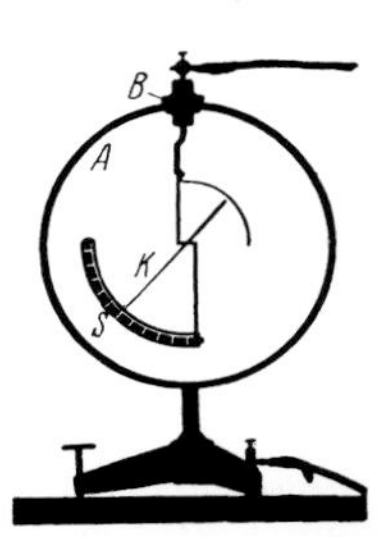

Abb. 24. Statischer Spannungsmesser mit einem Aluminiumzeiger in Spitzenlagerung. Brauchbar von einigen hundert bis etwa 10 000 Volt.

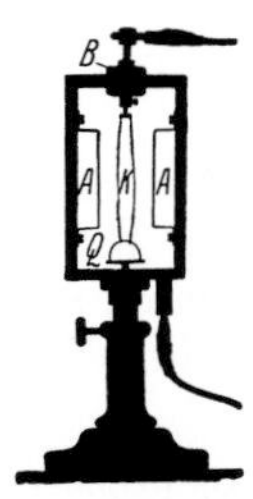

Abb. 25. Attrappe eines „Zweifadenelektrometers". Messbereich etwa 30 bis 400 Volt.

c) Das *Zweifadenvoltmeter* (Abb. 25). Auch bei ihm ist ein Metallstift durch Bernstein B isoliert in ein Metallgehäuse A eingeführt. Am Stift hängt eine Schleife K aus feinen Platinfäden. Sie wird unten durch einen kleinen Quarzbügel Q gespannt. Elektrische Spannungen zwischen K und A nähern die Fäden den Wänden oder genauer den an den Wänden sitzenden Drahtbügeln. Der Abstand der Fäden wird also größer. Man misst die Abstandsvergrößerung mit einem Mikroskop. Abb. 26 zeigt ein Bild des Gesichtsfeldes mit der Skala. Das Zweifadenvoltmeter ist vorzüglich zur Projektion geeignet. Es ist infolge seiner momentanen Einstellung ein ungemein bequemes Vorführungsinstrument.

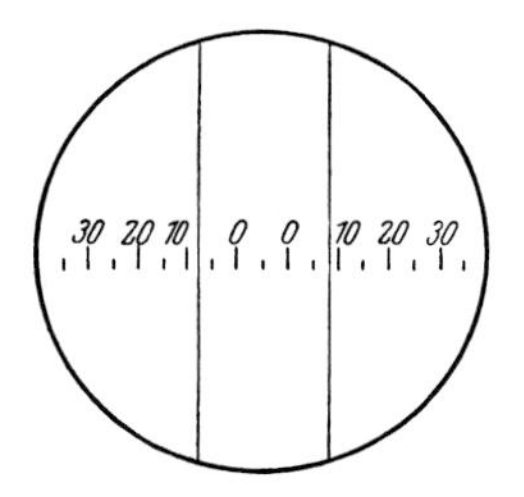

Abb. 26. Gesichtsfeld eines Zweifadenvoltmeters mit platinierten Quarzfäden

§ 7. Die Eichung der Spannungsmesser oder Voltmeter. Die Eichung dieser Geräte beruht auf der willkürlichen Festlegung eines Messverfahrens und einer Spannungseinheit. Das *einfachste* Messverfahren benutzt eine *Reihenschaltung von N gleichgebauten Batterien* (Abb. 27) und nennt die Spannung zwischen den Enden der Reihe N-mal so groß wie die einer Batterie (G. S. OHM 1827). *Aus der großen Zahl der Stromquellen wird eine bestimmte Batterie (Element) als „Normalelement" ausgewählt und seine Spannung festgelegt.*[K9] Man benutzt als Spannungseinheit 1 Volt (V), und alle Spannungen werden in Vielfachen dieser Einheit angegeben.

K9. Das Volt ist eine abgeleitete Einheit, siehe Gl. (12) auf S. 16. Es wird aber aus praktischen Gründen weiterhin durch andere Methoden realisiert, z. B. mit Normalelementen oder für höchste Genauigkeiten durch Ausnutzung eines Quanteneffektes (JOSEPHSON-Effekt der Supraleitung).

+ −

Abb. 27. Reihenschaltung von 6 Batterien. (Die positive Elektrode wird immer mit einem längeren Strich gekennzeichnet)

§ 8. Stromdurchflossene Spannungsmesser oder Voltmeter. Widerstand. Stromdurchflossene Voltmeter sind im Prinzip umgeeichte Amperemeter. Die Umeichung wird dadurch ermöglicht, dass für metallische Leiter ein fester Zusammenhang zwischen Spannung und Strom besteht.

Man definiert allgemein für jeden Leiter als *Widerstand*[1] R den Quotienten

$$R = \frac{\text{Spannung } U \text{ zwischen den Enden des Leiters}}{\text{Strom } I \text{ im Leiter}} \,. \qquad (1)$$

Er hängt im Allgemeinen in komplizierter Weise vom Strom I ab (Beispiele: Leuchtröhren, Lichtbögen, bestrahlte Kristalle, Photozellen). Nur in Sonderfällen findet man für U/I einen *konstanten, von I unabhängigen Wert.* Dann sagt man, dass für den Leiter das OHM*'sche Gesetz* gilt:

$$U/I = R = \text{const.} \qquad (2)$$

In Worten: Der Widerstand U/I des Leiters hat einen konstanten Wert R, d. h., der Strom I im Leiter und die Spannung U zwischen seinen Enden sind proportional zueinander. Einen solchen Sonderfall findet man bei metallischen Leitern konstanter Temperatur.[2, K10]

K10. Man nennt einen solchen Leiter auch einen „OHM'schen Widerstand". — Ein solcher Leiter habe die Querschnittsfläche A und die Länge l. Dann ist sein Widerstand proportional zu l und umgekehrt proportional zu A. Es gilt

$$R = \varrho \frac{l}{A} \,.$$

Der Proportionalitätsfaktor ϱ ist eine Materialkonstante und heißt *spezifischer Widerstand.* Sein Kehrwert $\sigma = 1/\varrho$ heißt *spezifische Leitfähigkeit.* Ein Beispiel: Kupfer bei 20 °C: $\varrho = 1{,}55 \cdot 10^{-8}\ \Omega\text{m}$, $\sigma = 6{,}45 \cdot 10^{7}\ \Omega^{-1}\text{m}^{-1}$.

Das zeigt man mit der in Abb. 28 gezeichneten Anordnung. Eine Stromquelle B schickt einen Strom durch einen metallischen Leiter KA, z. B. von Band- oder Streifenform. Das Amperemeter misst den Strom I im Leiter, das Voltmeter die Spannung U zwischen den

---

[1] Das Wort „Widerstand" wird in der Elektrizitätslehre in dreierlei verschiedenen Bedeutungen gebraucht. Erstens bezeichnet es den Quotienten aus Spannung und Strom, U/I, für einen beliebigen Leiter. Zweitens bezeichnet es einen *Apparat,* z. B. einen aufgespulten Draht, wie in Abb. 30, früher oft Rheostat oder Resistor genannt. Im dritten Fall bedeutet Widerstand, wie im täglichen Leben, eine der Geschwindigkeit der bewegten Ladung entgegengerichtete, reibungsähnliche Kraft.

[2] Der Quotient Masse m/Volumen V wird als Dichte eines Körpers definiert. Er ist bei konstanten Nebenbedingungen (Druck, Temperatur usw.) in vielen Fällen konstant. Doch ist es dann nicht üblich, $m/V = \text{const} = \varrho$ als empirisch entdecktes Gesetz zu bezeichnen und nach einem Autor zu benennen.

Enden des Leiters KA. — Wir benutzen der Reihe nach verschiedene Stromquellen (z. B. einige Batterien oder Akkumulatoren) und verändern dadurch den Strom I. Dann dividieren wir zusammengehörige Zahlenwerte von U und I und finden U/I konstant. Man misst also den als Widerstand definierten Quotienten U/I (z. B. in Volt/Ampere). Für den Quotienten Volt/Ampere hat man international als Abkürzung das Wort „Ohm“ eingeführt.[K11]

K11. Als Abkürzung der Einheit „Ohm“ wird „Ω“ verwendet.

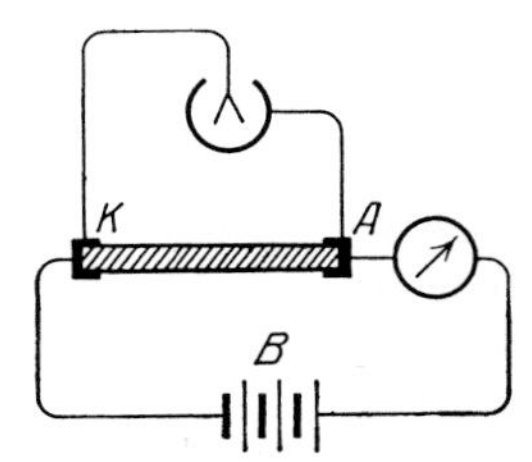

Abb. 28. Zur Messung eines Widerstandes U/I (z. B. Leiter KA eine Glühlampe) und zur Vorführung des Sonderfalles, in dem das OHM'sche Gesetz gilt. (Leiter KA z. B. ein flaches Metallband bei konstanter Temperatur)

In Abb. 28 ergebe sich beispielsweise für den Leiter KA der Quotient $U/I = 500$ Volt/Ampere. Also heißt es kurz: Der Leiter KA hat einen Widerstand $R = 500$ Ohm. Sind zwei Widerstände (siehe Fußnote 1 auf S. 10) hintereinander geschaltet (Reihenschaltung), ist der Gesamtwiderstand gleich der Summe

$$R = R_1 + R_2 \,. \tag{3}$$

Bei Parallelschaltung ergibt sich der Gesamtwiderstand nach der Gl. (G. S. OHM)

$$\frac{1}{R} = \frac{1}{R_1} + \frac{1}{R_2} \,. \tag{4}$$

Soweit die Definition des Widerstandes und das OHM'sche Gesetz.

Das OHM'*sche Gesetz ermöglicht nun eine Umeichung eines Amperemeters in ein Voltmeter.* — Die wichtigsten Strommesser enthalten in ihrem Inneren einen vom Strom durchflossenen Leitungsdraht, z. B. eine Drehspule (Abb. 19). Für ihn kennen wir den Widerstand genannten Quotienten

$$R = x \frac{\text{Volt}}{\text{Ampere}} = x \,\text{Ohm}\,;$$

in ihm ist x ein Zahlenwert. Folglich haben wir nur die Ampereeichung mit dem Faktor $R = x$ Volt/Ampere zu multiplizieren, um die Ampereeichung in eine Volteichung umzuändern.

Wir wiederholen: die stromdurchflossenen Spannungsmesser sind grundsätzlich nichts anderes als umgeeichte Strommesser. Deswegen zeichnen wir sie in unseren Schaltskizzen mit dem Schema der Abb. 17, im Unterschied zu Abb. 23, dem Schema eines statischen Voltmeters.

Die in den §§ 3 bis 8 behandelten Messinstrumente lassen ihre physikalischen Grundlagen klar erkennen. Das ist für den Lernenden von großem Vorteil.

§ 9. Einige Beispiele für Ströme und Spannungen verschiedener Größe.

a) Spannungen von der Größenordnung 1 Volt herrschen zwischen den Klemmen der elektrischen Batterien für Hausklingeln, Taschenlampen usw.

b) Einige hundert Volt beträgt die Spannung zwischen den Polen der Steckdosen. In Deutschland sind es 220 Volt (Wechselspannung siehe § 72).

c) Bei Tausenden von Volt gibt es Funken. Rund 3 000 Volt vermögen eine Luftstrecke von 1 mm zu durchschlagen.

d) Bei den Fernleitungen benutzt man Spannungen bis zu $7{,}5 \cdot 10^5$ Volt.

e) Für physikalische Zwecke werden Generatoren mit Spannungen von einigen Millionen Volt in den Handel gebracht (z. B. „Bandgeneratoren", siehe § 21).

Man braucht für viele Versuche veränderliche Spannungen. Diese kann man durch einen Kunstgriff als Bruchteile einer Höchstspannung herstellen. Man benutzt die *Spannungsteilerschaltung* (Abb. 29). Man verbindet die beiden Klemmen der Stromquelle *B* durch einen „Widerstand" genannten Apparat *KA*. Das ist im Allgemeinen ein spiralig auf eine Trommel aufgewickelter, schlecht leitender Metalldraht aus einer bestimmten Legierung. Dann herrscht zwischen den Enden *KA* des Widerstandes die volle Spannung der Stromquelle. Zwischen einem Ende des Widerstandes und der Mitte herrscht die halbe Spannung und so fort für die anderen Bruchteile. Wir schließen daher einen Draht 1 an ein Ende des Widerstandes, einen zweiten Draht 2 an einen metallischen Läufer *G*. Dann können wir, durch Verschieben des Läufers *G*, zwischen 1 und 2 jede Spannung zwischen null und der Höchstspannung herstellen. — Abb. 30 zeigt eine handliche Ausführung eines solchen Schiebewiderstandes.[K12]

K12. Bei der Berechnung der Spannung zwischen *K* und *G* muss man beachten, dass auch Stromquellen einen Widerstand haben, der ihr innerer Widerstand genannt wird und im Schema (Abb. 29) in Serie mit *B* darzustellen ist.

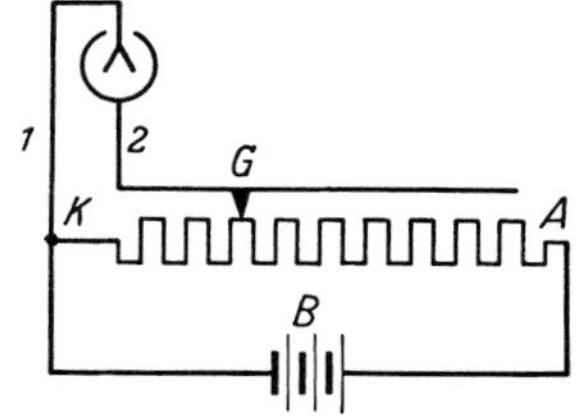

Abb. 29. Schema der Spannungsteilerschaltung (Potentiometerschaltung)[K13]

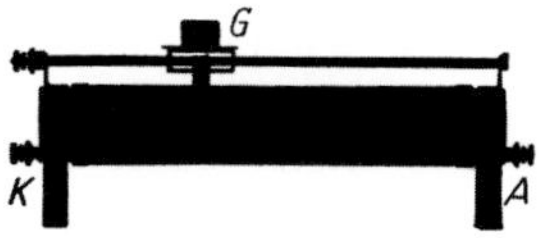

Abb. 30. Technische Ausführung eines Schiebewiderstandes mit Gleitkontakt *G*. Der Draht ist auf einen isolierenden Zylinder aufgewickelt.

K13. Das hier und in weiteren Abbildungen gezeichnete Schaltungssymbol für einen Widerstand wird heute nicht mehr verwendet. Wir haben diese Darstellung der Einfachheit halber in der vorliegenden Auflage aber beibehalten. Die Eindeutigkeit der betreffenden Abbildungen ist dadurch nicht beeinträchtigt.

Nun ein paar Beispiele für Ströme.

a) Ströme von der Größenordnung 1 Ampere durchfließen die gewöhnlichen Glühlampen der Zimmerbeleuchtung.

b) 100 Ampere ist etwa der Strom für den Wagen einer elektrischen Straßenbahn.

c) 10^{-3} Ampere nennt man 1 Milliampere. Ströme von etlichen Milliampere (etwa 3 bis 5) vermag unser Körper gerade zu spüren. Das zeigt man mit der Anordnung der Abb. 31. Die Versuchsperson ist über zwei metallische Handgriffe in den Stromkreis eingeschaltet. Die erforderliche Spannung erhöht man langsam und gleichmäßig nach dem oben erläuterten Spannungsteilerverfahren.

Abb. 31. Einschaltung einer Versuchsperson in einen Stromkreis. Strommesser nach dem Schema der Abb. 8. Die Handgriffe enthalten unsichtbare Schutzwiderstände. Sie verhindern auch bei Schaltungsfehlern eine Gefährdung der Versuchsperson.

d) Ströme von etwa 10^{-5} Ampere liefert das als *Influenzmaschine* bekannte Kinderspielzeug. Wir messen diesen Strom in Abb. 32 mit einem technischen Amperemeter. Man begegnet noch häufig einem seltsamen Vorurteil: Eine Influenzmaschine soll „statische Elektrizität" liefern, ein Amperemeter aber nur „galvanische" messen können. Einen Unterschied zwischen statischer und galvanischer Elektrizität gibt es nicht![K14]

K14. Man kann also hier und bei allen späteren Anwendungen die Influenzmaschine durch irgendeine elektronische Hochspannungsquelle („Netzgerät") ersetzen. Allerdings empfiehlt es sich dabei, genauso wie in Abb. 31, den maximalen Strom durch Einbau eines Widerstandes *R* zu begrenzen (wie z. B. im **Videofilm 5**).

Abb. 32. Messung des von einer HOLTZ'schen Influenzmaschine gelieferten Stromes mit einem Drehspulamperemeter

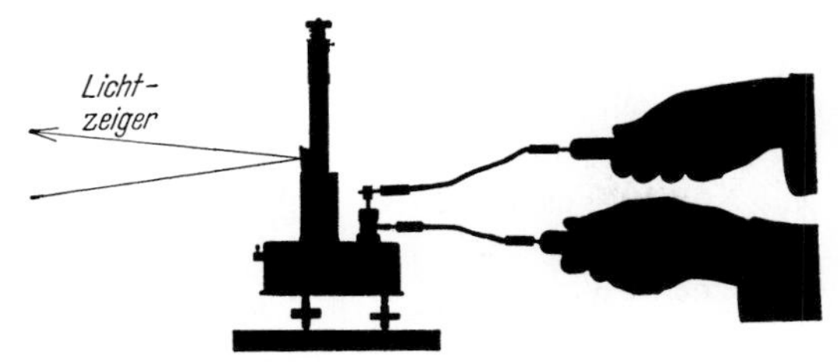

Abb. 33. Beobachtung schwacher Ströme beim Spannen der Fingermuskeln. Das Drehspulgalvanometer (Schema der Abb. 8) mit Spiegel und Lichtzeiger ist durch besonders kurze Schwingungsdauer ($T = 0{,}5$ sec) ausgezeichnet. (Dieser Strom entsteht durch Vorgänge in der Haut und nicht im Muskel!)

e) 10^{-6} Ampere nennt man 1 Mikroampere. Ströme dieser Größenordnung können wir leicht mit unserem Körper erzeugen. Wir umfassen in Abb. 33 mit beiden Händen je einen metallischen Handgriff. Von den beiden Handgriffen führen Leitungsdrähte zum Amperemeter (Spiegelgalvanometer). Bei zwangloser Haltung der Hände beobachten wir keinen Strom. Dann spannen wir die Fingermuskeln der einen Hand und beobachten am Galvanometer einen Strom der Größenordnung 10^{-6} Ampere. Beim Spannen der anderen Hand beobachten wir den gleichen Strom, aber in entgegengesetzter Richtung.

f) Gute Spiegelgalvanometer lassen Ströme bis herab zu etwa $3 \cdot 10^{-12}$ Ampere messen.[K15]

K15. Mit elektronischen Geräten kann man heute rund hundertmal kleinere Ströme messen.

Diese untere Grenze ist durch die BROWN'sche Molekularbewegung des bewegten Systems (Drehspule usw.) bestimmt. Bei noch größerer Empfindlichkeit (leichtere Spule oder feinere Aufhängung) bewegt sich der Nullpunkt des Instrumentes, wenn auch viel langsamer, so doch genauso regellos wie ein Staubteilchen in BROWN'scher Bewegung. (Bd. 1, § 73.)

§ 10. Stromstöße und ihre Messung. Sehr oft hat man es bei physikalischen Versuchen mit zeitlich konstanten Strömen zu tun. Dann stellt sich der Zeiger eines Strommessers auf einen Skalenteil ein und verharrt dort mit einem *Dauerausschlag*. Bei vielen Messungen kommen jedoch auch kurz dauernde Ströme vor, beispielsweise mit dem in Abb. 34a skizzierten Verlauf: Der Strom sinkt innerhalb einer Zeit t von seinem Anfangswert auf null hinunter. Die schraffierte Fläche hat die Bedeutung eines Zeitintegrals über den Strom ($\int I\,\mathrm{d}t$). Man gibt diesem Integral einen kurzen und treffenden Namen, nämlich *Stromstoß*. Dies Wort ist in Analogie zum *Kraftstoß* ($\int \boldsymbol{F}\,\mathrm{d}t$) in der Mechanik gebildet worden. Das einfachste Beispiel eines Stromstoßes zeigt Abb. 34b: Ein konstanter Strom I fließt während der Zeit t. Die Größe des Stromstoßes wird durch das Produkt Strom mal Zeit bestimmt, beträgt also $I \cdot t$ mit der Einheit Amperesekunden. In entsprechender Weise kann man auch durch Summation (Abb. 34c) Stromstöße von beliebigem zeitlichem Verlauf auswerten. Das ist aber zu umständlich, und so macht man es auch nur auf dem Papier.

In Wirklichkeit ist ein Stromstoß eine ganz besonders bequem messbare Größe. *Man braucht zur Messung eines Stromstoßes nur eine einzige Zeigerablesung* eines Strommessers. Der Strommesser muss in diesem Fall lediglich zwei Bedingungen erfüllen:

1. Bei *konstanten* Strömen müssen die Dauerausschläge des Zeigers *proportional* zum Strom sein. Das ist bei Drehspulgalvanometern weitgehend der Fall (§ 3). Da man diese auch als Drehpendel betrachten kann (Bd. 1, Abb. 90), bedeutet diese Proportionalität, dass die in diesen Strommessern erzeugten Kräfte zu den Strömen proportional sind. Das Gleiche gilt für die durch Stromstöße erzeugten Kraftstöße.

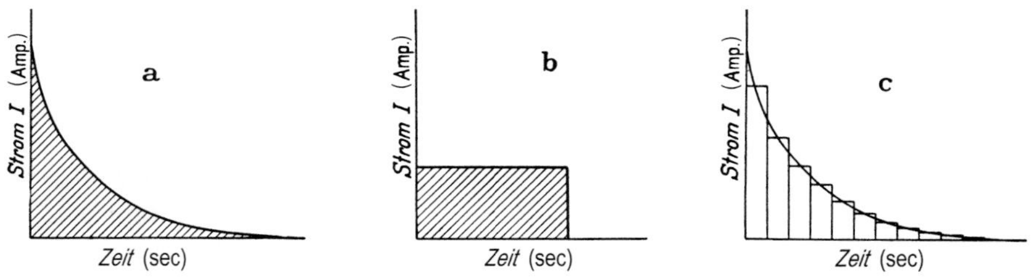

Abb. 34. Drei Beispiele für „Zeitintegrale des Stromes" oder „Stromstöße", gemessen in Amperesekunden

2. Die Schwingungsdauer des Zeigers muss groß gegenüber der Flusszeit des Stromes sein. Dann verlässt das Drehpendel seine Ruhestellung praktisch mit seiner maximalen Winkelgeschwindigkeit, die proportional zum Kraftstoß und damit auch zum Stromstoß ist. Für ein Pendel mit linearem Kraftgesetz ist die Amplitude der Geschwindigkeit u_0 proportional zur maximalen Auslenkung x_0:

$$u_0 = \omega x_0 , \tag{5}$$

wobei ω die Kreisfrequenz ist (Bd. 1, S. 35).

Man erwartet also einen konstanten Quotienten

$$\frac{\text{Stromstoß}}{\text{Stoßausschlag}} = B_\text{I} .$$

Zur Vorführung benutzen wir einen Stromstoß von rechteckiger Gestalt (Abb. 34b). Das heißt, wir schicken während kurzer, aber genau gemessener Zeiten t bekannte Ströme I durch ein langsam schwingendes Galvanometer hindurch (Schwingungsdauer 44 Sekunden). Dazu dient irgendeine elektrische Schaltuhr.

Ein bekannter Strom I geeigneter Größe wird nach dem Schaltschema der Abb. 35 hergestellt. Durch Spannungsteilung (Abb. 29) wird beispielsweise eine Spannung von 1/100 Volt hergestellt. Diese Spannung erzeugt einen Strom, der durch das Galvanometer und durch einen Widerstand von 10^6 Ohm fließt. Dieser Strom I beträgt dann nach dem Ohm'schen Gesetz (Gl. 2) 10^{-2} Volt/10^6 Ohm $= 10^{-8}$ Ampere. Mit dieser Anordnung beobachten wir Ausschläge α für verschiedene Produkte It. Wir wiederholen die Messungen dann noch mit verschiedenen Strömen. Die Zeiten t werden wieder beliebig zwischen einigen Zehnteln und etwa 2 Sekunden gestoppt.

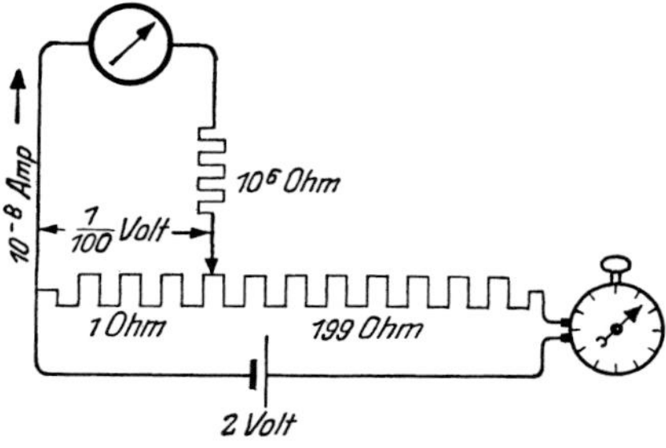

Abb. 35. Eichung der Stoßausschläge eines langsam schwingenden Strommessers in Amperesekunden

Dann bilden wir für die verschiedenen Messungen die Quotienten $B_\text{I} =$ Stromstoß It/ Stoßausschlag α und erhalten in allen Fällen den gleichen Wert, im Beispiel $B_\text{I} = 1{,}2 \cdot 10^{-8}$ Amperesekunden/Skalenteil. Damit ist die Proportionalität von Stoßausschlag und

Stromstoß für einen Stromstoß von *rechteckiger* Gestalt (Abb. 34b) erwiesen und gleichzeitig das Galvanometer ballistisch *geeicht*. Das Ergebnis lässt sich ohne weiteres verallgemeinern: Jeder beliebige Stromstoß lässt sich gemäß Abb. 34c aus rechteckigen Stromstößen zusammensetzen.

Das so ballistisch geeichte Galvanometer wollen wir zur Messung eines unbekannten Stromstoßes benutzen. Zu diesem Zweck improvisieren wir in Abb. 36 eine *Reibungselektrisiermaschine*. Statt Siegellack und Katzenfell nehmen wir die Hand des einen Beobachters und den Haarschopf des anderen. Einmal Streicheln ergibt einen Stoßausschlag von etwa 16 Skalenteilen, also einen Stromstoß von rund 10^{-7} Amperesekunden.[K16]

K16. Natürlich gibt es heute zur Messung von Strom- und Spannungsstößen auch technische Geräte großer Empfindlichkeit. Da jedoch das ballistische Galvanometer viel interessante Physik enthält (gedämpfter Oszillator, siehe Bd. 1, § 105) und für Demonstrationsexperimente im Hörsaal, wie in diesem Band in einer Reihe von Videofilmen zu sehen, besonders gut geeignet ist, erscheint seine Besprechung an dieser Stelle doch sehr sinnvoll.

Abb. 36. „Reibungselektrisiermaschine“. Gleiches Galvanometer wie in Abb. 73.

§ 11. Strom- und Spannungsmesser kleiner Einstellzeit. Die Braun'sche Röhre.

Große physikalische Errungenschaften vergangener Jahrzehnte sind heute technisches, schon der bastelfreudigen Jugend vertrautes Allgemeingut. Dahin gehört auch die Braun'*sche Röhre*[K17] (1897), ein Strom- und Spannungsmesser von minimaler Einstellzeit. Im Oszillograph, der heute zu den wichtigsten Hilfsmitteln in jedem Labor gehört, wird es zur Vorführung und Aufzeichnung rasch ablaufender Vorgänge verwendet. Der „Zeiger“ der Braun'schen Röhre besteht aus einem elektrisch ablenkbaren Elektronenstrahl, der auf einem fluoreszierenden Schirm aufgefangen wird. So können Frequenzen bis 10^{10} Hz verfolgt werden.

K17. Karl Ferdinand Braun (1858 – 1918). Heute werden Braun'sche Röhren oft durch „Flachbildschirme“ mit Flüssigkristallen ersetzt. Zur Braun'schen Röhre siehe F. Hars, „Hundert Jahre Braunsche Röhre“, Phys. Bl. **54**, 1040 (1998).

Mit Ausschlägen in zwei Koordinaten kann man gleichzeitig zwei verschiedene Größen messen, z. B. gleichzeitig zwei Ströme, zwei Spannungen, einen Strom und eine Spannung, einen Strom und eine Zeit, wobei die Zeit entweder als Länge oder als Winkel dargestellt wird, usw.

§ 12. Elektrische Messung der Energie.

Man kann heute die elektrischen Erscheinungen mit ihren zahllosen Anwendungen schlechterdings nicht mehr aus unserem Dasein fortdenken. Niemand kann im täglichen Leben ohne zwei *elektrische* Begriffe auskommen, nämlich den elektrischen Strom I und die elektrische Spannung U. Man misst beide als *elektrische* Größen mit *elektrischen* Einheiten, in Vielfachen der Einheiten Ampere und Volt. — Mithilfe dieser beiden *elektrischen* Größen misst man auch *elektrisch* die Energie. Eine Versuchsanordnung ist rechts in Abb. 37 zu sehen. Man misst die gleiche Temperaturerhöhung, wenn das Produkt UIt den gleichen Wert hat (t = Flussdauer des Stromes). Also misst dieses Produkt eine Energie mit der Einheit Voltamperesekunde:

$$W = UIt\,. \tag{6}$$

Zur Unterscheidung von anderen Energien wird diese oft Joule'sche Wärme genannt. Mithilfe des elektrischen Widerstandes $R = U/I$ erhält man die oft verwendete Form

$$W = I^2 \cdot R \cdot t = \frac{U^2}{R} \cdot t\,. \tag{7}$$

Mechanisch misst man eine Energie durch das Arbeit genannte Produkt

$$W = F\,l\,. \tag{8}$$

(Einheit Newtonmeter; eine Versuchsanordnung links in Abb. 37. — F: Kraft in Richtung des Sinkweges l.)

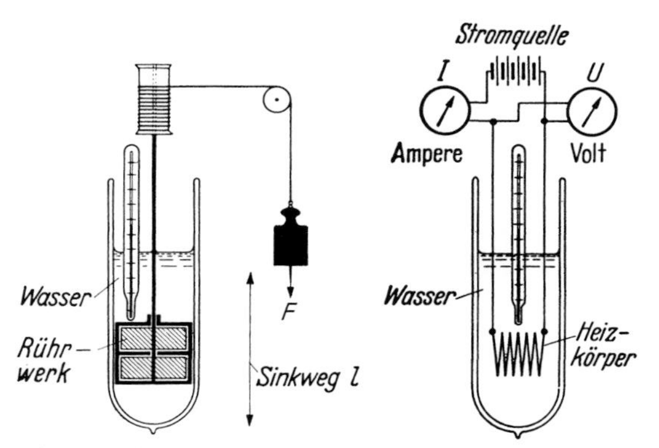

Abb. 37. Herstellung gleich großer mechanisch und elektrisch gemessener Energien mithilfe gleicher Temperaturerhöhungen in zwei gleichen Kalorimetern. Schematisch. Links: mechanische Energiezufuhr durch ein Rührwerk: ein Metallklotz, an dem die Kraft F angreift, sinkt um den Weg l. — Rechts: elektrische Energiezufuhr durch einen Heizkörper (Tauchsieder).

Eine mechanisch und eine elektrisch gemessene Energie sind dann gleich groß, wenn sie die Temperaturen zweier gleicher Kalorimeter (Abb. 37) gleich erhöhen. Das tritt im Experiment dann ein, wenn

$$F\,l = UIt \tag{9}$$

wird, d. h. die Produkte links mit der Einheit Newtonmeter, rechts mit der Einheit Voltamperesekunde *gleiche Zahlenwerte* ergeben. Infolgedessen ist

$$1 \text{ Newtonmeter} = 1 \text{ Voltamperesekunde}\,. \tag{10}$$

Diese Gleichheit der mechanischen und der elektrischen Energie*einheit* ist nicht physikalisch notwendig, sondern das Ergebnis einer sehr zweckmäßigen internationalen Vereinbarung: Man hat die Einheit Volt so festgelegt, dass Gl. (10) erfüllt wird. — Oder anders gesagt: Man verzichtet darauf, alle drei rechts in Gl. (9) stehenden Größen unabhängig voneinander als *Grund*größen zu messen. Statt dessen benutzt man den Strom bei der Messung der Spannung. Man definiert die Spannung U und ihre Einheit Volt als abgeleitete Größe mithilfe der Gl. (9). Man definiert

$$\text{Spannung } U = \frac{\text{Arbeit } F\,l}{\text{Strom } I \cdot \text{Zeit } t} \tag{11}$$

und daher

$$1 \text{ Volt} = 1\,\frac{\text{Newtonmeter}}{\text{Amperesekunde}}\,. \tag{12}$$

Analog werden in der Mechanik für das Grundgesetz, also Beschleunigung $\boldsymbol{a} = \boldsymbol{F}/m$, die Kraft $\boldsymbol{F}$ und die Masse m nicht unabhängig voneinander als Grundgrößen gemessen. Die Physik benutzt die Masse bei der Messung der Kraft. Sie definiert die Kraft als abgeleitete Größe mit der Definitionsgleichung $\boldsymbol{F} = m\boldsymbol{a}$ und der Einheit 1 Newton $= 1\,\text{kg}\,\text{m}/\text{sec}^2$.

Die elektrische Energieeinheit wird Wattsekunde genannt, also

$$1 \text{ Voltamperesekunde} = 1 \text{ Wattsekunde (Ws)}\,. \tag{13}$$

Die Praxis benutzt meist 1 Kilowattstunde = 1 Kilovoltamperestunde. Das ist eine Energie mit einem Großhandelspreis von einigen Cent.

In der Mechanik (Bd. 1, § 31) wurde der Begriff Leistung $\dot{W}$ durch die Gleichung

$$\dot{W} = \frac{\mathrm{d}W}{\mathrm{d}t} \tag{14}$$

(Arbeit W, Zeit t) definiert. Als mechanische Einheit benutzen wir 1 Newtonmeter/sec, als elektrische Einheit 1 Voltampere = 1 Watt.

II. Das elektrische Feld

§ 13. Vorbemerkung. Der Zweck des ersten Kapitels war im § 1 angegeben. Es sollte ein kurzer Überblick über die wichtigsten der heute eingebürgerten Messinstrumente für Strom und Spannung gegeben werden. Damit wurden einige Grundbegriffe der Elektrizitätslehre eingeführt. Jetzt bringen wir mit ihrer Hilfe eine systematische, im Wesentlichen historische Darstellung der Elektrizitätslehre. Wir beginnen mit dem elektrischen Feld und der elektrischen Ladung.

§ 14. Grundbeobachtungen. Elektrische Felder verschiedener Gestalt. Abb. 38 zeigt zwei parallele Metallplatten *A* und *K*. Ihre Träger enthalten Bernsteinisolatoren *B*. Wir verbinden die Platten durch zwei Drähte mit einer Stromquelle von 220 Volt Spannung[1] und dann durch zwei andere mit einem Zweifadenvoltmeter. Wir haben dann das leichtverständliche Schema der Abb. 39 links. Das Voltmeter zeigt zwischen den beiden Platten eine Spannung von 220 Volt. Als Ursache der Spannung wird man zunächst die Verbindung der beiden Platten mit der Stromquelle ansprechen. Der Versuch widerlegt diese Auffassung. Die Spannung bleibt auch nach Abschaltung der beiden zur Stromquelle führenden Leitungsdrähte erhalten (Abb. 39 rechts). Das ist höchst wichtig.

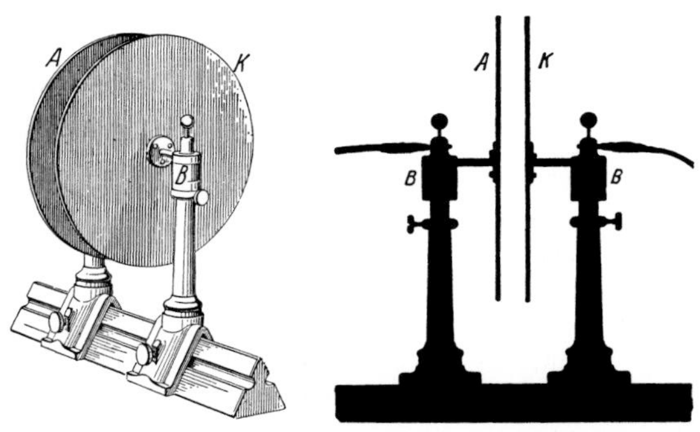

Abb. 38. Plattenkondensator mit Bernsteinisolatoren *B*, *rechts* im Schattenriss. Plattendurchmesser etwa 22 cm.

Zwei weitere Versuche in der Anordnung der Abb. 39 rechts zeigen einen starken *Einfluss des Zwischenraumes* auf die Größe der Spannung:

1. Eine Vergrößerung des Plattenabstandes erhöht, eine Verkleinerung vermindert die Spannung. Die beiden Zeiger des Zweifadenvoltmeters folgen den Abstandsänderungen mit einer eindrucksvollen Präzision. Bei der Rückkehr in die Ausgangsstellung findet man die Ausgangsspannung, in unserem Beispiel also 220 Volt.

2. Wir schieben, ohne die Platten zu berühren, irgendeine dicke Scheibe aus beliebigem Material (Metall, Hartgummi usw.) in den Zwischenraum hinein (Abb. 40). Die Spannung

[1] Heute liefert der Handel bequeme Stromquellen mit leicht einstellbarer Spannung (Netzgeräte). Im Text werden oft 220 Volt genannt. Es ist die Spannung einer großen Akkumulatorenbatterie, die dem Göttinger Hörsaal jahrzehntelang zur Verfügung stand, aber heute durch Netzgeräte ersetzt ist.

K. Lüders, R. O. Pohl (Hrsg.), *Pohls Einführung in die Physik*
DOI 10.1007/978-3-642-01628-8, © Springer 2010

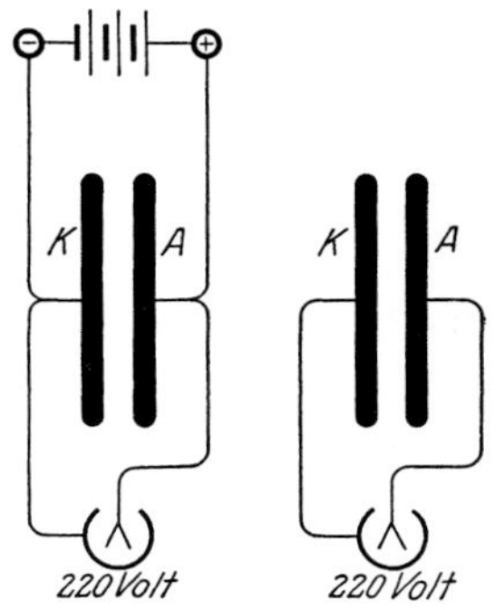

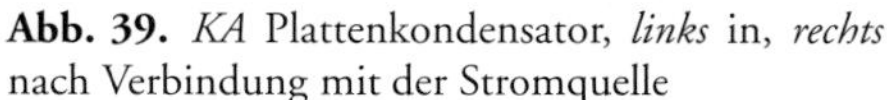

Abb. 39. *KA* Plattenkondensator, *links* in, *rechts* nach Verbindung mit der Stromquelle

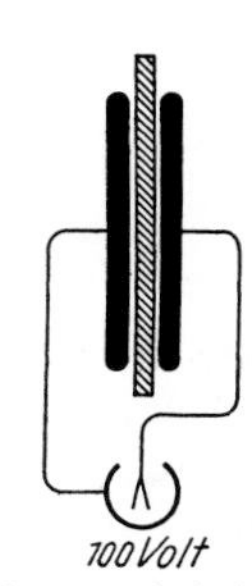

Abb. 40. Eine Platte aus beliebigem Material zwischen den Kondensatorplatten (**Videofilm 19**)

Videofilm 19:
„Materie im elektrischen Feld" Es wird gezeigt, wie durch das Einbringen verschiedener Materialien in das elektrische Feld eines von der Stromquelle abgekoppelten Plattenkondensators die Spannung abnimmt und bei Herausnahme wieder zunimmt. (Siehe Kap. XIII.)

sinkt auf einen Bruchteil herunter. Wir ziehen die Scheibe wieder heraus, und die alte Spannung von 220 Volt ist wiederhergestellt.

Im Zwischenraum treten ganz eigenartige, sonst fehlende Kräfte auf, Beispiel in Abb. 41: Zwei feine Metallhaare (vergoldete Quarzglasfäden) spreizen auseinander (im Einzelnen werden wir diesen Effekt in Kap. III untersuchen, siehe auch Abb. 76).

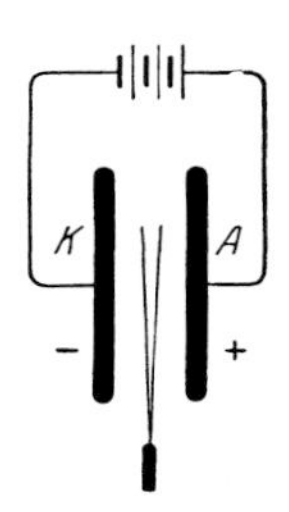

Abb. 41. Zwei vergoldete Quarzglashaare spreizen auseinander (Der Abstand der gespreizten Fäden muss klein gegen den Abstand der Platten *A* und *K* sein.)

Wir vergröbern diese Erscheinungen durch Erhöhung der Spannung: Wir ersetzen die Stromquelle durch eine kleine, schon als Kinderspielzeug erwähnte Influenzmaschine (§ 9, einige tausend Volt Spannung). Dann bringen wir etwas faserigen Staub, z. B. kleine Wattefetzen, zwischen die Platten. Die Fasern haften auf den Platten und sträuben sich. Gelegentlich fliegen sie von der einen Platte zur anderen hinüber, in der Mitte auf geraden, am Rand auf gekrümmten Bahnen. (Besonders schön im Schattenriss!)

An dies eigenartige Verhalten von Faserstaub knüpfen wir an. Wir versuchen es systematisch im ganzen Plattenzwischenraum zu beobachten. Zu diesem Zweck wiederholen wir die letzten Versuche „flächenhaft": Abb. 38 zeigte rechts einen Vertikalschnitt durch die beiden Platten *K* und *A*. Ihn ersetzen wir in Abb. 42 durch zwei auf eine Glasplatte geklebte Stanniolstreifen. Zwischen diesen erzeugen wir mit der Influenzmaschine eine Spannung von etwa 3 000 Volt. Dann stäuben wir unter vorsichtigem Klopfen irgendwelchen Faserstaub, z. B. gepulverte Gipskristalle, auf die Glasplatte. Die kleinen Kristalle ordnen sich in eigentümlicher, linienhafter Weise an, wir sehen ein Bild *elektrischer Feldlinien.* Sie gleichen äußerlich den mit Eisenfeilspänen sichtbar gemachten magnetischen Feldlinien (Abb. 1 bis 4).

Wir können diesen Versuch mannigfach abändern. Als Beispiele lassen wir die eine der beiden Platten zu einer Kugel oder einem Draht entarten. Dann bekommen wir „flächenhaft" die Bilder der Abb. 43 oder 44.

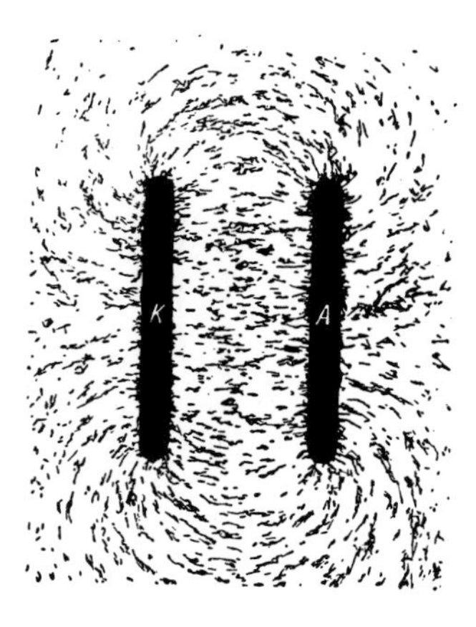

Abb. 42. Elektrische Feldlinien eines Plattenkondensators, mit Gipskristallen sichtbar gemacht (diese sowie alle folgenden Bilder elektrischer Feldlinien ohne Retusche)

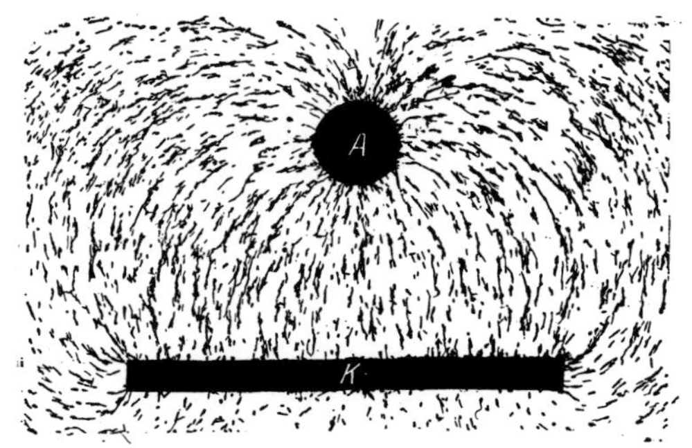

Abb. 43. Elektrische Feldlinien zwischen Platte und Kugel bzw. Draht

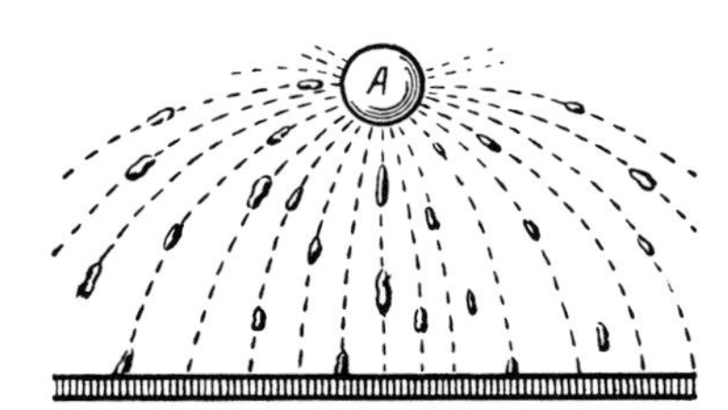

Abb. 44. Das gleiche Bild wie in Abb. 43 aus einer Darstellung von Joh. Carl Wilcke, 1777 (Flugbahnen von Blattgoldflittern). Prinzip des „elektrostatischen Spritzverfahrens" beim Lackieren.

Aufgrund der bisherigen Beobachtungen führen wir *zwei neue Begriffe* ein:

1. Zwei Leiter, zwischen denen wir eine elektrische Spannung herstellen, nennen wir einen *Kondensator*.

2. Den Raum zwischen diesen beiden Körpern, das Gebiet der Feldlinien, nennen wir ein *elektrisches Feld*.

Wir müssen die Grundvorstellungen der elektrischen Welt ebenso der *Erfahrung* entnehmen wie die Grundvorstellungen der mechanischen Welt. Wir können z. B. die Erscheinung der „Schwere" nur durch vielfältige Erfahrung kennenlernen. Sonst können wir keine Mechanik treiben. Genauso müssen wir uns anhand der Erfahrung mit der Vorstellung des elektrischen Feldes vertraut machen. Sonst können wir nie in die elektrische Welt eindringen. *Durch ein elektrisches Feld bekommt ein Raumgebiet eine zuvor fehlende Vorzugsrichtung. Diese wird uns durch die Feldlinien bildhaft nahegebracht.* Man soll am Anfang ganz naiv und unbefangen verfahren. Man möge ruhig in drastischer Vergröberung eine elektrische Feldlinie mit einer sichtbaren Kette von Faserstaub (z. B. Gipskristallen) gleichsetzen. Späterhin wird man ganz von selbst zwischen den elektrischen Feldlinien und ihrem grobanschaulichen Bild zu unterscheiden wissen.

Wir bringen noch vier *weitere Beispiele von Kondensatoren verschiedener Gestalt* und zeigen die zugehörigen Bilder der elektrischen Felder:

1. Zwei benachbarte Kugeln oder Drähte (Abb. 45 und 46).[K1]

K1. Der Begriff *Feldlinie* wurde bislang nur zur Beschreibung von experimentell beobachteten Mustern verwendet, aus denen die Existenz eines Vektorfeldes geschlossen wurde. Bei der graphischen Darstellung von Feldern, wie in Abb. 46, verwendet man darüber hinaus die Dichte der Feldlinien, um den Betrag des Feldes (Feldstärke) anzudeuten.

So wie Abb. 45 sieht etwa das Feld zwischen den Polen unserer elektrischen Leitungsanschlüsse aus. Oft wird der eine Pol einer Stromquelle dauernd leitend mit dem Erdboden verbunden. Dann haben wir

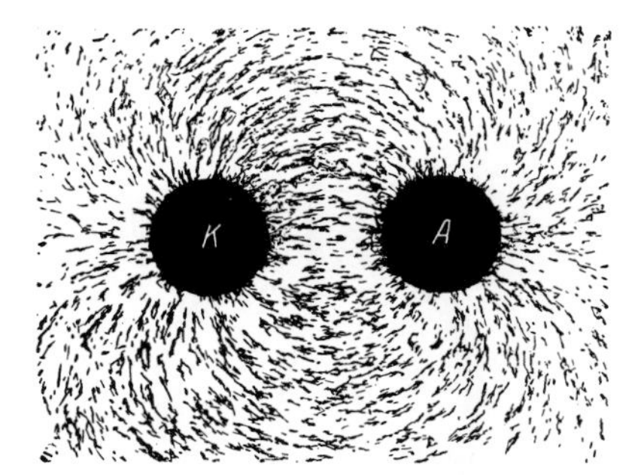

Abb. 45. Elektrische Feldlinien zwischen zwei Kugeln bzw. Paralleldrähten

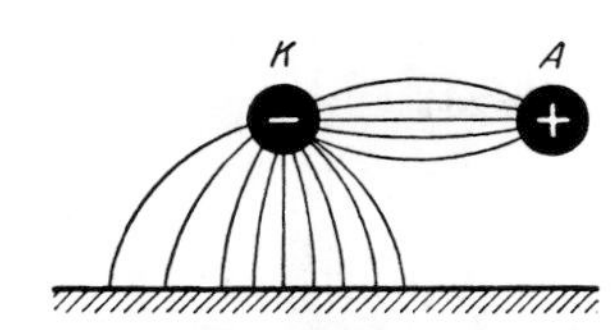

Abb. 46. Skizze der elektrischen Feldlinien zwischen den Leitungen und der Zimmerwand, wenn der eine Pol der Stromquelle *geerdet* ist, d. h., mit der Erde in leitender Verbindung steht

das in Abb. 46 skizzierte Feld. Und zwar ist in dieser Abbildung „Erdung" des positiven Pols angenommen. Bei freiliegenden Leitungen sieht man zuweilen Ansätze zu „Feldlinienbildern". Der eine Draht hat viel Staub angelagert und gleicht einer haarigen Raupe. Unter diesem Draht läuft auf der Wand ein staubiger Streifen. Er markiert die Fußpunkte der Feldlinien.

2. In Abb. 47 befindet sich rechts ein „Elektrizitätsträger", d. h. die eine Hälfte eines Kondensators, etwa eine Metallscheibe *A* oder eine Kugel. Die andere Hälfte wird vom Erdboden, den Zimmerwänden, den Möbeln und dem Experimentator gebildet. Abb. 48 bringt eine zierliche Ausführungsform, einen „Löffel am Bernsteinstiel". Später folgt in Abb. 85 das Feld für einen kugelförmigen Elektrizitätsträger.

Abb. 47. Elektrische Feldlinien zwischen einem Elektrizitätsträger (altertümlich „Konduktor") und der Umgebung. J. C. Wilcke, einer der ersten Benutzer des Plattenkondensators, sagte 1757: „Es bilden nämlich der Konduktor die eine Platte *A*, der Beobachter die andere Platte *K*."

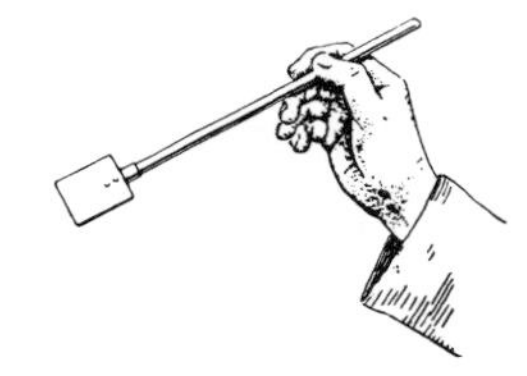

Abb. 48. „Löffel am Bernsteinstiel", „Elektrizitätsträger" oder kürzer „Ladungsträger"

3. Eine Antenne und der Rumpf eines Schiffes (Abb. 49). Man sieht die Feldlinien von der Antenne zu den Masten und dem Schiffskörper verlaufen.

4. Abb. 50 zeigt das Feldlinienbild eines statischen Voltmeters. Ein solches Voltmeter ist auch nichts anderes als ein Kondensator. Nur hat der eine der beiden Körper die Gestalt beweglicher Zeiger erhalten.

Ein Rückblick auf die vorgeführten elektrischen Felder zeigt uns zweierlei:

1. *Alle Feldlinien enden stets senkrecht auf der Oberfläche der Kondensatorkörper.*

2. Unter allen elektrischen Feldern sind zwei geometrisch durch besondere Einfachheit ausgezeichnet. *In einem hinreichend flachen Plattenkondensator ist das Feld homogen*

Abb. 49. Elektrische Feldlinien zwischen Antenne und Schiffskörper (Ein wahrhaft „historisches" Bild, denn für die heute verwendeten kurzen Radiowellen sind die Antennen zu kurzen Dipolen geschrumpft, siehe Kap. XII.)

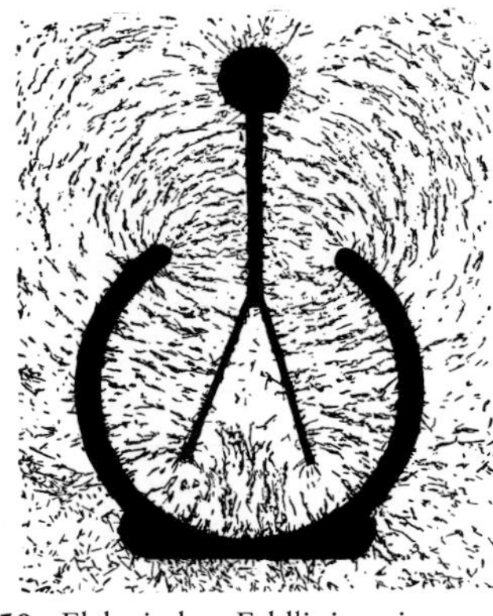

Abb. 50. Elektrische Feldlinien im statischen Voltmeter oder das Elektrometer als Kondensator

K2. Der experimentelle Nachweis der Homogenität kann prinzipiell nach der in den Abb. 59 – 61 gezeigten Methode influenzierter Ladungen erfolgen, wobei die beiden Elektrizitätsträger klein gegenüber der Plattengröße zu wählen sind. Siehe auch § 25.

(Abb. 42).[K2] Die Feldlinien verlaufen geradlinig in gleichen Abständen. — Ein kugelförmiger Elektrizitätsträger, weit vom zweiten Teil des Kondensators entfernt, liefert ein radialsymmetrisches Feld (Abb. 85).

Wir werden im Folgenden ganz überwiegend von dem homogenen Feld hinreichend flacher Plattenkondensatoren Gebrauch machen. *Als Richtung des Feldes werden wir von nun an dem allgemeinen Brauch folgend, die Richtung von Plus nach Minus angeben.*

§ 15. Das elektrische Feld im Vakuum. (Robert Boyle vor 1694). Alle im vorigen Paragraphen beschriebenen Versuche verlaufen im Hochvakuum genauso wie in Luft. Ein elektrisches Feld kann auch im leeren Raum existieren. Die Luft ist für die Beobachtungen im elektrischen Feld von ganz untergeordneter Bedeutung. Ihr Einfluss ist, von Funken und dergleichen abgesehen, nur bei sehr genauen Messungen erkennbar. Bei gewöhnlichem Atmosphärendruck werden nur etliche Zahlen in Luft um 0,06% anders beobachtet als im Hochvakuum. Dieser durch vielfache Erfahrung völlig gesicherte Befund wird durch das molekulare Bild der Luft verständlich. Abb. 51 ruft kurz das Wichtigste in Erinnerung: Sie stellt Zimmerluft bei etwa $2 \cdot 10^6$-facher Linearvergrößerung dar, und zwar als *Momentbild.* Die Moleküle sind als schwarze Punkte gezeichnet. Die Kugelgestalt ist willkürlich gewählt und gleichgültig. Der Durchmesser beträgt etwa $3 \cdot 10^{-10}$ m. Ihr mittlerer gegenseitiger Abstand ist rund zehnmal größer. Das Eigenvolumen der Luftmoleküle verschwindet also praktisch fast ganz neben der leeren Umgebung.

Wir ergänzen das Bild der Luft gleich durch eine *Zeitaufnahme* von rund 10^{-8} Sekunden Belichtungsdauer (Abb. 52). Es sind die Flugbahnen für drei Moleküle eingezeichnet, aber diesmal nur in $6 \cdot 10^4$-facher Vergrößerung. Die geraden Stücke sind die freien „Weglängen" zwischen zwei Zusammenstößen (etwa 10^{-7} m). Jeder Knick entspricht einem Zusammenstoß mit einem der nicht gezeichneten Moleküle. Die Bahngeschwindigkeit beträgt bei Zimmertemperatur im Mittel rund 500 m/sec. 1 m^3 Zimmerluft enthält rund $3 \cdot 10^{25}$ Moleküle.[1]

§ 16. Die elektrischen Ladungen. Wir fahren in der experimentellen Untersuchung des elektrischen Feldes fort und kommen zu folgendem, hier vorweggenommenem Befund:

[1] In einem Kubikzentimeter Zimmerluft sind also rund $3 \cdot 10^{19}$ Moleküle enthalten. Der Durchmesser jedes einzelnen hat die Größenordnung $3 \cdot 10^{-10}$ m. Aneinander gereiht würden sie eine Perlenkette ergeben, die man rund 200-mal um die Erde am Äquator herumwickeln kann!

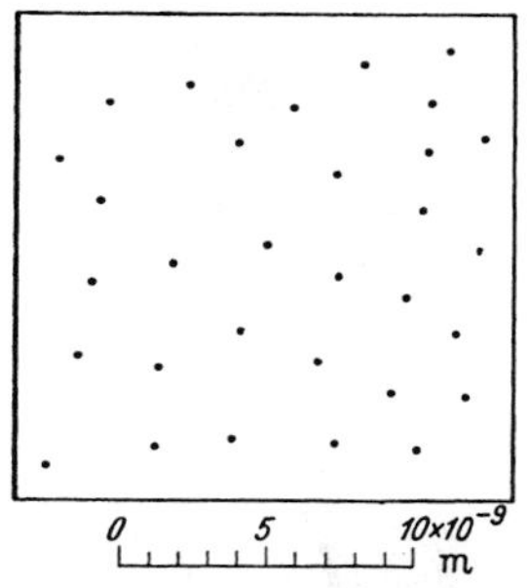

Abb. 51. Schematisches Momentbild von Zimmerluft in $2 \cdot 10^6$-facher Vergrößerung. Dargestellt ist ein Schnitt mit der Dicke $d = 4 \cdot 10^{-9}\,\text{m} = 4\,\text{nm}$.

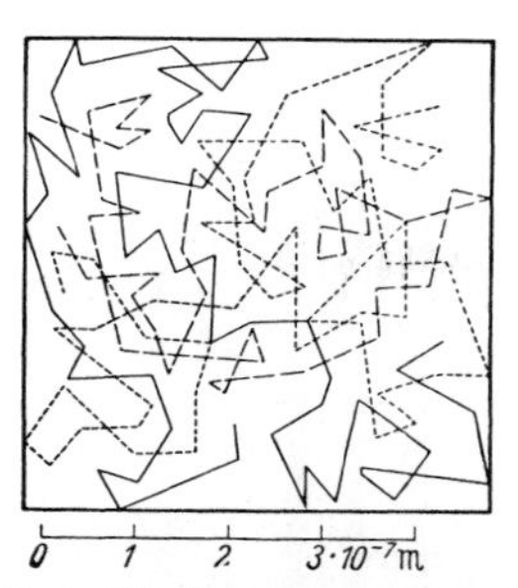

Abb. 52. Freie Weglänge von Gasmolekülen in Zimmerluft. Vergrößerung $6 \cdot 10^4$-fach. Siehe auch Bd. 1, §§ 169 u. 184.

An den Enden der Feldlinien sitzt etwas Umfüllbares oder Übertragbares. Wir nennen es elektrische Ladung. Dabei müssen wir zwei Sorten unterscheiden (Charles F. Du Fay 1733), und zwar nach einem Vorschlag von G. Ch. Lichtenberg (Göttingen 1778) mit den mathematischen Zeichen[1] + und −. Wir bringen aus einer Fülle von Versuchen zwei Beispiele:

1. In Abb. 53 ist zwischen den beiden Platten eines Kondensators durch kurzes Berühren mit der +- und −-Klemme der Stromquelle eine Spannung von 220 Volt hergestellt worden. Dann bringen wir zwischen die Platten einen scheibenförmigen Elektrizitäts- oder Ladungsträger (Abb. 48) und bewegen ihn in Richtung des Doppelpfeiles hin und her. Am Ende der Bahn lassen wir den Träger jedesmal die Plattenfläche berühren. Bei jeder solchen Übertragung sinkt die Spannung. Der Träger schleppt negative Ladung von links nach rechts und positive von rechts nach links.

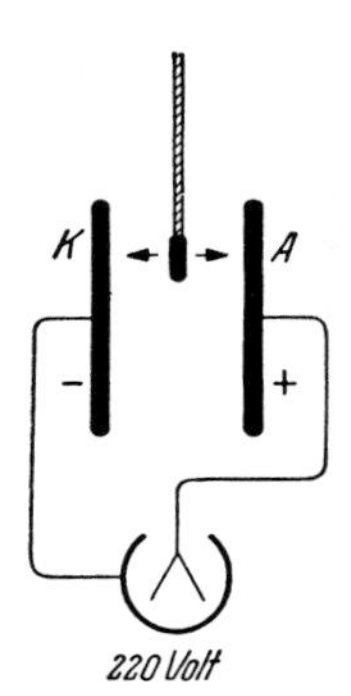

Abb. 53. Ein Elektrizitätsträger überträgt elektrische Ladungen

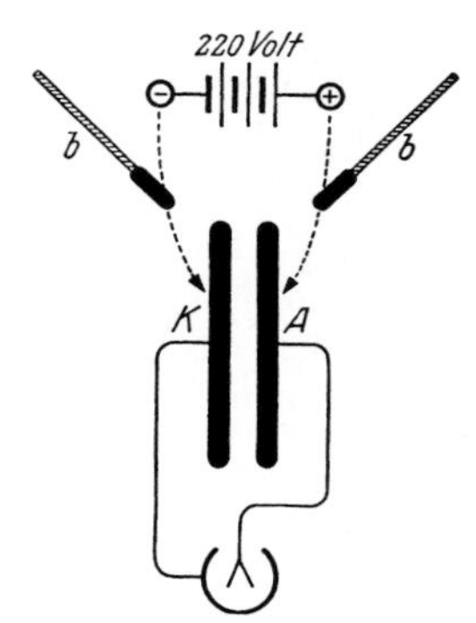

Abb. 54. Umfüllen elektrischer Ladungen von den Polen einer Stromquelle (§ 14) auf die Platten eines Kondensators

2. In Abb. 54 sehen wir oben die +- und die −-Klemme der Stromquelle, unten den Plattenkondensator mit dem Voltmeter, jedoch diesmal ohne Spannung. Dann bewegen wir zwei kleine Ladungsträger in Pfeilrichtung längs der gestrichelten Bahnen. Zwischen den Kondensatorplatten entsteht eine Spannung, und sie wächst bei jeder weiteren Übertragung. Dann überkreuzen wir die Bahnen, von der −-Klemme nach *A* und von der

[1] Sie passen ebenso gut für die Unterscheidung *zweier* verschiedener Ladungsarten (einer positiven und einer negativen), wie für einen Überschuss oder ein Defizit bei nur *einer* Ladungsart.

+-Klemme nach K: Jetzt sinkt die Spannung, es werden Ladungen vom „verkehrten" Vorzeichen übertragen. (Abb. 55 zeigt eine vereinfachte Variante dieses Versuches.)

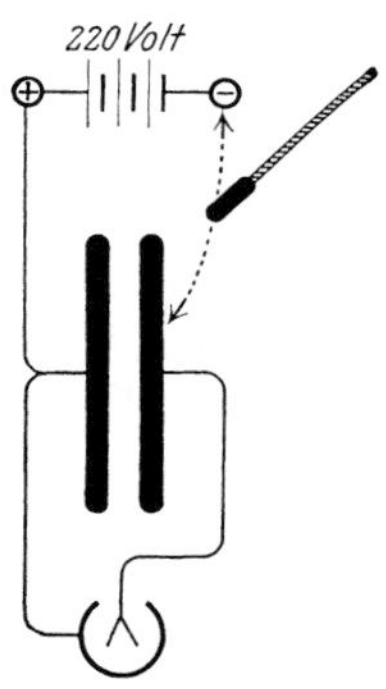

Abb. 55. Vereinfachte Variante des Versuches in Abb. 54. Die positiven Ladungen werden der linken Kondensatorplatte durch Leitung, die negativen der rechten Kondensatorplatte mit einem „Elektrizitätsträger" zugeführt.

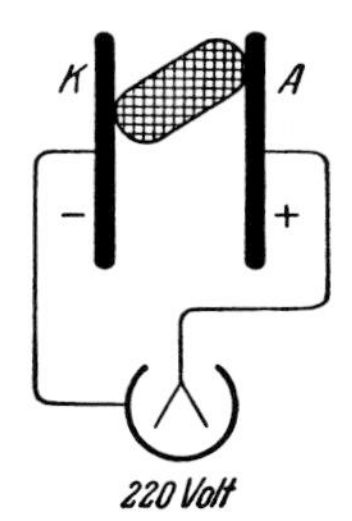

Abb. 56. Ein Körper überbrückt die beiden Kondensatorplatten

Jede elektrische Ladung kann in winzige Teilbeträge von stets reproduzierbarer Größe zerlegt werden. Die zuerst entdeckten Elementarladungen hatten negatives Vorzeichen und wurden *Elektronen* genannt (siehe § 35). Das sei der Klarheit halber schon hier vermerkt.

§ 17. Feldzerfall durch Materie. Wir stellen in üblicher Weise ein elektrisches Feld her und überbrücken dann nachträglich die Kondensatorplatten durch einen Körper (Abb. 56). Diesen Versuch führen wir nacheinander mit verschiedenen Substanzen aus, z. B. in der Reihenfolge Metall, Holz, Pappe, Taschentuch, Glas, Hartgummi, Bernstein. In allen Fällen ist das Ergebnis qualitativ das gleiche: das elektrische Feld zerfällt, die Spannung zwischen seinen Enden verschwindet. Quantitativ aber finden wir krasse Unterschiede: Metalle zerstören das Feld sehr rasch, die Fäden des Voltmeters klappen in unmessbar kurzer Zeit zusammen. Bei Holz dauert es schon einige Sekunden, bei der Pappe oder dem Gewebe noch länger. Bei Hartgummi sind viele Minuten erforderlich und bei Bernstein erfolgt der Feldzerfall erst im Verlauf von Stunden oder Tagen.

Auf diese Weise ordnet man die Körper in eine Reihe, genannt die Reihe abnehmender *Leitfähigkeit*.[K10 in Kap. I] Die Anfangsglieder der Reihe nennt man gute Leiter, die Endglieder Isolatoren.

Es gibt keinen Leiter schlechthin und keinen Isolator schlechthin. Kein Leiter ist vollkommen, er braucht zur Zerstörung des Feldes eine zwar nur sehr kurze, aber doch endliche Zeit. *Jeder Isolator leitet etwas, d. h., er zerstört das Feld, wenn auch erst in langer Zeit.*

Praktisch unbegrenzt lange könnte ein elektrisches Feld nur zwischen zwei sehr kalten Körpern existieren, die sich in einem von keinerlei Strahlung durchsetzten Vakuum befinden.

Die Unterscheidung von Leitern und Isolatoren stammt von Stephan Gray (1729), den stetigen Übergang zwischen beiden hat Franz Ulrich Theodor Aepinus (1759) gefunden.

§ 18. In Leitern können Ladungen wandern. Wir knüpfen unmittelbar an die letzten Versuche an und fragen: Wie können die ins Feld gebrachten Körper das Feld zerstören?

Eine erste, schon für viele Zwecke ausreichende Antwort ergibt sich aus einem Vergleich der Abb. 56 und 53.

In Abb. 53 wurden elektrische Ladungen durch einen *Träger* von der einen Platte zur anderen hinübergeschafft, die negativen von links nach rechts, die positiven von rechts nach links. So können sich die Ladungen paarweise vereinigen und eng zusammenlegen. Dann treten ihre Feldlinien nach außen hin nicht mehr in Erscheinung, das Feld zwischen den Kondensatorplatten verschwindet.

In Abb. 56 verschwindet das Feld bei einer *Überbrückung* der Kondensatorplatten durch einen Körper. Daraus ergibt sich zwanglos die Folgerung: Ladungen wandern, durch Kräfte im elektrischen Feld gezogen, irgendwie durch den Körper hindurch. Dabei nähern sich die positiven und negativen einander und vereinigen sich paarweise. Kurz gesagt: *In Leitern können elektrische Ladungen wandern.*

Für Isolatoren hat man dann sinngemäß das Fehlen einer nennenswerten Beweglichkeit anzunehmen. Das Experiment bestätigt diese Auffassung. Man kann das feste *Haften elektrischer Ladungen auf oder in Isolatoren* in mannigfacher Weise vorführen (s. z. B. 21. Aufl. der Elektrizitätslehre, Kap. 25). Wir beschränken uns auf zwei Beispiele:

1. Wir wiederholen den in Abb. 55 gezeigten Umfüllversuch, benutzen jedoch als Elektrizitätsträger diesmal außer der Metallscheibe auch eine Scheibe aus irgendeinem guten Isolator, z. B. Plexiglas. Außerdem nehmen wir (Abb. 57) zur Abwechslung einmal etwas gröbere Hilfsmittel: Als Stromquelle eine kleine Influenzmaschine, als Voltmeter das aus Abb. 24, S. 9, bekannte Zeigerinstrument. Beide Elektrizitätsträger verhalten sich durchaus verschieden. Ein leitender Metalllöffel braucht sowohl bei der Aufnahme als auch bei der Abgabe der Ladungen nur an einem *Punkt* zu berühren. Ganz anders beim Träger aus isolierendem Material. Bei punktweiser Berührung bekommen wir nur kleine Ausschläge am Messinstrument. Um größere Ladungen zu übertragen, müssen wir sowohl bei der Aufnahme als auch bei der Abgabe den Träger an den Klemmen oder an den Kondensatorplatten entlangstreichen. Bei der Aufnahme müssen wir nacheinander die Ladungen auf die einzelnen Teile des Trägers „aufschmieren“ und bei der Abgabe wieder „abkratzen“.

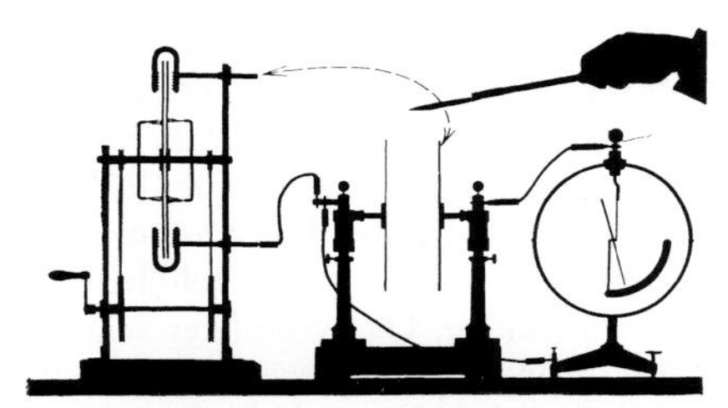

Abb. 57. Übertragung von Ladungen mit Elektrizitätsträgern aus verschiedenem Material. Links eine speziell für Schattenprojektion konstruierte Influenzmaschine.

2. Man kann auf Isolatorflächen *Flecken* elektrischer Ladungen machen. Man kann diese Flecken auch wie Fettflecken auf einem Stoff durch Einstauben sichtbar machen. Man legt z. B. eine isolierende Platte aus Glas zwischen ein Metallblech und eine Drahtspitze. Das Blech verbindet man mit dem einen Pol einer Stromquelle hoher Spannung, z. B. einer Influenzmaschine. Vom anderen Pol der Stromquelle lässt man zur Drahtspitze einen kleinen Funken überschlagen. — Zunächst sieht das Auge nichts. Die Ladungen auf der Glasplatte sind unsichtbar. Aber es geht ein elektrisches Feld von ihnen in den Raum hinaus. Wir stauben ein feines Pulver, z. B. Schwefelblume, auf die Fläche. Die Endpunkte der Feldlinien markieren sich durch den haftenden Staub, genau wie unter einer elektri-

schen Leitung über einer weißen Zimmerwand (vgl. Abb. 46). Abb. 58 zeigt das Bild einer solchen „LICHTENBERG'schen Figur" (Göttingen 1777)[1].

K3. GEORG CHRISTOPH LICHTENBERG (1742 – 1799), Professor der Experimentalphysik an der Universität Göttingen (ab 1770). Etliche Originale seiner Apparatesammlung sind heute in der historischen Sammlung des I. Physikalischen Instituts der Universität Göttingen zu sehen.

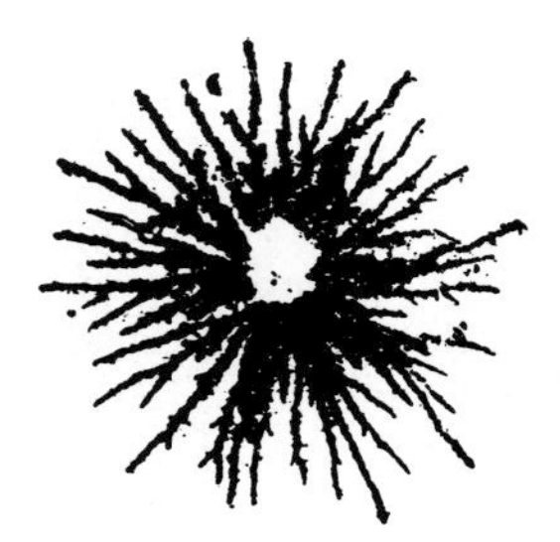

Abb. 58. Elektrischer Fleck. Derartige „LICHTENBERG'sche Figuren"[K3] lassen sich auch sehr gut auf photographischen Schichten herstellen, die man nicht einstaubt, sondern in üblicher Weise entwickelt. (**Videofilm 1**)

Videofilm 1:
„LICHTENBERG'sche Figuren" Es werden Figuren gezeigt, die entstehen, wenn negative elektrische Ladungen entweder auf die Platte aufgesprüht oder dieser entzogen werden (im letzteren Fall entsteht ein Bild ähnlich dem in Abb. 58 gezeigten). Sie werden mit den von LICHTENBERG hergestellten Bildern aus der historischen Sammlung verglichen. Zum Abschluss wird gezeigt, wie auch der Entzug von Elektronen aus dem Inneren einer Plexiglasscheibe zu den gleichen Verästelungen führt wie an der Oberfläche. Energiereiche Elektronen wurden zunächst in ca. 1 cm Tiefe in der Scheibe absorbiert. Durch seitliche Erdung flossen sie dann auf verästelten blitzähnlichen Bahnen heraus, in denen sich das Plexiglas optisch veränderte.

K4. Die Influenz spielt eine wesentliche Rolle bei der Erzeugung hoher Spannungen mit den schon mehrfach erwähnten Influenzmaschinen. Ihre Wirkungsweise ist in früheren Auflagen eingehend beschrieben worden.

§ 19. Influenz und ihre Deutung. (JOHANN CARL WILCKE, 1757). Bei den bisherigen Versuchen über den Feldzerfall haben wir die beiden Kondensatorplatten durch den Leiter überbrückt. In Fortführung der Versuche bringen wir jetzt ein *begrenztes* Leiterstück in ein elektrisches Feld. Damit gelangen wir zu der Erscheinung der Influenz.[K4] Die Influenz wird uns später das Haupthilfsmittel zum Nachweis elektrischer Felder sein (Induktionsspule, Radioantenne usw.). Jetzt bringt sie zunächst das folgende, hier vorangestellte Ergebnis: *Ein Leiter enthält stets positive und negative Ladungen, jedoch im gewöhnlichen „ungeladenen" Zustand gleich viel von beiden Vorzeichen.* Die „Ladung" eines Körpers bedeutet nur den Überschuss von Ladungen eines Vorzeichens.

Zur *Vorführung der Influenz* benutzen wir das homogene Feld eines hinreichend flachen Plattenkondensators AK (Abb. 59) und begleiten die einzelnen Schritte mit Feldlinienbildern im flächenhaften Modell. Als leitenden Körper benutzen wir eine Metallplatte. Sie ist aus zwei Scheiben (mit isolierenden Handgriffen) zusammengesetzt, die sich an einigen Punkten berühren. Die Flächen der Scheiben stehen senkrecht zu den Feldlinien. Es folgen die einzelnen Beobachtungen:

1. Wir trennen die beiden Scheiben im Feld und finden den Raum zwischen ihnen *feldfrei*, der Faserstaub zeigt keinerlei Ordnung (Abb. 60). — Deutung: Feldzerfall bedeutet, dass Ladungen, durch Kräfte im elektrischen Feld gezogen, im Leiter wandern, bis zwischen α und β kein Feld mehr vorhanden ist. Woher stammen diese Ladungen? — Unabweisbarer Schluss: Sie mussten bereits vorher in der leitenden Platte vorhanden sein, jedoch paarweise (+ und −) eng vereinigt und daher zuvor unbemerkt.

2. Wir nehmen beide Scheiben getrennt aus dem Feld heraus und verbinden sie gemäß Abb. 61 mit einem Zweifadenvoltmeter. Das Voltmeter zeigt Spannung und damit Feld an, beide Scheiben tragen Ladungen entgegengesetzten Vorzeichens. Deutung: Infolge des Feldzerfalls im Leiter mussten die Feldlinien in Abb. 59 und 60 auf den Scheibenflächen enden. Die rechte Scheibe bekam in diesen Bildern negative, die linke positive Ladung.

3. Wie sind die beiden Feldlinienbilder der Abb. 61 und 60 miteinander in Einklang zu bringen? — Antwort: Die Richtung des Feldes in Abb. 61 ist dem ursprünglichen des Kondensators AK entgegengesetzt. Die Felder heben sich in Abb. 60 also gegenseitig auf.

Das homogene elektrische Feld sollte bei den Influenzversuchen nur die Übersicht erleichtern. Im allgemeinen Fall hat man es mit inhomogenen Feldern und beliebiger Gestalt

[1] Elektrische Flecken lassen sich durch Aufsprühen von Ladungen auch auf dünnen Schichten isolierender Stoffe herstellen, deren optische Brechzahl im Sichtbaren >2 ist. Sie werden bei Belichtung leitend (siehe z. B. Kap. 25 der 21. Auflage der Elektrizitätslehre); infolgedessen werden die Flecken an belichteten Stellen zerstört: Der Staub haftet nur noch an unbelichteten Stellen, Prinzip des Xerographie genannten Kopierverfahrens.

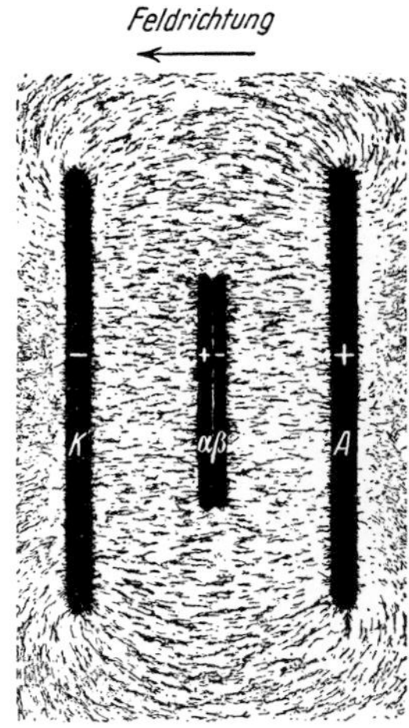

Abb. 59. Zur Entstehung der Influenz. Zwei plattenförmige Elektrizitätsträger α und β berühren sich im Feld.

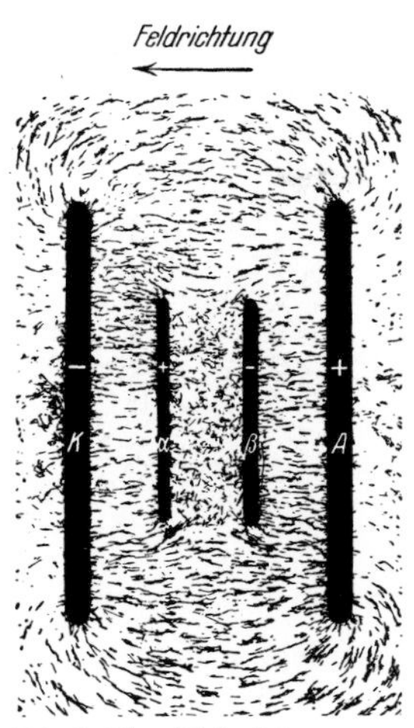

Abb. 60. Die beiden Elektrizitätsträger α und β sind im Feld getrennt worden

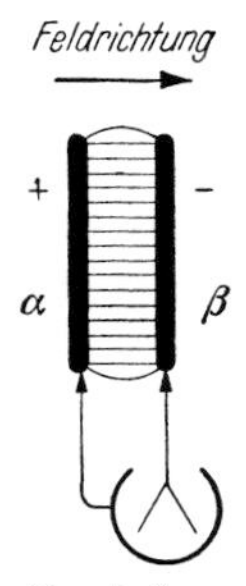

Abb. 61. Zur Influenz. Die aus dem Feld herausgenommenen Elektrizitätsträger erweisen sich als geladen.

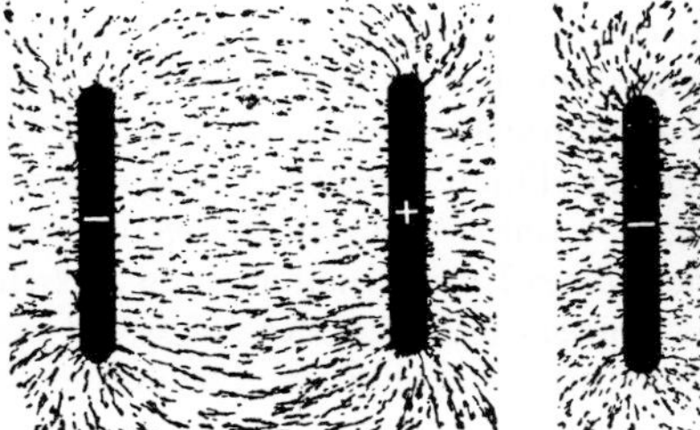

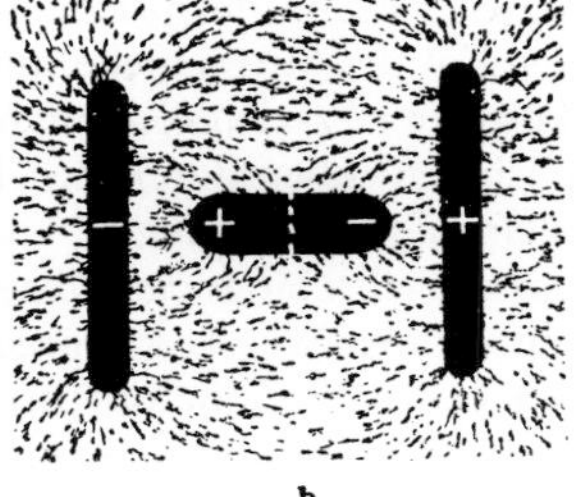

Abb. 62. Beispiel einer Influenz mit Verzerrung des elektrischen Feldes

der eingeführten Körper zu tun. Dann werden die Feldlinien nicht nur unterbrochen, sondern auch verzerrt, z. B. Abb. 62. Stets treten an den Unterbrechungsstellen der Feldlinien „influenzierte" Ladungen auf. Auch kann man sie in jedem Fall einzeln nachweisen. Man hat nur den Leiter im Feld an der richtigen Stelle in zwei Teile zu zerlegen. Das ist in Abb. 62b durch die punktierte Gerade angedeutet.

§ 20. Sitz der ruhenden Ladungen auf der Leiteroberfläche. Wir bringen jetzt, weiter experimentierend, zum dritten Mal einen leitenden Körper in ein elektrisches Feld. Das erste Mal überbrückte der Körper den Raum zwischen beiden Kondensatorplatten. Das Feld zerfiel, und wir folgerten, dass Ladungen in Leitern wandern können. Das zweite Mal stand der Körper frei im Feld, wir fanden die Trennung von Ladungen durch Influenz. Jetzt, im dritten Fall, soll der Leiter nur einen der beiden das Feld begrenzenden Körper berühren. Wir fragen: Wie verteilen sich wanderfähige Ladungen im Leiter? Die Antwort wird lauten: Sie begeben sich zur Oberfläche des Leiters und bleiben dort.

Das folgern wir zunächst aus einem flächenhaften Modellversuch mit Faserstaubfeldlinien. In Abb. 63 markieren zwei schwarze Kreisflächen die Klemmen der Stromquelle.

Das Feld zwischen ihnen glich ursprünglich dem in Abb. 45 auf S. 21 gezeigten. Jetzt aber haben wir an den negativen Pol einen Leiter in Form eines hohlen Blechkastens angeschlossen. Der Kasten hat oben ein Loch. Wir sehen alle Feldlinien auf der Oberfläche des Kastens enden. Im Inneren fehlen Feldlinien, also auch Feldlinienenden oder Ladungen.

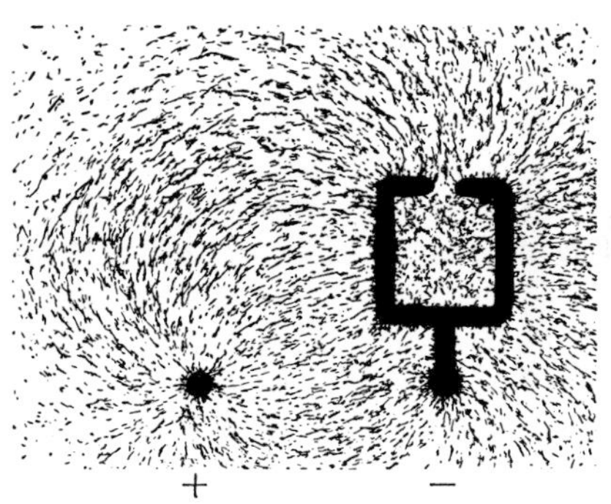

Abb. 63. Feldlinienbild zwischen einer Kugel und einem „FARADAY"-Kasten mit enger Öffnung

Dieser Modellversuch verlangt selbstverständlich eine Nachprüfung durch weitere Experimente. Wir bringen drei:

1. Abb. 64 entspricht unserem Modellversuch, nur haben wir außerdem den positiven Pol der Stromquelle mit dem Gehäuse unseres Zweifadenvoltmeters verbunden. Das Voltmeter ist ein Kondensator (Abb. 50), wir können ihm also Ladungen zuführen. Die positiven sollen durch den Draht zuwandern, die negativen hingegen sollen durch einen kleinen „Ladungsträger" („Löffel") übertragen werden (Abb. 48). Wir bewegen den Träger zunächst längs des Weges 1 und erhalten einen Ausschlag des Voltmeters. Das Gleiche gilt für den Weg 2. Hingegen überträgt der Träger auf dem Weg 3 keinerlei Ladung. Der Versuch wirkt außerordentlich verblüffend. Der Kasten steht mit der Stromquelle in leitender Verbindung. Trotzdem kann man von seiner Innenseite nicht die kleinste Ladung abschöpfen. *Auf der Innenseite des leitenden Kastens gibt es keine Ladungen.*

Praktische Anwendung: Oft muss man einen Raum gegen ein elektrisches Feld abschirmen. Die in Abb. 63 veranschaulichte Influenzerscheinung zeigt die grundsätzliche Möglichkeit: Man hat den zu schützenden Raum nur mit einer allseitig geschlossenen leitenden Hülle zu umgeben. Dann influenziert das Feld zwar auf der Außenwand der Hülle Ladungen. Das Innere der leitenden Hülle aber bleibt völlig feldfrei. Die Hülle braucht nicht einmal lückenlos geschlossen zu sein. Es genügt eine Gehäuse („FARADAY-Käfig") aus einem nicht zu weitmaschigen Drahtnetz. Das erläutert die in Abb. 65 dargestellte Anordnung.

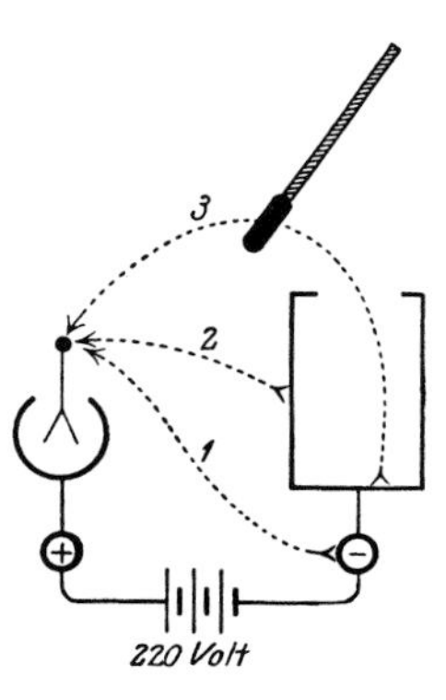

Abb. 64. Auf der Bodenfläche eines fast allseitig geschlossenen Kastens oder eines Bechers befinden sich keine Ladungen (BENJAMIN FRANKLIN, 1755)

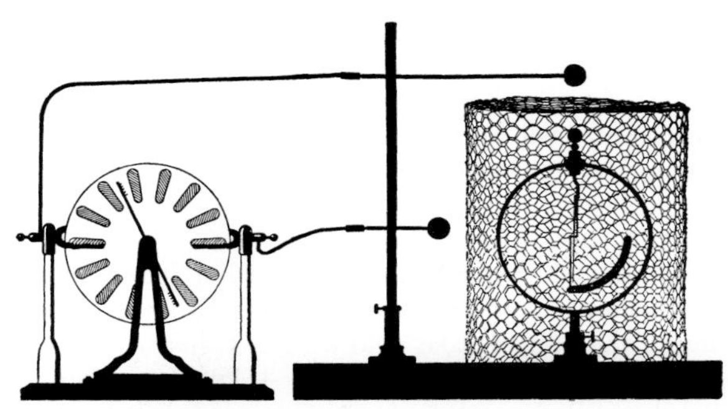

Abb. 65. Abschirmung eines elektrischen Feldes durch ein Sieb. (J. S. WAITZ, 1745.) Voltmeter wie in Abb. 24.

Ohne den Käfig zeigt das statische Voltmeter einen großen Ausschlag. Mit dem Käfig zeigt das Voltmeter keinerlei Spannung an. Das Feld kann den Innenraum des Käfigs nicht erreichen. Man kann die Spannung der Influenzmaschine steigern und zwischen den Kugeln und dem Käfig klatschende Funken überspringen lassen. Das Innere des Gehäuses bleibt funkenfrei. Denn zur Ausbildung eines Funkens muss vorher ein Feld vorhanden gewesen sein. Der Käfigschutz spielt im Laboratorium und in der Technik eine wichtige Rolle.[K5]

K5. Frühere Auflagen enthielten hier die folgende Bemerkung, über die der Autor gern im Familienkreis berichtete:

Die Technik benutzt ihn als Blitzschutz. Sie umkleidet z. B. Pulvermagazine mit einem weitmaschigen Drahtnetz. Nur darf sie nicht als weitere Sicherheitsmaßregel isoliert die Wasserleitung eines Löschhydranten einführen. Dann springt natürlich der Blitz vom Drahtkäfig durch das Haus zur Wasserleitung, und das Unglück ist da. Die Praxis hat mit solchen Anordnungen nicht gerade ruhmreiche Erfahrungen gesammelt!

Ein Hohlraum mit einem isoliert eingeführten Leiter ist ein Kondensator. Das ist später vor allem bei den schnell wechselnden Feldern der elektrischen Schwingungen zu beachten.

2. In einem zweiten Versuch setzen wir einen Kasten auf unser Voltmeter (Abb. 66). Das Voltmetergehäuse sei dauernd mit dem positiven Pol verbunden, der Kasten vorübergehend mit dem negativen. Dann zeigt das Voltmeter 220 Volt Spannung an. Wir berühren die Außenseite unseres Kastens mit dem Schöpflöffel und führen den Löffel dann etwa 1 m fort nach *a*. Das Voltmeter zeigt eine kleinere Spannung; einige der im Kasten und den Fäden gespeicherten negativen Ladungen sind mit dem Ladungsträger nach *a* gebracht worden. Dann gehen wir auf dem Weg 2 zur Innenwand des Kastens und füllen die negativen Ladungen restlos zurück. Das Voltmeter zeigt wieder 220 Volt. Als Teil der Innenwand eines Kastens vermag der Löffel keine Ladungen zu halten, wir heben ihn ohne Ladung wieder heraus.

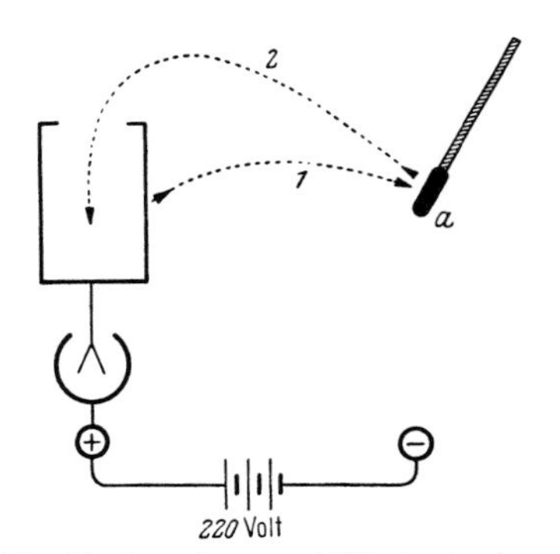

Abb. 66. Entnahme und Wiederabgabe von Ladungen mit dem Elektrizitätsträger

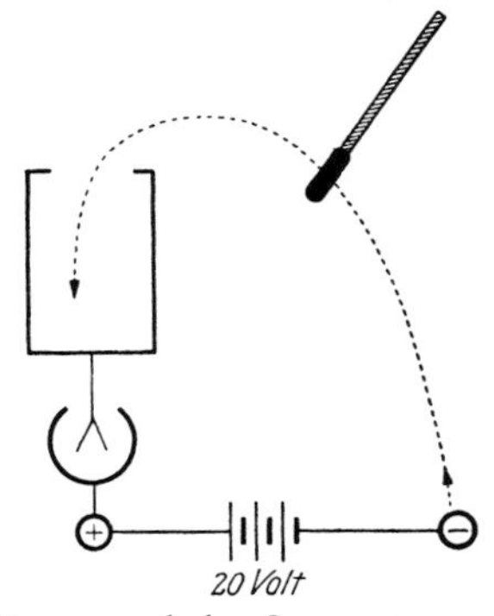

Abb. 67. Erzeugung hoher Spannungen zwischen dem Kasten und dem Voltmetergehäuse (Der Experimentator muss den Sinn der Gln. (17) und (34) kennen!)

3. Endlich ein dritter Versuch mit der gleichen Anordnung, aber einer Stromquelle von kleiner Spannung, z. B. 20 Volt in Abb. 67. Wir bewegen den Ladungsträger zwischen dem negativen Pol und der Innenwand des Kastens hin und her. Dabei können wir die

Spannung des Voltmeters beliebig erhöhen, z. B. bis etwa 400 Volt, der Messgrenze des Zweifadenvoltmeters. Grund: *Im Inneren des Kastens wird jedesmal die ganze Ladung des Löffels abgegeben.* Dieser Kunstgriff wird technisch bei der Konstruktion von Hochspannungsgeneratoren ausgenutzt, wie im nächsten Paragraphen beschrieben. Er spielt auch bei Influenzmaschinen eine wichtige Rolle.

§ 21. Stromquellen für sehr hohe Spannungen. Für Spannungen bis zu vielen Millionen Volt baut man *Bandgeneratoren* nach dem Schema der Abb. 68. Man braucht sie z. B. für künstliche Atomumwandlungen. Das Feld wird zwischen zwei großen kugelförmigen Elektroden A und K hergestellt. A wird mit dem +-Pol einer kleinen Batterie verbunden. Der andere Pol dieser Batterie „schmiert" mit einem schleifenden Pinsel 1 negative Ladungen auf einen beweglichen Elektrizitätsträger. Es ist ein endloses Band, angetrieben von einem kleinen Elektromotor. Die Ladung dieses endlosen Bandes wird im Inneren der Hohlkugel K von dem Pinsel 2 abgenommen und restlos der Kugeloberfläche zugeführt. Man hat solche Bandgeneratoren mit Kugeln bis zu mehreren Metern Durchmesser gebaut und die beobachtenden Physiker in das feldfreie Innere hineingesetzt.

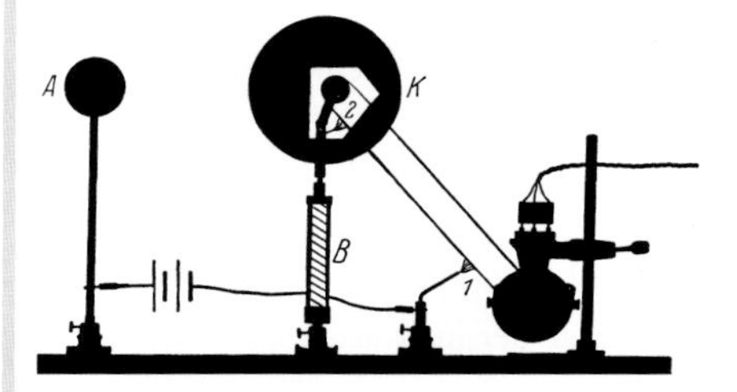

Abb. 68. Bandgenerator für hohe Spannungen ohne Sprühverluste. Das Innere der Kugel ist durch zwei Fenster sichtbar gemacht. B Isolator, unten rechts Elektromotor. Funkenlänge bis zu 30 cm, entsprechend einer Spannung von $\approx 10^6$ Volt.

Man kann die kleine Batterie verkümmern lassen und die Aufladung des Bandes durch *Reibungselektrizität* zwischen Pinsel und Band hervorrufen. Dann erhält man die alte Reibungselektrisiermaschine (Otto von Guericke, 1672) in einer kleinen technischen Variante. Der umlaufende Elektrizitätsträger ist keine Trommel oder Scheibe mehr, sondern ein endloses Band (Walkiers de St. Amand, 1784, R.J. van de Graaff, 1933). Elektrizitätsträger in Bandform lassen sich in größeren Abmessungen herstellen als in Scheibenform, und daher erhält man größere Trennwege und Spannungen.

§ 22. Strom beim Feldzerfall. Anhand unserer Beobachtungen haben wir den Feldzerfall auf eine Wanderung elektrischer Ladungen im Leiter zurückgeführt. Wir versuchen experimentell von dieser Wanderung eine nähere Kenntnis zu gewinnen und finden: *Während des Feldzerfalls fließt durch den Leiter ein elektrischer Strom.* Wir beobachten diesen Strom mit einem technischen Strommesser, z. B. einem Spiegelgalvanometer von kurzer Einstellzeit. Dazu benutzen wir in Abb. 69 einen großen, aus 100 Plattenpaaren zusammengesetzten Kondensator (insgesamt rund 8 m^2 Fläche in 2 mm Abstand, vgl. Abb. 89). An diesen legen wir in üblicher Weise eine Spannung von 220 Volt. Dann wird das Feld mit einem Leitungsdraht zerstört. In diesen Draht ist das Galvanometer eingeschaltet und außerdem ein Stückchen Holz. Dieses soll als schlechter Leiter den Feldzerfall verlangsamen und auf etwa 10 Sekunden Dauer ausdehnen. Während der ganzen Zeit dieses Feldzerfalls zeigt der Galvanometerausschlag einen Strom an. Der zeitliche Verlauf dieses Stromes ist mithilfe einer Stoppuhr in Abb. 70 aufgezeichnet. Die quantitative Behandlung folgt in § 28. Selbstverständlich kann man den kurzdauernden Strom beim Feldzerfall auch durch die Wärmewirkung oder durch Elektrolyse nachweisen. Wir zeigen beides nach dem Schema der Abb. 71 und 72.

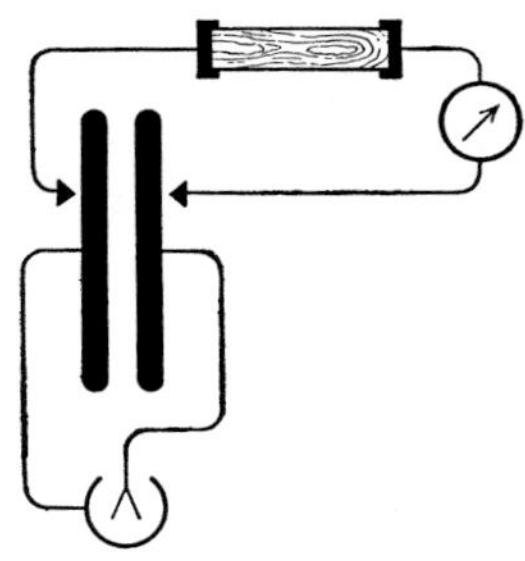

Abb. **69.** Langsamer Feldzerfall durch schlecht leitendes Holz. Statischer Eichfaktor des Galvanometers $B_\mathrm{J} \approx 2 \cdot 10^{-7}$ Amp/Skalenteil.

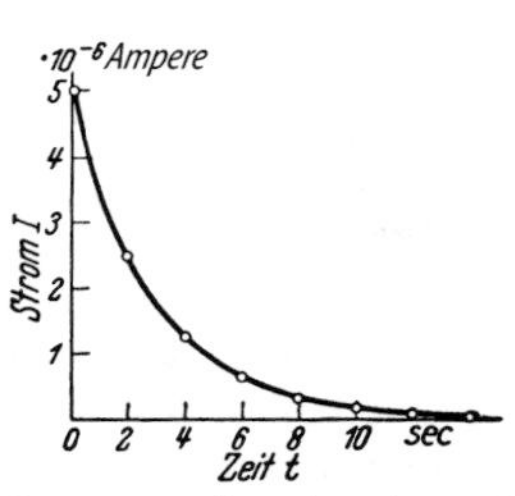

Abb. 70. Strom während des Feldzerfalls. Schnellschwingendes Galvanometer wie in Abb. 33.

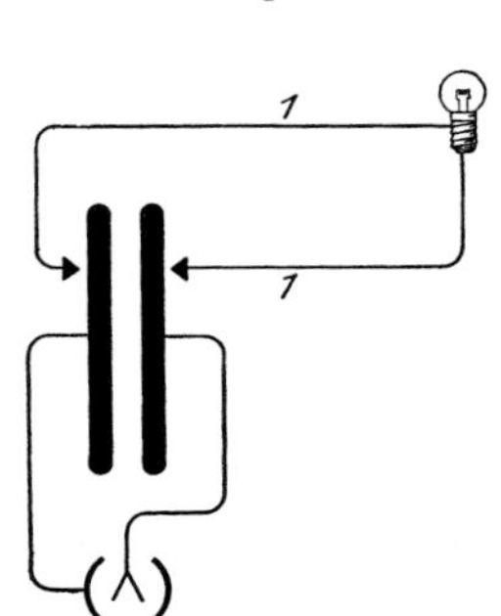

Abb. 71. Beim Feldzerfall durch einen Leitungsdraht 1 leuchtet eine eingeschaltete Glühlampe auf

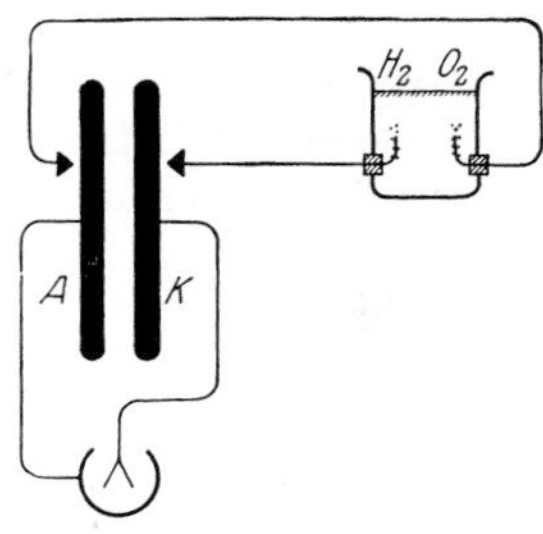

Abb. 72. Beim Feldzerfall durch einen Leitungsdraht zeigen sich in einem eingeschalteten flüssigen Leiter elektrolytische Wirkungen. (Elektrodenoberfläche $< 1\,\mathrm{mm}^2$)

§ 23. Messung elektrischer Ladungen durch Stromstöße. Zusammenhang von Ladung und Strom. Bei der Untersuchung des elektrischen Feldes haben wir den Feldzerfall mit besonderem Nutzen verfolgt: Er hat uns zu wichtigen Erscheinungen geführt: zunächst zur Influenz, dann zum Sitz der ruhenden Ladungen auf der Leiteroberfläche und endlich zum Strom im feldzerstörenden Leiter. Dieser Strom bringt uns jetzt an ein wichtiges Ziel, nämlich zur Messung elektrischer Ladungen in elektrischen Einheiten.

Wir knüpfen an Abb. 70 an, also an ein beliebiges Beispiel für den zeitlichen Verlauf des Stromes während eines Feldzerfalls. Die eingeschlossene Fläche ist das Zeitintegral des Stromes oder kurz ein Stromstoß (§ 10). Jetzt messen wir ihn beim Feldzerfall in dem kleinen, oft gebrauchten Plattenkondensator mit dem in § 10 geeichten, langsam schwingenden ballistischen Galvanometer (Abb. 73).

Diesen Versuch führen wir nacheinander mit verschiedenen Abänderungen aus. In allen Fällen werden die Platten anfänglich auf den gleichen Abstand, etwa 4 mm, eingestellt und ein Feld durch Anlegen von 220 Volt Spannung erzeugt (Zweifadenvoltmeter!). — Dann die Versuche:

1. Der zum Feldzerfall benutzte Draht enthält nur das Drehspulgalvanometer mit seiner gut leitenden Spule. Das Feld bricht in unmessbar kurzer Zeit zusammen.

2. In den Draht wird außerdem ein schlecht leitender Körper, etwa ein Stück Holz, eingeschaltet (vgl. Abb. 69). Der Feldzerfall erfordert jetzt einige Sekunden.

3. Erst wird der Plattenabstand vergrößert und die Spannung dadurch erheblich erhöht. Dann folgt die Zerstörung des Feldes, entweder ganz rasch oder durch das Holzstück verzögert.

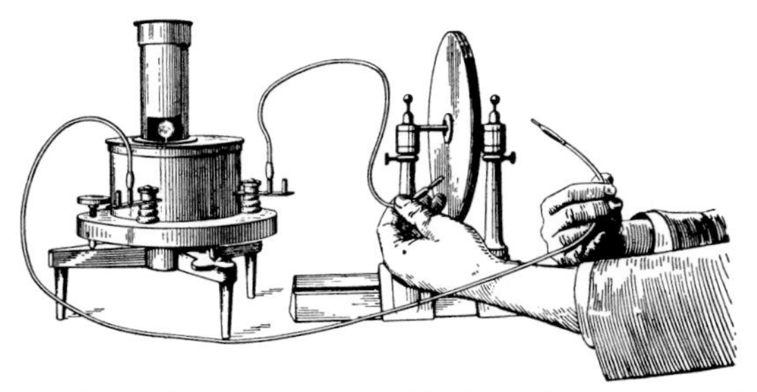

Abb. 73. Technische Ausführung des Versuches von Abb. 69. Links ein Spiegelgalvanometer. Durch das Fenster am Fuß des Turmes sieht man den Spiegel, der den Lichtzeiger auf die Skala reflektiert. Die Schwingungsdauer T dieses Galvanometers beträgt etwa 44 Sekunden. Abstand der Kondensatorplatten etwa 4 mm.

4. und 5. Weiter bringen wir im Anschluss daran gleich zwei Versuche über den Aufbau des Feldes. Wir stellen die Platten wieder auf den gleichen Abstand ein (4 mm), schalten aber diesmal das Galvanometer in einen der beiden zum Feldaufbau benutzten Leitungsdrähte (Abb. 74). Wir bauen im vierten Versuch das Feld momentan auf, im fünften nach Einschaltung eines schlechten Leiters langsam in einigen Sekunden.

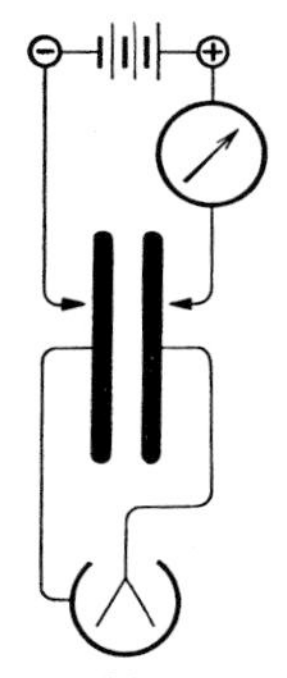

Abb. 74. Stromstoß beim Aufbau des Feldes

In *allen fünf Fällen beobachten wir Stromstöße der gleichen Größe* (im Beispiel rund 10^{-8} Amperesekunden). — Wir haben während dieser Versuche die Gestalt des Feldes geändert, die Größe seiner Spannung, wir haben es aufgebaut und zerfallen lassen, und wir haben die Zeitdauer dieser Vorgänge geändert. Was allein blieb ungeändert? Nur die den Kondensatorplatten zugeführten elektrischen Ladungen, die negativen auf der einen und die positiven auf der anderen Platte. — Daraus folgern wir: Der Stromstoß $\int I \, \mathrm{d}t$ beim Zerfall oder Aufbau eines Feldes ist ein Maß für die beiden zum Feld gehörenden elektrischen Ladungen Q. *Wir können elektrische Ladungen Q mithilfe von Stromstößen messen.*

Wir definieren die Ladung Q mit der Gleichung

$$Q = \int I \, \mathrm{d}t \tag{15}$$

(Einheit: 1 Amperesekunde (As), auch 1 Coulomb (C) genannt).

Als erstes Beispiel messen wir in Abb. 75 die *Ladung eines kleinen „Trägers"* (Löffel am Bernsteinstiel). Wir laden ihn negativ durch kurze Berührung mit dem Minuspol der Stromquelle. Zuvor schon haben wir die linke Klemme des in Amperesekunden geeichten Galvanometers mit dem Pluspol der Stromquelle verbunden. Wir führen den Träger auf einem beliebigen Weg zum rechten Anschluss des Galvanometers und beobachten einen Stromstoß von $6 \cdot 10^{-10}$ Amperesekunden. Also enthält der Träger eine negative Ladung dieser Größe.

An diese Versuche kann man die quantitative Behandlung des Leitungsmechanismus anknüpfen (siehe z. B. Kap. 15 der 21. Auflage der Elektrizitätslehre).

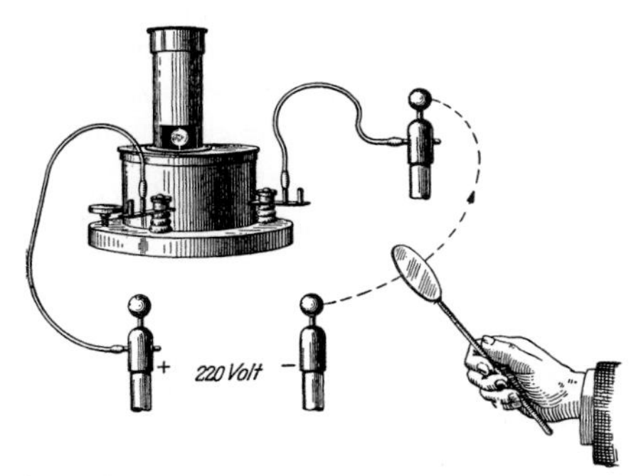

Abb. 75. Messung der Ladung eines „Elektrizitätsträgers". Galvanometer wie in Abb. 73.

§ 24. Das elektrische Feld. Auf die Messung der Ladungen folgt jetzt die Messung des elektrischen Feldes. — Das Hauptkennzeichen des elektrischen Feldes sind die durch die Feldlinien veranschaulichten *Vorzugsrichtungen*. Zur quantitativen Erfassung des elektrischen Feldes muss daher ein *Vektor* dienen. Wir nennen ihn *elektrisches Feld* $\boldsymbol{E}$. Die *Richtung* dieses Vektors ist die der Feldlinien, und zwar konventionell von + nach −. Den *Betrag* des Vektors bestimmen wir aufgrund einer geeigneten experimentellen Erfahrung. Eine solche gewinnen wir mit zwei Hilfsmitteln (Abb. 76):

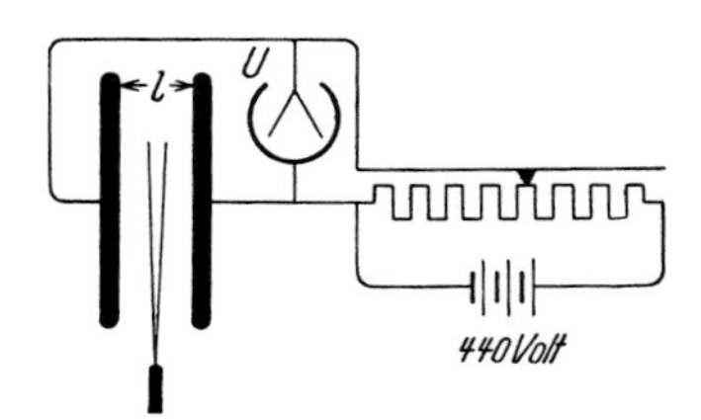

Abb. 76. Zur Definition der elektrischen Feldstärke

1. Flachen Plattenkondensatoren von verschiedener Plattengröße A und verschiedenem Plattenabstand l.

2. Einem beliebigen Indikator für das elektrische Feld (Elektroskop).

Der *Indikator* soll lediglich zwei räumlich oder zeitlich getrennte elektrische Felder als *gleich* erkennen lassen. Er soll also *nicht messen*, sondern nur die *Gleichheit* zweier Felder feststellen.

Als Indikator wählen wir die beiden kleinen[1] feinen, schon aus der Abb. 41 bekannten, vergoldeten Quarzglashaare. Wir stellen sie mit ihrer Ebene parallel zu den Feldlinien und beobachten mit einer optischen Projektion den Abstand ihrer Spitzen auf einer Skala.[2]

Bei den Versuchen können wir die Spannung zwischen den Kondensatorplatten beliebig verändern. Dazu dient uns die bekannte Spannungsteilerschaltung (Abb. 29). —

[1] Sonst würden sie die Felder unzulässig verzerren, vgl. Abb. 62b.

[2] Für Gedankenexperimente ist ein anderer Indikator vorzuziehen, nämlich ein winziger geladener Elektrizitätsträger am Arm eines Kraftmessers.

Wir benutzen der Reihe nach flache Kondensatoren von verschiedener Plattenfläche A und verschiedenen Plattenabständen l. Durch Veränderung der Spannung stellen wir jedesmal die gleiche Spreizung der Haare ein. Diese Gleichheit der Spreizung, also Gleichheit der Kraft, bedeutet Gleichheit der Felder. Auf diese Weise finden wir experimentell ein einfaches Ergebnis: Die elektrischen Felder sind gleich, sobald der Quotient U/l, also Spannung/Plattenabstand, der gleiche ist. Auf die Flächen der Platten kommt es nicht an. *Das homogene elektrische Feld eines hinreichend flachen Plattenkondensators wird durch den Quotienten U/l eindeutig bestimmt.* Aus diesem Grund benutzt man den Quotienten U/l, um zunächst für einen flachen Plattenkondensator die elektrische Feldstärke (Betrag des Vektors $\boldsymbol{E}$) zu definieren, also

$$\text{Feldstärke } E = \frac{\text{Spannung } U \text{ zwischen den Kondensatorplatten}}{\text{Abstand } l \text{ der Kondensatorplatten}} . \tag{16}$$

Als Einheit benutzen wir 1 Volt/m.

Der nächste Schritt bringt dann eine wichtige Verallgemeinerung. Durch Vergleich mit dem homogenen Feld eines flachen Plattenkondensators kann man das Feld $\boldsymbol{E}$ an beliebigen Orten eines beliebigen elektrischen Feldes messen: Man ersetzt seine einzelnen, praktisch noch homogenen Bereiche durch das *gleiche und gleichgerichtete* Feld eines flachen Plattenkondensators und bestimmt für diesen Ersatz- oder Vergleichskondensator die Richtung und den Quotienten Spannung/Plattenabstand (Gl. 16)

Aus der Vektornatur des elektrischen Feldes $\boldsymbol{E}$ folgt ein oft gebrauchter Zusammenhang: Wir haben in Abb. 77 die beiden Körper eines beliebig geformten Kondensators durch eine gebrochene Linie verbunden. Längs der einzelnen Wegelemente Δs soll das Feld noch praktisch homogen sein. Die Komponenten des Feldes in Richtung der Wegelemente Δs seien $E_1, E_2 \ldots, E_{\mathrm{m}}$. Dann wird die Summe $E_1 \Delta s_2 + E_2 \Delta s_2 + \ldots + E_{\mathrm{m}} \Delta s_{\mathrm{m}} = U_1 + U_2 + \ldots + U_{\mathrm{m}}$. Diese Summe ist aber bekannt: sie ist die Spannung zwischen den Kondensatorplatten. Also muss gelten[K6]

$$\int \boldsymbol{E} \cdot \mathrm{d}\boldsymbol{s} = U , \tag{17}$$

d. h. in Worten: *Das Linienintegral des elektrischen Feldes längs eines beliebigen Weges ist gleich der Spannung U zwischen Anfang und Ende dieses Weges.* Von dieser Beziehung werden wir im Folgenden häufig Gebrauch machen.[K7]

K6. Pohl ignoriert hier der Einfachheit halber die Frage des Vorzeichens. Da er nur von der *Spannung U* zwischen zwei Punkten redet, genügt es hier, den *Betrag* von U zu verwenden. Bei der Definition der Spannung als *Potentialdifferenz* $\Delta\varphi$ (§ 37) heißt Gl. (17) mit Berücksichtigung des Vorzeichens

$$\Delta\varphi = -\int \boldsymbol{E} \cdot \mathrm{d}\boldsymbol{s} .$$

K7. Der hier kursiv gedruckte Satz ist keineswegs trivial. Auch ist er nicht allgemein gültig, wie in Kap. VI gezeigt wird. Er gilt aber für alle in diesem Kapitel behandelten elektrischen Felder. Sie sind dadurch gekennzeichnet, dass das Linienintegral unabhängig vom Weg, auf einem geschlossenen Weg also null ist. Mathematisch lassen sie sich als Gradient eines skalaren Feldes (Potentialfeldes) darstellen. Man spricht von „konservativen Feldern" oder „Potentialfeldern".

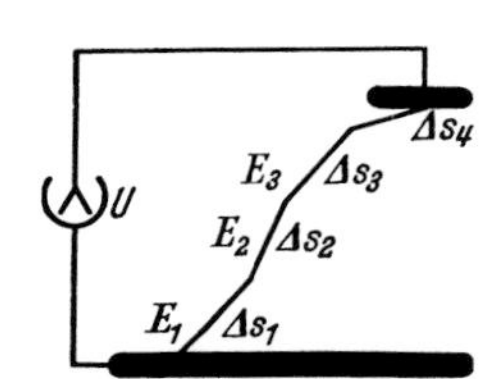

Abb. 77. Zum Wegintegral des elektrischen Feldes $\boldsymbol{E}$

Das Linienintegral wechselt sein Vorzeichen, wenn man den Weg in umgekehrter Richtung durchläuft. Es ist positiv, wenn der Weg überwiegend in der Feldrichtung (also von + nach −) durchlaufen wird (vgl. § 37).

In der Messtechnik spielt die Messung elektrischer Feldstärken eine ganz untergeordnete Rolle. *In der überwiegenden Mehrzahl der Fälle berechnet man die Feldstärke E.* Beispiele finden sich in § 27. Für das weitaus wichtigste elektrische Feld, das homogene des flachen Plattenkondensators, erledigt sich diese Rechnung durch die Definitionsgleichung (Gl. 16).

§ 25. Proportionalität von Flächendichte der Ladung und elektrischer Feldstärke. In allen uns bisher bekannten elektrischen Feldern hatten die Feldlinien Enden, und an diesen Enden saßen elektrische Ladungen. Daher ist ein quantitativer Zusammenhang zwischen Ladung Q und elektrischer Feldstärke E zu erwarten. Wir suchen ihn experimentell im geometrisch einfachsten Feld, dem homogenen des Plattenkondensators. Wir sehen einen solchen Kondensator links in Abb. 78. Die Fläche jeder seiner Platten sei A, die Spannung zwischen ihnen U und der Abstand zwischen ihnen l. Folglich ist der Betrag des elektrischen Feldes $E = U/l$. Rechts steht ein langsam schwingendes Galvanometer. Es ist ballistisch geeicht und misst die Stromstöße $\int I\,\mathrm{d}t$ beim Feldzerfall (Kontakte 1 und 2 schließen). So messen wir die beiden vom Betrag her gleich großen positiven und negativen Ladungen Q des Kondensators (z. B. in Amperesekunden).

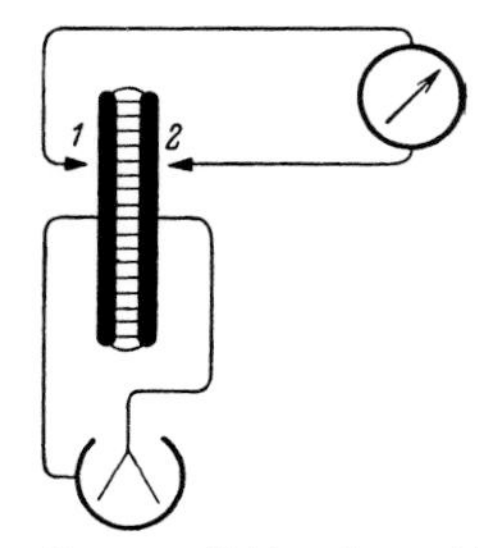

Abb. 78. Zur Proportionalität von Feldstärke und Flächendichte der Ladung

Diese Messungen wiederholen wir mehrfach für verschiedene Werte der Plattenfläche A und der Feldstärke $E = U/l$. Das Ergebnis der Messungen lautet

$$Q/A = \varepsilon_0 E\,, \tag{18}$$

oder in Worten: Die Flächendichte Q/A der Ladung auf den Kondensatorplatten ist proportional zur elektrischen Feldstärke E (ε_0 ist ein Proportionalitätsfaktor).

Die gleiche einfache Beziehung finden wir für die Flächendichte Q'/A' der *influenzierten* Ladungen. In Abb. 79 wird der Influenzversuch (§ 19) in einem homogenen Feld wiederholt, und zwar mit recht dünnen, das Feld nicht verzerrenden Metallscheiben α und β mit den Flächen A'. Links sind α und β noch in leitender Berührung, rechts sind sie schon getrennt. In Abb. 80 sind sie aus dem Feld herausgenommen und ihre Ladung Q' wird gemessen. Die Flächendichte dieser influenzierten Ladung bekommt einen eigenen Namen, nämlich *Verschiebungsdichte* D, also $D = Q'/A'$. Als Einheit benutzen wir z. B. 1 As/m^2. Die Verschiebungsdichte $\boldsymbol{D}$ ist auch ein Vektor. Man sieht das dadurch, dass die influenzierte Ladung von der Neigung der Platten gegenüber der Richtung von $\boldsymbol{E}$ abhängt. Man findet die größte induzierte Ladung, wenn die Platten senkrecht zum Feldvektor $\boldsymbol{E}$ stehen. Daraus schließt man, dass $\boldsymbol{D}$ parallel zu $\boldsymbol{E}$ liegt (Gl. 19).

Das Wort „Verschiebung" ist keine glückliche Bildung. Es sollte an die Verschiebung der Ladungen beim Feldzerfall im Influenzvorgang erinnern.[K8]

Mit der Verschiebungsdichte $\boldsymbol{D}$ nimmt die Gl. (18) die Gestalt an:[K9]

$$\boldsymbol{D} = \varepsilon_0 \boldsymbol{E}\,. \tag{19}$$

Das ist der wesentliche Inhalt des von CHARLES A. COULOMB 1785 entdeckten Gesetzes. *Es verknüpft mit einem Proportionalitätsfaktor* ε_0 *eine mit einem Stromstoß gemessene Ladungsdichte* (z. B. in As/m^2) *mit einem durch eine Spannung gemessenen elektrischen Feld* (z. B. E in Volt/m).

K8. POHL schlägt in der 21. Auflage vor, einfach nur den Ausdruck „elektrische Feldgröße $\boldsymbol{D}$" zu verwenden. $\boldsymbol{D}$ wird auch „elektrische Flussdichte" genannt.

K9. Gl. (19) bzw. (18) ist ein Sonderfall der auf S. 38 angegebenen allgemeineren Beziehung (23)

$$\frac{Q}{\varepsilon_0} = \oint \boldsymbol{E} \cdot \mathrm{d}\boldsymbol{A}\,,$$

der ersten MAXWELL'schen Gleichung in Integralform, auch GAUß'sche Formulierung des COULOMB'schen Gesetzes genannt. Den Zusammenhang mit dem COULOMB'schen Gesetz in der Form der Gl. (47) auf S. 48 sieht man, wenn man die Gleichung für die Feldstärke um eine geladene Kugel (Gl. 29 in § 27) mit obiger Gleichung vergleicht und den Ausdruck für die Kraft auf eine Ladung im elektrischen Feld, $F = QE$ (Gl. 44 aus Kap. III), verwendet. (Die differentielle Form der ersten MAXWELL'schen Gleichung findet sich am Schluss von § 26.)

Zur Geschichte der Entdeckung des COULOMB'schen Gesetzes siehe J. L. Heilbron, S. 470, zitiert in der Fußnote auf S. 42.

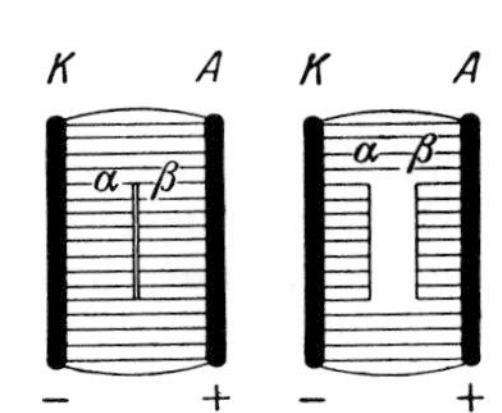

Abb. 79. Zur Messung der Verschiebungsdichte D als Flächendichte Q'/A' der influenzierten Ladung Q'. $U \approx$ 8 000 Volt.

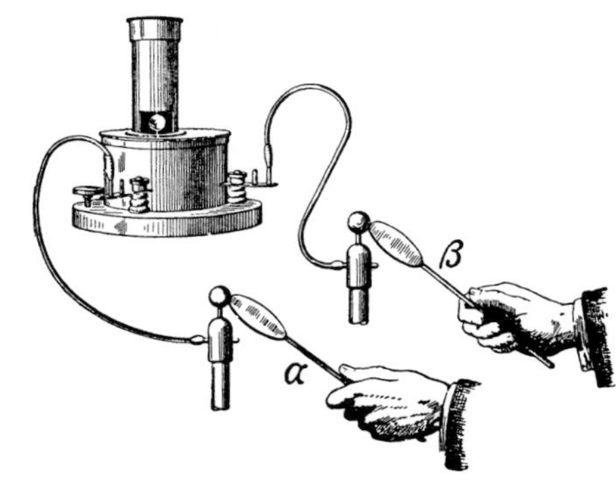

Abb. 80. Die auf den beiden Scheiben α und β influenzierten Ladungen Q' werden mit dem „Stoßausschlag" eines Galvanometers gemessen. Die Eichung des Galvanometers erfolgt ebenso wie in Abb. 35.

K10. Wenn die Größen Strom und Spannung wie hier unabhängig voneinander eingeführt werden, ist ε_0 eine experimentell zu bestimmende Konstante. Es sei aber erwähnt, dass der Wert von ε_0 heute festgelegt ist (s. Kommentar K1 in Kap. XXIII).

Für den Faktor ε_0 findet man im leeren Raum und praktisch ebenso in Luft den Wert[K10]

$$\varepsilon_0 = 8{,}854 \cdot 10^{-12} \frac{\text{As}}{\text{Vm}},$$

genannt *Influenzkonstante* oder *elektrische Feldkonstante*.

Für genaue Messungen der Influenzkonstante nimmt man statt des einfachen, in Abb. 78 skizzierten Kondensators einen solchen mit einem „Schutzring" (siehe Abb. 81). Man misst die Flächendichte nur für den inneren Teil des Kondensators und vermeidet so die Störungen durch das inhomogene Streufeld zwischen den Plattenrändern.

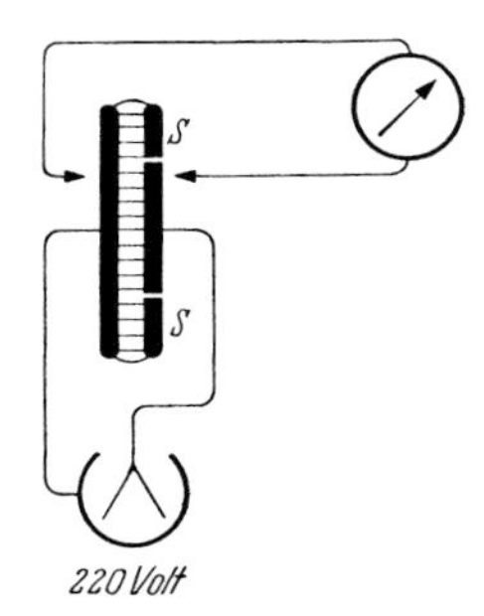

Abb. 81. Gleicher Versuch wie in Abb. 78, jedoch mit Schutzringkondensator

K11. Die Einführung zweier Vektorfelder $\boldsymbol{E}$ und $\boldsymbol{D}$, die sich nur durch einen Proportionalitätsfaktor ε_0 unterscheiden, erscheint hier unnötig. Zur Beschreibung des elektrischen Feldes im Vakuum genügt tatsächlich $\boldsymbol{E}$. In einigen Lehrbüchern wird daher ganz auf die Verwendung von $\boldsymbol{D}$ verzichtet. Bei Anwesenheit von dielektrischer Materie gilt aber der einfache Zusammenhang $\boldsymbol{D} = \varepsilon_0 \boldsymbol{E}$ nicht mehr. Hier werden oft beide Feldgrößen verwendet, (siehe Kap. XIII).

Die in Gl. (19) zusammengefasste *Erfahrungstatsache* lässt sich nach Wahl in dreierlei Weise auswerten:

1. Man betrachtet die leicht messbare Größe $\boldsymbol{D}$ als bequemes Hilfsmittel zur Messung des elektrischen Feldes $\boldsymbol{E}$, also $\boldsymbol{E} = \boldsymbol{D}/\varepsilon_0$.

2. Man betrachtet die Verschiebungsdichte $\boldsymbol{D}$ lediglich als sprachliche Abkürzung für das oft auftretende Produkt $\varepsilon_0 \boldsymbol{E}$.

3. Man betrachtet $\boldsymbol{D}$ als selbständige, der Größe $\boldsymbol{E}$ gleichwertige, zweite Größe zur quantitativen Erfassung des elektrischen Feldes.[K11]

Die Darstellung dieses Buches wird allen drei Möglichkeiten in gleicher Weise gerecht.

§ 26. Das elektrische Feld der Erde. Raumladung und Feldgefälle. Erste MAXWELL-sche Gleichung. Unsere Erde ist stets von einem elektrischen Feld $\boldsymbol{E}$ umgeben. (G. LE MONNIER, Arzt, 1752.) Es ist in ebenem Gelände senkrecht von oben nach unten gerichtet. Das Feld lässt sich leicht nachweisen und messen, und zwar mithilfe der Gl. (19). Man benutzt einen flachen, um eine horizontale Achse drehbaren Plattenkondensator (Abb. 82). Er wird im Freien aufgestellt. Seine Platten aus Aluminiumblech haben eine Fläche A von etwa $1\,\mathrm{m}^2$. Sie entsprechen den kleinen Scheiben im Influenzversuch. Von beiden Platten führt je eine Leitung zu einem Galvanometer mit Amperesekundeneichung. Wir stellen die Scheibenebene abwechselnd vertikal und horizontal, also abwechselnd parallel und senkrecht zu den Feldlinien. Bei jedem Wechsel zeigt das Galvanometer einen Stromstoß $Q = \int I\,\mathrm{d}t$ von etwa 10^{-9} Amperesekunden. Der Quotient Q/A ist die Verschiebungsdichte D des Erdfeldes. Man findet im zeitlichen Mittel

$$D = 1{,}15 \cdot 10^{-9}\,\mathrm{As/m^2}$$

oder

$$E = \frac{D}{\varepsilon_0} = 130\,\mathrm{Volt/m}\,.$$

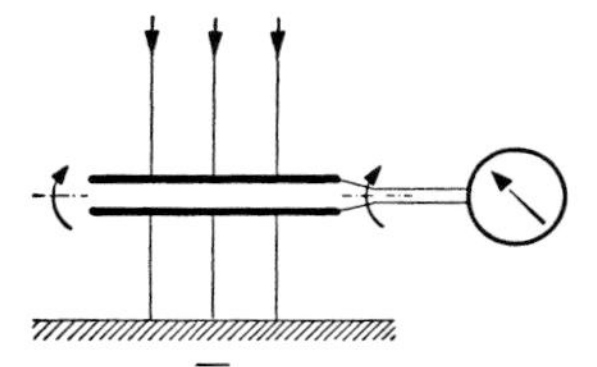

Abb. 82. Messung der Verschiebungsdichte des elektrischen Erdfeldes mit einem drehbaren Plattenkondensator **(Videofilm 2)**

Videofilm 2: „Bestimmung des elektrischen Erdfeldes" Im Experiment wird der Kondensator um 180° gedreht, wodurch der Stromstoß verdoppelt wird.

Die Erdkugel hat eine Oberfläche A_e von $5{,}1 \cdot 10^{14}\,\mathrm{m}^2$. Damit ist ihre gesamte negative Ladung $A_\mathrm{e} \cdot D \approx 6 \cdot 10^5$ Amperesekunden. Wo befinden sich die zugehörigen positiven Ladungen? Man könnte an das Fixsternsystem denken. In diesem Fall hätte man das gewöhnliche radialsymmetrische Feld einer geladenen Kugel in weitem Abstand von anderen Körpern (Abb. 85). Die elektrische Feldstärke müsste in etlichen Kilometern Höhe noch praktisch die gleiche Größe haben wie am Boden (Erdradius = 6370 km!). Davon ist aber keine Rede. Schon in 1 km Höhe ist die Feldstärke auf etwa 40 Volt/m gesunken. In 10 km Höhe misst man nur noch wenige Volt/m.

Diese Beobachtungen führen auf eine neue Art elektrischer Felder und damit auf eine fundamentale Beziehung zwischen Ladung und elektrischem Feld. Die uns bisher bekannten Felder waren beiderseits von einem festen Körper als Träger der elektrischen Ladungen begrenzt. Beim Erdfeld haben wir nur auf der einen Seite einen festen Körper, nämlich die Erde als Träger der negativen Ladung. Die positive Ladung befindet sich auf zahllosen winzigen, dem Auge unsichtbaren Trägern in der Atmosphäre. Diese Träger bilden in ihrer Gesamtheit eine Wolke positiver Raumladung (Abb. 83). Die räumliche Dichte ϱ dieser Ladung ($\mathrm{As/m^3}$) bedingt das „Gefälle" (den Gradienten) des Feldes. Es gilt

$$\varrho = \frac{\partial D}{\partial x} = \varepsilon_0 \frac{\partial E}{\partial x}\,. \qquad (20)$$

Herleitung: In Abb. 84 sind zwei homogene Feldbereiche mit der Querschnittsfläche A und den Verschiebungsdichten D und $(D + \Delta D)$ übereinander skizziert. D soll also beim Abstieg um die vertikale Wegstrecke Δx um den Betrag ΔD zunehmen. Dann folgt aus Gl. (18)

$$\varepsilon_0 \Delta E = \Delta D = \Delta Q/A \qquad (21)$$

oder

$$\varepsilon_0 \frac{\Delta E}{\Delta x} = \frac{\Delta D}{\Delta x} = \frac{\Delta Q}{A \Delta x} = \varrho\,; \tag{20}$$

denn ΔQ ist die im Volumen $A\,\Delta x$ enthaltene Ladung. Sie ist in Abb. 84 durch die +-Zeichen markiert.

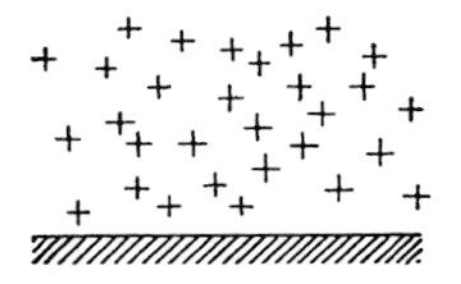

Abb. 83. Die Wolke positiver Raumladung über der negativ geladenen als Ebene angenäherten Erdoberfläche

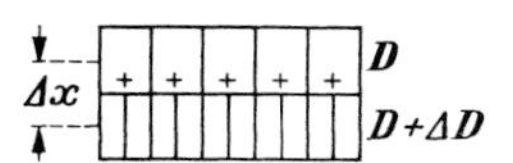

Abb. 84. Zusammenhang von Feldgradient und Raumladung

Gl. (20) ist ein auf einen Gradienten in *einer* Richtung (x-Achse) beschränkter Sonderfall der meist in der mathematischen Form

$$\operatorname{div} \boldsymbol{E} = \frac{\varrho}{\varepsilon_0} \tag{22}$$

gebrachten „elektrostatischen Grundgleichung". Sie ist eine der vier MAXWELL'schen Gleichungen (siehe § 54) und gibt den allgemeinen Zusammenhang zwischen dem Vektorfeld $\boldsymbol{E}$ und der Ladungsdichte ϱ an (Aufg. 12). In Integralform heißt sie

$$\oint \boldsymbol{E} \cdot \mathrm{d}\boldsymbol{A} = \frac{1}{\varepsilon_0} Q\,, \tag{23}$$

wobei über die geschlossene Fläche $\boldsymbol{A}$ zu integrieren ist, die die Ladung Q einschließt. Das Flächenintegral $\int \boldsymbol{E} \cdot \mathrm{d}\boldsymbol{A}$ wird auch als *elektrischer Fluss* bezeichnet.

§ 27. Kapazität von Kondensatoren und ihre Berechnung. Durch eine Zusammenfassung der beiden Gleichungen

$$\boldsymbol{D} = \varepsilon_0 \boldsymbol{E} \tag{19}$$

und

$$\int \boldsymbol{E} \cdot \mathrm{d}\boldsymbol{s} = U \tag{17}$$

berechnet man die Verteilung der elektrischen Feldstärke in Feldern beliebiger Gestalt. Dabei gelangt man zu dem physikalisch wie technisch gleich wichtigen Begriff der Kapazität. Als Kapazität[1] definiert man für jeden Kondensator den Quotienten

$$C = \frac{\text{Ladung } Q \text{ an den Feldgrenzen}}{\text{Spannung } U \text{ zwischen den Feldgrenzen}}\,. \tag{24}$$

Ihre Einheit ist 1 Amperesekunde/Volt, abgekürzt als 1 Farad (F) bezeichnet.

Q ist die elektrische Ladung an der einen Feldgrenze oder die vom Betrag her gleich große an der anderen Feldgrenze. Eine ist positiv und die andere negativ. Oft spricht man bequem, aber weniger streng, einfach von der „Ladung eines Kondensators" und demgemäß auch kurz von seiner „Aufladung" und „Entladung" (quantitativ im folgenden Paragraphen behandelt). — Wir bringen die Kapazität für einige Kondensatoren mit geometrisch einfachen Feldern:

[1] Man hüte sich vor der irreführenden Verdeutschung „Fassungsvermögen".

1. *Flacher Plattenkondensator.* In seinem homogenen Feld ist die Verschiebungsdichte D gleich der Flächendichte Q/A der beiden Kondensatorladungen. Die Gl. (16) von S. 34 ergibt als Feldstärke $E = U/l$. Beides in Gl. (19) eingesetzt, ergibt

$$C = \varepsilon_0 \frac{A}{l} \,. \tag{25}$$

Zahlenbeispiel: 2 Kreisplatten von 20 cm Durchmesser und $3{,}14 \cdot 10^{-2}\,\mathrm{m}^2$ Fläche in 4 mm Abstand:

$$C = \frac{8{,}86 \cdot 10^{-12}\,\mathrm{As} \cdot 3{,}14 \cdot 10^{-2}\,\mathrm{m}^2}{\mathrm{Vm} \cdot 4 \cdot 10^{-3}\,\mathrm{m}} = 7 \cdot 10^{-11}\,\mathrm{As/V} \text{ oder Farad}\,.$$

Auch hier, wie in § 8 für mehrere Widerstände, lohnt es sich, die Kapazität mehrerer Kondensatoren herzuleiten. Man findet leicht für zwei parallel geschaltete Kondensatoren

$$C = C_1 + C_2 \,. \tag{26}$$

Bei Reihenschaltung gilt

$$\frac{1}{C} = \frac{1}{C_1} + \frac{1}{C_2} \,. \tag{27}$$

2. *Kugelförmiger Elektrizitätsträger vom Radius r mit radialsymmetrischem Feld* (Abb. 85). Auf der Kugeloberfläche sitzt die Ladung Q. Sie erzeugt im Abstand R vom Kugelmittelpunkt die Verschiebungsdichte[K12]

$$D_\mathrm{R} = \frac{Q}{4\pi R^2} \tag{28}$$

und nach Gl. (19) die Feldstärke[K13]

$$E_\mathrm{R} = \frac{Q}{4\pi\varepsilon_0 R^2} \,. \tag{29}$$

Die Spannung U zwischen der geladenen Kugel und der sehr weit entfernten anderen Feldgrenze (z. B. Zimmerwände) erhalten wir gemäß Gl. (17) von S. 34 durch Integration. Also

$$U = \int_{R=r}^{R=\infty} E_\mathrm{R}\,\mathrm{d}R = \int_{R=r}^{R=\infty} \frac{Q\,\mathrm{d}R}{4\pi\varepsilon_0 R^2} = \frac{Q}{4\pi\varepsilon_0 r} \,. \tag{30}$$

Die Gln. (24) und (30) zusammengefasst ergeben als Kapazität eines kugelförmigen Elektrizitätsträgers

$$C = 4\pi\varepsilon_0 r \tag{31}$$

$$(4\pi\varepsilon_0 = 1{,}11 \cdot 10^{-10}\,\mathrm{As/V}).$$

„Die Kapazität einer Kugel ist proportional zu ihrem Radius.“

K12. Man kann versuchen, die Gl. (26) herzuleiten, indem man in Gedanken Paare von konzentrischen Kugelflächen in das Feld bringt und auf diesen die Dichte der influenzierten Oberflächenladungen (Verschiebungsdichten) berechnet. Wer aber eine experimentelle Herleitung vorzieht, sei auf den folgenden Kommentar K13 verwiesen.

K13. Zur experimentellen Herleitung der wichtigen Gl. (29) beginne man mit dem Experiment der Abb. 86 (**Videofilm 3**), das man mit Kugeln verschiedener Radien ausführe. Dabei findet man durch die Messung der Kapazität $C(r)$ in Abhängigkeit vom Kugelradius r die Gl. (31), also

$$U = \frac{Q}{4\pi\varepsilon_0 r} \,.$$

Daraus folgt wegen Gl. (30),

$$U = \int_{R=r}^{R=\infty} E_\mathrm{R}\,\mathrm{d}R \,,$$

durch Differentiation die Gl. (29) (wegen des Vorzeichens siehe Kommentar K6). Die große Bedeutung dieser Gleichung liegt darin, dass sie prinzipiell für Radien jeder Größe, also auch für kleine r („Punktladungen") experimentell bewiesen ist. Daher kann man durch Superposition von vielen solchen Punktladungen elektrische Felder und Potentiale (Kap. III) beliebiger bekannter Ladungsverteilungen berechnen.

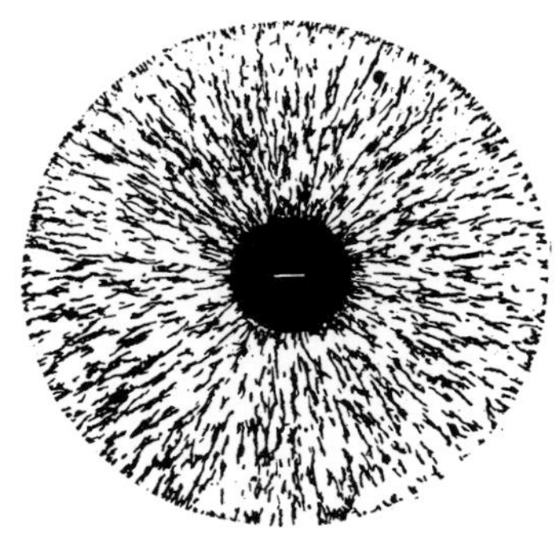

Abb. 85. Radialsymmetrische elektrische Feldlinien zwischen einer negativ geladenen Kugel und sehr weit entfernten positiven Ladungen

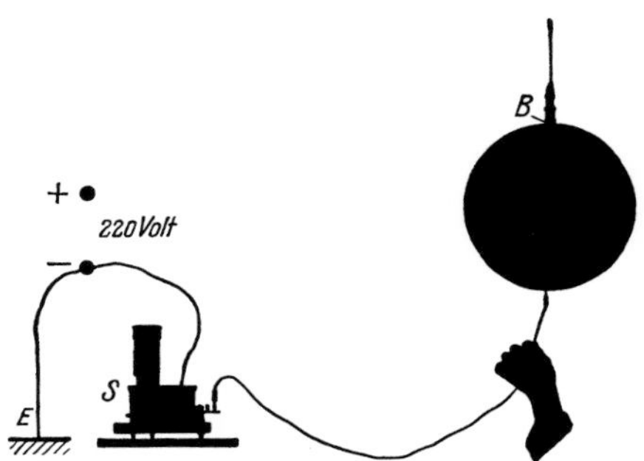

Abb. 86. Messung der Kapazität eines aus Kugel und Hörsaalboden gebildeten Kondensators. Zur Aufladung wird die Kugel aus Pappe vorübergehend mit dem +-Pol der Stromquelle verbunden ($U = 220$ Volt). Der negative Pol der Stromquelle wurde schon vorher leitend mit dem Erdboden E verbunden („geerdet"). Eichung des Galvanometers S in Amperesekunden gemäß Abb. 35. B: Bernsteinisolator. **(Videofilm 3)**

Videofilm 3:
„Kapazität einer Kugel" Der Globus (Radius $r = 0{,}27$ m) wird mit 10^3 V aufgeladen. Der Stromstoß bei der Entladung erzeugt einen Ausschlag des ballistischen Galvanometers von 3,7 Skalenteilen, entsprechend $4 \cdot 10^{-8}$ As. Verdoppelung der Spannung verdoppelt die gemessene Ladung. Es ergibt sich für die Kapazität $C = 4 \cdot 10^{-11}$ Farad.
Die nach Gl. (31) berechnete Kapazität ist $3 \cdot 10^{-11}$ Farad.

In Abb. 86 messen wir zur Prüfung der Gl. (31) die Kapazität C eines isoliert aufgehängten Globus aus Pappe. Dazu genügt schon eine Spannung von 220 Volt.

Unsere Erde hat einen Radius von $r = 6{,}37 \cdot 10^6$ m. Sie bildet daher nach Gl. (31) mit dem Fixsternsystem einen Kondensator mit einer Kapazität von 708 Mikrofarad (μF).

In genau entsprechender Weise berechnet man auch für elektrische Felder von komplizierterer Gestalt, jedoch hinreichend großer Symmetrie, die räumliche Verteilung der Feldstärke und die Kapazität.[1]

Für einen Überblick in komplizierten Feldern sei ein nützlicher Hinweis gegeben: Die Zusammenfassung der Gln. (29) und (30) ergibt als Feldstärke unmittelbar an der Kugeloberfläche (dort $R = r$!)

$$E_r = U/r\,. \tag{34}$$

Man kann jede scharfe Ecke oder Spitze in erster Näherung als Kugeloberfläche mit kleinem Krümmungsradius r betrachten. Nach Gl. (34) sind für eine Kugel Feldstärke E an ihrer Oberfläche und Krümmungsradius r umgekehrt proportional zueinander. Daher hat man in der Nähe von Ecken und Spitzen der Kondensatorgrenzen schon bei kleinen Spannungen sehr hohe Feldstärken. Die Luft verliert bei hohen Feldstärken ihr Isolationsvermögen, sie wird leitend. Ein violettes Aufleuchten zeigt dabei tiefgreifende Veränderungen in den Molekülen der Luft. Außerdem entsteht ein *elektrischer Wind*: Er bläst von der Spitze fortgerichtet und ist ein erstes Beispiel für einen *Materietransport*, der mit einem elektrischen Strom verknüpft ist.

Die abströmende Luft wird durch seitlich einströmende ersetzt. Diese wird von der Spitze fort beschleunigt. Dabei wirkt auf die Spitze eine Gegenkraft. Sie versetzt z. B. das in Abb. 87 skizzierte „Flugrad" in Drehung. Die Spannung zwischen Rad und Zimmerwänden braucht nur wenige tausend Volt zu betragen.[K14]

K14. Eine geplante Anwendung dieses Materietransports ist ein Raketenantrieb durch Ionenstrahlen beim Raumflug.

---

[1] Beispiele:

$$\text{2 konzentrische Kugeln: } C = 4\pi\varepsilon_0 \frac{r_1 r_2}{r_2 - r_1}\,, \tag{32}$$

$$\text{2 koaxiale Zylinder der Länge } a\text{: } C = 2\pi\varepsilon_0 \frac{a}{\ln(r_2/r_1)}\,. \tag{33}$$

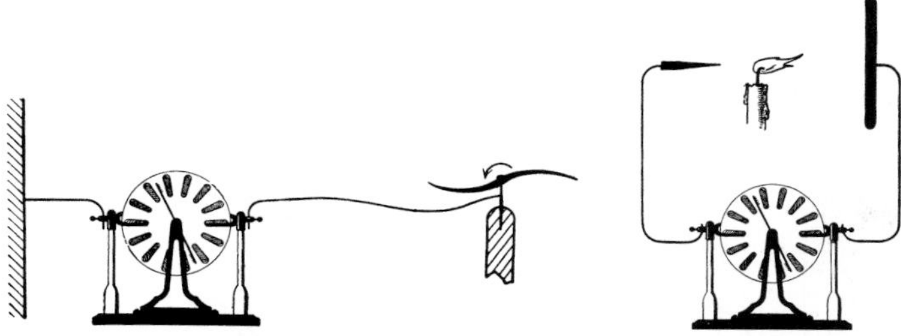

Abb. 87. Links: Flugrad (ANDREAS GORDON, 1712–1751). **(Videofilm 4)**. Rechts: Ionenwind. Besonders wirksam im Schattenbild. — Lehrreiche Variante: Man hängt einen leichten, aus einer Spitze und einem Ring starr zusammengesetzten Kondensator an zwei dünnen Zuleitungen auf; dies „Pendel" schlägt aus, sobald der Strahl des elektrischen Windes durch den Ring hindurchbläst.

Videofilm 4: „Elektrischer Wind"

Von Einzelheiten abgesehen, geschieht dasselbe wie beim *Flugzeug*: Bei ihm wird durch Propeller oder Gebläse seitlich einströmende Luft beschleunigt und nach hinten als Strahl fortgeblasen. Die dem Strahl entgegengerichtete Gegenkraft beschleunigt das Flugzeug beim Start und bewirkt hinterher, dass es trotz der unvermeidlichen Reibungs-Widerstände eine konstante Geschwindigkeit aufrechterhalten kann (Bd. 1, §§ 40 und 95).

§ 28. Aufladung und Entladung eines Kondensators. Der zeitliche Verlauf der Entladung eines Kondensators wurde schon in Abb. 70 gezeigt. Zu seiner quantitativen Untersuchung benutzen wir das rechts oben in Abb. 88 skizzierte Schaltbild. Wie man ihm entnehmen kann, fällt die Spannung über dem Kondensator und dem Widerstand ab:

$$U = U_{\mathrm{C}} + U_{\mathrm{R}} = \frac{Q}{C} + RI\,, \tag{35}$$

also

$$U = \frac{Q}{C} + R\frac{\mathrm{d}Q}{\mathrm{d}t}\,. \tag{36}$$

Diese Differentialgleichung hat die Lösungen

$$Q = Q_0 \mathrm{e}^{-\frac{t}{RC}} \quad \text{und} \quad I = -\frac{Q_0}{RC}\mathrm{e}^{-\frac{t}{RC}} \tag{37}$$

bei der Entladung ($U = 0$)[K15], und

$$Q = Q_0\left(1 - \mathrm{e}^{-\frac{t}{RC}}\right) \quad \text{und} \quad I = \frac{Q_0}{RC}\mathrm{e}^{-\frac{t}{RC}} \tag{38}$$

bei der Aufladung ($U = U_0$), wie man durch Einsetzen in Gl. (36) zeigen kann (einfache Differentialgleichungen löst man am besten mit diesem Rezept: Man rät eine Lösung und prüft diese dann durch Einsetzen). Die Zeit $\tau_{\mathrm{r}} = RC$ heißt *Relaxationszeit*. Mit ihrer Hilfe misst man Widerstände, die die Größenordnung 10^7 Ohm überschreiten.

K15. Dieses Resultat gilt offenbar nicht für $R = 0$, da sich demnach der Kondensator in unendlich kurzer Zeit entladen würde, ohne dass die darin enthaltene Energie in JOULE'sche Wärme umgewandelt werden kann. Der Strom wird in diesem Fall durch andere, in Gl. (36) nicht berücksichtigte Eigenschaften der Schaltung bestimmt, die zu Schwingungen führen (s. § 80).

§ 29. Kondensatoren verschiedener Bauart. Dielektrika und ihre Polarisation. Wir haben Kondensatoren praktisch bisher nur in zwei Ausführungsformen benutzt. Sie bestanden entweder aus einem Plattenpaar (Abb. 38) oder aus mehreren Plattenpaaren (Abb. 89). Eine Variante dieser Mehrplattenkondensatoren ist der Drehkondensator (Abb. 90). Man kann durch eine Drehung die Platten mit verschiedenen Bruchteilen ihrer Fläche einander gegenüberstellen und so die Kapazität des Kondensators verändern.

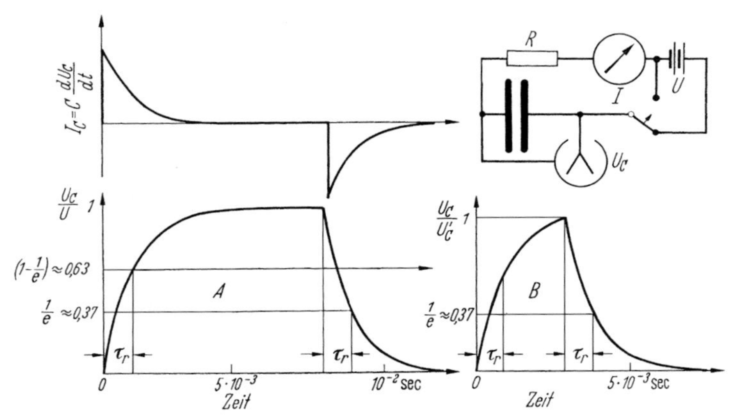

Abb. 88. Auf- und Abbau eines elektrischen Feldes in einem Kondensator erfordern Zeit. Das wird hier mit einem Oszillographen als Spannungsmesser gezeigt. Aus dem Spannungsverlauf (Kurve *A*) erhält man durch Differentiation die darüber gezeichnete Zeitabhängigkeit des Stromes (Gln 37 u. 38). *B*: Die Entladung beginnt schon bei kleineren Spannungen U_c'. ($C = 10^{-6}$ Farad, $R = 10^3$ Ohm, τ_r = Relaxationszeit $= RC = 10^{-3}$ sec)

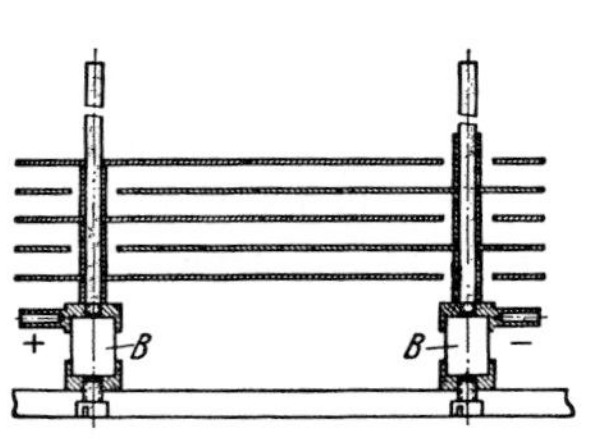

Abb. 89. Bauart von Vielplattenkondensatoren. Meist benutzt man drei statt des einen gezeichneten Trägerpaares. *B*: Bernsteinisolator

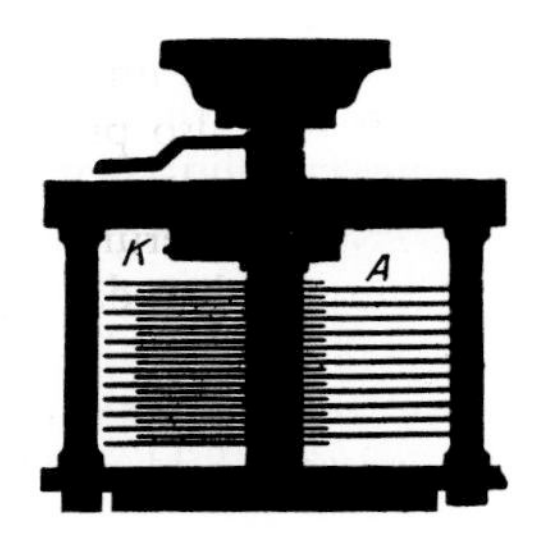

Abb. 90. Schattenriss eines Drehkondensators

Technische Kondensatoren haben zwischen ihren Platten statt Luft häufig flüssige oder feste Isolatoren. Wir nennen drei vielbenutzte *Ausführungsformen*:

1. Die altbekannte *Leidener Flasche*[1]. Abb. 91 zeigt rechts eine primitive Ausführung: Ein Glaszylinder ist innen und außen mit einer Stanniolschicht beklebt. Ihre Kapazität liegt meist in der Größenordnung 10^{-9} bis 10^{-8} Farad.

Eine kleine Influenzmaschine liefert Ströme von etwa 10^{-5} Ampere (§ 9). Sie kann mit diesem Strom eine Flasche von 10^{-8} Farad in 30 Sekunden auf etwa $3 \cdot 10^4$ Volt Spannung aufladen (Abb. 91). Als roher Spannungsmesser kann eine parallel geschaltete Kugelfunkenstrecke von etwa 1 cm Abstand dienen. Bei etwa 30 000 Volt schlägt ein laut knallender Funke über. Die Zeitdauer eines solchen Funkens beträgt etwa 10^{-6} Sekunden. Das lässt sich mit einer schnell rotierenden photographischen Platte feststellen (oder mit einem Photodetektor und Oszillographen). Der Strom im Funken muss demnach $30/10^{-6} = 3 \cdot 10^7$-fach größer sein als der Strom der Influenzmaschine. Er muss etwa 300 Ampere betragen. Dieser große Strom verursacht die starke Erwärmung der Luft, und deren Folge ist die Knallwelle.

2. Der *Papierkondensator*. Man legt zwei Stanniolstreifen *K* und *A* und zwei Papierstreifen *PP* aufeinander, rollt sie auf und presst sie zusammen (Abb. 92). Neuere Ausführungen

[1] Siehe: J.L. Heilbron, „Electricity in the 17th and 18th Centuries: A study of early modern physics", University of California Press, Berkeley, CA, 1979, S. 309.

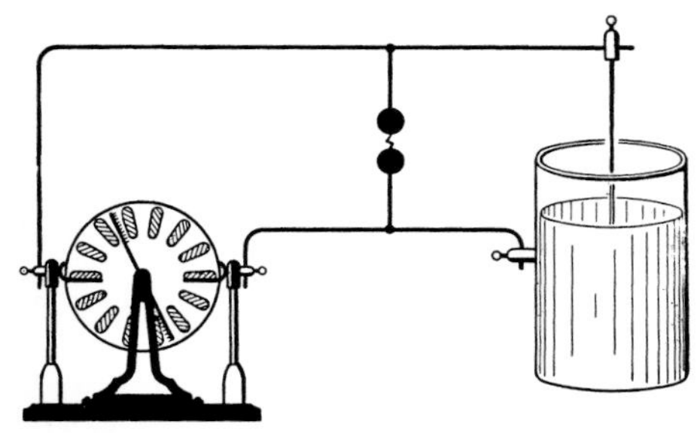

Abb. 91. Aufladung einer Leidener Flasche

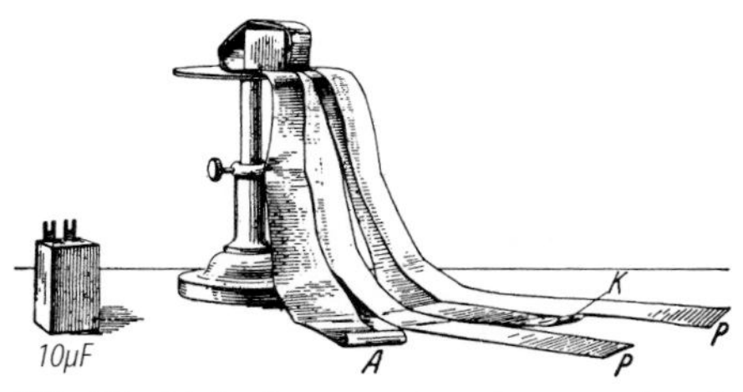

Abb. 92. Links ein zusammengesetzter, rechts ein teilweise auseinandergewickelter technischer Papierkondensator von 10 Mikrofarad Kapazität. Die beiden Stanniolstreifen haben je rund 4 m^2 Fläche. Ihr Abstand oder die Dicke der Papierstreifen P beträgt rund 0,02 mm. (Aufg. 21)

benutzen Kunststoff-Folien mit aufgedampftem Metallbelag. Sie werden für Spannungen von mehreren tausend Volt hergestellt.

3. *Elektrolytische Kondensatoren.* In ihnen ist die isolierende Trennschicht elektrolytisch mit einer Dicke der Größenordnung 0,1 μm hergestellt. Kondensatoren mit Kapazitäten bis zu 10^{-3} Farad, oder sogar 1 Farad, verwendbar bis zu einigen hundert Volt, sind heute im Handel erhältlich.

Die Darstellung dieses und des nächsten Kapitels beschränkt sich auf das elektrische Feld im leeren Raum, also praktisch in Luft. Materie im elektrischen Feld soll erst in Kap. XIII behandelt werden. Trotzdem haben wir hier mit den drei letzten Kondensatortypen unsere Stoffgliederung absichtlich durchbrochen. Es sollen schon hier drei neue Begriffe eingeführt werden, das *Dielektrikum*, seine *Polarisation* und seine *Dielektrizitätskonstante*.

Ein guter Isolator zerstört ein elektrisches Feld erst sehr langsam. Er kann längere Zeit von einem elektrischen Feld „durchsetzt" werden: Daher sein Name „Dielektrikum".

Das Verhältnis

$$\varepsilon = \frac{\text{Kapazität des ganz mit dem Dielektrikum gefüllten Kondensators}}{\text{Kapazität des leeren Kondensators}} \tag{39}$$

nennt man die *Dielektrizitätskonstante* des Dielektrikums. Zahlenwerte folgen in Tab. 1 auf S. 173.

Bei gegebener Ladung äußert sich die Zunahme der Kapazität in einer Abnahme der Spannung. Die Einführung eines Dielektrikums wirkt also ebenso wie die teilweise Ausfüllung des Kondensatorfeldes mit einem Leiter (Abb. 40). Der Leiter lässt das Feld in seinem Inneren zusammenbrechen. Er verkürzt dadurch die Feldlinien um den Betrag seiner Dicke. Gleichzeitig erscheinen auf seiner Oberfläche Ladungen: Das ist der Vorgang der Influenz.

In einem Isolator oder Dielektrikum können die Ladungen nicht wie in einem Metall bis zur Oberfläche durchwandern. Trotzdem kann auch ein Isolator im Feld eine Verkürzung der Feldlinien bewirken: Im einfachsten Fall braucht man nur eine Influenz innerhalb der einzelnen Moleküle anzunehmen. Das veranschaulicht die Abb. 93 in einem groben zweidimensionalen Modell. Die Moleküle sind willkürlich als kleine leitende Kugeln dargestellt. Eine solche Influenz in den einzelnen Molekülen nennt man eine *elektrische Polarisierung der Moleküle.* Sie erzeugt eine „Polarisation des Dielektrikums". Dabei erscheinen auf den Oberflächen Ladungen, ebenso wie bei der Influenz in Leitern, und zwar in Abb. 93 links positive und rechts negative. Doch kann man die Polarisation eines Isolators nicht wie die Influenz in einem Leiter zur Ladungstrennung benutzen. Man denke sich den *polarisierten* Isolator in Abb. 93 im Feld längs der Fläche *a b* in zwei Teile gespalten und die beiden Hälften getrennt aus dem Feld herausgenommen: Dann enthält jede Hälfte für sich gleich viel +- und −-Ladungen, ist also als Ganzes ungeladen. Man nennt diese Polarisationsladungen auch „gebundene" Ladungen, zur Unterscheidung von den „freien" Ladungen auf den Kondensatorplatten.

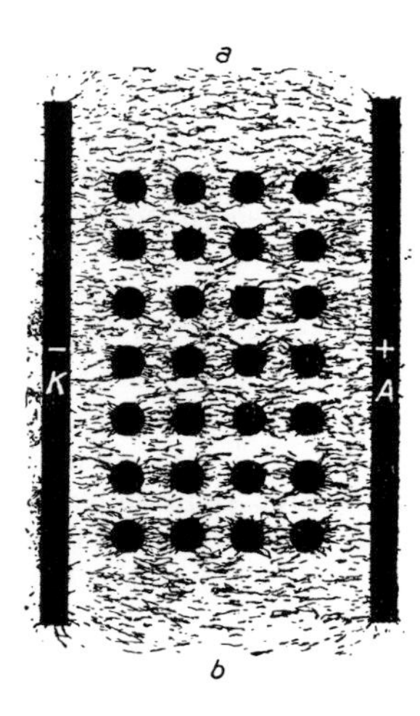

Abb. 93. Modellversuch zur Erläuterung der Polarisation eines Dielektrikums durch Polarisierung seiner Moleküle (Aufg. 23)

Der Modellversuch in Abb. 93 enthält weitgehende, aber nicht wesentliche Vereinfachungen. In Wirklichkeit sind die Moleküle keine Kugeln, und die Ladungen wandern nicht bis an die Molekülgrenzen. Näheres in § 105. Auf jeden Fall hat ein recht unscheinbarer Versuch, das Einschieben eines Isolators zwischen die Platten eines Kondensators (Abb. 40), zu einer bedeutsamen Folgerung geführt: *Im Inneren der Moleküle sind Ladungen vorhanden; sie werden durch ein äußeres elektrisches Feld verschoben; dadurch werden die Moleküle „elektrisch deformiert" oder polarisiert.*

Was geschieht nach dieser Erkenntnis, wenn ein Körper elektrisch geladen wird? Nach § 19 soll nur ein *Überschuss* von Ladungen eines Vorzeichens hergestellt werden. Wie groß aber sind diese Ladungen beider Vorzeichen, deren *Differenz* in geladenen Körpern beobachtet wird? Wir bringen ein Beispiel:

Eine Wassermenge mit der Masse $M = 1\,\text{kg}$ hat das Volumen $V = 10^{-3}\,\text{m}^3$ und als Kugel den Radius $r = 6{,}2\,\text{cm}$. Aus der molaren Masse der Wassermoleküle, m/n = 18 g/mol, folgt als Stoffmenge in der Kugel n = 55,56 mol und damit als die Zahl N der Wassermoleküle: $N = n N_\text{A} = 3{,}34 \cdot 10^{25}$ Moleküle mit je 10 Elektronen. Da die Ladung eines Elektrons $1{,}6 \cdot 10^{-19}$ Amperesekunden ist (§ 35), enthält die Kugel Ladungen Q beider Vorzeichen von je $5{,}4 \cdot 10^7$ Amperesekunden. Zwischen dieser Kugel und den Wänden des Laboratoriums können wir kaum Spannungen $U > 10^6$ Volt herstellen. Dann sitzt nach Gl. (31) von S. 39 auf der Oberfläche der Kugel eine Ladung $q = 6{,}9 \cdot 10^{-6}$ Amperesekunden, entweder mit positivem oder mit negativem Vorzeichen. Damit ist das Verhältnis $q/Q = 1{,}3 \cdot 10^{-13}$. Das heißt: Wir sprechen zwar im Laboratorium von der hohen elektrischen Aufladung des Körpers. In Wirklichkeit aber haben wir ihm nur einen unvorstellbar kleinen Bruchteil seiner positiven oder negativen Ladung Q entzogen oder zugeführt und dadurch eine Differenz $q = Q_+ - Q_-$ hergestellt (also das elektrische „Gleichgewicht" in ihm gestört). Erst für Körper äußerst kleiner Masse, für einzelne Moleküle und Atome, kann die Differenz q die Größenordnung der beiden Ladungen Q erreichen.

III. Kräfte und Energie im elektrischen Feld

§ 30. Drei Vorbemerkungen. 1. In jedem physikalischen Laboratorium für Forschung und Unterricht findet man vielfältige Messinstrumente für Zeit, Länge, Masse, Temperatur, für elektrischen Strom, für elektrische Spannung, für Kapazität und zahlreiche andere elektrische Größen. *Kraftmesser* aber kommen, wenn überhaupt, nur ganz vereinzelt vor, und dann meist allein für Unterrichtszwecke. Erfordert eine Untersuchung eine Kraftmessung, so vergleicht man die zu messende Kraft mit der *Gewicht* genannten Kraft (Einheit Newton). Im Allgemeinen werden Kräfte nicht gemessen, sondern aus anderen Größen berechnet.

2. Der Zusammenhang von Kraft $\boldsymbol{F}$, Masse m und Beschleunigung $\boldsymbol{a}$ muss experimentell hergeleitet werden. Diese Aufgabe gehört zu den undankbarsten des ganzen Physikunterrichts. Ein Verfahren ist in Bd. 1, § 18 ausgiebig erläutert worden. Die Versuche können das Ergebnis

$$\boldsymbol{a} = \boldsymbol{F}/m \quad \text{oder} \quad \boldsymbol{F} = m\boldsymbol{a}$$

nur mit dürftiger Genauigkeit liefern. Die eigentliche Rechtfertigung dieser Grundgleichung findet sich erst später in den Erfolgen ihrer zahllosen Anwendungen.

3. Genau dasselbe gilt in der Elektrizitätslehre für die in den §§ 31 und 32 herzuleitende Grundgleichung

$$\boldsymbol{E} = \boldsymbol{F}/Q \quad \text{oder} \quad \boldsymbol{F} = Q\boldsymbol{E},$$

die den Zusammenhang zwischen der mechanischen Größe Kraft $\boldsymbol{F}$ und elektrischen Größen herstellt (Q = Ladung, $\boldsymbol{E}$ = elektrisches Feld). Auch für diese Gleichung ergibt sich die endgültige Rechtfertigung erst später aus der Gesamtheit ihrer umfassenden Anwendungen. Das muss einmal unbefangen ausgesprochen werden.

§ 31. Der Grundversuch. Wir beginnen, wie stets, mit einer experimentellen Erfahrung. Abb. 94 zeigt einen scheibenförmigen Elektrizitätsträger α am Arm eines Kraftmessers, einer kleinen Balkenwaage. Der Träger befindet sich in der Mitte zwischen den Platten K und A eines Kondensators. Seine Gestalt und seine Stellung senkrecht zu den Feldlinien sind mit Absicht gewählt worden: *Der Träger soll im ungeladenen Zustand keinen merklichen Einfluss auf die Gestalt eines elektrischen Feldes zwischen K und A haben* (Abb. 95a), *er soll das Feld nicht durch Influenz verzerren* (Abb. 62b von S. 27). Dies Feld zwischen K und A stellen wir mithilfe der Stromquelle I her. Die Spannung sei U, und damit ist in dem homogenen Kondensatorfeld die Feldstärke $E = U/l$. Mit dieser Anordnung verfahren wir folgendermaßen:

1. Wir laden den Träger α negativ. Zu diesem Zweck verbinden wir ihn vorübergehend mit dem Minuspol (Kontakt 1), die *beiden* Kondensatorplatten mit dem Pluspol der Stromquelle *II*. — Nach erfolgter Aufladung des Trägers haben wir die Feldverteilung b in Abb. 95.[K1]

Dies Feld würde den geladenen Träger an die ihm nähere Platte heranziehen; um das zu vermeiden, ist der Träger genau in die Mitte gestellt worden (labiles Gleichgewicht).

2. Wir stellen jetzt *außerdem* mit der Stromquelle I zwischen den Platten K und A die Spannung U her. Dadurch entsteht ein ganz neues Feldlinienbild c. Es entsteht durch eine

K1. In Lehrbüchern spricht man oft von einer hinreichend kleinen „Probeladung". Im Experiment muss man einen Kompromiss eingehen, um die Empfindlichkeit der Messung genügend zu erhöhen.

K. Lüders, R. O. Pohl (Hrsg.), *Pohls Einführung in die Physik*
DOI 10.1007/978-3-642-01628-8, © Springer 2010

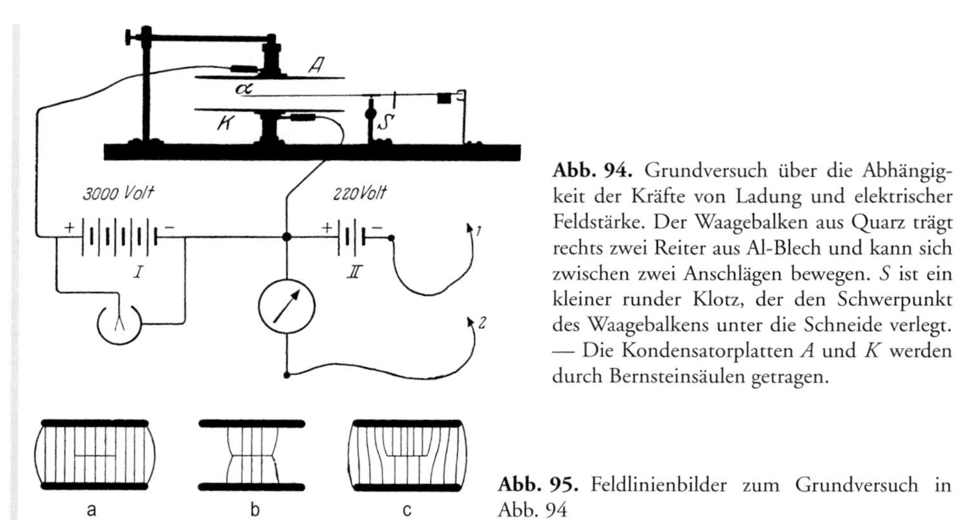

Abb. 94. Grundversuch über die Abhängigkeit der Kräfte von Ladung und elektrischer Feldstärke. Der Waagebalken aus Quarz trägt rechts zwei Reiter aus Al-Blech und kann sich zwischen zwei Anschlägen bewegen. S ist ein kleiner runder Klotz, der den Schwerpunkt des Waagebalkens unter die Schneide verlegt. — Die Kondensatorplatten A und K werden durch Bernsteinsäulen getragen.

Abb. 95. Feldlinienbilder zum Grundversuch in Abb. 94

Überlagerung der Bilder b und a (vgl. später Abb. 102). Der Elektrizitätsträger wird vom Feld nach oben gezogen.

3. Wir messen die Kraft F mit der Waage in Newton. Ferner messen wir die Ladung Q des Trägers in Amperesekunden. Dazu dient das geeichte ballistische Galvanometer (Träger α mit dem Drahtende 2 berühren!). Endlich die Spannung U in Volt und den Abstand l der Kondensatorplatten in Meter.

4. Aus je vier zusammengehörenden gemessenen Größen bilden wir die Produkte $F\,l$ in Newtonmeter und die Produkte UQ in Voltamperesekunden (Wattsekunden). Verwendet man diese Einheiten, findet man jedesmal innerhalb der Fehlergrenze für beide Produkte die gleichen Werte. Man findet also experimentell

$$F\,l = Q\,U\,, \tag{40}$$

also eine Gleichung ohne Proportionalitätsfaktor. (Die Richtung der Kraft wird im nächsten Paragraphen besprochen.)

In dieser Gleichung steht links eine Arbeit, folglich muss auch rechts eine Arbeit stehen. Das heißt, man kann Arbeit nicht nur mechanisch als Produkt Kraft mal Weg messen, sondern auch elektrisch als Ladung mal Spannung. Oder in Gleichungsform

$$W = Q\,U\,. \tag{41}$$

Die Ladung ist das Zeitintegral eines Stromes, man darf für einen zeitlich konstanten Strom I schreiben $Q = I\,t$ (Gl. 15, S. 32). Einsetzen dieser Größe in Gl. (40) liefert

$$F\,l = UIt\,, \tag{42}$$

eine bereits aus § 12 bekannte Gleichung.

In der benutzten Versuchsanordnung (Abb. 94) war das elektrische Feld homogen. Für seine Feldstärke gilt $E = U/l$. Einsetzen von E in Gl. (40) ergibt

$$F = Q\,E \tag{43}$$

(z. B. F in Newton, Q in Amperesekunden, E in Volt/Meter).[K2]

K2. Die vollständige Gleichung in Vektorform folgt im nächsten Paragraphen. Natürlich gilt Gl. (43) auch, wenn andere Einheiten benutzt werden, da es sich wie immer um eine Größengleichung handelt.

In Worten: Die beobachtete Kraft ist proportional zur Trägerladung Q und außerdem zur Feldstärke E des noch nicht durch die *Ladung* des Trägers veränderten Feldes (Bild a). E ist nicht etwa die Feldstärke des wirklich während der Messung vorhandenen Feldes (Bild c)![K3]

Die Gln. (40) bis (43) werden viel benutzt. Sie enthalten, wie betont, keinen Proportionalitätsfaktor. Das ist dadurch erreicht worden, dass man die drei Größen Arbeit, Ladung und Spannung nicht unabhängig voneinander misst, sondern Arbeit und Ladung benutzt, um die Spannung als *abgeleitete* Größe zu messen. Das ermöglicht es, bei mechanischen und bei elektrischen Messungen gleiche Energieeinheiten zu verwenden (siehe § 12).

K3. Dies nicht nur wegen des im Kommentar K1 erwähnten Kompromisses: Auch die „Probeladung" hat ein elektrisches Feld, dessen Betrag in ihrer Nähe sogar sehr groß wird ($\sim 1/r^2$, Gl. 29). Allerdings kann dieses Feld auf die Probeladung selbst keine Kraft ausüben.

§ 32. Die allgemeine Definition des elektrischen Feldes $\boldsymbol{E}$. Das wesentliche qualitative Merkmal elektrischer Felder sind die *Kräfte*, die sie auf *ruhende* elektrische Ladungen ausüben. Diese Kräfte führen zu den Vorzugsrichtungen, die sich in den Bildern elektrischer Feldlinien so anschaulich darstellen lassen und verlangen, dass man ein elektrisches Feld $\boldsymbol{E}$ durch einen Vektor darzustellen hat. Die Vektornatur des elektrischen Feldes $\boldsymbol{E}$ lässt sich bereits in der Definitionsgleichung von $\boldsymbol{E}$ zum Ausdruck bringen. Zu diesem Zweck hat man zunächst für die Ladung Q ein Messverfahren zu vereinbaren (§ 23) und dann das Feld $\boldsymbol{E}$ mit der Grundgleichung (Gl. 43 in Vektorform)

$$\boldsymbol{F} = Q\boldsymbol{E} \quad \text{bzw.} \quad \boldsymbol{E} = \boldsymbol{F}/Q \tag{44}$$

zu definieren. In ihr bedeutet Q eine kleine Ladung auf einem *Probekörper*, der die Gestalt des Feldes nicht merklich verändert. Gl. (44) enthält die Definition der Richtung des elektrischen Feldvektors: Für eine positive Ladung sind $\boldsymbol{E}$ und $\boldsymbol{F}$ parallel und gleichgerichtet.[K4]

K4. Auch dies ergibt sich experimentell aus dem Grundversuch in Abb. 94: die „Probeladung" war negativ, das Feld von oben nach unten und die resultierende Kraft nach oben gerichtet. Das entspricht der Gl. (44), da auf negative Ladungen eine dem Feld entgegengerichtete Kraft einwirkt.

Bewegen Kräfte $\boldsymbol{F} = Q\boldsymbol{E}$ eine Ladung Q in einem beliebigen, also auch inhomogenen, Feld längs eines Weges $\boldsymbol{s}$, so verrichten sie die Arbeit

$$\int \boldsymbol{F} \cdot \mathrm{d}\boldsymbol{s} = Q \int \boldsymbol{E} \cdot \mathrm{d}\boldsymbol{s}\,, \tag{45}$$

und daraus folgt die elektrische Spannung

$$U = \int \boldsymbol{E} \cdot \mathrm{d}\boldsymbol{s} = \int \boldsymbol{F} \cdot \mathrm{d}\boldsymbol{s}/Q \tag{46}$$

als abgeleitete Größe mit der Einheit

$$1 \text{ Volt} = 1 \text{ Newtonmeter}/1 \text{ Amperesekunde}\,.$$

Theoretische Darstellungen brauchen Experimente nur zu beschreiben, aber nicht quantitativ vorzuführen. Infolgedessen können sie in der Mechanik die Gleichung $\boldsymbol{F} = m\boldsymbol{a}$ als Definitionsgleichung an den Anfang stellen und in der Elektrizitätslehre den in diesem Paragraphen skizzierten Weg gehen. — Wer aber die grundlegenden Erfahrungstatsachen mit Experimenten quantitativ herleiten will, muss sich bei den heute verfügbaren Hilfsmitteln noch mit einem längeren Weg abfinden.

§ 33. Erste Anwendungen der Gleichung $\boldsymbol{F} = Q\boldsymbol{E}$. Die Anwendung der Gl. (44) ist im Allgemeinen durchaus nicht einfach. Meistens verzerrt der Träger schon im ungeladenen Zustand durch Influenz das elektrische Feld. Dabei bekommt das Feld eine komplizierte Gestalt. In diesen Fällen muss man vor jedem Flächenelement des ungeladenen Trägers die Feldstärke berechnen, dann nach Aufladung des Trägers mit der Ladung des Flächenelementes multiplizieren und die Produkte summieren. Eigentlich ist es noch komplizierter, da die Ladung des Trägers auch die Ladungsverteilung auf dem das Feld erzeugenden Körper durch Influenz verschiebt (man denke nur an eine Punktladung vor einer ungeladenen Metallplatte; sie erzeugt durch Influenz eine *Spiegelladung* mit umgekehrtem Vorzeichen). Die Integration der MAXWELL'schen Gleichung (22) ist im Allgemeinen nur mit aufwendigen Rechenprogrammen möglich. Dies mühselige Verfahren lässt sich nur in wenigen Grenzfällen vermeiden, wir bringen zwei Beispiele:

1. *Kräfte zwischen zwei kleinen Kugeln in großem Abstand R.* Eine Kugel mit der Ladung Q hat für sich allein ein radialsymmetrisches Feld (vgl. Abb. 85). Sie erzeugt im Abstand R die Feldstärke

$$E_R = \frac{Q}{4\pi\varepsilon_0 R^2} \,. \qquad \text{Gl. (29) v. S. 39}$$

Nach Hinzufügen der zweiten Kugel mit einer Ladung Q' entsteht ein ganz anderes Feld. Man findet es für den Sonderfall gleicher Ladungsbeträge $Q = Q'$ in Abb. 96 für ungleiche Vorzeichen beider Ladungen und in Abb. 97 für gleiche Vorzeichen.

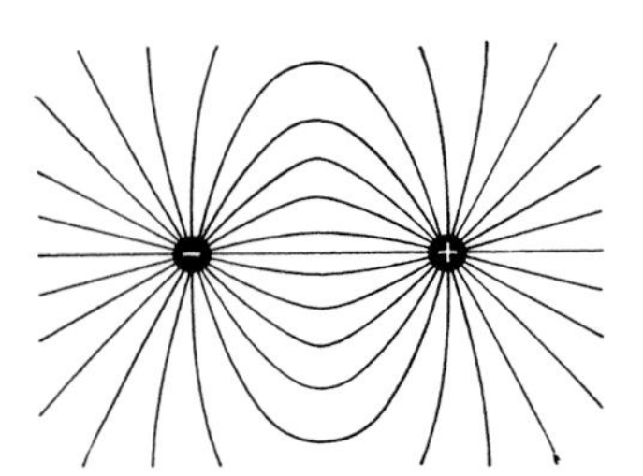

Abb. 96. Feldlinien zwischen Ladungen mit verschiedenen Vorzeichen. Sie wurden, wie auch in Abb. 97, durch Vektoraddition der Felder der einzelnen Ladungen erzeugt (Richtung von + nach − bzw. von + in den Raum hinaus).

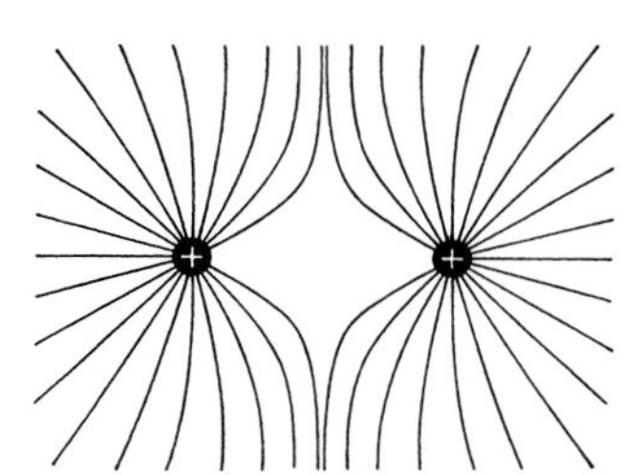

Abb. 97. Feldlinien zwischen Ladungen mit gleichen Vorzeichen. Die zugehörigen negativen Ladungen hat man sich auf den fernen Zimmerwänden zu denken.

Für die Anwendung der Gleichung

$$\boldsymbol{F} = Q'\boldsymbol{E} \qquad \text{Gl. (44) v. S. 47}$$

muss man das ursprüngliche Feld der ersten Kugel (Gl. 29 von S. 39) allein zugrunde legen, also die Gln. (29) und (44) zusammenfassen. So erhält man für den Betrag der Kraft[K5]

$$F = \frac{1}{4\pi\varepsilon_0}\frac{Q\,Q'}{R^2} \qquad (47)$$

und für die Richtung, dass sie in der Verbindungslinie der beiden Ladungen liegt. Sie führt bei Ladungen mit gleichen Vorzeichen zu Abstoßung und bei Ladungen mit verschiedenen Vorzeichen zu Anziehung. Dieses Gesetz ist in der Form $F = \pm\, Q_s Q_s'/R^2$ zuerst von COULOMB aufgestellt worden.[K9 in Kap. II] Sie beschließt 1785 einen rund hundertjährigen Abschnitt experimenteller Forschung. Trotzdem stellen sie viele Darstellungen der Elektrizitätslehre an den Anfang.

2. *Anziehung der beiden Platten eines flachen Plattenkondensators.* Eine Platte (Ladung Q) für sich allein erzeugt das in Abb. 98 links skizzierte Feld. Die Feldlinien denke man sich bis zu Ladungen des anderen Vorzeichens auf den Zimmerwänden usw. verlängert. Man vergleiche dazu die Abb. 47. Das Feld ist vor und hinter der Plattenfläche für nicht zu großen Abstand noch homogen. Dort ist seine Feldstärke

$$E = \frac{D}{\varepsilon_0} = \frac{1}{\varepsilon_0}\frac{Q}{2A} \,. \qquad (48)$$

K5. Das COULOMB'sche Gesetz (Gl. 47) heißt in Vektorschreibweise

$$\boldsymbol{F} = \frac{1}{4\pi\varepsilon_0}\frac{Q\,Q'}{R^2}\cdot\frac{\boldsymbol{R}}{R}\,,$$

worin $\boldsymbol{F}$ die Kraft, die Q auf Q' ausübt, und $\boldsymbol{R}/R$ der von Q in Richtung Q' zeigende Einheitsvektor ist. In dieser Formulierung wird außer dem Betrag der Kraft auch die Richtung und das Vorzeichen der Kraft angegeben.

Dies Feld hat man bei der Anwendung der Gl. (43) zu benutzen. Es wirkt auf die Ladung Q der zweiten Platte mit der Kraft[K6]

$$F = Q\frac{1}{\varepsilon_0}\frac{Q}{2A} = \frac{1}{2\varepsilon_0}\frac{Q^2}{A}\,. \tag{49}$$

K6. Die beiden Ladungen haben entgegengesetztes Vorzeichen, was die Anziehung bewirkt. Der Einfachheit halber rechnet POHL hier aber nur mit Beträgen.

Durch die Ladung der zweiten Platte wird das Feld von Grund auf verändert (Abb. 98, rechts).[K7] Alle Feldlinien auf der oberen Plattenseite fallen fort. Es verbleibt das uns wohlbekannte homogene Feld des flachen Plattenkondensators.

K7. Da die Ladungen auf den Platten beweglich sind, sitzen sie jetzt nicht mehr auf beiden Oberflächen, sondern nur noch auf den inneren jeweils der anderen Platte zugewandten Seiten. Das hat aber keinen Einfluss auf die neue Feldverteilung, wie man sich leicht klarmachen kann, wenn man isolierende Platten mit festsitzenden Ladungen betrachtet.

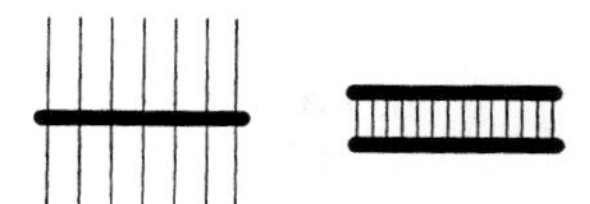

Abb. 98. Zur Anziehung zweier Kondensatorplatten. Durch die größere Dichte der Feldlinien im rechten Teilbild soll die Vergrößerung der Feldstärke angedeutet werden.

Jetzt wechseln wir die Bedeutung der Buchstaben D und E. Wir benutzen sie fortan wieder für das Feld des fertig zusammengesetzten Kondensators. Damit bekommen wir

$$Q = DA = \varepsilon_0 E A\,, \qquad \text{Gl. (18) v. S. 35}$$

$$F = \frac{1}{2}QE = \frac{\varepsilon_0}{2}E^2 A \tag{50}$$

oder

$$F = \frac{\varepsilon_0}{2}\frac{U^2 A}{l^2}\,, \tag{51}$$

d. h. die Kraft ist proportional zum Quadrat der Spannung U und umgekehrt proportional zum Quadrat des Plattenabstandes l.

Abb. 99 zeigt eine Anordnung zur Prüfung dieser Gleichung. Sie soll vor allem eine richtige Vorstellung von den Größenordnungen vermitteln. Für Präzisionsmessungen muss man auch hier einen flachen Plattenkondensator mit „Schutzring" verwenden (Abb. 81 auf S. 36).

Abb. 99. Anziehung von zwei Kondensatorplatten K und A; B: Bernsteinträger, nachträglich schraffiert. M: Schraubenmikrometer mit mm-Skala und Teiltrommel. G: Gewichtstück. — Zahlenbeispiel: $A = 20 \times 20\,\text{cm}^2 = 4 \cdot 10^{-2}\,\text{m}^2$; Plattenabstand $l = 10{,}2\,\text{mm} = 10{,}2 \cdot 10^{-3}\,\text{m}$; Spannung $U = 7\,500\,\text{Volt}$[K8]

$$F = \frac{8{,}86 \cdot 10^{-12}}{2} \cdot \frac{\text{As}}{\text{Vm}} \cdot \frac{5{,}63 \cdot 10^7\,\text{Volt}^2 \cdot 4 \cdot 10^{-2}\,\text{m}^2}{1{,}04 \cdot 10^{-4}\,\text{m}^2}$$

$$= 9{,}6 \cdot 10^{-2}\,\frac{\text{Ws}}{\text{m}} = 9{,}6 \cdot 10^{-2}\,\text{Newton}\,.$$

Wenn die elektrische Kraft größer wird als die Gewichtskraft von G, beginnt die Platte A sich nach oben zu bewegen.

K8. Statt der Influenzmaschine und des zur Glättung der Spannung benötigten Kondensators kann man natürlich auch ein Netzgerät verwenden. Man beachte die robuste Küchenwaage, mit der die auftretenden Kräfte empfindlich gemessen werden können.

Nach Gl. (51) wachsen die Kräfte umgekehrt mit dem Quadrat des Plattenabstandes. Man hat daher zur Herstellung großer Kräfte Kondensatoren mit winzigem Plattenabstand gebaut. Man setzt einen Leiter und einen schlechten Leiter mit glatter Oberfläche aufeinander. Abb. 100 zeigt eine Metallplatte M in Berührung mit einem Lithographenstein St. Beide haben etwa 20 cm^2 Fläche. Der Stein hat ein Gewicht von etwa 2 Newton (Masse m = 200 Gramm). Beim Anlegen einer Spannung von 220 Volt „klebt" der Stein. Man kann ihn an dem Handgriff zugleich mit der Metallplatte hochheben. Natürlich isoliert dieser Kondensator nicht. Es fließt in unserem Beispiel ein Strom von etlichen 10^{-6} Ampere. Unser Körper spürt erst Ströme von 3 bis 5 Milliampere (Abb. 31). Wir können ihn also ruhig statt einer der in Abb. 100 skizzierten Drahtzuleitungen benutzen und den Stein dadurch zum „Kleben" bringen.

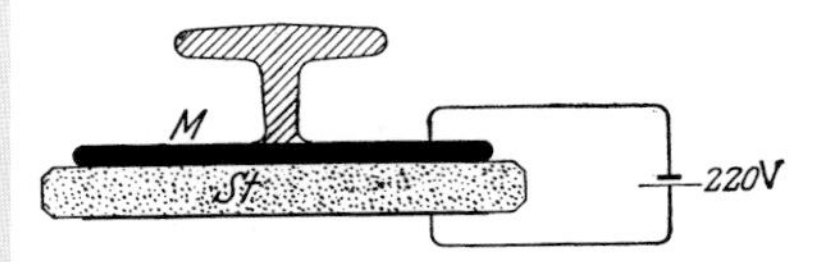

Abb. 100. Anziehung zweier Kondensatorplatten, die aus einem guten Leiter M und einem schlechten Leiter St bestehen. Infolge der unvermeidlichen Unebenheiten sind die Abstände stellenweise sehr klein und dort die elektrische Feldstärke sehr groß. **(Videofilm 5)** (Aufg. 24)

Videofilm 5: „Kräfte im elektrischen Feld" Man beachte die Schutzwiderstände!

§ 34. Druck auf die Oberfläche geladener Körper. Verkleinerung der Oberflächenspannung. Als Druck definiert man allgemein den Quotienten

$$p = \frac{\text{senkrecht an einer Fläche angreifende Kraft } F}{\text{Fläche } A} .$$

Für das homogene Feld eines flachen Plattenkondensators ergibt sich damit aus Gl. (50)

$$p_{\mathrm{e}} = \frac{\varepsilon_0}{2} E^2 . \qquad (52)$$

Dabei ist E die Feldstärke unmittelbar an der Oberfläche.

Wir wenden diese Gleichung auf den Fall einer geladenen Kugel an. Die Spannung zwischen ihr und den weit entfernten Trägern der entgegengesetzten Ladung sei U. Dann herrscht an ihrer Oberfläche die Feldstärke

$$E = U/r . \qquad \text{Gl. (34) v. S. 40}$$

Wir setzen diesen Wert in Gl. (52) ein und erhalten als *Druck an der Oberfläche der geladenen Kugel*

$$p_{\mathrm{e}} = \frac{\varepsilon_0}{2} \frac{U^2}{r^2} \qquad (53)$$

(z. B. p_{e} in Newton/m^2, U in Volt, r in m).

Dieser Druck ist nach außen gerichtet[1]; er wirkt wie *eine Verkleinerung der Oberflächenspannung* ζ. Diese liefert für sich allein einen nach innen gerichteten Druck $p_0 = 2\zeta/r$ (siehe Bd. 1, § 77). Bei Anwesenheit des elektrischen Feldes verbleibt also als nach innen gerichteter Druck nur

$$p = \frac{2\zeta}{r} - \frac{\varepsilon_0}{2} \frac{U^2}{r^2} . \qquad (54)$$

Die Verkleinerung der Oberflächenspannung durch ein elektrisches Feld lässt sich auf mannigfache Weise vorführen, z. B. mit der Anordnung der Abb. 101. Aus der Düse eines Glasbehälters fließt Wasser anfänglich als Strahl ab, dann bei verminderter Wasserhöhe H nur in Form einzelner Tropfen. Das Zusammenballen des Wassers zu Tropfen ist eine Folge der Oberflächenspannung. Dann stellen wir mit einer

[1] Das ist eine bequeme, aber laxe Ausdrucksweise; nicht der Druck hat eine Richtung, sondern die zugehörige Kraft.

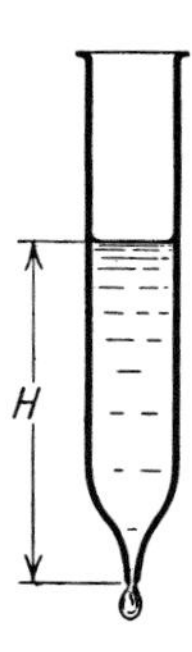

Abb. 101. Einfluss eines elektrischen Feldes auf die Oberflächenspannung von Wasser. GEORGE MATHIAS BOSE, 1745.

Influenzmaschine zwischen dem Wasser und den Zimmerwänden ein elektrisches Feld her. Sogleich fließt das Wasser wieder als glatter Strahl aus der Düse aus.

§ 35. GUERICKES Schwebeversuch (1672). Elektrische Elementarladung $e = 1{,}60 \cdot 10^{-19}$ Amperesekunden.

Eine physikalisch besonders bedeutsame Anwendung der Gleichung $\boldsymbol{F} = Q\boldsymbol{E}$ macht man im „Schwebeversuch“. Es handelt sich dabei um die Urform der in Abb. 94 gezeigten Anordnung. Man bringt einen leichten Elektrizitätsträger in ein vertikal gerichtetes elektrisches Feld. Der Träger sei beispielsweise negativ und eine über ihm befindliche Kondensatorplatte positiv geladen. Dann zieht sein Gewicht F_{G} den Träger nach unten und die Kraft

$$F = QE \quad \text{oder} \quad F = Q\frac{U}{l} \tag{40}$$

nach oben (vgl. die Feldlinien in Abb. 102). Im Grenzfall

$$F_{\mathrm{G}} = Q\frac{U}{l} \tag{55}$$

herrscht „Gleichgewicht„, der Träger „schwebt“: Dann kann man die Ladung Q aus dem Gewicht F_{G} des Trägers und der Feldstärke U/l berechnen.

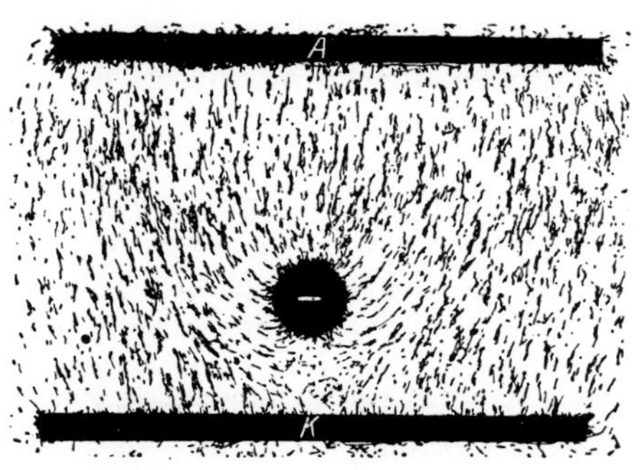

Abb. 102. Elektrische Feldlinien beim Schwebeversuch. Man „sieht“ förmlich, wie der Ladungsträger nach oben gezogen wird — obwohl das in Gl. (55) verwendete Feld das homogene des leeren Kondensators ist.

Für Schauversuche eignen sich als Elektrizitätsträger alle leichten, in Luft nur langsam sinkenden Körper, z. B. tierischer oder pflanzlicher Federflaum, Blattgold, Seifenblasen usw. Diese Träger werden aufgeladen und dann mit dem elektrischen Feld zwischen zwei Platten eingefangen (Abb. 103). Man ändert die elektrische Feldstärke durch Änderung des Plattenabstandes. (Das Feld ist ja in Abb. 103 nicht homogen, andernfalls wäre die

Feldstärke vom Plattenabstand unabhängig.) So kann man Steigen, Sinken und Schweben des Trägers beliebig miteinander abwechseln lassen. Zur Vereinfachung wird oft die obere Platte in Abb. 103 weggelassen. Dann tritt an ihre Stelle die Zimmerdecke. In dieser Form ist der Schwebeversuch zum ersten Mal durch Otto von Guericke[1] (1602–1686) im Jahr 1672 beschrieben worden (Abb. 104).

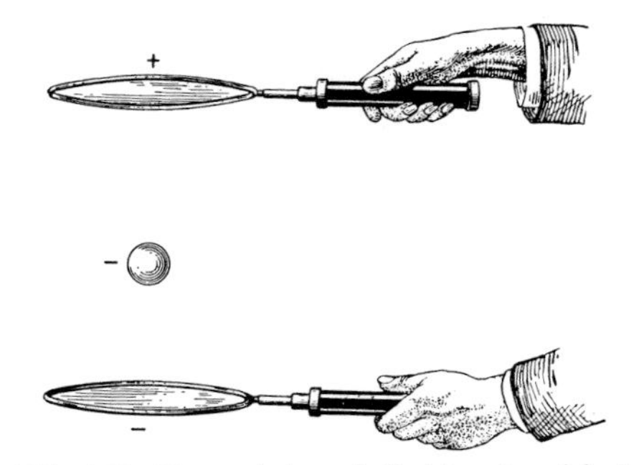

Abb. 103. Eine geladene Seifenblase im elektrischen Feld schwebend **(Videofilm 6)**

Videofilm 6: „Seifenblasen im elektrischen Feld"

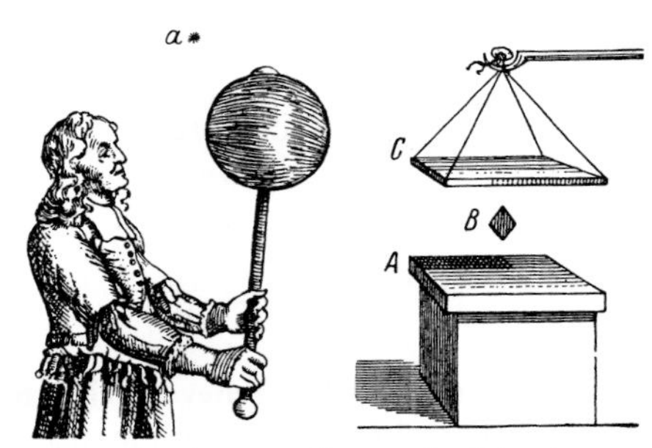

Abb. 104. Alte Darstellungen des Schwebeversuches. Rechts von Benjamin Wilson (1746), links von Otto von Guericke (1672). *B*: Blattgoldfetzen, *a*: Flaumfeder. „Plumula potest per totum conclave portari".

Der Schwebeversuch lässt sich unschwer in stark verkleinertem Maßstab wiederholen. An die Stelle der Seifenblase in Abb. 103 treten kleine Flüssigkeitskugeln, meist Öl- oder Quecksilbertropfen unter 1 μm Durchmesser. Sie werden durch Berührung mit einem festen Körper aufgeladen („Reibungselektrizität"). Dazu braucht man die Tropfen nur mit einem Luftstrom an der Wand einer Zerstäuberdüse entlangstreichen zu lassen. — Die Kondensatorplatten *KA* erhalten einen Abstand von etwa 1 cm. Die Bewegung der geladenen Tröpfchen im elektrischen Feld wird mit einem Mikroskop beobachtet. Das Gewicht der Teilchen kann durch mikroskopische Ausmessung des Teilchendurchmessers ermittelt werden[2]. Man berechnet das Volumen aus dem Durchmesser und gelangt durch Multiplikation mit der Dichte und der Erdbeschleunigung zum Gewicht F_G. Derartige Versuche an kleinen, aber noch bequem sichtbaren Elektrizitätsträgern liefern ein ganz fundamentales Ergebnis (A. Millikan, 1910, in Fortführung klassischer Versuche von J. S. E. Townsend, 1897, und J. J. Thomson, 1898):

Ein Körper kann elektrische Ladungen nur in ganzzahligen Vielfachen des Betrages $e = 1{,}60 \cdot 10^{-19}$ Amperesekunden *aufnehmen oder abgeben.* Man hat trotz zahlloser Bemühungen noch nie in einem positiv oder negativ geladenen Körper eine kleinere Ladung als $1{,}60 \cdot 10^{19}$ Amperesekunden beobachten können. Deswegen nennt man *die Ladung* $e = 1{,}60 \cdot 10^{-19}$ Amperesekunden *die elektrische Elementarladung*. Sie ist die kleinste, einzeln *beobachtete* negative oder positive elektrische Ladung. Zum Beispiel besitzt ein Elektron gerade eine negative Elementarladung.

Der Versuch bietet in der Ausführung keinerlei Schwierigkeit. Er gehört in jedes Anfängerpraktikum. Am eindrucksvollsten wirkt er bei subjektiver mikroskopischer Beobachtung. Bei Mikroprojektion stören leicht Luftströmungen im Kondensator. Sie entstehen bei der Erwärmung durch das intensive, zur Projektion benötigte Licht.[K9]

K9. Das lässt sich heute durch den Einsatz einer Fernsehkamera leicht vermeiden.

[1] Bürgermeister von Magdeburg 1646–1681. Siehe auch Bd. 1, § 81 und J. L. Heilbron, S. 216, zitiert in der Fußnote auf S. 42.

[2] Meist bestimmt man allerdings den Durchmesser aus der Sinkgeschwindigkeit des Teilchens (Bd. 1, vorletzter Absatz von § 87).

Die schon in § 11 erwähnte BRAUN'sche Röhre (Oszillograph) lässt sich gut zur Demonstration der Kraft auf einzelne Elektronen in einem elektrischen Feld (Gl. 44) verwenden. Das Schema ist in Abb. 105 gezeigt. Die aus der Glühkathode K austretenden Elektronen (Ladung e und Masse m) durchsetzen einen Hohlkörper C und eine durchbohrte Anode A. Beide zusammen bilden als elektrische Linse die kleine Öffnung der Glühkathode auf dem Leuchtschirm S ab. Auf dem Weg zwischen der Anode A und dem Schirm S passieren die Elektronen nacheinander zwei um 90° gegeneinander versetzte Plattenkondensatoren. Gezeichnet ist nur der eine von ihnen, nämlich $K'A'$. Mit seinem elektrischen Feld kann man die Elektronen in der Papierebene ablenken und mit dem Feld des anderen senkrecht zur Papierebene. Auf diese Weise kann man bequem zwei gekreuzte Ablenkungen kombinieren. Beide Ablenkungen sind proportional zu den Feldstärken E, die die Spannungen zwischen den Kondensatorplatten erzeugen. Für den Ablenkungsweg x (Abb. 106) gilt

$$x = \frac{1}{2}\frac{e}{m}E\frac{y^2}{u^2}\,. \tag{56}$$

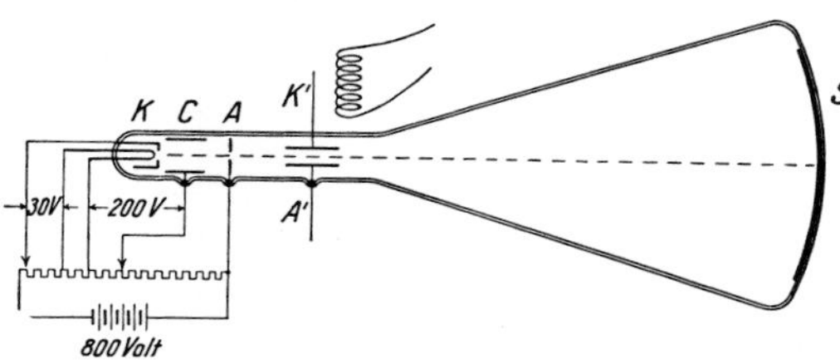

Abb. 105. BRAUN'sche Röhre mit Glühkathode. Diese besteht aus einem glühenden Wolframdraht unmittelbar hinter einer negativ aufgeladenen Lochblende (WEHNELT-Zylinder). In modernen Ausführungen wird nicht die Kathode auf dem Leuchtschirm abgebildet, sondern ein stark verkleinertes Bild der Kathode.

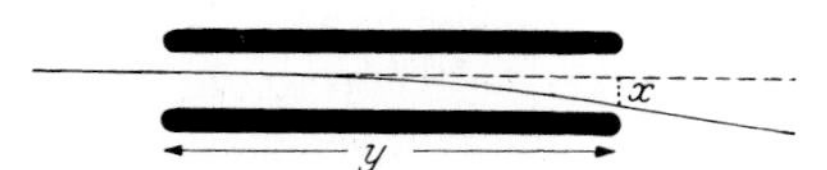

Abb. 106. Ablenkung elektrisch geladener Strahlen im homogenen elektrischen Feld eines flachen Plattenkondensators

Herleitung: Das Elektron durchlaufe die Kondensatorlänge y mit der Geschwindigkeit u in der Zeit $t = y/u$. In dieser Zeit fällt das Elektron um die Strecke $x = \frac{1}{2}at^2$. Hier bedeutet a die dem Elektron vom elektrischen Feld E in Richtung des Feldes erteilte Beschleunigung. Dabei gilt nach der Grundgleichung der Mechanik Kraft $F = m\,a$ und daher nach Gl. (43) $e\,E = m\,a$. Durch Einsetzen der Werte für a und t ergibt sich die Gl. (56). (Vgl. auch mit der Wurfparabel in Bd. 1, § 29.)

Zum Schluss noch eine nicht unwichtige Bemerkung: Eine *Tropfflasche* vermag auch ihre Medizin nur in „Elementarquanten“, nämlich einzelnen Tropfen, abzugeben. Daraus dürfen wir aber nicht die Existenz selbständiger Tropfen im Inneren der Flasche folgern. Ebenso zeigt zweifellos der Schwebeversuch zwar eine untere Grenze für die Teilbarkeit der elektrischen Ladungen. Er beweist aber keineswegs die gleiche Unterteilung der Ladungen auch im Inneren des Körpers! Die Existenz einzelner, abzählbarer Ladungen innerhalb des Trägers bleibt zunächst nur eine sehr brauchbare Annahme.[K10]

K10. Diese Annahme scheint erst neuerdings bestätigt zu sein durch die Beobachtung, dass die elektrischen Eigenschaften, wie Ströme oder Kapazitäten, von Metall- oder Halbleiterteilchen der Größenordnung 100 nm durch Änderung ihrer Ladung um Größenordnungen verändert werden können („COULOMB-Blockade“, „Ein-Elektron-Transistor“, siehe M. A. Kastner, Physics Today, Jan. 1993, S. 24).

§ 36. Energie des elektrischen Feldes. In einem leeren Raum vom Volumen V herrsche die Feldstärke E. Welche Energie ist in diesem Feld enthalten?

Wir denken uns dies Feld als das eines geladenen flachen Plattenkondensators. Die Fläche seiner Platten sei A, ihr Abstand l, also das Feldvolumen $V = A\,l$. — Die eine Platte soll die andere an sich heranziehen und dabei Arbeit verrichten, etwa Hubarbeit nach dem Schema der Abb. 107. Das tut sie mit einer konstanten Kraft

$$F = \frac{\varepsilon_0}{2} E^2 A\,, \qquad \text{Gl. (50) v. S. 49}$$

denn Ladung Q und damit auch Feldstärke $E = D/\varepsilon_0$ bleiben ja ungeändert. Wir bekommen also als verrichtete Arbeit oder vorher im elektrischen Feld gespeicherte Energie

$$W_e = F\,l = \frac{\varepsilon_0}{2} E^2 A\,l\,,$$

$$W_e = \frac{\varepsilon_0}{2} E^2 V \qquad (57)$$

(z. B. Energie W_e in Ws, $\varepsilon_0 = 8{,}86 \cdot 10^{-12}$ As/Vm, E in V/m, V in m³).

Gl. (57) gilt trotz ihrer Herleitung für einen Sonderfall ganz allgemein.[K11] Man kann in Form elektrischer Felder nur geringfügige Energien speichern. Zum Beispiel in einem Liter ($= 10^{-3}$ m³) bei der technisch noch bequemen Feldstärke $E = 10^7$ Volt/m nur 0,44 Wattsekunden.

K11. Das heißt also auch in inhomogenen Feldern. In einem Volumenelement dV, in dem das elektrische Feld E herrscht, ist die Energie

$$\mathrm{d}W = \frac{1}{2}\varepsilon_0 E^2 \mathrm{d}V$$

gespeichert. Oft gibt man auch die *Energiedichte* an

$$\frac{\mathrm{d}W}{\mathrm{d}V} = \frac{1}{2}\varepsilon_0 E^2\,.$$

Daraus folgt allgemein

$$W_e = \frac{\varepsilon_0}{2}\int_V E^2 \mathrm{d}V\,.$$

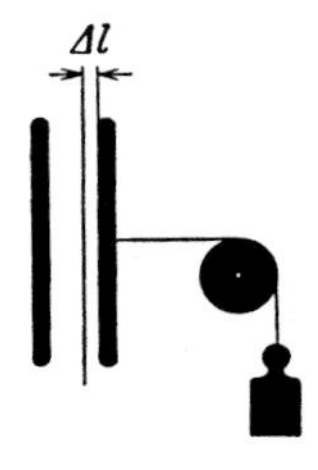

Abb. 107. Zur Herleitung der Energie eines elektrischen Feldes. Die Platten sind *nicht* mit einer Stromquelle verbunden

Gl. (57) für die Energie eines elektrischen Feldes wird häufig anders geschrieben, z. B. mithilfe von Gl. (18) von S. 35 und (16) von S. 34:

$$W_e = \frac{1}{2} QU\,, \qquad (58)$$

und weiter mit Gl. (24) von S. 38

$$W_e = \frac{1}{2} CU^2\,. \qquad (59)$$

Dabei bedeutet Q die Ladung des Kondensators beliebiger Gestalt, U seine Spannung und C seine Kapazität.[K12]

K12. Dass die beiden Gln. (58) und (59) nicht nur für einen leeren Plattenkondensator, sondern allgemein gelten, also auch, wenn der Kondensator ein Dielektrikum enthält, ergibt sich auch aus folgender Überlegung: Die in einem geladenen Kondensator gespeicherte Energie W_e wird bei Entladung über einen Widerstand R vollständig in JOULE'sche Wärme umgewandelt. Wenn man in den Ausdruck für die Leistung, $\dot{W}_e = I^2 R$ (Gl. 7 v. S. 15), für I Gl. (37) v. S. 41 einsetzt und über die Zeit integriert, erhält man die beiden Gleichungen.

§ 37. Elektrisches Potential und Äquipotentialflächen. Für die Darstellung elektrischer Felder benutzt man außer den Feldlinienbildern oft mit Nutzen eine Darstellung durch elektrische „Äquipotentialflächen" (Niveauflächen). In Abb. 108 existiert ein elektrisches Feld zwischen einer Platte und einem zu ihr parallelen Draht. Unmittelbar über der Platte befindet sich ein kleiner Träger mit der Ladung Q (Probeladung). Dieser Träger soll bis zum Punkt a bewegt werden. Das erfordert eine Arbeit W. Sie beträgt im elektrischen Maß QU (Gl. 41 von S. 46), dabei bedeutet U die Spannung zwischen Ende und Anfang des Weges. Dann wiederholen wir den gleichen Versuch für andere Ausgangspunkte an der Plattenoberfläche und hinein in andere Gebiete des Feldes. Dabei halten wir jedesmal nach

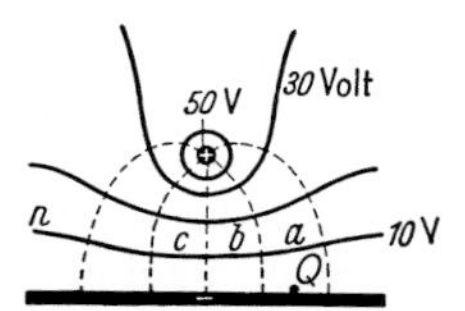

Abb. 108. Schema elektrischer Äquipotentialflächen

Verrichtung der Arbeit $W = QU$ an. Der Träger befindet sich dann an den Endpunkten $a, b, c, \dots n$. Die Gesamtheit all dieser mit gleicher Arbeit erreichten Punkte nennt man eine Äquipotentialfläche.

Zur Kennzeichnung einer Äquipotentialfläche benutzt man den Quotienten

$$\frac{\textit{Gegen} \text{ die Feldkraft } QE \text{ verrichtete Arbeit } QU}{\text{Ladung } Q \text{ des Trägers}} = U\,. \tag{60}$$

U ist die Spannung zwischen der Fläche und dem *vereinbarten Bezugskörper*, in Abb. 108 also der Platte. Diese *Spannung* nennt man das *Potential*, bezeichnet mit dem Symbol φ. Oft wird der Bezugskörper leitend mit der Erde verbunden („geerdet"); dann bedeutet das Potential eines Punktes im Feld die Spannung zwischen dem Punkt und der Erde. *Das Potential ist also ein Name für die Spannung zwischen einem beliebigen Punkt eines Feldes und einem vereinbarten Bezugskörper, und Äquipotentialflächen sind Flächen konstanten Potentials.* In Abb. 108 und in anderen nur durch zwei geladene Körper bestimmten Feldern bedeutet positives Vorzeichen des Potentials eine negative Ladung des Bezugskörpers.

Begründung: Hat der Träger in Abb. 108 eine positive Ladung Q, so muss man ihm eine Arbeit $W = Q\varphi$ *zuführen*, um ihn vom negativen Bezugskörper zur Äquipotentialfläche zu schaffen. Also ist W positiv. Folglich haben in Gl. (60) Zähler und Nenner gleiches Vorzeichen, und daher ist die Spannung $\varphi = W/Q$ positiv. (Gleichzeitig ist das Linienintegral $\int \boldsymbol{E} \cdot \mathrm{d}\boldsymbol{s}$ (in Gl. 17 von S. 34) negativ, weil die Feldrichtung konventionell von + nach − gezählt und daher der Träger der Feldrichtung *entgegen* in Gebiete zunehmenden Potentials hineinbewegt wird, d. h. $\boldsymbol{E}$ und $\mathrm{d}\boldsymbol{s}$ haben entgegengesetzte Richtung.)

Man darf für *einen* Punkt des Feldes wohl ein *Potential* angeben, aber nicht eine Spannung. Die Spannung existiert immer nur zwischen *zwei* Punkten; nennt man die Spannung Potential, so hat man zuvor den Bezugskörper vereinbart (oft stillschweigend die Erde). Leider werden nicht selten in laxem Sprachgebrauch die Worte Potential und Spannung nicht auseinandergehalten. — *Potentialdifferenz* zwischen zwei Punkten eines Feldes bedeutet die Spannung zwischen diesen beiden Punkten.[K13]

K13. Der Zusammenhang von Spannung U bzw. Potentialdifferenz $\Delta\varphi$ (zwischen zwei Punkten 1 und 2) mit dem Linienintegral $\int \boldsymbol{E} \cdot \mathrm{d}\boldsymbol{s}$ ergibt sich also entsprechend der im Kleindruck gegebenen Begründung als

$$U = \Delta\varphi = -\int_1^2 \boldsymbol{E} \cdot \mathrm{d}\boldsymbol{s}\,.$$

In Gl. (17) auf S. 34 wurde zur Vereinfachung das Vorzeichen nicht berücksichtigt.

Beispiel: Die Potentialverteilung (Potentialfeld) einer geladenen Metallkugel (Ladung Q_0, Radius r): Der Bezugskörper mit dem Potential null liege bei $R = \infty$. Die elektrische Feldstärke im Kugelinneren ist null und außerhalb für $R \geq r$ durch $E = Q_0/4\pi\varepsilon_0 R^2$ (Gl. 29 von S. 39) gegeben. Damit ergibt sich für den Außenraum das Potential

$$\varphi = -\int_\infty^R E\,\mathrm{d}R = -\frac{Q_0}{4\pi\varepsilon_0}\int_\infty^R \frac{1}{R^2}\mathrm{d}R = \frac{1}{4\pi\varepsilon_0}\frac{Q_0}{R} \tag{61}$$

und für den Innenraum

$$\varphi = \frac{1}{4\pi\varepsilon_0}\frac{Q_0}{r} = \text{const}\,. \tag{62}$$

Das Potential nimmt also von außen kommend mit $1/R$ zu und ist im Innenraum konstant. Die Äquipotentialflächen sind konzentrische Kugelschalen (für $R \geq r$).

§ 38. Elektrischer Dipol, elektrisches Dipolmoment. Die Grundgleichung $\boldsymbol{F} = Q\boldsymbol{E}$ verlangt für das Auftreten von Kräften im elektrischen Feld nicht nur ein Feld, sondern auch einen Körper mit elektrischer *Ladung*. Dem scheint bei flüchtiger Betrachtung eine uralte Erfahrung zu widersprechen: die Kraftwirkungen elektrischer Felder auf *ungeladene* leichte Körper. Man denke an ein *Papierschnitzel* in der Nähe eines geriebenen Bernsteinstückes oder die *tanzenden Püppchen* unter einer durch Reibung aufgeladenen Glasplatte.

Zum Verständnis dieser Vorgänge braucht man zwei *neue Begriffe*: „elektrischer Dipol" und „elektrisches Dipolmoment". Wir denken uns in Abb. 109 zwei „punktförmige" Elektrizitätsträger mit den Ladungen $+Q$ und $-Q$ durch einen äußerst dünnen und ideal isolierenden Stab im Abstand l voneinander gehalten. Dies hantelförmige Gebilde nennen wir einen „elektrischen Dipol". Sein Feld ähnelt dem in den Abb. 45 und 96 gezeigten.

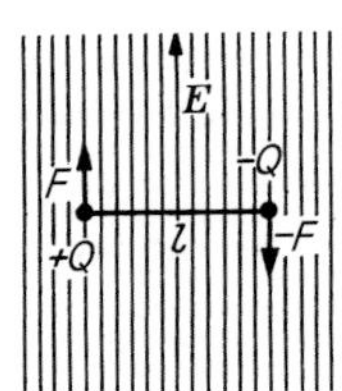

Abb. 109. Ein elektrischer Dipol, der mit seiner Längsachse senkrecht zu elektrischen Feldlinien steht

Diesen Dipol denken wir uns ferner in Abb. 109 mit seiner Längsachse senkrecht zu den Feldlinien eines homogenen elektrischen Feldes gestellt. Dann wirkt auf ihn das Drehmoment

$$M_{\text{mech}} = 2QE\frac{l}{2} = Q\,lE\,. \tag{63}$$

Wir nennen das Produkt $Q\,l$ das *elektrische Dipolmoment* p des Dipols (Einheit Amperesekundenmeter). Das elektrische Dipolmoment ist als Vektor darzustellen, *seine Richtung ist definiert als die der Verbindungslinie der beiden Ladungen von − nach +*. Damit erhalten wir allgemein

$$\boldsymbol{M}_{\text{mech}} = \boldsymbol{p} \times \boldsymbol{E}\,. \tag{64}$$

K14. Zum Vektorprodukt siehe Bd. 1, Kommentar K1 in Kap. VI.

Das Vektorprodukt[K14] bedeutet, dass das am elektrischen Dipol angreifende mechanische Drehmoment maximal ist, wenn $\boldsymbol{p}$ senkrecht auf $\boldsymbol{E}$ steht (wie in Abb. 109 und Gl. 63) und verschwindet, wenn $\boldsymbol{p}$ parallel zu $\boldsymbol{E}$ liegt.

Der oben idealisierte Dipol ist nicht zu verwirklichen. Wohl aber kann man auf mannigfache Weise gleich große Plus- und Minusladungen auf einem Körper getrennt lokalisieren und auch für solche Körper durch ein Messverfahren ein elektrisches Dipolmoment definieren. Dazu knüpft man an einen Versuch der Mechanik an.

In Abb. 110 ist ein Stab S am Ende einer Speiche R gelagert. Er erfährt durch das Kräftepaar $\boldsymbol{F}$ und $-\boldsymbol{F}$ ein Drehmoment $\boldsymbol{S}\times\boldsymbol{F}$, wenn $\boldsymbol{S}$ der Vektor ist, der vom Angriffspunkt von $-\boldsymbol{F}$ zum Angriffspunkt von $\boldsymbol{F}$ zeigt. Die Länge der Speiche R ist ganz gleichgültig.

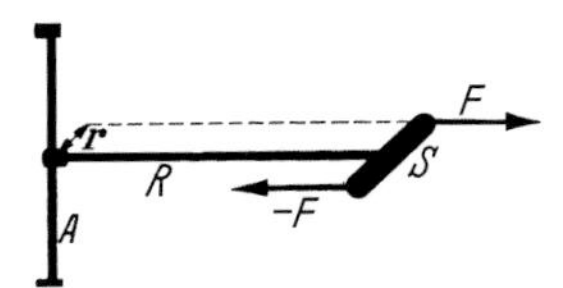

Abb. 110. Beim Drehmoment kommt es nur auf den Hebelarm S, nicht auf die Speichenlänge R an

Jetzt denken wir uns in einem beliebigen festen Körper durch die Art der Ladungslokalisierung N Dipole gebildet. Jeder von ihnen erfährt im Feld ein Drehmoment $\boldsymbol{M}'_{\text{mech}}$. All diese einzelnen Drehmomente dürfen wir, trotz der verschiedenen Abstände der Dipole von der gemeinsamen Drehachse, wie Vektoren addieren. So erhält man als beobachtbares Drehmoment

$$\boldsymbol{M}_{\text{mech}} = \sum \boldsymbol{M}'_{\text{mech}} = \sum (\boldsymbol{p}' \times \boldsymbol{E}) \tag{65}$$

oder

$$\boldsymbol{M}_{\text{mech}} = \boldsymbol{p} \times \boldsymbol{E}\,. \tag{66}$$

Hier bedeutet $\boldsymbol{p}$ das gesamte, wirklich beobachtbare elektrische Dipolmoment des aus unbekannten Dipolen aufgebauten Körpers.

Man kann es stets durch einen idealisierten, hantelförmigen Dipol ersetzen: Zwei punktförmige Ladungen $+Q$ und $-Q$ im Abstand l. Der Stab dieser Hantel liegt in der Richtung des elektrischen Dipolmomentes.

Diese Definitionsgleichung gibt ein (praktisch allerdings unwichtiges) Messverfahren. Man lagert den Körper mit einer zur Feldrichtung senkrechten Achse und ermittelt seine Ruhelage. Dann dreht man ihn um 90° aus seiner Ruhelage heraus und misst das dazu notwendige Drehmoment als Produkt von Kraft und Hebelarm. Dies Drehmoment ist dann noch durch die Feldstärke E des homogenen Feldes zu dividieren.

Soweit der elektrische Dipol oder Körper mit einem elektrischen Dipolmoment im *homogenen* Feld. Das Feld wirkt auf den Dipol mit einem Drehmoment und stellt, sofern der Dipol nicht an einer Drehung gehindert wird, die Dipolrichtung parallel zur Feldrichtung. Das Gleiche gilt auch für ein *inhomogenes* elektrisches Feld. Der Dipol habe sich in Abb. 111 bereits in die Feldrichtung (positive x-Richtung) eingestellt. Daneben tritt aber im inhomogenen Feld noch etwas Neues auf. Im inhomogenen Feld wirkt auf den Dipol in Richtung des Feldanstiegs $\partial E/\partial x$ eine Kraft

$$F = p\,\frac{\partial E}{\partial x}\,. \tag{67}$$

Herleitung: Auf die obere +-Ladung wirkt die Kraft QE_o nach oben, auf die untere −-Ladung die Kraft $-QE_\text{u}$ nach unten. Also wirkt insgesamt auf den Dipol die Kraft

$$F = Q(E_\text{o} - E_\text{u})\,. \tag{68}$$

Ferner ist

$$E_\text{o} = E_\text{u} + \frac{\partial E}{\partial x}\,l\,. \tag{69}$$

Die Gln. (68) und (69) zusammengefasst ergeben Gl. (67).

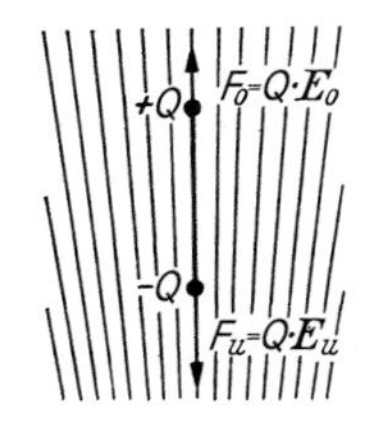

Abb. 111. Ein elektrischer Dipol im inhomogenen elektrischen Feld. Feldrichtung von unten nach oben (x-Richtung). E nimmt ab mit zunehmendem x.

§ 39. Influenzierte und permanente elektrische Dipolmomente. Pyro- und piezoelektrische Kristalle. Wir haben die Begriffe elektrischer Dipol und elektrisches Dipolmoment zunächst ohne Experiment eingeführt. Jetzt kommt die Frage: Wie kann man Körper tatsächlich mit einem elektrischen Moment versehen? Es sind zwei Fälle zu unterscheiden:

1. *Influenzierte elektrische Dipolmomente.* Jeder Körper bekommt in einem elektrischen Feld durch Influenz ein elektrisches Dipolmoment: Das Feld verschiebt in jedem eingebrachten Körper die positiven und negativen Ladungen gegeneinander. Im Leiter wandern sie dabei bis zur *Oberfläche*, im Isolator kommt es nur zu Verschiebungen *innerhalb* der einzelnen *Moleküle* und so zur *Polarisation* (*Elektrisierung*) des Dielektrikums (Abb. 93).

Infolge dieses influenzierten Dipolmomentes stellen sich längliche Körper in *allen* elektrischen Feldern parallel zur Feldrichtung[1] (Abb. 112); so entstehen z. B. die *Feldlinienbilder* aus Faserstaub. In *inhomogenen* Feldern werden außerdem alle Körper, unabhängig von ihrer Gestalt, in Gebiete größerer elektrischer Feldstärke hineingezogen.

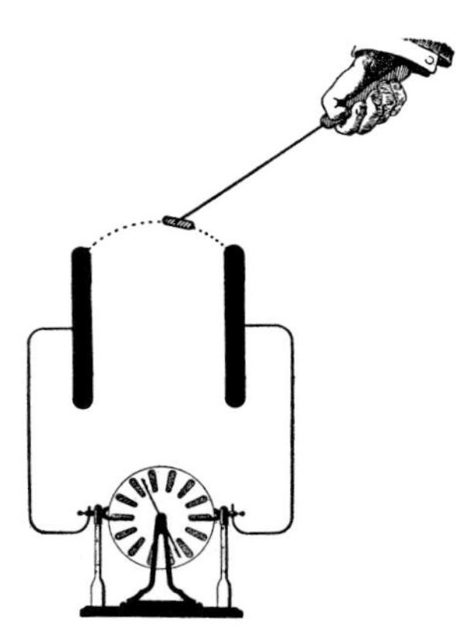

Abb. 112. Kräfte auf ungeladene Körper im elektrischen Feld. Oben ein länglicher kleiner Körper aus Metall oder einem Isolator, um eine auf der Papierebene senkrecht stehende Achse drehbar gelagert. („Versorium", William Gilbert, 1600, Arzt in London, Schöpfer des Wortes „elektrisch".)[K15]

K15. Siehe: A. Loos, „Vier Jahrhunderte Spannung", Physik in unserer Zeit **31**, 159 (2000).

An der Feldgrenze werden gut leitende Körper sofort aufgeladen, und darauf fliegen sie als „Elektrizitätsträger" zur anderen Elektrode hinüber. Dort beginnt das Spiel von neuem. Bei Isolatoren oder schlechten Leitern erfordert diese Aufladung etliche Sekunden Zeit. Währenddessen haftet der Körper an der Feldgrenze. Das zeigt man besonders schön im Schattenbild mit kleinen Wattefetzen.

2. *Permanente elektrische Dipolmomente.* a. In jedem geladenen *Kondensator* sind die Ladungen beider Vorzeichen räumlich gegeneinander verschoben; infolgedessen besitzen die meisten geladenen Kondensatoren ein elektrisches Dipolmoment. Es fehlt nur, wenn der eine Körper des Kondensators den anderen als geschlossener Hohlraum umgibt.

Leider erzeugt ein äußeres elektrisches Feld schon in jedem ungeladenen Kondensator ein *influenziertes* Dipolmoment. Darum haben wir in § 38 nicht mit einem Experiment begonnen, jeder unserer Dipole hätte sich auch nach Beseitigung seines permanenten Dipolmomentes noch im Feld bewegt.

b. Man bringt ein Gemisch aus Wachs und Harz flüssig in ein elektrisches Feld und lässt es in ihm erstarren. Dabei wird das influenzierte elektrische Dipolmoment *eingefroren* und damit permanent gemacht. Infolgedessen wirkt der erstarrte Körper (am besten nachträglich in Stabform geschnitten) als *Elektret.* Er wirkt wie ein sehr guter elektrischer Isolator mit positiven elektrischen Ladungen an einem und negativen am anderen Ende. Man kann diese Ladungen durch einen Influenzversuch mit einem Spiegelgalvanometer messen. Man verbindet beide Zuleitungen mit je einer Metallhülse und schiebt diese Hülsen gleichzeitig über die Stabenden. Dabei misst man die in den Hülsen influenzierten Ladungen.

Derartige Elektrete halten sich jahrelang, man muss sie nur in einer eng passenden metallischen Schutzkapsel aufheben, sonst fangen sie im Lauf der Zeit Elektrizitätsträger (Ionen) aus der Luft ein und überziehen dadurch ihre Enden mit einer Deckschicht von Ladungen entgegengesetzten Vorzeichens. Dann macht sich ihr elektrisches Dipolmoment nach außen hin nicht mehr bemerkbar.

c. *Pyroelektrische* Kristalle, z. B. Turmalin, besitzen durch die Anordnung ihrer geladenen Bausteine ein permanentes elektrisches Dipolmoment (F. U. T. Aepinus, 1756). Seine

[1] In dieser Stellung erreicht die Polarisation des länglichen Körpers ihr Maximum, und damit auch das influenzierte Dipolmoment (weil die *Entelektrisierung* (s. § 102) ihren kleinsten Wert hat.) Dadurch wird die Parallelstellung vor allen anderen Stellungen energetisch bevorzugt.

Richtung fällt mit der einer polaren Kristallachse zusammen, bei einem stabförmigen Turmalinkristall z. B. mit der Längsachse. Normalerweise macht sich dies permanente Dipolmoment des Kristalls wegen der oben genannten Deckschicht nicht bemerkbar. Es tritt erst in Erscheinung, wenn man durch *thermische Längenänderung* die elementaren elektrischen Dipolmomente verändert. Man tauche z. B. einen etwa 5 cm langen Turmalinstab in flüssige Luft. Dann wird nur noch ein Teil durch die Deckschicht ausgeglichen, der Kristall erweist sich nunmehr als guter Elektret, er zieht Papierschnitzel an, usw. (Abb. 113).

Abb. 113. Bärte aus Pulverstaub an einem Elektreten (Turmalin)

Flüssige Luft ist oft durch staubförmige Eiskristalle getrübt. Man entfernt sie durch Einbringen eines Turmalin-Elektreten.

Pyroelektrische Kristalle sind gleichzeitig *piezoelektrisch*, d. h. sie ändern ihr elektrisches Dipolmoment auch bei *mechanischer Längenänderung* oder Verformung. Zur Vorführung eignet sich wieder ein stabförmiger Turmalinkristall. Man bringt ihn zwischen zwei isolierte Elektroden, verbindet sie mit einem statischen Voltmeter und presst den Kristall in seiner Längsrichtung mit einer Schraubzwinge (Abb. 114).[K16]

K16. Umgekehrt verformen sich piezoelektrische Kristalle in einem elektrischen Feld. So kann man z. B. Schallwellen erzeugen (Schallgeber) oder sehr kleine Längenänderungen elektrisch steuern, wie z. B. im Tunnelmikroskop.

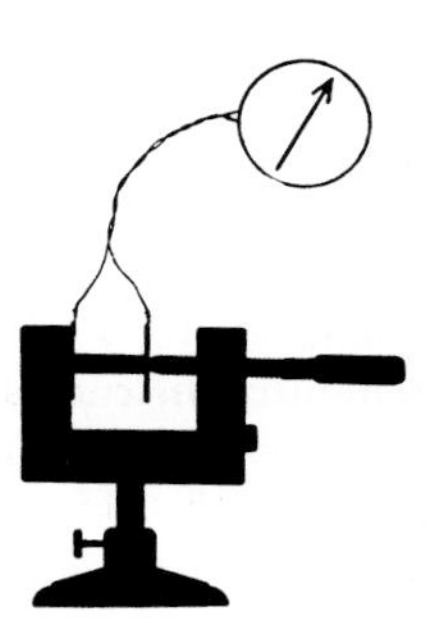

Abb. 114. Ein Turmalinkristall bekommt durch Pressen ein elektrisches Dipolmoment (Ballistisches Galvanometer oder statisches Voltmeter)

IV. Das magnetische Feld

§ 40. Herstellung magnetischer Felder durch elektrische Ströme. (H. Ch. Oersted, 1820). Die einführende Übersicht von Kap. I nannte drei Kennzeichen des Stromes in einem Leiter: 1. das den Leiter umgebende Magnetfeld, 2. die Erwärmung und 3. chemische Veränderungen des Leiters.

Diese drei Kennzeichen sind durchaus nicht gleichwertig. Chemische Änderungen fehlen in den technisch wichtigsten Leitern, den Metallen. Auch die Erwärmung des Leiters kann unter bestimmten Bedingungen fortfallen (Supraleitung[K1]). Aber das Magnetfeld bleibt unter allen Umständen. *Das Magnetfeld ist der unzertrennliche Begleiter des elektrischen Stromes.*

K1. Zur Supraleitung siehe Kommentar K3 in Kap. X.

Das Magnetfeld kann genau wie das elektrische Feld im leeren Raum existieren. Die Anwesenheit der Luftmoleküle (vgl. Abb. 51) ist von gänzlich untergeordneter Bedeutung. Auch das Magnetfeld lernen wir nur durch die Erfahrung kennen. Wir beobachten in einem magnetischen Feld andere Vorgänge als in einem gewöhnlichen Raum. Das ist auch hier das Entscheidende. Der wichtigste dieser Vorgänge war bisher die kettenförmige Anordnung von Eisenfeilspänen in den Bildern magnetischer Feldlinien.[K2]

K2. Zum Begriff der *Feldlinie* siehe Kommentar K1 in Kap. II.

Wir wollen das Magnetfeld jetzt weiter erforschen. Wir beginnen mit der Betrachtung einiger typischer geometrischer Verteilungen des magnetischen Feldes:

Die magnetischen Feldlinien eines langen geraden stromdurchflossenen Leiters sind konzentrische Ringe (Abb. 4).

Für einen kreisförmigen Leiter erhalten wir Feldlinien nach Abb. 115. Die „Kreise" erscheinen exzentrisch nach außen verdrängt und etwas verformt. Wir stellen eine Reihe von Kreiswindungen nebeneinander (Abb. 116). Jetzt überlagern sich die Feldlinienbilder der einzelnen Windungen. Dabei denke man sich jede Windung an eine besondere Stromquelle angeschlossen. Bequemer schickt man denselben Strom durch alle Windungen. Das macht man am einfachsten durch schraubenförmiges Aufspulen eines Drahtes (vgl. Abb. 117 u. 118).

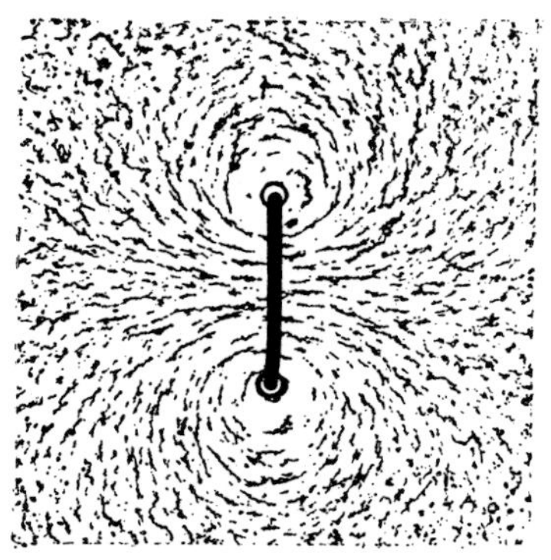

Abb. 115. Magnetische Feldlinien eines stromdurchflossenen Kreisringes mit Eisenfeilspänen sichtbar gemacht

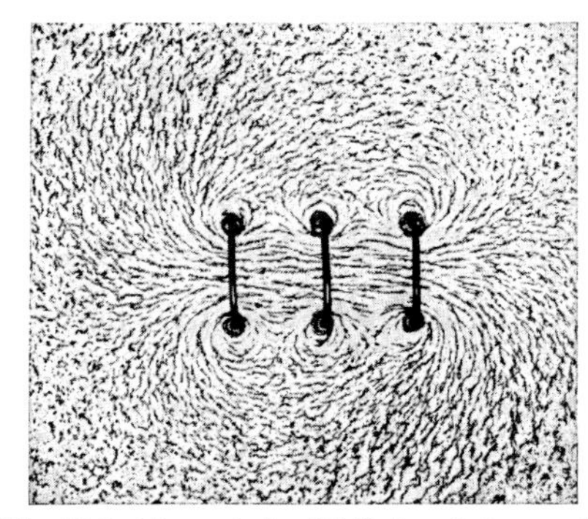

Abb. 116. Magnetische Feldlinien dreier paralleler, von gleichen Strömen durchflossener Kreisringe

K. Lüders, R. O. Pohl (Hrsg.), *Pohls Einführung in die Physik*
DOI 10.1007/978-3-642-01628-8, © Springer 2010

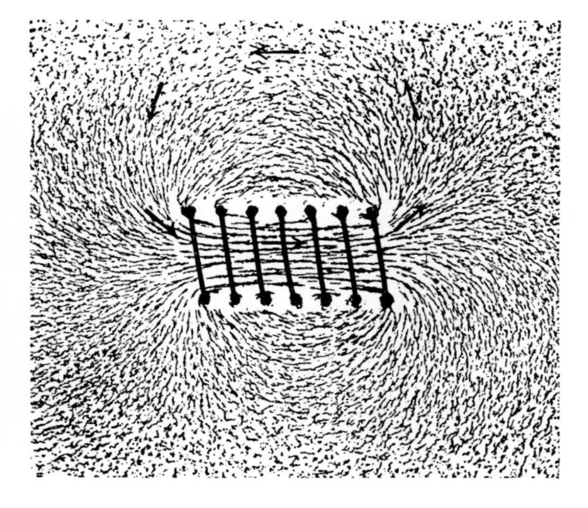

Abb. 117. Magnetische Feldlinien einer gedrungenen, stromdurchflossenen Spule. Die Pfeile bedeuten Kompassnadeln, die Spitzen deren Nordpole. Man denke sich am Spulenende oben links den +-Pol der Stromquelle.[K3]

K3. Wenn man die Spule von links betrachtet, kreist der Strom im Uhrzeigersinn um die Spulenachse. Im Inneren der Spule erzeugt er ein in der Papierebene nach rechts gerichtetes Feld. Das linke Ende der Spule nennt man auch Südpol (genau wie das linke Ende der Kompassnadel im Inneren der Spule).

K4. Die hier mithilfe von Eisenfeilspänen gezeigten Feldverteilungen sind den tatsächlichen außerordentlich ähnlich, wie hier in der Abbildung zu sehen ist:

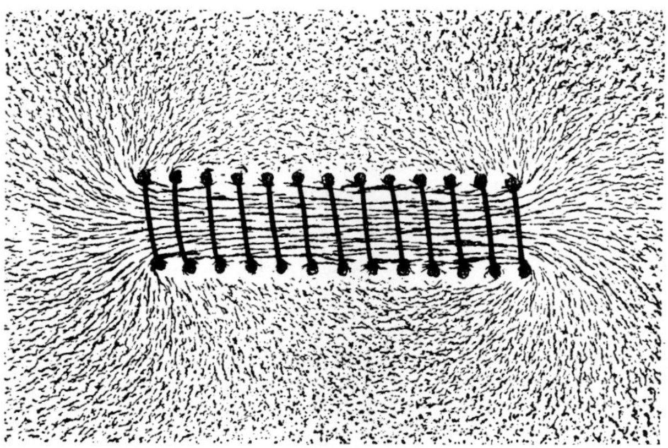

Abb. 118. Magnetische Feldlinien einer gestreckten stromdurchflossenen Spule. Im Inneren der Spule ein (weitgehend) homogenes Magnetfeld.[K4]

50 cm
0
-50
-50 0 50 cm

Sie zeigt die mithilfe der Maxwell'schen Gleichungen (§ 54) berechnete Feldverteilung einer Spule, deren Verhältnis von Länge zu Durchmesser, 5 : 1, etwa der Spule in Abb. 118 entspricht (berechnet von J. A. Crittenden, Cornell University). Die inhomogenen Feldbereiche (Pole) werden in § 65 näher untersucht.

Eine Kompassnadel zeigt normalerweise mit einem Ende nach Norden. Man nennt es ihren Nordpol und markiert es durch eine Pfeilspitze. — Im Magnetfeld einer Spule stellt sich die Kompassnadel überall in die Richtung der Feldlinien (Abb. 117). *Die Richtung der Pfeilspitze nennt man vereinbarungsgemäß die positive Feldrichtung.*

Dasselbe Feld wie mit einer einzelnen Spule erhält man mit einem Bündel gleich langer, dünner Spulen. Das Bündel muss nur die gleiche Querschnittsfläche ausfüllen, und alle Spulen müssen von gleich großen Strömen durchflossen werden. Abb. 119 zeigt ein so experimentell gewonnenes Feldlinienbild. Man vergleiche es mit Abb. 118. Dieser experimentelle Befund ist leicht verständlich. Wir zeichnen in Abb. 120 ein Spulenbündel im Querschnitt. Dabei wählen wir zur Vereinfachung der Zeichnung alle Querschnittsflächen quadratisch. Man sieht im Inneren überall benachbarte Ströme in entgegengesetzter Richtung fließen. Ihre Wirkung hebt sich auf. Es bleibt nur die Wirkung der dick gezeichneten Windungsstücke an der Oberfläche des Spulenbündels. Es bleibt also nur die Strombahn der umhüllenden Spule wirksam.

An den Enden der Spulen laufen Feldlinien in den Außenraum. Sie treten nicht nur durch die beiden Öffnungen der Spule aus, sondern in deren Nähe schon seitlich zwischen den Spulenwindungen hindurch. *Diese Austrittsgebiete der Feldlinien bezeichnet man*

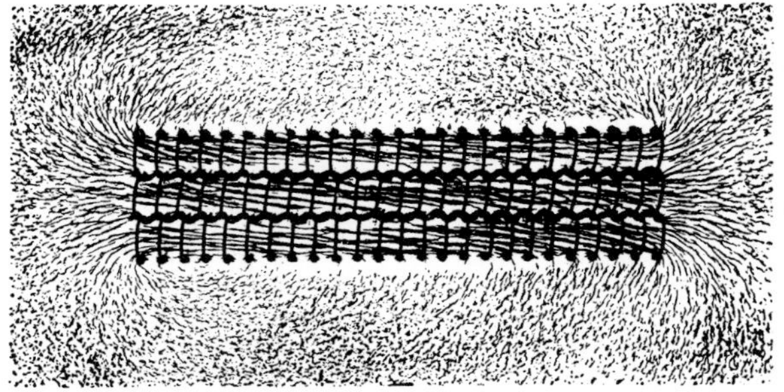

Abb. 119. Magnetfeld eines Spulenbündels. Die Einzelspulen waren bei diesem Modellversuch völlig getrennt. Die zickzackförmige Verbindung wird durch die Anhäufung von Eisenfeilspänen zwischen benachbarten Drähten vorgetäuscht.

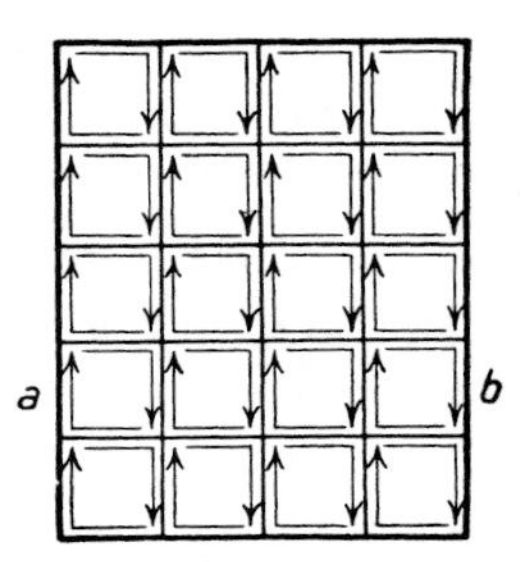

Abb. 120. Schema eines Bündels *langer* quadratischer Einzelspulen. a–b entspricht der Zeichenebene von Abb. 119.

als die Pole der Spule, und zwar in Analogie zu einem permanenten Stabmagneten. Eine stromdurchflossene Spule verhält sich durchaus wie ein Stabmagnet: Horizontal gelagert oder aufgehängt stellt sie sich wie eine Kompassnadel in die Nord-Süd-Richtung ein. Beim Aufstreuen von Eisenfeilspänen erhält die Spule an ihren Enden dicke Bärte (Abb. 121). Die mittleren Teile der Spule bleiben im Außenraum von Eisenfeilspänen frei. Die Feldlinien treten eben nur an den „Pole" genannten Gebieten aus. Mit wachsender Länge der stromdurchflossenen Spule treten die als Pole bezeichneten Feldgebiete neben dem Feld im Spuleninneren immer mehr zurück. Man vergleiche beispielsweise Abb. 117 und 118.

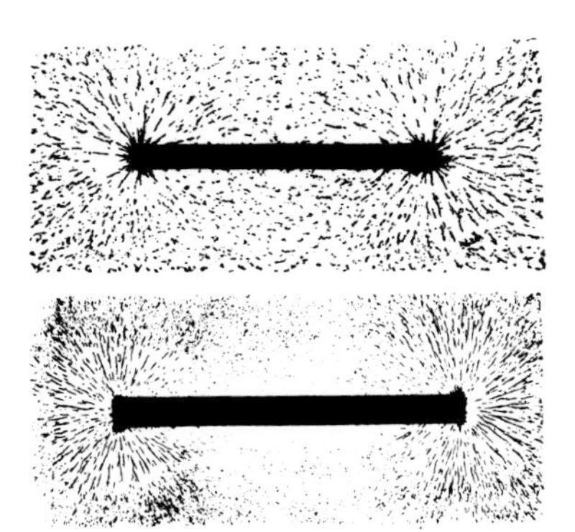

Abb. 121. Oben: Bart von Eisenfeilspänen an einer stromdurchflossenen Spule. Unten: Mit Eisenfeilspänen sichtbar gemachte Polgebiete eines permanenten Stabmagneten (aus keramischem Werkstoff, Ferritpulver mit Bindemittel) von gleicher Geometrie wie die Spule im oberen Teilbild. Der Stab ist aus 100 flachen Scheiben zusammengesetzt.

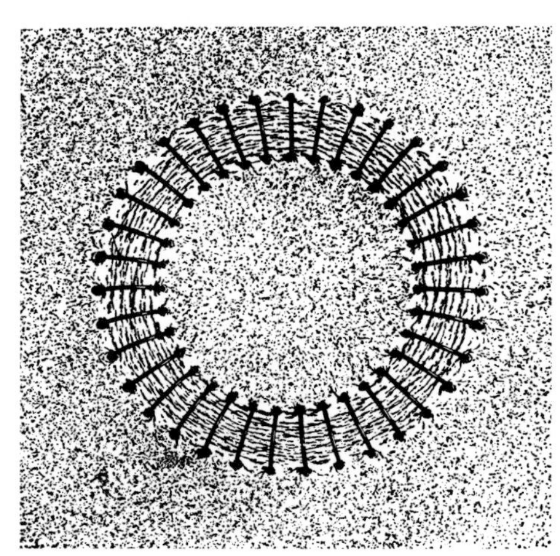

Abb. 122. Magnetische Feldlinien im Feld einer Ringspule[K5]

K5. Solche „toroidalen" Magnetfelder werden z. B. zum Plasmaeinschluss bei der Erforschung der Kernfusion eingesetzt (Tokamak-Prinzip). Dabei handelt es sich um große supraleitende Spulensysteme mit Durchmessern von mehreren Metern.

Es lassen sich *auch Spulen vollständig ohne Pole* herstellen. Man muss dann die Spulen als geschlossene Ringe wickeln. Abb. 122 zeigt ein Beispiel. Bei diesem ist die Querschnittsfläche der Spulenwindungen überall die gleiche. Doch ist das nicht erforderlich. Durch geeignete Wahl des Abstandes benachbarter Windungen kann man auch Spulen mit veränderlicher Querschnittsfläche ohne Pole herstellen.

Wir fassen zusammen: *Die geometrische Verteilung der Magnetfelder stromdurchflossener Leiter wird allein durch die Geometrie dieser Leiter bestimmt.*

In *langgestreckten* Spulen sind die magnetischen Feldlinien im Inneren praktisch gerade Linien, abgesehen von den Polgebieten. Wir haben also offenbar *ein homogenes Feld.*[K6] Das homogene Magnetfeld einer gestreckten Spule spielt in der Behandlung des magnetischen Feldes die gleiche Rolle wie das homogene elektrische Feld eines hinreichend flachen Plattenkondensators.

K6. Das Feld ist um so homogener, je länger die Spule ist (siehe Abbildung in Kommentar K4 in Kap. VI).

Die von *Stabmagneten* oder allgemein *Permanent*magneten ausgehenden Magnetfelder unterscheiden sich in keiner Weise von den Magnetfeldern stromdurchflossener Spulen, d. h., wir können das Magnetfeld jedes Stabmagneten im Außenraum durch das einer Spule von der Größe und Geometrie des Stabmagneten ersetzen. Wir müssen nur für richtige Verteilung der Wicklung Sorge tragen. Den Grund für diese Übereinstimmung werden wir in § 43 kennenlernen.

In Kap. II konnten mithilfe des *homogenen* elektrischen Feldes eines flachen Plattenkondensators zwei Größen definiert werden, mit denen man jedes elektrische Feld quantitativ erfassen kann. Es sind die Felder ***E*** und ***D***. Analog werden wir mithilfe des *homogenen* magnetischen Feldes einer gestreckten Spule zwei Größen definieren, mit denen man jedes magnetische Feld quantitativ erfassen kann. Es sind die Felder ***H*** und ***B***. Einstweilen benutzen wir nur das Feld ***H***.

§ 41. Das magnetische Feld *H*. Wie das elektrische Feld muss man auch das magnetische quantitativ mit einem *Vektor* darstellen. Das folgt aus den anschaulichen *Vorzugsrichtungen* der magnetischen Feldlinien. Man nennt diesen Vektor *das magnetische Feld* ***H***.

Der *Betrag des elektrischen Feldes, die elektrische Feldstärke*, lässt sich in Volt/Meter messen. In entsprechender Weise kann man den *Betrag des magnetischen Feldes, genannt magnetische Feldstärke*, in Ampere/Meter messen. Auch das ergibt sich wieder anhand einer neuen experimentellen Erfahrung. Man gewinnt sie mit zwei Hilfsmitteln, nämlich

1. gestreckten Spulen verschiedener Bauart;
2. einem beliebigen Indikator für das magnetische Feld.

Der Indikator soll lediglich zwei räumlich oder zeitlich getrennte Magnetfelder als gleich erkennen lassen. Er soll also nicht messen, sondern nur die Gleichheit zweier Felder feststellen.

Als Indikator wählen wir eine kleine[1] Magnetnadel (Kompassnadel) an der Achse einer Schneckenfederwaage (Abb. 123). Die Ruhelage der Nadel ist durch die Entspannung der Schneckenfeder gegeben.

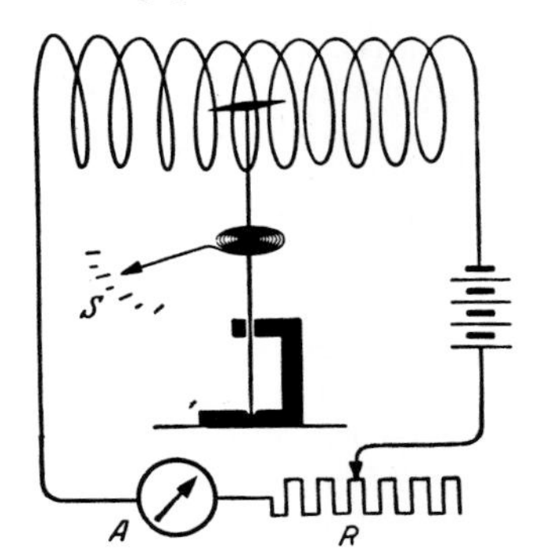

Abb. 123. Zur Bestimmung des Magnetfeldes einer gestreckten Spule. *R*: Regelwiderstand zum Einstellen des Stromes *I* in der Feldspule.

(Wir vernachlässigen also der Einfachheit halber den Einfluss des magnetischen Erdfeldes.)

[1] Die Nadel muss klein gegenüber den Lineardimensionen des Feldes sein, um eine gute räumliche Auflösung zu erzielen.

Diese Magnetnadel bringen wir in das homogene Feld einer Spule und stellen sie bei entspannter Feder parallel zu den Feldlinien, also parallel zur Spulenachse. Dann *spannen* wir die Feder durch Drehung des Zeigers, bis die Nadel zu den Feldlinien, also zu ihrer eigenen Ruhelage, senkrecht steht. Der zur Feder*spannung* erforderliche notwendige Winkel wird an der Skala abgelesen. Er ist ein Maß für das zur Senkrechtstellung der Nadel notwendige Drehmoment.[K7]

K7. Also ganz analog zum Drehmoment, das ein elektrischer Dipol in einem elektrischen Feld erfährt. Siehe Abb. 109 und Gl. (64).

Jetzt ersetzen wir die erste Spule der Reihe nach durch andere. Sie haben andere Querschnittsflächen A, verschiedene Längen l und verschiedene Windungszahlen N. Einige Spulen sind einlagig, andere mehrlagig. Durch Veränderung des Stromes (Vorschaltwiderstand R) stellen wir jedesmal auf das gleiche zur Senkrechtstellung der Kompassnadel erforderliche Drehmoment ein. Diese Gleichheit der Drehmomente bedeutet Gleichheit der Felder.

Auf diese Weise finden wir experimentell ein sehr einfaches Ergebnis: Die Magnetfelder sind gleich, sobald die Größe

$$\frac{\text{Strom}\, I \times \text{Windungszahl}\, N}{\text{Spulenlänge}\, l}$$

die gleiche ist. Die Querschittsfläche und die Anzahl der Windungslagen sind gleichgültig. *Das homogene Magnetfeld einer gestreckten Spule wird durch das Verhältnis NI/l oder in Worten „Stromwindungszahl durch Spulenlänge" eindeutig bestimmt.*[K8] Aus diesem Grund benutzt man das Verhältnis NI/l, um zunächst für eine gestreckte Spule die magnetische Feldstärke zu definieren, also:

K8. Man vermeide bei diesen Messungen die Spulenenden, an denen die Feldstärke deutlich abnimmt, siehe Abbildung in Kommentar K4 in Kap. VI.

$$H = \frac{NI}{l}\,. \tag{70}$$

Als Einheit von H benutzen wir 1 Ampere/m. Die Richtung des magnetischen Feldvektors liegt parallel zur Spulenachse. Das Vorzeichen ist in Abb. 117 angedeutet (siehe auch Abb. 124).

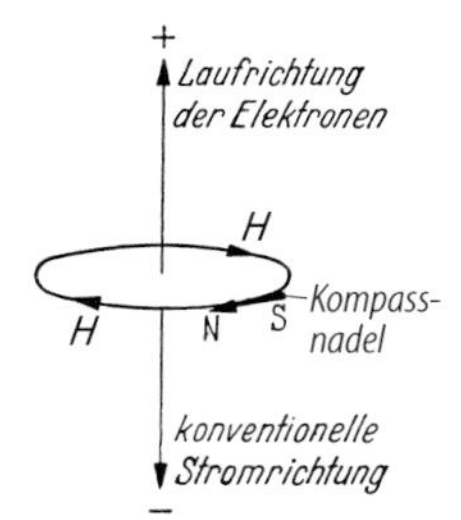

Abb. 124. Zur Festlegung der Feldrichtung in der Umgebung eines Elektronenstromes (siehe auch Abb. 5)

Der nächste Schritt bringt dann eine wichtige Verallgemeinerung. Durch Vergleich mit dem homogenen Feld einer gestreckten Spule kann man das Feld $\boldsymbol{H}$, also Größe und Richtung, an beliebigen Orten messen: Man ersetzt seine einzelnen, praktisch noch homogenen Bereiche durch das gleiche und gleichgerichtete Feld einer kleinen gestreckten Spule und bestimmt für diese den Vektor $\boldsymbol{H}$ mithilfe der Gl. (70) und der Spulenrichtung.

Messtechnisch kann man auf mannigfache Weise vorgehen. Wir können z. B. die Anordnung in Abb. 123 eichen und sie dadurch zu einem *Magnetometer* machen. Für diese Eichung variieren wir in einer gestreckten Spule den Strom I und und damit nach Gl. (70) die Feldstärke H. Dabei finden wir das zur Senkrechtstellung der Nadel notwendige Drehmoment proportional zu H. Beispielsweise entsprechen bei dem im Göttinger Hörsaal verwendeten Demonstrationsmodell einem Winkelgrad 50 A/m.

Mit einem so geeichten Magnetometer wollen wir das Magnetfeld eines Stabmagneten in einem Punkt P etwa 10 cm von seinem Nordpol aus messen. Wir bringen die Nadel mit entspannter Feder in die Richtung der Feldlinien, also der Feldrichtung. Dann stellen wir die Nadel durch Drehung des Zeigers senkrecht zu den Feldlinien und lesen die zur Federspannung benutzte Zeigerdrehung von 10 Winkelgraden ab. Demnach ist am Ort P die Feldstärke $H = 500$ A/m.

Analog vermisst man auch das Magnetfeld der Erde. Abb. 125 zeigt schematisch das Bild ihrer Feldlinien. Die parallel zur Erdoberfläche gerichtete Komponente heißt die Horizontalkomponente. Sie beträgt in Göttingen etwa 16 A/m.

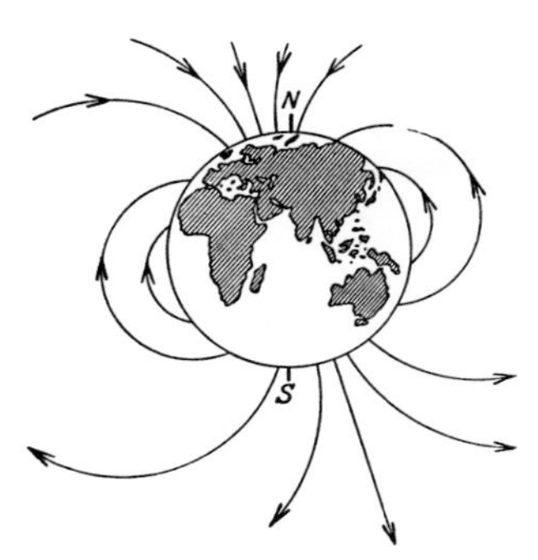

Abb. 125. Magnetische Feldlinien der Erde. Die Pfeile zeigen die Richtung des Feldes an[K9]

K9. Durch Vergleich mit Abb. 117 sieht man, dass sich am geographischen Nordpol tatsächlich ein magnetischer Südpol befindet!

Magnetometrische Messungen sind zeitraubend und daher wenig erfreulich. Man kann sie aber bei der Messung sehr kleiner Feldstärken nicht entbehren. Man führt sie dann technisch anders aus. Das wird in § 65 erläutert. In der überwiegenden Mehrzahl der Fälle *berechnet* man die Feldstärke. Beispiele finden sich in § 52.

§ 42. Bewegung elektrischer Ladungen erzeugt ein Magnetfeld. ROWLAND'scher Versuch (1878). Ein Strom im Leiter besteht aus einer Bewegung von Ladungen in der Längsrichtung des Leiters (§ 22). Jetzt kommt etwas Überraschendes: Allein diese *Bewegung* elektrischer Ladungen ist für die Erzeugung des Magnetfeldes maßgebend. Es kommt auf keinerlei weitere Einzelheiten des Vorganges an. Der Leiter, der Kupferdraht, wirkt nur als eine Führung oder, grob gesagt, als Leitungsrohr für die Ladungen. Das ergibt sich aus dem ROWLAND'schen Versuch:

Abb. 126 zeigt in Aufsicht einen *ringförmigen Elektrizitätsträger* am Rand einer schraffierten isolierenden Scheibe. Der Ring ist zwischen a und b durch einen schmalen Schlitz unterbrochen. Das Teilbild unten zeigt den gleichen Elektrizitätsträger im Schnitt an einer vertikalen Welle c befestigt und in ein geerdetes *Blechgehäuse* eingebaut. Zwischen dem ringförmigen Träger und dem Gehäuse kann eine Spannung von etwa 10^3 Volt angelegt werden; dann trage der Ring eine positive Ladung Q von etwa 10^{-7} Amperesekunden. Bei M befindet sich, schematisch angedeutet, ein empfindlicher Magnetfeldmesser, d. h. eine Kompassnadel mit Lichtzeiger. (In der Ruhelage steht die Längsrichtung der Nadel senkrecht zur Papierebene.) Der geladene Träger wird in Rotation versetzt, in der Zeit t erfolgen N Umläufe (Drehfrequenz $N/t \approx 50$ Hz). Während der Rotation des geladenen Ringes zeigt die Nadel ein Magnetfeld an:[K10] *Also erzeugt auch eine mechanisch bewegte Ladung, nicht nur die im Leitungsdraht wandernde, ein Magnetfeld.* Ihre magnetischen Feldlinien sind schematisch in Abb. 127 skizziert. Sie umgeben die (vergrößert gezeichnete) Querschnittsfläche eines Stückes des rotierenden Ringes, das sich rechts von der Achse c befindet und mit der Geschwindigkeit u auf den Beschauer zuläuft.

K10. Das hierbei erzeugte Magnetfeld war 50 000-mal kleiner als die Horizontalkomponente des magnetischen Erdfeldes (s. Abb. 125) am Ort des Experimentes ($\approx$ 16 A/m in Berlin, siehe H. A. Rowland, Am. J. of Science and Arts, 3. Serie, Bd. 15, S. 30 (1878)). Empfindlichere Messinstumente, wie sie heute zur Verfügung stehen, z. B. HALLsonden oder Squids (superconducting quantum interference devices), gab es damals noch nicht!

Im zweiten Teil des Versuchs wird der Träger entladen; bei a und b in Abb. 126 werden zwei Zuleitungen befestigt und durch den Kreisring ein Strom I hindurchgeschickt

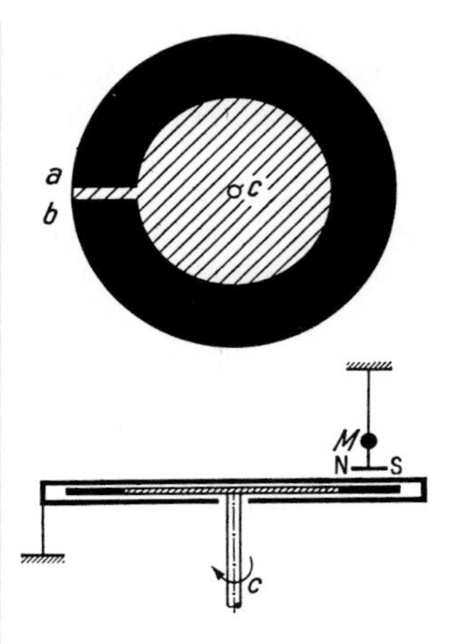

Abb. 126. ROWLAND'scher Versuch. Durchmesser des ringförmigen Elektrizitätsträgers ≈ 20 cm

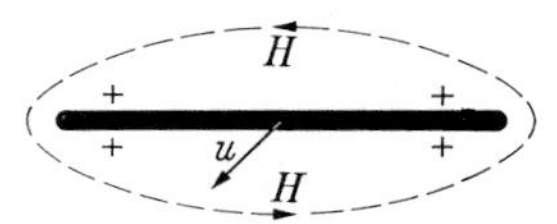

Abb. 127. *Magnetische* Feldlinien, die eine positive Ladung umgeben, die sich mit der Geschwindigkeit u auf den Beschauer zu bewegt

(≈ 10^{-5} Ampere), der das gleiche Magnetfeld erzeugt wie zuvor der rotierende geladene Träger. Man findet

$$I = Q\frac{N}{t}\,. \tag{71}$$

In diese Gleichung führen wir die Geschwindigkeit u des Trägers und den Weg $l = 2\pi r$ ein. Es ist

$$u = \frac{Nl}{t} \quad \text{oder} \quad \frac{N}{t} = \frac{u}{l}\,. \tag{72}$$

Einsetzen dieses Quotienten in Gl. (71) ergibt die wichtige Beziehung[K11]

$$I = Q\frac{u}{l} \tag{73}$$

oder in Worten: *Längs des Weges l mit der Geschwindigkeit u bewegt, wirkt die Ladung Q wie ein Strom $I = Qu/l$.* Wir werden auf dies wichtige Experiment in Kap. VII zurückkommen.

K11. Es handelt sich hier um die Definition eines Ladungsstromes (elektrischen Stromes):

$$\frac{Q}{t} = I = \frac{Q\,l}{lt} = \frac{Q}{l}u\,.$$

§ 43. Auch die Magnetfelder permanenter Magnete entstehen durch Bewegung elektrischer Ladungen. Bei den ersten Versuchen haben wir die Magnetfelder mithilfe von Strömen in Metalldrähten hergestellt. Dann haben wir Magnetfelder mit mechanisch bewegten Ladungen erzeugt. Jetzt kommt als drittes das am längsten bekannte Verfahren: die Herstellung von Magnetfeldern durch permanente Magnete. Wie kommen die Magnetfelder permanenter Magnete zustande?

Wir knüpfen wieder an das Experiment an und nehmen eine vom Strom durchflossene Spule (Abb. 128). Ihr Magnetfeld sei im Punkt P noch gerade erkennbar, eine dort aufgestellte Kompassnadel mache den Ausschlag α. Wie kann man das Magnetfeld verstärken und den Ausschlag α vergrößern?

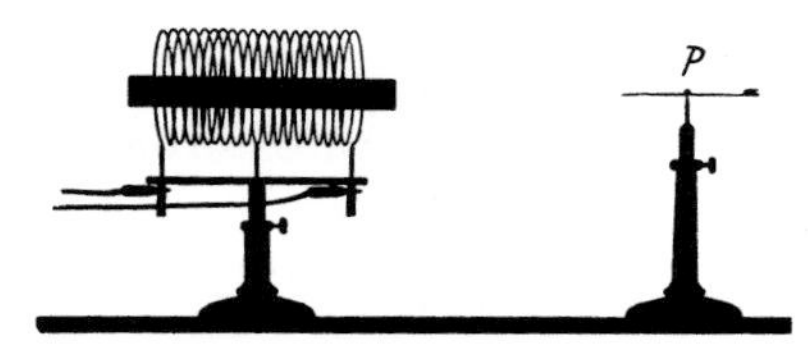

Abb. 128. Einführen eines Eisenkerns wirkt wie eine Erhöhung der Stromwindungszahl

Entweder: Wir vergrößern den Strom I in der Spule oder die Windungszahl N oder beide. Wir erhöhen also in jedem Fall ihr Produkt NI, die Stromwindungszahl der Spule.

Oder: Wir führen in die Spule ein Stück zuvor unmagnetisches Eisen ein, einen Eisenkern.

Daraus schließen wir: *Das Eisen erhöht die Stromwindungszahl.* Es vergrößert aber weder die Zahl der Drahtwindungen noch den mit dem Strommesser gemessenen Spulenstrom: Folglich müssen im Inneren des Eisens Ströme in unsichtbaren Bahnen im gleichen Umlaufsinn wie der Spulenstrom kreisen. Ihre Stromwindungen addieren sich zu den sichtbaren Stromwindungen der Spule. Diese Vorstellung bereitet keinerlei Schwierigkeiten: Nach dem ROWLAND'schen Versuch brauchen wir im Eisen lediglich irgendwelche Umlaufbewegungen elektrischer Ladungen anzunehmen. Zum Beispiel sind Elektronen in allen Körpern vorhanden. Ihre Umlaufbewegungen im Eisen denkt man sich in erster Näherung als Kreisbewegung im Inneren. Man nennt dies vorläufige, aber schon recht brauchbare Bild das der *Molekularströme.* Man kann es sich zeichnerisch grob durch Abb. 129 veranschaulichen. Man vergleiche dies Bild mit dem Querschnitt durch das Spulenbündel in Abb. 120.

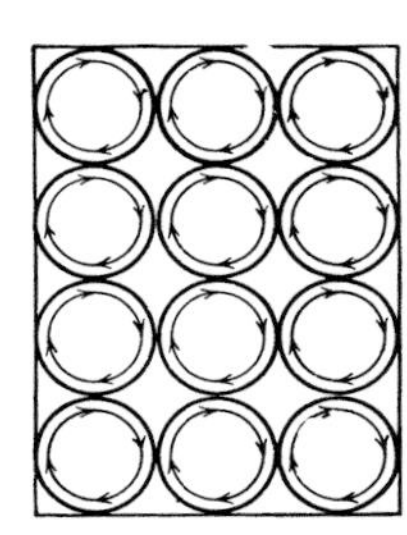

Abb. 129. Grobes Schema geordneter Molekularströme

Die Molekularströme müssen in jedem Stück Eisen schon vor dem Einbringen in ein magnetisches Feld vorhanden sein. Nur liegen sie im Mittel ungeordnet. Erst im Magnetfeld der Spule erfolgt ihre Ordnung: Die Achsen stellen sich parallel zur Spulenachse. Die einzelne Molekularstrombahn verhält sich wie die drehbare Spule in Abb. 10.

Man reduziert das Magnetfeld der Spule entweder durch Herausziehen des Eisenkerns oder durch Unterbrechen des Spulenstromes. Dann verschwindet das vom Eisen ausgehende Feld zum großen Teil, aber nicht ganz. Die Mehrzahl der Molekularströme klappt wieder in die alten Lagen der ungeordneten Verteilung zurück. Nur ein Teil behält die erhaltene Vorzugsrichtung bei. Das Eisen zeigt „remanenten" Magnetismus (Kap. XIV). Es ist zu einem *permanenten Magneten* (Kompassnadel) geworden.

Wesentlich ist an diesen ganzen Darlegungen nur ein einziger Punkt: Die Existenz irgendwelcher Umlaufbewegungen elektrischer Ladungen (Elektronen) im Inneren des Eisens. Dieser entscheidende Punkt ist der experimentellen Nachprüfung zugänglich: Man kann den mechanischen Drehimpuls der umlaufenden Ladungen vorführen und messen.

Wir erinnern an folgenden Versuch der Mechanik: Ein Mann sitzt auf einem Drehstuhl. In der Hand hält er einen beliebigen umlaufenden Körper, z. B. ein Rad. Die Drehebene steht in beliebiger Orientierung zur Körperachse, und der Stuhl ist in Ruhe. Dann stellt der Mann die Drehebene senkrecht zu seiner Körperachse (Abb. 130). Durch diese Kippung erhält der Mann einen Drehimpuls, er beginnt um seine Längsachse zu rotieren. Die Rotation kommt allmählich durch die Lagerreibung des Drehstuhls zur Ruhe.

Jetzt denken wir uns den Mann durch einen Eisenstab ersetzt, das Rad durch die ungeordnet umlaufenden Ladungen. Der Eisenstab hängt gemäß Abb. 131 in der Längsachse einer Spule. Beim Einschalten des Spulenstromes stellen sich die Drehebenen der umlaufenden Ladungen senkrecht zur Stab- bzw. Spulenachse. Der Eisenstab vollführt eine Drehbewegung. Weiteres in § 116.

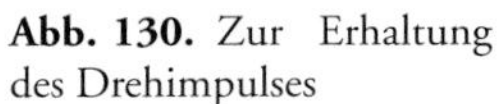

Abb. 130. Zur Erhaltung des Drehimpulses

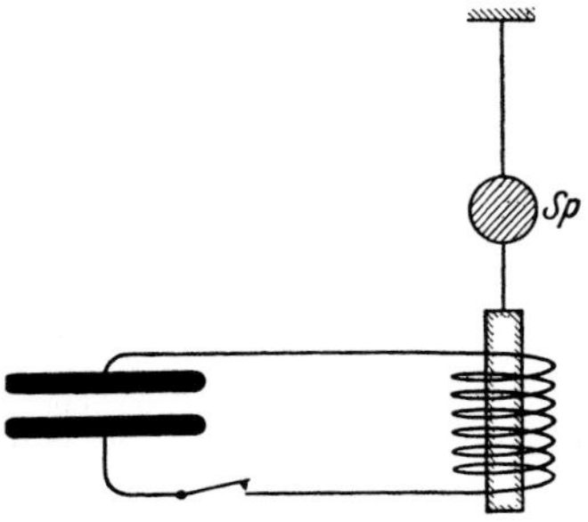

Abb. 131. Schema des Versuchs zum Nachweis der Molekularströme im Eisen. Für die Anwendung dauernd fließender Ströme reicht die Homogenität des Magnetfeldes in der Spule nicht aus. *Sp*: Spiegel für die optische Anzeige.

Bei der praktischen Ausführung lässt man den Strom nur eine sehr kurze Zeit (10^{-3} Sekunden, Kondensatorentladung) fließen. Man benutzt also nur den kleinen Bruchteil der Molekularströme, die auch nach dem Stromdurchgang parallel gerichtet hängenbleiben und den remanenten Magnetismus des Eisens liefern. Bei dauernd fließendem Strom würden die unvermeidbaren Inhomogenitäten des magnetischen Spulenfeldes stören. Der Eisenstab würde daher bei längerem Stromschluss allmählich in das Gebiet der größten magnetischen Feldstärke hineingezogen werden, entsprechend dem in Abb. 11 dargestellten Versuch. — Leider eignet sich dies grundlegende Experiment (Einstein-de-Haas-Versuch) nur mit größerem Aufwand zur Vorführung im Hörsaal.

Nach diesem experimentellen Nachweis des Drehimpulses kann man heute sagen: Auch die Magnetfelder permanenter Magnete entstehen durch Bewegungen elektrischer Ladungen.

Früher hat man bei permanenten Magneten nach *magnetischen Substanzen* als der Ursache des magnetischen Feldes gesucht. Genau wie elektrische Feldlinien sollten auch magnetische auf einem Körper beginnen und an einem anderen enden können. An den so getrennten Enden sollten magnetische Ladungen von entgegengesetztem Vorzeichen sitzen. Alle derartigen Trennungsversuche sind vergeblich geblieben. Schon das primitive Bild der Molekularströme macht diesen Misserfolg verständlich. In diesem Bild ist ein permanenter Magnet letzten Endes dasselbe wie ein Bündel stromdurchflossener Spulen, und bei diesen kennt man nur geschlossene Feldlinien ohne Anfang und Ende. Eine Verfeinerung dieses Bildes folgt in Kap. XIV.

V. Induktionserscheinungen

§ 44. Vorbemerkung. Für einen ruhenden Beobachter erzeugen ruhende elektrische Ladungen nur ein elektrisches Feld, bewegte elektrische Ladungen aber zusätzlich noch ein Magnetfeld. Dieser Zusammenhang von magnetischem und elektrischem Feld ergab sich aus dem ROWLAND'schen Versuch. Eine noch engere Verknüpfung beider Felder ergibt sich aus den Induktionserscheinungen. Dies Kapitel bringt die im materiefreien Raum (also praktisch in Zimmerluft) gefundenen experimentellen Tatsachen, die Kap. VI und VII bringen ihre Auswertung.

§ 45. Die Induktionserscheinungen (M. FARADAY, 1832). Gegeben ist ein inhomogenes Magnetfeld beliebiger Herkunft, z. B. das der gedrungenen, stromdurchflossenen *Feldspule Sp* in Abb. 132. In diesem Magnetfeld befindet sich eine Drahtspule *J*, fortan *Induktionsspule* genannt. Ihre Enden führen zu einem Voltmeter mit kurzer Einstelldauer. Mit diesen Hilfsmitteln machen wir eine Reihe von Versuchen, die wir in drei Gruppen sortieren:

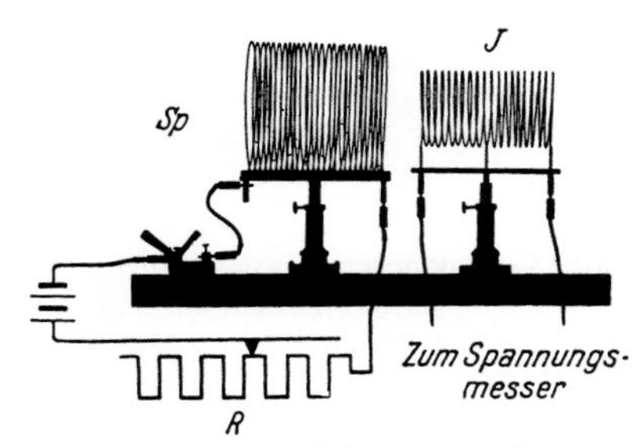

Abb. 132. Induktionsversuche

1. Wir lassen die Lage der Induktionsspule im Magnetfeld ungeändert und ändern das Magnetfeld mithilfe des Feldspulenstromes (Regelwiderstand *R* und Schalter).

2. Wir ändern die Lage der Induktionsspule und der Feldspule relativ zueinander durch Verschiebungen oder Drehbewegungen.

3. Wir nehmen statt der gezeichneten Induktionsspule eine ringförmige aus isoliertem weichem Draht. Wir verformen diese ringförmige Induktionsspule im Magnetfeld, d. h., wir ändern ihre Querschnittsfläche und bewegen so einzelne Teile ihrer Windungen gegeneinander.

In allen drei Fällen beobachten wir *während* des Vorganges an den Enden der Induktionsspule J eine elektrische Spannung. Ihre Größe hängt von der Geschwindigkeit des Vorganges ab. Bei rascher Drehung beispielsweise findet man etwa den in Abb. 133a skizzierten Verlauf: hohe Spannungen während kurzer Zeit. Bei langsamer Bewegung gibt es etwa das Bild der Abb. 133b: kleine Spannungen während langer Zeit.

Der Inhalt der schraffierten Fläche ist das Zeitintegral der Spannung ($\int U\,\mathrm{d}t$), auch *Spannungsstoß* genannt, gemessen z. B. in Voltsekunden. Wir haben hier ein Analogon zu

K. Lüders, R. O. Pohl (Hrsg.), *Pohls Einführung in die Physik*
DOI 10.1007/978-3-642-01628-8, © Springer 2010

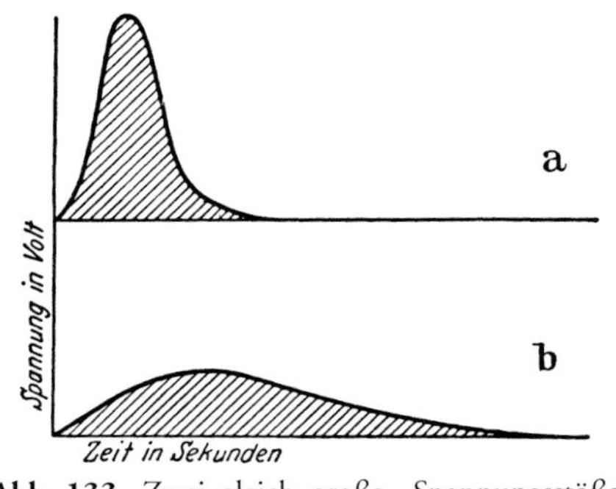

Abb. 133. Zwei gleich große „Spannungsstöße“ $\int U\,\mathrm{d}t$, gemessen in Voltsekunden

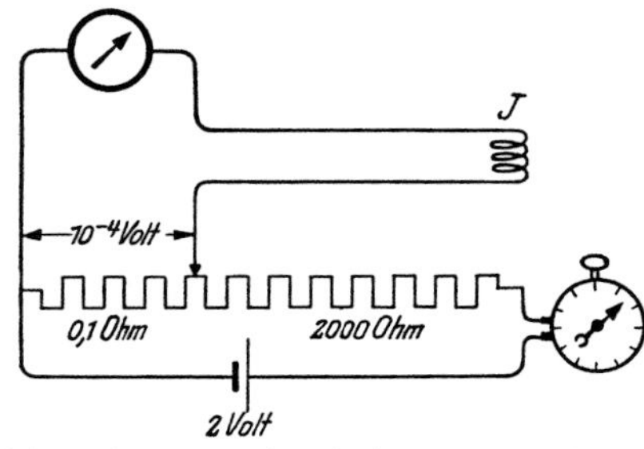

Abb. 134. Ein Drehspulgalvanometer mit angeschlossener Induktionsspule J (vgl. Abb. 136) wird zur Messung von Spannungsstößen in Voltsekunden geeicht

dem in § 10 ausführlich behandelten Zeitintegral des Stromes, gemessen z. B. in Amperesekunden.

Für die quantitative Untersuchung der Induktionsvorgänge messen wir die Spannungsstöße mit einem langsam schwingenden Galvanometer.

Seine Eichung in Voltsekunden wird analog zu der in § 10 beschriebenen Amperesekundeneichung ausgeführt (Abb. 134). Wir schalten während kurzer, aber genau gemessener Zeiten bekannte Spannungen an das Galvanometer. — Eine bekannte Spannung geeigneter Größe wird gemäß Abb. 29 durch Spannungsteilung hergestellt.

Man beobachtet Ausschläge α für verschiedene Produkte Ut, bildet die Verhältnisse B_U = Spannungsstoß Ut/ Stoßausschlag α und erhält in allen Fällen den gleichen Wert, z. B.

$$B_U = 2{,}4 \cdot 10^{-5}\,\frac{\text{Voltsekunden}}{\text{Skalenteil}}\,.$$

Das ist der ballistische Eichfaktor des Galvanometers.

Wir benutzen das geeichte Galvanometer und wiederholen die drei oben genannten Versuche. Dabei machen wir eine sehr wichtige Feststellung: *Bei den Experimenten der zweiten Gruppe kommt es nur auf Relativbewegungen zwischen der Induktionsspule und der Feldspule an.* Um die Bedeutung dieser kursiv gedruckten Feststellung zu unterstreichen, soll erwähnt werden, dass sie EINSTEIN zum „Prinzip der Relativität“ führte.[1,K1] Infolgedessen können wir diese stets mit denen der Gruppe 1 besprechen. Wir brauchen nur das Bezugssystem zu wechseln und die Experimente der Gruppe 2 vom Standpunkt der Induktionsspule aus zu betrachten (also in S′, siehe Fußnote). Dann bleibt diese in Ruhe, es ändert sich lediglich, wie bei der Gruppe 1, das sie durchsetzende Magnetfeld.

K1. Dieses Prinzip, allerdings nur für geradlinige Bewegung formuliert, bildete, zusammen mit der Tatsache, dass Licht im Vakuum sich immer mit einer vom Bewegungszustand des emittierenden Körpers unabhängigen Geschwindigkeit ausbreitet, die Basis für seine spezielle Relativitätstheorie (Ann. d. Physik, Bd. 17, (1905) S. 891). Für die Darstellung der historischen Entwicklung dieser Theorie verweisen wir auf F. Hund, „Geschichte der physikalischen Begriffe“, BI-Hochschultaschenbücher, Bd. 543 und 544, Mannheim, 2. Aufl. 1978.

[1] Das hier erwähnte Relativitätsprinzip lässt sich durch die folgenden zwei äquivalenten Feststellungen ausdrücken: 1. „Es ist unmöglich, durch ein Experiment festzustellen, ob man sich in Ruhe oder in gleichförmiger Bewegung befindet.“ 2. „Wenn zwei Experimente unter gleichen Umständen in zwei Bezugssystemen ausgeführt werden, die sich gegeneinander mit konstanter Geschwindigkeit bewegen, so führen beide Experimente zu gleichen Schlussfolgerungen.“ Um das Relativitätsprinzip anhand der in Abb. 132 gezeigten Anordnung für ein Experiment der Gruppe 2 klar zu machen, wird das eine Bezugssystem, S, so gewählt, dass die Feldspule Sp in ihm ruht. In ihm bewegt sich die Induktionsspule J mit der Geschwindigkeit $\boldsymbol{u}$ z. B. nach rechts. Um den induzierten Spannungsstoß zu messen, befindet sich das Galvanometer in S (Abb. 135). Im anderen System, S', ruht die Induktionsspule J und die Feldspule bewegt sich mit der entgegengesetzt gleichen Geschwindigkeit nach links, wobei mit einem Galvanometer gemessen wird, das in S' ruht. In beiden Bezugssystemen messen die Beobachter

Quantitativ werden wir die Induktion durch Änderungen des Feldspulenstromes und durch Änderungen des Abstandes und der relativen Orientierung zwischen Feldspule und Induktionsspule getrennt beschreiben, die Induktion in ruhenden Leitern in § 46 und in bewegten Leitern in § 48. Diese Trennung ist für das Verständnis durchaus wesentlich. Eine Zusammenfassung folgt in § 49. Weiterhin werden Experimente der zweiten Gruppe in Kap. VII in beiden Bezugssystemen unter Verwendung der Relativitätstheorie ausführlich besprochen.

§ 46. Induktion in ruhenden Leitern. Zur quantitativen Erfassung der Induktion benutzen wir das homogene Magnetfeld im Inneren einer langgestreckten Feldspule. Die Feldstärke ist

$$H = \frac{NI}{l} \,. \qquad \text{Gl. (70) von S. 64}$$

Ferner benutzen wir Induktionsspulen verschiedener Geometrie und Windungszahl N_{J}. Die erste Induktionsspule *J* umgibt die Feldspule *Sp* von außen (Abb. 136 links), die zweite befindet sich ganz im Inneren des homogenen Magnetfeldes (Abb. 136 rechts); eine dritte hat die Form eines flachen Rechteckes und besteht aus einigen hundert Windungen eines isolierten Drahtes. Diese dritte Spule kann entweder von der Seite her zwischen zwei benachbarten Windungen mit einem Teil ihrer Fläche in die Feldspule hineinragen, oder sie kann ganz im Inneren unter verschiedenen Winkeln gegenüber den Feldlinien in schräger Stellung ruhend benutzt werden (sie ist um die Achse *a* drehbar, Abb. 137). In allen Fällen umfasst die Induktionsspule ein Magnetfeld der Querschnittsfläche *A*, senkrecht zu den Feldlinien gemessen. Beispiele:

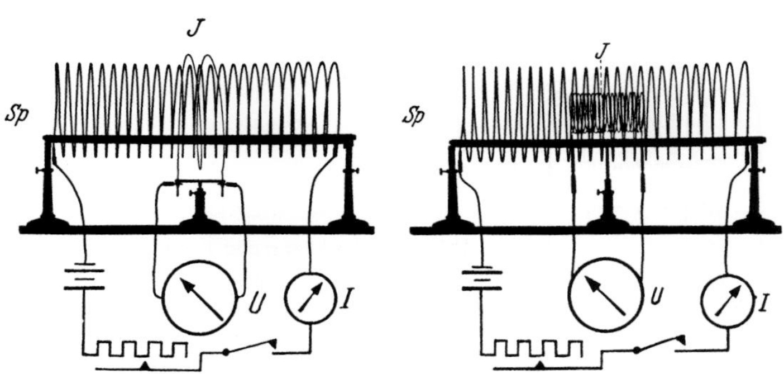

Abb. 136. Zur experimentellen Herleitung des Induktionsgesetzes (**Videofilm** 7)

Videofilm 7:
„Induktion in ruhenden Leitern"
Experimentelle Anordnung siehe Abb. 139.

den Spannungsstoß, wenn die Spulen weit voneinander getrennt werden. Ihre Beschreibungen sind unterschiedlich: Der Beobachter in S sagt, dass sich die Induktionsspule durch das Magnetfeld bewegt. Der andere in S′ sagt, dass sich das Magnetfeld in der ruhenden Induktionsspule ändert. Das Relativitätsprinzip postuliert nun, in Übereinstimmung mit dem Experiment, dass trotz dieser unterschiedlichen Beschreibung beide identische Spannungsstöße messen.

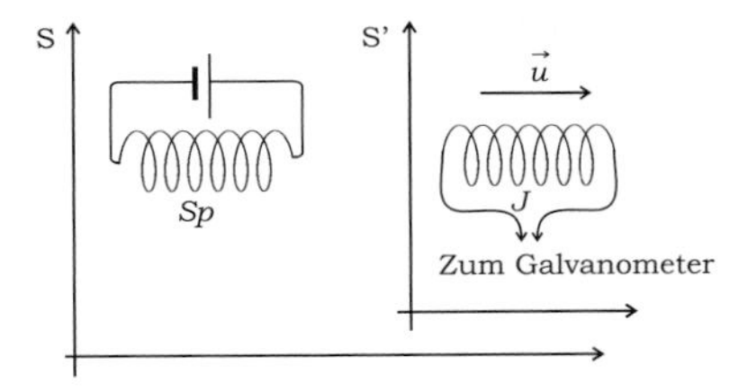

Abb. 135. Im Bezugssystem *S* ruht die Feldspule *Sp* und die Induktionsspule *J* bewegt sich mit der Geschwindigkeit ***u***. In *S′* ist es umgekehrt. Das Galvanometer befindet sich jeweils in dem Bezugssystem, in dem der Beobachter ruht.

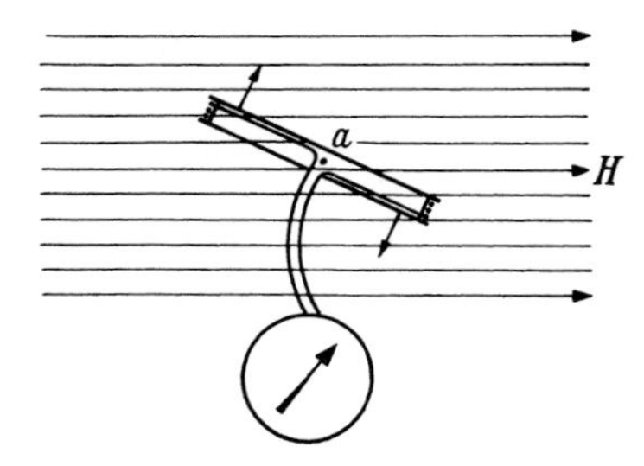

Abb. 137. Schnitt durch eine rechteckige Induktionsspule, die sich im Inneren eines homogenen Magnetfeldes befindet und gegen dieses um einen bestimmten Winkel geneigt ist

Die Induktionsspule mit der Querschnittsfläche A_J stehe ganz innerhalb der Feldspule (Abb. 136 rechts). Dann ist $A = A_J$ bei der Parallelstellung beider Spulen. A ist gleich $A_J/\sqrt{2}$ bei einer Neigung von 45° und gleich $A_J/2$, falls die halbe Fläche der Induktionsspule durch einen seitlichen Schlitz in die Feldspule hineinragt. — Die Induktionsspule umfasse die Feldspule von außen (Abb. 136 links): A ist, unabhängig von der Neigung, gleich A_{Sp}, der Querschnittsfläche der Feldspule usw.

Nur muss man sich im zweiten Fall vor der in Abb. 138 erläuterten Fehlerquelle in Acht nehmen, einer Störung durch „rückläufige" Feldlinien (siehe Abb. 117). Der Durchmesser der Induktionsspule darf also den der Feldspule nicht allzusehr übertreffen.

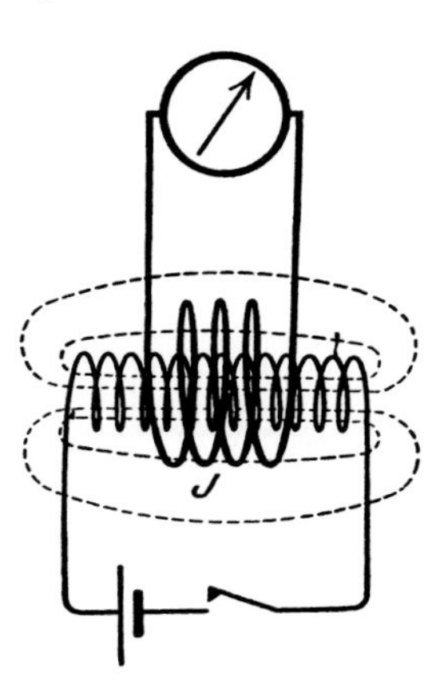

Abb. 138. Verkleinerung des induzierten Spannungsstoßes durch rückläufige Feldlinien einer gedrungenen Feldspule

Dann die Versuche: Der Strom I in der Feldspule wird abwechselnd ein- und ausgeschaltet, so dass das Magnetfeld entsteht oder verschwindet. Dabei beobachtet man in jedem Fall zwischen den Enden der Induktionsspule einen Spannungsstoß $\int U \mathrm{d}t$. Man findet ihn *proportional*

1. zum Strom I,
2. zum Quotienten N/l, also dem Quotienten aus der Windungzahl N und der Länge l der Feldspule,
3. zur Windungszahl N_J der Induktionsspule J und
4. zur Querschnittsfläche A des Bündels der magnetischen Feldlinien, die von der Induktionsspule umfasst werden.

Sämtliche Messergebnisse lassen sich in einer einzigen Gleichung zusammenfassen. Sie lautet, wenn μ_0 einen konstanten Faktor, also Proportionalitätsfaktor, bedeutet,[K2]

$$\frac{\int U \mathrm{d}t}{N_J A} = \mu_0 \frac{NI}{l} \,. \tag{74}$$

K2. Wie schon in Kap. II, Gl. (17), wird auch hier der Einfachheit halber das Vorzeichen noch ignoriert. Es wird erst im folgenden Kapitel besprochen (siehe den folgenden Kleindruck). Die Gleichungen bis einschließlich § 48 sind also als Betragsgleichungen zu lesen. Auch in den **Videofilmen 6 und 7** ist lediglich der Vorzeichen*wechsel* beim Ein- und Ausschalten des Feldes oder bei Änderung von Bewegungsrichtungen zu erkennen.

Für den Faktor μ_0 findet man im leeren Raum praktisch ebenso wie in Luft den Wert[K3]

$$\mu_0 = 1{,}257 \cdot 10^{-6}\,\frac{\text{Voltsekunden}}{\text{Amperemeter}}\,.$$

Gute Namen für μ_0 sind *Induktionskonstante* oder *magnetische Feldkonstante*. Gl. (74) ist eine Form des Induktionsgesetzes.

K3. Im Zusammenhang mit der Definition der Stromeinheit Ampere (s. Kommentar K7 in Kap. I) ist der Wert von μ_0 heute festgelegt: $\mu_0 = 4\pi \cdot 10^{-7}$ Vs/Am ($4\pi \approx 12{,}56637\ldots$).

Die Vorzeichen der Spannungsstöße haben wir hier als einstweilen noch belanglos außer Acht gelassen. Beim Einschalten des Feldspulenstromes sind die elektrischen Felder im Draht der Induktionsspule und im Draht der Feldspule einander entgegengerichtet; daher gibt es dann rechts in Gl. (74) ein Minuszeichen. Beim Ausschalten des Feldspulenstromes sind diese beiden Felder gleichgerichtet. — Wir kommen auf diese Frage in § 50 zurück (siehe auch § 49).

Statt des Spannungsstoßes $\int U\mathrm{d}t$ kann man in homogenen Feldern, wenigstens für eine gewisse Zeit, eine konstante Spannung U aufrechterhalten. Man muss zu diesem Zweck nur dem Magnetfeld eine konstante Änderungsgeschwindigkeit $\dot{H} = \mathrm{d}H/\mathrm{d}t$ erteilen. Man gibt der Induktionsspule in Abb. 136 einige hundert Windungen, benutzt einen Widerstand mit kleinen Stufen und verschiebt dessen Läufer mit konstanter Geschwindigkeit. — So erhält man für die konstante induzierte Spannung

$$U = \mu_0 N_\mathrm{J} A \dot{H}\,. \tag{75}$$

§ 47. Definition und Messung des magnetischen Flusses Φ und der magnetischen Flussdichte $\boldsymbol{B}$. Für Anwendungen des Induktionsgesetzes definiert man den magnetischen Fluss[K4]

$$\Phi = \mu_0 A H \tag{76}$$

und die magnetische Flussdichte[K5]

$$\boldsymbol{B} = \mu_0 \boldsymbol{H}\,. \tag{77}$$

K4. Die allgemeine Definition von Φ in Vektorschreibweise erfolgt durch das Flächenintegral

$$\Phi = \int \boldsymbol{B} \cdot \mathrm{d}\boldsymbol{A}\,.$$

Als Einheit für Φ ergibt sich 1 Voltsekunde und für B 1 Voltsekunde/m^2 = 1 Tesla. (Häufig findet man auch noch die cgs-Einheit Gauß: 1 Gauß $\hat{=}\,10^{-4}$ Tesla.)

Mit diesen Größen erhalten die Gln. (74) und (75) die Formen

$$\int U\mathrm{d}t = N_\mathrm{J}\,\Delta\Phi\,, \tag{78}$$

$$\int U\mathrm{d}t = N_\mathrm{J} A\,\Delta B\,, \tag{79}$$

$$U = N_\mathrm{J}\dot{\Phi}\,. \tag{80}$$

K5. Die Einführung des Vektorfeldes $\boldsymbol{B}$, das sich von dem Feld $\boldsymbol{H}$ nur durch einen Proportionalitätsfaktor μ_0 unterscheidet, erscheint hier unnötig. Zur Beschreibung des Magnetfeldes im Vakuum genügt tatsächlich eine der beiden Größen, wobei im Allgemeinen $\boldsymbol{B}$ der Vorzug gegeben wird. In einigen Lehrbüchern wird sogar ganz auf die Verwendung von $\boldsymbol{H}$ verzichtet und $\boldsymbol{B}$ kurzerhand als *Magnetfeld* bezeichnet. Bei Anwesenheit von magnetischer Materie gilt aber der einfache Zusammenhang $\boldsymbol{B} = \mu_0\boldsymbol{H}$ nicht mehr. Hier werden meist beide Feldgrößen verwendet (siehe Kap. XIV).

Für $N_\mathrm{J} = 1$, d. h. eine Induktions*schleife* statt einer Induktions*spule*, heißt Gl. (78)

$$\int U\mathrm{d}t = \Delta\Phi\,,$$

Spannungsstoß = Änderung des magnetischen Flusses,

formal analog zur wichtigen mechanischen Gl. (Bd. 1, § 34)

$$\int F\mathrm{d}t = \Delta p\,,$$

Kraftstoß = Änderung des Impulses.

Mithilfe der Gl. (78) kann man den magnetischen Fluss einer Feldspule sehr einfach messen. Man umfasst, wie in Abb. 136, die Feldspule mit einer Induktionsspule, schaltet den Strom in der Feldspule ein oder aus und misst den Spannungsstoß $\int U\mathrm{d}t$. Dann ist $\Phi = \int U\mathrm{d}t/N_\mathrm{J}$ der gesuchte magnetische Fluss der Feldspule.

Abb. 139 zeigt ein Beispiel. Darin ist $N_\mathrm{J} = 1$, d. h. statt der Induktions*spule* mit N_J Windungen wird eine Induktions*schleife* benutzt. Aus dem magnetischen Fluss Φ der Feldspule erhält man ihre magnetische Flussdichte B, indem man Φ durch die Querschnittsfläche der Feldspule dividiert.

Videofilm 7:
„Induktion in ruhenden Leitern" Im Film wird anstelle der Induktionsschleife eine Spule mit N_J Windungen benutzt. Die Daten der Anordnung sind: Feldspule: $N = 2\,400$, $l = 0{,}8$ m, Durchmesser 5,8 cm, $I = 0{,}8$ A, Induktionsspule: $N_\mathrm{J} = 40$ und der ballistische Eichfaktor des Galvanometers: $B_\mathrm{U} = 3{,}2 \cdot 10^{-5}$ Vs/Skt. Man beachte, dass die Messung auch mit der Induktionsspule am Ende der Feldspule ausgeführt wird, wobei ein Spannungsstoß der halben Größe auftritt. Siehe auch § 65. (Aufg. 31)

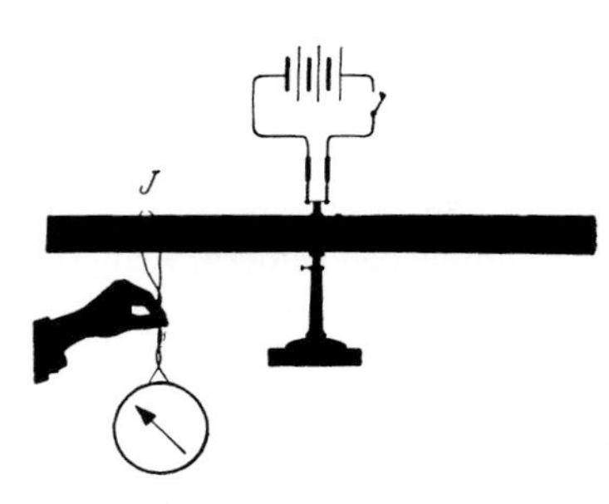

Abb. 139. Messung des magnetischen Flusses Φ einer gestreckten Spule mit einer Induktionsschleife J ($N_\mathrm{J} = 1$) **(Videofilm** 7)

Mit dem Induktionsgesetz ist es möglich, das magnetische Feld H oder die magnetische Flussdichte $B = \mu_0 H$ auch in *in*homogenen Feldern leicht zu messen: Man muss nur eine Induktionsspule oder -schleife hinreichend kleiner Fläche benutzen.

Als Beispiel messen wir die magnetische Flussdichte zwischen den ebenen Polen des Elektromagneten in Abb. 163. Wir stellen eine kleine Induktionsspule J (Abb. 140), meist *Probespule* genannt, senkrecht zu den Feldlinien in das auszumessende Feldgebiet und verbinden die Spulenenden mit einem geeichten Galvanometer. Dann beobachten wir den Spannungsstoß, wenn das Feld ein- oder ausgeschaltet wird und dividieren ihn durch die Windungsfläche $N_\mathrm{J}A$ der Probespule. So finden wir für den Elektromagneten in Abb. 163: $B = 1{,}5\,\mathrm{Vs/m^2}$ (also $H = B/\mu_0 = 1{,}2 \cdot 10^6$ A/m).

Abb. 140. Probespule zur Messung der magnetischen Flussdichte eines Elektromagneten. Eine Windung von $3\,\mathrm{cm}^2$ Fläche, also Windungsfläche $N_\mathrm{J}A = 3 \cdot 10^{-4}\,\mathrm{m}^2$.

§ 48. Induktion in bewegten Leitern. In den §§ 46 und 47 haben wir feststehende Spulen benutzt und die magnetische Feldstärke geändert. Im Ergebnis der Gl. (74) standen die Querschnittsfläche A des umfassten Feldbereiches und die Feldstärke H als gleichberechtigte Faktoren nebeneinander. Jetzt werden wir ein Experiment besprechen, das zu der in § 45 definierten Gruppe 3 gehört, indem wir die Feldstärke H (oder B) konstant halten, aber die *Querschnittsfläche A* verändern. Dabei benutzen wir wieder ein homogenes Magnetfeld. Wir blicken in Abb. 141 parallel zu den Feldlinien in eine gestreckte Spule hinein ($H \approx 5\,000$ A/m). In dem kreisrunden Gesichtsfeld sehen wir links zwei rechtwinklig gebogene Metalldrähte. Sie befinden sich in der Mitte der Spule. Ihre Enden ragen durch einen seitlichen Schlitz heraus und sind mit einem geeichten Galvanometer verbunden.

Rechts sind die beiden horizontalen Drähte durch einen *Läufer* der Länge L überbrückt, er kann auf ihnen gleiten. Diesen Läufer verschieben wir mit einem Handgriff um ein beliebiges Stück Δx. Er verändert dabei die Fläche um $\Delta A = \Delta x\, L$. Gleichzeitig beobachten wir einen Spannungsstoß. Seinen Betrag bestimmen wir experimentell:[K6]

$$\int U\,\mathrm{d}t = \mu_0 H \Delta A = B\,\Delta x\, L\,. \tag{81}$$

K6. Auch hier wird das Vorzeichen noch ignoriert. Es ließe sich aber eindeutig aus dem Experiment in Abb. 141 bestimmen.

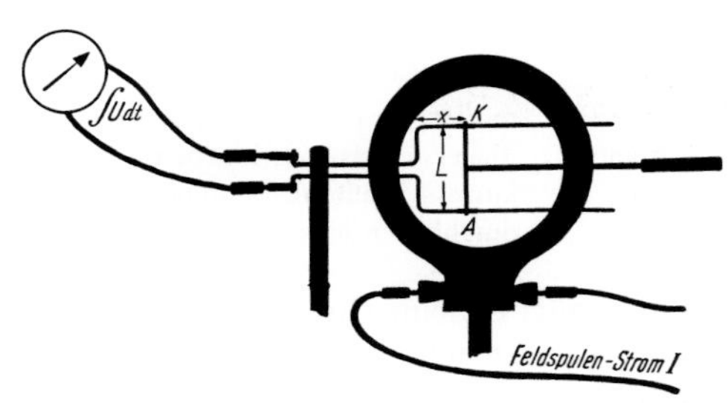

Abb. 141. Zur Induktion in bewegten Leitern. *Als Läufer ein Drahtbügel* der Länge L. Das Magnetfeld ist senkrecht zur Papierebene zum Betrachter hin gerichtet. Es entsteht in einer Feldspule mit 10 Windungen auf jedem cm Spulenlänge, also $N/l = 1\,000/\mathrm{m}$. Messinstrument (Voltmeter) außerhalb des Magnetfeldes **(Videofilm 8)**

Videofilm 8:
„Induktion in bewegten Leitern"
Feldspule: $N/l = 1\,000/\mathrm{m}$, $I = 6\,\mathrm{A}$, $L = 6{,}5\,\mathrm{cm}$, $\Delta x = 8\,\mathrm{cm}$. Als Einführung wird das Experiment in der Geometrie der Abb. 139 vorgeführt, wobei die Induktionsspule J von der Feldspule entfernt wird. Dabei beobachtet man den gleichen Spannungsstoß wie in dem Experiment im **Videofilm 7**, wenn der Feldstrom bei ruhenden Spulen ausgeschaltet wird. (Aufg. 32)

Als Anwendung der Gl. (81) messen wir die horizontale Komponente des magnetischen Erdfeldes in Göttingen. Dafür benutzt man meist Induktionsspulen J von Handtellergröße und einigen hundert Windungen. Man nennt sie nicht Probespule, sondern *Erdinduktor*. Zur Erzeugung des Spannungsstoßes stellt man die Spulenebene vertikal zur zu messenden Komponente und dreht dann die Spule um 180°.[K7] Es ergibt sich $B_{\mathrm{hor}} = 0{,}2 \cdot 10^{-4}\,\mathrm{Vs/m^2}$ (ihr entspricht die Feldstärke $H_{\mathrm{hor}} = 16\,\mathrm{A/m}$).

K7. Dabei wird nicht die Spulenfläche verändert, aber aufgrund der Winkeländerung deren Projektion in Richtung des Feldes. Oder anders ausgedrückt: das Skalarprodukt $\boldsymbol{B} \cdot \boldsymbol{A}$ ändert sich (in diesem Experiment um $2BA$), und dessen Änderung ist proportional zum Spannungsstoß. (Aufg. 33)

Bei der Induktion in feststehenden Spulen (§ 46) konnten wir statt eines Spannungsstoßes, wenigstens für eine kurze Zeit, eine zeitlich konstante Spannung U herstellen: Wir mussten dem Magnetfeld eine konstante Änderungsgeschwindigkeit $\dot{H} = \mathrm{d}H/\mathrm{d}t$ geben. Das Entsprechende gilt auch für den obigen Induktionsversuch mit bewegtem Leiter: Man muss den Läufer in x-Richtung mit der konstanten Geschwindigkeit $u = \mathrm{d}x/\mathrm{d}t$ bewegen. Dann erhält man nach Gl. (81) an seinen Enden die konstante Spannung

$$U = BuL\,. \tag{82}$$

Das ist eine Fassung des Induktionsgesetzes für einen bewegten Leiter, der bei seiner Bewegung nicht ein Gebiet gleichbleibender Flussdichte verlässt.

Man darf das Voltmeter nebst Zuleitungen nicht neben den Läufer in das Magnetfeld bringen und an der Bewegung des Läufers teilnehmen lassen. Dann kann es die Spannung U nicht anzeigen. Mehr dazu in § 57.

In Gl. (82) ist die wesentliche Größe die *Geschwindigkeit u*, mit der sich der Läufer senkrecht zur Richtung der Feldlinien gegenüber dem Träger des Magnetfeldes (der Feldspule) bewegt. Das kann man sehr drastisch vorführen: Man ersetzt den drahtförmigen Läufer (Abb. 141) durch einen bandförmigen (Abb. 142). Er besteht aus einem umlaufenden endlosen Metallband. Mit ihm kann man beliebig lange eine konstante Geschwindigkeit u aufrechterhalten und dabei eine konstante induzierte Spannung beobachten.[K8]

K8. Verwendet man stattdessen eine Metallscheibe, die um eine zur Papierebene senkrecht stehende Achse rotiert, erhält man das sog. „Barlow'sche Rad". Peter Barlow (1776 – 1862), „Unipolarinduktor", 1823.

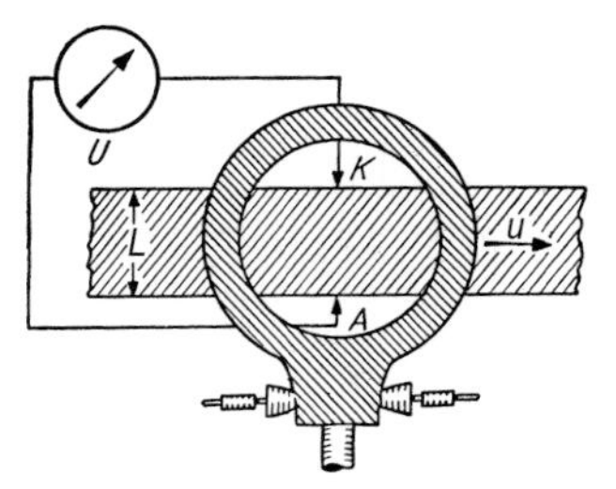

Abb. 142. Zur Induktion in bewegten Leitern. *Als Läufer ein endloses Metallband.* Es ist außerhalb der Feldspule wie das Sägeband einer Bandsäge geschlossen. Magnetfeld wie in Abb. 141. (Aufg. 34)

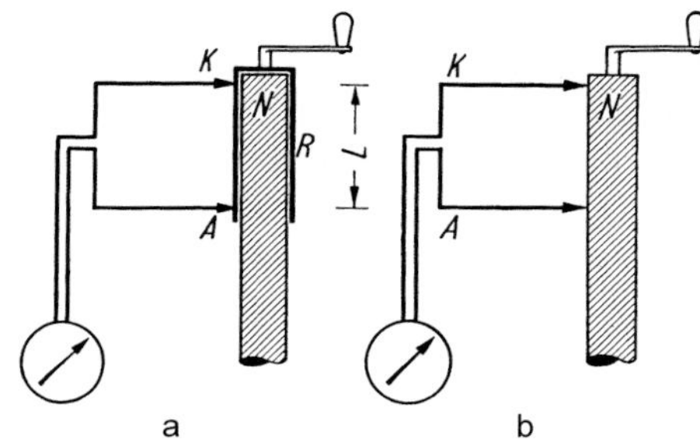

Abb. 143. Zur Induktion einer konstanten Spannung in bewegten Leitern im radialsymmetrischen Magnetfeld. Die gegen den Träger des Magnetfeldes bewegten Leiter („Läufer") sind bei a ein kurzes Metallrohr R und bei b die Oberfläche des Magneten. Sie durchlaufen senkrecht zu den Feldlinien eine Kreisbahn.

Für qualitative Versuche genügt die einfache in Abb. 143 skizzierte Anordnung. Man umgibt das Polgebiet eines Stabmagneten lose mit einem kurzen, mit einer Kurbel drehbaren Metallrohr R. Die magnetischen Feldlinien durchsetzen die Wand dieses Läufers angenähert senkrecht, die Bahngeschwindigkeit u steht (wie die des endlosen Bandes in Abb. 142) senkrecht zur Richtung der Feldlinien (Abb. 121). Die Spannung U wird zwischen den beiden Rohrenden (Rohrlänge L) induziert. Gebräuchlicher Name: *Unipolarinduktion.*

Man kann auch das Rohr starr mit dem Stabmagneten verbinden und diesen um seine Längsachse rotieren lassen. Dann wird das Rohr überflüssig, es genügt, die Gleitkontakte auf der Oberfläche des Stabes schleifen zu lassen, Abb. 143b. Man beachte vor allem: Die Feldlinien sitzen an dem Stabmagneten nicht fest wie Borsten an einer Bürste![K9]

K9. Für eine ausführliche Beschreibung dieser Experimente siehe J. W. Then, Am. J. Phys. **30**, 411 (1962).

§ 49. Allgemeine Form des Induktionsgesetzes. Diese entsteht, wenn man die Voraussetzung homogener und zeitunabhängiger Magnetfelder aufgibt und außerdem das sich aus den Experimenten ergebende Vorzeichen[1] berücksichtigt. Dann findet man experimentell die in einer Schleife induzierte Spannung[K10]

$$U = -\frac{\mathrm{d}}{\mathrm{d}t}\int \boldsymbol{B}\cdot \mathrm{d}\boldsymbol{A}\,. \tag{83}$$

K10. Gl. (83) gilt für alle Experimente der drei in § 46 beschriebenen Gruppen von Induktionsexperimenten.

Das rechts stehende Integral kann man in zwei Anteile zerlegen, eine zeitliche Änderung der magnetischen Flussdichte $\boldsymbol{B}$ und eine räumliche Änderung der Randkurve (Induktionsschleife), über die die Spannung gemessen wird. Es gilt[K11]

$$U = \oint_{s(A)} \boldsymbol{E}\cdot \mathrm{d}\boldsymbol{s} = -\int_A \frac{\mathrm{d}\boldsymbol{B}}{\mathrm{d}t}\cdot \mathrm{d}\boldsymbol{A} + \oint_{s(A)} (\boldsymbol{u}\times\boldsymbol{B})\cdot \mathrm{d}\boldsymbol{s} \tag{84}$$

K11. Zur Herleitung der Gl. (84) siehe z. B. P. Lorrain and D. R. Corson, „Electromagnetic Fields and Waves", 2. Ausgabe, W. H. Freeman, San Francisco 1970, Kap. 8.

($\boldsymbol{u}$ = Geschwindigkeit, mit der sich ein Linienelement d$\boldsymbol{s}$ der Randkurve relativ zu dem Bezugssystem bewegt, in dem U und $\boldsymbol{B}$ *gemessen* werden). Die Richtung des Flächenelementes im ersten Term und der Umlaufsinn des Kurvenintegrals müssen zusammen eine Rechtsschraube ergeben. In dieser Formulierung hat das Induktionsgesetz das richtige Vorzeichen (siehe § 50).[K12]

K12. Die Geschwindigkeit $\boldsymbol{u}$ braucht dabei keineswegs längs der Randkurve konstant zu sein (Beispiele: die Experimente der Gruppe 3, oder auch Abb. 141).

Die Verteilung der induzierten Spannung auf die beiden Anteile ändert sich mit einem Wechsel des Bezugssystems. Hierzu einige Beispiele: In Experimenten der Gruppe 2 in § 45

[1] Wegen des negativen Vorzeichens vergleiche man den Kleindruck auf S. 73.

ist nur der erste Anteil vorhanden, wenn die Induktionsspule als Bezugssystem verwendet wird. Wird hingegen die Feldspule als Bezugssystem verwendet, müssen beide Anteile berücksichtigt werden (natürlich hat $\mathrm{d}\boldsymbol{B}/\mathrm{d}t$ dann einen anderen Wert). Oder wenn man in Abb. 137 die Induktionsspule rotieren lässt und die Feldspule als Bezugssystem benutzt, ist nur der zweite Teil von Gl. (84) vorhanden, vom Bezugssystem der Induktionsspule betrachtet aber nur der erste Teil (Aufg. 35). Dagegen ist in Abb. 142 nur der zweite Anteil vorhanden, da hier $\mathrm{d}\boldsymbol{B}/\mathrm{d}t = 0$ ist (Gl. 82) .[K13]

Die viel gebrauchte Gl. (83) ist für praktische Rechnungen manchmal nicht gut geeignet, z. B. wenn die Fläche, über die zu integrieren ist, nicht eindeutig bestimmt ist, wie in Abb. 142. In solchen Fällen gehe man auf die Gl. (74) bzw. (81) zurück.

K13. Die Beschreibung dieses Experimentes im Bezugssystem des Metallbandes erfolgt am bequemsten mit der Relativitätstheorie (siehe § 50).

VI. Die Verknüpfung elektrischer und magnetischer Felder

§ 50. Vertiefte Auffassung der Induktion. Die zweite MAXWELL'sche Gleichung. Wir kehren zu dem ersten Experiment (Gruppe 1) in § 45 zurück und betrachten die Induktion im denkbar einfachsten Fall: Eine Induktionsspule mit nur *einer* Windung, eine Induktionsschleife, umfasse auf beliebigem Weg s ein sich *änderndes* Magnetfeld (Flussdichte B) der Querschnittsfläche A (Abb. 144). Dann beobachtet man an den Enden der Drahtschleife die induzierte Spannung (ohne Berücksichtigung des Vorzeichens)

$$U = \dot{B}A\,. \qquad \text{Gl. (75) v. S. 73}$$

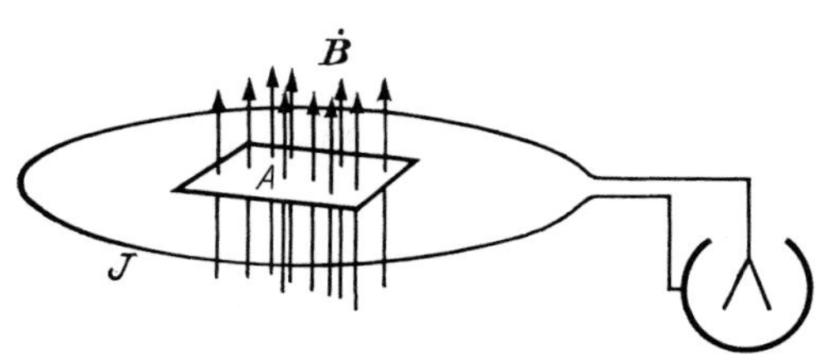

Abb. 144. Schema eines Induktionsversuches mit einer Induktionsspule mit nur einer Windung ($N_J = 1$). Das Vektorfeld $\dot{\boldsymbol{B}}$ ist die zeitliche Ableitung des Vektorfeldes $\boldsymbol{B}$.

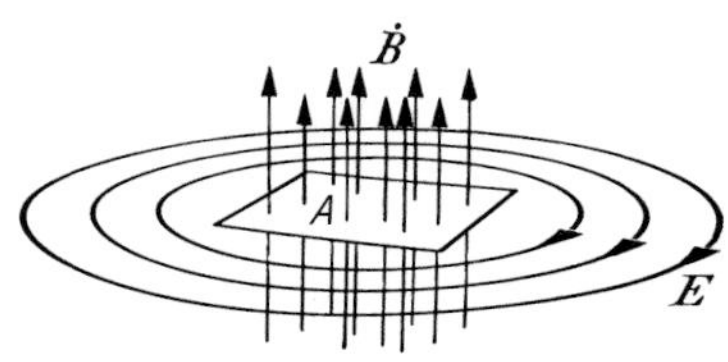

Abb. 145. Zur vertieften Deutung des Induktionsvorganges. Positive Richtung von $\boldsymbol{E}$ von + nach − gezählt.

Dieser experimentelle Befund wird nun in vertiefter Auffassung folgendermaßen gedeutet: *Der Leiter, die Drahtwindung, ist etwas ganz Unerhebliches und Nebensächliches. Der eigentliche Vorgang ist von der zufälligen Anwesenheit der Drahtwindung ganz unabhängig. Er besteht im Auftreten geschlossener elektrischer Feldlinien rings um das sich ändernde Magnetfeld herum* (Abb. 145).[K1]

K1. Eine sehr eindrucksvolle Demonstration solcher geschlossener Feldlinien wird im *Betatron* geliefert, einem Gerät, mit dem Elektronen beschleunigt werden und das in vielen physikalischen Einführungstexten beschrieben wird. Allerdings braucht man zum vollen Verständnis die LORENTZkraft, die erst im nächsten Kapitel eingeführt wird. (Siehe z. B. Gerthsen Physik, Springer-Verlag Berlin-Heidelberg 2006, Kap. 7 oder Feynman Lectures on Physics, Addison-Wesley 1964, Bd. II, Kap. 17.) Siehe auch Abb. 242.

In sich geschlossene elektrische Feldlinien sind etwas gänzlich Neues und Unerwartetes. Bisher kannten wir nur elektrische Feldlinien mit Enden. An den Enden saßen elektrische Ladungen.

Weiter heißt es dann in der vertieften Auffassung: *Die Drahtwindung ist lediglich der Indikator zum Nachweis des elektrischen Feldes.* Er misst längs seines Weges das Linienintegral des elektrischen Feldes $\boldsymbol{E}$, also die induzierte Spannung $U = \int \boldsymbol{E} \cdot \mathrm{d}\boldsymbol{s}$. Er wirkt dabei nicht anders als der Draht α in dem Schema der Abb. 146: Der Draht ist ein Leiter und lässt das Feld in seinem Inneren zusammenbrechen. Die Ladungen wandern bis an die Enden, und dadurch wird die ganze zuvor längs der Drahtlänge herrschende Spannung auf die verbleibende Lücke zusammengedrängt.

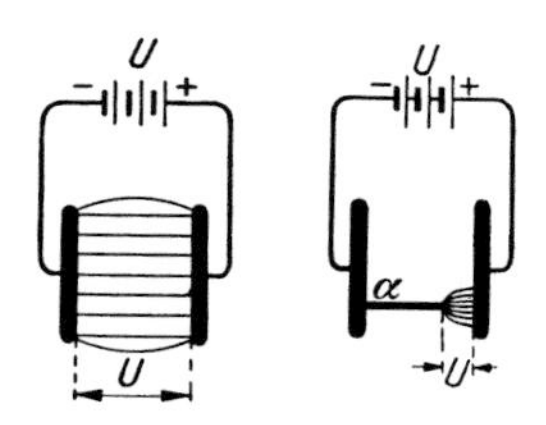

Abb. 146. Zur Wirkungsweise der Drahtschleife beim Induktionsversuch

K. Lüders, R. O. Pohl (Hrsg.), *Pohls Einführung in die Physik*
DOI 10.1007/978-3-642-01628-8, © Springer 2010

In den früher untersuchten elektrischen Feldern mit Anfang und Ende der Feldlinien war das Linienintegral des elektrischen Feldes $\boldsymbol{E}$ längs eines geschlossenen Weges gleich null. Es war ja unabhängig vom Weg l gleich der Spannung zwischen Anfang und Ende des Weges (siehe Gl. 16 auf S. 34). Sie war also gleich null, sobald Anfang und Ende des Weges unendlich nahe, im Grenzfall völlig zusammenfielen. — Anders bei den hier auftretenden Feldern mit ihren endlosen geschlossenen elektrischen Feldlinien. Hier hat die elektrische Spannung auch längs eines geschlossenen Weges einen endlichen Wert. Außerdem steigt sie bei N_J-facher Umfassung des Magnetfeldes auf den N_J-fachen Wert (Gl. 75 v. S. 73).

In dieser Auffassung ist also beim Induktionsvorgang ein induziertes elektrisches Feld das primäre. Die beobachtete Spannung ist das Linienintegral des elektrischen Feldes $\boldsymbol{E}$. Es ist (siehe auch Gl. 17 v. S. 34)

$$U = \oint \boldsymbol{E} \cdot \mathrm{d}\boldsymbol{s} . \tag{85}$$

Daher nimmt, unter Berücksichtigung des Vorzeichens, Gl. (75) folgende Gestalt an:[K2]

$$\oint \boldsymbol{E} \cdot \mathrm{d}\boldsymbol{s} = -\dot{B}A = -\mu_0 \dot{H} A . \tag{86}$$

K2. Vollständig in Vektorform lautet Gl. (86)

$$\oint_{s(A)} \boldsymbol{E} \cdot \mathrm{d}\boldsymbol{s} = -\frac{\mathrm{d}}{\mathrm{d}t} \int_A \boldsymbol{B} \cdot \mathrm{d}\boldsymbol{A} .$$

Wie schon in § 49 vereinbart, umfasst der Integrationsweg s die Fläche A, und zwar so, dass $\mathrm{d}\boldsymbol{s}$ positiv ist (rechts herum läuft), wenn man in Richtung des Flächenvektors $\boldsymbol{A}$ blickt. Das Vorzeichen wird in § 62 nochmal ausführlich besprochen: LENZ'*sche Regel*.

Diese Gleichung ergibt das *elektrische* Feld, das durch die Änderung eines *magnetischen* entsteht. Sie enthält den wesentlichen Inhalt der zweiten der vier MAXWELL'schen Gleichungen.

Die Gleichung selbst ist ein Differentialgesetz und daher für beliebige inhomogene Magnetfelder anwendbar. Ihre Herleitung aus Gl. (86) lässt sich zeigen, indem man das Linienintegral längs des Randes eines unendlich kleinen Flächenelementes $\mathrm{d}x\,\mathrm{d}y$ bildet. Diese Rechnung wird durch Abb. 147 veranschaulicht. Man bekommt so (unter Berücksichtigung des Vorzeichens von $\dot{\boldsymbol{B}}$ in Abb. 145)

$$\frac{\partial E_\mathrm{y}}{\partial x} - \frac{\partial E_\mathrm{x}}{\partial y} = -\dot{B}_\mathrm{z}$$

oder nach Hinzunahme der anderen Komponenten in vektorieller Schreibweise

$$\operatorname{rot} \boldsymbol{E} = -\dot{\boldsymbol{B}} = -\mu_0 \dot{\boldsymbol{H}} . \tag{87}$$

In Worten: An jedem Punkt eines Magnetfeldes erzeugt eine zeitliche Änderung des Magnetfeldes ein elektrisches Feld. Es ist ein *Wirbelfeld*: d. h. die Rotation des Feldes $\boldsymbol{E}$ ist gleich der negativen Änderungsgeschwindigkeit des Feldes $\boldsymbol{B}$. (Wegen des Begriffes „Rotation" vergleiche man Bd. 1, § 91.)

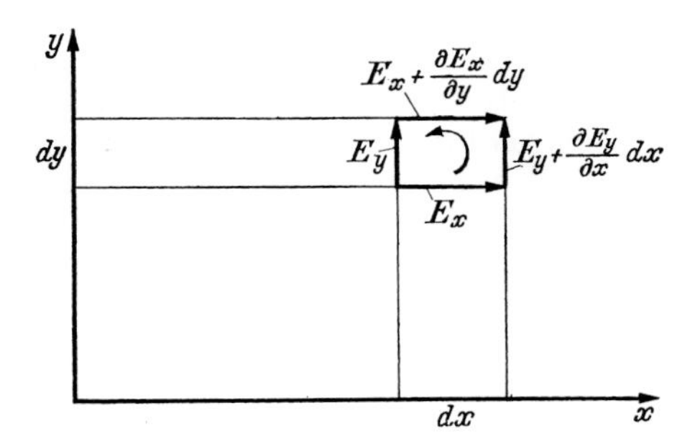

Abb. 147. Bildung des Linienintegrals des elektrischen Feldes $\boldsymbol{E}$ längs des Umfanges eines Flächenelementes $\mathrm{d}x\,\mathrm{d}y$. z-Achse senkrecht nach oben, Rechtskoordinatensystem. Integrationsweg in der z-Richtung gesehen mit dem Uhrzeiger (wie in Abb. 158).

Die dritte MAXWELL'sche Gleichung enthält eine analoge Verknüpfung der beiden Felder, nur werden die Rollen von $\boldsymbol{E}$ und $\boldsymbol{H}$ vertauscht. Ihre experimentelle Herleitung ist unser nächstes Ziel.

§ 51. Der magnetische Spannungsmesser. Von Rowlands Experiment (§ 42) wissen wir: Jede Bewegung elektrischer Ladungen stellt einen Strom dar, und dieser Strom hat als Hauptkennzeichen ein Magnetfeld. Wir können auch das Magnetfeld mithilfe des Stromes messen. Doch fehlt uns noch die allgemeinste Fassung für den Zusammenhang von Strom und Magnetfeld, wie er von der dritten Maxwell'schen Gleichung beschrieben wird. Zu ihr gelangen wir durch die Messung der *magnetischen Spannung*.

Im elektrischen Feld war die elektrische Spannung gleich dem Linienintegral des elektrischen Feldes

$$U = \int \boldsymbol{E} \cdot \mathrm{d}\boldsymbol{s} \,. \qquad \text{Gl. (17) v. S. 34}$$

Ihre Einheit war das Volt.

In entsprechender Weise kann man im magnetischen Feld das Linienintegral des magnetischen Feldes $\boldsymbol{H}$ als magnetische Spannung definieren

$$U_{\mathrm{mag}} = \int \boldsymbol{H} \cdot \mathrm{d}\boldsymbol{s} \,. \tag{88}$$

Als Einheit ergibt sich 1 Ampere. — Die magnetische Spannung lässt sich mit einem einfachen Instrument messen, genannt *magnetischer Spannungsmesser*.

Der magnetische Spannungsmesser ist im Prinzip eine sehr langgestreckte, z. B. auf einen Riemen gewickelte Induktionsspule. Sie ist in zwei Lagen mit den Zuleitungen in der Mitte der oberen Windungslage gewickelt (Abb. 149). (Eine einlagige Spule würde als Ganzes außer der beabsichtigten gestreckten Spule noch eine flache, große Induktionsspule darstellen, die von einer Windung eines Spiraldrahtes gebildet wird.)

Wir wollen die Wirkungsweise dieses Spannungsmessers erläutern: Die magnetische Spannung soll längs eines Weges s ermittelt werden. Dieser Weg ist in Abb. 148 in den gebrochenen Kurvenzug $\Delta s_1, \Delta s_2, \ldots, \Delta s_{\mathrm{n}}$. aufgelöst.

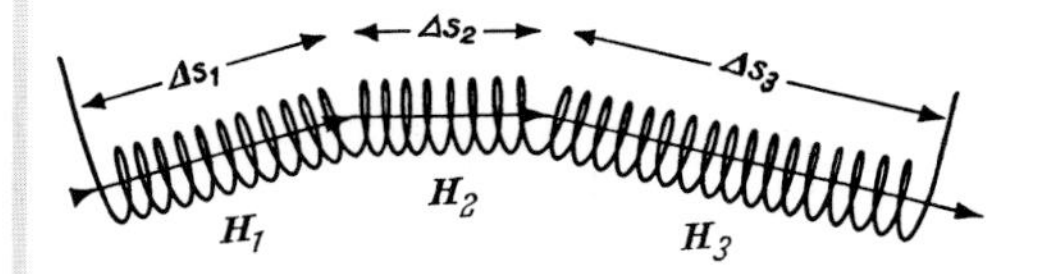

Abb. 148. Schema eines magnetischen Spannungsmessers. (A. P. Chattock, Phil. Mag. **24**, 94 (1887); W. Rogowski und W. Steinhaus, Arch. f. Elektrot. **1**, 141 (1912).)

Die Komponenten des Feldes in Richtung der Wegelemente Δs seien $H_1, H_2, \ldots, H_{\mathrm{n}}$. Der Spannungsmesser umhülle den ganzen Weg s. Er habe N Windungen auf der Länge l. Sein n-tes Wegelement habe die Länge Δs_{n}. Dann entfallen auf dieses $N_{\mathrm{n}} = N \cdot \Delta s_{\mathrm{n}}/l$ Windungen. Entsteht oder verschwindet das Feld H, wird in dem Spannungsmesser ein bestimmter Spannungsstoß, $\int U\,\mathrm{d}t$, induziert (Gl. 74). Dieser setzt sich additiv aus den Beiträgen der einzelnen Wegelemente zusammen. Also, falls A die (rechteckige) Windungsfläche des Spannungsmessers bedeutet (das Vorzeichen gilt für das Verschwinden der Felder H):

$$\int U\,\mathrm{d}t = \mu_0 A H_1 N \Delta s_1/l + \mu_0 A H_2 N \Delta s_2/l + \cdots + \mu_0 A H_{\mathrm{n}} N \Delta s_{\mathrm{n}}/l \,, \tag{89}$$

$$\int U\,\mathrm{d}t = \mu_0 A N (H_1 \Delta s_1 + H_2 \Delta s_2 + H_3 \Delta s_3 + \cdots + H_{\mathrm{n}} \Delta s_{\mathrm{n}})/l \,, \tag{90}$$

$$\int U\,\mathrm{d}t = \mu_0 A N \left(\int \boldsymbol{H} \cdot \mathrm{d}\boldsymbol{s} \right) / l = \mu_0 A N U_{\mathrm{mag}}/l \,, \tag{91}$$

$$U_{\mathrm{mag}} = \frac{l}{\mu_0 N A} \int U\,\mathrm{d}t \,. \tag{92}$$

Der induzierte Spannungsstoß, gemessen z. B. in Voltsekunden, ergibt, mit der Apparatekonstante $l/\mu_0 NA$ multipliziert, direkt die gesuchte magnetische Spannung, z. B. in Ampere. Die Apparatekonstante wird ein für allemal bestimmt, A, l und N durch direkte Ausmessung. $\mu_0 = 1{,}257 \cdot 10^{-6}$ Vs/Am.

Wir benutzen einen Spannungsmesser von 1,2 m Länge. Seine Apparatekonstante beträgt $5 \cdot 10^5$ A/Vs (insgesamt 9 600 Windungen von je 2 cm^2 Querschnittsfläche). — Der induzierte Spannungsstoß wird mit dem aus § 45 bekannten, langsam schwingenden Galvanometer gemessen. Die Eichung ist gemäß Abb. 134 auszuführen (J = magnetischer Spannungsmesser). **(Videofilm 9)**

Videofilm 9: „Magnetischer Spannungsmesser" Der im Film verwendete Spannungsmesser hat praktisch die gleichen Dimensionen, seine Apparatekonstante beträgt $4{,}58 \cdot 10^5$ A/Vs. Der ballistische Eichfaktor des verwendeten Galvanometers betrug: $B_u = 1{,}1 \cdot 10^{-4}$ Vs/Skalenteil. (Aufg. 36)

§ 52. Die magnetische Spannung des Leitungsstromes. Anwendungsbeispiele. Die Handhabung des magnetischen Spannungsmessers wird durch Abb. 149 erläutert. Es soll die magnetische Spannung U_{mag} eines Spulenfeldes zwischen den Punkten 1 und 2 längs des Weges 1a2 gemessen werden. Man gibt dem Spannungsmesser die Form dieses Weges. Dann ändert man das Magnetfeld durch Ein- oder Ausschalten des Stromes zwischen null und seinem vollen Wert und beobachtet den induzierten Spannungsstoß.[K3] In dieser Weise stellen wir folgendes fest:

K3. Man sieht hier, dass es sich bei der magnetischen Spannungsmessung um nichts anderes handelt als um eine Anwendung des Induktionsgesetzes (Gl. 78). Der magnetische Spannungsmesser ist nur eine speziell geformte Induktionsspule, mit der Spannungsstöße $\int U\,dt$ gemessen werden.

1. Längs eines offenen Weges (Abb. 149) ist die magnetische Spannung nur von der Lage der Endpunkte 1 und 2 des Weges, nicht aber vom Verlauf des Weges abhängig. Der Weg darf sogar Schleifen bilden, nur dürfen diese nicht den Strom umfassen.

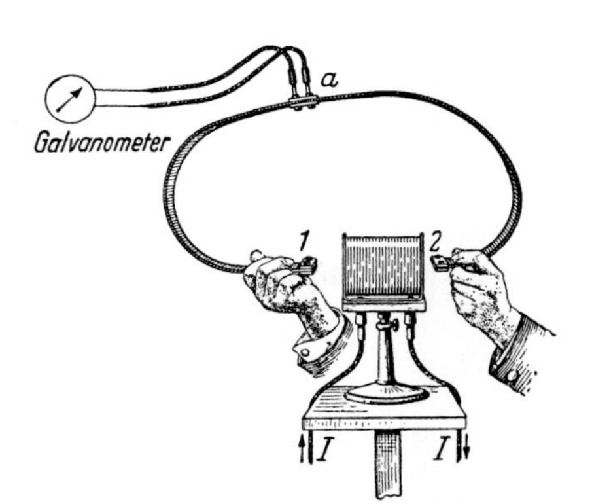

Abb. 149. Handhabung des magnetischen Spannungsmessers

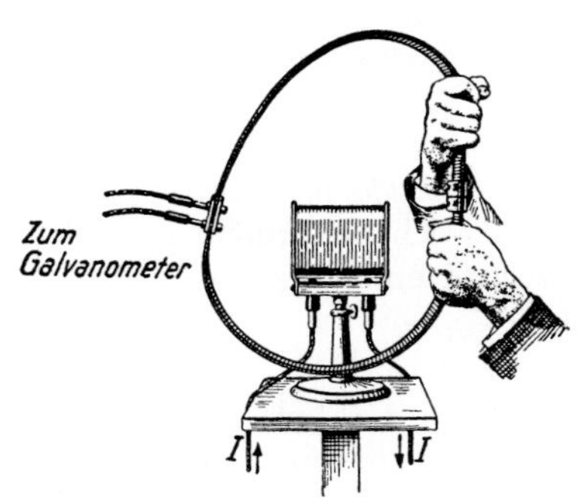

Abb. 150. Geschlossener, keinen Strom umfassender Weg eines magnetischen Spannungsmessers

2. In Abb. 150 ist der Weg des Spannungsmessers geschlossen, und dabei umfasst er keinen Strom. Die resultierende magnetische Spannung ist gleich null.

3. In Abb. 151 umfasst der Weg des Spannungsmessers einen Strom I einmal auf geschlossener Bahn. Die magnetische Spannung U_{mag} ist wiederum vom Verlauf des Weges (kreisrund, rechteckig usw.) unabhängig.

4. Quantitativ finden wir in Abb. 151 die magnetische Spannung gleich dem Strom I in dem umfassten Leiter. Es gilt

$$U_{\text{mag}} = \oint \boldsymbol{H} \cdot \mathrm{d}\boldsymbol{s} = I\,. \tag{93}$$

Diese Gleichung wird auch als „AMPÈRE'sches Gesetz" bezeichnet.

Zahlenbeispiel: $I = 83$ Ampere. Ein Stoßausschlag des langsam schwingenden Galvanometers von 12 cm bedeutet $\int U \mathrm{d}t = 1{,}7 \cdot 10^{-4}$ Voltsekunden. Multiplikation mit der Apparatekonstante des Spannungsmessers, also mit $5 \cdot 10^5$ Ampere/Voltsekunde, ergibt die magnetische Spannung $U_{\text{magn}} = 1{,}7 \cdot 10^{-4}$ Voltsekunde $\cdot\, 5 \cdot 10^5$ Ampere/Voltsekunde $= 85$ Ampere.

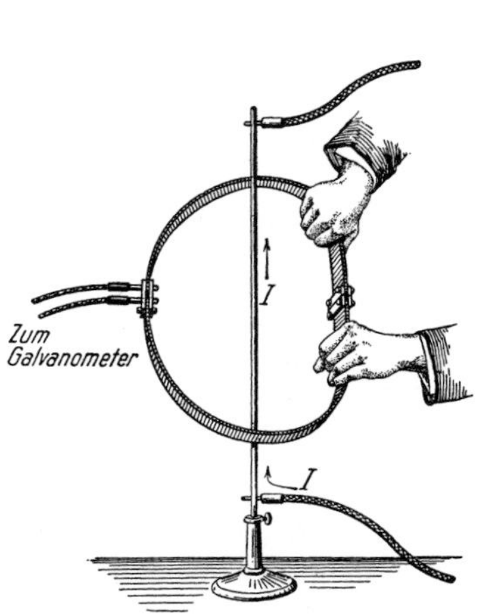

Abb. 151. Einfache Umfassung eines Stromes mit einem magnetischen Spannungsmesser. $I = 50$ bis 100 Ampere. Ein 2-Volt-Akkumulator genügt. **(Videofilm 9)**

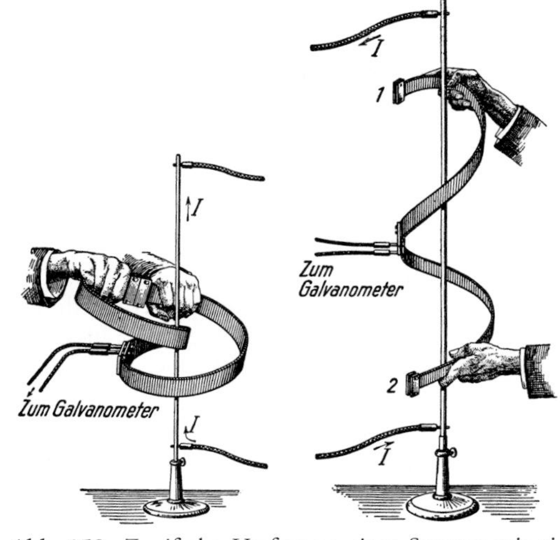

Abb. 152. Zweifache Umfassung eines Stromes mit einem magnetischen Spannungsmesser. Links auf geschlossenem und rechts auf offenem Weg, oberes und unteres Ende vertikal übereinander. **(Videofilm 9)**

Videofilm 9:
„Magnetischer Spannungsmesser"
Im Film wird auch der den Strom umfassende Spannungsmesser relativ zum Stromleiter verschoben, Dabei wird kein Spannungsstoß beobachtet.

5. In Abb. 152 links umfasst der Weg den Strom zweimal. Die magnetische Spannung verdoppelt sich. So fortfahrend, findet man für N-fache Umfassung des Stromes I als magnetische Spannung

$$U_{\text{mag}} = \int \boldsymbol{H} \cdot \mathrm{d}\boldsymbol{s} = NI \,. \tag{94}$$

6. In Abb. 152 links war der den Strom I zweimal umfassende Weg geschlossen: Anfang und Ende des Spannungsmessers fielen zusammen. Das ist aber nicht notwendig. Der Spannungsmesser kann bei N-facher Umfassung ebensogut die N Umläufe einer Schraubenlinie mit offenen Enden bilden (Abb. 152 rechts).

Zusammenfassung: *Die magnetische Spannung längs einer beliebigen Kurve ist bei einmaliger Umfassung eines Stromes mit diesem Strom identisch. Bei N-facher Umfassung steigt sie auf das N-fache des Stromes.* Diese Aussage findet in Gl. (94) ihre kürzeste Fassung.

Zur Einprägung dieses wichtigen Tatbestandes können folgende drei Anwendungsbeispiele dienen:

1. *Das homogene Magnetfeld einer gestreckten Spule* (Abb. 154). Der magnetische Spannungsmesser wird durch die Spule hindurchgesteckt und außen auf beliebigem Weg geschlossen. Sein Weg umfasst also einmal N vom Strom I durchflossene Drähte. Folglich ist die magnetische Spannung längs des ganzen Weges $U_{\text{mag}} = NI$. — U_{mag} setzt sich additiv aus zwei Anteilen $U_{\text{mag,i}}$ und $U_{\text{mag,a}}$ zusammen. Innen ist das Magnetfeld, von den kurzen Polgebieten abgesehen, homogen und seine Feldstärke H konstant.[K4]

K4. Um einen Eindruck von der Feldhomogenität einer gestreckten Spule zu geben, zeigt die folgende Abbildung den Verlauf des axialen Feldes, das „Feldprofil" solcher Spulen.

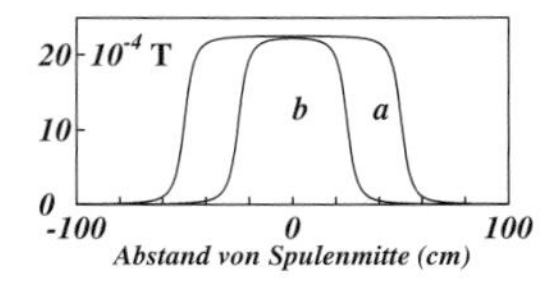

Berechnet wurde die longitudinale Komponente des $\boldsymbol{B}$-Feldes entlang der Achse zweier Spulen, beide mit $NI/l = 1\,800$ A/m. Feldstärke im Inneren in der Mitte: $B = 22{,}5 \cdot 10^{-4}$ Tesla. Kurve a: Länge/Durchmesser = 100 cm/10 cm, b: 50 cm/10 cm (die gleiche Geometrie wie in Abb. 118). Der Abfall von B in der Nähe der Spulenenden ist praktisch unabhängig von der Spulenlänge. (Rechnung von J. A. Crittenden, Cornell University.)

Also ist $U_{\text{mag,i}} = Hl$. Wir finden, dass der auf den Außenraum entfallende Anteil $U_{\text{mag,a}}$ neben $U_{\text{mag,i}}$ vernachlässigt werden kann (Abb. 154b). Also bleibt

$$Hl = NI \quad \text{oder} \quad H = NI/l \,.$$

Das ist nichts anderes als die in § 41 gebrachte Gl. (70). Sie erweist sich hier als Sonderfall der allgemeinen Gl. (94).[1]

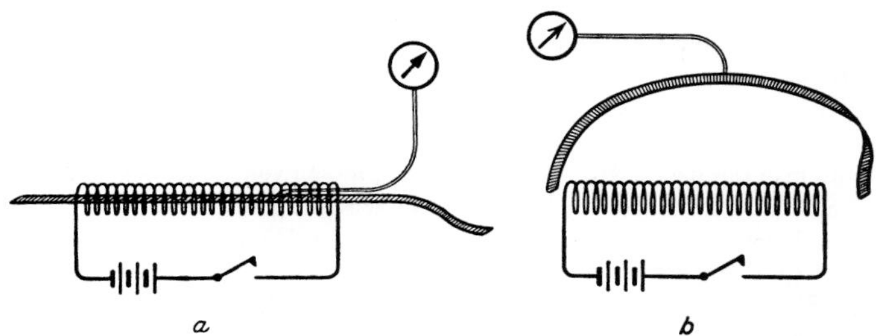

Abb. 154. Verteilung der magnetischen Spannung im Feld einer gestreckten Feldspule. Sie hat 900 Windungen, eine Länge von 0,5 m und einen Durchmesser von 0,1 m. Ein Strom von 1 Ampere erzeugt in ihr die magnetische Feldstärke $H = 1\,800$ Ampere/Meter. — Links: Der Spannungsmesser durchsetzt die ganze Länge der Feldspule. Öffnen und Schließen des Schalters ergibt jedesmal einen Spannungsstoß von $1{,}7 \cdot 10^{-3}$ Voltsekunden, d. h. nach Gl. (92) $U_{\text{mag}} = 850$ Ampere. Länge und Lage der heraushängenden Spulenenden sind praktisch belanglos. Also liefert das Feld im Außenraum keinen nennenswerten Beitrag zur magnetischen Spannung. — Rechts: Der Spannungsmesser verläuft auf einem beliebigen Weg ganz im Außenraum. Der in ihm induzierte Spannungsstoß beträgt nur noch rund $9 \cdot 10^{-5}$ Voltsekunden. U_{mag} beträgt also im Außenraum noch etwa 45 Ampere, ist also neben der im Spuleninneren gemessenen Spannung von 850 Ampere zu vernachlässigen. Das Linienintegral $\int \boldsymbol{H} \cdot \mathrm{d}\boldsymbol{s}$ für den Außenraum ist in der Tat schon bei dieser noch keineswegs sehr gestreckten Spule praktisch vernachlässigbar. **(Videofilm 9)** (Aufg. 37)

Videofilm 9:
„Magnetischer Spannungsmesser" In diesem Experiment ist die magnetische Spannung im Außenraum $\approx 10\,\%$ der im Innenraum gemessenen. Die Feldspule hat $N = 4\,300$ Windungen, Länge $l = 40$ cm, Durchmesser $= 11$ cm, Strom $I = 0{,}15$ A. $U_{\text{B}} = 3{,}2 \cdot 10^{-5}$ Vs/Skt.

2. *Das Magnetfeld $H(r)$ im Abstand r von einem stromdurchflossenen geraden Draht.* Die magnetische Spannung längs einer seiner kreisförmigen Feldlinien (Abb. 4) vom Radius r ergibt sich aus Gl. (94) und aus Symmetriegründen:[K5]

$$U_{\text{mag}} = 2\pi r H(r) = I\,,$$

K5. „aus Symmetriegründen" heißt hier, dass man keinen Grund dafür angeben kann, dass die Tangentialkomponente des Magnetfeldes auf einem konzentrischen Kreis um die Strombahn (Radius r) keinen konstanten Wert haben kann. Sie muss also konstant sein. Dass die Radial- und die Axialkomponente beide null sind, kann allerdings nicht aus der Symmetrie geschlossen werden, sondern ist ein experimenteller Befund (die Abwesenheit einer Radialkomponente ist in Abb. 4 z. B. deutlich zu sehen).

[1] Ohne Herleitung sei erwähnt, dass die Feldstärke im Zentrum einer Zylinderspule mit dem Radius r und der Länge l durch

$$H = \frac{NI}{l} \frac{l}{\sqrt{4r^2 + l^2}} \tag{95}$$

gegeben ist. Für $r \ll l$ also Gl. (70) und für das Zentrum eines stromdurchflossenen Kreisringes ($N = 1, l = 0$)

$$H = I/2r\,. \tag{96}$$

Eine oft verwendete Anordnung zur Erzeugung homogener Felder besteht aus zwei kreisringförmigen Spulen, die sogenannte Helmholtz-Spule (Abb. 153).

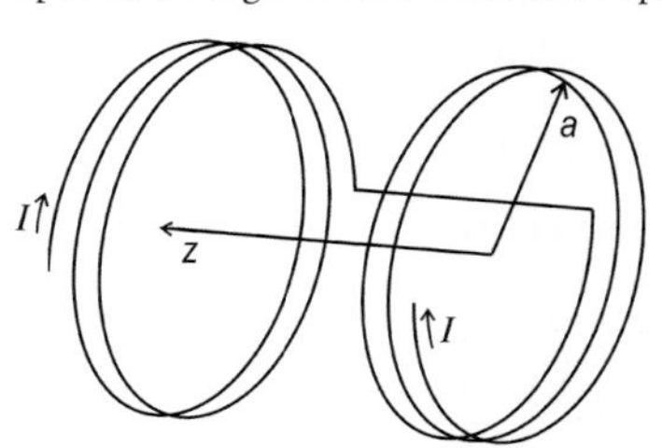

Abb. 153. Helmholtz-Spule

Ist der Abstand der beiden Teilspulen (Radius a, jede mit N Windungen) gleich dem Radius, so ist das Feld H entlang der z-Achse gegeben durch

$$H = H_0(1 - 1{,}15(z/a)^4 + \ldots) \quad \text{mit} \quad H_0 = 0{,}716NI/a\,,$$

also entlang der z-Achse für $z = 0{,}1a$ auf 10^{-5} konstant.

also

$$H(r) = \frac{1}{2\pi} \frac{I}{r} \,. \tag{97}$$

Das Feld ist tangential gerichtet, seine Größe wird nur durch r bestimmt (wegen seiner Richtung siehe Abb. 124 auf S. 64).

3. *Magnetische Spannungsmessungen in Magnetfeldern permanenter Magnete.* Unsere Darstellung hat stets die Wesensgleichheit der Magnetfelder von stromdurchflossenen Leitern und von permanenten Magneten betont. Diese kann man mit dem magnetischen Spannungsmesser von Neuem belegen. In Abb. 155 wird die magnetische Spannung zwischen den Polen eines Hufeisenmagneten bestimmt. Zur Spannungsmessung entfernt man den Magneten mit einer raschen Bewegung. Die Spannung ergibt sich wieder völlig unabhängig vom Weg, den man mit dem Spannungsmesser untersucht. Auf geschlossenem Weg ist sie stets gleich null. Der Spannungsmesser kann ja auf keine Weise die Molekularströme umfassen. Er müsste dann schon mitten durch die einzelnen Moleküle hindurchgeführt werden. Jeder im permanenten Magnet gebohrte Kanal verläuft aber nicht durch die Moleküle, sondern zwischen ihnen.

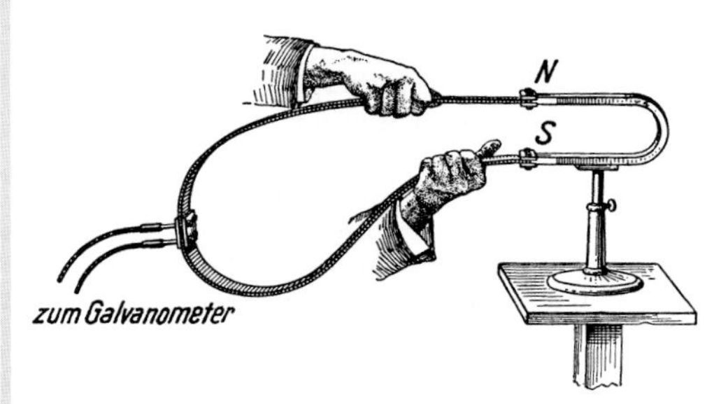

Abb. 155. Magnetischer Spannungsmesser im Feld eines permanenten Magneten. Die Messanordnung entspricht der in Abb. 154 rechts. **(Videofilm 9)**

Videofilm 9:
„Magnetischer Spannungsmesser"

In einigen Fällen einfacher Geometrie, in denen der Magnetfeldbetrag entlang des magnetischen Spannungsmessers konstant ist, konnten wir mit dem Spannungsmesser das Magnetfeld bestimmen, z. B. beim langen stromdurchflossenen Draht. Die Bedeutung dieses Experimentes geht aber viel weiter. Die Messanordnung, wie sie in Abb. 151 gezeigt ist, entspricht der in Abb. 136: Die Stromdichte[1] $\boldsymbol{j}$ entspricht dem Feld $\dot{\boldsymbol{B}}$ und die magnetische Spannung $\oint \boldsymbol{H} \cdot \mathrm{d}\boldsymbol{s}$ der elektrischen Spannung $\oint \boldsymbol{E} \cdot \mathrm{d}\boldsymbol{s}$. Das Experiment ergab, dass die magnetische Spannung gleich dem umfassten Feld der Stromdichte $\boldsymbol{j}$ ist. Daraus folgt, analog zur Herleitung in § 50, für den Zusammenhang von $\boldsymbol{H}$ und $\boldsymbol{j}$ in Form eines Differentialgesetzes der Ausdruck

$$\operatorname{rot} \boldsymbol{H} = \boldsymbol{j} \,, \tag{98}$$

wobei das Vorzeichen auf der rechten Seite durch Vergleich mit Abb. 124 auf S. 64 bestimmt wird. Diese Gleichung ist das AMPÈRE'sche Gesetz in differentieller Form. Sie ist Teil der dritten MAXWELL'schen Gleichung, die im nächsten Paragraphen besprochen wird.

§ 53. Verschiebungsstrom und die dritte der MAXWELL'schen Gleichungen. Das experimentelle Ergebnis, $\oint \boldsymbol{H} \cdot \mathrm{d}\boldsymbol{s} = I$ (Gl. 93), ist von MAXWELL in kühner Weise verallgemeinert worden. Sein Gedankengang wird anhand der Abb. 156 erläutert. Ein Kondensator wird durch einen äußeren Leiter entladen. Währenddessen fließt im Leiter ein Strom I, und im Kondensator ändert sich das elektrische Feld $\boldsymbol{E}$, es wird zerstört. Der Strom I im Leiter ist von ringförmigen magnetischen Feldlinien umgeben. Wir denken uns nun diese Figur ergänzt und entsprechende Feldlinien um die übrigen Drahtabschnitte herumgezeichnet. Dann kann man roh, aber unmissverständlich sagen: Der ganze Leitungsdraht

[1] Als Stromdichte j bezeichnet man den Strom pro Fläche, $j = \mathrm{d}I/\mathrm{d}A$ oder allgemein in Vektorschreibweise $I = \int \boldsymbol{j} \cdot \mathrm{d}\boldsymbol{A}$.

ist von einem *Schlauch* magnetischer Feldlinien umfasst. Dieser Schlauch endet beiderseits beim Eintritt des Leitungsdrahtes in die Kondensatorplatten. MAXWELL hingegen sagte: Der Schlauch der magnetischen Feldlinien hat keine Enden, er bildet einen geschlossenen Torus: *Auch das sich ändernde elektrische Feld des Kondensators ist von ringförmigen magnetischen Feldlinien umgeben.* Diese ringförmigen magnetischen Feldlinien sind aber das Hauptkennzeichen eines elektrischen Stromes. Man nennt ihn deshalb – etwas seltsam – *Verschiebungsstrom.* Von allen übrigen Bedeutungen des Wortes Strom, von einem Fließen oder Strömen in Analogie zum Wasserstrom, ist hier nichts mehr erhalten geblieben. *Das Wort Verschiebungsstrom bedeutet hier tatsächlich nur, dass sich ein elektrisches Feld zeitlich ändert.*

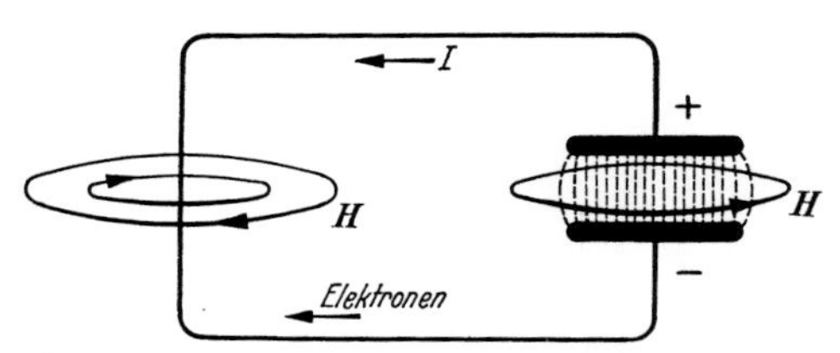

Abb. 156. Schema für das Magnetfeld von Leitungsstrom und Verschiebungsstrom. I = konventionelle Stromrichtung von + nach −.

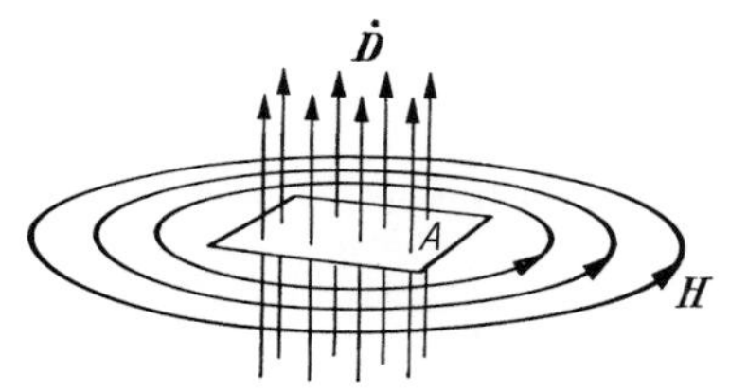

Abb. 157. Schema für das Magnetfeld eines Verschiebungsstromes. Das Vektorfeld $\dot{\boldsymbol{D}}$ ist die zeitliche Ableitung des Vektorfeldes $\boldsymbol{D}$ (die Pfeile deuten also einen nach oben gerichteten Verschiebungsstrom I_v an).

Nach Einführung dieses neuen Strombegriffes kann man sagen: *Es gibt in der Natur nur geschlossene Ströme.* Im Leiter sind sie Leitungsströme, im elektrischen Feld (des Kondensators) aber Verschiebungsströme. Elektrische Ströme können räumlich nie Anfang und Ende haben. Am Ende des Leitungsstromes setzt der Verschiebungsstrom ein und umgekehrt.

Wie jeder Strom muss auch der Verschiebungsstrom in Ampere gemessen werden. Andererseits soll er die zeitliche Änderung einer das elektrische Feld bestimmenden Größe sein. Diese letztere muss demnach die Einheit Amperesekunde haben.

Das ist der Fall für das Produkt

$$\text{Verschiebungsdichte}\, D \cdot \text{Querschnittsfläche}\, A \text{ des Feldes} = DA$$

(z. B.: D in As/m², A in m², DA in As).

Die Verschiebungsdichte D (§ 25) hängt mit dem elektrischen Feld E über $D = \varepsilon_0 E$ (Gl. 19 von S. 35) zusammen. Wir bezeichnen die Änderungsgeschwindigkeit von D wieder mit einem darübergesetzten Punkt, also $\dot{D} = \frac{\mathrm{d}D}{\mathrm{d}t}$. Dann erhalten wir den Verschiebungsstrom

$$I_\text{v} = \dot{D}A = \varepsilon_0 \dot{E} A\,. \tag{99}$$

Die Größe

$$\dot{D} = \frac{I_\text{v}}{A} \tag{100}$$

nennt man auch „Verschiebungsstromdichte". Diese kann also auch zur Beschreibung der Änderung des elektrischen Feldes benutzt werden (Abb. 157).

Soweit die Messung des Verschiebungsstromes. — Das AMPÈRE'sche Gesetz

$$\oint \boldsymbol{H} \cdot \mathrm{d}\boldsymbol{s} = I \qquad \text{Gl. (93) v. S. 81}$$

war durch Experimente mit dem Leitungsstrom entdeckt worden. MAXWELL übertrug sie auf den Verschiebungsstrom und schrieb[K6]

$$\oint \boldsymbol{H} \cdot \mathrm{d}\boldsymbol{s} = \dot{D}A = \varepsilon_0 \dot{E} A \,. \tag{101}$$

K6. Vollständig in Vektorform lautet Gl. (101)

$$\oint_{s(A)} \boldsymbol{H} \cdot \mathrm{d}\boldsymbol{s} = \frac{\mathrm{d}}{\mathrm{d}t} \int_A \boldsymbol{D} \cdot \mathrm{d}\boldsymbol{A} \,.$$

Dabei umfasst der Integrationsweg s die Fläche A, und zwar so, dass $\mathrm{d}\boldsymbol{s}$ positiv ist (rechtsherum läuft), wenn man in Richtung des Flächenvektors $\boldsymbol{A}$ blickt.

Diese Gleichung ergibt das *magnetische* Feld, das durch die Änderung eines *elektrischen* Feldes entsteht.

Den in Gl. (101) beschriebenen Zusammenhang erhält man in Form einer Differentialgleichung mithilfe der Abb. 158 ebenso wie oben die Gl. (87). Man hat also das Linienintegral von $\boldsymbol{H}$ längs des Randes eines unendlich kleinen Flächenelementes $\mathrm{d}x\,\mathrm{d}y$ zu bilden. So erhält man

$$\frac{\partial H_y}{\partial x} - \frac{\partial H_x}{\partial y} = \dot{D}_z \tag{102}$$

oder nach Hinzunahme der anderen Komponenten in vektorieller Schreibweise

$$\operatorname{rot} \boldsymbol{H} = \dot{\boldsymbol{D}} = \varepsilon_0 \, \dot{\boldsymbol{E}} \,. \tag{103}$$

In Worten: An jedem Punkt eines elektrischen Feldes erzeugt eine zeitliche Änderung des elektrischen Feldes ein magnetisches Feld. Es ist ein Wirbelfeld: d. h. die Rotation des magnetischen Feldes ist gleich der zeitlichen Ableitung der Verschiebungsdichte. Dabei ist angenommen, dass das Flächenelement $\mathrm{d}x\,\mathrm{d}y$ nur von einem Verschiebungsstrom durchsetzt wird. Fließt durch das Flächenelement außerdem noch ein Leitungsstrom I, so ist auf der rechten Seite seine Stromdichte $j = \frac{\mathrm{d}I}{\mathrm{d}x\,\mathrm{d}y}$ zu addieren.

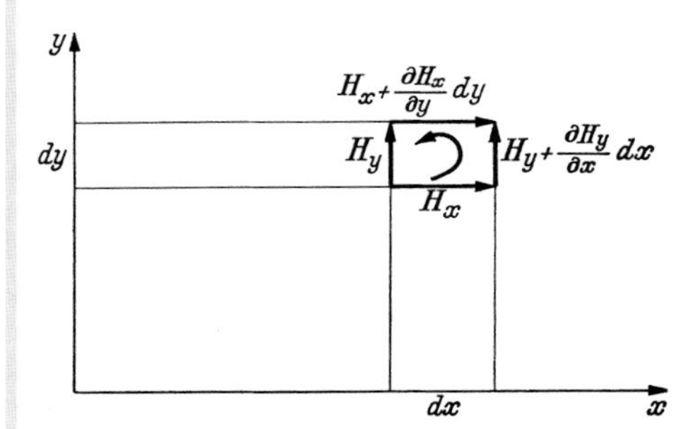

Abb. 158. Bildung des Linienintegrals des magnetischen Feldes $\boldsymbol{H}$ längs des Umfanges eines Flächenelementes $\mathrm{d}x\,\mathrm{d}y$, z-Achse senkrecht nach oben, also Rechtskoordinatensystem. Integrationsweg in der z-Richtung gesehen mit dem Uhrzeiger.

Damit erhalten wir die vollständige dritte MAXWELL'sche Gleichung

$$\operatorname{rot} \boldsymbol{H} = \boldsymbol{j} + \dot{\boldsymbol{D}} = \boldsymbol{j} + \varepsilon_0 \, \dot{\boldsymbol{E}} \,. \tag{104}$$

Leider kann man die magnetischen Feldlinien des Verschiebungsstromes in Abb. 156 nicht einfach wie die eines Leitungsstromes mit Eisenfeilspänen nachweisen. Das wäre ein didaktisch sehr bequemer Nachweis der Gültigkeit des zweiten Teils der Gl. (104). Man kann aber aus technischen Gründen in elektrischen Feldern mit langen Feldlinien keinen Verschiebungsstrom hinreichender Größe herstellen. Aber die Ausführung des Versuches würde im Grunde nichts für die Erzeugung des Magnetfeldes durch den Verschiebungsstrom beweisen. Man könnte das in Abb. 156 beobachtete Magnetfeld stets dem Leitungsstrom in den Zuleitungen zu den Kondensatorplatten zuschreiben.

Ein wirklicher Beweis für das Magnetfeld des Verschiebungsstromes kann nur bei Benutzung ringförmig geschlossener elektrischer Feldlinien geführt werden. Er wird erst in Kap. XII erbracht, und zwar durch den Nachweis frei im Raum fortschreitender elektromagnetischer Wellen. Bis dahin bleibt das Magnetfeld des Verschiebungsstromes eine nur plausibel gemachte Behauptung.

§ 54. Die MAXWELL'schen Gleichungen im Vakuum. An dieser Stelle soll die letzte der vier MAXWELL'schen Gleichungen eingeführt werden. Sie lautet in Integralform

$$\oint \boldsymbol{B} \cdot \mathrm{d}\boldsymbol{A} = 0\,, \tag{105}$$

d. h. der magnetische Fluss (Gl. 76 v. S. 73) durch eine geschlossene Fläche verschwindet, und in differentieller Form

$$\operatorname{div} \boldsymbol{B} = 0\,.$$

Diese Gleichungen sind analog zu den Gln. (23) und (22) in Kap. II, die das elektrische Feld mit der elektrischen Ladung verknüpfen. Die Beobachtung, dass magnetische Feldlinien keinen Anfang und kein Ende haben, wie die Experimente in Kap. IV zeigen, bedeutet, dass kein Analogon zu den elektrischen Ladungen existiert, d. h. es gibt keine magnetischen Ladungen. Das erklärt die Null auf der rechten Seite der beiden Gleichungen.

Wir fassen hier die vier MAXWELL'schen Gleichungen, die im Vakuum und damit praktisch auch in Luft die elektrischen und magnetischen Felder beschreiben, in ihrer differentiellen Form noch einmal zusammen (man beachte, dass im Vakuum $\boldsymbol{D} = \varepsilon_0 \boldsymbol{E}$ und $\boldsymbol{B} = \mu_0 \boldsymbol{H}$ ist):

$$\operatorname{div} \boldsymbol{E} = \frac{\varrho}{\varepsilon_0}\,, \tag{106}$$

$$\operatorname{rot} \boldsymbol{E} = -\dot{\boldsymbol{B}}\,, \tag{107}$$

$$\operatorname{rot} \boldsymbol{B} = \mu_0 \boldsymbol{j} + \mu_0 \varepsilon_0 \dot{\boldsymbol{E}}\,, \tag{108}$$

$$\operatorname{div} \boldsymbol{B} = 0\,. \tag{109}$$

Zur experimentellen Herleitung dieser Gleichungen wurden mit Ausnahme der Verschiebungsstromdichte in der dritten Gleichung in den vorausgegangenen Paragraphen Experimente beschrieben (z. B. für Gl. (106) in § 26 und für Gl. (107) in § 50).

VII. Die Abhängigkeit der Felder vom Bezugssystem

§ 55. Vorbemerkung. In diesem Kapitel soll gezeigt werden, dass elektrische und magnetische Felder von dem Bezugssystem abhängen, in dem sie beobachtet werden. Diese Tatsachen werden zum Verständnis der Induktion in bewegten Leitern führen, wie sie in Kap. V in den Gruppen 2 und 3 beschrieben wurden.

§ 56. Quantitative Auswertung des ROWLAND'schen Versuches. In dem ROWLAND-schen Versuch (§ 42) konnte man die magnetische Wirkung eines *Leitungsstromes* nachahmen. Aber nicht darin liegt die tiefe Bedeutung des ROWLAND'schen Versuches, sondern in einer Folgerung, die sich unmittelbar aus ihm ergibt.

Man greife auf Abb. 126 zurück, denke sich jetzt aber einen aus zwei Ringen bestehenden Kondensator, die um eine gemeinsame Achse im gleichen Sinn rotieren, so dass sich die Ringe mit der Bahngeschwindigkeit $\boldsymbol{u}$ bewegen. Dann entsteht das in Abb. 159 skizzierte Feldlinienbild. Das Magnetometer M ist in dieser Skizze zwischen die geladenen Platten gestellt, also in das Gebiet großer *elektrischer* Feldstärke E.

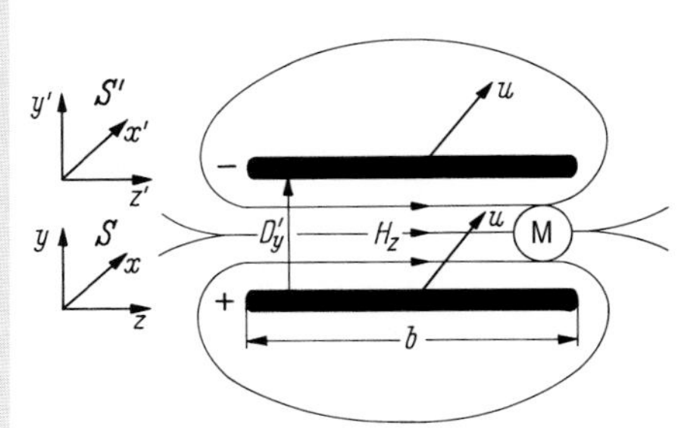

Abb. 159. Magnetische Feldlinien positiver und negativer elektrischer Ladungen, die sich mit ihren plattenförmigen Trägern parallel zueinander mit gleicher Geschwindigkeit $\boldsymbol{u}$ senkrecht in die Papierebene hinein bewegen. Links rechtshändige Koordinatensysteme, das obere, S', in Ruhe gegenüber den Platten, das untere, S, in Ruhe gegenüber dem Fußboden und dem Magnetometer M (Kompassnadel mit Lichtzeiger). S' bewegt sich relativ zu S mit der Geschwindigkeit $\boldsymbol{u}$. Oberhalb und unterhalb des Plattenpaares heben sich die Magnetfelder weitgehend auf.

Als Folge der Bewegung des Kondensators entsteht zusätzlich zum elektrischen Feld ein magnetisches Feld. Seine Feldlinien stehen senkrecht zur Richtung des elektrischen Feldes und senkrecht zur Richtung der Relativbewegung. Das ist eine sehr wesentliche Erkenntnis. Ihre quantitative Formulierung folgt.

Bei sehr großen Radien der ringförmigen Träger darf man für lange Stücke der Ringe die Krümmung vernachlässigen und die Richtung der Geschwindigkeit $\boldsymbol{u}$ als konstant betrachten. Zwischen den Kondensatorplatten, die die Fläche $A = b\,l$ haben ($l = 2\pi r$), existiert das Feld $\boldsymbol{D}$, die Verschiebungsdichte, mit dem Betrag $D = Q/A = Q/b\,l$. Die umlaufenden geladenen Ringe erzeugen ein magnetisches Feld $\boldsymbol{H}$. Dieses hat nur zwischen den eng benachbarten Ringen einen endlichen Betrag, der in guter Näherung homogen ist. Auf einem geschlossenen Weg der Länge $2b$, der einen der Ringe umfasst, ist die magnetische Spannung (bei Vernachlässigung des Feldes im Außenraum) $U_{\text{mag}} = H_z\,b$. Diese ist gleich dem umfassten Strom $I = Qu/l$. So erhält der Beobachter in S $H_z b = Qu/l$ oder $H_z = uQ/l\,b = uD_y$ und allgemein in Vektorschreibweise

$$\boldsymbol{H} = \boldsymbol{u} \times \boldsymbol{D} \quad \text{oder} \quad \boldsymbol{B} = \varepsilon_0\mu_0(\boldsymbol{u} \times \boldsymbol{E})\,. \tag{110}$$

K. Lüders, R. O. Pohl (Hrsg.), *Pohls Einführung in die Physik*
DOI 10.1007/978-3-642-01628-8, © Springer 2010

Dies Feld tritt zusätzlich zum elektrischen Feld auf, wenn sich der Kondensator, der Träger des elektrischen Feldes gegenüber dem Beobachtungsinstrument (dem Magnetometer M in Abb. 159) *mit einer Geschwindigkeit* $\boldsymbol{u}$ *bewegt.* Die Definition des Vektors $\boldsymbol{u}$ entnimmt man der Abb. 159.

Um Gl. (110) mithilfe der Relativitätstheorie[K1] zu erhalten, betrachte man den Kondensator als in Ruhe befindlich im System S' und das Magnetometer in Ruhe im System S. S' bewegt sich mit der Geschwindigkeit $\boldsymbol{u}$ in S.[K2] Dann ergibt die Theorie

$$\boldsymbol{B} = \gamma \varepsilon_0 \mu_0 (\boldsymbol{u} \times \boldsymbol{E}')\,, \tag{111}$$

$$\boldsymbol{E} = \gamma \boldsymbol{E}'\,, \quad \gamma = \frac{1}{\sqrt{1 - u^2/c^2}}\,, \tag{112}$$

wobei $c = 3 \cdot 10^8$ m/sec die Lichtgeschwindigkeit ist. Für $u \ll c$ folgt aus Gl. (111) die Gl. (110), *die damit als experimenteller Nachweis der Relativitätstheorie betrachtet werden kann.*[K3] Der Ursprung von γ ist die LORENTZ-Kontraktion, die den in S' ruhenden Kondensator in S verkürzt erscheinen lässt (s. auch § 58). Dadurch wird die Ladungsdichte vergrößert, und damit $\boldsymbol{E}$ und $\boldsymbol{B}$. Dies wurde bei der Herleitung der Gl. (110) vernachlässigt.

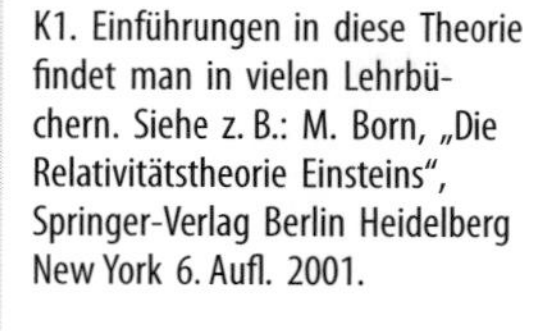
K1. Einführungen in diese Theorie findet man in vielen Lehrbüchern. Siehe z. B.: M. Born, „Die Relativitätstheorie Einsteins", Springer-Verlag Berlin Heidelberg New York 6. Aufl. 2001.

K2. Siehe die Abbildung in der Fußnote auf S. 70/71.

K3. Das Relativitätsprinzip fordert, dass auch ein Beobachter in S', in dem die Ladungen in Ruhe sind, so dass nur ein elektrisches, aber kein magnetisches Feld existiert, feststellt, dass das Magnetometer ein Drehmoment erfährt. Das ist sicher auch der Fall, aber der Nachweis, dass auch ein in einem elektrischen Feld bewegtes Magnetometer ein Drehmoment erfährt, analog zur LORENTZ-Kraft (§ 57), war selbst für einen HENRY ROWLAND (1848 – 1901) zu schwierig!

§ 57. Deutung der Induktion in bewegten Leitern. Das Ergebnis der früheren Versuche (Abb. 141 und 142) können wir in Abb. 160 schematisch skizzieren. In ihr sind die Durchstoßpunkte eines zur Papierebene senkrechten homogenen Magnetfeldes markiert. Der Läufer der Länge L bewegt sich gegenüber dem Träger des Magnetfeldes (Feldspule) mit der Geschwindigkeit $\boldsymbol{u}$ senkrecht zur Richtung des Magnetfeldes. Der Beobachter findet bei K negative, bei A positive Ladungen und mit der Versuchsanordnung der Abb. 141 für den Betrag der induzierten Spannung

$$U = BuL\,. \qquad \text{Gl. (82) v. S. 75}$$

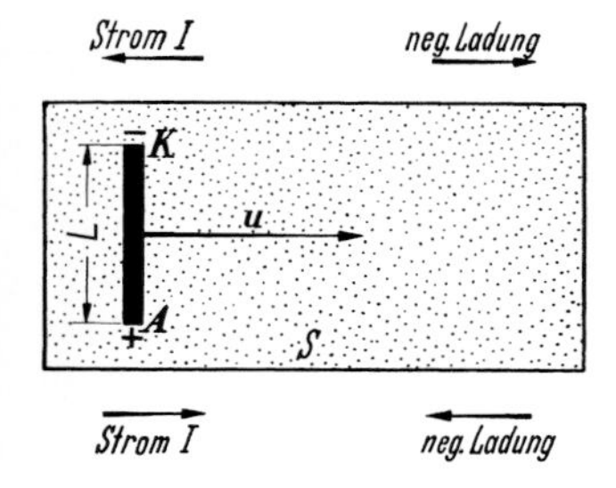

Abb. 160. Schematische Darstellung der Induktion in bewegten Leitern. Magnetfeld senkrecht zur Papierebene nach oben gerichtet. Der in Abb. 141 kreisförmige Querschnitt der Feldspule ist hier durch einen rechteckigen ersetzt. Der Stab entspricht dem Läufer in Abb. 141.

Bei diesem Experiment kann die Gültigkeit des Relativitätsprinzips überzeugend gezeigt werden, indem man entweder den Leiter bewegt oder die das Magnetfeld erzeugende Feldspule. In beiden Fällen misst man die gleiche induzierte Spannung. Die Deutung dieses Befundes hängt vom Bezugssystem des Beobachters ab. — *Zunächst ruhe der Beobachter neben der Feldspule im Bezugssystem S.* Er sagt:

Wie jeder Körper enthält auch der Läufer Ladungen, und zwar gleich große beider Vorzeichen. Diese Ladungen nehmen an der Bewegung des Läufers mit dessen Geschwindigkeit $\boldsymbol{u}$ teil. Während der Bewegung werden sie bei A und K (Abb. 160) angehäuft, der Läufer kann als *Stromquelle* dienen. Folglich müssen in ihm wie in jeder Stromquelle *ladungstrennende Kräfte* $\boldsymbol{F}$ auf die Ladungen einwirken. Hier entstehen sie als Folge einer Bewegung; sie sind an positiven Ladungen angreifend abwärts und an negativen Ladungen angreifend aufwärts gerichtet.

Während diese Kräfte $\boldsymbol{F}$ die Ladungen bei A und K anhäufen, entsteht nach Gl. (82) zwischen A und K eine elektrische Spannung. Dadurch wird auf die beiden getrennten Ladungen je eine rücktreibende Kraft $\boldsymbol{F}^*$ ausgeübt (Gl. 40, S. 51). Sie ist, in Vektorform,

$$\boldsymbol{F}^* = Q(\boldsymbol{B} \times \boldsymbol{u}) \tag{113}$$

und für positive Ladungen aufwärts und für negative Ladungen abwärts gerichtet. Allein vorhanden würden diese Kräfte die Ladungen wieder vereinigen. — Der experimentell beobachtete stationäre Zustand ist also nur möglich, wenn die ladungstrennenden Kräfte $\boldsymbol{F}$ den durch Gl. (113) gegebenen Kräften $\boldsymbol{F}^*$ entgegengesetzt gleich sind ($\boldsymbol{F} = -\boldsymbol{F}^*$). Es muss also für die *Kräfte* $\boldsymbol{F}$ gelten

$$\boldsymbol{F} = Q(\boldsymbol{u} \times \boldsymbol{B})\,. \tag{114}$$

Diese nach H. A. Lorentz benannten Kräfte wirken senkrecht zu $\boldsymbol{u}$ und zu $\boldsymbol{B}$ auf Ladungen Q, die sich mit der Geschwindigkeit $\boldsymbol{u}$ in einem Magnetfeld bewegen. Für den neben der Feldspule ruhenden Beobachter ist die Lorentz-Kraft eine neue Erfahrungstatsache.

Als nächstes ruhe der Beobachter neben dem Läufer (in einem Bezugssystem, das wir S' nennen). Für ihn ruhen die Ladungen. Folglich kann an ihnen kein Magnetfeld mit einer Lorentz-Kraft angreifen, sondern nur ein *elektrisches* Feld. Dies Feld ist, wie das Experiment zeigt, gegeben durch[K4]

K4. Alle im System S' gemessenen Größen, sofern sie anders sind als in S, werden ebenfalls als gestrichene Größen geschrieben.

$$\boldsymbol{E}' = \boldsymbol{F}'/Q = \boldsymbol{u} \times \boldsymbol{B}\,. \tag{115}$$

Dies ist also das elektrische Feld, das in S' zusätzlich zum magnetischen Feld auftritt, wenn sich die Feldspule, der Träger des Magnetfeldes, gegenüber dem Beobachtungsinstrument (der Läufer in Abb. 160) mit der Geschwindigkeit $-\boldsymbol{u}$ bewegt. Die Induktion in bewegten Leitern ist damit also ein Gegenstück zum Rowland'schen Versuch: Nur haben elektrisches Feld und magnetisches Feld ihre Rollen vertauscht.

Ein während der Relativbewegung im Bezugssystem S' auftretendes elektrisches Feld würde sich grundsätzlich auch ohne einen leitenden Läufer nachweisen lassen. Man denke sich als Läufer einen Stab aus einem erwärmten Kunstharz; er werde während der Bewegung abgekühlt und dadurch der Zustand in seinem Inneren „eingefroren". Aus dem Feld herausgenommen würde sich der Stab als Elektret (§ 39, 2) erweisen, oben mit negativer und unten mit positiver Ladung.

W. Wien hat statt eines isolierenden Stabes leuchtende Moleküle mit großer Geschwindigkeit durch ein homogenes *Magnet*feld hindurchgeschossen. Das dabei auf die Elektronen in den Molekülen einwirkende *elektrische* Feld wurde durch den Stark-Effekt nachgewiesen, d. h. eine Aufspaltung der Spektrallinien in mehrere Komponenten (Siehe 13. Aufl. der Optik und Atomphysik, Kap. 14, § 47).

§ 58. Die Felder und das Relativitätsprinzip. In Kap. V mussten *experimentell* zwei Fälle der Induktion unterschieden werden, die Induktion in einer ruhenden Spule (§ 46) und die Induktion in bewegten Leitern (§ 48).

Im ersten Fall lautete die Deutung: Bei der Induktion in einer ruhenden Spule werden die ladungstrennenden Kräfte durch ein *elektrisches* Feld erzeugt. Dieses Feld entsteht *zusätzlich* zum magnetischen, *während* sich das Magnetfeld *ändert*. Dabei umfasst es das Magnetfeld mit ringförmig geschlossenen elektrischen Feldlinien (§ 50, Abb. 145. Die mathematische Formulierung ist durch die Maxwell'sche Gleichung (Gl. 107) gegeben).

Nach § 57 kann man auch im zweiten Fall, also bei der Induktion in bewegten Leitern, die ladungstrennenden Kräfte auf ein *elektrisches* Feld zurückführen (das der Beobachter feststellt, der neben dem Läufer ruht). Dabei blieb aber in § 57 völlig ungeklärt, wie diese Bewegung ein elektrisches Feld zu erzeugen vermag. Die Antwort gibt erst die Relativitätstheorie:[K1] Diese lässt während der Bewegung die Leitungsdrähte der Feldspule nicht mehr in ihrer ganzen Länge elektrisch neutral; sie erhalten einen Ladungsüberschuss je eines Vorzeichens, und zwischen den überschüssigen Ladungen existiert ein elektrisches Feld. Das kann bereits hier gezeigt werden. Man braucht dafür aus der Relativitätstheorie lediglich die LORENTZ-Kontraktion: Ein Beobachter, dessen Bezugssystem (S-System) neben einem Gebilde ruht, messe als dessen Länge l. Ein Beobachter, der sich parallel zu dieser Länge dem Gebilde gegenüber mit der Geschwindigkeit u bewegt, misst in seinem Bezugssystem (S') nur die Länge

$$l' = l\sqrt{1 - u^2/c^2} \tag{116}$$

(c = Lichtgeschwindigkeit = $3 \cdot 10^8$ m/sec).

Nach dieser kurzen, aber ausreichenden Einführung in die LORENTZ-Kontraktion wiederholen wir in Abb. 161 den Inhalt der Abb. 160. Man lese wegen der später gebrauchten Bezeichnungen gleich die Bildunterschrift. — Zunächst ruhe ein Beobachter neben der vom Strom I durchflossenen *Feldspule* (S-System). In ihren Drähten sitzen die positiven Ladungen fest, die negativen (Elektronen) wandern mit einer sehr kleinen Geschwindigkeit[1] u_e, es ist $u_e \ll c$. Die Beträge der Ladungen und ihrer Dichten sind in den Drähten der Feldspule gleich groß, der Leiter ist elektrisch neutral, also ist

$$\varrho_+ = \varrho_- = q/V = \varrho \tag{117}$$

($V = ld^2$ ist das Volumen eines Drahtes der Länge l).

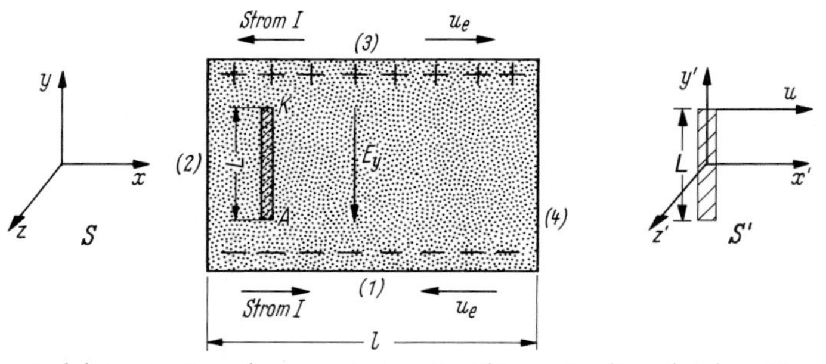

Abb. 161. Zur Induktion in einem bewegten Leiter. Die Skizze zeigt die rechteckige Querschnittsfläche einer langen Feldspule, deren Längsrichtung zur Papierebene senkrecht steht. Sie ruht in dem Bezugssystem S, dessen z-Achse senkrecht zur Papierebene steht. Die Spule enthält auf ihrer Länge l^* insgesamt N Windungen eines Drahtes von quadratischer Querschnittsfläche d^2. Sie erzeugt, von einem Strom I durchflossen, ein homogenes Magnetfeld der Stärke $H = NI/l^*$. Es ist, durch Punkte markiert, senkrecht zur Papierebene nach oben gerichtet. Der Läufer (Länge L) ruht in dem Bezugssystem S', das sich mit der Geschwindigkeit $\boldsymbol{u}$ parallel zur x-Achse bewegt (wie rechts im Bild der Übersichtlichkeit halber noch einmal skizziert ist). Länge l, Strom I und Elektronengeschwindigkeit u_e sind in S gemessen. Die Überschuss-Ladungsdichten (+ und −) sind in S' beobachtet, ebenso das elektrische Feld E'_y. Von S' beobachtet, bewegt sich S nach links (mit der Geschwindigleit $-u$). (Aufg. 38)

Für einen neben dem *Läufer* ruhenden Beobachter (S'-System) bewegen sich die in den Drähten festsitzenden positiven Ladungen mit der Geschwindigkeit $-u$ (Abb. 161); für ihn haben in den beiden unter (3) und über (1) stehenden Wänden der Feldspule die positiven

[1] Siehe Fußnote auf S. 97

Ladungen die *gleiche* Dichte

$$\varrho'_+ = q/d^2l' = q/d^2l\sqrt{1-\left(\frac{u}{c}\right)^2} = \varrho/\sqrt{1-\left(\frac{u}{c}\right)^2}$$

bzw. für $u \ll c$

$$\varrho'_+ = \varrho\left[1+\frac{1}{2}\frac{u^2}{c^2}\right]. \tag{118}$$

Die negativen Ladungen (Elektronen) haben für den Beobachter im S'-System oben im Leiter (3) die Geschwindigkeit $(u - u_e)$ und unten im Leiter (1) die größere Geschwindigkeit $(u + u_e)$. Für die Dichte der *negativen* Ladungen misst daher der Beobachter im S'-System (bei $u_e \ll u$) *oben*, im Leiter (3),

$$\varrho'_- = \varrho/\sqrt{1-\left(\frac{u-u_e}{c}\right)^2} = \varrho\left[1+\frac{1}{2c^2}(u^2-2uu_e)\right] \tag{119}$$

und *unten*, im Leiter (1),

$$\varrho'_- = \varrho/\sqrt{1-\left(\frac{u+u_e}{c}\right)^2} = \varrho\left[1+\frac{1}{2c^2}(u^2+2uu_e)\right]. \tag{120}$$

Für die obere, aus N Drähten aufgebaute Spulenwand (3) ergibt die Zusammenfassung der Gln. (119) und (118) mit Gl. (117) einen *Überschuss an positiver Ladung*

$$\Delta Q'_+ = N\Delta q'_+ = Nqu_eu/c^2\,, \tag{121}$$

für die untere (1) ergibt die Zusammenfassung der Gln. (120) und (118) mit Gl. (117) einen *Überschuss an negativer Ladung*

$$\Delta Q'_- = N\Delta q'_- = -Nqu_eu/c^2\,. \tag{122}$$

Zwischen $\Delta Q'_+$ und $\Delta Q'_-$ existiert also ein durch die LORENTZ-Kontraktion entstandenes elektrisches Feld. Division von $\Delta Q'_+$ durch die Fläche $l'l^*$ einer Spulenwand ergibt seine Verschiebungsdichte[K5]

$$D' = \frac{Nqu_e}{l'l^*}\frac{u}{c^2} = \frac{Nqu_e}{ll^*\sqrt{1-u^2/c^2}}\frac{u}{c^2} = \gamma\frac{Nqu_e}{ll^*}\frac{u}{c^2} \tag{123}$$

(γ wie in § 56 definiert).

Es ist $qu_e = Il$ und $NI/l^* = H$. Einsetzen dieser Größen ergibt

$$D' = \gamma H\frac{u}{c^2}\,. \tag{124}$$

Mit der Beziehung $1/c^2 = \varepsilon_0\mu_0$ (siehe § 61) und bei Berücksichtigung der Richtungen ergibt sich für das elektrische Feld in Vektorschreibweise[K6]

$$\boldsymbol{E}' = \gamma\boldsymbol{u}\times\boldsymbol{B}\,, \tag{125}$$

für $u \ll c$ folgt daraus Gl. (115). Das Feld $\boldsymbol{E}'$ ist in Abb. 161 abwärts $(-y')$ gerichtet: Das durch die Bewegung der Feldspule im Läufer in S' entstehende elektrische Feld hat also die in § 57 empirisch bestimmte Größe und Richtung. Ergebnis: Der neben dem Läufer ruhende Beobachter kann die Ladungstrennung durch die LORENTZ-Kontraktion erklären.[K7]

Jetzt können wir auch die Versuche der zweiten Gruppe in § 45 im Einzelnen verstehen: Vom Bezugssystem S der Feldspule aus betrachtet, erzeugt die LORENTZ-Kraft in der Induktionsspule in S' die Spannung. Von der Induktionsspule in S' aus betrachtet erzeugt

K5. Die Längen l^* und d haben keine Komponenten in Richtung von $\boldsymbol{u}$, sind also nicht von der LORENTZ-Kontraktion betroffen.

K6. Dieses Feld kann auch direkt aus der Relativitätstheorie hergeleitet werden. Dazu ruht die Feldspule im Bezugssystem S (Abb. in Fußnote auf S. 70/71) und die Ladung Q in S'. Dann gilt

$$\boldsymbol{E}' = \gamma(\boldsymbol{u}\times\boldsymbol{B})\,,$$

$$\boldsymbol{B}' = \gamma\boldsymbol{B}\,.$$

In S' wird also die Kraft $\boldsymbol{F}' = Q\gamma(\boldsymbol{u}\times\boldsymbol{B})$ beobachtet. Daraus kann mithilfe der Relativitätstheorie die Kraft $\boldsymbol{F}$ berechnet werden, die in S beobachtet wird. Die Transformationsgleichung für Kräfte ergibt für diesen Fall einer besonders einfachen Geometrie

$$\boldsymbol{F} = \frac{1}{\gamma}\boldsymbol{F}' = Q(\boldsymbol{u}\times\boldsymbol{B})\,,$$

also die LORENTZ-Kraft. Sie folgt also auch direkt aus der Relativitätstheorie! (Man beachte noch einmal: Das in S gemessene Feld $\boldsymbol{E}$ ist gleich null.) Einzelheiten findet man z. B. in P. Lorrain, D. R. Corson, F. Lorrain, „Electromagnetic Phenomena", Freeman NY 2000, Kap. 13.

K7. Die hier gegebene Erklärung kann auch für das in Abb. 142 beschriebene Experiment angewendet werden. Der Leser möge versuchen, sie auch auf das BARLOW'sche Rad zu übertragen!

die Lorentz-Kontraktion der Ladungen in der Feldspule die gleiche Spannung in der Induktionsspule. Im allgemeinen Fall der Induktion in bewegten Leitern muss man natürlich außer der Lorentz-Kraft oder der Lorentz-Kontraktion auch noch Zeitabhängigkeiten des Magnetfeldes berücksichtigen, wie in § 49 beschrieben.

§ 59. Zusammenfassung: Das elektromagnetische Feld. Seiner Wichtigkeit halber wird der Inhalt dieses Kapitels kurz zusammengefasst:

1. Ein Beobachter kann sein Instrument (Magnetometer in Abb. 159 oder Läufer in Abb. 161) in einem Bezugssystem ruhen lassen, dem gegenüber der Träger des Feldes (Kondensator oder Feldspule) eine Relativgeschwindigkeit u besitzt. Dann beobachtet er *zusätzlich* zum elektrischen Feld ein magnetisches (Abb. 159) bzw. *zusätzlich* zum magnetischen Feld ein elektrisches (Abb. 161). Im ersten Fall gilt Gl. (110) und im zweiten Fall Gl. (115). Bei $u = 0$ verschwinden die zusätzlichen Felder.

2. Elektrisches Feld und magnetisches Feld sind nicht selbständig und voneinander unabhängig. Beide sind Bestandteile eines *elektromagnetischen Feldes*. Ihr Auftreten oder Verschwinden hängt von dem für die Beobachtung benutzten Bezugssystem ab.[K8]

3. Induktion in bewegten Leitern kann als Folge der Lorentz-Kontraktion auftreten. Oder umgekehrt gesagt: *Die Induktion in bewegten Leitern ist ein experimenteller Beweis für die Existenz der* Lorentz-*Kontraktion.*

K8. Mithilfe dieser neu gewonnenen Erkenntnis möge der Leser noch einmal auf die der Gl. (84) folgenden Bemerkungen am Ende von Kap. V zurückgreifen!

VIII. Kräfte in magnetischen Feldern

§ 60. Zur Vorführung der auf bewegte Ladungen wirkenden Kraft. Aus der Induktion in bewegten Leitern ergab sich die Existenz der LORENTZ-Kraft

$$\boldsymbol{F} = Q(\boldsymbol{u} \times \boldsymbol{B}) \tag{114}$$

(z. B. F in Newton, B in $\mathrm{Vs/m^2}$, u in m/sec, Q in As).

Mit dieser Kraft wirkt ein Magnetfeld der Flussdichte $\boldsymbol{B}$ *auf eine mit der Geschwindigkeit* $\boldsymbol{u}$ *bewegte Ladung* Q. Wie durch das Vektorprodukt ausgedrückt, steht diese Kraft sowohl zum Feld als auch zur Geschwindigkeit senkrecht (Abb. 162).

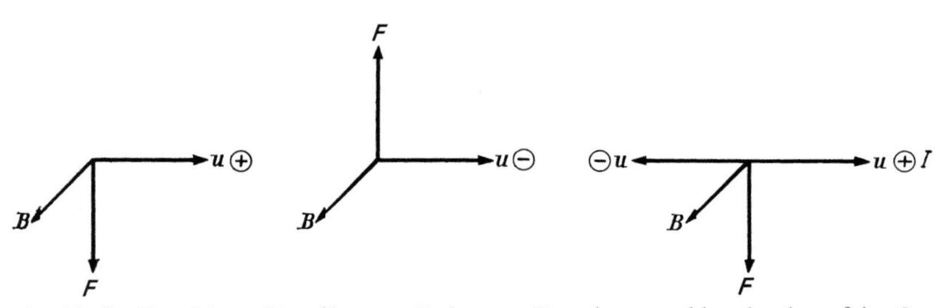

Abb. 162. Kräfte $\boldsymbol{F} = Q(\boldsymbol{u} \times \boldsymbol{B})$ auf bewegte Ladungen. Sie stehen sowohl senkrecht auf der Geschwindigkeit $\boldsymbol{u}$ als auch auf der Flussdichte $\boldsymbol{B}$. In den beiden linken Teilbildern haben die Ladungen entgegengesetzter Vorzeichen die gleiche Laufrichtung (wie z. B. in den Abb. 141 bis 143a), im rechten Teilbild aber einander entgegengesetzte Laufrichtungen (wie z. B. im Leitungsstrom in Abb. 7b). Im allgemeinen Fall stehen $\boldsymbol{u}$ und $\boldsymbol{B}$ nicht senkrecht aufeinander.

Leider können wir diese Gl. (114) im Schauversuch nicht mit einem mechanisch bewegten, makroskopischen Elektrizitätsträger nachprüfen, etwa einer geladenen Seifenblase. Man kann für solche groben Träger das Produkt Qu nicht groß genug machen.[K1] Doch können wir Gl. (114) und ihre in Abb. 162 dargestellte Aussage in anderer Weise mit der Erfahrung vergleichen.

K1. Diese Schwierigkeit wird mit einem Elektronenstrahl vermieden, wie hier in der Abbildung gezeigt (Fotografie: K. Lechner, IWF Göttingen):

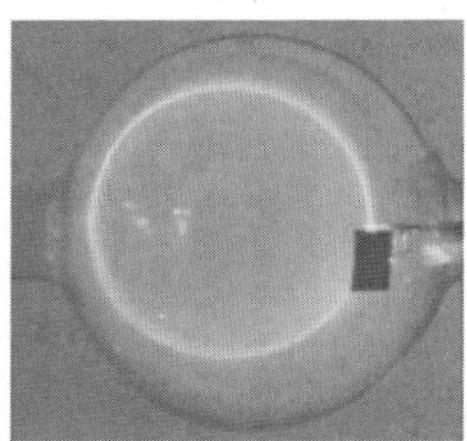

In einem Glaskolben, der Wasserstoff mit einem Druck von $p = 1$ Pa enthält (Fa. Leybold/Köln), wird ein Elektronenstrahl (Beschleunigungsspannung ca. 200 V, Bahngeschwindigkeit u ca. 10^7 m/s) in einem senkrecht zur Papierebene gerichteten Magnetfeld (HELMHOLTZ-Spule, B ca. $8 \cdot 10^{-4}$ Tesla, Richtung auf den Beschauer zu) auf eine Kreisbahn gelenkt (Drehsinn gegen den Uhrzeiger, $r = 6 \cdot 10^{-2}$ m). Die LORENTZ-Kraft ist also an jedem Ort der Bahn konstant und senkrecht zur Bahngeschwindigkeit zum Kreiszentrum hin gerichtet. — Die Frequenz, mit der die Elektronen ihre Kreisbahn durchlaufen, die sogenannte Zyklotronfrequenz, ist durch $\nu = QB/2\pi m$ ($m = 9{,}11 \cdot 10^{-31}$ kg, Elektronenmasse) gegeben, unabhängig von der Geschwindigkeit u. (Aufg. 39)

Nach § 42 (ROWLAND-Versuch) ist die sichtbare Bewegung eines Elektrizitätsträgers mit der unsichtbaren Bewegung elektrischer Ladungen im Inneren von Leitern gleichwertig. Der Beobachter kann eine der beiden im Leiter der Länge l vorhandenen Ladungen Q oder $-Q$ als ruhendes Bezugssystem benutzen. In ihm hat nur die andere eine Geschwindigkeit u. Es gilt quantitativ

$$Qu = I\,l\,. \tag{73}$$

Diese Betragsgleichung setzen wir in Gl. (114) ein und erhalten als Kraft auf ein vom Strom I durchflossenes, zu B senkrecht gerichtetes Leiterstück der Länge l

$$F = IB\,l\,. \tag{126}$$

Zur Prüfung dieser Gleichung benutzen wir in Abb. 163 einen horizontalen geraden Leiter im homogenen Magnetfeld eines Elektromagneten, so dass der Leiter senkrecht zu B gerichtet ist. Er bildet mit seinen beiden starren Zuleitungen ein Trapez und hängt an einem

K. Lüders, R. O. Pohl (Hrsg.), *Pohls Einführung in die Physik*
DOI 10.1007/978-3-642-01628-8, © Springer 2010

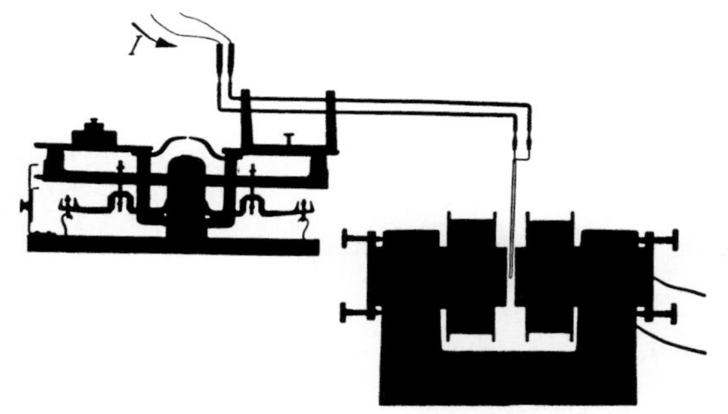

Abb. 163. Ein horizontaler stromdurchflossener Leiter senkrecht zu einem homogenen Magnetfeld eines Elektromagneten. Der Leiter erscheint perspektivisch stark verkürzt. Zahlenbeispiel: $I = 15\,\text{A}$; $l = 5 \cdot 10^{-2}\,\text{m}$; $B = 1{,}5\,\text{Vs/m}^2$; $F = 1{,}5\,\text{Vs/m}^2 \cdot 15\,\text{A} \cdot 5 \cdot 10^{-2}\,\text{m} = 1{,}13\,\text{Ws/m} = 1{,}13\,\text{Nm/m} = 1{,}13\,\text{N}$.

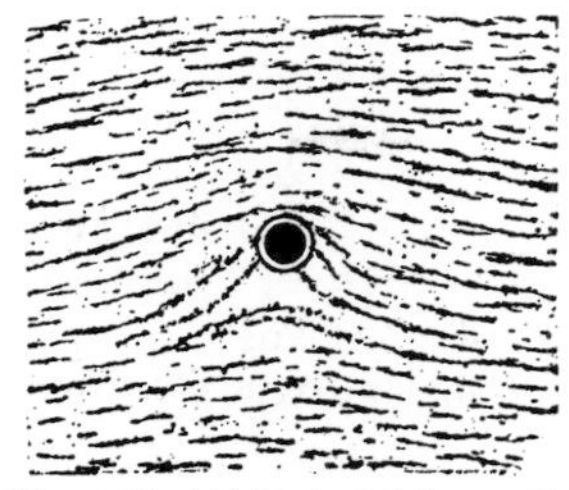

Abb. 164. Feldlinienbild zu Abb. 163. Der Leiter steht senkrecht zur Papierebene.[K2]

K2. Man vergleiche das Feldlinienbild der Abb. 164 mit dem elektrischen Feldlinienbild der Abb. 102. Ganz analog zum elektrischen Fall wird die Kraft durch das Magnetfeld der einen Stromverteilung (hier: des Magneten) und den Strom durch den anderen Leiter bestimmt (siehe Gl. 126).

Kraftmesser (Waage). Ein Zahlenbeispiel findet sich in der Bildunterschrift der Abb. 163. Das Feldlinienbild zeigt Abb. 164.

§ 61. Kräfte zwischen zwei parallelen Strömen.

Als Anwendungsbeispiel für Gl. (126) berechnen wir die Kräfte zwischen zwei parallelen, von den Strömen I_1 und I_2 durchflossenen Leitern der Länge l im Abstand r (Abb. 9). Der Strom I_1 erzeugt im Abstand r

$$\text{die Feldstärke} \quad H = \frac{1}{2\pi}\frac{I_1}{r} \qquad \text{Gl. (97) v. S. 84}$$

und

$$\text{die Flussdichte} \quad B = \frac{\mu_0}{2\pi}\frac{I_1}{r}\,. \tag{127}$$

Die Gln. (126) und (127) zusammengefasst ergeben für die Anziehung bei gleicher Stromrichtung und Abstoßung bei einander entgegengesetzter Stromrichtung

$$F = \frac{\mu_0}{2\pi}\frac{I_1 I_2 l}{r}\,. \tag{128}$$

Zahlenbeispiel: $I = 100\,\text{A}$; $l = 0{,}5\,\text{m}$; $r = 1\,\text{cm}$; $\mu_0 = 4\pi \cdot 10^{-7}\,\text{Vs/Am}$; $F = 10^{-1}$ Newton.

Wir wenden Gl. (128) auf einen *Sonderfall* an: Wir denken uns beide Ströme von zwei gleichen, nebeneinander fliegenden Reihen von Ladungen gebildet (Abb. 165) (elektrische Korpuskularstrahlen, lineare Ladungsdichte Q/l). *Es soll also im Gegensatz zu den Leitungsströmen in Metallen usw. die gleich große Anzahl von Elektrizitätsatomen des anderen Vorzeichens fehlen.* Infolgedessen tritt zwischen den beiden Reihen außer der magnetischen Anziehung F_{magn} eine elektrische Abstoßung F_{el} senkrecht zur Flugrichtung auf.

Für die *magnetische Anziehung* erhalten wir durch Zusammenfassung der Gln. (128) und (73) von S. 66[K3]

$$F_{\text{magn}} = \frac{\mu_0}{2\pi}\frac{Q^2 u^2}{lr}\,. \tag{129}$$

K3. Durch die LORENTZ-Kontraktion (§ 58) werden die Kräfte in Gl. (129) und (130) für den ruhenden Beobachter mit zunehmender Geschwindigkeit u zwar größer; da es hier aber nur um das Verhältnis der beiden Kräfte geht, spielt dies hier keine Rolle.

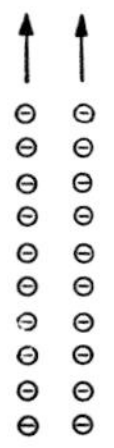

Abb. 165. Zwei parallel zueinander fliegende Reihen von Ladungen gleichen Vorzeichens

Für die elektrische Abstoßung ergibt sich

$$F_{\mathrm{el}} = \frac{1}{2\pi\varepsilon_0}\frac{Q^2}{lr}\,. \tag{130}$$

Herleitung: Die linke Ladungskette erzeugt im Abstand r auf einem Zylindermantel die Verschiebungsdichte $D = \frac{Q}{2\pi rl}$, also die Feldstärke $E = \frac{1}{2\pi\varepsilon_0}\frac{Q}{rl}$. Diese wirkt nach Gl. (44) auf die rechts befindliche Ladungskette mit der Kraft

$$F_{\mathrm{el}} = QE = \frac{1}{2\pi\varepsilon_0}\frac{Q^2}{rl}\,.$$

Die Zusammenfassung der Gln. (129) und (130) ergibt

$$\frac{F_{\mathrm{magn}}}{F_{\mathrm{el}}} = \varepsilon_0\mu_0 u^2\,. \tag{131}$$

In dieser Gleichung muss das Produkt $\varepsilon_0\mu_0 u^2$ eine reine Zahl sein; es soll ja das Verhältnis zweier Kräfte angeben. Folglich muss $1/\sqrt{\varepsilon_0\,\mu_0}$ eine Geschwindigkeit bedeuten. Die Rechnung ergibt

$$\frac{1}{\sqrt{8{,}859\cdot 10^{-12}\,\frac{\mathrm{As}}{\mathrm{Vm}}\cdot 4\pi\cdot 10^{-7}\,\frac{\mathrm{Vs}}{\mathrm{Am}}}} = 2{,}998\cdot 10^8\,\frac{\mathrm{m}}{\mathrm{sec}}\,.$$

Diese Geschwindigkeit[1] ist ebenso groß wie die Lichtgeschwindigkeit c. Es gilt also als experimentelles Resultat

$$\frac{1}{\sqrt{\varepsilon_0\mu_0}} = c\,. \tag{132}$$

Dabei handelt es sich nicht um eine zufällige Übereinstimmung, sondern um eine fundamentale Verknüpfung der Lichtgeschwindigkeit mit elektrischen Vorgängen. Das hat als erster J. C. MAXWELL 1862 in seiner vollen Tragweite erkannt: Er konnte die Lichtwellen als kurze (damals experimentell noch gar nicht bekannte!) elektromagnetische Wellen deuten.

Einsetzen von Gl. (132) in (131) ergibt

$$F_{\mathrm{magn}} = F_{\mathrm{el}}u^2/c^2\,. \tag{133}$$

In Worten: Bei gleichen geometrischen Bedingungen sind die von bewegten elektrischen Ladungen *magnetisch* erzeugten Kräfte um den Faktor u^2/c^2 kleiner als die von den gleichen Ladungen in Ruhe *elektrisch* erzeugten Kräfte. — Diese Aussage soll anhand der Abb. 166 erläutert werden:

---

[1] W. WEBER und R. KOHLRAUSCH hatten 1856 diese Geschwindigkeit nur als eine „kritische" beschrieben, die magnetisch erzeugte Kräfte ebenso groß machen könnte wie elektrisch erzeugte Kräfte.

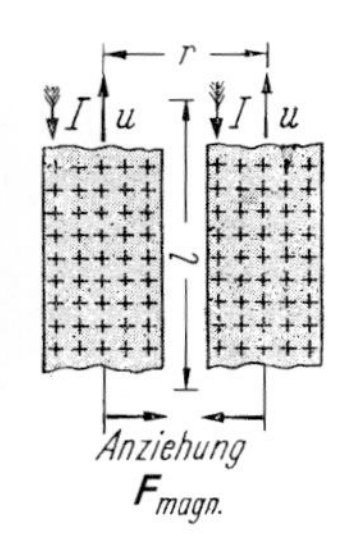

Abb. 166. Zahlenbeispiel zur Erläuterung der Gl. (133): Zwei parallele Cu-Drähte von $l = 1$ m Länge und 1 mm² Querschnittsfläche im Abstand $r = 0,1$ m werden von einem Strom $I = 6$ A durchflossen. Nach der Fußnote (siehe unten) entsteht I durch eine negative Ladung $Q = 1,36 \cdot 10^4$ As, die mit der Geschwindigkeit $u = 0,44$ mm/sec wandert. Es ist also $(u/c)^2 = 2,16 \cdot 10^{-24}$. — Der rechts fließende Strom erzeugt am Ort des linken ein Magnetfeld mit $B = 1,2 \cdot 10^{-5}$ Vs/m² (Gl. 127). Es lässt an Q die Kraft $F_{magn} = QuB = 7,23 \cdot 10^{-5}$ Newton angreifen. — Nach Gl. (130) würden sich die wanderfähigen negativen Ladungen Q allein (d. h. ohne Anwesenheit der gleich großen positiven Ladungen) mit der Kraft $F_{el} = 3,34 \cdot 10^{19}$ Newton abstoßen. Es ist also $F_{magn}/F_{el} = 2,16 \cdot 10^{-24} = (u/c)^2$.

K4. Zur Herleitung betrachte man Abb. 161 und vor allem Gl. (123) auf S. 92. In ihr ist u die Geschwindigkeit, mit der sich S' gegen S bewegt. Um den Vergleich mit Abb. 166 anzustellen, setze man $u = u_e$. Dann wird Gl. (123)

$$D'_{mag} = \gamma \frac{Nq}{ll^*} \cdot \frac{u^2}{c^2} \,.$$

Der Index „mag" soll anzeigen, dass diese Verschiebungsdichte durch die Bewegung entstand, also nach Gl. (125) proportional zu B und u ist. Der Term $\gamma Nq/ll^*$ ist die Verschiebungsdichte D'_{el}, die durch die gesamte Ladung eines Vorzeichens in einer Seite der Feldspule erzeugt wird, wiederum im System S' beobachtet. Da die Verschiebungsdichte proportional zur Kraft auf eine Ladung ist, folgt aus der obigen Gleichung sofort Gl. (133).

Abb. 166 zeigt schematisch zwei stromführende Leitungsdrähte. Durch das Maschenwerk feststehender positiver Ladungen laufen die als graue Wolken skizzierten wanderfähigen negativen mit Geschwindigkeiten, die normalerweise nicht 0,5 mm/sec erreichen[1]. Folglich ist $(u/c)^2$ ein winziger Bruch der Größenordnung 10^{-24}! Bei Abwesenheit der positiven Ladungen würden sich die beiden Wolken der negativen Ladungen gegenseitig mit der Kraft F_{el} *abstoßen*. Das von ihnen bei der Wanderung erzeugte Magnetfeld würde aber zwischen ihnen nur eine anziehende Kraft $F_{magn} \approx 10^{-24} F_{el}$ entstehen lassen.

Aus diesem Grund besagt Gl. (133): Die magnetische Erzeugung von Kräften durch elektrische Ströme ist zwar für die Elektrotechnik von eminenter Bedeutung; physikalisch aber gehört sie zu den *„Effekten zweiter Ordnung"* oder *„relativistischen Effekten"*: Sie ist eine Folge der LORENTZ-Kontraktion der Relativitätstheorie.[K4]

§ 62. Regel von LENZ. Wirbelströme.

Durch Induktionsvorgänge entstehen elektrische Felder, Ströme und Kräfte. Ihre Richtungsvorzeichen bestimmt man nach einer von H. F. E. LENZ (1834) aufgestellten Regel:

Die durch Induktionsvorgänge entstehenden elektrischen Felder, Ströme und Kräfte behindern stets den die Induktion einleitenden Vorgang. Das ist eine Folgerung aus dem Energieerhaltungssatz. Bei umgekehrtem Vorzeichen würde ein die Induktion einleitender Vorgang ins Unermessliche wachsen und Energie aus dem Nichts erzeugen. Beispiele: (s. auch **Videofilm 10**)

Videofilm 10: **„LENZ'sche Regel"** Der Film zeigt einen eindrucksvollen Schauversuch zur LENZ'schen Regel aus der Sammlung der Physik in der Cornell-Universität. (Man bemerke auch die Wackelschwingung, die der Aluminium-Ring am Ende des Films ausführt (s. Videofilm 60 in Bd. 1).)

1. In Abb. 136, S. 71, konnten wir die Induktion durch ein Anwachsen des Magnetfeldes hervorrufen. Nach der LENZ'schen Regel muss ein in der Induktionsspule entstehender Strom das Anwachsen des Magnetfeldes behindern. Er muss also in entgegengesetzter Richtung wie der Feldspulenstrom fließen.

---

[1] Die Kupferdrähte unserer üblichen elektrischen Leitungen dürfen normalerweise nur mit einer Stromdichte von 6 A/mm² belastet werden. Ein Kupferdraht von 1 mm² Querschnittsfläche und 1 m Länge hat die Masse $m = 8,95 \cdot 10^{-3}$ Kilogramm, also eine Stoffmenge von $1,4 \cdot 10^{-4}$ Kilomol (Bd. 1, § 143). Er besteht aus Kupferionen, die je eine positive elektrische Elementarladung tragen. Dabei ist für die Ionen der Quotient, die FARADAY-Konstante

$$\frac{\text{Ladung } Q}{\text{Stoffmenge } n} = 9,65 \cdot 10^7 \frac{\text{As}}{\text{Kilomol}} \,.$$

Der Kupferdraht enthält also die positive Ionenladung $Q = 1,36 \cdot 10^4$ As. Ebenso groß ist die wanderfähige negative Ladung Q in den Maschen des Ionengitters. Einsetzen dieser Ladung in Gl. (73) von S. 66 ergibt

$$u = \frac{Il}{Q} = \frac{6\,\text{A} \cdot 1\,\text{m}}{1,36 \cdot 10^4\,\text{As}} = 4,4 \cdot 10^{-4} \frac{\text{m}}{\text{sec}} = 0,44 \frac{\text{mm}}{\text{sec}} \,.$$

2. In Abb. 167 hängt ein Al-Ring als Induktionsspule pendelnd zwischen den kegelförmigen Polen eines Hufeisenmagneten. Wir ziehen den Magneten auf seiner Führungsschiene zur Seite. Der Ring folgt dem Magneten. Die Trennung, die Ursache des Induktionsvorganges, wird behindert.

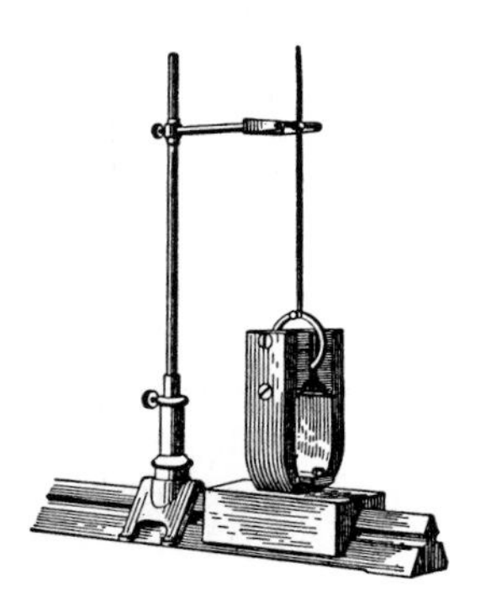

Abb. 167. Eine ringförmige „Induktionsspule" hängt pendelnd zwischen den Polen eines auf einer Schiene verschiebbaren Hufeisenmagneten

3. Wir kehren den Versuch um, d. h., wir nähern den Magneten dem Ring und versuchen, den Ring ins Gebiet des zentralen, stärksten Feldes zu bringen. Jetzt weicht der Ring vor dem anrückenden Magneten zurück. Die Annäherung, die Ursache der Induktion, wird behindert.

4. In den Fällen 2 und 3 kann man das Loch im Ring beliebig klein machen. Dann entartet der Ring zu einer massiven Blechscheibe. Die in diesem Blech induzierten Ströme nennt man *Wirbelströme.*

Man bringe eine Silbermünze in das *inhomogene* Magnetfeld eines größeren Elektromagneten (Abb. 168). Dann fällt sie nicht mit der in Luft üblichen Beschleunigung. Sie sinkt ganz langsam wie in einer klebrigen Flüssigkeit zu Boden. So sehr behindert der Induktionsvorgang seine Ursache, d. h. hier die Fallbewegung.[K5]

K5. Moderne Münzen aus Legierungen haben geringere elektrische Leitfähigkeiten. Dadurch sind die induzierten Ströme kleiner, und damit auch die den Fall behindernden Kräfte.

Abb. 168. Wirbelströme bremsen den Fall einer Silbermünze im inhomogenen Magnetfeld **(Videofilm 11)**

Videofilm 11:
„Wirbelstrombremse" Eine runde Al-Scheibe wird möglichst zentral im Bereich des größten Feldes (und damit auch des größten Feldgradienten) losgelassen. Durch Kühlung auf die Temperatur des flüssigen Stickstoffs (77 K) wird die elektrische Leitfähigkeit stark erhöht und damit auch die Bremsung. Schließlich wird eine lange Al-Scheibe durch das Feld gezerrt, um die erstaunlich großen Kräfte zu demonstrieren, die mit der Geschwindigkeit stark anwachsen.

5. Wir ersetzen die geradlinige Bewegung durch eine Drehung. Wir drehen in Abb. 169 einen Hufeisenmagneten um seine Längsachse und erhalten so ein „sich drehendes Magnetfeld": In dies *magnetische Drehfeld* bringen wir eine drehbar gelagerte „Induktionsspule", und zwar einen einfachen rechteckigen Metallrahmen. Der Rahmen folgt der Drehung des Feldes. Die Winkelverdrehung zwischen Feld und Rahmen, die Ursache des Induktionsvorganges, wird behindert. Bald läuft der Rahmen fast so schnell wie das Drehfeld. Genauso rasch kann er nicht laufen. Sonst fiele ja die Feldänderung innerhalb der Rahmenfläche fort und damit auch die Induktion. Man nennt den prozentualen Geschwindigkeitsunterschied zwischen Spule und Drehfeld den *Schlupf.* — Bei der technischen Ausnutzung dieses Versuches wird der einfache rechteckige Rahmen durch einen metallischen Käfig (Abb. 169c) ersetzt. Man spricht dann von einem Induktions- oder Kurzschlussläufer (siehe Abb. 207).

6. Im vierten Versuch lernten wir die Wirbelströme kennen. Dabei wurde ein *inhomogenes* Magnetfeld durch eine begrenzte Metallplatte hindurch bewegt. Es änderte sich das die Platte durchsetzende Magnetfeld.

Wirbelströme können jedoch auch ohne Änderung der geometrischen Lagebeziehungen entstehen. Wir sehen in Abb. 170 eine kreisförmige Aluminiumscheibe in das *inhomogene* Magnetfeld eines Elektromagneten eintauchen. Die Achse der Kreisscheibe liegt weit hinter der Zeichenebene. Die Scheibe lässt sich nur sehr schwer drehen, man spürt einen zähen Widerstand von überraschender Größe. Die Induktion der Wirbelströme behindert ihre Ursache, die Scheibendrehung.

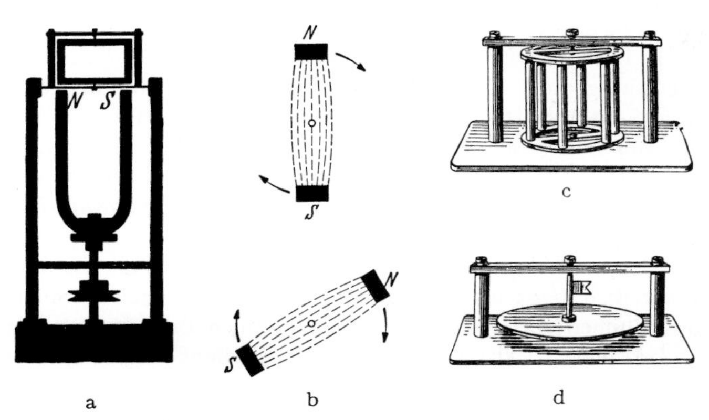

Abb. 169. Magnetisches Drehfeld mit verschiedenen „Induktionsläufern". b: zeigt schematisch das mit dem Apparat a hergestellte magnetische Drehfeld in zwei um 60° getrennten Stellungen. Die kleinen Kreise markieren für den senkrecht von oben blickenden Beschauer die Drehachse des Hufeisenmagneten und der magnetischen Feldlinien zwischen seinen umlaufenden Polen *SN*. c und d: zwei Läufer, die statt des rechteckigen Läufers oberhalb des drehbaren Magneten eingesetzt werden können. Die Anwendung des Läufers d ist eine Umkehr des in Abb. 170 folgenden Versuches. **(Videofilm 12)**

Videofilm 12:
„Induktionsläufer" Das Prinzip des Drehfeldmotors wird mit einer Anordnung vorgeführt, wie sie in Abb. 169a im Schattenriss gezeigt ist.

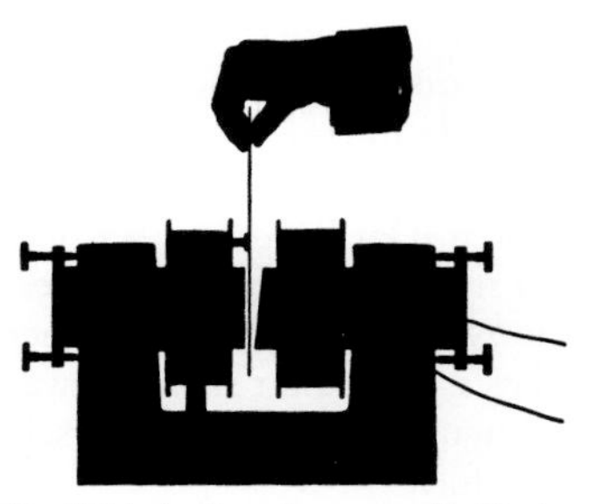

Abb. 170. Wirbelströme bremsen die Drehung einer Kreisscheibe aus Aluminium. Die Achse liegt weit hinter der Papierebene. Die Stirnflächen der Magnetpole können auch parallel zueinander stehen, doch sind dann nur die inhomogenen Randgebiete des Feldes wirksam. (siehe auch **Videofilm 11**)

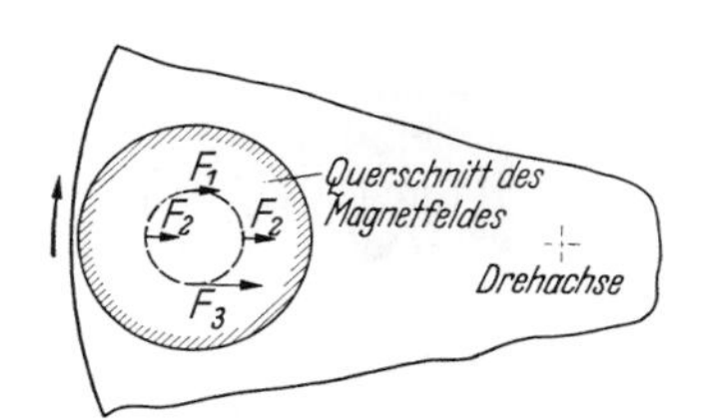

Abb. 171. Zur Entstehung der Wirbelströme in der bewegten Kreischeibe in Abb. 170. ***B*** senkrecht zur Papierebene in Blickrichtung.

Die Entstehung dieser Wirbelströme deutet man am besten als Induktion in bewegten Leitern. Wir zeichnen in Abb. 171 den Querschnitt des Magnetfeldes und ein Stück der Kreisscheibe. Dabei legen wir der Einfachheit halber die Achse der Kreisscheibe in die halbe Höhe des Magnetfeldes. Dann zeichnen wir gestrichelt einen kleinen Kreis, er soll eine geschlossene Reihe von Elektronen in der Metallscheibe andeuten. Alle Elektronen nehmen an der Scheibendrehung teil. Folglich werden sie senkrecht zu den Feldlinien bewegt, und dadurch entstehen die mit Pfeilen angedeuteten LORENTZ-Kräfte $\boldsymbol{F} = Q(\boldsymbol{u} \times \boldsymbol{B})$ (§ 60). Die Flussdichte $\boldsymbol{B}$ des Feldes ist unten größer als oben. F_3 ist größer als F_1, und dadurch entsteht eine Kreisbewegung der Elektronen gegen den Uhrzeiger. Außerdem verschieben die Kräfte F_2 die ganze Strombahn nach rechts. Beide Bewegungen überlagern sich und ergeben als Bahn der Wirbelströme Zykloiden.

§ 63. Dämpfung von Drehspulmessgeräten. Kriechgalvanometer. Magnetischer Fluss bei verschiedenem Eisenschluss. Wir knüpfen an den zweiten Versuch des vorigen Paragraphen an. Dort war in Abb. 167 ein Metallring als Pendel in ein Magnetfeld gehängt. Zu Schwingungen angestoßen, kommt das Pendel nach wenigen Hin- und Hergängen zur Ruhe. Die bei der Induktion auftretenden Kräfte behindern die Schwingungen (LENZ'sche Regel). Diese *Induktionsdämpfung* wird praktisch viel zur Unterdrückung lästiger Schwingungen ausgenutzt. Oft wird sie als „ Wirbelstromdämpfung" ausgeführt. Man denke sich den Ring in Abb. 167 durch eine Metallscheibe ersetzt.

Die *Induktionsdämpfung* ist vor allem beim Bau zahlreicher Messinstrumente unentbehrlich. Man verhindert mit ihr das störende und zeitraubende Pendeln der Zeiger vor ihrer endgültigen Einstellung. Man kann praktisch immer die *gerade aperiodische*[1] Zeigereinstellung erreichen.

Als einziges Beispiel bringen wir die *Induktionsdämpfung des Drehspulstrommessers* (Abb. 19). Sie setzt sich meist aus zwei Anteilen zusammen: Erstens benutzt man als Träger der Spulenwindungen einen rechteckigen Metallrahmen. Er wirkt, sinngemäß auf Drehschwingungen übertragen, wie der Ring in Abb. 167. Zweitens kann die Drehspule selbst als metallisch geschlossene Induktionsspule wirken. Man benutzt das Instrument in irgendwelchen Stromkreisen. Dabei kann man im Bedarfsfall immer eine leitende Verbindung zwischen den Enden der Drehspule herstellen. Der Widerstand dieser leitenden Verbindung (in Abb. 35 z. B. rund 10^6 Ohm) heißt der „äußere Widerstand". Durch passende Wahl seiner Größe sorgen geübte Beobachter stets für eine gerade aperiodische Zeigereinstellung.

Bei zu großer Dämpfung *kriecht* der Zeiger. Er erreicht seine Einstellung zwar aperiodisch, aber sehr langsam. Langsames Kriechen macht ein Drehspulinstrument zur Messung von Strömen und Spannungen unbrauchbar. Hingegen leistet ein *Kriechgalvanometer* bei der Messung von „Stromstößen" ($\int I\,dt$) und „Spannungsstößen" ($\int U\,dt$) große Dienste: Es *summiert* während längerer Beobachtungszeiten automatisch eine Reihe aufeinanderfolgender Stöße.[K6] Eine mechanische Analogie wird das klarmachen:

K6. Dies war auch das Prinzip der Wirkungsweise des ersten Telegraphen für größere Entfernungen. C. F. GAUß und W. WEBER stellten 1833 über eine Entfernung von ca. 1 km zwischen der Göttinger Sternwarte und dem Physikalischen Kabinett eine telegraphische Verbindung her. Positive und negative Spannungspulse ließen einen Lichtzeiger in der einen oder der entgegengesetzten Richtung eine kleine Verrückung machen. (Das Gerät ist heute noch in der historischen Sammlung des 1. Physikalischen Instituts der Göttinger Universität zu sehen.)

In Abb. 172 taucht ein Schwerependel mit einem Ende in eine sehr zähe Flüssigkeit, etwa Honig. Dadurch wird seine Bewegung stark gedämpft. Wir lassen mit einem Hammerschlag einen Kraftstoß ($\int \boldsymbol{F}dt$) auf das Pendel wirken. Das Pendel schlägt mit einem Ruck aus und bleibt dann praktisch stehen: Infolge der starken Dämpfung kann es erst im Lauf vieler Minuten zum Nullpunkt zurückkehren. Ein zweiter Kraftstoß (Hammerschlag) trifft also das Pendel am Endpunkt des ersten Ausschlages. So addiert sich der zweite Ausschlag zum ersten. Ein Kraftstoß aus der entgegengesetzten Richtung (Hammerschlag von links) wird in entsprechender Weise subtrahiert. Und so fort.

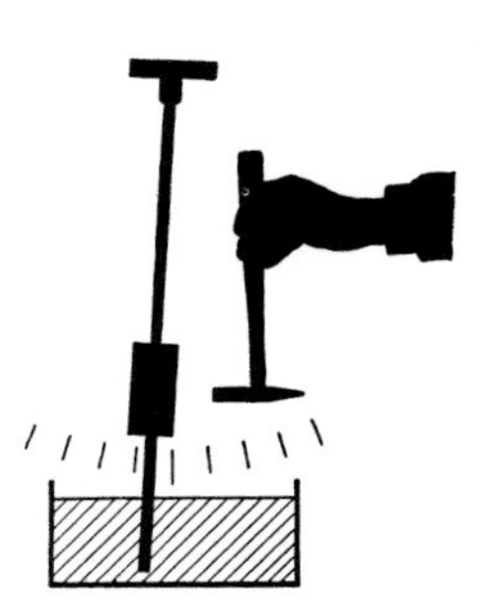

Abb. 172. Zur Wirkungsweise des Kriechgalvanometers

Kriechgalvanometer wurden früher in der Messtechnik hauptsächlich zur Messung von Spannungsstößen benutzt. Man eicht sie also gemäß Abb. 134 von S. 70 z. B. in Volt-

[1] Das heißt noch nicht eine „kriechende", siehe unten!

sekunden. Als Beispiel für die Anwendung des Kriechgalvanometers untersuchen wir den Einfluss des Eisens auf den magnetischen Fluss Φ einer stromdurchflossenen Spule (siehe auch Abb. 128). Die Spule wird in Abb. 173 von einer improvisierten Induktionsschleife umfasst. Der Galvanometerzeiger steht auf dem Nullpunkt der Skala (Skizze unten in Abb. 173). Jetzt kommen die Versuche:

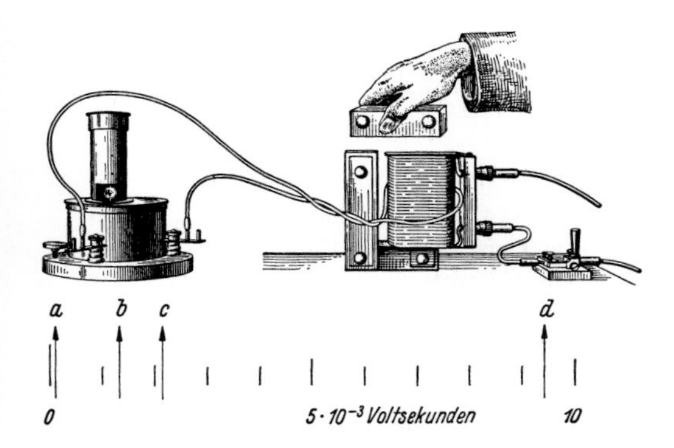

Abb. 173. Änderung des magnetischen Flusses durch „Eisenschluss". Messung des Flusses mit einem Kriechgalvanometer. Gleiches Instrument wie in Abb. 73, 75 usw., nur durch den kleinen „äußeren Widerstand" der Induktionsschleife sehr stark gedämpft. Querschnittsfläche des Eisenkerns rund $50\,\mathrm{cm}^2$. Zur Vergrößerung der Ausschläge kann man anstelle der einen Induktionsschleife einige Windungen benutzen.

1. Der Spulenstrom (etwa 3 Ampere) wird eingeschaltet. Der Galvanometerzeiger verschiebt sich in die Stellung a. Sie bedeutet 10^{-4} Voltsekunden. Es ist der magnetische Fluss Φ der leeren Spule.

2. Wir stülpen die Spule über den einen Schenkel des U-förmigen Eisenkernes. Der Zeiger geht in die Stellung b, der Fluss Φ ist auf $1{,}3 \cdot 10^{-3}$ Voltsekunden gestiegen.

3. Wir nähern dem Eisenkern schrittweise ein eisernes Schlussjoch und legen es schließlich fest auf. Der Zeiger rückt schrittweise zur Stellung d, der Fluss Φ hat den Wert von $9{,}4 \cdot 10^{-3}$ Voltsekunden erreicht.

4. Wir unterbrechen den Strom, der Galvanometerzeiger geht nach c, die „remanente" Magnetisierung des Eisens hat einen magnetischen Fluss von $2{,}2 \cdot 10^{-3}$ Voltsekunden. Schließlich entfernen wir Schlussjoch und Eisenkern. Dabei geht der Zeiger auf den Nullpunkt zurück. Die strom- und eisenfreie Spule ist wieder frei von magnetischem Fluss.

Eine qualitative Deutung ist mit dem primitiven Bild der Molekularströme (§ 43) unschwer zu geben. Das Magnetfeld der Spule richtet die Magnetfelder der Molekularströme im Eisen zu sich selbst parallel. So addieren sich die unsichtbaren Stromwindungen zu den sichtbaren, und dadurch wird die magnetische Flussdichte $\boldsymbol{B}$ stark erhöht. — Quantitativ werden diese Dinge erst in Kap. XIV (§ 118, Ferromagnetismus) behandelt. Für die nächsten Kapitel genügt die oben gewonnene Erfahrung: *Der magnetische Fluss Φ einer stromdurchflossenen Spule lässt sich durch einen Eisenkern auf rund das 100fache erhöhen. Außerdem kann man ihn durch Änderung des Eisenschlusses bequem verändern.*

§ 64. Das magnetische Moment $\boldsymbol{m}$. Der einfachste und bequemste Indikator für ein magnetisches Feld ist sicher die Kompassnadel. Das Magnetfeld übt auf einen passend gelagerten Stabmagneten ein mechanisches Drehmoment $\boldsymbol{M}_{\mathrm{mech}}$ aus. Dabei lässt sich der Stabmagnet auch durch eine stromdurchflossene Spule ersetzen, z. B. in Abb. 10. Wie entsteht dies Drehmoment, wie ist es quantitativ zu behandeln? Das beantworten wir zunächst für den Fall einer stromdurchflossenen Spule. Dabei sollen die Windungsebenen parallel zur Feldrichtung stehen, wie in Abb. 174 gezeigt. Statt der ganzen Spule ist nur eine einzige Windung gezeigt, und zwar der Einfachheit halber von rechteckiger Querschnittsfläche. Von den vier Seiten der Spule sind zwei, nämlich die beiden vertikalen, senkrecht und die zwei anderen parallel zum Feld gerichtet. Folglich wirkt auf jede der ersteren die Kraft

$F = BIl$. Beide Kräfte greifen am Hebelarm r an und erzeugen in dieser Anordnung das Drehmoment[K7]

$$M_{\text{mech}} = B\,I\,l\,2r = B\,I\,A \tag{134}$$

(A = Windungsfläche, unabhängig von der Gestalt, d. h. ob rechteckig, kreisrund usw.).

K7. Um Verwechslungen mit der Magnetisierung M (Kap. XIV) zu vermeiden, erhält das mechanische Drehmoment M, wie auch schon in § 38, den Index „mech". Für viele der in diesem Paragraphen folgenden Gleichungen genügen Betragsformulierungen. Die Richtungen gehen jeweils aus den Abbildungen hervor.

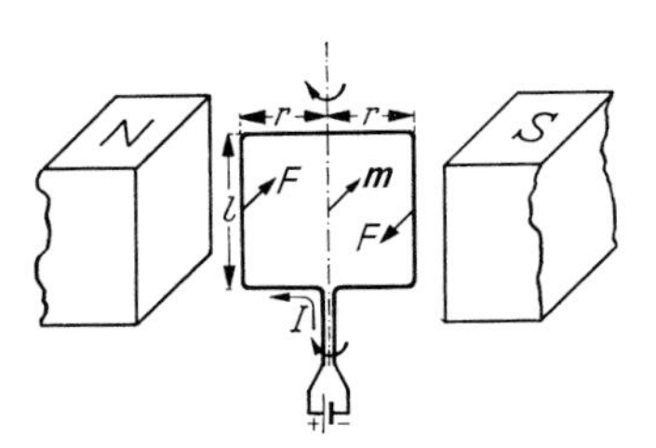

Abb. 174. Zur Entstehung des magnetischen Momentes. Der Strom I hat die konventionelle Richtung.

Jetzt führen wir als einen neuen Begriff das magnetische Moment ein. Wir definieren es durch die Gleichung

$$\boldsymbol{m} = I\,\boldsymbol{A} \tag{135}$$

(Einheit: $\mathrm{A} \cdot \mathrm{m}^2$).

Das magnetische Moment $\boldsymbol{m}$ ist als Vektor darzustellen; seine Richtung steht senkrecht auf der Fläche der Strombahn, also parallel zum Flächenvektor $\boldsymbol{A}$, der die Orientierung und Größe der Strombahn angibt. Dabei sieht ein in Richtung von $\boldsymbol{A}$ blickender Beobachter den Strom I im Uhrzeigersinn fließen. Dann kann man schreiben

$$\text{Drehmoment}\,\boldsymbol{M}_{\text{mech}} = \text{magn. Moment}\,\boldsymbol{m} \times \text{magn. Flussdichte}\,\boldsymbol{B} \tag{136}$$

(z. B.: M_{mech} in Newtonmeter, m in $\mathrm{A} \cdot \mathrm{m}^2$, B in $\mathrm{Vs/m^2}$).

Das Vektorprodukt beschreibt das Drehmoment für jede Orientierung von $\boldsymbol{m}$ relativ zu $\boldsymbol{B}$. In Gl. (136) entspricht der Vektor $\boldsymbol{B}$ dem Vektor $\boldsymbol{E}$ bei der analogen Gl. (64) für das elektrische Feld.

Meist hat man statt *einer* rechteckigen Windung Spulen aus vielen Windungen beliebiger Gestalt (gestreckt oder gedrungen, Querschnittsfläche A konstant wie in Zylinderspulen, oder verschieden wie in mehrlagigen Spulen, vor allem in Flachspulen). Für diesen Fall erinnern wir zum zweiten Mal an einen Versuch aus der Mechanik. In Abb. 110 war ein Stab (Vektor $\boldsymbol{S}$) am Ende einer Speiche R gelagert. Der Stab erfuhr durch das Kräftepaar $\boldsymbol{F}$, $-\boldsymbol{F}$ ein Drehmoment $\boldsymbol{S} \times \boldsymbol{F}$. Die Länge der Speiche R war dabei ganz gleichgültig.

Demgemäß dürfen wir für eine Spule die Drehmomente ihrer einzelnen Windungen, unabhängig von ihrem Abstand von der gemeinsamen Achse, einfach *addieren*, also ganz analog zum elektrischen Dipolmoment in § 38. Wir erhalten das gesamte Drehmoment

$$\boldsymbol{M}_{\text{mech}} = I\left(\sum \boldsymbol{A}_{\text{i}}\right) \times \boldsymbol{B}\,. \tag{137}$$

Für die gut ausmessbaren Zylinderspulen von wenigen Lagen haben alle N Windungen praktisch die gleiche Fläche A und die gleiche Orientierung. Daher ist ihr magnetisches Moment

$$\boldsymbol{m} = I\,N\,\boldsymbol{A}\,. \tag{138}$$

Zwei Beispiele magnetischer Momente von Spulen sind in Abb. 175 gezeigt.

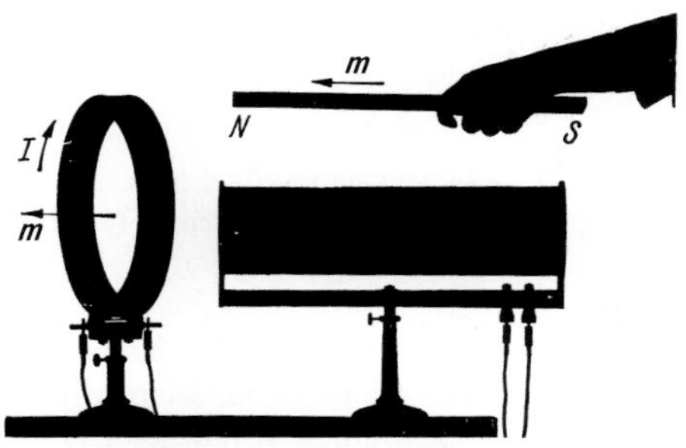

Abb. 175. Stabmagnet und zwei eisenfreie Spulen von gleichem magnetischem Moment mit dem Betrag $m \approx 34\,\text{A}\cdot\text{m}^2$. Die gestreckte Spule hat einen Durchmesser von 10,6 cm und 4 300 Windungen, die flache 25,4 cm Durchmesser und 730 Windungen. Strom $\approx 0{,}9$ Ampere. Die geraden Pfeile geben die Richtung der drei gleichen magnetischen Momente $\boldsymbol{m}$ an und außerdem die Richtung der magnetischen Flussdichte $\boldsymbol{B}$ in der Mitte der flachen Spule. In die Richtung von $\boldsymbol{m}$ blickend sieht man den Strom I (gekrümmter Pfeil) im Uhrzeigersinn kreisen. Bei einer Kompassnadel zeigt der Nordpol N zum geographischen Nordpol.

Permanente Magnete aller Art und magnetisierte Eisenstücke unterscheiden sich (im Außenraum) nicht von stromdurchflossenen Spulen oder Spulenbündeln (§ 40). Aber die Bahnen der in ihrem Inneren umlaufenden Ladungen sind unsichtbar. Infolgedessen kann man das magnetische Moment $\boldsymbol{m}$ permanenter Stabmagnete u. dgl. nicht wie im Fall stromdurchflossener Spulen berechnen (Gl. 137). Wohl aber kann man es messen mithilfe der Gl. (136), im einfachsten Fall mit $\boldsymbol{m}$ senkrecht zu $\boldsymbol{B}$,

$$m = \frac{M_{\text{mech}}}{B}\,.$$

Dazu lagert man den permanenten Magneten (wie eine Kompassnadel) mit geringer Reibung horizontal. Im Gleichgewicht, also $\boldsymbol{M}_{\text{mech}} = 0$, stellt sich sein magnetisches Moment $\boldsymbol{m}$ parallel zu $\boldsymbol{B}$ (s. Gl. 136). Dann stellt man mithilfe eines messbaren Drehmomentes (Federwaage F an einem Hebelarm r) die Verbindungslinie der Magnetpole senkrecht zu einem homogenen Magnetfeld bekannter Flussdichte $\boldsymbol{B}$. Abb. 176 zeigt eine solche Messung für einen Stabmagneten im magnetischen Erdfeld.

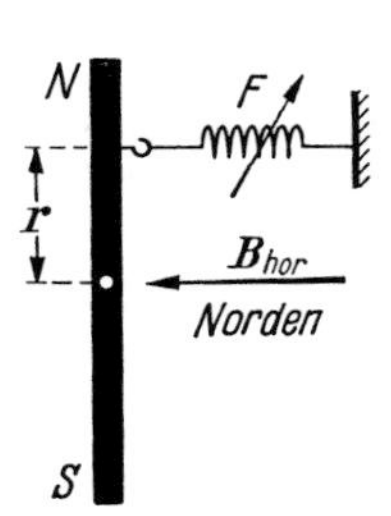

Abb. 176. Messung des magnetischen Momentes eines im Erdfeld horizontal drehbar gelagerten Stabmagneten. Drehmoment $M_{\text{mech}} = rF$. Dabei z. B. $F = 7{,}8 \cdot 10^{-3}$ Newton am Hebelarm $r = 0{,}1$ m. Der Drehmomentvektor $\boldsymbol{M}_{\text{mech}}$ zeigt senkrecht in die Papierebene hinein. Magnetische Flussdichte der horizontalen Komponente des Erdfeldes $B_{\text{hor}} = 2 \cdot 10^{-5}\,\text{Vs/m}^2$. Dann ist $m = M_{\text{mech}}/B_{\text{hor}} = 39\,\text{A}\cdot\text{m}^2$.

Kleine Drehmomente $\boldsymbol{M}_{\text{mech}}$ lassen sich schlecht als Produkt Kraft mal Hebelarm messen. Man berechnet sie besser aus der Schwingungsdauer T von Drehschwingungen. Nach Bd. 1, Gl. (100) ist das Verhältnis von Drehmoment zum Winkel, genannt die Winkelrichtgröße,

$$\frac{M_{\text{mech}}}{\alpha} = 4\pi^2 \frac{\Theta}{T^2} \tag{139}$$

(Θ = Trägheitsmoment). Um den *kleinen* Winkel α aus der Ruhelage herausgedreht, erfährt ein horizontal frei aufgehängter Stabmagnet (Kompass) nach Gl. (136) das rücktreibende Drehmoment

$$M_{\text{mech}} = mB \sin\alpha \approx mB\alpha\,. \tag{140}$$

Die Gln. (139) und (140) zusammengefasst ergeben

$$m = \frac{4\pi^2 \Theta}{T^2 B} \tag{141}$$

(z. B. T in Sekunden; Θ in kg · m^2, für einen Stabmagneten = (1/12) Stabmasse · (Stablänge)^2 (Bd. 1, Gl. 98); B in Vs/m^2).

Ein beliebiger Körper (stromdurchflossene Spule, Kompassnadel, paramagnetisches Molekül usw.) besitze ein magnetisches Moment $\boldsymbol{m}$. Man bringe ihn in ein Magnetfeld. Dann stellt sich der Körper, Bewegungsfreiheit vorausgesetzt, so ein, dass sein magnetisches Moment $\boldsymbol{m}$ parallel zu $\boldsymbol{B}$ wird.

Mithilfe eines Drehmomentes, das dem von $\boldsymbol{B}$ ausgeübten entgegengerichtet ist, kann man $\boldsymbol{m}$ um den Winkel α gegen $\boldsymbol{B}$ drehen. Dabei muss die Arbeit

$$W = mB \int_0^\alpha \sin\alpha \, \mathrm{d}\alpha = mB(1 - \cos\alpha) \tag{142}$$

verrichtet werden. Sie wird als potentielle Energie gespeichert. Für $\alpha = 180°$, also Antiparallelstellung von $\boldsymbol{m}$ und $\boldsymbol{B}$ erreicht sie ihren Höchstwert $2mB$.

In einem inhomogenen Magnetfeld tritt außer dem Drehmoment $\boldsymbol{M}_{\text{mech}}$ auch eine Kraft $\boldsymbol{F}$ auf. Sie zieht oder drückt den Körper in Richtung des Feldgradienten (Feldgefälles), z. B. $\partial\boldsymbol{B}/\partial x$. Diesen wichtigen Unterschied zwischen homogenen und inhomogenen Feldern soll Abb. 177 erläutern.

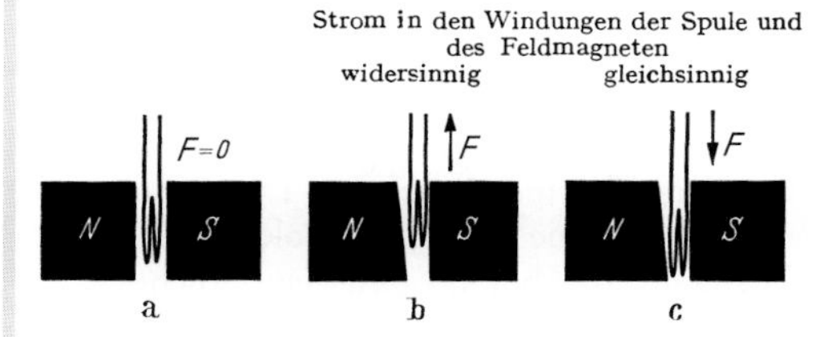

Abb. 177. a: Im homogenen Feld wirkt auf eine stromdurchflossene Spule, also einem Gebilde mit einem magnetischen Moment $\boldsymbol{m}$, keine Kraft. b und c: Im inhomogenen Feld hingegen treten Kräfte auf. Zugleich Modell einer diamagnetischen (Teilbild b) und einer paramagnetischen Substanz (Teilbild c).

Die Entstehung und die Größe dieser Kraft wollen wir uns anhand der Abb. 178 klarmachen. Wir denken uns das Magnetfeld senkrecht zur Papierebene auf uns zu gerichtet. Seine Durchstoßpunkte sind markiert. Es soll von oben nach unten zunehmen.

Als Körper mit dem magnetischen Moment $\boldsymbol{m}$ ist eine rechteckige, vom Strom I durchflossene Drahtwindung (Fläche $A = l\Delta x$) gezeichnet. Ihr magnetisches Moment $\boldsymbol{m}$ hat also die gleiche Richtung wie $\boldsymbol{B}$. Die nach links und rechts gerichteten Kräfte $\boldsymbol{F}_\mathrm{l}$ und $\boldsymbol{F}_\mathrm{r}$ heben sich gegenseitig auf. Die nach oben und unten ziehenden Kräfte sind verschieden groß. Es gilt nach Gl. (126) von S. 94

$$F_\mathrm{o} = IlB \quad \text{und} \quad F_\mathrm{u} = Il\left(B + \frac{\partial B}{\partial x}\Delta x\right).$$

Also zieht nach unten die Kraft $F = F_\mathrm{u} - F_\mathrm{o}$ oder

$$F = Il\frac{\partial B}{\partial x}\Delta x = IA\frac{\partial B}{\partial x}$$

oder nach Gl. (135) von S. 102

$$F = m\frac{\partial B}{\partial x}. \tag{143}$$

Mit dieser Kraft wird der Körper vom magnetischen Moment $\boldsymbol{m}$ ins Gebiet großer bzw. kleiner Feldstärken hineingezogen[1]. Das Vorzeichen ergibt sich aus Abb. 178. Man benutzt Gl. (143) z. B. zur Messung eines unbekannten Feldgefälles $\partial B/\partial x$ mithilfe einer Probespule von bekanntem magnetischem Moment $\boldsymbol{m}$.

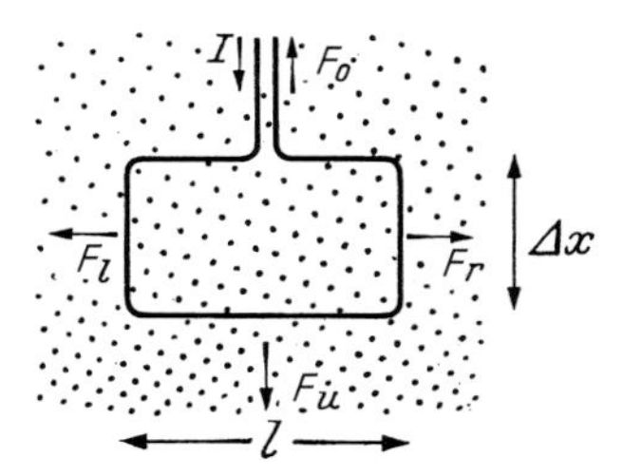

Abb. 178. Zur Herleitung der Gl. (143). Strom I in konventioneller Richtung. Vektorfeld $\boldsymbol{B}$ senkrecht zur Papierebene auf den Betrachter hin gerichtet. Haben $\boldsymbol{m}$ und $\boldsymbol{B}$ gleiche Richtung, wirkt die resultierende Kraft nach unten, sind sie entgegengesetzt gerichtet, nach oben.

Zahlenbeispiel: In Abb. 177b und c war $m = 0{,}116\,\mathrm{A \cdot m^2}$ (nämlich 2 Windungen von $20\,\mathrm{cm^2}$ Fläche, durchflossen von 29 Ampere), $F \approx 0{,}2$ Newton. Folglich $\partial B/\partial x = 1{,}72\,\mathrm{Vs/m^3}$.

§ 65. Lokalisierung des magnetischen Flusses. In Abb. 121 sind die Polgebiete einer gestreckten stromdurchflossenen Spule und eines gleich gestalteten permanenten Magneten aus einem oxidkeramischen Werkstoff vorgeführt worden. Für beide lässt sich der mit einer Drahtschleife gemessene magnetische Fluss Φ lokalisieren (gemessen z. B. wie in Abb. 139 und Messergebnis oben in Abb. 179).[2] Für beide kann man ein Polgebiet wie in Abb. 181 schematisieren. Mit derart lokalisiertem magnetischem Fluss gelangt man zu formaler Analogie zwischen magnetischem Fluss Φ und elektrischer Ladung Q.

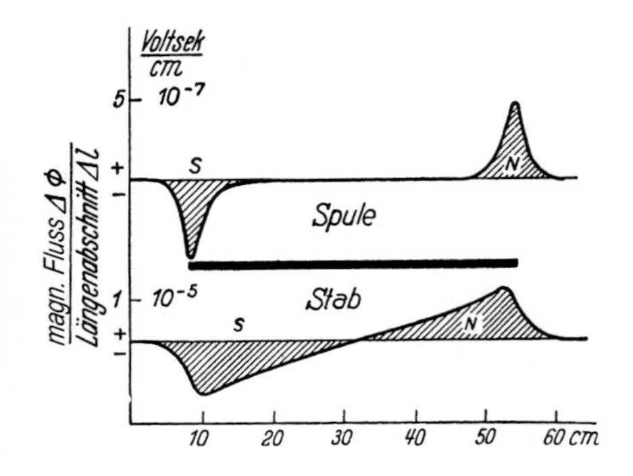

Abb. 179. Verteilung des magnetischen Flusses Φ, im oberen Teilbild an den Enden einer gestreckten stromdurchflossenen Spule oder eines langen Stabmagneten aus oxidkeramischen Werkstoff, unten für einen Stabmagneten aus Stahl. Man verschiebt eine Induktionsschleife (wie in Abb. 139) schrittweise um die Längenabschnitte Δl und misst deren Beiträge $\Delta\Phi$ zum magnetischen Fluss Φ. (Aufg. 41)

Man denke sich in Abb. 174 die rechteckige Strombahn als eine von den N Windungen einer gestreckten, zur Papierebene senkrechten Spule der Länge l, die sich in einem homo-

[1] Gl. (143) gilt auch, wenn das Feldgefälle parallel zur Feldrichtung liegt. Man denke sich in Abb. 111 $\boldsymbol{E}$ durch $\boldsymbol{B}$ und die Ladung Q durch den magnetischen Fluss Φ ersetzt, wie im folgenden Paragraphen erklärt.

[2] Bei den früher ausschließlich und heute noch mehrfach benutzten Stabmagneten aus Stahl tritt an die Stelle des oberen Teilbildes in Abb. 179 das untere. Dann kann man die Pole N und S in den „Schwerpunkten" der schraffierten Flächen lokalisieren. Bei Magnetfeldern flacher stromdurchflossener Spulen (wie im linken Teilbild der Abb. 175) kann man nicht mehr von Polen sprechen.

genen Magnetfeld der Flussdichte $\boldsymbol{B}$ befindet. Ihre Querschnittsfläche sei A, der sie durchfließende Strom I. Er erzeugt in der Spule die magnetische Feldstärke $H' = NI/l$. In dem homogenen Feld $\boldsymbol{B}$ erfährt diese Spule nach Gl. (137) ein Drehmoment $M_{\text{mech}} = NIAB$. Es wirkt so, als ob an den beiden Spulenenden nach dem Schema der Abb. 180 je eine Kraft $F = (NI/l)AB$ angreift. Mit $NI/l = H' = B'/\mu_0$ und $B'A = \Phi'$ folgt daraus (wobei der Einfachheit halber der Strich bei Φ weggelassen ist)

$$\boldsymbol{F} = \Phi \boldsymbol{H} . \tag{144}$$

Hier sind $\boldsymbol{F}$ und $\boldsymbol{H}$ Vektoren und Φ eine skalare Größe. Gl. (144) entspricht formal der Gleichung

$$\boldsymbol{F} = Q\boldsymbol{E} \qquad \text{Gl. (44) v. S. 47}$$

im elektrischen Feld. Deswegen betrachtete man früher den magnetischen Fluss Φ als eine magnetische Menge. Sie sollte einer Elektrizitätsmenge oder Ladung Q im elektrischen Feld $\boldsymbol{E}$ entsprechen.

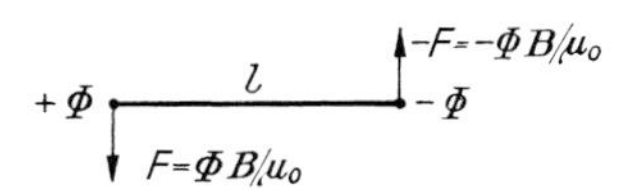

Abb. 180. Schema eines magnetischen Dipols in einem homogenen Magnetfeld. Das Feld $\boldsymbol{H}$ bzw. $\boldsymbol{B}$ ist in der Papierebene senkrecht zur Verbindungslinie l nach unten gerichtet.

Die Anwendung der Gl. (44) im elektrischen Feld ist in § 33 ausgiebig erörtert worden. Das dort Gesagte ist sinngemäß auf die Anwendung der Gl. (144) im Magnetfeld zu übertragen; d. h. vor allem: *Für* $\boldsymbol{H}$ *ist in* Gl. (144) *der ursprüngliche, vor Einbringung des magnetischen Flusses* Φ *vorhandene Betrag einzusetzen.*

Aus Gl. (144) folgt für den Betrag des in Abb. 180 auftretenden Drehmomentes

$$M_{\text{mech}} = Fl = \Phi Hl = \Phi Bl/\mu_0$$

und des magnetischen Momentes

$$m = M_{\text{mech}}/B = \Phi l/\mu_0 . \tag{145}$$

Weitere aus der Analogie von magnetischem Fluss und elektrischer Ladung folgende Formulierungen:

1. *Das Magnetfeld im großen Abstand von einem Polgebiet mit dem magnetischen Fluss* Φ. Wir schematisieren in Abb. 181 die Feldlinien einer gestreckten Spule (Abb. 118). Dabei zeichnen wir zur Vereinfachung nur das linke Ende.

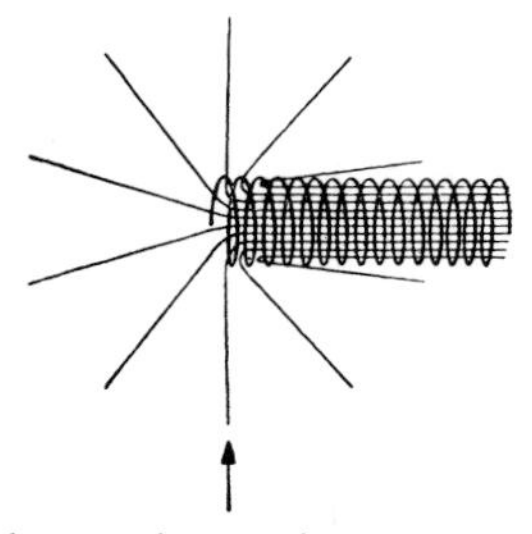

Abb. 181. Das linke Ende einer langen dünnen stromdurchflossenen Spule mit angenähert radialsymmetrisch austretenden Feldlinien[K8]

K8. Siehe auch die gerechnete Feldverteilung in Kommentar K4 in Kap. IV.

In größerem Abstand vom Polgebiet ist die Ausbreitung der Feldlinien angenähert radialsymmetrisch (Abb. 181). Je länger Stab oder Spule, desto besser die Näherung. Der magnetische Fluss verteilt sich demnach in größerem Abstand r symmetrisch über eine

Kugelfläche $4\pi r^2$. Also ergibt sich in hinreichend großem Abstand für die Beträge von $\boldsymbol{B}$ und $\boldsymbol{H}$[K9]

$$B_r = \frac{\Phi}{4\pi r^2} \quad \text{oder} \quad H_r = \frac{\Phi}{4\pi \mu_0 r^2}, \tag{146}$$

wiederum entsprechend dem elektrischen Feld einer Punktladung.

K9. Man kann die in Gl. (146) beschriebene Gesetzmäßigkeit experimentell mit einer Induktionsspule (Probespule) quantitativ bestimmen.

2. *Das Magnetfeld unmittelbar vor den flachen Stirnflächen eines Polgebietes.* Wir zeigten in Abb. 139 die Messung des magnetischen Flusses Φ einer gestreckten Spule. Die Messschleife saß vor dem Abziehen unweit der Spulenmitte. Wir haben sie also in der Abb. 181 weit rechts zu denken. Beim Abziehen durchfährt sie sämtliche Feldlinien.

Im Gegensatz dazu bringen wir diesmal die Messschleife direkt vor dem Spulenende an, oberhalb des Pfeiles. Beim Abziehen werden dann nur die links vom Pfeil gelegenen Feldlinien durchfahren, also die Hälfte der Gesamtzahl. Das ergibt als magnetischen Fluss durch die Stirnfläche $\Phi_s = \Phi/2$ (vgl. auch Abb. 179). Division durch die Spulenfläche A ergibt für die Beträge der Felder B_s und H_s unmittelbar vor der Stirnfläche,[K10]

$$B_s = \frac{1}{2}\frac{\Phi}{A} \quad \text{und} \quad H_s = \frac{1}{2\mu_0}\frac{\Phi}{A}. \tag{147}$$

K10. Eine andere Herleitung der Gl. (147): Im Inneren einer gestreckten Feldspule besteht der magnetische Fluss Φ. Teilt man nun die Spule in Gedanken in zwei Hälften, so trägt an den neu entstandenen Enden aus Symmetriegründen jede den gleichen Beitrag zu Φ bei. — Man beachte, dass Φ nur die axiale Komponente von $\boldsymbol{B}$ berücksichtigt.

3. *Das Magnetfeld in großem Abstand R von einem Körper mit dem magnetischen Moment* $\boldsymbol{m}$. Stromdurchflossene Spulen (ohne oder mit Eisenkern) und permanente Magnete können bei ganz verschiedenartiger Gestalt magnetische Momente $\boldsymbol{m}$ von gleicher Größe besitzen. Das zeigte uns Abb. 175.

In der Nähe dieser Spulen und permanenten Magnete hängt der Verlauf des Feldes durchaus von der Gestalt dieser Körper ab. *In hinreichend großem Abstand werden jedoch die Feldgrößen* $\boldsymbol{B}$ *und* $\boldsymbol{H}$ *nur noch durch das magnetische Moment* $\boldsymbol{m}$ *bestimmt.* Das wird für die beiden *Hauptlagen* in Abb. 182 dargestellt. Dabei ist als Träger des magnetischen Momentes ein kleiner Stabmagnet *SN* gezeichnet, meist magnetischer *Dipol* genannt.

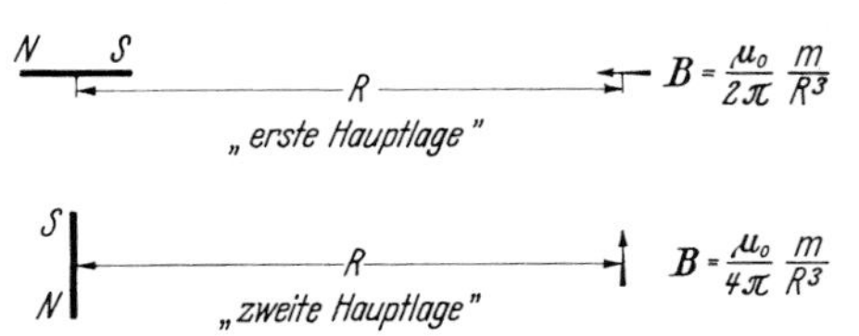

Abb. 182. Die Flussdichte B in großem Abstand R vom Mittelpunkt eines Stabmagneten oder einer Spule mit dem magnetischen Moment m

Herleitung: Jedes der beiden Stabenden erzeugt am Beobachtungsort nach Gl. (146) eine Flussdichte $B_r = \frac{\Phi}{4\pi R^2}$. Wirksam ist nur ihre Differenz, also in der ersten Hauptlage

$$B = \frac{\Phi}{4\pi}\left(\frac{1}{(R-l/2)^2} - \frac{1}{(R+l/2)^2}\right). \tag{148}$$

Bei hinreichender Größe des Abstandes R gegenüber der Stablänge l darf man l^2 neben R vernachlässigen und erhält für den Betrag von B

$$B = \frac{1}{2\pi}\frac{\Phi l}{R^3} = \frac{\mu_0}{2\pi}\frac{m}{R^3}. \tag{149}$$

Entsprechend erhält man für die zweite Hauptlage

$$B = \frac{\mu_0}{4\pi}\frac{m}{R^3}. \tag{150}$$

4. *Messung unbekannter magnetischer Momente mithilfe einer Hauptlage.* Die Gln. (149) und (150) sind messtechnisch wichtig, vor allem zur experimentellen Bestimmung unbekannter magnetischer Momente $\boldsymbol{m}$. Man misst zu diesen Zweck $\boldsymbol{B}$ in einer der beiden Hauptlagen, entweder direkt mit einer Probespule (§ 47) oder durch irgendeinen Vergleich mit der bekannten Horizontal-Komponente der Flussdichte des Erdfeldes (z. B. $B_\text{h} = 0{,}2 \cdot 10^{-4}\,\text{Vs/m}^2$ in Göttingen). Man stellt z. B. die Richtungen von B und B_h senkrecht zueinander und ermittelt den Winkel α zwischen den Richtungen von B_h und der Vektorsumme beider (Abb. 183) mit einer Kompassnadel. Dann ist das gesuchte Feld $B = B_\text{h} \tan\alpha$. Aus diesem Wert von B berechnet man das gesuchte Moment m mithilfe von Gl. (150).

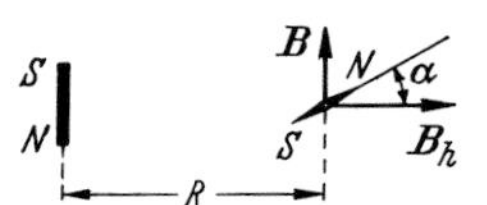

Abb. 183. Messung der Flussdichte B eines Dipolfeldes in der zweiten Hauptlage durch Vergleich mit der bekannten Flussdichte der horizontalen Komponente des Erdfeldes[K11]

K11. Um alle magnetischen Größen durch mechanische Messungen zu bestimmen, messe man zunächst durch das auf S. 103 beschriebene Experiment das Produkt mB_h (s. Gl. 141). Dann bestimme man, wie hier gezeigt, den Winkel α, den die Kompassnadel mit B_h einschließt (unabhängig von dem magnetischen Moment der Kompassnadel). Mithilfe von Gl. (150) erhält man

$$\tan\alpha = \frac{\mu_0 m}{4\pi R^3 B_\text{h}}\,.$$

Durch Zusammenfassung mit Gl. (141) folgt

$$B_\text{h}^2 = \frac{\pi\,\Theta\,\mu_0}{T^2 R^3 \tan\alpha}\,.$$

So kann also B_h gemessen werden, ohne die magnetischen Momente von sowohl Stabmagnet als auch Kompassnadel zu kennen, und daraus folgen dann die anderen magnetischen Größen. (C. F. Gauß und W. Weber, 1832, siehe P. Heering, M. Kärn, Physik in unserer Zeit **32**, 187 (2001).)

Sehr beliebt sind auch Kompensationsverfahren. Man lässt auf die Kompassnadel außer dem unbekannten magnetischen Moment ein zweites, bekanntes einwirken (Abb. 184). Dieses erzeugt man mit einer stromdurchflossenen Spule von gut bekannten Abmessungen. Für diese „Kompensationsspule" berechnet man das magnetische Moment mithilfe der Gl. (138) von S. 102.

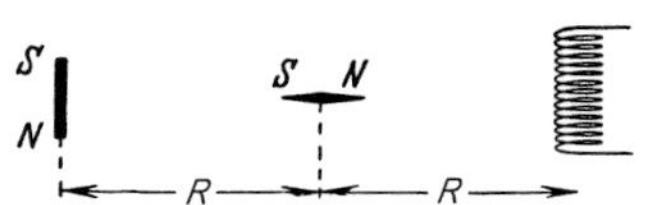

Abb. 184. Messung eines unbekannten magnetischen Momentes durch Vergleich mit einer Spule von bekanntem magnetischem Moment m (Nullmethode). Schematische Darstellung (wie auch Abb. 183). In Wirklichkeit müssen die Abstände R groß gegen die Träger der magnetischen Momente (SN und Feldspule) sein.

5. *Kräfte zwischen den ebenen parallelen Stirnflächen zweier eng zusammenliegender Polgebiete.* Ein Pol erzeugt für sich allein unmittelbar vor seiner Stirnfläche die Flussdichte

$$B_\text{s} = \frac{1}{2}\frac{\Phi}{A}\,. \tag{147}$$

Dies Feld wirkt auf den magnetischen Fluss Φ des anderen Poles nach Gl. (144) von S. 106 mit der Kraft

$$F = \frac{1}{2\mu_0}\frac{\Phi^2}{A} = \frac{1}{2\mu_0}B^2 A\,. \tag{151}$$

Man prüft diese Gleichung recht eindrucksvoll mit einem kleinen Elektromagneten („Topfmagnet") von nur 5,5 cm Durchmesser (Abb. 185). Er trägt, mit einer Taschenlampenbatterie verbunden, über 100 kg[K12]

K12. Zur Abschätzung des Magnetfeldes H im Topfmagnet kann man den Ausdruck für das Feld im Inneren einer langgestreckten Spule verwenden, $H = NI/l$. Mit $N = 500$, $I = 0{,}1$ A und $l = 1$ cm erhält man $H = 5\,000$ A/m. Daraus würde sich mit $\mu_0 = 4\pi \cdot 10^{-7}$ Vs/Am als B-Feld ein Wert von etwa $6 \cdot 10^{-3}\,\text{Vs/m}^2$ ergeben, über zwei Größenordnungen kleiner als der durch den Induktionsversuch gemessene Wert. Dies ist ein klarer Hinweis, dass H und B in Gegenwart von magnetischer Materie (hier: Eisen) nicht durch μ_0 verknüpft sind. Außerdem hängt B stark von der Geometrie, d. h. hier von der Spaltbreite ab (**Videofilm 13**). Weiteres in Kap. XIV.

6. *Energieinhalt eines homogenen Magnetfeldes vom Volumen V.* In Abb. 186 sollen sich die beiden Stirnflächen der Magnetpole um die kleine Wegstrecke Δx nähern und dadurch

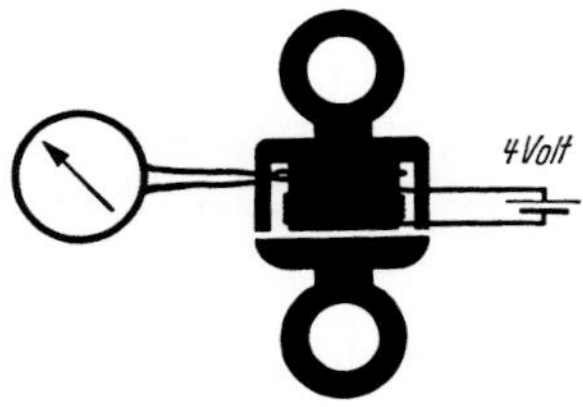

Abb. 185. Topfmagnet, unten Feldspule, oben Induktionsschleife zur Messung der Flussdichte B. Eisenquerschnittsfläche $A = 10\,\text{cm}^2 = 10^{-3}\,\text{m}^2$, $B = 2\,\text{Vs/m}^2$, F nach Gl. (151) berechnet $= 1{,}6 \cdot 10^3$ Newton. Bei Benutzung einer Taschenlampenbatterie als Stromquelle gibt man der Feldspule etwa 500 Windungen. **(Videofilm 13)**

eine Last heben. Dabei verschwindet ein Magnetfeld vom Volumen $V = A\Delta x$. Gleichzeitig gewinnen wir die mechanische Arbeit[K13]

$$W = F\Delta x = \frac{1}{2\mu_0} B^2 A\Delta x = \frac{1}{2\mu_0} B^2 V\,. \tag{152}$$

Folglich enthält ein homogenes Magnetfeld der Flussdichte B im Volumen V die Energie

$$W_{\text{magn}} = \frac{1}{2\mu_0} B^2 V\,. \tag{153}$$

Zahlenbeispiel: Die größten in Eisenkernen erzielbaren Flussdichten B betragen etwa $2{,}5\,\text{Vs/m}^2$. Dann werden im Feld zwischen den Polen etwa $2{,}5\,\text{Ws/cm}^3$ in Form magnetischer Feldenergie gespeichert.[K14]

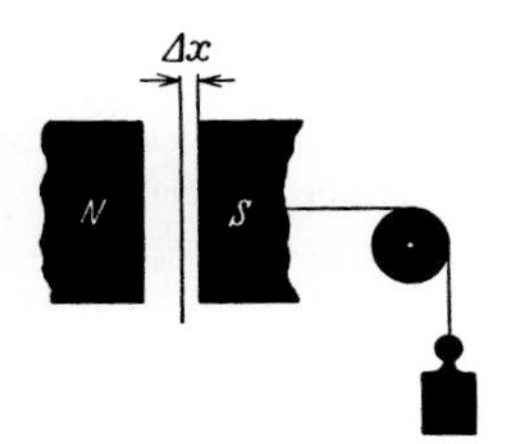

Abb. 186. Zur Berechnung der magnetischen Feldenergie

Videofilm 13:
„Elektromagnet" Die große Anziehungskraft des Elektromagneten wird demonstriert. Sie beträgt 530 N. Außerdem wird gezeigt, wie empfindlich die Kraft von der Breite des Spaltes abhängt. Dazu werden einige Blatt Papier zwischen die beiden Hälften des Magneten geschoben. Bei einer Spaltbreite von 0,4 mm beträgt die Kraft nur noch 15 N (s. § 113).

K13. Bei diesem Gedankenexperiment muss man aber darauf achten, dass die Flussdichte B im Zwischenraum zwischen den Stirnflächen konstant gehalten wird (s. Kommentar K12). Näherungsweise gelingt das mit zwei Permanentmagneten in hinreichend nahem Abstand, so dass Streufelder vernachlässigbar sind. — Eine noch überzeugendere Demonstration der magnetischen Feldenergie folgt in Kap. X.

K14. Mit supraleitenden Magnetspulen mit Flussdichten von 5–15 Tesla (Vs/m^2) lassen sich Energiedichten von 10–90 Ws/cm^3 erreichen (zum Vergleich: für Ni/Cd-Akkus liegt die Energiedichte bei 180–300 Ws/cm^3, siehe auch Bd. 1, S. 363). Solche supraleitenden magnetischen Energiespeicher (SMES) befinden sich seit einigen Jahren in der Entwicklung. Siehe z. B. P. Komarek, „Hochstromanwendungen der Supraleitung", B. G. Teubner Stuttgart 1995, Kap. 4.4.

IX. Anwendungen der Induktion, insbesondere Generatoren und Elektromotoren

§ 66. Vorbemerkung. Allgemeines über Stromquellen. Zur allgemeinen Definition des Begriffes *Stromquelle* oder *Generator* dient Abb. 187. Zwei Kondensatorplatten oder „Elektroden" A und K sind mit einem Amperemeter verbunden. Zwischen diesen Elektroden befinden sich Ladungen beider Vorzeichen. Man kann sie sich auf Trägern lokalisiert denken. Zwei von ihnen, ein Trägerpaar, sind in Abb. 187 skizziert. Der Abstand zwischen den positiven und den negativen Ladungen, gemessen in Richtung der Verbindungslinie der Elektroden, kann durch irgendwelche *ladungstrennenden Kräfte* vergrößert werden. Während der Bewegung (nicht etwa erst beim Eintritt der Ladungen in die Elektroden!) zeigt das Amperemeter einen Ausschlag. Dabei haben die ladungstrennenden Kräfte Arbeit zu verrichten. Diese Arbeit entnimmt man einem Vorrat mechanischer, thermischer oder chemischer Energie.

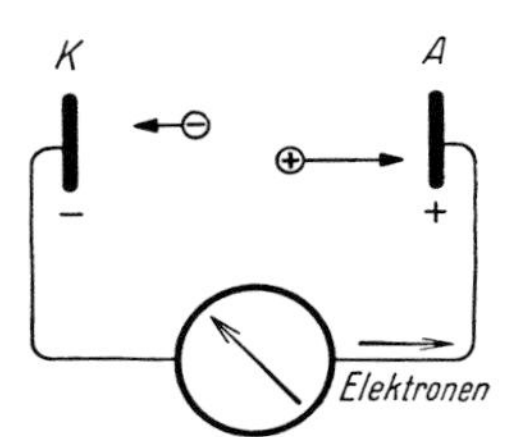

Abb. 187. Zur Definition des Wortes Stromquelle. Für Schauversuche benutzt man zwei Löffel als Elektrizitätsträger (mit Influenzmaschine aufladen).

Wird die leitende Verbindung zwischen K und A unterbrochen, so wird der Abfluss von Ladungen durch den äußeren Kreis verhindert. Folglich vermögen die ladungstrennenden Kräfte zwar zunächst die Ladungen der beiden Elektroden zu vermehren und damit die Spannung zwischen K und A zu vergrößern. Doch kann ein Grenzwert, oft *eingeprägte* Spannung genannt, nicht überschritten werden: Das entstehende elektrische Feld übt ja seinerseits auf die Ladungen zwischen K und A Kräfte aus und hält mit ihnen schließlich den ladungstrennenden Kräften das Gleichgewicht.[1]

Für die moderne Nähmaschine ist zweierlei charakteristisch: das Nadelöhr an der Spitze der Nadel und die gleichzeitige Verwendung zweier unabhängiger Fäden. — Ganz ähnlich lässt sich das Wesentliche der elektrischen Maschinen mit wenigen Strichen darstellen. Der physikalische Kern und der entscheidende Kunstgriff ist immer einfach. Die ungeheure Leistung der Elektrotechnik liegt nicht auf physikalischem, sondern auf technischem Gebiet. Physikalische Darstellungen müssen sich auf einen kurzen Überblick beschränken. In diesem Kapitel besprechen wir die Anwendung der Induktion und der LORENTZ-Kraft in elektrischen Generatoren und Motoren.

[1] Die Gesamtheit dieser *ladungstrennenden Kräfte* nannte man früher *elektromotorische Kräfte*. Doch hat man leider das Wort gleichzeitig für die durch sie erzeugte Spannung, also für die eingeprägte Spannung der Stromquelle, angewandt und durch diesen Doppelsinn entwertet. Außerdem ist es viel zu lang. Man kürzt es daher ab wie den Namen einer Dienststelle als EMK. Auf jeden Fall muss man sauber die ladungstrennende Kraft von einer *elektrischen* Größe, nämlich der durch die Kraft hergestellten *Spannung*, unterscheiden.

K. Lüders, R. O. Pohl (Hrsg.), *Pohls Einführung in die Physik*
DOI 10.1007/978-3-642-01628-8, © Springer 2010

§ 67. Induktive Stromquellen. Generatoren. Wir beginnen mit den heute wichtigsten Stromquellen oder Generatoren, den induktiven. Bei diesen erzeugt man die *ladungstrennenden Kräfte* mithilfe des Induktionsvorganges. Wir hatten die Worte Stromquelle und ladungstrennende Kräfte anhand der Abb. 187 definiert. Wir wiederholen dies Bild hier in Abb. 188 mit zwei Ergänzungen: Wir denken uns innerhalb des schwarz umrandeten Rechtecks ein Magnetfeld senkrecht zur Papierebene und außerdem die Elektroden K und A durch einen Leiter verbunden. Jetzt kann man die Ladungen in diesem Leiter auf zwei Weisen trennen und ihnen eine zu den Elektroden hin gerichtete Geschwindigkeit erteilen:

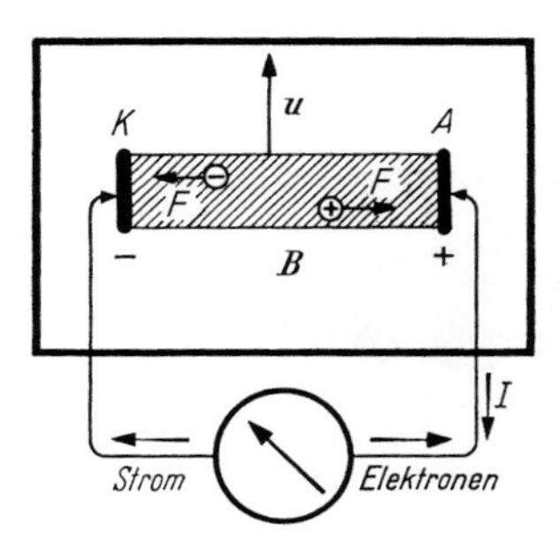

Abb. 188. Zur Definition der „induktiven" Stromquelle. Richtung des Magnetfeldes senkrecht zur Papierebene zum Betrachter hin. Konventionelle Stromrichtung.

1. Man *bewegt den Leiter* als einen einfachen Läufer in der Pfeilrichtung mit der Geschwindigkeit $\boldsymbol{u}$ und lässt so auf die Ladungen Q die *ladungstrennenden* LORENTZ-Kräfte

$$\boldsymbol{F} = Q(\boldsymbol{u} \times \boldsymbol{B}) \qquad \text{Gl. (114) v. S. 90}$$

in einander entgegengesetzter Richtung wirken.

2. Man *ändert die magnetische Flussdichte* $\boldsymbol{B}$ des Magnetfeldes. Das führt zu einem elektrischen Feld entlang der geschlossenen Strombahn in Abb. 188 (Abb. 145, s. auch Abb. 136) und bewegt die Ladungen zwischen K und A mit den Kräften $\boldsymbol{F}_+ = Q_+\boldsymbol{E}$ und $\boldsymbol{F}_- = Q_-\boldsymbol{E}$ hin zu den Elektroden.

In der Regel werden beide Vorgänge gleichzeitig angewandt, um die Anordnung als Generator (Stromquelle) zu benutzen, die zwischen K und A eine eingeprägte Spannung erzeugt. Wir erläutern das an einigen Ausführungsformen:

a) *Der Wechselstromgenerator mit Außenpolen* (Abb. 189). Eine Spule J wird um die Achse A in einem Magnetfeld beliebiger Herkunft gedreht. Die Enden der Spule führen zu zwei Schleifringen, und zwei angepresste Federn a und b verbinden diese leitend mit den Polklemmen der Maschine. Die Rotation der Spule J ist eine periodische Wiederholung eines einfachen Induktionsversuches. Die induzierte Spannung ist eine „Wechselspannung". Ihr zeitlicher Verlauf lässt sich bei langsamer Drehung bequem mit einem Voltmeter kurzer Einstellzeit (etwa 1 sec) verfolgen. Diese Spannungskurve ist im Sonderfall eines homogenen Magnetfeldes und gleichförmiger Rotation sinusförmig (Abb. 190a). Die Frequenz ν ist gleich der Drehfrequenz.[K1]

K1. Zur quantitativen Behandlung siehe § 49, insbesondere die Gl. (83). Einzelheiten über Wechselspannungen werden in § 72 besprochen.

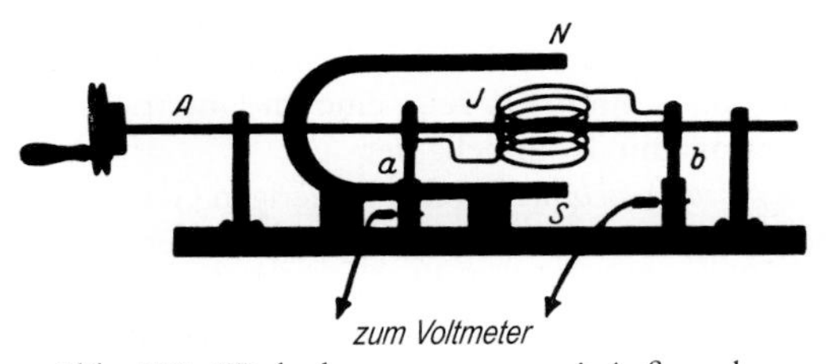

Abb. 189. Wechselstromgenerator mit Außenpolen

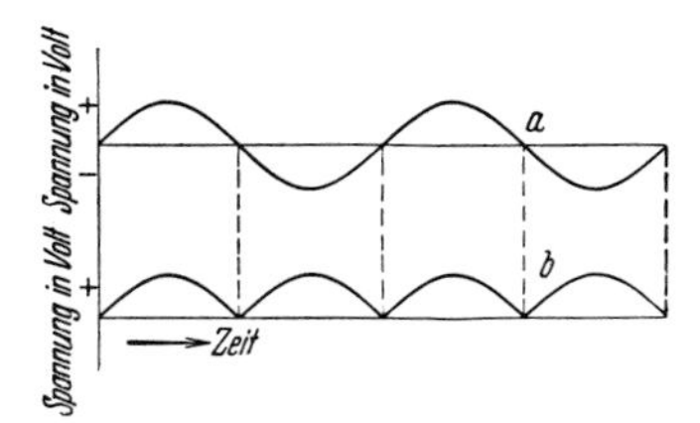

Abb. 190. a: Sinusförmige Wechselspannung eines Wechselstromgenerators. b: Spannungskurve eines Gleichstromgenerators mit einem einfachen Spulenläufer. Die Vorzeichen beziehen sich auf die Richtung des elektrischen Feldes zwischen den Polklemmen.

In der praktischen Ausführung bekommt die Spule einen Eisenkern (Abb. 191). Spule und Kern zusammen bilden den *Läufer*. Während der Drehung ändert sich nicht nur der magnetische Fluss Φ durch die Läuferspule, sondern auch die Flussdichte $\boldsymbol{B}$, letztere wegen der effektiven Veränderung der Spaltweite (vgl. Abb. 173).

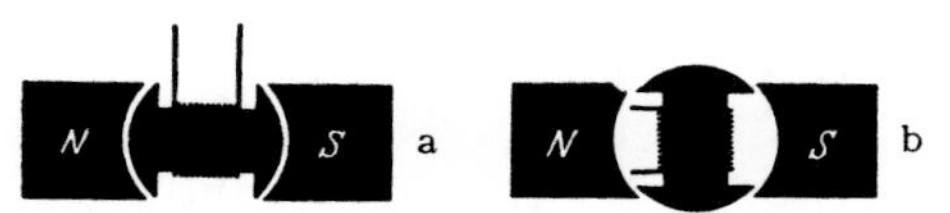

Abb. 191. Eisenkerne von Feld- und Läuferspule eines Generators; bei a sind magnetischer Fluss Φ und Flussdichte $\boldsymbol{B}$ groß, bei b klein

b) *Der Gleichstromgenerator.* Abb. 192 zeigt, wiederum im Schattenriss, ein Vorführungsmodell. Die Schleifringe des Wechselstromgenerators werden durch ein einfaches Schaltwerk K („Kommutator") ersetzt. Es vertauscht nach je einer Halbdrehung die Verbindung zwischen Spulenenden und Polklemmen. Dadurch werden die unteren Kurvenhälften der Abb. 190a nach oben geklappt. Es entsteht die Spannungskurve der Abb. 190b. Die Spannung schwankt zwischen null und einem Höchstwert, doch bleibt das Vorzeichen dauernd dasselbe.

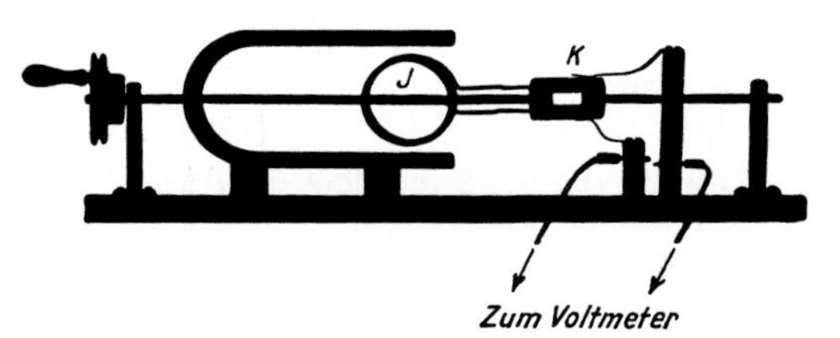

Abb. 192. Gleichstromgenerator mit einfachem Spulenläufer, Kommutator, und permanentem Feldmagnet

c) *Der Gleichstromgenerator mit Trommelläufer.* Die bogenförmige Spannungskurve der Abb. 190b lässt sich „glätten". Man nimmt statt einer Spule J mehrere. Sie werden um den gleichen Winkel gegeneinander versetzt. Wir haben statt des „Spulenläufers" einen *Trommelläufer*. Abb. 193 zeigt ein Schema mit zwei Spulenpaaren und einem vierfach unterteilten Kommutator. In diesem Beispiel überlagern sich zwei Bogenkurven in der in Abb. 194 ersichtlichen Weise. Als Ergebnis erscheint die schon besser konstante Gleichspannung der Kurve 194b. — Abb. 195 zeigt eine im Unterricht brauchbare Ausführung eines Gleichstromgenerators mit Trommelläufer.

d) *Die Gleichstromdynamomaschine.* Bei den bisherigen Generatoren wurde das Magnetfeld von permanenten Magneten geliefert. Die permanenten Magnete lassen sich durch stromdurchflossene Spulen, sogenannte Feldspulen (*Sp* in Abb. 196 ersetzen. Der Strom der Feldspulen kann irgendwelchen Hilfsquellen entnommen werden. Abb. 196 zeigt das Schema dieser Fremderregung. Doch kann die Maschine auch selbst den Strom für die

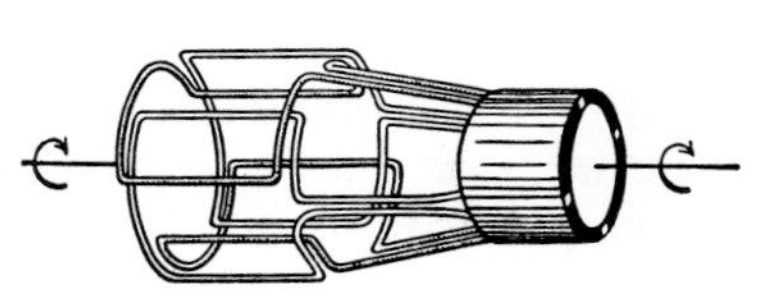

Abb. 193. Trommelläufer mit zwei Spulenpaaren

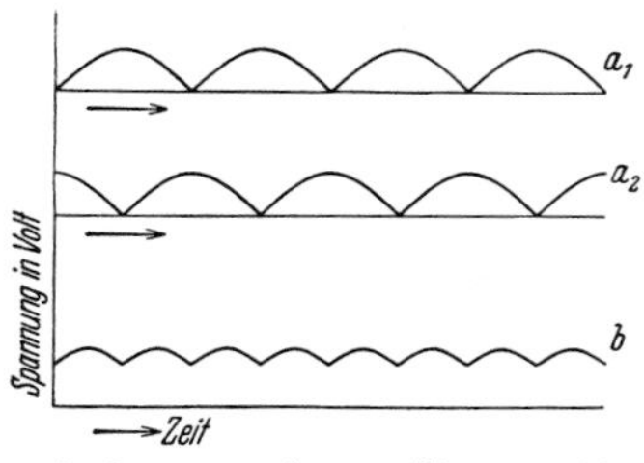

Abb. 194. Spannungskurve (*b*) eines Trommelläufers mit zwei Spulenpaaren und ihre Entstehung (a_1 und a_2)

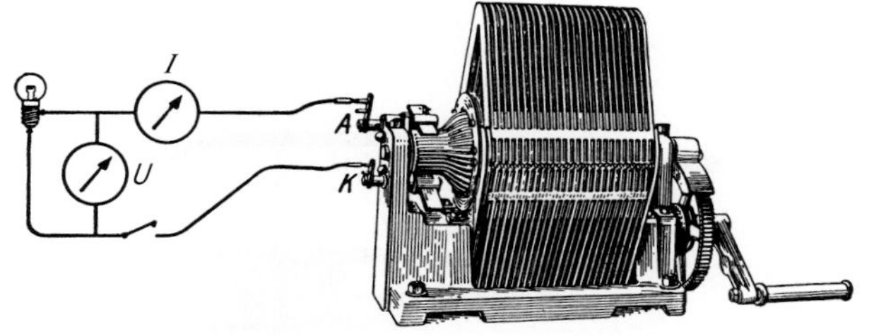

Abb. 195. Altertümlicher Gleichstromgenerator mit 2 × 25 permanenten Feldmagneten und Trommelanker mit 9 Spulenpaaren. Bei 8 A und 12 V strahlt eine 100-Watt-Lampe in heller Weißglut. Man muss dabei mit den Muskeln 12 × 8 Voltampere ≈ 100 Watt leisten. Die Maschine „geht schwer"; bei Unterbrechung des Stromes aber spüren die Muskeln kaum einen Widerstand. — Anhand dieses Versuches lernt man es, den Energiebetrag einer Kilowattstunde und den Preis dieser Handelsware (≈ 10 Cent) zu würdigen. Zur Demonstration eignet sich einer der in Autos verwendeten Generatoren (Lichtmaschine), die allerdings, nach dem in Abb. 196 gezeigten Schema arbeitend, einen Strom durch die Feldspule *Sp* als Fremderregung erfordern.

Feldspulen liefern. Das geschieht bei den Dynamomaschinen. Ihr Prinzip setzt die Anwesenheit von Eisen in den Spulen voraus. Beim Beginn der Rotation muss das schwache remanente Magnetfeld des Eisens (Abb. 309) eine Spannung im Läufer induzieren.

e) *Wechselstromgenerator mit Innenpolen*. Bei der unter a) beschriebenen Außenpolmaschine stand das induzierende Magnetfeld fest. Als Läufer drehte sich die Induktionsspule *J*. Von der Innenpolmaschine gilt das Umgekehrte. Der rotierende Läufer trägt die vom Gleichstrom durchflossene Spule. Im Ständer befindet sich die festsitzende Induk-

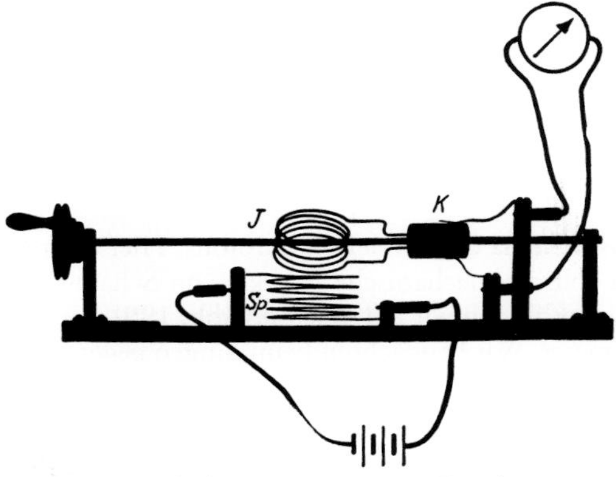

Abb. 196. Gleichstromgenerator mit Fremderregung

tionsspule J. — In der praktischen Ausführung sind die Spulen in vielfacher Wiederholung radialsymmetrisch angeordnet. Der Läufer besteht oft aus einem Schwungrad. Es trägt auf seinem Radkranz die vom Gleichstrom durchflossenen Feldspulen. Der Gleichstrom wird von einer Hilfsmaschine auf der Achse der Hauptmaschine geliefert.

f) *Wechselstromgeneratoren mit spulenfreiem Läufer.* Bei den bisher betrachteten Generatoren trug der Läufer, der umlaufende Teil der Maschine, stets eine Spule. Man kann jedoch den magnetischen Fluss innerhalb der Induktionsspule J auch mit Läufern ohne Spulen verändern. Solche Läufer haben den Vorteil großer mechanischer Festigkeit und lassen daher hohe Drehfrequenzen zu. Abb. 197 zeigt eine solche Maschine. Sie geht in leicht ersichtlicher Weise aus Abb. 173 hervor. Der rotierende Anker besteht in diesem Modell aus einem schmalen rechteckigen Stück Eisen E. Es verändert je nach seiner Stellung den die Spule durchsetzenden magnetischen Fluss.

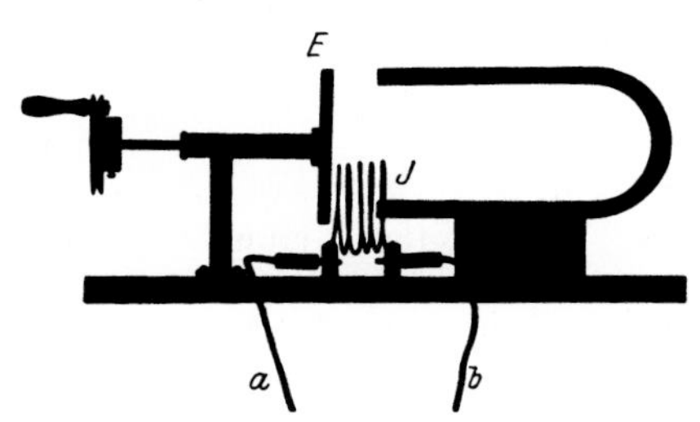

Abb. 197. Wechselstromgenerator mit einem stabförmigen spulenfreien Läufer E

In der technischen Ausführung ersetzt man die permanenten Feldmagnete oft durch Elektromagnete, also von Gleichstrom durchflossenen Spulen mit Eisenkern. Außerdem werden alle Einzelteile radialsymmetrisch in vielfacher Wiederholung angeordnet.

g) *Das Telefon als Wechselstromgenerator.* Beim Wechselstromgenerator mit spulenfreiem Läufer war die periodische Änderung des magnetischen Eisenschlusses der wesentliche Punkt. Man kann die Rotation durch eine hin- und hergehende Schwingung ersetzen, Abb. 198. M ist eine schwingungsfähige Eisenmembran anstelle des umlaufenden Läufers. Auch dies ist nur eine technische Variante des in Abb. 197 skizzierten Versuches.

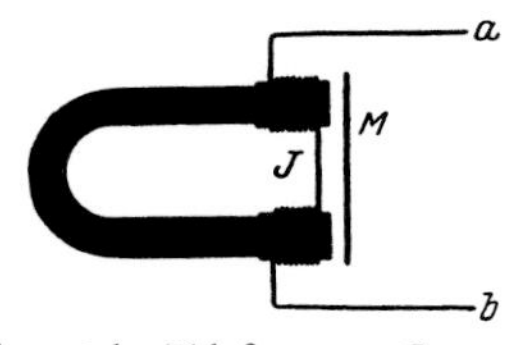

Abb. 198. Schema des Telefons von Graham Bell (1876)

Abb. 198 zeigt das Schema eines Telefonmikrofons. Hier interessiert es nur als Wechselstromgenerator. Er soll die mechanische Energie von Schallwellen in elektrische Energie umwandeln. Dazu verbinden wir ein Telefon (Abb. 199) mit einem für Wechselstrom brauchbaren Amperemeter. Wir beobachten beim Singen gegen die Membran leicht Ströme von etwa 10^{-4} Ampere. Diese Wechselströme haben den Rhythmus der menschlichen Stimme. Man hat diese Wechselströme früher über die Fernleitungen zur Empfangsstation geleitet und sie dort wieder in mechanische Schwingungen umgewandelt. Abb. 200 zeigt eine derartige Anordnung. Heute ist dies Verfahren überholt. Man benutzt die menschlichen Stimmbänder nicht mehr als Motor zum Antrieb eines Wechselstromgenerators. Man lässt heute die Stimme nur Ströme im Rhythmus der Sprache *steuern* (Mikrofon).[1]

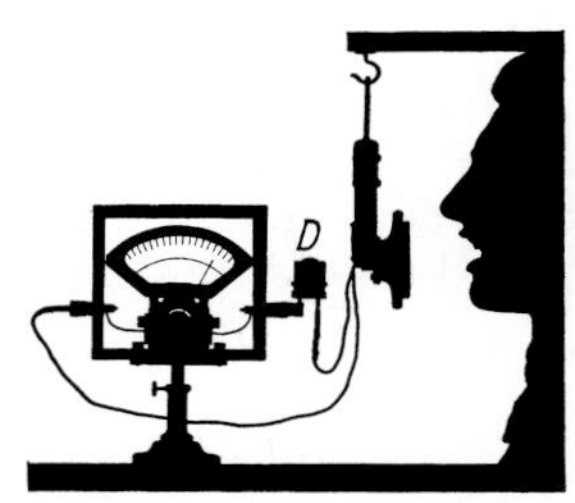

Abb. 199. Altertümliches Telefon als Wechselstromgenerator. Drehspulamperemeter in Verbindung mit einem Gleichrichter *D*.[K2]

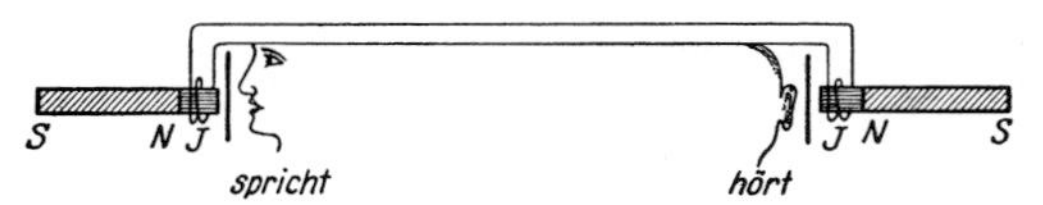

Abb. 200. Altertümliche Verbindung zweier Telefone zum Fernsprechverkehr. Stabmagnete anstelle des Hufeisenmagneten in Abb. 198.

K2. Das hier gezeigte Telefon ist zwar altertümlich, aber selbst heute, im Zeitalter der Mobiltelefone („Handys"), arbeiten Telefonhörer, Lautsprecher und auch die kleinen Schallwandler in Hörgeräten nach dem gleichen Prinzip. Mikrofone dagegen werden in zunehmendem Maß mit Kondensatoren oder piezoelektrisch betrieben (s. S. 59).

§ 68. Elektromotoren. Alle Elektromotoren lassen sich letzten Endes auf das einfache Schema der Abb. 201 bringen. Wir denken uns innerhalb des schwarz umrandeten Rechtecks ein Magnetfeld der Flussdichte $\boldsymbol{B}$ senkrecht zur Papierebene und in dies Feld den Leiter *KA* gebracht. Durch diesen Leiter schicken wir irgendwie einen Strom (z. B. aus einer Stromquelle der Spannung U_2). Dann enthält der Leiter bewegte Ladungen Q. Ihre Geschwindigkeiten sind durch die Pfeile u_+ und u_- markiert.[K3] Auf diese Ladungen wirkt das Magnetfeld mit Lorentz-Kräften $\boldsymbol{F} = Q(\boldsymbol{u} \times \boldsymbol{B})$ (Gl. 114 von S. 90). Sie bewegen die Ladungen mitsamt dem sie enthaltenden Leiter (einem einfachen Läufer) in der Pfeilrichtung a. — Meist rotiert eine stromdurchflossene Spule als „Läufer" in dem festen Magnetfeld eines „Ständers". Die am Läufer angreifenden Kräfte erzeugen ein *Drehmoment*.

K3. Zu Einzelheiten über diese Geschwindigkeiten in Abb. 201 siehe § 61, vor allem die Fußnote auf S. 97.

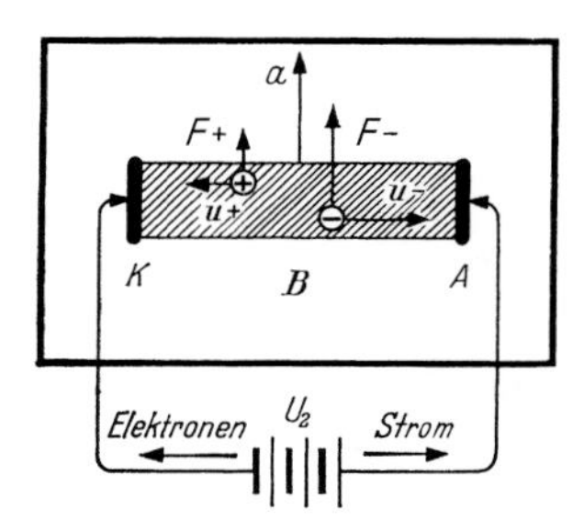

Abb. 201. Zur Definition von „Elektromotor". $\boldsymbol{B}$ senkrecht zur Papierebene zum Betrachter hin gerichtet.

Wir beschränken uns auf zwei Beispiele:

a) *Der Wechselstromsynchronmotor.* Dieser Motor gleicht im Prinzip einem Wechselstromgenerator. Abb. 202 zeigt dieselbe Maschine links als Generator und rechts als Motor. Die Läuferspule des Generators drehe sich mit der Frequenz ν. Dann liefert sie einen Wechselstrom der Frequenz ν. Dieser gelangt durch die Leitung 1 2 in die Läuferspule des Motors. Der Strom erzeugt ein auf die Läuferspule wirkendes Drehmoment. Der Drehsinn

[1] Diese „Steuerung" wurde bereits von dem Erfinder der elektrischen Telefonie, dem Lehrer Philipp Reis, benutzt (1861). Der Sender von Reis war in heutigem Sprachgebrauch ein Mikrofon mit einem Wackelkontakt aus Platin (statt aus Kohle, D. E. Hughes 1878). Der Telefonhörer von Reis heißt heute „Magnetostriktions-Empfänger". Die erste Veröffentlichung von Reis (1861) schließt mit den Worten: „Zur praktischen Verwendung des Telefons dürfte noch sehr viel zu tun übrig bleiben. Für die Physik hat es wohl schon dadurch Interesse, dass es ein neues Arbeitsfeld eröffnet."

hängt von der jeweiligen Stromrichtung ab. Also muss das Drehmoment bei jeder Läuferstellung den für die Weiterdrehung richtigen Drehsinn bekommen. Das lässt sich unschwer erreichen:

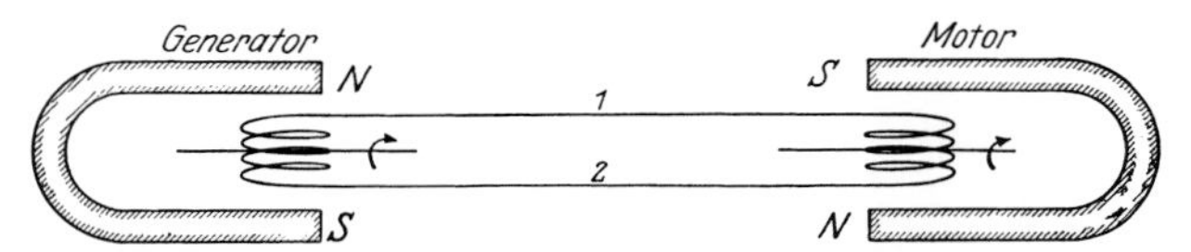

Abb. 202. Wechselstromsynchronmotor in Verbindung mit einem Wechselstromgenerator mit Außenpolen

Der Strom erzeugt in der Läuferspule des Motors im dargestellten Augenblick (Abb. 202) ein Drehmoment im Pfeilsinn. Nach der Zeit $T = 1/\nu$ hat der Strom wieder genau die gleiche Richtung und Stärke. Findet er den Läufer wieder in der gleichen Stellung, so wirkt das Drehmoment wieder in gleichem Sinn: Man muss also nur anfänglich den Läufer auf die richtige Drehfrequenz bringen. Hinterher läuft er *synchron* mit dem Wechselstrom des Generators weiter.

In einem Schauversuch legen wir um die Achse des Motors einen Bindfaden, ziehen ihn ab und drehen so den Läufer wie einen Kinderkreisel an. Der benutzte Wechselstrom hat die Frequenz $\nu = 50$ Hz, erzeugt von einem technischen Generator (Steckdose). Die Praxis kennt eine Reihe bequemer Hilfsmittel zur Herstellung des anfänglichen Synchronlaufens. Die Wechselstromsynchronmotoren sind weit verbreitet.

b) *Der Gleichstrommotor* gleicht äußerlich dem Gleichstromgenerator. Das einfache Schema eines Motors ist in Abb. 203 dargestellt. Das Drehmoment dreht den Läufer um seine Achse und stellt dessen Windungsfläche senkrecht zur Papierebene. Dann wird die Stromrichtung im Läufer umgekehrt, und so fort nach jeder Halbdrehung. Das besorgt automatisch das starr auf der Achse sitzende Schaltwerk, der Kommutator K mit seinen Schleifkontakten oder „Bürsten“.

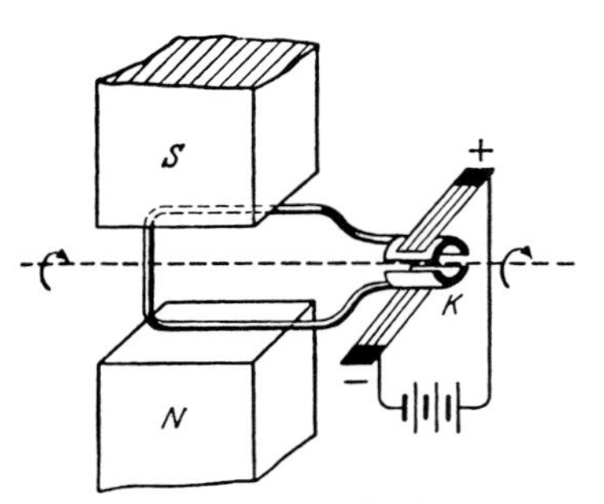

Abb. 203. Schema eines Gleichstrommotors

In diesem einfachen, heute noch bei Kinderspielzeugen ausgeführten Schema hat der Motor einen toten Punkt. Er läuft nicht an, wenn die Spulenfläche senkrecht zum Feld steht. Außerdem ist sein Drehmoment während eines Umlaufs nicht konstant. Diese Nachteile vermeidet der Trommelläufer. Dieser ist uns ebenfalls vom Gleichstromgenerator her bekannt (Abb. 193). Er wird bei den heute eingebürgerten Elektromotoren fast ausnahmslos benutzt. Die Felder des Ständers werden dabei stets von stromdurchflossenen Spulen (Elektromagneten) erzeugt.

Welche Faktoren bestimmen die Drehfrequenz des Läufers? Wir wiederholen das Motorschema der Abb. 201 hier in Abb. 204, jedoch mit zwei Änderungen. Erstens sind der

Übersichtlichkeit halber im Läufer nur die negativen Ladungen (Elektronen) eingezeichnet. Zweitens denken wir uns parallel zum stromdurchflossenen Leiter KA einen gleich langen zweiten Leiter $K'A'$ im Magnetfeld. Beide Leiter sind miteinander starr, aber isoliert verbunden. Die Elektroden K' und A' sind an ein Voltmeter angeschlossen.

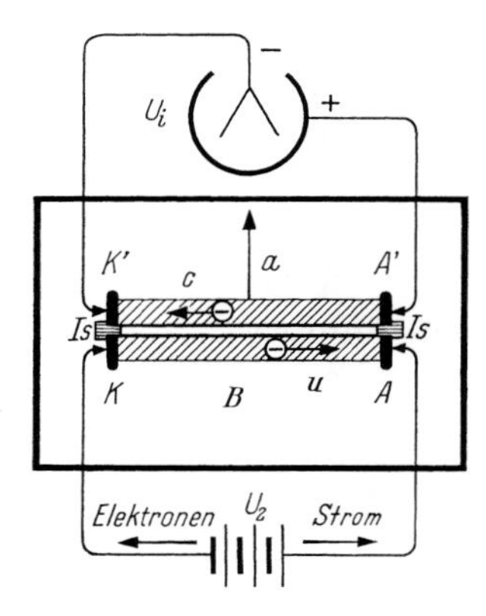

Abb. 204. Zum Induktionsvorgang im bewegten Läufer eines Elektromotors. *Is* sind Isolatoren. Richtung von $\boldsymbol{B}$ senkrecht zur Papierebene zum Betrachter hin.

Beim Einschalten der Stromquelle setzt sich der Leiter KA als „Läufer des Elektromotors" in der Pfeilrichtung a in Bewegung (siehe Gl. 126, S. 94). Dadurch erhalten die Elektronen im Leiter $K'A'$ eine Geschwindigkeit in Richtung des Pfeiles a. Infolge dieser zusätzlichen Geschwindigkeit entsteht im Magnetfeld eine LORENTZ-Kraft, die an den Elektronen in Richtung c (also der Geschwindigkeit u entgegen!) angreift. Sie bewirkt, dass das Voltmeter eine induzierte Spannung U_i anzeigt (vgl. § 57).

Jetzt denken wir uns die Leiter $K'A'$ und KA zu *einem* Leiter verschmolzen. Dann sieht man: die induzierte Spannung U_i tritt auch im stromdurchflossenen Leiter KA auf. Während der Bewegung wirkt auf die Elektronen in diesem Leiter nur die Spannung $U_2 - U_\mathrm{i}$. *Im Grenzfall* $U_\mathrm{i} = U_2$ *liefert die Batterie keinen Strom mehr.* Infolgedessen fällt die Beschleunigung durch Kräfte fort, der Leiter (Motorläufer) bewegt sich mit einer *konstanten* Grenzgeschwindigkeit in der Pfeilrichtung a. Wie kann man diese Grenzgeschwindigkeit steigern? Entweder durch Vergrößerung der zwischen den Läuferenden mit der Stromquelle hergestellten Spannung U_2 oder durch Verkleinerung der induzierten Spannung U_i, d. h. durch eine *Verminderung* der magnetischen Flussdichte $\boldsymbol{B}$ des Ständers.

Beide Aussagen lassen sich an einem Motor mit *Fremderregung* vorführen (Abb. 205), am besten mit einer normalen Maschine für etwa 1 Kilowatt Leistung. Beim Anschalten der Batterie mit der Spannung U_2 fließt durch den ruhenden Läufer ein viele Ampere betragender Kurzschlussstrom.[1] Der Widerstand der Läuferspule R_i ist ja gering, und noch fehlt die induzierte, von U_2 abzuziehende Spannung U_i. Diese erscheint erst nach Beginn der Läuferbewegung. Dann wird der Läuferstrom nur noch durch die Spannung $U_2 - U_\mathrm{i}$ in Gang gesetzt, und der Läuferstrom nähert sich rasch dem Wert null. Der Grenzfall $U_\mathrm{i} = U_2$ und völliges Verschwinden des Läuferstromes kann praktisch nicht erreicht werden. Ohne Strom kann der Läufer ja keine Energie mehr von der Stromquelle U_2 geliefert erhalten. Er müsste also ohne jede Energieabgabe mit seinem Vorrat an kinetischer Energie weiter rotieren können. Tatsächlich muss aber auch der äußerlich unbelastete Läufer stets die unvermeidliche Reibungsarbeit (Lager- und Luftreibung) verrichten (außerdem

[1] Bei großen Elektromotoren werden die Spulenwindungen und die Zuleitungen gefährdet. Das verhindert man mit einem „Anlasser" (R_a, Abb. 205). Dieser variable Widerstand wird während des Anlaufens der Maschine allmählich ausgeschaltet, und dadurch wird der Strom stets in erträglichen Grenzen gehalten.

kommt die JOULE'sche Wärme hinzu). Daher erfordert der Läufer auch im Leerlauf eine gewisse Leistungszufuhr zur Aufrechterhaltung seiner Drehfrequenz. Es muss ein, wenn auch nur kleiner Strom durch den Läufer fließen. Belastung des Motors, z. B. durch Hub einer Last oder Abbremsen der Welle mit der Hand, erhöht den Strom I_2 im Läufer.

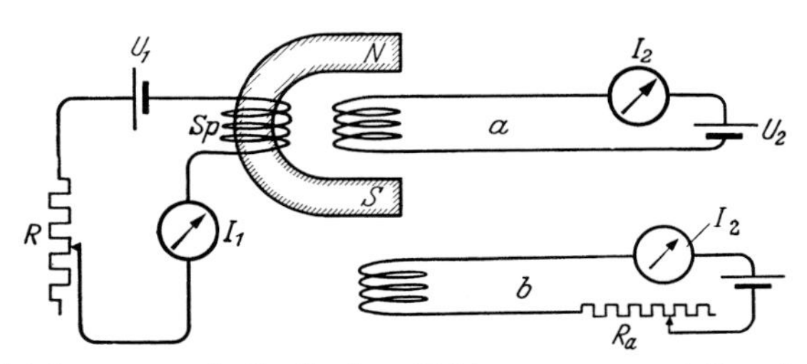

Abb. 205. Zum Induktionsvorgang im Läufer eines Gleichstrommotors mit Fremderregung, in der Technik als LEONARD-Schaltung bekannt: Man ändert die Spannung der Stromquelle U_2 nach Größe und Vorzeichen, um so Drehfrequenz und Drehsinn des Motors zu ändern, z. B. für eine Fördermaschine im Bergbau (Die Kommutatoren sind nicht gezeigt.)

Zum Abschluss dieser Versuche mache man die an den Läufer gelegte Spannung U_2 sehr klein. Man nehme etwa einen Akkumulator (2 Volt). Dann erreicht der Läufer schon bei ganz langsamem Lauf seine konstante Drehfrequenz. Ein Umlauf kann länger als 1 Sekunde dauern. Dann drehe man den Läufer mit der Hand *rascher* herum: jetzt zeigt das Amperemeter eine *Umkehr* der Stromrichtung (I_2). Die im Läufer induzierte Spannung U_i ist *größer* als die der Stromquelle (U_2) geworden. Die von unserer Hand verrichtete Arbeit strömt als elektrische Energie in den Akkumulator. Die Maschine lädt als Generator den Akkumulator auf.

Dieser Versuch ist sehr eindringlich. Er führt die technisch so ungeheuer wichtigen Maschinen der elektrischen Energieübertragung letzten Endes physikalisch auf die LORENTZ-Kräfte als die einzige Ursache zurück. Im Generator *beschleunigen* diese Kräfte die Elektronen, erzeugen einen Strom und wandeln damit mechanische Arbeit in elektrische Energie um. — Im Elektromotor wandeln sie elektrische Energie in mechanische Arbeit um. Gleichzeitig bremsen diese Kräfte die laufenden Elektronen und vermindern so den Strom im Läufer.

§ 69. Drehfeldmotoren für Wechselstrom. Ein Magnetfeld, dessen Richtung sich dreht, kurz magnetisches Drehfeld genannt, ist anhand der Abb. 169 (S. 99) ausgiebig behandelt worden. — Ein solches Drehfeld lässt sich mit zwei phasenverschobenen Wechselströmen herstellen. Man benutzt das allgemeine aus § 25 der Mechanik bekannte Schema. An das Wesentliche wird hier durch Abb. 206 erinnert (s. auch Optik, § 207).

Abb. 207 zeigt im Schattenriss links einen Wechselstromgenerator. Er trägt auf seiner Welle als zwei Läufer zwei eisenhaltige Spulen J_1 und J_2. Sie sind um 90° gegeneinander verdreht. Die gerade horizontal stehende linke Läuferspule erscheint perspektivisch verkürzt als Kreisscheibe. Die Enden beider Läuferspulen führen je zu zwei Schleifringen. Ihnen werden mit den Federn („Bürsten") *a* und *b* sowie *a'* und *b'* die beiden Wechselströme entnommen. Sie sind um 90° gegeneinander phasenverschoben. Sie laufen rechts im Bild zu zwei zueinander senkrechten, in der Mitte unterteilten Magnetspulen; diese werden von einem Eisenring getragen. Im gemeinsamen Mittelraum der Spulen entsteht das magnetische Drehfeld. Zu seinem Nachweis dient einer der aus Abb. 169 bekannten „Induktionsläufer", z. B. in Scheibenform. Seine Achse steht senkrecht zur Papierebene; *T* ist

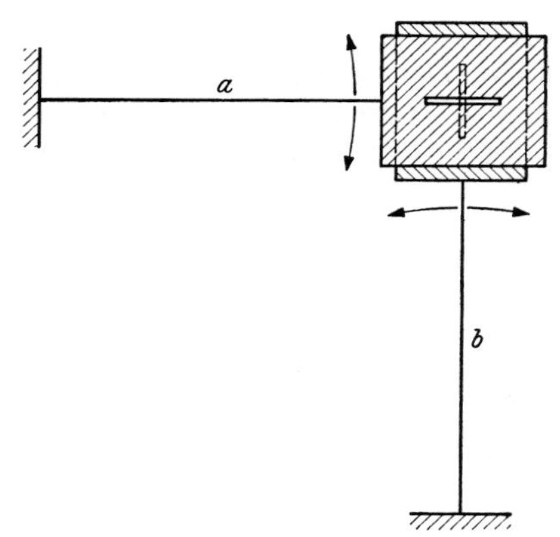

Abb. 206. Erzeugung *zirkularer* mechanischer Schwingungen durch zwei senkrecht zueinander stehende *lineare* Schwingungen gleicher Frequenz. Zwei lange Blattfedern tragen Scheiben mit Schlitzen in der Längsrichtung der Feder. Die Überschneidungsstelle beider Schlitze lässt Licht hindurch. In der Projektion durchläuft der Lichtfleck eine Kreisbahn, wenn die Blattfedern, passend angestoßen, $\frac{1}{4}$ Periode ($\hat{=}$ 90°) nacheinander beginnend Schwingungen gleicher Amplitude vollführen. Ein am Lichtfleck beginnender Durchmesser der Kreisbahn rotiert wie der Durchmesser eines Rades. — Beim Drehfeldmotor tritt an die Stelle des Durchmessers die Richtung des magnetischen Feldes. **(Videofilm 14)**

Videofilm 14: „Zirkulare Schwingungen"

der Träger der Achsenlager. — Die gekreuzten Magnetspulen und der Induktionsläufer bilden zusammen einen Drehfeldmotor.

Drehfeldmotoren haben eine außerordentlich große praktische Bedeutung. Sie besitzen bis zu Leistungen von einigen Kilowatt eine fast ideale Einfachheit. Sie laufen mit gutem Drehmoment an, und zwar ohne Anlasswiderstand. (Anfänglich mit sehr großem Schlupf, S. 98.) Ihre Drehfrequenz ist weitgehend von der Belastung unabhängig. Sie ist, vom Schlupf abgesehen, gleich der Frequenz der benutzten Wechselströme oder bei geeigneter Bauart gleich einem ganzzahligen Bruchteil dieser Frequenz. — Man unterscheidet Ein-, Zwei- und Dreiphasendrehfeldmotoren. Abb. 207 zeigt einen Zweiphasenmotor. Er benutzt vier Fernleitungen und ist wenig gebräuchlich.

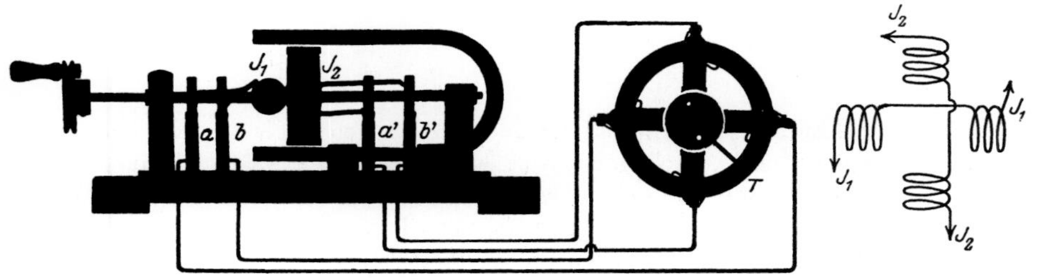

Abb. 207. Vorführmodell eines Zweiphasendrehfeldgenerators und eines Drehfeldmotors mit einer Eisenscheibe als Läufer (vgl. Abb. 169)

Ein Dreiphasenmotor arbeitet mit sogenanntem „Drehstrom". Man denke sich in Abb. 207 auf der Achse des Generators *drei* um je 120° versetzte Läuferspulen *J*. Dementsprechend bringt man im rechten Teil der Abb. 207 *drei* um je 120° gegeneinander versetzte Spulen an. So erhält man mit drei um je 120° zeitlich gegeneinander verschobenen Wechselströmen ebenfalls ein Drehfeld oder zirkular polarisiertes Magnetfeld. Von den sechs Leitungen lassen sich bei geschickter Anordnung je zwei paarweise zu einer zusammenfassen. — Man sieht diese drei Leitungsdrähte bei den großen Fernleitungen.

Der Einphasenmotor verlangt sogar nur zwei Leitungen. Dem Motor wird gewöhnlicher Wechselstrom zugeführt. Der zweite, zur Erzeugung des Drehfeldes unerlässliche Wechselstrom wird durch gewisse Kunstgriffe erst im Motor selbst hergestellt. Er muss dabei gegen den ersten möglichst um 90° phasenverschoben sein. Das Prinzip des Verfahrens findet man später in Abb. 220 erläutert.

X. Trägheit des Magnetfeldes und Wechselströme

§ 70. Die Selbstinduktion und die Induktivität *L*. Als Selbstinduktion[1] bezeichnet man eine besondere Form des Induktionsvorganges. Die Kenntnis dieser Erscheinung ist für das Verständnis der heutigen Elektrizitätslehre von größter Bedeutung.

Bei der Darstellung der Induktionserscheinungen haben wir unter anderem auch den in Abb. 208 skizzierten Versuch gemacht. Die stromdurchflossene Spule *Sp* besitzt ein Magnetfeld. Seine Änderung, z. B. durch Stromunterbrechung, induziert in der Induktionsspule *J* einen Spannungsstoß, messbar z. B. in Voltsekunden.

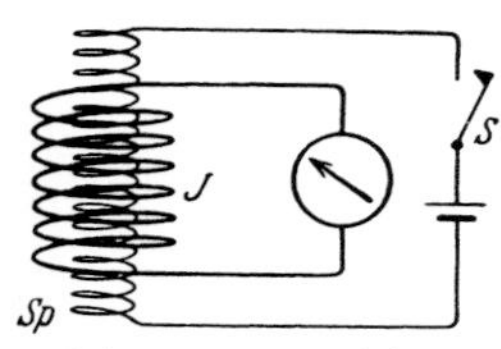

Abb. 208. Schema eines Induktionsversuches

Nun wird aber das Magnetfeld nicht nur von der Induktionsspule *J* umfasst, sondern ebenso von der Feldspule *Sp*. *Demnach muss jede Feldänderung auch in den Windungen der Feldspule Spannungen induzieren.* Das nennt man Selbstinduktion. Bei der Selbstinduktion induziert also das sich ändernde Magnetfeld eine Spannung im eigenen Leiter.

Andere Herleitung: Man denke sich in Abb. 208 die Feld- und die Induktionsspule gleich groß durch Aufspulen einer Doppelleitung hergestellt und die beiden Drähte dann nachträglich auf der ganzen Spulenlänge miteinander verschmolzen.

Zum Nachweis der Selbstinduktion benutzen wir in Abb. 209 eine Drahtspule von etwa 300 Windungen. Zur Vergrößerung des Spannungsstoßes enthält sie einen geschlossenen rechteckigen Eisenkern.[K1] Die Spulenenden sind mit einem Akkumulator und mit einem Drehspulvoltmeter verbunden. Das Voltmeter zeigt die 2 Volt des Akkumulators. Beim Unterbrechen des Stromes durch den Schalter verschwindet das Magnetfeld plötzlich. Gleichzeitig zeigt das Voltmeter einen großen Stoßausschlag bis etwa 20 Volt. Die Spannung erreicht infolge der Selbstinduktion also vorübergehend einen viel höheren Wert als die ursprüngliche Spannung des Akkumulators (vgl. Abb. 210). Man kann das Voltmeter durch ein 6-Volt-Glühlämpchen ersetzen (Abb. 209 rechts). Sein Faden glüht nur schwach dunkelrot, blitzt aber bei der Unterbrechung des Stromes in heller Weißglut auf: *Die durch den Vorgang der Selbstinduktion weithin sichtbar verausgabte Energie kann nur in dem Magnetfeld der Spule gespeichert gewesen sein.*

K1. Siehe auch Abb. 173. Zum Einfluss ferromagnetischer Materialien auf Magnetfelder siehe Kap. XIV.

Nach dem Induktionsgesetz (Gl. 79, S. 73) hängt der in einer Spule induzierte Spannungsstoß $\int U\,\mathrm{d}t$ von zwei Größen ab: erstens der Änderung des Magnetfeldes, also ΔH (oder ΔB), und zweitens der Gestalt der Spule. ΔH wird bedingt durch ΔI, die Differenz

[1] Joseph Henry, 1832 (gelernter Uhrmacher, später Professor der Physik in Princeton).

K. Lüders, R. O. Pohl (Hrsg.), *Pohls Einführung in die Physik*
DOI 10.1007/978-3-642-01628-8, © Springer 2010

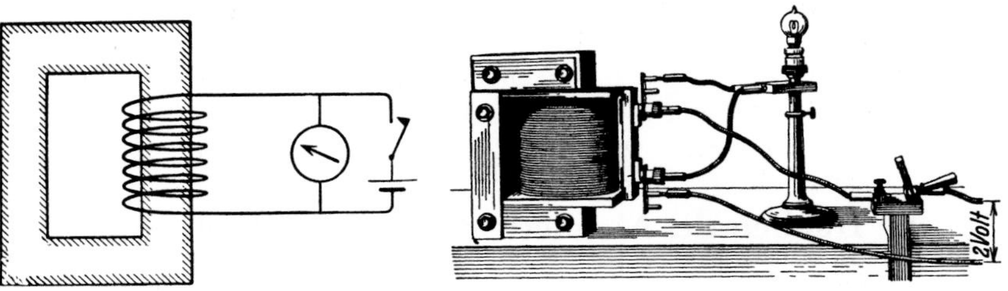

Abb. 209. Nachweis des Spannungsstoßes durch den Vorgang der Selbstinduktion, links mit einem Voltmeter, rechts mit einer Glühlampe. Induktivität L der Spule einige Zehntel Vs/A. Der zeitliche Verlauf des Spannungsstoßes lässt sich auch mit einem Oszillograph vorführen (Abb. 210).

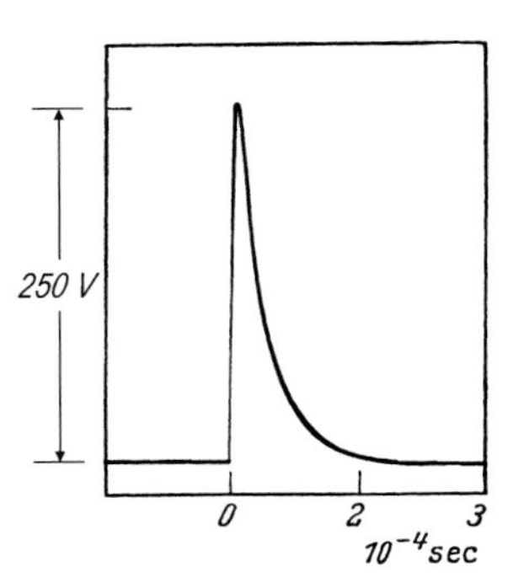

Abb. 210. Ein durch Selbstinduktion auftretender Spannungsstoß

K2. Wie schon bei der Induktion in Kap. V wird auch hier bei der Selbstinduktion das Vorzeichen zunächst ignoriert, d. h. die Gleichungen dieses Paragraphen sind als Betragsgleichungen zu lesen. Die Vorzeichenbestimmung erfolgt im nächsten Paragraphen.

der Ströme am Schluss und bei Beginn des Vorganges. Daher schreibt man[K2]

$$\int U\,\mathrm{d}t = L\,\Delta I\,. \tag{154}$$

Den Proportionalitätsfaktor L nennt man die Induktivität. Man definiert also

$$\text{Induktivität } L = \frac{\text{induzierter Spannungsstoß}}{\text{Stromänderung}}\,. \tag{155}$$

Als Einheit dieser Größe benutzen wir 1 Voltsekunde/Ampere, abgekürzt als 1 Henry (H).

Die Induktivität ist für eine gestreckte (leere) Spule mit homogenem Magnetfeld leicht zu berechnen: Wir betrachten die Spule zunächst als Feldspule. Als solche besitzt sie die Feldstärke

$$H = \frac{NI}{l}\,. \qquad \text{Gl. (70) v. S. 64}$$

Ihre Änderung ΔH liefert den induzierten Spannungsstoß

$$\int U\,\mathrm{d}t = \mu_0 N_\mathrm{J} A \frac{N\,\Delta I}{l}\,. \qquad \text{Gl. (74) v. S. 72}$$

N_J, die Anzahl der Windungen der Induktionsspule ist hier gleich N, der Anzahl der Windungen der Feldspule. Also wird

$$\int U\,\mathrm{d}t = \frac{\mu_0 N^2 A}{l}\,\Delta I\,. \tag{156}$$

Ein Vergleich mit Gl. (154) ergibt als die gesuchte Induktivität der gestreckten Spule

$$L = \frac{\mu_0 N^2 A}{l}\,. \tag{157}$$

§ 71. Die Trägheit des Magnetfeldes als Folge der Selbstinduktion. Bei der Vorführung der Selbstinduktion haben wir das Vorzeichen des induzierten Spannungsstoßes noch außer Acht gelassen. Seine Berücksichtigung soll uns jetzt zu einer vertieften Auffassung der Selbstinduktion führen.

Wir wiederholen den Versuch anhand der Abb. 211. Im linken Bild zeigt das Voltmeter die 2 Volt des Akkumulators durch einen Ausschlag nach links. Der kleine, ins Voltmeter fließende Bruchteil der Elektronen hat die Richtung des gekrümmten Pfeiles. — Im rechten Bild ist der Akkumulator gerade abgeschaltet worden. Der große Stoßausschlag des Voltmeterzeigers geht nach rechts. Das Voltmeter wird also jetzt in umgekehrter Richtung durchflossen. Folglich muss der Strom in der Spule auch ohne Stromquelle noch eine Zeitlang in ungeändertem Sinn weiterfließen und bei a negative Ladung anhäufen. Der Strom und sein Magnetfeld sind also *träge*. Sie verhalten sich analog zu einem in Bewegung befindlichen Körper oder einem laufenden Schwungrad.

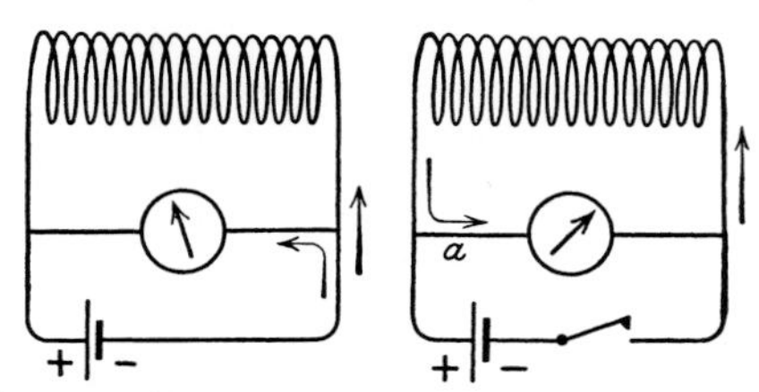

Abb. 211. Trägheit des elektrischen Stromes in einer Spule. Die Pfeile zeigen die Laufrichtung der Elektronen an.

Wir erinnern kurz an ein Beispiel für mechanische Trägheit: In Abb. 212 links zirkuliert ein Wasserstrom, getrieben von einer Pumpe P. Ein zwischen a und b geschaltetes Hg-Manometer zeigt, der Stromrichtung und dem Leitungswiderstand entsprechend, einen Ausschlag nach links. Im rechten Bild ist die Pumpe mit dem Hahn H abgeschaltet worden. Die Wassersäule strömt infolge ihrer Trägheit noch eine Zeitlang in der Pfeilrichtung weiter, das Manometer schlägt stark nach rechts aus. Die Technik benutzt das Prinzip dieses Versuches beim Bau der als „Widder“ bekannten Wasserhebemaschinen (J. M. Montgolfier, 1796).

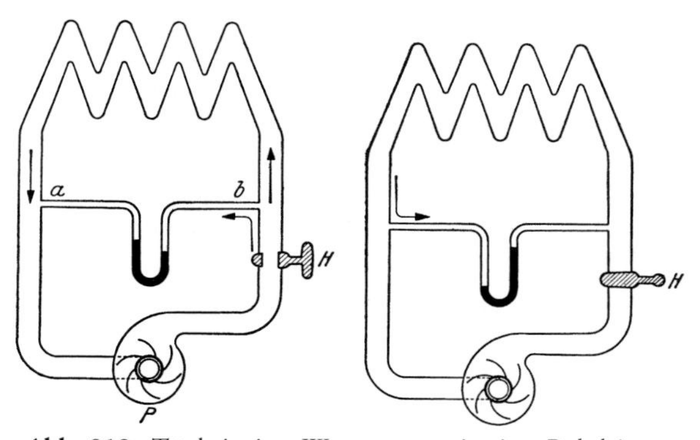

Abb. 212. Trägheit eines Wasserstromes in einer Rohrleitung

Körper und Schwungrad zeigen ihre Trägheit nicht nur beim Abbremsen, sondern auch beim Ingangsetzen. Auch das erfordert eine endliche Zeit. Nicht anders Strom und Magnetfeld. Das soll ein sehr wichtiger und eindrucksvoller Versuch zeigen (Abb. 213). Die Spannung U kommt wieder von einem Akkumulator (2 Volt). Das Messinstrument I ist ein Drehspulamperemeter mit kleiner Zeigerträgheit (Einstellzeit unter 1 Sekunde). Die große, dickdrähtige Spule hat einen geschlossenen Eisenkern (vgl. Maßskizze). Nach Schließen des Schalters 1 setzt sich der Amperemeterzeiger gleich in Bewegung. Aber nur langsam kommt er vorwärts. Noch nach einer Minute kriecht er merkbar weiter. Erst nach anderthalb Minuten haben Magnetfeld und Strom endlich ihren vollen Wert erreicht. So träge bilden sie sich aus.

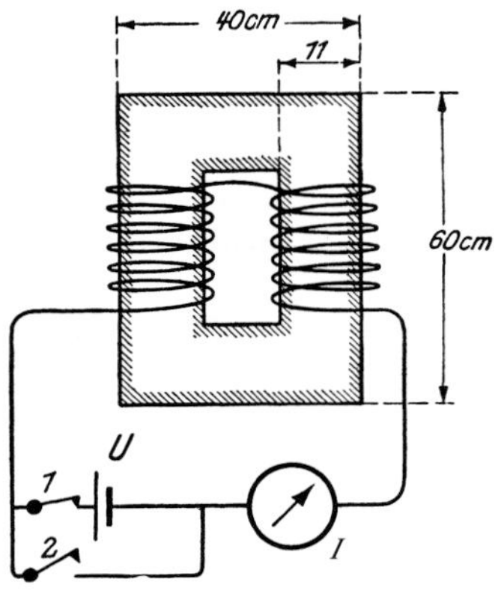

Abb. 213. Auf- und Abbau eines Magnetfeldes in einer Spule erfordern Zeit **(Videofilm 15)**

Videofilm 15:
„Trägheit des Magnetfeldes"
Siehe Kommentar K5.

Nach Erreichung des Höchstwertes schließen wir erst den Stromkreis mit dem Schalter 2 und schalten sofort darauf den Akkumulator mit dem Schalter 1 ab. Wir sehen noch einmal das Beharrungsvermögen oder die Trägheit von Magnetfeld und Strom. Noch nach einer Minute zeigt das Amperemeter einen deutlichen Ausschlag. Diese Versuche wirken stets ungemein überraschend. Verbinden wir doch im täglichen Leben mit elektrischen Vorgängen stets die Vorstellung des Momentanen, des Zeitlosen.

„Diese Versuche wirken stets ungemein überraschend. Verbinden wir doch im täglichen Leben mit elektrischen Vorgängen stets die Vorstellung des Momentanen, des Zeitlosen."

Wir haben diesen fundamentalen Tatbestand, *die Trägheit von Magnetfeld und Strom*, hier absichtlich rein empirisch dargestellt. Nachträglich können wir ihn leicht als eine einfache Folgerung der LENZ'schen Regel erkennen: Nehmen wir als Beispiel den zweiten Fall. In ihm wurde die Stromquelle überbrückt und entfernt. In einem idealen Leitungsdraht ohne jeden Widerstand würde der Strom endlos weiterfließen. Tatsächlich besitzt aber auch der beste technische Leiter einen endlichen Widerstand R, der Strom wird durch reibungsähnliche Kräfte geschwächt (JOULE'sche Wärme, § 12).[K3] Diese *Abnahme* des Stromes ist die Ursache des Induktionsvorgangs. Die induzierte Spannung muss also nach der LENZ'schen Regel die Stromabnahme *behindern*. Den Elektronen wird auf Kosten der magnetischen Feldenergie ein Teil der durch „Reibung" verlorenen kinetischen Energie ersetzt und dadurch der Stromabfall verzögert.

K3. Eine Ausnahme sind die Supraleiter. Darin hat man induzierte Dauerströme über mehrere Jahre nachweisen können. Das Phänomen der Supraleitung tritt bei den meisten Metallen und einer Vielzahl von Verbindungen auf und ist u. a. dadurch gekennzeichnet, dass bei tiefen Temperaturen unterhalb einer bestimmten Temperatur der elektrische Widerstand verschwindet. POHL hat dies in früheren Auflagen beschrieben. Für eine gründliche Einführung siehe W. Buckel, R. Kleiner, „Supraleitung, Grundlagen und Anwendungen", Wiley-VHC Weinheim 2004, 6. Aufl.

Zur quantitativen Beschreibung mit Berücksichtigung des sich aus diesen Experimenten ergebenden Vorzeichens heißt Gl. (156)

$$\int U \, dt = -L (I_2 - I_1) \tag{158}$$

oder in differentieller Form

$$U = -L \frac{dI}{dt} \,. \tag{159}$$

Die Vorzeichen entsprechen der LENZ'schen Regel (§ 62), d. h. bei ansteigendem Strom ($I_2 > I_1$ bzw. dI/dt positiv) ist die induzierte Spannung dem Strom entgegengerichtet, während sie bei abfallendem Strom ($I_2 < I_1$ bzw. $\mathrm{d}I/\mathrm{d}t$ negativ) die gleiche Richtung wie der Strom hat. Siehe auch § 49.

Für weitere Rechnungen verwendet man die in Abb. 214 skizzierte Reihenschaltung mit dem oft angewandten Trick, die Induktivität L und den Widerstand R als räumlich voneinander getrennt zu zeichnen.

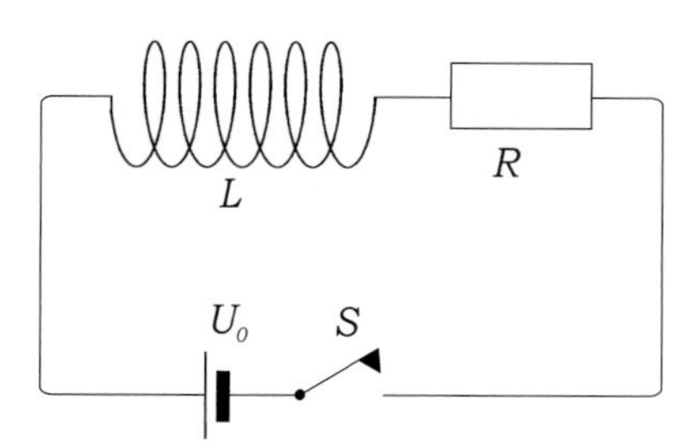

Abb. 214. Zur Herleitung der Gl. (160)

Nach Schließen des Schalters fällt die angelegte Spannung U_0 über L und R ab, es gilt also[K4]

$$U_0 = U_L + U_R = L\frac{\mathrm{d}I}{\mathrm{d}t} + RI\,. \tag{160}$$

Die Lösung dieser Differentialgleichung ist gegeben durch

$$I = \frac{U_0}{R}\left(1 - e^{-\frac{R}{L}t}\right), \tag{161}$$

wovon man sich durch Einsetzen in (160) überzeugen kann. Die Zeit $\tau_r = L/R$ wird Relaxationszeit genannt. Der Strom $U_0/R = I_{max}$ ist der nach mehreren Relaxationszeiten erreichte Sättigungsstrom.

Wenn jetzt der Akkumulator kurzgeschlossen und entfernt wird, also $U_0 = 0$ wird, ist die Lösung von Gl. (160)

$$I = I_{max} e^{-\frac{R}{L}t}\,. \tag{162}$$

Die Gln. (161) und (162) sind in Abb. 215 dargestellt.[K5]

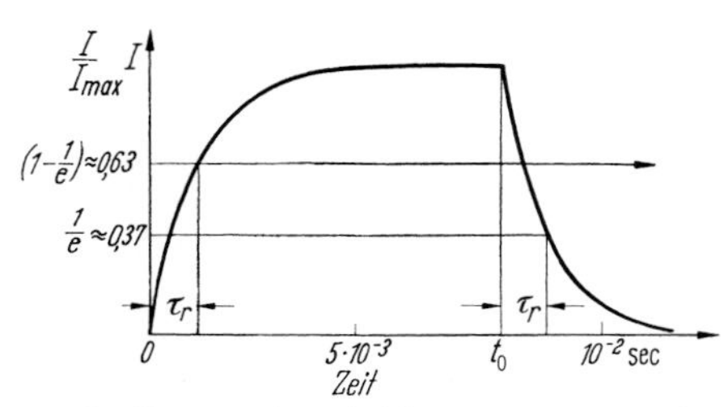

Abb. 215. Stromverlauf beim Auf- und Abbau eines magnetischen Feldes. Im Beispiel: $L = 10^{-1}$ Vs/A; $R = 10^2\ \Omega$; $\tau_r = 10^{-3}$ sec (siehe auch Abb. 88)

Die im Magnetfeld gespeicherte Energie W lässt sich aus der JOULE'schen Wärme berechnen, die nach Abschalten des Akkumulators (zu Zeit t_0) im Widerstand R entsteht. Es gilt (nach § 12)

$$\frac{\mathrm{d}W}{\mathrm{d}t} = I^2 R = \left(\frac{U_0}{R}\right)^2 R\, e^{-\frac{2R}{L}t}\,. \tag{163}$$

K4. Die Spannung U_L kompensiert die in der Spule induzierte Spannung U:

$$U_L = -U = L\frac{\mathrm{d}I}{\mathrm{d}t}$$

(siehe § 73).

K5. Bei der Herleitung der Gln. (161) und (162) wurde angenommen, dass die Spule leer war. Bei dem in Abb. 213 (**Videofilm 15**) beschriebenen Experiment ist dies allerdings keineswegs der Fall. Sie ist vielmehr mit Eisen gefüllt. Infolgedessen ist der Stromanstieg und der darauf folgende Stromabfall zusätzlich erheblich verzögert. Der große Einfluss der Eisenfüllung in der Spule wird am Ende des Videofilms besonders augenfällig, wenn nach Umpolung der Stromanstieg sehr viel länger dauert als der zuerst gezeigte. Der Grund dafür ist die Umkehrung der Magnetisierung des Eisens (siehe Kap. XIV, vor allem Abb. 309).

Durch Integration folgt

$$W = \frac{U_0^2}{R} \int_{t_0}^{\infty} e^{-\frac{2R}{L}t} \mathrm{d}t = \frac{1}{2} L I_{\max}^2 , \tag{164}$$

d. h. die in einer vom Strom I durchflossenen Spule der Induktivität L gespeicherte Energie ist

$$W = \frac{1}{2} L I^2 \tag{165}$$

(z. B. W in Ws, L in Vs/A, I in A).

Mithilfe der Gln. (157) von S. 122 und (70) von S. 64 erhält man daraus auch den schon in Kap. VIII angegebenen Ausdruck für die in einem Magnetfeld im Volumen V gespeicherte Energie

$$W_{\text{magn}} = \frac{\mu_0}{2} H^2 V = \frac{1}{2\mu_0} B^2 V . \qquad \text{Gl. (153) v. S.109}$$

Die Trägheit des Magnetfeldes spielt bei allen Anwendungen von Strömen wechselnder Größe und Richtung eine entscheidende Rolle. — Qualitativ kann man zwei wesentliche Punkte mit periodisch unterbrochenem Gleichstrom vorführen.

In Abb. 216 verzweigt sich der Strom eines 2-Volt-Akkumulators in zwei Zweige mit je einem Glühlämpchen. Der linke Zweig enthält außerdem eine Spule mit Eisenkern, der rechte ein kurzes Drahtstück mit einem Widerstand gleich dem der Spule (etwa $\frac{1}{3}$ Ohm). Für einen konstant fließenden Strom sind beide Zweige gleichwertig, die beiden gleichen Lämpchen leuchten gleich hell. — Anders bei einem periodischen Schließen und Öffnen des Schalters (kurze Schalteröffnung in Zeitabständen T, $1/T$ = Frequenz ν):

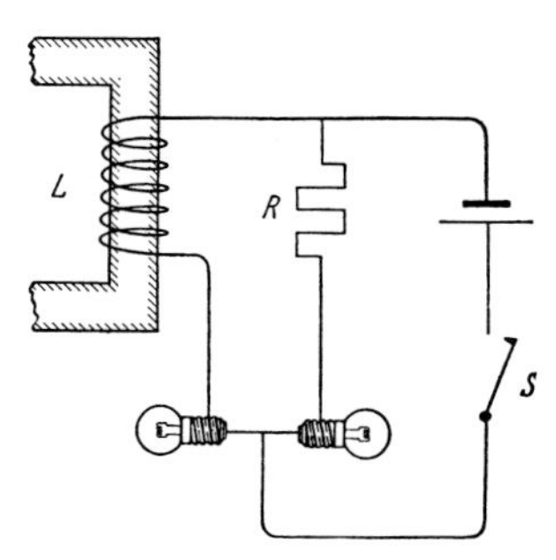

Abb. 216. Zur Vorführung des induktiven Widerstandes mit periodisch unterbrochenem Gleichstrom

1. Bei kleiner Frequenz erreichen zwar beide Lämpchen noch die gleiche Lichtstärke, aber das linke jedesmal erst etwa 1 Sekunde später als das rechte. Sein Strom hinkt erheblich hinter dem Anlegen der Spannung her. Er braucht zum Aufbau seines Magnetfeldes fast 1 Sekunde Zeit.

2. Bei wachsender Frequenz reicht die zum Aufbau des Magnetfeldes verfügbare Zeit nicht mehr aus. Das linke Lämpchen wird nach und nach mehr benachteiligt. Bei Frequenzen über 1 Hz bleibt es ganz dunkel. Das heißt, die Spule hat einen *induktiven Widerstand*, und dieser steigt mit der Frequenz.[K6]

K6. Modell eines sogenannten Tiefpassfilters, durchlässig für niedrige Frequenzen.

Bei diesen Versuchen mit periodisch unterbrochenem Gleichstrom geht der Stromquelle die ganze zum Aufbau des Magnetfeldes aufgewandte Energie verloren. In Abb. 216 fließt beim Öffnen des Schalters der „träge" Spulenstrom durch beide Lampen hindurch und wandelt dabei die magnetische Feldenergie in Wärme um. (Ohne den Leiter mit dem Widerstand R und das rechte Lämpchen würde das im Lichtbogen des Schalters geschehen!)

§ 72. Quantitatives über Wechselströme. *Für die quantitative Behandlung wählen wir Wechselströme mit einfachster Kurvenform, nämlich der Sinuskurve.* Wechselströme von komplizierter Form lassen sich stets auf eine Überlagerung einfacher sinusförmiger Wechselströme zurückführen. Der in Bd. 1 (§ 98) erläuterte Formalismus ist in vollem Umfang auf Wechselströme übertragbar.

Für sinusförmige Wechselströme und -spannungen gilt

$$I = I_0 \sin \omega t \quad \text{und} \quad U = U_0 \sin \omega t \,. \tag{166}$$

Dabei bedeuten I und U die Momentanwerte von Strom und Spannung zur Zeit t, I_0 und U_0 ihre Amplituden, d. h. Höchst- oder Scheitelwerte und $\omega = 2\pi\nu$ die Kreisfrequenz (vgl. Bd. 1, § 23).

Die Momentanwerte des Stromes und der Spannung lassen sich mit Messinstrumenten hinreichend kurzer Einstellzeit, z. B. Oszillographen beobachten und messen. Im Allgemeinen misst man nicht diese Momentanwerte von Strom und Spannung, sondern *effektiv* genannte zeitliche *Mittelwerte.* Der zeitliche Mittelwert der Sinus-Funktion würde allerdings null ergeben. Man bildet daher die Mittelwerte vom Quadrat der Funktionen und definiert die Effektivwerte durch die Gleichungen

$$I_{\text{eff}} = \sqrt{\frac{1}{T}\int_0^T I^2 \,\mathrm{d}t} \quad \text{und} \quad U_{\text{eff}} = \sqrt{\frac{1}{T}\int_0^T U^2 \,\mathrm{d}t} \tag{167}$$

(T = Periode).

Sie werden durch Abb. 217 veranschaulicht. Für sinusförmige Ströme und Spannungen ist

$$I_{\text{eff}} = \frac{I_0}{\sqrt{2}} \quad \text{und} \quad U_{\text{eff}} = \frac{U_0}{\sqrt{2}} \,. \tag{168}$$

Die Effektivwerte von Strom und Spannung sind also proportional zu den Amplituden. Diese Definition entspricht den Werten von Gleichströmen und -spannungen, die in einem OHM'schen Widerstand die gleiche mittlere JOULE'sche Wärme hervorrufen würden.

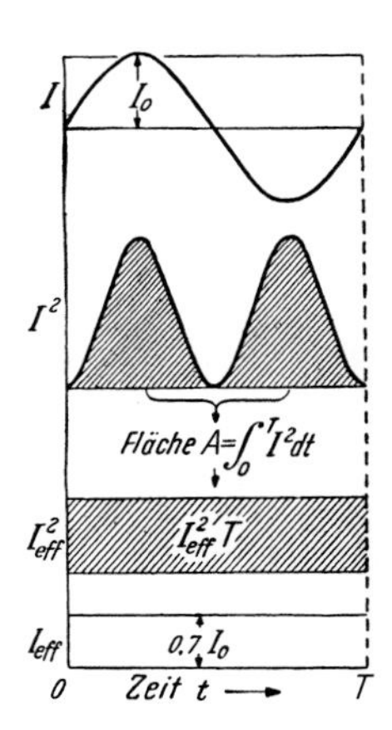

Abb. 217. Zur Definition der effektiven Stromstärke eines sinusförmigen Wechselstromes

§ 73. Spule im Wechselstromkreis. Oft kann man den Vorgang der Selbstinduktion in einem Leiter vernachlässigen. In einem solchen „selbstinduktionsfreien Leiter" haben Wechselstrom und Wechselspannung die gleiche Phase; in jedem Augenblick ist die aus dem OHM'schen Gesetz folgende, oder kurz „OHM'sche" Spannung $U_R = IR$ ausreichend, um den Strom I aufrechtzuerhalten.

Oft kann man aber für Wechselströme, insbesondere in spulenförmigen Leitern, den Vorgang der Selbstinduktion nicht vernachlässigen. Dann ist zum Erhalten eines Stromes außer der OHM'*schen* Spannung U_R zusätzlich eine *induktive* Spannung U_L erforderlich, die die induzierte Spannung U_{ind} kompensiert. Für sie gilt nach Gl. (159)

$$U_L = -U_{ind} = L\frac{dI}{dt}. \tag{169}$$

In diesem Fall zeichnet man die Spule in zwei Stücke zerlegt, z. B. in Abb. 218: In dem kastenförmig gezeichneten Stück soll allein der OHM'sche Widerstand wirksam sein, in dem spiralig gezeichneten allein die Selbstinduktion.

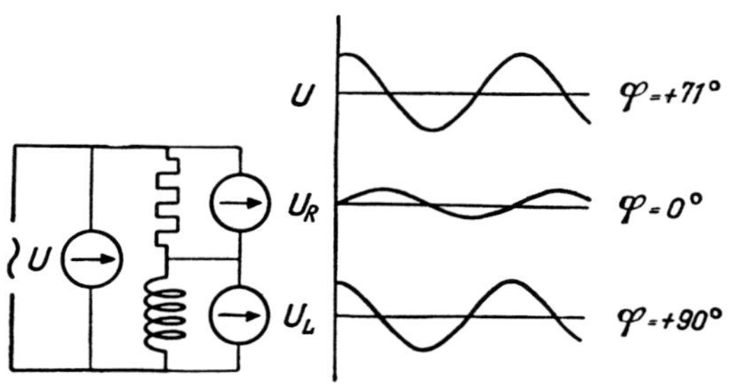

Abb. 218. Zur Reihenschaltung eines Leiters mit OHM'schem Widerstand (Kastenkurve) und einer Spule mit induktivem Widerstand (Schraubenspirale). Amplitudenverhältnis und Phasenwinkel ähnlich wie in Abb. 219. Die Spannung U_R hat die gleiche Phase wie der Strom. Zahlenbeispiel: $\nu = 50\,\text{Hz}$; $L/R = 9{,}2 \cdot 10^{-3}\,\text{sec}$.

Für einen sinusförmigen Wechselstrom heißt Gl. (169)

$$U_L = L\omega I_0 \cos\omega t = L\omega I_0 \sin(\omega t + 90°). \tag{170}$$

Folglich gilt für die Amplitude der induktiven Spannung

$$U_{L,0} = I_0\omega L = I_0 2\pi\nu L \tag{171}$$

mit dem wesentlichen Zusatz: Die Spannungsamplitude $U_{L,0}$ eilt der Stromamplitude I_0 zeitlich um 90° voraus. Die beiden zur Aufrechterhaltung der Stromamplitude I_0 erforderlichen Spannungsamplituden $U_{R,0}$ und $U_{L,0}$ müssen daher zu einer resultierenden Spannungsamplitude U_0 zusammengesetzt werden.[K7]

K7. Für diese „Zusammensetzung" der Spannungsamplituden müssen die Funktionen $U_R = U_{R,0}\sin\omega t$ und $U_L = U_{L,0}\cos\omega t$ (Gl. 170) addiert werden. Das Ergebnis ist wieder eine harmonische Funktion mit der gleichen Periode, aber um den Phasenwinkel φ hinter der Funktion U_R herlaufend (Gl. 173). Die resultierende Amplitude steht in Gl. (172). Diese Ergebnisse lassen sich übersichtlich in einem sogenannten Zeigerdiagramm (Abb. 219) darstellen. Das hat den Vorteil, dass damit weitere Formeln für den Wechselstromwiderstand mathematisch einfacher abzuleiten sind.

Das ist graphisch in einem sogenannten *Zeigerdiagramm* in Abb. 219 dargestellt. Als Amplitude der resultierenden Spannung findet man

$$U_0 = I_0\sqrt{R^2 + (\omega L)^2}. \tag{172}$$

Sie eilt der Stromamplitude I_0 zeitlich um den Phasenwinkel φ voraus. Für ihn gilt

$$\tan\varphi = \omega L/R. \tag{173}$$

Der Quotient

$$\frac{U_0}{I_0} = Z = \sqrt{R^2 + (\omega L)^2} \tag{174}$$

wird als Wechselstrom- oder Scheinwiderstand (Impedanz) Z der Spule bezeichnet. Er ist *für Wechselstrom durchaus keine Konstante, sondern steigt mit ν, der Frequenz des Wechselstromes an.*

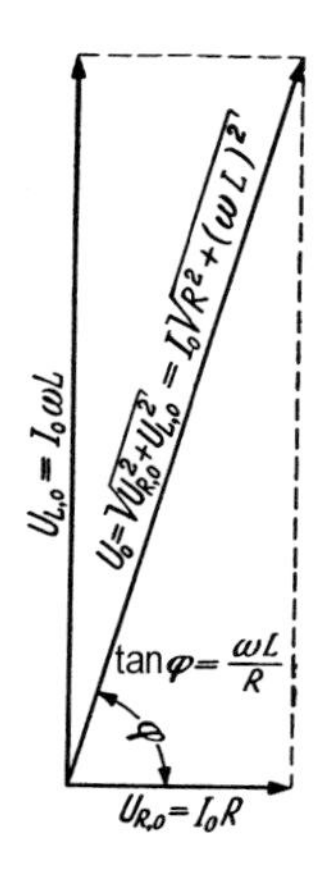

Abb. 219. Zur Berechnung des Wechselstromwiderstandes in einem „Zeigerdiagramm"[K8]

K8. In einem Zeigerdiagramm wird die Amplitude der sinusförmigen Spannungen (oder Ströme) durch die Länge der Zeiger angegeben. φ ist der Phasenwinkel relativ zu einer Größe, die in allen Teilen des Stromkreises die gleiche ist. In Abb. 219 ist dies der Strom und φ der durch Gl. (177) definierte Winkel, der hier also angibt, wie viel die Spannung dem Strom vorauseilt. In Rechnungen können die Zeiger wie Vektoren behandelt werden. Siehe auch Kommentar K10.

Bei großem Produkt ωL kann die Impedanz Z gemäß Gl. (174) um Zehnerpotenzen größer sein als der konstante Ohm'sche Widerstand R für Gleichstrom. In solchen Fällen kann man R in Gl. (174) neben ωL vernachlässigen. Es verbleibt nur der *induktive* oder *Blindwiderstand*

$$U_{L,0}/I_0 = \omega L . \tag{175}$$

Zusammenfassend: Die Spannung

$$U = U_0 \sin \omega t \tag{176}$$

bewirkt den Strom

$$I = I_0 \sin(\omega t - \varphi) , \tag{177}$$

mit $I_0 = U_0/Z$. Im Stromkreis der Abb. 218 ist der Phasenwinkel φ (Gl. 173) positiv.

Die Phasenverschiebung φ zwischen den Momentanwerten von Wechselstrom und Wechselspannung ist ein beliebter Gegenstand schöner Demonstrationsexperimente.

Ein bequemer Versuch zum Nachweis der Phasenverschiebung ist in Abb. 220 dargestellt. Man spaltet den Strom einer Wechselstromquelle (~) in zwei gleiche Teilströme auf und schickt diese durch zwei zueinander senkrecht stehende Spulenpaare. In den einen Teilstrom wird eine Spule mit großer Induktivität eingeschaltet. Infolge der Phasenverschiebung entsteht ein magnetisches *Drehfeld* (§ 69, Abb. 207); in ihm rotiert eine Metallscheibe als Läufer. (Eine praktische Anwendung findet dieses Prinzip im weitverbreiteten sogenannten „Spaltpolmotor".[K9])

K9. Die gespaltenen Pole eines Wechselstrommagneten tragen auf der einen Hälfte je einen Kupferring, wodurch die Änderung des magnetischen Flusses verzögert wird. Es entsteht ein magnetisches Drehfeld.

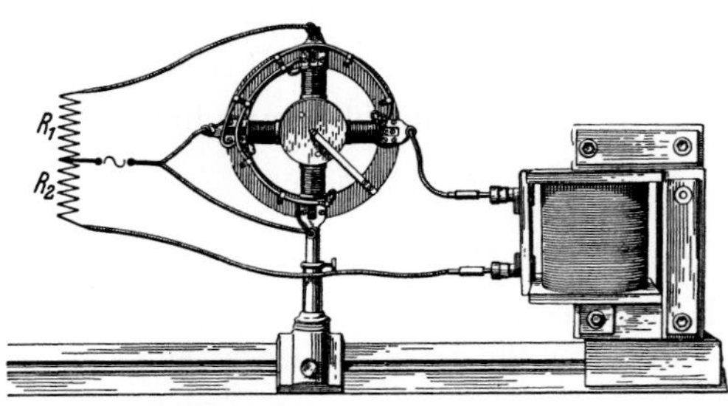

Abb. 220. Nachweis einer Phasenverschiebung durch Erzeugung eines Drehfeldes (Ströme $\approx 10^{-1}$ Ampere). R_1 und R_2 Glühlampen als Vorschaltwiderstände anstelle von regelbaren Widerständen und Amperemetern, $\sim =$ Wechselstromquelle, $\nu = 50$ Hz. **(Videofilm 16)**

Videofilm 16:
„Magnetisches Drehfeld"
Zu Anfang wird ein „Null-Experiment" vorgeführt: Ein Ohm'scher Widerstand anstelle der Spule führt zu keiner Bewegung der Eisenscheibe. Wenn dann der Widerstand durch die Spule ersetzt wird (Induktivität $L \approx 1$ H), rotiert die Scheibe nach rechts: Das B-Feld rotiert im Uhrzeigersinn. Wenn statt der Spule ein Kondensator (Kapazität $C = 10\,\mu$F, s. § 74) in den Stromkreis geschaltet wird, rotiert die Scheibe, wie das Magnetfeld, gegen den Uhrzeiger. Die als Vorschaltwiderstände verwendeten Glühlampen sind als Amperemeter nur beschränkt brauchbar. Dadurch erklären sich auch die unterschiedlichen Drehfrequenzen, die in den beiden Experimenten beobachtet werden.

§ 74. Kondensator im Wechselstromkreis. Im Versuch der Abb. 220 ersetzen wir die Spule durch einen Kondensator ($C \approx 10^{-5}$ Farad). Wir beobachten abermals ein magnetisches *Drehfeld*, doch ist sein Drehsinn dem mit der Spule beobachteten entgegengesetzt **(Videofilm 16)**. Daraus ist zweierlei zu folgern. Erstens: Der *Wechselstrom* wird durch einen Kondensator nicht unterbrochen, er durchfließt den Kondensator als *Verschiebungsstrom* (§ 53). Zweitens: Zwischen Strom und Spannung besteht wiederum eine *Phasendifferenz* von 90°, doch eilt diesmal der Strom voraus.

Für die quantitative Behandlung verwendet man eine sinusförmige Wechselspannung

$$U = U_0 \sin \omega t \tag{178}$$

($\omega = 2\pi\nu$ = Kreisfrequenz, ν = Frequenz).

Der Kondensator habe die Kapazität C (und daher bei der Spannung U die Ladung $Q = CU$). Dann gilt zu jedem Zeitpunkt für den Ladungs- oder Entladungsstrom

$$I = \frac{\mathrm{d}Q}{\mathrm{d}t} = C\frac{\mathrm{d}U}{\mathrm{d}t}\,. \tag{179}$$

In dieser Gleichung ist $\dfrac{\mathrm{d}U}{\mathrm{d}t} = \omega U_0 \cos \omega t = \omega U_0 \sin(\omega t + 90°)$, also

$$I = C\omega U_0 \sin(\omega t + 90°)\,, \quad (\varphi = -90°\text{, s. Gl. 177})\,. \tag{180}$$

Folglich gilt für die Amplituden des den Kondensator durchfließenden Stromes (Verschiebungsstromes)

$$I_0 = \omega C U_0 = 2\pi\nu C U_0\,, \tag{181}$$

jedoch mit dem wesentlichen Zusatz: Der Strom eilt der Spannung um 90° voraus. (Vgl. später das Schema der Abb. 222.) — Den Quotienten

$$\frac{U_0}{I_0} = \frac{1}{\omega C} \tag{182}$$

nennt man den kapazitiven oder Blindwiderstand des Kondensators.

Zahlenbeispiel: $\nu = 50$ Hz; $C = 10^{-5}$ Farad; $U_0/I_0 = 3{,}2 \cdot 10^4$ Ohm.

§ 75. Spule und Kondensator im Wechselstromkreis in Reihe geschaltet. Für einen Leiter mit nur OHM'schem Widerstand gilt

$$U_{\mathrm{R},0} = I_0 R\,, \tag{2 v. S. 10}$$

für einen Leiter mit nur induktivem Widerstand gilt

$$U_{\mathrm{L},0} = I_0 \omega L \tag{171}$$

und für einen vom Verschiebungsstrom durchflossenen Kondensator

$$U_{\mathrm{C},0} = I_0/\omega C \tag{182}$$

(Der Index 0 kennzeichnet wieder die Amplituden).

Bei einer Reihenschaltung der drei Komponenten (Abb. 221) setzen sich die drei eben genannten Spannungen mit ihren Phasendifferenzen zu einer Gesamtspannung

$$U_0 = I_0\sqrt{R^2 + (\omega L - 1/\omega C)^2} \tag{183}$$

zusammen (Abb. 222). Sie ist gegenüber dem Strom zeitlich um den Winkel φ verschoben und gegenüber der Spannung U_C am Kondensator um $(\varphi + 90°)$. Für φ gilt nach Abb. 222

rechts

$$\tan\varphi = \frac{\omega L - 1/\omega C}{R} \tag{184}$$

(Zur Definition des Winkels φ siehe die Gl. (177), eine graphische Darstellung von ($\varphi + 90°$) später in Abb. 249c).

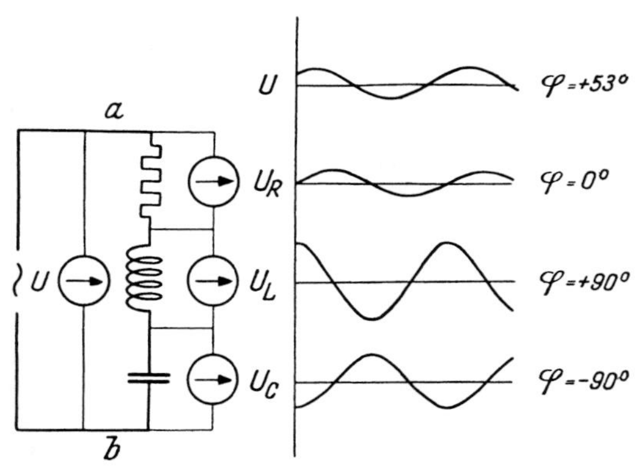

Abb. 221. Zur Reihenschaltung eines Kondensators, einer Spule und eines OHM'schen Widerstandes. Zahlenbeispiel für $\nu = 50\,\text{Hz}$; $L/R = 1{,}44 \cdot 10^{-2}\,\text{sec}$; $1/RC = 10^3\,\text{Hz}$ (Man beachte, dass die Spannung U_R im Reihenkreis die gleiche Phase hat wie der Strom. In dem gezeigten Beispiel läuft der Strom also um 53° hinter der angelegten Spannung U her.)

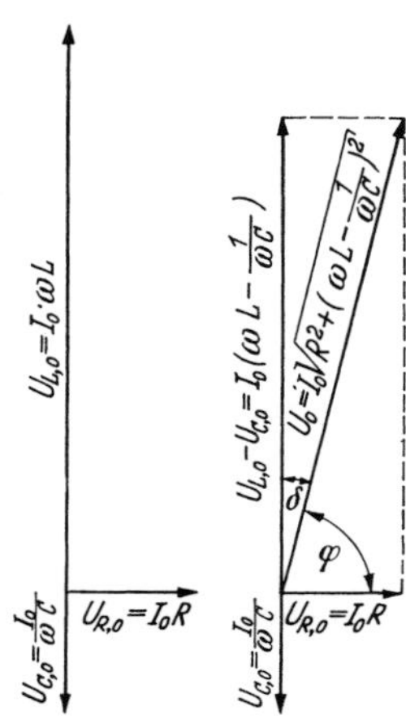

Abb. 222. Zur Berechnung des Wechselstromwiderstandes des Reihenkreises in Abb. 219

Für jedes Wertepaar von L und C gibt es eine ausgezeichnete Frequenz ν_0, bei der der induktive Widerstand ωL und der kapazitive Widerstand $1/\omega C$ gleich groß werden: Gleichsetzen dieser beiden Größen liefert als *Resonanzfrequenz*

$$\nu_0 = \frac{1}{2\pi\sqrt{LC}}\,. \tag{185}$$

Experimentell wird diese „Resonanz bei Reihenschaltung" in Abb. 223 vorgeführt. Dabei befinden sich der Leiter mit nur OHM'schem Widerstand R und der Leiter mit nur

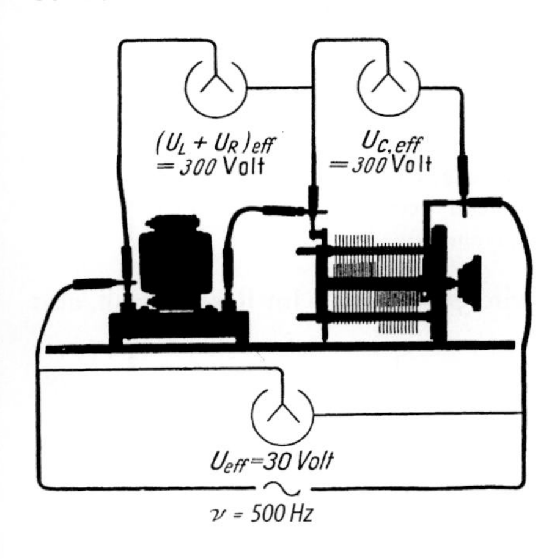

Abb. 223. Ein Beispiel für *Spannungsresonanz* in einem *Reihenkreis*. $\nu_0 = 500\,\text{Hz}$. Stromquelle ist ein Netzgerät mit variabler Frequenz. Spule mit geschlossenem Eisenkern, $L \approx 37\,\text{Henry}$, $R = 1{,}1 \cdot 10^4\,\text{Ohm}$. Drehkondensator zur Einstellung der Resonanzfrequenz; $C_\text{max} \approx 3 \cdot 10^{-9}\,\text{Farad}$. Statische Spannungsmesser (§ 6).

induktivem Widerstand ωL in einer einzigen Spule (mit Eisenkern). Die Teil*spannungen* $(U_R + U_L)$ und U_C haben größere Amplituden und Effektivwerte als die Gesamtspannung U. Daher spricht man oft von *Spannungsresonanz.* Im Resonanzfall erreicht der Gesamtwiderstand U_0/I_0 bei der Reihenschaltung seinen kleinsten Wert (Abb. 224).

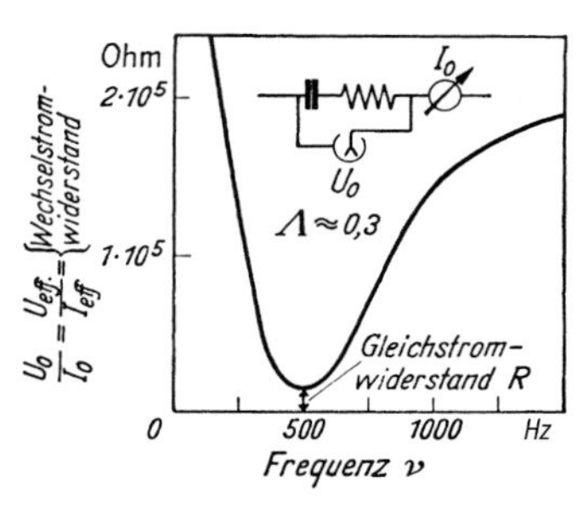

Abb. 224. Der Wechselstromwiderstand des *Reihenkreises* als Funktion der Frequenz (Gl. 183). Versuchsdaten wie in Abb. 223 (Λ ist das logarithmische Dekrement (Bd. 1, § 105), s. auch im Folgenden § 85.)

In jedem Stromkreis wird infolge seines OHM'schen Widerstandes R elektrische Energie in Wärme umgewandelt; es ist die so verzehrte Leistung $\dot{W} = I^2 R$. Andere Verluste können hinzukommen, vor allem in eisenhaltigen Spulen durch Wirbelströme und Ummagnetisierung (§ 111). Alle Verluste, die gesamte verzehrte Leistung, schreibt man einem Widerstand R' zu, der *größer* ist als der mit Gleichstrom gemessene. Man definiert also $R' = (\sum \dot{W})/I^2$. Im idealisierten Grenzfall $R' = 0$ würden die beiden Spannungen $(U_L + U_R)$ und U_C gegeneinander genau um 180° phasenverschoben sein und im Resonanzfall beide einander gleich unbegrenzt ansteigen.

§ 76. Spule und Kondensator im Wechselstromkreis parallel geschaltet. Widerstand, Spule und Kondensator lassen sich auch in einer Parallelschaltung zusammenstellen (Abb. 225). Dann erhält man durch Addition der Teilströme für die Amplitude U_0 der Gesamtspannung wesentlich andere Ergebnisse als bei der Reihenschaltung (Gln. 183 bis 185). Es gilt[K10]

K10. Die mathematische Herleitung der Gln. (186) und (187) kann wiederum mithilfe eines Zeigerdiagramms, diesmal für die Stromamplituden, durchgeführt werden. Gleichbedeutend damit ist auch der Formalismus komplexer Zahlen. Siehe z. B. Bergmann-Schaefer, „Elektrizität und Magnetismus", de Gruyter, Berlin, New York, 7. Aufl. 1987, Kap. 5.4.

$$U_0 = I_0 \frac{\sqrt{R^2 + (\omega L)^2}}{\omega C \sqrt{R^2 + (\omega L - 1/\omega C)^2}} \tag{186}$$

und für den Phasenwinkel φ zwischen U und I (definiert in Gl. 177)

$$\tan \varphi = \frac{\omega L}{R}(1 - \omega^2 LC) - \omega RC\,. \tag{187}$$

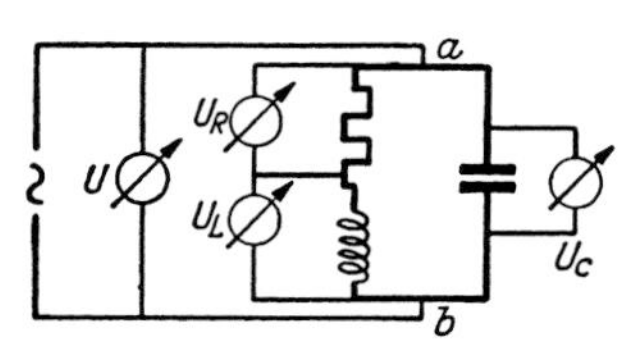

Abb. 225. Eine Spule und ein OHM'scher Widerstand in Reihe sind mit einem Kondensator parallel geschaltet. Die Spannungen werden als Effektivwerte gemessen, oder auch mit Oszillographen.

Im Grenzfall sehr hoher Frequenz ($\omega \to \infty$) wird $\varphi = -90°$. Im Resonanzfall, also $\varphi = 0$, wird

$$\omega = \omega_0 \sqrt{1 - R^2 C/L}\,, \quad \omega_0 = \frac{1}{\sqrt{LC}}\,. \tag{188}$$

Diese Gleichung wird nur in dem, allerdings meist vorliegenden, Sonderfall $R^2 C/L \ll 1$ mit Gl. (185) identisch. Der Resonanzfall wird mit der Schaltung in Abb. 226 experimentell vorgeführt. Dabei sind, wie schon vorher im Reihenkreis, OHM'scher Widerstand

R und induktiver Widerstand ωL wieder in einer einzigen Spule vorhanden. Die beiden Teil*ströme*, d. h. der durch die Spule fließende Strom I_L und der den Kondensator durchfließende Verschiebungsstrom I_C können sehr viel größere Amplituden und Effektivwerte bekommen als der Gesamtstrom I. Daher spricht man oft von *Stromresonanz*.

Infolge der in § 75 im Kleindruck genannten Verluste kann die Stromamplitude I_0 zwar sehr klein, aber nie null werden. Die Phasendifferenz zwischen I_L und I_C kann sich zwar dem Wert 180° beliebig nähern, ihn aber nie erreichen.

Im Resonanzfall erreicht der gesamte Widerstand $U_0/I_0 = U_{eff}/I_{eff}$ bei der Parallelschaltung seinen größten Wert (Abb. 227) (Sperrkreis).

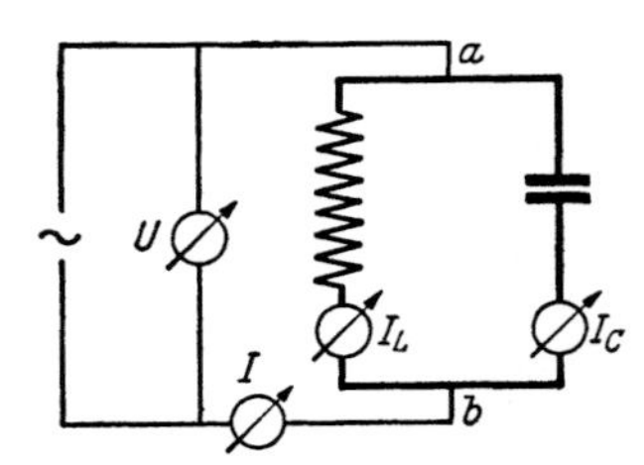

Abb. 226. Ein Beispiel für *Stromresonanz* in einem *Parallelkreis*, $\nu_0 = 50$ Hz. Technischer Papierkondensator mit $C = 3{,}7 \cdot 10^{-6}$ Farad, $R = 38$ Ohm, $L = 2{,}7$ Henry. $I = 10^{-2}$ A, $I_L = 5{,}8 \cdot 10^{-2}$ A, $I_C = 6{,}0 \cdot 10^{-2}$ A (Das hier und auch in Abb. 227 verwendete Schaltzeichen (Zickzack) bedeutet eine Spule, die auch einen OHM'schen Widerstand hat.) (Aufg. 52, 53)

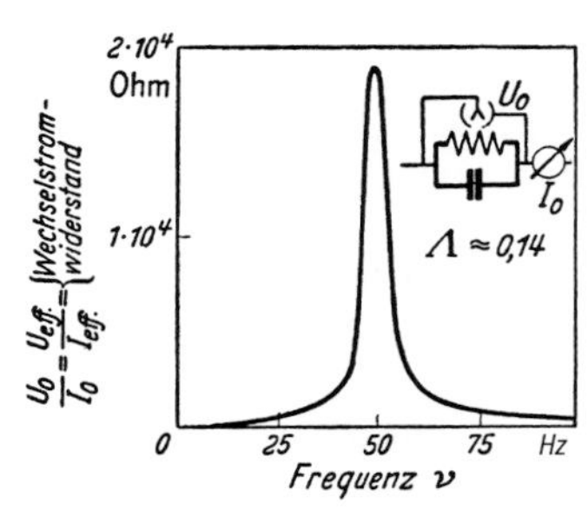

Abb. 227. Der Wechselstromwiderstand des Parallelkreises als Funktion der Frequenz (Gl. 186). Versuchsdaten wie in Abb. 226 (Λ ist das logarithmische Dekrement (Bd. 1, § 105), s. auch im Folgenden § 85.) (Aufg. 59)

§ 77. Leistung des Wechselstromes. Für die Leistung $\dot{W}$ jedes elektrischen Stromes gilt $\dot{W} = IU$. Beim Wechselstrom sind sowohl I als auch U periodische Funktionen der Zeit; außerdem besteht im Allgemeinen zwischen beiden eine Phasendifferenz φ. Im einfachsten Fall, d. h. bei sinusförmigem Wechselstrom, gelten die Gln. (176) und (177), also ist die Leistung

$$\dot{W} = IU = I_0 U_0 \sin \omega t \sin(\omega t - \varphi) \tag{189}$$

oder nach einer elementaren Umformung

$$\dot{W} = \frac{1}{2} I_0 U_0 [\cos \varphi - \cos(2\omega t - \varphi)] \, . \tag{190}$$

In Worten: Die Leistung $\dot{W}$ eines Wechselstromes zerfällt in zwei Anteile: Der erste, $\frac{1}{2} I_0 U_0 \cos \varphi = I_{eff} U_{eff} \cos \varphi$ ist zeitlich konstant, der zweite ändert sich periodisch mit der Zeit, und zwar mit der Kreisfrequenz 2ω. — Ein uns schon bekanntes Beispiel: Ein Wechselstromkreis enthalte eine Spule mit der Induktivität L. Im ersten Viertel einer Periode wird in der Spule ein Magnetfeld aufgebaut. Im zweiten Viertel wird das Magnetfeld wieder abgebaut, seine Energie $\frac{1}{2} L I_0^2$ an die Wechselstromquelle zurückgeliefert. Im dritten und vierten Viertel der Periode wiederholt sich das gleiche Spiel mit umgekehrter Richtung von Strom und Magnetfeld. Dieser zweite Anteil ergibt also während jeder vollen Periode die Leistung null.

Demgemäß unterscheidet man zwei Komponenten des Stromes, nämlich den *Wirkstrom* mit der Amplitude $I_0 \cos \varphi$ und den *Blindstrom* mit der Amplitude $I_0 \sin \varphi$.[K11] Das

K11. Der Blindstrom ist gegen die Spannung um 90° phasenverschoben, der Wirkstrom ist in Phase. Eine Anwendung wird auch in § 107 beschrieben.

Verhältnis

$$\frac{\text{Wirkstrom}}{\text{Blindstrom}} = \frac{1}{\tan\varphi} \tag{191}$$

wird *Verlustfaktor* dieses Stromkreises genannt. Ein Wechselstromgenerator muss eine zeitlich konstante Wirkleistung dauernd *abgeben* und gleichzeitig eine Blindleistung für je eine Viertelperiode *ausleihen* können. Blindleistungen führen in diesem Bild zwar nicht zu Verlusten, machen aber ein großes „Betriebskapital" notwendig.

§ 78. Transformatoren und Induktoren. Die Kenntnis der Selbstinduktion als Trägheit erschließt uns das Verständnis der wichtigen Transformatoren oder Strom- und Spannungswandler für Wechselstrom.

Ein Transformator besteht aus zwei das gleiche Magnetfeld umfassenden Spulen (Abb. 228). Die eine Spule, Feld- oder Primärspule genannt, habe N_p Windungen. Ihre Enden werden mit der Wechselstromquelle verbunden. Ihr für Gleichstrom gültiger oder Ohm'scher Widerstand darf vernachlässigt werden. Dann haben wir zwischen ihren Enden die induktive Spannung $U_{\text{L},0} = I_0 \omega L$ (Gl. 171 von S. 128). Das zum Strom I gehörende Magnetfeld wird aber außer von der Primärspule auch von der zweiten Spule, der Induktions- oder Sekundärspule umfasst und induziert in ihren N_s Windungen die sekundäre Spannung U_s. Bei gleichem Magnetfeld verhalten sich nach dem Induktionsgesetz die beiden Spannungen bei Leerlauf zueinander wie die Windungszahlen, d. h.

$$U_{\text{s},0} : U_{\text{p},0} = N_\text{s} : N_\text{p} \,. \tag{192}$$

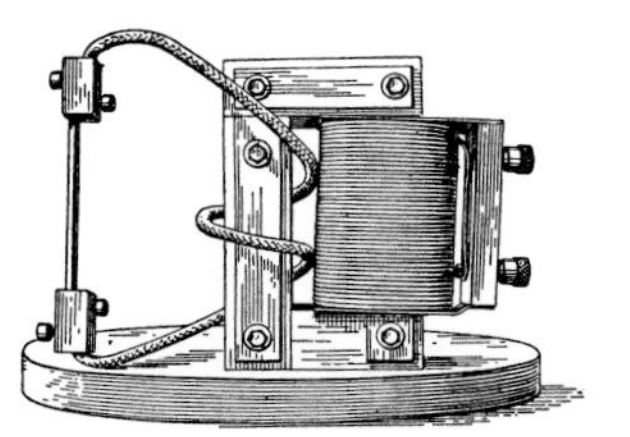

Abb. 228. Stromwandler zur Erzeugung großer Ströme

Man kann also durch Wahl von $N_\text{s} : N_\text{p}$, also durch Wahl der Übersetzung, jede beliebige Herauf- und Herabsetzung der Spannungsamplituden erreichen. Übersetzungen auf etliche hunderttausend Volt werden heute für viele physikalische und technische Zwecke ausgeführt. Vor allem aber *ist die heutige Fernübertragung elektrischer Energie gar nicht ohne mehrfache Umsetzung der Spannung ausführbar.* Dem Verbraucher dürfen nur Spannungen von einigen hundert Volt zugeleitet werden; sie sind, von groben Fahrlässigkeiten abgesehen, nicht lebensgefährlich. Die Fernleitungen hingegen müssen die Energie mit hoher Spannung und relativ kleinen Strömen übertragen (z. B. 10^4 Kilowatt mit 10^5 Volt und 10^2 Ampere). Sonst würden die Querschnitte der Leitungen zu groß und die ganzen Fernleitungen zu schwerfällig und unrentabel.

Die Herabsetzung der Spannung ergibt im Sekundärkreis eine Heraufsetzung der Stromstärke. Daher baut man *Niederspannungstransformatoren* mit nur ganz wenigen Sekundärwindungen (z. B. 2 in Abb. 228). Mit ihnen kann man im physikalischen Unterricht bequem Ströme von einigen tausend Ampere erzeugen. Die Technik baut nach diesem Prinzip ihre *Induktionsöfen* zum Schmelzen von Stahl usw. Der Sekundärkreis besteht in diesem Fall nur aus einer Windung. Es ist eine ringförmige, aus schwer schmelzbaren Steinen gemauerte Rinne. In diese wird das Schmelzgut eingeführt. Der Strom kann etliche zehntausend Ampere erreichen.

Eine Variante der Transformatoren bilden die unter dem Namen „Funkeninduktoren" oder kurz „Induktoren" bekannten Apparate. Primär- und Sekundärspule sind koaxial angeordnet, der Eisenkern nicht geschlossen, z. B. in Abb. 229. Funkenbild in Abb. 230.

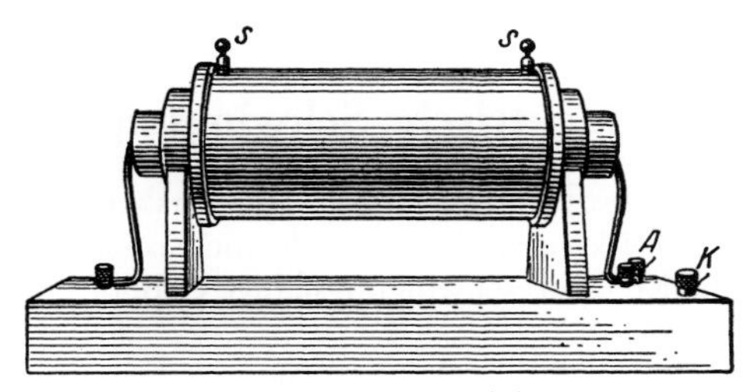

Abb. 229. Funkeninduktor

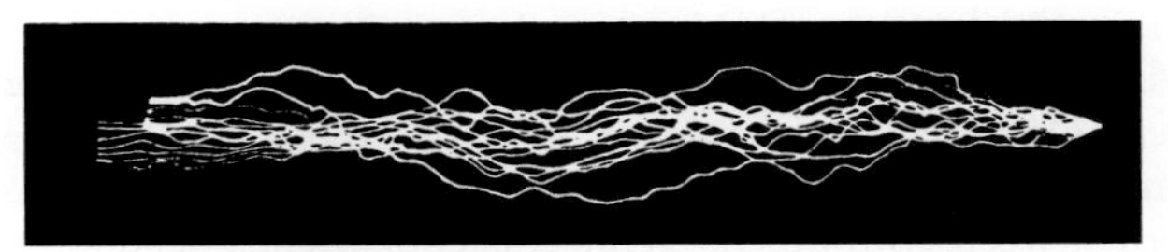

Abb. 230. Funken eines Induktors mit 40 cm Schlagweite zwischen Spitze (+, rechts) und Platte. Mechanischer Unterbrecher. 1 Sekunde Belichtungszeit.

Bei den gewöhnlichen Transformatoren wird die periodische Änderung des Magnetfeldes durch einen Wechselstrom in der Primärspule erzeugt. Bei den Induktoren benutzt man statt dessen einen *periodisch unterbrochenen Gleichstrom.* Für die periodische Unterbrechung sind zahlreiche automatische Schaltwerke angegeben worden. Die einfachsten benutzen *Kippfolgen.* Als Beispiel sei die in Bd. 1, Abb. 253 beschriebene Anordnung genannt (WAGNER'scher Hammer, Prinzip der Hausklingel.) Bemerkenswert ist eine Erzeugung von Kippfolgen ohne bewegte Teile (Abb. 231).

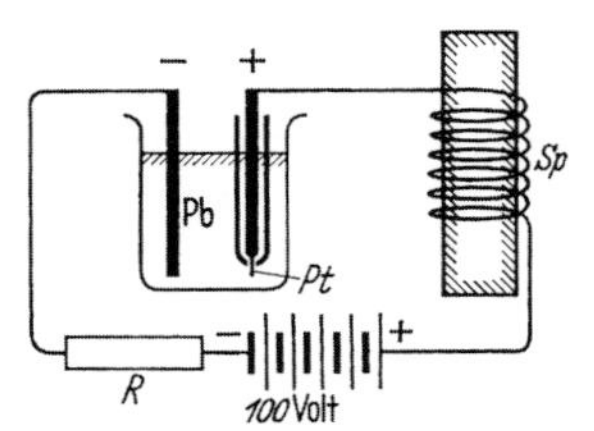

Abb. 231. Erzeugung von Kippfolgen mit dem elektrolytischen Unterbrecher von A. WEHNELT. In verdünnter Schwefelsäure sitzt als positive Elektrode ein etwa 1 mm dicker und 10 mm langer Pt-Draht am Ende einer Glasdüse. Der beim Stromdurchgang zum Glühen erhitzte Stift umgibt sich mit einer isolierenden Gashaut und unterbricht dadurch den Strom. Der dabei in der Primärspule *Sp* induzierte Spannungsstoß zerstört die Gashaut wieder usw. Die Frequenz der Kippfolgen lässt sich bei gegebener Induktivität der Spule mit dem Schiebewiderstand *R* in weiten Grenzen verändern.

XI. Elektrische Schwingungen

§ 79. Vorbemerkung. Im vorangehenden Kapitel haben wir Wechselströme untersucht, unter anderem in Schaltkreisen, die aus Spule und Kondensator bestehen. In diesem Kapitel werden wir solche Kreise als schwingungsfähige Gebilde erkennen und ihre Eigenschaften untersuchen.

§ 80. Freie elektrische Schwingungen. In Abb. 221 war ein Reihenkreis und in Abb. 225 ein Parallelkreis vorgeführt worden. In beiden Bildern war der *Wechselstromgenerator* nur durch das Zeichen $\sim$ markiert.

Ein Wechselstromgenerator lässt sich aus einer Gleichstromquelle und einem regelbaren Widerstand aufbauen. Das geschieht nach dem Schema der Abb. 232: Periodische Änderungen eines Widerstandes E oder D um einen mittleren Wert U/I erzeugen einen, einem Gleichstrom überlagerten, Wechselstrom. Durch ihn entsteht zwischen den Punkten a und b eine Wechselspannung.

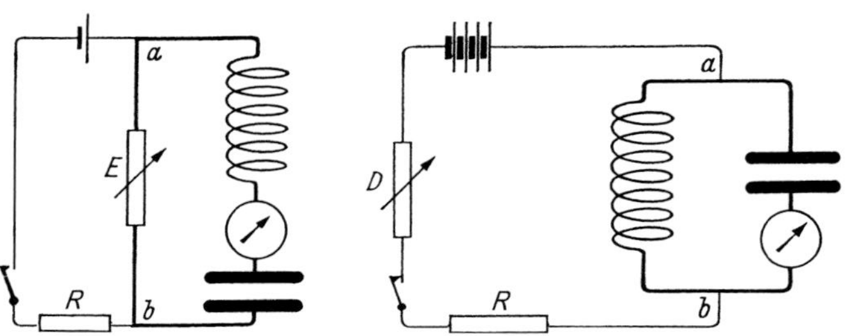

Abb. 232. Ein Reihenkreis und ein Parallelkreis als schwingungsfähige Gebilde. E und D periodisch veränderliche, R feste Widerstände. Die Schalter dienen zur Stoßanregung gedämpft abklingender Schwingungen (Für $\nu = 1$ Hz hat der Widerstand E im linken Teilbild die Größenordnung 100 Ohm und D im rechten etwa 10^4 Ohm. Als Stromquelle genügt links ein Akkumulator (2 Volt), rechts sind etwa 100 Volt erforderlich.)

Mit diesen Anordnungen kann man die aus Abb. 221 und 225 bekannten Experimente mit sehr kleinen Frequenzen wiederholen (ν in der Größenordnung 1 Hz). Dafür wird eine Spule von sehr großer Induktivität ($L \approx 10^3$ Henry) und ein Kondensator mit großer Kapazität (C bis zu $50 \cdot 10^{-6}$ Farad) benutzt.

Man bewegt die Gleitkontakte (Läufer) der Widerstände periodisch entweder mit der Hand oder mit einem Motor durch einen Exzenter und eine Schubstange.

In Abb. 232 links ist der Widerstand E klein, und rechts (D) groß zu wählen. Dann ist der innere Widerstand des „Generators" dem Widerstand U/I zwischen den Punkten a und b der angeschlossenen Kreise angepasst. Dieser kann klein für den Reihenkreis werden (Abb. 224) und groß für den Parallelkreis (Abb. 227).

Der in den Spule und Kondensator enthaltenden (dick gezeichneten) Kreisen fließende Wechselstrom konstanter Amplitude wird mit einem Amperemeter kurzer Einstellzeit (0,12 sec) oder einem Oszillographen beobachtet. Sowohl für den Reihen- als auch für den Parallelkreis findet man die größten Amplituden für $\nu \approx 1$ Hz.

K. Lüders, R. O. Pohl (Hrsg.), *Pohls Einführung in die Physik*
DOI 10.1007/978-3-642-01628-8, © Springer 2010

Dann kommt etwas Neues: Wir lassen die Widerstände E oder D unverändert und betätigen lediglich den Schalter. Dabei beobachten wir sowohl im Reihen- als auch im Parallelkreis Wechselströme mit *abklingender* Amplitude, oder anders gesagt gedämpft abklingende Schwingungen. *Folglich sind sowohl Reihen- als auch Parallelkreis schwingungsfähige Gebilde.* Beide bestehen aus einem Speicher für elektrische Energie (dem Kondensator) und für magnetische Energie (der Spule). Schließen und Öffnen des Schalters genügt, um in diesen Schwingkreisen durch Stoßanregung gedämpfte Schwingungen, also noch einmal gesagt, Wechselströme mit zeitlich abklingender Amplitude, einzuleiten.

Sie beginnen beim Schließen und Öffnen des Schalters mit Ausschlägen in entgegengesetzten Richtungen. — Im idealisierten Grenzfall schwingt ein elektrischer Kreis nach einer Stoßanregung verlustlos mit konstant bleibender Amplitude. Dann sind Reihen- und Parallelkreis nicht mehr zu unterscheiden. Für diesen Grenzfall gibt es eine anschauliche mechanische Analogie, Abb. 233. Sie ist heute von allen Schulbüchern übernommen und bedarf keiner Erläuterung.

„Für (elektrische Schwingungen) gibt es eine anschauliche mechanische Analogie, Abb. 233. Sie ist heute von allen Schulbüchern übernommen und bedarf keiner Erläuterung."

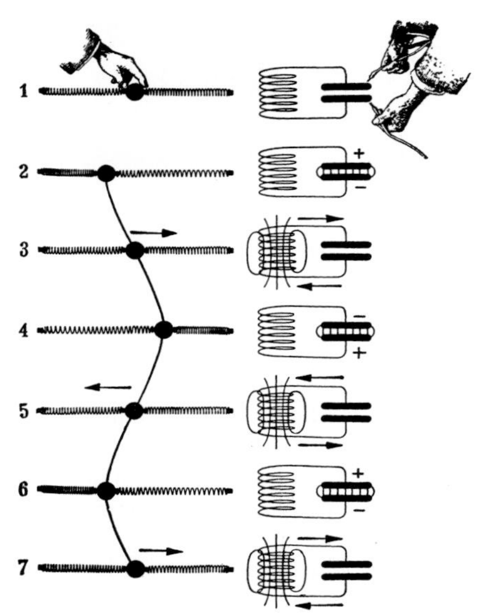

Abb. 233. Periodischer Wechsel potentieller und kinetischer Energie bei mechanischen Schwingungen und von elektrischer und magnetischer Energie bei elektrischen Schwingungen (elektrischer Schwingkreis). Die Pfeile markieren die Laufrichtung der Elektronen.

Die Frequenz dieser elektrischen Schwingungen ist die aus § 75 bekannte *Resonanzfrequenz*

$$\nu_0 = \frac{1}{2\pi\sqrt{LC}} \qquad \text{Gl. (185) v. S. 131}$$

(im Parallelkreis nur, wenn $R^2C/L \ll 1$ ist, siehe Gl. (188) v. S. 132),

d. h., die Frequenz, bei der im Reihenkreis der induktive Widerstand der Spule, also ωL, ebenso groß wird wie der kapazitive Widerstand des Kondensators, also $1/\omega C$.

Um mit Stoßanregung in einem Reihenkreis (Abb. 232) elektrische Schwingungen großer Frequenz zu erhalten, muss man nach Gl. (185) L und C klein machen. Dann wird die dem Kondensator anfänglich zugeführte Energie $W_e = \frac{1}{2}CU^2$ (Gl. 59 von S. 54) nur klein. Infolgedessen muss man zu höheren Spannungen übergehen. Diese aber bringen einen lästigen Nachteil mit sich: Bei hohen Spannungen springt zwischen den Schalterbacken schon vor der Berührung ein Funke über. *Mit diesem störenden Funken muss man sich abfinden.*[K1] *Doch kann man ihn außerdem nützlich verwerten*, nämlich

K1. Mithilfe moderner Pulsgeneratoren und empfindlicher Oszillographen kann man solche Funken leicht vermeiden. Trotzdem ist das hier folgende Beispiel sehr eindrucksvoll, gehört es doch zu den Vorläufern der heute so wichtigen drahtlosen Telegraphie (Rund-„Funk").

1. als periodisch wirkendes automatisches Schaltwerk,
2. als Amperemeter winziger Einstellzeit.

Als *automatischer Schalter* wirkt der Funke z. B. in Abb. 234. Statt eines beweglichen und eines festen Kontaktes sieht man eine aus zwei Metallkugeln gebildete *Funkenstrecke.* Zwei dünne Leitungen dienen zur Aufladung des Kondensators durch irgendeine Stromquelle, z. B. eine Influenzmaschine. Nach Erreichen einer bestimmten Höchstspannung U schlägt der Funke über und schließt den Schwingkreis. Mit dem Abstand der Kugeln lässt sich die Betriebsspannung U einstellen.

Abb. 234. Eine Funkenstrecke als Schalter in einem elektrischen Reihenkreis wie in Abb. 232. Die Widerstände R und E sind entfernt, geblieben ist nur der Schalter.

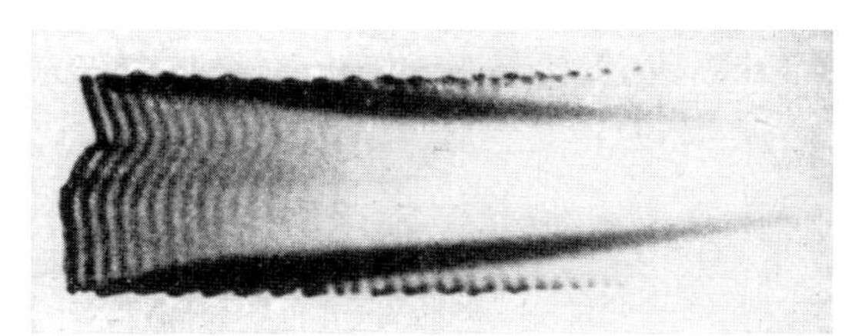

Abb. 235. Nachweis elektrischer Schwingungen mithilfe eines Funkens. Funkendauer hier von der Größenordnung 10^{-3} sec. („Feddersen-Funken", 1859.[K2] Negativ einer Aufnahme von B. Walter.[K3])

K2. Martin Henke: „Flinke Funken im schnellen Spiegel – Berend Wilhelm Feddersen und der Nachweis der elektrischen Schwingungen", Dissertation Universität Hamburg 2000. Dies Buch enthält eine ausführliche Schilderung dieser Entdeckung.

K3. Ähnliche Aufnahmen von Blitzen findet man in: B. Walter, Ann. d. Phys., 4. Folge, **21**, 223 (1906).

Als *Amperemeter winziger Einstellzeit* wirkt der Funke durch die Abhängigkeit seiner Leuchtdichte vom Strom. Die Leuchtdichte erreicht während jeder Periode zwei Maxima. Zur Sichtbarmachung dieser Leuchtdichteschwankungen muss man die zeitlich aufeinanderfolgenden Funkenbilder räumlich trennen. Mit einem rasch rotierenden Polygonspiegel lässt sich das einfach erreichen. In Abb. 235 sind derartige Funkenbilder photographiert. Die Frequenz der Schwingungen betrug 50 kHz. Anfänglich sind die periodischen Schwankungen der Leuchtdichte gut zu sehen. Im weiteren Verlauf wird das Bild durch Wolken leuchtenden Metalldampfes verwaschen. Anfänglich kann man auch die jeweilige Richtung des Stromes während der einzelnen Maxima erkennen. Das helle Ende der Funken markiert stets den negativen Pol.

Die großen bei dieser altertümlichen Erzeugung elektrischer Schwingungen hoher Frequenz auftretenden Spannungen ermöglichen einige eindrucksvolle Schauversuche. Sie bilden den Inhalt des folgenden Paragraphen.

§ 81. Hochfrequente Wechselströme als Hilfsmittel für Schauversuche. 1. Tesla-*Transformator.* In Abb. 236 bildet die Spule eines hochfrequenten elektrischen Schwingkreises zugleich die Primärspule eines Transformators. Sie besteht nur aus einigen wenigen Windungen, z. B. $N_\mathrm{p} \approx 3$. Bei großen Frequenzen besitzt sie trotzdem einen großen induktiven Widerstand $U_0/I_0 = \omega L$. Infolgedessen kann man zwischen ihren Enden Spannungen in der Größenordnung einiger 10^4 Volt erzeugen, ohne dass die Ströme größer als einige Ampere werden. Die Windungszahl N_s der Sekundärspule ist erheblich größer als die der Primärspule, z. B. N_s = einige 100. Infolgedessen können zwischen den Enden der Sekundärspule leicht Spannungen in der Größenordnung einiger 10^5 Volt erreicht werden. Zwischen den Enden der Spule springen lange, bläulich-rote Funkengarben über

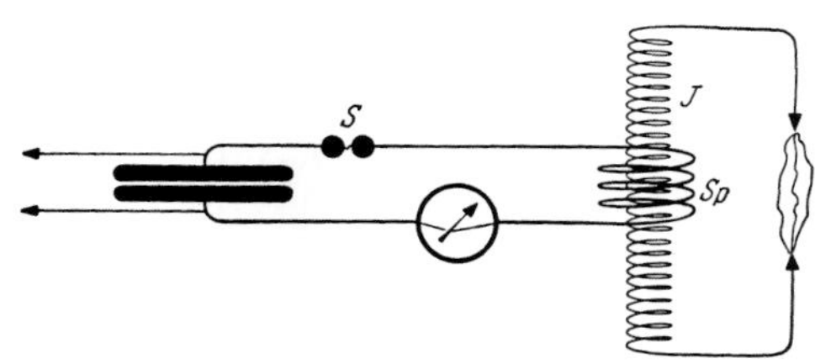

Abb. 236. TESLA-Transformator. Die Primärspule *Sp* ist die von hochfrequentem Wechselstrom durchflossene Spule eines gedämpften Schwingkreises ($\nu \approx 400\,\mathrm{kHz}$). Pfeile = Leitungen zur Stromquelle, z. B. einem Resonanztransformator. Die Sekundärspule *J* eines solchen bildet zusammen mit dem aufzuladenden Kondensator einen Schwingkreis, dessen Frequenz mit der des Generators, also meist 50 Hz, übereinstimmt (Stromresonanz, § 76). (**Videofilm 17**) (Aufg. 58)

Videofilm 17: **„TESLA-Transformator"** Der Film zeigt Experimente mit einem historischen Gerät aus dem Anfang des 20. Jahrhunderts, das auch heute noch in der Cornell-Universität vorgeführt wird.

(Abb. 236). Oft verbindet man das eine Ende der Induktions- oder Sekundärspule mit der Erde (Wasserleitung oder dgl.). Aus dem freien Ende brechen dann lebhaft züngelnde, oft meterlange, stark verzweigte rötliche Funkenbüschel (Abb. 237) hervor. Überraschend ist ihre physiologische Harmlosigkeit.[K4]

K4. **Videofilm 17:** Zur Begründung siehe 21. Aufl. der „Elektrizitätslehre", Kap. 16, § 5.

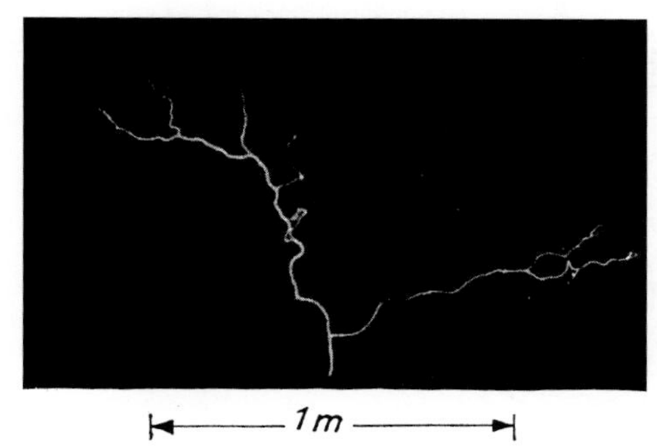

Abb. 237. Momentphotographie (0,01 sec) der Büschelentladung aus der Elektrode eines TESLA-Transformators (Abb. 236)

2. *Vorführung der Selbstinduktion in nicht spulenförmigen Leitern.* Bei Wechselstrom ist im Allgemeinen der induktive Widerstand $U_0/I_0 = \omega L$ groß gegen den OHM'schen Widerstand *R*. Bei hochfrequentem Wechselstrom kann man diese Tatsache schon mit einer einzigen Drahtwindung, einem Drahtbügel, vorführen.

In Abb. 238 wird ein dicker Kupferdrahtbügel von hochfrequentem Wechselstrom im Primärkreis des TESLA-Transformators durchflossen. Er ist in der Mitte durch eine Glühlampe überbrückt, und diese Glühlampe ist für Gleichstrom praktisch kurzgeschlossen. Trotzdem leuchtet sie hell auf. Das als Widerstand definierte Verhältnis U/I muss also für den Kupferbügel jetzt viel höher sein als bei Gleichstrom. Dieser einfache Versuch zeigt die Trägheit des Magnetfeldes in krasser Weise. Grundsätzlich Neues bringt er nicht. Er ist aber wichtig. Denn der Anfänger lässt nur allzu leicht die Selbstinduktion in nicht spulenartigen Leitern außer Acht. (Aufg. 57)

„Der Anfänger lässt nur allzu leicht die Selbstinduktion in nicht spulenartigen Leitern außer Acht."

3. *Der Skineffekt.* Wir können uns einen Draht aus einer Achse und sie umgebenden, einander umhüllenden, konzentrischen, röhrenförmigen Schichten zusammengesetzt denken. *Die Induktivität L ist für die äußeren Schichten kleiner als für die inneren.*

Begründung: In Abb. 239 zeigt das Teilbild B einen stromdurchflossenen geraden Leiter schraffiert im *Quer*schnitt. Der Leiter ist in bekannter Weise von ringförmig geschlossenen Feldlinien eines

Abb. 238. Zur Vorführung des induktiven Widerstandes eines Drahtbügels

Magnetfeldes H umgeben. Die Feldlinien umfassen jedoch den Leiter nicht nur von außen, sondern sie sind auch in seinem Inneren vorhanden. Jede der röhrenförmigen, vom Strom durchflossenen Schichten muss ja von magnetischen Feldlinien umfasst werden.[K5] Einige von ihnen sind in Abb. 239 skizziert.

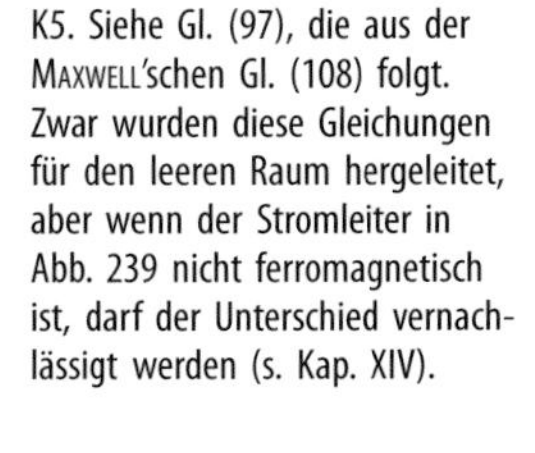
K5. Siehe Gl. (97), die aus der MAXWELL'schen Gl. (108) folgt. Zwar wurden diese Gleichungen für den leeren Raum hergeleitet, aber wenn der Stromleiter in Abb. 239 nicht ferromagnetisch ist, darf der Unterschied vernachlässigt werden (s. Kap. XIV).

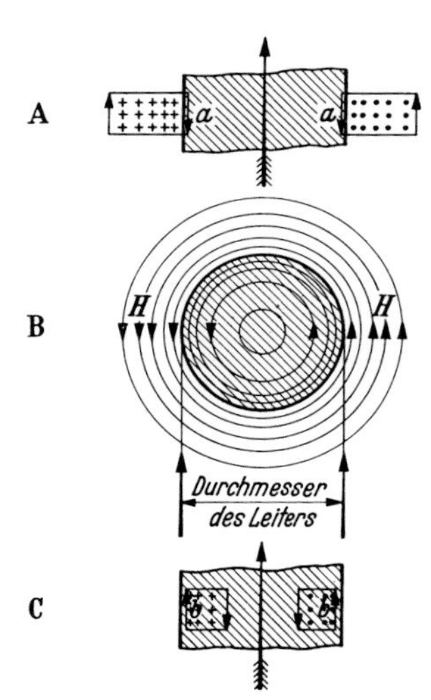

Abb. 239. Magnetische Feldlinien in der Umgebung und im Inneren eines Drahtes (schraffiert) und ihre Induktionswirkung. Gefiederter Pfeil: konventionelle Stromrichtung, im Teilbild B aus der Papierebene heraus zum Beschauer hin.

Ferner ist ein Stück des Leiters zweimal im *Längs*schnitt dargestellt (Abb. 239, Teilbilder A und C). In beiden ist die Richtung des Stromes durch einen langen gefiederten Pfeil markiert. Außerdem sind die magnetischen Feldlinien an ihren Durchstoßpunkten (• bzw. +) erkennbar. Man sieht also oben im Teilbild A die Durchstoßpunkte einiger *äußerer* magnetischer Feldlinien, unten im Teilbild C die einiger *innerer* magnetischer Feldlinien. Die zeitliche Änderung dieser Magnetfelder induziert ein elektrisches Feld mit geschlossenen Feldlinien. Je zwei derselben sind als Rechtecke in den Teilbildern A und C eingezeichnet, und zwar für den Fall eines Stromanstieges. An der Draht*oberfläche* haben die im Vorgang der Selbstinduktion neu entstehenden elektrischen Felder entgegengesetzte Richtungen. Die Pfeile a sind nach unten, die Pfeile b nach oben gerichtet, daher heben sich die induzierten Felder zum großen Teil auf. In der Drahtachse hingegen fehlt diese Kompensation; dort ist das induzierte Feld dem von außen angelegten (gefiederter Pfeil) entgegengerichtet, infolgedessen behindert das induzierte Feld den *Stromanstieg*. Bei einer Stromabnahme *im* Draht gilt das Umgekehrte: in der Drahtachse haben das induzierte und das äußere Feld gleiche Richtung, und dadurch behindert das induzierte Feld den *Abfall* des Stromes. — Ergebnis: In der Drahtachse kommt also im Gegensatz zur Drahtoberfläche eine erhebliche Selbstinduktion zustande.

Die ungleiche Verteilung der Induktivität über den Leitungsquerschnitt macht sich vor allem bei hochfrequenten Wechselströmen bemerkbar. Zum Nachweis dieser Stromverdrängung (Skineffekt) benutzen wir die in Abb. 240 skizzierte Anordnung. Die Spule *Sp* wird von einem hochfrequenten Wechselstrom durchflossen. Dieser induziert Ströme in der Induktionsspule *J*, einem dicken Kupferdrahtring. Zur Abschätzung der Stromstärke dient eine eingeschaltete Glühlampe. Dann umgeben wir den Kupferring mit einem konzentrischen Kupferrohr (vgl. Abb. 241). Die Rohrwandungen haben die gleiche Querschnittsfläche wie der Draht. Zwischen den Enden des Rohres ist eine gleiche Glühlampe wie in den Kupferdraht eingeschaltet. Diese beiden ineinander gesteckten *Induktionsspulen* nähern wir jetzt der Feldspule *Sp* in Abb. 240. Die Glühlampe zwischen den Enden des Rohres leuchtet in heller Weißglut, die zwischen den Enden des Drahtes nur rot oder gar nicht.

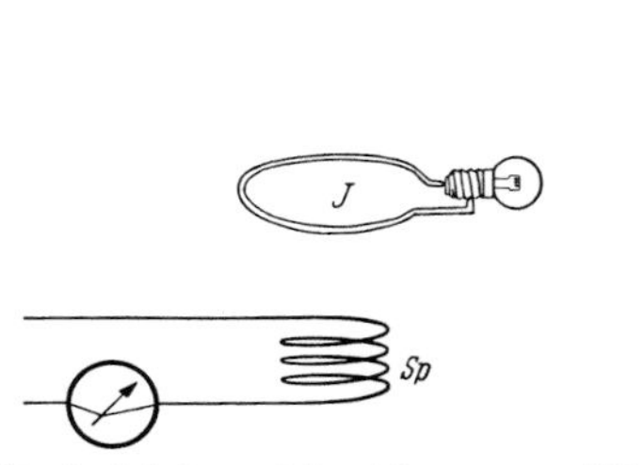

Abb. 240. Induktion mit hochfrequentem Wechselstrom. Die Spule *Sp* wie in Abb. 236

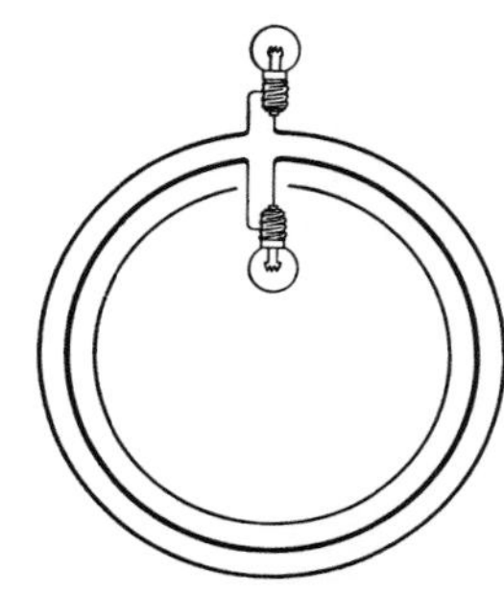

Abb. 241. Zur Vorführung des Skineffektes

4. *Nachweis geschlossener elektrischer Feldlinien.* Nach der vertieften Deutung des Induktionsvorganges soll es ringförmig geschlossene elektrische Feldlinien geben (§ 50). Sie ließen sich leider nicht durch Gipskristalle sichtbar machen. Mit den hochfrequenten Wechselströmen der elektrischen Schwingungen können wir das damals Versäumte nachholen und ringförmig geschlossene elektrische Feldlinien anschaulich sichtbar machen.

Die Anordnung ist in Abb. 242 gezeigt. Die Feldspule *Sp*, etwa 1 Windung, liefert ein hochfrequentes magnetisches Wechselfeld. Seine Feldlinien stehen senkrecht zur Papierebene. Dieses rasch wechselnde Magnetfeld soll nach Abb. 145 von endlosen elektrischen Feldlinien umschlossen sein.

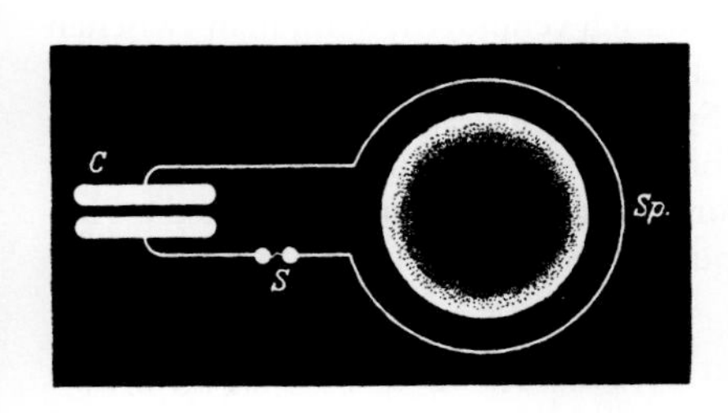

Abb. 242. Nachweis geschlossener elektrischer Feldlinien („Elektrodenloser Ringstrom"). Edelgase, z. B. Neon, leuchten bei kleinem Druck schon bei elektrischen Feldstärken von etwa 20 Volt/cm.

Jetzt bringen wir eine mit verdünntem Neon gefüllte Glaskugel in das Gebiet dieser geschlossenen elektrischen Feldlinien: Ein ringförmiges Gebiet in dieser Kugel leuchtet weithin sichtbar auf. Wir sehen ein, wenn auch rohes, Abbild des elektrischen Wechselfeldes mit geschlossenen elektrischen Feldlinien ohne Anfang und Ende. — Ihre Kenntnis ist späterhin für das Verständnis der elektromagnetischen Wellen unerlässlich. Darum soll der Versuch unserer Anschauung zu Hilfe kommen. (**Videofilm 17**)

§ 82. Erzeugung ungedämpfter elektrischer Schwingungen durch Selbststeuerung (Rückkopplung) mit Trioden. Die bisher behandelten mit Stoßanregung eingeleiteten elektrischen Schwingungen waren gedämpft, Energieverluste ließen ihre Amplituden abklingen. Eine gedämpfte Schwingung hat (Bd. 1, § 99) nicht nur eine Frequenz, die Eigenfrequenz ν_0, sondern einen breiten Frequenz*bereich*, ein kontinuierliches Frequenzspektrum. — Das ist für viele physikalische und technische Zwecke recht störend; man braucht meistens Wechselströme mit zeitlich konstant bleibender Amplitude und möglichst einheitlicher Frequenz. Infolgedessen war es notwendig, auch *ungedämpfte* elektrische Schwingungen herzustellen.

In der Mechanik ist die entsprechende Aufgabe schon vor langer Zeit gelöst worden (Bd. 1, § 97), und zwar nach dem Verfahren der *Selbststeuerung*. Pendel- und Taschenuhren sind bekannte Beispiele. Die Selbststeuerung eines elektrischen Schwingkreises erläutern wir mit Schwingungen sehr kleiner Frequenz ($\nu \approx 1$ Hz). Dazu benutzen wir den aus Abb. 232 (rechtes Teilbild) bekannten Kreis, jedoch in einer kleinen in Abb. 243 links skizzierten Variante: Der „Wechselstromgenerator" besteht zwar wieder aus einer Gleichstromquelle und einem Schiebewiderstand R_s, er ist aber nur mit einem Teilstück der Spule zwischen den Punkten a und b verbunden.

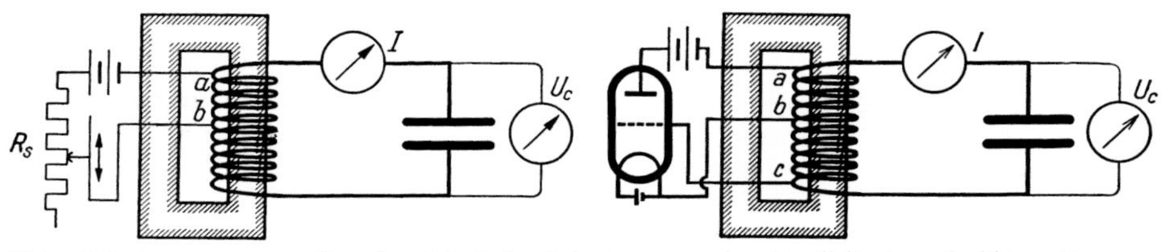

Abb. 243. Erzeugung ungedämpfter elektrischer Schwingungen eines Parallelkreises sehr kleiner Frequenz ($\nu \approx 1$ Hz). Links mit einer *Fremdsteuerung*, rechts mit einer *Selbststeuerung*. Widerstand $R_s \approx 10^4$ Ohm, $C = 50 \cdot 10^{-6}$ Farad, $L = 10^3$ Henry.

Gleich große Änderungen von R_s im Rhythmus der Eigenfrequenz ν_0 des Schwingkreises liefern einen Wechselstrom konstanter Amplitude. Um zur *Selbststeuerung* zu gelangen, muss der einmal angestoßene Schwingkreis selbst diese periodische Änderung von R_s bewirken. Das gelingt z. B. mit einer *Triode* (Dreielektrodenröhre), Abb. 243 rechts.

In einem evakuierten Gefäß befindet sich zwischen der glühenden Kathode und der kalten Anode ein Steuergitter. Der Widerstand einer solchen Röhre liegt in der Größenordnung 10^4 Ohm. Er lässt sich in weiten Grenzen periodisch verändern, wenn man zwischen Kathode und Steuergitter ein elektrisches Wechselfeld erzeugt.[1] Die dazu erforderlichen Spannungen kann man z. B. durch Induktion im Spulenteil bc gewinnen. Auf diese Weise liefert der Schwingkreis der Abb. 243 (rechtes Teilbild) einen ungedämpften Wechselstrom der Frequenz $\nu \approx 1$ Hz. Das Schwingungsbild von Strom und Spannung sowie die Phasendifferenz zwischen ihnen lassen sich mit Drehspulgalvanometern kurzer Einstellzeit oder mit Oszillographen beobachten.

Dies (oft *Rückkopplung* genannte) Verfahren der Selbststeuerung lässt sich mit gewöhnlichen Elektronenröhren bis zu Frequenzen von etwa 100 MHz anwenden. Abb. 244 zeigt ein Beispiel für Frequenzen von einigen 100 kHz. Als Indikator für den Wechselstrom dient ein Glühlämpchen. — Die *Vakuum*trioden werden heute fast vollständig durch *Kristall*trioden (Transistoren) ersetzt.[K6]

K6. In Kap. 27, § 3 der 21. Auflage der „Elektrizitätslehre" wird die Wirkungsweise einer *Vakuum*triode mit der ersten experimentell realisierten, aber nicht für technische Zwecke bestimmten *Kristall*triode veranschaulicht. (R. Hilsch und R. W. Pohl, Z. Phys. **111**, 399 (1938). Siehe auch den **Videofilm „Einfachheit ist das Zeichen des Wahren"** sowie den **„Farbzentrenfilm"**.)

[1] In den Abb. 243, 244 und 248 denke man sich in die zum Gitter führende Leitung eine Batterie von etwa 1,5 Volt Klemmspannung eingeschaltet.

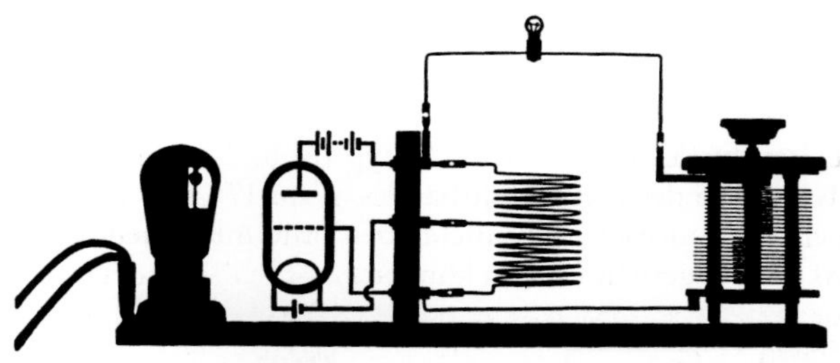

Abb. 244. Erzeugung ungedämpfter elektrischer Schwingungen mit Frequenzen der Größenordnung 500 kHz. Dieses Bild und die folgenden Schattenrisse zeigen betriebsfertige Anordnungen. Die Triode steht ganz links. Ihre Schaltung ist auf eine Glasscheibe gezeichnet (vgl. Abb. 243, rechtes Teilbild).

§ 83. Selbststeuerung (Rückkopplung) mit Dioden. Selbststeuerungen mit Dioden knüpfen ebenfalls an § 80 an. Auch sie verwenden einen Wechselstromgenerator, um elektrische Schwingungen mit konstanter Amplitude aufrechtzuerhalten. Als Generator dient abermals die Kombination einer Gleichstromquelle mit einem Widerstand, der periodisch geändert wird. Die Änderung ergibt sich diesmal als Folge einer besonderen Eigenschaft des benutzten Widerstandes: Der Leitungsvorgang beeinflusst ihn *so*, dass die graphische Darstellung des Zusammenhangs des Stromes I in ihm mit der Spannung U zwischen seinen Enden (kurz seine Kennlinie) den in Abb. 245 mit zwei Beispielen gebrachten Verlauf zeigt: *In einem Bereich wird* $\mathrm{d}U/\mathrm{d}I$*, der differentielle Widerstand, negativ*! — Derartige Leiter werden im Folgenden kurz *Dioden* genannt.

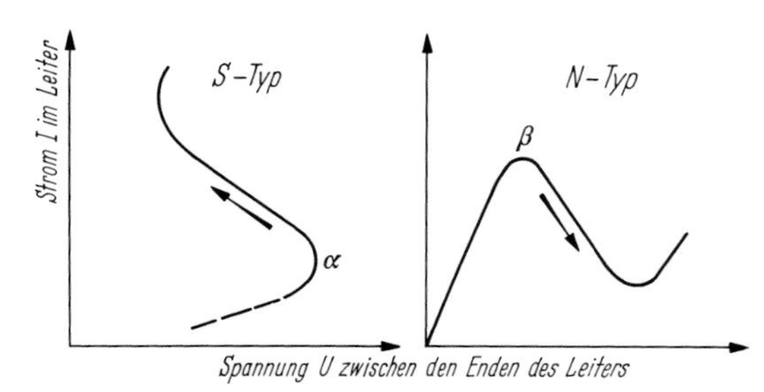

Abb. 245. Als S- und N-Typ unterschiedene Kennlinien von Leitern mit negativem differentiellem Widerstand $\mathrm{d}U/\mathrm{d}I$. Schematisch. *Anfänglich* steigt beim S-Typ der Strom bis zum Maximum α der Spannung, beim N-Typ die Spannung bis zum Maximum β des Stromes.

Wie Dioden eine Selbststeuerung elektrischer Schwingungen bewirken, soll anhand zweier Schauversuche erläutert werden (Abb. 246). Beide verwenden *Dioden*, deren Beschaffenheit sich während des periodischen Steuervorganges *hörbar* ändert. Im Reihenkreis ist ein *Lichtbogen* eine Diode vom S-Typ, im Parallelkreis ein kleiner WEHNELT-*Unterbrecher* (Abb. 231) eine Diode vom N-Typ. Im Lichtbogen addiert sich der Wechsel*strom* des Reihenkreises zu dem von der Stromquelle gelieferten Gleich*strom*. Damit wird der Strom im Bogen periodisch geändert und von ihm (durch Erwärmung) das Volumen des Bogens: Der Bogen tönt. — Im WEHNELT-Unterbrecher addiert sich die Wechsel*spannung* zwischen den Punkten a und b des Parallelkreises zur Gleich*spannung* der Stromquelle. Dabei wird die Spannung zwischen den Elektroden der Diode D periodisch geändert und mit ihr die den glühenden Platindraht umgebende Gashülle: Die Gashülle tönt. — In beiden Schwingkreisen kann man die Frequenzen der Töne mit der Kapazität C des Kondensators verändern.

Bei der Selbststeuerung des Parallelkreises kann man den Kondensator entfernen. Dann verbleibt nur eine *Kippfolge* (Bd. 1, § 112) hörbarer Frequenz; man kann sie mit dem Schiebewiderstand R verändern (vgl. Abb. 231). So zeigt man einmal wieder den Übergang von Schwingungen zu Kippfolgen.

Als weitere Leiter mit Kennlinien vom N-Typ (Abb. 245 rechts) nennen wir das Dynatron (siehe 21. Auflage des Elektrizitätsbandes, Kap. 17, § 5) und die Dioden, die aus Halbleitern aufgebaut werden (z. B. Tunneldioden) und mit denen Schwingkreise für Frequenzen bis 100 GHz hergestellt werden können.

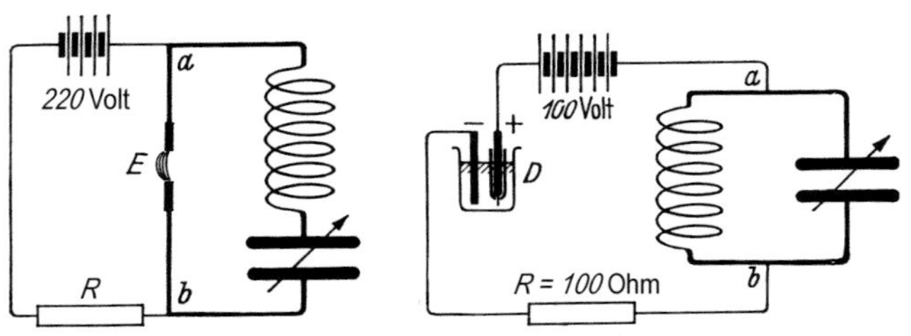

Abb. 246. Selbststeuerung (Rückkopplung) elektrischer Schwingkreise mit Dioden, deren Beschaffenheit sich in hörbarer Weise ändert. Links ein *Reihen*kreis nach dem Schema der Abb. 232 (linkes Teilbild) mit E als Lichtbogen, rechts ein Parallelkreis nach dem Schema der Abb. 232 (rechtes Teilbild) mit D als kleiner Wehnelt-Unterbrecher (Spule wie in Abb. 209 rechts, aber ohne Eisenkern, $L = 3{,}3 \cdot 10^{-3}$ Henry. Kondensator mit $C \approx 10^{-6}$ Farad. — Lichtbogen zwischen reinen Kohleelektroden von 1 cm Durchmesser.)

§ 84. Erzwungene elektrische Schwingungen. Ein beliebiges mechanisches Pendel schwingt nach einer „ Stoßanregung" oder mit „ Selbststeuerung" in seiner Eigenfrequenz ν_0. Doch kann man jedem Pendel durch einen geeigneten *Erreger* jede beliebige andere Frequenz „aufzwingen" und das Pendel als *Resonator* schwingen lassen. Man lässt zu diesem Zweck periodische Kräfte oder Drehmomente der gewünschten Frequenz auf das Pendel einwirken. Dieser Vorgang der erzwungenen Schwingungen ist seiner Wichtigkeit entsprechend in Bd. 1 (§ 105) anhand eines Drehpendels ausgiebig erläutert worden.

Entsprechendes gilt für erzwungene elektrische Schwingungen. An die Stelle des Drehpendels mit Schwungrad und Schneckenfeder tritt ein elektrischer Schwingkreis mit Spule und Kondensator, an die Stelle eines periodisch veränderlichen Drehmomentes eine periodisch veränderliche *Spannung*. Diese kann *ohne leitende Verbindung* zwischen Erreger und Resonator hergestellt werden. Dafür zunächst zwei qualitative Beispiele:

1. Als Resonatoren benutzen wir die beiden in Abb. 247 gezeigten Schwingkreise, als Erreger den ungedämpft schwingenden Kreis der Abb. 244. Die Resonatoren werden so in die Nähe des Erregers gestellt, dass das magnetische Feld seiner Spule in den Windungen des Resonators Spannungen induzieren kann. Durch Verstellung des Kondensators im Schwingkreis kann man leicht auf Resonanz einstellen. Dann leuchtet das Lämpchen im

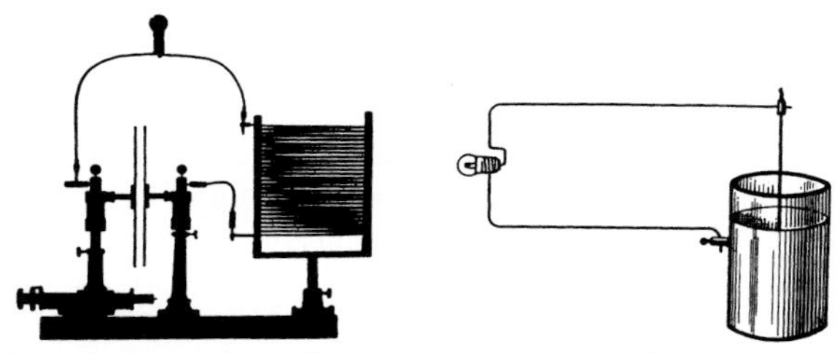

Abb. 247. Zwei Schwingkreise, in denen durch Resonanz angeregte hochfrequente Wechselströme vorgeführt werden. Als Erreger eignet sich der in Abb. 244 gezeigte Kreis. — Die Eigenfrequenz des linken Kreises lässt sich mit dem Schlittenmikrometer des Plattenkondensators verändern, die des rechten ist fest.

Resonatorkreis hell auf. — Beide Resonatorkreise haben eine kleine Dämpfung, daher ist die Abstimmschärfe groß.

2. Hochfrequente Kreise mit ungedämpften Schwingungen lassen oft die physikalisch erwünschte Übersichtlichkeit vermissen. Spulen und Kondensatoren sind nicht mehr getrennt zu erkennen, oft bilden schon die Elektroden der Elektronenröhren Kondensatoren der erforderlichen Kapazität C. Ein Fall dieser Art findet sich in Abb. 248 links; es ist ein Schwingkreis mit der Frequenz 1 MHz. Man sieht nur eine seitlich angezapfte Spule und die Elektronenröhre. Rechts hingegen ist ein übersichtlicher Schwingkreis angeordnet, bestehend aus einer Spule mit zwei Windungen und einem Drehkondensator. Der linke unübersichtliche Kreis dient als *Erreger*, der rechte übersichtliche als Resonator. Als Indikator für die erzwungenen Schwingungen dient wieder eine kleine Glühlampe. — Auf diese Weise kann man sich hochfrequente Wechselströme in einem Schwingkreis herstellen, der nicht mehr mit technischem Beiwerk belastet ist.

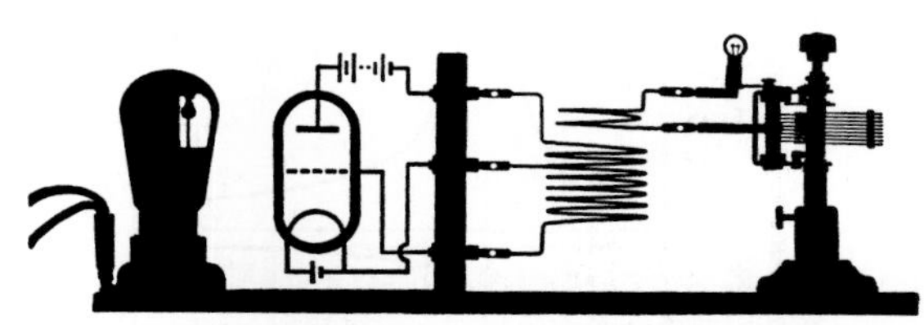

Abb. 248. Links: Unübersichtlicher Schwingkreis mit Selbststeuerung (Rückkopplung) für $\nu \approx 3\,\text{MHz}$. Rechts: Übersichtlicher Schwingkreis, in dem durch Resonanz Schwingungen mit gleicher Frequenz erzeugt werden.

§ 85. Quantitative Behandlung erzwungener Schwingungen eines aus Kondensator und Spule gebildeten Kreises. Im vorangehenden Kapitel hatten wir in den Abb. 221 und 225 die Spannung zwischen den Punkten a und b dieser Kreise mit einem Generator, der sinusförmigen Wechselstrom liefert, periodisch geändert. Dabei hieß es: Wir schicken durch die Kreise einen Wechselstrom. Jetzt aber sagen wir: Die Kreise sind schwingungsfähige Gebilde, sie werden als *Resonatoren* zu erzwungenen Schwingungen angeregt; als *Erreger* dient eine Wechselstromquelle. Wir wollen diese Schwingungen mit erzwungenen mechanischen Schwingungen vergleichen, die in Bd. 1, § 105 behandelt wurden.

Für den Wechselstrom in Abb. 221, also bei einer *Reihenschaltung* von Spule und Kondensator, galt die Gl. (183) von S. 130. Mit ihr berechnen wir für verschiedene Frequenzen ν zunächst die Amplituden I_0 des Stromes (Abb. 249b) und mit Hinzunahme der Gl. (182) die Amplituden $U_{C,0}$ der Spannung des Kondensators (Abb. 249a). Ferner mit Gl. (184) den Phasenwinkel φ, und daraus die Phasendifferenz zwischen Erreger-Spannung U und Kondensator-Spannung U_C (Abb. 249c) und endlich die mittlere im Resonator verzehrte Leistung $\dot{W} = \frac{1}{2} I_0^2 R$ (Abb. 250). Diese Kurve gilt gleichzeitig für die mittlere im Resonator enthaltene magnetische Energie $W_m = \frac{1}{2}(\frac{1}{2} L I_0^2)$. Ihre Größe ist an der rechten Ordinate abzulesen.

Die Werte für L, C und R sind ungefähr ebenso groß gewählt worden wie in dem Schauversuch der Abb. 223.

Die formale Übereinstimmung zwischen den erzwungenen Schwingungen des elektrischen Reihenkreises und den erzwungenen mechanischen Schwingungen ist evident. Der Inhalt der Gln. (183) und (184) von S. 130/131 wird durch die Abb. 249 sehr anschaulich erläutert.

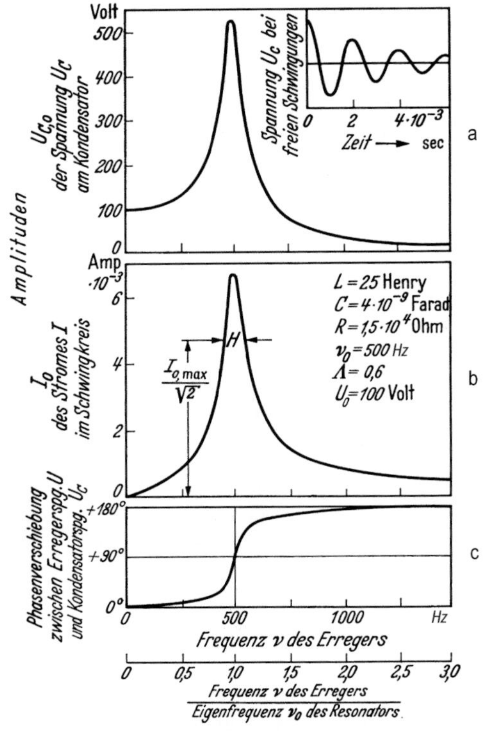

Abb. 249. Darstellung erzwungener elektrischer Schwingungen im Reihenkreis, berechnet nach § 75. Der im Teilbild c gezeigte Winkel ist $(\varphi + 90°)$, wobei φ in Gl. (177) definiert ist. Die Halbwertsbreite H ist derjenige Frequenzbereich, an dessen Grenzen der Strom (Effektivwert oder Amplitude) auf $1/\sqrt{2}$ seines Höchstwertes abgesunken ist. Der Höchstwert des Stromes (Teilbild b) liegt unverändert bei ν_0.[K7] Bei extrem großen Dämpfungen, d. h. logarithmischem Dekrement $\Lambda > 1$, erreicht der Ausschlag im Teilbild a seinen Höchstwert weder bei der Eigenfrequenz ν_0 des ungedämpften, noch bei der etwas geänderten des frei schwingenden gedämpften Schwingkreises, sondern bei der Frequenz $\nu = \nu_0\sqrt{1 - 0{,}5(\Lambda/\pi)^2}$.

K7. Man beachte die Analogie zum mechanischen Pendel: dem augenblicklichen Ausschlag α und der Amplitude α_0 des Drehpendels (Abb. 290a und b in Bd. 1, Aufg. 59) entsprechen in der Abb. 249a die Kondensatorspannungen U_C bzw. $U_{C,0}$. Der Amplitude der Winkelgeschwindigkeit, $(d\alpha/dt)_0$ (Abb. 291 in Bd. 1), entspricht in Abb. 249b die Amplitude des Stromes, I_0.

In der Energie-Resonanzkurve (Abb. 250) bezeichnet man das Verhältnis

$$\frac{\nu_0}{H} = \frac{\text{Eigenfrequenz des Resonators}}{\text{Halbwertsbreite}}$$

als *Güte Q*. Diese Größe dient zur *experimentellen Bestimmung* wichtiger, den Schwingkreis kennzeichnender Größen, nämlich seines *logrithmischen Dekrementes* Λ (Bd. 1, § 105, Aufg. 59) sowie seiner *Dämpfungskonstante* $\Lambda\nu_0$. Wenn das logarithmische Dekrement $\Lambda \leq 1$ ist, gilt die Beziehung

$$\frac{H}{\nu_0} = \frac{\Lambda}{\pi} = \frac{1}{Q}\,. \tag{193}$$

($1/Q$ wird auch *Verlustfaktor* genannt.)

$1/\Lambda\nu_0 = 1/\pi H = \tau_r$ ist die *Relaxationszeit*, innerhalb der die *Amplitude* der erzwungenen Schwingung den Bruchteil $(1 - 1/e) \approx 63\%$ ihres stationären Endwertes erreicht.

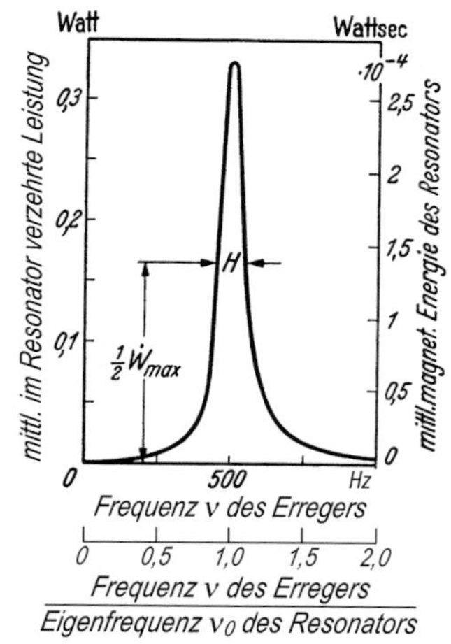

Abb. 250. Energie-Resonanzkurve erzwungener elektrischer Schwingungen (Reihenkreis). Sie hat auch bei extrem großer Dämpfung, d. h. $\Lambda > 1$, ihr Maximum bei ν_0, d. h. der nicht durch Dämpfung veränderten Eigenfrequenz des Resonators. Die Halbwertsbreite H ist derjenige Frequenzbereich, an dessen Grenzen sowohl die durch Dämpfungsursachen aller Art verzehrte mittlere Leistung als auch die mittlere magnetische Energie auf die Hälfte ihrer Höchstwerte abgesunken sind.

Zur *Berechnung* dieser Größen benutzt man bei *schwach gedämpften Reihen- und Parallelkreisen*[K8]

$$\Lambda/\pi = R\sqrt{C/L}\,. \tag{194}$$

K8. Eine gute Einführung in die Physik der Schwingungen findet man z. B. in: H. J. Pain, „The Physics of Vibrations and Waves", John Wiley, 5. Aufl. 1999, in den Kapn. 2 und 3.

Diese Größen lassen sich experimentell auch mit folgenden Beziehungen erhalten: Für den *Reihenkreis*

$$\frac{\Lambda}{\pi} = \frac{H}{\nu_0} = \frac{U_{\mathrm{C},0} \text{ für } \nu = 0}{U_{\mathrm{C},0} \text{ für } \nu = \nu_0} = \text{Kehrwert der Spannungsüberhöhung} \tag{195}$$

und für den *Parallelkreis*

$$\frac{\Lambda}{\pi} = \frac{H}{\nu_0} = \frac{I_0 \text{ für } \nu = \nu_0}{I_{\mathrm{L},0} \text{ für } \nu = \nu_0} = \text{Kehrwert der Stromüberhöhung.} \tag{196}$$

Herleitung: Reihenkreis: Bei der Frequenz $\nu = 0$ ist $U_{\mathrm{C},0}$ gleich der Amplitude U_0 des Netzgerätes. Bei der Resonanzfrequenz, $\nu_0 = 1/(2\pi\sqrt{LC})$, erhält man aus den Gln. (182) und (183) für die Spannungsamplitude $U_{\mathrm{C},0}$ am Kondensator

$$U_{\mathrm{C},0} = U_0\sqrt{L/C}\,/R$$

und mithilfe der Gl. (194)

$$\frac{U_{\mathrm{C},0} \text{ für } \nu = 0}{U_{\mathrm{C},0} \text{ für } \nu = \nu_0} = R\sqrt{C/L} = \Lambda/\pi\,. \tag{195}$$

Parallelkreis: Die Amplitude I_0 des Stromes in der Zuleitung zu dem Parallelkreis bei der Kreisfrequenz $\omega_0 = 1/\sqrt{LC}$ folgt aus Gl. (186) von S. 132

$$I_0 = \frac{U_0\omega_0 CR}{\sqrt{R^2 + L/C}}\,.$$

Bei der gleichen Kreisfrequenz wird die Stromamplitude $I_{\mathrm{L},0}$ durch die Spule durch Gl. (174) von S. 128 gegeben:

$$I_{\mathrm{L},0} = \frac{U_0}{\sqrt{R^2 + (\omega_0 L)^2}}\,.$$

K9. Siehe z. B.: B. Kurrelmeyer and W. H. Mais, „Electricity and Magnetism", Van Nostrand, Princeton 1967, Kap. 14.

Also ist für $\nu = \nu_0$[K9]

$$I_0/I_{L,0} = R\sqrt{C/L} = \Lambda/\pi \,. \tag{196}$$

Trotz der qualitativ anderen Form des Stromes $I(\omega)$ durch den Parallelkreis (Gl. 186), in dem der Wechselstromwiderstand bei der Resonanzfrequenz ein Maximum hat (siehe Abb. 227), der Strom I also ein Minimum, gilt der in Gl. (193) gegebene Zusammenhang zwischen Λ, Q und der Größe H, die allerdings in diesem Fall anders definiert ist. H ist hier der Frequenzbereich, an dessen Grenzen die verzehrte Leistung auf das Doppelte angestiegen ist (!), der Wechselstromwiderstand also um den Faktor $1/\sqrt{2}$ abgenommen hat.

XII. Elektromagnetische Wellen

§ 86. Vorbemerkung. Die Gliederung der Darstellung des elektrischen Feldes war in großen Zügen die folgende:

1. *Das ruhende elektrische Feld,* Schema in Abb. 251a. An den Enden der Feldlinien die elektrischen Ladungen.

2. *Das sich langsam ändernde elektrische Feld.* Die beiden Platten des Kondensators werden durch einen Leiter verbunden. Es ist in Abb. 251b ein längerer, aufgespulter Draht. Das elektrische Feld zerfällt, aber die Selbstinduktion des Leiters lässt den Vorgang noch „langsam" ablaufen: Der Feldzerfall tritt noch bei β und α praktisch gleichzeitig ein. Das wird in Abb. 251b durch gleiche Abstände der Feldlinien bei α und β zum Ausdruck gebracht.

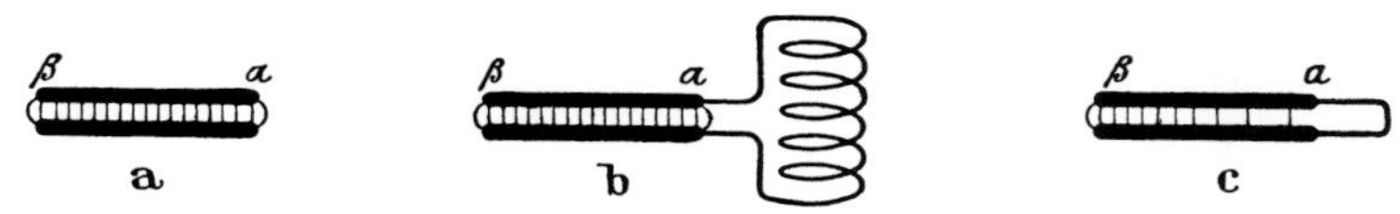

Abb. 251. a ruhendes, b und c zerfallendes elektrisches Feld eines Kondensators

Jetzt kommt in diesem Kapitel als letzter Fall

3. *Das sich rasch ändernde elektrische Feld.* In Abb. 251c ist der Leiter kurz, seine Selbstinduktion klein. Das Feld zerfällt „rasch": d. h. die Laufzeit der Feldänderung für den Weg $\beta\alpha$ darf nicht mehr vernachlässigt werden. Der durch den Leiter bewirkte Feldzerfall ist bei α bereits viel weiter fortgeschritten als bei β. Das ist durch verschiedene Abstände der Feldlinien veranschaulicht. Es wird sich also für das elektrische Feld eine zwar sehr hohe, aber doch endliche Ausbreitungsgeschwindigkeit ergeben. Diese endliche Ausbreitungsgeschwindigkeit ermöglicht die Entstehung elektromagnetischer Wellen oder *Strahlung.* Diese Strahlung breitet sich entweder allseitig *frei* aus wie die Schallstrahlung im freien Raum oder durch Leitungen *geführt,* wie die Schallwellen im Sprachrohr. Beide Formen der elektromagnetischen Wellen haben für die Physik grundlegende Ergebnisse gebracht. Erstens zeigt ihre Entstehung experimentell, dass auch der Verschiebungsstrom ein Magnetfeld besitzt, — zuvor eine zwar plausible, aber nicht erwiesene Annahme (§ 53). Zweitens haben die elektromagnetischen Wellen das ursprünglich für sichtbare und infrarote Strahlung entdeckte Spektrum in heute lückenlosem Anschluss bis zu Wellen von vielen Kilometern Wellenlänge erweitert.

In der Technik haben die elektromagnetischen Wellen, sowohl die freien als auch die geführten, eine außerordentliche Bedeutung gewonnen. Ihnen verdankt man die moderne Entwicklung der Nachrichtenübermittlung, das Fernsehen einbegriffen, alle Verfahren der Navigation ohne optische Sicht durch Nebel und Wolken hindurch usw. Die für diese Zwecke neu geschaffenen Hilfsmittel dringen in immer weitere Gebiete der Technik und des täglichen Lebens ein. Die Entwicklung ist gar nicht abzusehen. Sicher ist nur eins: Alle diese Dinge sind dem Bereich der Physik entwachsen und haben sich zu selbständigen technischen Disziplinen entwickelt. Die Physik hat sich auf die Grundlagen zu beschränken. Das möge man im Folgenden nicht außer Acht lassen.

K. Lüders, R. O. Pohl (Hrsg.), *Pohls Einführung in die Physik*
DOI 10.1007/978-3-642-01628-8, © Springer 2010

§ 87. Ein einfacher elektrischer Schwingkreis. Zur Vorführung und Untersuchung elektromagnetischer Wellen im Hörsaal braucht man zunächst Wechselströme mit Frequenzen von etwa 100 MHz. Man erzeugt sie am besten mit gedämpften elektrischen Schwingungen. Geeignet ist unter anderem die in Abb. 252 gezeigte Anordnung. Ihr Nachteil ist offensichtlich: Die wesentlichen Teile des Schwingkreises, Kondensator und Spule, sind weitgehend verkümmert, und sie verschwinden äußerlich neben den ganz unwesentlichen Hilfsorganen der Selbststeuerung (Rückkopplung). Man hilft sich in der aus Abb. 248 bekannten Weise: *Man erzeugt mit dem unübersichtlichen Kreis als Erreger erzwungene Schwingungen in einem übersichtlichen Kreis.* Dieser ist in Abb. 253 dargestellt. Wir sehen nur noch einen einzigen kreisrunden kupfernen Drahtbügel von etwa 30 cm Durchmesser. In der Mitte, vor dem hölzernen Handgriff, enthält er ein Glühlämpchen als Stromanzeiger. An jedem Ende befindet sich eine Kondensatorplatte von der Größe einer Visitenkarte. Die beiden Platten schweben frei in etwa 5 cm Abstand voneinander. Diesen Kreis nähern wir als Resonator dem in Abb. 252 dargestellten als Erreger. Durch Biegen des Kupferbügels haben wir die Resonatorfrequenz der Erregerfrequenz genügend gleichgemacht. Die Lampe strahlt weißglühend. In dem Kreis fließt ein Wechselstrom von rund 0,5 Ampere und einer Frequenz von rund 100 MHz.

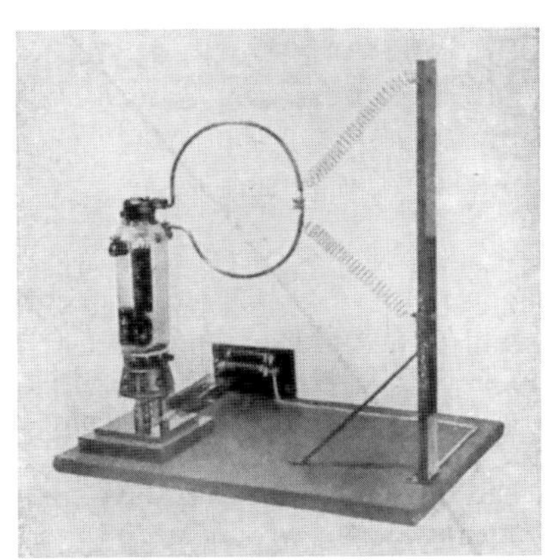

Abb. 252. Unübersichtlicher Schwingkreis mit Rückkopplung. Frequenz $\approx$ 100 MHz

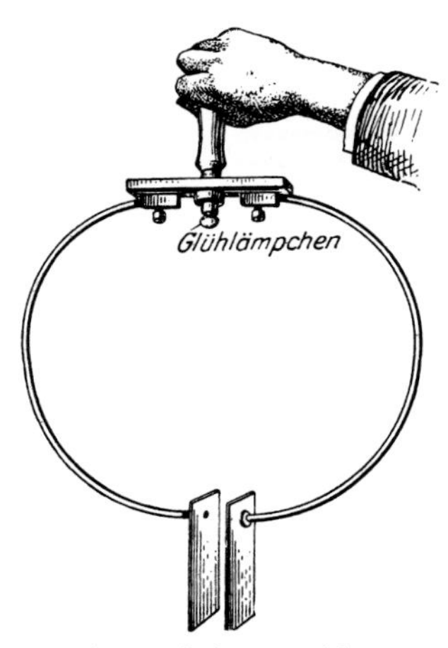

Abb. 253. Sehr einfacher geschlossener elektrischer Schwingkreis zur Vorführung erzwungener elektrischer Schwingungen. Die Glühlampe dient als Indikator für den Wechselstrom im Drahtbügel.

Man vergleiche die in Abb. 73 und 253 dargestellten Versuche. In Abb. 73 erfolgte der Feldzerfall *einmal* und ergab der Größenordnung nach 10^{-8} Amperesekunden. In Abb. 253 erfolgt der Feldzerfall in jeder Sekunde rund 10^8-mal, und demgemäß beobachten wir Ströme der Größenordnung 1 Ampere.

§ 88. Der stabförmige elektrische Dipol. Mit dem nun verfügbaren hochfrequenten Wechselstrom gelangen wir zu etwas Neuem und Wichtigem, dem stabförmigen elektrischen Dipol.

In der Mechanik besteht das einfache Pendel aus einem trägen Körper und einer Spiralfeder. In der Elektrizitätslehre entspricht ihm der elektrische Schwingkreis aus Spule und Kondensator. Wir haben die Analogie beider in § 80 durchgeführt und verweisen auf Abb. 254.

Abb. 254. Mechanisches Pendel und elektrischer Schwingkreis

Das einfache Pendel in der Mechanik lässt den trägen Körper und die Federkraft sauber getrennt unterscheiden. Bei hinreichend großer Masse der Kugel dürfen wir die kleine Masse der Federn als unerheblich vernachlässigen.

Weiterhin kennt aber die Mechanik zahllose schwingungsfähige Gebilde ohne getrennte Lokalisierung des trägen Körpers und der Federkraft. Ein typisches Beispiel ist eine Luftsäule in einem Rohr, eine Pfeife. Jedes Längenelement der Luftsäule ist sowohl ein träger Körper als auch ein Stück gespannter Feder (Bd. 1, § 100).

Entsprechendes gilt für die elektrischen Schwingungen. Im gewöhnlichen Schwingkreis, z. B. in Abb. 254, können wir die Spule als Sitz des trägen magnetischen Feldes und den Kondensator als Sitz des elektrischen Feldes klar unterscheiden. Doch ist bei anderen elektrischen schwingungsfähigen Gebilden die getrennte Lokalisierung ebenso unmöglich wie bei der mechanisch schwingenden Luftsäule. Einen extremen Fall dieser Art stellt ein stabförmiger elektrischer Dipol dar. Ihm wenden wir uns jetzt zu.

Wir greifen wieder zu dem einfachsten unserer Schwingkreise, zu dem in Abb. 253 dargestellten. Der Strom durchfließt den Kupferbügel und die Lampe als Leitungsstrom, den Kondensator jedoch als Verschiebungsstrom. Wir wollen den Bereich dieses Verschiebungsstromes systematisch vergrößern und dabei die Kondensatorplatten dauernd verkleinern. Wir wollen den in Abb. 255 skizzierten Übergang machen. Dabei können wir die allmähliche Verkümmerung des Kondensators durch eine Verlängerung der beiden Drahtbügelhälften kompensieren. Die Lampe leuchtet weiter, es fließt nach wie vor ein Wechselstrom.

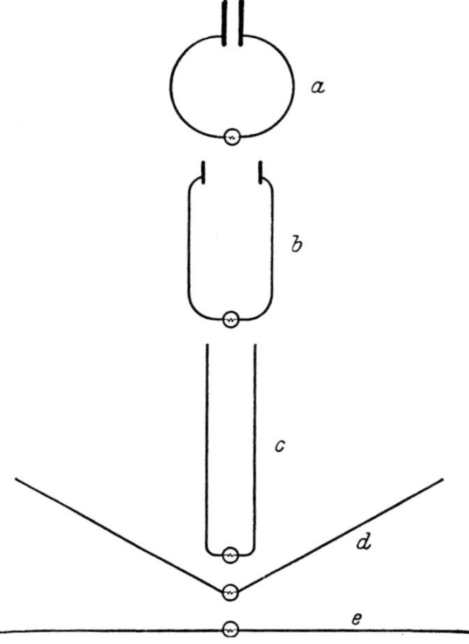

Abb. 255. Übergang vom geschlossenen Schwingkreis zum stabförmigen elektrischen Dipol. Das Lämpchen lässt sich durch ein geeignetes Amperemeter ersetzen. Es zeigt einen Strom von etwa 0,5 Ampere.

Im Grenzübergang gelangen wir zu der Abb. 255e, einem geraden Stab mit einem hell leuchtenden Lämpchen in der Mitte. Abb. 256 zeigt die Ausführung des Versuches. Die Hand mag als Maßstab dienen. Den Erreger (Abb. 252) denke man sich in etwa 0,5 m Abstand.

Abb. 256. Stabförmiger elektrischer Dipol von etwa 1,5 m Länge

Auf die Länge des Stabes kommt es nicht genau an. 10 cm mehr oder weniger an jedem Ende spielen keine Rolle. Der Stab ist also ein Resonator großer Dämpfung (§ 85). Während der Schwingungen sind die beiden Stabhälften abwechselnd positiv und negativ geladen. Man kann sich diese Ladungen beiderseits in je einem „Schwerpunkt" lokalisiert denken. Dann hat man zwei durch einen Abstand l getrennte elektrische Ladungen von verschiedenen Vorzeichen. Ein solches Gebilde haben wir in § 38 einen elektrischen Dipol genannt, und diesen Namen übertragen wir jetzt auf einen elektrisch schwingenden Stab. — In ihm schwingen die Ladungen periodisch hin und her. Dabei bilden sie einen Leitungsstrom wechselnder Richtung, einen Wechselstrom; er ist das elektrische Analogon zu einem Luftstrom wechselnder Richtung in einer beiderseits abgeschlossenen Luftsäule, einer „gedackten Pfeife": *Im Dipol werden Ladungen, in der Pfeife werden Luftteilchen periodisch beschleunigt.*

Die Grundschwingung der genannten Pfeife wird in Abb. 257 durch drei „Momentbilder" erläutert. Graue Tönung bedeutet normale, schwarze vergrößerte, weiße verkleinerte Anzahldichte der Luftmoleküle. Diese Verteilungen sind darunter graphisch dargestellt. Die Bäuche liegen an den Enden, der Knoten in der Mitte. Diese Änderungen der Anzahldichte entstehen dadurch, dass die einzelnen Teilstücke der Luftsäule in der Längsrichtung der Pfeife periodisch hin und her strömen.

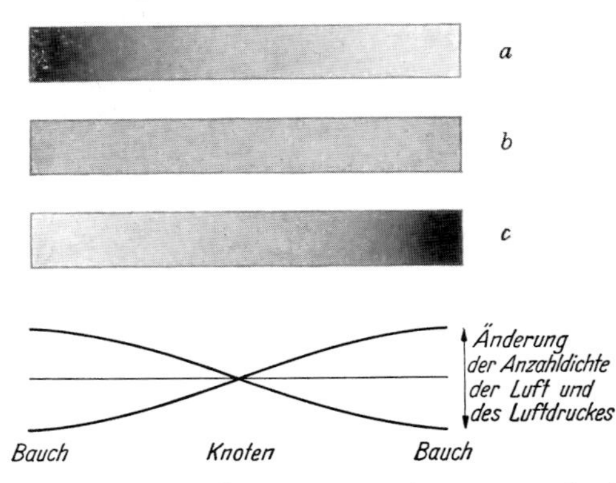

Abb. 257. Die Verteilung der Anzahldichte der Luftmoleküle und des Luftdrucks in einer beiderseits geschlossenen Pfeife, oben durch drei Momentbilder und darunter graphisch dargestellt. Die Ordinate entspricht, ebenso wie die Graufärbung, der Anzahldichte der Luftmoleküle und dem Druck der schallfreien Luft.

Auch der *Luftstrom* ist sinusförmig verteilt, doch liegt sein Bauch in der Mitte. Dort haben die Amplituden der abwechselnd nach rechts und links gerichteten Geschwindigkeiten ihre größten Werte (Abb. 258).

Entsprechendes gilt für die elektrischen Schwingungen eines stabförmigen Dipols. Dem Luftstrom entspricht der elektrische *Leitungsstrom*[1], er ist in der Längsrichtung des stabför-

[1] In ihm legen die Elektronen wegen ihrer ungeheuer großen Anzahl nur Wege zurück, die in der Größenordnung Zehntel Atomdurchmesser liegen.

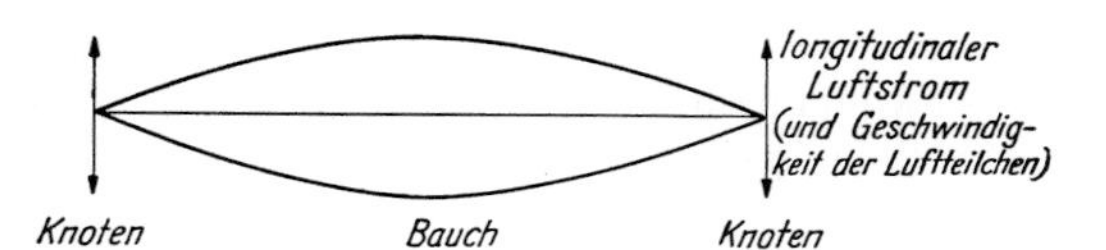

Abb. 258. Die sinusförmige Verteilung des longitudinalen Luftstromes in einer beiderseits geschlossenen Pfeife

migen Dipols sinusförmig verteilt. Das wird in Abb. 259 mit drei Lämpchen gezeigt: Das mittlere glüht weiß, die beiden seitlichen nur noch gelb-rot. In Abb. 260 wird diese sinusförmige Verteilung des Leitungsstromes graphisch dargestellt.

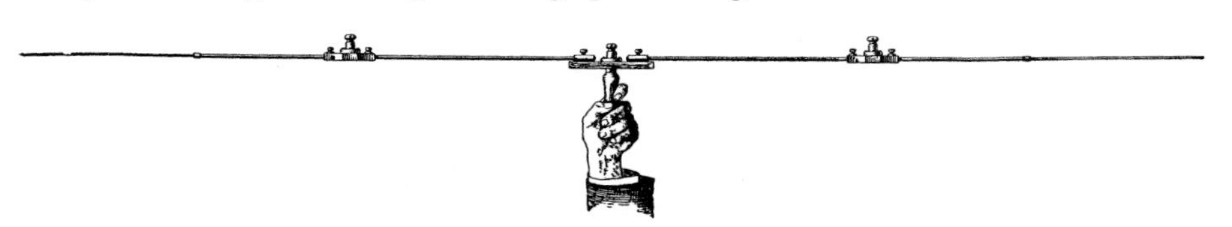

Abb. 259. Vorführung der sinusförmigen Verteilung des Leitungsstromes in einem stabförmigen Dipol

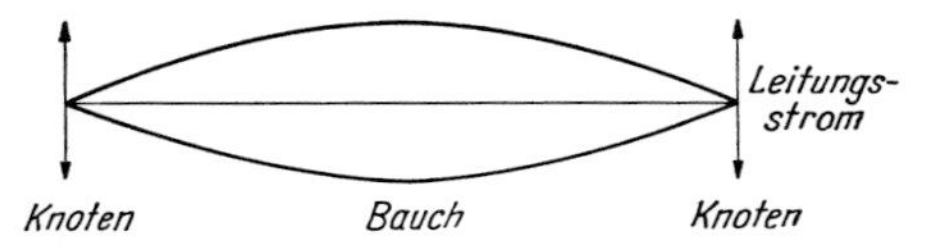

Abb. 260. Graphische Darstellung der sinusförmigen Verteilung des Leitungsstromes in einem stabförmigen Dipol

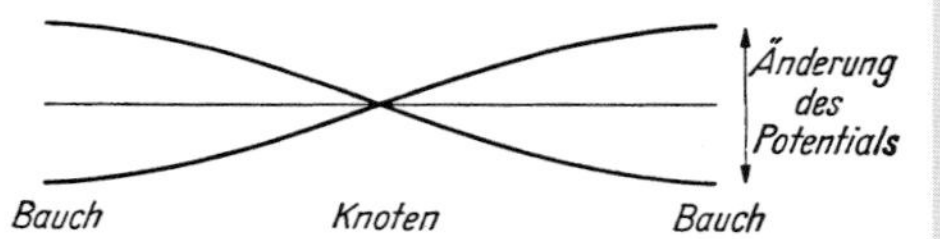

Abb. 261. Verteilung des Potentials in der Längsrichtung eines stabförmigen Dipols. Die Abszisse entspricht dem Potential null, wenn der Dipol als Ganzes nicht geladen ist.

Der periodisch wechselnde Strom erzeugt eine periodisch wechselnde Verteilung der Ladungen. Der grauen Tönung in Abb. 257 entspricht der elektrisch neutrale Zustand, der weißen positive, der schwarzen negative Überschussladung. Positive Überschussladung macht das Potential, d. h. die Spannung zwischen einem Stück des Stabes und der Erde oder, beispielsweise, der Mitte des Stabes, positiv, negative Überschussladung macht das Potential negativ. Abb. 261 entspricht dem unteren Teilbild der Abb. 257 für die Pfeife.

Die Analogie geht noch weiter. Die Frequenz longitudinaler mechanischer Schwingungen ist proportional zur Wurzel aus dem Elastizitätsmodul E (Bd. 1, § 103). Bei elektrischen Schwingungen tritt an die Stelle des Elastizitätsmoduls die reziproke Kapazität C. Die Frequenz einer elektrischen Schwingung ist proportional zu $1/\sqrt{C}$. Die Kapazität C ist ihrerseits proportional zur Dielektrizitätskonstante ε (§ 29). In einem Medium mit der Dielektrizitätskonstante ε hat schon ein Dipol der Länge $l_{\mathrm{m}} = l/\sqrt{\varepsilon}$ die gleiche Frequenz wie ein Dipol der Länge l in Luft. Das zeigen wir in Abb. 262 für einen Dipol in Wasser ($\varepsilon = 81$; $\sqrt{\varepsilon} = 9$; Tab. 3, S. 174).

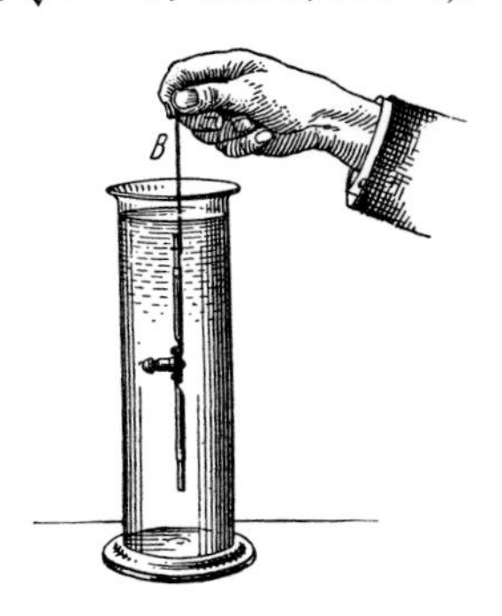

Abb. 262. In destilliertem Wasser hat dieser kurze Dipol die gleiche Frequenz wie der in Abb. 259 dargestellte neunmal längere Dipol in Luft. *B*: Bindfaden. (Aufg. 63)

Auch hiermit ist die Übereinstimmung zwischen Pfeifen- und Dipolschwingungen noch nicht erschöpft. Die Pfeife in Abb. 257 schwingt in ihrer Grundschwingung. Abb. 263 aber gilt für eine Pfeife, die in ihrer ersten Oberschwingung schwingt. Darunter ist ein Dipol von etwa 3 m Länge schematisch gezeichnet. Er ist aus zwei der zuvor benutzten Dipole zusammengesetzt. Eingeschaltete Glühlämpchen lassen die Stromverteilung ablesen. Das Lämpchen in dem mittleren Knoten bleibt dunkel. Dieser Dipol schwingt in seiner ersten Oberschwingung. In entsprechender Weise kann man durch weiteres Anhängen zu 4,5 m, 6 m usw. langen Dipolen übergehen.

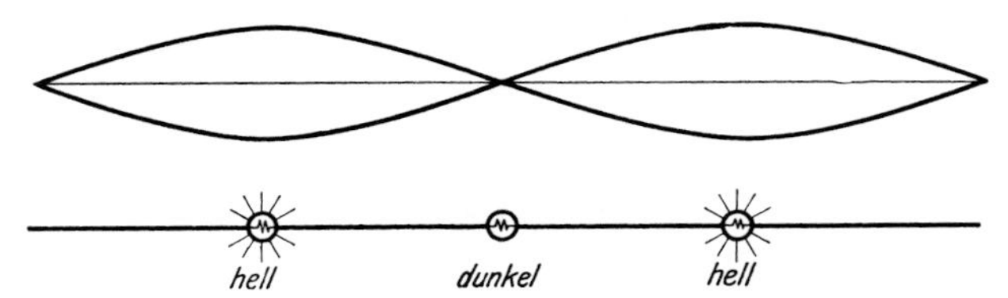

Abb. 263. Ein Dipol in erster Oberschwingung und sein Leitungsstrom

Genau wie eine Pfeife in der Mechanik, lässt sich natürlich auch ein Dipol durch Selbststeuerung (Rückkopplung) zu ungedämpften Schwingungen anregen. Das geschieht z. B. durch die in Abb. 264 skizzierte Schaltung. Sie geht direkt aus Abb. 244 hervor: Spule und Kondensator sind zu geraden Drähten entartet. Der selbstgesteuerte Dipol hat ein erfreulich klares Schaltbild, setzt aber leider die Kenntnis der Dipolschwingungen voraus.

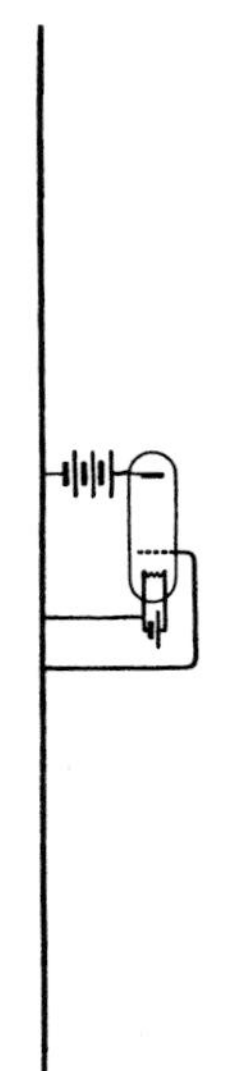

Abb. 264. Dipol mit Selbststeuerung (Rückkopplung)

Soweit der stabförmige Dipol. Er hat ein wichtiges Ergebnis gebracht: Die Verteilung eines *Leitungsstromes* im Inneren eines Stabes kann das Bild einer *stehenden Welle* zeigen, und zwar sowohl in der Grund- als auch in den Oberschwingungen.

Zu dieser Verteilung des Leitungsstromes gehört eine bestimmte Verteilung des elektrischen Feldes. Seine Änderung muss nach Maxwell in raschem zeitlichem Wechsel als *Verschiebungsstrom* den Stromweg des Leitungsstromes zu einem geschlossenen Stromkreis ergänzen. Die Untersuchung dieses elektrischen Feldes und seiner zeitlichen Änderung ist die nächste Aufgabe. Sie bringt uns zu den fortschreitenden elektromagnetischen Wellen, sowohl den durch Leiter geführten als auch den frei sich ausbreitenden Wellen.

§ 89. Stehende Wellen zwischen zwei parallelen Drähten, LECHER-System[1]. Die elektrischen Feldlinien eines offenen geraden Dipols müssen irgendwie in weitem Bogen zwischen verschiedenen Punkten der Dipollänge verlaufen. Unterwegs treffen sie auf die Wand des Zimmers, den Beobachter usw. An diese sicher nicht einfachen Verhältnisse eines geraden, offenen Dipols wagen wir uns zunächst noch nicht heran. Wir untersuchen den Verlauf der Feldlinien zunächst in einem einfacheren Fall.

Beim Übergang vom geschlossenen Schwingkreis zum offenen Dipol gab es die in Abb. 265 dargestellte Zwischenform. Man kann sie kurz als einen nicht aufgeklappten Dipol bezeichnen. Wir nähern ihn dem Erreger der Frequenz 100 MHz (Abb. 252) und beobachten an den Lämpchen die Verteilung des Leitungsstromes. Das mittlere Lämpchen leuchtet am hellsten, der Bauch des Leitungsstromes liegt in der Mitte.

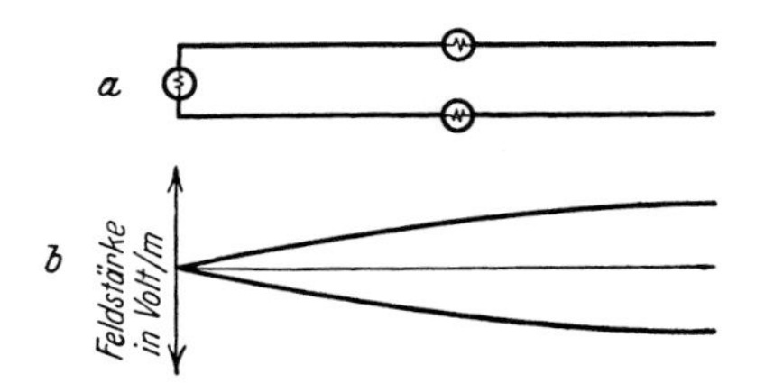

Abb. 265. „Nicht aufgeklappter" Dipol und Verteilung der elektrischen Feldstärke zwischen seinen Schenkeln

Bei diesem Gebilde kann über den Verlauf der elektrischen Feldlinien und des Verschiebungsstromes zwischen den beiden Schenkeln kein Zweifel herrschen. Die Verteilung der elektrischen Feldstärke E ist in Abb. 265b graphisch dargestellt. Beide Kurven zeigen wie in Abb. 261 die Höchstwerte oder Amplituden. Bei der oberen Kurve hat die obere Dipolhälfte ihre höchste negative, bei der unteren ihre höchste positive Ladung erhalten. Beide Kurven folgen im zeitlichen Abstand einer halben Schwingung aufeinander. Man kann die Ordinaten entweder als Feldstärke lesen oder als Verschiebungsstrom. Denn die Gebiete hoher Feldstärke sind gleichzeitig Gebiete großer Feldstärkeänderungen, also großer Verschiebungsströme.

Man kann dem Ende eines Dipols einen oder mehrere Dipole gleicher Länge anhängen (Abb. 263). Das ist in der Abb. 266 geschehen. Das ganz links vorhandene Lämpchen leuchtet ungestört weiter, die Schwingungen bleiben also erhalten. Die Grenzen der einzelnen Dipole sind in Abb. 266a durch Querstriche markiert. Darunter ist wieder die Feldverteilung gezeichnet. In den Bäuchen erreichen Feldstärke und Verschiebungsstrom ihre größten Werte, in den Knoten sind sie null (Abb. 266b).

Diese Feldverteilung in einem solchen LECHER-System lässt sich nun außerordentlich einfach und genau messen. Wir beschreiben zwei Verfahren:

1. Man beobachtet die Größe der Verschiebungsströme. Dazu dient ein zwischen die Schenkel gebrachter Empfänger. Als solcher genügt ein kurzes Drahtstück E. In ihm bricht das elektrische Feld zusammen. Dabei erzeugt es durch *Influenz* in dem kurzen Drahtstück einen Leitungsstrom wechselnder Richtung, einen Wechselstrom. Man kann als Empfänger auch eine *Induktions*schleife E' benutzen; sie wird von dem senkrecht zur Papierebene stehenden Magnetfeld durchsetzt, das durch die in den Drähten fließenden Ströme entsteht. Die durch Influenz (E) oder durch Induktion (E') entstehenden Wechselströme werden

[1] E. Lecher, Ann. d. Physik **41**, 850 (1890).

mit einem Gleichrichter (Detektor) in Gleichströme umgewandelt und mit einem Galvanometer gemessen. Man bewegt die Empfänger in Richtung des Doppelpfeiles zwischen den Drähten entlang. Dabei findet man die Knoten, d. h. die Nullstellen des Verschiebungsstromes mit großer Schärfe. Diese Verfahren sind stets anwendbar. An den so gefundenen Knotenstellen des elektrischen Feldes kann man die Paralleldrähte nachträglich durch einen Draht B oder die Finger überbrücken (vgl. Abb. 266c). Das stört die stehenden Wellen nicht im Geringsten: Das links eingeschaltete Glühlämpchen brennt unverändert weiter.

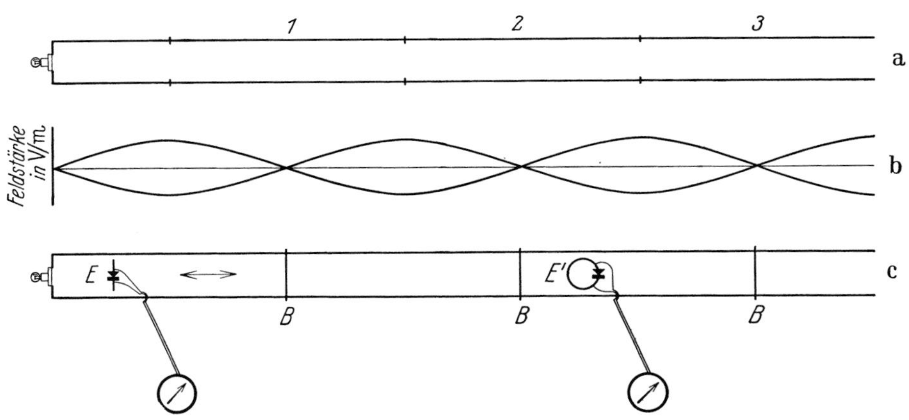

Abb. 266. Vorführung stehender elektromagnetischer Wellen zwischen zwei parallelen Drähten (LECHER-System). Bei hinreichend großen Feldstärken eignen sich zum Abtasten des Feldes kleine Glimmlämpchen. Die Knoten des (die Papierebene senkrecht durchsetzenden) Magnetfeldes liegen in stehenden Wellen dort, wo das elektrische Feld seine Bäuche hat. Infolgedessen müssen magnetische Empfänger durch einen Blechkasten (FARADAY-Käfig) gut gegen elektrische Felder abgeschirmt sein.[K1]

K1. Die stehende Welle des magnetischen Feldes ist also um 1/4 Wellenlänge gegen die des elektrischen Feldes verschoben! (Man vergleiche diese Feldverteilung mit der einer fortschreitenden Welle, Abb. 281.)

Man kann jedes durch benachbarte Brücken B eingegrenzte Rechteck herausschneiden und für sich allein schwingen lassen. Zum Nachweis schaltet man in die beiden kurzen, vertikalen Brücken je ein Glühlämpchen. Während der Schwingungen häufen sich in periodischem Wechsel positive und negative Ladungen in der Mitte der langen horizontalen Rechteckseiten an. Ihr Hin- und Hertransport durch die beiden kurzen Seiten bringt die Lämpchen zum Glühen.

2. Man spannt die beiden Schenkel in einem langen, mit Neon von geringem Druck gefüllten Glasrohr aus (Abb. 267). Dann setzt in den Gebieten hoher elektrischer Feldstärke (ihren Bäuchen) eine selbständige Gasentladung ein. Man sieht das Licht der positiven Säule des Glimmstromes. Man bekommt durch den räumlichen Wechsel von dunklen und hellen Gasstrecken ein anschauliches Bild der ganzen Feldverteilung zwischen den Drähten.[K2]

Videofilm 18:
„LECHER-System" Im Film geschieht die Sichtbarmachung der Feldverteilung einfach mit einer Neon-Leuchtstoffröhre, die direkt neben das LECHER-System gehalten wird. Knoten des elektrischen Feldes befinden sich etwas rechts von den isoliert angebrachten Unterstützungspunkten. Das Magnetfeld hat hier Schwingungsbäuche.

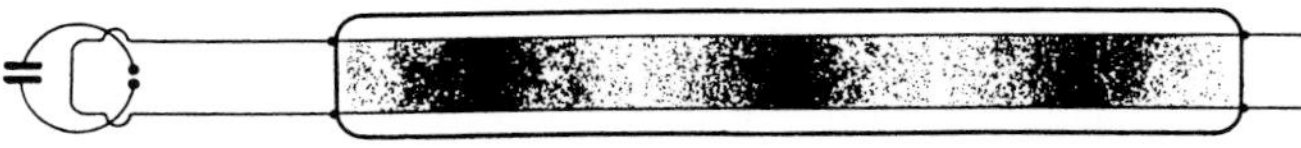

Abb. 267. Sichtbarmachung der Feldverteilung stehender elektromagnetischer Wellen zwischen zwei parallelen Drähten (LECHER-System) (**Videofilm 18**)

K2. Gemeint ist hier und auch im Folgenden korrekterweise das Feld $\dot{\boldsymbol{D}}$, also die Verschiebungsstromdichte (s. die Definition dieser Größen in § 53).

Dies Verfahren erfordert ziemlich hohe Werte der elektrischen Feldstärke. Man erreicht sie am einfachsten mit einem gedämpften Erreger, z. B. dem in Abb. 267 skizzierten Kreis mit Funkenstrecke (Abb. 236).

Die Versuche dieses Paragraphen führen auf ein ebenso einfaches wie wichtiges Ergebnis: *Der Verschiebungsstrom*[K2] *zwischen parallelen Drähten kann das Bild einer stehenden Welle* zeigen.

§ 90. Fortschreitende elektromagnetische Wellen zwischen zwei parallelen Drähten. Ihre Geschwindigkeit. Stehende Wellen entstehen durch Überlagerung oder Interferenz einander entgegengerichteter fortschreitender Wellen (Bd. 1, § 117). Aus diesem Grund beweist der Nachweis stehender elektromagnetischer Wellen, dass es zwischen den parallelen Drähten auch *fortschreitende* Wellen gibt. Das Momentbild einer solchen Welle ist oben in Abb. 268 skizziert.

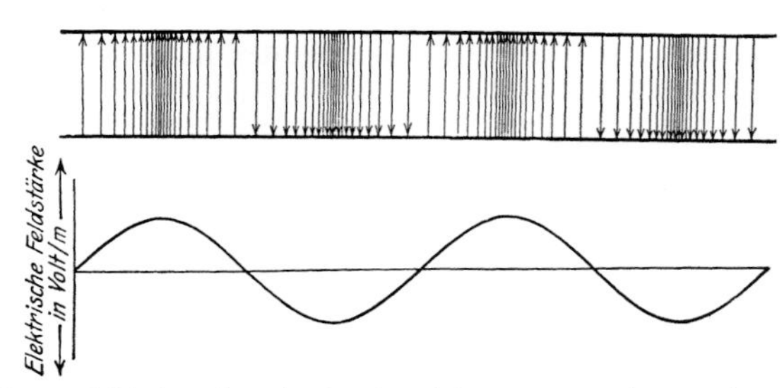

Abb. 268. Oben: Momentbild einer fortschreitenden elektromagnetischen Drahtwelle zwischen zwei parallelen Drähten. Die Pfeile zeigen die Richtung des elektrischen Feldes, ihre Dichte den Betrag des Feldes an. Unten: Andere Darstellungsart für das Momentbild einer fortschreitenden elektromagnetischen Welle.

Dies ganze Bild denke man sich mit der Geschwindigkeit u in horizontaler Richtung bewegt. Einem *ruhenden* Beobachter erscheint die fortschreitende Welle als ein periodisch wechselnder Verschiebungsstrom.

Eine andere, an sich gleichwertige Darstellung befindet sich unten in Abb. 268. Wellenberge bedeuten nach oben, Wellentäler nach unten gerichtete elektrische Felder. Die Amplitude bedeutet die jeweilige Feldstärke z. B. in Volt/m. Doch lässt diese Darstellung nicht den Verlauf und die Längsausdehnung der Feldlinien erkennen.

In Abb. 269 ist S ein Stück des Schwingkreises aus Abb. 252. An zwei Punkten ist eine lange Doppelleitung angeschlossen und an ihrem Ende eine Glühlampe. Dieser Lampe wird die Energie durch fortschreitende elektromagnetische Wellen zugeführt.

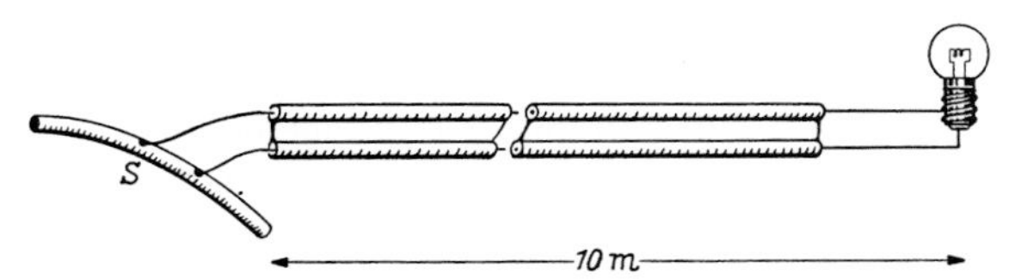

Abb. 269. Führung einer fortschreitenden elektromagnetischen Welle ($\lambda = 3$ m) in einer Doppelleitung, die in den beiden Rändern eines 10 mm breiten Kunststoffbandes eingebettet ist. Man bezeichnet von zwei Leitern geführte elektromagnetische Wellen dann als Wechselströme, wenn die Leiterlänge im Vergleich zur Wellenlänge klein ist.

Für alle fortschreitenden Wellen sind die Frequenz ν, die Wellenlänge λ und eine Ausbreitungsgeschwindigkeit u durch die Gleichung

$$u = \nu\lambda \qquad (197)$$

verknüpft. Für ein LECHER-System lässt sich die Frequenz des Erregers bestimmen. Im Prinzip genügt schon eine Berechnung nach Gl. (185) (S. 131). Die Wellenlänge λ lässt sich als das Doppelte des Knotenabstandes messen. Einsetzen der Werte in Gl. (197) liefert als Geschwindigkeit $u = 3 \cdot 10^8$ m/sec = Lichtgeschwindigkeit c.

Dies Ergebnis ist sehr überraschend: In einem LECHER-System hat jeder Längenabschnitt Δl wie in jedem Paar von Leitungsdrähten einen OHM'schen, einen induktiven und einen kapazitiven Widerstand. Wegen dieser Widerstände hängt die Ausbreitungsgeschwindigkeit von Sinuswellen in den Leitungen von der Frequenz ab; unperiodische Signale werden daher zu Wellengruppen ausgezogen (Bd. 1, § 135); ihre Gruppengeschwindigkeit wird bei Frequenzen der Größenordnung einiger 100 Hz zu nur etwa $2 \cdot 10^8$ m/sec gemessen. Außerdem erfahren die Wellengruppen längs ihres Weges eine Dämpfung. Alle diese technisch überaus wichtigen Dinge werden mit der sogenannten *Telegraphengleichung*[K3] quantitativ erfasst.

K3. Bei der Telegraphengleichung handelt es sich um eine partielle Differentialgleichung zweiter Ordnung, deren Lösungen die Ausbreitung elektromagnetischer Wellen in Drahtleitungen beschreiben. Außer Induktivität und Kapazität berücksichtigt sie auch den OHM'schen Widerstand. Ist dieser vernachlässigbar, vereinfacht sie sich zur *Wellengleichung*, die direkt aus den MAXWELL'schen Gleichungen hergeleitet werden kann. Siehe z. B. E. Rebhan, „Theoretische Physik", Spektrum Akademischer Verlag Heidelberg Berlin 1999, Kap. 16 oder R.P. Feynman et al., Lectures on Physics, Addison-Wesley, Reading, Massachusetts, U.S.A. 1964, Bd. II, Kap. 24.

Warum fallen nun alle Leitungseigenschaften bei den hohen Frequenzen des LECHER-Systems fort? Warum misst man im Grenzfall hoher Frequenzen als Geschwindigkeit der fortschreitenden Wellen die volle Lichtgeschwindigkeit $c = 3 \cdot 10^8$ m/sec? Antwort: Bei hohen Frequenzen tritt der Einfluss des Leitungsstromes völlig zurück gegenüber dem des Verschiebungsstromes. Am Anfang der Doppelleitung ist bei *hohen* Frequenzen *außer* dem elektrischen Feld ein starker *Verschiebungsstrom* vorhanden. Das Magnetfeld dieses Verschiebungsstromes induziert ein elektrisches Feld *zwischen* den nächstfolgenden Drahtstücken usw.

Der für die Ausbreitung der Wellen wesentliche Vorgang spielt sich also überhaupt nicht in, sondern zwischen den Drähten ab, also in Luft, oder strenger, im Vakuum. Daher wird bei hohen Frequenzen die Geschwindigkeit der Wellen von der Beschaffenheit der Drahtleitungen unabhängig.

§ 91. Der Verschiebungsstrom des Dipols. Die Ausstrahlung freier elektromagnetischer Wellen. *Nach dem vorigen Paragraphen verbleibt der Drahtdoppelleitung bei hohen Frequenzen nur eine nebensächliche Aufgabe. Sie verhindert die allseitige Ausbreitung der fortschreitenden Wellen.* Sie hält die elektromagnetischen Wellen ebenso zusammen wie eine Rohrleitung die Schallwellen in der Akustik. Bei dieser untergeordneten Rolle kann die Drahtleitung ganz wegfallen. Das behindert den *wesentlichen* Vorgang, die *Induktionswirkung des Verschiebungsstromes*, in keiner Weise. So gelangt man zu frei im Raum fortschreitenden elektromagnetischen Wellen. Damit kommen wir zur letzten und besonders interessanten Frage: der Ausstrahlung freier elektromagnetischer Wellen, die durch die beschleunigte Bewegung der hin und her schwingenden Ladungen entstehen.

Den experimentellen Ausgangspunkt bildet wieder der stabförmige Dipol. Wir erinnern kurz an die Verteilung des Leitungsstromes im Dipol. Sie zeigt in der Mitte den Bauch (Abb. 260).

Zu dieser Verteilung des Leitungsstromes gehört eine bestimmte Verteilung des Verschiebungsstromes. Elektrische Feldlinien müssen irgendwie in weitem Bogen entsprechende Punkte der beiden Dipolhälften miteinander verbinden. Die Abb. 270 zeigt eine rohe Skizze. Sie gilt für den Fall maximaler Aufladung beider Dipolhälften.

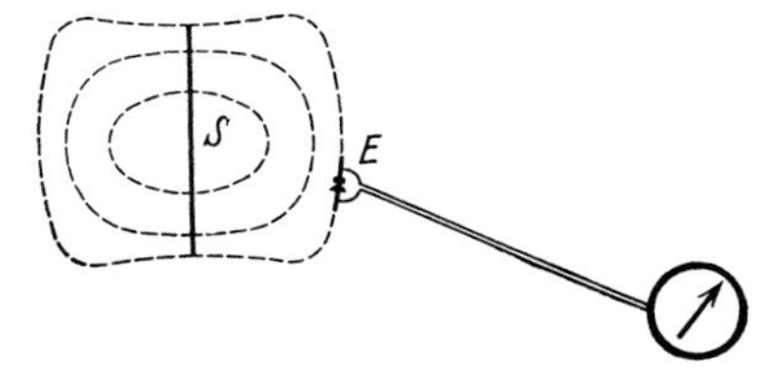

Abb. 270. Der Verschiebungsstrom eines Dipols, Momentbild der Verteilung des elektrischen Feldes

Dieser Verschiebungsstrom des Dipols S soll jetzt auf seine räumliche Verteilung hin untersucht werden. Das geschieht mit dem uns schon geläufigen Verfahren. Man bringt an die Beobachtungsstelle ein kurzes Drahtstück E. Es heiße wieder der „Empfänger". Es wandelt den Verschiebungsstrom an dieser Stelle durch Influenz in einen Leitungsstrom um. Dieser Leitungsstrom ist ein Wechselstrom von der Frequenz des Dipols. Ein kleiner eingeschalteter Gleichrichter (Detektor) wandelt ihn in einen Gleichstrom um. Dieser lässt sich bequem mit einem Galvanometer messen.

Um Störungen zu vermeiden, müssen die Abstände der Zimmerwände, des Fußbodens usw. groß gegenüber den Abmessungen des Dipols sein. Daher wählt man einen Dipol von etwa 10 cm Länge. Man begnügt sich mit gedämpften Schwingungen und benutzt als Schalter eine Funkenstrecke (Abb. 234). Das linke Teilbild von Abb. 271 zeigt eine bequeme Ausführung. Der Dipol besteht aus zwei gleichen, dicken Messingstäben. Ihre ebenen Endflächen sind mit Magnesiumblech überzogen.[K4] Sie sind einander auf etwa 0,1 mm Abstand genähert und bilden die Funkenstrecke. Eine lange, dünne, weiche Doppelleitung (Hausklingellitze!) stellt die Verbindung mit einer Wechselstromquelle her (etwa 5 000 Volt, kleiner Transformator, etwa 50 Hz). Bei *a* und *b* sind zwei kleine Drosselspulen eingeschaltet. Sie verhindern den Eintritt des hochfrequenten Dipolwechselstromes in die Doppelleitung. Die Funkenstrecke macht kaum Geräusch. Man hört nur ein leises Summen. Der Dipol wird von einer halbmeterlangen Holzsäule gehalten. Er heiße fortan kurz „der Sender". Man kann den Sender während des Betriebes beliebig herumdrehen, kippen und tragen.

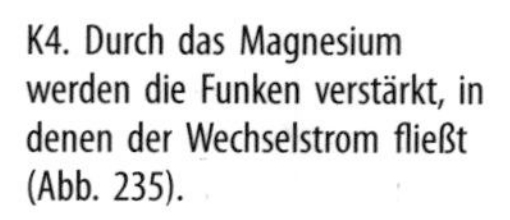
K4. Durch das Magnesium werden die Funken verstärkt, in denen der Wechselstrom fließt (Abb. 235).

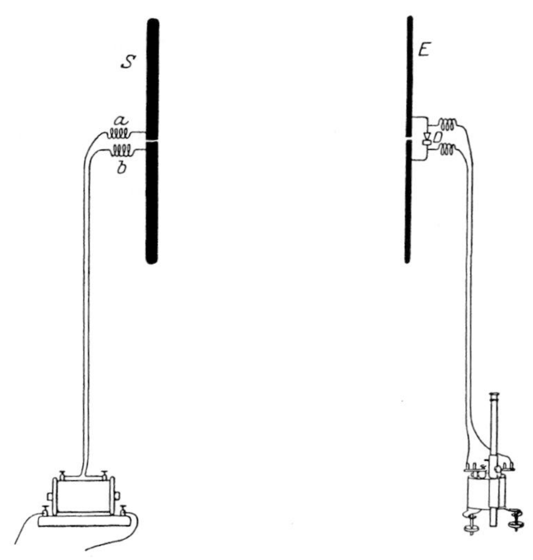

Abb. 271. Kleine Dipole als Sender (links) und als Empfänger (rechts). *a* und *b*: Drosselspulen, *D*: Gleichrichter. (Aufg. 60)

Die Anordnung zum Nachweis des Verschiebungsstromes bleibt die gleiche wie in Abb. 266. Der Empfänger *E* hat also diesmal ungefähr die gleiche Länge wie der Sender. Dieser Empfänger ist also für die nächste Nachbarschaft des Senders ein bisschen zu grob. Er verwischt die feineren Einzelheiten der Feldverteilung. Dieser Nachteil des relativ langen Empfängers wird aber durch seine große Empfindlichkeit aufgewogen.

Der Empfänger bildet ebenfalls einen Dipol. Er reagiert auf das Wechselfeld des Senders mit erzwungenen Schwingungen. Ungefähre Gleichheit beider Dipollängen bedeutet Abstimmung oder Resonanz.

Der Empfänger (Abb. 271 rechts) ist an einer feinen dünnen Doppelleitung nicht weniger leicht beweglich als der Sender. Man kann daher das ganze Verschiebungsstromgebiet des Senders auf das bequemste absuchen.

Wir suchen zunächst *in der Nähe des Senders nach radialen* Komponenten des elektrischen Feldes. Das heißt, wir orientieren Sender und Empfänger nach Art der Abb. 272. Diese Beobachtungen führen wir unter verschiedenen Winkeln φ aus. Wir finden in der

Nähe des Senders unter allen Winkeln φ radialgerichtete elektrische Felder. Aber ihr Betrag nimmt rasch mit wachsendem Abstand r ab. Schon bei Abständen von doppelter oder dreifacher Dipollänge werden sie unmerklich.

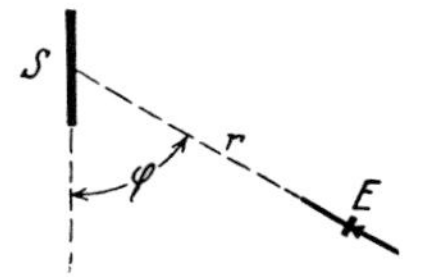

Abb. 272. Ausmessung des Dipolfeldes, radiale Komponenten des elektrischen Feldes in der Nähe des Senderdipols S

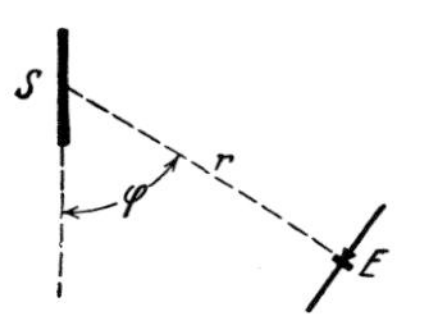

Abb. 273. Querkomponenten des Dipolfeldes

Weiterhin suchen wir nach *Querkomponenten* des elektrischen Feldes *in der Nähe des Senders*. Wir benutzen die in Abb. 273 dargestellte Orientierung. Diese Querkomponenten wachsen stark mit dem Azimut φ. Doch haben sie auch für $\varphi = 0$, also in Richtung der Dipolachse, noch recht merkliche Werte.

Dann folgt die Untersuchung der Querkomponenten des elektrischen Feldes in weiterem Abstand r vom Sender, etwa dem Sechsfachen der Dipollänge. Jetzt ist in der Richtung der Dipolachse, also für $\varphi = 0$, keine Querkomponente des Feldes mehr feststellbar. Sie zeigt sich erst bei wachsenden Winkeln φ. Bei $\varphi = 90°$ erreicht die Feldstärke ihren höchsten Wert. Das Feld ist quer oder „transversal" zu der zum Dipol führenden Verbindungslinie r gerichtet.

Bisher lagen Sender und Empfänger stets in *einer* Ebene, und zwar in der Zeichenebene der Abb. 271 bis 273. Jetzt drehen wir entweder den Sender oder den Empfänger langsam aus der Zeichenebene heraus: die Feldstärke nimmt ab. Sie verschwindet, sobald die Längsrichtungen von Sender und Empfänger senkrecht zueinander stehen. Das elektrische Feld $\boldsymbol{E}$ ist ein Vektor. Er liegt nach den eben gemachten Versuchen in einer Ebene mit der Längsachse des Senders.

In weiterem Abstand zeigt also das elektrische Feld nach unseren Beobachtungen ein recht einfaches Bild. Es lässt sich nach Art der Abb. 274 graphisch darstellen. Die Richtung der Pfeile zeigen die Richtung des elektrischen Feldes $\boldsymbol{E}$ für etliche Beobachtungspunkte im gleichen Abstand r. Die Zahl der parallelgestellten Pfeile bedeutet den Betrag des Feldes, die Feldstärke. Das Ganze ist, bildlich gesprochen, ein kleiner *Ausschnitt* aus einer *Momentfotografie* des elektrischen Senderfeldes.

Wie aber sieht die vollständige „Momentfotografie" aus? Die notwendige Ergänzung ist leicht auszuführen. Zunächst stehen zwei Tatsachen fest:

1. Das in Abb. 274 gezeichnete Feld rührt vom Sender her. Es hat im leeren Raum den Weg r zu durchlaufen.

2. Das Feld ändert sich periodisch mit der Frequenz des Senders. Das Momentbild der Abb. 274 muss kurz darauf einem gleichen Bild mit umgekehrten Pfeilen, also *umgekehrter* Feldrichtung, Platz machen, und so fort in ständigem Wechsel.

Mit diesen beiden Tatsachen lässt sich das Momentbild der Abb. 274 erst einmal im Sinn der Abb. 275 ergänzen.

Jetzt kommt eine dritte Grundtatsache hinzu: Elektrische Feldlinien können nicht irgendwo im leeren Raum anfangen oder enden. Im leeren Raum kann es nur geschlossene elektrische Feldlinien geben.[1] Wir müssen die Feldlinien zu geschlossenen Feldlinien ergänzen. Das geschieht in Abb. 276. So gelangt man schließlich zu der vollständigen „Momentfotografie" in Abb. 277. Sie zeigt das elektrische Feld des Senderdipols unter Ausschluss

[1] Die Anwesenheit der Luftmoleküle ist für die elektrischen Vorgänge im Raum ganz unwesentlich. Das soll noch einmal betont werden.

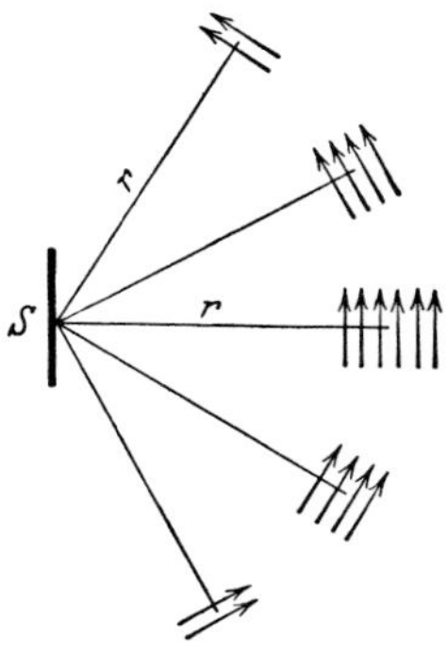

Abb. 274. Verteilung der Querkomponenten des elektrischen Dipolfeldes in verschiedenen Richtungen

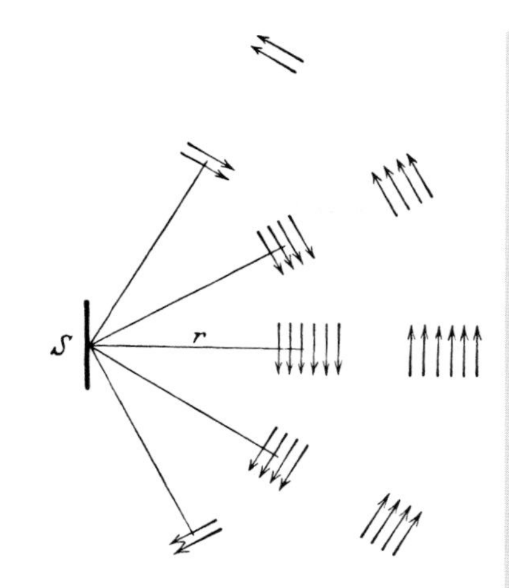

Abb. 275. Zeitlicher und räumlicher Wechsel des elektrischen Dipolfeldes

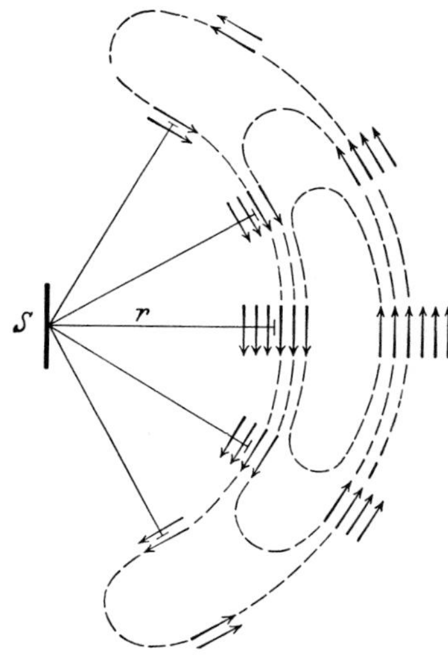

Abb. 276. Ergänzung der Pfeile in Abb. 275 zu geschlossenen elektrischen Feldlinien

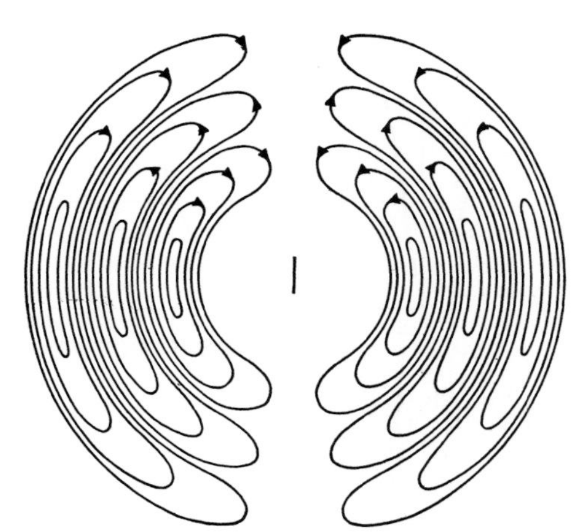

Abb. 277. Momentbild der Verteilung des elektrischen Feldes um einen Dipol. HERTZ'sches Strahlungsfeld eines Dipols. Bei räumlich-rotationssymmetrischer Ergänzung bringt die Abbildung gut zum Ausdruck, dass die Feldstärke mit $1/r$ abnimmt.

der nächsten Umgebung des Senders. *Es ist das von* HEINRICH HERTZ *entdeckte Strahlungsfeld des Dipols.*[1] Es zeigt im Momentbild die Ausstrahlung eines elektrischen Feldes in der Form einer frei im Raum fortschreitenden transversalen Welle. Die Feldstärke wird durch die jeweilige Dichte der Feldlinien markiert. Man denke sich die Äquatorebene gezeichnet und in konzentrische Ringe der Breite $\lambda/2$ unterteilt. Dann nimmt die Flächendichte der Feldlinien in diesen Ringen wie $1/r$ ab (r = Ringradius), nicht mit $1/r^2$, wie im radial gerichteten elektrischen Feld einer ruhenden Ladung. Darin besteht ein fundamentaler Unterschied zwischen dem elektrischen Feld einer beschleunigten und dem einer ruhenden Ladung.

[1] Ann. d. Physik **34**, 551, 610 (1888), ibd. **36**, 1 (1889).

Abb. 277 stellte, wie erwähnt, ein Momentbild dar. Jeden radialen Ausschnitt dieses Bildes denke man sich mit Lichtgeschwindigkeit vom Sender fortlaufend. Dann hat man das Bild der sich ausbreitenden, fortschreitenden Welle.

Zum experimentellen Nachweis fortschreitender Wellen dient immer ihre Umwandlung in stehende Wellen. Wir erinnern z. B. an Abb. 351 in Bd. 1. Dementsprechend lassen wir die Wellen des HERTZ'schen Senders mit senkrechtem Einfall an einerBlechwand reflektieren und bewegen den Empfänger zwischen Spiegel und Sender. Gleichzeitig beobachten wir mit einem Amperemeter Relativwerte für den Verschiebungsstrom, also für die zeitliche Feldänderung. Das Ergebnis einer derartigen Messung ist in Abb. 278 dargestellt. Die Knoten der stehenden elektromagnetischen Wellen zeigen sich deutlich als Minima des Verschiebungsstromes. Als Knotenabstand ergibt sich 0,18 m. Die Wellenlänge der stehenden und somit auch der ursprünglichen fortschreitenden elektromagnetischen Welle beträgt in diesem Beispiel etwa 0,36 m. Die Frequenz ν des Dipols beträgt nach Gl. (197)

$$\frac{3 \cdot 10^8\,\mathrm{m/sec}}{0{,}36\,\mathrm{m}} \approx 800\,\mathrm{MHz}\,.$$

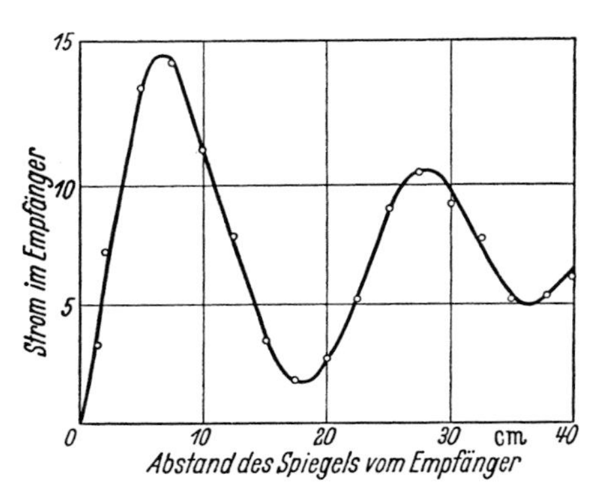

Abb. 278. Messung der Wellenlänge der von dem in Abb. 271 abgebildeten Dipol ausgehenden We llen (Auf der Ordinate sind Relativwerte aufgetragen.) (Aufg. 61)

Der Versuch hat einen kleinen Schönheitsfehler. Die stehenden Wellen sind nur in der Nähe des Spiegels gut ausgebildet. Weiterhin werden die Minima des Verschiebungsstromes flacher und flacher. Der Grund ist die starke Dämpfung der Senderschwingungen. Der von einem Funken ausgelöste einzelne Wellenzug ist nur kurz, er gleicht etwa der in Abb. 249a oben rechts dargestellten Kurve. In größerem Abstand vom Spiegel überlagern sich die hohen reflektierten Auslenkungen vom Anfang des einzelnen Wellenzuges mit den noch auf dem Hinweg befindlichen kleinen Auslenkungen am Schluss des gleichen Wellenzuges. Das ergibt nur noch schlecht ausgeprägte Minima (vgl. Optik, § 169).

Das in Abb. 277 skizzierte Bild der Wellenausstrahlung eines Dipols hält also der experimentellen Nachprüfung in vollem Umfang stand. Ein elektrischer Dipol sendet freie, mit dem elektrischen Feld quer zur Ausbreitungsrichtung schwingende Wellen in den Raum hinaus.

Das Feldlinienbild des Dipols bedarf noch zweier Ergänzungen:

In Abb. 277 fehlt die Zeichnung des Feldes in der nächsten Umgebung des Dipols. Es wechselt dort mit dem jeweiligen Ladungszustand des Dipols. Wir beschränken uns auf die kurze Beschreibung in Abb. 279.

Weiter ist noch das Magnetfeld des Dipols zu erwähnen.

Die magnetischen Feldlinien sind konzentrische Kreise (Abb. 280). Sie verlaufen in Ebenen senkrecht zur Dipollängsachse. Dichte und Richtung der magnetischen Feldlinien wechseln periodisch. Das Magnetfeld schreitet mit dem elektrischen zugleich fort, in hinreichend großem Abstand vom Sender mit dem elektrischen Feld in gleicher Phase.

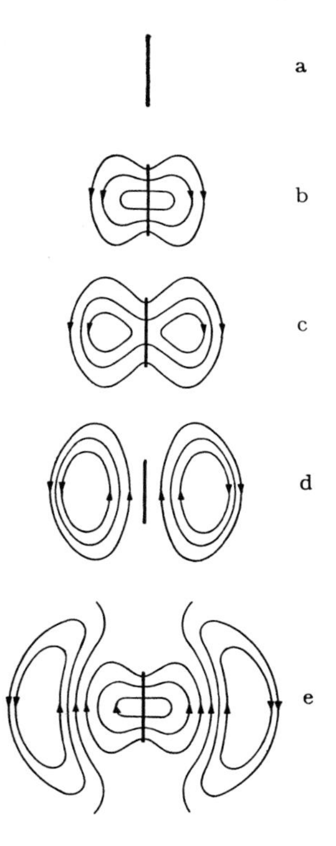

Abb. 279. Fünf Momentbilder des elektrischen Feldes in der Nähe eines Dipols: a. Vor Beginn der Schwingung sind beide Dipolhälften ungeladen. Daher verlaufen zwischen ihnen keine elektrischen Feldlinien. b. Der Leitungsstrom hat nach oben zu fließen begonnen. Nach Verlauf einer Viertelschwingung hat er die obere Dipolhälfte positiv, die untere negativ aufgeladen. Zwischen den Dipolhälften verlaufen jetzt weit ausladende Feldlinien. c. Während der zweiten Viertelschwingung nimmt die Ladung beider Dipolhälften wieder ab: Sie ist schon etwa auf die Hälfte abgesunken. Der äußere Teil des Feldes ist weiter vorgerückt. Gleichzeitig hat eine eigenartige Abschnürung der Feldlinien begonnen. d. Am Schluss der zweiten Viertelschwingung sind hier beide Dipolhälften wieder ungeladen. Die Abschnürung der Feldlinien ist beendet. e. In der dritten Viertelschwingung hat der abwärts fließende Leitungsstrom zu negativer Aufladung der oberen und zu positiver Aufladung der unteren Dipolhälfte geführt. Am Schluss der dritten Viertelschwingung gleicht das Bild jetzt dem Fall b bis auf die Umkehr der Pfeil- oder Feldrichtungen.

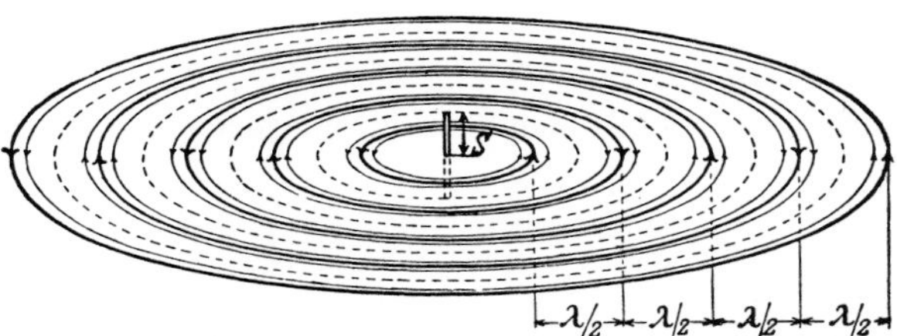

Abb. 280. Magnetische Feldlinien eines Dipols

Jede Änderung des elektrischen Feldes erzeugt (als Verschiebungsstrom) ein Magnetfeld. Und jede Änderung des Magnetfeldes erzeugt durch Induktionswirkung ein elektrisches Feld mit geschlossenen Feldlinien. Auf dieser innigen *Verkettung* der elektrischen und der magnetischen Felder beruht die Ausbreitung der gesamten *elektromagnetischen Welle.*

In genügend großer Entfernung vom schwingenden Dipol kann man die Welle als ebene Welle betrachten, die sich in Richtung der positiven z-Achse mit der Lichtgeschwindigkeit c bewegt (Abb. 281). Dabei schwingt das elektrische Feld E_x in der x-Richtung und das Magnetfeld (die Flussdichte) B_y in der y-Richtung. In Gleichungsform

$$E_x = E_{x,0} \sin \omega(t - z/c) \quad \text{und} \quad B_y = B_{y,0} \sin \omega(t - z/c)\,. \tag{198}$$

Beide Wellen schwingen also in Phase. Für ihre Amplituden gilt

$$B_{y,0} = E_{x,0}/c\,. \tag{199}$$

Man kann heute freie elektromagnetische Wellen rund um die Erdkugel herumschicken. Dabei laufen sie längs eines Großkreises unter mehrfachen Reflexionen an den oberen Schichten der Atmosphäre. Diese sind durch Strahlungen aus dem Weltraum ionisiert

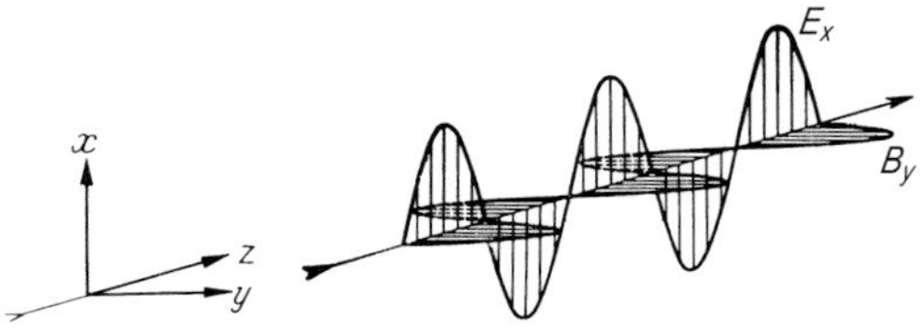

Abb. 281. Eine in z-Richtung fortschreitende ebene elektromagnetische Welle besteht aus einer elektrischen und einer magnetischen Komponente, die in der x- bzw. in der y-Richtung polarisiert sind und phasengleich schwingen[K5] (Aufg. 61)

und dadurch elektrisch leitend (vgl. Optik, § 253). Der Erdumfang von $4 \cdot 10^4$ km Länge wird in 0,13 sec durchlaufen, also siebenmal um den Erdball in 1 sec. Damit ist die Ausbreitungsgeschwindigkeit elektromagnetischer Wellen der direkten Messung aus Laufweg und Laufzeit zugänglich geworden.

§ 92. Wellenwiderstand. Bei Schallwellen (Bd. 1, § 136) benutzt man den Quotienten

$$\frac{\text{Druckamplitude}}{\text{Geschwindigkeitsamplitude}} = \sqrt{\varrho K} = Z \tag{200}$$

(K = Kompressionsmodul)

als *Schallwellenwiderstand* für parallel gebündelte, senkrecht auf eine ebene Grenzfläche auffallende Wellen. Er bestimmt die Reflexion an der ebenen Grenzfläche zweier Medien. Es gilt (Bd. 1, Gl. 253)

$$R = \frac{\text{reflektierte Strahlungsleistung}}{\text{einfallende Strahlungsleistung}} = \left(\frac{Z_1 - Z_2}{Z_1 + Z_2}\right)^2 , \tag{201}$$

genannt *Reflexionsvermögen*.

In entsprechender Weise benutzt man für elektromagnetische Wellen den Quotienten

$$Z_{\text{el}} = \frac{E}{H} \tag{202}$$

als den *Strahlungswiderstand des Vakuums* (Z_1 in Gl. 201) für parallel gebündelte ebene Wellen. Für diese Wellen sind E und H proportional zueinander. Aus Gl. (199),

$$B = \frac{E}{c} = \sqrt{\varepsilon_0 \mu_0}\, E \quad \text{oder} \quad H = \sqrt{\frac{\varepsilon_0}{\mu_0}}\, E \tag{203}$$

folgt

$$Z_{\text{el}} = \sqrt{\frac{\mu_0}{\varepsilon_0}} = 377\,\text{Ohm}\,. \tag{204}$$

In Abb. 282 laufen solche Wellen senkrecht gegen eine schlecht leitende Wand. Man denke sie sich als dünne Folie mit der Schichtdicke d aus einem Material mit der spezifischen elektrischen Leitfähigkeit σ.[K6] Ein quadratisches Stück einer solchen Folie ist in Abb. 282 skizziert. Ihr OHM'scher Widerstand in der Richtung des Vektors $\boldsymbol{E}$ ist

$$\frac{U}{I} = \frac{1}{\sigma}\frac{l}{A} = \frac{1}{\sigma d}\,. \tag{205}$$

Im Handel werden Folien geliefert, die in Form von Quadraten beliebiger Seitenlänge den Widerstand $U/I = 1/\sigma d = 377$ Ohm (Z_2 in Gl. 201) besitzen. Derartige Folien verhindern die Reflexion senkrecht auffallender ebener elektromagnetischer Wellen.[K7]

K5. Ergänzend sei erwähnt, dass die mit der elektromagnetischen Welle transportierte Energie, die Energiestromdichte, durch den POYNTING-Vektor

$$\boldsymbol{S} = \frac{1}{\mu_0}(\boldsymbol{E} \times \boldsymbol{B})$$

beschrieben wird (Einheit: 1 W/m^2). Aus den Gln. (198) und (199) ergibt sich

$$S = \frac{1}{\mu_0 c} E_{x,0}^2 \sin^2 \omega \left(t - \frac{z}{c}\right)$$

mit dem zeitlichen Mittelwert

$$\bar{S} = \frac{1}{2}\frac{1}{\mu_0 c} E_{x,0}^2\,.$$

Diese Größe spielt auch in der Optik eine Rolle.

K6. Zur spezifischen Leitfähigkeit σ siehe Kommentar K10 in Kap. I.

K7. Als weitere Anwendung der Gl. (201) sei ergänzend das Reflexionsvermögen für eine elektromagnetische Welle berechnet, die senkrecht auf eine Grenzfläche zwischen zwei dielektrischen Medien 1 und 2 (mit den Dielektrizitätskonstanten ε_1 und ε_2) einfällt. Es gilt $Z_1 = \sqrt{\mu_0/\varepsilon_1\varepsilon_0}$ und $Z_2 = \sqrt{\mu_0/\varepsilon_2\varepsilon_0}$. Zusammen mit Gl. (207) aus dem folgenden Paragraphen folgt für das Reflexionsvermögen

$$\left(\frac{Z_1 - Z_2}{Z_1 + Z_2}\right)^2 = \left(\frac{n_1 - n_2}{n_1 + n_2}\right)^2 ,$$

wie in der Optik, § (219), aus den FRESNEL'schen Formeln hergeleitet.

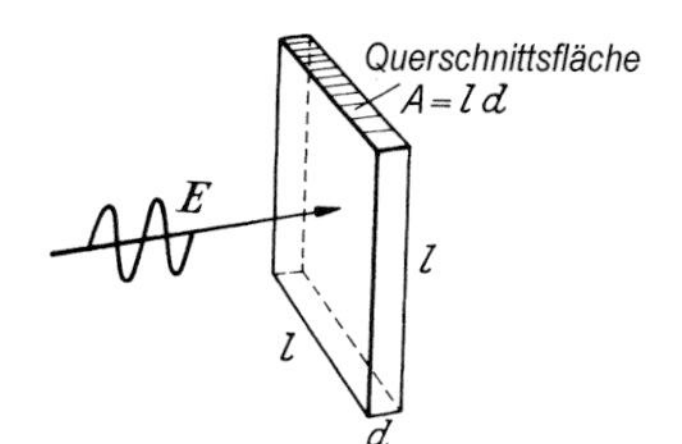

Abb. 282. Zur Berechnung des Widerstandes $U/I = 1/\sigma d$ einer quadratischen Folie parallel zu $\boldsymbol{E}$, also parallel zu l

Bei *geführten* elektromagnetischen Wellen hängt die Größe des Strahlungswiderstandes von der Gestalt des elektrischen Feldes ab. Bei einem LECHER-System z. B. wird diese Gestalt vom Durchmesser $2r$ und dem Abstand a der beiden parallelen Leitungen bestimmt. Deren Strahlungswiderstand ist

$$\frac{U}{I} = 120 \ln \frac{a}{r} \text{ Ohm} . \tag{206}$$

Zahlenbeispiel: Für $a/r = 16$ ist $U/I = 333$ Ohm.

§ 93. Wesensgleichheit von elektromagnetischen Wellen und Lichtwellen. Der HERTZ'sche Sender (Abb. 271 links) ist von geradezu idealer Einfachheit und Übersichtlichkeit. Mit ihm lässt sich das übereinstimmende Verhalten elektromagnetischer und optischer Wellen leicht vorführen. Beobachtet haben wir bereits Spiegelung, Interferenz und lineare Polarisation. Der Vektor des elektrischen Feldes schwingt stets in einer Ebene, die die Längsrichtung des Senders enthält. Ein zu dieser Ebene senkrecht stehender linearer Empfänger (Abb. 271 rechts) spricht nicht an.

HERTZ hat für diese Polarisation der Dipolwellen noch einen sehr eindrucksvollen Versuch angegeben, den sogenannten Gitterversuch.[1] Man stellt Sender und Empfänger parallel zueinander. Dann bringt man zwischen beide ein Gitter aus Metalldrähten von etwa 1 cm Abstand. Erst werden die Drähte senkrecht zur Dipolachse und Feldrichtung gestellt. Dabei werden die Wellen kaum merklich geschwächt. Dann dreht man das Gitter um 90°. Jetzt erweist es sich als völlig undurchlässig. Die zur Feldrichtung parallelen Drähte wirken nebeneinander wie eine undurchlässige Metallwand. — Der gleiche Versuch gelingt in der Optik. Nur muss man lange, unsichtbare, infrarote Wellen benutzen ($\lambda = 100\,\mu$m). Für die kurzen Wellen des sichtbaren Lichtes kann man keine hinreichend feinen Drahtgitter herstellen, man verwendet Polarisationsfolien (Optik, § 205).

Zum Nachweis der Brechung genügt eine „Zylinderlinse“, eine mit einer isolierenden Flüssigkeit, z. B. Xylol, gefüllte große Flasche. Man stellt ihre Achse parallel zum Empfänger. — Mit Prismen hinreichender Größe hat schon HERTZ in seinen klassischen Versuchen die Brechzahl n für etliche Substanzen gemessen. Dabei ergab sich n gleich der Wurzel aus der Dielektrizitätskonstante ε der Prismensubstanz. Diese Beziehung, $n = \sqrt{\varepsilon}$, war bereits von MAXWELL aufgrund seiner Gleichungen vorausgesagt worden. Sie spielt in der Dispersionstheorie eine große Rolle (Optik, § 242).

Die MAXWELL'sche Beziehung $n = \sqrt{\varepsilon}$ folgt aus Gl. (132). In einem Stoff mit der Dielektrizitätskonstante ε und der Permeabilität μ (wird in § 108 besprochen) treten die Produkte $\varepsilon\varepsilon_0$ und $\mu\mu_0$ an die Stelle von ε_0 und μ_0. So erhält man

$$\text{Brechzahl } n = \frac{c_{\text{Vakuum}}}{c_{\text{Stoff}}} = \frac{\sqrt{\varepsilon\varepsilon_0\mu\mu_0}}{\sqrt{\varepsilon_0\mu_0}} = \sqrt{\varepsilon\mu} . \tag{207}$$

Die Permeabilität der Stoffe ist, von den ferromagnetischen abgesehen, praktisch immer = 1 (§ 110). So erhält man $n = \sqrt{\varepsilon}$. (Aufg. 63)

[1] Ann. d. Physik **36**, 769 (1888).

§ 94. Technische Bedeutung der elektromagnetischen Wellen. Die Technik der elektrischen Nachrichtenübermittlung hat sich seit ihrer Entstehung (erste Hälfte des 19. Jahrhunderts) durch Jahrzehnte hindurch des Gleichstromes als *Träger* bedient. Dieser wurde mit Schaltwerken, z. B. einem Telegraphentaster, oder mit einem Mikrophon moduliert: In den Leitungen liefen gehackte Gleichströme oder Wechselströme aus dem Frequenzbereich der menschlichen Sprache.

Seit 1896 (G. Marconi) sind als Träger der Nachrichten in zunehmendem Maß modulierte elektromagnetische Wellen benutzt worden. Anfänglich mit freier, allseitiger Ausbreitung (Abb. 49 zeigt schematisch eine zum Empfang solcher Wellen verwendete Antenne), später mit optischen Hilfsmitteln, z. B. hohlspiegelartigen Gebilden, wie bei einem Scheinwerfer *gebündelt*, oder mit Doppelleitungen (Fortbildungen der Lecher-Leitung) *geführt*. Dabei ist man zu immer kürzeren Wellenlängen übergegangen. Für ihre großartigen, oft bewunderswerten Leistungen — man denke an die Bildübertragung aus den Gebieten von Mars, Jupiter usw.! — musste die Fernmeldetechnik Generatoren für ungedämpfte elektromagnetische Wellen bis herab ins Zentimetergebiet entwickeln und für ihre Fortleitung und ihre quantitative Beherrschung neue Hilfsmittel ausarbeiten. Diese Hilfsmittel haben auch die physikalischen Laboratorien für Forschung und Unterricht bereichert; darum sollen die nächsten Paragraphen einige grundsätzliche Dinge bringen.

§ 95. Die Erzeugung ungedämpfter Wellen im Zentimetergebiet. Schauversuche zur Wellenoptik. Bei der Herstellung ungedämpfter Schwingungen mithilfe der normalen Elektronenröhren oder Trioden fließt in diesen ein Elektronenstrom von der Kathode zur Anode. Seine Anzahldichte wird durch eine Steuerspannung zwischen Gitter und Kathode periodisch verändert oder *moduliert*. Auf diese Weise lassen sich selbst bei Sonderausführungen keine Frequenzen über 3 GHz = $3 \cdot 10^9$ Hz erzeugen wegen der endlichen Laufzeit der Elektronen in den Trioden. Damit sind für die mit diesen Schwingkreisen erzeugten elektromagnetischen Wellen Wellenlängen von 10 cm die untere Grenze. Doch lässt sich die Laufzeit ihrerseits benutzen, um Frequenzen bis zu 100 GHz zu erreichen, also Wellenlängen im mm-Bereich. Von mehreren bewährten Verfahren soll wenigstens eins, das *Klystron*, qualitativ behandelt werden.

Abb. 283 zeigt links oben schematisch einen Schwingkreis. Die Platten seines sehr flachen Kondensators sind siebartig durchbrochen. Durch die Öffnungen können einer Glühkathode entstammende Elektronen hindurchfliegen. Dabei soll die Flugdauer t innerhalb des Kondensators klein sein gegenüber der Periode T des Schwingkreises. — Ferner denke man sich durch eine zufällige (von der Wärmebewegung herrührende) Störung bereits beliebig schwache Schwingungen vorhanden. Dann verlässt das Elektronenbündel den Kondensator oben mit einer modulierten *Geschwindigkeit*: Innerhalb jeder Periode T haben die bei *positiver* oberer Kondensatorplatte oben austretenden Elektronen große Geschwindigkeiten, bis zu $(u + \mathrm{d}u)$ zur Zeit $T/4$. Die später, zur Zeit $T/2$, bei *ungeladener* oberer Kondensatorplatte oben austretenden Elektronen haben die gleiche Geschwindigkeit u, mit der sie durch die untere Kondensatorplatte eingetreten waren. Die noch später bei *negativer* oberer Kondensatorplatte oben austretenden haben kleine Geschwindigkeiten, bis zu $(u - \mathrm{d}u)$ zur Zeit $3T/4$.

Bei dieser Modulation der Geschwindigkeit bleibt die *Anzahldichte* der Elektronen konstant. Um auch sie zu modulieren, lässt man die Elektronen von einer konstant negativ geladenen Platte P reflektieren, so dass sie zum Kondensator zurückkehren. Dabei haben, steigend und fallend, die schnellen Elektronen (mit Geschwindigkeiten bis zu $(u + \mathrm{d}u)$) die längsten Wege zu durchlaufen, Elektronen mit der ursprünglichen Geschwindigkeit

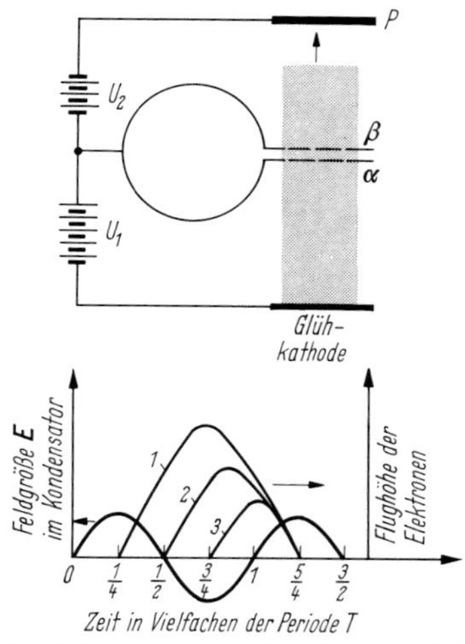

Abb. 283. Zur Selbststeuerung (Rückkopplung) elektrischer Schwingungen mit einem Reflexklystron. Links Schema, rechts eine praktische rotationssymmetrische Ausführung für Frequenzen von etwa 10 GHz, regelbar durch den Abstand $\beta - \alpha$ (Schraube *b*), ca. 2/3 natürlicher Größe. Spannung $U_1 \approx 300$ Volt, $U_2 \approx 150$ Volt. *a* ist eine konzentrische Doppelleitung zur Entnahme der elektromagnetischen Welle.

u einen Weg mittlerer Länge und die langsamen (mit Geschwindigkeiten bis herab zu $(u - \mathrm{d}u)$), die kürzesten Wege (Abb. 283 links unten).

Die schnellsten Elektronen der erstgenannten Gruppe beginnen ihren Aufwärtsflug bei der größten positiven Ladung der oberen Kondensatorplatte, also jedesmal zur Zeit $T/4$, die Elektronen der zweiten Gruppe mit der Geschwindigkeit u starten jedesmal zur Zeit $T/2$, also bei ungeladener Kondensatorplatte und die langsamsten Elektronen der dritten Gruppe starten jedesmal zur Zeit $3T/4$, also bei größter negativer Ladung der oberen Kondensatorplatte.

Bei passend gewählten Spannungen U_1 und U_2 (s. Abb. 283 links unten) tritt zweierlei ein. Erstens: Nach Ablauf je einer vollen Periode (beginnend jedesmal bei $T/4$ und endend bei $5T/4$) kehren alle Elektronen praktisch *gleichzeitig* zur oberen Kondensatotplatte zurück. — Zweitens: Sie durchfliegen den Kondensator abwärts *mit modulierter Anzahldichte zu Paketen vereinigt.* Das geschieht in periodischer Folge immer in Zeiten, in denen die *untere* Kondensatorplatte negativ ist. Infolgedessen werden die Elektronen verzögert. Dadurch geben sie einen Teil ihrer kinetischen Energie an das elektrische Feld des Kondensators ab. Diese periodische Energiezufuhr facht zunächst die Schwingungen an und hält sie schließlich mit konstanter Amplitude aufrecht.

Abb. 283 zeigt rechts einen auf diesem Verfahren beruhenden Generator für Wellen von etwa 3 cm Länge. *a* ist eine konzentrische Doppelleitung zur Entnahme des hochfrequenten Wechselstromes ($\nu = 100\,\mathrm{GHz}$), z. B. für eine Senderantenne. Mit diesem Sender und einer Empfangsantenne mit Detektor und Galvanometer kann man alle Grunderscheinungen der Wellenausbreitung zwar etwas kostspieliger, aber nicht weniger bequem vorführen als mit kurzen Schallwellen (Bd. 1, §§ 130 bis 132). Wir ergänzen die in Bd. 1 gebrachten Beispiele in Abb. 284 durch Vorführung einer Linse. Sie ist, bildlich gesprochen, aus einem regulären Kristall hergestellt. Seine „Atome" bestehen aus kubisch angeordneten Heftzwecken. Näheres in der Bildunterschrift.

Von anderen, eine endliche Laufzeit von Elektronen benutzenden Generatoren ungedämpfter elektrischer Schwingungen sehr großer Frequenz ist das wichtigste das *Magnetron.* In ihm wird den Schwingungen zur Konstanthaltung ihrer Amplituden Energie von

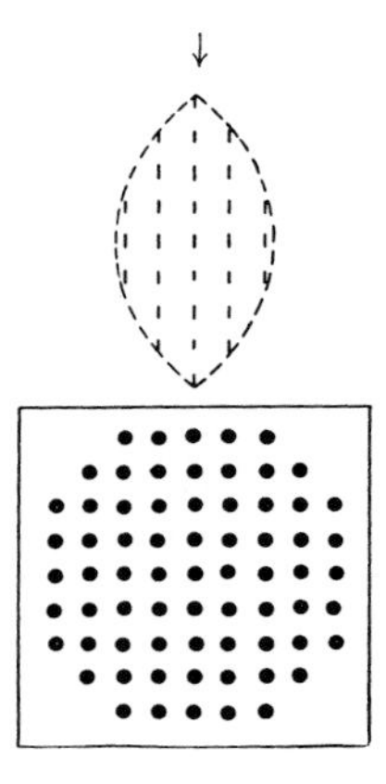

Abb. 284. Oben Schnitt durch eine Linse für elektromagnetische Wellen. Als streuende „Atome" dienen Reißzwecken, die auf wellendurchlässigen Platten aus Trolitul-Schaumstoff befestigt sind. Unten die mit einem Pfeil markierte Platte in Aufsicht. Vgl. Optik, § 240.

Elektronen geliefert, die mit Zyklotronfrequenz[K1 in Kap. VIII] auf einer Kreisbahn umlaufen. Mit dem (zunächst für den Radarbetrieb wichtigen) Magnetron erzeugt man elektrische Schwingungen mit Frequenzen zwischen 1 und 100 GHz, entsprechend Wellenlängen zwischen 30 cm und 3 mm. Magnetrons mit Leistungen in der Größenordnung einiger Kilowatt werden in Mikrowellenöfen verwendet (s. § 107).

§ 96. Hohlleiter für kurze elektromagnetische Wellen (Mikrowellen). Im LECHER-System ist der Abstand der beiden Leiter *klein* gegenüber der Wellenlänge. Das LECHER-System entspricht damit dem früher in Wohnhäusern und in Schiffen viel angewandten *Sprachrohr.* Das LECHER-System kann umgestaltet werden: Der eine Leiter kann den anderen als konzentrisches Rohr umgeben, zur Trennung beider Leiter dienen isolierende Stützen.[K8]

K8. Wenn allerdings in solchen *Koaxialleitern* der Raum zwischen den Leitern mit einem Dielektrikum (Plastik) mit dem Brechungsindex n ausgefüllt ist, läuft die Welle mit der Lichtgeschwindigkeit in diesem Medium, also mit c/n.

Von einem konzentrischen LECHER-System gelangt man zu einem *Hohlleiter*, wenn der axiale Leiter verschwindet (LORD RAYLEIGH 1897)[1]. Dann verbleibt ein Rohr. In der Praxis gibt man ihm meist eine rechteckige Querschnittsfläche. Ein Hohlleiter hat wesentlich andere Eigenschaften als ein Sprachrohr und dessen elektrisches Analogon, das LECHER-System : Ein Hohlleiter lässt nur Wellen passieren, deren halbe Wellenlänge *kleiner* ist als der größte Durchmesser des Hohlleiters. Dabei hat man zwei verschiedene Geschwindigkeiten zu unterscheiden: Erstens die Geschwindigkeit u, mit der ein von den Wellen erzeugtes Signal, also ein Wellenzug mit Anfang und Ende, genannt Wellengruppe, sich auf einer Zickzackbahn längs der Rohrachse bewegt. Zweitens die Phasengeschwindigkeit v, mit der sich die quer zur Rohrachse modulierte Welle längs der Rohrachse bewegt. Beide sind mit der Geschwindigkeit c elektromagnetischer Wellen im freien Raum (Vakuum)[2] verknüpft durch die Gleichung

$$uv = c^2 \,. \tag{208}$$

[1] Konzentrische LECHER-Leitungen haben den Nachteil, dass sie oft *zusätzlich* als Hohlleiter funktionieren. Das kann man nur durch Verkleinerung des Rohrquerschnittes verhindern. Diese Verkleinerung führt aber neben technologischen Schwierigkeiten (Zentrierung des Innenleiters, ausreichende elektrische Durchschlagsfestigkeit) zu einer unzulässigen Vergrößerung der Dämpfung. Diese wächst, wenn für ein Rohr der Quotient Umfang/Querschnittsfläche zunimmt.

[2] Der freie Raum (Vakuum) ist dispersionsfrei, und daher sind in ihm Signal- oder Gruppengeschwindigkeit und Phasengeschwindigkeit identisch.

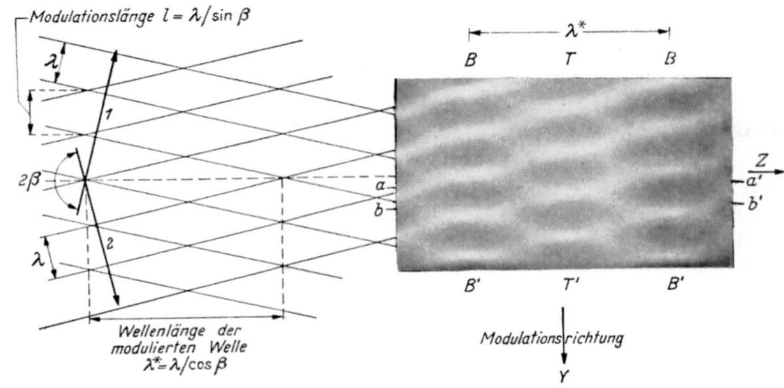

Abb. 285. Bitte einäugig betrachten! — Die Interferenz zweier gegeneinander geneigter ebener Wellen gleicher Frequenz erzeugt in der Richtung z fortschreitende Wellen. Ihre Amplituden, also Berge und Täler, sind in der Richtung y, also *quer* zur Laufrichtung mit der Modulationslänge $l = \lambda/\sin\beta$, moduliert (rechts Momentaufnahme von Wellen auf einer Wasseroberfläche, (1/250) sec). Mit wachsendem Winkel β wächst die Phasengeschwindigkeit $v = c/\cos\beta$ der in Richtung z laufenden Wellen, deren Amplituden *quer* zur Laufrichtung moduliert sind. Das ist im Schauversuch sehr gut zu sehen. Im Grenzfall $\beta = 90°$ wird die Phasengeschwindigkeit $v = \infty$. Es gibt *stehende* Wellen. Für diese ist die Modulationslänge $l = \lambda$, also der Abstand zweier benachbarter Interferenzminima $l/2 = \lambda/2$. In stehenden Wellen werden Interferenzminima Knoten genannt. (Im Beispiel $\beta = 76°$, $\lambda = 5{,}8$ mm; $l = 6$ mm, $\lambda^* = 25$ mm.)

Diese zunächst seltsam anmutenden Eigenschaften der Hohlleiter haben einen einzigen Grund: Die elektrische Feldstärke muss dort, wo die elektrischen Feldlinien Metallwände streifen, gleich null werden. Das muss näher erläutert werden.

Zunächst bringt Abb. 285 einen bekannten Vorgang aus der Mechanik. Sie zeigt mit *Momentbildern* links als Skizze, rechts mit Wasserwellen die Interferenz zweier linearer Wellenzüge. Ihre Laufrichtungen 1 und 2 schließen miteinander den Winkel 2β ein. Beide Wellenzüge setzen sich zu einem resultierenden zusammen. Dieser hat die Wellenlänge $\lambda^* = \lambda/\cos\beta$ und läuft in der Richtung z mit der großen Phasengeschwindigkeit $v = c/\cos\beta$. Seine Amplitude, also Wellenberge, wie z. B. BB', und Wellentäler, wie z. B. TT', ist in der Richtung y, also *quer*[1] zur Laufrichtung *moduliert*: Die Berge sind durch Einsenkungen, die Täler durch Erhebungen unterteilt, die im Abstand $l = \lambda/\sin\beta$, genannt *Modulationslänge*, aufeinander folgen. Die *halbe* Modulationslänge ist der Abstand zweier benachbarter *Interferenzminima*, also der geraden Linien, auf denen die Amplitude dauernd null bleibt (z. B. die Verbindungslinien der Punkte aa', bb' usw.).

Der in Abb. 285 behandelte Wellenverlauf lässt sich experimentell in einfacher Weise herstellen. Das zeigt Abb. 286: Der für den Lauf der Wellen verfügbare Bereich ist durch zwei (schraffierte) vollkommen spiegelnde Wände eingegrenzt worden. Dabei soll der Abstand dieser spiegelnden Wände ein ganzzahliges Vielfaches N der halben Modulationslänge, also $l/2$, sein. Links fällt nur noch *ein* Wellenzug ein, und dieser durchläuft mit der Phasengeschwindigkeit c (s. Fußnote 2) zwischen den beiden Wänden einen *Zickzack*weg. Infolge dieses Zickzackweges kann ein Signal in der Richtung z nur mit der kleinen Geschwindigkeit $u = c \cos\beta$ vorrücken. Man findet also, da die Phasengeschwindigkeit der resultierenden λ^*-Welle $v = c/\cos\beta$ ist, $uv = c^2$.

[1] Für die Nachrichtentechnik spielt auch eine Amplitudenmodulation von Wellen *in* ihrer Laufrichtung eine große Rolle.

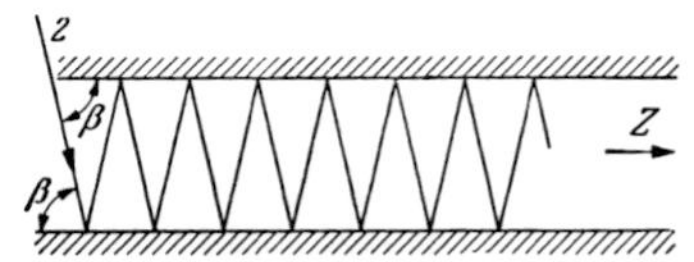

Abb. 286. Herstellung einer in Richtung z laufenden, *quer* zur Laufrichtung modulierten Welle. Sie benutzt die vielfache Reflexion einer ebenen Welle an zwei in Interferenzminima gestellte, vollkommen spiegelnde Wände. β hat die gleiche Bedeutung wie in Abb. 285. Längs des Zickzackweges läuft die Energie mit der Gruppengeschwindigkeit c, längs der Rohrachse aber nur mit der Gruppengeschwindigkeit $u = c \cos\beta$. Die Abbildung erläutert gleichzeitig den Verlauf der Energie in jedem Interferenzfeld: Die Interferenzminima wirken, bildlich gesprochen, wie vollkommene Spiegel.

Soweit die Ergebnisse mit mechanischen Wellen. Ihre Anwendung auf elektromagnetische Wellen in Hohlleitern braucht nur mit einem Beispiel erläutert zu werden. Abb. 287 zeigt zunächst statt eines rechteckigen Hohlleiters einen durch zwei leitende, ebene Blechstreifen begrenzten Ausschnitt aus dem Feld einer ebenen, linear polarisierten elektromagnetischen Welle. Sie läuft in z-Richtung mit dem elektrischen Feld in x-Richtung. Die Amplituden der Welle sind, von nebensächlichen Randeinflüssen abgesehen, von der Richtung y unabhängig. Man kann daher die Amplitude längs der ganzen Achse y mit Pfeilen gleicher Länge darstellen. Das ist für zwei Amplituden geschehen.

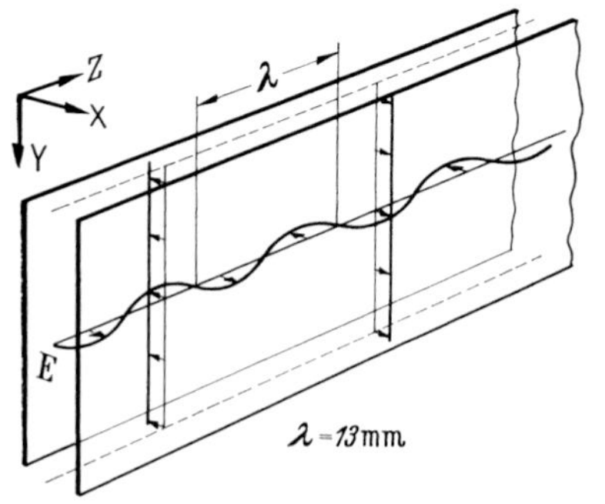

Abb. 287. Perspektivische Skizze eines durch zwei leitende Ebenen (Blechstreifen) begrenzten Ausschnittes aus einer ebenen, parallel zu x schwingenden fortschreitenden elektromagnetischen Welle, deren geradlinige Feldlinien senkrecht auf den Blechstreifen enden. Die Amplituden der Feldstärke sind von y unabhängig.

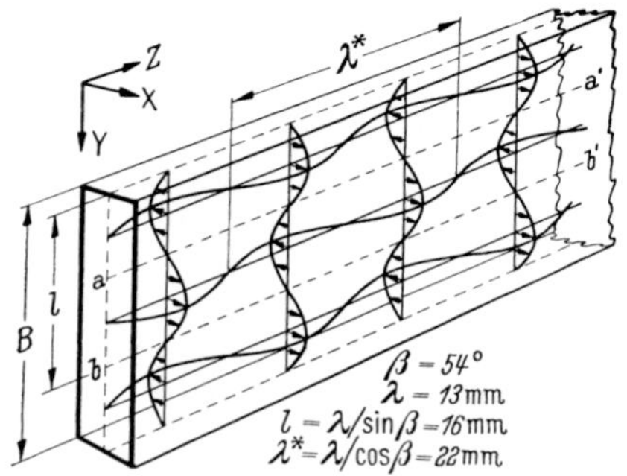

Abb. 288. Das entsprechende Bild, nachdem die beiden Blechstreifen durch zwei andere zu einem rechteckigen *Rohr*, einem RAYLEIGH'schen Hohlleiter, ergänzt worden sind. Die Wellen müssen in der Richtung y, also quer zur Laufrichtung, moduliert sein, damit ihre elektrische Feldstärke dort, wo die Feldlinien die Blechwände streifen, gleich null wird.

Anders in Abb. 288. In ihr sind die beiden Blechstreifen oben und unten durch zwei andere Blechstreifen zu einem Rohr mit rechteckiger Querschnittsfläche ergänzt worden. Jetzt ist eine homogene Verteilung des elektrischen Feldes in y-Richtung unmöglich: Das elektrische Feld muss oben und unten, wo seine Feldlinien die leitenden Metallwände streifen, gleich null werden (entsprechend vollkommener Spiegelung). Das wird durch eine *Modulation* der Wellenamplitude in y-Richtung erreicht. In Abb. 288 ist die Modulationslänge $l = 2B/3$ gewählt worden. (Daher β im Beispiel $= 54°$.) Bei den Wasserwellen würde der Abb. 288 die Abb. 289 entsprechen. Durchgelassen werden also Wellen nur dann, wenn für sie innerhalb des Hohlleiters eine Modulationslänge $l = 2B/N$ entstehen kann ($N =$ ganze Zahl). Folglich ist $\lambda = 2B$ die größte Wellenlänge, die das Rohr als Hohlleiter noch hindurchlassen kann. Für längere Wellen kann die entscheidende Forderung nicht erfüllt werden, nämlich ein Verschwinden der elektrischen Feldstärke dort, wo die elektrischen Feldlinien die leitenden Wände streifen.

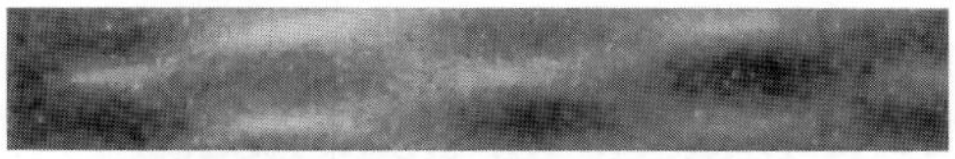

Abb. 289. Die gleiche Feldverteilung wie in Abb. 288, mit dem Ausschnitt aus einer Fotografie von Wasserwellen erläutert. Die Bergsättel entsprechen Gebieten mit Feldstärken in positiver x-Richtung, die Talmulden solchen in negativer x-Richtung. In Ruhe entspricht die Wasseroberfläche der in Abb. 288 gestrichelt umrandeten Fläche, von der die Pfeile als Vektoren des elektrischen Feldes ausgehen.

Man kann anstelle der Rohre von rechteckiger oder kreisrunder Querschnittsfläche mannigfache Gebilde als Leiter benutzen. Als Beispiele seien genannt ein Draht in Form einer Schraubenspirale, ein einzelner Metalldraht mit einem Überzug aus einem dielektrischen Stoff oder endlich im Laboratorium und für Schauversuche ein Gummischlauch (Gasschlauch für Bunsenbrenner!).[1]

Bei Messungen mit elektromagnetischen Wellen im Zentimeter- und Dezimetergebiet besitzen Hohlleiter etwa dieselbe Wichtigkeit wie Leitungsdrähte in der normalen elektrischen Messtechnik. Es gibt eine umfangreiche Sonderliteratur mit eigenen Bezeichnungsweisen. Dafür ein Beispiel. — Die Rohrwellen entstehen unter entscheidender Mitwirkung der Reflexion an den Rohrwänden. Wie aus der Optik bekannt, muss man bei der Reflexion darauf achten, wie das elektrische Feld $\boldsymbol{E}$ und das Magnetfeld $\boldsymbol{H}$ gegenüber der Einfallsebene orientiert ist (Optik § 217). Liegt $\boldsymbol{E}$ senkrecht zur Einfallsebene[2] („transversal"), so hat $\boldsymbol{H}$ eine Komponente parallel zur Rohrachse. Liegt $\boldsymbol{H}$ senkrecht zur Einfallsebene („transversal"), so hat $\boldsymbol{E}$ eine Komponente parallel zur Rohrachse. Im ersten Fall spricht die Technik von TE- oder M-Wellen, im zweiten von TM- oder E-Wellen. Zuweilen werden auch Indizes angefügt, um die Zahl der Modulationslängen parallel zur langen oder kurzen Rechtecksseite anzugeben.

Für Messzwecke versieht man Hohlleiter mit einem schmalen *Längsschlitz* in der Rohrwand. Dann kann man einen kleinen Empfänger (vgl. Abb. 266) längs der Rohrachse verschieben. Mit ihm kann man Wellenlängen messen, wenn man durch eine Reflexion am hinteren Rohrende stehende Wellen erzeugt. So misst man z. B. die Wellenlänge λ^* in Abb. 288, zu der die große Phasengeschwindigkeit $v = c/\cos\beta$ gehört.

[1] F. E. Borgnis and C. H. Papas, „Electromagnetic Waveguides", Handbuch der Physik, Flügge, Bd. 16 (1958).

[2] Papierebene in Abb. 286, yz-Ebene in Abb. 288.

XIII. Materie im elektrischen Feld

§ 97. Einleitung. Die Dielektrizitätskonstante ε. Bisher galt unsere Darstellung dem elektrischen Feld im leeren Raum. Die Anwesenheit der Luftmoleküle war ohne Bedeutung. Ihr Einfluss macht sich erst in der 4. Dezimale mit 6 Einheiten bemerkbar. Anders bei isolierenden Stoffen mit enger Molekül- oder Atompackung, also bei Flüssigkeiten und Festkörpern. Als Dielektrikum zwischen die Platten eines Kondensators gebracht (Abb. 290), erhöhen sie dessen Kapazität. So gelangten wir früher (in § 29) zur Definition der Dielektrizitätskonstante

$$\varepsilon = \frac{\text{Kapazität des ganz mit Materie gefüllten Kondensators}}{\text{Kapazität des leeren Kondensators}} . \tag{39}$$

Bei gegebener Spannung ist die Ladung Q eines Kondensators proportional zu seiner Kapazität C. Für einen flachen Plattenkondensator ist der Quotient aus Ladung Q und Plattenfläche A die Verschiebungsdichte $D = Q/A$ (§ 25). Damit ergibt sich als Definition der Dielektrizitätskonstante[K1]

$$\varepsilon = \frac{\text{Verschiebungsdichte } D_\text{m} \text{ mit Materie}}{\text{Verschiebungsdichte } D_0 \text{ ohne Materie}} . \tag{209}$$

K1. Gl. (209) gilt für vorgegebene Spannung. Bei abgenommener Spannungsquelle ist Q konstant (Abb. 40) und es gilt

$$\varepsilon = \frac{E_0}{E_\text{m}} .$$

Im Allgemeinen ist ε keine Konstante, wie im Folgenden an etlichen Beispielen besprochen wird. — In der Literatur wird ε auch mit ε_r bezeichnet (r bedeutet „relativ zum Vakuum") mit dem Namen „Permittivitätszahl". Oft wird auch das Produkt $\varepsilon_0\varepsilon_\text{r}$ mit ε bezeichnet und „Permittivität" genannt.

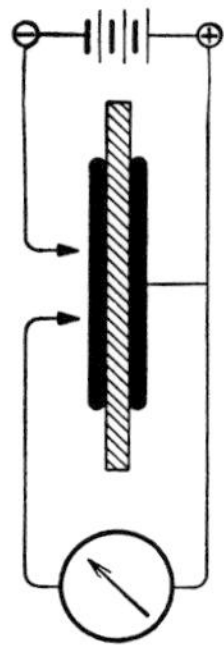

Abb. 290. Messung der Dielektrizitätskonstante ε. Der Ausschlag des ballistischen Galvanometers ist proportional zu ε. (**Videofilm 19**)

Videofilm 19:
„Materie im elektrischen Feld" Es wird gezeigt, wie durch das Einbringen verschiedener Materialien in das elektrische Feld eines von der Stromquelle abgekoppelten Plattenkondensators die Spannung abnimmt. Die Kapazität wird also vergrößert. Der Plattenzwischenraum wird dabei nicht vollständig ausgefüllt.

§ 98. Messung der Dielektrizitätskonstante ε. Für die Messung der Dielektrizitätskonstante hat man mannigfache Anordnungen entwickelt. Meist benutzt man statt nur *eines* Stromstoßes beim Entladen oder Laden des Kondensators eine periodische Folge solcher Stromstöße. Man erhält sie mithilfe von Wechselströmen. Außerdem steigert man die Empfindlichkeit nach dem Schema der „Differenz"- oder „Nullmethoden", z. B. irgendeiner „Brückenschaltung" (Abb. 291).

Für schlecht isolierende Stoffe sind Sonderanordnungen erforderlich. Als Beispiel nennen wir die Methode von P. Drude: Ein Lecher-System (§ 89) wird in die zu messende Flüssigkeit eingebettet und die Verkürzung der Wellenlänge gegenüber Luft gemessen. (Siehe auch Abb. 262.)

K. Lüders, R. O. Pohl (Hrsg.), *Pohls Einführung in die Physik*
DOI 10.1007/978-3-642-01628-8, © Springer 2010

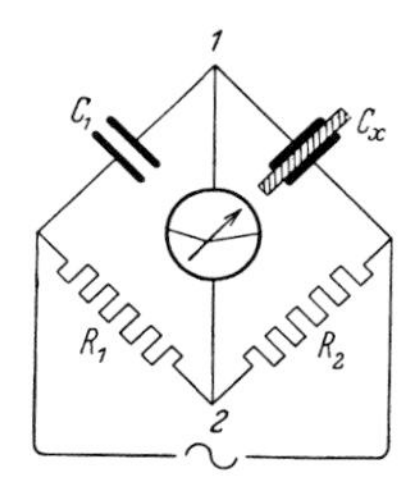

Abb. 291. Brückenschaltung für den Vergleich zweier Kapazitäten. Das Messinstrument (z. B. ein Oszillograph) wird als Nullinstrument verwendet. Die OHM'schen Widerstände R_1 und R_2 sind variabel und bekannt. Auch die Kapazität C_1 ist bekannt. (Aufg. 65)

Einige Messergebnisse für technische Werkstoffe finden sich in Tab. 1.

Tabelle 1. Dielektrizitätskonstante ε technischer Werkstoffe

Flüssige Luft	1,5
Petroleum	2
Bernstein	2,8
Pertinax	4
Polyvinylchlorid (PVC) (50 Hz)	3,4
Porzellan	4–6
Gläser	6–8

§ 99. Zwei aus der Dielektrizitätskonstante ε abgeleitete Größen. Mit der im Allgemeinen leicht messbaren Dielektrizitätskonstante werden zwei für Physik und Chemie gleich wichtige Größen definiert. Es sind

1. Die *elektrische Polarisation*[K2]

$$P = D_\mathrm{m} - D_0 . \tag{210}$$

Die elektrische Polarisation ist also der zusätzliche, von einer *elektrischen Polarisierung* der Materie (Abb. 93) herrührende Anteil der Größe D_m. Als Einheit benutzen wir $\mathrm{As/m^2}$. Gleichwertig ist eine andere Definition: Es ist die elektrische Polarisation der Materie

$$P = \frac{\text{elektrisches Dipolmoment } p}{\text{Volumen } V} . \tag{211}$$

Herleitung: Wir denken uns eine Kiste (Basisfläche A, Länge l) homogen polarisiert (S. 44). Dann ist die an ihren Grenzflächen *gebundene Ladung*[K3] $Q = PA$. Ferner ist nach § 38 ihr elektrisches Dipolmoment $p = Q\,l = PA\,l = PV$; folglich $P = p/V$.

K2. Die Vektorschreibweise ist hier, beim Plattenkondensator, noch nicht nötig, sie wird erst ab § 101 verwendet.

K3. Im Gegensatz zu den „freien" Ladungen auf den Kondensatorplatten.

2. Die *elektrische Suszeptibilität*

$$\chi_\mathrm{e} = \varepsilon - 1 = \frac{D_\mathrm{m} - D_0}{D_0} = \frac{P}{\varepsilon_0 E_0} . \tag{212}$$

Es wird auch die auf die Dichte ϱ der betreffenden Substanz bezogene Suzeptibilität, χ_e/ϱ, benutzt.

§ 100. Unterscheidung von dielektrischen, parelektrischen und ferroelektrischen Stoffen. Nach der Erläuterung der Messverfahren bringen wir jetzt einen kurzen Überblick über das Verhalten isolierender Stoffe („Dielektrika") im elektrischen Feld. Man kann alle Stoffe in drei große, als Grenzfälle zu betrachtende Gruppen einordnen.

1. *Dielektrische Stoffe mit unpolaren Molekülen*

Ihre Dielektrizitätskonstante ε und Suszeptibilität $\chi_e = \varepsilon - 1$ sind Materialkonstanten, sie sind von der Größe des polarisierenden Feldes unabhängig. Sie sind (bei konstanter Dichte) auch von der Temperatur unabhängig.

Im atomistischen Bild heißt es: Die Moleküle dielektrischer Stoffe haben für sich allein kein elektrisches Dipolmoment; dieses entsteht erst unter der Einwirkung des elektrischen Feldes durch einen Influenzvorgang (Abb. 93). Die an sich unpolaren Moleküle werden durch die Influenz *elektrisch deformiert* und dadurch *polarisiert.* Tab. 2 enthält einige Zahlenwerte für dielektrische Stoffe.

Tabelle 2. Dielektrizitätskonstante ε dielektrischer Stoffe (ε stets > 1!) (1 atm = $1{,}013 \cdot 10^5$ Pascal.)

Helium 1 atm, 20 °C	1,00006
Luft 1 atm, 18 °C	1,00055
Luft 100 atm, 0 °C	1,05404
Kohlendioxid 1 atm, 0 °C	1,00095
Bromdampf 0,16 atm, 20 °C	1,00035
O_2 flüssig −183 °C	1,464

2. *Parelektrische Stoffe mit polaren Molekülen*

Auch für sie sind die Dielektrizitätskonstante ε und die Suszeptibilität χ_e von der Größe des elektrischen Feldes unabhängige Materialkonstanten. Beispiele für ε in der zweiten Spalte von Tab. 3. ε und χ_e sind aber temperaturabhängig, sie steigen mit abnehmender Temperatur an.

Tabelle 3. Dielektrizitätskonstante ε und molekulares elektrisches Dipolmoment p_p parelektrischer Stoffe (cgs-Einheit: 1 Debye $\widehat{\approx}$ $3{,}4 \cdot 10^{-30}$ As · m) (Aufg. 68, 69)

		ε	p_p in As · m
Ammoniak (NH_3) (Gas)	1 atm, 0 °C	1,0072	$6{,}13 \cdot 10^{-30}$
KCl (im Molekularstrahl)	—	—	$34 \cdot 10^{-30}$
Eis	−20 °C	16	—
Methylalkohol	18 °C	31,2	$5{,}60 \cdot 10^{-30}$
Glyzerin	18 °C	56,2	—
Wasser	18 °C	81,1	$6{,}1 \cdot 10^{-30}$
HCl	1 atm, 0 °C	—	$3{,}4 \cdot 10^{-30}$

Deutung: Die Moleküle parelektrischer Stoffe sind nicht nur wie die unpolaren Moleküle dielektrischer Stoffe elektrisch deformierbar, sondern sie besitzen außerdem schon unabhängig vom äußeren elektrischen Feld ein *permanentes elektrisches Dipolmoment* p_p (polare Moleküle, Beispiele in Tab. 3). Das äußere elektrische Feld versucht diese regellos orientierten kleinen Dipole in seine Richtung einzustellen: Dem wirkt aber die molekulare Wärmebewegung entgegen und dreht die Dipole wieder aus der Feldrichtung heraus (siehe § 106).

3. *Ferroelektrische Stoffe*

Als Vertreter dieser Gruppe nennen wir das von dem Apotheker P. Seignette (1660–1719) zuerst dargestellte Kaliumnatriumtartrat ($C_4H_4O_6KNa + 4\,H_2O$), sowie Bariumtitanat ($BaTiO_3$) und Kaliumdiwasserstoffphosphat (KH_2PO_4, abgekürzt KDP).

Ferroelektrische Stoffe sind durch die außerordentliche Größe der erreichbaren Dielektrizitätskonstante gekennzeichnet. Man kann Werte von etlichen 10^4 beobachten. Diese Werte sind aber auch nicht näherungsweise konstant. Sie hängen nicht nur von der benutzten Feldstärke ($\sim U$) ab, sondern auch von der Vorgeschichte des Stoffes.

Zur Vorführung eignet sich im Prinzip die in Abb. 292 oben skizzierte Anordnung. Es sind zwei Kondensatoren in Reihe geschaltet und mit einer Wechselstromquelle verbunden. Die Kapazität des rechten Kondensators ist sehr groß gegenüber der des linken. Infolgedessen wird bei gegebener Spannung U der Strom I praktisch nur durch die Kapazität des linken Kondensators bestimmt; der Strom I wird proportional zur Spannung U der Stromquelle und zur Dielektrizitätskonstante ε des Stoffes im linken Kondensator, also $I \sim \varepsilon U$. Dieser Strom erzeugt zwischen den Platten des rechten Kondensators die Spannung U_C, sie ist ebenfalls proportional zu I; folglich ist $\varepsilon U \sim U_\mathrm{C}$.

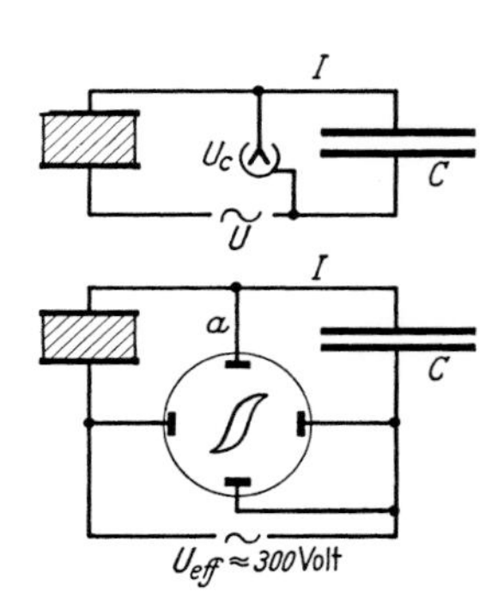

Abb. 292. Zum Einfluss der Spannung U auf die Dielektrizitätskonstante ε eines ferroelektrischen Kristalls. Oben Prinzip, unten Beobachtung mit einem Oszillographen. Links kistenförmiger SEIGNETTEsalzkristall von $d = 1\,\mathrm{cm}$ Dicke mit zwei Flächen von ca. $3 \times 3\,\mathrm{cm}^2$. Rechter Kondensator etwa $2 \cdot 10^{-6}$ Farad, linker etwa $5 \cdot 10^{-8}$ Farad. Daher entfällt praktisch die ganze Spannung U auf den Kristall.

Man hat nun experimentell zu zeigen, wie εU von U abhängt. Dafür benutzt man am einfachsten einen Oszillographen (Abb. 292 unten). Abb. 293 zeigt ein Beispiel: eine komplizierte, *Hystereseschleife* genannte Kurve (Bd. 1, Abb. 164). Zusammengehörige Wertepaare von Ordinate und Abszisse zeigen, dass von einer Konstanz der Größe ε keine Rede ist.

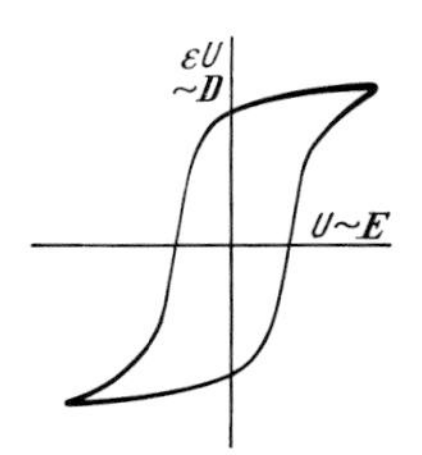

Abb. 293. Eine gemäß Abb. 292 fotografierte Hystereseschleife. Koordinatenkreuz nachträglich eingezeichnet. Ordinate proportional zu εU bzw. D, Abszisse proportional zu U bzw. E. Dabei ist D die Verschiebungsdichte und $E = U/d$ die elektrische Feldstärke im Kristall.

Oberhalb einer bestimmten Temperatur (CURIE-Temperatur, beim SEIGNETTEsalz etwa 25°C) entartet die Hystereseschleife zu einer nur schwach gegen die Abszisse geneigten Geraden: also ist ε oberhalb der CURIE-Temperatur klein und konstant geworden, man findet nur noch das normale Verhalten der in 1. und 2. besprochenen Stoffe.[K4]

§ 101. Definition der elektrischen Feldgrößen *E* und *D* im Inneren der Materie.

Die in den §§ 97 und 99 gebrachten Definitionen für die dielektrischen Stoffwerte sind übersichtlich und einwandfrei, beziehen sich aber nur auf die mit den dort verwendeten Kondensatoranordnungen gemessenen Mittelwerte. Jetzt sollen die Feldgrößen **E** und **D**

K4. Siehe z. B. F. Jona und G. Shirane, „Ferroelectric Crystals", Pergamon Press 1962. An dieser Stelle sind auch die schon in § 39 besprochenen Elektrete noch einmal zu erwähnen. Das sind Stoffe mit „eingefrorener" Polarisation P. Sie entsprechen den permanenten Magneten unter den ferromagnetischen Substanzen. Für technische Anwendungen (z. B. Mikrophone und Lautsprecher) werden Elektrete meist als dünne Filme ($\sim 10\,\mu\mathrm{m}$ dick) verwendet.

im *Inneren* eines Dielektrikums definiert werden, und zwar auch aufgrund experimenteller Erfahrungen:

Ein flacher Plattenkondensator (z. B. in Abb. 290) sei zunächst noch ganz mit homogener Materie angefüllt. Ein Teilstück davon ist in Abb. 294 skizziert. Es enthält zwei kleine Hohlräume. Der eine ist ein zur Feldrichtung[1] senkrechter flacher *Querschlitz*, der andere ein zur Feldrichtung paralleler *Längskanal*. Beide Hohlräume dienen zur Aufnahme (wirklicher oder gedachter, durch einen Punkt angedeuteter) Messgeräte. In beiden werden die Felder $\boldsymbol{E}$ und $\boldsymbol{D}$ gemessen. Wir entdecken dabei, dass diese für die beiden Hohlräume verschieden sind. Im Einzelnen finden wir das Folgende:

1. Das in dem *Querschlitz* gefundene Feld $\boldsymbol{D}$ hat den gleichen Betrag wie das in Abb. 290 als Kondensatorladung/Kondensatorfläche gemessene, also $D = D_{\mathrm{m}}$. Das ist leicht zu verstehen. Man denke sich den Schlitz unmittelbar an eine der Kondensatorplatten angrenzend. Im Grenzfall verschwindender Dicke definieren wir dies Feld als die Verschiebungsdichte im Inneren der Materie und bezeichnen es mit dem Vektor $\boldsymbol{D}$.[K5]

K5. Das Feld $\boldsymbol{D}$ wird hier also von den Kondensatorladungen bestimmt, den sogenannten freien Ladungen. Im Gegensatz dazu wird das Feld $\boldsymbol{E}$ von allen Ladungen (freien und gebundenen) bestimmt. Die im Vakuum gültige MAXWELL'sche Gl. (106 v. S. 87) kann man in Gegenwart von Materie entsprechend schreiben:

$$\operatorname{div} \boldsymbol{E} = \frac{1}{\varepsilon_0}(\varrho_{\text{frei}} + \varrho_{\text{geb.}})\,.$$

Abb. 294. Zur Definition von Längskanal und Querschlitz

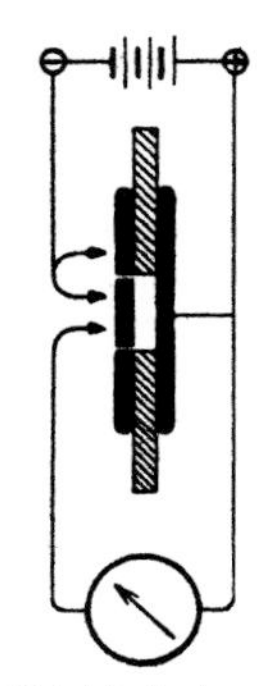

Abb. 295. Zur Gleichheit des elektrischen Feldes $\boldsymbol{E}$ in der Materie und in einem Längskanal

2. Das in dem *Längskanal* gefundene elektrische Feld $\boldsymbol{E}$ hat den gleichen Betrag wie das im leeren Kondensator gemessene, also $E = E_0$. Das zeigt man für einen Längskanal von geeigneten Dimensionen (Abb. 295): Der über dem Kanal gelegene Teil der einen Kondensatorplatte ist von dem übrigen Teil durch einen Schlitz getrennt. Man misst die Verschiebungsdichte Q/A in diesem Längskanal und findet sie, unabhängig von der Weite des Kanals, gleich der im leeren Kondensator. Dies Ergebnis erweitert man in Gedanken auf einen engen, für Messungen nicht mehr ausreichenden Längskanal. Man erhält E im Hohlraum, indem man diese Verschiebungsdichte durch ε_0 dividiert. Infolge der Gleichheit von E und E_0 gilt auch für E die Beziehung $\int E \mathrm{d}s = U$ (Gl. 17 von S. 34). Aus diesem Grund definiert man im Grenzfall verschwindender Dicke des Längskanals die Größe E als das elektrische Feld im Inneren der Materie und bezeichnet sie mit dem Vektor $\boldsymbol{E}$.

Durch Einführung dieser Vektorfelder $\boldsymbol{E}$ und $\boldsymbol{D}$ im Inneren der Materie gelangen wir mithilfe der Gl. (210) zur Definition des Vektorfeldes $\boldsymbol{P}$, der elektrischen Polarisation[K6]

$$\boldsymbol{P} = \boldsymbol{D} - \varepsilon_0 \boldsymbol{E}\,. \tag{213}$$

K6. Gl. (213) demonstriert besonders deutlich den Unterschied zwischen den Feldern $\boldsymbol{E}$ und $\boldsymbol{D}$ in Materie, auf den schon im Kommentar K11 in Kap. II hingewiesen wurde. Man denke z. B. an die Felder im Inneren einer gleichmäßig polarisierten Platte (Elektret) (s. auch § 102).

Man beachte, dass die Richtung des Vektors $\boldsymbol{P}$ so definiert ist, dass er von den (gebundenen) negativen Ladungen zu den (gebundenen) positiven Ladungen zeigt (ebenso wie das Dipolmoment $\boldsymbol{p}$ eines elektrischen Dipols, § 38).

Für Materie mit konstantem ε (also keine Hysterese) folgen aus den Gln. (209) und (212) die Beziehungen

$$\boldsymbol{D} = \varepsilon\varepsilon_0 \boldsymbol{E} \tag{214}$$

[1] Die Feldrichtung ist im flachen Plattenkondensator ohne weiteres gegeben. In anderen Fällen denke man sich innerhalb der Materie einen hinreichend kleinen kugelförmigen Hohlraum. Die in ihm gefundene Feldrichtung nennt man die im Inneren der Materie vorhandene.

und

$$\boldsymbol{P} = \varepsilon_0(\varepsilon - 1)\boldsymbol{E} = \chi_e \varepsilon_0 \boldsymbol{E} . \tag{215}$$

Diese beiden Gleichungen beschreiben die Beziehungen zwischen den Vektorfeldern in jedem Punkt des Raumes.

§ 102. Die Entelektrisierung. Die für das Innere von dielektrischer Materie eingeführten Vektorfelder sollen jetzt für Fälle untersucht werden, in denen ein Stück Materie in ein vorgegebenes konstantes Feld $\boldsymbol{E}_0$ gebracht wird[1] (Abb. 296). Dies Feld sei homogen und von Ladungen erzeugt, die sich in großem Abstand befinden, so dass sie von der Polarisierung des Materiestückes nicht beeinflusst werden, also ihre räumliche Anordnung unverändert bleibt. (Aufg. 66)

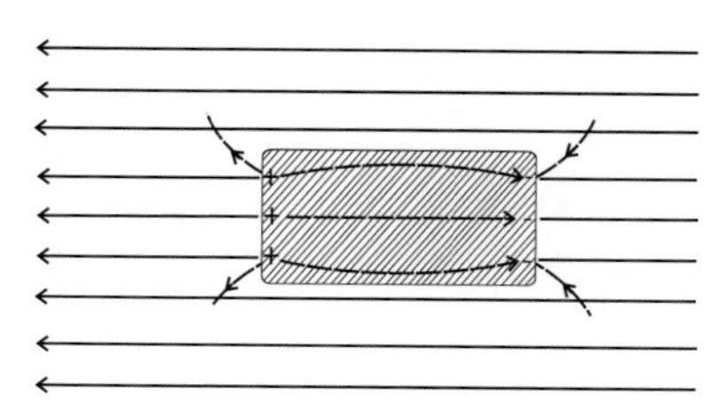

Abb. 296. Entelektrisierung. Das von den influenzierten Ladungen ausgehende Feld überlagert sich dem von außen vorgegebenen homogenen Feld. Dadurch ist das Gesamtfeld im Inneren der Materie verringert. Auch das Gesamtfeld im Außenraum wird durch diese Überlagerung modifiziert.

Wir beginnen mit einem einfachen Fall, einer senkrecht zum Feld $\boldsymbol{E}_0$ weit ausgedehnten Scheibe. Nach § 101 folgt, dass die Verschiebungsdichte vor der Scheibe, $\boldsymbol{D}_0 = \varepsilon_0 \boldsymbol{E}_0$, gleich dem Feld $\boldsymbol{D}$ im Innenraum, $\boldsymbol{D} = \varepsilon\varepsilon_0 \boldsymbol{E}$ ist. Daraus folgt

$$\boldsymbol{E} = \frac{1}{\varepsilon}\boldsymbol{E}_0 . \tag{216}$$

Diese Gleichung kann mithilfe der Gl. (215) in die Form

$$\boldsymbol{E} = \boldsymbol{E}_0 - \frac{1}{\varepsilon_0}\boldsymbol{P} \tag{217}$$

gebracht werden. Also ist durch die Polarisation das elektrische Feld $\boldsymbol{E}$ im Inneren des Materiestückes kleiner als $\boldsymbol{E}_0$ ($\boldsymbol{E}_0$ und $\boldsymbol{P}$ sind parallel). Dies nennt man *Entelektrisierung*.

In einem zweiten Beispiel wird anstelle der Scheibe ein langer dielektrischer Stab parallel zu $\boldsymbol{E}_0$ in das Feld gebracht. Es folgt, wiederum aus § 101,

$$\boldsymbol{E} = \boldsymbol{E}_0 . \tag{218}$$

Das ist leicht einzusehen, da die Polarisationsladungen an den Stabenden weit voneinander entfernt sind. Die Entelektrisierung ist daher vernachlässigbar.

Für ein Versuchsstück mit der in Abb. 296 angedeuteten Form kann man nach diesen beiden Beispielen einen mittleren Wert der Entelektrisierung annehmen. Tatsächlich führt in einem Rotationsellipsoid, dessen Rotationsachse parallel zu $\boldsymbol{E}_0$ liegt, die Entelektrisierung zu einem homogenen Feld $\boldsymbol{E}$, das ebenfalls parallel zu $\boldsymbol{E}_0$ liegt. Dabei gilt[K7]

$$\boldsymbol{E} = \boldsymbol{E}_0 - \frac{N}{\varepsilon_0}\boldsymbol{P} , \tag{219}$$

K7. Zur Herleitung siehe z. B. A. Sommerfeld, „Elektrodynamik", Akad. Verlagsgesellschaft Leipzig 1949, § 13. Siehe auch E. Kneller, „Ferromagnetismus", Springer-Verlag 1962, Kap. 8.3.2.

[1] Nicht zu verwechseln mit dem bisher mit E_0 bezeichneten, von der Kondensatorladung erzeugten Feld des leeren Kondensators, das sich bei Einbringen von Materie aufgrund nachströmender Ladung verändert.

wobei $\boldsymbol{P}$ auch homogen und parallel zu $\boldsymbol{E}_0$ ist. N, genannt *Entelektrisierungsfaktor*, ist eine Zahl, die durch das Verhältnis der Länge der Rotationsachse zum Durchmesser des Ellipsoids bestimmt ist, siehe Tab. 4. Mit Gl. (215) wird aus Gl. (219)

$$\boldsymbol{E} = \frac{1}{1 + N(\varepsilon - 1)} \boldsymbol{E}_0 \,. \tag{220}$$

Die Gln. (216) und (218) stellen Sonderfälle dieser Gleichung dar, mit $N = 1$ (Scheibe) und $N = 0$ (Stab).[K8]

K8. Die Entelektrisierung tritt auch in dem Experiment in Abb. 290 schon auf ($N = 1$), obwohl dort das Feld über die Spannung U konstant gehalten wird. Dies ist aber das Gesamtfeld. Das „polarisierende" Feld $\boldsymbol{E}_0$, das von den Kondensatorladungen (den „freien" Ladungen) erzeugt wird, nimmt beim Einbringen des Dielektrikums aufgrund der nachfließenden Kondensatorladungen aber zu. Diese Feldzunahme wird jedoch durch die Polarisation gerade wieder kompensiert.

Tabelle 4. Entelektrisierungs- oder Entmagnetisierungsfaktor N von Rotationsellipsoiden

$\frac{\text{Länge}}{\text{Durchmesser}}$	0 (Platte)	1 (Kugel)	0,1	0,2	10	20	50	∞ (endloser Draht)
	1	$\frac{1}{3}$	0,863	0,77	0,0203	0,0068	0,0014	0

Im Sonderfall eines kugelförmigen Versuchsstückes ist $N = \frac{1}{3}$ und damit in seinem Inneren die Feldstärke nur noch

$$\boldsymbol{E} = \frac{3}{(\varepsilon + 2)} \boldsymbol{E}_0 \,. \tag{221}$$

Dies ebenfalls homogene Feld kann man als Summe des äußeren Feldes $\boldsymbol{E}_0$ und des von einer gleichmäßig polarisierten Kugel erzeugten Feldes $\boldsymbol{E}_\text{p}$ betrachten,

$$\boldsymbol{E} = \boldsymbol{E}_0 + \boldsymbol{E}_\text{p} \,. \tag{222}$$

Durch Vergleich mit Gl. (219) folgt daraus

$$\boldsymbol{E}_\text{p} = -\frac{1}{3\varepsilon_0} \boldsymbol{P} \,. \tag{223}$$

Das Feld $\boldsymbol{E}_\text{p}$ ist also allein durch die Polarisation bestimmt. Außerdem ist es unabhängig davon, wie diese erzeugt wurde (wenn es nicht so wäre, könnte man eine Kugel mit $\boldsymbol{P} = 0$ und $\boldsymbol{E}_\text{p} \neq 0$ konstruieren!). So gilt Gl. (223) also z. B. auch in einem kugelförmigen Elektreten.

§ 103. Die Feldgrößen in einem Hohlraum. Vertauscht man in Abb. 296 die dielektrische Materie und den leeren Raum, wie in Abb. 297 angedeutet, so erwartet man wegen der Polarisationsladungen an der inneren Oberfläche im leeren Raum ein größeres Feld $\boldsymbol{E}_\text{i}$ als im Außenraum. Für den Fall eines kugelförmigen Körpers mit der Dielektrizitätskonstante ε_i im Inneren eines dielektrischen Materials mit der Dielektrizitätskonstante ε_a ist dies (homogene) Feld[K9]

K9. Zur Herleitung siehe F. Hund, „Theoretische Physik", B. G. Teubner, 3. Aufl. 1957, Bd. 2, Abschnitt 18.

$$\boldsymbol{E}_\text{i} = \frac{3\varepsilon_\text{a}}{\varepsilon_\text{i} + 2\varepsilon_\text{a}} \boldsymbol{E}_\text{a} \,, \tag{224}$$

wobei $\boldsymbol{E}_\text{a}$ das Feld in der Materie im Außenraum in großer Entfernung ist, d. h. das homogene Feld, das in der Materie ohne den Hohlraum vorhanden wäre. Für $\varepsilon_\text{a} = 1$ ergibt sich

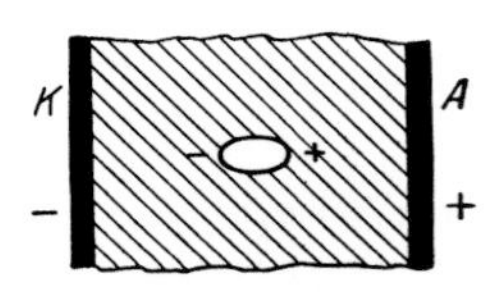

Abb. 297. Hohlraum in einem polarisierten Dielektrikum

Gl. (221). Für $\varepsilon_i = 1$ (z. B. das Innere einer kugelförmigen leeren Blase) folgt

$$\boldsymbol{E}_i = \frac{3\varepsilon_a}{2\varepsilon_a + 1}\boldsymbol{E}_a . \tag{225}$$

§ 104. Parelektrische und dielektrische Stoffe im inhomogenen elektrischen Feld. Alle parelektrischen und dielektrischen Stoffe werden in einem inhomogenen elektrischen Feld in Gebiete großer Feldstärke hereingezogen. Dahin gehört die älteste elektrische Beobachtung, die Anziehung kleiner Fetzen von Tuch oder Papier durch geladene Körper, z. B. geriebenen Bernstein (s. Abb. 112 in § 39). Die Entelektrisierung macht die quantitative Behandlung dieses Vorganges recht kompliziert. Sie gelingt nur für einfach gestaltete Körper, z. B. für die Anziehung zwischen einer *kleinen* isolierenden *Kugel* (Volumen V) und einer großen geladenen Kugel (Radius r). Man findet beim Abstand R der Kugelzentren für den Betrag der Kraft

$$F = \frac{6r^2 V\varepsilon_0(\varepsilon - 1)}{\varepsilon + 2} \cdot \frac{U^2}{R^5} . \tag{226}$$

Die Kraft nimmt also mit der fünften Potenz des Abstandes ab! Abb. 298 zeigt ein Beispiel.

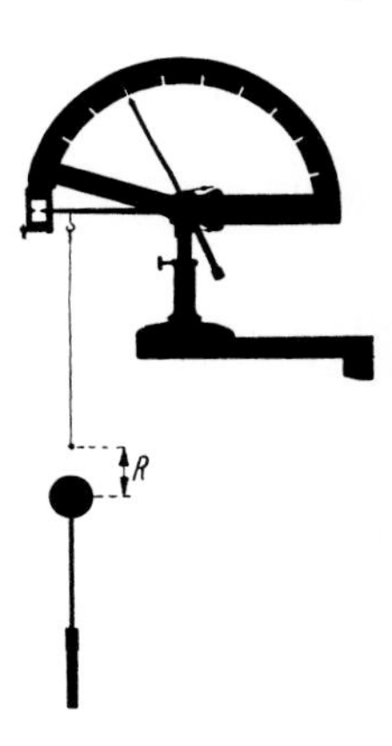

Abb. 298. Anziehung einer kleinen isolierenden Kugel im inhomogenen elektrischen Feld einer großen Kugel, gemessen mit einer Schneckenfederwaage. Beispiel: Bernsteinkugel, Durchmesser = 6 mm; $V = 1{,}13 \cdot 10^{-7}\,\mathrm{m}^3$; $\varepsilon = 2{,}8$; Radius der geladenen Kugel $r = 2 \cdot 10^{-2}\,\mathrm{m}$; $U = 10^5$ Volt; $R = 5 \cdot 10^{-2}\,\mathrm{m}$; Entelektrisierungsfaktor $N = 1/3$ (Tab. 4, S. 178). $F = 2{,}9 \cdot 10^{-5}$ Newton. Man sehe sich in diesem Zusammenhang Aufg. 28 an. Wo ist da das inhomogene Feld?

Herleitung von Gl. (226): Die Gln. (67) von S. 57 und (211) von S. 173 ergeben

$$F = p\frac{\partial E_R}{\partial R} = PV\frac{\partial E_R}{\partial R} . \tag{227}$$

Am Beobachtungsort ist nach den Gln. (29) und (30) von S. 39/39

$$E_R = \frac{Ur}{R^2} \tag{228}$$

und

$$\frac{\partial E_R}{\partial R} = -\frac{2Ur}{R^3} . \tag{229}$$

Die elektrische Polarisation der kleinen Kugel ist

$$P = \varepsilon_0(\varepsilon - 1)E \qquad \text{Gl. (215) v. S. 177}$$

und die im Inneren der Kugel herrschende Feldstärke

$$E = \frac{3}{\varepsilon + 2}E_R . \qquad \text{Gl. (221) v. S. 178}$$

Die Zusammenfassung der Gln. (221), (227) und (229) ergibt Gl. (226).

§ 105. Die molekulare elektrische Polarisierbarkeit. Clausius-Mossotti-Gleichung. Das unterschiedliche Verhalten dielektrischer und parelektrischer Stoffe ist in § 100 schon qualitativ gedeutet worden. Die quantitative Deutung ist für das Verständnis des *Molekülbaues* und damit für die *Chemie* sehr wichtig. Für sie braucht man den Begriff der molekularen elektrischen Polarisierbarkeit. Wir erhalten ihn mithilfe des in den letzten Paragraphen über die Entelektrisierung Gelernten.

Im Inneren eines Körpers vom Volumen V sei das elektrische Feld $\boldsymbol{E}$ und erteile dem Körper eine elektrische Polarisation

$$\boldsymbol{P} = \varepsilon_0(\varepsilon - 1)\boldsymbol{E}. \qquad \text{Gl. (215) v. S. 177}$$

Bei dieser Polarisation bekommt der Körper parallel zur Feldrichtung das elektrische Dipolmoment $\boldsymbol{p}$. Dann gilt (Gl. 211 in Vektorform)

$$\boldsymbol{P} = \frac{1}{V}\boldsymbol{p}. \tag{230}$$

Im atomistischen Bild deutet man das gesamte elektrische Dipolmoment $\boldsymbol{p}$ als Summe der Beiträge $\boldsymbol{p}'$, die im zeitlichen Mittel von N einzelnen Molekülen geliefert werden, also

$$\boldsymbol{P} = \frac{N}{V}\boldsymbol{p}' = N_\mathrm{V}\,\boldsymbol{p}' \tag{231}$$

($N_\mathrm{V} = N/V$ = Anzahldichte).

Wir fassen die Gln. (215) und (231) zusammen und erhalten

$$\boldsymbol{p}' = \frac{1}{N_\mathrm{V}}\boldsymbol{P} = \frac{\varepsilon_0(\varepsilon - 1)}{N_\mathrm{V}}\boldsymbol{E}. \tag{232}$$

Experimentell findet man ε konstant, also die gemittelten Beiträge $\boldsymbol{p}'$ proportional zum Betrag des auf die Moleküle wirkenden Feldes, $\boldsymbol{E}_\mathrm{w}$ genannt. Aus diesem Grund bildet man

$$\boldsymbol{p}' = \alpha\boldsymbol{E}_\mathrm{w} \tag{233}$$

und nennt α die *molekulare elektrische Polarisierbarkeit.*

Als wirksames Feld $\boldsymbol{E}_\mathrm{w}$ benutzt man für Gase, Dämpfe und verdünnte Lösungen das in Gl. (232) vorkommende Feld $\boldsymbol{E}$. Man erhält

$$\alpha = \frac{\varepsilon_0(\varepsilon - 1)}{N_\mathrm{V}} \tag{234}$$

$$\left(\text{z. B. } \alpha \text{ in } \frac{\text{Amperesekunde} \cdot \text{Meter}}{\text{Volt/Meter}};\ \varepsilon_0 = 8{,}86 \cdot 10^{-12}\,\frac{\text{Amperesekunde}}{\text{Volt} \cdot \text{Meter}}\right).$$

In Flüssigkeiten und in festen Körpern ist die Gleichsetzung von $\boldsymbol{E}_\mathrm{w}$ und $\boldsymbol{E}$ nicht mehr statthaft. In ihnen sind die Moleküle eng gepackt, und daher muss man in polarisierten Flüssigkeiten und Festkörpern die *Wechselwirkung* zwischen den Molekülen berücksichtigen. Das geschieht in der von Clausius und Mossotti aufgestellten Gleichung für die *molekulare elektrische Polarisierbarkeit*

$$\alpha = \frac{3\varepsilon_0}{N_\mathrm{V}}\frac{\varepsilon - 1}{\varepsilon + 2} \tag{235}$$

(Für $\varepsilon \approx 1$ geht Gl. (235) in Gl. (234) über).

Herleitung der Gl. (235): Wir gehen von den Gln. (231) und (233) aus. Sie liefern

$$\boldsymbol{P} = \alpha N_\mathrm{V} \boldsymbol{E}_\mathrm{w} \,. \tag{236}$$

Zur Berechnung des wirksamen Feldes $\boldsymbol{E}_\mathrm{w}$ fasst man ein einzelnes Molekül a ins Auge. Die übrigen Moleküle teilt man in zwei Gruppen von ungleicher Größe. Zur ersten, kleineren Gruppe zählt man alle Moleküle in der Nachbarschaft von a. Als Grenze dieses nachbarlichen Bereiches setzt man willkürlich eine *Kugel*fläche mit a als Zentrum fest. Zur zweiten, größeren Gruppe der Moleküle zählt man dann alle übrigen, außerhalb dieser Kugel befindlichen. In amorphen Substanzen und regulären Kristallen sind die Nachbarmoleküle innerhalb der gedachten Grenzfläche vom Molekül a aus gesehen kugelsymmetrisch angeordnet. Daher hebt sich ihr Einfluss auf. Es verbleibt nur der Einfluss der zweiten Gruppe. Das Molekül a schwebt, bildlich gesprochen, in einem kugelförmigen „Hohlraum" eines *homogen* polarisierten Körpers. Bei der Bestimmung von $\boldsymbol{E}_\mathrm{w}$ dürfen wir nicht die Gl. (225) benutzen, weil diese unter der Annahme hergeleitet wurde, dass im Hohlraum $\varepsilon = 1$ ist. Dann ist aber das elektrische Feld in der Umgebung des Hohlraumes nicht konstant, im Gegensatz zu dem hier vorliegenden Fall. Wir gehen daher davon aus, dass am Ort des Moleküls a das $\boldsymbol{E}$-Feld als die Summe des Feldes einer gleichmäßig polarisierten Kugel (§ 102) und des gesuchten Feldes $\boldsymbol{E}_\mathrm{w}$ ausgedrückt werden kann:

$$\boldsymbol{E} = \boldsymbol{E}_\mathrm{w} + \boldsymbol{E}_\mathrm{Kugel} \,, \tag{237}$$

wobei $\boldsymbol{E}$ das Feld in einem gleichmäßig polarisierten Körper (ohne Hohlraum) und $\boldsymbol{E}_\mathrm{Kugel}$ das Feld in einer Kugel mit der gleichen Polarisation $\boldsymbol{P}$ ist (s. Gl. 223), also

$$\boldsymbol{E}_\mathrm{w} = \boldsymbol{E} + \frac{1}{3\varepsilon_0}\boldsymbol{P} \,. \tag{238}$$

Daraus folgt mit Gl. (215)[K10]

$$\boldsymbol{E}_\mathrm{w} = \frac{\varepsilon + 2}{3}\boldsymbol{E} \tag{239}$$

und daraus mit den Gln. (232) und (233) schließlich die Gl. (235).

K10. Auf das einzelne Atom in der dielektrischen Materie wirkt also nicht das in § 101 definierte innere Feld $\boldsymbol{E}$, sondern das Feld $\boldsymbol{E}_\mathrm{w}$, das je nach der Dielektrizitätskonstante ε (Tab. 1, S. 173) erheblich größer sein kann!

Die beiden Gln. (234) und (235) lassen die molekulare elektrische Polarisierbarkeit α recht einfach bestimmen: Man braucht lediglich die Dielektrizitätskonstante ε zu *messen* und die bekannten Werte der Influenzkonstante ε_0 und der Anzahldichte N_V einzusetzen. Tab. 5 enthält einige Zahlenwerte für die Polarisierbarkeit α *unpolarer* Moleküle in Flüssigkeiten. (Aufg. 68)

Tabelle 5. Elektrische Polarisierbarkeit unpolarer Moleküle in Flüssigkeiten (für $\approx 20\,°\mathrm{C}$) (N_A= Avogadro-Konstante $= 6{,}022 \cdot 10^{23}\,\mathrm{mol}^{-1}$)

Stoff	Molare Masse $M_\mathrm{n} = \frac{M}{n}$ in $\frac{\mathrm{kg}}{\mathrm{Kilomol}}$	Dichte ϱ in $\frac{\mathrm{kg}}{\mathrm{m}^3}$	Anzahldichte der Moleküle $N_\mathrm{V} = \frac{\varrho N_\mathrm{A}}{M_\mathrm{n}}$ in m^{-3}	Dielektrizitäts-konstante ε	Elektrische Polarisierbarkeit α in $\frac{\mathrm{As}\cdot\mathrm{m}}{\mathrm{V/m}}$
Schwefelkohlenstoff CS_2	76	1250	$9{,}9 \cdot 10^{27}$	2,61	$0{,}94 \cdot 10^{-39}$
Diphenyl C_6H_5–C_6H_5	154	1120	$4{,}37 \cdot 10^{27}$	2,57	$2{,}1 \cdot 10^{-39}$
Hexan C_6H_{14}	86	662	$4{,}63 \cdot 10^{27}$	1,88	$1{,}3 \cdot 10^{-39}$

§ 106. Das permanente elektrische Dipolmoment polarer Moleküle. In parelektrischen Stoffen ergeben die Messungen eine Abnahme der molekularen elektrischen Polarisierbarkeit mit wachsender Temperatur; Abb. 299 zeigt ein typisches Beispiel für ein Gas: HCl. Man erkennt zwei verschiedene Anteile, einen von der Temperatur unabhängigen unter der dünnen Geraden und einen von der Temperatur abhängigen über ihr.

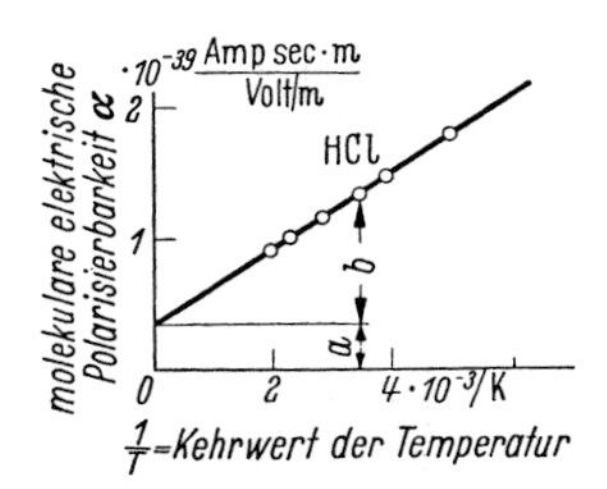

Abb. 299. Die durch Gl. (233) definierte Polarisierbarkeit eines Dipolmoleküls bei verschiedenen Temperaturen. Der konstante Anteil a rührt von „Influenz" oder „Moleküldeformation" her, der veränderliche b von der Ausrichtung der thermisch ungeordneten polaren Moleküle. Er allein ist in Gl. (242) einzusetzen. Messung bei $p = 1$ atm ($= 1{,}013 \cdot 10^5$ Pascal), Messfrequenz $\nu = 1$ MHz (C. T. Hahn, Phys, Rev. 24, S. 400 (1924)).

Deutung: Der temperatur*un*abhängige Anteil rührt von einer elektrischen Deformierung der Moleküle her, wie sie in dielektrischen Stoffen allein wirksam ist (s. § 29) und in Abb. 93 veranschaulicht wurde. Der temperaturabhängige Anteil kommt zusätzlich dadurch hinzu, dass die Moleküle parelektrischer Stoffe schon außerhalb eines Feldes ein permanentes elektrisches Dipolmoment p_p besitzen.

Ohne Feld sind die Richtungen von p_p infolge der Wärmebewegung regellos verteilt. Die Summe der elektrischen Dipolmomente p_p ist im örtlichen und zeitlichen Mittel gleich null. Ein elektrisches Feld aber gibt den Dipolmomenten p_p eine Vorzugsrichtung. Jedes Molekül bekommt im zeitlichen Mittel eine in die Feldrichtung fallende Komponente, und diese liefert im zeitlichen Mittel p' als den mittleren Beitrag eines einzelnen Moleküls. Dieser Beitrag p' ist nur ein (fast immer sehr kleiner) Bruchteil x des permanenten Dipolmomentes p_p, also

$$p' = x p_\mathrm{p} \,. \tag{240}$$

Dieser Bruchteil muss ausgerechnet werden. Man findet

$$x \approx \frac{1}{3} \frac{p_\mathrm{p} E_\mathrm{w}}{kT} \tag{241}$$

(k = Boltzmann-Konstante = $1{,}38 \cdot 10^{-23}$ Ws/Kelvin).

Der Bruchteil x ist also im Wesentlichen gleich dem Verhältnis zweier Energien: Die Arbeit $\boldsymbol{p}_\mathrm{p} \cdot \boldsymbol{E}_\mathrm{w}$ ist erforderlich, um den Dipol *quer* zur Feldrichtung zu stellen. kT ist die thermische Energie, die ein stoßendes Molekül auf den Dipol übertragen kann. Die strenge Rechnung muss nicht nur die Querstellung, sondern alle möglichen Richtungen durch Mittelwertbildung berücksichtigen (Langevin-Debye). Dabei bekommt man näherungsweise den Zahlenfaktor 1/3.

Wir fassen die Gln. (240) und (241) mit Gl. (233) zusammen, bezeichnen in Gl. (233) den temperaturabhängigen Anteil von α mit α_T und erhalten als *permanentes elektrisches Dipolmoment des Dipolmoleküls*

$$p_\mathrm{p} \approx \sqrt{\alpha_\mathrm{T} 3kT} \,. \tag{242}$$

Beispiel für das HCl-Molekül: Die Messungen in Abb. 299 liefern als molekulare elektrische Polarisierbarkeit bei 273 Kelvin

$$\alpha_\mathrm{T} = 1{,}05 \cdot 10^{-39} \frac{\mathrm{As} \cdot \mathrm{m}}{\mathrm{V/m}} \,.$$

Einsetzen dieses Wertes in Gl. (242) ergibt als permanentes elektrisches Dipolmoment des einzelnen HCl-Moleküls $p_\mathrm{p} \approx 3{,}4 \cdot 10^{-30}$ As · m (vgl. Tab. 3, S. 174). (Aufg. 69)

Man kann sich also das Molekül in elektrischer Hinsicht ersetzt denken durch zwei elektrische Elementarladungen von je $1{,}60 \cdot 10^{-19}$ Amperesekunden im Abstand von rund $0{,}2 \cdot 10^{-10}$ m. (Zum Vergleich: Die Größenordnung des Moleküldurchmessers ist 10^{-10} m.)

Mithilfe des Wertes p_p lässt sich der Bruchteil x in Gl. (241) ausrechnen. Die Feldstärke sei groß, nämlich $E = 10^6$ Volt/m und die Temperatur 300 Kelvin. Dann ergibt sich

$x = 3 \cdot 10^{-4}$, also $\ll 1$. Daher ist der mittlere Beitrag p' der permanenten Dipolmomente p_p zur elektrischen Polarisation P noch proportional zur Feldstärke und die Suszeptibilität $P/\varepsilon_0 E = \chi_e = (\varepsilon - 1)$ konstant. Erst bei sehr kleinen Temperaturen kann sich x mit wachsender Feldstärke dem Wert 1 nähern und daher die elektrische Polarisation einem Sättigungswert zustreben.

§ 107. Frequenzabhängigkeit der Dielektrizitätskonstante ε. Zur Messung der Kapazität $C = Q/U$ misst man die Ladung Q, die der Kondensator bei der Spannung U speichert. Dabei wird stillschweigend eine Annahme gemacht: Die Größe der gespeicherten Ladung Q soll bei gegebener Spannung U von der Zeit unabhängig sein. Das kann aber nicht allgemein gelten. Die Vorgänge, die sich nach Herstellung des elektrischen Feldes im Dielektrikum abspielen, erfolgen nicht momentan, sondern sie erfordern im Mittel eine endliche Zeit. Nach einer „Relaxationszeit" τ_r fehlen noch $1/e \approx 37\%$ am Gleichgewichtswert. Normalerweise ist die Zeit, während der das Feld konstant bleibt, viel länger als die Relaxationszeit τ_r. Wird sie aber τ_r vergleichbar, so nimmt die gemessene Dielektrizitätskonstante ε ab, man erhält für jede Kreisfrequenz ω eine eigene Dielektrizitätskonstante ε_ω.[K11]

K11. Eine andere Ursache der Frequenzabhängigkeit der Dielektrizitätskonstante wird im Kap. XXVII der Optik behandelt, siehe vor allem den § 241.

Als Beispiel zeigt Abb. 300 die Dielektrizitätskonstante ε_ω des Wassers im Kreisfrequenzbereich von $5 \cdot 10^9$ Hz bis $2 \cdot 10^{11}$ Hz, also bei Felddauern zwischen 10^{-8} sec und 10^{-11} sec. — Bei Wasser ist die Relaxationszeit $\tau_r = 3 \cdot 10^{-11}$ sec durch die Ausrichtung der Dipolmoleküle im Feld bestimmt. Diese erfolgt gegen reibungsähnliche, Leistung verzehrende Widerstände. Sie werden für die Kreisfrequenz $\omega_R = 1/\tau_r$ am größten. In diesem Bereich der Kreisfrequenz werden elektrische Wellen stark absorbiert (Prinzip der Mikrowellenöfen, Aufg. 70)). In Abb. 300 ist außerdem der in der Optik gebräuchliche Absorptionskoeffizient k (Optik, § 214) eingetragen.

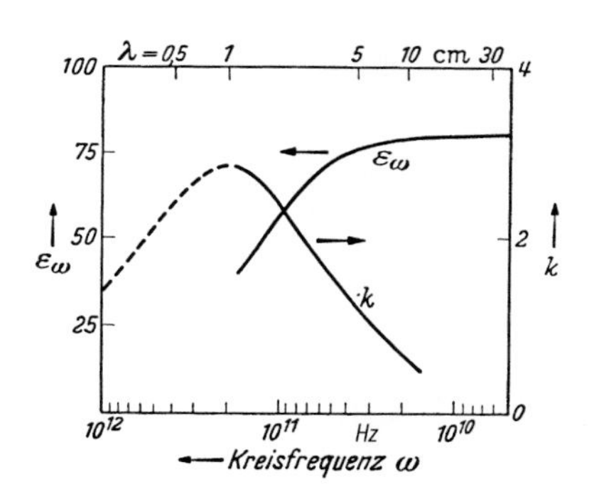

Abb. 300. Abhängigkeit der Dielektrizitätskonstante und des Absorptionskoeffizienten k des Wassers von der Kreisfrequenz bzw. der Vakuumwellenlänge der Strahlung (Temperatur 18 °C)

Der Zusammenhang zwischen der Dielektrizitätskonstante und dem Leistungsverbrauch (Absorption unter Erwärmung) einerseits und der Relaxationszeit τ_r andererseits besteht ganz allgemein. Es ist gleichgültig, durch welche physikalischen Vorgänge eine Relaxation entsteht. Das soll an einem einfachen Modell erläutert werden.

Wir denken uns in Abb. 301 links ein geschichtetes Dielektrikum, die schraffierten Schichten als ideal isolierend, die punktierten als Leiter mit sehr großem Widerstand. Für dies geschichtete Dielektrikum gibt Abb. 301 rechts ein Ersatzschema, die aus § 75 bekannte Reihenschaltung in einem Wechselstromkreis (Relaxationszeit $\tau_r = RC$, § 28).

Der Widerstand im Ersatzschema bewirkt zweierlei. Erstens wird die Amplitude eines Wechselstromes der Kreisfrequenz ω um den Faktor

$$\frac{I_{C,R}}{I_C} = \frac{\text{Stromamplitude mit } R}{\text{Stromamplitude ohne } R} = \frac{1}{\sqrt{1 + (\omega\tau_r)^2}} = |\varepsilon_\omega| \tag{243}$$

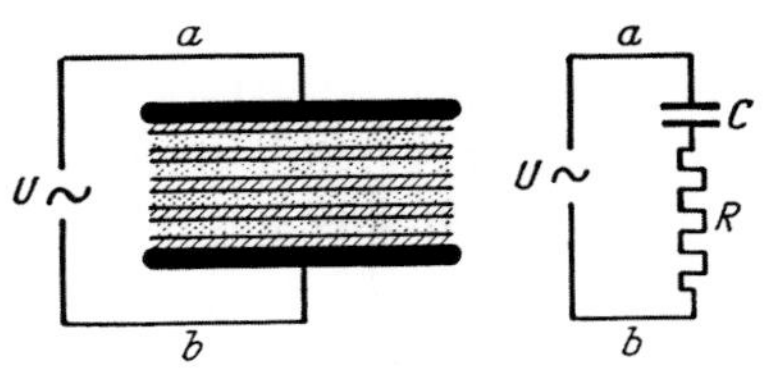

Abb. 301. Links geschichtetes Dielektrikum, rechts sein Ersatzschema

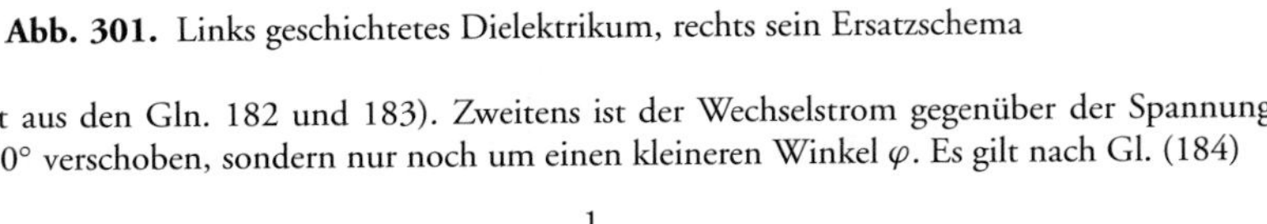

geschwächt (folgt aus den Gln. 182 und 183). Zweitens ist der Wechselstrom gegenüber der Spannung nicht mehr um 90° verschoben, sondern nur noch um einen kleineren Winkel φ. Es gilt nach Gl. (184)

$$\tan\varphi = -\frac{1}{\omega\tau_r} \tag{244}$$

(der Strom eilt der Spannung voraus, siehe Gl. 177).

K12. Zur Herleitung der Gl. (245) beachte man:

$I_{0,\mathrm{wirk}} = I_{\mathrm{RC}} \cos\varphi$.

Siehe § 77.

Es fließt also neben dem *Blind*strom jetzt auch ein *Wirk*strom mit der Amplitude[K12]

$$I_{0,\mathrm{wirk}} = U_0 \omega C \frac{\omega\tau_r}{1+\omega^2\tau_r^2} . \tag{245}$$

Als Verhältnis der Wirkstromamplitude zur Stromamplitude im verlustfreien Kondensator, Verlustgröße genannt, ergibt sich damit

$$\varepsilon_{\omega,\mathrm{wirk}} = \frac{\omega\tau_r}{1+\omega^2\tau_r^2} . \tag{246}$$

Die Aussagen der Gln. (243) und (246) sind in Abb. 302 graphisch dargestellt: Bei der Kreisfrequenz $\omega_R = 1/\tau_r$ besitzt die Verlustgröße $\varepsilon_{\omega,\mathrm{wirk}}$ ein Maximum.

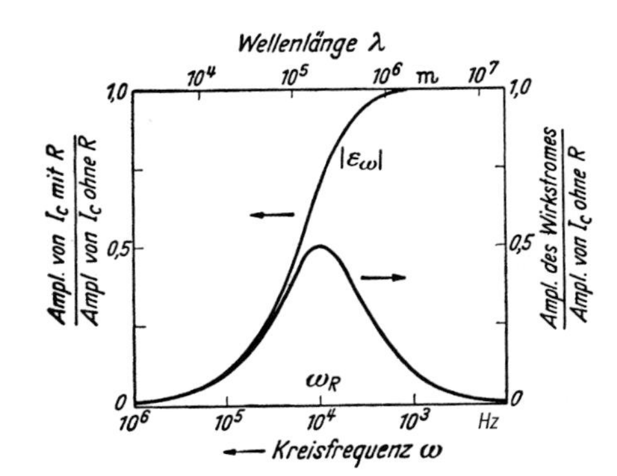

Abb. 302. Frequenzabhängigkeit der relativen Dielektrizitätskonstante (Gl. 243) und Verlustgröße (Gl. 246) der Ersatzschaltung in Abb. 301 für eine Relaxationszeit $\tau_r = RC = 10^{-4}$ sec (λ ist die Wellenlänge der elektromagnetischen Strahlung bei der Kreisfrequenz ω)

XIV. Materie im magnetischen Feld

§ 108. Einleitung. Die Permeabilität μ. Bisher galt unsere Darstellung den Magnetfeldern im leeren Raum. Die Anwesenheit der Luftmoleküle war von ganz untergeordneter Bedeutung. Ihr Einfluss macht sich erst in der 6. Dezimale mit 4 Einheiten bemerkbar.

Ein Teil der stromdurchflossenen Leiter, insbesondere Spulen, war nicht frei tragend gebaut, sondern auf dünnwandige, mit Schellackleimung hergestellte Papp- oder Holzrohre aufgewickelt. Der Einfluss dieses Trägermaterials lag ebenfalls weit jenseits unserer in den Schauversuchen benötigten Messgenauigkeit.

Die Anwesenheit anderer Stoffe im Magnetfeld hingegen, z. B. von Eisen, macht sich in ganz grober Weise bemerkbar. Als Füllstoff in eine Ringspule gebracht (Abb. 303), erhöht das Eisen den magnetischen Fluss Φ auf ein Vielfaches (dabei verlaufen keinerlei Feldlinien im Außenraum, Abb. 304). Auf dieser Tatsache fußend, definiert man als Permeabilität des Füllstoffes das Verhältnis[K1]

$$\mu = \frac{\text{magnetischer Fluss der gefüllten Ringspule}}{\text{magnetischer Fluss der leeren Ringspule}} .$$

K1. Die Permeabilität μ wird in der Literatur auch mit μ_r bezeichnet (r bedeutet „relativ zum Vakuum") mit den Namen „relative Permeabilität" oder „Permeabilitätszahl". Oft wird aber auch das Produkt $\mu_0\mu_r$ mit μ bezeichnet und Permeabilität genannt.

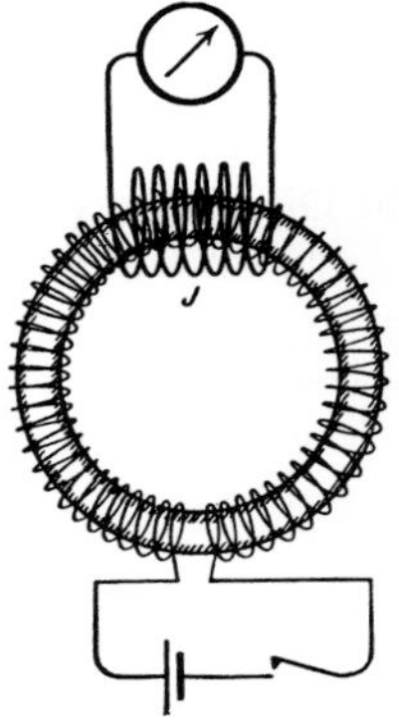

Abb. 303. Zur Definition magnetischer Materialwerte durch Messungen der magnetischen Flussdichte. Für Schauversuche eignet sich eine Füllung der Ringspule mit „Ferrocart", einer eisenhaltigen Papiermasse mit einer Permeabilität μ von ungefähr 10.

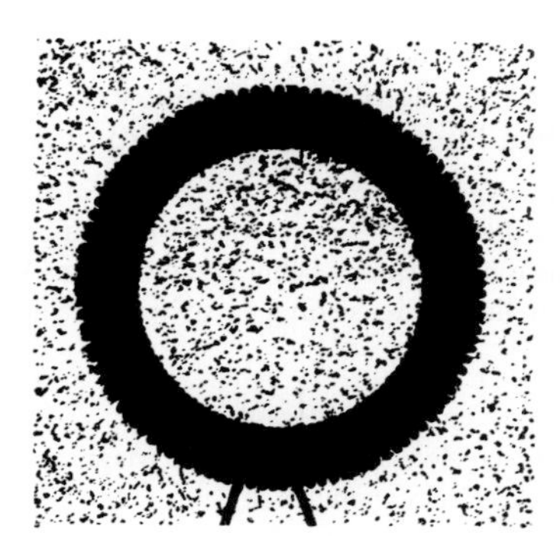

Abb. 304. Der Außenraum einer eisenhaltigen Ringspule ist feldfrei (Das Gleiche gilt auch für eine eisenfreie Ringspule, Abb. 122.)

Durch Division des magnetischen Flusses Φ durch die Querschnittsfläche A des homogenen Magnetfeldes erhält man dessen Flussdichte B, also $B = \Phi/A$. Damit ergibt sich als Definition der *Permeabilität*

$$\mu = \frac{\text{magnetische Flussdichte mit Materie}}{\text{magnetische Flussdichte ohne Materie}} = \frac{B_m}{B_0} . \qquad (247)$$

K. Lüders, R. O. Pohl (Hrsg.), *Pohls Einführung in die Physik*
DOI 10.1007/978-3-642-01628-8, © Springer 2010

§ 109. Zwei aus der Permeabilität abgeleitete Größen. Mit der Permeabilität μ werden zwei häufig benutzte Größen definiert:

1. Die *Magnetisierung* M über die Gleichung[K2]

$$\mu_0 M = B_\mathrm{m} - B_0 = (\mu - 1)B_0\,. \tag{248}$$

K2. Die Magnetisierung M ist wie das Feld B eine Vektorgröße. Da hier der einfache, aber häufige Fall angenommen wird, dass M und B kollinear sind, ist die Vektorschreibweise nicht notwendig. Siehe aber § 112.

Wir definieren also die Magnetisierung M als den zusätzlichen, von ihr herrührenden Anteil der magnetischen Flussdichte. $\mu_0 M$ wird auch als *magnetische Polarisation* bezeichnet. Als Einheit von M benutzen wir 1 Ampere/m. Gleichwertig ist eine andere Definition: Es ist die Magnetisierung der Materie

$$M = \frac{\text{magnetisches Moment } m}{\text{Volumen } V}\,. \tag{249}$$

Herleitung: Wir denken uns eine Kiste mit der Basisfläche A entlang ihrer Länge l homogen magnetisiert. Dann ist ihr von der Magnetisierung M herrührender magnetischer Fluss Φ, also $\Phi = (B_\mathrm{m} - B_0)A = \mu_0 MA$ und nach Gl. (145) von S. 106 ihr magnetisches Moment $m = \Phi\, l/\mu_0 = MA\,l/\mu_0 = MV$.

2. Die *magnetische Suszeptibilität*

$$\chi_\mathrm{m} = \mu - 1 = \frac{\mu_0 M}{B_0} = \frac{M}{H_0}\,. \tag{250}$$

Manchmal wird die Suszeptibilität auch auf die Dichte ϱ der betreffenden Substanz bezogen, χ_m/ϱ, oder auf die Stoffmengendichte, $\chi_\mathrm{m}/(n/V)$.[K3] Beispiele finden sich in Tab. 6 auf S. 187.

K3. Das magnetische Moment m und die Magnetisierung M und damit auch die aus diesen Größen berechnete Suszeptibilität χ_m einer Probe mit dem Volumen V wird durch die Raumerfüllung beeinflusst, d. h. ob sie porös ist oder gasförmig usw. Daher wird die Suszeptibilität oft auf die Massendichte ϱ bezogen, indem man statt χ_m die Größe χ_m/ϱ angibt. Gebräuchlich ist auch der Bezug auf die Stoffmengendichte $\chi_\mathrm{m}/(n/V) = \chi_m \cdot \frac{V}{n}$, wobei n die Stoffmenge (Einheit: mol) ist. (Diese Größe wird im cgs-System oft etwas irreführend „molare Suszeptibilität" genannt. Hinweis zur Umrechnung in cgs-Einheiten: $\chi_{\mathrm{m,SI}} \mathrel{\hat{=}} 4\pi\ \chi_{\mathrm{m,cgs}}$.)

§ 110. Messung der Permeabilität μ. Für die Messung der Permeabilität gibt es mannigfache Anordnungen. Steht das Material in Ringform zur Verfügung, so benutzt man das in Abb. 303 dargestellte Schema. Bei der Ausführung der Messungen kann man die Empfindlichkeit im Bedarfsfall durch eine Differenzschaltung um mehrere Zehnerfaktoren erhöhen. Man schaltet die Induktionsspulen der leeren und der vollen Ringspule gegeneinander und misst mit dem Spannungsstoß direkt die Differenz der beiden magnetischen Flüsse. Ein Beispiel wird in Abb. 308 beschrieben.

Für viele Stoffe ist $\mu \approx 1$. Für sie misst man nicht μ, sondern die Magnetisierung M und berechnet μ aus den in § 109 angegebenen Definitionsgleichungen. — Man benutzt statt großer ringförmiger Versuchsstücke kleine beliebig gestaltete vom Volumen V. Man bringt sie in ein Magnetfeld und misst das durch die Magnetisierung entstehende magnetische Moment

$$m = MV\,.$$

Für diesen Zweck macht man das Magnetfeld inhomogen und misst irgendwie die am Körper in Richtung des Feldgefälles angreifende Kraft (Abb. 305)

$$F = m\frac{\partial B}{\partial x} = MV\frac{\partial B}{\partial x} \qquad \text{Gl. (143) v. S. 104}$$

(z. B. F in Newton, m in Ampere · m^2, $\partial B/\partial x$ in Voltsekunde/m^3, V in m^3).

Das Feldgefälle $\partial B/\partial x$ wird nach dem an Gl. (143) auf S. 104 anschließenden Text bestimmt.

Für die Bestimmung von μ benutzt man die ohne das Versuchsstück vorhandene magnetische Flussdichte B_0. Man misst sie mit einer kleinen Induktionsspule als Mittelwert am Ort des Körpers. Die Anwendung dieses Feldes in Gl. (248) ist nur näherungsweise korrekt. Sie ist aber zulässig, wenn die Permeabilität $\mu \approx 1$ ist. Der Grund ergibt sich später aus Gl. (263) auf S. 192. (Aufg. 71)

§ 111. Unterscheidung diamagnetischer, paramagnetischer und ferromagnetischer Stoffe. Nach der Erläuterung der Messverfahren bringen wir jetzt einen ersten Überblick über die magnetischen Eigenschaften der Stoffe. — Man kann alle Stoffe in drei große Gruppen einordnen:

1. *Diamagnetische Stoffe.* Ihre Suszeptibilität $\chi_m = (\mu - 1)$ ist wie μ eine Materialkonstante und ist von der Stärke des magnetisierenden Feldes *unabhängig.* Sie ist auch von der Temperatur *unabhängig* (bei konstanter Dichte ϱ). Die Permeabilität μ ist ein wenig kleiner als 1. Tab. 6 enthält Beispiele.

Tabelle 6. Dia- und paramagnetische Stoffe[1] (1 atm = 1,013 · 10^5 Pascal)

Diamagnetische Stoffe (μ stets < 1), $T \approx 293$ Kelvin (20 °C)

	H_2 (1 atm)	Cu	H_2O	NaCl	Bi	
Suszeptibilität $\chi_m = (\mu - 1)$	$-0{,}002_2$	−9,6	−9,06	−13,9	−165	$\cdot 10^{-6}$
χ_m/ϱ (ϱ = Dichte)	−25	−1,08	−9,06	−6,5	−16,8	$\cdot 10^{-9}$ m³/kg
$\chi_m/(n/V)$ (n = Stoffmenge)	−0,5	−0,69	−1,63	−3,78	−35,2	$\cdot 10^{-10}$ m³/mol

Paramagnetische Stoffe (μ stets > 1), $T \approx 293$ Kelvin (20 °C)

	Al	Pt	O_2 (Gas) (1 atm)	O_2 (flüssig) $T = 90{,}2$ K	Dy_2S_3 $T = 293$ K	
Suszeptibilität $\chi_m = (\mu - 1)$	20,7	264	1,88	3470	17 200	$\cdot 10^{-6}$
χ_m/ϱ (ϱ = Dichte)	7,67	12,3	1300	3020	2 839	$\cdot 10^{-9}$ m³/kg
$\chi_m/(n/V)$ (n = Stoffmenge)	2,07	24	416	967	11 960	$\cdot 10^{-10}$ m³/mol

[1] Siehe CRC Handbook of Chemistry and Physics, 84. Aufl. 2003/4, CRC Press, NY.

2. *Paramagnetische Stoffe.* Ihre Suszeptibilität ist praktisch ebenfalls von der Stärke des magnetisierenden Feldes unabhängig. Die Permeabilität μ ist ein wenig größer als 1. Beispiele finden sich ebenfalls in Tab. 6. Manchmal sinkt ihre Suszeptibilität χ_m mit steigender Temperatur (vgl. dazu Abb. 307B und C); in einfachen Grenzfällen gilt dabei das CURIE'sche Gesetz

$$\chi_m = \frac{C}{T} \tag{251}$$

(C wird CURIE-Konstante genannt, Herleitung in § 115).

3. *Ferromagnetische Stoffe.* Die Permeabilität μ ist auch nicht angenähert eine Stoffkonstante. Sie hängt nicht nur von der Stärke des magnetisierenden Feldes, sondern auch von der Vorgeschichte und dem Aufbau des Stoffes ab, z. B. ob massiv oder Pulver. Die Größe von μ kann tausend überschreiten. Mit steigender Temperatur sinkt die Permeabilität. Oberhalb einer bestimmten Temperatur (CURIE-Temperatur) verschwindet der Ferromagnetismus, und der Stoff zeigt nur noch paramagnetisches Verhalten.

Soweit die äußere Einteilung. Nun einige Einzelheiten:

1. *Diamagnetische Stoffe.* Man erkennt sie im Magnetfeld schon ohne Messung. Sie werden stets aus dem Gebiet hoher Feldstärke herausgedrängt, z. B. ein Wismutstück in Abb. 305 nach oben. Deutung: *Atome der diamagnetischen Stoffe haben ursprünglich kein magnetisches Moment. Sie bekommen es erst im Feld durch Induktionsströme* (WILHELM WEBER, 1852). Diese kreisen, wie in Abb. 177b, dem Strom in der Feldspule entgegengesetzt, und zwar verlustlos bis zum Verschwinden des Feldes. Diese Induktionsströme müssen in allen Atomen auftreten, und daher müssen *alle Stoffe diamagnetisch* sein. Ihr diamagnetisches Verhalten kann jedoch durch andere überwiegende Erscheinungen verdeckt

K4. Man beachte den Unterschied zum elektrischen Feld (Kap. XIII): Sowohl dielektrische als auch parelektrische Stoffe werden immer in Gebiete größeren Feldes hineingezogen; χ_e ist also immer positiv.

K5. Auch supraleitende Materialien zeigen aufgrund ihrer Feldverdrängung (Meißner-Ochsenfeld-Effekt) diamagnetisches Verhalten und können für eindrucksvolle Schwebeversuche verwendet werden. Siehe Kommentar K3 in Kap. X.

werden. Das ist bei den para- und ferromagnetischen Stoffen der Fall.[K4] — *Diamagnetische* Körper können in einem inhomogenen Magnetfeld geeigneter Gestalt *frei schweben* (Abb. 306) und angestoßen in Richtung eines Feldgefälles *schwingen*.[K5]

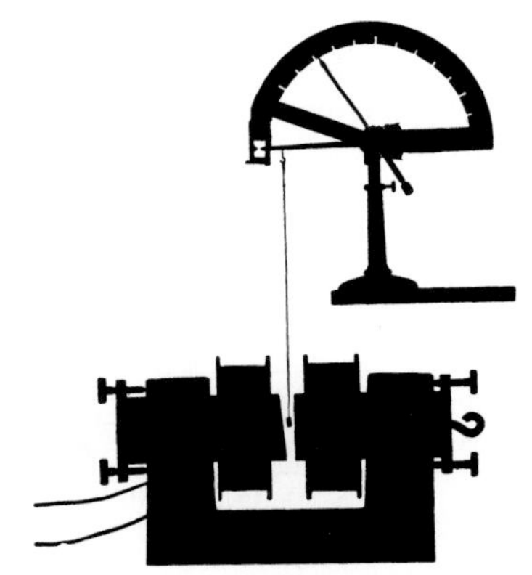

Abb. 305. Eine Probe hängt in einem inhomogenen Magnetfeld an einer Schneckenfederwaage (Aufg. 71)

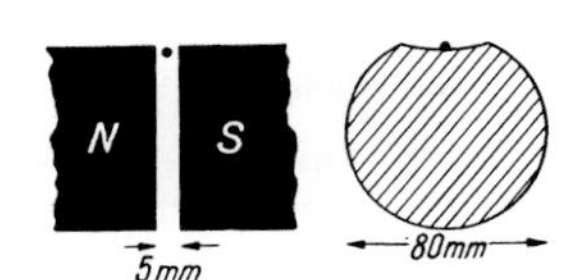

Abb. 306. Kleine *diamagnetische* Körper ($V \approx 1\,\mathrm{mm}^3$) aus Wismut oder gut ausgeglühter Bogenlampenkohle schweben frei im inhomogenen Randgebiet eines Magnetfeldes der Flussdichte $B \approx 2\,\mathrm{Vs/m}^2$. Die oben eingefräste hohle Fläche (Krümmungsradius 6 cm) bewirkt die Stabilität in horizontaler Richtung. Elektromagnet wie in Abb. 305.

2. *Paramagnetische Stoffe.* Sie werden im Gegensatz zu den diamagnetischen in das Gebiet hoher Feldstärke hineingezogen. Schauversuche in Abb. 307A–C.

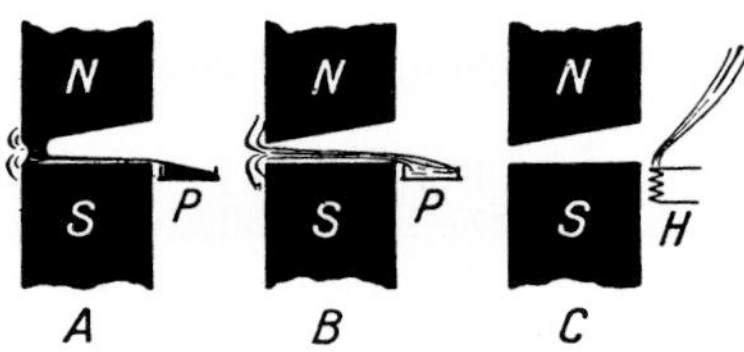

Abb. 307. A: Flüssiger Sauerstoff (aus einer Pappschachtel P) wird, weil stark paramagnetisch, in Gebiete großer Feldstärke hineingezogen. Elektromagnet wie in Abb. 305. B und C: Zur Temperaturabhängigkeit der paramagnetischen Suszeptibilität χ_m. — Kalte Luft hat eine größere, warme Luft hingegen eine kleinere Suszeptibilität als Zimmerluft. (Sowohl χ_m/ϱ als auch die Dichte ϱ sind proportional zu T^{-1}, χ_m also proportional zu T^{-2}). Infolgedessen wird eine Schliere kalter Luft (aus der gekühlten Pappschachtel P) in Gebiete großer Feldstärke hineingezogen, indem sie die Zimmerluft verdrängt (Teilbild B). **(Videofilm 20)**. Eine Schliere warmer Luft hingegen (aufsteigend von einer Flamme oder Heizspirale H) wird von der stärker angezogenen Zimmerluft in Gebiete kleiner Feldstärke gedrängt (Teilbild C).

Videofilm 20:
„Paramagnetische Materie"
Der Film zeigt die Experimente zu den Teilbildern A und B.

Deutung: *Die Moleküle der paramagnetischen Stoffe* bekommen nicht nur wie die Moleküle der diamagnetischen Stoffe durch Induktion im Magnetfeld ein magnetisches Moment, sondern sie besitzen außerdem schon unabhängig vom Feld ein permanentes magnetisches Moment m_p.[K6]

K6. Ausnahme: der Pauli-Paramagnetismus wie z. B. in den Metallen Al und Pt. Mehr dazu in C. Kittel, „Introduction to Solid State Physics", 7. Aufl., Kap. 14, John Wiley, NY 1996, vor allem Abb. 1 und 11.

Die Achsen dieser permanenten Momente sind aber infolge der Wärmebewegung regellos über alle Richtungen des Raumes verteilt. Daher zeigt der Körper als Ganzes kein magnetisches Moment. — *Im Magnetfeld hingegen erhalten diese atomaren Momente eine Vorzugsrichtung.* Dabei kommt es allerdings auch nicht angenähert zu einer vollständigen Parallelausrichtung aller Momente. Der mittlere Beitrag m_p', den ein einzelnes Molekül dann im zeitlichen Mittel zum Gesamtmoment m und damit zur Magnetisierung M liefert, ist nur ein (meist sehr kleiner) Bruchteil des dem Molekül gehörenden permanenten

Momentes m_{p}. Sonst könnte die Magnetisierung M in starken Feldern nicht mehr proportional zur Flussdichte B des Feldes ansteigen, oder χ_{m} und μ könnten keine Konstanten sein. Ein Beispiel für ein Gas (O_2) folgt in § 115.

Grundsätzlich ist eine Sättigung der Magnetisierung M paramagnetischer Stoffe bei sehr hohen Feldstärken oder sehr tiefen Temperaturen zu erwarten. Sie ist auch an etlichen Ionen, Cr^{+++}, Fe^{+++} und Gd^{+++} in Sulfatkristallen (Alaunen), bei $T < 4{,}0$ Kelvin und B bis zu 5 Vs/m^2 nachgewiesen worden.[1]

3. *Ferromagnetische Stoffe* sind schon für den Laien erkennbar. Sie werden von jedem Hufeisenmagneten angezogen. Beispiele: Fe, Co, Ni, manganhaltige Kupferlegierungen (F. R. Heusler, 1898). Physikalisch sind die Ferromagnetika durch die außerordentliche Größe der erreichbaren Magnetisierung M gekennzeichnet. Dabei hängt diese in komplizierter Weise von der Stärke des magnetisierenden Feldes und von der Vorgeschichte ab.

Wir wollen diesen Zusammenhang mit einem *Kriechgalvanometer* (§ 63) im Schauversuch vorführen. Dazu benutzen wir in Abb. 308 zwei Ringspulen gleicher Größe und Windungszahl. Die linke enthält einen Eisenkern, die rechte einen Holzkern (vgl. § 108). Beide Feldspulen werden vom gleichen Strom durchflossen. Beide werden von je einer Induktionsschleife umfasst, jedoch mit entgegengesetztem Windungssinn. Daher zeigt das Kriechgalvanometer die Differenz der beiden magnetischen Flüsse mit und ohne Eisenkern, also $\Phi_{\mathrm{m}} - \Phi_0$. Division durch A, der Spulen- und Eisenquerschnittsfläche, ergibt die zusätzliche, vom Eisen herrührende Magnetisierung

$$M = \frac{1}{\mu_0}(B_{\mathrm{m}} - B_0)\,. \qquad \text{Gl. (248) v. S. 186}$$

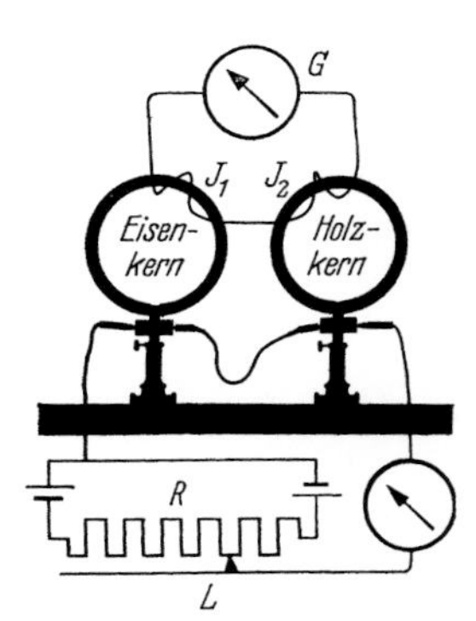

Abb. 308. Bestimmung der Hystereseschleife von Eisen mit einem Kriechgalvanometer. Zwei Ringspulen nach dem Schema der Abb. 303. Die Induktionsschleifen J_1 und J_2 haben entgegengesetzten Windungssinn. Das Galvanometer zeigt daher die Differenz der beiden magnetischen Flüsse Φ mit und ohne Eisen. Überschreitet der Läufer L die Mitte des Widerstandes, so wechselt die Stromrichtung in den beiden Feldspulen (warum?).

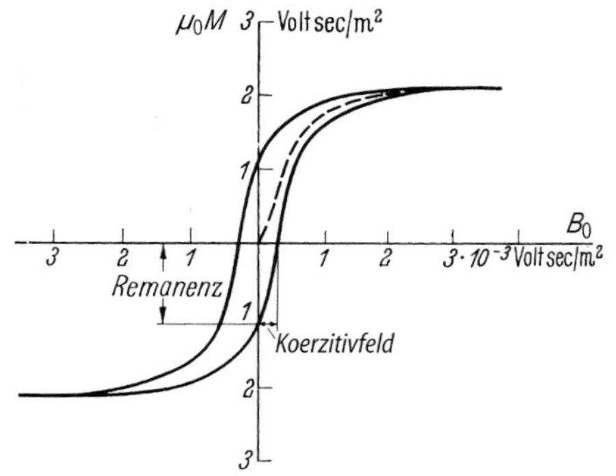

Abb. 309. Hystereseschleife für Schmiedeeisen, gemessen gemäß Abb. 308. B_0 ist die Flussdichte der leeren, d. h. eisenfreien Feldspule. Der Sättigungswert der Magnetisierung (im Bild mit μ_0 multipliziert) liegt bei 2,1 Vs/m^2. Für ihn liefert ein einzelnes Eisenatom den Beitrag $m' = M/N_{\mathrm{V}} = 2{,}0 \cdot 10^{-23}\,\mathrm{A \cdot m^2}$ (vgl. § 115). — Die gestrichelte Linie zeigt schematisch eine *Neukurve* für ein Versuchsstück, das zuvor durch Erhitzung von remanenter Magnetisierung befreit wurde.

Wir führen die Messungen der Reihe nach mit steigenden und sinkenden Feldströmen für beide Stromrichtungen durch und gelangen so zu der Kurve in Abb. 309, der „Hystereseschleife" für Schmiedeeisen. Aus dieser lesen wir folgendes ab:

[1] W. E. Henry, Phys. Rev. **88**, 559 (1952).

1. Zu jedem Wert von B_0, der Flussdichte der leeren Spule (Holzkern), gehören zwei Werte von $\mu_0 M$. Für zunehmende Magnetisierung gilt in der oberen Bildhälfte der rechte, für abnehmende der linke Kurvenast.

2. Die Magnetisierung M erreicht bei wachsenden Werten von B_0 einen „Sättigungswert".

3. Ein Teil der Magnetisierung M bleibt auch ohne Spulenfeld erhalten. Er heißt *Remanenz*. Das Eisen ist zum permanenten Magneten geworden.

4. Zur Beseitigung der Remanenz muss man das Spulenfeld umkehren und seine Flussdichte bis zu einem gewissen Wert steigern, genannt *Koerzitivfeld*.

Stoffe mit sehr kleinem Koerzitivfeld heißen magnetisch weich; in sehr reinem, in Wasserstoff geglühtem Eisen kann man das Koerzitivfeld bis zu etwa $3 \cdot 10^{-6}\,\mathrm{Vs/m^2}$ herabsetzen. In magnetisch sehr harten Legierungen aus Fe, Ni, Co und Al, z. B. Oerstit, kann man die Größenordnung $0{,}1\,\mathrm{Vs/m^2}$ erreichen, bei Remanenzen von $\approx 1\,\mathrm{Vs/m^2}$.

5. Die zyklische Magnetisierung, d. h. ein voller Umlauf der Hystereseschleife, erfordert eine Arbeit W. Diese ist durch die Fläche innerhalb der Hystereseschleife gegeben, also[K7]

$$W = V \int M \,\mathrm{d}B_0 \tag{252}$$

(V: Volumen der Probe).

K7. Diese Gleichung folgt aus dem Ausdruck für die Energiedichte im magnetischen Feld

$$\frac{W}{V} = \int \boldsymbol{H} \cdot \mathrm{d}\boldsymbol{B},$$

dessen Herleitung in Lehrbüchern der theoretischen Physik zu finden ist (z. B. J. D. Jackson, „Classical Electrodynamics", John Wiley Sons, NY, 1962, Abschnitt 6.2). Für Vakuum folgt daraus der Ausdruck für die magnetische Feldenergie in Gl. (153) in Kap. VIII.

Eine wichtige Eigenschaft des Ferromagnetismus ist seine starke Temperaturabhängigkeit. Er verschwindet bei der „Curie-Temperatur". Diese liegt z. B. bei Heusler-Legierungen schon unter 100 °C. Ein Stück einer solchen Legierung haftet bei Zimmertemperatur an einem Hufeisenmagneten, fällt aber beim Eintauchen in siedendes Wasser ab. Ein weiterer Schauversuch für das Verschwinden des Ferromagnetismus beim Erwärmen findet sich in Abb. 310.

Abb. 310. Ein einseitig erhitztes Nickelrad rotiert im Feld eines Magneten. Bei 356 °C verliert Nickel seinen Ferromagnetismus, und dann zieht der Magnet ein kälteres, noch ferromagnetisches Stück des Rades heran. Die Mittelebene des Magneten geht durch die Radachse. Die Flamme wird je nach dem gewünschten Drehsinn etwas vor oder hinter diese Mittelebene gestellt.

§ 112. Definition der magnetischen Feldgrößen *H* und *B* im Inneren der Materie. Die Maxwell'schen Gleichungen. Die in den §§ 108 und 109 gebrachten Definitionen für die magnetischen Stoffwerte sind übersichtlich und einwandfrei, beziehen sich aber nur auf die mit den dort verwendeten Ringspulen gemessenen Mittelwerte B_0, B_m und H_0. Jetzt sollen die Feldgrößen $\boldsymbol{H}$ und $\boldsymbol{B}$ im *Inneren* der Materie definiert werden, und zwar auch aufgrund experimenteller Erfahrungen:

Eine Ringspule sei zunächst ganz mit homogener Materie der Permeabilität μ gefüllt. Sie soll zwei kleine Hohlräume enthalten, wie früher in Abb. 294 (Kap. XIII) gezeigt (man beachte auch die Fußnote auf S. 176, in der man „Plattenkondensator" durch „Ringspule" ersetzen möge). Der eine ist ein zur Feldrichtung senkrechter sehr flacher *Querschlitz*, der andere ein zur Feldrichtung paralleler, sehr schlanker *Längskanal*. Beide Hohlräume dienen wieder zur Aufnahme wirklicher oder gedachter, durch einen Punkt angedeuteter Messgeräte. In beiden werden die Felder **H** und **B** gemessen. Im Grenzübergang zu verschwindend kleinen Hohlräumen sollen diese als die Felder in der Materie definiert werden. Wir entdecken aber dabei, dass die Felder in den beiden Hohlräumen verschieden sind! Im Einzelnen finden wir das Folgende:

1. Die in dem Querschlitz als Spannungsstoß/Windungsfläche gemessene Flussdichte **B** hat den gleichen Betrag und die gleiche Richtung wie die bei Umfassung der Ringspule gemessene Flussdichte, also $B = B_\mathrm{m}$, unabhängig davon, wo in der Materie sich der Schlitz befindet. Im Grenzübergang schließen wir daraus, dass die Flussdichte an jedem Punkt in der gefüllten Spule die gleiche ist. Wir definieren sie als die magnetische Flussdichte im Inneren der Materie und bezeichnen sie mit dem Vektor **B**.

2. Bei Wiederholung des Experiments im Längskanal wird eine andere Flussdichte gemessen, also eine, die nicht mit der bei Umfassung der gefüllten Rinspule gemessenen Flussdichte übereinstimmt. Es stellt sich aber heraus, dass bei der Messung im Längskanal eine sehr einfache Beziehung für das Feld **H** gilt: Dieses hat die gleiche Größe und Richtung wie das in der leeren Ringspule gemessene Magnetfeld $\boldsymbol{H}_0$. Das zeigt man gemäß Abb. 311. Der Füllstoff enthält in seiner Längsrichtung einen Kanal von beliebiger, aber konstanter Querschnittsfläche.[1] Innerhalb dieses Längskanals befindet sich die schlanke Induktionsspule *J*. Mit ihr misst man, unabhängig von der Weite des Kanals, das gleiche Feld **H** wie in der leeren Ringspule. Dies Ergebnis erweitern wir in Gedanken auf einen verschwindend engen Kanal. Wir definieren das so gemessene Feld als das Feld im Inneren der Materie und bezeichnen es mit dem Vektor **H**.

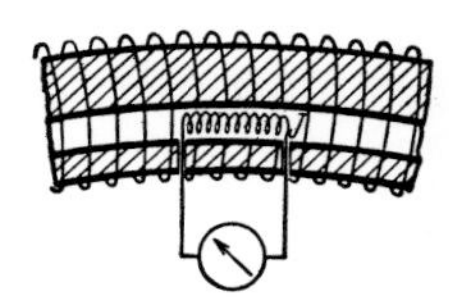

Abb. 311. Zur Gleichheit der Felder **H** in einem Längskanal und in einer leeren Ringspule

Durch Einführung dieser Vektorfelder **B** und **H** im Inneren der Materie gelangen wir mithilfe der Gl. (248) zur Definition des Vektorfeldes **M**, der Magnetisierung[K8]

$$\boldsymbol{M} = \frac{1}{\mu_0}\boldsymbol{B} - \boldsymbol{H}. \tag{253}$$

Diese Gleichung demonstriert besonders deutlich den Unterschied zwischen den Feldern **H** und **B** in Materie.[K5 in Kap. V] Man denke z. B. an die Felder im Inneren eines Permanentmagneten, für den **M** homogen und konstant ist. (Aufg. 72)

Für Materie mit konstanter Permeabilität μ (also keine Hysterese), folgen aus den Gln. (247) bis (250) die Beziehungen

$$\boldsymbol{B} = \mu\mu_0\boldsymbol{H} \tag{254}$$

und

$$\boldsymbol{M} = (\mu - 1)\boldsymbol{H} = \chi_\mathrm{m}\boldsymbol{H}. \tag{255}$$

Diese drei Gleichungen beschreiben die Beziehungen zwischen den Vektorfeldern in jedem Punkt des Raumes.

K8. In Theorie-Büchern wird meist nach der Einführung des Feldes **B** die Magnetisierung **M** vom Aufbau der Materie her über magnetische Momente eingeführt. Dabei ist **H** dann eine Abkürzung für $(\boldsymbol{B}/\mu_0 - \boldsymbol{M})$, mit der sich u. a. die MAXWELL-Gleichungen einfacher schreiben lassen.

---

[1] Anmerkung für den Experimentator: Der Ringkanal kann offen entlang der Körperoberfläche verlaufen. Das heißt praktisch: Man legt in die Ringspule einen Eisenring von kleinerem Querschnitt als dem der Spule. Dann bildet der Zwischenraum zwischen der äußeren Ringwand und den Spulenwindungen den Kanal.

Mit den so in Anwesenheit von Materie definierten Vektorfeldern $\boldsymbol{H}$ und $\boldsymbol{B}$ sowie den in Kap. XIII definierten Feldern $\boldsymbol{E}$ und $\boldsymbol{D}$ erhalten die MAXWELL'schen Gleichungen ihre allgemeine Form:

$$\mathrm{div}\boldsymbol{D} = \varrho\,, \tag{256}$$

$$\mathrm{rot}\boldsymbol{E} = -\dot{\boldsymbol{B}}\,, \tag{257}$$

$$\mathrm{rot}\boldsymbol{H} = \boldsymbol{j} + \dot{\boldsymbol{D}}\,, \tag{258}$$

$$\mathrm{div}\boldsymbol{B} = 0\,. \tag{259}$$

Dabei ist ϱ die Ladungsdichte der freien Ladungen (im Gegensatz zu den gebundenen Ladungen in polarisierter Materie, s. § 29) und $\boldsymbol{j}$ die „freie" Stromdichte (im Gegensatz zu den „gebundenen" Molekularströmen in magnetisierter Materie, s. § 43). Für den leeren Raum mit $\boldsymbol{D} = \varepsilon_0 \boldsymbol{E}$ und $\boldsymbol{B} = \mu_0 \boldsymbol{H}$ vereinfachen sich diese Gleichungen zu den in § 54 zusammengestellten. Einige Anwendungen folgen im nächsten Paragraphen.

§ 113. Die Entmagnetisierung. Die für das Innere magnetischer Materie eingeführten Vektorfelder sollen jetzt für Fälle untersucht werden, in denen die felderzeugende Spule nicht voll ausgefüllt ist, sondern sich in dem Magnetfeld nur ein Stück Materie mit einer bestimmten Geometrie befindet. In Analogie zur Geometrieabhängigkeit der Polarisation im elektrischen Feld findet man auch im Magnetfeld, dass die Magnetisierung von der Geometrie abhängt.

Ein Rotationsellipsoid werde so in ein homogenes Magnetfeld $\boldsymbol{H}_0 (= \boldsymbol{B}_0/\mu_0)$ gebracht, dass seine Achse mit der Richtung von $\boldsymbol{H}_0$ zusammenfällt. Dann ist das Magnetfeld im Inneren homogen und es gilt (analog zu Gl. 220, S. 178)

$$\boldsymbol{H} = \frac{1}{1 + N(\mu - 1)} \boldsymbol{H}_0\,. \tag{260}$$

Werte für N, jetzt *Entmagnetisierungsfaktor* genannt, sind in Tab. 4 (S. 178) aufgeführt. N ist eine Zahl, deren Werte von 0 bis 1 reichen ($0 \leq N \leq 1$). Bis auf den Fall $N = 0$ ist also das Magnetfeld $\boldsymbol{H}$ im Inneren von magnetischer Materie gegenüber dem von außen angelegten Feld $\boldsymbol{H}_0$ verringert. Dies nennt man *Entmagnetisierung*.

Einige Beispiele mögen diese durch die geometrische Form bedingte Verringerung des magnetischen Feldes $\boldsymbol{H}$ erläutern (wie man der Gl. (260) entnimmt, spielt sie dann eine Rolle, wenn $\mu \gg 1$ ist, also für ferromagnetische Substanzen):

1. Für einen langen, dünnen Stab, parallel zur Richtung des äußeren Magnetfeldes $\boldsymbol{H}_0$, ist $N = 0$ und daher das Feld im Inneren[K9]

$$\boldsymbol{H} = \boldsymbol{H}_0\,. \tag{261}$$

Die Magnetisierung

$$\boldsymbol{M}_{\mathrm{Stab}} = (\mu - 1)\boldsymbol{H}_0 \tag{262}$$

ist also die gleiche wie bei einem die Spule voll ausfüllenden Material, d. h. es tritt keine Entmagnetisierung auf. $\boldsymbol{B}$ im Stab ist $\mu\mu_0\boldsymbol{H}_0$.

2. Für eine Kugel ist $N = 1/3$ und damit das Magnetfeld im Inneren

$$\boldsymbol{H} = \frac{3}{\mu + 2} \boldsymbol{H}_0 \tag{263}$$

und die Magnetisierung

$$\boldsymbol{M}_{\mathrm{Kugel}} = \frac{3(\mu - 1)}{\mu + 2} \boldsymbol{H}_0 = \frac{3}{\mu + 2} \boldsymbol{M}_{\mathrm{Stab}}\,. \tag{264}$$

K9. Dies erhält man auch aus der MAXWELL'schen Gl. (258). $\boldsymbol{j}$ und $\dot{\boldsymbol{D}}$ sind beide gleich null. Dann heißt $\mathrm{rot}\,\boldsymbol{j} = 0$ in Integralform geschrieben $\oint \boldsymbol{H} \cdot \mathrm{d}\boldsymbol{s} = 0$. Man wählt den geschlossenen Weg als langes schmales Rechteck, dessen lange Seiten parallel zur Stabachse verlaufen, eine im Außenraum und die andere im Stab. Daraus folgt Gl. (261).

Die Magnetisierung einer Kugel ist also für $\mu \gg 1$ (Ferromagnet) erheblich kleiner als die des Stabes. (Aufg. 73)

3. Für eine flache Scheibe ($N = 1$) ist[K10]

$$\boldsymbol{H} = \boldsymbol{H}_0/\mu \tag{265}$$

und damit die Magnetisierung

$$\boldsymbol{M}_{\text{Scheibe}} = \frac{\mu - 1}{\mu}\boldsymbol{H}_0 \,, \tag{266}$$

also für $\mu \gg 1$ noch einmal um den Faktor drei kleiner als bei der Kugel.

4. Als praktisches Beispiel der Entmagnetisierung bringen wir einen ferromagnetischen Hohlkörper, z. B. eine eiserne Hohlkugel, in ein zuvor homogenes Magnetfeld (Abb. 312). Das Feld im Inneren verschwindet durch die entgegengesetzte Richtung der Magnetisierung bis auf dürftige Reste. Dies ist das Prinzip der magnetischen Abschirmung.[K11] (Aufg. 74)

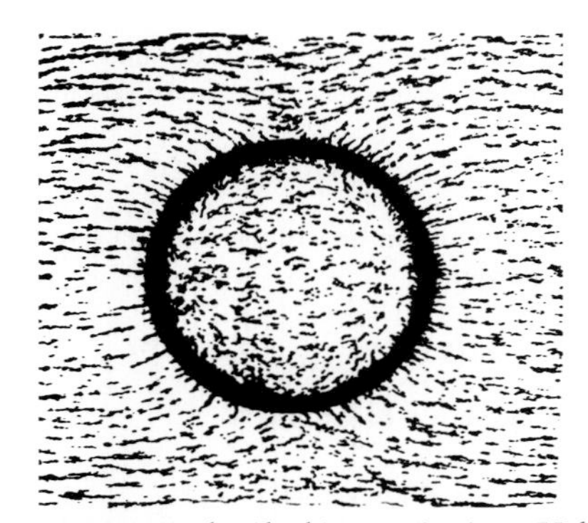

Abb. 312. Magnetische Abschirmung in einem Hohlraum

5. Auch beim Elektromagnet (Abb. 313) spielt Entmagnetisierung eine Rolle. Der Eisenring mit dem Umfang $2\pi r$ trägt N Windungen, die vom Strom I durchflossen werden. Der Luftspalt im Eisenkern mit der Spaltbreite d sei klein genug, so dass Streufelder vernachlässigbar sind. Er bildet zwischen den beiden Eisenpolen einen Querschlitz (Abb. 294). Die Felder B und H im Spalt und im Eisenkern werden mit den Indizes d und Fe bezeichnet. Gesucht ist B_d.

Abb. 313. Schema eines Elektromagneten

Aus Gl. (259) folgt, dass die magnetische Flussdichte B_d die gleiche ist wie im gefüllten Teil der Spule[K10]

$$B_\text{d} = B_\text{Fe} \,. \tag{267}$$

K10. Dies erhält man auch aus der MAXWELL'schen Gl. (259), in Integralform $\oint \boldsymbol{B} \cdot \text{d}\boldsymbol{A} = 0$. Man wählt die geschlossene Fläche als flache Dose, deren Deckelflächen parallel zur Scheibe liegen, eine im Außenraum und eine im Inneren der Scheibe. Daraus folgt $\boldsymbol{B} = \boldsymbol{B}_0$ und daraus Gl. (265).

K11. Als weiteres Beispiel sei das homogene Feld $\boldsymbol{B}$ im Inneren einer aus magnetischem Material bestehenden Hohlkugel (innerer Radius a, äußerer Radius b) angegeben (für $\mu \gg 1$):

$$\boldsymbol{B} = \frac{9}{2\mu(1 - a^3/b^3)}\boldsymbol{B}_0$$

(siehe z. B. J. D. Jackson, „Klassische Elektrodynamik", W. de Gruyter, Berlin. 2. Aufl. 1983, S. 231). Ein geeignetes Material ist z. B. die Legierung *Supermalloy* (Ni 79, Fe 15,7, Mo 5, Mn 0,3 Gewichts-%; Permeabilität bei $B = 2 \cdot 10^{-3}$ Tesla: $\mu = 10^5$, Koerzitivkraft: $2 \cdot 10^{-7}$ Tesla). Ein praktisches Beispiel sind die großen Kammern zur Abschirmung des Erdmagnetfeldes für medizinische Untersuchungen mit Squid-Systemen (supraleitende Magnetfeldmesser). (Aufg. 74)

Das Feld H macht daher an der Grenze zwischen Spalt und Eisenkern einen Sprung. Es gilt

$$H_{\text{Fe}} = \frac{1}{\mu} H_{\text{d}} \tag{268}$$

(Entmagnetisierung).

Beide Felder, sowohl H als auch B, sind im Vergleich mit der voll gefüllten Spule verringert.[K12] Man erhält

$$B_{\text{d}} = \mu_0 H_{\text{d}} = \frac{\mu_0 \mu N I}{2\pi r + \mu d}\,. \tag{269}$$

K12. Im **Videofilm 13** (siehe Abb. 185 auf S. 109) zeigt sich diese Feldverringerung sehr deutlich, wenn mithilfe einiger Blatt Papier ein 0,4 mm breiter Spalt gebildet wird. Die Kraft, die proportional zu B^2 ist (Gl. 151, S. 108), nimmt von mehr als 530 N auf 15 N ab, d. h. für das Feld eine Verringerung um mehr als den Faktor 6. (Aufg. 75)

Mit zunehmender Spaltbreite d nimmt also das Feld ab. Mit der Annahme einer konstanten Suszeptibilität von z. B. $\mu \approx 1\,000$ für Eisen entnimmt man dieser Gleichung, dass auch ein relativ schmaler Spalt einen großen Einfluss auf die Felder hat, und zwar sowohl im Spalt als auch im Eisenkern.

Qualitativ das gleiche Verhalten wurde schon durch eine Veränderung des Eisenschlusses in einer eisengefüllten Spule beobachtet (Abb. 173.)

Herleitung von Gl. (269): Der Zusammenhang vom Strom I und dem Feld H folgt aus der MAXWELLschen Gl. (258), bei der im stationären Zustand der zweite Term verschwindet. In Integralform lautet sie dann

$$\oint \boldsymbol{H} \cdot \mathrm{d}\boldsymbol{s} = NI\,, \tag{270}$$

wobei das Wegintegral den Strom NI umfasst. Im vorliegenden Fall verläuft der Weg auf einer Kreisbahn $2\pi r$ in Eisenkern und Luftspalt. Man erhält

$$H_{\text{Fe}}(2\pi r - d) + H_{\text{d}} d = NI \tag{271}$$

und mit Gl. (268) und der Annahme, dass $d \ll 2\pi r$ ist,

$$\frac{H_{\text{d}}}{\mu} 2\pi r + H_{\text{d}} d = NI\,. \tag{272}$$

Daraus folgt Gl. (269).[K13]

K13. Die Entelektrisierung in einem gefüllten Plattenkondensator (Abb. 290) kann ganz analog mit der hier gezeigten Methode bestimmt werden. Man beginne mit einem schmalen Luftspalt. Beim Übergang vom Luftspalt zum Dielektrikum bleibt das ***D***-Feld unverändert (Gl. 256, s. auch Kommentar K10), das ***E***-Feld hingegen wird durch Entelektrisierung verkleinert. Bei konstanter Kondensatorspannung muss also die freie Ladung, und damit ***D***, größer werden.

§ 114. Die molekulare Magnetisierbarkeit. Das unterschiedliche Verhalten paramagnetischer und diamagnetischer Stoffe ist schon in § 111 qualitativ gedeutet worden. Die quantitative Deutung ist u. a. für das Verständnis des *Molekülbaues* und damit für die *Chemie* sehr wichtig. Für sie braucht man den Begriff der molekularen Magnetisierbarkeit. — Im Inneren eines Körpers vom Volumen V erteile eine magnetische Flussdichte $\boldsymbol{B}$ dem Körper bei vernachlässigbarer Entmagnetisierung (da $\mu \approx 1$) die homogene Magnetisierung

$$\boldsymbol{M} = \frac{1}{\mu_0}(\mu - 1)\boldsymbol{B}\,. \qquad \text{Gl. (253) v. S. 191}$$

Dadurch bekommt der Körper parallel zur Feldrichtung ein magnetisches Moment $\boldsymbol{m}$, dabei gilt

$$\boldsymbol{M} = \boldsymbol{m}/V\,. \qquad \text{Gl. (249) v. S. 186}$$

Im atomistischen Bild deutet man das gesamte magnetische Moment $\boldsymbol{m}$ als Summe der zeitlich gemittelten Beiträge $\boldsymbol{m}'$ von N einzelnen Molekülen, also

$$\boldsymbol{M} = \frac{N}{V}\boldsymbol{m}' = N_{\text{V}}\,\boldsymbol{m}'\,. \tag{273}$$

Wir fassen die Gln. (253) und (273) zusammen und erhalten

$$\boldsymbol{m}' = \frac{1}{N_{\mathrm{V}}}\boldsymbol{M} = \frac{(\mu - 1)}{\mu_0 N_{\mathrm{V}}}\boldsymbol{B}. \tag{274}$$

Experimentell findet man für diamagnetische Stoffe μ konstant, also die Beiträge $\boldsymbol{m}'$ proportional zur magnetischen Flussdichte $\boldsymbol{B}$. Aus diesem Grund bildet man

$$\boldsymbol{m}' = \beta \boldsymbol{B} \tag{275}$$

und nennt β *die molekulare Magnetisierbarkeit*. Man erhält

$$\beta = \frac{(\mu - 1)}{\mu_0 N_{\mathrm{V}}} = \frac{\chi_{\mathrm{m}}}{\mu_0 N_{\mathrm{V}}} = \frac{\chi_{\mathrm{m}}\, V/n}{\mu_0 N_{\mathrm{A}}} \tag{276}$$

$\Big($z. B. β in $\frac{\mathrm{A}\cdot\mathrm{m}^2}{\mathrm{Vs/m}^2}$; χ_{m} = Suszeptibilität, N_{V} = Anzahldichte der Moleküle, V/n = molares Volumen, N_{A} = AVOGADRO-Konstante = $6{,}022 \cdot 10^{23}\,\mathrm{mol}^{-1}$ (Bd. 1, § 143), $\mu_0 = 1{,}257 \cdot 10^{-6}\,\frac{\mathrm{Vs}}{\mathrm{Am}}\Big)$.

§ 115. Das permanente magnetische Moment m_{p} paramagnetischer Moleküle.

Dieses lässt sich aus der experimentell bestimmten molekularen Magnetisierbarkeit β (Gl. 276) berechnen. Das soll dieser Paragraph zeigen.

Ohne Feld sind die Richtungen von $\boldsymbol{m}_{\mathrm{p}}$ infolge der Wärmebewegung regellos verteilt. Die Summe der magnetischen Momente $\boldsymbol{m}_{\mathrm{p}}$ ist im räumlichen und zeitlichen Mittel = 0. Ein Magnetfeld aber gibt den Momenten $\boldsymbol{m}_{\mathrm{p}}$ der Wärmebewegung entgegenwirkend eine Vorzugsrichtung. Infolgedessen liefert jedes einzelne Molekül im zeitlichen Mittel einen Beitrag $\boldsymbol{m}'$ zum magnetischen Moment $\boldsymbol{m}$ des Körpers. Dieser Beitrag $\boldsymbol{m}'$ ist nur ein (meist sehr kleiner) Bruchteil x des paramagnetischen Momentes $\boldsymbol{m}_{\mathrm{p}}$, das dem einzelnen Molekül gehört.[K14] Es ist also

$$\boldsymbol{m}' = x\,\boldsymbol{m}_{\mathrm{p}}\,. \tag{277}$$

K14. Man beachte aber den Kleindruck in § 111 auf S. 189.

Dieser Bruchteil lässt sich ausrechnen, sofern man, wie in Gasen und verdünnten Lösungen, die Wechselwirkung zwischen den einzelnen Molekülen vernachlässigen kann. Man findet

$$x \approx \frac{1}{3}\frac{m_{\mathrm{p}}B}{kT} \tag{278}$$

(k = BOLTZMANN-Konstante = $1{,}38 \cdot 10^{-23}$ Ws/Kelvin; vgl. Bd. 1, §§ 152 und 172).

Der Bruchteil x ist also im Wesentlichen gleich dem Verhältnis zweier Energien: Die Arbeit $m_{\mathrm{p}}B$ ist erforderlich, um den Träger des magnetischen Momentes $\boldsymbol{m}_{\mathrm{p}}$ quer zur Feldrichtung zu stellen. kT ist die thermische Energie, die ein stoßendes Molekül auf ihn übertragen kann. Die strenge Rechnung muss nicht nur die Querstellung, sondern alle möglichen Richtungen durch Mittelwertbildung berücksichtigen (LANGEVIN-DEBYE-Formel). Dabei bekommt man näherungsweise den obigen Zahlenfaktor 1/3.

Die Zusammenfassung der Gln. (275), (277), (276) und (278) liefert

$$\chi_{\mathrm{m}} = \frac{1}{3}\frac{m_{\mathrm{p}}^2 \mu_0 N_{\mathrm{V}}}{kT} = \frac{\mathrm{const}}{T}\,, \qquad \text{Gl. (251) v. S. 187}$$

also das CURIE'sche Gesetz (für N_{V} = const). In paramagnetischen Stoffen sinkt also die molekulare Magnetisierbarkeit mit wachsender Temperatur. Abb. 314 zeigt ein Beispiel (s. auch Abb. 307).

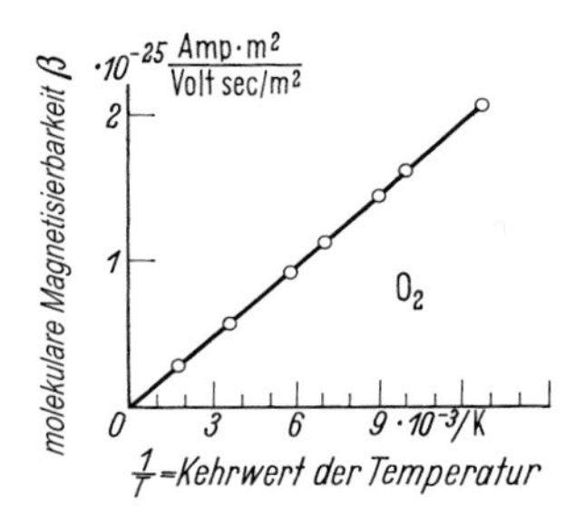

Abb. 314. Einfluss der Temperatur auf die Magnetisierbarkeit des paramagnetischen O_2-Moleküls (E. C. Stoner, „Magnetism and Matter", Methuen, London 1934, S. 343. Für Messungen unterhalb 200 K: E. C. Wiersma et al., Koninklijke Akademie von Wetenschappen te Amsterdam, **34**, 494 (1931).)

Ferner liefert die Zusammenfassung der Gln. (251) und (276) als permanentes magnetisches Moment eines Moleküls

$$m_{\mathrm{p}} = \sqrt{\beta \cdot 3 \cdot kT}\,. \tag{279}$$

Beispiel für das O_2-Molekül: Man entnimmt Tab. 6 (S. 187) den Wert der auf die Stoffmengendichte bezogenen Suszeptibilität $\chi_{\mathrm{m}}/(n/V)$ und berechnet mit Gl. (276) als molekulare Magnetisierbarkeit

$$\beta = 5{,}5 \cdot 10^{-26}\,\frac{\mathrm{A} \cdot \mathrm{m}^2}{\mathrm{Vs/m}^2}\,.$$

Einsetzen dieses Wertes und der Zimmertemperatur $T = 293$ Kelvin in Gl. (279) liefert $m_{\mathrm{p}} = 2{,}58 \cdot 10^{-23}$ Ampere · m². Weitere Beispiele in Tab. 7.

Mithilfe dieses Wertes lässt sich der Bruchteil x in Gl. (278) ausrechnen. Man vergleiche die analoge Rechnung am Schluss von § 106.

Tabelle 7. Permanente magnetische Momente paramagnetischer Moleküle

Molekül bzw. Ion	NO	O_2	Mn	Fe^{+++}	Ni^{++}	Cr^{+++}
m_{p} in 10^{-23} Ampere · m²	1,70	2,58	5,40	4,92	3,00	3,54

§ 116. Das elementare magnetische Moment oder Magneton. Gyromagnetisches Verhältnis. Spin eines Elektrons. In diesem Paragraph soll der Ursprung der bisher besprochenen und in Tab. 7 zusammengestellten permanenten magnetischen Momente untersucht werden. Wir beginnen mit dem Moment, das mit dem Umlauf eines Elektrons um den Atomkern verbunden ist. Durchläuft ein Elektron eine Kreisbahn vom Radius r mit der Geschwindigkeit u, so hat es (nach § 48 in Bd. 1) einen Drehimpuls

$$L = \Theta\omega = mr^2\frac{u}{r} = mru \tag{280}$$

(Θ = Trägheitsmoment, ω = Winkelgeschwindigkeit, m = Masse).

Ferner erzeugt es nach Gl. (73) v. S. 66 einen Kreisstrom $I = -eu/l = -eu/2\pi r$, und dieser besitzt das magnetische Moment ($e = 1{,}60 \cdot 10^{-19}$ As, Elementarladung, S. 52)

$$m_{\mathrm{p}} = IA = -\frac{eu}{2\pi r}\pi r^2 = -\frac{1}{2}eur\,. \tag{281}$$

Der Quotient

$$\frac{m_{\mathrm{p}}}{L} = \frac{\text{magnetisches Moment des Teilchens}}{\text{Drehimpuls des Teilchens}} \tag{282}$$

wird *gyromagnetisches Verhältnis* genannt. Für ein Elektron auf einer *Kreisbahn* ergibt die Zusammenfassung der Gln. (281) und (280) als gyromagnetisches Verhältnis

$$\frac{m_p}{L} = -\frac{1}{2}\frac{e}{m} = -8{,}8 \cdot 10^{10}\,\frac{\text{As}}{\text{kg}} \tag{283}$$

(e/m, die spezifische Elektronenladung, ist gleich $1{,}76 \cdot 10^{11}$ As/kg).

Im Bohr'schen Modell für das H-Atom (13. Aufl. der „Optik und Atomphysik", Kap. 14, § 40) hat das Elektron auf der kleinsten Kreisbahn den elementaren Drehimpuls

$$L = h/2\pi \tag{284}$$

(h = Planck'sches Wirkungsquantum $= 6{,}625 \cdot 10^{-34}$ Watt·sec^2 $= 4{,}36 \cdot 10^{-15}\,e \cdot$ Voltsekunden).

Einsetzen dieser Größe in Gl. (283) liefert das *elementare magnetische Moment oder* Bohr*sche Magneton*

$$m_{\text{Bohr}} = \frac{e}{m}\frac{h}{4\pi} = 9{,}27 \cdot 10^{-24}\,\text{Ampere} \cdot \text{m}^2\,. \tag{285}$$

Die gemessenen Werte in Tab. 7 haben die Größenordnung des Bohr'schen Magnetons. Wir betrachten diese Übereinstimmung als Hinweis darauf, dass der Bahndrehimpuls eine wichtige Rolle bei der Erzeugung des magnetischen Momentes spielen kann. Ein weiterer Beitrag kommt von den Elektronen-Spins, die als nächstes behandelt werden sollen.

Die *Messung* eines gyromagnetischen Verhältnisses ist zuerst für einen *ferromagnetischen* Stoff, und zwar für Eisen, ausgeführt worden. Beim Eisen sind wir in § 43 der ersten der jetzt gyromagnetisch genannten Erscheinungen begegnet: *Ein ferromagnetischer Körper erhält beim Vorgang der Magnetisierung nicht nur ein magnetisches Moment, sondern gleichzeitig auch einen mechanischen Drehimpuls.* Beide setzen sich additiv aus den magnetischen Momenten m_p und den Drehimpulsen L der N beteiligten Elektronen zusammen.

Bei der quantitativen Auswertung verfährt man folgendermaßen: Der Stab in § 43 habe das Trägheitsmoment Θ. Bei der remanenten Magnetisierung erhält der Stab den Drehimpuls $NL = \Theta\omega_0$. Dabei ist NL der Drehimpuls aller N beteiligten Elektronen. Der Stab verlässt die Ruhelage mit dem Höchstwert ω_0 seiner Winkelgeschwindigkeit und macht einen Stoßausschlag α_0. Die Größe ω_0 ergibt sich aus der Beziehung $\omega_0 = \omega\alpha_0$; in ihr ist ω die Kreisfrequenz des als Drehpendel aufgehängten Stabes. — Nach der Messung des Drehimpulses NL nimmt man den Stab aus der Spule heraus und misst sein remanentes magnetisches Moment $m = Nm_p$ z. B. nach dem in Abb. 176 beschriebenen Verfahren.

So erhält man experimentell das gyromagnetische Verhältnis eines Elektrons im Eisen

$$\frac{m_p}{L} = -1{,}75 \cdot 10^{11}\,\frac{\text{As}}{\text{kg}} = -\frac{e}{m}\,. \tag{286}$$

Heute gibt man zweckmäßigerweise für gyromagnetische Verhältnisse nur *Relativwerte* an: Man bezieht einen gemessenen Wert auf das gyromagnetische Verhältnis eines auf einer *Kreisbahn* umlaufenden Elektrons und definiert einen (oft nach Landé benannten) Faktor g durch die Gleichung

$$g = \frac{m_p}{L} \Big/ \left(\frac{m_p}{L}\right)_{\text{Kreisbahn}}\,. \tag{287}$$

Für die Elektronen im Eisen ergibt sich so aus den Gln. (286) und (283) $g = 2$. (Präzisionsmessungen an frei fliegenden Elektronen haben später $g = 2{,}0022$ ergeben.)

Das gyromagnetische Verhältnis eines Elektrons im ferromagnetischen Eisen ist also praktisch doppelt so groß, wie es der Umlauf eines Elektrons auf einer Kreisbahn ergeben würde. Das gyromagnetische Verhältnis kann also nicht, wie im Bohr'schen Modell, durch den *Umlauf* eines Elektrons entstehen. Statt dessen muss ein Elektron schon ohne Umlauf, also bei *ruhendem Schwerpunkt*, einen mit einem magnetischen Moment m_p verknüpften

K15. Zur Unterscheidung dieser beiden Drehimpulse werden auch die Namen *Bahndrehimpuls* und *Eigendrehimpuls (Spin)* benutzt.

Drehimpuls L besitzen. Beide Größen deutet man am einfachsten als Folge einer *Kreisel*bewegung des Elektrons. Deswegen hat man dem Drehimpuls eines nicht umlaufenden Elektrons den Namen „*Spin*" gegeben.[K15] Seine Größe ist durch die von W. GERLACH und O. STERN experimentell gefundene *Richtungsquantelung* (13. Aufl. der „Optik und Atomphysik", Kap. 14, § 44) ermittelt worden. Der Spin eines Elektrons ist

$$L = \frac{1}{2}\frac{h}{2\pi}\,. \tag{288}$$

Einsetzen von Gl. (288) in Gl. (286) ergibt als *zum Spin gehörendes permanentes magnetisches Moment des Elektrons*

$$m_\text{p} = -\frac{h}{4\pi}\cdot\frac{e}{m}\,. \tag{289}$$

Es hat also den gleichen Betrag wie das in Gl. (285) nach BOHR benannte elementare magnetische Moment m_Bohr.

§ 117. Zur atomistischen Deutung der diamagnetischen Polarisation. LARMOR-Rotation. Wie kommt nun der Diamagnetismus zustande? In diamagnetischen Atomen kreisen die Elektronen der Hülle paarweise entgegengesetzt, außerdem sind ihre permanenten vom Spin herrührenden magnetischen Momente paarweise antiparallel zueinander gerichtet. Nur so ist es möglich, dass die Elektronenhülle kein permanentes magnetisches Moment erzeugt. Ein solches entsteht erst beim Einbringen in ein Magnetfeld durch Induktion.

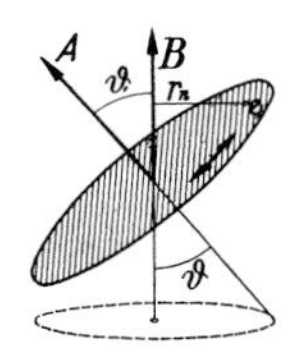

Abb. 315. Zur Entstehung der LARMOR-Rotation. Der Doppelpfeil soll andeuten, dass die Elektronen in einem diamagnetischen Molekül paarweise entgegengesetzt kreisen.

In Abb. 315 ist die Äquatorialebene eines ebenen Atommodells schraffiert. Die Symmetrieachse A des Atoms ist um einen beliebigen Winkel ϑ gegen die Richtung des Feldes $\boldsymbol{B}$ geneigt. Im gezeichneten Augenblick befinde sich ein Elektron im Abstand r_n vom Vektor $\boldsymbol{B}$. Der Einfachheit halber möge das Magnetfeld nach dem Einschalten linear mit der Zeit ansteigen, sein Höchstbetrag B werde nach der Zeit Δt erreicht. Während des Feldanstiegs gilt Gl. (86) von S. 79. Es herrscht also längs des Kreises $2\pi r_\text{n}$ die elektrische Feldstärke mit dem Betrag

$$E = \frac{\dot{B}\pi r_\text{n}^2}{2\pi r_\text{n}} = \frac{r_\text{n}}{2}\dot{B}\,. \tag{290}$$

Sie erteilt dem Elektron die Beschleunigung

$$a = \frac{Ee}{m} = \frac{1}{2}\frac{e}{m}\cdot r_\text{n}\dot{B}\,. \tag{291}$$

Diese bringt es während der Zeit Δt in Richtung der Kreisbahn $2\pi r_\text{n}$ auf die Bahngeschwindigkeit

$$u = \frac{1}{2}\frac{e}{m}r_\text{n}B \tag{292}$$

und die Winkelgeschwindigkeit $\omega = u/r_\text{n}$, also

$$\omega_\text{Larmor} = \frac{1}{2}\frac{e}{m}B\,. \tag{293}$$

Diese nach ihrem Entdecker benannte Winkelgeschwindigkeit oder Kreisfrequenz ist vom Radius r_n unabhängig, sie gilt für alle Elementarladungen des Atoms. Infolgedessen rotieren alle Elementarladungen gemeinsam, also das Atom als Ganzes, um die Richtung des Magnetfeldes. Dabei wird für einen im Atommittelpunkt gedachten Beobachter an den Quantenbahnen der Elektronen nichts geändert. Die Bahnen der Elektronen in einem Atom können eine gemeinsame Achse haben. Hat diese Achse nicht die Richtung von $\boldsymbol{B}$, so umfährt sie die Richtung von $\boldsymbol{B}$ auf einem Präzessionskegel. Der Drehsinn ist so gerichtet, dass das entstehende magnetische Moment seinen Ursprung, das Magnetfeld, verringert (LENZ'sche Regel, § 62). Nach den Gln. (255) und (253) bedeutet dies, dass χ_m negativ und $\mu < 1$ ist, wie bei diamagnetischen Stoffen beobachtet.

Damit können wir also den Paramagnetismus sowie den Diamagnetismus mit einfachen Modellen erklären.

§ 118. Ferromagnetismus, Antiferromagnetismus und Ferrimagnetismus. Werden paramagnetische Atome zu Festkörpern vereinigt, verhalten sich diese im Allgemeinen ebenfalls paramagnetisch. Als Beispiel sei das dreifach ionisierte Gd-Ion, Gd^{+++} in dem Alaun $Gd_2(SO_4)_3 \cdot 8H_2O$ gewählt.[1] m', der gemittelte Beitrag eines Ions zum magnetischen Moment m, gegeben durch $m' = M/N_V$ (Gl. 273) wächst im Magnetfeld proportional zu B (Abb. 316) und umgekehrt proportional zur Temperatur T (CURIE'sches Gesetz, Abb. 317A'). Erst bei tiefen Temperaturen und in großen Magnetfeldern erreicht m' die Größenordnung eines BOHR'schen Magnetons m_{Bohr} (Abb. 317A).

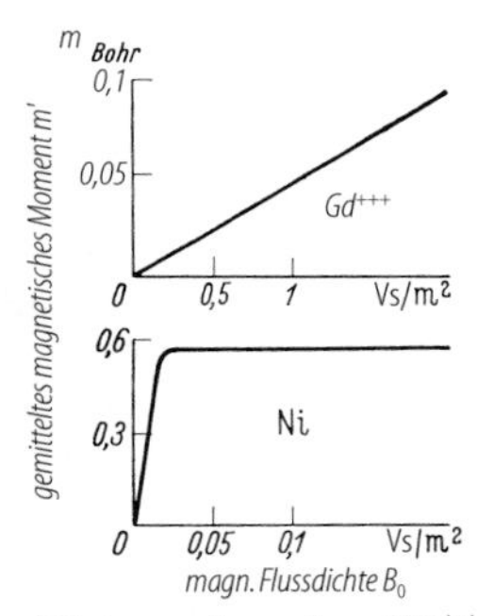

Abb. 316. Gemittelter Beitrag m' eines Ni-Atoms bzw. eines Gd^{+++}-Ions zum magnetischen Moment m; $m' = M/N_V$, in BOHR'schen Magnetonen m_{Bohr}, $T = 300$ K. Oben: $Gd_2(SO_4)_3 \cdot 8H_2O$ (gemessen gemäß § 110). Unten: ferromagnetisches mikrokristallines Ni. Die magnetische Flussdichte B_0 wie in Abb. 309 definiert ($B_0 = \mu_0 H$).

Ferromagnetische Festkörper (§ 111) zeigen ein davon überraschend abweichendes Verhalten. Als Beispiel sei Nickel gewählt. Bei einem kleinen Bruchteil der magnetischen Flussdichte, die für Gd^{+++} benutzt wurde, hat der gemittelte Beitrag m' im Ni längst einen Sättigungswert erreicht, Abb. 316 unten. Er wächst unterhalb der CURIE-Temperatur ($T_C = 631$ K) mit sinkender Temperatur und ist schon bei Zimmertemperatur $= 0{,}58\, m_{Bohr}$ (Abb. 317B). Entsprechendes gilt für Eisen: In Abb. 309 wurde schon bei $B_0 = 3 \cdot 10^{-3}\,\mathrm{Vs/m^2}$ und Zimmertemperatur $m' = 2{,}0 \cdot 10^{-23}\,\mathrm{A\,m^2} = 2{,}1\, m_{Bohr}$ gefunden.

Erreichen die gemittelten Beiträge m', die von den einzelnen Atomen zum magnetischen Moment m beitragen, die Größenordnung m_{Bohr}, so muss ein großer Bruchteil der

[1] Kristallines Gadoliniumsulfat-Oktahydrat (s. auch § 111,2). Seine Dichte ist $\varrho = 3{,}01\,\mathrm{g/cm^3}$ und die Anzahldichte der Gd-Ionen $N_V = 4{,}86 \cdot 10^{21}\,\mathrm{cm^{-3}}$.

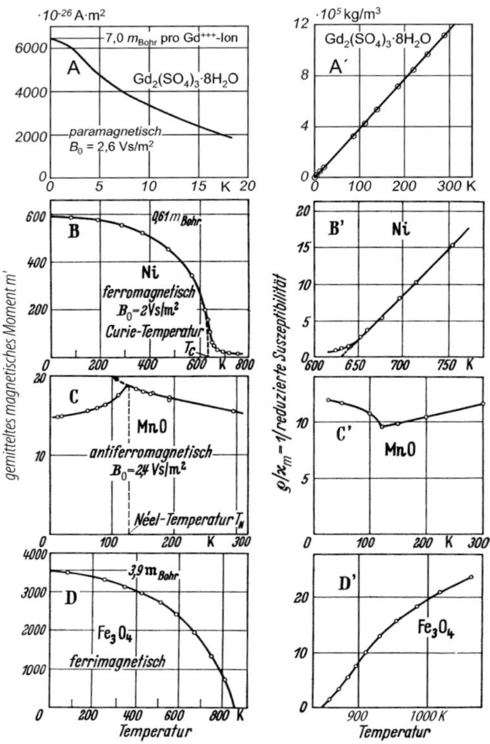

Abb. 317. Einfluss der Temperatur auf Festkörper mit verschiedenem magnetischem Verhalten. Gemittelter Beitrag m' eines Moleküls bzw. Atoms oder Ions zum magnetischen Moment m, und die reziproke auf die Dichte bezogene magnetische Suszeptibilität (ϱ/χ_m) dieser Festkörper. Flussdichte B_0 wie in Abb. 309 definiert (Literatur zu den Teilbildern A und A' siehe Landolt/Börnstein, 6. Aufl., Bd. II/9, „Magnetische Eigenschaften", Springer-Verlag 1962, in dem Artikel von I. Grohmann und St. Hüfner, S. 3-200 ff. Zu den anderen Teilbildern siehe E. Kneller, „Ferromagnetismus", Springer-Verlag 1962, Kap. 4–6).

atomaren Momente parallel zueinander liegen. Nur sehr große Magnetfelder bei tiefen Temperaturen können eine parallele Ausrichtung zustande bringen, das zeigen die Stoffe mit paramagnetischem Verhalten. So bleibt nur ein Ausweg: *In Festkörpern mit ferromagnetischem Verhalten treten im Gitterverband neuartige Kräfte auf. Sie bewirken eine Ausrichtung der atomaren magnetischen Momente in winzigen Kristallbereichen. Diese Bereiche (Weiss'sche Bereiche) sind spontan bis zur Sättigung magnetisiert.* Dabei sind die Richtungen der Magnetisierung M statistisch auf die Bereiche verteilt. Daher ist ein ferromagnetischer Kristall „pauschal" unmagnetisiert, bevor man ihn in ein Magnetfeld bringt.[1] Die Wärmebewegung behindert die spontane Magnetisierung, d. h. die Bildung von Bereichen, in denen wirklich alle elementaren magnetischen Momente parallel zueinander liegen, also z. B. nicht ein Bruchteil von ihnen antiparallel zu den Übrigen. Ein äußeres Feld kann

[1] Das gilt natürlich nur für Körper, die viele spontan magnetisierte Bereiche enthalten. Wird ein Körper in ein feines Pulver unterteilt, in dem jedes Teilchen nur noch einen spontan magnetisierten Bereich enthält, so verhalten sich die Teilchen wie paramagnetische Riesenmoleküle mit sehr großem magnetischem Moment m_p: *Superparamagnetismus.* Je kleiner die Teilchen, desto kleiner ihre Curie-Temperatur, weil nicht nur die Wärmebewegung, sondern auch die Oberflächenspannung die spontane Magnetisierung herabsetzt.

nun die *trotz der Wärmebewegung noch vorhandene* spontane Magnetisierung in die gleiche Richtung bringen. Dabei sinkt der Sättigungswert der Magnetisierung M, den man in einem äußeren Feld beobachten kann, von einem Höchstwert bei $T = 0$ monoton bis zur CURIE-Temperatur T_C (Abb. 317B). Oberhalb der CURIE-Temperatur verhält sich der Kristall nur noch paramagnetisch (Abb. 317B').[K16]

K16. In diesem Temperaturbereich wird die magnetische Suszeptibilität χ_m des Ferromagneten durch das CURIE-WEIß-Gesetz beschrieben: $\chi_m = C/(T - T_C)$; C heißt CURIE-Konstante, T_C ist die CURIE-Temperatur.

Die Annahme winziger gesättigter Bereiche in Stoffen mit ferromagnetischem Verhalten ist alt (I. A. EWING 1891). Neueren Datums ist zweierlei: 1. die Erkenntnis, dass die Parallelrichtung der elementaren Momente in den spontan gesättigten Bereichen nicht magnetostatisch erklärt werden kann; 2. die experimentelle Möglichkeit, die gesättigten Bereiche und die Richtung ihrer spontanen Magnetisierung mikroskopisch zu beobachten.

Zur mikroskopischen Sichtbarmachung spontan magnetisierter Kristallbereiche poliert man die Oberfläche eines pauschal unmagnetischen Eisenkristalls, am besten elektrolytisch. Dann bringt man eine Aufschwämmung sehr feinen ferromagnetischen Fe_2O_3-Pulvers auf die Oberfläche. Das Pulver leistet für kleine Dimensionen dasselbe wie Eisenfeilspäne für große (Kap. IV). Abb. 318 zeigt links ein solches Bild und rechts eine erläuternde Skizze. An den Grenzen der spontan magnetisierten Bereiche sind Pole vorhanden. In ihren Feldern sammelt sich das dunkle Pulver.

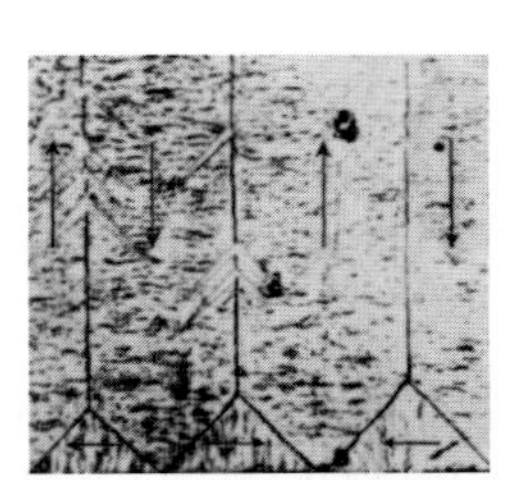

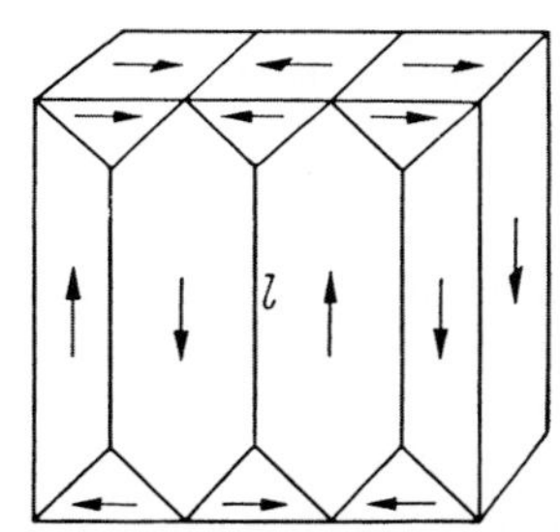

Abb. 318. Sichtbarmachung der Grenzen zwischen spontan magnetisierten Bereichen und der Richtung der Magnetisierung M in ihnen. Rechts eine erläuternde Skizze. In polykristallinem Material zeigen die Bereichsgrenzen oft recht komplizierte Formen.

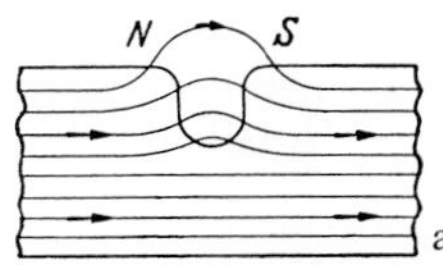

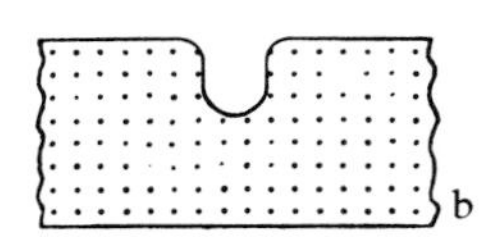

Abb. 319. Furchen, Kratzer und dgl. erzeugen auf der Oberfläche eines magnetisierten Körpers Pole N S, wenn sie nicht, wie in Teilbild b, parallel zur Richtung der zur Papierebene senkrechten Magnetisierung M verlaufen

Das Bild lässt aber nicht nur die *Grenzen* dieser Bereiche erkennen, sondern auch die *Richtung* der Magnetisierung M in ihrem Inneren. Zu diesem Zweck wurden durch Kratzen mit einem Glasborstenpinsel feine Furchen und an ihrem Rändern magnetische Polgebiete geschaffen. Diese treten aber nach Abb 319a nur dann auf, wenn die Furchen angenähert senkrecht zur Richtung der Magnetisierung M stehen. Infolgedessen sind die dunklen Linien des Kristallpulvers in Abb. 318 nur dort zu sehen, wo die Furchen die Magnetisierungsrichtung (Pfeile in der Skizze) kreuzen.

Um den Vorgang der Magnetisierung zu untersuchen, sei ein ferromagnetischer Körper (z. B. aus Eisen) vorübergehend über seine CURIE-Temperatur hinaus erwärmt worden und befinde sich nach dem Abkühlen im pauschal unmagnetisierten Zustand. In welcher Weise kann dann hinterher ein äußeres Magnetfeld den pauschal unmagnetisierten Festkörper in einen magnetischen umwandeln, so dass er als Ganzes ein magnetisches Moment m erhält? – Die in Abb. 318 links mikroskopisch beobachteten spontan magnetisierten Bereiche sind gegeneinander nicht durch Flächen im mathematischen Sinn abgegrenzt, sondern durch Trennschichten endlicher Dicke (ca. 0,1 μm), kurz *Trennwände* (BLOCH-Wände) genannt. In diesen Trennwänden erfolgt der Übergang der Magnetisierungsrichtung eines Bereiches in die seines Nachbarn. Die Schnittlinien der Trennwände mit der Oberfläche der Probe ergeben in Abb. 318 recht einfache Muster, weil die Oberfläche parallel zu einer kristallographischen Würfelfläche lag. Die das Muster erläuternde Skizze rechts in Abb. 318 lässt sich auf ein Schema bringen, in dem die Längen $l = 0$ geworden sind. Es findet sich in Abb. 320.

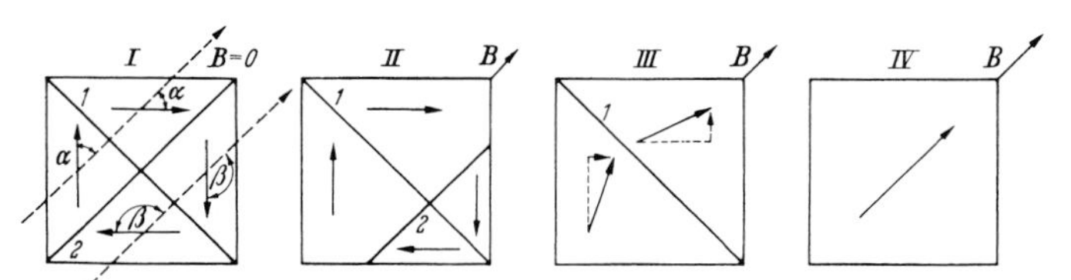

Abb. 320. Zum Vorgang der Magnetisierung. Die mit 1 und 2 bezeichneten Linien markieren Trennwände. Die Pfeile markieren die Richtungen und Größen der Magnetisierung M. Die kurzen Pfeile in Teilbild III markieren den Drehsinn.

Dann denke man sich den Eisenwürfel in ein zur Flächendiagonale paralleles Magnetfeld der Flussdichte $\boldsymbol{B}$ gebracht. Dies Feld soll der pauschalen Magnetisierung des Würfels eine Vorzugsrichtung erteilen und damit der ganzen Probe ein im Außenraum wirksames magnetisches Moment m. Wie geht das vor sich?

Von den beiden Winkeln zwischen Feldrichtung $\boldsymbol{B}$ und den Magnetisierungen $\boldsymbol{M}$ ist α kleiner als β. Infolgedessen wachsen die α enthaltenden Bereiche auf Kosten der β enthaltenden, indem sich die Trennwand 2 nach rechts verschiebt (Teilbild II). In Teilbild III sind nur noch zwei Bereiche vorhanden, ihre Magnetisierungen M haben anfänglich noch dieselbe Lage wie links und oben in Teilbild II; sie liegen *symmetrisch* zur verbliebenen Trennwand 1. Deswegen wird diese Trennwand nicht verschoben. An die Stelle einer *Wandverschiebung* tritt ein neuer Prozess: Die Magnetisierungsrichtungen drehen sich bei weiter wachsendem Feld $\boldsymbol{B}$ und nähern sich in beiden Bereichen der Feldrichtung (Teilbild III). Dieser *Drehprozess* findet sein Ende, wenn der ganze Kristall einheitlich magnetisiert, also gesättigt ist. (Aufg. 76)

Die Wandverschiebung während des Magnetisierungsprozesses lässt sich mikroskopisch beobachten und aufnehmen. Sehr eindrucksvoll ist bei derartigen Beobachtungen das Hängenbleiben der Trennwände an irgendwelchen Störungen im Kristallgitter, wie z. B. an nicht ferromagnetischen Einschlüssen. Beim irreversiblen Abreißen der Wände von Hindernissen im Eisen usw. entstehen ruckartige Änderungen der Magnetisierung M. Auch sie lassen sich gut beobachten.

Ein polykristallines Material, ein dünner weicher Eisendraht Fe, wird in Abb. 321 von einer Induktionsspule J umfasst. Sie ist über einen Verstärker an einen Oszillographen mit zeitproportionaler Horizontalablenkung und an einen Lautsprecher angeschlossen. $N\,S$ ist ein kleiner Stabmagnet. Er kann in Richtung des Doppelpfeiles über einer Skala hin und her bewegt werden. Nähert er sich dem dünnen Eisendraht, steigt dessen Magnetisierung M. Entfernt er sich, sinkt sie wieder. Auf diese Weise kann die Hystereschleife des Eisendrahtes durchlaufen werden. Früher erschien sie in Abb. 309 als glatter Kurvenzug. Jetzt findet man, dass sie wie in Abb. 322 aus vielen kleinen Stufen zusammengesetzt ist, deren jede einer irreversiblen ruckartigen Wandbewegung zuzuordnen ist. Diese Bewegungen machen sich auf dem Oszillograph als einzelne Zacken bemerkbar; im Lautsprecher erzeugen sie ein prasselndes nach H. BARKHAUSEN benanntes Geräusch. Die meisten Sprünge folgen rein statistisch aufeinander. Einige große Sprünge findet man aber immer wieder bei der gleichen Stellung des magnetisierenden Stabmagneten.

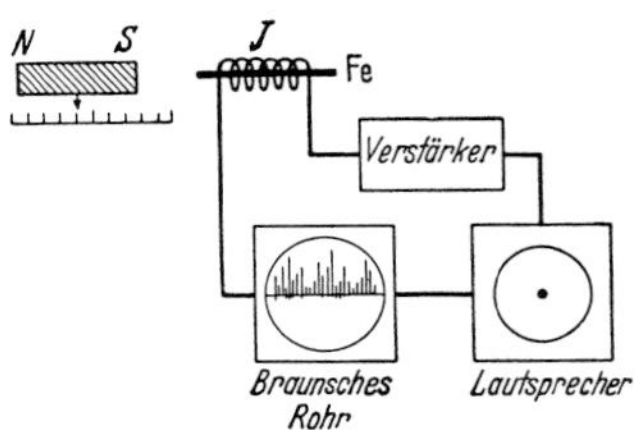

Abb. 321. Vorführung von statistisch sprungweise auftretenden Änderungen der Magnetisierung bei gleichförmigen Änderungen eines äußeren magnetisierenden Feldes (BARKHAUSEN-Sprünge)

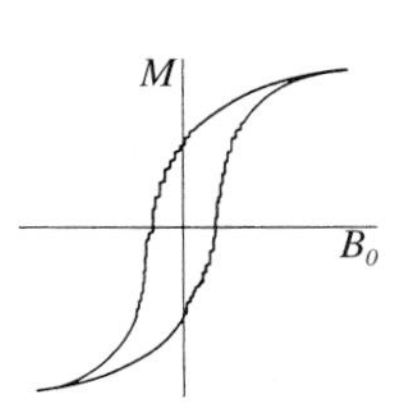

Abb. 322. Schematische Auflösung einer Hystereseschleife in BARKHAUSEN-Sprünge

Wandverschiebungen treten bevorzugt in schwachen Magnetfeldern auf, Drehprozesse in starken. Dort sind die Verhältnisse sehr kompliziert. In kurzer Form kann man das ganze Geschehen als ein *magnetische Umkristallisation* bezeichnen, die meist an lokal gebildeten „Keimen" beginnt (wie sie außer bei der Kristallisation auch bei Verdampfung und Kondensation auftreten).

Aufgrund dieser experimentellen Tatsachen wird man die in Abb. 323A gebrachte Skizze ohne weiteres verstehen: Eisen kristallisiert kubisch raumzentriert, d. h. sein Gitter besteht aus zwei parallel zueinander liegenden und ineinandergestellten Teilgittern. Die Würfelecken des zweiten liegen in Schnittpunkten der Raumdiagonalen des ersten. Die skizzierten Würfel gehören zum Gitter eines spontan bis zur Sättigung magnetisierten Kristallbereiches. Statt der Atome sind in den Würfelecken nur die magnetischen Momente der Atome eingezeichnet, für die beiden Teilgitter in leicht unterscheidbarer Form.

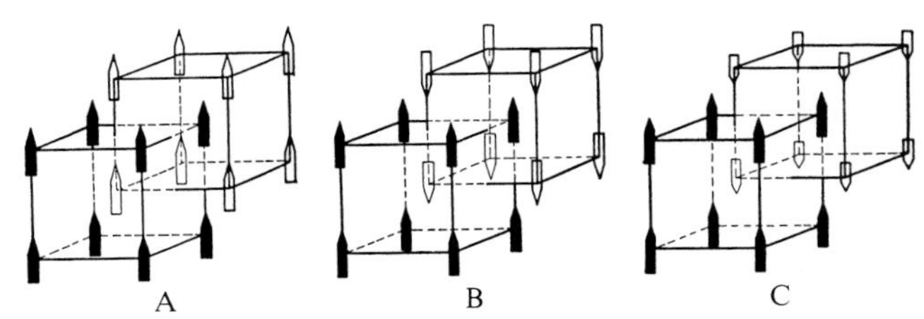

Abb. 323. Ferromagnetische (A) und antiferromagnetische (B) Ordnung der atomaren magnetischen Momente in einem kubisch raumzentrierten Kristallgitter. – C: Schema zur Beschreibung ferrimagnetischer Stoffe.

An das Teilbild A schließen sich die Teilbilder B und C an: sie enthalten die Anordnungen für die jetzt folgende Besprechung. In Abb. 323B stehen gleich große atomare Momente in den beiden Teilgittern antiparallel zueinander. Jedes der beiden Teilgitter ist innerhalb eines Bereiches spontan bis zur Sättigung magnetisiert, doch das resultierende magnetische Moment des Bereiches ist null. Das ist der einfachste Fall eines Körpers mit *antiferromagnetischem* Verhalten. Die antiferromagnetische Ordnung wird ebenso wie beim Ferromagnetismus durch die thermische Bewegung gestört, umso mehr, je höher die Temperatur ist. Die Ordnung verschwindet bei einer nach L. NÉEL benannten Temperatur T_N. Oberhalb T_N verhalten sich antiferromagnetische Körper in einem äußeren Magnetfeld paramagnetisch.[K17]

K17. Beim Antiferromagneten wird die magnetische Suszeptibilität χ_m in diesem Temperaturbereich beschrieben durch $\chi_m = C/(T + \Theta)$, wobei Θ, CURIE-WEIß-Temperatur genannt, positiv ist.

Auch unterhalb von T_N verhält sich ein antiferromagnetischer Körper bei konstanter Temperatur *paramagnetisch*, d. h. seine Magnetisierung M steigt linear mit der Flussdichte $\boldsymbol{B}$ des äußeren Magnetfeldes. Hingegen ist der Einfluss der Temperatur auf M/N_V und auf die reduzierte Suszeptibilität χ_m/ϱ komplizierter als für Körper mit paramagnetischem Verhalten. Abb. 317C und C' zeigen je ein Beispiel für das antiferromagnetische MnO.

Bei sinkender Temperatur nimmt $1/\chi_m$ unterhalb der NÉEL-Temperatur wieder zu (Abb. 317C'). Grund: Die Ausrichtung der atomaren magnetischen Momente m_p in einem äußeren Magnetfeld wird beeinträchtigt, wenn die antiferromagnetische Kopplung zwischen den Momenten m_p der Atome zunimmt.

Die spezifische Wärmekapazität der Festkörper mit ferromagnetischem und antiferromagnetischem Verhalten ist in der Nachbarschaft der CURIE- und NÉEL-Temperatur abnorm hoch (Abb. 324). Grund: Um die Ordnung der magnetischen Momente der Atome zu zerstören, ist die Zufuhr von Wärme erforderlich.

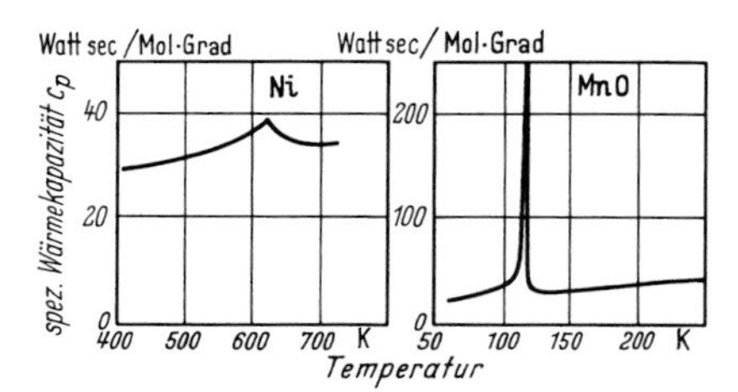

Abb. 324. Änderungen der spezifischen Wärmekapazität ferromagnetischer und antiferromagnetischer Stoffe bei ihren magnetischen Umwandlungstemperaturen (CURIE-Temperatur und NÉEL-Temperatur)

Es gibt Festkörper, in denen die beiden Teilgitter nicht gleichwertig sind, sondern verschieden große resultierende magnetische Momente besitzen (Abb. 323C). Dann ergibt deren Differenz eine spontane Magnetisierung. Derartige Festkörper heißen *ferrimagnetisch*. Ein sehr bekanntes Beispiel ist der Magnetit, der seit über 2 000 Jahren bekannte Magneteisenstein Fe_3O_4.

Dieses Mineral hat Spinellstruktur. Seine chemische Formel ist $FeO{\cdot}Fe_2O_3$. Die negativen Sauerstoffionen bilden ein kubisch-flächenzentriertes Gitter, in das pro Molekül ein zweiwertiges und zwei dreiwertige Eisenionen eingebaut sind. Die zweiwertigen Eisenionen können ganz oder teilweise durch andere Metallionen ersetzt werden. Dadurch erhält man eine große Mannigfaltigkeit der als kubische Ferrite bekannten Stoffe.

Der Ferromagnetismus der Ferrite kommt folgendermaßen zustande: Die eine Hälfte der dreiwertigen Eisenionen bildet das eine Teilgitter, die andere Hälfte der dreiwertigen Eisenionen zusammen mit den zweiwertigen Metallionen das andere Teilgitter. Die zweiwertigen Sauerstoffionen sind diamagnetisch, haben also kein permanentes magnetisches Moment m_p. Die magnetischen Momente sind in beiden Teilgittern antiparallel gegeneinander gerichtet. Dabei heben sich die Momente der dreiwertigen Eisenionen gegenseitig auf. Die resultierende spontane Magnetisierung entsteht durch die magnetischen Momente der zweiwertigen Metallionen.

In ferromagnetischen Stoffen kann man bei der Magnetisierung durch ein äußeres Magnetfeld mit wachsender Flussdichte $\boldsymbol{B}$ nur bis zu einem Höchst- oder Sättigungswert der Magnetisierung M gelangen. Gleiches gilt für die ferrimagnetischen Stoffe. Mit den Sättigungswerten von M erhält man die in Abb. 317D dargestellte Kurve. Sie verläuft ähnlich wie für ferromagnetische Körper. Hingegen ist der Einfluss der Temperatur auf die reduzierte Suszeptibilität χ/ϱ (Abb. 317D') anders als für ferromagnetische (Abb. 317B').

Infolge der Ungleichwertigkeit der beiden antiferromagnetisch gekoppelten Teilgitter sind nicht nur die mit ihnen erzielbaren Sättigungswerte der magnetischen Momente m verschieden, sondern auch der Einfluss der Temperatur auf die spontane Magnetisierung der Teilgitter. Aus diesem Grund kann es vorkommen, dass die resultierende spontane Magnetisierung mit wachsender Temperatur *vor* der CURIE-Temperatur einmal durch null geht. Das kann man mit einem Lithium-Chrom-Ferrit in einem überraschenden Schauversuch vorführen.

In Abb. 325 hängt ein Stab aus diesem Material an einem Faden. Der Stab hat ein remanentes Moment m. Im feldfreien Raum steht er senkrecht zur Papierebene. Zwischen zwei Magnetpolen stellt er sich parallel zur Papierebene, z. B. mit der Spitze nach rechts. Dann wird der Stab durch die Strahlung einer rotglühenden Metallspirale erwärmt. Bei 38 °C stellt er sich wieder senkrecht zur Papierebene, er ist also unmagnetisch geworden. Steigt die Temperatur weiter an, stellt sich der Stab wieder parallel zur Papierebene, diesmal aber mit der Spitze nach links. Folglich hat das magnetische Moment m des Stabes seine Richtung um 180° geändert.

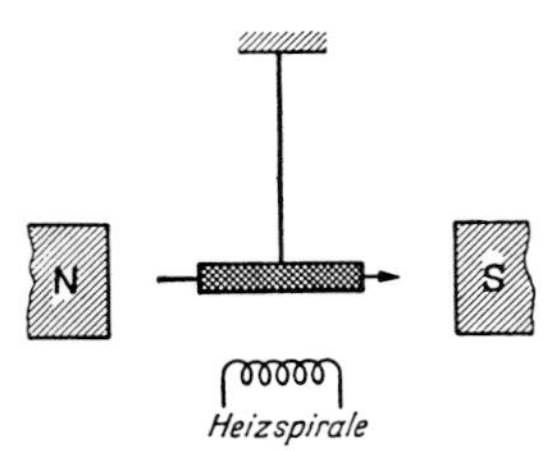

Abb. 325. Das magnetische Moment eines Ferrites ensteht als Differenz zweier einander entgegengerichteter magnetischer Momente mit unterschiedlicher Temperaturabhängigkeit. Bei $T > 38$ °C dreht sich der Ferritstab um 180° (Ferrit $Li_2^{+} \cdot Cr_6^{++} \cdot Fe_6^{+++} \cdot O_{16}^{--}$).

Die Ferrite sind oxidkeramische Werkstoffe (zuerst 1779 beschrieben). Als Halbleiter haben sie einen um viele Zehnerpotenzen höheren spezifischen Widerstand als Metalle. Daher spielen Störungen durch Wirbelströme keine Rolle. Diesem Umstand verdanken die Ferrite ihre hervorragende Bedeutung als Werkstoffe der Hochfrequenz- und Fernmeldetechnik. Komplizierter gebaute Ferrite, z. B. $PbO \cdot 4Fe_2O_3 \cdot BaO \cdot 6Fe_2O_3$ haben, zu feinem Pulver zermahlen und mit einem Bindemittel zusammengesetzt, ein sehr großes Koerzitivfeld. Sie finden ausgedehnte Anwendung wie z. B. bei der magnetischen Datenspeicherung oder als preiswerter Werkstoff für sehr starke Permanentmagnete.

Aus Ferriten mit großem Koerzitivfeld kann man z. B. Permanentmagnete von kurzer gedrungener Gestalt herstellen, obwohl diese Formen große Entmagnetisierungsfaktoren besitzen (§ 113). Ein Beispiel in Abb. 326.

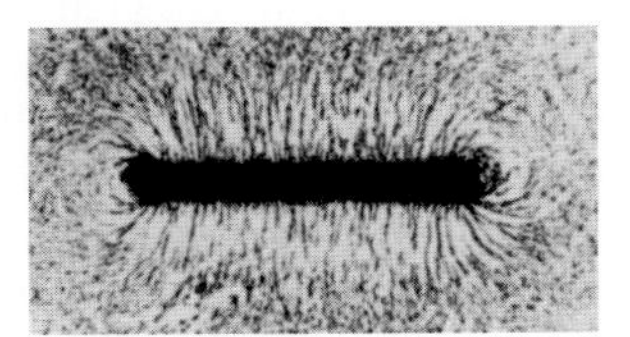

Abb. 326. Eine „Kompassnadel", deren Längsrichtung von Ost nach West zeigt, weil die Nord- und Südpole an den Längsseiten sitzen (Aufg. 77)

B. Optik

XV. Einführung, Messung der Strahlungsleistung

§ 119. Einführung. Man stecke des Nachts im dunklen Zimmer seinen Kopf unter die Bettdecke und drücke ein Auge im oberen Nasenwinkel. Dann *sieht* man *helles Licht,* und zwar einen *farbigen, gelben, glänzenden* Ring. Mit den hier kursiv gedruckten Worten beschreibt unsere Sprache *Empfindungen.* Jede Beschäftigung mit dem *Licht* und seiner Messung (Photometrie, s. Kap. XXIX) sowie jede Untersuchung der *Farben* und des *Glanzes* gehört nicht in den Arbeitsbereich der Physik. Hier sind Psychologie und Physiologie zuständig. Bei Beachtung dieser grundlegenden Tatsachen kann man von vornherein vielerlei unfruchtbare Erörterungen ausschalten.

Die normale Erregung der bekannten Empfindungen *Licht, Helligkeit, Farbe und Glanz,* geschieht durch eine *Strahlung.* Von strahlenden Körpern oder Lichtquellen ausgehend, gelangt irgend etwas in unser Auge. Es braucht auf seinem Weg zum Auge keinerlei greifbare Übertragungsmittel. Die Strahlung der Sonne und der übrigen Fixsterne erreicht uns durch den leeren Weltraum hindurch. Heute lernen Schulkinder, dass diese Strahlung aus sehr kurzen elektromagnetischen Wellen besteht. Man nennt diese *licht*erregende Strahlung oft Lichtstrahlung oder noch kürzer Licht. Man behält das Wort Licht im Sinn von Strahlung selbst für unsichtbare Strahlungen bei. Dieser Doppelsinn, *Licht* als Empfindung und Licht als physikalische Strahlung, entspricht dem gleichen Sprachgebrauch in der Akustik (Bd. 1, §§ 136–142). Auch dort wird die Empfindung *Schall* durch eine Strahlung angeregt. Man bezeichnet die schallerregende Strahlung meist kurz als Schall. Auch in diesem Fall wird das Wort Schall unbedenklich selbst auf unhörbare Schallstrahlung angewandt.

§ 120. Das Auge als Strahlungsindikator. MACH'sche Streifen. Unser Auge leistet bei der physikalischen Erforschung der Strahlung, die in uns die Empfindung *Licht* anregen kann, sehr viel. Es bringt uns erheblich weiter als das Ohr bei den analogen Aufgaben der Schallstrahlung. Aber wie jedes Sinnesorgan versagt auch unser Auge bei quantitativen Fragen. Es versagt bei der zahlenmäßigen Erfassung von Weniger oder Mehr.

Ein drastisches Beispiel liefern die MACH'*schen Streifen.* In Abb. 327 ist auf eine dunkle Pappscheibe ein Stern aus weißem Papier geklebt. Diese Scheibe wird durch ein Fenster oder von einer Lampe beleuchtet und von einem beliebigen Motor in rasche Drehung versetzt. Dabei werden dem Auge drei verschiedene Kreiszonen dargeboten. Die innere sendet pro Fläche am meisten, die äußere am wenigsten Strahlung in unser Auge; die Mittelzone ergibt einen kontinuierlichen Übergang. Das wird in Abb. 327 unten zeichnerisch dargestellt.

Wir *sehen* aber — und zwar sowohl auf der rotierenden Scheibe als auch auf ihrem Lichtbild, Abb. 328 — eine ganz andere als die wirklich vorhandene Verteilung. Wir *sehen* den inneren hellen Kreis außen von einem noch helleren Saum eingefasst. Wir *sehen* den dunklen Ring innen von einem noch dunkleren Saum begrenzt. Nach dem zwingenden Eindruck scheint von dem hellen Saum am meisten, von dem dunklen Saum am wenigsten Strahlung in unser Auge zu gelangen. Jeder Unbefangene muss irrtümlicherweise in den Ringen die größte bzw. die kleinste Reflexion der beleuchtenden Strahlung annehmen.

K. Lüders, R. O. Pohl (Hrsg.), *Pohls Einführung in die Physik*
DOI 10.1007/978-3-642-01628-8, © Springer 2010

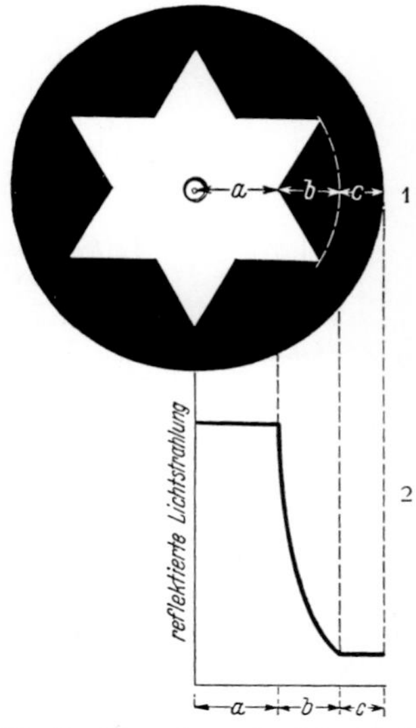

Abb. 327. Zur Entstehung der MACH'schen Streifen. Bei schneller Drehung der Scheibe entsteht das in Abb. 328 fotografierte Bild.

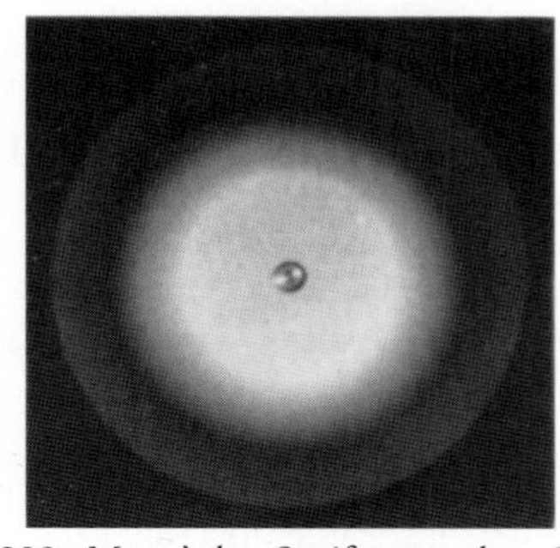

Abb. 328. MACH'sche Streifen an den Grenzen von Weiß und Grau und Grau und Schwarz

Die in Abb. 327 unten skizzierte *Licht*verteilung tritt bei vielen Anordnungen und Versuchen auf. Daher haben die „MACH'schen Streifen" bei physikalischen Beobachtungen mancherlei Unheil angerichtet.

Trotzdem soll man sie aber ja nicht voreilig als eine „Augentäuschung" abtun. Die Erscheinung der MACH'schen Streifen ist für unser ganzes Sehen von größter Wichtigkeit.

Man denke beispielsweise an das Lesen von schwarzer Druckschrift auf weißem Papier. Die Linse unseres Auges zeichnet keineswegs vollkommen. Die Umrisse der Buchstaben auf dem Augenhintergrund, der Netzhaut, sind nicht scharf. Der Übergang vom Dunkel der Buchstaben zum Hell des Papiers ist verwaschen, wie bei einer unscharf eingestellten Fotografie. Aber unser Lichtsinn weiß diesen Fehler mithilfe der MACH'schen Streifen auszugleichen. Das Auge zieht, in übertragenem Sinn gesprochen, im Bild der Druckschrift an der Grenze des hellen Papiers einen weißen, an den Rändern der dunklen Buchstaben einen schwarzen Strich. So vermittelt es uns trotz der Unschärfe des Netzhautbildes den Eindruck scharfer Umrisse.

Noch ein weiterer nützlicher Hinweis, der zeigt, dass unser Sehen entscheidend durch Vorgänge im Gehirn bestimmt wird: Diese „zentralen Vorgänge" hängen in sehr komplizierter Weise mit den Vorgängen in der Netzhaut zusammen. Ein Beispiel ist das in Abb. 329 erläuterte invertierte Sehen (Vertauschung von tief und hoch). Man beachte auch das in § 151 über „Schärfentiefe" von Bildern Gesagte. — So weit diese wichtigen, allgemein für die Wirkungsweise unserer Sinnenorgane typischen Erscheinungen.

§ 121. Physikalische Strahlungsindikatoren. Direkte Messung der Strahlungsleistung. Unser Auge ist keineswegs der einzige Indikator für die von leuchtenden Körpern ausgehende Strahlung: Alle von Strahlungen getroffenen Körper werden *erwärmt*, erhalten also eine Energiezufuhr. In der Sonnenstrahlung oder in der Strahlung einer Bogenlampe spüren wir diese Erwärmung schon mit unserem Hautsinn. Besonders empfindlich ist die Innenfläche unserer Hand.

Abb. 329. Zum invertierten Sehen. (Bild einer teilweise benetzten Fläche.) Man betrachte das Bild abwechselnd in der gebrachten Stellung und nach einer Drehung um 180°.

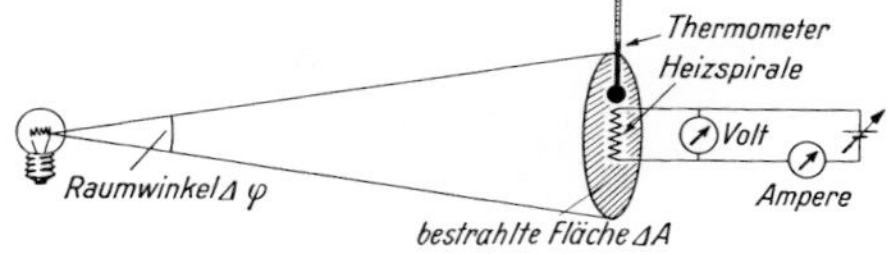

Abb. 330. Eichung eines Strahlungsmessers. Die Spannung der Stromquelle ist regelbar. — Wird innerhalb des Raumwinkels $d\varphi$ die Leistung $d\dot{W}$ ausgestrahlt und von der Fläche dA absorbiert, so definiert man für die Lampe als Sender die Strahlungsstärke $J = d\dot{W}/d\varphi$ und für die Fläche dA als Empfänger die Bestrahlungsstärke $b = d\dot{W}/dA$ (eine ausführliche Besprechung dieser Größen folgt in Kap. XIX).

Die Wärmewirkung der Strahlung ergibt die Möglichkeit, die Leistung der Strahlung, also den Quotienten Energie/Zeit, zu messen. Das Prinzip wird durch Abb. 330 erläutert. In ihr bestrahlt eine Glühlampe eine Metallplatte. Die Platte ist mit Ruß überzogen, um praktisch alle auffallende Strahlung zu absorbieren. Ferner sind in die Platte ein Thermometer und eine elektrische Heizvorrichtung eingebaut.

Man wartet bis zur Einstellung einer konstanten Temperatur. Dann ist Gleichgewicht erreicht: Es wird in jedem Zeitabschnitt durch die Strahlung ebenso viel Energie zugeführt, wie durch Wärmeleitung usw. verlorengeht. — Dann blendet man die Strahlung ab und regelt den Heizstrom so, dass er die gleiche Temperatur aufrecht erhält. Das erfordert eine bestimmte elektrische Leistung, also ein bestimmtes Produkt von Strom und Spannung, gemessen in Volt · Ampere = Watt. Diese elektrische Leistung ist gleich der Leistung der zuvor absorbierten Strahlung: Damit ist der *Strahlungsmesser* geeicht.[K1]

K1. Für die Beschreibung der Strahlung im sichtbaren Wellenlängenbereich des Lichtes von etwa 400 bis 750 nm (1 nm = 1 Nanometer = 10^{-9} m) wurden zusätzlich spezielle Größen eingeführt, die die Helligkeitsempfindung des Auges berücksichtigen, z. B. analog zur *Strahlungsstärke* mit der Einheit Watt/Steradiant die *Lichtstärke* mit der Einheit Candela. Diese Größen werden ausführlich in Kap. XXIX besprochen.

Durch Vergleich mit diesem geeichten, aber unempfindlichen Strahlungsmesser eicht man dann einen empfindlicheren, z.B. ein Thermoelement (Abb. 331).

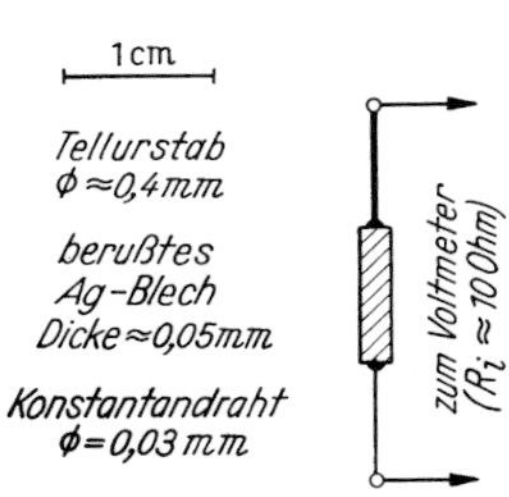

Abb. 331. Schema eines Thermoelementes (Tellur-Konstantan), in das zur Messung der Strahlungsleistung ein berußtes Ag-Blech eingefügt wurde

§ 122. Indirekte Messung der Strahlungsleistung. Bei den auf Wärmewirkung beruhenden Strahlungsmessern wird die einfallende Strahlungsleistung auf sämtliche Bausteine des absorbierenden Körpers verzettelt. Die Temperaturerhöhung entspricht nur dem mittleren Energiegewinn sämtlicher Moleküle. Das begrenzt die Empfindlichkeit dieser Strahlungsmesser. Sehr viel empfindlicher sind Strahlungsmesser, bei denen die absorbierte

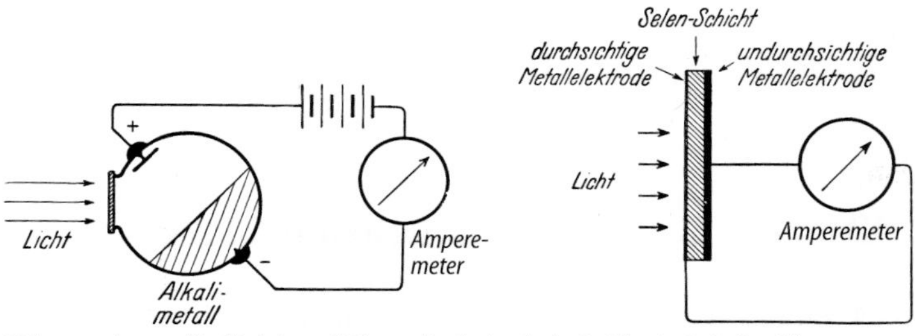

Abb. 332. Vakuumphotozelle (links) und Photodiode (rechts). Beide sind als Strahlungsmesser für Schauversuche sehr bequem, aber leider sind sie selektiv. Das heißt, ihre Angaben sind zwar proportional zur Strahlungsleistung, doch müssen sie für jede Lichtart besonders geeicht werden.

Energie überwiegend nur einem kleinen Bruchteil aller Bausteine zugute kommt, nämlich nur etlichen der als Bausteine anwesenden Elektronen. Die so bevorzugten Elektronen lassen sich bequem als elektrische Ströme messen. Das gilt z. B. in den Vakuumphotozellen (Abb. 332 links) (Zum Photoeffekt siehe 13. Aufl. der „Optik und Atomphysik", Kap. 14, § 2), in den Photodioden (Abb. 332 rechts) (siehe 21. Aufl. der „Elektrizitätslehre", Kap. 27, § 7), den Ionisationskammern (Abb. 333) und in den GEIGER-MÜLLER-Zählrohren in ihren verschiedenen Varianten (siehe 21. Aufl. der „Elektrizitätslehre", Kap. 20, § 4). In all diesen Anordnungen sind die elektrischen Ströme *proportional* zur absorbierten Strahlungsleistung. Es handelt sich also nur um eine indirekte Messung der Strahlungsleistung. Leider hängen die Proportionalitätsfaktoren von der Art der zu messenden Strahlung ab. Daher verlangt ihre Anwendung größere physikalische Kenntnisse als die des Thermoelementes. — Wo in den Abbildungen dieses Buches Strahlungsmesser erscheinen, denke man sich diese grundsätzlich stets als Thermoelemente. Wo die Anwendung empfindlicher Strahlungsmesser notwendig ist, wird man die erforderlichen Angaben in den Beschreibungen der Versuchsanordnungen finden.

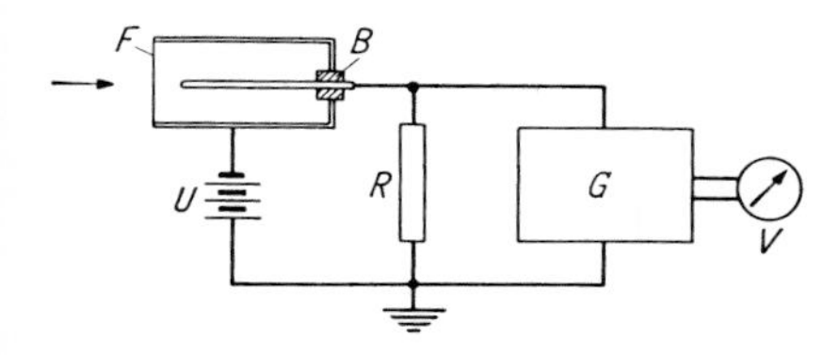

Abb. 333. Gasgefüllte Ionisationskammer in Form eines Zylinderkondensators für RÖNTGENlicht in Verbindung mit einem Gleichspannungsverstärker G und Voltmeter V. — $U \approx 10^3$ Volt; $R \approx 10^9$ Ohm; F: Aluminiumfolie als Eintrittsfenster; B: Bernsteinisolator.

Technische Einzelheiten gehören nicht in dieses Buch. Trotzdem sei noch auf zwei Punkte hingewiesen:

1. Durch besondere Empfindlichkeit ausgezeichnet und mit Recht sehr beliebt sind die als *Vervielfacher (Multiplier)* technisch hochentwickelten Vakuumphotozellen mit einem eingebauten Verstärker: Die vom Licht ausgelösten primären Elektronen fallen, durch eine erste Hilfsspannung beschleunigt, auf ein Metallblech (z. B. AgMg). An diesem werden sekundäre Elektronen ausgelöst, deren Anzahl die der primären übertrifft. Mit den sekundären Elektronen wird dann mit einer zweiten Hilfsspannung ebenso verfahren wie mit den primären; ihr Aufprall auf ein zweites Blech erzeugt tertiäre Elektronen und so fort noch in mehreren Stufen.

2. Um die bequemen Hilfsmittel der Wechselstromverstärkung benutzen zu können, bestrahlt man die Messinstrumente mit *intermittierendem Licht* (Wechsellicht). Man erreicht dann nebenbei den Vorteil, in unverdunkelten Räumen messen zu können: Die von konstanter Beleuchtung in den Photozellen usw. erzeugten Ströme werden durch den Wechselstromverstärker ausgeschaltet.

XVI. Die einfachsten optischen Beobachtungen

§ 123. Lichtbündel und Lichtstrahlen. Die Physik ist und bleibt eine Erfahrungswissenschaft. Wie in den anderen Gebieten, haben auch in der Optik Beobachtung und Experiment den Ausgangspunkt zu liefern. Zweckmäßigerweise beginnt man auch in der Optik mit den einfachsten Erfahrungen des täglichen Lebens.

Jeder Mensch kennt den Unterschied von klarer und trüber Luft, von klarer und trüber Flüssigkeit. Trübe Luft enthält eine Unmenge winziger Schwebeteilchen, meist Qualm, Dunst oder Staub genannt. In gleicher Weise werden Flüssigkeiten durch winzige Schwebeteilchen getrübt. Wir trüben z. B. klares Wasser durch eine Spur chinesischer Tusche, d. h. feinst verteilten Kohlenstaub, oder durch einige Tropfen Milch, d. h. eine Aufschwemmung von Fett- und Käseteilchen von mikroskopischer Kleinheit. **(Videofilm 30)**

Videofilm 30: **„Polarisiertes Licht"** In diesem Film wird zur Sichtbarmachung des Lichtbündels in einer mit Wasser gefüllten Küvette eine Kunststoffdispersion (Styrofan) verwendet. Siehe Kap. XXIV, Abb. 523.

Zimmerluft ist immer trübe, stets wimmelt es in ihr von Staub- oder Schwebeteilchen. Nötigenfalls hilft ein Raucher nach. In Zimmerluft machen wir jetzt folgenden Versuch (Abb. 334): Wir nehmen als Lichtquelle eine Bogenlampe in ihrem üblichen Blechgehäuse. Die Vorderwand des Gehäuses enthält als Austrittsöffnung ein kreisrundes Loch B. Von der Seite blickend, sehen wir von diesem Loch aus einen weißlich schimmernden Kegel weit in den Raum hineinragen. Das Licht breitet sich also innerhalb eines geradlinig begrenzten Kegels aus. Man nennt ihn *Lichtbündel*. — Dies Lichtbündel hat einen großen *Öffnungswinkel u*, er wird durch das Loch B als *Aperturblende* bestimmt. — Eine Ausbreitung in geradlinig begrenzten Bündeln gehörte in Bd. 1 zu den Grundtatsachen der Wellenausbreitung (§ 118), sobald die Wellenlänge klein gegenüber dem Durchmesser der Öffnung war (Abb. 335).

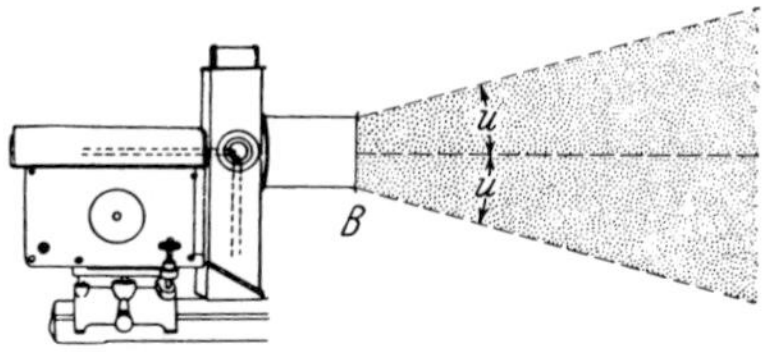

Abb. 334. Die sichtbare Spur eines Lichtbündels in staubhaltiger Luft. Gestrichelte Strahlen nachträglich eingezeichnet.[K1]

K1. In der Optik werden zur Winkelbezeichnung auch lateinische Buchstaben benutzt. In diesem Buch bezeichnet der Winkel u immer den Öffnungswinkel von Lichtbündeln und w den Winkel, den die Hauptachse der Bündel und die optische Achse einschließen (Neigungswinkel, siehe z. B. Abb. 354 oder 390).

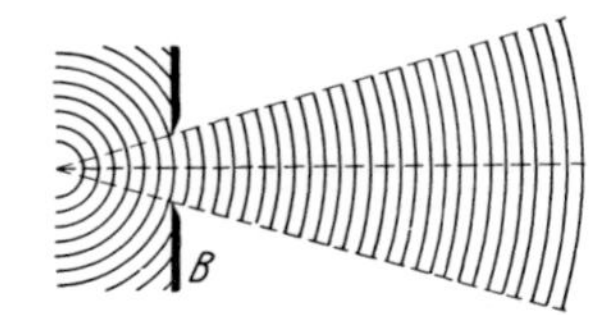

Abb. 335. Ausbreitung mechanischer Wellen in einem geradlinig begrenzten Bündel. Die Skizze zeigt Wasserwellen vor und hinter einer weiten Öffnung. Schematisch nach Abb. 319 in Bd. 1.[K2]

K2. Es handelt sich nur um eine schematische Skizze. Bei den mechanischen Wellen, d. h. Wasserwellen, ist die Begrenzung aufgrund der Beugung nur grob zu erkennen. Siehe Bd. 1, **Videofilm 62: „Wasserwellenexperimente"**.

Der Versuch in Abb. 334 zeigte uns die *sichtbare Spur* des Lichtes in einem trüben Mittel. Die vom Licht getroffenen oder beleuchteten Staubteilchen *streuen* einen kleinen Bruchteil des Lichtes nach allen Seiten, und etwas von diesem gestreuten Licht kann unser Auge erreichen. — Eine allseitige Streuung an winzigen Hindernissen ist uns aus der Mechanik für Wellen bekannt. Wir erinnern an einen Stock in einer glatten Wasserfläche: Von Wellen getroffen, wird der Stock zum Ausgangspunkt eines sich allseitig ausbreitenden „sekundären" Wellenzuges (vgl. Bd. 1, Abb. 324).

Je weiter wir in Abb. 334 die Austrittsöffnung des Lichtes von der Lichtquelle, dem Bogenkrater entfernen (zur Bogenentladung siehe 21. Aufl. der „Elektrizitätslehre", Kap. 18),

K. Lüders, R. O. Pohl (Hrsg.), *Pohls Einführung in die Physik*
DOI 10.1007/978-3-642-01628-8, © Springer 2010

desto schlanker wird das Lichtbündel und desto kleiner sein Öffnungswinkel u. Im Grenzfall werden die Begrenzungen in Seitenansicht praktisch parallel. Dann sprechen wir von einem *Parallellichtbündel.* — Zeichnerisch geben wir ein Lichtbündel auf zwei Arten wieder:

1. Durch zwei das Bündel seitlich *begrenzende* Strahlen (z. B. Kreidestriche). Sie definieren den doppelten Öffnungswinkel $2u$.

2. Durch einen die *Bündelachse* darstellenden Strahl. Mit ihm definiert man die Richtung des Lichtbündels gegenüber irgendeiner Bezugsrichtung.

Man verfährt also bei den Lichtbündeln nicht anders als bei den Kegeln oder Bündeln mechanischer Wellen (vgl. Abb. 335). Dort haben die eingezeichneten Strahlen ersichtlicherweise die Bedeutung von Wellennormalen.

Beobachten kann man nur *Lichtbündel. Lichtstrahlen existieren nur auf der Wandtafel oder auf dem Papier.* Sie sind lediglich ein Hilfsmittel der graphischen und rechnerischen Darstellung.

Später werden wir experimentell in entsprechender Weise zu krummen Lichtbündeln[K3] gelangen und sie mithilfe krummer Striche oder Strahlen zeichnen.

K3. Siehe § 245 und **Videofilm 32: „Krummer Lichtstrahl"**.

Bei Vorführungen in großem Kreis braucht man schon recht staubhaltige Luft, sonst sieht man die Spur des Lichtes nicht hell genug. Doch können wir diese Schwierigkeit umgehen. Statt trüber Luft nehmen wir eine trübe Flüssigkeit in einem Trog oder noch bequemer einen matten Anstrich auf einer ebenen Unterlage. Zur Herstellung einer solchen Schicht haben wir ein gut ebenes Brett mit einem der handelsüblichen weißen Farbstoffe oder mit einem Blatt weißen Papiers zu überziehen.

Der Staub in weißen technischen Farbstoffen besteht aus sehr feinem Pulver eines klar durchsichtigen Körpers. So sieht glasklares Steinsalz, zu Speisesalz gepulvert, weiß aus. Klares Eis ergibt in Pulverform weißen Schnee. Wird „helles" oder „dunkles" Bier in Form feiner Bläschen unterteilt, so ergibt es eine weiße Schaumkrone. Weißes Papier ist ebenso wie ein weißes Pigment aufgebaut. An die Stelle des staubfeinen Kristallpulvers in Leinölfirnis treten staubfeine verfilzte und durch eine harzige Lackschicht zusammengehaltene Fasern (vgl. § 234).

Wir lassen also das Licht an einem weiß gestrichenen Brett streifend entlanglaufen. Dann sehen wir die Spur des Lichtes in fast blendender Helligkeit. Bei der Vorführung von Parallellichtbündeln nimmt man zweckmäßigerweise noch einen in Abb. 336 erläuterten Kunstgriff zu Hilfe.

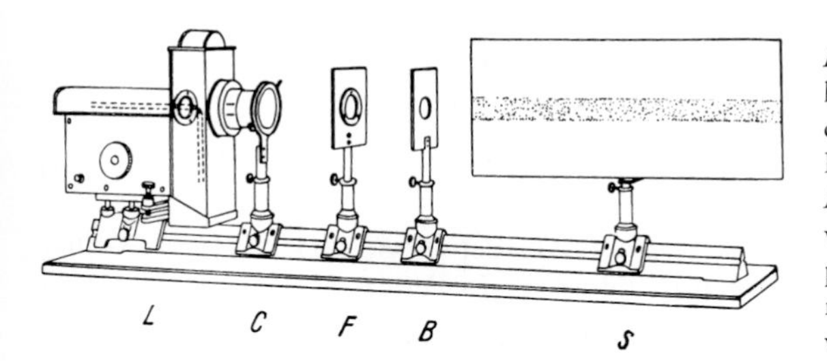

Abb. 336. Sichtbare Spur eines Parallellichtbündels längs eines weiß gestrichenen Brettes *S*. *B*: Lochblende, *F*: Rotfilter. Zur Vermeidung eines großen Abstandes der Lampe und der damit verbundenen Nachteile ist vor die Lampe eine Hilfslinse *C* (Kondensor genannt, vgl. § 139) von etwa 7 cm Brennweite (§ 129) gesetzt.

Mit dieser Anordnung können wir bequem auch „bunte"[1] Lichtbündel vorführen, z. B. ein rotes. Wir haben nur vor das Loch ein Rotfilter zu setzen, z. B. ein Dunkelkammerglas. *Wir arbeiten bis auf weiteres nur mit Rotfilterlicht.*

[1] „Buntes Licht" oder „rotes Licht" steht sprachlich auf der gleichen Stufe wie „hoher Ton". Beide Ausdrücke sind nur durch ihre bequeme Kürze zu rechtfertigen.

K4. Siehe Kommentar K1 in Bd. 1, Kap. I.

Für das im täglichen Leben gebräuchliche Licht, also die Strahlung der Sonne, des Himmels, der elektrischen Glühbirnen, der Kerzen, der Gasglühlampen[K4] oder des Kohlelichtbogens, benutzen wir den kurzen Sammelnamen *Glühlicht. Das übliche Wort „weißes" Licht ist gar zu irreführend.*

§ 124. Lichtquellen mit kleinem Durchmesser. Für die Darstellung vieler optischer Erscheinungen braucht man Lichtquellen von kleinem Durchmesser und großer Leuchtdichte. Die Auswahl ist gering.[K5]

K5. Als Lichtquellen, die diese Bedingungen hervorragend erfüllen, stehen heutzutage *Laser* zur Verfügung. (Das Wort „Laser" ist ein Akronym und steht für „Light Amplification by Stimulated Emission of Radiation". (Siehe 13. Aufl. der „Optik und Atomphysik", Kap. 14, § 15 oder H.J. Eichler/J. Eichler, „Laser", Springer Verlag Berlin 2003.) Einige der Experimente in diesem Buch lassen sich daher auch mit einem Laser vorführen (s. z. B. **Videofilm 32: „Krummer Lichtstrahl"**). In vielen Fällen bietet die Laserverwendung jedoch keinen Vorteil, so dass der mit Bogenlampe und Kondensor beleuchtete Spalt keineswegs seine Bedeutung als Lichtquelle verloren hat.

Zu nennen sind die Kohlekrater kleiner Bogenlampen (Durchmesser $\phi \approx 3$ mm) oder die winzigen Lichtbögen in kleinen Hg-Hochdrucklampen ($\phi \approx 0{,}3$ mm)[1]. Im Allgemeinen ist aber die Begrenzung dieser Lampen nicht scharf genug. Deswegen benutzt man meistens statt einer Lampe als Lichtquelle ein von rückwärts beleuchtetes kreisförmiges Loch oder einen Spalt mit geraden Backen. Zur rückwärtigen Beleuchtung schaltet man zwischen Öffnung und Lampe eine Hilfslinse kurzer Brennweite, Kondensor genannt. Eines der vielen Beispiele findet sich in Abb. 336. Einzelheiten einer sachgemäßen Beleuchtung werden später in Abb. 393 erläutert.

§ 125. Die Grundtatsachen der Reflexion und Brechung. Mit den uns jetzt bekannten Hilfsmitteln erinnern wir zunächst an zwei im Schulunterricht und in Bd. 1 (§ 119) ausgiebig behandelte Gesetze, das Reflexionsgesetz und das Brechungsgesetz. Dabei benutzen wir die in Abb. 337 erläuterte Anordnung. Ein schlankes rotes Lichtbündel *I* fällt schräg von links oben aus Luft auf die ebene polierte Oberfläche eines durchsichtigen Glasklotzes *B*. An der Oberfläche wird es in *zwei Teilbündel II* und *III aufgespalten*. Das eine, *II*, wird nach oben rechts reflektiert. Nach der Reflexion scheinen die eingezeichneten Strahlen von dem „virtuellen" Schnittpunkt *L'*, dem „Spiegelbild" des Dingpunktes, auszugehen. Das andere, *III*, tritt in den Glasklotz ein, ändert dabei seine Richtung, es wird *gebrochen*. Alle eingezeichneten Strahlen liegen in derselben Ebene, der „Einfallsebene" (Zeichenebene). Je drei von ihnen gehören zusammen, sie bilden mit ihrem „Einfallslot" *N* je drei zusammengehörige Winkel φ, χ und ψ. Diese Winkel sind in Abb. 337 für die Bündelachsen eingezeichnet, für die Randstrahlen jedoch der Übersichtlichkeit halber fortgelassen. Für je drei zusammengehörige Winkel gilt das Reflexionsgesetz

$$\varphi = \psi \tag{294}$$

K6. Willebrord Snellius (1580–1626), niederländischer Mathematiker. In der Elektrizitätslehre (§ 93) wurde die Brechzahl *n* für elektromagnetische Wellen, und damit auch für Licht, als $n = c_{\text{Vakuum}}/c_{\text{Stoff}}$ eingeführt (eine ausführliche Besprechung für Licht folgt erst in Kap. XXV).

und für den Übergang des Lichtes aus *Luft* in den Stoff *B* das nach Snellius[K6] benannte Brechungsgesetz[2]

$$\frac{\sin\varphi}{\sin\chi} = \text{const} = n_{\text{B}}\,. \tag{295}$$

n_{B}, oft auch ohne Index geschrieben, wird die *Brechzahl* oder der *Brechungsindex* des Stoffes *B* genannt. Einige Zahlenwerte findet man in Tab. 8. Beim Vergleich zweier Stoffe nennt man denjenigen mit der höheren Brechzahl den „optisch dichteren".

In Abb. 337 benutzten wir eine ebene Trennfläche zwischen Luft und Glas. Statt dessen kann man auch eine ebene Trennfläche zwischen zwei beliebigen durchsichtigen Stoffen *A* und *B* (mit den Brechzahlen n_{A} und n_{B}) verwenden, z. B. in Abb. 338 zwischen Wasser

[1] Selbst dieser Durchmesser ist noch sehr groß gegenüber der Wellenlänge des sichtbaren Lichtes (§ 131). In der Akustik hingegen kann man den Durchmesser strahlender Öffnungen (z. B. von Pfeifen) leicht kleiner machen als die Wellenlänge des Schalls.

[2] Es wird nicht stören, wenn zuweilen statt φ und χ andere Buchstaben verwendet werden, z. B. in den §§ 128 und 129.

Tabelle 8. Brechzahlen einiger Stoffe

Für den Übergang von Rotfilterlicht (Wellenlänge $\lambda \approx 650$ nm) aus Luft in	ist (bei 20 °C) die Brechzahl n =
Flussspat	1,43
Quarzglas	1,46
leichtes Kronglas (bleifreies Silikatglas)	1,51
Steinsalz	1,54
leichtes Flintglas (Silikatglas mit ≈ 25 Gew.-% PbO)	1,60
schweres Flintglas (Silikatglas mit ≈ 40 Gew.-% PbO)	1,74
Diamant	2,40 (!)
Wasser	1,33
Schwefelkohlenstoff	1,62
Methylenjodid	1,74

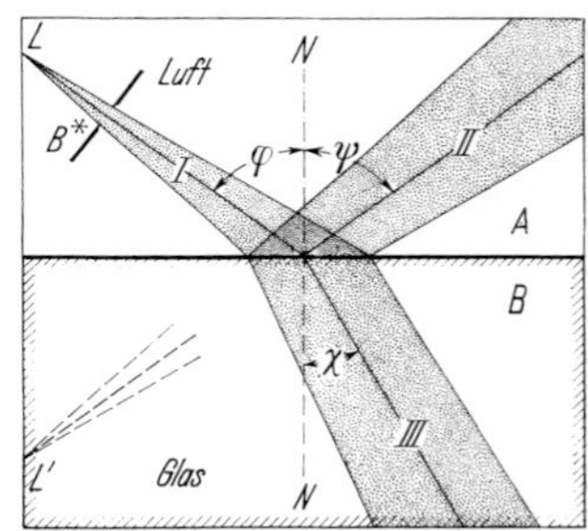

Abb. 337. Vorführung der Reflexion und Brechung eines Lichtbündels an der ebenen Oberfläche eines Glasklotzes (Flint). Dieser steht vor einer mattweißen Fläche, außerdem ist seine Rückseite matt geschliffen. Rotfilterlicht. L: Lichtquelle von kleinem Durchmesser. B^*: Aperturblende.

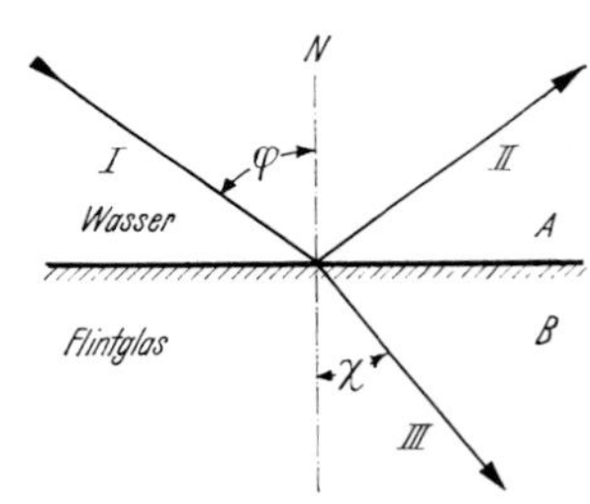

Abb. 338. Reflexion und Brechung an der ebenen Trennfläche zweier Stoffe A und B von verschiedenen Brechzahlen n_A und n_B. Rotfilterlicht. Nur die Achsen der Lichtbündel gezeichnet.

und Flintglas. Das Reflexionsgesetz gilt unverändert, für die Brechung findet man beim Übergang des Lichtes aus dem Stoff A in den Stoff B

$$\frac{\sin\varphi}{\sin\chi} = n_{\mathrm{A}\to\mathrm{B}} = \frac{n_\mathrm{B}}{n_\mathrm{A}}, \tag{296}$$

z. B. $n_{\text{Wasser}\to\text{Flintglas}} = \frac{1,60}{1,33} = 1,20$, vgl. Tab. 8.

Ein Vergleich der Gln. (295) und (296) ergibt $n_\mathrm{A} = n_\text{Luft} = 1$. Wir haben also nach allgemeinem und zweckmäßigem Gebrauch die Brechzahl eines Stoffes durch den Übergang des Lichtes aus Zimmerluft in den Stoff definiert. Für den Übergang Vakuum → Stoff findet man alle Brechzahlen um rund 0,3 tausendstel höher. Damit hat Zimmerluft bei der Definition durch diesen Übergang die Brechzahl $n_{\text{Vakuum}\to\text{Luft}} = 1,0003$.

Für die *mechanischen* Wellen beobachteten wir die Reflexion und die Brechung in der in Abb. 339 skizzierten Form. Die eingezeichneten Strahlen bleiben auch nach der Reflexion Wellennormalen. Dabei findet man quantitativ

$$\frac{\lambda_\mathrm{A}}{\lambda_\mathrm{B}} = \frac{n_\mathrm{B}}{n_\mathrm{A}} \quad \text{oder} \quad \lambda_\mathrm{B} = \lambda_\mathrm{A}/n_{\mathrm{A}\to\mathrm{B}}\,. \tag{297}$$

Diese Gleichung wird später auch auf das Licht anzuwenden sein.

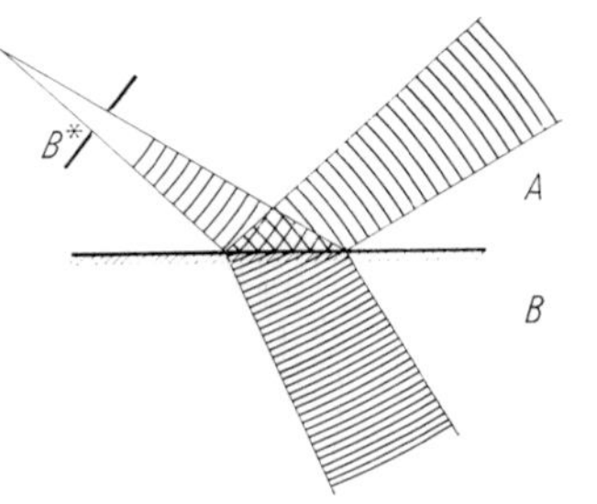

Abb. 339. Reflexion und Brechung mechanischer Wellen (z. B. Wasserwellen) an der Grenze zweier Stoffe mit verschiedener Wellengeschwindigkeit (oben größer als unten, daher unten kleinere Wellenlänge), schematisch

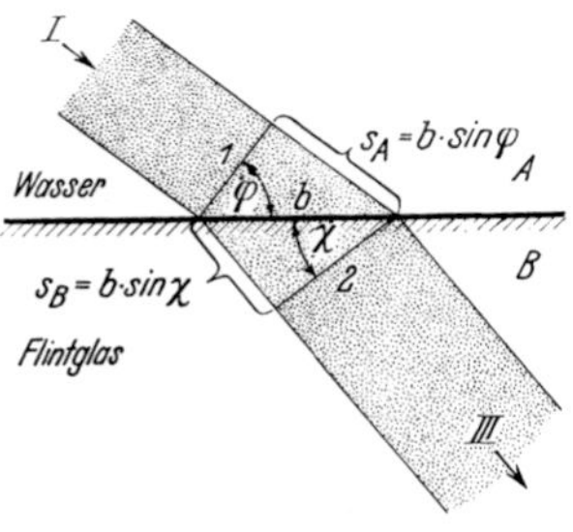

Abb. 340. Zur Definition der optischen Weglänge mit einem parallel begrenzten Lichtbündel. Das reflektierte Lichtbündel ist der Übersichtlichkeit halber nicht mitgezeichnet.

K7. In gleichen Zeitintervallen Δt durchläuft das Licht die Entfernungen $s_A = v_A \Delta t$ bzw. $s_B = v_B \Delta t$. Daraus folgt nach Kommentar K6 $\Delta t = (1/c_{Vak}) n_A s_A$ bzw. $\Delta t = (1/c_{Vak}) n_B s_B$. Die Größe $n \cdot s$ ist also ein Maß für die Zeit, die das Licht braucht, um die Länge s mit der Geschwindigkeit v zu durchlaufen (wobei $1/c_{Vak}$ ein Proportionalitätsfaktor ist). Diese Größe, die *optische Weglänge*, wird im Folgenden mehrfach eine große Rolle spielen. Eine wichtige Anwendung sei hier erwähnt: Für den Weg, den eine Lichtwelle wählt, um von einem Punkt P zu einem anderen Punkt P' zu gelangen, gilt, dass die optische Weglänge, allgemein das Wegintegral

$$\int n \, ds ,$$

ein Minimum ist, so dass das Licht auf diesem Weg am schnellsten zum Ziel kommt (auch in inhomogenen Medien). Dies ist das FERMAT'sche Prinzip (PIERRE DE FERMAT, 1601–1665, französischer Mathematiker). Siehe z. B. M. Born, „Optik", Springer-Verlag, 3. Aufl. 1933, Nachdruck 1972, § 15.

Videofilm 21:
„Reflexionskegel" Im Film wird ein reflektierendes Edelstahlrohr freihändig in ein Lichtbündel gehalten. Abhängig vom Winkel, den das Rohr mit der Lichtbündelrichtung einschließt, entstehen Reflexionskegel, dessen ringförmige Schnitte an der Hörsaalwand zu sehen sind. Sie verändern sich entsprechend der Bewegung des Rohres. Bei einem Winkel von 90° ist der Schnitt ein gerades Lichtband.

Abb. 340 beschreibt den gleichen Versuch wie Abb. 338, jedoch für den Sonderfall eines Parallellichtbündels. Außer den beiden das Bündel begrenzenden Strahlen sind zwei senkrechte Querschnitte des Bündels als Schnittlinien 1 und 2 eingezeichnet. Im Wellenbild bedeuten sie eine Wellenfläche, z. B. einen Wellenberg. Aus dieser Skizze entnimmt man

$$\frac{s_A}{s_B} = \frac{\sin\varphi}{\sin\chi} = \frac{n_B}{n_A}$$

oder

$$s_A \cdot n_A = s_B \cdot n_B . \qquad (298)$$

In Worten: zwischen zwei Querschnitten eines Lichtbündels ist das Produkt aus Weg und Brechzahl, die *optische Weglänge*, konstant: FERMAT'sches Prinzip.[K7]

Für das *Reflexionsgesetz* (294) bringen wir einen praktisch bedeutsamen, aber wenig bekannten Sonderfall: In Abb. 341 fällt ein schlankes Lichtbündel schräg auf die glatte Oberfläche eines zylindrischen Stabes. Nach der Reflexion bildet das Licht einen Hohlkegel. Die Kegelachse fällt mit der Stabachse zusammen. Daher wird ein zur Stabachse senkrecht stehender Schirm vom Hohlkegel mit einer kreisförmigen Spur getroffen. Die Richtung des einfallenden Lichtbündels ist im Kegelmantel enthalten. Je steiler das Licht einfällt, desto größer ist der Öffnungswinkel des Hohlkegels.

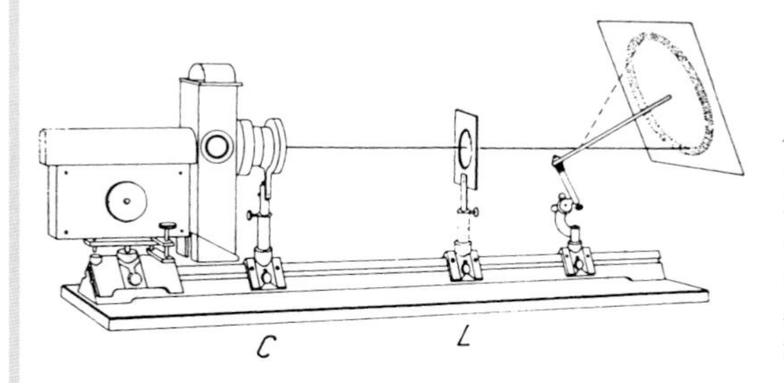

Abb. 341. Der Reflexionskegel bei der Lichtreflexion an der Oberfläche eines zylindrischen Glasstabes. *C*: Kondensor. Am rechten Ende seiner Fassung befindet sich eine Irisblende von etwa 8 mm Durchmesser. *L*: Linse (Brennweite $f = 20$ cm). **(Videofilm 21)**

Die Kenntnis dieser Tatsache braucht man z. B. bei der Untersuchung stabförmiger Gebilde mit Dunkelfeldbeleuchtung, z. B. im Mikroskop (§ 148) oder im Elektronenmikroskop. Man braucht sie ferner bei der Beugung des RÖNTGENlichtes (§ 190) in Kristallgittern und bei der Erklärung der atmosphärischen *Halo*erscheinungen, bei denen ein Ring das Gestirn von außen berührt (Literatur s. Kommentar K1 in Kap. XXI).

§ 126. Das Reflexionsgesetz als Grenzgesetz. Streulicht. Nach der Darstellung der Abb. 337 soll das reflektierte Licht auf den Bereich des Bündels *II*, also auf einen räumlichen Kegel mit der Spitze in *L'*, beschränkt sein. Diese Darstellung gilt aber nur für einen idealisierten Grenzfall: In Wirklichkeit können wir die Auftreffstelle des Lichtbündels *I* auf die Grenzfläche aus jeder beliebigen Richtung sehen. Es muss also ein Teil des auffallenden Lichtes diffus in alle Richtungen „gestreut" werden und so in unser Auge gelangen. Dies *Streulicht* wird von Physikern und Technikern als lästige Fehlerquelle verwünscht, von Familienvätern jedoch als Wohltat gepriesen: Ohne das Streulicht würden die Kinder in jede Spiegelglasscheibe hineinlaufen. Denn alle nicht selbstleuchtenden Körper werden für uns nur durch Streulicht sichtbar.[K8]

„Alle nicht selbstleuchtenden Körper werden für uns nur durch Streulicht sichtbar."

K8. Diese wichtige Aussage sei hier noch einmal besonders hervorgehoben. Die entscheidende Rolle des Streulichtes für das „Sehen" von Gegenständen ist Anfängern oft nicht bewusst.

Das Streulicht entsteht überwiegend durch Unvollkommenheiten der glatten Oberfläche, z. B. durch Staubteilchen, Polierfehler und Inhomogenitäten. Der Durchmesser von Staubteilchen ist selten kleiner als etwa 10 μm. Dann entsteht die Streuung des Lichtes noch überwiegend durch *Reflexion* an zahllosen kleinen, regellos orientierten Spiegelflächen. Deswegen nennt man diese Art der Lichtstreuung zweckmäßigerweise *Streureflexion*. Das Streulicht verschwindet weitgehend bei sehr vollkommenen, ohne mechanische Bearbeitung hergestellten Oberflächen. Als Beispiele nennen wir frische Oberflächen von reinem Quecksilber oder frische Spaltflächen von Glimmerkristallen.

Von Hg-Flächen kann man nachträglich darauffallende Staubteilchen durch Überstreichen mit einer Bunsenflamme wegbrennen.[K9] — Von Glimmerblättern muss man sowohl Ober- als auch Unterseite abspalten.

K9. Hg-Flächen werden vor allem als Parabolspiegel eingesetzt. Die Form wird durch Rotation erreicht (Bd. 1, Abb. 170). Siehe z. B. die Notiz von R.F. Wuerker in Physics Today, Juli 2004, S. 82.

§ 127. Die Totalreflexion. Die Totalreflexion ist auch in Bd. 1 ausführlich behandelt worden.[K10] Für Licht zeigen wir sie mit der in Abb. 342 und 343 skizzierten Anordnung. In ihr läuft das Licht vom optisch dichteren (*B*) zum optisch dünneren Stoff (*A*), und zwar diesmal ausnahmsweise einmal von rechts nach links. Die zusammengehörigen Winkel sind wieder nur für die Bündelachsen eingezeichnet. Wir entnehmen diesen Bildern zweierlei:

K10. Siehe Bd. 1, § 121 und **Videofilm 62: „Wasserwellenexperimente"** (Zeitmarke 5:30).

1. Das gebrochene Lichtbündel *III* liegt dem Einfallslot *N* ferner als das einfallende *I*. Man findet experimentell

$$\frac{\sin\varphi}{\sin\chi} = n_{\mathrm{B}\to\mathrm{A}} = \frac{n_\mathrm{A}}{n_\mathrm{B}} = \frac{1}{n_{\mathrm{A}\to\mathrm{B}}}\,. \tag{299}$$

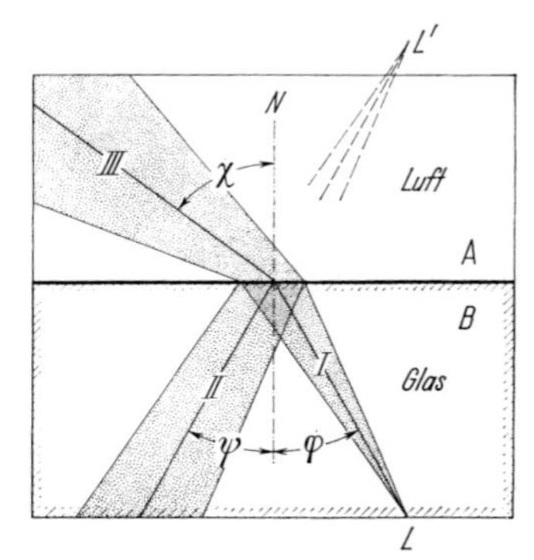

Abb. 342. Reflexion und Brechung eines Lichtbündels beim Übergang in einen optisch dünneren Stoff. Rotfilterlicht. Der Einfallswinkel ist wieder mit φ bezeichnet.

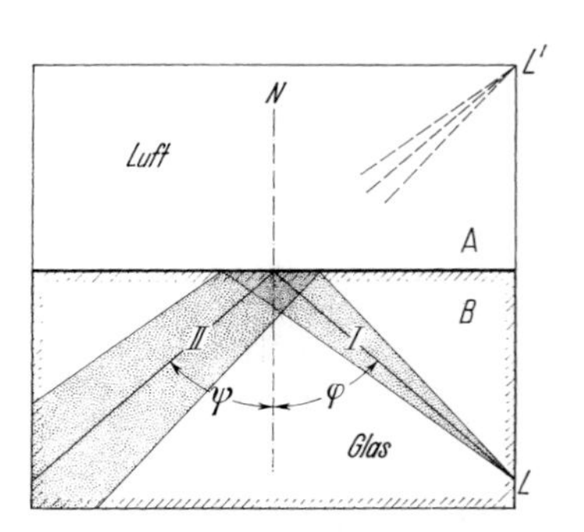

Abb. 343. Fortsetzung von Abb. 342. Nach Vergrößerung des Einfallswinkels φ fehlt ein gebrochenes Lichtbündel, es ist eine Totalreflexion eingetreten.

Die Achsen des einfallenden und des gebrochenen Lichtbündels zeigen in den Abb. 337 und 342 den gleichen Verlauf. Der Lichtweg ist hier umkehrbar.

2. Für große Einfallswinkel φ fehlt ein gebrochenes Bündel *III*. Alles einfallende Licht wird reflektiert, es tritt *Totalreflexion* auf (Abb. 343). — Quantitativ: Der Winkel χ kann für einen Strahl nicht größer als 90° oder sein Sinus in Gl. (299) nicht größer als 1 werden. Demnach bestimmt

$$\sin \varphi_{\mathrm{T}} = \frac{n_{\mathrm{A}}}{n_{\mathrm{B}}} = \frac{1}{n_{\mathrm{A}\to\mathrm{B}}} \tag{300}$$

den „Grenzwinkel" φ_{T} der Totalreflexion. Dem Grenzwinkel φ_{T} entspricht im optisch dünneren Medium ein *streifender*, d. h. zur Grenzfläche parallel verlaufender Strahl (vgl. Bd. 1, Abb. 332).

Die Totalreflexion ist ein beliebter Gegenstand für Schauversuche, es gibt viele Ausführungsformen. Am bekanntesten ist eine Spielerei, die Weiterleitung des Lichtes in Wasserstrahlen (Leuchtfontänen).[K11] In der Natur beobachtet man Totalreflexion häufig an Luftblasen unter Wasser, man denke an die hellen silberglänzenden Blasen am Rumpf von Wasserkäfern.

K11. Nach dem gleichen Prinzip funktionieren die Lichtleiter aus Glasfasern, die heute in großem Umfang zur optischen Datenübertragung eingesetzt werden, z. B. in der Telekommunikation oder der Endoskopie (zu technischen Einzelheiten siehe z. B. H. Kogelnik, „Optical Communications", in Encyclopedia of Applied Physics, Vol. 12, p. 119, VCH Publishers 1995 oder P. Geittner, Physik in unserer Zeit **19**, 37 (1988)).

Der Grenzwinkel der Totalreflexion lässt sich auf mannigfache Weise recht genau bestimmen. Diese Tatsache verwertet die Messtechnik beim Bau von *Refraktometern*.[K12] Das sind Apparate zur raschen und bequemen Messung von Brechzahlen, sehr beliebt bei Chemikern und Medizinern. Ein Beispiel wird in Abb. 344 beschrieben.

K12. Refraktometer werden vom Handel in einer Vielzahl von Ausführungsformen angeboten. Neben der Bestimmung der Brechzahl selbst kann z. B. der daraus folgende Alkohol- oder Zuckergehalt von Flüssigkeiten direkt in digitaler Form abgelesen werden. Siehe auch § 210.

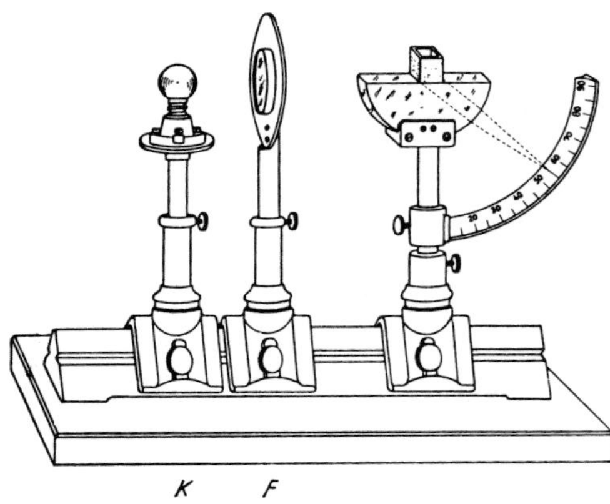

Abb. 344. Ein für Schauversuche geeignetes Refraktometer. Eine dicke, halbkreisförmige Glasplatte von hoher und bekannter Brechzahl n_{B} trägt einen rechteckigen, aufgekitteten Glasbehälter zur Aufnahme einer Flüssigkeit mit unbekannter Brechzahl n_{A}. Links steht in der Höhe des Scheibendurchmessers in etwa 30 cm Abstand eine Lampe K mit vorgesetztem Rotfilter F. Das durch die Flüssigkeit streifend in den Glasklotz eintretende Licht erscheint auf der Winkelskala als schmaler, roter Streifen mit einem scharfen, für den Beschauer rechts gelegenen Rand. So kann man den Grenzwinkel φ_{T} ablesen und n_{A} nach Gl. (300) berechnen oder die Skala gleich anhand dieser Skala eichen. Der runde Glasklotz wirkt als Zylinderlinse (§ 129). Das ist durch zwei gestrichelte Strahlen angedeutet.

Totalreflexion kann schon an der Grenze zweier Stoffe mit sehr geringen Unterschieden ihrer Brechzahlen auftreten; man muss die Strahlung nur streifend, d. h. mit sehr großem Einfallswinkel auffallen lassen. So wurden z. B. bei Schallwellen Schallbündel an der Grenzfläche zwischen warmer und kalter Luft reflektiert (Bd. 1, § 132, Abb. 363). Das Entsprechende gilt für Lichtbündel (Abb. 345): Ein Parallellichtbündel läuft flach schräg von unten in einen unten offenen, elektrisch geheizten Kasten. Die Innenfläche des Kastens ist geschwärzt. Beim Anheizen füllt sich der Kasten mit heißer Luft. Ein Teil quillt

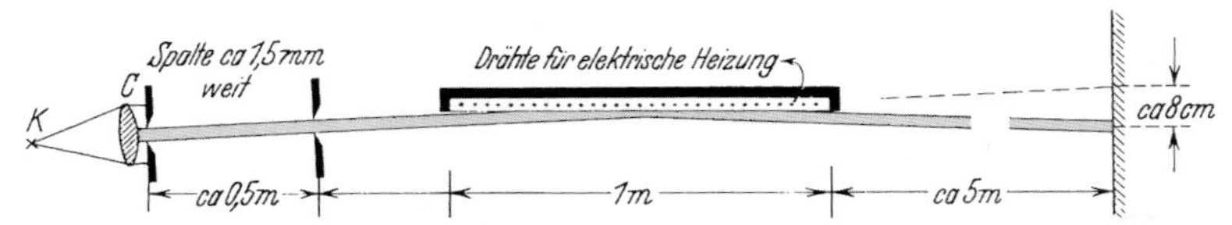

Abb. 345. Totalreflexion eines Parallellichtbündels an der Grenze zwischen heißer und kalter Luft. Bündel am rechten Ende etwa 2 cm dicker. K: Krater einer Bogenlampe.

über den Rand, der Rest bildet eine ziemlich ebene Oberfläche (Diffusionsgrenze als Oberflächenersatz, vgl. Bd. 1, § 81). Diese Grenzfläche zwischen heißer und kalter Luft wirkt wie ein leidlich ebener Spiegel. Starker Luftzug stört den Versuch.

Die Totalreflexion an einer warmen Luftschicht wird oft in der Natur verwirklicht. Ein heißer Wüstenboden oder eine heiße Autobahn erhitzt die unten aufliegende Luftschicht. Der Reisende sieht bei flacher Aufsicht das Spiegelbild von einem Stück heller Himmelsfläche, manchmal auch ein Spiegelbild ferner Gegenstände (Fata Morgana). Stets erscheint ihm die totalreflektierende Grenzschicht als Wasserfläche.

In der Physik spielt die Totalreflexion bei streifendem Einfall eine wichtige Rolle in Spektralapparaten für Röntgenlicht (§ 196).

§ 128. Prismen. Prismen zeigen uns messtechnisch wichtige Anwendungen des Brechungsgesetzes. In Abb. 346 links schließen die beiden ebenen Oberflächen eines Prismas den „brechenden Winkel" φ ein. Senkrecht zu beiden Flächen steht als *Prismenhauptschnitt* die Zeichenebene. Im Prismenhauptschnitt verläuft ein Parallelbündel. Gezeichnet ist nur die Bündelachse als Strahl. Die Brechung an den beiden Prismenflächen ändert die Richtung des Bündels um den Ablenkwinkel δ. Quantitativ findet man durch Anwendung der Gleichung

$$\sin\alpha = n \sin\beta \tag{295}$$

nach einigen Umformungen (zum Zusammenhang von δ mit α, β und φ s. Aufg. 78)

$$\tan\left(\beta - \frac{\varphi}{2}\right) = \tan\frac{\varphi}{2} \cdot \frac{\tan\left(\alpha - \dfrac{\delta+\varphi}{2}\right)}{\tan\left(\dfrac{\delta+\varphi}{2}\right)}\,. \tag{301}$$

Das Minimum dieser Ablenkung wird experimentell gefunden, wenn das Parallellichtbündel das Prisma *symmetrisch* durchsetzt, Abb. 346 rechts. Dann wird

$$\beta = \frac{1}{2}\varphi \quad \text{und} \quad \alpha = \frac{1}{2}(\delta + \varphi)$$

(φ und δ sind Außenwinkel der Dreiecke mit den Basiswinkeln β bzw. $\alpha - \beta$).

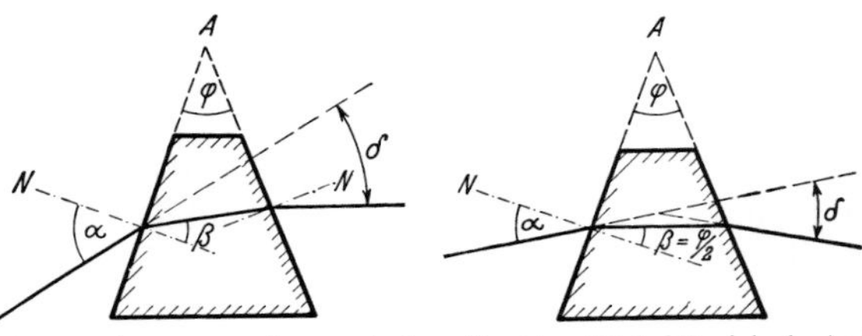

Abb. 346. Zur Ablenkung eines monochromatischen Strahles (Lichtbündelachse) durch ein Prisma bei unsymmetrischem Strahlengang (links) und bei symmetrischem (rechts). Die im Punkt A zur Papierebene senkrecht stehende Gerade heißt die brechende Kante des Prismas.

Damit ergibt sich aus Gl. (295)

$$n = \frac{\sin \frac{1}{2}(\delta + \varphi)}{\sin(\varphi/2)} \tag{302}$$

und

$$n = \frac{\sin \alpha}{\sin(\varphi/2)} \,. \tag{303}$$

Beide Gleichungen eignen sich zur Bestimmung der Brechzahl n. Man misst entweder δ oder α.

Im Grenzfall kleiner brechender Winkel kann man in den Gln. (301) und (302) den Sinus und Tangens durch die Winkel selbst ersetzen. Dann findet man sowohl für unsymmetrischen als auch symmetrischen Strahlengang den Ablenkwinkel

$$\delta = (n-1)\varphi \,, \tag{304}$$

d. h., der Ablenkwinkel δ ist proportional zum brechenden Winkel φ des Prismas.

§ 129. Linsen und Hohlspiegel. Brennweite. Ein divergentes durch eine Öffnung S begrenztes Bündel von Wasserwellen wird durch eine Linse konvergent gemacht (Abb. 347). So gelangt man zu einer starken Einschnürung der Wellen in einem engen *Bereich*, kurz „Bildpunkt“ L' genannt. Analog lassen wir in der Optik ein Lichtbündel divergierend auf eine Öffnung S auffallen und durch eine Linse in dieser Öffnung in ein konvergentes verwandeln (Abb. 348). So wird eine punktförmige Lichtquelle L „abgebildet“. In Abb. 348 sind die Bündelachse und die beiden Seitenstrahlen eingezeichnet. Als bündelbegrenzende *Aperturblende* wirkt in Abb. 348 die Linsenfassung S. Der Mittelpunkt der Aperturblende liegt also hier auf der strichpunktierten Linsenachse. In diesem Fall bekommt die Achse des Lichtbündels einen besonderen Namen, nämlich *Hauptstrahl*.

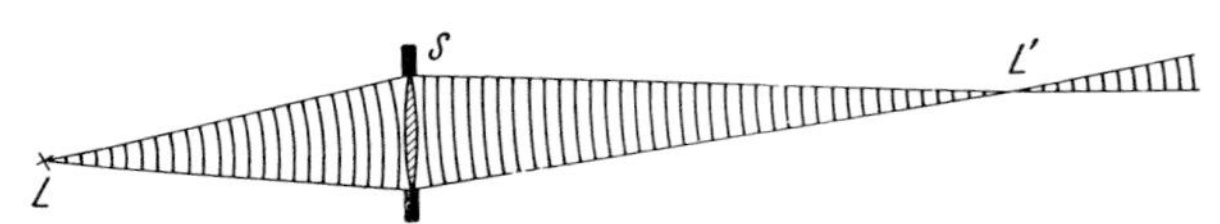

Abb. 347. Eine Linse macht ein divergentes Bündel mechanischer Wellen konvergent. Schematisch nach Abb. 327 in Bd. 1 (siehe dort auch den **Videofilm 62, „Wasserwellenexperimente“**).

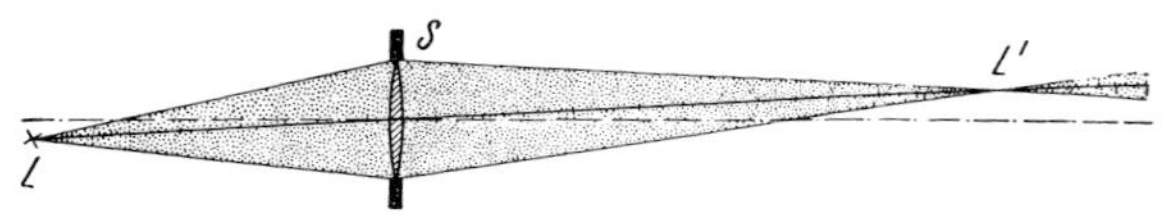

Abb. 348. Eine Linse macht ein divergentes, durch die Fassung S begrenztes Lichtbündel konvergent. L': reeller Bildpunkt. Schematisch.[K13]

K13. Zur Unterscheidung von dem später eingeführten *virtuellen* Bildpunkt spricht man hier vom *reellen* Bildpunkt.

Die quantitative Behandlung der Linsen geht von Zylinderlinsen aus. Will man mit einer Zylinderlinse einen Ding*punkt* als Bild*punkt* abbilden, so darf man keine räumlichen, sondern nur praktisch *flächenhafte* oder ebene Lichtbündel anwenden. Das heißt, man muss eine schmale *spaltförmige* zur Zylinderachse senkrechte Aperturblende benutzen. — Mit dem Versuch fortfahrend erweitert man die Aperturblende bis zu der in Abb. 349 mit dem Doppelpfeil markierten Breite B. Dann erzeugt eine Zylinderlinse für einen Dingpunkt L keinen Bildpunkt, sondern einen Bild*strich* L'. *Erst zwei hintereinandergestellte gekreuzte Zylinderlinsen mit gleichem Krümmungsradius wirken wie eine sphärische Linse*: d. h., sie ergeben für einen Dingpunkt L einen Bild*punkt* L' (Abb. 350a) und liefern gute Bilder. Zwei gekreuzte Zylinderlinsen mit *verschiedenem* Krümmungsradius ergeben statt eines Bild*punktes* zwei durch einen Abstand getrennte zueinander senkrecht stehende Bild*striche* L' und L'' (Abb. 350b, *Astigmatismus*, § 141).

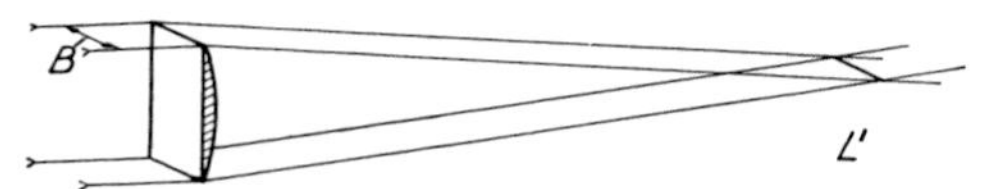

Abb. 349. Abbildung eines fernen Dingpunktes durch eine Zylinderlinse in einem Bildstrich L'. Man muss die Breite B des einfallenden Lichtbündels mit einer Spaltblende einengen, um den „Bildstrich" in einen „Bildpunkt" zu verwandeln.

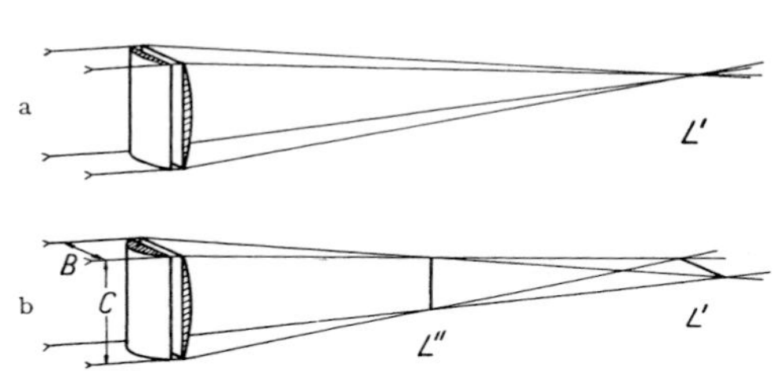

Abb. 350. Abbildung eines fernen Dingpunktes durch zwei gekreuzte Zylinderlinsen (a) mit gleichem Krümmungsradius: man erhält einen Bildpunkt L', (b) mit ungleichem Krümmungsradius: man erhält zwei getrennte Bildstriche L' und L'' (vgl. § 141, Astigmatismus). Man kann mit einer Spaltblende entweder die Breite B oder die Breite C des einfallenden Lichtbündels einengen. Dadurch verwandelt man im ersten Fall (Länge B klein) den Bildstrich L', im zweiten Fall (Länge C klein) den Bildstrich L'' in einen „Bildpunkt".

An die Zylinderlinse anknüpfend, führt man die Wirkung einer Linse auf die Wirkung von Prismen zurück. Dabei beschränkt man sich auf eine Zylinderlinse geringer Wölbung (Abb. 351) und *auf beiderseits schlanke, der Linsenachse nahe Lichtbündel.* (Leider muss man in den Skizzen der Übersichtlichkeit halber die Öffnungswinkel u und u' der Lichtbündel viel zu groß zeichnen!) Diese Lichtbündel zerlegt man gemäß Abb. 351 in Teilbündel und verfolgt von jedem Teilbündel nur die Achse. Gleichzeitig zerlegt man die Linse in eine Reihe übereinandergestellter Prismen.

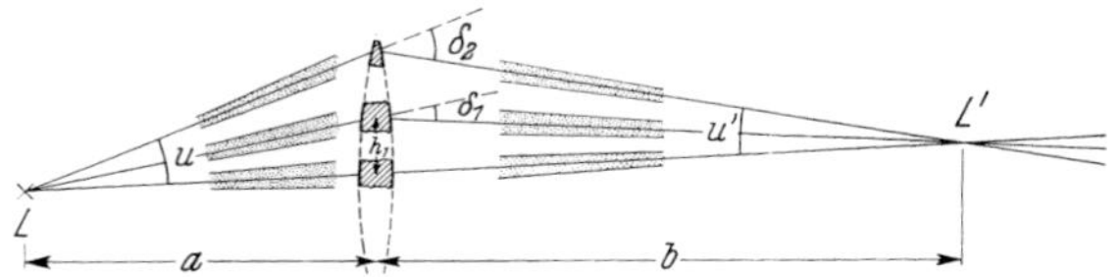

Abb. 351. Zusammenhang von Linsen- und Prismenwirkung. Die Krümmungsradien der beiden Linsenflächen werden in Gl. (305) als r_1 und r_2 bezeichnet.[K14]

K14. Dies ist ein gutes Beispiel für das FERMAT'sche Prinzip (Kommentar K7): Obwohl die geometrische Weglänge vom Ablenkwinkel δ abhängt, ist die optische Weglänge die gleiche. Damit kann das Licht also auf allen der skizzierten Wege von L nach L' gelangen.

So gelangt man zu den bekannten *für schlanke achsennahe Lichtbündel gültige Linsenformeln*:

$$(n-1)\left(\frac{1}{r_1}+\frac{1}{r_2}\right)=\frac{1}{f'}\,, \qquad (305)$$

$$\frac{1}{a}+\frac{1}{b}=\frac{1}{f'}\,. \qquad (306)$$

In diesen Gleichungen heißt f' die bildseitige *Brennweite.*

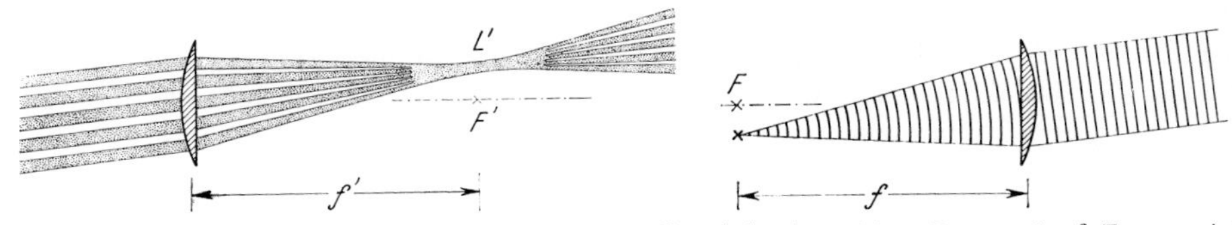

Abb. 352. Zur Definition der bildseitigen Brennweite f' und der dingseitigen Brennweite f. Erstere wird mit einer Reihe von Parallellichtbündeln vorgeführt. Sie entstammen dem gleichen fernen Dingpunkt L. Man erhält sie durch Unterteilung eines breiten Parallellichtbündels mit einer Gitterblende.

Zur Herleitung der Gln. (305) und (306) dient Abb. 353. In ihr ist die Linse dick und mit stark gekrümmten Flächen gezeichnet, um die notwendigen Buchstaben unterbringen zu können. Für das kleine schraffierte Dreieck mit dem Außenwinkel δ gilt

$$\delta = \varphi_1 + \varphi_2 = (\alpha - \beta) + (\varepsilon - \gamma)\,. \tag{307}$$

Dabei ist nach dem Brechungsgesetz

$$\sin\alpha/\sin\beta = \sin\varepsilon/\sin\gamma = n \qquad \text{(295) v. S. 212}$$

und für kleine Winkel

$$\alpha = n\beta \quad \text{und} \quad \varepsilon = n\gamma\,. \tag{308}$$

Damit wird aus Gl. (307)

$$\delta = \varphi_1 + \varphi_2 = (n-1)(\beta + \gamma)\,. \tag{309}$$

Ferner haben das große Dreieck mit den Winkeln χ_1 und χ_2 und das kleine Dreieck mit den Winkeln β und γ gleiche Außenwinkel. Daher ist $\beta + \gamma = \chi_1 + \chi_2$, und Gl. (309) erhält die Form

$$\delta = \varphi_1 + \varphi_2 = (n-1)(\chi_1 + \chi_2)\,. \tag{310}$$

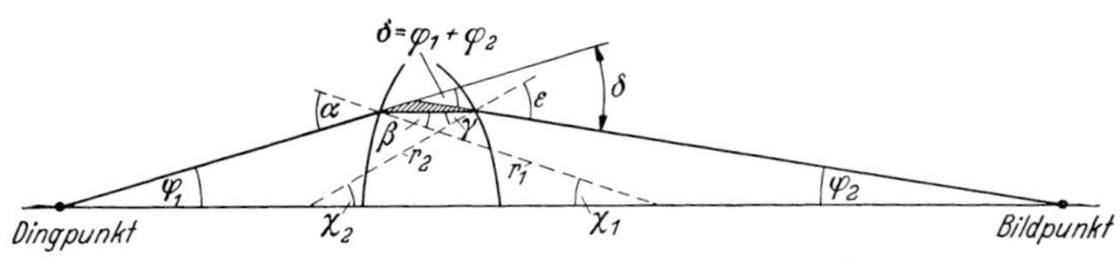

Abb. 353. Zur Herleitung der Gln. (305) und (306)

Die kleinen Winkel lassen sich durch die Höhe h, die Krümmungsradien r_1 und r_2 sowie die Abstände a und b ersetzen. Dann erhält man

$$\delta = (n-1)\left(\frac{h}{r_1} + \frac{h}{r_2}\right) = \frac{h}{a} + \frac{h}{b} \tag{311}$$

oder

$$(n-1)\left(\frac{1}{r_1} + \frac{1}{r_2}\right) = \frac{1}{a} + \frac{1}{b}\,. \tag{312}$$

Für sehr große Dingabstände a wird die Bildweite b zur bildseitigen Brennweite f' (Abb. 352 links) und man erhält die Gln. (305) und (306).

Die Abstände a und b sowie die Brennweite f' werden *vorläufig* von der Mittelebene der Linse aus gemessen (Genaueres in § 138). Die Gesamtheit der Bildpunkte aller sehr fernen Dingpunkte bildet die bildseitige *Brennebene*. Ihren Schnittpunkt mit der Linsenachse nennt man den bildseitigen Brennpunkt F'.

In entsprechender Weise definiert man die dingseitige Brennebene, den dingseitigen Brennpunkt F und die Brennweite f, Abb. 352 rechts. Von einem Punkt L der dingseitigen Brennebene divergent ausgehend, verlassen die Lichtbündel die Linse mit parallelen

Grenzen. Zum Vergleich mit mechanischen Wellen sind einige Wellenberge als Querstriche eingezeichnet. — Für Linsen in Luft (oder allgemein gleichen Stoffen auf beiden Seiten) sind ding- und bildseitige Brennweite gleich groß.

Praktiker bezeichnen den Kehrwert der Brennweite als *Stärke* der Linse, also Stärke = $1/f$. Als Einheit benutzen sie $1\,\mathrm{m}^{-1} = 1$ Dioptrie (entsprechend $1\,\mathrm{sec}^{-1} = 1$ Hertz). Eine Linse mit der Stärke $1/f = 3$ Dioptrien = $3\,\mathrm{m}^{-1}$ hat also die Brennweite $f = 0{,}33$ m. Beim Hintereinanderschalten mehrerer Linsen addieren sich (angenähert) ihre Stärken.

Die Abbildung eines ausgedehnten Dinges führt man auf die Abbildung seiner einzelnen Punkte durch je ein Lichtbündel zurück. Das zeigt Abb. 354 für den oberen und unteren Punkt eines Gegenstandes. Für viele Zwecke genügt die Skizzierung der hier dicker gezeichneten *Hauptstrahlen*[1] (z. B. in Abb. 406). Man entnimmt der Abb. 354 die oft gebrauchten Beziehungen[K15]

K15. Zur Unterscheidung dieser Definition von der in den Paragraphen 146, 147 und 149 eingeführten Vergrößerung des Sehwinkels bei optischen Instrumenten spricht man hier auch vom „Abbildungsmaßstab".

$$\text{Vergrößerung} = \frac{\text{Bildgröße } 2y'}{\text{Dinggröße } 2y} = \frac{\text{Bildabstand } b}{\text{Dingabstand } a} \approx \frac{\tan u}{\tan u'} \tag{313}$$

(u = dingseitiger, u' = bildseitiger Öffnungswinkel).

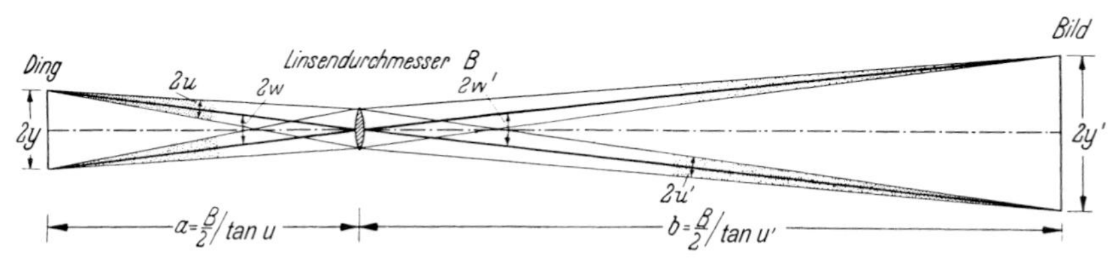

Abb. 354. Zur Abbildung eines ausgedehnten Gegenstandes durch einzelne von seinen Dingpunkten ausgehende Lichtbündel. u und u' heißen ding- und bildseitiger Öffnungswinkel. w und w' Neigungswinkel der Hauptstrahlen, die hier gleich groß sind (s. auch Kommentar K1 in Kap. XVIII).

Ferner gilt

$$\text{Bildgröße } 2y' = \text{Bildabstand } b \cdot 2 \tan w \tag{314}$$

oder für kleine Winkel

$$2y' = b \cdot \tan 2w \tag{315}$$

(w = Winkel zwischen Hauptstrahl und Linsenachse).

Beispiel zu Gl. (315): Die Sonnenscheibe hat einen Winkeldurchmesser $2w = 32$ Bogenminuten. Ihr Bild liegt im Abstand $b = f$ hinter der Linse, also $2y' = \tan 32' \cdot f = 9{,}3 \cdot 10^{-3} \cdot f$. Eine Linse von 1 m Brennweite führt also zu einem Sonnenbild von $2y' = 9{,}3$ mm Durchmesser.

Ein Lichtbündel von einem Dingpunkt L innerhalb der dingseitigen Brennebene (Abb. 355) wird nicht konvergent, sondern nur weniger divergent gemacht. Die gestrichelte Rückwärtsverlängerung der zwei eingezeichneten Strahlen führt auf den virtuellen Bildpunkt L_1. Zum Vergleich mit mechanischen Wellen sind auch in Abb. 355 einige Wellenberge eingezeichnet.

Konkavlinsen bringen nichts grundsätzlich Neues.[K16] Sie vergrößern die Divergenz der Lichtbündel. Abb. 356 zeigt das für den Fall von links einfallender Parallellichtbündel. Sie dient gleichzeitig zur Definition des bildseitigen Brennpunktes F'. Die Gln. (305) und (306) bleiben bei sinngemäßer Wahl der Vorzeichen gültig.

K16. Konkavlinsen, oder allgemein Linsen, die in der Mitte dünner sind als am Rand, werden auch als *Zerstreuungslinsen* bezeichnet. Im Gegensatz dazu nennt man Konvexlinsen, oder allgemein solche, die in der Mitte dicker sind als am Rand, *Sammellinsen*.

[1] Wir wiederholen: *Hauptstrahl* ist der Name der Lichtbündelachse, falls der Mittelpunkt der Bündelbegrenzung (in Abb. 354 also der Linsenfassung) auf der Symmetrieachse der Linse liegt.

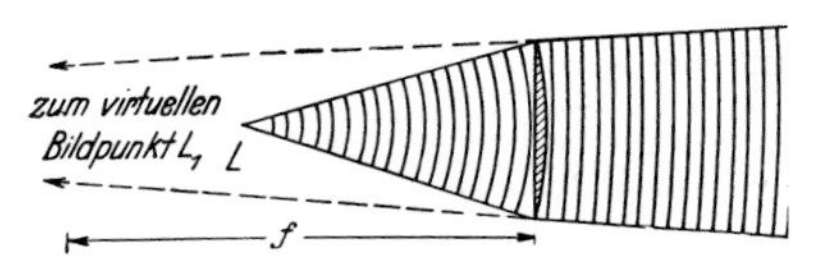

Abb. 355. Dingpunkt innerhalb der dingseitigen Brennebene. Die Linse verringert die Divergenz des Bündels.

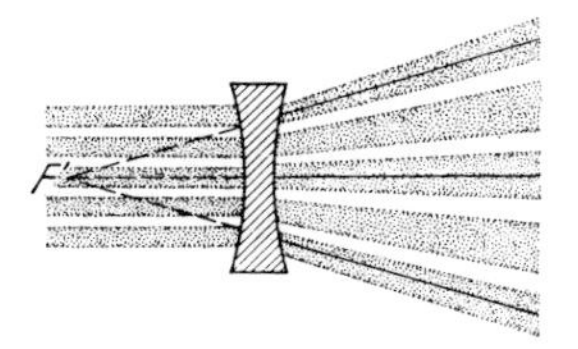

Abb. 356. Zur Wirkungsweise einer Konkavlinse. F': virtueller bildseitiger Brennpunkt.

Hohlspiegel sind für physikalische und astronomische Zwecke überwiegend in einer Anwendungsart von Bedeutung: Ding- oder Bildpunkt befinden sich unweit der Spiegelachse in der Brennebene, und der Öffnungswinkel des Lichtbündels ist von mäßiger Größe. Die Wirkung der Hohlspiegel ergibt sich dann mit einfachen geometrischen Betrachtungen aus der Anwendung des Reflexionsgesetzes. Die Brennweite des Hohlspiegels ist gleich der Hälfte seines Krümmungsradius R (Abb. 357).

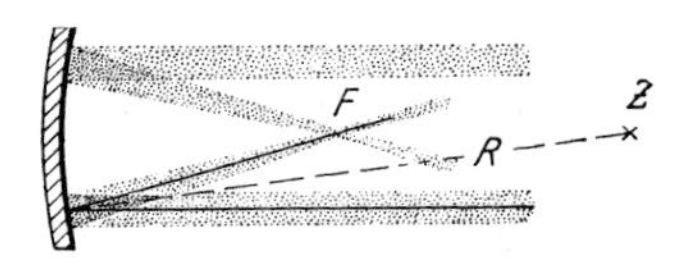

Abb. 357. Zur Wirkungsweise eines Hohlspiegels (Aufg. 79)

§ 130. Trennung von Parallellichtbündeln durch Abbildung. Viele optische Erscheinungen nehmen bei Benutzung von Parallellichtbündeln ihre einfachste Gestalt an. Bei solchen Versuchen handelt es sich oft um eine Aufspaltung eines Parallellichtbündels in zwei oder mehrere solcher Bündel. Im einfachsten Fall haben wir das Schema der Abb. 358. Von links kommt ein Parallellichtbündel und durchsetzt irgendeinen Apparat G. Dabei wird es in zwei gegeneinander geneigte Parallellichtbündel zerlegt. Doch ist die Trennung ungenügend, die Bündel überlappen sich stark.

Wie lässt sich eine ausreichende Trennung beider Bündel erzielen? Nach geometrischem Augenschein wird man sagen: Erstens mache man den Querschnitt der Parallellichtbündel klein, und zweitens verlege man die Beobachtungsebene in Abb. 358 weiter nach rechts.

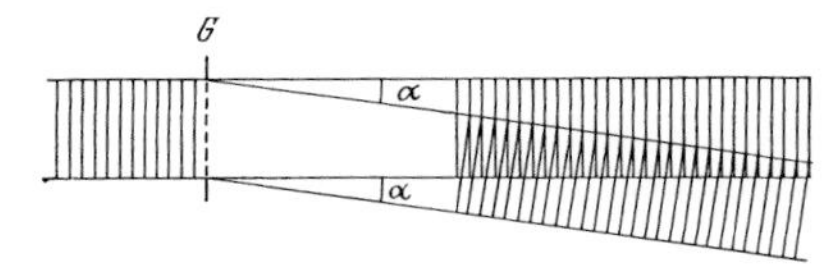

Abb. 358. Unzureichende Trennung zweier Parallellichtbündel hinter irgendeinem Apparat G

Beide Vorschläge setzen eine streng parallele Begrenzung der Bündel voraus. Die Bündel dürfen weder bei Querschnittsverkleinerung noch in großem Abstand von G unscharf werden und sich seitlich verbreitern. Diese Voraussetzungen sind aber für Lichtbündel keineswegs erfüllt. Alle sogenannten Parallellichtbündel sind in Wirklichkeit etwas divergent. Von mehreren Gründen nennen wir hier nur einen, nämlich den endlichen Durchmesser aller verfügbaren Lichtquellen.[K17]

K17. Zur Realisierbarkeit von Parallellichtbündeln siehe auch § 158.

Die ungenügende Trennung beseitigt man mithilfe einer Linse (Abb. 359). Diese verwandelt jedes Parallellichtbündel in ein konvergentes. Man beobachtet in der Ebene der engsten Einschnürung, der Bildebene.

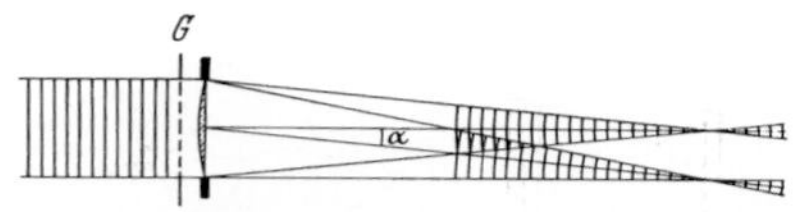

Abb. 359. Die störende Überlappung wird nach Vereinigung beider Bündel in je einem Bildpunkt beseitigt

Für Schauversuche reicht stets eine Näherung. Man setzt gemäß Abb. 360 eine Linse *vor* den Apparat G. Das Licht fällt divergent auf die Linse. Die Bildebene wird weit nach rechts verlegt, meist einige Meter. Dann sind die zu den Bildpunkten konvergierenden Lichtbündel sehr schlank, und der Apparat G wird von nahezu parallel begrenzten Lichtbündeln durchsetzt.

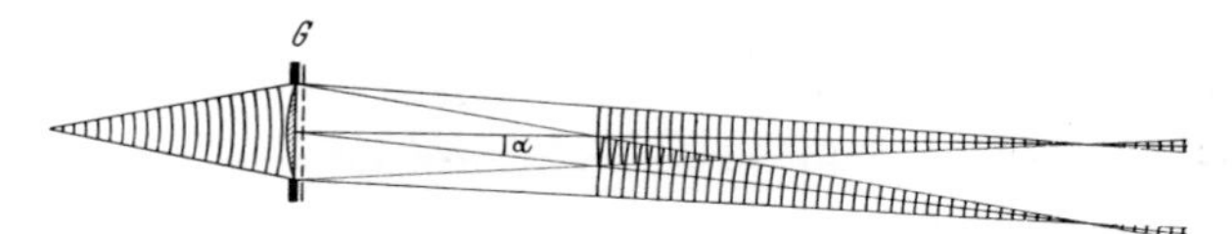

Abb. 360. Für Schauversuche ausreichende Vereinfachung der in Abb. 359 skizzierten Anordnung. Zum Vergleich mit Wellenbündeln sind in den Abb. 358–360 etliche Wellenberge als Querstriche eingezeichnet.

§ 131. Darstellung der Lichtausbreitung durch fortschreitende Wellen. Beugung.

Die Ausbreitung von Wellen kann durch Hindernisse, z. B. die Backen eines Spaltes, *seitlich* begrenzt werden. Die seitliche Begrenzung lässt sich mithilfe gerader Striche oder Strahlen darstellen, jedoch immer nur in einer mehr oder weniger guten *Näherung*. Für diese Näherung müssen zwei Voraussetzungen erfüllt sein: Die geometrischen Dimensionen der Hindernisse, z. B. die Weite B des Spaltes in Abb. 335, müssen groß gegen die Wellenlänge sein, und außerdem darf der Beobachtungsort nicht allzu weit hinter dem Hindernis liegen. In Wirklichkeit werden die geometrisch konstruierten Bündelgrenzen stets überschritten, die Wellen laufen über die Grenzen hinweg. Dies Verhalten der Wellen wird törichterweise sprachlich in *Passivform* wiedergegeben; man sagt: Die Wellen werden gebeugt. — Die Beugung ist untrennbar mit jeder Bündelbegrenzung verknüpft.[K18] Abb. 361 erinnert mit einem Modellversuch kurz an die Beugung an einem engen Spalt. Es gilt nach Bd. 1 (§ 125) für den Winkelabstand des ersten Minimums die Gleichung

$$\sin\alpha_1 = \frac{\lambda}{B} \tag{316}$$

und für den Winkelabstand des ersten Neben*maximums*

$$\sin\alpha_1' = \frac{3}{2}\frac{\lambda}{B}\,. \tag{317}$$

Durch Ausmessen der Winkel und der Spaltbreite B gelangt man so zu einer recht genauen Bestimmung der Wellenlänge λ.

K18. Die *Beugung* wurde in Bd. 1 (Kap. XII) ausführlich besprochen. Hier geht es jetzt darum, zu zeigen, dass dieses Phänomen auch bei Licht auftritt. Eine ausführliche Besprechung folgt dann in Kap. XXI.

Dies aus Bd. 1 Bekannte findet man auch für die Ausbreitung des Lichtes. So lässt sich auch das Licht durch zwei Spaltbacken *nicht* in ein beliebig enges Bündel eingrenzen. Auch Licht überschreitet die geometrisch mit Strahlen konstruierten Grenzen, „es wird gebeugt". Im Gebiet der Beugung findet man eine periodische Verteilung der Strahlung mit Maxima und Minima.

Zur Vorführung dient die in Abb. 362 oben skizzierte Anordnung. Man vergleiche sie mit dem in Abb. 361 dargestellten Modellversuch. Auch beachte man die Maßangaben in der Bildunterschrift zu Abb. 362. Der Spalt II soll ein schmales Lichtbündel *eingrenzen*, und dieses soll nach der geometrischen Konstruktion auf dem Schirm einen Streifen von

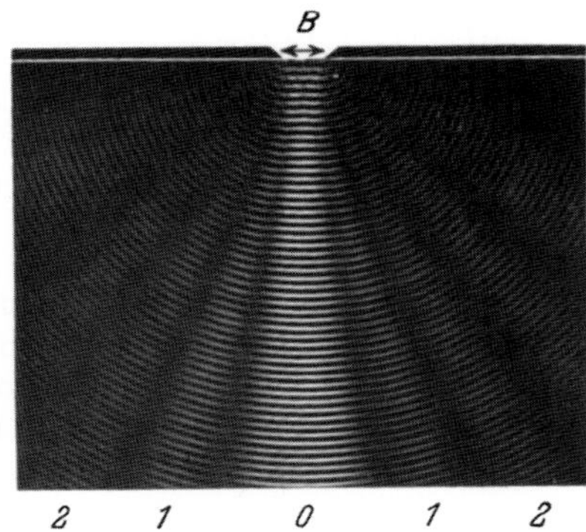

Abb. 361. Modellversuch zur Beugung durch einen engen Spalt. Vgl. Bd. 1, § 124.

rund 2 mm Breite beleuchten. Statt dessen findet man auf dem Schirm die in Abb. 362 (Mitte) fotografierte Erscheinung.

Auch beim Licht sind geradlinig-scharf begrenzte Bündel und ihre Darstellung mithilfe gerader Kreidestriche oder Strahlen lediglich eine Näherung. Allerdings ist diese Näherung in der Optik wegen der Kleinheit der Lichtwellenlänge oft besonders gut.

Zur quantitativen Erweiterung der Beobachtungen messen wir die Verteilung der *Bestrahlungsstärke* (d. h. den Quotienten Strahlungsleistung/bestrahlte Fläche) in unserem ersten, in Abb. 362 gezeigten Beugungsversuch. Wir setzen vor den Strahlungsmesser eine schmale Spaltblende, benutzen also einen nur etwa 0,5 mm breiten Streifen seiner Fläche. Dann bringen wir den Strahlungsmesser an die Stelle des Schirmes in das Lichtbündel und verschieben ihn langsam quer zur Richtung der Bündelachse. Für jede Stellung wird der Ausschlag des Strommessers notiert und dann graphisch aufgetragen. So bekommt man die Kurve in Abb. 362 unten, sie ergänzt quantitativ das fotografierte Beugungsbild in der Mitte der Abbildung.

Mit Gl. (316) und den angegebenen Abmessungen gelangt man für Rotfilterlicht zu einer Wellenlänge von etwa 650 nm. Sie ist rund zwanzigtausendmal kleiner als die der von uns in der Mechanik für Schauversuche benutzten Schall- oder Wasserwellen ($\lambda \approx$ 1,2 cm).

Die als Ordinate aufgetragene Bestrahlungsstärke ist proportional zu der von den Wellen übertragenen Leistung und diese ist wiederum für alle Strahlungen proportional zum Quadrat der Wellenamplitude (s. Bd. 1, § 136). Daher dürfen wir sagen: Unter *Amplitude einer Lichtwelle* verstehen wir einstweilen eine zur Wurzel aus dem Ausschlag des Strahlungsmessers proportionale Größe. Das mag das Bedürfnis nach „Anschaulichkeit" nicht befriedigen, es reicht aber für die quantitative Behandlung zahlreicher optischer Erscheinungen.[K19]

K19. Siehe auch Kommentar K5 und § 91 in Kap. XII.

§ 132. Strahlung verschiedener Wellenlängen. Dispersion. Wir wiederholen den in Abb. 337, S. 213 gezeigten Grundversuch der Brechung, jedoch mit zwei Abänderungen. Erstens benutzen wir statt des Rotfilterlichtes gewöhnliches Glühlicht. Wir lassen ein schmales, von der Aperturblende B fast parallel begrenztes Lichtbündel (Breite < 1 mm) auf den *planparallelen* Glasklotz auffallen. Zweitens verfolgen wir das gebrochene Bündel auch nach seinem Wiederaustritt aus der unteren, zur oberen streng parallelen Fläche des Glasklotzes. Dabei machen wir eine wichtige neue Beobachtung: Aus dem Glühlichtbündel entstehen beim Eindringen in den Glasklotz bunte, auseinanderfächernde Einzelbündel. Aus der Unterfläche treten parallele bunte Lichtbündel aus. Abb. 363 vermerkt nur

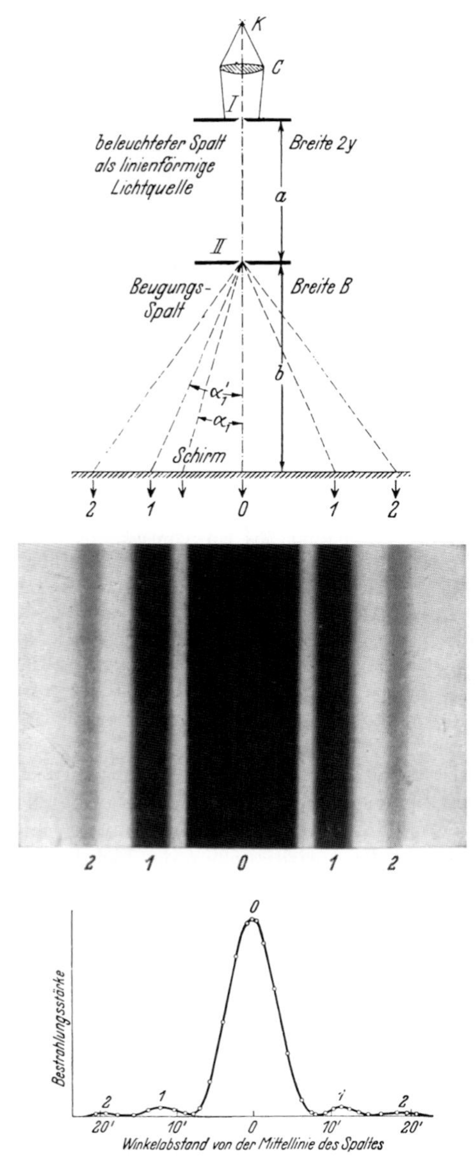

Abb. 362. Die Begrenzung des Lichtes (Rotfilterlicht) durch einen Spalt. — Oben: Versuchsanordnung, die gestrichelten Winkel stark übertrieben. — Mitte: Kurzer vertikaler Ausschnitt aus der auf dem Schirm entstehenden Beugungsfigur. Fotografisches Negativ in natürlicher Größe für $B = 0{,}3$ mm, $b = 3{,}8$ m; $a = 1$ m; $2y = 0{,}2$ mm. — Das untere Teilbild zeigt die mit einer Photodiode ausgemessene Verteilung der Bestrahlungsstärke (d. h. des Quotienten Strahlungsleistung/Fläche gemessen z. B. in Watt/m^2) in der Beugungsfigur eines Spaltes ($B = 0{,}31$ mm; $b = 1$ m; $a = 0{,}75$ m; $2y = 0{,}26$ mm; benutzte Breite des Strahlungsmessers (Abb. 332 rechts) $= 0{,}55$ mm). (**Videofilm 22**)

Videofilm 22:
„Beugung und Kohärenz" Ab Zeitmarke 9:30 wird die **Beugungsfigur eines Einfachspaltes** vorgeführt. Es wird sowohl Rot- als auch Blaufilterlicht verwendet. Die experimentelle Anordnung wird am Beginn des Films erläutert.

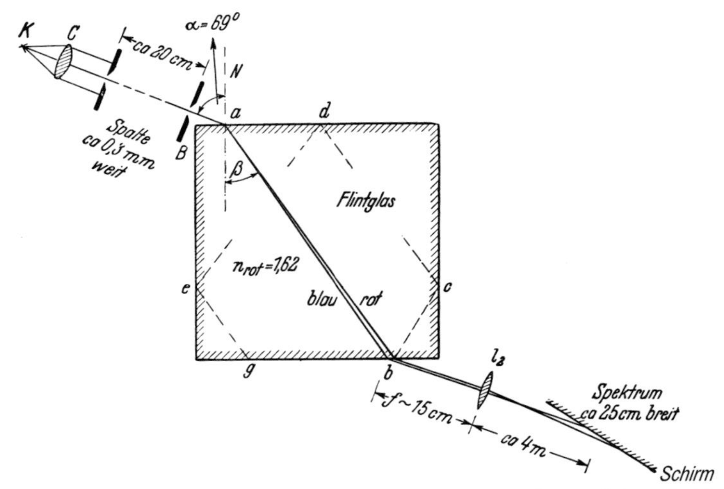

Abb. 363. Herstellung eines Spektrums durch Brechung in einem planparallelen Glasklotz. Als linienförmige Lichtquelle dient hier und in Abb. 364 ein schmaler, von einer Bogenlampe K mit einer Hilfslinse C beleuchteter Spalt. Von a ab rechts bis zur Linse l_2 bedeuten die Striche ausnahmsweise keine Strahlen, sondern divergierende Lichtbündel. Der Schirm muss schräg gestellt werden, damit der Farbfehler (§ 144) der Linse l_2 ausgeglichen und das Band des Spektrums oben und unten praktisch parallel begrenzt wird. Bei b ist das Spektrum etwa 2,5 mm breit. Man kann jedoch auch das längs des Weges c, d, e, g reflektierte Licht bei g beobachten. Dort hat das Spektrum wegen des dreifach größeren Glasweges schon etwa 8 mm Breite und, mit der Linse l_2 auf den Schirm projiziert, etwa 75 cm.

nur ein rotes und ein blaues Bündel. In Wirklichkeit sehen wir aber unterhalb des planparallelen Glasklotzes ein Band mit einer stetigen Folge bunter Farben, ein *kontinuierliches Spektrum* genannt. Wir können dieses Spektrum einem großen Hörerkreis sichtbar machen. Dazu haben wir nur die Austrittsstelle b der Lichtbündel mit einer Linse stark vergrößert auf einem Wandschirm abzubilden.

Die Brechung in einem planparallelen Glasklotz *erzeugt* also aus einem Bündel unbunten Glühlichtes eine Reihe bunter Bündel. Diese bunten Bündel fächern im Inneren des Glasklotzes auseinander, laufen aber hinter dem Glasklotz parallel zueinander. Wir wollen wie bisher an dem Ausdruck „bunte" Bündel keinen Anstoß nehmen und zunächst versuchen, die Fächerung der bunten Bündel auch unterhalb des Glasklotzes fortzusetzen. Das erreichen wir unschwer: Wir haben nur die Parallelität der oberen und unteren Glasflächen aufzugeben und dem Glasklotz die Gestalt eines Prismas zu geben.

Bei der so vergrößerten Fächerung können wir ein viel breiteres Lichtbündel benutzen als im Fall der planparallelen Platte. Dabei stört zunächst noch eine Überlappung der einzelnen bunten Bündel. Darum nehmen wir den in § 130 erläuterten Kunstgriff zu Hilfe. Wir stellen in die breite Aperturblende B eine Linse und machen alle austretenden Lichtbündel konvergent, d. h., wir bilden den beleuchteten Spalt S auf einem Wandschirm ab (Abb. 364). Dort finden wir das leuchtende bunte Band eines kontinuierlichen Spektrums.

Jetzt folgt die quantitative Auswertung dieser Beobachtung. Zunächst müssen wir die unphysikalischen Bezeichnungen „rotes", „blaues" usw. Lichtbündel beseitigen und die verschiedenartigen Strahlungen physikalisch, d. h. durch eine messbare Größe charakterisieren. Dazu dient der Begriff der Wellenlänge: Wir blenden aus dem Spektrum ein schmales, dem Auge einfarbig erscheinendes Lichtbündel aus und messen für dieses nach dem uns

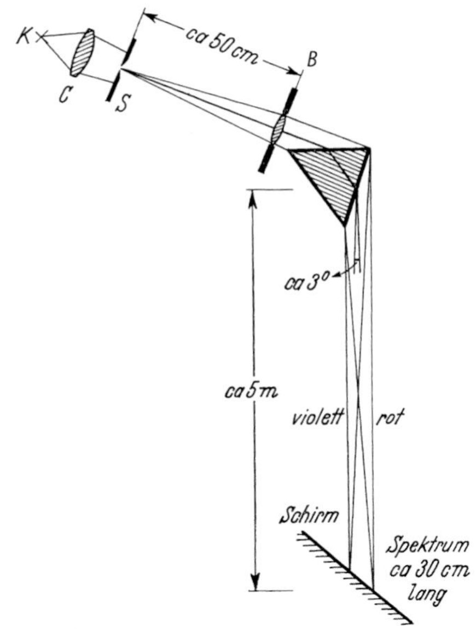

Abb. 364. Herstellung eines Spektrums mit einem Prisma im Schauversuch. Das ins Prisma einfallende Lichtbündel ist nur angenähert parallel. Die Linse bildet den Spalt (linienhafte Lichtquelle) auf dem einige Meter entfernten Wandschirm ab. Von den bunten Lichtbündeln sind hinter dem Prisma nur ein rotes und ein violettes gezeichnet. Die Schrägstellung des Schirmes hat wieder den in der Bildunterschrift von Abb. 363 angegebenen Grund. — Eine für Messzwecke übliche Anordnung mit streng parallelem Lichtbündel findet man später in Abb. 499.

bekannten Verfahren der Spaltbeugung eine Wellenlänge (Abb. 362, Praktikumsaufgabe). Wir finden so für Lichtbündel

im violetten	Spektralbereich Wellenlängen von 400–440 nm[1]
im blauen	Spektralbereich Wellenlängen von 440–495 nm
im grünen	Spektralbereich Wellenlängen von 495–580 nm
im gelben und orangen	Spektralbereich Wellenlängen von 580–640 nm
im roten	Spektralbereich Wellenlängen von 640–750 nm.

Der Vorgang der Brechung *erzeugt* also aus der Strahlung des Glühlichtes verschiedenartige, für das Auge bunte Strahlungen, und jeder von ihnen lässt sich ein *Wellenlängenbereich* zwischen 400 und 800 nm zuordnen. Bis auf Weiteres genügt die Angabe einer mittleren Wellenlänge. Wir meinen aber immer einen Bereich. Gleiches gilt auch für das oft verwendete Rotfilterlicht.

Für jede so durch eine (mittlere) Wellenlänge gekennzeichnete Strahlung kann man die Brechzahl n eines Stoffes bestimmen. Im Prinzip genügt dafür die Anordnung der Abb. 337. So bekommt man für etliche optisch oft gebrauchte Stoffe die in Tab. 9 angegebenen Brechzahlen.

Die Abhängigkeit der Brechzahl n von der Wellenlänge wird *Dispersion* genannt.[K20] Messtechnische Einzelheiten sind ohne Belang. Hier beschäftigt uns zunächst eine weitere Beobachtung von grundsätzlicher Bedeutung. Wir ersetzen das Auge durch einen physikalischen Indikator, z. B. ein Thermoelement. Diesen bewegen wir in Abb. 364 durch

K20. Die im Bereich des sichtbaren Lichtes auftretende Dispersion, bei der die Brechzahl mit zunehmender Wellenlänge abnimmt, wird als *normale* Dispersion bezeichnet. In anderen Wellenlängenbereichen ist der Zusammenhang komplizierter, siehe dazu in Kap. XXII die Abb. 579 (unteres Teilbild) und 580.

[1] Lies 1 nm = 1 Nanometer = 10^{-9} m.

Tabelle 9. Brechzahlen für verschiedene Wellenlängen

Stoff	Brechzahl für die Wellenlänge			
	$\lambda = 656$ nm	$\lambda = 578$ nm	$\lambda = 436$ nm	$\lambda = 405$ nm
Leichtes Kronglas	1,5076	1,5101	1,5200	1,5236
Leichtes Flintglas	1,6150	1,6200	1,6421	1,6507
Schweres Flintglas	1,7473	1,7552	1,7913	1,8060
Diamant	2,4099	2,4175	2,4499	2,4621

die Ebene des Spektrums hindurch. Der Ausschlag des Strommessers verschwindet keineswegs an den sichtbaren Enden des Spektrums, also an den Grenzen des Violetten auf der einen und des Roten auf der anderen Seite. Wir finden vielmehr beiderseits des sichtbaren Spektrums noch Strahlungen von erheblichem Betrag. Die Brechung erzeugt also außer sichtbaren auch unsichtbare Lichtbündel. Man benennt sie mit den beiden Sammelnamen „Ultraviolett“[1] und „Infrarot“[2].

Für Schauversuche haben wir früher rotes Licht nicht durch Brechung, sondern mithilfe eines Rotfilters hergestellt. Wir ließen das Glühlicht einer Bogenlampe durch ein rotes Glas hindurchgehen. Das Wort Filter beruht auf einem alten Brauch: Man beschreibt die unbunte Strahlung eines Glühlichtes als ein *Gemisch*[3] verschiedener, bunter Strahlungen verschiedener Wellenlänge. Das Filter soll nur eine von ihnen hindurchlassen.

In entsprechender Weise kann man auch Filter für die unsichtbaren Strahlungen herstellen. Als Ultraviolettfilter benutzt man am bequemsten ein stark nickelhaltiges Glas. Dem Auge erscheint es undurchlässig wie Pech, aber es lässt, in der Sprache des obigen Bildes, ultraviolettes Licht aus dem Strahlungsgemisch der Bogenlampe hindurch. Zur Sichtbarmachung ultravioletter Lichtbündel benutzt man in Schauversuchen die Anregung der Fluoreszenz. Zahlreiche Substanzen leuchten, von ultraviolettem Licht getroffen, hell auf, d. h. sie senden sichtbares Licht aus, sie „fluoreszieren“. So benutzen wir in Abb. 336 statt des Rotfilters ein Ultraviolettfilter und zum Anstreichen des Brettes ein fluoreszenzfähiges Pigment, z. B. eine Lackschicht mit einem Zinksalzpulver. Eine helle, schwach grünliche Fluoreszenz zeigt die Spur des unsichtbaren, ultravioletten Parallellichtbündels.

Als Filter für infrarote Strahlung eignen sich MnO-haltige Glasplatten. Zum Nachweis des Infrarot nimmt man meist die Erwärmung der bestrahlten Körper. So machen wir uns in Abb. 365 mithilfe einer Bogenlampe und eines Infrarotfilters einen Scheinwerfer für infrarotes Licht und entzünden in 10 m Abstand mit der unsichtbaren Strahlung ein Streichholz.

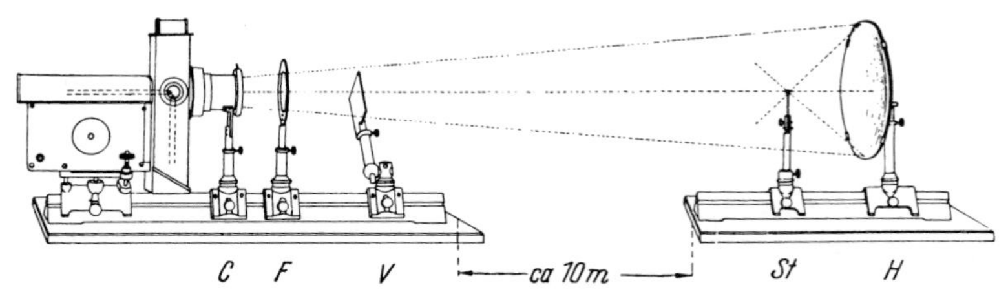

Abb. 365. Entzündung eines Streichholzes *St* durch ein Bündel unsichtbarer infraroter Strahlung. *C*: Hilfslinse; *F*: Infrarotfilter; *V*: Verschlussklappe; *H*: Hohlspiegel.

[1] J.W. Ritter: Gilberts Ann. **7**, 527 (1801).

[2] F.W. Herschel: Philosophical Transactions, Part II, 284. London 1800.

[3] Diese althergebrachte Darstellung ist zwar oft bequem; nach heutiger Kenntnis kann man sie aber höchstens als eine sehr ungenaue Ausdrucksweise gelten lassen (s. §§ 169 und 194).

§ 133. Einige technische Hilfsmittel. Winkelspiegel und Spiegelprismen. Winkelspiegel und Spiegelprismen sind oft gebrauchte technische Hilfsmittel. Überdies gibt die Rolle von Brechung und Dispersion bei den Spiegelprismen Anlass zu nützlichem Nachdenken.

Häufig braucht man die Ablenkung eines Lichtbündels um einen bestimmten Winkel δ. Man erzielt das am einfachsten mit einer einmaligen Spiegelung nach dem Schema der Abb. 366. Aber diese Anordnung ist gegen seitliche Kippungen des Spiegels empfindlich. Bei einer Kippung um den Winkel σ (Achse senkrecht zur Zeichenebene) ändert sich der Winkel δ zwischen einfallendem und reflektiertem Strahl um den Betrag 2σ.

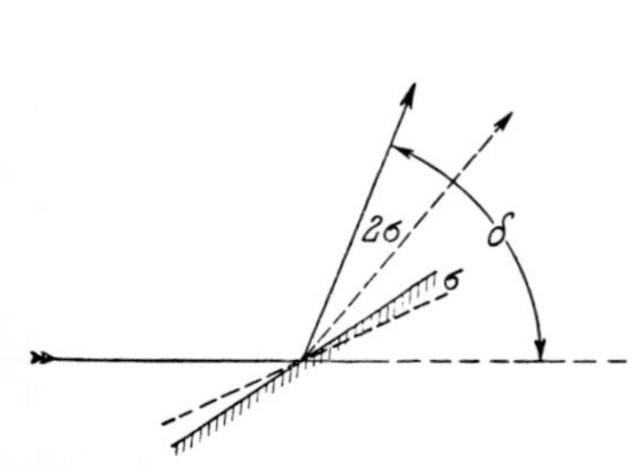

Abb. 366. Einfluss der Kippung eines Spiegels auf die Richtung eines reflektierten Lichtbündels. Nur Bündelachse gezeichnet.

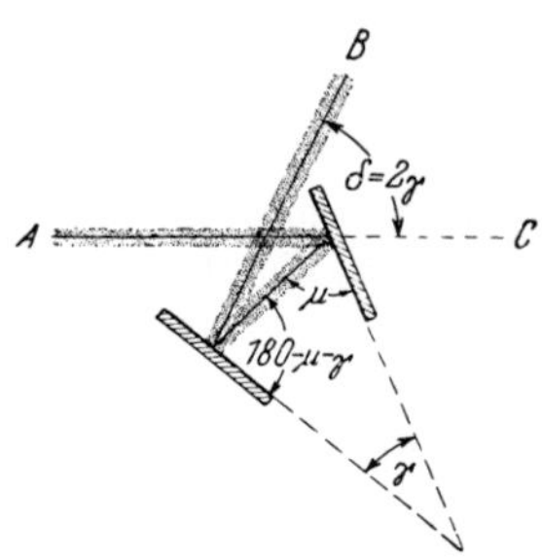

Abb. 367. Winkelspiegel. — Ermöglicht bei messbar veränderlichem Keilwinkel γ eine freihändige Messung des Winkelabstandes δ zweier Gegenstände in Richtung B und C (Sextant der Seefahrer und Astronomen). Man denke sich das Auge bei A und die rechte Spiegelplatte teilweise durchsichtig, z. B. nur halbseitig versilbert.

Bei einer zweimaligen Spiegelung durch einen Winkelspiegel hingegen bleiben seitliche Kippungen des Winkelspiegels ohne Einfluss. Denn nach Abb. 367 ist der Winkel δ zwischen einfallendem und zweifach reflektiertem Strahl nur vom Keilwinkel γ zwischen beiden Spiegelflächen abhängig. Es gilt

$$\delta = 2\gamma \,. \tag{318}$$

Für eine Strahlknickung um 90° muss $\gamma = 45°$ gewählt werden. — Zwei zueinander senkrechte Spiegel ($\gamma = 90°$) ergeben $\delta = 180°$, werfen demnach den einfallenden Strahl zu sich selbst parallel zurück usw. (Abb. 368). Das Gleiche tut eine Spiegelecke, Abb. 369.

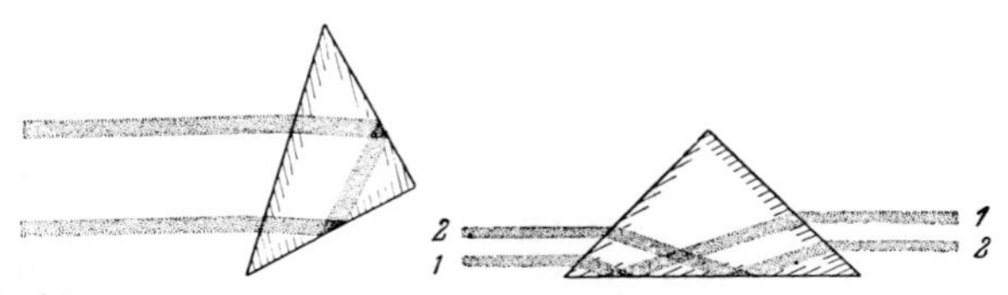

Abb. 368. Spiegelprismen in rechtwinkliger Dreiecksform. Links mit verspiegelten Kathetenflächen zur Umkehrung der Strahlungsrichtung. — Rechts mit verspiegelter Hypotenusenfläche zur Vertauschung der Lichtbündel 1 und 2. Ein solches *Umkehrprisma* dient zur Aufrichtung auf dem Kopf stehender Bilder, vor allem bei der Projektion physikalischer Versuche. (Aufg. 80)

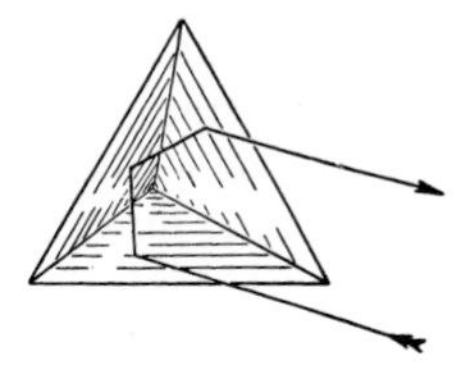

Abb. 369. Strahlengang in einer rechtwinkligen Spiegelecke. Prinzip des „Katzenaugen-Mosaiks“.

XVII. Abbildung und Lichtbündelbegrenzung

§ 134. Grundsätzliches zur Abbildung. Für eine Abbildung ist grundsätzlich nur eine Bedingung zu erfüllen: Die von „Dingpunkten" („Gegenstandspunkten") ausgehenden Strahlungen müssen auf ihrem Weg zur Bildebene (z. B. Wandschirm oder fotografische Platte) durch eine *Aperturblende* (§ 123) auf einen kleinen räumlichen *Öffnungswinkel u* eingegrenzt werden. Als Aperturblende B dient in Abb. 370a eine kleine Öffnung (Lochkamera!), in Abb. 370b ein kleiner ebener Spiegel. In beiden Fällen eignet sich für Vorführungen als Ding ein aus Miniatur-Glühlämpchen zusammengesetzter Pfeil oder Buchstabe.

Welcher Öffnungswinkel u der Strahlung liefert für gegebene Abstände von Ding und Schirm die schärfsten (aus Kreisscheibchen bestehenden) „Bildpunkte"? Die Antwort soll erst in § 184 gegeben werden. Sie wird als entscheidende Größe die Wellenlänge enthalten, die man der Strahlung zuordnen kann.

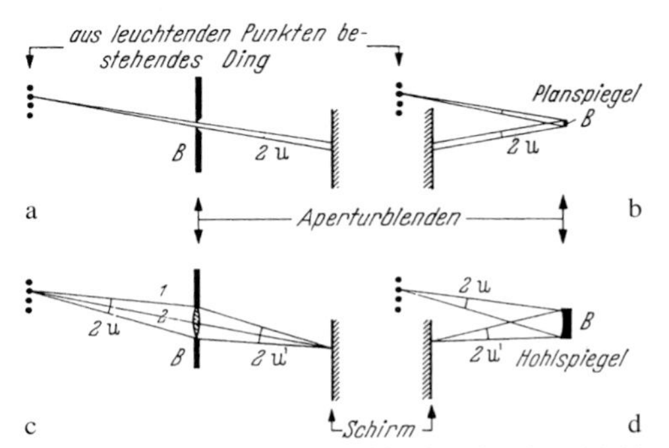

Abb. 370. Zur Rolle der Aperturblende B bei der Abbildung

Zuvor behandeln wir wegen ihrer praktischen Bedeutung die Abbildung mit Linsen und Hohlspiegeln. — Sie bringt nichts grundsätzlich Neues. Sie ermöglicht es nur, größere Öffnungswinkel u zu benutzen und dabei die Bildebene in einem kleinen Abstandsbereich festzulegen. Eine Linse in, vor oder hinter der Aperturblende macht die *optische Weglänge* (§ 125, s. auch Abb. 351) für alle Strahlen zwischen Ding- und Bildpunkt auch innerhalb eines großen Öffnungswinkels noch praktisch gleich, z. B. für die Strahlen 1 und 2 in Abb. 370c. Ein Hohlspiegel bewirkt das Gleiche durch seine Krümmung, Abb. 370d. Mehr kann man mit einer Strahlen benutzenden Darstellung nicht aussagen. Weiter kommt man auch hier erst, wenn man der Strahlung eine Wellenlänge zuordnet. Das ist in Bd. 1 ausführlich gezeigt worden, und zwar dort anknüpfend an die Abb. 327, 328 und 338. Auf diese Bilder wird auch der folgende Paragraph zurückgreifen.

§ 135. Bildpunkte als Beugungsfiguren der Linsenfassung. Wir erinnern mit Abb. 371 an ein wichtiges, mit mechanischen Wellen gewonnenes Ergebnis: Ein Bildpunkt einer Linse ist kein Schnittpunkt zweier geometrischer Geraden, sondern eine Beugungsfigur[K1] der Linsen- oder Spiegelfassung; diese Figur hat eine endliche Ausdehnung.

K1. Die Beugung von Licht wurde bereits in § 131 eingeführt. Eine ausführliche Besprechung folgt in Kap. XXI.

K. Lüders, R. O. Pohl (Hrsg.), *Pohls Einführung in die Physik*
DOI 10.1007/978-3-642-01628-8, © Springer 2010

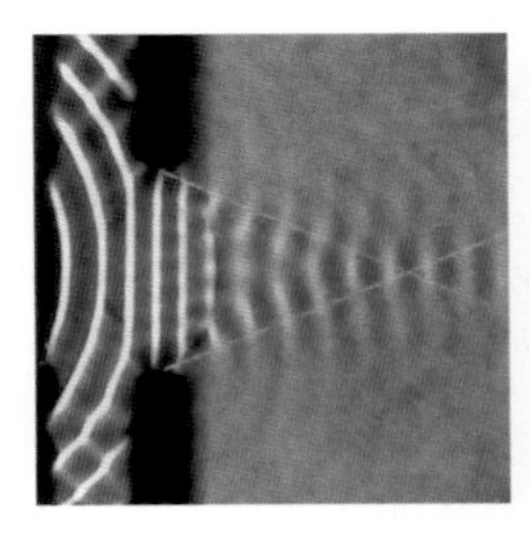

Abb. 371. Eine Flachwasserlinse für Oberflächenwellen auf Wasser. Sie bildet einen „Dingpunkt" („Gegenstandspunkt"), das links vom linken Bildrand auf der Linsenachse gelegene Wellenzentrum, in einem „Bildpunkt" ab. Dieser besitzt als eine Beugungsfigur der Linsenfassung eine endliche Ausdehnung. (Siehe Bd. 1, **Videofilm 62**)

Videofilm 62 (Bd. 1): „Wasserwellenexperimente"

Für Lichtwellen zeigt man diese bedeutsame Tatsache mit der in Abb. 372 skizzierten Anordnung. In ihr bilden wir ein Punktgitter mit einer guten Fernrohrlinse L_1 (Objektiv von 70 cm Brennweite) auf einem 5 m entfernten Schirm ab. Das Punktgitter (3 mm Seitenlänge) haben wir aus 25 Dingpunkten zusammengesetzt, Löchern von 0,2 mm Durchmesser, von hinten intensiv mit rotem Licht beleuchtet. Die aus der Linse austretenden Lichtbündel werden durch die kreisrunde Linsenfassung (5 cm Durchmesser) begrenzt[1]. Das Bild auf dem Schirm ist in Abb. 373 fotografiert; es zeigt ein Gitter, aufgebaut aus 25 sauber getrennten Kreisscheibchen. Sie ergeben einen *oberen Grenzwert* für den Durchmesser eines „Bildpunktes". — Dann setzen wir unmittelbar vor das Gitter eine Hilfsblende B_1 (Abb. 374) und geben nur noch das mittlere Loch frei, einen einzelnen „Dingpunkt". Auf dem Schirm verbleibt sein Bild in unverminderter Schärfe.

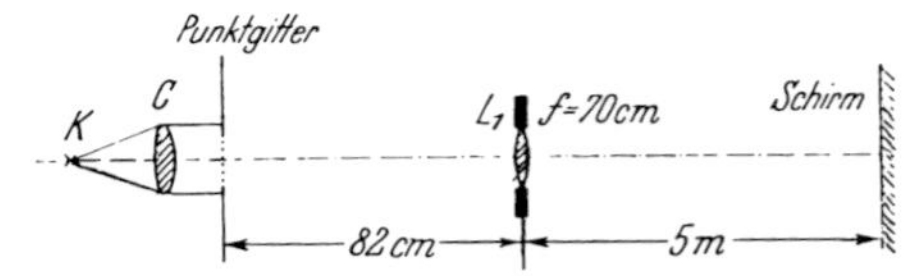

Abb. 372. Abbildung eines kleinen Punktgitters durch ein Fernrohrobjektiv. Das Gitter besteht aus 25 Löchern von je 0,2 mm Durchmesser in je 0,7 mm Abstand. Vgl. Abb. 373. Für große Säle muss man f kleiner wählen.

Abb. 373. Das auf dem Schirm der Abb. 372 abgebildete Punktgitter. Negativ in 1/2 natürlicher Größe.

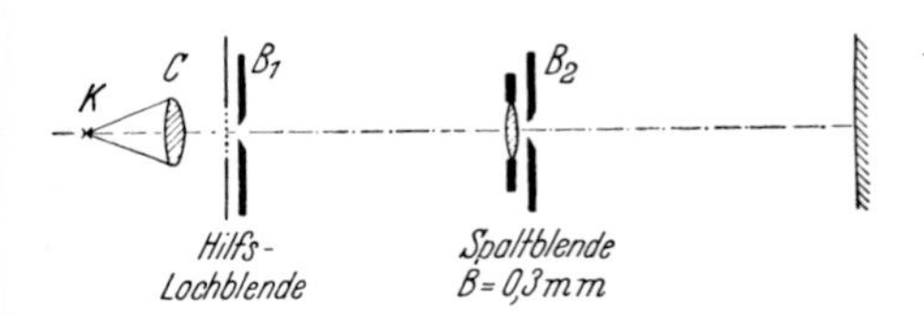

Abb. 374. Eine Hilfslochblende deckt 24 von den 25 Öffnungen des Punktgitters ab. Die eine verbleibende Öffnung wird von dem gleichen Objektiv wie in Abb. 372 abgebildet. Doch wird diesmal das Lichtbündel durch eine Blende B_2 rechteckig begrenzt.

Jetzt kommt die entscheidende Beobachtung: Wir setzen dicht hinter die Linse in Abb. 374 als Aperturblende einen rechteckigen Spalt B_2. Dadurch bekommt das aus der Linse austretende Lichtbündel eine rechteckige Begrenzung, beispielsweise von $B =$ 0,3 mm Breite. Auf dem Schirm sehen wir die in Abb. 375 fotografierte Erscheinung (1/2 natürlicher Größe): Dem Dingpunkt entspricht in der Bildebene ein langer „Pinselstrich", beiderseits mit kürzeren seitlichen Wiederholungen. Mit „Blaufilterlicht" bekommen wir die gleichen „Pinselstriche", nur etwas kürzer (Abb. 376).

In beiden Fällen gleichen die Figuren einem horizontalen Ausschnitt aus der uns bekannten Beugungsfigur eines Spaltes (Abb. 362 Mitte). Dabei liegen die Minima in den

[1] Die Beleuchtungslinse C muss in der Ebene von L_1 ein Bild des Kraters K entwerfen, dessen Durchmesser den der Linse L_1 übertrifft.

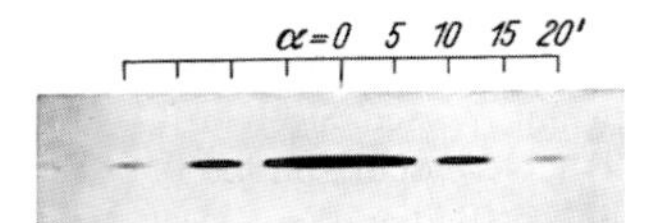

Abb. 375. Der pinselstrichartige Bildpunkt einer Linse bei schmaler rechteckiger Begrenzung der Lichtbündel durch einen zur Längsrichtung dieser Figur senkrechten Spalt B_2 von 0,30 mm Breite. Die Figur ist mit Rotfilterlicht in 5 m Abstand fotografiert ($\lambda \approx 660$ nm). Negativ in 1/2 natürlicher Größe ($\alpha = 20'$ entspricht $\sin\alpha = 5{,}8 \cdot 10^{-3}$).

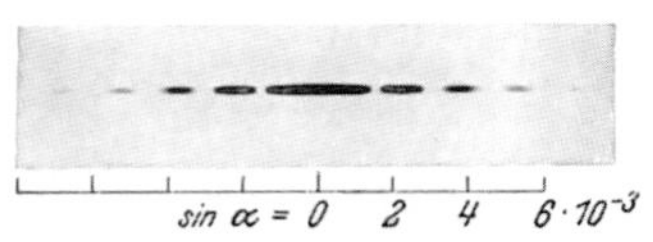

Abb. 376. Wie Abb. 375, jedoch mit Blaufilterlicht von $\lambda \approx 470$ nm

gleichen Winkelabständen wie früher (man vgl. Abb. 375 mit Abb. 362 unten). Demnach kann die Deutung der Abb. 375 und 376 nicht zweifelhaft sein: Ein Bildpunkt ist in Wahrheit eine Beugungsfigur der Linsenbegrenzung. Ihr erstes Minimum erscheint von der Linse aus gesehen beiderseits von der Bildmitte unter dem Winkel α, definiert durch die Gl. (316)[1]

$$\sin\alpha = \frac{\lambda}{B} . \qquad (316) \text{ v. S. 223}$$

Normalerweise ist die Linsenbegrenzung nicht rechteckig, sondern kreisförmig: An die Stelle des Spaltes tritt das kreisrunde Loch der Linsenfassung. Darum ersetzen wir bei der Fortführung der Versuche die Spaltblende B_2 in Abb. 374 durch eine Lochblende (z. B. Durchmesser = 1,5 mm). Das Ergebnis sehen wir in Abb. 377. Es ist die Beugungsfigur einer Kreisöffnung. Qualitativ kann man sagen, sie entsteht durch Rotation einer Spaltbeugungsfigur (Abb. 375) um ihren Mittelpunkt. Quantitativ stimmt das nicht ganz. Man muss im Fall der kreisförmigen Öffnung auf der rechten Seite der Gl. (316) einen Zahlenfaktor von 1,22 hinzufügen.[K2] Das ist aber bei dem weiten Spielraum der Wellenlänge λ im sichtbaren Spektralbereich (rund 400–750 nm) praktisch ohne Belang.

K2. Zur Berechnung des Zahlenfaktors 1,22 siehe z. B. M. Born, „Optik", Springer-Verlag, 3. Aufl. 1933, Nachdruck 1972, § 49.

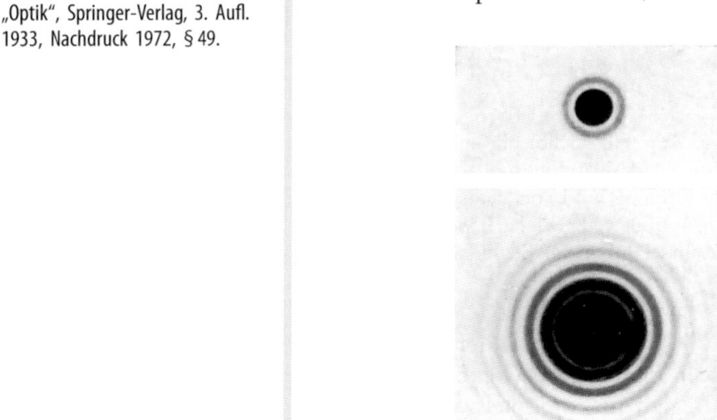

Abb. 377. Der Bildpunkt eines Fernrohrobjektivs bei Begrenzung durch eine kreisrunde Öffnung von 1,5 mm Durchmesser, in 5 m Abstand fotografiert (oberes Bild 1 min, unteres Bild 5 min belichtet). Rotfilterlicht. Negative in natürlicher Größe.

Ergebnis: *Der Bildpunkt einer Linse ist eine Beugungsfigur der die Linse begrenzenden Öffnung.* Man darf ohne nennenswerte Übertreibung behaupten: Bei der Abbildung durch Linsen ist das bündelbegrenzende Loch wichtiger als die Linse selbst. Die Rolle der Linse

„Bei der Abbildung durch Linsen ist das bündelbegrenzende Loch wichtiger als die Linse selbst."

[1] In Abb. 374 kann man das auf die Spaltblende B_2 auffallende Lichtbündel in guter Näherung als parallel begrenzt betrachten. Damit ist die Voraussetzung für die Anwendbarkeit der Gl. (316) gegeben.

ist nur eine sekundäre. Sie macht die eben oder divergierend einfallenden Wellenzüge konvergent und zieht sie in einen engen Bereich zusammen. Dadurch verlegt sie die Beugungsfigur der Öffnung in einen bequem zugänglichen Abstand; das aus diesen „Beugungsfigur-Bildpunkten" zusammengesetzte Bild bekommt eine kleine handliche Größe.

Nach Entfernung der Linse wirkt die verbleibende Aperturblende ebenso wie bei der Lochkamera (Abb. 416). Bei dieser muss die Weite des Loches, also der Aperturblende, dem gewünschten Ding- und Bildabstand angepasst werden. Das soll, wie am Anfang des Kapitels betont, erst in § 184 begründet werden. Ist die erforderliche Anpassung erfolgt, kann man die erzielte Bildschärfe hinterher nicht dadurch erhöhen, dass man in die Öffnung eine Linse einfügt. Das wird in Abb. 378 für ein Loch von 3,5 mm Durchmesser gezeigt.

Abb. 378. Zwei Bilder des gleichen Buchstaben (Kupfer-Schablone), links mit einer Linse, rechts mit einer Lochkamera fotografiert. Die Fassung der Linse und das Loch der Kamera hatten beide 3,5 mm (!) Durchmesser. Ding- und Bildabstand betrugen je 17 m. Die Bilder waren also ebenso groß wie das Ding. Sie sind hier in natürlicher Größe abgedruckt. Die erstaunlich großen „Bildpunkte", aus denen die Bilder aufgebaut sind, findet man später in Abb. 483.

Zwischen dem Bildpunkt einer Lochkamera und dem einer Linse existiert kein Unterschied von grundsätzlicher Art. Beide sind lediglich Beugungsfiguren der Öffnung, Fortsetzung in § 184.

§ 136. Das Auflösungsvermögen der Linsen, insbesondere im Auge und im astronomischen Fernrohr. Die große Bedeutung der eben gezeigten Experimente soll durch einige Beispiele erläutert werden. Wir greifen auf Abb. 374 zurück, entfernen die Hilfsblende B_1 und geben so alle 25 Dingpunkte des Punktgitters frei. Dann begrenzen wir die Linsenöffnung wieder rechteckig, benutzen also als Bildpunkte wieder lange „Pinselstriche" (Abb. 375), und zwar zunächst in horizontaler Lage (Spaltblende B_2 vertikal). So entwirft die Linse das linke Bild der Abb. 379. Statt des Punktgitters (Abb. 373) erscheinen fünf horizontale helle Linien, entstanden durch Überlappung der horizontalen Bildpunktpinselstriche. — Wir kippen darauf den Spalt B_2 und damit auch die Pinselstriche um 45° gegen die Vertikale. Statt eines Punktgitters finden wir das Bild der Abb. 379b, usw. — Eine unzweckmäßige Begrenzung der Lichtbündel kann also Bild und Ding einander völlig unähnlich machen.

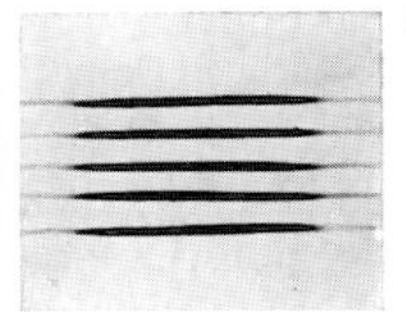
a

b
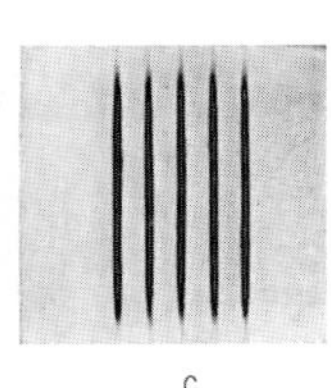
c

Abb. 379. Die Bilder des Punktgitters in Abb. 372 werden entscheidend durch die Gestalt der Objektivbegrenzung bestimmt. Rotfilterlicht. Fotografisches Negativ. 1/2 natürlicher Größe.

Für die übliche Form der Linsenbegrenzung, eine kreisrunde Fassung, bekommen wir als „Bildpunkt" eine kreisrunde Beugungsscheibe, umgeben von konzentrischen Ringen abnehmender Stärke (Abb. 377). Vom Mittelpunkt der Linse aus betrachtet erscheint der erste dunkle (im fotografischen Negativ helle) Ring dieser Beugungsfigur im Winkelabstand α vom Zentrum der Beugungsscheibe. Dabei gilt für einen Linsen-Durchmesser B in guter Näherung

$$\sin\alpha = \frac{\lambda}{B} \quad \text{oder} \quad \alpha \approx \frac{\lambda}{B}. \qquad (316) \text{ v. S. 223}$$

Für eine Trennung zweier Dingpunkte muss man ungefähr so weit gehen wie in Abb. 380: Die Zentralscheibe des einen Bildpunktes muss in das erste Minimum des anderen fallen.[K3] Das heißt, der Winkelabstand $2w$ der Dingpunkte soll nicht wesentlich kleiner sein als der aus Gl. (317) berechnete Winkel α. Damit bekommen wir für den kleinsten „auflösbaren" Winkelabstand

K3. Diese Bedingung wird in der Literatur auch als „Rayleigh-Kriterium" bezeichnet.

$$2w_{\text{min}} \approx \frac{\lambda}{B}. \qquad (319)$$

Beispiel: Unser Auge ist im Grundsatz eine fotografische Kamera. An die Stelle der Platte tritt die mosaikartig zusammengesetzte Netzhaut. Zur Begrenzung der Augenlinse (f = 23 mm) dient die Iris. Ihr Lochdurchmesser beträgt im Tageslicht etwa 3 mm. Als mittlere Wellenlänge des Tageslichtes dürfen wir $\lambda = 600\,\text{nm} = 6 \cdot 10^{-4}\,\text{mm}$ ansetzen. Damit erhalten wir nach Gl. (319)

$$2w_{\text{min}} = \frac{6 \cdot 10^{-4}\,\text{mm}}{3\,\text{mm}} = 2 \cdot 10^{-4} = 41 \text{ Bogensekunden}\,.^{1}$$

Das heißt, unser Auge muss noch zwei Dingpunkte mit einem Winkelabstand von rund 1 Bogenminute unterscheiden können. Oder mit anderen Worten: Rund 1 Bogenminute ist der kleinste vom Auge „auflösbare" Sehwinkel $2w$ (vgl. Abb. 404). Diese Überschlagsrechnung stimmt mit den praktischen Erfahrungen überein. Zur Vorführung genügt ein schwarz und weiß geteiltes Strichgitter. Für einen Beschauer in 10 m Entfernung muss der Strichabstand rund 3 mm betragen. Daraus folgt

$$2w_{\text{min}} = 3 \cdot 10^{-4}$$

oder

$$2w_{\text{min}} = 1 \text{ Bogenminute}\,.$$

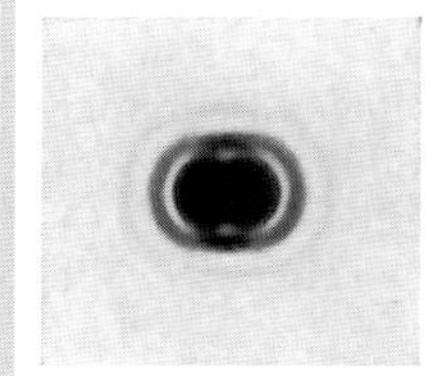

Abb. 380. Zum Auflösungsvermögen einer Linse. Trennung der beiden als Bildpunkte dienenden Beugungsfiguren. Kreisförmige Linsenöffnung von 1,5 mm Durchmesser. Der Gegenstand bestand aus zwei Löchern von 0,2 mm Durchmesser in 0,3 mm Abstand Aufnahme mit Rotfilterlicht in 5 m Abstand. Negativ in natürlicher Größe **(Videofilm 23)**

Videofilm 23: „Auflösungsvermögen" Der Film zeigt, dass „Bildpunkte" Beugungsfiguren der Linsenfassung sind. Das dadurch begrenzte Auflösungsvermögen wird anhand der Abbildung zweier beleuchteter Kreisöffnungen unterschiedlichen Abstandes mit rotem und mit blauem Licht vorgeführt. Ein Vorversuch mit einer einzelnen Öffnung zeigt die Verkleinerung des effektiven Linsendurchmessers durch Vorsetzen einer Lochscheibe. Das zunächst scharfe Bild geht dabei in die vergrößerte Struktur eines Beugungsscheibchens über. Siehe § 179.

Bei günstiger Beleuchtung lässt sich etwa die Hälfte dieses Wertes erreichen. Man braucht also mit der Trennung nicht so weit zu gehen wie in Abb. 380.

Das *astronomische Fernrohr* ist praktisch ebenfalls nur eine Variante der fotografischen Kamera: eine Linse oder ein Hohlspiegel und in der Brennebene eine fotografische Platte. Für einen Linsen- oder Spiegeldurchmesser von 300 mm wird der kleinste auflösbare Sehwinkel 100-mal kleiner als bei freiem Auge, also rund 0,4 Bogensekunden. Mit einer Öffnung von 1,2 m kann man noch zwei Fixsterne mit 0,1 Bogensekunden Abstand trennen, usw. — Jeder der beiden Sterne macht sich lediglich durch eine Beugungsfigur der

[1] Es ist 1 Grad (°) = $1{,}745 \cdot 10^{-2}$, 1 Minute (′) = $2{,}91 \cdot 10^{-4}$, 1 Sekunde (″) = $4{,}86 \cdot 10^{-6}$ (vgl. Bd. 1, § 5).

Linsen- oder Spiegelöffnung bemerkbar. Für eine dreieckige Begrenzung eines Fernrohrobjektives wird die Beugungsfigur eines Fixsternes in Abb. 381 gezeigt. Ein wirkliches Bild der Fixsternscheiben, entsprechend dem Bild der Sonnenscheibe, können wir mit Fernrohren nicht herstellen. Der Durchmesser der Sonnenscheibe beträgt 32 Bogenminuten, der Scheibendurchmesser selbst naher Fixsterne jedoch weniger als 0,01 Bogensekunden. Für die Abbildung der Fixsternscheiben sind die Bildpunkte auch großer Fernrohre (Teleskope, Durchmesser des Spiegels z. B. = 5 m)[K4] noch viel zu grob.

K4. Gemeint ist das vom California Institute of Technology (Caltech) seit 1948 betriebene Hale-Teleskop auf dem Mt. Palomar in der Nähe von San Diego, USA. Eine wesentliche Störung entsteht durch die Erdatmosphäre. So konnte man z. B. mit dem HUBBLE-Weltraumteleskop, das mit einem Spiegeldurchmesser von 2,4 m in einer Höhe von 500 km, also weit außerhalb des störenden Einflusses der Erdatmosphäre, die Erde als Satellit umkreist, die Oberfläche des Sterns α Orionis (Beteigeuze) beobachten, worin ein großer heißer heller Fleck gefunden wurde. Der Winkeldurchmesser beträgt 0,047 Bogensekunden. Er wurde mit der FIZEAU'schen Methode (§ 174) bestimmt. (Siehe z. B. R.L. Gilliland and A.K. Dupree, Astrophys. J. **463**, L39 (1996).) (Aufg. 82)

Abb. 381. Der Bildpunkt einer Linse bei Begrenzung durch eine dreieckige Öffnung von 9 cm Kantenlänge. In 5 m Abstand mit Rotfilterlicht in natürlicher Größe fotografiert (Negativ).

Das Auflösungsvermögen des Auges und des Fernrohres wird durch die *Begrenzung der Lichtbündel*, nicht durch Einzelheiten des Linsenbaues bestimmt. Das ist das wesentliche Ergebnis dieses Paragraphen.

XVIII. Einzelheiten, auch technische, über Abbildung und Bündelbegrenzung

§ 137. Vorbemerkung. In der Optik spielen Linsen etwa die gleiche Rolle wie die Leitungsdrähte in der Elektrizitätslehre. Beide sind unentbehrliche Hilfsmittel der experimentellen Beobachtung. Die Handhabung der Leitungsdrähte ist rasch erlernt und weitgehend aus alltäglichen Erfahrungen bekannt. Eine sinngemäße Benutzung von Linsen hingegen erfordert Einzelkenntnisse von nicht unerheblichem Umfang. Die vier Druckseiten des § 129 genügen keineswegs. Vor allem fehlt in ihnen das Wichtigste: die überragende Rolle der *Bündelbegrenzung* bei allen die Abbildung betreffenden Fragen. Sie haben wir erst im § 135 kennengelernt. Dieses Kapitel wird weitere Beispiele bringen, und zwar wiederum im engen Anschluss an das Experiment, an die eigene Beobachtung.

§ 138. Hauptebenen, Knotenpunkte. Bei der Behandlung einfacher, dünner Linsen zählt man Brennweite, Dingabstand (Gegenstandsweite) und Bildabstand (Bildweite) von der Mittelebene der Linse aus. Diese Mittelebene benutzt man auch bei den bekannten, im Schulunterricht sehr beliebten graphischen Konstruktionen des Bildortes (Abb. 382).[K1]

K1. Pohl bezeichnet durchweg, wie auch schon in Kap. XVI, die objektseitigen (dingseitigen) Größen mit ungestrichenen und die bildseitigen mit gestrichenen Buchstaben, auch wenn sie sich nicht unterscheiden, so wie das hier und auch in den folgenden Abbildungen der Fall ist. f und f' sind verschieden, wenn sich auf beiden Seiten der Linse Stoffe unterschiedlicher Brechzahl befinden, wie z. B. bei der Augenlinse. Siehe auch Abb. 405.

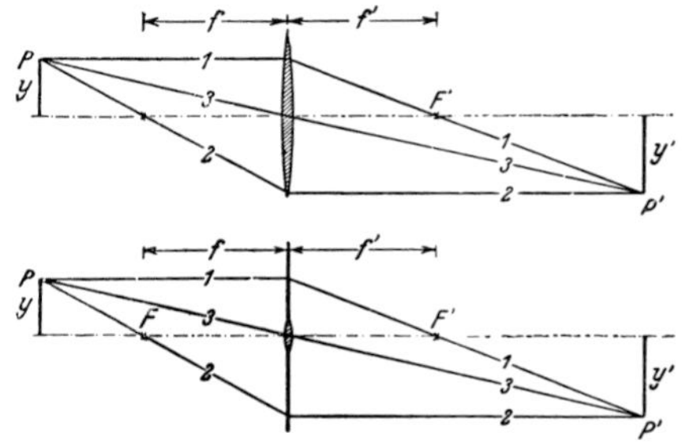

Abb. 382. Graphische Konstruktion des zum Dingpunkt P gehörigen Bildpunktes P'. Brennpunkte F und F' gegeben. Es genügen je zwei der Strahlen 1–3. — *Diese Konstruktion ist rein formal.* Die Dinggröße $2y$ kann beliebig größer sein als der Durchmesser der Linse, z. B. bei der fotografischen Kamera. Dann erreichen die Strahlen 1 und 2 nicht mehr die Linse selbst, sondern nur ihre Mittelebene. Trotzdem werden sie in der Linsenebene abgeknickt, das zeigt das untere Teilbild. (Aufg. 83, 84)

Man vernachlässigt also die endliche Dicke der Linsen als unerheblich. Das ist jedoch bei dicken Linsen und Mehrfachlinsen (z. B. Objektiven der Mikroskopie und Fotografie) fast immer unzulässig. Zur Behandlung des Strahlenganges reicht die Mittelebene nicht aus. Man muss vielmehr zwei zur Linsenachse senkrechte Bezugsebenen einführen, die beiden Hauptebenen H und H', und Brennweiten, Ding- und Bildabstand von ihnen aus zählen (C. F. Gauß). Ebenso muss man bei der graphischen Bestimmung des Bildortes die Strahlen bis zu einer der Hauptebenen führen und dort abknicken. Das zeigen wir in Abb. 383. Der physikalische Sinn dieser Konstruktion ergibt sich aus den Schauversuchen der Abb. 384. Die durch F gehenden Bündelachsen (Strahlen) nennt man bildseitig telezentrisch, die durch F' gehenden dingseitig telezentrisch.

K. Lüders, R. O. Pohl (Hrsg.), *Pohls Einführung in die Physik*
DOI 10.1007/978-3-642-01628-8, © Springer 2010

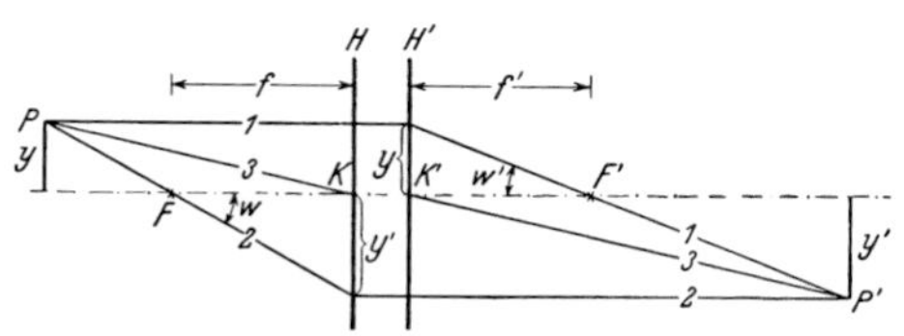

Abb. 383. Zur Definition der ding- und bildseitigen Hauptebenen H und H'. Von ihnen aus zählt man bei dicken Linsen und Mehrfachlinsen im Ding- und Bildraum Brennweiten und Abstände von Ding und Bild. K und K' dienen dem Vergleich mit Abb. 386. Will man zur Messung der Brennweite nach Gl. (320) z. B. den Strahl 2 als Lichtbündelachse realisieren, muss man den Brennpunkt F mit einer Lochblende als Eintrittspupille umgeben. Damit wird 2 zum Hauptstrahl, und deswegen ist für seinen dingseitigen Neigungswinkel in üblicher Weise der Buchstabe w gewählt worden.

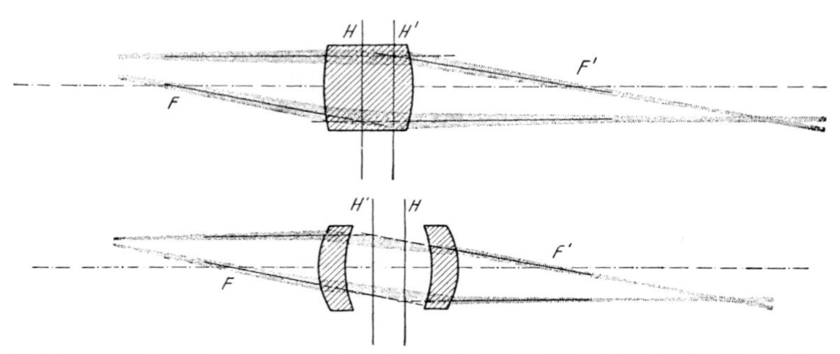

Abb. 384. Schauversuche zur Erläuterung der schematischen Abb. 383. Rotfilterlicht. Der Übersichtlichkeit halber werden nur die zu den Strahlen 1 und 2 gehörenden Lichtbündel vorgeführt. 1/9 natürlicher Größe. — Im unteren Teilbild liegt die bildseitige Hauptebene H' dem Ding näher als die dingseitige H! (Zeichnungen nach Fotografien der Versuche, ebenso später, wie z. B. in den Abb. 385, 391 und 394)

Abb. 383 veranschaulicht zugleich eine allgemeine Definition der Brennweiten, nämlich

$$\text{bildseitig:} \quad f' = \frac{y}{\tan w'}\,, \qquad \text{und dingseitig:} \quad f = \frac{y'}{\tan w}\,. \tag{320}$$

Zur experimentellen Bestimmung der Hauptebenen benutzt man zwei telezentrische Lichtbündel. Man lässt sie parallel zur Linsenachse erst von rechts (Abb. 385 oben) und dann von links (Abb. 385 unten) einfallen. Man bestimmt die Lage der Brennpunkte F und F' und bringt die gestrichelten Verlängerungen der Bündelachsen zum Schnitt. Bei dieser Mehrfachlinse liegen die beiden Hauptebenen H und H' nicht *zwischen* den Einzellinsen (einer großen Sammel- und einer kleinen Zerstreuungslinse). Außerdem sieht man deutlich den sehr ungleichen Abstand der beiden Brennpunkte von der Mittelebene der Mehrfachlinse.

Bei der häufigsten Anwendung der Abbildung sind Ding- und Bildraum vom gleichen Stoff erfüllt, nämlich Luft. In einigen Fällen enthält aber der Bildraum einen anderen, meist flüssigen Stoff (Auge!). Dann braucht man den Begriff der *Knotenpunkte*. Man erläutert ihn am einfachsten für den Sonderfall einer Lochkamera mit Wasserfüllung (Abb. 386). Man kann die Abbildung des Dingpunktes A in seinem Bildpunkt A' auf zwei Weisen beschreiben: Entweder mit den Strahlen a und a'; beide sind gegeneinander durch Brechung *geknickt*. Oder mit den Strahlen a und a''. Diese verlaufen im Ding- und Bildraum parallel zueinander. Ihre Schnittpunkte mit der strichpunktierten Symmetrieachse der abbildenden Öffnung definieren zwei Punkte K und K', genannt die *Knotenpunkte*.

In entsprechender Weise definiert man die Knotenpunkte auch dann, wenn man in die abbildende Öffnung eine Linse einfügt. Als Beispiel nennen wir das Auge. Im Dingraum

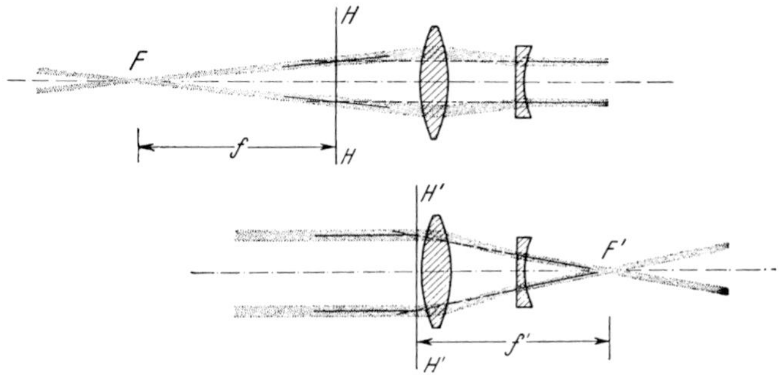

Abb. 385. Schauversuch zur Bestimmung der Hauptebenen einer aus Sammel- und Zerstreuungslinse zusammengesetzten Mehrfachlinse. — Derartige Mehrfachlinsen benutzt man bei der fotografischen Kamera als *Teleobjektiv* zur Herstellung von Großaufnahmen ferner Gegenstände, z. B. von Tieren in freier Wildbahn. Dazu braucht man eine große Brennweite, siehe Gl. (315) auf S. 221.[K2]

K2. Bei heute verwendeten Teleobjektiven kann die Brennweite f' doppelt so lang sein wie das ganze Teleobjektiv. In Abb. 385 würde dann die Hauptebene H' am linken Bildrand liegen.

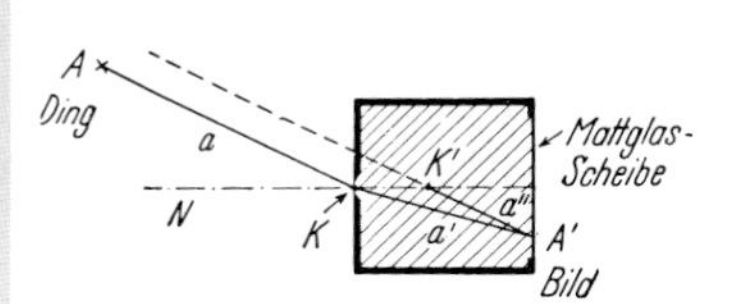

Abb. 386. Die Lage der beiden Knotenpunkte K und K' in einer mit Wasser gefüllten Lochkamera. Die abbildende Öffnung (Aperturblende) wird mit einer dünnen Glasplatte verschlossen.

befindet sich Luft, im Bildraum, der Augenkammer, eine Glaskörper genannte gallertartige Flüssigkeit.

Die beiden Knotenpunkte des entspannten Auges liegen beim normalen (nicht peripheren) Sehen 7 und 7,3 mm hinter dem Hornhautscheitel (der äußeren Oberfläche des Auges). Die Hauptebenen hingegen nur etwa 1,35 und 1,65 mm hinter dem Hornhautscheitel und der Brennpunkt im Augeninneren $(22{,}8 + 1{,}6) = 24{,}4$ mm hinter dem Hornhautscheitel.

Im Allgemeinen befinden sich aber auf beiden Seiten der Linse gleiche Stoffe. Dann werden die Schnittpunkte der Hauptebenen mit der Linsenachse (Hauptpunkte) zu „Knotenpunkten" K und K': Das heißt, die durch sie gehenden Strahlen verlaufen im Ding- und Bildraum parallel zueinander. Derartige Strahlen, mit 3 bezeichnet, sind in Abb. 383 gezeichnet.

Diese Eigenschaft der Knotenpunkte lässt sich zur experimentellen Festlegung der Hauptebenen benutzen. Man setzt die Mehrfachlinse auf einen Schlitten, und zwar mit ihrer strichpunktierten Symmetrieachse (Linsenachse) parallel zur Spindelrichtung (Abb. 387). Diesen Schlitten setzt man auf eine vertikale Drehachse. Dann entwirft man mit der Linse das Bild einer stationären Lichtquelle auf einem weit entfernten Schirm und schwenkt die Linsenachse hin und her. Dabei bewegt sich im Allgemeinen das Bild auf dem Schirm. Durch Verschieben des Schlittens kann man diese Bewegung zum Verschwinden bringen. In diesem Fall steht die Drehachse gerade unter dem gesuchten dingseitigen Knotenpunkt, die Drehachse liegt in der dingseitigen Hauptebene.

Bei höheren Genauigkeitsansprüchen hat man auch bei einfachen Linsen mäßiger Dicke die beiden Hauptebenen zu bestimmen. Ihr Ersatz durch die Mittelebene der Linse ist lediglich eine Näherung. Die Abb. 388 und 389 zeigen einige Beispiele.

§ 139. Pupillen und Lichtbündelbegrenzung. *Der Inhalt dieses Paragraphen ist besonders wichtig.* — Die in Abb. 382 skizzierten Strahlen sind als Achsen oder als Grenzen von Lichtbündeln möglich, sie sind mit der Lage der Brennpunkte F und F' vereinbar. Doch brauchen diese Lichtbündel in Wirklichkeit keineswegs vorhanden zu sein. Die

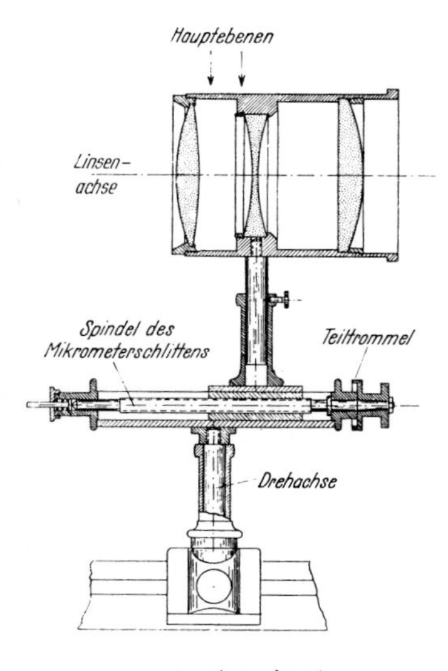

Abb. 387. Für die experimentelle Bestimmung der dingseitigen Hauptebene durch Aufsuchen des dingseitigen Knotenpunktes. Die Linse kann um eine vertikale Achse gedreht und in Richtung des Schlittens relativ zu dieser Achse verschoben werden.

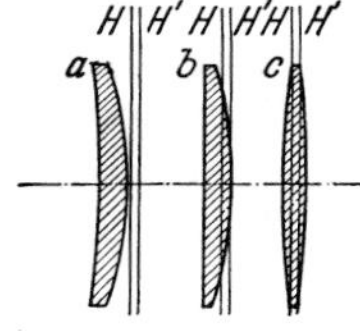

Abb. 388. Hauptebenen von drei flachen Linsen. Sie weichen selbst bei der Meniskuslinse *a* praktisch nur wenig von der Mittelebene der Linse ab. (Als „Meniskuslinse" bezeichnet man Linsen mit einer konkav und einer konvex gekrümmten Oberfläche. 1/6 natürlicher Größe. $f_a = 28$ cm; $f_b = 20$ cm; $f_c = 21$ cm)

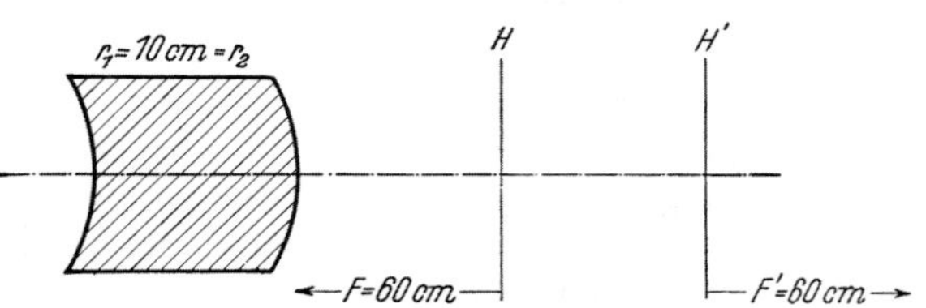

Abb. 389. Eine dicke, trotz beiderseitig gleicher Krümmungsradien noch sammelnde Meniskuslinse mit weit außerhalb gelegenen Hauptebenen. (Ebenfalls 1/6 natürlicher Größe)

tatsächlich vorhandenen Lichtbündel sehen meist ganz anders aus als die auf Papier gezeichneten Strahlen. Ihre Gestalt wird durch Pupillen bestimmt. — *Als Pupille bezeichnet man sowohl für den Ding- als auch für den Bildraum je eine allen Lichtbündeln gemeinsame Querschnittsfläche.* Sie heißt für die dingseitigen Lichtbündel Eintrittspupille und für die bildseitigen Lichtbündel Austrittspupille (Ernst Abbe, 1840–1905).

Beispiele:

1. Bei der einfachsten Anwendung einer Linse, z. B. in Abb. 354 auf S. 221, begrenzt die Linsenfassung die dingseitigen Lichtbündel (Öffnungswinkel u) und wirkt so als „Eintrittspupille". Sie begrenzt außerdem die bildseitigen Lichtbündel (Öffnungswinkel u') und wirkt so als „Austrittspupille". In diesem einfachsten Beispiel fallen also beide Pupillen zusammen.

2. In Abb. 390 unten steht vor der Linse eine Lochblende B. Sie begrenzt als Eintrittspupille die dingseitigen Lichtbündel (Öffnungswinkel u). Hinter der Linse liegt ihr reelles Bild B'. Dies Blendenbild begrenzt als Austrittspupille die bildseitigen Lichtbündel (Öffnungswinkel u'). Man verfolge die dick ausgezogenen Strahlen zwischen dem unteren Rand von B und dem oberen von B'. Sie lassen B' als Bild von B erkennen. Oft tritt an die Stelle einer

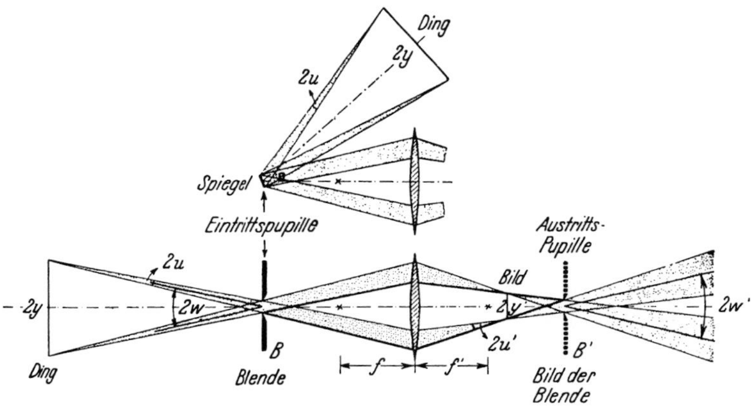

Abb. 390. Zur Begrenzung der abbildenden Lichtbündel durch Pupillen. Die Eintrittspupille ist in beiden Figuren eine Aperturblende, unten eine Durchlassblende (Öffnung), oben eine Spiegelblende. Als Austrittspupille wirkt das reelle Bild von B. w und w' sind die ding- bzw. bildseitigen Hauptstrahl-Neigungswinkel. Die Linsenfassung wirkt als Gesichtsfeldblende (§ 150).

Durchlassblende eine Spiegelblende (Abb. 390 oben). Beispiel: Der Spiegel an der Spule eines empfindlichen Galvanometers und die Linse als Objektiv eines Ablesefernrohres.

Die Blende B wird in Abb. 390 in natürlicher Größe abgebildet, indem der Abstand der Blende von der Linse in der Zeichnung als $2f$ gewählt wurde. Bei Annäherung der Blende B an die Linse verschiebt sich die Austrittspupille nach rechts. Gleichzeitig nimmt ihre Größe zu. Erreicht die Blende B den dingseitigen Brennpunkt, so liegt die gemeinsame Querschnittsfläche der bildseitigen Lichtbündel, die Austrittspupille, rechts im Unendlichen. Damit wird der bildseitige Hauptstrahl-Neigungswinkel $w' = 0$ und der Strahlengang *bildseitig telezentrisch*. Beispiel in Abb. 512 und 539. — Der in Abb. 390 skizzierte Verlauf der Lichtbündel und die Lage der beiden Pupillen lässt sich experimentell recht eindrucksvoll vorführen. Näheres in und unter Abb. 391.

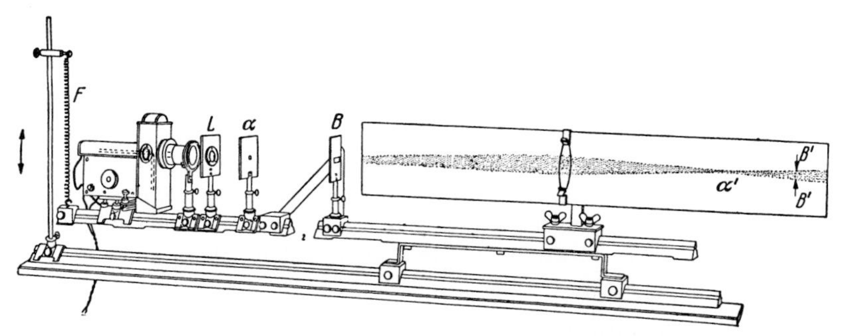

Abb. 391. Schauversuch zur Pupillenlage. Die eine Hälfte einer optischen Bank ist um die Mitte der Eintrittspupille B drehbar an einer Feder F aufgehängt. Daher lassen sich ein Dingpunkt α, ein rückwärts beleuchtetes Loch, schwingend auf und ab bewegen, und gleichzeitig sein Bildpunkt α'. Dabei wandert das Lichtbündel im Ding- und Bildraum auf und ab. In Ruhe bleiben nur zwei Querschnitte: Die als Aperturblende B festgelegte Eintrittspupille und ihr Bild B', die Austrittspupille $B'B'$. — Man kann zur Kennzeichnung den oberen Rand der Eintrittspupille mit einem roten, den unteren mit einem grünen Filterglas abdecken. Dann erscheint der untere Rand der Austrittspupille rot, der obere grün. Man sieht also B' als Bild von B entstehen. Hingegen bleibt der auf und ab wandernde Bildpunkt α' unbunt, er entsteht sowohl durch rote als auch grüne (zueinander komplementäre) Bündelteile (Vorführung mit einer Zylinderlinse).

3. In Abb. 392 steht *hinter* der Linse eine Blende B innerhalb der bildseitigen Brennweite f'. B' ist ihr virtuelles Bild. Dieses Blendenbild B' wirkt als Eintrittspupille. B' begrenzt, obwohl *hinter* dem Bild gelegen, die dingseitig nutzbaren Lichtbündel (Öffnungswinkel u). Die Blende B selbst wirkt als Austrittspupille, sie begrenzt die bildseitigen Lichtbündel (Öffnungswinkel u'). Wieder lassen einige dick gezeichnete und teilweise gestrichelte Strahlen B' als (virtuelles, aufrechtes) Bild von B erkennen.

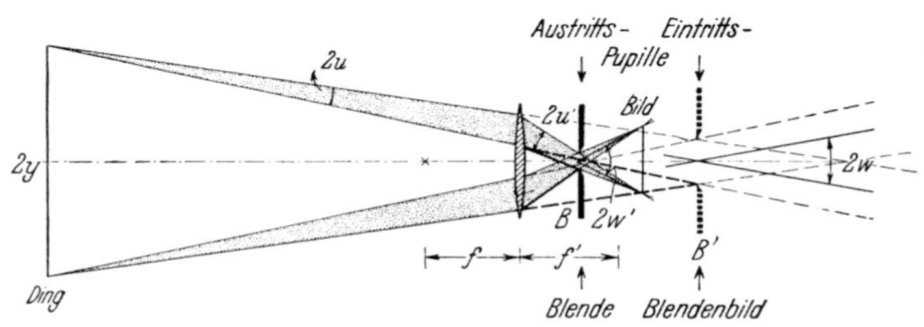

Abb. 392. Wie Abb. 390. Die Austrittspupille ist eine im Bildraum gelegene Lochblende B. Als Eintrittspupille wirkt ihr virtuelles, ebenfalls im Bildraum gelegenes Bild B'.

4. Häufig benutzt man als Ding eine beleuchtete Öffnung; diese soll als Lichtquelle scharf umrissener Gestalt und Größe dienen (§ 124). Dabei kann man oft die Lampe nicht dicht genug an die zu beleuchtende Öffnung heranbringen. Oft ist auch der Durchmesser der Lampe oder der abbildenden Linse zu klein. In diesen Fällen hilft man sich mit einer *Beleuchtungslinse C*, Kondensor genannt, zwischen Lampe und Öffnung. Die Anwendung eines Kondensors erläutern wir an einem Beispiel, in dem ein beleuchteter Spalt eine linienförmige Lichtquelle (§ 124) ersetzt. In Abb. 393 sei sowohl der Durchmesser der abbildenden Linse als auch der strahlenden Lampenfläche, z. B. des Bogenkraters, klein. Trotzdem soll der Spalt in ganzer Länge abgebildet werden und dabei *gleichmäßig* hell erscheinen. — Dann muss der Kondensor C ein Bild der Lampe auf die abbildende Linse werfen. Dies Lampenbild ist oft kleiner als die Fläche der Linse. In diesem Fall wirkt für die Abbildung nicht die Linsenfassung als Eintritts- und Austrittspupille, sondern das Lampenbild. Macht man es der Linsenfläche gleich oder größer als sie, erhält man den größten Öffnungswinkel u' und damit die größte Bestrahlungsstärke im Bild.

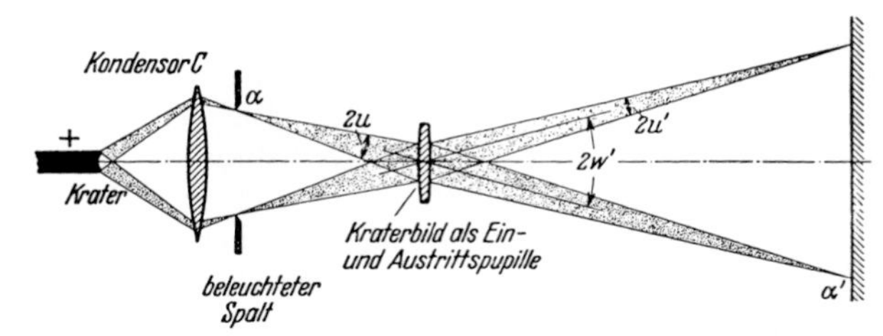

Abb. 393. Begrenzung der Lichtbündel und Lage der Pupillen bei der Abbildung einer mit einem Kondensor gleichförmig beleuchteten Öffnung (Spalt) (Zur Lage der Pupillen siehe auch den folgenden Kleindruck)

In vielen Fällen, beispielsweise (Abb. 393) und manchen späteren (z. B. Abb. 414 und 539) ist neben dem *abbildenden* auch ein *beleuchtendes* System vorhanden. In diesen Fällen sind für die Anordnung als *Ganzes* Pupillen angegeben. So ist z. B. in Abb. 393 die Lampenfläche (Bogenkrater) Eintrittspupille, ihr Bild auf der abbildenden Linse Austrittspupille. — Bei Anwesenheit mehrerer Blenden muss man die für Pupillenbildung maßgebende von den übrigen unterscheiden. Man nennt sie Aperturblende (§ 123).

Die in den Abb. 390–393 erläuterten Tatsachen lassen sich folgendermaßen zusammenfassen: Die tatsächlich vorhandenen Lichtbündel (vom Dingpunkt zur Linse und von der Linse zum Bildpunkt verlaufend) werden durch die Eintritts- und die Austrittspupille bestimmt. Diese Pupillen sind entweder eine körperliche Blende (z. B. Loch, Linsenfassung, Spiegel) oder die leuchtende Fläche einer Lampe, oder endlich ein Bild der Blende oder der Lampe. Dies Bild kann reell oder virtuell sein. Die *Eintrittspupille* ist die allen Lichtbündeln des Dingraumes gemeinsame Querschnittsfläche, die *Austrittspupille* die allen Lichtbündeln des Bildraumes gemeinsame Querschnittsfläche. Die Durchmesser der Pupillen bedingen die nutzbaren Öffnungswinkel u und u'. Die Mittelpunkte der Pupillen liegen in der Praxis fast immer auf der Symmetrieachse der Linsen. Dann sind diese Mittelpunkte die Schnittpunkte der ding- bzw. bildseitigen *Hauptstrahlen* und somit die Scheitel der Hauptstrahl-Neigungswinkel w und w'.

„Beim Gebrauch der Linsen muss man also zwei Dinge sauber auseinanderhalten: die auf das geduldige Papier gezeichneten Strahlen und die wirklich benutzbaren, durch Pupillen begrenzten Lichtbündel."

Beim Gebrauch der Linsen muss man also zwei Dinge sauber auseinanderhalten: die auf das geduldige Papier gezeichneten Strahlen, z. B. Abb. 382, und die wirklich benutzbaren, durch Pupillen begrenzten Lichtbündel. Selbstverständlich lassen sich die in den Abb. 390ff. gezeichneten Bilder auch nach dem Zeichenschema der Abb. 382 konstruieren. Der Leser möge sogar auf diese Weise die Richtigkeit der Abb. 390 oder 392 nachprüfen. Nur darf man nie die gezeichneten Strahlen mit den Achsen oder den Grenzen der im Experiment verwendbaren Lichtbündel verwechseln.

Eine genaue Einsicht in die Begrenzung der Lichtbündel durch Pupillen ist für alle optischen Apparate und Versuchsanordnungen schlechthin unerlässlich. Die Bündelbegrenzung spielt eine entscheidende Rolle beim Bau der optischen Systeme, z. B. der zusammengesetzten Linsen, mit denen man die grundsätzlich unvermeidbaren Abbildungsfehler auf ein jeweils noch erträgliches Maß herabsetzt.

Die Bündelbegrenzung bestimmt die mit optischen Systemen übertragbare Strahlungsleistung und damit (in der Sprache des täglichen Lebens) alle Fragen der Helligkeit.

Bei allen optischen Instrumenten, z. B. den Mikroskopen und Fernrohren, bestimmt die Bündelbegrenzung das Gesichtsfeld, die Tiefenschärfe, die Perspektive und die sinnvolle Vergrößerung.

Schließlich bestimmt die Bündelbegrenzung bei allen optischen Instrumenten, nicht nur beim Auge und Fernrohr (Kap. XVII), das Auflösungsvermögen. Sie bestimmt z. B. beim Mikroskop die kleinste noch erkennbare Länge, beim Spektralapparat die kleinsten noch erkennbaren Unterschiede von Wellenlängen usw.

§ 140. Sphärische Aberration. Die Herleitung der Linsenformeln in § 129 setzte schlanke, achsennahe Lichtbündel voraus. Dabei wurde das Verhältnis der Sinuswerte zweier Winkel mit dem Verhältnis dieser Winkel selbst gleichgesetzt. Das ist nur für kleine Winkel zulässig. Bei größeren Winkeln ist das Verhältnis der Winkel größer als das Verhältnis ihrer Sinuswerte. So ist z. B. $\sin 90° = 1$, $\sin 45° = 0{,}7$. Also $90°/45° = 2$, hingegen $1 : 0{,}7 = 1{,}4$. Diese Tatsache ist es, die schon bei monochromatischer Strahlung Abbildungsfehler entstehen lässt, sobald man nicht mehr mit schlanken, achsennahen Lichtbündeln auskommt.

Wir behandeln in den §§ 140–145 die wichtigsten Abbildungsfehler in einem kurzen Überblick. Dabei setzen wir bis § 144 die Anwendung von Rotfilterlicht voraus. Ferner wird stets, wenn nichts anderes ausdrücklich angegeben wird, eine Bündelbegrenzung durch eine kreisförmige Öffnung, im einfachsten Fall die Linsenfassung, vorausgesetzt. Der Mittelpunkt der Öffnung soll auf der Symmetrieachse der Linse liegen.

Wir beginnen mit der sphärischen Aberration. In Abb. 354 sind die ding- und bildseitigen Öffnungswinkel u und u' definiert worden. Ist mindestens einer von ihnen groß, so erzeugt jede einzelne Zone einer Linse von einem auf der Linsenachse gelegenen Dingpunkt P einen eigenen Bildpunkt P'. Die Bildpunkte fallen nicht mehr zusammen, sondern erzeugen auf der Linsenachse eine Folge von Bildpunkten. (Die einzelnen Zonen der Linse haben also verschiedene Brennweiten.) Dieser Abbildungsfehler heißt „sphärische Aberration" oder „Öffnungsfehler".

Zur Vorführung legen wir in Abb. 394 (linkes Teilbild) den Dingpunkt (Krater einer Bogenlampe) auf der Linsenachse weit nach links. Die Zeichenebene bedeutet einen streifend getroffenen matt-weißen Schirm. Außerdem setzen wir in kleinem Abstand vor die Linse eine Blende mit vier Öffnungen. Sie liefert vier leidlich parallel begrenzte Lichtbündel. Ihr Durchschnitt mit der Zeichenebene zeigt ein äußeres und ein inneres Bündelpaar. Das innere Paar durchsetzt die nächste Umgebung der Linsenmitte, das äußere eine nahe dem Rand gelegene Linsenzone. Der Schnitt des äußeren Bündelpaares erfolgt, in der Lichtrichtung gezählt, *vor* dem Schnitt des Bündelpaares aus der Linsenmitte: Diese Linse ist „sphärisch unterkorrigiert".

Die Abb. 394 (rechtes Teilbild) zeigt den entsprechenden Versuch für eine Konkavlinse. Das Bündelpaar aus der Randzone schneidet sich, wieder in der Lichtrichtung gezählt, erst *hinter* dem Bündelpaar aus der Linsenmitte. Diese Linse ist „sphärisch überkorrigiert".

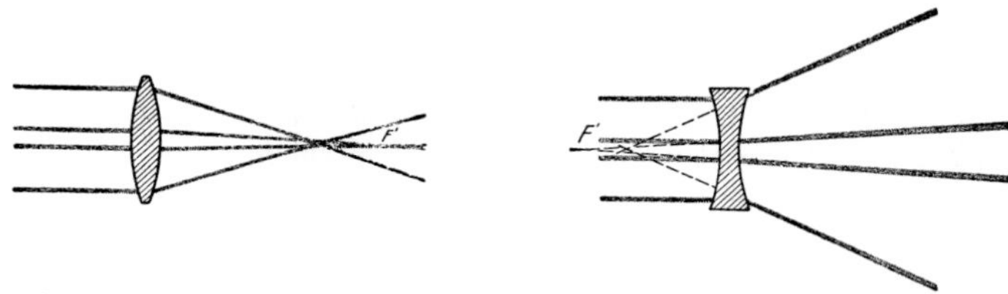

Abb. 394. Vorführung der sphärischen Aberration mit Zylinderlinsen. Zylinderachsen senkrecht zur Papierebene. Links: sphärisch unterkorrigiert, rechts: sphärisch überkorrigiert. **(Videofilm 24)**

Videofilm 24: **„Sphärische Aberration"** Im Film erfolgt die Vorführung der sphärischen Aberration mit einer kleinen Glühwendel, die an der Hörsaalwand abgebildet wird. Verschiedene vor die Linse zu setzende Bleche erlauben, entweder nur die Mitte oder nur den Randbereich der Linse zu benutzen. Bei Strahlung durch die Mitte erhält man ein scharfes Bild. Bei Beschränkung auf den Randbereich ist das Wendelbild überhaupt nicht mehr zu erkennen. Erst wenn der Experimentator die Bildebene mit Hilfe einer weißen Pappe näher an die Linse heranbringt, ist ein Bild zu erkennen, das allerdings deutlich schlechtere Qualität besitzt.

Zur Behebung der sphärischen Aberration kann man demnach Konvex- und Konkavlinsen in passender Auswahl zusammenstellen. Die sphärische Aberration lässt sich immer nur für bestimmte Ding- und Bildabstände beheben. Für Fernrohr- und Kameraobjektive wählt man einen unendlich fernen Dingpunkt. Mikroskopobjektive korrigiert man für einen Dingpunkt dicht vor dem dingseitigen Brennpunkt.

Bei vielen Abbildungen (z. B. im Hörsaal) sind Ding- und Bildabstand sehr verschieden groß. In diesen Fällen genügt oft eine einfache plankonvexe Linse: Man lässt das Lichtbündel mit dem größeren Öffnungswinkel auf die *plane* Fläche auffallen. Dann durchsetzen die Strahlen die äußeren Zonen der Linse angenähert im „Minimum der Ablenkung" (§ 128) (da der Dingabstand kleiner als der Bildabstand ist, ist der Strahlengang durch den Randbereich der Linse symmetrischer, wenn die plane Fläche zur Dingseite zeigt). Durch diesen einfachen Kunstgriff wird die sphärische Aberration stark vermindert (vgl. Abb. 396, Bildunterschrift).

Nicht nur konvexe, sondern auch ebene Grenzflächen bewirken eine sphärische Aberration. Infolgedessen können Mikroskopobjektive für weit geöffnete Lichtbündel (d. h. Lichtbündel großer Apertur, vgl. § 148) stets nur für eine vorgeschriebene Deckglasdicke korrigiert werden. Diese muss man bei der Benutzung des Objektivs einhalten.

§ 141. Astigmatismus und Bildflächenwölbung. Die sphärische Aberration erscheint schon bei Dingpunkten auf der Linsenachse. Im Allgemeinen liegt aber der Dingpunkt P weit außerhalb der Linsenachse, z. B. beim Fotografieren einer Landschaft. In diesem Fall können einfache Linsen nur mit flächenhaften (ebenen) Lichtbündeln („Lichtbüscheln") einen Bild*punkt* herstellen. Man erhält diese Bündel durch Ausblenden mit einer sehr schmalen Spaltblende. Die Längsrichtung dieser Blende kann entweder *in* der Einfallsebene liegen (tangential) oder *senkrecht* zur Einfallsebene (sagittal). Der erste Fall ist in Aufsicht in Abb. 395 oben, der zweite unten dargestellt.

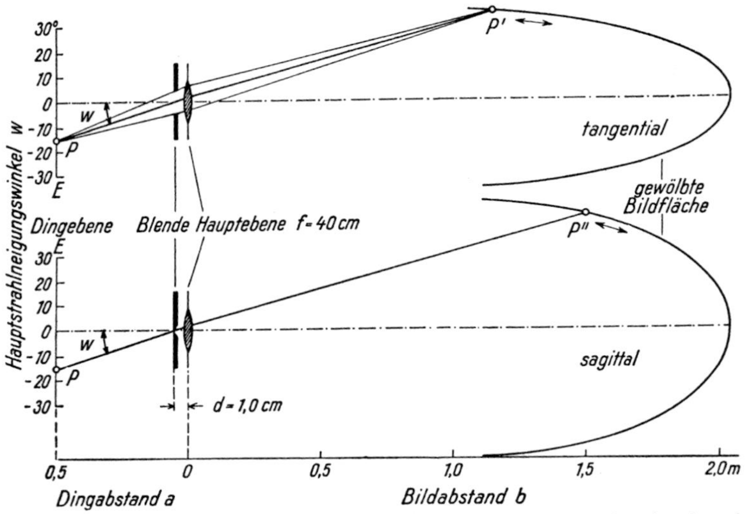

Abb. 395. Vorführung des Astigmatismus und der Bildflächenwölbung, mit sehr schmalen, durch einen Spalt begrenzten ebenen Lichtbündeln. Versuchsanordnung in Draufsicht dargestellt, nicht in Seitenansicht. Im oberen Teilbild liegt das ebene Lichtbündel in der Zeichenebene. Unten steht das ebene Lichtbündel senkrecht zur Zeichenebene. Man sieht nur seinen Hauptstrahl. Die vom Spalt ausgehenden seitlichen Strahlen verlaufen oberhalb und unterhalb der Papierebene. Ersetzt man die Spaltblende durch eine Kreisblende, erhält man keine Bildpunkte, sondern Bildstriche. Um sie auch in großem Hörerkreis gut sichtbar zu machen, benutze man eine Linse mit großem Durchmesser, etwa 10 cm. **(Videofilm 25)**

Videofilm 25:
„Astigmatismus" Um einen Eindruck von den durch Astigmatismus hervorgerufenen Bildpunktverformungen zu geben, wird im Film der Krater einer Bogenlampe mit einer Linse mit großer Brennweite und großem Durchmesser auf der Hörsaalwand abgebildet. Man sieht eine kleine, relativ scharfe Lichtscheibe. Durch Drehung der Linse um eine senkrechte Achse können dann nur schräg durch die Linse laufende Bündel zur Abbildung beitragen. Die Lichtscheibe bekommt dadurch langgestreckte Formen. Schließlich wird bei Schrägstellung der Linse die Lampe näher herangefahren. Dabei treten nacheinander sowohl waagerechte als auch senkrechte Bildstriche auf. Wird dagegen der Lampenabstand bei normal ($w = 0$) stehender Linse variiert, ändert sich lediglich die Größe des kreisförmigen „Bildpunktes".

Für die Beobachtung verändern wir den Neigungswinkel w der dingseitig einfallenden Hauptstrahlen, indem wir den Dingpunkt P (z. B. Bogenkrater) längs einer Schiene E in der Dingebene verschieben. Gleichzeitig ermitteln wir den Abstand b des Schirmes, in dem ein scharfer Bildpunkt erscheint. (Die dazu erforderlichen großen Verschiebungen, oft mehrere Meter, bewerkstelligt man am bequemsten mithilfe eines Wagens, ähnlich wie in Abb. 396b.)

Für jeden Neigungswinkel w liefern beide Blendenstellungen je *einen* recht scharfen Bildpunkt, P' und P''. Sie liegen in verschiedenen Abständen von der Linse. Nur im Grenzfall $w = 0$ fallen beide Bildpunkte zusammen. Die Differenz der beiden Bildpunktabstände nennt man den *Astigmatismus*. Die Gesamtheit aller Bildpunkte P' und P'' für die in der Einfallsebene und für die senkrecht zur Einfallsebene liegenden flächenhaften Lichtbündel bildet je eine zur Linsenachse rotationssymmetrische Hohlfläche. Die beiden Bildflächen sind gewölbt, sie berühren sich im Grenzfall $w = 0$, also Ding- und Bildpunkt auf der Linsenachse.

Ersetzt man die spaltförmige Bündelbegrenzung durch eine kreisförmige, z. B. die Linsenfassung, so ergibt sich eine weitere Komplikation. An den Orten der beiden Bildpunkte P' und P'' erscheinen gleichzeitig zwei zueinander senkrecht stehende, nahezu strichartige Gebilde: Jeder der beiden Bildpunkte ist in einen *Bildstrich* entartet. In P' steht der Bildstrich senkrecht zur Einfallsebene, in P'' liegt er in der Einfallsebene.

Zur Erklärung dieser Bildstriche kann man an Abb. 350 anknüpfen. In jeder Richtung lässt sich eine *schräg* getroffene Linse für Lichtbündel kleiner Öffnung durch zwei Zylinderlinsen verschiedener Krümmung ersetzen. Infolgedessen muss bei schrägem Einfall das Gleiche eintreten wie in Abb. 350b bei achsenparallelem Einfall.

Bei Linsen in Meniskusform (konvex-konkav) vertauscht sich bei geeigneter Blendenstellung die Reihenfolge der konkav gewölbten Bildflächen. Das heißt, die der Linse nähere

Bildfläche rührt von dem flächenhaften, senkrecht zur Einfallsebene stehenden Lichtbündel her (also dem sagittalen). Durch Zusammenfassung von Konvex- und Meniskuslinsen kann man beide Konkavflächen näherungsweise vereinigen, also den Astigmatismus stark vermindern. Zusätzlich kann man auch die gemeinsame Konkavfläche mehr oder minder einebnen, also die Bildflächenwölbung auf einen noch zulässigen Betrag herabsetzen. Derartige Mehrfachlinsen (Objektive) mit stark vermindertem Astigmatismus und leidlich ebener Bildfläche nennt man *Anastigmate.*

Zur Prüfung eines Objektivs auf Bildflächenwölbung und auf den Grad seines Astigmatismus benutzt man die Entartung der Bildpunkte zu Bildstrichen: Man stellt senkrecht und symmetrisch auf die Linsenachse die Zeichnung eines Rades mit Speichen und Felgen. Bei schlechter Korrektur kann man entweder nur die Speichen oder nur die Felgen scharf einstellen. Meist zeichnet man mehrere konzentrische Felgen (Abb. 396). Bei gut korrigierten Objektiven müssen auch die äußeren Felgen zugleich mit den Speichen auf einem ebenen Bildschirm scharf erscheinen.

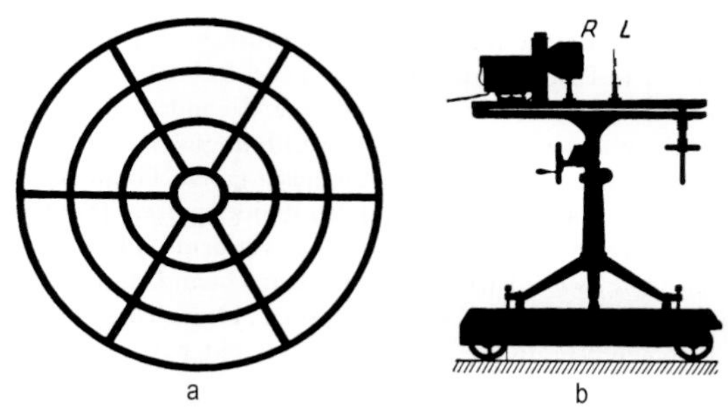

Abb. 396. Ein auf Mattglas gezeichnetes Rad mit Speichen und mehreren Felgen (Speichen und Felgen klar, übrige Fläche undurchlässig) eignet sich vorzüglich zur Prüfung von Linsen auf Astigmatismus und Bildflächenwölbung. Etwa 1/2 natürlicher Größe. Sehr eindrucksvoll ist unter anderem ein Schauversuch mit einer Plankonvexlinse von etwa 13 cm Brennweite und 4 cm Durchmesser. Ist die plane Fläche dem Ding zugekehrt, so gibt es starke Bildflächenwölbung und großen Astigmatismus. Speichen und Felgen werden in verschiedenen Bildabständen scharf. — Man setzt die optische Bank zweckmäßig auf einen Wagen. Man muss den Wagen oft mehrere Meter verschieben, um entweder Speichen oder Felgen, entweder nahe der Bildmitte oder nahe dem Bildrand scharf einzustellen. — Wird die konvexe Seite der Linse dem Speichenrad zugekehrt, ist die Bildfläche überraschend eben, aber jetzt macht eine große sphärische Aberration die Felgen nach innen hin einseitig verwaschen. (R = Speichenrad, L = Linse.)

§ 142. Koma und Sinusbedingung. Bei der sphärischen Aberration liegt der Dingpunkt auf der Linsenachse, d. h. der Neigungswinkel w des Hauptstrahls ist 0. Die Querschnittsfläche des Bündels behält im Bildraum *Kreis*symmetrie; dementsprechend entartet der Bildpunkt bei großem Öffnungswinkel zu einem *Kreisscheibchen.*

Beim Astigmatismus liegt der Dingpunkt außerhalb der Linsenachse, d. h. der (die Blendenmitte durchsetzende) Hauptstrahl ist gegen die Linsenachse geneigt ($w > 0$); er trifft nicht mehr senkrecht auf die Oberfläche der Linse. Infolgedessen bekommt die Querschnittsfläche des Bündels im Bildraum die Symmetrie von *Ellipsen*; dementsprechend entarten die beiden Bildpunkte schon bei kleinen Öffnungswinkeln u zu *Bildstrichen.* Wird nun aber mindestens einer der Öffnungswinkel groß, so behält die Querschnittsfläche des Bündels im Bildraum nur noch eine *Symmetrie zur Einfallsebene*; die Bildpunkte bekommen einen sich verbreiternden und dabei lichtschwächer werdenden Schwanz, sie entarten zur *Koma.* Eine Koma tritt auch dann auf, wenn die sphärische Aberration beseitigt worden ist. Auch dann ändern bei großem Öffnungswinkel u bereits kleine Hauptstrahl-Neigungswinkel w die Brennweite der einzelnen Linsenzonen. Infolgedessen entwirft jede Linsenzone von einem zur Linsenachse senkrecht stehenden Flächenelement ein Bild in anderer Größe. Damit würde aber die Anwendung weit geöffneter Lichtbündel für Mikroskope, Fernrohre usw. unmöglich. Es genügt also nicht, wie oben in § 140 geschehen, die sphärische Aberration nur für einen Ding- und Bildpunkt auf der Linsenachse herabzusetzen. Das Gleiche muss auch für Ding- und Bildpunkte außerhalb der Linsenachse geschehen. Das erreicht man durch eine bestimmte Vorschrift für das Verhältnis zwischen dem dingseitigen Öffnungswinkel u und dem bildseitigen Öffnungswinkel u'. Diese müssen die *Sinusbedingung* erfüllen:

$$\frac{n \sin u}{n' \sin u'} = \frac{\Delta y'}{\Delta y} = \text{const} \quad \text{oder} \quad \frac{\sin u}{\sin u'} = \frac{\Delta y'}{\Delta y} = \text{const}\,, \tag{321}$$

wenn die Brechzahlen n und n' im Ding- und im Bildraum gleich sind.

Zur Herleitung der Sinusbedingung knüpft man am einfachsten an Abb. 391 an. In ihr wurde eine als Eintrittspupille dienende Aperturblende B als Austrittspupille B' abgebildet. Das Gleiche geschieht in Abb. 397. Nur dient als Lichtquelle diesmal nicht wie in Abb. 391 ein beleuchtetes Loch, sondern eine in Abb. 397 weit links gelegene Lichtquelle von großer Flächenausdehnung. Wir zeichnen zwei Parallellichtbündel, ausgehend von je einem Punkt der fernen Lichtquelle. In beiden Bündeln sind einige Wellenflächen angedeutet. Das eine Bündel durchsetzt die Linsenmitte, das andere die Randzone. Die Achsen dieser Parallellichtbündel schließen miteinander dingseitig den Öffnungswinkel u ein, und bildseitig den Öffnungswinkel u'. Beide Bündel sollen die Bildebene mit gleich großer Fläche schneiden (Bilddurchmesser $2\Delta y'$). Die Wellenflächen stehen überall senkrecht auf den Bündelgrenzen. Im Dingraum erscheinen sie als gerade Linien. Im Bildraum kann man ihre Krümmung kurz vor dem Bild als gering vernachlässigen. Man darf die letzte rechts gezeichnete Wellenfläche als Gerade betrachten. Dann entnimmt man Abb. 397 die optischen Weglängen $p = n2\Delta y \cdot \sin u$ und $p' = n'2\Delta y' \cdot \sin u'$. Da für eine Abbildung die optischen Weglängen für alle Strahlen zwischen zwei zusammengehörenden Punkten in der Dingebene und der Bildebene gleich sein müssen,[K3] muss $p = p'$ sein. Daraus folgt die Sinusbedingung, Gl. (321).

K3. Dies folgt aus dem FERMAT'schen Prinzip, siehe Kommentar K7 in Kap. XVI. Eine ausführliche Herleitung findet man z. B. in P. Drude, „Lehrbuch der Optik", Verlag S. Hirzel 1900, Kap. III.9. Dies Buch enthält auch eine Herleitung der im nächsten Paragraphen erwähnten Tangensbedingung (Kap. III.10).

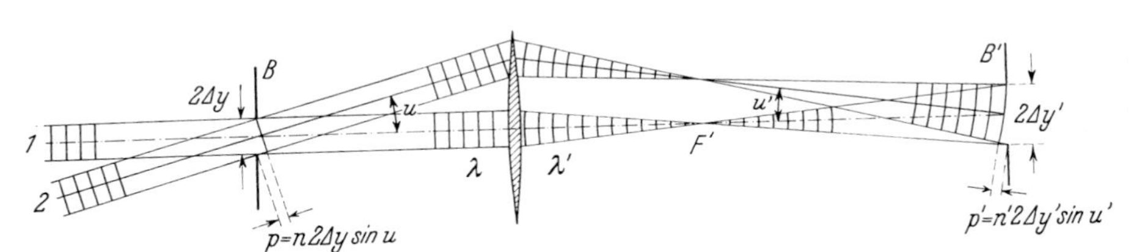

Abb. 397. Zur Herleitung der ABBE'schen Sinusbedingung. Eine als Eintrittspupille dienende Aperturblende B wird als Austrittspupille B' abgebildet. Zur Beleuchtung von B denke man sich links eine ferne ausgedehnte Lichtquelle. Die Brechzahlen n und n' im Ding- und Bildraum sind in der Skizze gleich groß gewählt, und daher sind die Wellenlängen λ und λ' gleich lang gezeichnet.

Eine Abbildung unter Einhaltung der Sinusbedingung nennt man *aplanatisch*. Sie vermag also ein bestimmtes, senkrecht zur Linsenachse stehendes *Flächenelement*, und nicht nur einen *Dingpunkt* auf der Linsenachse, mit weit geöffneten Bündeln abzubilden. Doch kann eine Linse eine aplanatische Abbildung stets nur für einen bestimmten, beim Bau der Linse zugrunde gelegten Ding- und Bildabstand liefern.

§ 143. Die Verzeichnung. Sphärische Aberration, Astigmatismus und Koma beeinträchtigen die Qualität der Bildpunkte, sie sind *Schärfefehler*. Außerdem gibt es *Lagefehler*. Durch sie entstehen Wölbung der Bildfläche und Verzeichnung des Bildes: Ein Quadrat wird entweder kissenförmig verzerrt, Abb. 398 rechts, oder tonnenförmig, Abb. 398 Mitte. Ein Bild ist bei fester Pupillenlage frei von Verzeichnung, wenn für die Hauptstrahl-Neigungswinkel w und w', z. B. in Abb. 392, die *Bedingung* $\tan w' / \tan w = \text{const}$ (Tangensbedingung, s. Kommentar K3) erfüllt ist. Oft aber fehlt eine feste Pupillenlage, sie ist für verschiedene Zonen des Objektivs verschieden. Dann ist eine Verzeichnung nicht zu vermeiden. Ein Beispiel dieser Art findet sich in der Abb. 399.

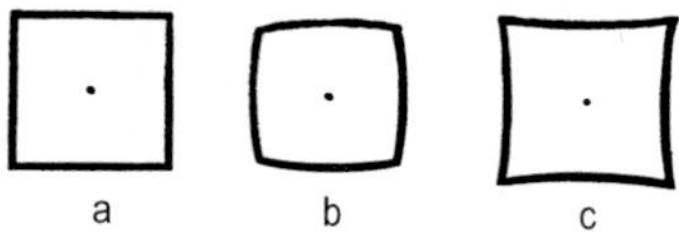

Abb. 398. Ein zur Linsenachse zentriertes Quadrat a wird bei b tonnenförmig und bei c kissenförmig verzeichnet (a in etwa 10-facher Größe auf Mattglas gezeichnet, am besten hell auf dunklem Grund)

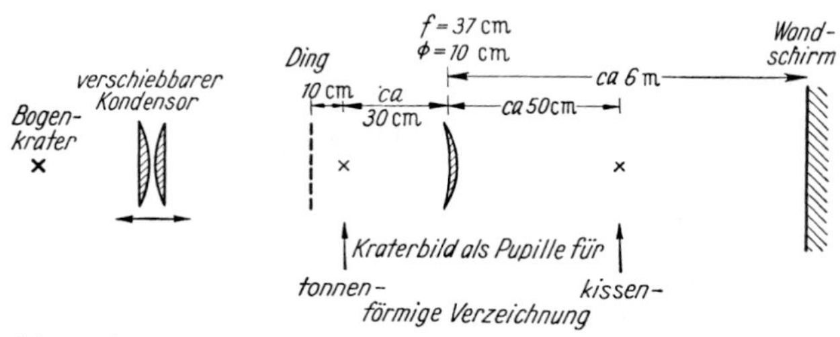

Abb. 399. Zur Abhängigkeit der Verzeichnung von der Pupillenlage. Als Ding z. B. ein quadratisches Netz.

§ 144. Die Farbfehler. Die Brennweite einer Linse hängt außer von der Linsenform von der Brechzahl n des benutzten Baustoffes ab. Die Brennweite f ist proportional zum Kehrwert von $(n - 1)$ (man vgl. Gl. (305) von S. 219). Alle Linsenbaustoffe, Gläser wie Kristalle, zeigen Dispersion, und zwar wächst die Brechzahl im sichtbaren Spektralgebiet mit abnehmender Wellenlänge (Tab. 9, S. 228). So bekommt eine Linse für jede Wellenlänge eine andere Lage des Brennpunktes.

Videofilm 26:
„Chromatische Aberration"
Der Film zeigt ein spezielles Beispiel: Ein aus Löchern gebildeter Pfeil wird mit einer Glaslinse hoher Dispersion auf der Hörsaalwand abgebildet. Dazu werden die Löcher von einer Bogenlampe mittels Kondensor und Hilfslinse schwach konvergent von hinten so beleuchtet, dass die schlanken Lichtbündel von Pfeilspitze und Schwanz nur den Linsenrand und die Bündel von der Pfeilmitte nur die Linsenmitte treffen. Das auf dem Kopf stehende Bild zeigt Farbränder der Pfeilpunkte in der Spitze und im Schwanz. Die zum Farbfehler führende dispersionsbedingte Differenz der Brechung zwischen Rot und Blau nimmt zum Linsenrand hin zu. Das rote Licht (größere Wellenlänge) wird schwächer gebrochen als das blaue (kleinere Wellenlänge). Das Hineinklappen eines Rotfilters in den Strahlengang erlaubt den Vergleich von ein- und mehrfarbiger Abbildung. Man sieht, dass die Lage der roten Ränder jeweils auf die der vollen roten Lichtscheiben passt.

Die Brennweite bestimmt sowohl die *Lage* des Bildes als auch seine *Größe*. Infolgedessen gibt es eine chromatische Aberration (Farbfehler) sowohl des *Bildortes* als auch *der Vergrößerung*. (Außerdem bekommen auch die übrigen Linsenfehler eine praktisch bedeutsame Abhängigkeit von der Wellenlänge.)

Beide Farbfehler lassen sich bequem mit einem einfachen Brillenglas vorführen. Man bildet damit einen Spalt auf einem fernen, in der Lichtrichtung verschiebbaren Schirm ab und schaltet vor den Spalt abwechselnd ein Rot- und ein Blaufilter. Zur Scharfstellung des blauen Bildes muss man den Schirm erheblich dichter an die Linse heranschieben als beim roten: „Farbfehler des Bildortes". Das blaue Bild ist um etwa ein Achtel kleiner als das rote: „Farbfehler der Bildgröße". — Bei der Schrägstellung des Auffangschirmes (s. Abb. 400) bekommt man statt des Spaltbildes ein breites, buntes Band. Der Laie würde dies Band ebenso unbedenklich wie das eines Regenbogens ein Spektrum nennen. Der Physiker kann in beiden Fällen nur eine entfernte Ähnlichkeit gelten lassen.

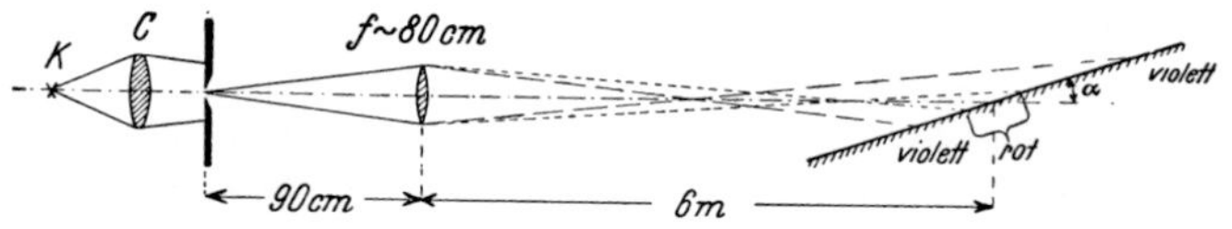

Abb. 400. Schauversuch zu den Farbfehlern des Bild*ortes* und der *Vergrößerung* bei der Abbildung durch *dünne* Linsen. Nur bei einer dünnen Linse ist die Lage der Hauptebenen von der Wellenlänge praktisch unabhängig. Daher bedeutet nur bei einer dünnen Linse gleicher *Ort* des Brennpunktes auch Gleichheit von Brennweite und der durch sie bestimmten *Vergrößerung*. Neigungswinkel α des Schirmes etwa 10°. **(Videofilm 26)**

Wie alle Abbildungsfehler lassen sich auch die Farbfehler nur vermindern, aber nicht beseitigen. Für diese „Achromatisierung" benutzt man in der Praxis mindestens zwei Linsen. Zur Achromatisierung des Bild*ortes* sind Konvex- und Konkavlinsen aus *verschiedenen* Glassorten erforderlich. Zur Achromatisierung der *Vergrößerung* genügen für Parallellichtbündel zwei Konvexlinsen aus der *gleichen* Glassorte. Ihre Achsen müssen zusammenfallen und ihr Abstand gleich der halben Summe ihrer Brennweiten sein. Eine solche *Achromatisierung mit zwei Linsen der gleichen Glassorte* findet man z. B. in den Okularen der Ferngläser, Abb. 401: Sie lassen zwischen den beiden Brennpunkten F' Parallellichtbündel verschiedener Wellenlänge *parallel gegeneinander versetzt* in das Auge eintreten. Eine Parallelversetzung lässt (ebenso wie bei den Spiegelprismen in § 133) das Bild in der Brennebene des Auges ungeändert.

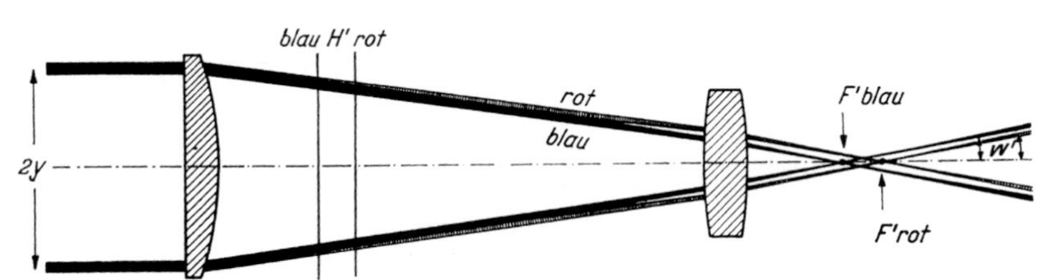

Abb. 401. Schauversuch zur *Achromatisierung* eines Okulars *mit zwei Linsen der gleichen Glassorte*. Gezeichnet nach Fotografie. Durch die zweite Linse werden die zunächst divergierenden Strahlen unterschiedlicher Wellenlänge parallel gemacht. Dadurch kommen sie in der Brennebene des Auges wieder zusammen.

§ 145. Die Leistungen der Optotechnik. Der SCHMIDT-Spiegel. Die Optotechnik hat die Abbildungsfehler teils einzeln, teils gemeinsam weitgehend zu vermindern vermocht. Sie verwendet dabei ganz überwiegend Mehrfachlinsen. Diese bestehen aus einer Folge von Einzellinsen mit Kugelschliff und gemeinsamer Achse. Verhältnismäßig selten werden nichtsphärische Schliffflächen angewandt, z. B. parabolische Spiegel für Teleskope und Scheinwerfer oder nichtsphärische Linsen als Kondensoren der Projektionsapparate.

Jede Linse und jeder Spiegel muss dem Sonderzweck genau angepasst werden. An das Objektiv eines Mikroskops werden ganz andere Anforderungen gestellt, als an das eines Fernrohres. Eine Lupe zur Ablesung einer Skala muss anders gebaut sein als eine Lupe zum Besehen einer Fotografie usw. Man kennt schon seit langem allgemeine Methoden zur Herabsetzung der einzelnen Abbildungsfehler, doch verlangt die Behandlung jedes Einzelfalles weitgehende numerische Durchrechnung unter geschickter Ausnutzung der verfügbaren Glassorten. Die Technik hat in dieser Beziehung Bewundernswertes geleistet und dadurch die Arbeit der Forschung erheblich gefördert. Ein großer Erfolg war z. B. die Schaffung des komafreien SCHMIDT-Spiegels (BERNHARD VOLDEMAR SCHMIDT, 1879–1935).[K4] Das Prinzip dieser wichtigen Erfindung wird in Abb. 402 erläutert.

K4. B. V. SCHMIDT, der mit elf Jahren bei Schießpulver-Experimenten seine rechte Hand verlor, erfand um 1931 an der Hamburger Sternwarte das nach ihm benannte Teleskop. Er entwickelte die Korrekturlinse und gleichzeitig ein Verfahren zum Schleifen der Linse. Dazu setzte er die Linse als Deckel auf ein evakuierbares Gefäß (Vakuum auf der rechten Seite, C), um sie im elastisch verformten Zustand (links) konkav zu schleifen und so das „eigentümliche" Profil in Abb. 402 zu erhalten. Mit seiner Erfindung waren den Astronomen erstmals Weitwinkelaufnahmen möglich.

Beachtlich ist auch die Entwicklung der Objektive mit stufenlos veränderlicher Brennweite. Sie bestehen aus mindestens zwei Einzellinsen, die gegenüber der Bildebene um verschieden große Beträge verschoben werden können. Scherzhaft *Gummilinsen* genannt, lassen sie (z. B. *während* einer Filmaufnahme) Brennweite und Vergrößerung kontinuierlich etwa bis zum Faktor 5 verändern, und das bei einem Öffnungsverhältnis (§ 151) von nahezu 1:1.

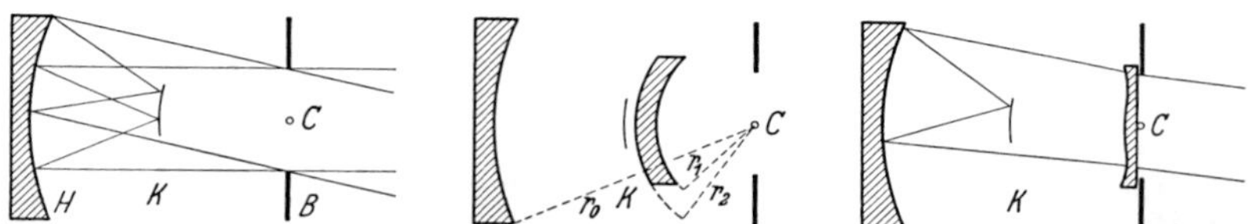

Abb. 402. Prinzip des komafreien SCHMIDT-Spiegels und seiner Varianten. Links: Im Krümmungsmittelpunkt C eines Hohlspiegels H mit Kugelschliff liegt die Blende B als Ein- und Austrittspupille. Die Bildpunkte liegen auf einer Kugelfläche K, deren Mittelpunkt C ist. Sie sind frei von Farbfehlern, Koma und Astigmatismus, aber bei großem Durchmesser der Aperturblende B ist der Hohlspiegel noch sphärisch unterkorrigiert (d. h. die Schnittpunkte der Randstrahlen liegen näher am Spiegel, § 140). Dies lässt sich durch eine sphärisch überkorrigierte, d. h. passend gekrümmte Glasplatte kompensieren. Im mittleren Teilbild ist es eine Meniskuslinse, deren beide Flächen C als Zentrum haben. Ihre Brennweite f_m ist etwa das 20-fache von der des Hohlspiegels f_s. Im rechten Teilbild (SCHMIDT-Spiegel) erfolgt die Kompensation durch eine Glasplatte, deren eigentümliches Profil mit starker Übertreibung dargestellt ist. Nach Beseitigung der sphärischen Aberration sind Öffnungsverhältnisse von 1:1 leicht zu erreichen.

§ 146. Vergrößerung des Sehwinkels durch Lupe und Fernrohr. Für das Auge können wir bis auf weiteres den Vergleich mit der fotografischen Kamera beibehalten. — Das Auge kann akkommodieren, d. h. von Gegenständen in verschiedenem Abstand scharfe Bilder entwerfen. Bei der Kamera wird für diesen Zweck die Entfernung zwischen der starren Glaslinse und der Platte verändert. Das Auge hingegen verändert durch Muskeltätigkeit die Wölbung und damit die Brennweite f' seiner elastisch verformbaren Linse.

Der Akkommodationsbereich reicht beim normalsichtigen Auge vom beliebig großen Abstand herab bis zur „Nahpunktsentfernung". Die mit starker Akkommodation erreichbare Nahpunktsentfernung geht bei Kindern bis unter 10 cm herab. Im Lebensalter zwischen 30 und 40 Jahren findet man Nahpunktsentfernungen von etwa 20–25 cm usw. — Starke Akkommodationen sind aber unbequem. Beim Schreiben, Lesen und Handarbeiten wird im Allgemeinen ein Abstand von ungefähr 25 cm bevorzugt. Diesen üblichen Arbeitsabstand nennt man (nicht gerade geschickt!) die „deutliche Sehweite".

Ein ebenso wichtiger wie komplizierter Vorgang ist das *räumliche* Sehen, sei es direkt oder über einen Spiegel hinweg oder durch eine Wasseroberfläche hindurch. Die wesentlichen Gesichtspunkte werden in der Physiologie behandelt.

Bei der Beschreibung selbst elementarer optischer Beobachtungen ist eine Tatsache sehr zu beachten: Ein *allein* im Gesichtsfeld befindlicher Dingpunkt kann physikalisch nur von zwei Augen lokalisiert werden.[K5] *Ein* Auge kann in unbekannter Umgebung stets nur die *Richtung* angeben, in der wir einen solchen Dingpunkt L sehen, aber nicht seinen Abstand (vgl. Abb. 403).

K5. Siehe auch § 4 in Bd. 1: das Stereoskop.

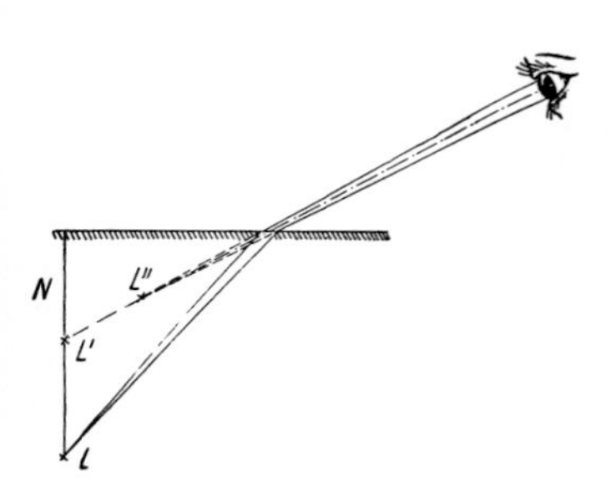

Abb. 403. Ein unter Wasser befindlicher Dingpunkt L wird von zwei Augen genau *senkrecht angehoben* im Punkt L' gesehen. *Das kann man mit dieser nur für ein Auge ausgeführten Konstruktion nicht erklären.* Sie führt auf einen zum Beschauer hin verschobenen Dingpunkt L''. Man muss vielmehr diese Konstruktion für beide Augen getrennt ausführen. Dann schneiden sich die beiden Einfallsebenen im Lot N, und auf diesem Lot liegt auch L' als Schnittpunkt der beiden Lichtbündelachsen.

Mit Abb. 404 definiert man den Sehwinkel. Der Sehwinkel darf aus bekannten Gründen (§ 136) einen gewissen Mindestwert (rund 1 Bogenminute) nicht unterschreiten, sonst vermag das Auge die Punkte nicht mehr zu trennen oder aufzulösen.

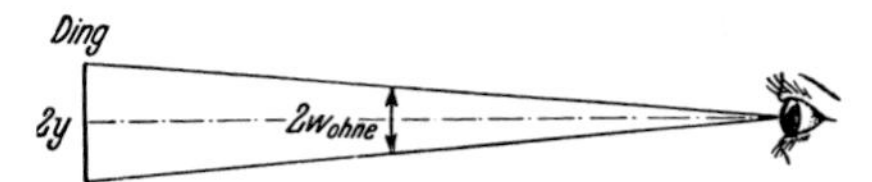

Abb. 404. Zur Definition des Sehwinkels $2w$ ohne Instrument, genannt $2w_{\text{ohne}}$

Wie lässt sich ein Sehwinkel vergrößern, wie kann man zuvor nicht sichtbare Einzelheiten eines Gegenstandes erkennbar machen? Antwort: Man geht dichter an den Gegenstand heran. — Wie dicht kann man herangehen? Normalerweise bequem bis auf 25 cm, die übliche deutliche Sehweite. Für noch kleinere Abstände mag der Normalsichtige nur ungern akkommodieren, und ohne Akkommodation sieht er nur ein verwaschenes Bild. Doch lässt sich die Wölbung des Auges durch eine vorgesetzte Konvexlinse unterstützen (Abb. 405). Dann kann man ohne jede Akkommodationsanstrengung dichter herangehen, z. B. auf 12 cm, und trotzdem ein scharfes Bild erhalten. Durch diese Annäherung wird der Sehwinkel gegenüber dem der deutlichen Sehweite rund verdoppelt ($w_{\text{mit}}/w_{\text{ohne}} \approx 2$). Oder mit anderen Worten: Man hat vor das Auge eine zweifach vergrößernde *Lupe* gesetzt. Eine noch stärker gewölbte Lupe erlaube eine Annäherung auf 5 cm, dann vergrößert die Lupe rund fünffach usw. Zweck einer Lupe ist also Vergrößerung des Sehwinkels durch größere Annäherung des Auges an den Gegenstand. Dabei ist die Vergrößerung einer Lupe keine Konstante im physikalischen Sinn. Sie wächst aufgrund der nachlassenden Akkomodationsfähigkeit mit dem Lebensalter ihres Benutzers.

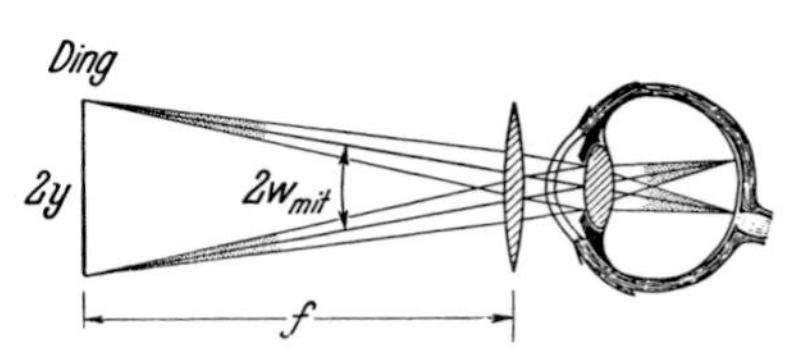

Abb. 405. Vergrößerung des Sehwinkels durch eine Lupe ($2w_{\text{mit}}$). Statt der Bilder des Irisloches wird dieses selbst näherungsweise als Ein- und Austrittspupille benutzt. Überdies werden die Unterschiede von Haupt- und Knotenpunkten vernachlässigt. Eine strengere Behandlung der Lupe überschreitet den Rahmen dieses Buches.

Geübte Beobachter benutzen eine Lupe stets mit entspanntem, d. h. auf große Entfernungen eingestelltem Auge. Sie legen also das Ding in die Brennebene der Lupe (Abb. 405). Dann treten die von den einzelnen Dingpunkten ausgehenden Lichtbündel als Parallellichtbündel ins Auge ein. Die Augenlinse macht die Bündel wieder konvergent und legt ihre engsten Einschnürungen als Bildpunkte auf die Netzhaut.

Oft kann man nicht dicht an einen Gegenstand herangehen (Flugzeug in der Luft, Mond usw.). Dann entwirft man sich mit einer Linse, Objektiv genannt, ein Bild. Dies Bild ist zwar sehr viel kleiner als der Gegenstand selbst, aber man kann mit dem Auge bis auf ungefähr 25 cm (deutliche Sehweite) herangehen und dadurch den Sehwinkel vergrößern. So entsteht in Abb. 406 ein einlinsiges Fernrohr. Durch Vorschalten einer Lupe vor das Auge kann man das Auge dem Bild noch weiter nähern und den Sehwinkel noch mehr vergrößern. Damit gelangt man zum zweilinsigen Fernrohr in Abb. 407. Objektiv und Lupe werden durch ein Rohr verbunden. Auch das Fernrohr soll also lediglich den Sehwinkel vergrößern. Als Vergrößerung V eines Fernrohres bezeichnet man das Verhältnis „Sehwinkel mit“ durch „Sehwinkel ohne“ Instrument (Messverfahren in § 149).

Das in Abb. 407 skizzierte Fernrohr ist 1611 von Johannes Kepler (1571–1630) vorgeschlagen worden und heißt das „astronomische“. Es zeigt die Gegenstände auf dem Kopf

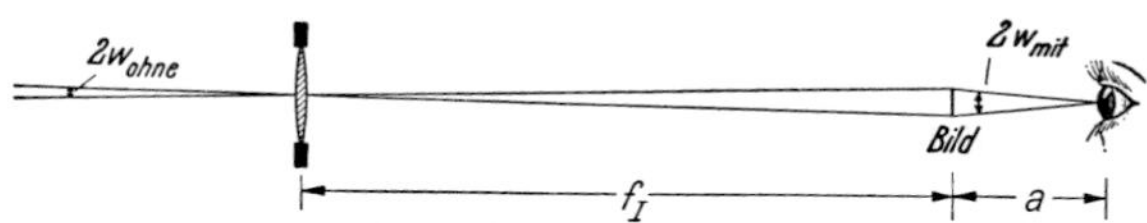

Abb. 406. Vergrößerung des Sehwinkels durch ein einlinsiges Fernrohr in einfacher Hauptstrahldarstellung. Man kann sich in der Bildebene eine Mattglasscheibe angebracht denken, aber notwendig ist sie nicht. (Zahlenbeispiel: $f_\text{I} = 4$ m, Augenabstand vom Bild $a \approx 20$ cm, Vergrößerung $f_\text{I}/a = 20$)

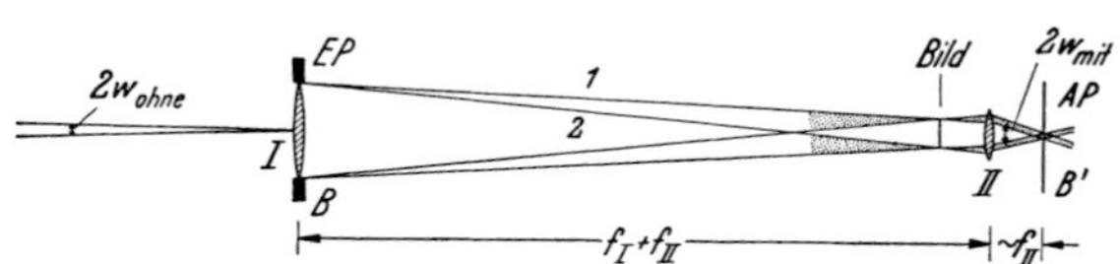

Abb. 407. Das Hinzufügen einer Lupe (Linse *II*, Brennweite f_II) erlaubt, das Auge dem Bild weiter zu nähern und dadurch den Sehwinkel noch mehr zu vergrößern. Dingseitig sind wieder nur die von den Dinggrenzen ausgehenden Hauptstrahlen gezeichnet, bildseitig aber die zugehörigen Lichtbündel. Die Objektivfassung dient als Eintrittspupille *EP*, ihr reelles vom Okular entworfenes Bild *B'* als Austrittspupille *AP*. Diese denke man sich wie in Abb. 405 mit dem Irisloch zur Deckung gebracht. Das Auge soll bei der Benutzung der Lupe entspannt sein, also Parallellichtbündel eintreten lassen. (Die Strahlen 1 und 2 lassen *B'* als Bild von *B* erkennen.) Die Vergrößerung ist ungefähr gleich dem Verhältnis der Brennweiten: $V \simeq f_\text{I}/f_\text{II}$ (s. § 149).

stehend. Zur Aufrichtung der Bilder gibt es verschiedene Vorrichtungen, z. B. weitere Linsen oder Spiegelprismen (Abb. 368) zwischen Objektiv und Okular.

§ 147. Vergrößerung des Sehwinkels durch Projektionsapparat und Mikroskop. Die allgemein bekannten Projektionsapparate und Mikroskope dienen — wie das Fernrohr — der Vergrößerung des Sehwinkels. Beide stimmen im Prinzip überein. Bei beiden befindet sich der Gegenstand kurz vor dem dingseitigen Brennpunkt einer Objektivlinse. Diese entwirft daher bei beiden ein erheblich vergrößertes Bild des Gegenstandes. Man kann es auf einem Schirm auffangen.

Bei hinreichender Größe wird das Bild auch von fern sitzenden Beobachtern unter einem ausreichenden Sehwinkel gesehen: Projektionsapparat (Kino!). — Das Mikroskop hingegen ist für Einzelbeobachtungen bestimmt. Das von der Objektivlinse entworfene Bild liegt im oberen Ende des Rohres (Tubus). Der Beobachter geht mit der Okular genannten Lupe dicht an das Bild heran und betrachtet es so unter großem Sehwinkel. — Als Vergrößerung bezeichnet man auch beim Mikroskop das Verhältnis „Sehwinkel mit" zu „Sehwinkel ohne" Instrument.

Zur Messung der Mikroskopvergrößerung legt man einen Millimeterstab auf den Tisch des Mikroskops und lässt ein Stück von ihm seitlich überstehen, z. B. rechts. Dann blickt man mit dem linken Auge ins Mikroskop, mit dem rechten unmittelbar auf den Maßstab. Man bringt unschwer beide Sehfelder zur Deckung. Man sieht z. B. 1 mm im Mikroskop auf 130 mm des direkt beobachteten Maßstabes. Dann ist die Vergrößerung 130-fach.

§ 148. Auflösungsvermögen des Mikroskops. Die numerische Apertur. Die Ausführungen des § 136 über das Auflösungsvermögen von Linsen gelten für das Mikroskop genauso wie für das Auge und das Fernrohr. Der Winkelabstand zweier noch getrennt sichtbarer Dingpunkte — in Abb. 408 $2w$ genannt — darf nicht kleiner werden als der aus der Gleichung

$$\sin\alpha = \frac{\lambda}{B} \qquad (316) \text{ v. S. 223}$$

berechnete Winkel α. Also

$$\sin 2w_{\min} = \frac{\lambda}{B} \quad \text{oder nach Abb. 408} \quad \frac{2y'}{b} = \frac{\lambda}{B}\,. \tag{322}$$

Doch interessiert beim Mikroskop weniger die kleinste auflösbare Winkelgröße $2w_{\min}$ als der kleinste noch trennbare Abstand zweier Dingpunkte, also in Abb. 408 die Strecke $2y_{\min}$, gemessen im Längenmaß.

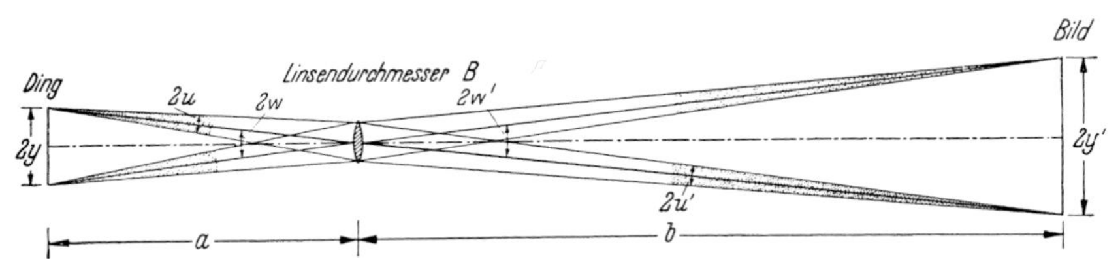

Abb. 408. Zum Auflösungsvermögen des Mikroskops. — Man hat hier die gleichen Bedingungen wie in § 136 bei der Herleitung der Gl. (319) für Auge und Fernrohr. Auf der rechten Seite der Linse sind die Lichtbündel in Wirklichkeit praktisch parallel begrenzt: Die Dingpunkte liegen auf der linken Seite praktisch in der Brennebene des Objektivs. In der Zeichnung musste der Übersichtlichkeit halber der Dingabstand (Gegenstandsweite) a zu groß und der Bildabstand (Bildweite) b zu klein gemacht werden. Außerdem sind in der Skizze die Brechzahlen n und n' im Ding- und im Bildraum gleich groß gewählt worden. Sie gilt also für ein Mikroskop ohne Immersionsflüssigkeit.

Für ihre Berechnung entnehmen wir der Abb. 408 für den bildseitigen (kleinen) Öffnungswinkel u' die Beziehung

$$\sin u' \approx u' \approx \frac{B}{2b}\,. \tag{323}$$

Ferner muss im Mikroskop die *Sinusbedingung* erfüllt sein, d. h., der bildseitige Öffnungswinkel u' muss mit dem dingseitigen Öffnungswinkel u verknüpft sein durch die Beziehung

$$\frac{n \sin u}{n' \sin u'} = \frac{2y'}{2y}\,. \qquad \text{(321) v. S. 246}$$

Die Gln. (321), (322) und (323) zusammengefasst ergeben

$$2y_{\min} = \frac{\lambda}{2n \sin u}\,, \tag{324}$$

falls der Dingraum zwischen Ding und Mikroskopobjektiv mit einer „Immersionsflüssigkeit" (Wasser oder Öl) mit der Brechzahl n gefüllt ist.

Das heißt, das Auflösungsvermögen des Mikroskops wird durch zwei Größen bestimmt: erstens durch die Wellenlänge λ des Lichtes und zweitens durch eine das Objektiv kennzeichnende Größe ($n \sin u$), genannt die „numerische Apertur". In ihr ist u der Öffnungswinkel der vom Objektiv aufgenommenen Lichtbündel und n die Brechzahl des Stoffes (Luft oder Immersionsflüssigkeit) zwischen Objektiv und Präparat (z. B. gefärbter Dünnschnitt).

Die Optotechnik hat mit Immersionsflüssigkeiten numerische Aperturen $n \sin u$ bis zu etwa 1,4 verwirklichen können ($u = 70°$, $\sin u = 0{,}94$, $n = 1{,}5$). Die mittlere Wellenlänge λ des sichtbaren Lichtes beträgt rund 600 nm. Damit wird nach Gl. (324)

$$2y_{\min} = \frac{600\,\text{nm}}{2 \cdot 1{,}4} \approx 210\,\text{nm} = 0{,}21\,\mu\text{m}\,.$$

Der kleinste, in guten Mikroskopen noch erkennbare Abstand zwischen zwei Dingpunkten, ist also nur etwas kleiner als die halbe Wellenlänge des benutzten Lichtes.[K6] — Der Größen-

K6. Es gibt neuere Entwicklungen, bei denen die Begrenzung des Auflösungsvermögens durch die Beugung unterschritten wird. Genannt sei das optische Rasternahfeldmikroskop oder das Fluoreszenzmikroskop (z. B. das von S. Hell entwickelte STED-Mikroskop), mit denen sich Auflösungsvermögen von typischerweise weniger als 30 nm erreichen lassen.

ordnung nach entspricht das den Erfahrungen in der Mechanik. Dort (Bd. 1, Abb. 319 ff.) haben wir mit Wasserwellen Schattenbilder eintauchender Körper entworfen. Für diese einfachste Art der Abbildung durften die Körper nicht kleiner gewählt werden als ungefähr die Wellenlänge der Wasserwellen.

Man vergleiche später Gl. (324) mit der Kohärenzbedingung in Abb. 434 auf S. 274, in der $n = 1$ benutzt wird. Sie wird dadurch einen sehr anschaulichen Sinn bekommen!

Eine mikroskopische Abbildung mit großer Auflösung verlangt dingseitig Lichtbündel von großem Öffnungswinkel u. Das zeigt der Nenner der Gl. (324). Bei *selbstleuchtenden* Dingen, *Eigenstrahlern*, z. B. einem glühenden Draht, wird der nutzbare Öffnungswinkel nur durch die Bauart des Objektes bestimmt. Bei *beleuchteten* Dingen, *Fremdstrahlern*, hingegen, z. B. den üblichen Dünnschnitten, hängt er überdies von der Art der Beleuchtung ab. Für diese benutzt man Beleuchtungslinsen, genannt „Kondensoren".[K7] Abb. 409 zeigt zwei Ausführungsformen. Links gelangt das Licht nach Durchsetzen des Dünnschnittes ins Objektiv und ins Auge. Man beobachtet auf hellem Grund oder mit *Hellfeldbeleuchtung*. Rechts hingegen wird das beleuchtende Licht vom Mikroskopobjektiv (durch Totalreflexion am Deckglas) ferngehalten. Nur vom Dünnschnitt gestreutes oder abgelenktes Licht (drei kleine Pfeile!) kann ins Objektiv eintreten. Man sieht die Dinge hell auf dunklem Grund oder in *Dunkelfeldbeleuchtung*.

K7. Die Funktion einer Kondensorlinse wurde bereits in § 139, Abb. 393, erläutert.

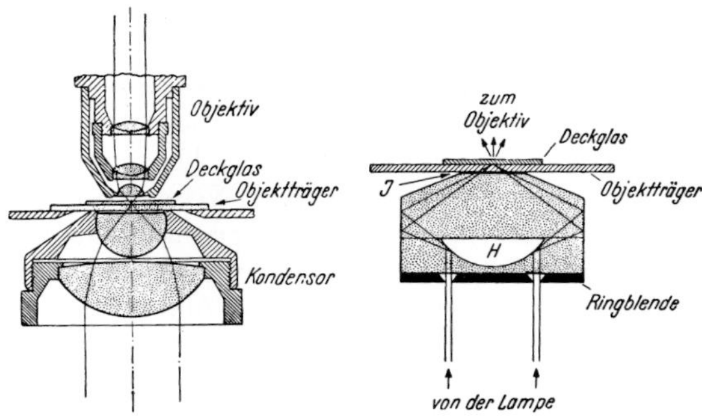

Abb. 409. Zwei Kondensoren. Beide bilden eine flächenhafte Lichtquelle in ihrer Brennebene ab, und diese wird in die Ebene des Dünnschnittes gelegt. Die flächenhafte Lichtquelle erhält man mit einer Sammellinse, die eine Lampe in der Eintrittspupille des Kondensors abbildet. Links: Hellfeldkondensor. Rechts: Dunkelfeldkondensor mit zweifacher Spiegelung an der Innenfläche des Glaskörpers. H ist ein Hohlraum, J eine Immersionsflüssigkeit (Wasser oder Öl) zur Vermeidung der Totalreflexion an der oberen Fläche des Kondensors.

Hellfeld- und Dunkelfeldbeleuchtung sind uns auch im täglichen Leben geläufig. Eine grobe Spitze hängt man z. B. als Gardine vor ein helles Fenster: *Hellfeldbeleuchtung*. Eine zarte Brüsseler Spitze legt man auf dunklen, nichtreflektierenden Samt und hält so das beleuchtende Licht vom Auge fern: *Dunkelfeldbeleuchtung*.

Bei der grundlegenden Bedeutung der Apertur für das Mikroskopobjektiv wird in Abb. 410 ein Verfahren für ihre Messung beschrieben.

Nicht die Anordnung der Linsen, sondern die Begrenzung der Lichtbündel vermittelt uns ein tieferes Verständnis des Mikroskops und seines Auflösungsvermögens. Das ist der Inhalt dieses Paragraphen.

„Nicht die Anordnung der Linsen, sondern die Begrenzung der Lichtbündel vermittelt uns ein tieferes Verständnis des Mikroskops und seines Auflösungsvermögens."

§ 149. Teleskopische Systeme. In unserer Darstellung der optischen Instrumente war kein Platz für ein besonders einfaches Fernrohr mit geringer Vergrößerung und auf-

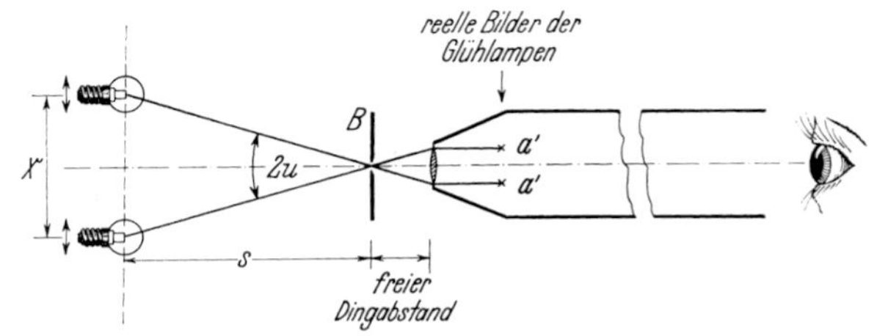

Abb. 410. Messung der Apertur ($\sin u$) eines Mikroskopobjektivs. Man legt auf den Tisch des Mikroskops eine sehr feine von zwei Lampen beleuchtete Lochblende. Die von den Lampen durch die feine Öffnung B gezeichneten Linien sind die Achsen sehr schlanker Lichtbündel. Man nähert den Tubus der Blende, bis man *mit* dem Okular ein scharfes Bild des Loches sieht (also den von der Frontfläche des Objektivs aus gezählten *freien Dingabstand* eingestellt hat). — Dann blickt man *ohne* Okular in den Tubus; man vergrößert den Abstand x beider Lampen, bis ihre reellen, praktisch in der Brennebene des Objektivs liegenden Bilder a' gerade verschwinden. Jetzt gilt

$$\sin u = \frac{x}{2}\left(s^2 + \frac{x^2}{4}\right)^{-1/2} \approx \frac{x}{2s}\,.$$

rechtem Bild, bekannt unter dem Namen *Nachtglas* oder *holländisches Fernrohr* und für den Seemann unentbehrlich. Deswegen bringen wir für die Fernrohre noch eine zweite, für alle Typen brauchbare Darstellung.

Bei der üblichen Benutzungsart des KEPLER'schen Fernrohres ist der Dingabstand sehr groß gegenüber der Brennweite des Objektivs. Daher liegt das Bild eines fernen Dingpunktes in der Brennebene des Objektivs. In die gleiche Ebene verlegt man die dingseitige Brennebene des Okulars (vgl. Abb. 407). Auf diese Weise entsteht ein *teleskopisch* oder „brennpunktlos" genannter Strahlengang: Vom Dingpunkt geht ein Parallellichtbündel zum Objektiv, und aus dem Okular tritt wiederum ein Parallellichtbündel aus, jedoch mit kleinerem Durchmesser. Das zeigt ein Schauversuch in Abb. 411a für einen auf der Achse gelegenen fernen Dingpunkt.

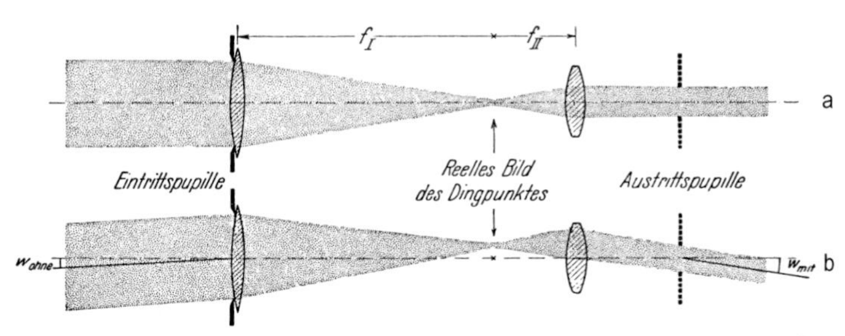

Abb. 411. Schauversuch zum teleskopischen Strahlengang im KEPLER'schen Fernrohr für einen fernen Dingpunkt. Bei a auf, bei b außerhalb der Linsenachse. Dreifache Vergrößerung des Sehwinkels. Die Scheitel der Hauptstrahl-Neigungswinkel w_{ohne} und w_{mit} liegen im Zentrum der Eintritts- und der Austrittspupille. Das Bild steht auf dem Kopf. Die Versuchsanordnung ist ähnlich wie in Abb. 391. Sie erlaubt, den Neigungswinkel w_{ohne} des links einfallenden Parallellichtbündels periodisch zu ändern. Die Lage und die Entstehung der Austrittspupille treten klar hervor. Am besten setzt man auch hier zur Kennzeichnung vor den oberen Rand der Eintrittspupille ein Rotfilter, vor den unteren ein Grünfilter. (Zylinderlinsen, vgl. Abb. 391)

Bei der Fortführung dieses Schauversuches verschieben wir den Dingpunkt abwechselnd über oder unter die Linsenachse (Abb. 411b). Bei diesen Bewegungen sehen wir mit großer Deutlichkeit die Lage der Austrittspupille, also des gemeinsamen Querschnitts aller Lichtbündel des Bildraumes. Die Bündel behalten vor und hinter dem Fernrohr ihre parallele Begrenzung, aber — nun kommt der entscheidende Punkt! — die Neigungswinkel beider Bündel gegen die Achse haben hinter und vor dem Fernrohr ungleiche Größe. Wir nennen diese Neigungswinkel wie früher in Abb. 407 die Sehwinkel w_{mit} und w_{ohne} und bekommen quantitativ

$$\text{Vergrößerung} = \frac{w_{\text{mit}}}{w_{\text{ohne}}} = \frac{\text{Bündeldurchmesser vor dem Fernrohr}}{\text{Bündeldurchmesser hinter dem Fernrohr}} = \frac{f_{\text{I}}}{f_{\text{II}}}. \quad (325)$$

Die hier experimentell gezeigte Tatsache ist unschwer zu deuten: Abb. 412 wiederholt schematisch den Schauversuch der Abb. 411b, doch sind nur die bündelbegrenzenden Strahlen vor und hinter dem Fernrohr gezeichnet. Hinzugefügt ist beiderseits je eine zu den Strahlen senkrechte Gerade a und b, sie markieren je eine Wellenfläche. — Dann denken wir uns das einfallende Bündel um einen kleinen Winkel in die gestrichelte Stellung gekippt. a geht in a', b in b' über. Dabei müssen die optischen Weglängen s und s' gleich groß bleiben (Sinusbedingung Gl. 321, S. 246, s. auch Abb. 397). Damit haben wir $D' \cdot w_{\text{mit}} = D \cdot w_{\text{ohne}}$. Daraus ergibt sich, wie man aus den Abb. 411 und 413 leicht sehen kann, $w_{\text{mit}}/w_{\text{ohne}} = f_{\text{I}}/f_{\text{II}}$.

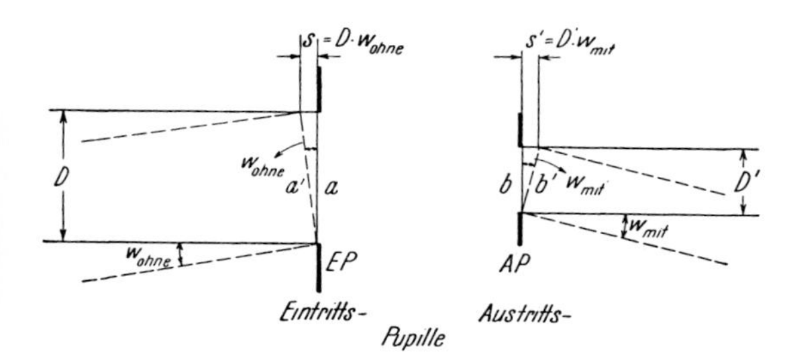

Abb. 412. Zur Herleitung des Zusammenhanges von Winkelvergrößerung und Änderung des Bündeldurchmessers

Nach diesen Darlegungen braucht man zum Bau eines Fernrohres nur die Herstellung eines teleskopischen Strahlenganges. Dieser lässt sich auch mit anderen Anordnungen erzielen, z. B. einer Sammellinse und einer Zerstreuungslinse: So entsteht das *holländische Fernrohr*, auch Galilei-Fernrohr genannt (1609, Galileo Galilei, 1564–1642). Der Schauversuch in Abb. 413 zeigt den Verlauf eines Lichtbündels für je einen fernen Dingpunkt auf und unterhalb der Linsenachse.

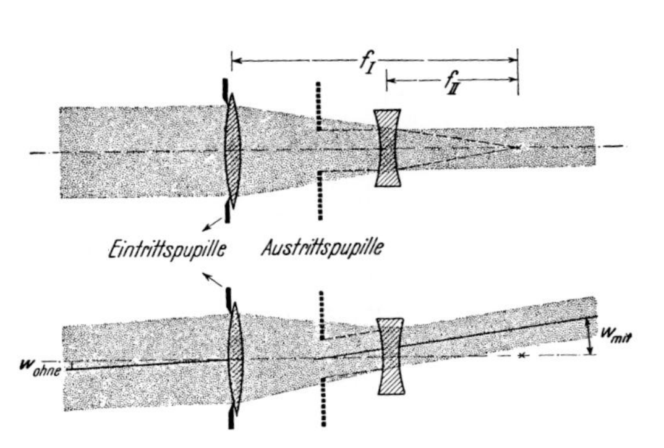

Abb. 413. Schauversuch zum teleskopischen Strahlengang im holländischen Fernrohr für je einen fernen Dingpunkt auf und unterhalb der Linsenachse. Sehwinkelvergrößerung 2,2-fach. Die Austrittspupille ist ein virtuelles vom Okular entworfenes Bild der Objektivfassung. Zwischen Objektiv und Okular liegt im Gegensatz zum Kepler'schen Fernrohr kein Bild des Dingpunktes. Man baut holländische Fernrohre nur für kleine Vergrößerungen (etwa 2–6). Aufrechtes Bild. Ihr Hauptvorzug ist die geringe Zahl der Glasflächen und daher die Kleinheit der Lichtverluste. Als „Nachtglas" ist das holländische Fernrohr noch heute unübertroffen.[K8]

Die Kenntnis des teleskopischen Strahlenganges gibt ein einfaches Verfahren zur Messung der *Fernrohrvergrößerung*; man hat lediglich den Durchmesser eines Parallellichtbündels vor und hinter dem Fernrohr zu messen und Gl. (325) anzuwenden.

K8. Allerdings sind bei den „Nachtgläsern" auch die Ferngläser mit sogenannten Restlichtverstärkern zu nennen oder auch die Nachtsichtgeräte, die Infrarotstrahlung ausnutzen.

Die Durchmesser der Lichtbündel stimmen mit denen der Eintritts- und der Austrittspupille überein. Als Eintrittspupille dient bei einwandfreier Bauart praktisch stets die Objektivfassung. Die Austrittspupille, das vom Okular entworfene Bild der Objektivfassung, ist nur beim KEPLER'schen Fernrohr und seinen Varianten (z. B. den Prismenfeldstechern) zugänglich. Beim holländischen Fernrohr liegt sie als virtuelles Bild im Rohrinneren zwischen Objektiv und Okular (vgl. Abb. 413). Man halte das KEPLER'sche Fernrohr mit seinem Objektiv gegen den Himmel oder ein helles Fenster und blicke aus etwa 30 cm Abstand auf das Okular. Dann sieht man die Austrittspupille als kleines helles Scheibchen vor dem Okular schweben. Man misst seinen Durchmesser mit einem Millimeter-Maßstab. Der Objektivdurchmesser, dividiert durch diesen Pupillendurchmesser, ergibt die gesuchte Vergrößerung. — Beim holländischen Fernrohr muss man statt dessen den Schauversuch der Abb. 413 ausführen und die Bündeldurchmesser bestimmen.

§ 150. Gesichtsfeld der optischen Instrumente. Vorbemerkung: Beim Sehen mit freiem Auge wird das Gesichtsfeld meist durch irgendwelche Hindernisse begrenzt, z. B. den Rahmen eines Fensters. Sehr kleine Gesichtsfelder betrachten wir mit *ruhendem* Auge, Gesichtsfelder von wenigen Winkelgraden aufwärts jedoch mit *bewegtem*: Das Auge *blickt*, es vollführt (uns unbewusst) ruckweise Drehungen in seiner Höhle und *fixiert* in den Ruhepausen einzelne Bereiche des Gesichtsfeldes. Diese Blickbewegungen lassen sich durch Drehungen und Verschiebungen des ganzen Kopfes unterstützen, doch sieht man dann die einzelnen Bereiche des Gesichtsfeldes nacheinander. Das erschwert die Übersicht. Das Sehen durch ein Schlüsselloch ist ein gutes Beispiel.

In den optischen Instrumenten sind Objektiv und Okularlupe ohne Zweifel die wesentlichen Linsen. Sie reichen aber beim praktischen Bau der Instrumente nicht aus. Mit ihnen allein bekommt man zu kleine Gesichtsfelder. Man muss weitere Linsen hinzufügen, *Kondensoren* oder *Kollektive* genannt. — Beispiele sind lehrreicher als langatmige Erörterungen allgemeiner Art.

„Beispiele sind lehrreicher als langatmige Erörterungen allgemeiner Art."

Zunächst der *Projektionsapparat*, mit dem man Diapositive, also typische „Fremdstrahler" auf einem Wandschirm abbildet[1].

Abb. 414 oben zeigt einen falsch zusammengesetzten Projektionsapparat mit Lichtquelle (Bogenkrater), Diapositiv und abbildendem Objektiv. Auf dem Wandschirm erscheint nur ein kleiner Ausschnitt aus der Mitte des Diapositivs. Das Gesichtsfeld ist viel zu klein (und unscharf begrenzt). Grund: Hier wirkt die Fassung des Objektivs als *Gesichtsfeldblende*. Sie lässt nur Licht im engen Winkelbereich α von der Lampe zum Schirm gelangen. Der Strahl r hat keine physikalische Bedeutung, verläuft doch in seiner Richtung kein Lichtbündel. Daher können die äußeren Teile des Diapositivs nicht abgebildet werden. Abhilfe ist leicht zu schaffen (Abb. 414 unten): Man setzt unmittelbar vor das Diapositiv eine große Linse, *Kondensor* genannt, und bildet mit ihr die Lichtquelle in der Öffnung des Objektivs ab. So kann alles durch das Diapositiv gehende Licht auch durch das Objektiv hindurchgehen.[K9] Das Diapositiv erscheint in seiner ganzen Ausdehnung auf dem Wandschirm. Der Bildrand ist scharf. Jetzt wirkt der Rahmen des Diapositivs als Gesichtsfeldblende. Ihr Bild begrenzt als „Austrittsluke" das Gesichtsfeld und liegt dabei „richtig", d. h. in der Ebene des Wandbildes.

K9. Die entscheidende, hier vorausgesetzte Eigenschaft der Diapositive ist also, dass sie das Licht durchlassen, ohne es abzulenken („zu streuen"). Für ein auf Mattglas aufgebrachtes Bild ist das Gesichtsfeld bei „falscher" Beleuchtung aufgrund des in jede Richtung gehenden Streulichtes *nicht* eingeschränkt. Es ist lediglich weniger hell. Siehe Fußnote auf dieser Seite.

Allgemein: Wie die Aperturblende (oder Bilder von ihr) als Pupillen die *Öffnungswinkel* u und u' begrenzen, so begrenzen die Gesichtsfeldblenden (oder Bilder von ihr) als *Luken* die *Hauptstrahl-Neigungswinkel* w und w'.

[1] Man kann, u. a. für Schauversuche, ein Diapositiv einem *Eigenstrahler* angleichen, indem man es auf eine allseitig strahlende Fläche legt. Als solche kann z. B. eine von rückwärts bestrahlte Glasplatte dienen, die entweder fluoresziert (Eigenstrahler) oder als „Mattglas" streut (Fremdstrahler).

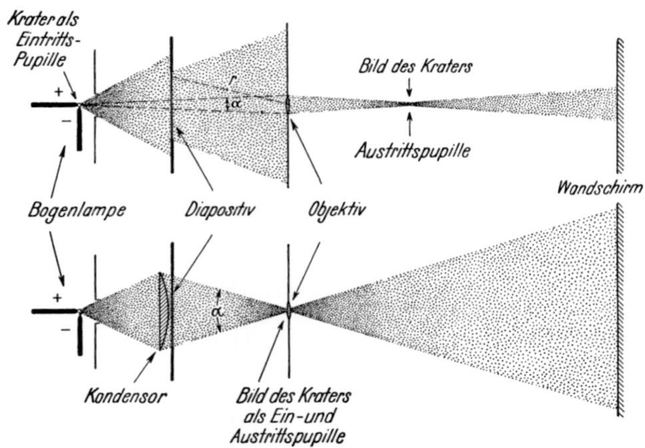

Abb. 414. Oben: Falsch zusammengesetzter Projektionsapparat. Die Objektivfassung bestimmt als Gesichtsfeldblende den Gesichtswinkel $\alpha = 2w_{\max}$, d. h. den größten noch dingseitig nutzbaren Winkel zwischen zwei Hauptstrahlen. Der Scheitel dieses Winkels liegt wie immer im Zentrum der Eintrittspupille (vgl. Abb. 393). — Unten: Richtig zusammengesetzter Projektionsapparat. Der Kondensor entwirft ein Bild des Kraters im Objektiv (der Verlauf eines abbildenden Teilbündels und sein Öffnungswinkel u ist aus Abb. 393 zu entnehmen). Der Rahmen des Diapositivs ist Gesichtsfeldblende. Von seinen Rändern führen Hauptstrahlen mit großem Gesichtsfeldwinkel $\alpha = 2w_{\max}$ zur Mitte der für die Abbildung maßgebenden Eintrittspupille. Im gezeichneten Beispiel bedeckt diese Eintrittspupille nur einen kleinen mittleren Fleck des abbildenden Objektivs. Für Säle bis zu 500 Hörern reicht vollauf der Krater einer 5-Ampere-Bogenlampe. — Mit Glühlampen als Lichtquellen kann man zwar die volle Öffnung des Objektivs ausnutzen, doch bedeuten sie bei der Projektion physikalischer Versuche eine unnötige Erschwerung, desgleichen Kondensoren mit nicht frei zugänglicher Vorderfläche.

Der Kondensor muss dem jeweiligen Abstand von Objektiv und Diapositiv angepasst werden. Für Projektionen in verschiedenen Bildgrößen und Schirmabständen braucht man Objektive verschiedener Brennweite. Für jede von ihnen muss ein passender Kondensor verfügbar sein.

In ganz entsprechender Weise benutzt man Kondensorlinsen im Mikroskop und im Kepler'schen Fernrohr. Meist vereinigt man sie in einem kurzen Rohrstutzen mit der Beobachtungslupe. Diese Kombination wird auch *Okular* genannt.

Man beobachtet — herkömmlichen Darstellungen entgegen — beim Mikroskop und Fernrohr fast nie mit ruhendem Auge. Man muss *Drehungen des Augapfels und Verschiebungen des ganzen Kopfes zu Hilfe* nehmen. Grund: Der Winkelbereich großer Sehschärfe umfasst nur wenige Bogengrade. Er liegt symmetrisch zum Mittelpunkt des „fovea centralis" genannten Netzhautgebietes. Die Sehschärfe fällt schon innerhalb $\pm 2°$ auf die Hälfte ihres Höchstwertes und innerhalb $\pm 10°$ sogar auf ein Fünftel des Höchstwertes ab. Die Bewegungen des Auges und des Kopfes sind bei der Bestimmung des Gesichtsfeldes zu berücksichtigen. — Beim Kepler'schen Fernrohr bewegt man meist das Auge vor der Austrittspupille des Fernrohres (Abb. 407, 411) wie vor einem Schlüsselloch. Beim holländischen Fernrohr benutzt das Auge für jeden „Augenblick" (Handlung oder Zeitabschnitt!) nur einen Teil der Objektivfläche. Das zeigt Abb. 415 für zwei extreme Stellungen des Auges.

§ 151. Abbildung räumlicher Gegenstände und Schärfentiefe. In unserer bisherigen Darstellung des Abbildungsvorganges wurde ein Bildpunkt mit der engsten Einschnürung eines Lichtbündels gleichgesetzt. Das entspricht zwar allgemeiner Übung, ist

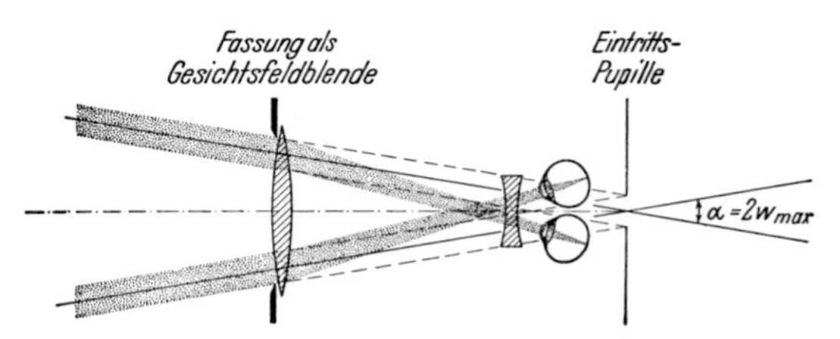

Abb. 415. Bei kleinen Vergrößerungen hat die Austrittspupille eines holländischen Fernrohres (Abb. 413) einen größeren Durchmesser als die Eintrittspupille unseres Auges. Fernrohr und Auge zusammen benutzen eine im Schädel des Beobachters liegende Eintrittspupille. Ihr Zentrum ist, wie stets, der Schnittpunkt der dingseitigen Hauptstrahlen. Der größte nutzbare Hauptstrahl-Neigungswinkel bestimmt den Blickfeldwinkel $\alpha = 2w_{\text{max}}$. Die Objektivfassung wirkt als Gesichtsfeldblende. Beim Überschreiten von α bekommt der Bündelquerschnitt die Gestalt eines Kreiszweiecks. Das Bild verblasst zum Rand hin (Vignettierung).

aber keineswegs allgemein zutreffend. Man denke an die jedem Kind bekannte Lochkamera (Abb. 416). Diese benutzt enge Lichtbündel ohne jede Einschnürung im Bildraum. Trotzdem liefert sie gute (und dabei völlig verzeichnungsfreie und ebene) Bilder. Das ist recht überraschend. Der Bildpunkt, also die Beugungsfigur der Öffnung, ist unter sonst gleichen Umständen bei einer Lochkamera mit einem Lochdurchmesser von 1 mm 20-mal größer als der eines Objektivs von 20 mm Durchmesser (Gl. 316 von S. 223). Aber ein Maler vermag ja auch mit groben Pinselstrichen sehr befriedigende Bilder zu liefern. Das ist auf psychologische Vorgänge zurückzuführen und gehört nicht in diesen Paragraphen (s. auch § 120). Uns genügt die vielfach gesicherte Erfahrung: *Gute, für unser Auge brauchbare Bilder sind keineswegs identisch mit Bildern großer Zeichnungsschärfe.*

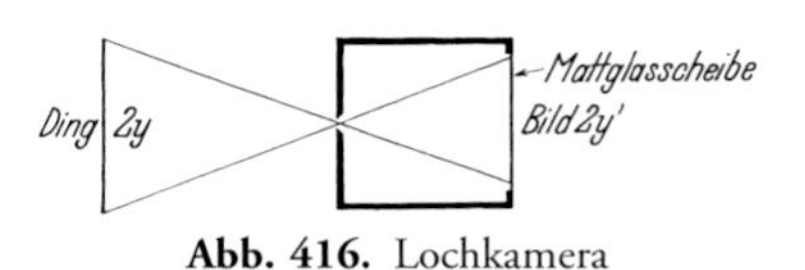

Abb. 416. Lochkamera

Selbst die technisch vollkommensten Linsen können immer nur eine Ding*ebene* als eine Bild*ebene* abbilden. Dabei müssen diese beiden Ebenen zur Linsenachse senkrecht stehen. Trotzdem bildet man in der Praxis ganz überwiegend Gegenstände von räumlicher Ausdehnung auf einer Ebene ab. Bekanntlich bekommt man auch in diesen Fällen durchaus brauchbare Bilder: Auge, Feldstecher und Kamera haben eine meist beträchtliche *Schärfentiefe* oder *Tiefenschärfe*. Das beruht aber nur auf der obengenannten Eigenart unseres Auges. Dieses lässt, wie wir sahen, keineswegs nur die engste Einschnürung eines Lichtbündels als Bildpunkt gelten.

Die Objektive fotografischer Apparate und der Fernrohre werden für eine „unendlich" ferne Dingebene korrigiert. Dann lassen sich „unendlich" ferne Dingpunkte in der Bildebene (in diesem Fall Brennebene) als *Punkte* abbilden (Abb. 417). Gleichzeitig erscheinen alle der Linse näheren Dingpunkte in der Bildebene nicht mehr als Punkte, sondern als kleine „Scheiben". Ihr Durchmesser D wächst, wenn der Abstand des Dingpunktes a von der Linse kleiner wird. Schließlich erreicht er bei einem *Nahpunkt-Abstand* a_{min} einen dem Auge nicht mehr zumutbaren Grenzwert D_{max}. Für ihn gilt

$$a_{\text{min}} = \frac{fB}{D_{\text{max}}} = \frac{f^2}{KD_{\text{max}}} \,. \tag{326}$$

(K=Brennweite f/Linsendurchmesser B ist das Öffnungsverhältnis der Linse.[K10] Herleitung in Abb. 417.)

K10. Das Öffnungsverhältnis f/B einer Linse wird auch „Blende" genannt, z. B. bei Fotoapparaten.

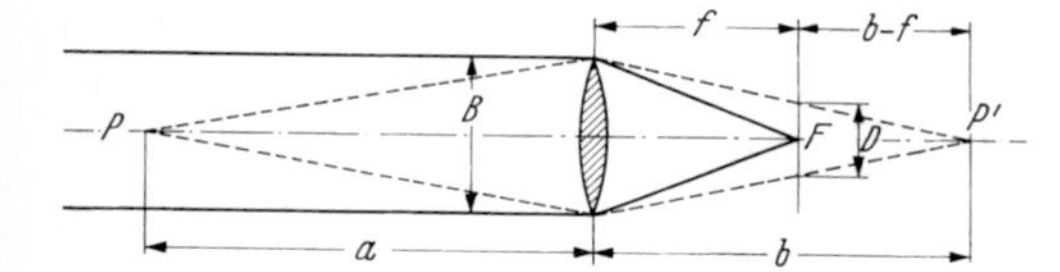

Abb. 417. Zur Berechnung des Nahpunkt-Abstandes $a_{\min}$ für ein für „unendlich“ großen Dingabstand korrigiertes Objektiv. Es ist

$$\frac{D}{B} = \frac{b-f}{b}; \quad \frac{1}{b} = \frac{1}{f} - \frac{1}{a}$$

Die Zusammenfassung ergibt die allgemeine Form der Gl. (326).

Der Nahpunkt-Abstand $a_{\min}$ ist also bei gegebenem Öffnungsverhältnis K proportional zum *Quadrat* der Brennweite.

Zahlenbeispiel: Für eine Bildgröße 24 mm × 36 mm ist der empirisch gefundene Grenzwert $D_{\max} = 50\,\mu\text{m}$. Bei einem Öffnungsverhältnis von $K = 5$ und einer Brennweite $f = 2\,\text{cm}$ wird $\alpha_{\min} = 1{,}6\,\text{m}$. Das heißt, alle weiter als 1,6 m von der Linse entfernten Dingpunkte werden gleichzeitig mit einer für das Auge ausreichenden Schärfe abgebildet. — Oder anders gesagt: Der „Schärfentiefe“ genannte Bereich erstreckt sich in diesem Beispiel von einem Nahpunkt in 1,6 m Abstand bis zu beliebig großer Entfernung.

Gl. (326) gibt die physikalische Begründung für zwei bekannte Tatsachen:

1. Die Natur hat die Augen der größten Säugetiere (Elefanten und Wale) nicht wesentlich größer konstruiert als die des Menschen.

2. Die Entwicklung der fotografischen Technik hat zur Kleinbild-Kamera geführt.

§ 152. Perspektive. Ebene Bilder *räumlicher* Gegenstände haben stets eine bestimmte geometrische *Perspektive*, d. h. ein bestimmtes Verhältnis zwischen Größe und Abstand der hintereinander befindlichen Dinge. Der Künstler stellt diese Perspektive mit einer *Zentralprojektion* her. Dabei verfährt er im Prinzip gemäß Abb. 418: Er schaltet zwischen die Dinge und eines seiner Augen einen durchsichtigen Schirm W und vermerkt auf diesem die Durchstoßpunkte seiner Blickrichtungen. Der Künstler benutzt also als Projektionszentrum den *Drehpunkt seines Augapfels*.

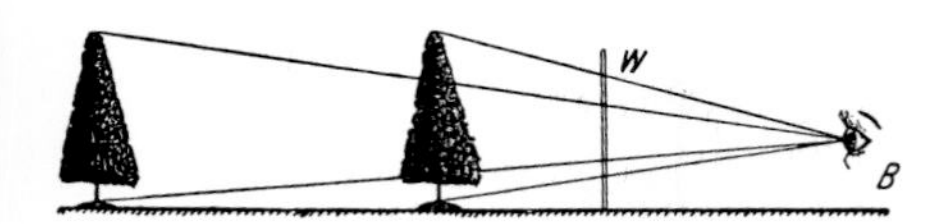

Abb. 418. Zentralprojektion zur Darstellung räumlicher Gegenstände auf einer Bildfläche W. B: Auge des Künstlers.

Bei der Abbildung durch eine Linse stellt man die Linse zwischen die Dinge und den Schirm. Es handelt sich auch hier um eine Zentralprojektion, jedoch mit zwei Projektionszentren. Diese liegen in den Mittelpunkten der Eintritts- und der Austrittspupille. *Damit ist die Begrenzung der Lichtbündel auch für die Perspektive entscheidend.* Das belegen wir mit einem eindrucksvollen Schauversuch.

In Abb. 419 stehen zwei hell leuchtende gleich große Mattglasfenster in verschiedenen Abständen vor der Linse. Das eine Fenster befindet sich in Wirklichkeit etwas vor, das andere etwas hinter der Zeichenebene. Das hintere Fenster trägt ein **H**, das vordere ein **V**. Die Linse hat einen großen Durchmesser, doch benutzen wir eine enge Blende und schlanke Lichtbündel. Infolgedessen erscheinen beide Fenster auf dem Schirm nebeneinander gleich scharf. Während des Versuches bleibt die Aufstellung (Abb. 419a) ungeändert, es wird lediglich die Blende längs der Linsenachse verschoben. Der Versuch wird in drei Schritten ausgeführt:

1. Die Blende steht unmittelbar an der Linse (Abb. 419b). Beide Pupillen fallen praktisch mit der Linsenmitte zusammen. Diese dient als Projektionszentrum. Das fernere **H** wird auf dem Wandschirm kleiner abgebildet als das nähere **V**.

2. Die Blende wird in den bildseitigen Brennpunkt F' geschoben (Abb. 419c). Dadurch wird das dingseitige Projektionszentrum (die Mitte der Eintrittspupille) links ins Unendliche verlegt: Die beiden Bilder von **H** und **V** werden auf dem Schirm gleich groß.

Abb. 419c zeigt den Grenzfall des dingseitig telezentrischen Strahlenganges. Dieser wird oft benutzt, unerlässlich ist er z. B. beim Messmikroskop.

3. In Abb. 419d wird die Blende bildseitig über den Brennpunkt F' hinaus verschoben. Damit rückt das dingseitige Projektionszentrum (die Mitte der Eintrittspupille) dichter an das Fenster **H** als an das Fenster **V** heran. Erfolg: Das **H** auf dem Wandschirm wird größer (!) als das **V**, die Perspektive ist umgestülpt.

Wir können also die geometrische Perspektive eines Bildes allein durch Verschieben der bündelbegrenzenden Blende in weiten Grenzen verändern. So weit der Schauversuch.

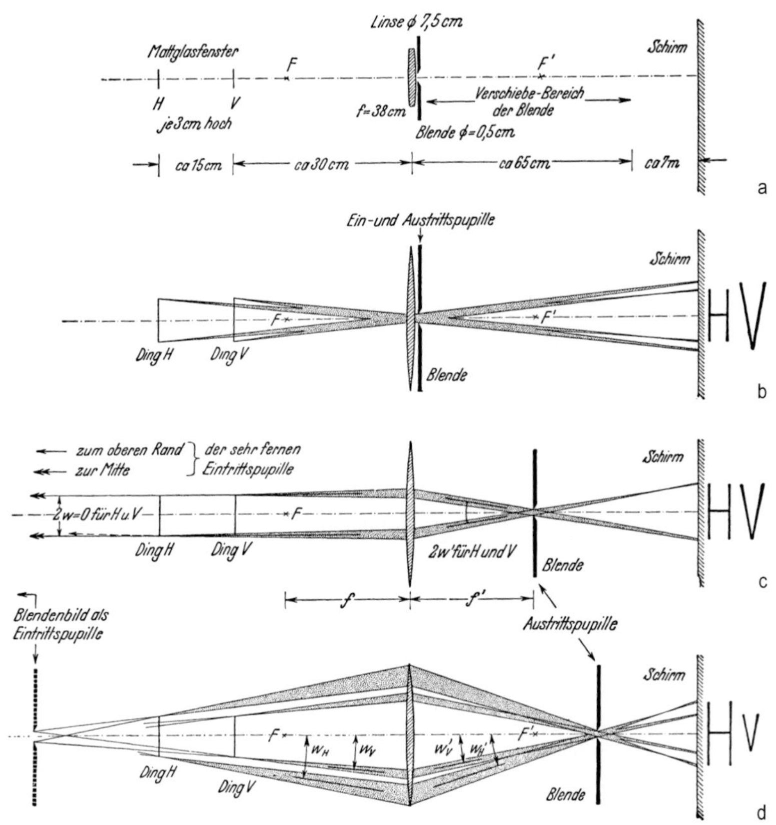

Abb. 419. Einfluss der Lichtbündelbegrenzung auf die Perspektive. — a: Versuchsanordnung. Das eine Fenster ist etwas vor, das andere Fenster etwas hinter der Papierebene zu denken. — b - d: Das Größenverhältnis zwischen **H** und **V** wird nur durch Verschiebung der bündelbegrenzenden Blende geändert. Dingseitig dient jedesmal der Mittelpunkt der Eintrittspupille als Projektionszentrum. Von ihm aus „besieht sich die Linse" die Dinge **H** und **V**. In Teilbild c ist der Übersichtlichkeit halber nur das von **V** oben und von **H** unten ausgehende Bündel gezeichnet. In den Zwischenstellungen zwischen b und c liegt die Eintrittspupille als virtuelles Bild rechts von der Blende. **(Videofilm 27)** — Ein guter Freihandversuch zur umgestülpten Perspektive in Teilbild d: Man halte eine Linse von etwa 10 cm Durchmesser und etwa 20 cm Brennweite (Leseglas) etwa 30 cm vor das Auge und besehe sich eine Streichholzschachtel. Dann sieht man die fernen Kanten größer als die nahen.

Videofilm 27:
„Perspektive" Die beiden Buchstaben **H** und **V** sind wegen der beschränkten Schärfentiefe etwas unscharf (§ 151)! Man beachte auch den in der Bildunterschrift von Abb. 419 angegebenen Freihandversuch.

Von Künstlerhand geschaffene Bilder soll man vom gleichen Projektionszentrum wie der Künstler betrachten. Man soll also nur *ein* Auge benutzen und in Abb. 418 an den Ort B bringen. Dann bekommt man bei guten Bildern einen naturgetreuen räumlichen Eindruck.

Beim Fotografieren gelangen die Hauptstrahlen vom Mittelpunkt der Austrittspupille zum Film. Der Mittelpunkt der Austrittspupille dient als bildseitiges Projektionszentrum. *Folglich muss man beim Besehen einer Fotografie den Augendrehpunkt in dieses Projektionszentrum verlegen.* Das bereitet keine Schwierigkeit: In den heute gebräuchlichen Objektiven fallen Eintritts- und Austrittspupille nahezu mit der Objektivmitte zusammen. Man hat also praktisch nur ein Projektionszentrum nach dem Schema der Abb. 419b. Außerdem liegt der Film fast stets nahezu in der Brennebene des Objektivs. Damit ergibt sich folgende Regel:[K11] *Man betrachte eine Fotografie stets einäugig und mache den Abstand zwischen Augendrehpunkt und Fotografie gleich der Brennweite der Aufnahmekamera.* — Für Brennweiten von etwa 25 cm aufwärts geht das ohne weiteres. Die üblichen Kleinbildkameras hingegen haben meist erheblich kürzere Brennweiten, höchstens einige Zentimeter. In diesem Fall muss man zwischen Fotografie und Auge eine Linse schalten und als Lupe benutzen. Dann kann man auch hier den richtigen Augenabstand einhalten. Bei Beachtung dieser Regel zeigt jede Fotografie eine überraschend gute Plastik und lebenswahre Perspektive.

K11. Auf die hier beschriebene Regel beim Betrachten von Fotografien sei besonders hingewiesen. Wie Pohl weiter unten sagt, haben wir nämlich das räumliche Sehen von Bildern verlernt und sehen sie nur noch als Flächen.

Gute Bildbetrachtungslupen sollen für ein *blickendes* Auge konstruiert sein und den Abstand zwischen Augendrehpunkt und Linse durch eine geeignete Form der Linsenfassung festlegen. — Bei N-facher Linearvergrößerung des Bildes gegenüber dem Negativ muss der Augenabstand gleich Nf sein. Leider ist diese Bedingung in einem großen Hörerkreis (Kino!) stets nur für wenige und mit der Vergrößerung wechselnde Plätze zu erfüllen.

Einäugig betrachtet sollten alle Bilder, sowohl die von Künstlern als auch die mit der Kamera erstellten, auch bei falschem Abstand immer einen *räumlichen* Eindruck ergeben, wenn auch einen perspektivisch verzerrten. Die Tiefenausdehnung sollte bei zu kleinem Augenabstand zu kurz, bei zu großem zu lang erscheinen (Abb. 420). Doch sind wir alle durch die Überschwemmung mit Bildern in Zeitschriften und im Fernsehen abgestumpft worden. Wir haben das räumliche Sehen der Bilder aufgegeben und sehen Bilder aller Art gewohnheitsmäßig nur noch als *Flächen*. Erst unter ungewohnten Bedingungen tritt die wahre Fähigkeit des Auges wieder hervor. So sehen wir z. B. die *flächenhaften* Bilder in der Brennebene eines Fernrohres durch die Okularlupe hindurch immer *räumlich*, doch ist die Tiefenausdehnung aller Gegenstände verkürzt. Besonders eignet sich die Längsachse einer

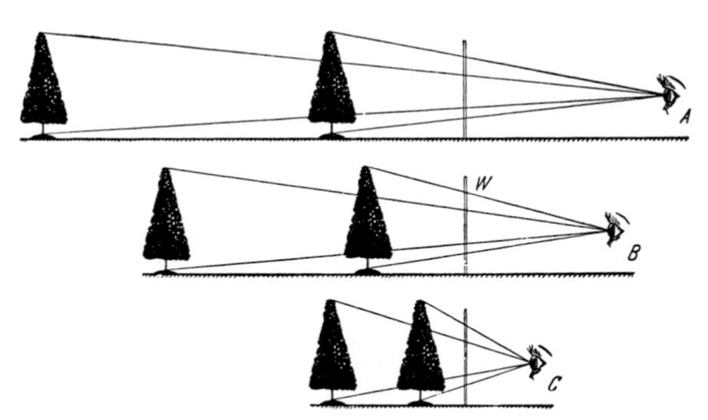

Abb. 420. Gleich große Dinge in verschiedener Tiefenanordnung werden von den Zentren A, B, C auf die gleiche Bildebene W projiziert. Dabei liegen die Durchstoßpunkte der Blicklinien in allen drei Beispielen auf der Bildfläche W gleich. — Mit diesen Figuren deutet man die Verzerrung der Perspektive bei Betrachtung eines Bildes aus falschem Abstand: Ein vom Zentrum B aus gezeichnetes Bild erscheint von C aus in der Tiefe verkürzt, von A aus in der Tiefe verlängert.

Straße oder Allee. Das Bild wird vom Objektiv mit langer Brennweite f entworfen, kann also nur aus dem Abstand f mit richtiger Tiefenwirkung gesehen werden. Eine Okularlupe mit der Brennweite f würde aber die Sehwinkelvergrößerung gleich eins machen, d. h. also, den Zweck des Fernrohres vereiteln. Nur mit einer Okularlupe *kurzer* Brennweite lassen sich die Sehwinkel vergrößern. Aber dann macht sie unvermeidlich den Betrachtungsabstand zu klein, und damit sehen wir alle Tiefen verkürzt. — Noch eindrucksvoller ist meist die Umkehr des Versuches. Man blickt verkehrt in ein Fernrohr hinein und benutzt das Objektiv als Lupe. Dann sieht man die Tiefenausdehnungen in einer komisch wirkenden Weise in die Länge gezogen. Jetzt entwirft das Okular ein flächenhaftes Bild mit kurzer Brennweite, und wir besehen es durch das Objektiv hindurch aus viel zu großem Abstand. — Weiteres über Abbildung, insbesondere die sichtbare Abbildung unsichtbarer Dinge, findet man in § 187.

XIX. Energie der Strahlung und Bündelbegrenzung

§ 153. Vorbemerkung. In der ganzen Darstellung der Abbildung und der optischen Instrumente standen nicht Einzelheiten des Linsenbaues, auch keine Zeichnungen von Strahlen im Vordergrund, sondern die *Begrenzung der Lichtbündel.* Dieser entscheidende Punkt erschließt uns auch das Verständnis für die Übertragung der Strahlungsenergie, sei es mit, sei es ohne Abbildung.

§ 154. Strahlung und Öffnungswinkel. Definitionen.[K1] **LAMBERT'sches Kosinusgesetz.** Wir haben bisher stets die „Bildpunkte" der Wirklichkeit entsprechend als kleine Flächen oder Flächenelemente behandelt, die Dingpunkte hingegen stillschweigend wie mathematische Punkte. Das hat bisher nicht gestört, muss aber doch einmal ausdrücklich berichtigt werden. In Wirklichkeit geht eine Strahlung von endlicher Energie stets von einem Flächenelement $\mathrm{d}A$ von endlicher Größe[1] aus.

In Abb. 421 links sei $\mathrm{d}A$ ein kleines glühendes Metallblech mit *feinmattierter* Oberfläche. Es wirke als *Sender.* Es sende mit seiner Vorderfläche nach allen Seiten eine Strahlung aus, und zwar im Zeitabschnitt $\mathrm{d}t$ die Energie $\mathrm{d}W$. Wie verteilt sich diese Energie im Raum? Zur Beantwortung dieser Frage fängt man die Strahlung mit einem Strahlungsmesser (S. 208) auf. Er soll als kleiner *Empfänger* dienen. Seine freie Fläche sei $\mathrm{d}A'$, sie stehe senkrecht zur Strahlungsrichtung. Überdies seien sowohl die Abmessungen des Senders $\mathrm{d}A$ als auch des Empfängers $\mathrm{d}A'$ klein gegenüber ihrem Abstand R gewählt.

K1. Ein Teil der hier besprochenen, die Übertragung von Strahlungsenergie betreffenden Größen wurde bereits in Kap. XV eingeführt. Eine ausführliche Besprechung der analogen für *Licht* eingeführten Größen, die das Helligkeitsempfinden des Auges berücksichtigen, folgt in Kap. XXIX.

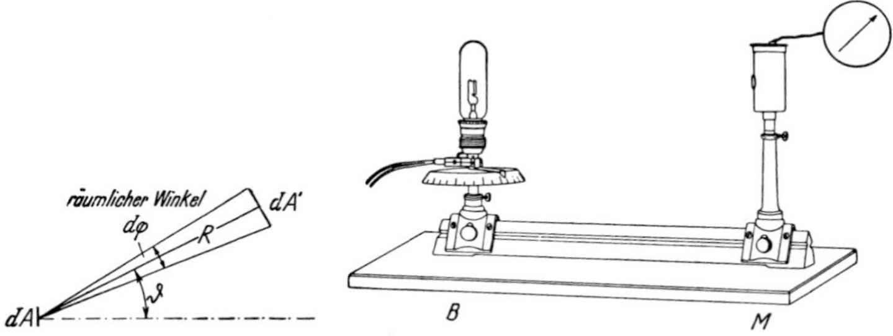

Abb. 421. Messung der Strahlungsleistung $\mathrm{d}\dot{W}$, die vom Flächenelement $\mathrm{d}A$, z. B. einer Wolframbandlampe, unter verschiedenen Neigungswinkeln ϑ in den räumlichen Winkel $\mathrm{d}\varphi$ ausgesandt wird. $\mathrm{d}A'$ = Fläche eines Strahlungsmessers, z. B. Thermoelement. Links: Schema, rechts: Anordnung. Der Winkel ϑ wird hier nur in einer Ebene verändert

K2. Allgemein ist ϑ der Winkel zwischen der Flächennormalen von $\mathrm{d}A$ und der Richtung von R, wobei R den gesamten Halbraum um die Fläche $\mathrm{d}A$ überstreichen kann. In den folgenden Beispielen wird R allerdings oft nur in der Horizontalebene gedreht, wie in Abb. 421.

Der Ausschlag des Strahlungsmessers entspricht der auf den Empfänger fallenden Strahlungsleistung $\mathrm{d}\dot{W}$, also Energie/Zeit mit der Einheit 1 Watt, auch Energiestrom genannt. Wir verändern nun die Größe von $\mathrm{d}A$, $\mathrm{d}A'$, R und ϑ und finden, wenn wir einen Proportionalitätsfaktor mit S^* bezeichnen,[K2]

$$\mathrm{d}\dot{W}_\vartheta = S^* \cdot \mathrm{d}A \cdot \cos\vartheta \cdot \frac{\mathrm{d}A'}{R^2}\,. \tag{327}$$

[1] Wer im Haupttext und in den Bildern dieses Kapitels durch die Verwendung des Buchstabens d gestört wird, möge ihn durch Δ ersetzen.[K3]

K3. Dieser praktische Hinweis soll nur unterstreichen, dass die als *Differential* geschriebenen Größen zwar sehr klein sind, aber eben doch endlich. Man kann mit ihnen rechnerisch wie mit normalen Größen umgehen. Auch müsste es in Gl. (327) und in einigen weiteren Gleichungen mathematisch korrekt d^2W heißen. Es soll der Einfachheit halber aber so stehen bleiben.

K. Lüders, R. O. Pohl (Hrsg.), *Pohls Einführung in die Physik*
DOI 10.1007/978-3-642-01628-8, © Springer 2010

Der Einfluss der Größen dA, dA' und R war nach einfachen geometrischen Überlegungen zu erwarten. *Die Proportionalität der Strahlungsleistung in Richtung ϑ zu $\cos\vartheta$ hingegen* (LAMBERT'sches Kosinusgesetz genannt, 1760, JOHANN HEINRICH LAMBERT, 1728–1777) *kann allein dem Experiment entnommen werden.* Sie ist im Allgemeinen nur näherungsweise erfüllt (Beispiel in Abb. 422). Streng aber gilt sie für ein kleines strahlendes Loch dA in der Wand eines gleichtemperierten Hohlraumes, eines „schwarzen Körpers" (§ 259).

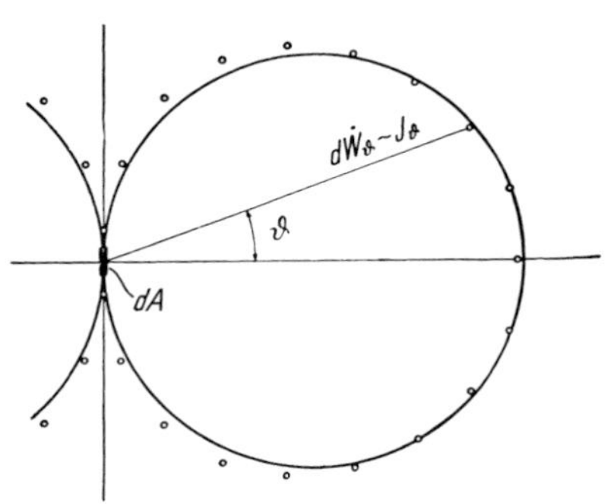

Abb. 422. Winkelabhängigkeit der zum Empfänger dA' gelangenden Strahlungsleistung, Punkte gemessen gemäß Abb. 421 rechts. Die großen Kreise nach Gl. (327) (LAMBERT'sches Kosinusgesetz) berechnet.

In der empirisch gefundenen Gl. (327) bedeutet das Verhältnis dA'/R^2 einen räumlichen Winkel[1] $d\varphi$. Er ist ein Hohlkegel. Seine Spitze steht im Mittelpunkt des Flächenelementes dA, also des Senders. Seine Basis ist das bestrahlte Flächenelement dA', also der Empfänger. Ferner ist $dA\cos\vartheta = dA_s = R^2 d\varphi'$ hier nach Abb. 423 die *scheinbare Senderfläche* und dabei $d\varphi'$ der Raumwinkel, unter dem der Sender vom Empfänger aus gesehen wird.

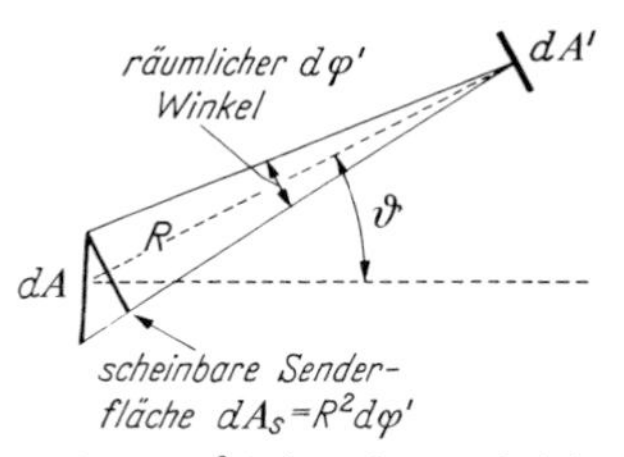

Abb. 423. „Scheinbare Senderfläche" $dA_s = R^2 d\varphi'$. Dabei ist $d\varphi'$ der Raumwinkel, unter dem ein beliebig gestalteter Sender vom Empfänger aus gesehen wird. Im hier skizzierten Sonderfall des ebenen Senders dA ist die scheinbare Senderfläche $dA_s = R^2 d\varphi' = dA\cos\vartheta$.

Der Proportionalitätsfaktor

$$S^* = d\dot{W}_\vartheta / d\varphi dA_s$$

kennzeichnet den Sender. Man nennt S^* die *Strahlungsdichte* des Senders. Als Einheit benutzen wir 1 Watt/(Steradiant·m^2) = 1 Watt/m^2.

Die experimentelle Einführung der Strahlungsdichte S^* ist durchaus nicht an den Sonderfall eines *ebenen* Senders gebunden, für den das LAMBERT'sche Kosinusgesetz gilt. Man denke sich z. B. in den Abb. 421

[1] Die Einheit des räumlichen Winkels ist wie die Einheit jedes Winkels die Zahl 1. Als Einheit des räumlichen Winkels gibt man der Zahl 1 oft zweckmäßig den Namen Steradiant (sr). Näheres in Bd. 1, § 5.

und 422 als Sender einen zur Papierebene senkrechten, glühenden Zylinder. Dann wird die ausgestrahlte Leistung $\mathrm{d}\dot{W}$ von ϑ unabhängig. Dabei wird ϑ nur in der Horizontalebene variiert (wie in Abb. 421 rechts). Statt Abb. 422 gibt es einen Kreis mit dem Sender als Zentrum. Man findet $\mathrm{d}\dot{W} = S^*\mathrm{d}\varphi \mathrm{d}A_s$, also für den Strahlungsdichte genannten Proportionalitätsfaktor $S^* = \mathrm{d}\dot{W}/\mathrm{d}\varphi \mathrm{d}A_s$.

Die Größe

$$J_\vartheta = \frac{\mathrm{d}\dot{W}_\vartheta}{\mathrm{d}\varphi} = \frac{\text{Strahlungsleistung in Richtung } \vartheta}{\text{Raumwinkel}} \tag{328}$$

oder

$$J_\vartheta = S^*\mathrm{d}A_s = \text{Strahlungsdichte mal scheinbare Senderfläche} \tag{329}$$

kennzeichnet die Strahlung des Senders in Richtung ϑ, und daher bezeichnet man J_ϑ als *Strahlungsstärke* in Richtung ϑ. Als Einheit benutzen wir 1 Watt/Steradiant (W/sr).

Ein und dieselbe Strahlungsstärke J_ϑ kann von Sendern sehr verschiedener Größe erzeugt werden. Bei Weißglut genügt eine kleine Fläche, bei Rotglut ist eine große erforderlich.

Der Empfänger, die kleine bestrahlte Fläche $\mathrm{d}A' = \mathrm{d}\varphi R^2$, wird mit der Strahlungsleistung $\mathrm{d}\dot{W}$ *senkrecht* bestrahlt. Der Quotient

$$\begin{aligned}\frac{\mathrm{d}\dot{W}}{\mathrm{d}A'} &= \frac{\text{einfallende Strahlungsleistung}}{\text{Empfängerfläche}}\\ &= \frac{\text{Strahlungsstärke } J_\vartheta \text{ des Senders}}{(\text{Abstand } R \text{ des Senders})^2} = b\end{aligned} \tag{330}$$

hat den Namen *Bestrahlungsstärke*. Als Einheit benutzen wir 1 Watt/m^2.[K4]

K4. Bei der Bestrahlungsstärke handelt es sich also um eine Energiestromdichte, d. h. Energie pro Zeit und Fläche. Sie heißt in der Literatur oft auch „Intensität" und wird mit dem Buchstaben I bezeichnet.

Bisher sollte der Empfänger $\mathrm{d}A'$ klein gegen den Abstand R sein, $\mathrm{d}A'$ sollte als Flächenelement praktisch senkrecht von der Strahlung getroffen werden. Diese Beschränkung lassen wir jetzt fallen, jedoch soll der Sender zunächst weiterhin eine kleine Fläche $\mathrm{d}A$ haben. In Abb. 424 links soll eine große kreisförmige Fläche A' unter dem Öffnungswinkel u bestrahlt werden und, von ihrer Mitte abgesehen, schräg von der Strahlung getroffen werden. Dann erhält dieser Empfänger A' bei Gültigkeit des LAMBERT'schen Kosinusgesetzes die Strahlungsleistung

$$\mathrm{d}\dot{W} = \pi S^* \mathrm{d}A \sin^2 u\,. \tag{331}$$

Sie wird ihm vom Sender, der die Größe $\mathrm{d}A$ und die Strahlungsdichte S^* besitzt, zugestrahlt.

Herleitung: Zur Berechnung der A' erreichenden Strahlungsleistung konstruieren wir in Abb. 424 rechts vor dem Empfänger A' eine kugelförmige Hilfsfläche. Alle nach A' gelangende Strahlung muss zuvor diese Kugelfläche passieren. Diese Kugelfläche zerlegen wir in eine Reihe schmaler, konzentrischer ringförmiger Kreiszonen mit der Fläche

$$\mathrm{d}A'_{\text{Kugel}} = 2\pi r \cdot R\,\mathrm{d}\vartheta = 2\pi R^2 \sin\vartheta \cdot \mathrm{d}\vartheta\,.$$

Jede dieser Kreisringzonen erhält nach Gl. (327) die Strahlungsleistung

$$\mathrm{d}\dot{W}_\vartheta = S^*\mathrm{d}A\cos\vartheta\,\mathrm{d}A'/R^2 = 2\pi S^*\mathrm{d}A\sin\vartheta\cos\vartheta\,\mathrm{d}\vartheta = 2\pi S^*\mathrm{d}A\sin\vartheta\,\mathrm{d}(\sin\vartheta)\,.$$

Integration dieser einzelnen Leistungen aller Ringzonen zwischen $\vartheta = 0$ und dem vollen Öffnungswinkel $\vartheta = u$ liefert die zum kreisförmigen Empfänger A' (Abb. 424) gelangende Strahlungsleistung $\mathrm{d}\dot{W}$, Gl. (331).

Die in Abb. 424 vom Sender $\mathrm{d}A$ ausgestrahlte und auf den kreisförmigen Empfänger A' einfallende Strahlungsleistung erreicht im Grenzfall $u = 90°$ ihren Höchstwert $\mathrm{d}\dot{W}_{\max}$.

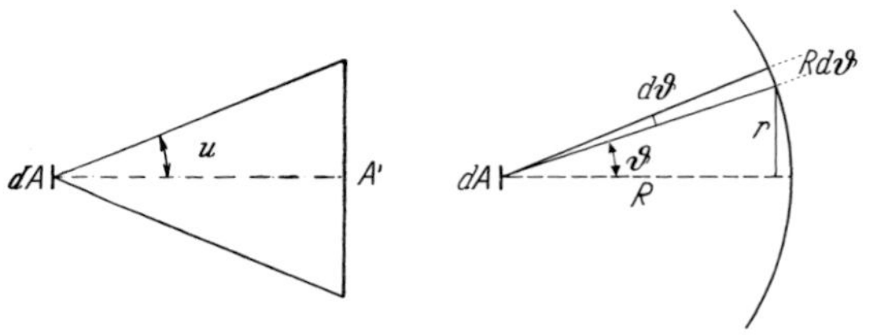

Abb. 424. Links: Zur Berechnung der von dA (Sender) nach A' (Empfänger) gehenden Strahlungsleistung d$\dot{W}$, Gl. (331). Der gegenüber dem Empfänger A' und seinem Abstand R kleine Sender dA hat die Strahlungsdichte S^*. Rechts: kugelförmige Hilfsfläche.

Mit ihm definiert man das *Emissionsvermögen* des Senders durch die Gleichung

$$\frac{\mathrm{d}\dot{W}_{\max}}{\mathrm{d}A} = \frac{\text{einseitige Strahlungsleistung des Senders}}{\text{Senderfläche}}\,. \tag{332}$$

Gilt das LAMBERT'sche Kosinusgesetz, so folgt aus Gl. (331) als Emissionsvermögen des Senders

$$\mathrm{d}\dot{W}_{\max}/\mathrm{d}A = \pi S^*\,. \tag{333}$$

Bei doppelseitiger Ausstrahlung ist der Faktor 2 hinzuzufügen.

Bei umgekehrter Lichtrichtung (Abb. 425) wirkt die große Fläche A als Sender und die kleine Fläche dA' als Empfänger. Wir bezeichnen die Strahlungsdichte des Senders wieder mit S^*. Dann ist die auf dA' ankommende Strahlungsleistung

$$\mathrm{d}\dot{W} = \pi S^* \mathrm{d}A' \sin^2 u' \tag{334}$$

(Herleitung wie oben).

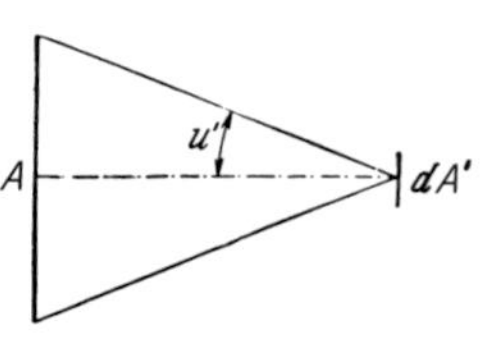

Abb. 425. Ein großer Sender A mit der Strahlungsdichte S^* bestrahlt einen kleinen Empfänger dA', Gl. (334). In diesem Lichtbündel kann man kein *einfaches* Wellenbild skizzieren.

Gl. (334), d. h. die Abhängigkeit der Leistung d$\dot{W}$ vom Öffnungswinkel u', lässt sich im Schauversuch erläutern. Als Sender benutzt man einen *Fremd- oder Sekundärstrahler*, z. B. eine mit einer Bogenlampe bestrahlte Kreisfläche auf einer gut mattweißen Projektionswand (vgl. § 234 und Abb. 576). Man misst dann für verschiedene Öffnungswinkel u' die Leistung d$\dot{W}$. u' kann man auf zweierlei Weise verändern, nämlich durch Änderung des Kreisdurchmessers oder des Abstandes zwischen Sender und Empfänger. In § 155 folgt eine Anwendung dieser wichtigen Gleichung.

§ 155. Strahlung der Sonnenoberfläche. Die Sonne bestrahlt die Erdoberfläche bei senkrechtem Einfall und ohne Absorptionsverluste in der Atmosphäre mit der Bestrahlungsstärke

$$b = 1{,}35\,\frac{\text{Kilowatt}}{\text{m}^2}\,.$$

(Die Astronomen nennen diese Bestrahlungsstärke die *Solarkonstante*.)

Die Sonnenscheibe hat für uns einen Winkeldurchmesser von 32 Bogenminuten. Folglich ist der Öffnungswinkel u' in Abb. 425 gleich 16 Bogenminuten, und es ist $\sin u' = 4{,}7 \cdot 10^{-3}$. Diese Werte der Bestrahlungsstärke $b = \mathrm{d}\dot{W}/\mathrm{d}A'$ und des $\sin u'$ setzen wir in Gl. (334) ein und berechnen über die Sonnenoberfläche gemittelt[1] das Emissionsvermögen

$$\pi S^* = 6{,}1 \cdot 10^4 \text{ Kilowatt/m}^2 .$$

Zum Vergleich: $25\,\mathrm{m}^2$ Sonnenoberfläche liefern etwa soviel Leistung wie ein großer Wechselstrom-Turbogenerator mit $1{,}5 \cdot 10^6$ Kilowatt Leistung.

§ 156. Strahlungsdichte S^* und Bestrahlungsstärke b bei der Abbildung. In zahlreichen Fällen befindet sich zwischen der Lichtquelle (dem Sender) und der bestrahlten Fläche (dem Empfänger) eine Linse oder eine Reihe von Linsen. Mit den Linsen oder allgemein mit jeder Art von Abbildung kann man nur die Bestrahlungsstärke b des Empfängers verändern, nie aber die verfügbare Strahlungsdichte S^*. Diese ist eine für den Sender charakteristische Größe. *Ein Bild des Senders kann nie mit größerer Strahlungsdichte strahlen als der Sender selbst.* Der nutzbare Wert der Strahlungsdichte kann im günstigsten Fall (absorptionsfreie Linsen oder Spiegel) bei einer Abbildung gerade erhalten bleiben. — Dies auch thermodynamisch aus dem zweiten Hauptsatz herleitbare Ergebnis wollen wir näher erläutern.

In Abb. 426 entwirft eine Linse von einem Sender $\mathrm{d}A$ ein Bild $\mathrm{d}A'$. Dies Bild wird von einem Empfänger der Größe $\mathrm{d}A'$ aufgefangen. Nach dem Schema der Abb. 424 geht die Strahlungsleistung

$$\mathrm{d}\dot{W}_\mathrm{m} = \pi S^* \mathrm{d}A \sin^2 u_\mathrm{m} \tag{335}$$

(u_m lies „u mit Linse“)

vom Sender $\mathrm{d}A$ zur Linse, durchsetzt diese und erzeugt das Bild $\mathrm{d}A'$. Dabei wirkt die Linse wie ein Sender von zunächst noch unbekannter Strahlungsdichte S_x^*. Ihre Austrittspupille schickt nach dem Schema der Abb. 425 auf die Bildfläche $\mathrm{d}A'$ die Strahlungsleistung[K5]

$$\mathrm{d}\dot{W}_\mathrm{m} = \pi S_\mathrm{x}^* \mathrm{d}A' \sin^2 u'_\mathrm{m} . \tag{336}$$

Dabei haben wir stillschweigend einen Grenzfall idealisiert: Wir haben Strahlungsverluste durch Spiegelung an den Linsenflächen und durch Absorption im Glas vernachlässigt und die Strahlungsleistung vor und hinter der Linse als gleich angenommen. In diesem Grenzfall dürfen wir die beiden Gln. (335) und (336) zusammenfassen und bekommen

$$S^* \mathrm{d}A \sin^2 u_\mathrm{m} = S_\mathrm{x}^* \mathrm{d}A' \sin^2 u'_\mathrm{m} . \tag{337}$$

Wir benutzen weit geöffnete Lichtbündel für die Abbildung von $\mathrm{d}A$ in $\mathrm{d}A'$. Folglich muss die *Sinusbedingung* (321) v. S. 246 erfüllt sein:[K6]

$$\mathrm{d}A \cdot \sin^2 u_\mathrm{m} = \mathrm{d}A' \sin^2 u'_\mathrm{m} . \tag{338}$$

Die Gln. (337) und (338) zusammengefasst liefern $S_\mathrm{x}^* = S^*$, ein wichtiges Ergebnis: *Für das Bild* $\mathrm{d}A'$ *strahlt die Linsenscheibe mit der gleichen Strahlungsdichte S^* wie die Senderfläche, beide erscheinen uns gleich „hell“* (s. § 269). Diese Tatsache wird zunächst im Schauversuch vorgeführt (Abb. 427).

K5. Da die Strahlungsleistung mit einer dem LAMBERT'schen Kosinusgesetz entsprechenden Verteilung auf die Linse trifft, strahlt die Linsenfläche auf der anderen Seite mit der gleichen Verteilung auch wieder ab, nur dass durch Brechung die Richtungen geändert werden und die Strahlung wieder fokussiert wird. Daraus folgt, dass die Ausstrahlung der Linse durch eine konstante Strahlungsdichte S_x^* beschrieben werden kann.

K6. Da $\mathrm{d}A$ und $\mathrm{d}A'$ Flächen sind, stehen die Sinusfunktionen hier im Quadrat.

---

[1] Die aus der Sonne austretende Strahlung entstammt nur einer Schicht von etwa 200 km Dicke, die nach außen hin kühler wird. Bei Annäherung an den Sonnenrand wachsen die in der kühleren Schicht durchlaufenen Wege. Am äußersten Rand werden deshalb (natürlich abhängig von der Wellenlänge) um rund 60% kleinere Werte der Strahlungsdichte gemessen als für die zentrale Scheibe.

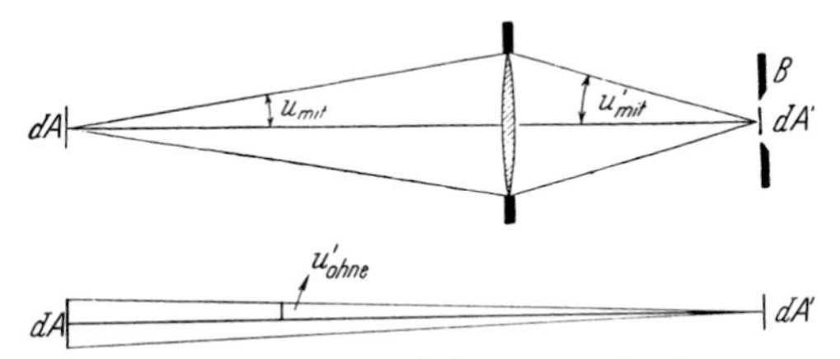

Abb. 426. Bestrahlung des Empfängers dA' mit und ohne Linse. Die Linse vergrößert den Öffnungswinkel u'

Was sich allerdings energetisch durch die Abbildung ändert, ist die Bestrahlungsstärke. In Abb. 426 oben kann die Linse bei hinreichendem Durchmesser den Empfänger mit einem größeren *Öffnungswinkel* u'_{m} bestrahlen und am Bildort eine größere Bestrahlungsstärke erzeugen, als es der Sender dA ohne Linse vermag. (Brennglas der Kinder!)

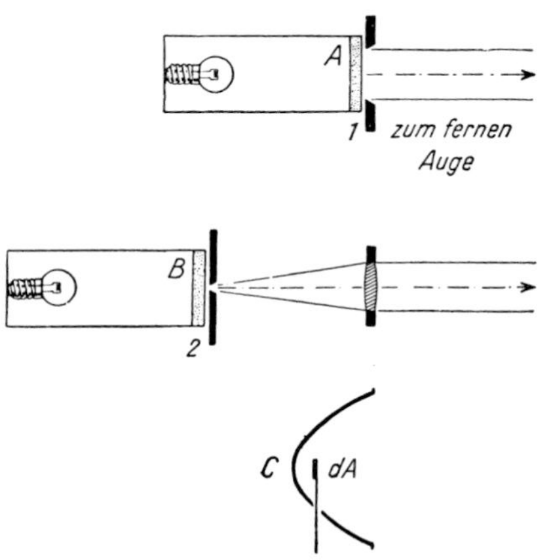

Abb. 427. Zum Vergleich der Strahlungsdichte eines kleinen Senders und der Strahlungsdichte der großen Fläche einer ihn abbildenden Linse (oberes und mittleres Teilbild). Zwei gleichartige Sender (Flächen A und B) bestehen aus zwei gleichen, von rückwärts gleich bestrahlten Milchglasscheiben. Nach Feststellung dieser Gleichheit begrenzt man durch zwei kreisförmige Blenden 1 und 2 den Durchmesser von A auf 10 cm, von B auf 5 mm und setzt B in den Brennpunkt einer Linse von 10 cm Durchmesser. Man beobachtet aus großem Abstand und sieht die große *Linsenfläche* mit der gleichen Strahlungsdichte strahlen wie die *Senderfläche* A (man sieht beide gleich „hell" (s. § 269)). Auf die Brennweite f der Linse kommt es nicht an. Je größer f, desto enger der Winkelbereich der aus der Linsenfläche austretenden Strahlung (dadurch verringert sich zwar die durch die Linse hindurchtretende Strahlungsleistung, die Strahlungsdichte der Linsenfläche aber bleibt gleich). — Ein analoges Experiment mit einem Spiegel anstelle der Linse zeigt das untere Teilbild. Um kleine leuchtende Flächen dA, z. B. von phosphoreszierenden Stoffen, in einem großen Kreis sichtbar zu machen, setzt man sie in den Brennpunkt eines Autoscheinwerfers (C). Dann strahlt die große Öffnung des parabolischen Scheinwerferspiegels mit der Strahlungsdichte der kleinen Fläche dA. Trotz seiner Trivialität überrascht dieser Versuch oft sogar Fachleute.

Wir berechnen für beide Fälle der Abb. 426 mit Gl. (334) die Bestrahlungsstärke des Empfängers, also die Größe

$$b = \frac{\mathrm{d}\dot{W}}{\mathrm{d}A'} = \pi S^* \sin^2 u' \; ; \tag{339}$$

mit der Linse haben wir $u' = u'_{\text{mit}}$ zu setzen, ohne die Linse $u' = u'_{\text{ohne}}$. So erhalten wir das Verhältnis der beiden Bestrahlungsstärken mit und ohne Linse[1]

$$\frac{b_{\text{mit}}}{b_{\text{ohne}}} = \frac{\sin^2 u'_{\text{mit}}}{\sin^2 u'_{\text{ohne}}} . \tag{340}$$

Die Sonne strahlt mit einem Emissionsvermögen $\pi S^* = 6{,}1 \cdot 10^4$ Kilowatt/m² (§ 155). Infolge ihres großen Abstandes ($R = 1{,}5 \cdot 10^{11}$ m) wird die Erde nur mit dem kleinen Öffnungswinkel $u'_{\text{ohne}} = 16$ Bogenminuten (also $\sin u'_{\text{ohne}} = 4{,}7 \cdot 10^{-3}$) bestrahlt. Demgemäß ist für ein Flächenelement $\mathrm{d}A'$ an der Oberfläche die Bestrahlungsstärke nur $b_{\text{ohne}} = 1{,}35$ Kilowatt/m² (bei senkrechtem Einfall und unter Vernachlässigung von rund 50 % Verlust in der Atmosphäre). Mit Linsen oder Hohlspiegeln kann man Öffnungswinkel u'_{mit} bis zu etwa 50° herstellen (also $\sin u'_{\text{mit}} = 0{,}77$). Infolgedessen ergibt sich nach Gl. (340) als Bestrahlungsstärke des Sonnenbildes

$$b_{\text{mit}} = 1{,}35 \, \frac{\text{Kilowatt}}{\text{m}^2} \left(\frac{0{,}77}{4{,}7 \cdot 10^{-3}} \right)^2 = 3{,}6 \cdot 10^4 \, \frac{\text{Kilowatt}}{\text{m}^2} .$$

Um eine solche Bestrahlungsstärke *ohne* Linse oder Hohlspiegel zu erreichen, müssten wir die Erde der Sonne so weit nähern, dass die Sonnenscheibe vom Horizont bis 10° über den Zenit hinausreichte!

Bei 1 m Brennweite bekommt man ein Sonnenbild von 0,6 cm² Fläche. Mit dem Öffnungswinkel von $u'_{\text{mit}} = 50°$ beträgt also die Strahlungsleistung im Sonnenbild $0{,}6\,\text{cm}^2 \cdot 3{,}6\,\text{Kilowatt/cm}^2 \approx 2$ Kilowatt. Diese Leistung ist die eines elektrischen Lichtbogens mit 40 Ampere Strom bei 50 Volt Spannung[2].

§ 157. Sender mit richtungsunabhängiger Strahlungsstärke. Das LAMBERT'sche Kosinusgesetz (Gl. 327 von S. 263) ist, wie betont, ein der Erfahrung entnommenes Grenzgesetz. Streng gilt es, wie bereits erwähnt, für eine kleine Öffnung eines „schwarzen Körpers". Ebene matte Flächen mit starker Streuung oder Streureflexion sind gute Näherungen, gleichgültig, ob ihre Strahlung thermisch oder auf anderem Weg, z. B. als Fluoreszenz, erregt wird.

Ein schwarzer Körper und ebene matte Flächen haben ein Merkmal gemeinsam: Bei beiden ist das Extinktionsvermögen, d. h. das Verhältnis von nicht wieder austretender zur einfallenden Strahlungsleistung vom Einfallswinkel unabhängig.

Ein ganz anderes Grenzgesetz findet man für die *Strahlung aus dem Inneren ebener klar durchsichtiger Körper.* Man erhält als *Strahlungsleistung* in Richtung ϑ

$$\mathrm{d}\dot{W}_\vartheta = S^* \mathrm{d}A \frac{\mathrm{d}A'}{R^2} = S^* \mathrm{d}A \cdot \mathrm{d}\varphi ,$$

d. h. die *Strahlungsstärke* in Richtung ϑ,

$$J_\vartheta = \frac{\mathrm{d}\dot{W}_\vartheta}{\mathrm{d}\varphi} = S^* \mathrm{d}A , \tag{341}$$

ist vom Emissionswinkel ϑ *unabhängig*. In graphischer Darstellung (Abb. 428) ergibt sich *ein* Kreis mit dem Sender $\mathrm{d}A$ als Mittelpunkt und nicht, wie beim LAMBERT'schen Ko-

---

[1] Dabei setzen wir, wie stets, vor und hinter der Linse das gleiche Mittel, nämlich Luft, voraus.

[2] E. W. TSCHIRNHAUS, 1651–1708, Mathematiker, Gutsbesitzer in Kieslingswalde bei Görlitz und seit 1682 Mitglied der Pariser Akademie, baute 1686 einen Brennspiegel von 2 m Öffnung und 1,3 m Brennweite aus poliertem Kupfer als *Schmelzofen*.

sinusgesetz, zwei zum Sender symmetrisch liegende Kreise (Abb. 422). Dieser Grenzfall der richtungsunabhängigen Strahlungsstärke lässt sich für einen ebenen Strahler auf mannigfache Weise verwirklichen, am einfachsten mit der Fluoreszenzstrahlung einer klaren Glasschicht. Das rechte Teilbild von Abb. 428 zeigt eine geeignete, störende Reflexionen ausschaltende Anordnung.

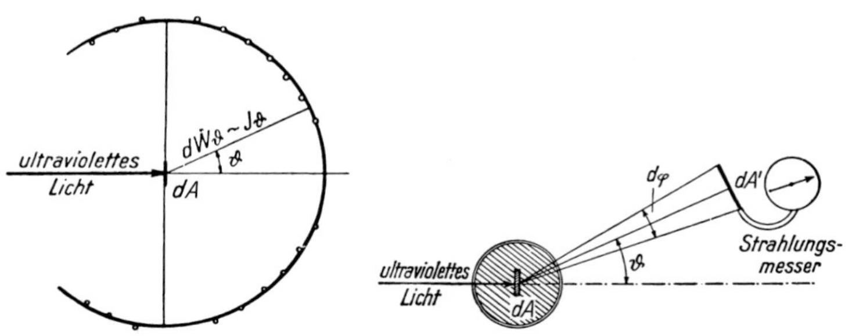

Abb. 428. Vorführung einer richtungsunabhängigen Strahlungsstärke. Als Sender dient eine Uranglasplatte, die durch stark absorbiertes ultraviolettes Licht zu sichtbarer Fluoreszenz angeregt wird. (Zur Verhinderung einer Reflexion an der Oberfläche ist die Uranglasplatte in ein Gemisch von Benzol und Schwefelkohlenstoff eingebettet, dessen Brechzahl für das Fluoreszenzlicht mit der des Glases übereinstimmt.)

Abb. 429 erläutert, warum bei dieser Anordnung die Strahlungsstärke von ϑ unabhängig wird: Senkrecht zur Platte ($\vartheta = 0$) strahlt das Volumen *I* und unter dem Neigungswinkel ϑ das Volumen *II*. Beide sind gleich groß. Sie enthalten gleich viel, durch Punkte angedeutete, voneinander unabhängig strahlende Moleküle. Ihre Strahlungsleistungen addieren sich, weil die Platte für die Fluoreszenz-Strahlung klar durchlässig ist.

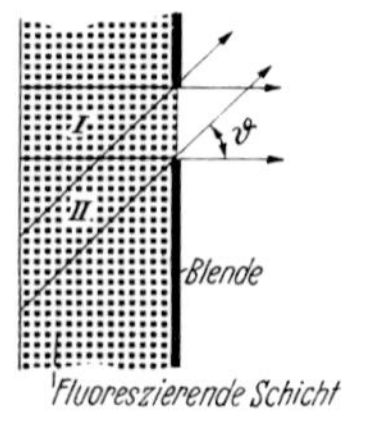

Abb. 429. Zur Herstellung einer von der Richtung ϑ unabhängigen Strahlungsstärke: Im Rechteck *I* und im Rhomboid *II* sind gleich viel leuchtende Moleküle vorhanden.

Die Unabhängigkeit der Strahlungsstärke J_ϑ von der Richtung hat eine wichtige Konsequenz: Die Strahlungsdichte der ebenen Senderfläche, also die Größe

$$\frac{\text{Strahlungsstärke } J_\vartheta}{\text{scheinbare Senderfläche } \mathrm{d}A \cos\vartheta} = S^* ,$$

ist nicht, wie bei Gültigkeit des LAMBERT'schen Kosinusgesetzes, konstant, sondern S^* *wächst* mit zunehmendem Emissionswinkel ϑ: flach auf die Senderfläche blickend, sieht unser Auge die dünne fluoreszierende Schicht mit fast blendender Leuchtdichte.[K7]

K7. Zum Begriff „Leuchtdichte“ siehe § 265.

Die richtungsunabhängige Strahlungsstärke findet sich auch an der ebenen Antikathode der RÖNTGENlampen (Abb. 430). Grund: Die Elektronen können nur in eine dünne Oberflächenschicht der Antikathode eindringen, das RÖNTGENlicht hingegen kann unbehindert austreten. — Nutzanwendung: Man benutze nahezu parallel zur Antikathodenfläche austretendes RÖNTGENlicht, um durch perspektivische Verkürzung einen scharfen Brennfleck mit großer Strahlungsdichte („Strichfokus“) zu erhalten (W. C. RÖNTGEN 1896).

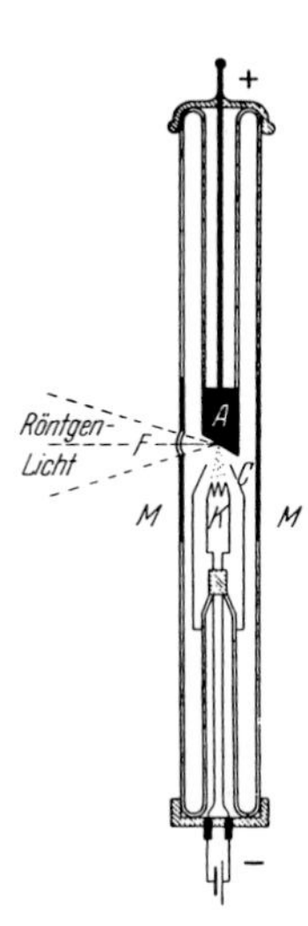

Abb. 430. Eine von den vielen Ausführungsformen einer RÖNTGENlampe mit Glühkathode. Der Hohlkegel C dient zur Vereinigung der Elektronen in einem Brennfleck auf der Antikathode A. M: Metallrohr, F: Glasfenster.

§ 158. Parallellichtbündel als nicht realisierbarer Grenzfall. Nach aller experimenteller Erfahrung lassen sich „Parallellichtbündel" immer nur mit gewisser Näherung herstellen. Die Gründe sind uns schon bekannt:

1. Jede Lichtquelle hat eine, wenn auch oft kleine, so doch endliche Ausdehnung. Von einer solchen Lichtquelle können bei allen ersinnbaren Blenden- und Linsenanordnungen immer nur Lichtbündel mit einem endlichen Öffnungswinkel u ausgehen.

2. Jedes Lichtbündel überschreitet durch *Beugung* die geometrisch konstruierten Grenzen.[K8]

Jetzt können wir hinzufügen: Ein mit mathematischer Strenge parallel begrenztes Lichtbündel würde den Öffnungswinkel $u = 0$ besitzen. Infolgedessen würde seine nach Gl. (331) berechnete Strahlungsleistung gleich null sein. Aus all diesen Gründen sollte man bei Experimenten streng nur von *quasiparallelen* Lichtbündeln sprechen.

K8. Selbst die von sehr guten Lasern ausgehenden Lichtbündel besitzen aufgrund der Beugung einen zwar sehr kleinen, aber doch endlichen Öffnungswinkel. So hatte z. B. das Laser-Lichtbündel, mit dem 1969 die Entfernung Erde–Mond gemessen wurde, beim Auftreffen auf dem Mond einen Durchmesser von etwa 1,6 km.

XX. Interferenz

§ 159. Vorbemerkung. In Bd. 1 ist die Interferenz im Rahmen der allgemeinen Wellenlehre ausgiebig behandelt worden (Kap. XII). Dabei wurden zwei, meist in guter Näherung erfüllbare, Voraussetzungen gemacht:

1. *Punktförmige Wellenzentren*, d. h. ihr Durchmesser soll klein gegenüber der Wellenlänge sein.

2. *Wellenzüge unbegrenzter Länge mit nur einer Frequenz.* Nur sie machen es möglich, Interferenzen mit zwei voneinander *unabhängigen* frequenzgleichen Sendern, z. B. Pfeifen, zu erzeugen.

Sind diese beiden Voraussetzungen nicht hinreichend erfüllt, kann man deutliche, ortsfeste Interferenzen nur mithilfe besonderer Maßnahmen erhalten. Das gilt vor allem für das Licht; deswegen wurden diese Maßnahmen der Optik vorbehalten.

Wellenzüge begrenzter Länge heißen kurz *Wellengruppen*. Ihnen entspricht stets ein Frequenz*bereich*; mit dem Wort Frequenz meint man nur seinen Mittelwert. *Streng monochromatische*[1] *Wellenzüge sind nicht realisierbar.*

§ 160. Interferenz von Wellengruppen mit punktförmigen Wellenzentren. Abb. 431 zeigt einen Modellversuch (Bd. 1, § 124). In ihm interferieren Wellengruppen, die von zwei frequenzgleichen Zentren I und II ausgehen, bestehend aus N „Einzelwellen", d. h. „Berg + Tal", im Beispiel also $N = 5$. Die Überlagerung der beiden Gruppen liefert ein einfaches Ergebnis: Interferenz verschwindet, wenn der Gangunterschied[2] $m\lambda$ der Wellengruppen größer wird als die Länge $N\lambda$ der Wellengruppen. Oder anders gesagt, man kann Interferenzstreifen höchstens bis zur Ordnungszahl $m = N$ beobachten.

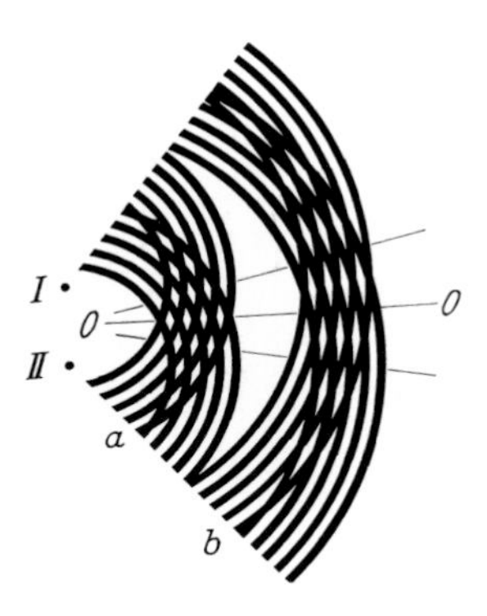

Abb. 431. Interferenz zweier Wellengruppen, links (Fall a) bei gleichzeitigem Beginn (Phasendifferenz $\Delta\varphi = 0°$), rechts (Fall b) die eine gegen die andere um eine halbe Wellenlänge zurückgeblieben ($\Delta\varphi = 180°$). Mechanisches Beispiel: An den Orten I und II fallen einzelne Wassertropfen auf eine Wasseroberfläche und erzeugen kurze Gruppen von Kapillarwellen, wie das jedermann bei Regen auf einer Pfütze beobachten kann.

[1] Besser wäre die Bezeichnung *monofrequent*. Die Bezeichnung *monochromatisch*, also *einfarbig*, ist eine unglückliche Wortwahl: *Einfarbiges Licht umfasst meist breite Frequenzbereiche, bis zur Hälfte des sichtbaren Spektrums* (§ 272)!

[2] Misst man die Differenz Δs der Wege, auf denen zwei Wellengruppen zum Beobachtungspunkt gelangen, in Vielfachen m ihrer Wellenlänge λ, so wird $m\lambda$ als *Gangunterschied* bezeichnet.

K. Lüders, R. O. Pohl (Hrsg.), *Pohls Einführung in die Physik*
DOI 10.1007/978-3-642-01628-8, © Springer 2010

Im Allgemeinen folgen Wellengruppen einander ohne feste Phasenbeziehung. Dann schwankt die Richtung der Interferenzstreifen regellos zwischen den in Abb. 431 skizzierten Extremfällen: Auf der Symmetrielinie 00 haben die Wellengruppen im Fall *a* die Phasendifferenz $\Delta\varphi = 0°$, es fallen Berg auf Berg und Tal auf Tal; im Fall *b* ist die Phasendifferenz zwischen beiden Wellengruppen $\Delta\varphi = 180°$, es fallen die Berge auf die Täler. — Im zeitlichen Mittel befinden sich in derselben Richtung ebenso oft Maxima wie Minima; die Überlagerung der beiden Wellengruppen lässt also im zeitlichen Mittel keine Maxima und Minima erkennen. — Wie Abhilfe zu schaffen ist, hat THOMAS YOUNG[1] bereits 1807 erkannt: Man überlagere nicht Wellengruppen aus zwei zwar frequenzgleichen, aber voneinander *unabhängigen* Wellenzentren; sondern man überlagere zwei Gruppen, die man aus *einer*, von *einem* Zentrum ausgehenden Gruppe herstellt und umlenkt. *Für die Umlenkung hat* THOMAS YOUNG *Spiegelung, Beugung und Brechung oder eine beliebige Kombination aus ihnen als gleichwertig vorgeschlagen.* — In Abb. 432 wird beispielsweise eine auf eine Glasplatte einfallende Wellengruppe in eine „durchgelassene" und eine „reflektierte" Wellengruppe „aufgespalten". — Bei einer Spiegelung mit *senkrechter* Inzidenz kann man den vorderen und den hinteren Teil einer Wellengruppe überlagern und so stehende Wellen erhalten. Dieser Sonderfall der Interferenz wurde in Bd. 1 in Abb. 317 für transversale Oberflächenwellen auf Wasser und in Abb. 354 für longitudinale Schallwellen in Luft vorgeführt. Eine stehende elektromagnetische Welle wurde in Abb. 278 der Elektrizitätslehre ausgemessen. Stehende Lichtwellen folgen in Abb. 455.

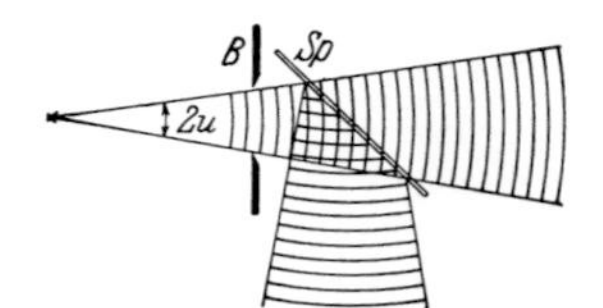

Abb. 432. Spiegelung an einer durchsichtigen Platte („Teilerplatte") kann eine Wellengruppe in zwei aufspalten

§ 161. Ersatz punktförmiger Wellenzentren durch ausgedehnte. Kohärenzbedingung.

Regellose Phasenänderungen lassen sich mit dem YOUNG'schen Verfahren immer unschädlich machen, wenn die Wellengruppen mit zeitlich statistisch wechselndem Einsatz von einem *punktförmigen* Zentrum (§ 159!) ausgestrahlt werden. Ein solches kann entweder nur aus *einem* Sender bestehen (Abb. 433 oben) oder aus vielen kleinen benachbarten voneinander unabhängigen Sendern (Abb. 433 unten). In beiden Fällen gibt es keine Unterschiede zwischen den Wellengruppen, die in den Richtungen 1, 2 oder 3 laufen.

Diese Unabhängigkeit der Wellengruppen von der Richtung der Strahlung verschwindet aber, wenn der Durchmesser $2y$ des Gebietes, auf den sich die vielen Sender verteilen, nicht mehr klein gegenüber der Wellenlänge ist. Dann vermag ein ausgedehntes Wellenzentrum vom Durchmesser $2y$ ein punktförmiges nur noch für die Strahlung innerhalb begrenzter Winkelbereiche $2u$ zu ersetzen, Abb. 434. Ihre Größe wird bestimmt durch die

[1] THOMAS YOUNG, 1773–1829, hat in Göttingen studiert und lebte als praktischer Arzt in London; ein selten universeller Naturforscher, auch an der Entzifferung der Hieroglyphen wesentlich beteiligt. YOUNG hat 1802 als erster für die einzelnen Spektralbereiche Wellenlängen bestimmt, und zwar mit Interferenzstreifen in dünnen Keilplatten (§ 169). Er fand z. B. als *Wellenlängen* an den Enden des sichtbaren Spektrums 0,7 μm (rot) und 0,4 μm (violett). Auch hat er schon 1803 Interferenzstreifen des ultravioletten Lichtes auf einem mit Silbernitrat getränkten Papier fotografiert! (Siehe R.W. Pohl, Phys. Bl. **5**, 208 (1961).)

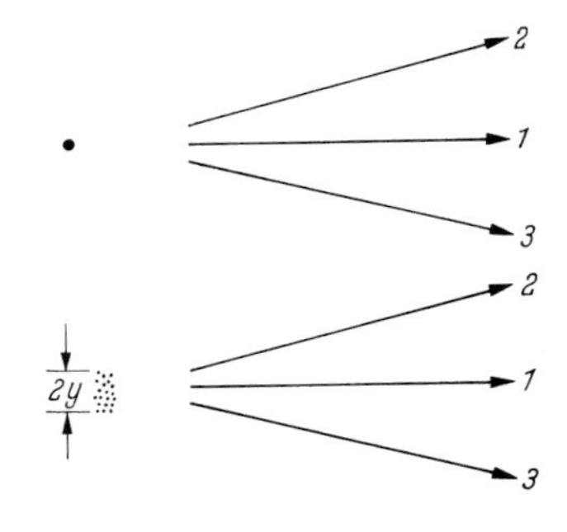

Abb. 433. Punktförmige Wellenzentren, d. h. $2y \ll \lambda$. Das obere besteht nur aus einem, das untere aus vielen voneinander unabhängigen frequenzgleichen Sendern, z. B. den strahlenden Atomen einer leuchtenden Flamme.

Kohärenzbedingung genannte Ungleichung

$$2y \sin u \ll \lambda/2 . \tag{342}$$

Sie spielt vor allem bei Interferenzversuchen eine große Rolle. *Erfüllt eine Strahlung die* Gl. (342), *so nennt man sie innerhalb dieses Winkelbereiches kohärent.*[1] (**Videofilm 22**)

Videofilm 22:
„Beugung und Kohärenz" Die Bedeutung der **räumlichen Kohärenz** wird dadurch demonstriert, dass der als Lichtquelle verwendete Spalt (Breite $2y$) durch Drehung um die optische Achse effektiv verbreitert wird (Zeitmarke 5:20).

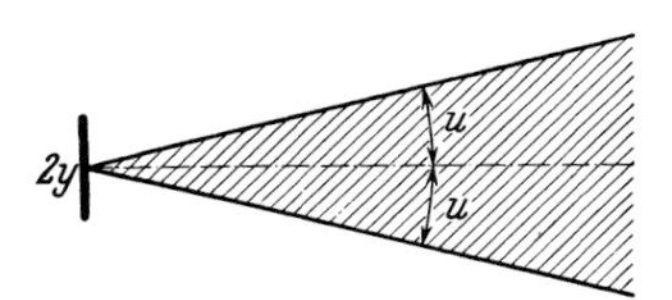

Abb. 434. Die Strahlung einer Lichtquelle vom Durchmesser $2y$ kann nur dann als Ersatz für die Strahlung eines punktförmigen Wellenzentrums dienen, wenn der Öffnungswinkel des benutzten Lichtbündels die Kohärenzbedingung $2y \sin u \ll \lambda/2$ erfüllt. An dieser Stelle sei auf den Zusammenhang der Kohärenzbedingung mit dem Auflösungsvermögen des Mikroskops (Gl. 324 von S. 252) verwiesen: Man unterscheidet erst dann den Gegenstand von seiner Umgebung, wenn er, auf eine beliebige Weise in einen Eigenstrahler verwandelt, inkohärentes Licht durch das Objektiv ins Auge gelangen lässt.

Zur Herleitung der Gl. (342) zeigt Abb. 435 eine strahlende Fläche der Breite $2y$ (optisch z. B. ein glühendes Blech, ein Fenster in einer Gasentladungslampe oder ein von links in großem Abstand mit ebenen Wellen bestrahlter Spalt). Man denke sich die strahlende Fläche in einzelne mit Strichen markierte Flächenelemente zerlegt. Auch bei regellosen und unbekannten Änderungen von Phase und Amplitude innerhalb der einzelnen Flächenelemente erzeugt die resultierende Strahlung an einem fernen, in Richtung 1 gelegenen Punkt ebene Wellen mit unbekannten sich zeitlich ändernden Phasen und Amplituden. Das Gleiche gilt für einen gleichweit in Richtung 2 entfernten Punkt. Doch haben für ihn die resultierenden unbekannten Phasen und Amplituden *andere* Größen als für den in Richtung 1 gelegenen Punkt: Es haben ja jetzt die von den einzelnen Flächenelementen in Richtung 2 ausgehenden Strahlen verschieden lange von der Lage der einzelnen Flächenelemente abhängige Wege zu durchlaufen; der in Abb. 435 in Richtung 2 vom untersten Flächenelement ausgehende Weg der Strahlung ist um $2y \sin u$ länger als der vom obersten Flächenelement ausgehende. Diese Wegdifferenz ändert die in Richtung 2 vorhandene Phase φ der Wellen gegenüber der in Richtung 1 vorhandenen um $\Delta\varphi$. Eine Differenz $\Delta\varphi$ der Phasen in den Richtungen 2 und 1 kann nur dann vernachlässigt werden, wenn $2y \sin u \ll \lambda/2$ ist. Das ist die Gl. (342), die Kohärenzbedingung.

[1] Manche Autoren nennen Gl. (342) die *räumliche* Kohärenzbedingung zur Unterscheidung von einer *zeitlichen* Kohärenzbedingung $\Delta\nu \cdot \Delta t \ll 1$. Diese zweite Ungleichung kennzeichnet aber nicht wie Gl. (342) eine auf einen Winkelbereich beschränkte Eigenschaft einer Strahlung. *Sie begrenzt nur den für das Auftreten von Interferenzstreifen am Beobachtungsort noch zulässigen Gangunterschied zwischen den zu überlagernden Wellengruppen.* Dieser Gangunterschied muss nach § 160 für eine ausreichende Überlagerung klein sein gegenüber der Länge der Wellengruppen.

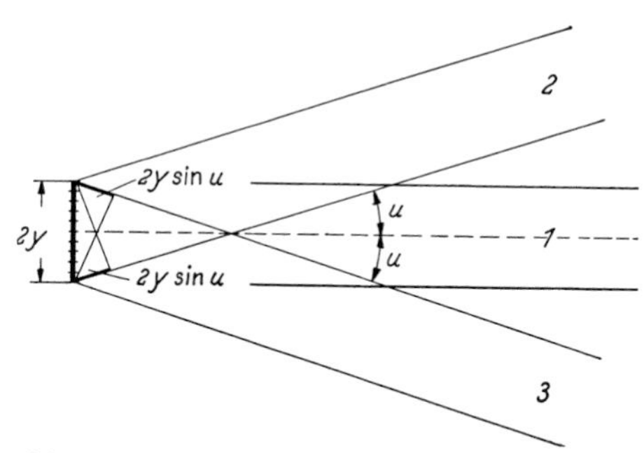

Abb. 435. Zur Herleitung der Kohärenzbedingung

§ 162. Allgemeines über Interferenz von Lichtwellen. Alles in den §§ 160 und 161 gebrachte ist rein geometrisch formal, es gilt für Wellen beliebiger Art. Mit seiner Kenntnis kann man auch für Lichtwellen mannigfache Interferenzerscheinungen erzeugen und verstehen. — Die Interferenzerscheinungen in der Optik bringen zwar für den Interferenzvorgang selbst nichts wesentlich Neues, sie müssen aber trotzdem aus drei Gründen eingehend behandelt werden:

1. Interferenzen von Lichtwellen spielen in Wissenschaft und Technik eine große Rolle.

2. Sie erzeugen allbekannte Erscheinungen, z. B. die lebhaften Färbungen von Seifenblasen und dünnen Ölhäuten auf Wasser.

3. Man kann in Interferenzfeldern von Lichtwellen Schnitte auf einer senkrecht zum Lichtweg gestellten Ebene (z. B. Wandschirm, Mattglas oder Dingebene einer Lupe) erhalten und die Gestalt dieser Schnitte mit einem Blick übersehen. Dabei unterscheidet man zweckmäßig Längs-, Quer- und Schrägbeobachtung. Diese Worte werden durch Abb. 436 definiert.

Zum Schluss noch ein *wichtiger Hinweis für die experimentelle Vorführung von Interferenz- und Beugungserscheinungen.* Dabei muss man oft punktförmige Wellenzentren (§ 159) durch bestrahlte Öffnungen (Loch oder Spalt) ersetzen. Eine solche Öffnung vermag aber nur noch innerhalb begrenzter, die Gl. (342)

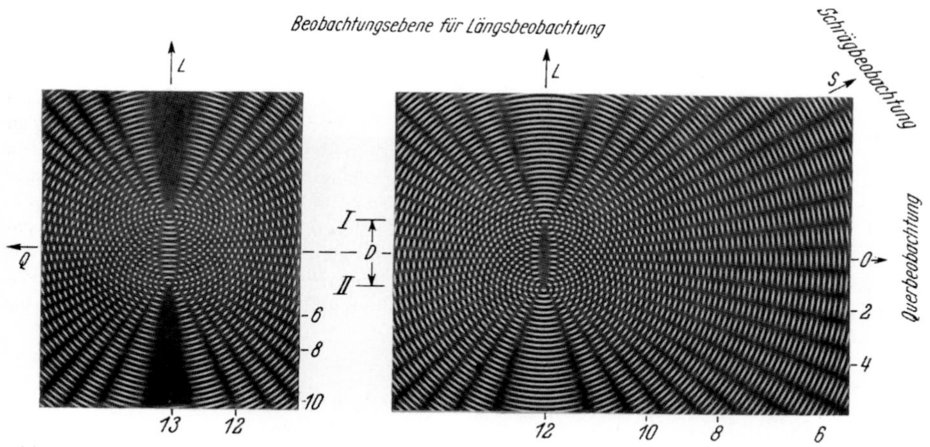

Abb. 436. Modellversuch zur Definition von Längs-, Quer- und Schrägbeobachtung bei der Interferenz zweier Wellenzüge. Zwei auf Glas gezeichnete Wellenzüge werden aufeinander projiziert. Rechts ist der Abstand D beider Wellenzentren ein geradzahliges Vielfaches von $\lambda/2$ und links ein ungeradzahliges. Das Bild rechts ist zuerst von Thomas Young (1801/02) gezeichnet worden.

erfüllender Winkelbereiche $2u$ wie ein punktförmiges Wellenzentrum zu strahlen. Bei allseitiger Bestrahlung der Öffnung können die Achsen solcher Winkelbereiche um einen Winkel gegen die Flächennormale N der Öffnung geneigt sein (s. Abb. 437). Dann ist eine zu einer geneigten Achse senkrechte, von der Öffnung freigelassene ebene Fläche als das punktförmige Wellenzentrum zu betrachten.

K1. Der Begriff „räumlich“ zur Charakterisierung des Interferenzfeldes ist eigentlich überflüssig, da Felder immer räumlich sind. Pohl will hier aber darauf hinweisen, dass die Interferenz in einem Raumbereich stattfindet und nicht nur auf dem Beobachtungsschirm.

§ 163. Räumliches Interferenzfeld[K1] mit zwei Öffnungen als Wellenzentren. Querbeobachtung. Der klassische, 1807 von Thomas Young beschriebene Versuch (Abb. 437) ist keineswegs nur historisch wichtig, sondern auch heute noch von großer praktischer Bedeutung (§ 174). Young benutzte zwei Öffnungen (Löcher oder Spalte), um aus einer Wellengruppe zwei Wellengruppen zu machen. Die Öffnungen, in Abb. 437 S_1 und S_2 genannt, dienen als Wellenzentren. Sie werden links von praktisch ebenen Wellen getroffen. Diese entstammen einer rund 1 m entfernten Lichtquelle, einer durch einen Spalt S_0 begrenzten Lampe. So bekommt man zwei getrennte Lichtbündel. Nach einer geometrisch gezeichneten Strahlenkonstruktion (Bündelachsen in Abb. 437 gestrichelt) können sich diese beiden Lichtbündel nicht überschneiden, also nicht interferieren. In Wirklichkeit aber divergieren beide Lichtbündel infolge der Beugung (§§ 131 und 135): Ihr Verlauf wird durch den Modellversuch der Abb. 438 veranschaulicht. So überschneiden sich in Abb. 437 die beiden Lichtbündel schon wenige Meter hinter den Spalten S_1 und S_2. Von da an fängt man irgendwo im räumlichen Interferenzfeld die Streifen mit einem Schirm auf. Die in Abb. 439 in natürlicher Größe abgedruckten wurden in 5 m Abstand mit Querbeobachtung fotografiert. — Für den Winkelabstand α_m, des Maximums m-ter Ordnung gilt

$$\sin \alpha_m = m\lambda / D \qquad (343)$$

(D = Abstand der beiden Spalte S_1 und S_2).

Videofilm 22:
„Beugung und Kohärenz“ Der Film zeigt ab Zeitmarke 4:00 den **Interferenzversuch von Thomas Young**, wobei als Lichtquelle ein mit einer Halogenlampe beleuchteter Spalt und zur Beobachtung eine CCD-Kamera benutzt wird. Es wird sowohl Rot- als auch Blaufilterlicht verwendet. Am Beginn des Films wird die experimentelle Anordnung erläutert.

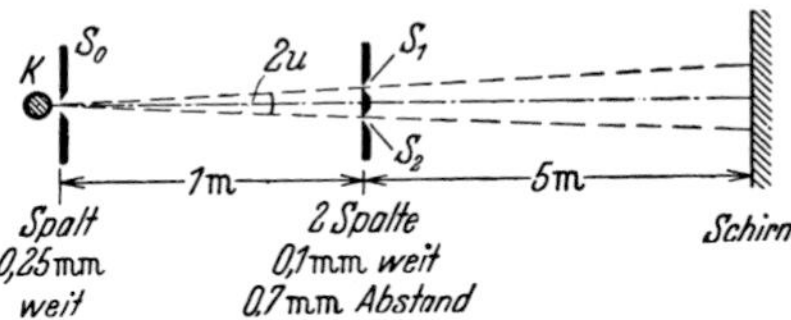

Abb. 437. Der Interferenzversuch von Thomas Young 1807. Rotfilterlicht. K = Bogenlampe, vgl. Schluss von § 162. $2y = 0{,}25$ mm. Die Interferenzfigur ist in Abb. 439 fotografiert. Es ist $\sin u \approx 3{,}5 \cdot 10^{-4}$ und folglich $2y \sin u \approx 10^{-4}$ mm noch klein gegenüber $\lambda/2 \approx 3{,}5 \cdot 10^{-4}$ mm. (**Videofilme 22, 28**)

Videofilm 28:
„Interferenz“ Der erste Teil des Films zeigt ebenfalls den Interferenzversuch von Thomas Young, wobei als Lichtquelle ein Laser und als Beobachtungsschirm die Hörsaalwand benutzt wird. Die Interferenz wird im Hauptmaximum des Einfachspalts beobachtet. (Dass in einem der Nebenmaxima bereits bei abgedecktem zweitem Spalt Interferenzen zu sehen sind, lässt sich bei der hier benutzten einfachen Anordnung nicht vermeiden.)

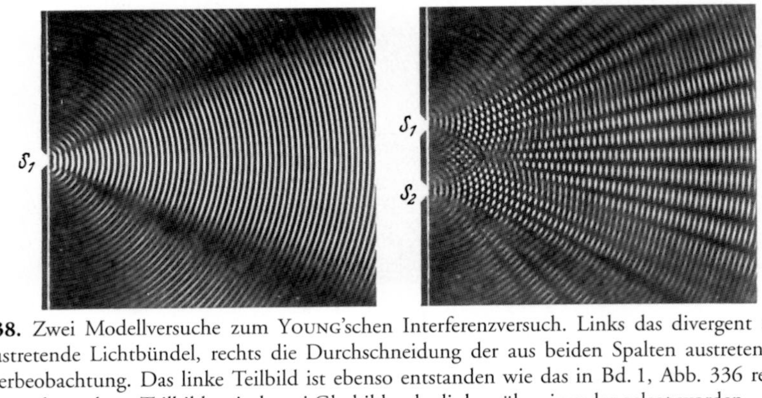

Abb. 438. Zwei Modellversuche zum Young'schen Interferenzversuch. Links das divergent aus *einem* Spalt austretende Lichtbündel, rechts die Durchschneidung der aus beiden Spalten austretenden Bündel. Querbeobachtung. Das linke Teilbild ist ebenso entstanden wie das in Bd. 1, Abb. 336 rechts. Zur Herstellung des rechten Teilbildes sind zwei Glasbilder des linken übereinander gelegt worden.

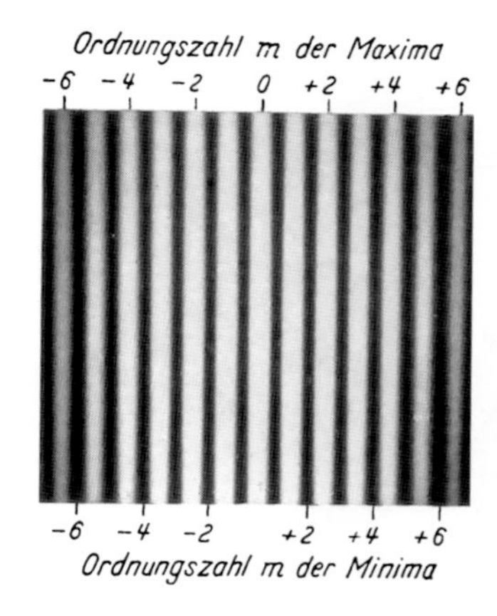

Abb. 439. Ausschnitt aus der Interferenzfigur (von $m = -6$ bis $m = +6$), die man mit der YOUNG'schen Anordnung in 5 m Abstand auf einem senkrecht getroffenen Schirm beobachtet. Nat. Gr., Rotfilterlicht, fotografisches Positiv.

Es gibt etliche Varianten des Versuches: Man kann z. B. in Abb. 437 den Spalt S_0 fortlassen und den Spalt S_2 durch ein Spiegelbild des Spaltes S_1 ersetzen (Spiegel in der strichpunktierten Symmetrieebene in Abb. 437; H. LLOYD 1837). Auch kann man die aus den Spalten S_1 und S_2 austretenden Wellen mit ganz flachen Prismen zur Symmetrielinie umlenken und dadurch ihre Überlagerung erleichtern.

§ 164. Räumliches Interferenzfeld vor einer planparallelen Platte mit zwei Spiegelbildern als Wellenzentren. Längsbeobachtung. Der Interferenzversuch von THOMAS YOUNG hat einen Nachteil: Die Sichtbarkeit der Interferenzstreifen reicht nicht für einen großen Personenkreis, der Durchmesser $2y$ der Lichtquelle muss klein gehalten werden, um der Kohärenzbedingung zu genügen. Bei zu großer Breite $2y$ des Spaltes S_0 verschwinden die Streifen. — Ein großer Durchmesser der Lichtquelle verlangt einen sehr kleinen Öffnungswinkel u. Ein solcher lässt sich mit zwei *Spiegelbildern* als Wellenzentren verwirklichen. Wir erzeugen sie zunächst mit einer planparallelen Platte.

Abb. 440 zeigt eine planparallele Platte (Dicke d) im Abstand A von einem Wandschirm. K ist eine Lampe, durch den kleinen Kasten R hinten und seitlich abgeblendet. Das Lichtbündel divergiert stark. Es wird sowohl an der Vorder- als auch an der Rückseite der Platte reflektiert. Daher laufen hinterher zum Schirm zwei Lichtbündel. Die beiden Spiegelbilder der Lampe dienen als Wellenzentren I und II. Es entstehen kreisförmige Interferenzstreifen.

Die Kohärenzbedingung braucht nur für Teilbündel erfüllt zu werden, deren Öffnung in Abb. 440 mit dem Winkel $2u$ bezeichnet ist. Bei kleiner Plattendicke gilt

$$u \approx (d \sin 2\beta)/2A\,. \tag{344}$$

Herleitung: Bei hinreichend dünnen Platten und Vernachlässigung der Brechung gilt gemäß Abb. 440

$$\sin 2u = \frac{z}{(A+C)/\cos\beta} = \frac{2d \sin\beta \cos\beta}{A+C} = \frac{d}{A+C} \sin 2\beta\,.$$

Für kleine Winkel u ist $\sin 2u \approx 2u$ und außerdem darf man C neben A vernachlässigen, so ergibt sich Gl. (344).

Für dünne Platten, z. B. ein Glimmerblatt von etwa 40 µm Dicke, wird $\sin u$ sehr klein, Größenordnung 10^{-6}. Daher kann die Lichtquelle mehrere Zentimeter Durchmesser besitzen und trotzdem die Kohärenzbedingung (342) erfüllen, also wie eine „punktförmige" Lichtquelle wirken. Man kann z. B. eine kleine Hg-Lampe benutzen. So ist die in Abb. 440 fotografierte Interferenzfigur erhalten worden. Sie überdeckt die Wandfläche eines großen Hörsaals. — Dieser eindrucksvolle Versuch erfordert keinerlei Justierung.

K2. Dieser einfache Interferenzversuch, dessen Bild die Wandfläche eines großen Hörsaals überdeckt, gehört zu den eindrucksvollsten Schauversuchen zur Interferenz von Licht. POHL veröffentlichte ihn erstmals 1940 in „Die Naturwissenschaften" 28, S. 585. Die geschickte Mitabbildung seines Mitarbeiters veranschaulicht auch im Buchdruck die beeindruckende Größe dieses Interferenzbildes. Später finden sich auch in anderen Lehrbüchern Hinweise auf dieses Experiment, zum Teil als „POHL'sches Interferometer" bezeichnet.

Der Übersichtlichkeit halber ist die Plattendicke $d = 40\,\mu\text{m}$ im Vergleich zum Lampendurchmesser (≈ 1 cm) viel zu groß gezeichnet. Die Spiegelbilder der Lampe sind also nur um einen sehr kleinen Betrag gegeneinander verschoben. Der Lampendurchmesser $2y$, der in die Kohärenzbedingung eingeht, ist trotzdem klein genug, um noch dicht vor der Plattenoberfläche Interferenzringe auffangen zu können. Der Öffnungswinkel $2u$ zweier von der Lampe ausgehender Strahlen wird umso größer, je näher der Schirm bzw. ein Mattglas an die Platte herangebracht wird.

Videofilm 29: „POHL'scher Interferenzversuch"

K3. Wenn eine Lichtwelle an einer Grenze zu einem optisch dichteren Stoff reflektiert wird, also an der Grenze zu einem Stoff mit größerer Brechzahl, erfährt sie einen Phasensprung von π, also 180°. Dieser Phasensprung spielt bei der quantitativen Behandlung von Interferenzphänomenen, bei denen Reflexionen vorkommen, im Folgenden mehrfach eine Rolle. Der Effekt wird in Kap. XXV, in den Paragraphen 218 und 219 eingehend behandelt.

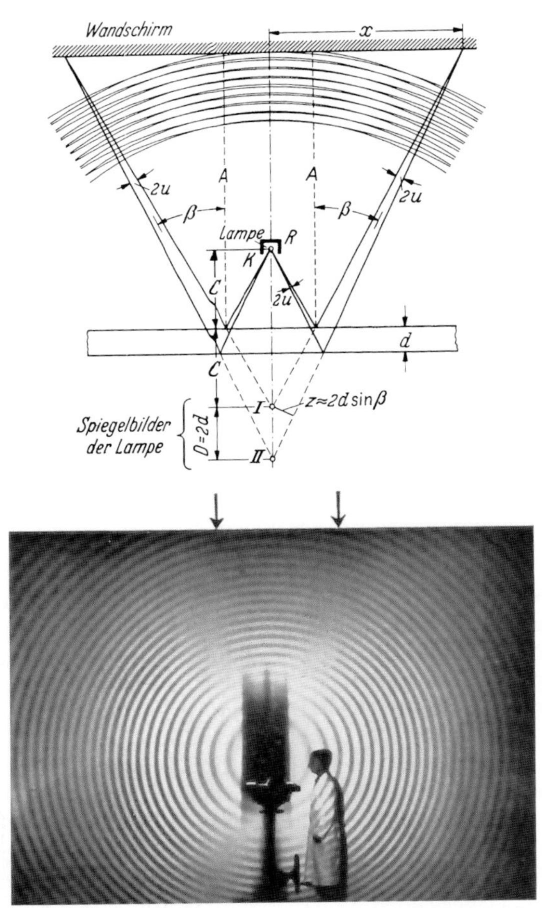

Abb. 440. Der hier dargestellte Interferenzversuch erzeugt ein räumliches Interferenzfeld mit einer planparallelen Platte und divergierenden Lichtbündeln. Das Bild zeigt einen Schnitt des Wandschirms mit diesem Interferenzfeld. Abstand zwischen Lampe und Platte einige Zentimeter, zwischen Lampe und Wandschirm etliche Meter. Längsbeobachtung gemäß Abb. 436. Man kann Stücke der Interferenzringe mit einem Mattglas noch dicht vor der Plattenoberfläche auffangen, wenn der Durchmesser $2y$ der Lampe klein genug ist.[K2] **(Videofilm 29)** (Aufg. 85)

Selbstverständlich lässt sich der Versuch auch mit einer dünnen *Luftplatte* ausführen. Das hat den Vorteil, dass sich d noch kleiner als die Dicke eines Glimmerblattes machen lässt. Dann kann man sogar als Lichtquelle eine Kohlebogenlampe (Glühlicht!) benutzen. Außerdem fällt bei der Luftplatte die geringfügige Störung durch die Doppelbrechung des Glimmers fort; sie macht sich in Abb. 440 unterhalb der Pfeile bemerkbar.

Der Winkelabstand β, der zu einem Interferenzring mit der Ordnungszahl m, also dem Gangunterschied $\Delta = m\lambda$, gehört, heiße β_m. Dann gilt für eine Luftplatte der Dicke d in ausreichender Näherung[1]

$$\cos\beta_\text{m} = m\lambda/2d\,. \tag{345}$$

[1] Sie vernachlässigt geringfügige Unterschiede der Neigungswinkel β für nur um den Winkel $2u$ getrennte Strahlen, desgleichen die Brechung wie später auch in den Abb. 442, 443 und 462 und schließlich auch den im obigen Rahmen ganz unwesentlichen Phasensprung der Wellen bei der Reflexion an einem optisch dichteren Stoff.[K3]

Die Anzahl N der Ringe ist begrenzt. Es gilt $N = 2d/\lambda$; der innerste Ring hat die größte Ordnungszahl, nämlich $m = 2d/\lambda$.

Man kann Interferenz außer im auffallenden auch im *durchfallenden* Licht beobachten. Dann interferieren das direkte und das zweimal reflektierte Lichtbündel miteinander. Die Amplituden ihrer Wellengruppen sind aber recht ungleich und die Minima daher keineswegs so dunkel wie in auffallendem Licht. Diese Beobachtungsart lässt sich auch bei den meisten Versuchen der folgenden Paragraphen anwenden.

§ 165. Räumliches Interferenzfeld vor einer Keilplatte mit zwei Spiegelbildern als Wellenzentren. Schrägbeobachtung. Der oben genannten Luftplatte kann man bequem eine Keilform geben, Abb. 441. Die Lichtquelle steht links oben. Mit dieser Anordnung ist das Interferenzbild in Abb. 441 fotografiert worden. Ihre Fläche auf dem Wandschirm betrug rund 1 m^2. Der Hörsaal braucht kaum verdunkelt zu werden.

Der Luftkeil lässt sich durch eine *Seifenlamelle* ersetzen. Sie bildet im Schwerefeld einen Keil mit der Basis am unteren Ende.

Im Gegensatz zu dem Fresnel'schen Interferenzversuch (s.u.) ist die Winkelausdehnung des Interferenzfeldes von ϑ unabhängig. Sie wird durch den Durchmesser der Platten bestimmt. Folglich kann man bei der Keilanordnung die Winkel $\vartheta \approx u$ sehr klein machen und mit Lichtquellen von großem Durchmesser $2y$ große, weithin sichtbare Interferenzfiguren erhalten.

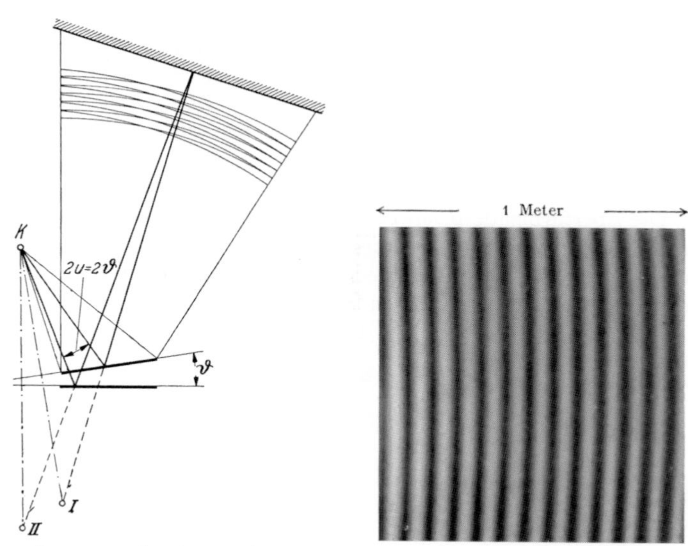

Abb. 441. Interferenzversuch mit zwei *hinter*einander gestellten Glasplatten (Luftkeil). Als Wellenzentrum I und II dienen die Spiegelbilder einer großen Strahlungsquelle K (z. B. Bogenlampenkrater). Es ist *keinerlei Justierung erforderlich.* — Man legt zwei dicke Glasplatten, z. B. Quadrate von 7 cm Kantenlänge (oder die Basisflächen zweier rechtwinkliger Prismen) aufeinander und klemmt zwischen sie auf der einen Seite einen Stanniolstreifen.

Seltsamerweise beginnen noch immer viele Lehrbücher mit einem Interferenzversuch, den A. Fresnel rund 10 Jahre nach Th. Young beschrieben hat. Die Fresnel'sche Anordnung (Abb. 442) entsteht aus der in Abb. 441 skizzierten dadurch, dass man die beiden spiegelnden Flächen neben- statt hintereinander stellt. Durch diese Stellung wird die Fresnel'sche Anordnung sehr benachteiligt. Der Winkelbereich ihres Interferenzfeldes ist nur $\approx 2\vartheta$. Infolgedessen darf man den Keilwinkel ϑ nicht beliebig verkleinern. Gleichzeitig muss man die Kohärenzbedingung (Gl. 342 von S. 274) für $u = \vartheta$ erfüllen. Das setzt aber dem Durchmesser $2y$ der Lichtquelle S_0 eine obere Grenze. Darunter leidet die Sichtbarkeit der Interferenzfigur.

„Seltsamerweise beginnen noch immer viele Lehrbücher mit einem Interferenzversuch, den A. Fresnel rund 10 Jahre nach Th. Young beschrieben hat."

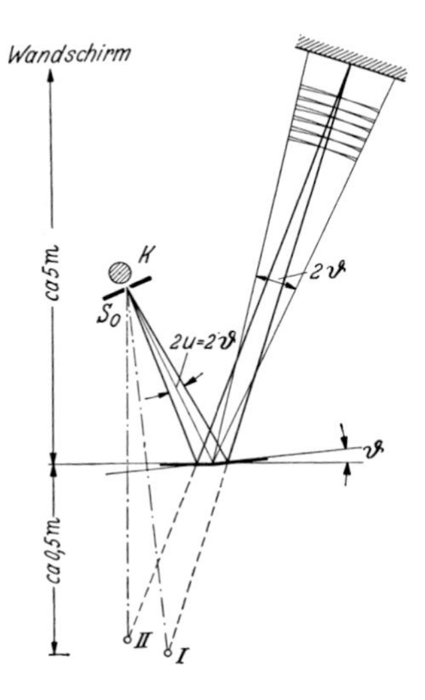

Abb. 442. Interferenzversuch mit zwei *neben*einander gestellten Glasplatten (FRESNEL'scher Spiegelversuch, 1816). Als Wellenzentren *I* und *II* dienen die Spiegelbilder einer schmalen, spaltförmigen Lichtquelle. Die *Justierung ist schwierig:* Die Oberflächen beider Spiegel dürfen an der Stoßstelle keine Stufe bilden. Diese würde einen zusätzlichen Gangunterschied liefern und die Anordnung nur für lange Wellengruppen, z. B. die einer Natriumdampflampe, und nicht mehr für Glühlicht verwendbar machen. Ein Längsausschnitt aus dem Bild auf dem Schirm gleicht dem in Abb. 439 in natürlicher Größe gezeigten.

§ 166. Interferenz in der Bildebene einer Lochkamera. In Abb. 440 dienten die Spiegelbilder *I* und *II* der Lampe *K* als „punktförmige" Zentren kugelsymmetrischer Wellen. Außerdem waren beiderseits zwei Radien dieser Kugelwellen als Strahlen (Bündelachsen) skizziert. — *Die Richtung des Lichtes in den Strahlen lässt sich umkehren.* Dann dient der große Wandschirm, z. B. von Hg-Dampflampen beleuchtet, als Lichtquelle. An die Stelle der „punktförmigen" Lampe *K* tritt das für jeden Abbildungsvorgang unerlässliche Hilfsmittel, also eine *Aperturblende B* (§ 134). In Abb. 443 links ist es das Loch einer Lochkamera. Die Aperturblende *B sortiert* die von der planparallelen Platte reflektierten Strahlen (Bündelachsen) *nach ihren Neigungswinkeln* β. Diese bestimmen wieder die durch zwei Reflexionen erzeugten Gangunterschiede, die diesmal in einer Bildebene Maxima und Minima einer Bestrahlungsstärke entstehen lassen.

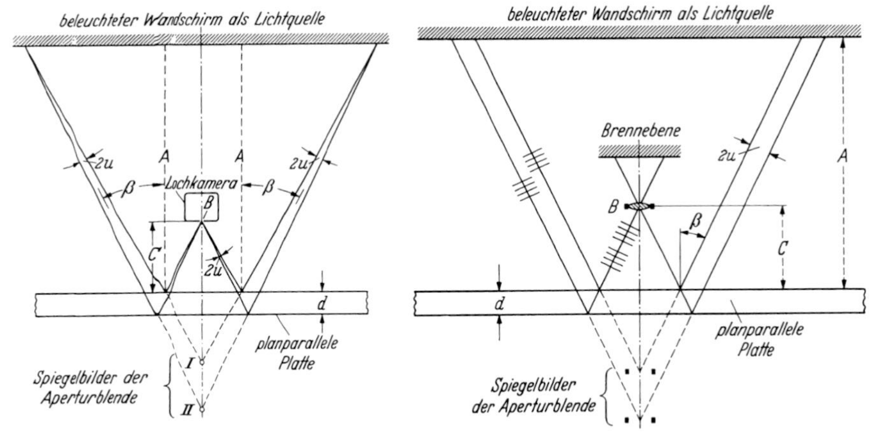

Abb. 443. Zur Herstellung kreisförmiger Interferenzstreifen in einer Bildebene hinter einer Aperturblende *B*. Gestalt und Lage der großen Lichtquelle spielen keine Rolle. Man kann sie für Überlegungen stets durch einen ebenen Strahler ersetzen. Hier ist es ein zur planparallelen Platte parallel gestellter beleuchteter Schirm. Ein solcher lässt den Zusammenhang mit Abb. 440 gut erkennen.

§ 167. Interferenz in der Brennebene einer Linse. Längsbeobachtung, Kurven gleicher Neigung. Hinter der kleinen Aperturblende einer Lochkamera ist die Leuchtdichte der kreisförmigen Interferenzstreifen klein. Darum ersetzt man sie durch die große Aperturblende einer Linse und benutzt als *Bildebene* deren *Brennebene*. In einer solchen Anordnung begrenzt die Aperturblende (unabhängig von der Plattendicke) zwei Parallellichtbündel mit dem Winkel $2u = 0$. In Abb. 443 rechts sind außer ihren Achsen noch an zwei Stellen vier Wellenberge roh skizziert.

Weitaus am bequemsten benutzt man die entspannte Linse eines Auges. Man bestrahlt die Zimmerwände, Möbel usw. mit einer oder mehreren Hg-Dampflampen, und richtet den Blick auf eine Glimmerplatte (z. B. von etwa 0,15 mm Dicke) in beliebiger Lage. Man darf das Auge beliebig dicht an die Platte heranbringen. *Die Streifen entstehen ja nicht auf oder in ihr, sondern auf unserer Netzhaut im Bild einer unendlich fernen Ebene. Sie sind, anders als in den räumlichen Interferenzfeldern der Abb. 440 und 441, ohne das Beobachtungsinstrument, in unserem Fall ohne das Auge, überhaupt nicht vorhanden.*

Ein unbefangener Beobachter sieht die dunklen Interferenzstreifen als Muster in einer leuchtenden Fläche und lokalisiert diese in der Oberfläche der spiegelnden Platte. Das ist, ebenso wie z. B. das invertierte Sehen in § 120, nicht physikalisch zu begründen.

Ein analoges Beispiel: Man sieht das Himmelsgewölbe im Rahmen eines kleinen, etwa 1 m entfernten Spiegels als leuchtende Fläche. Hält man dann z. B. in die Mitte zwischen Spiegel und Auge ein Drahtnetz, so sieht man das Netz als ein die leuchtende Fläche unterteilendes dunkles Muster.

Zum Schluss noch eine quantitative Ergänzung: Der Gangunterschied $\Delta = m\lambda = 2d\cos\beta_\mathrm{m}$ jedes Strahlenpaares ist für eine Luftplatte durch Gl. (345) gegeben. Für eine Platte mit der Brechzahl n gilt

$$\Delta = m\lambda = 2d\sqrt{n^2 - \sin^2\beta_\mathrm{m}} \tag{346}$$

(m = Ordnungszahl = ganze Zahl. $\Delta = m\lambda$ gilt für Maxima, $\Delta = \left(m - \frac{1}{2}\right)\lambda$ für Minima; Herleitung gemäß Abb. 444).

Der Gangunterschied wird also für eine gegebene Platte (d = const) allein vom Neigungswinkel β_m bestimmt. Deswegen spricht man von *Interferenzkurven gleicher Neigung* (W. Haidinger, 1849, O. Lummer[K4] 1884). Sie spielen in Forschung und Technik eine große Rolle.

K4. Siehe auch Lummer-Gehrcke-Platte in § 197.

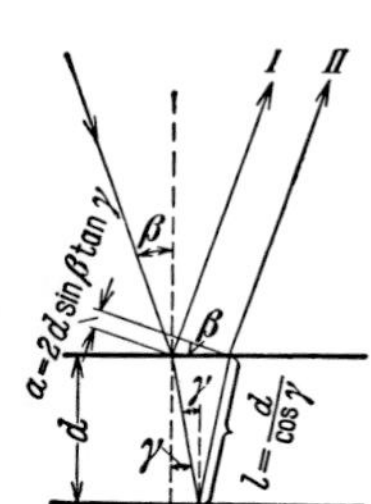

$$\Delta = 2nl - a = \frac{2nd}{\cos\gamma} - 2d\sin\beta\tan\gamma\,, \quad \Delta = 2d\left(\frac{n - \sin\beta\sin\gamma}{\cos\gamma}\right).$$

Dann setzt man

$$\cos\gamma = \sqrt{1 - \sin^2\gamma} \quad \text{und} \quad \sin\gamma = \frac{\sin\beta}{n}$$

und erhält

$$\Delta = 2d\frac{n - \dfrac{\sin^2\beta}{n}}{\sqrt{1 - \dfrac{\sin^2\beta}{n^2}}}\,, \quad \Delta = 2d\sqrt{n^2 - \sin^2\beta}\,.$$

Abb. 444. Zur Herleitung der Gl. (346). Hat der Stoff der Platte eine größere Brechzahl n als der Stoff vor der reflektierenden Fläche, so erzeugt die Reflexion einen zusätzlichen Gangunterschied.[K3 (S.278)] Er ist nur selten (z. B. in Abb. 476) von Bedeutung und deswegen in Gl. (346) nicht berücksichtigt.

Bei senkrecht auffallendem und senkrecht reflektiertem monochromatischem Licht, also $\beta \approx 0$, (und daher nur mit einer Linse hinter einer *kleinen* Aperturblende beobachtend!) kann man bei nicht planparallelen Schichten die Interferenzstreifen als Linien gleicher Schichtdicke betrachten. Dann spricht man von *Kurven gleicher Dicke.*

Bei sehr dünnen Schichten, z. B. Seifenlamellen, Ölflecken auf Wasser usw. werden die Interferenzstreifen sehr breit. Man muss nach Gl. (346) bei der Beobachtung den Winkel β erheblich ändern, um den Gangunterschied Δ um λ zu ändern, und von einem Interferenzstreifen zum benachbarten zu gelangen. Daher sieht man mit Glühlicht, z. B. Tageslicht, beobachtend oft große Flächen in einheitlicher bunter Farbe. Dann spricht man von *Farben dünner Blättchen.*

„Die Farben dünner Blättchen fehlen in keinem Schulbuch der Physik. Ihre richtige Darstellung ist aber umständlicher als die jeder anderen Interferenzerscheinung."

Die Farben dünner Blättchen fehlen in keinem Schulbuch der Physik. Ihre richtige Darstellung ist aber umständlicher als die jeder anderen Interferenzerscheinung. Oft werden NEWTON*'sche Ringe* behandelt. Man denke sich in Abb. 441 die obere Fläche des Luftkeiles durch eine sehr schwach gewölbte ersetzt, die die untere Fläche in der Mitte berührt. *Einfach wird die Erklärung nur für den Fall, in dem das Licht senkrecht einfällt und das Auge senkrecht auf die Platte blickt.*

§ 168. Verschärfung der Interferenzstreifen, Interferenzmikroskopie. MÜLLER'sche Streifen. In Bd. 1 wurden zunächst Interferenzen mit zwei Wellenzentren gebracht. Es folgten Interferenzen mit drei und mehr äquidistanten, gitterförmig angeordneten Wellenzentren (Bd. 1, § 127). *Bei dieser Vermehrung der Zentrenanzahl werden die Interferenzstreifen schärfer, ohne ihre Lage zu ändern* (Bd. 1, Abb. 347). Experimentell wurde es mit zwei Anordnungen vorgeführt (Bd. 1, Abb. 372 und 373). — Für Lichtwellen bringen wir zunächst nur die eine. Eine ausführliche Besprechung folgt in Kap. XXII.

Abb. 445 ist eine Erweiterung der Abb. 443. Die beiden Flächen der planparallelen Platte sind durch aufgedampftes Metall *durchsichtig verspiegelt* worden. Dann gelangen Parallellichtbündel (also $2u = 0$ mit unendlich fernen Zentren) nicht nur nach zwei, sondern auch nach einer größeren Anzahl von Reflexionen zur Aperturblende B. Diese bestimmt auch hier den Durchmesser der einzelnen Bündel und ihren Neigungswinkel β. Das Wesentliche dieser Anordnung ist die *gitterartige Folge hintereinander befindlicher Bilder* der Aperturblende.

Man erhält in Abb. 445 *dunkle* Streifen auf *hellem* Grund. Für praktische Anwendungen, vor allem in Spektralapparaten, benutzt man eine Beobachtung im *durchfallenden* Licht. Sie liefert *helle* Interferenzstreifen auf *dunklem* Grund.

Wie immer sind die Interferenzfiguren für auffallendes und durchfallendes Licht zueinander komplementär; d. h., aufeinander gelegt ergänzen sie sich zu einer strukturlosen beleuchteten Fläche[K5] (vgl. § 170).

K5. Zur Erklärung bedenke man, dass in Aufsicht eine von zwei interferierenden Lichtwellen bei Reflexion einen Phasensprung von 180° macht (an der Grenze zum optisch dichteren Stoff), während in Durchsicht keine Phasendifferenz auftritt (s. Kommentar K3). Wie solch ein Phasensprung hell und dunkel in einem Interferenzmuster vertauschen kann, sieht man besonders deutlich beim YOUNG'schen Doppelspalt-Experiment (Abb. 438 rechts): man denke sich die aus einem der Schlitze kommende Welle um 180° verzögert, dann vertauschen sich die hellen und dunklen Bereiche.

Wie man bei der Beobachtung im durchfallenden Licht praktisch verfährt, ist in der Bildunterschrift von Abb. 445 beschrieben.

Derart verschärfte Interferenzkurven benutzt man z. B. auch bei der Interferenz-Mikroskopie (J. A. SIRKS 1893). Mit ihr untersucht man Gebiete, in denen sich die optische Weglänge (S. 214), also das Produkt aus Brechzahl n und Schichtdicke d, ein wenig von der in der Nachbarschaft unterscheidet. Als einfaches Beispiel nennen wir für den Sonderfall $n = \text{const}$ die Messung der Dicke dünner Schichten, Abb. 446. Die Verschiebung eines Interferenzstreifens um $1/100$ des Streifenabstandes bedeutet bei *monochromatischer* Beleuchtung ($\lambda \approx 600\,\text{nm}$) eine Niveaudifferenz von $3 \cdot 10^{-9}\,\text{m} = 3\,\text{nm}$.

Bei den Anwendungen der Interferenzmikroskopie ist ein altes Verfahren wieder aktuell geworden, nämlich eine spektrale Zerlegung von Interferenzstreifen, die mit *Glühlicht* erzeugt werden und quer zur Spaltrichtung auf dem Spalt eines Spektralapparates liegen. Dann wird das kontinuierliche Spektrum von „MÜLLER'schen Streifen" durchzogen. Das sind *bunte Kurven gleicher Ordnungszahl m.* Zu jedem Profil quer zur Spaltrichtung gehört

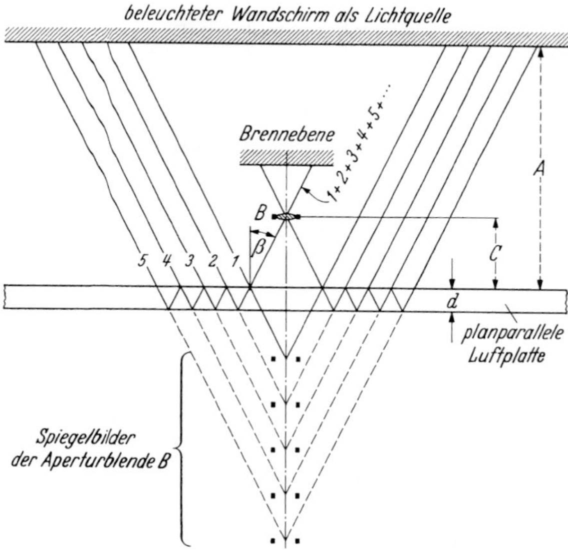

Abb. 445. Zur Verschärfung der Interferenzstreifen durch Anwendung vieler Parallellichtbündel mit gleichen Gangunterschieden zwischen zwei benachbarten Bündeln (für eine Luftplatte je $= 2d\cos\beta$). Die Skizze gilt für die Beobachtung konzentrischer Kreise (*Kurven gleicher Neigung*) im *reflektierten* Licht. Für ihre Beobachtung im *durchfallenden* Licht vertauscht man die Linse mit dem der Platte nächsten Spiegelbild der Aperturblende. So gelangt man im Fall einer bis zu mehreren Zentimetern dicken Luftplatte zum Schema des hochauflösenden, 1897 von nach CH. PEROT und A. FABRY angegebenen *Spektralapparates*. Die dicke Luftplatte befindet sich zwischen zueinander parallelen *durchsichtig verspiegelten* Oberflächen von zwei (zur Vermeidung störender Reflexionen schwach keilförmiger) Glasplatten. Den beleuchteten Wandschirm ersetzt man meistens durch eine Kondensorlinse, in deren Brennebene sich die zu untersuchende Lichtquelle befindet. — Näheres in § 197.

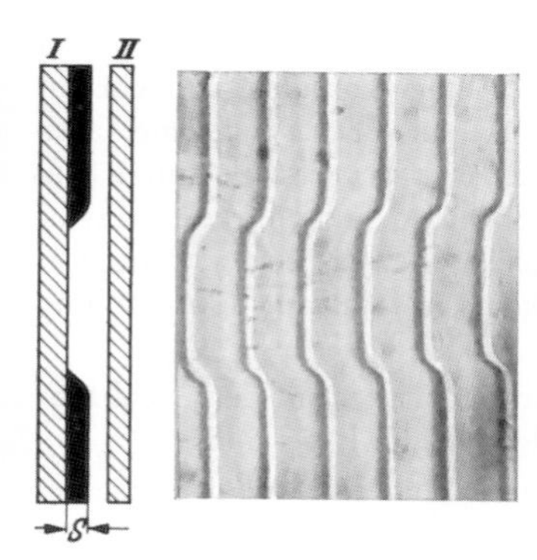

Abb. 446. Zur Interferenz-Mikroskopie. Links das stufenförmige Profil einer dünnen Luftschicht, mit der die Interferenzfigur rechts hergestellt wurde. Dicke der aufgedampften Schicht $S = 0{,}1\ \mu$m. Der Übersichtlichkeit halber ist die Versilberung nicht mitgezeichnet. — Es sind gemäß Abb. 443 Kurven gleicher Neigung mit einem großen Neigungswinkel β im reflektierten Licht beobachtet worden. Die dunklen Interferenzstreifen auf hellem Grund sind Ausschnitte aus großen Kreisen (Lineal anlegen!). (Aufg. 86)

eine bestimmte Gestalt der MÜLLER'schen Streifen. Abb. 447 zeigt zwei Beispiele. Stufenförmige Änderungen des Schichtprofils ergeben Sprünge im Verlauf der Streifen. — Bei versilberten Flächen werden auch die MÜLLER'schen Streifen außerordentlich scharf. Mit solchen Streifen hat S. TOLANSKY (1907–1973) bei der Untersuchung von Kristalloberflächen Niveauunterschiede von 1 nm, d. h. von molekularen Dimensionen, mit Glühlicht ausgemessen. Er hat mit einfacher Interferenzmikroskopie die Leistungen der Elektronenmikroskopie erreicht.[K6]

K6. Für Schichtdickenmessungen im Nanometer-Bereich werden neben den Interferenzmethoden verschiedene weitere Verfahren verwendet, u. a. die Schwingquarzmethode und die Rastertunnelmikroskopie. Alle Verfahren haben je nach Anwendungsfall ihre spezifischen Vor- und Nachteile.

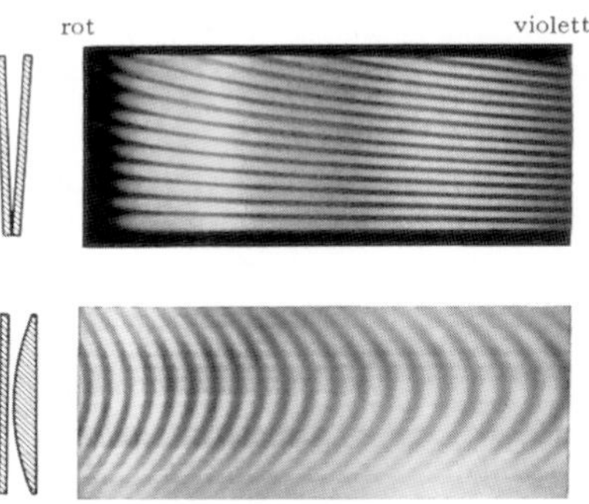

Abb. 447. Rechts MÜLLER'sche Streifen im kontinuierlichen Spektrum. Links die Profile der dünnen Luftschichten, mit denen die Interferenzen hergestellt wurden.

§ 169. Die Länge der Wellengruppen. Mit Rotfilterlicht können wir Interferenzstreifen ungefähr bis zur Ordnungszahl $m = 10$ beobachten, d. h. mit einem Gangunterschied $\Delta = 10\lambda$. Nach § 160 erlaubt das einen Rückschluss auf die Länge der Wellengruppen: Die Wellengruppen des Rotfilterlichtes müssen aus ungefähr $N = 10$ Einzelwellen (d. h. „Berg + Tal") bestehen.

Interferenzstreifen mit erheblich höheren Ordnungszahlen m, mit Gangunterschieden Δ bis zu vielen Tausenden, manchmal sogar über $10^6\lambda$, erhält man mit der Strahlung einiger elektrisch oder thermisch zum Leuchten angeregter Metalldämpfe. Besonders bequem ist das Licht der technischen Na-Dampflampen (elektrische Lichtbogen zwischen Elektroden nicht aus Kohle, sondern aus Natrium). Diesen Lichtquellen muss man dann Wellengruppen von erheblich größerer Länge zuschreiben, im Sichtbaren etwa von 0,1 mm bis zu 1 m. Sie bestehen aus rund $1{,}5 \cdot 10^2$ bis $1{,}5 \cdot 10^6$ Einzelwellen (d. h. „Berg + Tal"). Licht mit langen Wellengruppen nennt man „monochromatisch". *Wellenzüge praktisch unbegrenzter Länge liefern die „Laser" genannten Lichtquellen.*[K5 in Kap. XVI]

Wie hat man sich Wellengruppen eines Glühlichtes zu denken, also einer Strahlung glühender fester Körper? (Bogenlampe, Glühlampe, winzige Kohleteilchen in den heißen Flammengasen einer Kerze usw.) Zur Beantwortung dieser Frage kann die einfache, in Abb. 441 beschriebene Interferenzanordnung dienen, jedoch mit Platten nicht aus Glas, sondern aus Lithiumfluorid. Dieses gleicht äußerlich optischem Glas, ist aber durchlässig nicht nur für sichtbare Strahlung, sondern auch für die im Spektrum angrenzende ultraviolette und infrarote Strahlung.[1] An der Schneide des Luftkeils stehen die beiden Platten in „optischem Kontakt", dort gibt es keine Spiegelung und keine Aufspaltung der Strahlung in zwei Teilbündel.

Zur Prüfung der Anordnung wird zunächst Rotfilterlicht benutzt. Auf dem Beobachtungsschirm erscheinen dunkle Interferenzstreifen auf hellem Grund (Abb. 448).

Dann wird zur Beobachtung nicht das Auge benutzt, sondern ein mit Ruß überzogenes Thermoelement (Abb. 331), also ein physikalischer Strahlungsmesser.[2] Das Messergebnis wird in Abb. 449 graphisch dargestellt. Der Nullpunkt der Abszisse markiert die Stelle des „optischen Kontaktes". Von ihm aus steigt die Strahlungsstärke (= Leistung/Raumwinkel)

---

[1] Vgl. Abb. 579 für NaCl, das bekannteste Alkalihalogenid.

[2] Der also nicht wie unser Auge selektiv auf Strahlungen verschiedener Wellenlängenbereiche teils gar nicht, teils in verschiedener Weise (bunte Farben! § 271) reagiert.

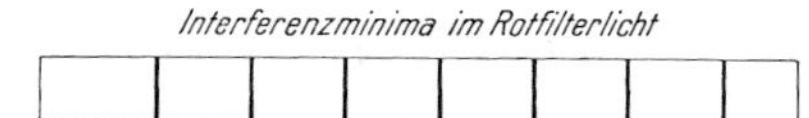

Abb. 448. Interferenzstreifen, hergestellt mit Rotfilterlicht und einem 28 mm langen, bis zur Dicke von 10^{-3} mm ansteigenden Luftkeil. Beide Platten sind rechteckig und zur Ausschaltung störender Reflexionen als flache Keile geschliffen. An der oberen ist überdies eine Facette angeschliffen, damit sich die Platten an der Schneide des Luftkeils in „optischem Kontakt" befinden. Die Breite der Minima ist durch mehrfache Reflexionen verringert, siehe auch Abb. 447 oben.

der von beiden Keilflächen reflektierten Strahlung bis zu einem angenähert konstanten Wert: Anstelle vieler Interferenzstreifen findet man in Abb. 449 nur zwei flache Maxima. — Ergebnis: Ein mit Glühlicht hergestelltes Interferenzfeld zeigt nur eine schwach ausgeprägte Struktur. Glühlicht verhält sich so, dass man es als eine regellose Folge kurzer nahezu unperiodischer Wellengruppen, etwa wie in Abb. 450, beschreiben kann. Das wirkliche Wellenbild von Glühlicht hat man sich ähnlich dem eines Rauschens in der Akustik vorzustellen. Weiteres in § 194.

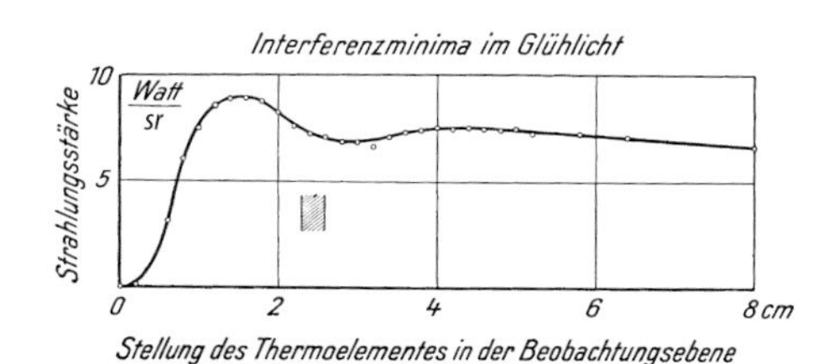

Abb. 449. Dieselbe Interferenz wie in Abb. 448, beobachtet mit Glühlicht und einem Thermoelement in der Schirmebene als nicht selektivem Strahlungsempfänger. Seine Breite ist schraffiert gezeigt. Bei 0 geht die Strahlung ohne Reflexion durch die Platten hindurch, die sich hier in „optischem Kontakt" befinden. (sr = Steradiant, Einheit des Raumwinkels, s. Fußnote auf S. 264)

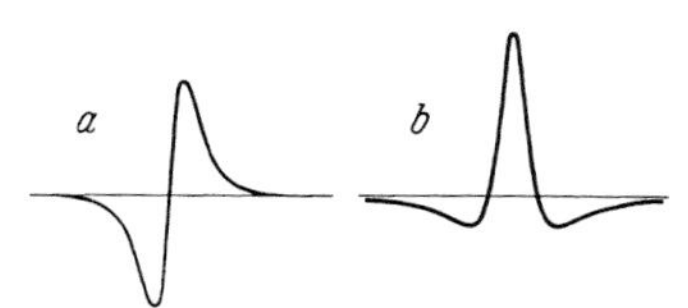

Abb. 450. Beispiele zweier kurzer, nahezu aperiodischer Wellengruppen, mit deren regelloser Folge man das Verhalten von Glühlicht in Interferenzversuchen beschreiben könnte

§ 170. Umlenkung der Strahlungsleistung durch Interferenz. Durch Interferenz wird eine Strahlungsleistung (= Energiestrom) nicht vernichtet, sondern nur umgelenkt. Was in den Richtungen der Interferenz-Minima fehlt, kommt den Richtungen der Interferenz-Maxima zugute. Dafür zwei technisch bedeutsame Beispiele:

1. *Beseitigung der Reflexion, Entspiegelung.* Eine einzelne Glasfläche reflektiert rund 4 % einer senkrecht einfallenden Strahlungsleistung, rund 96 % dringen durch die Oberfläche in das Glas ein. Man denke sich in Abb. 451 auf einem Glasklotz G eine dünne aufgedampfte Kristallschicht. Ihr Material sei so gewählt, dass die Brechzahlen $n_{\text{Luft-Schicht}}$ und $n_{\text{Schicht-Glas}}$ in einem Spektralbereich angenähert gleich sind. Dann wird von jeder der beiden Grenzen 1 und 2 ein gleicher Bruchteil senkrecht einfallender Strahlungsleistung reflektiert. Zusätzlich sei die Dicke der Kristallschicht so bemessen, dass die beiden senkrecht nach oben reflektierten Wellenzüge für eine mittlere Wellenlänge λ_m des Bereiches einen Gangunterschied $\Delta = \lambda_m/2$ besitzen. Dann heben sie sich durch Interferenz auf, die Fläche ist für λ_m streng entspiegelt, die ganze auf die Grenzen 1 und 2 senkrecht einfallende Strahlungsleistung dringt ohne Reflexionsverlust in den Glasklotz G ein. Für die an λ_m beiderseits angrenzenden Spektralgebiete ist d nur noch angenähert $= \lambda/2$, daher die Entspiegelung unvollkommen, aber doch für viele praktische Zwecke ausreichend (vgl. § 219).

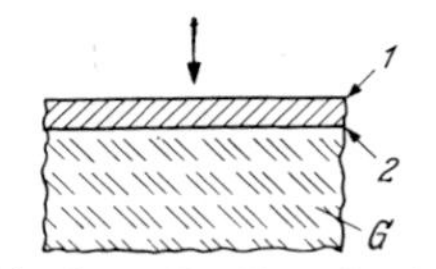

Abb. 451. Zur Entspiegelung

2. *Geschichtete Spiegel mit fast verlustfreier Reflexion und als Reflexionsfilter.* Anstatt zu entspiegeln, kann man auch den großen, trotz der Reflexionsverluste in den Glasklotz eindringenden Anteil des Lichtes, also die rund 96 %, umlenken, d. h. reflektieren lassen. Dazu braucht man eine große Anzahl reflektierender Hilfsflächen. Man erhält sie durch alternierendes Aufeinanderdampfen zweier Sorten dünner Kristallschichten, Abb. 452. Jede Grenzfläche reflektiert als Hilfsspiegel einen gleichen Bruchteil der senkrecht auffallenden Strahlungsleistung. Die Schichtdicken werden so bemessen, dass der Gangunterschied Δ für die mittlere Wellenlänge λ_m des zu reflektierenden Bereiches $= \lambda_m$ wird[1]. Mit $\Delta = \lambda_m$ addieren sich die Amplituden der reflektierten Wellenzüge mit gleichen Phasen. Auf diese Weise kann man für schmale Spektralbereiche praktisch verlustfreie, im Sichtbaren alle Metallspiegel weit übertreffende Spiegel herstellen. Für breite Spektralbereiche kann man mit etwa 20 bis 30 Schichten *Reflexionsfilter* bekommen, die Spektralbereiche nicht durch Absorption, sondern durch Reflexion ausschalten. So gibt es z. B. Reflexionsfilter, die kein sichtbares Licht hindurchlassen (Abb. 453 oben) oder kein infrarotes aus dem Spektralbereich, der dem sichtbaren benachbart ist (Abb. 453 unten).

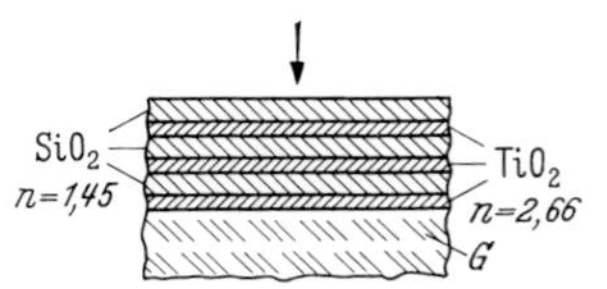

Abb. 452. Zum Aufbau eines Reflexionsfilters

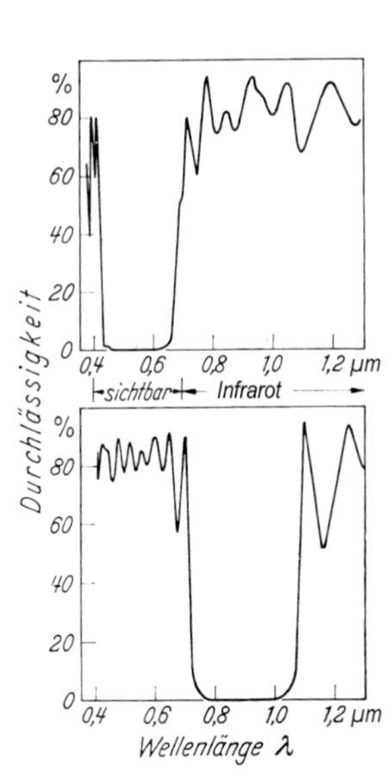

Abb. 453. Oben: Reflexionsfilter, das vom sichtbaren Spektralbereich nur etwas im violetten und im roten hindurchlässt. Unten: Reflexionsfilter, das zwar vom sichtbaren Licht rund 80 % hindurchlässt, aber kein Infrarot zwischen $\lambda = 0{,}8\,\mu\mathrm{m}$ und $\lambda = 1\,\mu\mathrm{m}$.

[1] In die Gangunterschiede Δ sind Sprünge von $\lambda/2$ einzubeziehen, die Lichtwellen bei einer Reflexion an einem optisch dichteren Stoff ausführen.[K3(S. 278)]

§ 171. Interferenzfilter. Wie alle Spektralapparate lassen sich auch planparallele Platten dafür benutzen, um aus Glühlicht schmale Spektralbereiche auszusondern. So gelangt man zu den (nur für senkrechte Inzidenz brauchbaren) „Interferenzfiltern". — Prinzip: Man ersetzt in Abb. 445 die planparallele Luftschicht durch eine sehr dünne ($d < 10^{-3}$ mm) nicht absorbierende Kristallschicht, z. B. aus MgF_2, auf beiden Flächen durchlässig verspiegelt. Sie lässt bei *senkrechter* Inzidenz ($\beta = 0°$) aus einfallendem Glühlicht nur schmale Spektralbereiche hindurch, deren Wellenlängen $\lambda_1:\lambda_2:\lambda_3:\ldots$ sich wie $1:\frac{1}{2}:\frac{1}{3}:\ldots$ verhalten. Es sind helle Interferenzmaxima auf dunklem Grund mit den Ordnungszahlen $m = 1, 2, 3, \ldots$ (Abb. 454A). Man kombiniert diese planparallele Kristallschicht mit geeigneten Filterschichten, so dass nur einer der Durchlässigkeitsbereiche, z. B. bei λ_3 in Abb. 454C, verbleibt.

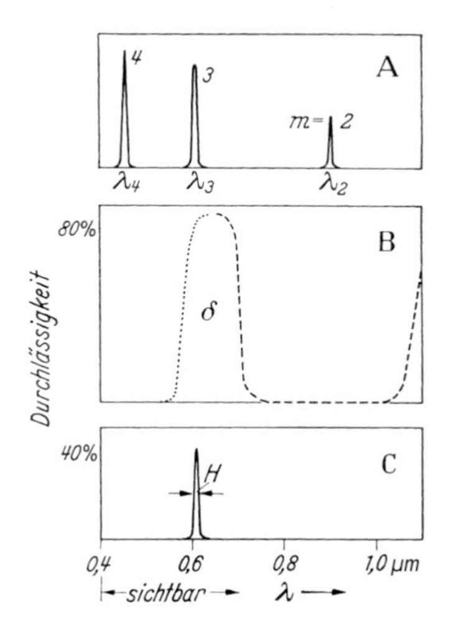

Abb. 454. Zum Interferenzfilter. Bei A Interferenzplatte allein, bei B *punktiert* Absorptionsfilter (z. B. Farbglas) für kurze und *gestrichelt* Reflexionsfilter für lange Wellen. Bei C Kombination von A und B. Halbwertsbreite des bei $\lambda = 600$ nm durchgelassenen Spektralbereiches $H = 10$ nm, also Schärfe $\lambda/H = 60$.

§ 172. Stehende Lichtwellen. (Otto Heinrich Wiener,[K7] 1890) Die Wellenlänge des sichtbaren Lichtes beträgt nur einige 10^{-4} mm. Trotzdem kann man — (wenn auch nicht gerade in einfachen Schauversuchen) — stehende Lichtwellen nach dem in Bd. 1 besprochenen Verfahren (§ 117) herstellen.

K7. Siehe H. Jäger, Ann. Phys. 5. Folge, Bd. 34, 1939, S. 280.

Man presst z. B. einen flüssigen Hg-Spiegel gegen eine äußerst feinkörnige fotografische Schicht. Das von der Glasseite her senkrecht einfallende und dann reflektierte Licht schwärzt die Platte in äquidistanten, um je $\lambda/2$ getrennten Schichten. Abb. 455 zeigt einen senkrecht zur Plattenebene gelegten Dünnschnitt in starker Vergrößerung.

§ 173. Unter Mitwirkung lichtablenkender Teilchen entstehende Interferenz. In den Abb. 440 und 443 wurde jeder von der Lichtquelle kommende Strahl an der Vorderfläche einer planparallelen Platte durch *Spiegelung* umgelenkt und dabei in zwei Teilstrahlen aufgespalten. Statt durch Spiegelung kann man eine Strahlung auch durch *Beugung* oder *Streuung* umlenken. Folglich kann man statt einer Spiegelung an der Vorderfläche eine Umlenkung mittels kleiner beugender oder streuender Teilchen benutzen, die man dicht vor oder auf die Vorderfläche der Platte bringt.

Man nehme z. B. einen gewöhnlichen, in jedem Haushalt vorhandenen Spiegel (d. h. eine auf der Rückseite versilberte keineswegs planparallele Glasplatte) von etwa 30 cm Durchmesser. Die Glasoberfläche wird eingestaubt oder mit Plastilin, der Knetmasse der Kinder, eingerieben. Etwa 2 m vor dem Spiegel steht eine kleine Lichtquelle und hinter dieser in beliebigem Abstand das Auge. In Abb. 456 ist schon mit einem gewissen Luxus verfahren: Die Bogenlampe ist zur Seite gestellt und wirft ihr Licht über einen kleinen Metallspiegel H zur bestaubten Fläche. Dadurch kann man das Auge praktisch auch „an den Ort der Lichtquelle" bringen. *Senkrecht* auf den Spiegel blickend, sieht man auf seiner Oberfläche konzentrische,

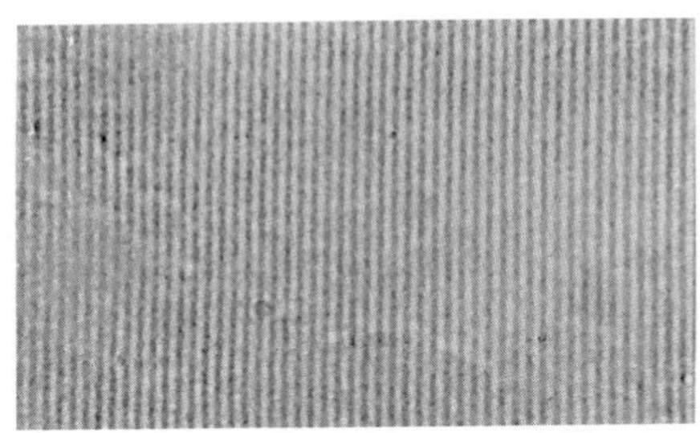

Abb. 455. Fotografischer Nachweis stehender Lichtwellen ($\lambda = 546$ nm). Vergrößerung eines in Wasser bis zu etwa 10-facher Dicke aufgequollenen Schnittes durch eine Gelatineschicht. Kleiner Ausschnitt aus einer von S. MAGUN (1935) hergestellten Aufnahme, die mehrere hundert Bäuche und Knoten sichtbar macht (vgl. Bd. 1, Abb. 354).

kreisförmige Interferenzringe. Sie sind von überraschender Deutlichkeit. Hinter ihrem Zentrum liegt das Bild der Lichtquelle. Der Durchmesser der Ringe ändert sich mit dem Abstand des Beobachters. Im Rotfilterlicht zählt man leicht die üblichen 10–15 Ordnungen. Beim Übergang zu schräger Blickrichtung verschiebt sich das Zentrum der Ringe. Im Glühlicht sieht man einen hellen unbunten Ring *nullter* Ordnung, hinter ihm liegt das Bild der Lampe. Die beiderseits angrenzenden Ringe erscheinen dem Auge tiefschwarz. Auf diese folgen dann die übrigen Ringe in den üblichen bunten, allmählich verblassenden Farben.

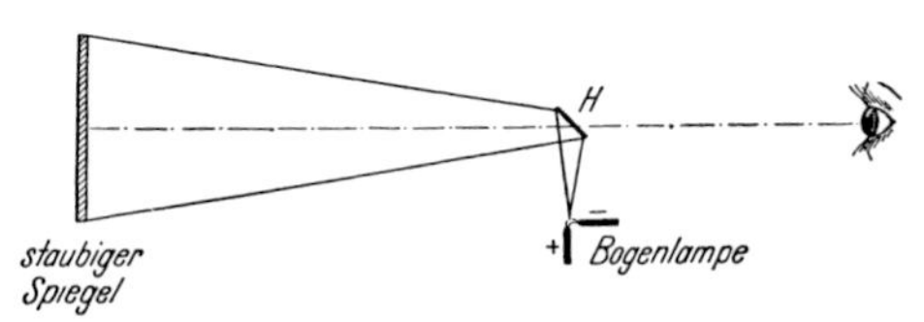

Abb. 456. Subjektive Beobachtung von Interferenzringen, die auf dicken, oberflächlich getrübten Haushalts-Spiegeln erzeugt werden. Sie werden oft „QUETELET'sche Ringe" genannt (*schon 1704 in* NEWTONS *„Opticks" sehr ausführlich beschrieben*).

Interferenzstreifen niedriger Ordnungszahl können nur durch *kleine* Gangunterschiede entstehen. Wie aber können diese trotz der großen Dicke der Spiegelglasplatte zustande kommen? Antwort: Als kleine *Differenz* zweier großer Gangunterschiede (THOMAS YOUNG 1802). In Abb. 457 ist B ein einziges aus der großen Zahl der lichtumlenkenden Teilchen. Sowohl von der Lichtquelle zum Teilchen B als auch vom Teilchen zum Auge führen je zwei Wege. Längs des Weges 1 erreicht das Licht der Lampe das Teilchen B auf einem Umweg; von B aber aus gelangt es, durch Beugung oder Streuung umgelenkt, längs 1* direkt zum Auge. Längs 2 gelangt das Licht von der Lampe direkt nach B; von B aus aber, durch Beugung oder Streuung umgelenkt, längs 2* erst auf einem Umweg zum Auge. Der Gangunterschied Δ zwischen beiden Wellenzügen wird so nur klein. Es sei das Verhältnis

$$\frac{\text{Augenabstand}\, r}{\text{Lampenabstand}\, s} = q\,.$$

Dann gilt für kleine Werte von β und γ in den Grenzfällen $q \gg 1$ und $q \ll 1$

$$\Delta = \frac{d}{n}(q^2 - 1)\sin^2\beta \tag{347}$$

(Herleitung in Abb. 457).

Im m-ten Maximum soll $\Delta = \pm\, m\lambda$ sein, also gilt für dessen Winkelabstand

$$\sin^2\beta = \pm\frac{m\lambda \cdot n}{d\,(q^2 - 1)} \tag{348}$$

(β = Neigungswinkel gemäß Abb. 457, d = Dicke, n = Brechzahl der Spiegelglasplatte. Das Minuszeichen gilt für $q < 1$).

Der gleiche Winkel β erscheint demnach jeweils für zwei verschiedene Werte von q. Einmal liegt das Auge vor, das andere Mal (wie in Abb. 456) hinter der Lichtquelle. Der innere Ring hat die kleinste Ordnungszahl m, während er in Abb. 440 die größte war.

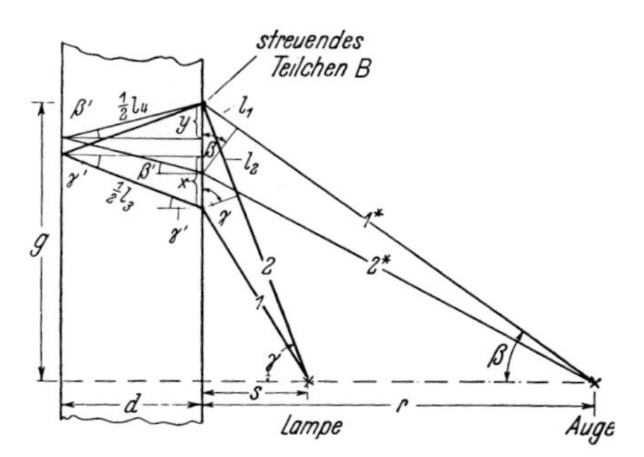

Die Differenz der optischen Weglängen (§ 125) bestimmt den Gangunterschied der zwei Wellenzüge:

$$\Delta = (l_2 + nl_4) - (l_1 + nl_3), \tag{349}$$

$$l_2 = 2x \sin\gamma; \quad x = d\tan\gamma' = d\sin\gamma' = \frac{d}{n}\sin\gamma,$$

$$l_2 = \frac{2d}{n}\sin^2\gamma \quad \text{und analog} \quad l_1 = \frac{2d}{n}\sin^2\beta,$$

$$nl_3 = \frac{2dn}{\cos\gamma'} = \frac{2dn}{\sqrt{1-\sin^2\gamma'}} = 2dn\left(1 + \frac{1}{2}\sin^2\gamma'\right),$$

$$nl_3 = 2dn\left(1 + \frac{1}{2}\frac{\sin^2\gamma}{n^2}\right) \quad \text{und} \quad nl_4 = 2dn\left(1 + \frac{1}{2}\frac{\sin^2\beta}{n^2}\right),$$

$$\Delta = \frac{d}{n}(\sin^2\gamma - \sin^2\beta).$$

Für kleine Winkel β und γ ist

$$\frac{\sin\gamma}{\sin\beta} = \frac{\tan\gamma}{\tan\beta} = \frac{r}{s} = q, \quad \Delta = \frac{d}{n}(q^2 - 1)\sin^2\beta\,. \tag{350}$$

Abb. 457. Entstehung kleiner Gangunterschiede in dicken Spiegelplatten, Brechung vernachlässigt. Der für die Kohärenzbedingung maßgebende Winkel $2u$ (hier mit γ bezeichnet) ist sehr klein. — Herleitung der Gl. (347). Der Übersichtlichkeit halber sind die Winkel β und γ groß gezeichnet. Doch rechnet man, den Versuchsbedingungen entsprechend, nur mit kleinen Winkeln. Man setzt also $\sin\beta = \tan\beta$ usw.

§ 174. YOUNGS Interferenzversuch mit FRAUNHOFER'scher Beobachtungsart.

Beim YOUNG'schen Interferenzversuch (Abb. 437 auf S. 276) dienen als Wellenzentren zwei Öffnungen S_1 und S_2 (Löcher oder besser Spalte). Ihr Abstand D kann bei der einfachsten Anordnung höchstens wenige Millimeter groß gewählt werden, sonst überlappen sich die beiden Lichtbündel nicht mehr. Dieser kleine Spaltabstand ist oft lästig. Doch kann man sich von dieser Beschränkung frei machen und Spaltabstände D beliebiger Größe verwenden: Man muss hinter die Spalte S_1 und S_2 eine Linse L_1 setzen. Das ist in Abb. 458 geschehen. Die Linse L_1 knickt die beiden aus den Spalten S_1 und S_2 divergierend austretenden Lichtbündel an die Symmetrieachse heran. Dann durchschneiden sie sich in der Bildebene mit praktisch ebenen Wellenflächen, aber diese sind stärker als ohne Linse gegeneinander verkippt. Daher liegen die Interferenzstreifen jetzt enger beieinander als ohne Linse. Man betrachtet die Streifen entweder mit einer Lupe L_2 (Fernsehkamera) oder projiziert sie mit einem Objektiv vergrößert auf einen Mattglasschirm. Die Linse L_1 und die

Lupe L_2 bilden zusammen ein *Fernrohr*. Tatsächlich benutzt man meist ein Fernrohr mit zwei Spalten S_1 und S_2 vor dem Objektiv. In dieser Form ist die YOUNG'sche Interferenzanordnung besonders wichtig. Deswegen wollen wir sie näher behandeln.

Im **Videofilm 22 „Beugung und Kohärenz"** ab Zeitmarke 4:00 und im **Videofilm 28 „Interferenz"** im ersten Teil des Films wird der **YOUNG'sche Interferenzversuch** gezeigt, allerdings in der FRESNEL'schen Beobachtungsart. Siehe auch § 163.

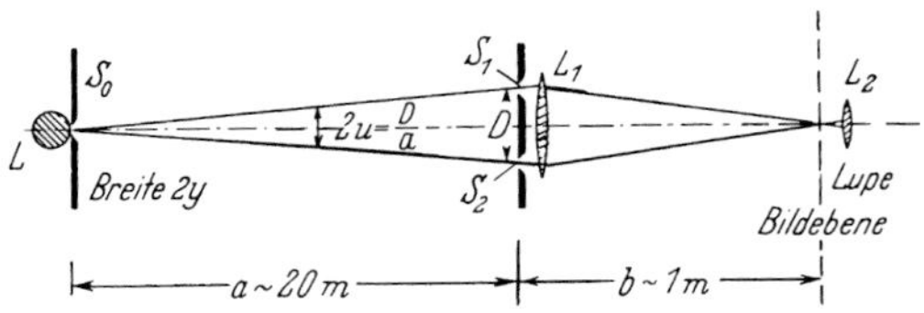

Abb. 458. YOUNGS Interferenzanordnung mit FRAUNHOFER'scher Beobachtungsart. L eine Metalldampflampe (Na oder Hg). Die Längen der Strecken a und b gestatten bequem messbare Weiten $2y$ des Spaltes S_0. (**Videofilme 22, 28**)

Zunächst sei der Spalt S_0 schmal und entweder der Spalt S_1 oder der Spalt S_2 abgeblendet. In beiden Fällen erhalten wir die in Abb. 459 fotografierte *Beugungsfigur*. Sie liegt in beiden Fällen an der gleichen Stelle der Bildebene, symmetrisch zur Linsenachse. Sie ist das zentrale Maximum der aus den Abb. 375 und 376 bekannten Beugungsfigur (ihre Nebenmaxima waren zu lichtschwach).

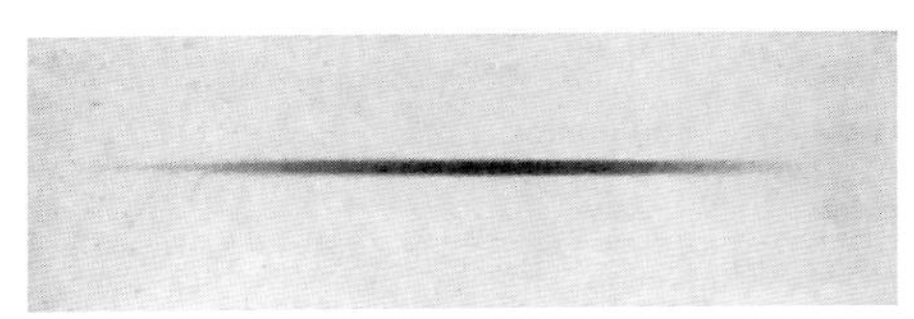

Abb. 459. Eine in der YOUNG'schen Anordnung beobachtete Beugungsfigur

Dann werden beide Spalte S_1 und S_2 gleichzeitig freigegeben; jetzt interferieren die von S_1 und S_2 ausgehenden Wellenzüge: Das Beugungsbild wird von scharfen Interferenzstreifen durchzogen, Abb. 460. Dabei war eine wesentliche Voraussetzung erfüllt: Der Spalt S_0 wirkte trotz seiner endlichen Breite $2y$ wie eine punktförmige (besser linienförmige) Lichtquelle. Die Spaltweite $2y$ entsprach also der Kohärenzbedingung

$$2y \sin u \ll \lambda/2\,. \qquad (342) \text{ v. S. 274}$$

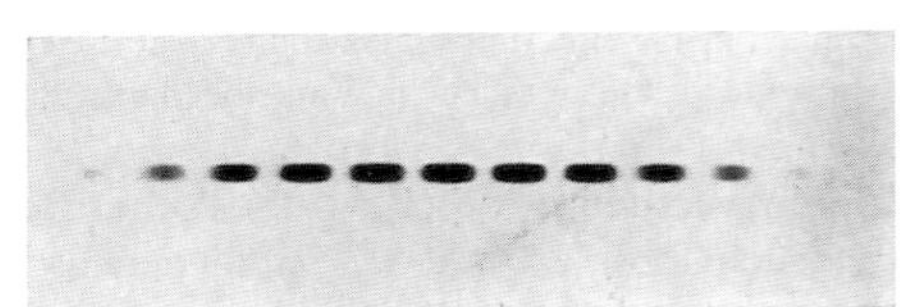

Abb. 460. In der Beugungsfigur aus Abb. 459 beobachtete Interferenzstreifen

Jetzt folgt etwas Neues, die

Messung des Durchmessers einer fernen Lichtquelle
(A. H. L. FIZEAU 1868).[1]

Wir erweitern allmählich den Spalt S_0 und verletzen damit die Kohärenzbedingung. Trotzdem treten noch Interferenzstreifen auf, allerdings nur verwaschen, d. h. mit kleinem

[1] Comptes rendus, Paris 66, 934 (Mitte) 1868 und bei J. M. Stephan, ebenda 78, 1008, 1873.

Kontrast zwischen einem Maximum und einem benachbarten Minimum. Die Abnahme des Kontrastes ist leicht zu deuten: Man denke sich den Spalt S_0 in schmale Längsabschnitte zerlegt. Jeder von ihnen lässt eine Interferenzfigur wie in Abb. 460 entstehen, doch sind die einzelnen Interferenzfiguren in ihrer Längsrichtung gegeneinander verschoben. Ihre Überlagerung ergibt verwaschene Streifen.

Bei

$$2y \sin u = \lambda \tag{351}$$

sind die Interferenzstreifen völlig verschwunden, *jedoch nur zum ersten Mal*: Bei weiterer Vergrößerung der Spaltweite $2y$ kehren sie wieder, noch verwaschener oder kontrastärmer als zuvor. Bei $\sin u = 2\lambda/2y$ sind sie abermals verschwunden, und so fort mit einigen Wiederholungen (also bei $\sin u = 3\lambda/2y$ usw.). Man nennt dies *partielle Kohärenz*.

Aus Gl. (351) folgt mit $\sin u = D/2a$

$$2y = 2a\lambda/D\,. \tag{352}$$

Mit dieser Beziehung kann man eine unbekannte Breite $2y$ einer fernen Lichtquelle auf drei bekannte Größen zurückführen und messen.

A. A. Michelson hat das Fizeau'sche Verfahren benutzt, um den Durchmesser einiger naher Fixsterne von bekannter Entfernung a zu messen, z. B. für α Tauri (Aldebaran) $2w =$ 0,020 Bogensekunden. Dabei wurde in Abb. 458 der Abstand D der beiden Spalte S_1 und S_2 messbar verändert. Mithilfe von Spiegeln konnte D noch größer gemacht werden als der Durchmesser der Linse.

§ 175. Optische Interferometer. Optische Interferometer werden für zwei Aufgaben benutzt:

1. Für möglichst genaue Vergleiche zwischen irgendwelchen Längen oder Abständen (z. B. Maßstäbe) einerseits und der Wellenlänge des Lichtes andererseits (vgl. Bd. 1, § 3).

2. Für Vergleiche zweier kohärenter Lichtbündel nach verschiedener Vorgeschichte, z. B. nach dem Durchlaufen von Wegstrecken in verschiedenen Stoffen.

Das einfachste und schon überaus brauchbare Interferometer arbeitet mit Querbeobachtung. Es benutzt den Grundversuch von Thomas Young in der Ausführungsform der Abb. 458. Dort sind die beiden Lichtbündel hinter der Linse schon um einige Zentimeter seitlich voneinander getrennt. Man kann daher bequem das eine Lichtbündel durch Luft, das andere durch ein anderes Gas leiten und so die Wellenlängen in beiden Gasen vergleichen. Derartige Versuche folgen in § 244. Abb. 461 zeigt eine praktische Ausführung.

Auch alle übrigen Interferometer benutzen Interferenzstreifen in der Bildebene einer Linse (meist des Auges), arbeiten aber mit Längsbeobachtung (Abb. 436). Dabei verwirk-

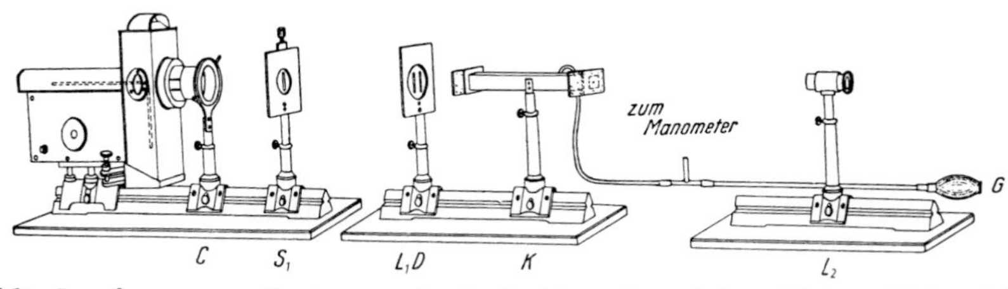

Abb. 461. Interferometer zur Bestimmung der Brechzahl von Gasen bei verschiedener Dichte. Schema in Abb. 458. Die beiden Spalte D unmittelbar hinter der Linse L_1 ($f = 2$ m) sind 2 mm weit. Ihr Abstand beträgt 10 mm. Die Abstände S_1L_1 und L_1L_2 betragen etwa 4 m. Beide Lichtbündel durchsetzen die zum Abschluss des Gasbehälters K dienenden, hinreichend überstehenden Glasfenster. G: Gummiballgebläse zur Änderung der Gasdichte ϱ.

lichen sie eine *Planparallel*platte der Dicke x als *Differenz* zweier Platten ungleicher Dicke (Th. Young 1817). Das zeigt z. B. Abb. 462 mit eingezeichneten Achsen für zwei parallel zueinander versetzte Lichtbündel. Oft ersetzt man die Platten ganz oder teilweise durch Spiegel (z. B. bei α) und durchlässige Spiegel (bei β). So gelangt man unter anderem zum Interferometer von Albert A. Michelson (Abb. 463) mit zwei zueinander senkrecht gerichteten Lichtbündeln (vgl. Mechanik, Abb. 374). Die wirksame Plattendicke ist wieder mit x bezeichnet. Durch eine Kippung des Spiegels *II* kann man auch eine *Keil*platte realisieren. Die Platte *III* ist zwar nicht grundsätzlich notwendig, doch erreicht man mit ihr für beide Lichtbündel Glaswege von gleicher Länge. Das vereinfacht die Beobachtungen.

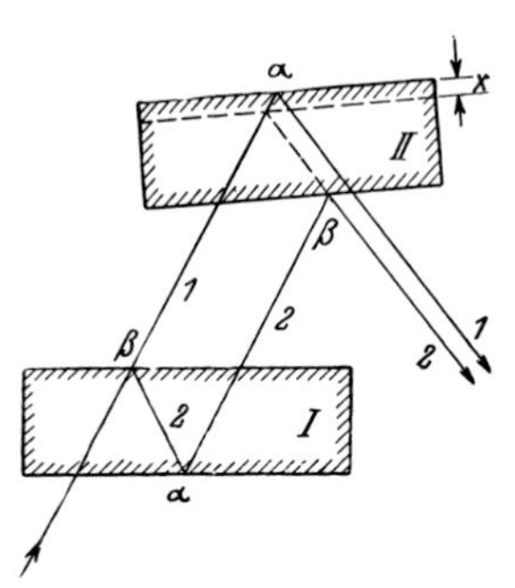

Abb. 462. Interferometer mit zwei seitlich parallel versetzten Parallellichtbündeln. Die wirksame Dicke x wird durch die Neigung beider Platten gegeneinander geändert. Bei Parallelstellung wird x und damit auch der Gangunterschied beider Lichtbündel 1 und 2 gleich null. Alle unnötigen und in Wirklichkeit durch Blenden ausgeschalteten Reflexionen sind fortgelassen.

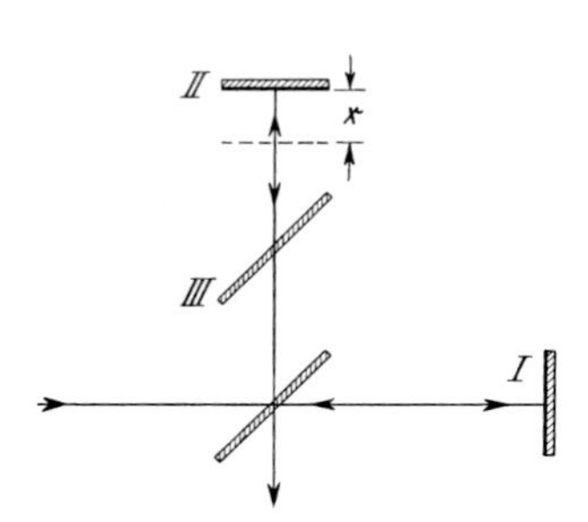

Abb. 463. Interferometer von Michelson. Bei den größten Ausführungen hat man die beiden zueinander senkrechten Lichtwege 30 m lang gemacht. Nur Bündelachsen gezeichnet.

§ 176. Kohärenz und Fluktuationen im Wellenfeld. In Abb. 464 sei A eine allseitig strahlende Öffnung vom Durchmesser $2y$. Der ganze von ihrer Mitte zum Schirm S führende Raumwinkel lässt sich in kleine räumliche Winkel aufteilen, innerhalb derer die Kohärenzbedingung (Gl. 342) erfüllt ist. Einige von ihnen seien willkürlich herausgegriffen und im Bild mit 1, 2, ... markiert. Die in diesen räumlichen Winkeln verlaufende Strahlung treffe den Schirm in den Gebieten $I, II, \ldots$. Die Phasenverteilung in der strahlenden Öffnung A denke man sich zunächst zwar beliebig, aber zeitlich konstant. Erfüllung der Kohärenzbedingung bedeutet, dass die strahlende Öffnung innerhalb jedes einzelnen der Winkelbereiche 1, 2, ... wie ein *punktförmiges Wellenzentrum* wirkt. Infolgedessen können nicht Teilstücke der Flächen $I, II, \ldots$ verschieden stark bestrahlt werden, die Bestrahlung jeder einzelnen Fläche $I, II, \ldots$ muss *gleichförmig* sein. Phasenwechsel der einzelnen in A strahlenden Flächenelemente können die Bestrahlungsstärke in jeder der einzelnen Flächen $I, II, \ldots$ nur *einheitlich* ändern. Diese Änderungen sind für die verschiedenen Flächen $I, II, \ldots$ verschieden groß; in jeder dieser Flächen kann sich die Bestrahlungsstärke zwischen null und einem Höchstwert ändern. Statistische Phasenänderungen innerhalb der strahlenden Fläche erzeugen daher *Fluktuationen* auf dem Schirm S.

Im Wellenfeld des Lichtes erfolgen diese Fluktuationen viel zu rasch, um sie mit einfachen Hilfsmitteln beobachten zu können. Doch lassen sich die Fluktuationen in einem Wellenfeld gut mit Modellversuchen veranschaulichen, am einfachsten bei subjektiver Beobachtung: Man blicke durch ein Rotfilter und ein *bewegtes* Mattglas hindurch nach einer kleinen fernen Lichtquelle (W. Martienssen, E. Spiller, Am. J. Phys. **32**, 919 (1964))[1]

Man denke sich als strahlende Fläche A ein mit auffallendem Licht äußerst monochromatisch von einem Laser beleuchtetes weißes Papier. Dann entfallen *zeitliche* Änderungen der Phasenverteilung und

[1] Für einen großen Hörerkreis beklebe man eine Glasplatte mit grobem Glaspulver und verschiebe sie senkrecht zur Bündelachse in einem auf den Wandschirm auftreffenden Lichtbündel.

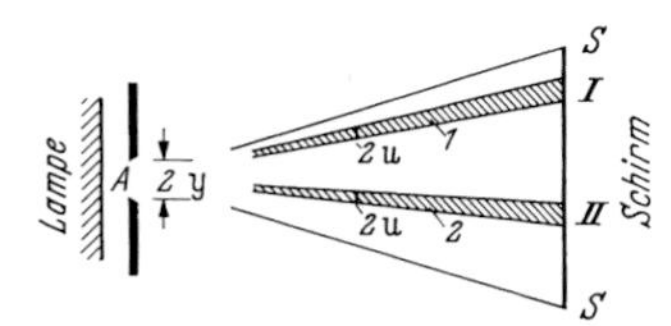

Abb. 464. Zur Entstehung von Fluktuationen im Wellenfeld

mit ihnen die Fluktuationen: auf dem Schirm sind ihre Flecken „eingefroren", der Schirm zeigt statt einer Fluktuation eine *Granulation*. Das ist bei fotografischen Aufnahmen (z. B. bei der Holographie) zu beachten.

Das Verständnis von Fluktuation und Granulation kann durch Abb. 356 in Bd. 1 erleichtert werden. Dort erzeugt eine ruhende Hand im Wellenfeld eine Granulation und eine ihre Gestalt regellos ändernde Hand eine Fluktuation. Beide werden dort mit dem Kunstgriff des Schallabdruckverfahrens sichtbar gemacht.

XXI. Beugung

§ 177. Schattenwurf. Beugung von Licht als eine Überschreitung der geometrischen Schattengrenzen ist schon in den §§ 131 und 136 besprochen worden. Einzelheiten der Beugung sollen in diesem Kapitel untersucht werden.

Die Beugung mechanischer Wellen wurde ausführlich in Bd. 1 behandelt (Kap. XII). Einige der dort beschriebenen Beobachtungen werden hier zunächst kurz wiederholt: Sowohl hinter einer Scheibe als auch hinter einem Loch hat das Wellenfeld eine komplizierte Struktur. In ihr finden sich beispielsweise hinter einer Kreisscheibe auf der Achse des Schattenkegels stets Wellen (Bd. 1, Abb. 320); hinter einem Loch folgen auf der Achse des ausgeblendeten Kegels anfänglich wellenenthaltende und wellenfreie Abschnitte aufeinander. Das zeigt der hier in Abb. 465 noch einmal abgedruckte Modellversuch. Er wurde in Bd. 1, § 126 mit der FRESNEL'schen Zonenkonstruktion erklärt.

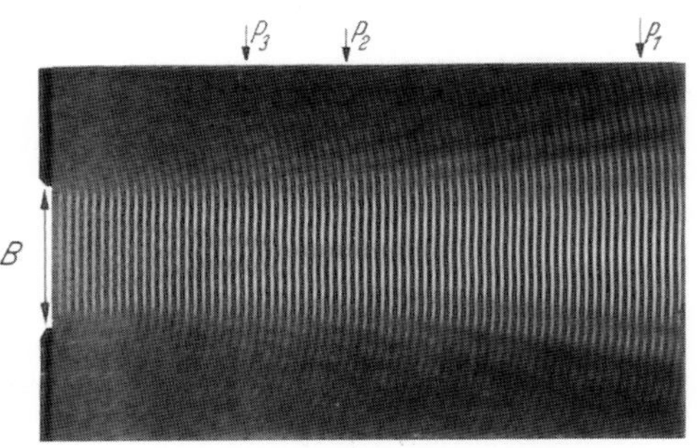

Abb. 465. Modellversuch zum Schattenwurf einer Öffnung (Abb. 336 in Bd. 1). Man denke sich von links ebene Wellen mit breiter Front einfallen. Das ausgeblendete Wellenbündel überschreitet infolge der Beugung die zueinander parallelen, geometrischen Schattengrenzen. Nahe der Öffnung zeigt das Wellenfeld eine komplizierte Struktur. *In der Längsrichtung des Bündels blickend erkennt man sie am besten.* Für die Bündelachse wird sie im Text mithilfe FRESNEL'scher Zonen erklärt

Wir wiederholen kurz: In Abb. 465 zeigen die Pfeile auf die Aufpunkte P_1 bis P_3, die man sich auf der Symmetrieachse des Wellenfeldes denke. Für den Aufpunkt P_2 lässt die Öffnung eine *gerade* Anzahl von Zonen frei, nämlich die zwei innersten ($m = 1$ und $m = 2$). Die von ihnen ausgehenden Elementarwellen heben sich in ihrer Wirkung im Aufpunkt P_2 weitgehend auf. — Für den Aufpunkt P_3 hingegen lässt die Öffnung eine *ungerade* Anzahl von Zonen frei, nämlich die drei innersten ($m = 1$ bis $m = 3$). Die von der dritten Zone ausgehenden Elementarwellen bleiben im Aufpunkt P_3 erhalten. Von P_1 an fehlt eine solche Struktur.

Bei den Lichtwellen ist es nicht anders. In Abb. 466 sei L die strahlende Öffnung. Sie ersetzt ein punktförmiges Wellenzentrum gemäß § 162, Schluss. Das schattenwerfende Hindernis M oder statt dessen eine bündelbegrenzende Kreisöffnung stehe zwischen L und dem Aufpunkt. Dann gilt für den Radius r_m der m-ten Zone nach Gl. (225) in Bd. 1

$$r_\mathrm{m}^2 = m\lambda ab/(a+b) \tag{353}$$

also für $a = b$ $\quad r_\mathrm{m}^2 = m\lambda b/2 \quad$ und für $a = \infty \quad r_\mathrm{m}^2 = m\lambda b$.

K. Lüders, R. O. Pohl (Hrsg.), *Pohls Einführung in die Physik*
DOI 10.1007/978-3-642-01628-8, © Springer 2010

Sollen die Zonenradien r_m für Lichtwellen in Abb. 466 von gleicher Größenordnung werden wie für die Wellen des Modellversuches, so muss das Produkt λb für die Lichtwellen ebenso groß werden wie für die Wellen des Modellversuches (Abb. 465). Nun ist aber die Wellenlänge des sichtbaren Lichtes weit über 1000-mal kleiner als die Wellenlänge im Modellversuch. Infolgedessen liegen die Aufpunkte für die innersten Zonen ($m = 1, 2, 3 \ldots$) nicht, wie in Abb. 465 nur wenige Zentimeter vom Hindernis entfernt, sondern viele Meter. Demgemäß müssen in Abb. 466 Abstände a und b von fast 20 Metern benutzt werden. Die mit dieser Anordnung fotografierten Schatten- oder Beugungsbilder (Abb. 467a bis f) zeigen statt scharfer Ränder recht komplizierte Beugungsfiguren. Sie ändern sich stetig, wenn man die Abstände a und b verändert. In allen Fällen aber zeigen sie für Kreisscheiben und Kreisöffnungen gleicher Größe große Unterschiede. Hinter den *Öffnungen* sieht man immer nur wenige Ringe. In der Bildmitte bekommt man bei Änderungen der Abstände a und b abwechselnd Maxima und Minima. Hinter den *Scheiben* wächst die Zahl der Ringe bei Verkleinerung von a und b, doch bleibt die Figurenmitte immer bestrahlt (CHRISTIAN HUYGENS). Im Schatten der Scheibe *verbleibt* die helle Stelle im Zentrum. Man nennt sie den POISSON*'schen Fleck*. Er ist im Schatten einer Kreisscheibe ein Punkt, im Schatten einer rechteckigen Scheibe eine gerade Linie usw. Der POISSON'sche Fleck war schon beim Schattenwurf mit Wasserwellen bequem zu beobachten (Bd. 1, Abb. 320 und 322. Zu seiner Entstehung siehe dort § 126, Pkt. 4).

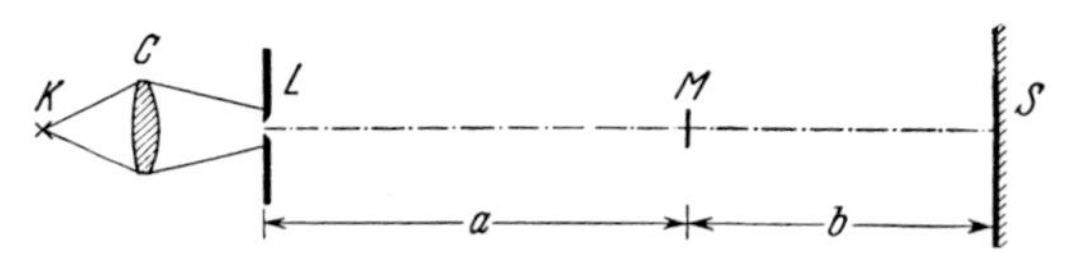

Abb. 466. Zum Vergleich des Schattens einer Kreisscheibe mit dem einer gleich großen Kreisöffnung

Im Abstand $a = b = 11$ km ist für Rotfilterlicht ($\lambda \approx 650$ nm) der Durchmesser der Zentralzone $2r_1 = 12$ cm. — Das ist die Größe eines kleinen Tellers. Ein solcher Teller würde also aus dem freien Wellenfeld nur die Zentralzone ausblenden. Demgemäß hätte das Schattenbild des Tellers das Aussehen der Abb. 467a, jedoch hätte ihr hellster Ring einen Durchmesser von etwa 50 cm.

Für $a = \infty$ und $b = 1$ m ist für Rotfilterlicht der Durchmesser der ersten Zone $2r_1 = 0{,}6$ mm. Daher macht es (z. B. in Abb. 362) keine Schwierigkeiten, Bruchteile der ersten Zone mit Loch- oder Spaltblenden herauszuschneiden.

Mit wachsendem Durchmesser führen Kreisscheibe und Kreisöffnung beide auf den gleichen Grenzfall, nämlich eine einseitig unbegrenzte Halbebene. Die an dieser entstehende Beugungsfigur ist in Abb. 468 fotografiert. So sieht jeder geradlinige Schattenrand aus, falls der Durchmesser der Lichtquelle hinreichend klein ist.

§ 178. Das BABINET'sche Theorem. Das BABINET'sche Theorem liefert eine Hilfe für die Behandlung von Beugungsvorgängen. Abb. 469 veranschaulicht ein Gedankenexperiment: Von links fällt ein schwach divergentes Lichtbündel auf eine etliche Zentimeter weite Öffnung AB. Rechts tritt ein Lichtbündel aus. Seine Grenzen sind infolge der Beugung ein wenig verwaschen. Das wird durch eine seitliche Fiederung angedeutet.

Dann zeichnen wir einen kleinen Strich x ein. Dieser bedeutet *entweder* ein kleines Hindernis *oder* eine ihm genau gleiche und gleich orientierte kleine Öffnung in einer zweiten, AB ganz überdeckenden nicht gezeichneten Blende.

Bei hinreichender Kleinheit von x werden die Winkelablenkungen der gebeugten Strahlung groß, das Licht kann in die *zuvor dunklen* Bereiche DD' eindringen und dort den Beobachtungsschirm beleuchten. Die Beugungsfigur muss für x als Hindernis und für x

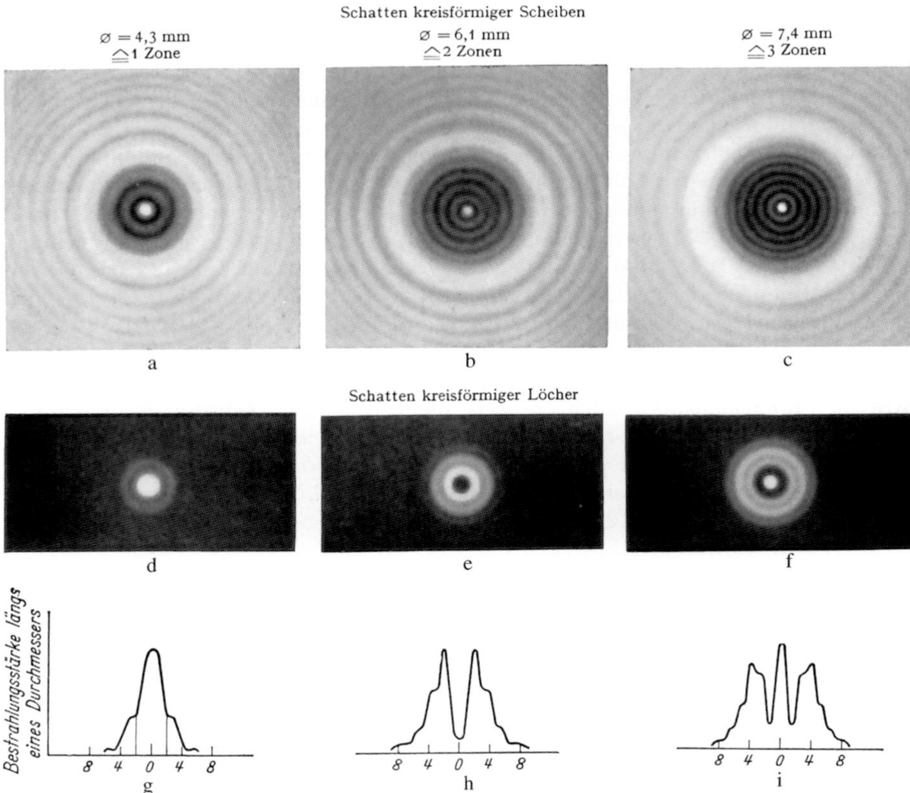

Abb. 467. Die Schatten von Kreisscheiben und von kreisförmigen Löchern zeigen bei gleichem Durchmesser sehr verschiedene Beugungsbilder. Für Schauversuche nimmt man Rotfilterlicht. Für die fotografischen Aufnahmen (Positive) ist grünes Licht der Wellenlänge 546 nm benutzt worden. Der Abstand a und b war je 17,5 m. Die Bilder der unteren Reihe zeigen die Verteilung der Bestrahlungsstärke längs eines Durchmessers der Bilder in der mittleren Reihe. Die Bilder e und h entsprechen in Abb. 465 einem im Aufpunkt P_2 zur Bündelachse senkrechten Schnitt. (**Videofilm 22**)

Videofilm 22: **„Beugung und Kohärenz"** Es werden die in den Teilbildern a–c gezeigten **Beugungserscheinungen** von Kreisscheiben anhand **dünner Drähte** unterschiedlicher Stärke (Durchmesser 1,7, 1,0 und 0,2 mm) demonstriert (ab Zeitmarke 14:30). Es wird die FRESNEL'sche Beobachtungsart und sowohl Rot- als auch Blaufilterlicht verwendet. Eine Erläuterung der experimentellen Anordnung erfolgt am Beginn des Films.

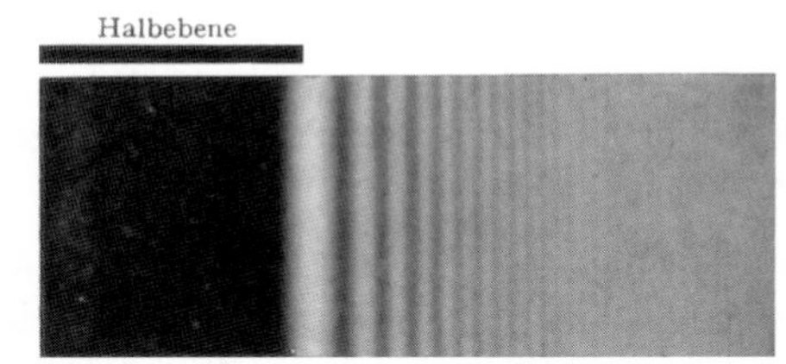

Abb. 468. Die Beugungsstreifen an der Schattengrenze einer Halbebene. $a = b = 18$ m. Fotografisches Positiv. Rotfilterlicht. (**Videofilm 22**)

Videofilm 22: **„Beugung und Kohärenz"** Ab Zeitmarke 12:20 werden die **Beugungsstreifen hinter einer Halbebene** sowohl für Rot- als auch für Blaufilterlicht gezeigt. Eine Erläuterung der experimentellen Anordnung erfolgt am Beginn des Films.

als Loch die gleiche Gestalt haben. Grund: Bei Benutzung der freien Öffnung *AB ohne x* treten beide Beugungsfiguren gleichzeitig auf. Folglich müssen die Wellenamplituden der beiden Beugungsfiguren sich in jedem Augenblick an jedem Punkt der dunklen Bereiche DD' gegenseitig aufheben. Die Amplituden müssen für Hindernis und Loch gleich groß sein und entgegengesetzte Phasen haben ($\delta = 180°$).

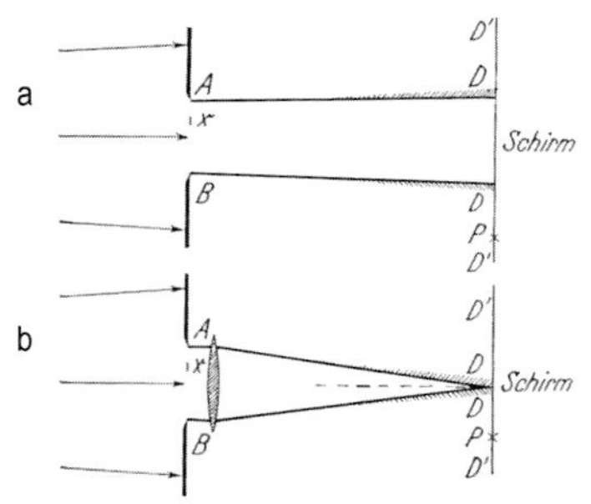

Abb. 469. Zum BABINET'schen Theorem. Oben bei FRESNEL'scher und unten bei FRAUNHOFER'scher Beobachtungsart. Ist x ein Hindernis, so strahlt nur die noch freie Fläche.

Dies Gedankenexperiment hat uns zum BABINET*'schen Theorem* geführt. Es besagt: Man bringe in ein weites Lichtbündel nacheinander ein kleines Hindernis und eine kleine Öffnung mit gleichem Umriss; *man beschränke die Beobachtung auf den bei freiem Lichtbündel ganz dunklen (auch von Randbeugung freien) Bereich:* Dann findet man in diesem Bereich für das Hindernis und für die Öffnung die gleiche Beugungsfigur.

Das BABINET'sche Theorem gilt sowohl für die FRESNEL'sche als auch für die FRAUNHOFER'sche Beobachtungsart (Bd. 1, § 124). Bei der FRESNEL'schen Art muss man aber den Durchmesser von x meist kleiner als 0,01 mm machen. Nur dann hat das gebeugte Licht eine ausreichende Winkelablenkung, nur dann kann es in die Dunkelbereiche DD' hineingelangen[1]. Ein einziges derartig kleines Hindernis oder ein einziges solches Loch liefert aber nur eine äußerst lichtschwache Beugungsfigur. Erst einige Tausend derartiger Hindernisse oder Löcher x erzeugen eine leicht sichtbare Figur.

Bei der FRAUNHOFER'schen Beobachtungsart haben wir Abb. 469a durch Abb. 469b zu ersetzen. Dann wird das freie Lichtbündel der Öffnung AB im „Bildpunkt" auf einen schmalen Bereich eingeengt. Die dunklen Bereiche DD' treten beiderseits bis dicht an die strichpunktierte Symmetrielinie heran. Infolgedessen fallen schon die *wenig* abgelenkten Beugungsstreifen *großer* Hindernisse oder Öffnungen x in die dunklen Bereiche DD'. Dabei liefert dann bereits *ein* Hindernis oder *eine* Öffnung eine gut sichtbare Beugungsfigur. — Abb. 470a zeigt als Beispiel für die Gültigkeit des BABINET'schen Theorems die FRAUNHOFER'sche Beugungsfigur eines Drahtes. Sie gleicht der eines gleich breiten Spaltes, Abb. 470b. Bei der Beobachtung wird das Zentrum der Beugungsfigur durch einen kleinen Schirm ausgeschaltet.

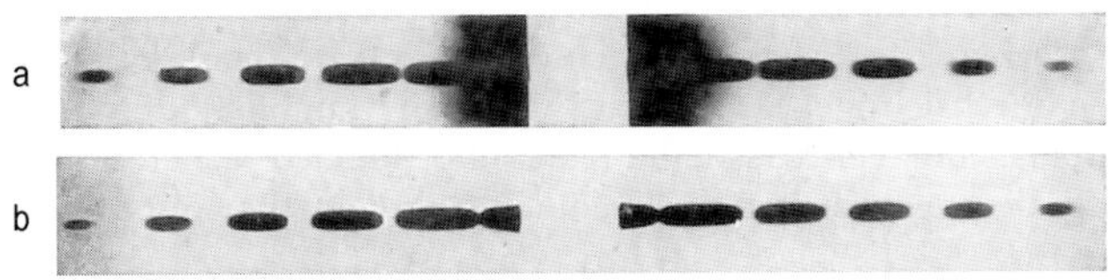

Abb. 470. a: Beugungsfigur eines Drahtes von 0,5 mm Durchmesser. Bildmitte trotz Ausblendung überstrahlt. b: Beugungsfigur eines ebenso breiten Spaltes. FRAUNHOFER'sche Beobachtungsart wie in Abb. 469b. Fotografisches Negativ. Plattenabstand etwa 5 m.

[1] In den Abb. 467a–c lagen alle Beugungsvorgänge noch innerhalb des anfänglich vorhandenen freien Lichtbündels. Folglich war die entscheidende Voraussetzung des BABINET'schen Theorems nicht erfüllt, und daher waren die Beugungsfiguren für Scheibe und Loch völlig verschieden.

§ 179. Beugung an vielen, gleich großen, regellos angeordneten Öffnungen oder Teilchen. Bei der FRAUNHOFER'schen Beobachtungsart (z. B. Abb. 469b) benutzt man eine kleine Lichtquelle in großem Abstand auf der Achse einer Linse. Man setzt die beugende Öffnung dicht vor die Linse und erfüllt die Kohärenzbedingung (Gl. 342 von S. 274) für den Winkel $2u$, der die Öffnung umfasst. Die Beugungsfigur erscheint in der Brennebene. Ihre Gestalt ist uns für eine kleine kreisrunde Öffnung (z. B. $\phi = 1{,}5$ mm) aus Abb. 377 bekannt. *Die Lage der Beugungsfigur ist von seitlichen Verschiebungen der Öffnung unabhängig.* Die verschiedenen Gebiete der Linse erzeugen die Beugungsfigur stets symmetrisch zur Linsenachse. Das führt zu einer praktisch wichtigen Folgerung:

Wir ersetzen die *eine* kreisrunde Öffnung durch eine große Anzahl (etwa 2000) solcher Öffnungen von gleicher Größe ($\phi = 0{,}3$ mm) in möglichst regelloser Anordnung. Dann bekommt man, wie in Abb. 471, praktisch die gleiche Beugungsfigur wie mit der *einen* kleinen Öffnung; doch ist sie jetzt weithin und für viele Beobachter zugleich sichtbar. Die Beugungsfiguren aller Öffnungen addieren sich praktisch ohne gegenseitige Beeinflussung. Grund: Die Lichtbündel von zwei oder mehreren Öffnungen können, wenn sie noch innerhalb eines Kohärenzwinkels liegen, zwar miteinander interferieren und zusätzliche Interferenzstreifen bilden; aber der Gangunterschied ist für alle Kombinationen verschieden. Daher überlagern sich Maxima und Minima der zusätzlichen Streifen. So bleibt im Mittel alles ungeändert, abgesehen von einer schwachen (im nicht monochromatischen Licht radialen), *Granulation* genannten Struktur. Diese ist eine Folge der regellosen Verteilung der Öffnungen.

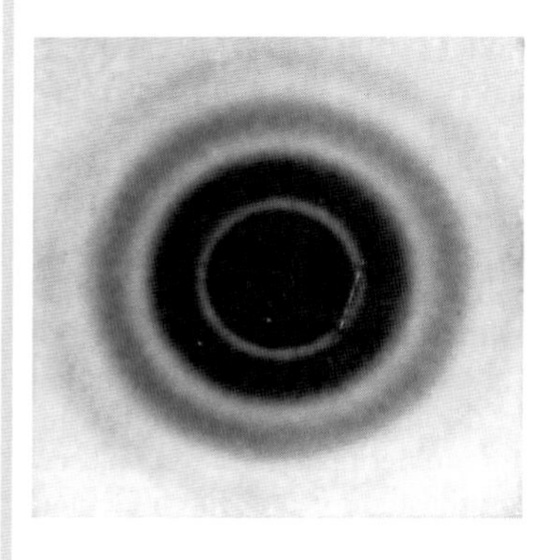

Abb. 471. Beugungsfigur sehr vieler ungeordneter gleich großer Kreisöffnungen (etwa 2000 auf einer Kreisfläche von 5 cm Durchmesser; Durchmesser der Öffnungen 0,3 mm). FRAUNHOFER'sche Beobachtungsart. Fotografisches Negativ. Ein kleines Bild der punktförmigen Lichtquelle im Zentrum ist in der Reproduktion verlorengegangen. Es entsteht, wenn die einfallende Strahlung nicht im ganzen die Linsenfläche umfassenden Winkel $2u$ kohärent ist. **(Videofilm 23)**

Videofilm 23: „Auflösungsvermögen" In diesem Film wird zur Verkleinerung des Linsendurchmessers eine solche Blende mit vielen, gleich großen und regellos angeordneten Löchern vor die Linse gestellt. Siehe § 136.

Granulation tritt in Beugungsfiguren immer auf, wenn kohärent beleuchtete beugende Gebilde ungeordnet verteilt sind. Meist beobachtet man solche Granulation subjektiv in den Beugungsfiguren durchsichtiger Strukturen (§ 180ff.): Man blickt durch ein Mattglas oder durch eine „beschlagene" Fensterscheibe nach einer kleinen fernen Lichtquelle. (In beiden Fällen haben die ungeordneten Teilchen keine einheitliche Gestalt und Größe. Daher fehlen die Ringe.)

Im Gültigkeitsbereich des BABINET'schen Theorems ergeben kleine Scheiben die gleiche Beugungsfigur wie gleich große Öffnungen. Infolgedessen können wir die regellos angeordneten Öffnungen durch regellos angeordnete Kreisscheiben ersetzen und diese wiederum durch kleine Kugeln: Wir bestäuben eine Glasplatte mit Bärlappsamen, winzigen Kugeln von rund 30 µm Durchmesser. Für eine Wellenlänge von 650 nm (Rotfilterlicht) ist das erste Beugungsmaximum um etwa 1,3° gegen die Plattennormale geneigt (Gl. 316 von S. 223). Man kann daher die FRESNEL'sche Beobachtungsart anwenden und die Beugungsringe auf einem Wandschirm auffangen. Abb. 472 zeigt eine geeignete Anordnung.

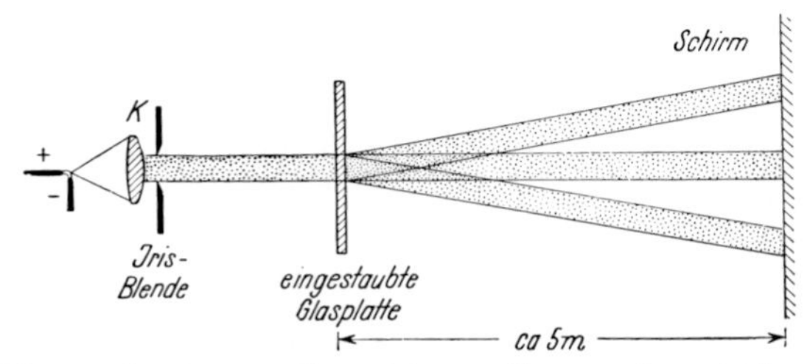

Abb. 472. Zur Vorführung der Beugungsfigur vieler regellos verteilter, gleich großer Kugeln in der FRESNELschen Beobachtungsart. Sie liefert bei den hier benutzten Abmessungen dasselbe wie die FRAUNHOFER'sche Beobachtungsart mit Linse und konvergenten Wellen: Die durch Beugung zur Seite abgelenkten Wellenbündel sind von dem ursprünglichen (der nullten Ordnung) auch ohne Hilfe einer Linse (§ 130) klar getrennt.

§ 180. Regenbogen. Die kleinen Kugeln des Bärlappsamens waren ungeordnet auf der Ebene einer Glasplatte verteilt. Man kann statt dessen auch eine *räumlich* ungeordnete Verteilung von Kugeln benutzen. Diese bietet uns die Natur in den feinen Wassertröpfchen von Nebeln und Wolken. Man kann Nebel leicht künstlich herstellen: Man füllt in eine Glaskugel ein wenig Wasser und vermindert den Luftdruck rasch mit einer Luftpumpe. Das führt zur Abkühlung der Luft, zur Übersättigung des Wasserdampfes und damit zur Tropfenbildung. Eine solche Glaskugel setzt man an die Stelle der eingestaubten Glasplatte in Abb. 472. Der Ringdurchmesser variiert mit dem Durchmesser der Tropfen. Die Tropfengröße wächst im Lauf der Zeit. Das lässt sich gut am Zusammenschrumpfen der Beugungsringe verfolgen.[K1]

K1. Weiteres zur Beugung beim Regenbogen siehe H. Vollmer, „Lichtspiele in der Luft", Spektrum Akademischer Verlag 2006.

Bei der quantitativen Behandlung dieser Erscheinung darf man natürlich die Wassertropfen nicht als undurchlässige Scheiben behandeln. Man muss auch die durch die Kugel *hindurchgehende* Strahlung berücksichtigen. Damit gelangen wir zu unserem ersten Beispiel für Beugungserscheinungen an *durchsichtigen* Strukturen. Wir beginnen mit den an Regenbögen festgestellten Tatsachen (Abb. 473):

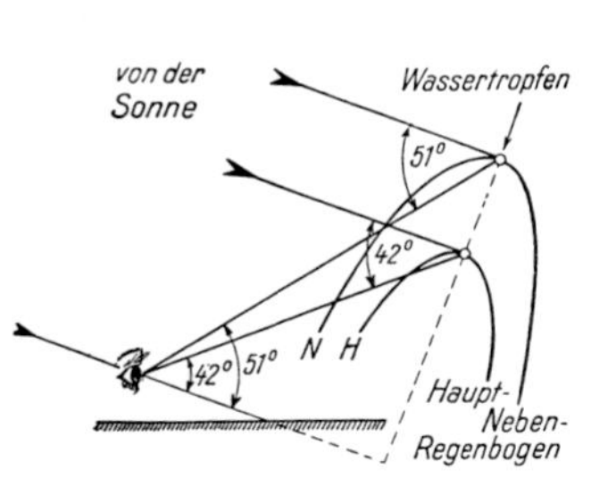

Abb. 473. Schema des Haupt- und Nebenregenbogens

1. Der Hauptregenbogen entsteht nur bei tiefem Sonnenstand, die Sonne darf höchstens 42° über dem Horizont stehen.

2. Das Zentrum des Regenbogens liegt auf der von der Sonne durch das Auge des Beschauers führenden Geraden.

3. Um diese Symmetrielinie gruppiert sich ein Bogen von etwa 42° Öffnungswinkel, in der Regel von außen nach innen rot, gelb, grün und blau abschattiert. Weiterhin nach innen folgen mehrere, allmählich verblassende rötliche und grünliche Ringe („sekundäre Regenbögen"). Die Farbfolge hat eine entfernte Ähnlichkeit mit der eines Spektrums.

4. Ein zweites Ringsystem, der Nebenregenbogen, ist um 51° gegen die Symmetrielinie geneigt. Er zeigt die gleichen Farben wie der Hauptregenbogen, aber meist blasser, Rot liegt innen, dann folgt nach außen Gelb, Grün usw.

Die Deutung dieser Erscheinungen ergibt sich aus einem *Zusammenwirken von Beugung, Interferenz, Brechung und Spiegelung* in den regellos angeordneten kugelförmigen Wassertropfen. Das Wesentliche übersieht man am bequemsten an einem Modellversuch (Abb. 474). Dieser ersetzt den Wassertropfen durch einen dünnen aus einem Trichter ausströmenden Wasserstrahl von etwa 1 mm Durchmesser. Als Ersatz der Sonne dient eine linienhafte Lichtquelle (beleuchteter Spalt mit Rotfilter). An die Stelle des Auges tritt der Schirm *W*. Auf ihm erscheinen zwei typische Interferenzstreifensysteme *H* und *N*. Im Glühlicht gibt es die bekannte Überlagerung. Durch Veränderung des Strahldurchmessers kann man mannigfache Farbfolgen herstellen. Man kann alle in der Atmosphäre beobachteten Erscheinungen nachahmen, einschließlich der fast unbunten Regenbögen sehr feiner Nebeltropfen.

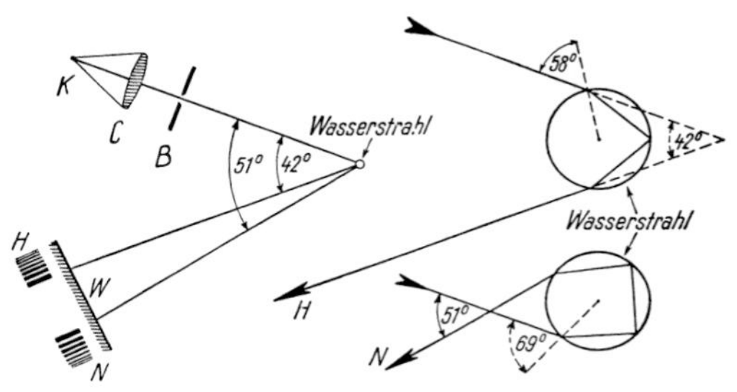

Abb. 474. Modellversuch zur Entstehung der Regenbögen. Rotfilterlicht. Den Schirm *W* denke man sich senkrecht zur Papierebene stehend. Auf ihm erscheinen die beiden Interferenzstreifensysteme *H* und *N*. Für die subjektive Beobachtung wäre eine ganze „Wolke" parallel gestellter Wasserstrahlen erforderlich. Nur dann können die Interferenzstreifen der verschiedenen Ordnungen aus beiden „Regenbögen" gleichzeitig in die Augenpupille eintreten.

Diesen Modellversuch ergänzt man zunächst für den Hauptbogen *H* durch eine elementare Rechnung. Man lässt in Abb. 475 ein parallel begrenztes Lichtbündel auf einen Wassertropfen auffallen. Von diesem Lichtbündel zeichnet man erstens einige parallele Strahlen 1–7 und zweitens senkrecht zu ihnen eine ebene Wellenfläche *xx*. Für die einzelnen Strahlen berechnet man den Weg durch den Wassertropfen hindurch, zweimal das Brechungsgesetz und einmal das Reflexionsgesetz anwendend. Dann kommt der wesentliche Punkt:

Man berechnet für irgendeinen der Strahlen zwischen zwei Punkten *x* und *y* die optische Weglänge (§ 125). Das heißt, man zerlegt das Stück *xy* des Strahles in die in Wasser

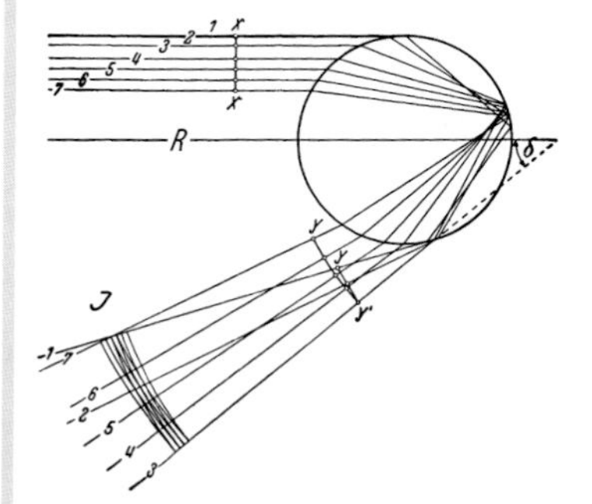

Abb. 475. Veränderung der Wellenfront durch Reflexion und Brechung in einem Wassertropfen (Rechnung für monochromatisches Licht). *xx* vorher, *yy'* nachher. Der mit *R* markierte Strahl wird in sich selbst zurückgeworfen.

und die in Luft verlaufenden Abschnitte S_W und S_L, multipliziert die ersteren mit der Brechzahl $n = 1{,}33$ des Wassers (für Rotfilterlicht, s. Tab. 8, S. 213) und bildet die Summe $nS_W + S_L = L$. Dann legt man auf den übrigen Strahlen Punkte y derart fest, dass auch für diese Strahlen zwischen ihren Punkten x und y die optischen Weglängen gleich L werden. Die Verbindung der so festgelegten Punkte y liefert die Gestalt der Wellenfläche nach dem Passieren des Wassertropfens. Statt *einer* ebenen Wellenfläche haben wir *zwei*, bei y' zusammenhängende gekrümmte Wellenflächen. Einige der schon vorher eingetroffenen Wellenflächen sind bei J links vor der berechneten (yy') eingezeichnet. Ihre Durchschneidung ergibt die in Abb. 474 bei H aufgefangenen Interferenzstreifen. Die im Nebenregenbogen oder bei N beobachteten Interferenzstreifen erhält man in entsprechender Weise durch zweimal im Tropfeninneren reflektierte Wellen. Der Punkt y' liegt auf dem Strahl mit dem Ablenkwinkel δ. Dieser Winkel ist bei einmaliger Reflexion $= 42°$ und bei zweimaliger Reflexion $= 51°$.

§ 181. Beugung an einer Stufe. Die erste von uns untersuchte Beugungsfigur war die eines einfachen, durch zwei undurchsichtige Backen begrenzten Spaltes der Breite B (§ 131). Jetzt bedecken wir diesen Spalt parallel zu seiner Längsrichtung zur Hälfte mit einer *durchsichtigen* Glasplatte, z. B. einem mikroskopischen Deckglas (Dicke d, Brechzahl n). Dann bilden die abgedeckte und die freie Hälfte gemeinsam eine Stufe. Ihre Beugungsfigur ist für monochromatisches Licht im Allgemeinen unsymmetrisch; sie ändert sich wegen der Dispersion des Stufenmaterials periodisch bei stetigem Wechsel der Wellenlänge. Dabei gibt es zwei symmetrische Grenzfälle: Abb. 476 links oben: Gangunterschied $\Delta = d(n-1)$ ein geradzahliges Vielfaches von $\lambda/2$, *Einordnungsstellung*, gleiche Figur wie ohne Stufe, und Abb. 476 links unten: Δ ungeradzahliges Vielfaches von $\lambda/2$, *Zweiordnungsstellung*. Besonders bequem ändert man Δ durch kleine Kippungen der Stufe. *Nähern sich dabei Maxima der Mittellinie, so werden sie höher; entfernen sie sich, so werden sie niedriger.* Diese Beugungsfiguren werden rechts in Abb. 476 erläutert (s. Bd. 1, § 125).

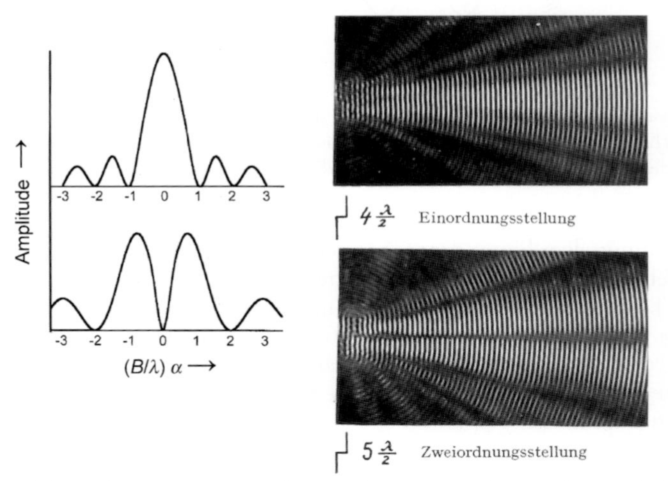

Abb. 476. *Links*: Die beiden symmetrischen Beugungsfiguren einer Stufe, d. h. eines halbseitig mit einer durchsichtigen Platte abgedeckten Spaltes. Durch Vergleich mit Abb. 340 in Bd. 1 sieht man, dass sich die Beugungsfigur bei $\Delta = N\lambda$ $(N = 0,1,2,\ldots)$ nicht ändert. Bei $\Delta = (N + \frac{1}{2})\lambda$ dagegen erscheint an der Stelle des Hauptmaximums ein Minimum und nahe der ersten Minima erscheinen Maxima. (B = Spaltbreite, α = Winkelabstand von der Spaltmitte, s. Bd. 1, § 125.) *Rechts*: Die Modellversuche schließen an Abb. 465 an. Die Wellenzentren des Glasbildes werden längs der skizzierten Stufen bewegt. (Aufg. 87, 88)

§ 182. Beugende Gebilde mit Amplitudenstruktur. Sowohl bei mechanischen Wellen (Bd. 1) als auch hier in der Optik haben wir die Behandlung der Beugungserscheinungen mit einem Grenzfall begonnen: Die beugenden Gebilde bestanden teils aus völlig durchlässigen und teils aus völlig undurchlässigen Teilen. — Als besonders übersichtlich ist in Bd. 1 (§ 127 u. 132, Pkt. 7) ein *Strichgitter* gebracht worden. In ihm wurden durchlässige „Spalte" durch undurchlässige „Stäbe" oder „Balken" begrenzt. Abb. 477 zeigt ein solches Strichgitter. Es moduliert unmittelbar hinter dem Gitter die Amplituden der durchgelassenen Wellen quer zur Laufrichtung der Wellen „kastenförmig": Die Amplituden wechseln schroff zwischen einem größten und einem kleinsten Wert. Letzterer ist gleich null für den Sonderfall völlig undurchlässiger Balken. (Abb. 478a.)

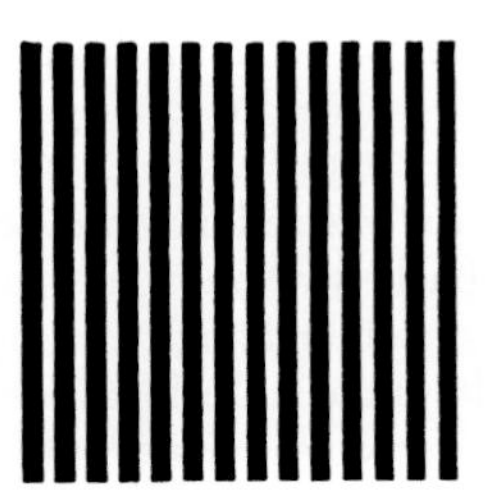

Abb. 477. Strichgitter in 20-facher Vergrößerung. Die Gitterstäbe sind Rillen in einer Glasoberfläche, ausgefüllt mit einem lichtundurchlässigen Stoff.

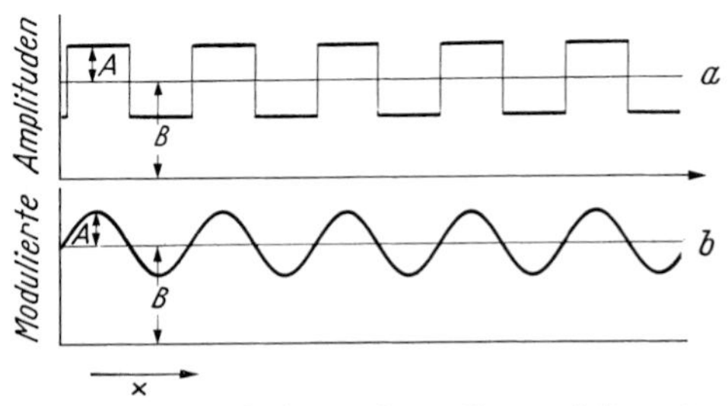

Abb. 478. Zwei Beispiele für quer zur Laufrichtung der Wellen modulierte Amplituden unmittelbar hinter einem Strichgitter. In der oberen Kurve ist der konstante Mittelwert B dann gleich A, wenn die Kurve zu einem Strichgitter mit völlig undurchsichtigen Balken und völlig durchlässigen Spalten gehört.

Bedeutsamer ist ein anderer Grenzfall einer Amplitudenmodulation, dargestellt durch Abb. 478b: Unmittelbar hinter dem Gitter schwanken die Amplituden quer zur Laufrichtung der Wellen sinusförmig um einen Mittelwert. In dieser Weise modulierende Gitter nennen wir kurz *Sinusgitter*. Sie lassen sich unschwer auf fotografischem Weg herstellen: Man erzeugt auf beliebige Weise ein Interferenzfeld mit zwei möglichst monochromatischen, gegeneinander etwas verkippten, parallel begrenzten Lichtbündeln (Abb. 479). Senkrecht zu ihrer Mittellinie stellt man eine fotografische Platte und entwickelt sie nach der Belichtung.

Sinusgitter haben eine wichtige, im Schauversuch leicht vorzuführende Eigenschaft: Sie zeigen symmetrisch zum unabgelenkten Bündel ($m = 0$) nur die beiden Wellenbündel erster Ordnung ($m = 1$), Wellenbündel höherer Ordnungszahl fehlen.

Das zur Herstellung von Sinusgittern benutzte Verfahren — eine *Kombination von Interferenz und Fotografie* — lässt sich experimentell in mannigfacher Form ausgestalten. Man kann mit ihm auch Strichgitter herstellen, die die Amplituden durchgelassener Wellen quer zur Strichrichtung nicht nur gemäß einer Sinuslinie modulieren; man kann beispielsweise auch Strichgitter erzeugen, hinter denen die Amplituden gemäß Abb. 480c moduliert sind.

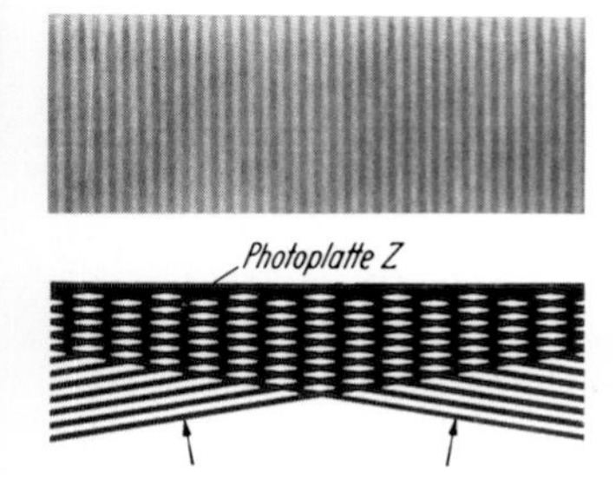

Abb. 479. Oben: ein sinusförmig modulierendes Strichgitter (vergrößert). — Unten: seine fotografische Herstellung in einem Interferenzfeld zweier sich durchschneidender ebener Wellen.

Diese Kurve lässt sich durch Überlagerung der drei unter ihr skizzierten Amplitudenkurven darstellen. Diese Darstellung ist nicht nur formal: Das Gitter wirkt physikalisch ebenso wie drei selbständige, gemäß den Kurven d bis f modulierende Sinusgitter: Jedes einzelne erzeugt aus einem einfallenden praktisch monochromatischen Parallellichtbündel symmetrisch zum unabgelenkten Bündel ($m = 0$) nur seine beiden Wellenbündel erster Ordnung ($m = 1$) (Fourier-Analyse). Das lässt sich mannigfach anwenden.

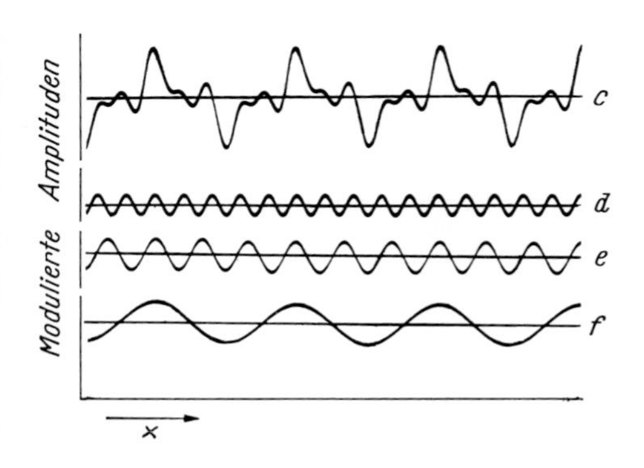

Abb. 480. Fortsetzung von Abb. 478. Die Kurve c zeigt ein weiteres Beispiel für quer zur Laufrichtung der Wellen modulierte Amplituden unmittelbar hinter einem Strichgitter. Die Kurven d, e und f sind die drei Komponenten der Kurve c.

Beispiele:

1. Das in Abb. 477 gezeigte Gitter (Rastergitter) moduliert die Amplituden der durchgelassenen Strahlung kastenförmig, Abb. 478a. Es wirkt wie eine große Anzahl von Sinusgittern. Die Gitterkonstanten dieser „Sinusgitter" verhalten sich wie $1:\frac{1}{3}:\frac{1}{5}\ldots$ (Bd. 1, § 98). Infolgedessen ergibt diese Gitterstruktur eine ganze Reihe von Wellenbündeln mit den Ordnungszahlen $m = 1, 3, 5 \ldots$. Jedes dieser Bündel gehört mit der Ordnungszahl $m = 1$ zu einem der „Sinusgitter". (Aufg. 89)

2. (Nur kurz angedeutet!) Der Rand eines *Tonfilm-Streifens* lässt sich in einem optischen Spektralapparat (Abb. 501) als *Beugungsgitter* verwenden. Mit monochromatischem Licht erhält man beiderseits des unabgelenkten Spaltbildes einen breiten Streifen mit deutlicher Struktur: Es ist eine optische Wiedergabe des im Tonfilm enthaltenen akustischen Spektrums.

Entsprechend erhält man für *Rauschen aller Art* kontinuierliche Spektren, wenn man es in Tonfilmtechnik mit „Dichte- oder Sprossenschrift" aufzeichnen kann.

§ 183. Gitter mit Phasenstruktur. Man kann in stetigem Übergang die lichtschwächenden Balken durch völlig *durchsichtige* ersetzen. Sie brauchen sich von den Lücken lediglich durch ihre *Brechzahl* zu unterscheiden (G. Quincke 1867). Diese durchsichtigen Strukturen ändern nur die *Phase* des hindurchgelassenen Lichtes; in den Gebieten großer Brechzahl wird die Phase mehr geändert als in den Gebieten kleiner Brechzahl. Deswegen spricht man kurz von *Phasengittern* oder allgemein von *Phasenstrukturen*.

Die Beugungsfigur einer Phasenstruktur unterscheidet sich geometrisch nicht von der einer Amplitudenstruktur gleicher Gestalt. Unterschiede bestehen nur im Verhältnis der

Amplituden und Phasen zwischen den höheren und der nullten Ordnung: die nullte Ordnung kann ganz fortfallen. Beispiel in Abb. 481.

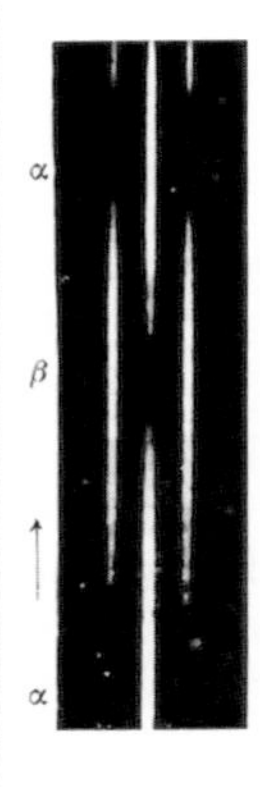

Abb. 481. Beugungsspektren eines Strichgitters mit Phasenstruktur, bei dem die Dicke der Balken in der Pfeilrichtung zunimmt. Bei α ist praktisch nur die zentrale, nullte Ordnung vorhanden, bei β nur rechts und links die erste ungeradzahlige Ordnung. Im Beugungsbild einer Stufe (Abb. 476) entspricht der Fall α der Einordnungsstellung und der Fall β der Zweiordnungsstellung. Zur Herstellung des Gitters wird im Hochvakuum eine keilförmige Ag-Schicht auf Glas aufgedampft. Nach Einritzen der Lücken, z. B. 5 je Millimeter, wird die Ag-Schicht mit Joddampf in durchsichtiges AgJ umgewandelt.[K2]

K2. Wenn man, wie in Abb. 481, mehrere strahlende Bereiche der Breite $B/2$ als Gitter nebeneinander anordnet, die abwechselnd in Phase und 180° außer Phase strahlen (also in Zweiordnungsstellung), erscheinen die Maxima unverändert bei den gleichen Winkeln und in gleicher Höhe wie in Abb. 476 unten links. Weitere Maxima sind also schwächer und in Abb. 481 nicht gezeigt. (Aufg. 90, 91)

Unterschiede der Brechzahl entstehen durch jede Änderung der Dichte. Schallwellen bestehen aus einer periodischen Folge von Gebieten erhöhter und verminderter Dichte. Mit elektrischen Hilfsmitteln kann man in Flüssigkeiten leicht Schallwellen von der Größenordnung eines zehntel Millimeters herstellen und einen schmalen, von solchen *Schallwellen* durchlaufenen Trog als *optisches Phasengitter* benutzen (Debye-Sears, 1932, Abb. 482). Man beobachtet in der Fraunhofer'schen Art. Bei ihr kann man die beugende Struktur vor der Öffnung der abbildenden Linse verschieben, ohne dass sich die Lage des Beugungsbildes ändert. Folglich spielt es bei ihm keine Rolle, dass das akustisch erzeugte Phasengitter mit Schallgeschwindigkeit vor der Linsenöffnung vorbeiläuft. Ein so hergestelltes Beugungsspektrum findet man unten in Abb. 482.

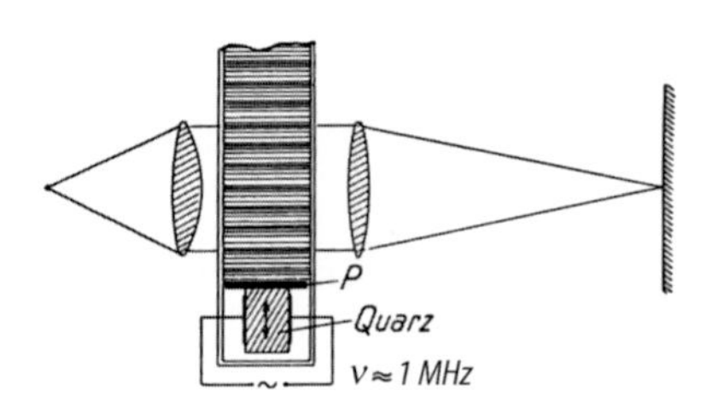

Abb. 482. Debye-Sears-Experiment. Oben: Hochfrequente Schallwellen in einem flachen Flüssigkeitstrog werden als optische *Phasengitter* benutzt. — Die Schallwellen erzeugen ein räumliches Schichtgitter, das parallel zu den Schichten vom Licht durchstrahlt wird. Fraunhofer'sche Beobachtungsart: Die fortschreitenden Schallwellen sind in einem Momentbild dargestellt. Sie werden mit einem in Richtung des Doppelpfeils schwingenden Quarzkristall hergestellt, der mit einem elektrischen Schwingkreis piezoelektrisch erregt wird. Unten: Ein mit Rotfilterlicht fotografiertes Beugungsspektrum dieses Phasengitters.[K3]

K3. In diesem Schichtgitter ändert sich die Dichte und damit die Brechzahl sinusförmig. Es entsteht also ein Sinus-Phasengitter, dessen Gitterkonstante gleich der Schallwellenlänge ist. Dieses erzeugt ein Beugungsbild, das dem eines Strichgitters mit Amplitudenmodulation gleicht, wenn dieses die gleiche Gitterkonstante und schmale Gitteröffnungen hat. Siehe L. Bergmann, „Der Ultraschall", VDI-Verlag Berlin 1942, 3. Aufl., Kap. 2, vor allem S. 118. (Aufg. 92)

§ 184. Lochkamera und Ringgitter. Jetzt können die in § 135 begonnenen Darlegungen fortgesetzt werden. — Der zentrale, in Abb. 467d als kleine weiße Kreisscheibe und in Abb. 467g graphisch dargestellte helle Fleck eignet sich als *Bildpunkt einer Lochkamera.* Er gehört zu einer Kreisöffnung als Aperturblende, die nur Strahlung aus der ersten Fresnel'schen Zone, der zentralen, hindurchlässt.

Der Bildpunkt einer Lochkamera wird jedoch erst dann am schärfsten, wenn das Loch nur 4/5 vom Durchmesser der zentralen FRESNEL'schen Zone freigibt, Abb. 483.

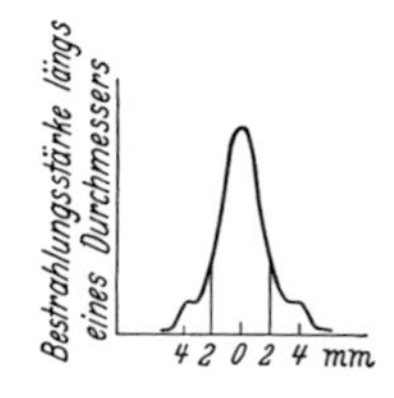

Abb. 483. Verteilung der Bestrahlungsstärke im Schatten eines kreisförmigen Loches, das nur 4/5 der zentralen FRESNEL'schen Zone hindurchlässt. Lochweite und Abstände wie in Abb. 378.

Auch der helle Fleck im *Schatten* aller Kreisscheiben (z. B. Abb. 467a–c) lässt sich für eine Abbildung benutzen. Dabei ist man in der Wahl des Scheibendurchmessers nicht beschränkt (POISSON'scher Fleck). Abb. 484 zeigt ein Beispiel. In ihm war die Scheibe durch eine Stahlkugel von 4 cm (!) Durchmesser ersetzt.

Abb. 484. Ein mit einer Stahlkugel als abbildendes System hergestelltes Lichtbild in natürlicher Größe. Anordnung wie in Abb. 466. Der Gegenstand ist eine Metallschablone von etwa 7 mm Höhe anstelle der Lochblende L. Kugeldurchmesser 4 cm, $a =$ 12 m, $b =$ 18 m.

Hellere Bilder als mit *einer* Scheibe oder Kugel erhält man mit einer größeren Anzahl konzentrischer, enger, kreissymmetrischer durchlässiger Ringe, die eine zentrale undurchsichtige Kreisscheibe umgeben. Werden die Radien zufällig gewählt, summieren sich in jedem Punkt der Symmetrieachse nur die Strahlungsleistungen der gebeugten Wellen. Es fehlen noch Phasenbeziehungen, die eine große resultierende Amplitude ergeben und somit eine große, zu deren Quadrat proportionale Strahlungsleistung. Auch fehlen noch feste Bildlagen. Beides erreicht man erst, wenn die Radien der Kreise proportional zu den Wurzeln aus den ganzen Zahlen gemacht und nur Lichtbündel mit kleinem Öffnungswinkel benutzt werden. Dann unterscheidet sich die Länge der Wege, die durch je zwei benachbarte Ringe vom Ding- zum Bildpunkt führen, nur um ganzzahlige Vielfache m der Wellenlänge λ; es gibt nur Gangunterschiede $\Delta = m\lambda$, d. h. alle einen Bildpunkt erreichenden Wellen haben die gleiche Phase. Das ist in Abb. 485 für die Entstehung eines Brennpunktes skizziert. Dabei liegt der Dingpunkt links unendlich fern, die von ihm aus ankommenden ebenen Wellen fallen in Richtung der beiden Pfeile auf das Ringgitter. Die aus den Ringen austretenden Wellen lassen gleichzeitig reelle und virtuelle Brennpunkte entstehen. Bei $\Delta = \lambda$ entsteht die längste Brennweite $f_{\max}$. Eine einfache geometrische Konstruktion ergibt $f_{\max} = r_1^2/2\lambda$. Kürzere Brennweiten entstehen bei $\Delta = 2\lambda, 3\lambda \ldots$. Für sie gilt $f_{\mathrm{m}} = f_{\max}/m$. — Derartige Ringgitter erzeugen als abbildendes System recht helle Bilder. Beispiel rechts in Abb. 486.

Man kann im Ringgitter die Breite der durchlässigen Ringe vergrößern, die der undurchlässigen verkleinern und dadurch die Flächen der einzelnen Ringe angenähert gleich groß machen. So gelangt man zu einer FRESNEL'schen *Zonenplatte* (Bd. 1, § 126) mit einer zentralen undurchlässigen Scheibe. Sie wirkt ebenso wie ihr „Negativ“ mit einer zentralen durchlässigen Scheibe. Auch sie verzettelt die Strahlungsleistung noch auf viele reelle und virtuelle Bild- und Brennpunkte (eine Folge des schroffen Überganges zwischen durchlässigen und undurchlässigen Ringen). Daher ist sie als abbildendes System einer Linse noch

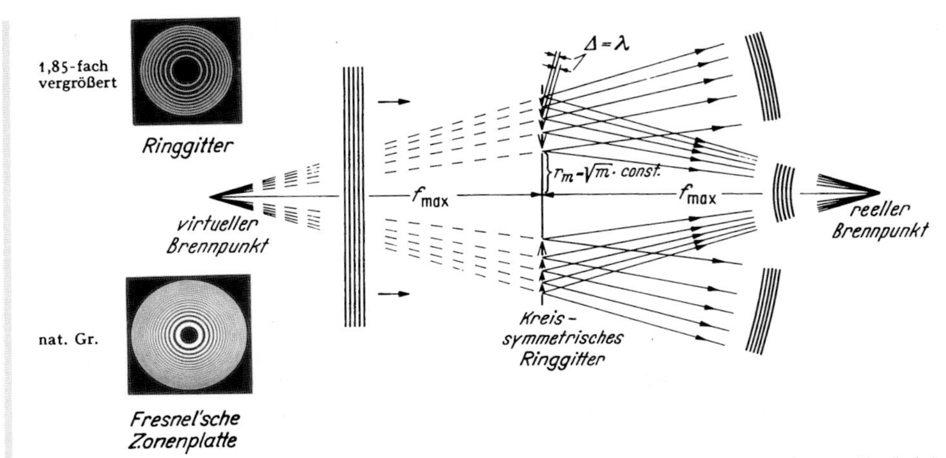

Abb. 485. *Links oben:* Als abbildendes System geeignetes Ringgitter ($f_{max} \approx 90$ cm für Rotfilterlicht). *Rechts:* Die gleichzeitige Entstehung eines reellen und eines virtuellen Brennpunktes. *Links unten:* Eine FRESNEL'sche Zonenplatte mit undurchlässiger zentraler Scheibe. Ca. 5 reelle und virtuelle Brennpunkte mit Rotfilterlicht zu beobachten ($f_{max} \approx 2{,}7$ m).

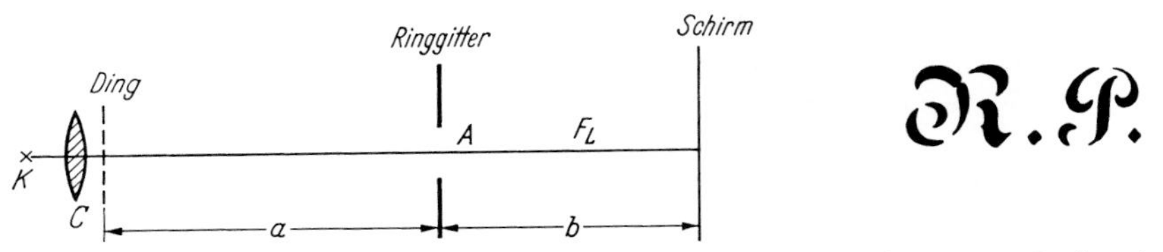

Abb. 486. Zur Vorführung von Ringgittern und Zonenplatten als abbildende Systeme. Rechts ein mit dem Ringgitter der Abb. 485 links oben in natürlicher Größe fotografiertes reelles Bild einer kleinen Schablone ($a = b \approx 1{,}8$ oder 0,9 oder 0,6 oder 0,45 m, K: Bogenlampenkrater, C: Kondensor für Schablonen bis ca. 10 cm Durchmesser.) — Bei subjektiver Beobachtung virtueller Bilder oder virtueller Brennpunkte fällt es dem Auge schwer, nicht auf die helle Lichtquelle zu akkomodieren. Deswegen ersetzt man die Linse des Auges zweckmäßig durch eine Konvexlinse, etwa bei A, Brennpunkt F_L. Dann findet man das virtuelle Bild rechts auf einem Schirm als reelles Bild abgebildet, während das zugehörige reelle Bild links von F_L mit einem Schirm aufgefangen werden kann. (Die Begründung ergibt sich anhand der Abb. 485: Man denke sich dort dicht hinter dem Ringgitter eine seine ganze Fläche überdeckende Konvexlinse eingefügt.)

unterlegen. Erst die mit der Linsenform erzielbare radiale Ordnung bewirkt bei einer Abbildung die geringsten Verluste an Strahlungsleistung.

Um Ringgitter und Zonenplatten als abbildende Systeme mit festen Bildlagen vorzuführen, benutzt man die in Abb. 486 skizzierte Anordnung. Mit ihr ist z. B. das rechts in Abb. 486 abgedruckte reelle Bild fotografiert worden. — Virtuelle Bilder kann man subjektiv (mit dem Auge dicht hinter dem Gitter) beobachten. Doch beachte man die Bildunterschrift von Abb. 486.

§ 185. Ringgitter mit nur einer Brennweite. Außer dem linearen Strichgitter mit geraden Spalten und Stäben haben wir in § 184 auch Ringgitter behandelt; am bekanntesten ist ein Grenzfall, die FRESNEL'sche Zonenplatte mit ihrem schroffen Wechsel zwischen ganz durchlässigen und ganz undurchlässigen Ringen.

Eine besonders wichtige Form des Ringgitters kann man mithilfe von Interferenz fotografisch herstellen. Man hat wieder zwei kohärente, möglichst monochromatische Licht-Wellenzüge zur Durchschneidung zu bringen, und zwar diesmal einen kugelsymmetrischen und einen ebenen, und in das Interferenzfeld eine fotografische Platte zu setzen[1]: Abb. 487 bringt ein Beispiel.

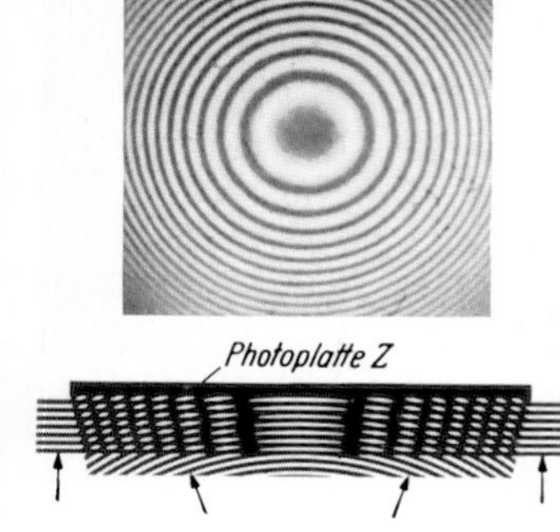

Abb. 487. *Oben:* Ein Ringgitter (3,4-fach vergrößert) mit nur einer Brennweite ($f \approx 1{,}5$ m für Rotfilterlicht). *Unten* (in anderem Maßstab): Seine fotografische Herstellung in einem Interferenzfeld. — Um dies Gitter als abbildendes System und die Lage seiner Brennpunkte vorzuführen, benutzt man die in Abb. 486 beschriebene Versuchsanordnung.

Auf diese Weise im Interferenzfeld fotografisch hergestellte Ringgitter nennen wir kurz *Sinus-Ringgitter*, weil zwei ihrer Merkmale denen sinusförmig modulierender Strichgitter (kurz Sinusgitter) entsprechen.

1. Beim Sinus-Strichgitter verbleiben außer dem nicht abgelenkten Parallellichtbündel nur die beiden abgelenkten mit der Ordnungszahl $m = 1$; beim Sinus-Ringgitter verbleiben außer dem unabgelenkten Parallellichtbündel nur die beiden zu $m = 1$ gehörenden Brenn- oder Bildpunkte. (Vorführung mit der aus Abb. 486 bekannten Anordnung.)

2. Mehrere Sinus-Strichgitter mit verschiedenen Gitterkonstanten überlagern sich, ohne ihre Selbständigkeit einzubüßen. Entsprechendes gilt für die Überlagerung mehrerer Sinus-Ringgitter, wenn man die langen Wellenzüge monochromatischen Lichtes benutzt.

Diese wichtige Tatsache kann leicht gezeigt werden, seitdem die monochromatische Strahlung der Laser[K5 in Kap. XVI] genannten Lichtquellen verfügbar ist. Es genügt schon die oben links in Abb. 488 skizzierte Anordnung. In ihr fällt ein praktisch parallel begrenztes monochromatisches Lichtbündel auf eine fotografische Platte Z. Auf dem Weg zu ihr wird es an vier Staubteilchen (aus Al_2O_3) gestreut. Diese dienen (von einer schwach keilförmigen Glasplatte getragen) als vier Dingpunkte P. Die von ihnen ausgehenden Kugelwellen interferieren sowohl miteinander als auch mit dem Parallellichtbündel. Die fotografische Platte fixiert einen Schnitt durch das Interferenzfeld. Man findet ihn rechts in Abb. 488: Er zeigt die Überlagerung der zu den vier Dingpunkten gehörenden Sinus-Ringgitter. Diese sollen, wie oben behauptet, ihre Selbständigkeit nicht eingebüßt haben, wenn man die langen Wellenzüge monochromatischen Lichtes benutzt. Experimenteller Beweis: Man entfernt die vier Dingpunkte und bestrahlt die entwickelte Fotoplatte mit einem monochromatischen Parallellichtbündel. Dann findet man *rechts* von Z in einem Abstand b auf einem (in Abb. 488 nicht skizzierten) Schirm *reelle* Bilder der gar nicht mehr vorhandenen Dingpunkte! Es sind *reelle* Brennpunkte der einzelnen Sinus-Ringgitter.

Die zugehörigen *virtuellen* Bilder der nicht mehr vorhandenen vier Dingpunkte kann man subjektiv beobachten: Man hat durch Z wie durch ein Fenster hindurchzublicken.

[1] Kommt es nicht auf besondere Übersichtlichkeit der Anordnung an, genügt ein sehr bescheidener experimenteller Aufwand: Man lässt ein parallel begrenztes Lichtbündel durch ein Filter praktisch senkrecht auf die plane Fläche einer Linse des NEWTON'schen Ringversuches (Schluss von § 167) auffallen und bildet diese Fläche mit einer Linse langer Brennweite auf der fotografischen Platte ab.

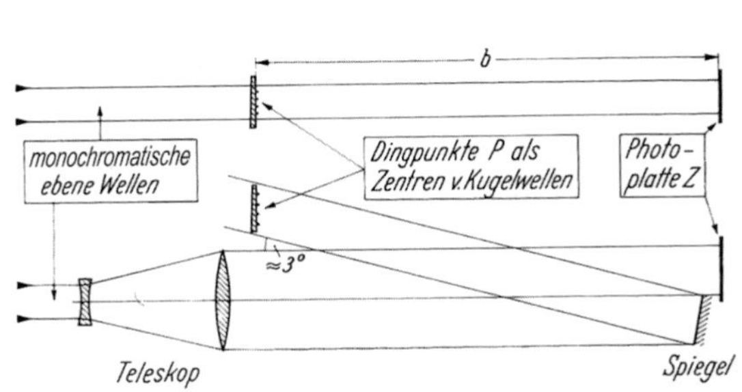

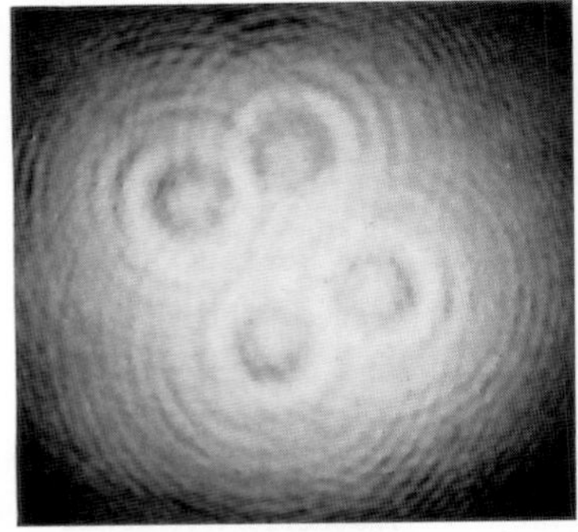

Abb. 488. *Rechts:* Vier einander überschneidende Sinus-Ringgitter (als fotografisches Positiv zweifach vergrößert). *Links:* Ihre fotografische Herstellung in einem Interferenzfeld ($b \approx 1{,}3$ m). Unten: Eine technisch wichtige Variante: Die als Zentren der vier Kugelwellen oder als vier Dingpunkte P dienenden Staubteilchen werden mit *auffallendem* Licht bestrahlt. Um Platz für den Spiegel zu schaffen, wird der Querschnitt des monochromatischen Lichtbündels (Laserstrahl) mit einem teleskopischen System (§ 149) vergrößert. In beiden Skizzen liegen die vier Dingpunkte in einer Ebene. Das ist keineswegs erforderlich, aber experimentell bequem.

Bequemer ist es meist, auch die virtuellen Bilder objektiv als reelles Bild auf einem Schirm vorzuführen; man verfährt gemäß Abb. 486.

§ 186. Holographie. Schallplatte und Magnetband können (in linearer Folge) Schallwellen amplituden- und phasengetreu aufzeichnen und später die gleichen Schallwellen produzieren, wie sie zuvor von den gar nicht mehr vorhandenen Schallquellen ausgegangen waren. — Der in § 185 gebrachte Versuch leistete das Entsprechende für Lichtwellen (mit einer flächenhaften Aufzeichnung). Damit zeigte der Versuch das Prinzip der „Holographie"; das rechts in Abb. 488 gebrachte Bild der Platte Z war ein *Hologramm* für einen aus nur vier Dingpunkten bestehenden Gegenstand.

Man denke sich diese vier Dingpunkte durch die Gesamtheit aller Punkte ersetzt, aus denen die monochromatisch beleuchteten Oberflächen beliebiger Körper bestehen. Dann ist auf der Platte Z nichts mehr von einzelnen miteinander interferierenden Sinus-Ringgittern zu erkennen; für ein unbewaffnetes Auge zeigt das Hologramm nur ein nahezu strukturloses Grau. Um so überraschender wirkt das Erscheinen eines virtuellen Bildes, z. B. wenn das Auge durch das monochromatisch beleuchtete Hologramm wie durch ein Fenster hindurchblickt.

Eine normale Fotografie besitzt bei einäugiger Betrachtung aus richtigem Abstand eine einwandfreie, lebensnahe Perspektive (§ 152). *Ein Hologramm ist ihr aber noch überlegen:* Es lässt — wie beim Besehen der Gegenstände selbst — bei einem Wechsel der Blickrichtung zuvor von anderen verdeckte Gegenstände hervortreten! Die Ursache dieser Überlegenheit ist leicht zu erkennen:

Die übliche Fotografie verwendet bei der Schwärzung der Platte von den beiden Bestimmungsstücken einer Lichtwelle nur das eine, nämlich die *Amplitude.* Ihr Quadrat ist zu der auf einen „Bildpunkt" fallenden Strahlungsleistung proportional. — Die Holographie verwendet zusätzlich auch das zweite Bestimmungsstück der Lichtwellen, nämlich ihre Phase. Dadurch vermehrt sie die Anzahl der in der fotografischen Platte gespeicherten „Informationen". — Als Bezugssystem für die Phasen dient ihr dabei im einfachsten Fall ein ebener Wellenzug, der zugleich mit den von den Dingpunkten ausgehenden Kugelwellen auf die fotografische Platte auffällt.

Die technische Entwicklung der Holographie[1] macht rasche Fortschritte.[K4] Von ihrer Anwendung ist viel zu erwarten. Als besonders wichtig sei nur ein Punkt erwähnt: Die Holographie muss für die Herstellung der Hologramme und beim Besehen ihrer Bilder nicht monochromatisches Licht der gleichen Wellenlänge benutzen (analog dem letzten Absatz von § 185).

K4. Die Holographie ist heute sehr verbreitet und findet vielfältige Anwendungen, z. B. auf Banknoten und Ausweisen, bei Datenspeichern und sogar in der Archäologie. Siehe z. B. K. Buse, E. Soergel, Physik Journal 2 (2003) Nr. 3, S. 37.

§ 187. Die sichtbare Abbildung unsichtbarer Dinge. Die Schlierenmethoden. Bei manchen Dingen können wir weder die Umrisse noch die innere Struktur erkennen. Ein im Zimmer ausströmender Strahl von CO_2-Gas ist unsichtbar. Eine sauber polierte Glasplatte lässt keine Struktur in ihrem Inneren erkennen. Die Dinge sind nicht etwa zu klein oder unserem Auge zu fern. Der Grund ihrer Unsichtbarkeit ist ein anderer: Die Dinge verändern die durchgehende Lichtstrahlung lediglich in einer Weise, auf die unser Auge nicht reagiert. Sie *schwächen* nicht die Strahlung, sondern ändern nur ihre *Phase*, oder höchstens ein wenig ihre *Richtung*.

Derart unsichtbare Dinge lassen sich schon mit einem einfachen Kunstgriff sichtbar machen. Man bringt sie wie schattenwerfende Körper in den Strahlengang einer möglichst wenig ausgedehnten Lichtquelle (Bogenlampenkrater). Diese „einfache Schlierenmethode"[K5] zeigt in Abb. 489 links einen CO_2-Gasstrahl, rechts die innere Struktur einer Glasplatte. Erklärung: Normalerweise wird der Wandschirm gleichförmig bestrahlt. Die Lichtbündel aber, die den Gasstrahl oder die innere Struktur der Glasplatte (ihre Inhomogenitäten) durchsetzen, werden seitlich ein wenig abgelenkt, teils durch *Brechung*, teils durch *Beugung*. Auf dem Wandschirm fehlt daher an etlichen Stellen etwas von der Strahlung, diese Stellen erscheinen dunkler. Andere Stellen erhalten eine zusätzliche Strahlung. Sie erscheinen uns daher heller.

K5. Als „Schlieren" bezeichnet man die Bereiche, die aufgrund von Inhomogenitäten im sonst homogenen Material das auftreffende Licht beeinflussen.

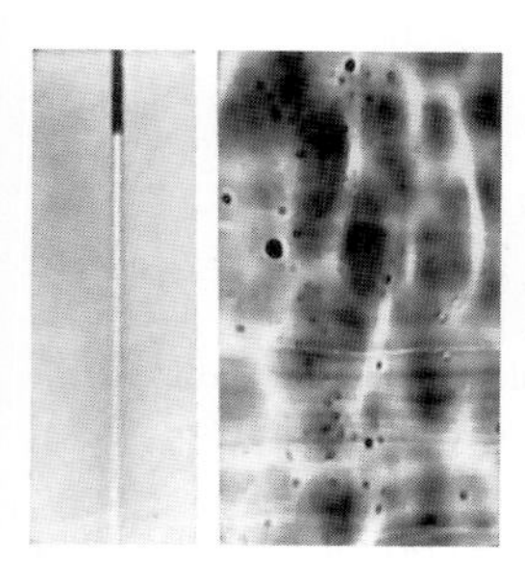

Abb. 489. Zwei mit der einfachen Schlierenmethode fotografierte Bilder. Links ein laminar abwärts strömender CO_2-Gasstrahl, rechts Ausschnitt aus einer Glasplatte (abgewaschenes Negativ 9 × 12 cm). Abstand Lichtpunkte–Ding und Ding–Wandschirm je einige Meter. Etwa 1/3 natürlicher Größe.

Mit dieser *einfachen Schlierenmethode* haben wir bereits das Wesentliche gefunden: *Zwei durch ihre Richtung getrennte Gruppen von Lichtbündeln*, die einen unabgelenkt, die anderen abgelenkt, teils durch Brechung, teils durch Beugung.

Ein nächster Schritt führt zu einer verfeinerten, nämlich der TOEPLER*'schen Schlierenmethode*: Diese verwendet entweder nur die abgelenkten oder nur die unabgelenkten Lichtbündel. Die Versuchsanordnung (Abb. 490) ist die des üblichen Projektionsapparates (Abb. 414), jedoch mit einer der folgenden kleinen Zusatzeinrichtungen: Entweder blendet man mit einer Scheibenblende die Eintrittspupille ab, also das auf der abbildenden Linse liegende Bild der Lichtquelle (rückwärts beleuchtete Öffnung), oder man blendet die

[1] Das Prinzip ist schon vor Jahrzehnten diskutiert worden. Die experimentelle Realisierung ist, wie üblich, in Schritten erfolgt. Zuerst von H. BOERSCH (1938), dann von D. GABOR (ab 1948). Von zahllosen späteren Arbeiten sind vor allem die von E. N. LEITH und I. UPANIEKS zu nennen (1962). Diese Autoren haben als Bezugssystem für die Phasen nicht mehr nur ein Bündel ebener Wellen benutzt, sondern *viele*, die bei der Aufspaltung des monochromatischen Parallellichtbündels durch eine Mattscheibe entstehen (vgl. § 130).

ganze Fläche der Linse mit Ausnahme der Eintrittspupille ab. Im ersten Fall ist das Gesichtsfeld im Allgemeinen dunkel. Es wird nur dort bestrahlt, wo die von den Strukturen seitlich abgelenkten Lichtbündel die Linse außerhalb der Pupille erreichen. Die Strukturen erscheinen auf dem Schirm hell auf dunklem Grund: *Dunkelfeldbeleuchtung*, Abb. 491. Im zweiten Fall kann keine abgelenkte Strahlung die Linsenfläche erreichen: Die Strukturen erscheinen dunkel auf hellem Grund: *Hellfeldbeleuchtung*.

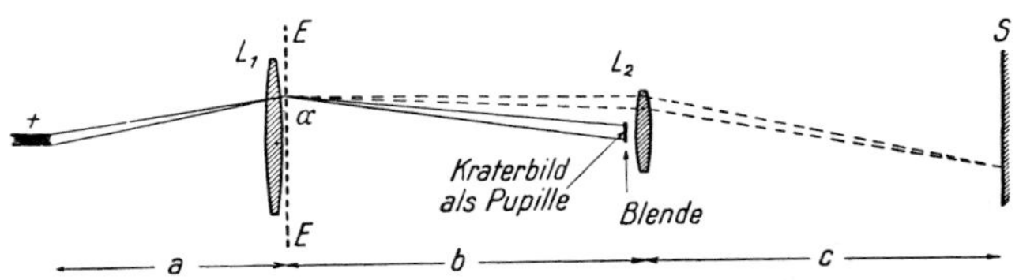

Abb. 490. TOEPLER'sche Schlierenmethode. Die Dingebene *EE* entspricht dem Diapositiv eines Projektionsapparates. Es ist nur ein zum Punkt α der Dingebene gehörendes Teilbündel mit seinen beiden Randstrahlen skizziert. (Man denke sich bei α ein kleines Loch.) Der Durchmesser der abbildenden Linse L_2 muss größer sein als die Eintrittspupille. Man kann diese Linse außerhalb der Pupille zonenweise färben, z. B. von innen nach außen rot, grün usw. Dann sieht man schwache, das Licht wenig ablenkende Schlieren rot, stärkere, das Licht mehr ablenkende Schlieren grün usw. Zahlenbeispiel für einen *Schauversuch*: Linse $L_1 : f_1 = 1\,\mathrm{m}$, $\phi = 12\,\mathrm{cm}$; $a = 1{,}5\,\mathrm{m}$, $b = c = 2f_2 = 4\,\mathrm{m}$.

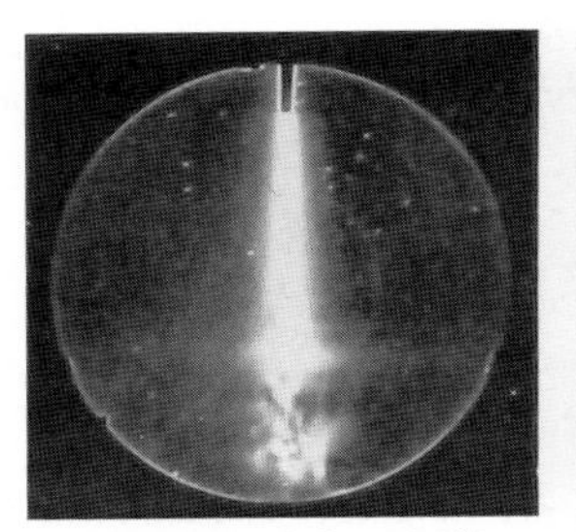
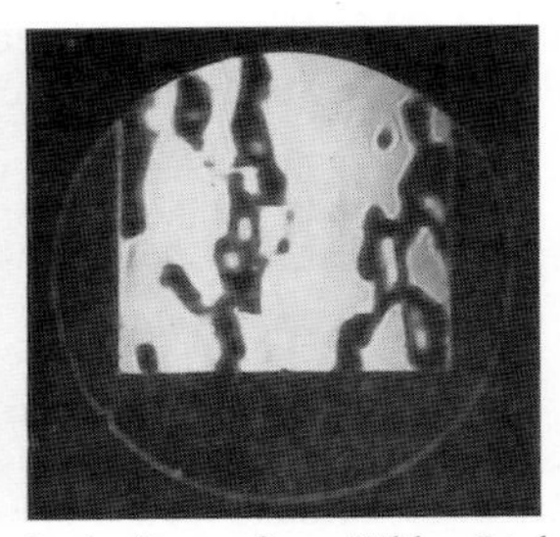

Abb. 491. Zwei mit der TOEPLER'schen Schlierenmethode fotografierte Bilder. Links ein turbulent abwärts strömender CO_2-Gasstrahl, rechts Ausschnitt aus einer Glasplatte. Etwa 1/3 natürlicher Größe.

§ 188. ERNST ABBES Darstellung der mikroskopischen Bilderzeugung. Bei sehr feinen Objekten überwiegt die *Bündelablenkung durch Beugung*. Das gilt sowohl für unsichtbare als auch für sichtbare Strukturen. ERNST ABBE hat 1873 die sichtbaren Strukturen behandelt, und seine Betrachtungen über die Rolle der Beugung im Mikroskop hat sich als sehr fruchtbar erwiesen.

Eine für Schauversuche in kleinerem Kreis geeignete Versuchsanordnung ist in Abb. 492 dargestellt. Sie stimmt mit der Abb. 490 überein. Die wichtigsten Maße sind angegeben, experimentelle Einzelheiten aus der Bildunterschrift von Abb. 492 ersichtlich. Die Lichtquelle soll einen *kleinen*, in der Skizze als Quadrat gezeichneten Querschnitt besitzen.

Im Teilbild *B* ist das Ding ein großer leerer Rahmen β. In der Ebene *Z* (Spalte *IV*) findet sich (als fotografisches Negativ dargestellt) ein scharfes Bild der Lichtquelle, erzeugt von der vollen Öffnung der Linse L_1 (§ 135). Die von der Ebene *Z* zur Ebene *W* gelangende Strahlung entstammt ausschließlich diesem Bild der Lichtquelle; sie erzeugt in der Ebene *W* das leere, gleichmäßig beleuchtete Gesichtsfeld, d. h. das Bild β' des leeren Rahmens β.

Im Teilbild *C* hat das Ding eine *Amplituden*struktur: Es enthält eine kleine undurchlässige Kreisscheibe γ in einer sonst klaren Umgebung. In der Ebene *Z* erscheint außer dem scharfen Bild der Lichtquelle die *Beugungsfigur* der kleinen Kreisscheibe (beide dargestellt

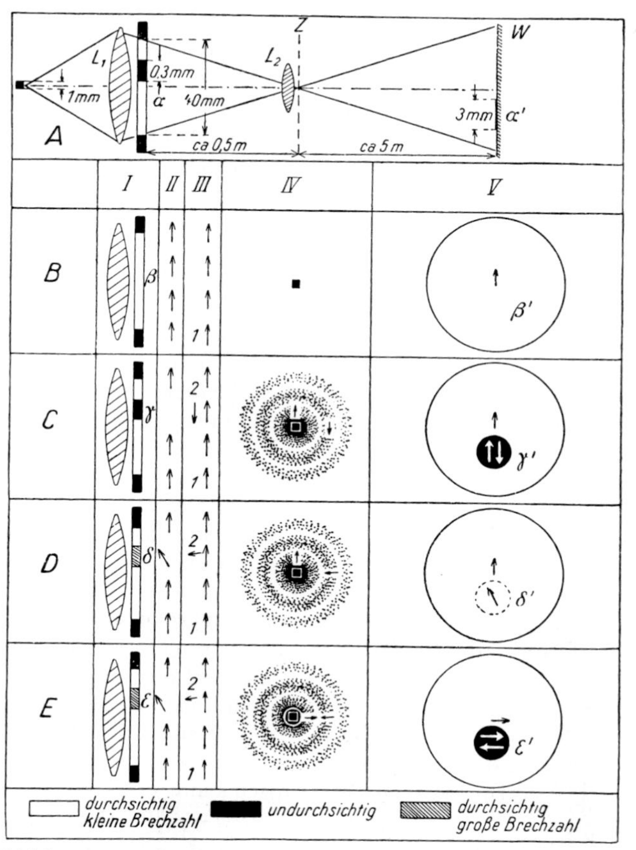

Abb. 492. Zur Abbildung von Nichtselbstleuchtern mit Amplitudenstruktur und mit Phasenstruktur. Die Struktur besteht aus vielen regellos angeordneten kreisförmigen Scheiben (je etwa 2000). Ihre Herstellung ist in Abb. 493 beschrieben. Es ist sowohl im Ding als auch im Bild jeweils nur *eine* dieser Kreisscheiben γ und δ gezeichnet. — Der Durchmesser der Beugungsfiguren in Spalte *IV* (Abbe'sches Zwischenbild) ist in Wirklichkeit kleiner als der Durchmesser der abbildenden Linse L_2.

als fotografisches Negativ). Diesmal gelangt aus der Ebene Z zur Bildebene W also nicht nur die Strahlung aus dem scharfen Bild der Lichtquelle, sondern außerdem die Strahlung aus der Beugungsfigur. In der Ebene W wirken beide Strahlungen zusammen und dabei erzeugen sie gemeinsam das scharfe Bild γ' der Scheibe, schwarz auf hellem Grund (dargestellt als fotografisches Positiv).

Die Notwendigkeit der *beiden* aus der Ebene Z kommenden Strahlungen für die Bilderzeugung in der Ebene W lässt sich nun mit eindrucksvollen Versuchen belegen:

1. Wir setzen in die Ebene Z eine Irisblende, verengen sie allmählich und blenden so, von außen beginnend, die Beugungsfigur ab. Erfolg: Das Bild der Scheibe γ wird unscharf und verblasst.

2. Im Grenzfall lässt die Irisblende nur noch das Bild der Lichtquelle passieren. Erfolg: Vom Bild γ' ist nichts mehr zu sehen, das Gesichtsfeld auf dem Schirm W ist nur noch gleichmäßig beleuchtet, wie im Fall B.

3. Wir entfernen die Irisblende und fangen mit einer kleinen Scheibenblende das scharfe Bild der Lichtquelle aus der Ebene Z heraus. Erfolg: Auf dem Schirm W ist das Ge-

sichtsfeld dunkel. Das Bild γ' der Scheibe γ erscheint nicht ganz scharf hell auf dunklem Grund; wir haben die Amplitudenstruktur des Dinges mit *Dunkelfeldbeleuchtung* (Schluss von § 187) abgebildet.

Aufgrund dieser und ähnlicher Experimente beschreiben wir anhand des Teilbildes C die Abbildung einer nicht selbst leuchtenden Amplitudenstruktur in folgender Weise: Nach dem Passieren des Dinges markieren wir die Phasenlage der verbleibenden Strahlungen durch Vektorpfeile in der Spalte II. Die Parallelrichtung der Vektoren soll ausdrücken, dass die Strahlungen die einzelnen Punkte der Bildebene W mit gleichen Phasen erreichen. In Spalte III zerlegen wir die Strahlungen *formal* in zwei Anteile:

1. Eine Strahlung der ganzen Linsenfläche L_1, dargestellt durch die nach oben zeigenden Pfeile 1. Diese Strahlung erzeugt für sich allein in der Ebene Z das scharfe Bild der Lichtquelle und in der Ebene W ein gleichmäßig beleuchtetes Gesichtsfeld. (Im Teilbild C sind ferner in den Spalten IV und V nach oben weisende Pfeile gezeichnet. Diese sollen willkürlich eine Bezugsrichtung für die Phasenlage derjenigen Strahlung angeben, die aus dem kleinen quadratischen Bild der Lichtquelle zu einem Bildpunkt in der Ebene W gelangt.)

2. Eine zusätzliche von dem Ding γ ausgehende Strahlung, dargestellt durch einen nach *unten* zeigenden Pfeil 2. Diese Strahlung erzeugt in der Ebene Z die Beugungsfigur und interferiert in der Bildebene W am Bildort γ' mit der Strahlung der ganzen Linsenfläche.

Zwischen diesen beiden Strahlungen besteht am Bildort nach dem BABINET'schen Theorem (§ 178) eine Phasendifferenz von 180°, dargestellt durch die *gegeneinander* gerichteten Pfeile in den Spalten IV und V. Infolgedessen heben sich die beiden Strahlungen auf, es verbleibt in Spalte V die dunkle Scheibe auf hellem Grund.

Jeder Eingriff in eine der beiden Strahlungen 1 oder 2 verändert die zur Bilderzeugung führende Interferenz in der Ebene W. Eine einwandfreie Wiedergabe der Amplitudenstruktur in der Bildebene W erfolgt also nur dann, wenn aus der Ebene Z sowohl die Strahlung 1 aus dem Bild der Lichtquelle als auch die Strahlung 2 aus der Beugungsfigur der Struktur unbehindert zur Bildebene W gelangen kann.

§ 189. Die Sichtbarmachung unsichtbarer Strukturen im Mikroskop. Die meisten Dünnschnitte organischer Präparate für mikroskopische Untersuchungen in der Biologie und in der Medizin sind durchsichtig und farblos, ihre chemisch verschiedenen Strukturelemente unterscheiden sich für sichtbares Licht lediglich durch etwas verschiedene *Brechzahlen*; oft sind wichtige Strukturen ebenso unsichtbar wie die Inhomogenitäten einer Glasplatte. Die meisten Dünnschnitte besitzen, kurz gesagt, praktisch nur eine *Phasenstruktur*. Um die Struktur sichtbar zu machen, muss man sie in eine *Amplituden*struktur umwandeln; man muss die kleinen Unterschiede der Brechzahl durch große Unterschiede der Lichtabsorption ersetzen. Zu diesem Zweck werden die Dünnschnitte mit *Farbstoffen* getränkt, die von den verschiedenen Strukturelementen verschieden stark aufgenommen werden.

Das Anfärben ist ein chemischer Eingriff und schafft erhebliche Abweichungen vom Zustand des lebenden Gewebes. Aus diesem Grund hat man für die Mikroskopie einige Verfahren entwickelt, die auch ohne Anwendung von Farbstoffen Phasenstrukturen sichtbar machen. Man erläutert diese Verfahren am besten in der Darstellungsweise ABBES (§ 188). Wir setzen die Bilderfolge in Abb. 492 fort und bringen in der Reihe D ein Ding δ mit *Phasen*struktur: Die undurchsichtige Scheibe γ in Reihe C ist durch eine durchsichtige δ ersetzt worden. Sie unterscheidet sich von ihrer Umgebung nur durch eine etwas größere Brechzahl. Das aus dieser Scheibe austretende Licht erreicht die Bildebene W mit einer Phasenverspätung. Das wird in den Spalten II und V durch eine *Verdrehung* der Vektoren gegen den Uhrzeigersinn dargestellt. In der Ebene Z ist das Bild der Lichtquelle ebenso wie in der Reihe C von der Beugungsfigur der Scheibe umgeben. Aus beiden gelangt eine Strahlung zur Bildebene W. Ihr Zusammenwirken macht am Ort δ' die Belichtung genauso groß wie in der Umgebung, die Phasenstruktur also unsichtbar. Um sie sichtbar zu machen, genügt irgendein Eingriff in eine der beiden von der Ebene Z ausgehenden Strahlungen, z. B. eine teilweise Abblendung der Beugungsfigur oder eine Abblendung des Bildes der Lichtquelle. In jedem Fall wird am Bildort δ' die Scheibe sichtbar.

Besonders einfach erreicht man eine teilweise Abblendung der Beugungsfigur in der Ebene Z durch eine *schiefe* Beleuchtung. Man schiebt die Lichtquelle zur Seite und damit zugleich (in entgegengesetzter Richtung) die Beugungsfigur. So kann man leicht ein äußeres Stück der Beugungsfigur durch die Fassung der Objektivlinse L_2 abschneiden.

Ein solches Verfahren ist aber ein etwas roher Eingriff. Feiner und im Ergebnis viel besser ist das von F. ZERNIKE[K6] 1932 angegebene *Phasenkontrastverfahren*. Wir erläutern es für den praktisch wichtigsten Fall mit *kleinen* Unterschieden der Brechzahlen. Dazu dienen die Teilbilder D und E der Abb. 492. — In ihnen war, wie schon oben betont, der Phasenvektor hinter der Scheibe δ (Spalte *II*) etwas gegen den Uhrzeiger *verdreht*. In der Spalte *III* sind die Phasenvektoren wieder *formal* in zwei Komponenten zerlegt. Die mit 1 markierten Komponenten erzeugen das Bild der *Lichtquelle* in der Ebene Z (Spalte *IV*, senkrechter Pfeil). Die mit 2 markierte Komponente erzeugt die Beugungsfigur in der Ebene Z (Spalte *IV*, fast waagerechter Pfeil). In der Spalte *IV* bilden also bei der Phasenstruktur die beiden Pfeile 1 und 2 miteinander einen Winkel von nur rund 90°, während sie bei der *Amplituden*struktur mit 180° einander *entgegen*gerichtet sind. Man kann aber den Winkel von rund 90° nachträglich auf rund 180° vergrößern. Zu diesem Zweck wird im Teilbild E das Bild der Lichtquelle mit einer kleinen durchsichtigen, das Licht um 90° verzögernden Scheibe (weißer Kreis in Spalte *IV*) abgedeckt. Mit dem so auf rund 180° vergrößerten Gangunterschied wirken die beiden Vektoren 1 und 2 am Ort der Bildebene nur noch mit ihrer *Differenz*, und diese ergibt gegenüber der Umgebung einen guten Kontrast (Abb. 493). Man kann ihn noch verbessern, wenn man das Verzögerungsscheibchen schwach absorbierend macht und dadurch die Länge des Vektors 1 der Länge des Vektors 2 angleicht. Vergrößert man die Absorption, so gelangt man in kontinuierlichem Übergang zum normalen Mikroskop mit Dunkelfeldbeleuchtung.

K6. FRITS ZERNIKE, 1888–1966, niederländischer Physiker. Er erhielt für die Erfindung des Phasenkontrastmikroskops den Nobelpreis (1953).

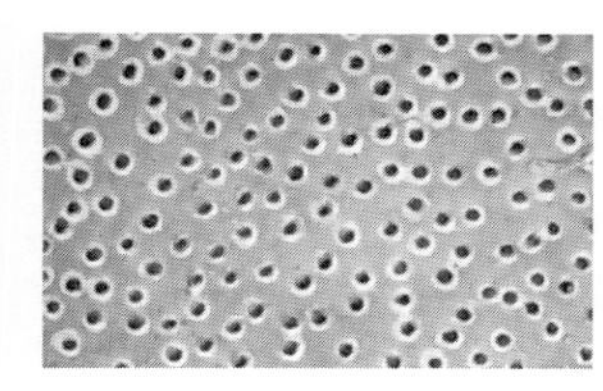

Abb. 493. Ausschnitt aus einer (etwa dreifach vergrößerten) Phasenstruktur, die ohne Anwendung besonderer Kunstgriffe unsichtbar ist. Die kleinen Kreisscheiben bestehen aus LiF, eingebettet in Kanadabalsam. Das LiF wurde im Hochvakuum aufgedampft. Als Schablone diente die aus etwa 2000 regellos angeordneten Löchern ($\phi = 0{,}3$ mm) bestehende Blende, mit der die Beugungsfigur in Abb. 471 hergestellt wurde.

§ 190. Beugung von RÖNTGENlicht. RÖNTGENlicht hat Wellenlängen zwischen etwa 10^{-13} m und $5 \cdot 10^{-8}$ m. Die grundlegenden Versuche über Beugung und Interferenz lassen sich mit RÖNTGENlicht genauso gut ausführen wie mit sichtbarem Licht. Wir nennen z. B. die Beugung an einem Spalt (Spaltweite 5 bis 10 µm)[K7] und vor allem die Herstellung von Beugungsspektren mit den üblichen optischen Reflexionsgittern aus Metall oder Glas. Man benutzt nahezu streifende Inzidenz, die Gitterteilung ist nur bei starker perspektivischer Verkürzung fein genug (siehe § 196).

K7. Als historischer Hinweis sei hierzu folgende Arbeit des Autors erwähnt: Robert Pohl, „Die Physik der Röntgenstrahlen", Vieweg und Sohn, Braunschweig 1912, Kap. 2 und 9.

Für kurzwelliges RÖNTGENlicht ($\lambda < 2 \cdot 10^{-9}$ m) spielen mechanisch geteilte Beugungsgitter nur eine geringe Rolle. Statt dessen benutzt man nach einem Vorschlag von M. v. LAUE (1912) die von der Natur gelieferten Raumgitter der Kristalle. Beim Raumgitter haben wir eine dreidimensionale Punktfolge oder Netzebenenstruktur mit drei im

Allgemeinen verschiedenen Gitterkonstanten (Netzebenenabstand) D', D'' und D'''. Ausgehend von der Bedingung für positive Interferenz von an einer einfachen Schichtstruktur reflektierten Wellen (Bd. 1, § 127 und Abb. 348c)

$$\sin \gamma_{\mathrm{m}} = \frac{m\lambda}{2D} \tag{354}$$

($m =$ Ordnungszahl, $\gamma =$ „Glanzwinkel"),

muss für die Entstehung von Interferenzmaxima diese Bedingung bei Raumgittern für alle drei Raumrichtungen erfüllt sein.[K8] Man erhält Punktmuster wie z. B. in dem LAUE-Diagramm in Abb. 494. Abb. 495 zeigt eine historische experimentelle Anordnung.

K8. Eine ausführliche Besprechung der Beugung an flächenhaften und räumlichen Punktgittern findet sich bis zur 10. Auflage der „Optik und Atomphysik" (1958) in den §§ 68 und 69.

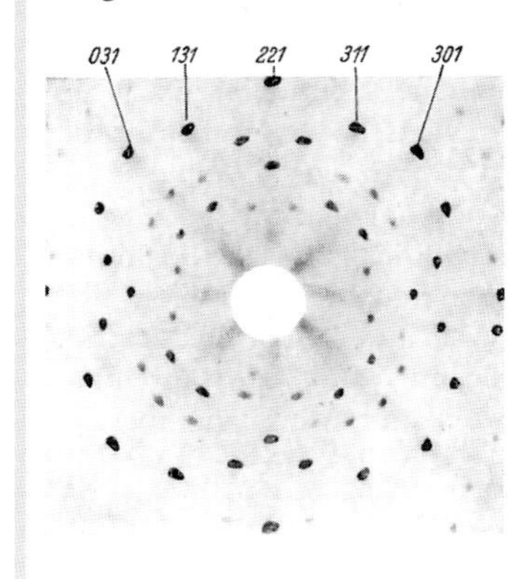

Abb. 494. LAUE-Diagramm von NaCl. Die Zahlen bedeuten die Ordnungszahlen m', m'' und m''' in Gl. (354) entsprechend den drei Raumrichtungen.

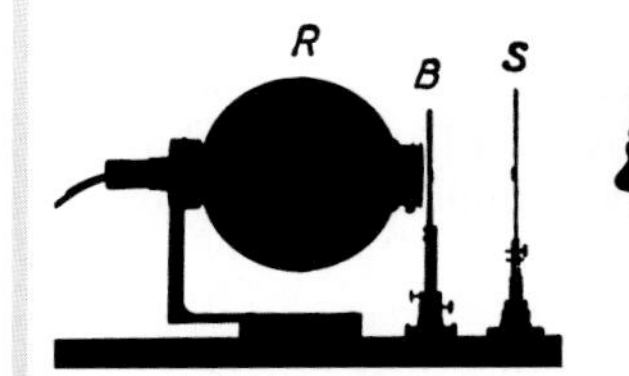

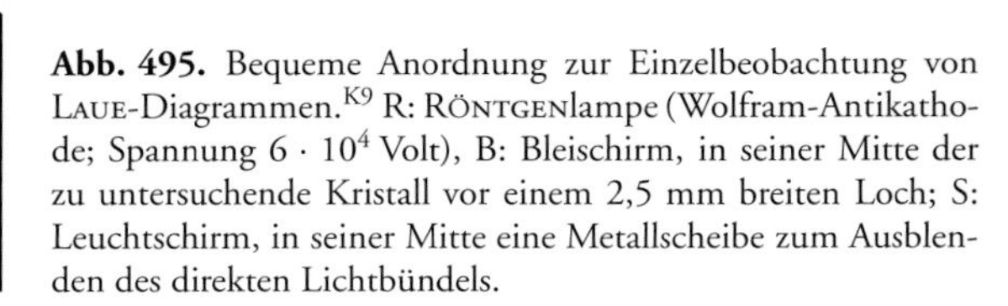

Abb. 495. Bequeme Anordnung zur Einzelbeobachtung von LAUE-Diagrammen.[K9] R: RÖNTGENlampe (Wolfram-Antikathode; Spannung $6 \cdot 10^4$ Volt), B: Bleischirm, in seiner Mitte der zu untersuchende Kristall vor einem 2,5 mm breiten Loch; S: Leuchtschirm, in seiner Mitte eine Metallscheibe zum Ausblenden des direkten Lichtbündels.

K9. In dieser Weise mit RÖNTGENstrahlen im Hörsaal zu experimentieren, ist heute sicher nicht mehr zulässig! Der Beobachter rechts im Bild: H. U. HARTEN (Dr. rer. nat. 1949). Eine ausführliche Beschreibung dieses Experiments durch W. MARTIENSSEN befindet sich im **Videofilm „Einfachheit ist das Zeichen des Wahren"**, der diesem Buch beiliegt.

Ihre Hauptbedeutung hat die Beugung des RÖNTGENlichtes auf kristallographischem Gebiet gewonnen. Sie ist das wichtigste Hilfsmittel zur Untersuchung des Kristallbaues geworden. Man benutzt RÖNTGENlicht von bekannter Wellenlänge und bestimmt nicht nur die *Lage* der Interferenzstreifen, sondern auch die *Verteilung* der Strahlungsleistung auf die Spektren verschiedener Ordnungszahlen. Aus dieser Verteilung kann man rückwärts den feineren Aufbau der elementaren Gitterbereiche berechnen (s. Abb. 510).

Man kann dies wichtige kristallographische Untersuchungsverfahren keineswegs nur auf große Kristallstücke anwenden. Es genügt bereits jedes beliebig feine kristalline Pulver

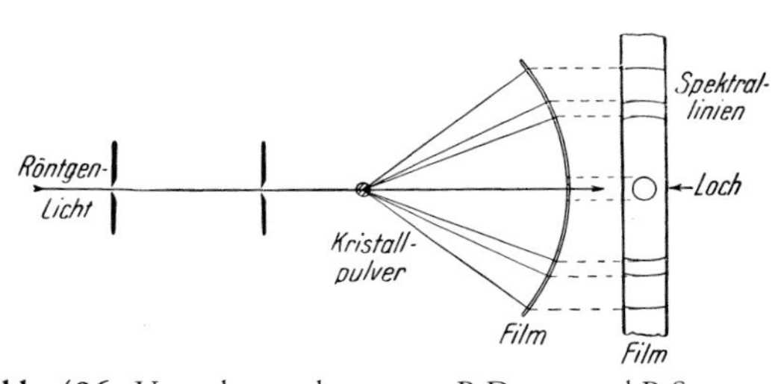

Abb. 496. Versuchsanordnung von P. DEBYE und P. SCHERRER

(P. DEBYE und P. SCHERRER 1916). Man schickt gemäß Abb. 496 ein schmales Parallellichtbündel (etwa 1 mm^2 Querschnittsfläche) durch das Pulver hindurch und fängt die Beugungsfigur mit einem kreisförmig gebogenen fotografischen Film auf. Sie besteht aus einem System konzentrischer Ringe (Abb. 497). Die Deutung ist einfach: In einem Pulver ist die Orientierung der kleinen Kristalle regellos. Alle unter einem Glanzwinkel (Gl. 354) getroffenen Netzebenen reflektieren das einfallende Licht. Bei groben Pulvern sieht man noch deutlich die Zusammensetzung der Ringe aus einer Reihe einzelner Punkte.

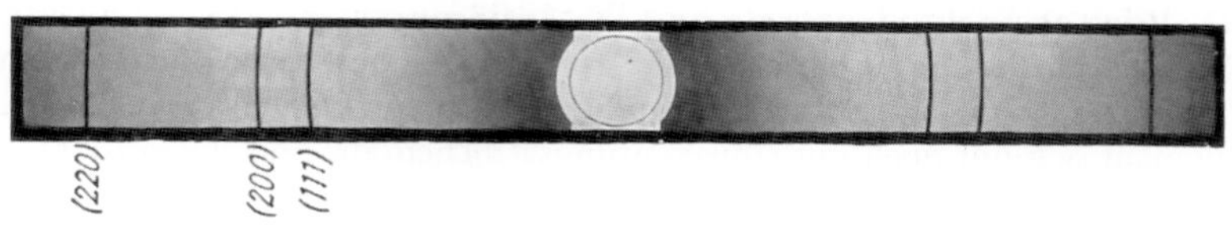

Abb. 497. Ergänzung zu Abb. 496. Die K_α-Strahlung des Kupfers ($\lambda = 1{,}539 \cdot 10^{-10}$ m $= 0{,}1539$ nm) ist an drei verschiedenen Netzebenenscharen eines mikrokristallinen, gut ausgeglühten Nickeldrahtes (Ersatz für Ni-Pulver) reflektiert worden. Der Krümmungsradius r des Filmes war $= 121$ mm, die Länge des Filmes $= \pi r$. Gitterkonstante $D = 0{,}3518$ nm. Die eingeklammerten Ziffern sind die Indizes der reflektierenden Netzebenen. In der Mitte des Filmes ein kreisförmiges Loch.

XXII. Optische Spektralapparate

§ 191. Prismen-Spektralapparate und ihr Auflösungsvermögen. Optische Spektralapparate sind heute von technischer Seite hervorragend durchentwickelt worden, meist als sehr bequeme Registrierinstrumente für sehr verschiedene Wellenlängen-Bereiche.[1] Die Physik braucht sich nur noch mit einigen grundsätzlichen, die Spektralapparate und ihre Arbeitsweise betreffenden Fragen zu beschäftigen.

Der Elementar-Unterricht beginnt mit „Prismen-Spektralapparaten". Der Name ist unglücklich gewählt. Wesentlich ist nicht die Prismenform, sondern die Dispersion, also die Abhängigkeit der Brechzahl n monochromatischer Wellen von der Wellenlänge λ. Aus diesem Grund haben wir das erste in § 132 vorgeführte kontinuierliche von Rot bis Violett reichende Spektrum nicht mit einem Prisma, sondern mit einem dicken, *planparallel* begrenzten Klotz aus dispergierendem Glas hergestellt. Mit dem gleichen Glasklotz ist auch das in Abb. 498 abgedruckte, aus Spektrallinien bestehende Linienspektrum einer Hg-Niederdrucklampe fotografiert worden.

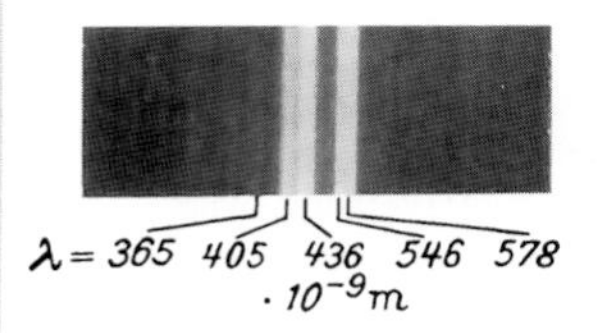

Abb. 498. Ein nicht mit einem Prisma, sondern mit einem planparallelen Glasklotz hergestelltes Linienspektrum einer Hg-Niederdrucklampe, in Abb. 363 bei b fotografiert. Man vergleiche es mit dem in Abb. 581 fotografierten Spektrum.

Ein auf Dispersion beruhender Prismen-Spektralapparat ist in Abb. 499 skizziert. Wird sein Eintrittsspalt S_0 mit monochromatischem Licht bestrahlt, so wird er auf dem Beobachtungsschirm *abgebildet*. Je schmaler S_0, desto schmaler sein Bild. Doch gelangt man zu einem Grenzwert. Unterschreitet man ihn, erhält man auf dem Schirm nicht mehr ein *Bild* des Spaltes, sondern statt dessen die *Beugungsfigur* eines in der Breite B begrenzten Lichtbündels.[K1] Sie liegt in der Brennebene der Linse II, wird also in FRAUNHOFER'scher Art beobachtet. Die Entstehung einer solchen Beugungsfigur ist in den §§ 124 und 125 in Bd. 1 quantitativ beschrieben und dort mit ungedämpften, also monochromatischen Schallwellen von ca. 1 cm Wellenlänge experimentell vorgeführt worden. Für Licht ist das Experiment in Abb. 362 (S. 225) gezeigt. Man denke sich den Spalt S_0 in Abb. 499 mit zwei Wellenlängen λ und $(\lambda + \mathrm{d}\lambda)$[K2] bestrahlt und so eng gemacht, dass statt zwei seiner *Bilder* auf der Wellenlängenskala zwei *Beugungsfiguren* erscheinen. Das ist in Abb. 500 für einen Grenzfall skizziert: Die Halbwertsbreiten H beider Beugungsfiguren berühren einander, so dass das Maximum der einen gerade in das erste Minimum der anderen fällt. In dieser Stellung vermag das Auge die beiden Figuren als getrennt zu erkennen, sie sind *aufgelöst*.

In Abb. 499 haben beide Lichtbündel, das ausgezogene und das gestrichelte, praktisch die gleiche Breite B. Für Licht mit λ ist die optische Weglänge durch die Prismenbasis S: $KY = S \cdot n$. Für Licht mit $(\lambda + \mathrm{d}\lambda)$ ist sie $KX = S \cdot (n + \mathrm{d}n)$. In guter Näherung ist

K1. Es geht hier also um die Beugungsfigur des die Prismenfläche K begrenzenden Randes.

K2. Die mit dem Buchstaben d versehenen Größen beschreiben in diesem Kapitel kein Differential, sondern eine endliche, allerdings sehr kleine Differenz dieser Größe, in diesem Fall der Wellenlänge λ. Die Bezeichnung $\Delta\lambda$ wird später für den „nutzbaren Wellenlängenbereich" verwendet.

[1] Registrierende Spektralapparate sortieren oft nicht nach der Wellenlänge λ, sondern nach ihrem Kehrwert $1/\lambda = \nu/c$, in schlechtem Sprachgebrauch oft *Wellenzahl* genannt. Der Kehrwert einer Länge ist keine Zahl.

K. Lüders, R. O. Pohl (Hrsg.), *Pohls Einführung in die Physik*
DOI 10.1007/978-3-642-01628-8, © Springer 2010

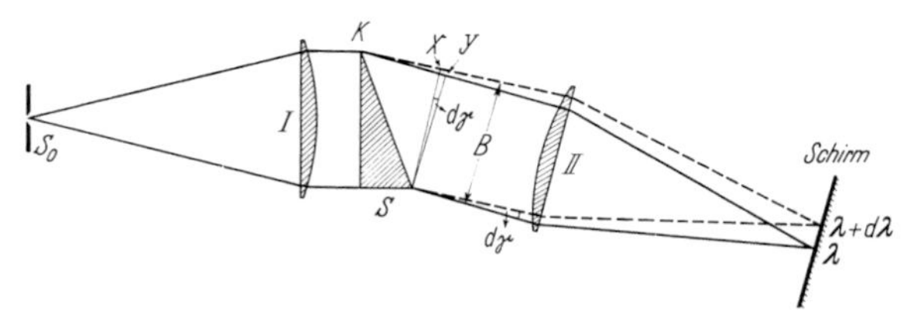

Abb. 499. Schema eines Dispersion benutzenden Prismen-Spektralapparates. Licht der Wellenlänge λ hat die Brechzahl n. Weniger abgelenktes Licht mit der Wellenlänge $(\lambda + \mathrm{d}\lambda)$ hat die kleinere Brechzahl $n + \mathrm{d}n$ ($\mathrm{d}n$ ist also negativ). (Für Einzelbeobachtung mit dem Auge wird statt des Schirmes eine durchsichtige Wellenlängenskala benutzt und von rechts mit einer Okular genannten Lupe beobachtet.) Die gesamte Fläche K des Prismas muss beleuchtet sein. Für die Bestrahlungsstärke des Schirmes (Watt/m², Gl. 330) ist allein die Apertur der Lichtbündel rechts von der Linse II maßgebend (also der Sinus der Bündel-Öffnungswinkel). Daher braucht bei der Beobachtung von Linienspektren weder die Linse I eine kurze Brennweite zu haben noch der Spalt S_0 unbequem eng zu sein. Mit einem Rohr zusammengefasst werden S_0 und I als Kollimator bezeichnet.

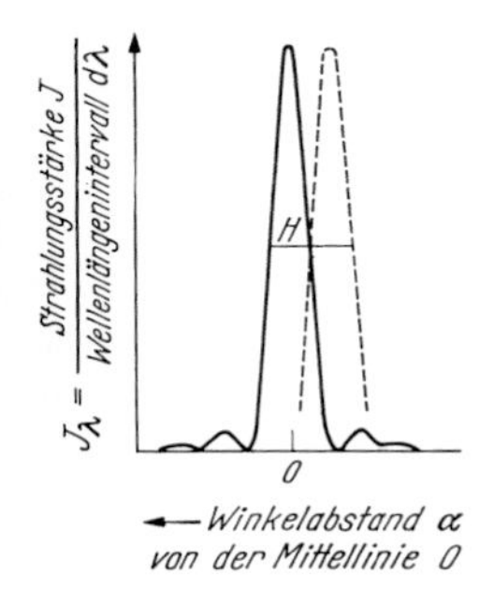

Abb. 500. Zur Auflösung eines Prismen-Spektralapparates. Der Beobachter blickt von rechts, also *gegen* die Lichtrichtung, auf den in Abb. 499 skizzierten Schirm. Halbwertsbreite H nennt man die Breite einer Beugungsfigur dort, wo ihre Ordinate auf beiden Seiten auf die Hälfte ihres Höchstwertes abgesunken ist.

$KX - KY = S \cdot \mathrm{d}n$ und daher werden die Wellenfronten der beiden Lichtbündel um verschiedene Winkel gekippt. Der Unterschied, $\mathrm{d}\gamma$, zwischen diesen beiden Winkeln ist $\mathrm{d}\gamma = S \cdot \mathrm{d}n/B$. Auf dem Schirm erscheinen die zu den beiden Lichtbündeln gehörenden, in Abb. 500 skizzierten Beugungsfiguren. Man beobachtet $\mathrm{d}\gamma < 0$, also ist $\mathrm{d}n < 0$. Eine Dispersion $n(\lambda)$ (S. 227) mit $\mathrm{d}n/\mathrm{d}\lambda < 0$ wird *normale Dispersion* genannt. Für die ausgezogene Beugungsfigur sind die ersten *Minima* beiderseits der Mittellinie vermerkt. Vom Mittelpunkt der Linse II aus betrachtet sind sie von der Mittellinie um den *kleinen* Winkel $\alpha = \lambda/B$ getrennt (gemäß Gl. 316 auf S. 223). Die gestrichelte, zu $(\lambda + \mathrm{d}\lambda)$ gehörende praktisch gleich gestaltete Beugungsfigur ist von der ausgezogenen dann deutlich getrennt, wenn $\mathrm{d}\gamma = -\alpha$, also $S \cdot \mathrm{d}n/B = -\lambda/B$ ist. Daraus folgt als *Auflösungsvermögen* des Prismas

$$\frac{\lambda}{\mathrm{d}\lambda} = -S\,\frac{\mathrm{d}n}{\mathrm{d}\lambda}\,. \tag{355}$$

In Worten: *Das Auflösungsvermögen eines* (wie in Abb. 499) *voll belichteten Prismas wird nur von der Länge S der Prismenbasis und von der Dispersion* $\mathrm{d}n/\mathrm{d}\lambda$ *des Prismenmaterials bestimmt.* (Bei anomaler Dispersion, also für $\mathrm{d}n/\mathrm{d}\lambda > 0$, fehlt das Minuszeichen.)

Zahlenbeispiel: Gegeben ein Prisma mit $S = 1\,\mathrm{cm}$ Basislänge, bestehend aus Flintglas; im „gelben" Spektralbereich mit einer Dispersion $|\mathrm{d}n/\mathrm{d}\lambda| = 10^3/\mathrm{cm}$. Sein Auflösungsvermögen ist $\lambda/\mathrm{d}\lambda = S \cdot |\mathrm{d}n/\mathrm{d}\lambda| = 1\,\mathrm{cm} \cdot 10^3/\mathrm{cm} = 10^3$. Das Prisma vermag gerade noch die beiden D-Linien des Natriums zu trennen. Ihre Wellenlängen sind $\lambda_{D_1} = 589{,}0\,\text{nm}$ und $\lambda_{D_2} = 589{,}6\,\text{nm}$. Ihre Trennung verlangt also

$$\frac{\lambda}{d\lambda} = \frac{589\,\text{nm}}{0{,}6\,\text{nm}} \approx 10^3\,.$$

Mit drei hintereinander geschalteten Prismen aus dem gleichen Material, aber mit je 10 cm langer Basis kann man also ein Auflösungsvermögen $\lambda/d\lambda = 3 \cdot 10^4$ erreichen.

§ 192. Gitter-Spektralapparate und ihr Auflösungsvermögen. Gitter-Spektralapparate lassen sich in allen Wellenlängenbereichen verwenden, mindestens vom Gebiet des RÖNTGENlichtes bis zu elektromagnetischen Wellen von einigen Zentimetern Länge. Für sichtbares Licht ersetzt man das Prisma in Abb. 499 durch ein Strichgitter (Abb. 501). Strichgitter (Abb. 477) sind in Bd. 1 (§ 127 und Abb. 372) ausführlich behandelt worden, und zwar als Fortführung des YOUNG'schen Interferenzversuches. Gitter sortieren Spektrallinien der *gleichen* Wellenlänge λ nach deren *Ordnungszahl m*.

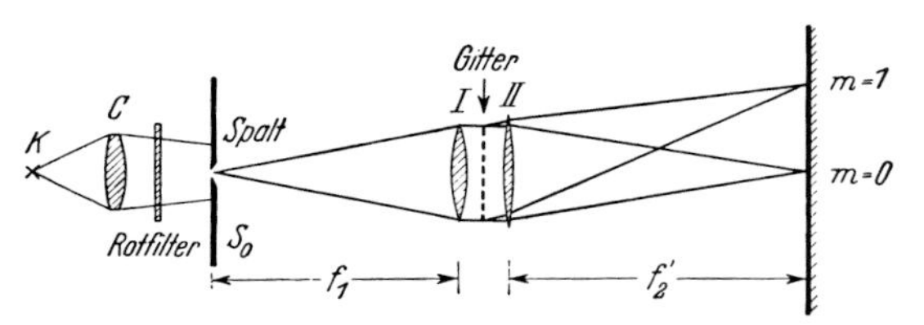

Abb. 501. Gitter-Spektralapparat (J. FRAUNHOFER 1821). m: Ordnungszahl. Bei Schauversuchen wird die rechte Linse meist fortgelassen, und der Schirm in einigen Metern Abstand aufgestellt (vgl. Abb. 359). Für das zentrale Maximum ($m = 0$) und eine Spektrallinie erster Ordnung ($m = 1$) sind die Bündelgrenzen eingezeichnet. Für subjektive Beobachtung ersetzt man die Linse *II* durch das Objektiv und den Schirm durch die Brennebene eines Fernrohres. (Aufg. 93)

Für den Winkelabstand α einer Spektrallinie m-ter Ordnung von der zur Gitterebene senkrechten Symmetrieebene gilt

$$\sin\alpha_m = \frac{m\lambda}{D} \tag{356}$$

(D: Abstand zweier benachbarter Wellenzentren, die *Längenperiode* oder „Gitterkonstante". $m\lambda$ = Gangunterschied der Wellenzüge aus je zwei benachbarten Öffnungen).

Beim Übergang vom YOUNG'schen *zwei* Lichtbündel benutzenden Interferenzversuch zum Gitter mit N Wellenbündeln werden die Interferenzmaxima *unter Beibehaltung ihrer Lage verschärft.* Dabei erscheinen zwischen 2 benachbarten Maxima $(N-2)$ Nebenmaxima (Bd. 1, Abb. 347). Das wird in Abb. 502 mit Lichtwellen vorgeführt. In der untersten Zeile sind bei $N \approx 250$ die Nebenmaxima praktisch verschwunden und die Hauptmaxima bei hinreichend engem Spalt S_0 zu schmalen Beugungsfiguren geworden.

Bei N Gitteröffnungen ist eine Spektrallinie m-ter Ordnung von der benachbarten $(m+1)$-ter Ordnung durch $(N-2)$ Nebenmaxima, also durch $(N-1)$ Minima getrennt (Abb. 503). Die Spektrallinie m-ter Ordnung entsteht bei einem Gangunterschied von $m\lambda$ zwischen zwei benachbarten Wellenzügen. Bei der nächstfolgenden Spektrallinie von $(m+1)$-ter Ordnung ist dieser Gangunterschied um eine *ganze* Wellenlänge λ angewachsen. Folglich ist er beim ersten auf die Linie m-ter Ordnung folgenden Minimum (γ) erst um einen *Bruchteil* von λ angewachsen, nämlich von $m\lambda$ auf $m\lambda + \lambda/N$. — Jetzt soll eine Spektrallinie m-ter Ordnung der Wellenlänge $(\lambda + d\lambda)$ von der Spektrallinie m-ter Ordnung der Wellenlänge λ zu unterscheiden sein. Dazu muss die Linie der Wellenlänge

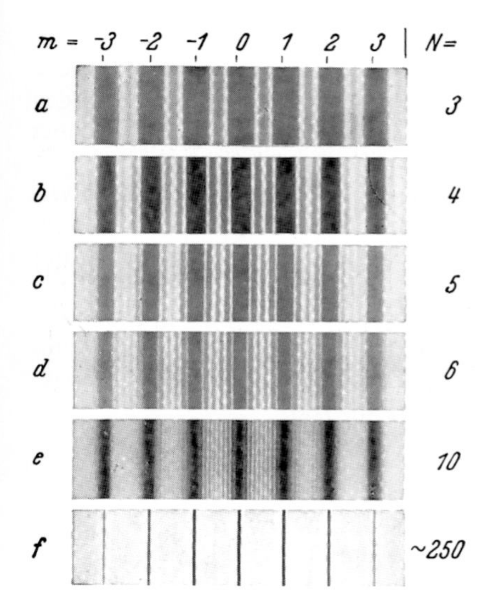

Abb. 502. Die Interferenzfigur eines Strichgitters in Abhängigkeit von der Anzahl der interferierenden Lichtbündel (= Anzahl N der Gitteröffnungen). m: Ordnungszahl. Für die Bilder a – e genügt Rotfilterlicht, für f wurde das Licht einer Na-Dampf-Lampe benutzt (fotografisches Negativ).

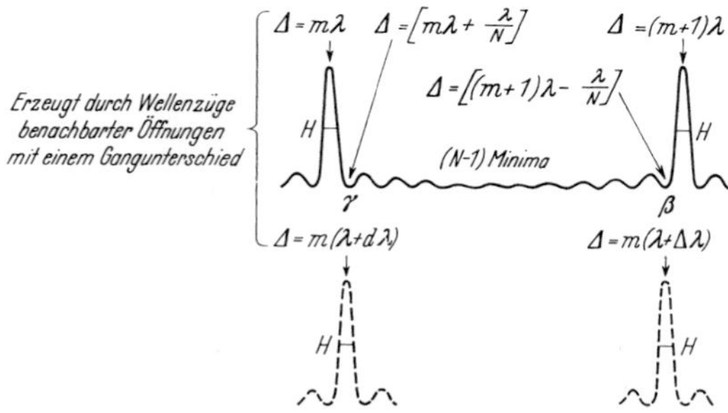

Abb. 503. Zur Auflösung und zum nutzbaren Wellenlängenbereich $\Delta\lambda$ (s. § 195) eines Gitter-Spektralapparates. Der Übersichtlichkeit halber sind die Spektrallinien (ausgezogen und gestrichelt) nicht wie in Abb. 500 neben-, sondern untereinander gezeichnet. Der Beobachter betrachtet die Bildebene der Linse II in Abb. 501 in der Lichtrichtung blickend. Erhöht man in diesem Bild N, die Anzahl der Gitteröffnungen, so rücken die bereits vorhandenen Nebenmaxima nach beiden Seiten dichter an die benachbarten Hauptmaxima heran. Dabei bleibt das Verhältnis ihrer Höhen zu der des benachbarten Hauptmaximums ungeändert. In der Mitte zwischen zwei Hauptmaxima entstehen neue Nebenmaxima mit immer kleiner werdender Höhe. Man vergleiche § 127 in Bd. 1. (**Videofilm 28**)

$(\lambda + \mathrm{d}\lambda)$ mindestens in das erste Minimum (γ) neben der Spektrallinie der Wellenlänge λ fallen. Damit erhalten wir

$$m(\lambda + \mathrm{d}\lambda) = m\lambda + \frac{\lambda}{N} \quad \text{oder} \quad \frac{\lambda}{\mathrm{d}\lambda} = Nm\,. \tag{357}$$

In Worten: Beim Gitter ist das *Auflösungsvermögen* $\lambda/\mathrm{d}\lambda = \nu/\mathrm{d}\nu$ im Spektrum erster Ordnung gleich der *Anzahl N der Gitteröffnungen*. Für Spektrallinien höherer Ordnungszahl m steigt es proportional zu m. Zahlenbeispiele für das Auflösungsvermögen praktisch üblicher Gitter werden in § 196 folgen.

Videofilm 28:
„Interferenz" Der zweite Teil des Films zeigt **Interferenzfiguren verschiedener Gitter** (Gitterkonstanten: 20 und 10 μm) mit einem Laser (λ = 633 μm, Strahldurchmesser: 3 mm) als Lichtquelle und der Hörsaalwand als Beobachtungsschirm.

§ 193. Linienform und Halbwertsbreite von Spektrallinien. Mit der experimentellen Erforschung von Linienspektren haben sich Arbeiten in einer unübersehbaren Anzahl beschäftigt. In vielen Fällen werden die mit Spektralapparaten gefundenen Ergebnisse graphisch dargestellt und die Strahlungsstärke mit der Strichdicke angedeutet. Für manche Fragen ist diese Darstellung nicht ausreichend. Frequenz und Wellenlänge allein genügen nicht. Als weiteres Bestimmungsstück muss die *Form* der Spektrallinien, gekennzeichnet durch die *Halbwertsbreite*, hinzugenommen werden.

Eine Spektrallinie hat also zwei Bestimmungsstücke; erstens eine Frequenz ν_0 und zweitens eine Halbwertsbreite H. Diese ist als Differenz $\Delta\nu$ der beiden Frequenzen zu messen, bei denen die Ordinate auf die Hälfte ihres Höchstwertes abgesunken ist. Bei Auftragungen über der Wellenlänge λ wird manchmal auch die entsprechende Wellenlängendifferenz $\Delta\lambda = H_\lambda$ als Halbwertsbreite bezeichnet.

Als Beispiel zeigt Abb. 504 das Linienspektrum einer Hg-Hochdrucklampe, aufgenommen mit einem Prismen-Spektralapparat. In diesem Spektrum hat z. B. die „blaue" Spektrallinie ($\lambda = 436 \cdot 10^{-9}$ m) die große Halbwertsbreite $H_\lambda = \lambda/60$.

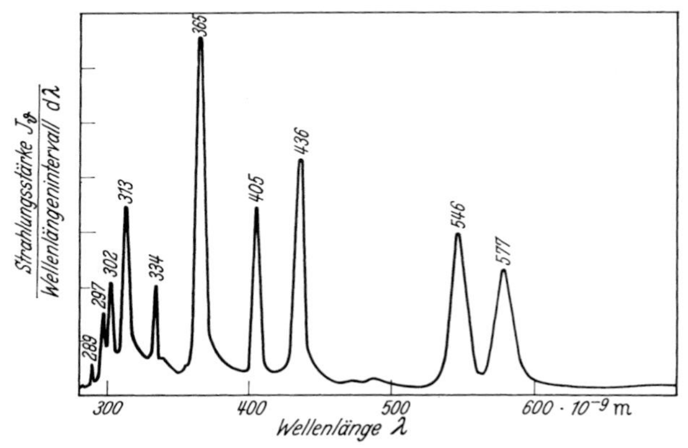

Abb. 504. Spektrale Verteilung der Strahlungsstärke einer Hg-Höchstdrucklampe mit sehr breiten Spektrallinien (Linienspektrum), aufgenommen mit einem Prismen-Spektralapparat. Dieser hatte ein Auflösungsvermögen von $\lambda/d\lambda = 6000$ und damit keinen messbaren Einfluss auf die Form der Linien (siehe auch Abb. 581).

§ 194. Spektralapparate und Glühlicht.

Glühlicht *besteht* nicht aus monochromatischen Wellen aus einem weiten Frequenzbereich, doch kann man mit Spektralapparaten[1] aus Glühlicht *monochromatische* Wellen *herstellen*. Wie das vor sich geht, übersieht man *qualitativ* sofort an den mit Dispersion modulierten Prismen-Spektralapparaten: Jede Dispersion verwandelt unperiodische Vorgänge in periodische. Eine derartige Modulation (Umwandlung) zeigt die Wasseroberfläche eines Teiches, in den man einen großen Stein hineinwirft: Am Beginn sieht man eine unperiodische Störung der Oberfläche; anschließend die Entstehung zusammenhängender Gruppen immer länger werdender Schwerewellen (s. Bd. 1, Abb. 385). Die aus langen Wellen bestehenden Gruppen erreichen dank größerer Phasengeschwindigkeit ein Ziel eher als die aus kurzen bestehenden.

Quantitativ übersieht man die Modulation schwach oder gar nicht periodischer stoßartiger Vorgänge in quasi-monochromatische Wellengruppen, also Wellenzüge begrenzter Länge und endlicher spektraler Breite, sehr einfach an einem ein *Strichgitter* benutzenden Spektralapparat. Daher wollen wir für einen solchen die Entstehung eines kontinuierlichen Spektrums erster Ordnung behandeln.

[1] Sie können Dispersion, Absorption oder Reflexion in „Filtern" benutzen.

Abb. 505 zeigt ein Gitter mit N Öffnungen. Auf seine Fläche fällt senkrecht ein parallel begrenztes Bündel eines Glühlichtes. Die Linie A soll diesmal nicht einen Wellenberg bedeuten, sondern den Grenzfall eines unperiodischen stoßartigen Vorganges mit dem Profil a in Abb. 506. Ein derartiger Vorgang macht die Abb. 506 besonders übersichtlich. Nur deswegen ist er als Beispiel gewählt worden. — Ein zweiter, ihm vorangegangener Stoß hat bereits das Gitter passiert und ist dabei in N Stöße von gleichem Profil aufgespalten worden. Diese Stöße laufen in Abb. 505 in Form exzentrischer Kreise nach rechts unten, gezeichnet ist aber nur ein Stück der Kreisbögen. Längs einer Pfeilrichtung r (oder v) bildet die Folge dieser Stöße eine Wellengruppe, deren Wellenbild nicht einer Sinuskurve gleicht, oder kürzer gesagt, eine nicht sinusförmige Wellengruppe. Sie ist in Abb. 506 mit der Kurve b skizziert, jedoch nur für $N = 6$. Der Abstand zweier Stöße ist in Richtung r groß und in Richtung v klein. Längs r möge er beispielsweise 0,75 µm betragen und längs v nur 0,4 µm.

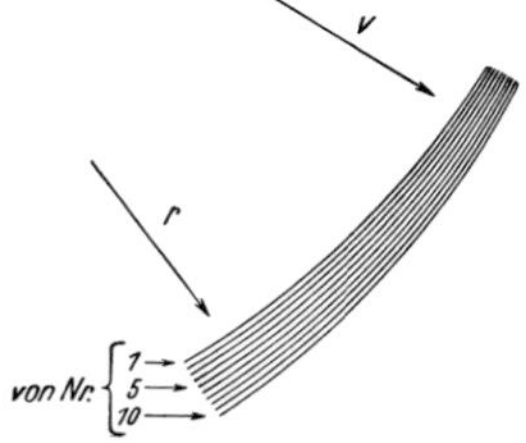

Abb. 505. Zur Erzeugung von Wellengruppen durch ein Gitter. Der Strich A soll einen von links senkrecht auf das Gitter einfallenden unperiodischen Vorgang darstellen, wie man ihn z. B. als Grundwelle in flachem Wasser oder als Knall in Luft realisieren kann. Sein Profil ist im Teilbild a links oben in Abb. 506 skizziert.

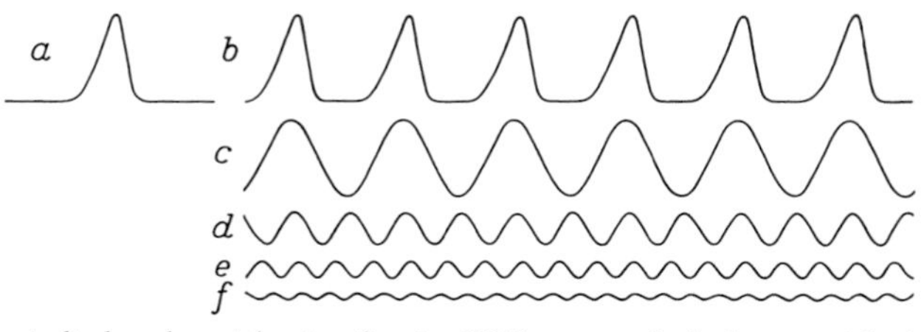

Abb. 506. Die periodische, aber nicht sinusförmige Wellengruppe b denke man sich als Folge von 6 aus 6 Gitteröffnungen kommenden stoßartigen Gruppen a entstanden. In den Zeilen c bis f ist die periodische Gruppe b in vier sinusförmige monochromatische Wellengruppen zerlegt.

Jede solche nicht sinusförmige Wellengruppe b lässt sich (nach FOURIER) darstellen als die Überlagerung gleich langer Gruppen von Sinuswellen mit den Wellenlängen λ, $\lambda/2$, $\lambda/3$ usw. Das ist in den Zeilen c, d, e, f usw. dargestellt (Bd. 1, § 98).

Jetzt kommt ein wesentlicher Punkt: Wir wollen mit dem *Auge* beobachten. Das Auge wirkt selektiv, d. h. auswählend. Es reagiert nur auf Wellen zwischen 750 nm und 400 nm. Folglich sieht es in der Richtung r nur eine sinusförmige Wellengruppe (Kurve c) mit

$\lambda = 750\,\text{nm}$ (rot) und in Richtung v mit $\lambda = 400\,\text{nm}$ (violett). So darf man knapp, aber unmissverständlich sagen: Kontinuierliche Spektren bestehen aus Gruppen vom Gitter hergestellter Sinuswellen.

Den entsprechenden akustischen Versuch (Th. Young 1801, J. J. Oppel 1855) beobachtet man nicht selten auf der Straße. Geht man auf hartem Steinplattenboden neben einem Gartenzaun, so hört man bei jedem Schritt einen pfeifenden *Klang* von merklicher Dauer. Der Zaun wirkt als Reflexionsgitter. Jede Latte wirft den vom Fuß ausgehenden Luftstoß zurück, und so macht das Gitter aus einem unperiodischen Stoß eine nicht sinusförmige Wellengruppe. Unser Ohr ist viel weniger selektiv als das Auge. Das Ohr reagiert auf etwa 10 Oktaven. Es reagiert also nicht nur auf die längste Welle λ, sondern auch auf $\lambda/2$, $\lambda/3$ usw. Es hört daher die nicht sinusförmige Wellengruppe als *Klang* und nicht, wie im Fall eines Sinusprofiles, als Ton (Bd. 1, § 140).

Die Anzahl der Einzelwellen (d. h. Berg + Tal) in der vom Gitter erzeugten Gruppe ist im Spektrum erster Ordnung gleich der Anzahl der Gitteröffnungen N. N ist aber nach Gl. (357) im Spektrum erster Ordnung gleich dem Auflösungsvermögen $\lambda/\mathrm{d}\lambda$. Dadurch bekommt das *Auflösungsvermögen* eine einfache Bedeutung. Es *ist die Anzahl der Einzelwellen* (d. h. Berg + Tal), *die ein Gitter aus einem unperiodischen Vorgang herstellt und zu einer Gruppe vereinigen kann*. Das gilt nicht nur für Gitter, sondern für Spektralapparate aller Art. Diese Aussage lässt sich mithilfe aller Interferenzversuche bestätigen, für die man Licht aus einem *schmalen* Bereich eines *kontinuierlichen* Spektrums verwendet.

§ 195. Vergleich von Prisma und Gitter. Nach dem am Schluss von § 191 gebrachten numerischen Beispiel kann man mit *einem* Prisma von 10 cm Basislänge ein Auflösungsvermögen $\lambda/\mathrm{d}\lambda \approx 10^4$ erzielen; eine Reihenschaltung einiger Prismen, z. B. 3, kommt zum dreifachen, also rund $3 \cdot 10^4$. Mit Gittern, oder allgemein mit Interferenz-Spektralapparaten, ist etwa das zehnfache, also ein Auflösungsvermögen von einigen 10^5 zu erreichen.

Bei einem Vergleich von Gitter und Prisma darf man jedoch nicht allein das Auflösungsvermögen bewerten. Sehr wichtig ist auch der *nutzbare Wellenlängenbereich* $\Delta\lambda$. Ein Prisma macht immer nur ein einziges Spektrum. In ihm gehört zu jeder Richtung nur *eine* Wellenlänge. Ein Gitter hingegen macht stets eine ganze Reihe von Spektren mit verschiedenen Ordnungszahlen m, und alle diese Spektren überlappen sich. Zu jeder Richtung gehören mehrere Wellenlängen, nämlich λ für $m = 1$, $\lambda/2$ für $m = 2$, $\lambda/3$ für $m = 3$ usw. Eine eindeutige Zuordnung zwischen Wellenlänge und Richtung gibt es immer nur in einem Bereich $\Delta\lambda$. — Man nehme die Abb. 503 zur Hand. Eine Spektrallinie der Wellenlänge $(\lambda + \Delta\lambda)$ und der Ordnungszahl m darf höchstens in das Minimum β unmittelbar vor der Spektrallinie $(m + 1)$-ter Ordnung der Wellenlänge λ fallen. Sonst geht die eindeutige Zuordnung zwischen Spektrallinie und Ablenkwinkel verloren. So bekommen wir

$$m(\lambda + \Delta\lambda) = (m + 1)\lambda - \frac{\lambda}{N}$$

oder, falls λ/N neben λ vernachlässigt wird, für den nutzbaren Wellenlängenbereich

$$\Delta\lambda = \frac{\lambda}{m}\,. \tag{358}$$

Der günstigste Fall ergibt sich für $m = 1$, dann wird $\Delta\lambda = \lambda$. Das heißt, ein Spektrum *erster* Ordnung gibt in einem Bereich von λ bis 2λ, also innerhalb einer vollen Oktave, eine eindeutige Zuordnung zwischen Wellenlänge und Winkelablenkung. — Sind noch Wellenlängen außerhalb des Oktavenbereiches vorhanden, müssen diese irgendwie ausgesondert werden.

Für Beobachtungen mit dem *Auge* (zum Unterschied etwa von einer fotografischen Platte) bedarf es für diese Aussonderung keiner Hilfsvorrichtung. Unser Auge wirkt selbst selektiv, es reagiert nur auf Wellen im Bereich von rund einer Oktave (etwa 400 bis 750 nm). Infolge dieses Umstandes vermag das Auge ein ganzes Spektrum erster Ordnung ungestört zu überblicken.

Anders aber im Bereich hoher Ordnungszahlen, z. B. $m = 3$: Hier ist der nutzbare Wellenlängenbereich $\Delta\lambda$ nur noch gleich $\lambda/3$. Infolgedessen bedarf selbst das Auge einer „Vorzerlegung" durch eine Hilfsvorrichtung. Diese muss die unerwünschten Wellen aussondern. Oft genügt ein Filter. Dies darf für $m = 3$ z. B. Wellen zwischen 450 und 600 nm oder zwischen 600 und 800 nm durchlassen usw. (s. §§ 170 u. 171).

§ 196. Ausführungsformen von Strichgittern. Das Strichgitter ist 1821 von J. FRAUNHOFER zu dem heute unentbehrlichen Messinstrument ausgestaltet worden. Das FRAUNHOFER'sche Gitter benutzt kleine Ordnungszahlen m, meist zwischen 1 und 5, und sehr viele Gitteröffnungen. Man geht heute bis zu $N \approx 1{,}5 \cdot 10^5$. So erreicht man schon in der zweiten Ordnung ein Auflösungsvermögen von $3 \cdot 10^5$ (Gl. 357). Das heißt, das Gitter vermag noch zwei Lichtarten mit einem Wellenlängenunterschied von nur rund 3 Millionstel der Wellenlänge voneinander zu trennen. Dabei ist der nutzbare Wellenlängenbereich $\Delta\lambda$ noch sehr groß. Man bekommt in der zweiten Ordnung $\Delta\lambda = 0{,}5\lambda$. Man kann also z. B. das sichtbare Spektrum von 750 bis 400 nm insgesamt überblicken. Die Struktur komplizierterer Linienspektren, wie die von Atomen, untersucht man am besten mithilfe großer FRAUNHOFER'scher Gitter. (Siehe Abb. 501.)

Sämtliche Gitteröffnungen müssen vor der Fläche einer Linse oder eines Hohlspiegels untergebracht werden. Linsen und Hohlspiegel sind im Labor nur selten mit einem Durchmesser von mehr als 15 cm verfügbar. Allein aus diesem (finanziellen) Grund muss man die Öffnungen des FRAUNHOFER'schen Gitters äußerst eng zusammendrängen und alle $1{,}5 \cdot 10^5$ Öffnungen nebeneinander auf einer Fläche von ca. 15 cm Durchmesser unterbringen. Das kann man nicht mehr wie beim Bau eines Gartenzaunes mit Stäben und Lücken erreichen. Man ritzt vielmehr die Gitterteilung mit parallelen *Rillen* auf eine hochglanzpolierte Metallfläche. Man benutzt dazu eine vollautomatische Teilmaschine mit einem Diamantstichel. So hat H. A. ROWLAND 1882 schon 800 Rillen pro Millimeter erreicht, bei 10 cm Rillenlänge eine erstaunliche Leistung! Die so geritzten Gitter (z. B. bis zu 1200 Rillen pro mm) verwendet man am besten als *Reflexionsgitter*. Oft benutzt man sie auch als Matrizen zum Abguss *durchlässiger* Gitter aus Kunststoff. Viele Gitter werden auf einen metallischen Hohlspiegel geritzt. Mit einem solchen „Konkavgitter" erspart man die Linse vor dem Gitter.

Für RÖNTGEN*licht* benutzt man die üblichen optischen Gitter aus Glas oder Metall, solange es sich um Wellenlängen $\lambda > 2\,\text{nm}$ ($\hat{=}\,620\,\text{eVolt}$)[K3] handelt. Man verwendet sie als Reflexionsgitter mit nahezu streifender Inzidenz; die Gitterteilung ist nur bei starker perspektivischer Verkürzung fein genug.

K3. Bei der Einheit eV (Elektronenvolt) handelt es sich um eine Energieeinheit. Sie ist gleich dem Produkt aus dem Betrag der Elementarladung e_0 und und der Einheit Volt: $1\,\text{eV} = 1{,}6 \cdot 10^{-19}\,\text{As} \cdot \text{V} = 1{,}6 \cdot 10^{-19}\,\text{Ws}$. Der Zusammenhang mit der Wellenlänge ergibt sich aus

$E = h\nu = hc/\lambda$

(h = PLANCK'sche Konstante, c = Lichtgeschwindigkeit).

Die perspektivische Verkürzung der Gitterteilung lässt sich mit einem guten Schauversuch erläutern. Man benutzt die Millimeterteilung eines gewöhnlichen Maßstabes als Gitter für sichtbares Licht (Abb. 507). Bei streifender Reflexion kann man die Linien eines Hg-Spektrums sauber trennen.

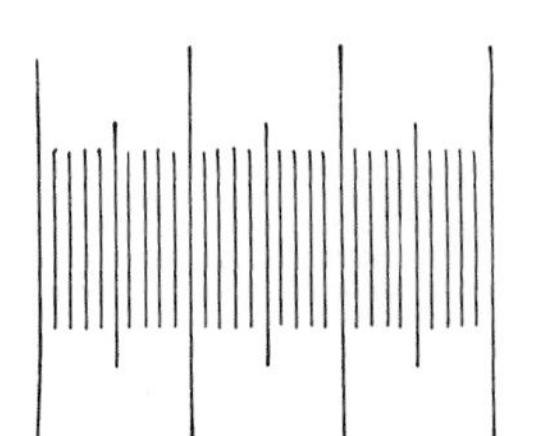

Abb. 507. Ein etwa 15 cm langes Stück dieser groben, auf Glas geritzten Millimeterskala genügt, um bei streifender Inzidenz eines Lichtbündels die Linien eines Hg-Spektrums sauber zu trennen (natürliche Größe)

Bei der Anwendung von Spiegeln und Gittern für Röntgenlicht ist ein Punkt zu beachten: Die Brechzahl aller Stoffe ist für Röntgenlicht nahezu gleich 1 und daher das Reflexionsvermögen verschwindend gering. Doch hilft ein glücklicher Umstand über diese Schwierigkeit hinweg: Die Brechzahl aller Stoffe ist für Röntgenlicht etwas *kleiner* als 1 (§ 243). Infolgedessen bekommt man bei nahezu streifendem Einfall eine Totalreflexion.

Von Sonderausführungen des Strichgitters nennen wir nur eine:

Das Spiegelflächengitter.
In eine spiegelnde Metalloberfläche werden Rillen mit einem einseitigen Dreiecksprofil gedrückt, beispielsweise wie in Abb. 508. Man lässt ein Parallellichtbündel 1 in Richtung der Gitternormale einfallen. Der größte Teil seiner Energie wird nach dem Reflexionsgesetz in Richtung 2 reflektiert. Durch passende Wahl der Gitterkonstante d kann man in diese Richtung und ihre Nachbarschaft das Spektrum erster Ordnung verlegen. Dann bekommt dieses eine weitaus größere Strahlungsleistung als die Spektren aller übrigen Ordnungen beiderseits der Gitternormalen. Das Gitter hat praktisch nur noch *ein* Spektrum. — Solche Spiegelflächengitter lassen sich besonders gut für die langen Wellen des Infrarot herstellen (λ = etwa 10 bis 300 μm), gelingen aber auch für den sichtbaren Spektralbereich.

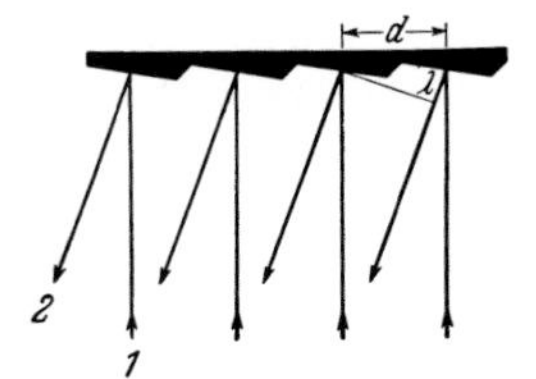

Abb. 508. Spiegelflächengitter (Echelette)

§ 197. Interferenz-Spektralapparate. Viele Spektrallinien haben nicht die einfache, in § 193 behandelte Form. Sie bestehen aus eng benachbarten, sich oft überlappenden Komponenten. Häufig wird auch eine stark hervortretende Spektrallinie von schwächeren „Trabanten" begleitet. Kurz gesagt: Viele Spektrallinien haben eine Struktur. Die experimentelle Untersuchung von *Linienstrukturen* erfordert zwar auch das Auflösungsvermögen $\lambda/d\lambda$ eines großen Gitters (Gl. 357), doch genügt ein kleiner nutzbarer Wellenbereich $\Delta\lambda$ (Gl. 358). Infolgedessen braucht man nicht bei kleinem m die Anzahl N der interferierenden Wellenzüge groß zu machen; es genügt ein kleineres N und ein großes m, d. h. ein großer Gangunterschied $m\lambda$ zwischen je zwei benachbarten Wellenzügen. Das ist experimentell erheblich einfacher: Man beschränkt zunächst den zu untersuchenden Wellenlängenbereich mithilfe einer *Vorzerlegung*. Das heißt, man sondert den zu untersuchenden von den übrigen Spektralbereichen ab, meist mit einem Prismenapparat, gelegentlich genügt auch ein Filter. Das verbleibende Licht schickt man so durch eine dicke planparallele *Luftplatte*, wie es in § 168 und Abb. 445 beschrieben worden ist. Man erzeugt also durch mehrfache Reflexionen zwischen Platten mit verspiegelten Oberflächen eine größere Anzahl N interferierender Lichtbündel. Man beobachtet bei nahezu senkrechter Inzidenz ($\beta \approx 0$) in durchfallendem Licht und erhält helle Spektrallinien auf dunklem Grund (so erhält man den nach A. Perot und Ch. Fabry benannten Spektralapparat). Der Gangunterschied benachbarter Wellenzüge beträgt je nach der Dicke der Luftplatte meist einige Zehntausende von Wellenlängen (Plattenabstände von etlichen cm). Das heißt, die Spektrallinien entstehen durch Interferenzen mit Ordnungszahlen m zwischen 10^4 und 10^5. Demgemäß ist der nutzbare Wellenlängenbereich $\Delta\lambda = \lambda/m$ kleiner als $10^{-4}\lambda$.

Eine Variante dieses Spektralapparates wird nach Lummer und Gehrcke benannt. Die Strahlung verlässt eine planparallele Glasplatte unter sehr großem Winkel, d. h. streifend. Im Inneren läuft sie nahezu unter dem Grenzwinkel der Totalreflexion. Dadurch erhält man auch ohne Verspiegelung der Glasoberfläche vielfache Reflexionen (Abb. 509).

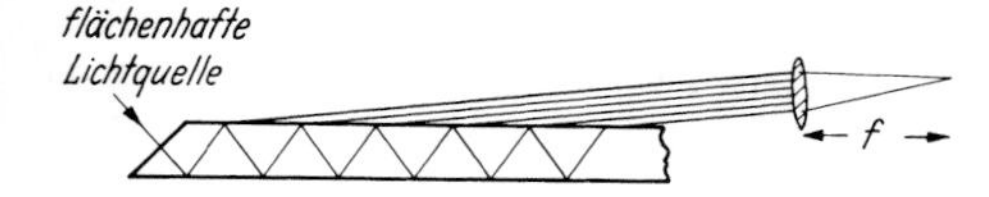

Abb. 509. LUMMER-GEHRCKE'sche Interferenzplatte als Spektralapparat (Schema). Skizziert sind die Achsen der Parallellichtbündel.

Von allergrößter Bedeutung sind Spiegelbilder als gitterförmig angeordnete Wellenzentren für die Spektroskopie des RÖNTGEN*lichtes* mit Wellenlängen kleiner als etwa 2 nm. In Bd. 1 wurden gitterförmig angeordnete Spiegelbilder mit planparallelen Platten erzeugt, deren Oberfläche aus Netzebenen bestand. Wir verweisen auf die dortige Abb. 373 und wiederholen das Schema hier in Abb. 510 mit einem größeren Einfallswinkel β. Netzebenen liefert die Natur in den Kristallen in großer Vollkommenheit. Diese spiegelnden Netzebenen liegen in Kristallen in großer Anzahl N geschichtet hintereinander. Diese Folge spiegelnder Ebenen liefert eine große Anzahl gitterförmig angeordneter Spiegelbilder als Wellenzentren.

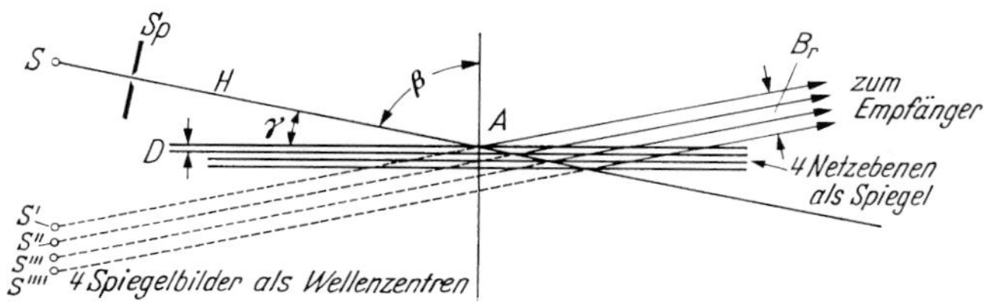

Abb. 510. BRAGG'scher Spektrograph für RÖNTGENlicht. S ist der zur Papierebene senkrechte Strichfokus (S. 270) einer RÖNTGENlampe (Abb. 430). H bedeutet ein schmales, meist von mehreren Spalten Sp ausgeblendetes Lichtbündel, nicht nur seinen Hauptstrahl. Als Empfänger dient eine fotografische Platte oder einer der in § 122 genannten Strahlungsindikatoren. Der Abstand D zweier aufeinanderfolgender Netzebenen-Spiegel (nur 4 gezeichnet) hat die Größenordnung $3 \cdot 10^{-7}$ mm. Infolgedessen überlappen die von vielen Netzebenen reflektierten Bündel; insgesamt haben sie keinen merklich größeren Durchmesser B_r als das einfallende Bündel. Daher erhält man auch ohne Abbildung scharfe aber nur sehr lichtschwache Spektrallinien. Zur *Vorführung mit sichtbarem Licht* eignen sich die aus Abb. 452 bekannten Folgen spiegelnder Grenzflächen oder in fotografischen Platten mit stehenden Wellen hergestellte Schichtfolgen (s. Abb. 455).

Für RÖNTGEN*licht gibt es keine Linsen, man kann daher nicht die* FRAUNHOFER*'sche Beobachtungsart anwenden.* Das heißt, man kann nicht breite, gegeneinander nur wenig geneigte Lichtbündel in der Brennebene einer Linse voneinander trennen (§ 130). Infolgedessen kann man für RÖNTGENlicht bei den planparallelen Platten nicht ohne weiteres ausgedehnte Lichtquellen anwenden. Man muss sich zunächst mit einer schmalen, linienhaften

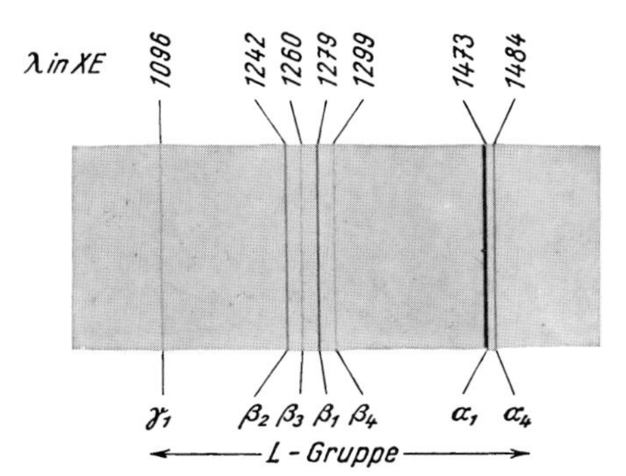

Abb. 511. Linienspektrum der L-Strahlung des Wolframs, fotografiert mit einem Vakuumspektrograph (1 XE (X-Einheit) $= 1{,}00302 \cdot 10^{-13}$ m). Natürliche Größe. (Kalkspatkristall mit $D = 0{,}3029$ nm.) Fotografisches Negativ.

Lichtquelle begnügen und durch Schwenkung der Kristallplatte *nacheinander* die Winkel β einstellen, unter denen die einzelnen Wellen von der gleichen Stelle des Kristalls reflektiert werden (Abb. 510). Meist gibt man statt β den Glanzwinkel $\gamma = 90° - \beta$ an. Es gilt[1]

$$\cos\beta = \sin\gamma = \frac{m\lambda}{2D}\,. \qquad \text{Gl. (354) v. S. 314}$$

Für Schauversuche benutzt man als Empfänger gern einen fluoreszierenden Kristall, z. B. NaJ mit Tl-Zusatz. Seine Strahlungsstärke wird mit einer empfindlichen Photozelle (Schluss von § 122) gemessen. Abb. 511 zeigt ein Beispiel für ein Linienspektrum im RÖNTGENgebiet. (Siehe auch die DEBYE-SCHERRER-Methode in § 190.)

[1] D = Abstand zweier benachbarter Netzebenen (optische Gitterkonstante) z. B. $D = 0{,}28$ nm in einem NaCl-Kristall. — Die *kristallographische* Gitterkonstante a hingegen ist der Abstand zweier gleicher Gitterbausteine in homologer Lage, also in einem NaCl-Gitter der Abstand zweier Na^+-Ionen oder Cl^--Ionen. $a = 2D$ ist im NaCl-Gitter = 0,56 nm. Ein Würfel der Kantenlänge a bildet die *Einheitszelle* des NaCl-Gitters. Das heißt, man kann das ganze Gitter durch reine Translation der Einheitszelle parallel zu seinen Kanten aufbauen.

XXIII. Geschwindigkeit des Lichtes und Licht in bewegten Bezugssystemen

§ 198. Vorbemerkung. 1676 hat Olaf Römer, ein Däne, damals Prinzenerzieher am Hof Ludwig XIV. in Paris, die endliche Ausbreitungsgeschwindigkeit des Lichtes entdeckt. Er hat aufgrund astronomischer Beobachtungen einen der Größenordnung nach richtigen Wert angegeben, nämlich $c = 2{,}3 \cdot 10^8$ m/sec. Er benutzte Lichtsignale, ausgesandt von einem Jupitermond bei seinem Austritt aus dem Jupiterschatten. Der Abstand dieser Signale betrug 42,5 Std., d. h. gleich der Dauer eines Mondumlaufes. Diese Messungen führte er an den dem Jupiter nächsten und fernsten Teil der Erdbahn aus, also an zwei um den Durchmesser der Erdbahn auseinander liegenden Orten (Durchmesser der Erdbahn $= 3 \cdot 10^{11}$ m). Am fernsten Teil der Erdbahn erschien das Signal um 1 320 sec verspätet. Daraus berechnete er den oben angegebenen Wert.

Römers Leistung muss noch heute bewundert werden. — Heute weiß man, dass Licht eine elektromagnetische Welle ist. Die Nachrichtentechnik schickt elektromagnetische Wellen rund um den Erdball herum. Dabei wird ein Großkreis der Länge $l = 40\,000$ km in der Zeit $t = 0{,}133$ sec durchlaufen; daraus folgt $c = l/t = 3 \cdot 10^8$ m/sec.

Die Messungen umfassen heute im Spektrum der elektromagnetischen Wellen einen Frequenzbereich von etwa 10^{22} Hz (γ-Strahlen) bis zu etwa 10^5 Hz (langen, in der Nachrichtentechnik benutzten elektromagnetischen Wellen). Nach Präzisionsmessungen verschiedener Art gilt heute $c = 2{,}998 \cdot 10^8$ m/sec als der zuverlässigste Wert für die Phasengeschwindigkeit elektromagnetischer Wellen, also auch des Lichtes, im Vakuum.[K1]

K1. Der genaueste Wert beträgt $c = 2{,}99792458 \cdot 10^8$ m/s. Auf diesen Wert wurde 1983 im Rahmen der Neudefinition der Längeneinheit Meter die Vakuum-Lichtgeschwindigkeit festgelegt (s. Kommentar K5 in Kap. I von Bd. 1). Diese Festlegung bedeutet aber nicht, dass die Methoden zur Messung von c in Lehrbüchern überflüssig geworden sind. Schließlich stammt der oben angegebene Wert aus entsprechenden Präzisionsmessungen. Sie bedeutet nur, dass sich für das Meter z. Zt. keine genaueren Vereinbarungen durch andere Messmethoden anbieten.

Eine Konsequenz ist auch, dass über die Beziehung $c^2 = \varepsilon_0\mu_0$ (Elektrizitätslehre, Gl. 132) wegen der Festlegung der magnetischen Feldkonstante μ_0 auch der Wert der elektrischen Feldkonstante ε_0 festgelegt ist (Elektrizitätslehre, §§ 46 und 25).

§ 199. Beispiel einer Messung der Lichtgeschwindigkeit. *Die Phasengeschwindigkeit c des Lichtes im Vakuum hat im Lauf der Jahre eine für unsere gesamte Naturerkenntnis fundamentale Bedeutung gewonnen.* Darum darf ihre Messung nicht im Unterricht fehlen. — Wir bringen ein auf den Mediziner L. Foucault (1850) zurückgehendes Verfahren. Bei ihm wird ein Weg bekannter Länge hin und zurück durchlaufen und die zugehörige Laufzeit direkt mithilfe einer gleichförmigen Rotation bekannter Drehfrequenz gemessen. — Abb. 512 zeigt die Versuchsanordnung; sie benutzt einen telezentrischen Strahlengang mit klar erkennbarer Pupillenlage.

S_0 ist die Lichtquelle, ein beleuchteter Spalt. Die Achse eines kleinen drehbaren Spiegels steht im Brennpunkt der Linse L. Bei (zunächst langsamer) Drehung sendet der Spiegel in der Zeit t N Lichtsignale in die Öffnung der Linse L. Jedes Signal erzeugt ein Bild S' des Spaltes auf dem Planspiegel P. Nach der Spiegelung durchläuft das Lichtbündel rückkehrend den gleichen Weg in umgekehrter Richtung und entwirft am Ende ein Bild S'' des ersten Spaltbildes S'. Dies zweite Spaltbild S'' liegt innerhalb des Spaltes S_0, ist also unsichtbar. Man kann es aber mithilfe eines durchsichtigen Hilfsspiegels H (dünne planparallele Glasplatte) seitlich verschieben und auf einem Schirm auffangen. Mit diesem Hilfsspiegel H besieht man sich das Prinzip der Anordnung: Zu diesem Zweck wird der Drehspiegel langsam mit der Hand hin und her bewegt. Dabei dreht sich der Teil α des Lichtbündels im Sinn des gebogenen Doppelpfeiles. Gleichzeitig verschiebt sich der Teil β des Lichtbündels zu sich selbst parallel. Beides ist mit den Bündelstücken α' und β' angedeutet. Das erste

K. Lüders, R. O. Pohl (Hrsg.), *Pohls Einführung in die Physik*
DOI 10.1007/978-3-642-01628-8, © Springer 2010

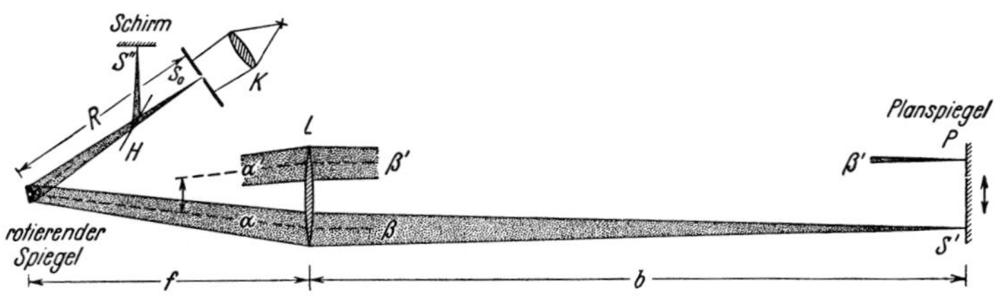

Abb. 512. Zur Messung der Lichtgeschwindigkeit nach dem Verfahren von Foucault (1850), vereinfacht durch A. A. Michelson (1878). Der rotierende Spiegel ist Eintrittspupille, der Strahlengang rechts von L telezentrisch. Zahlenbeispiel: $R = 5{,}2$ m; $f = 10{,}5$ m; $b = 32$ m; Durchmesser von L und P je 30 cm. Durchmesser des rotierenden doppelseitigen Spiegels 5 cm. Drehfrequenz des Spiegels bis zu etwa 200/sec. Drehfrequenz N/t des umlaufenden Lichtbündels mit dem Radius R bis zu 400/sec. Verschiebung s des Spaltbildes bis zu etwa 4 mm.

Spaltbild S' durchläuft dabei den ganzen Durchmesser des Planspiegels P im Sinn des geraden Doppelpfeiles. *Trotz dieser Bewegungen des Lichtbündels und des ersten Bildes S' bleibt das zweite Spaltbild S'' unverändert in Ruhe.* Das ist der entscheidende Punkt. Der Grund ist unschwer einzusehen: Bei kleinen Drehfrequenzen trifft jedes Lichtsignal den Drehspiegel auf dem Rückweg noch praktisch in der gleichen Stellung wie auf dem Hinweg.

Anders bei hohen Drehfrequenzen. Das rückkehrende Signal findet die Spiegeldrehung um einen kleinen Winkel fortgeschritten. Demgemäß ist auch das Spaltbild S'' um einen Weg s zur Seite verschoben. Man entfernt den Hilfsspiegel H und findet S'' jetzt auf der Spaltfläche im Abstand s seitlich neben dem Spalt S_0. Es gilt:

$$\text{Laufzeit} = \frac{\text{durchlaufener Weg}}{\text{Geschwindigkeit}}$$

oder

$$\frac{t}{N} \cdot \frac{s}{2\pi R} = \frac{2(f+b)}{c}\,. \tag{359}$$

Die im Göttinger Hörsaal benutzten Daten sind aus der Bildunterschrift der Abb. 512 ersichtlich.

§ 200. Gruppengeschwindigkeit des Lichtes. Man kann in Abb. 512 einen Teil des Lichtweges in eine stark dispergierende Flüssigkeit verlegen, z. B. in Schwefelkohlenstoff. Dann gilt für die praktisch unperiodischen Wellengruppen des Glühlichtes dasselbe, wie für derartige Gruppen von Schwerewellen auf Wasser: Sie werden in eine lange Wellengruppe ausgezogen. Ihr Anfang besteht aus langen, ihr Ende aus kurzen, leidlich sinusförmigen Wellen; das „rote" Licht (Brechzahl $n \approx 1{,}6$) kommt zuerst an, das „violette" ($n \approx 1{,}7$) zuletzt. Infolgedessen erscheint in Abb. 512 das Spaltbild S'' als kurzes Spektrum.

Streng frei von Dispersion ist nur das Vakuum. Ein experimenteller Beweis: Tritt ein Jupiter-Mond aus dem Schatten seiner Planeten hervor, so sehen wir ihn sofort unbunt, also nicht zuerst rot, dann gelb, grün usw.

Liegt Dispersion vor, kann man die Phasengeschwindigkeit von Wellen nicht mehr mit Laufweg und Laufzeit eines Signales messen. Man erhält aus ihnen statt der Phasengeschwindigkeit c nur eine Gruppengeschwindigkeit c^*. Dieser für Physik und Technik gleich unentbehrliche Begriff ist in § 134 in Bd. 1 eingehend erläutert worden. Eine Gruppengeschwindigkeit c^* lässt sich nur für Wellen aus einem begrenzten Spektralbereich definieren. Für ihn gilt

$$c^* = c' - \lambda \frac{dc'}{d\lambda} \tag{360}$$

mit $c' = c/n$ und (durch Differentiation)

$$\frac{\mathrm{d}c'}{\mathrm{d}\lambda} = -\frac{c}{n^2}\frac{\mathrm{d}n}{\mathrm{d}\lambda} \,. \tag{361}$$

(c = Phasengeschwindigkeit im Vakuum, $c' = c/n$ = Phasengeschwindigkeit im Stoff mit der Brechzahl n.)

Beispiel: Schwefelkohlenstoff (CS_2) hat für gelbes Licht der Wellenlänge $\lambda = 589$ nm, das bekannte „Natriumlicht" oder „D-Licht", die Brechzahl $n_\mathrm{D} = 1{,}63$. Die Phasengeschwindigkeit dieses Lichtes beträgt demnach $c'_\mathrm{D} = c/1{,}63 = 1{,}84 \cdot 10^8$ m/sec. Gemessen wird aber nur $1{,}72 \cdot 10^8$ m/sec. Das ist die Gruppengeschwindigkeit c^*_D für Licht im Bereich der genannten Wellenlänge. — Um sie aus der Gl. (361) zu berechnen, muss man die experimentell ermittelte Dispersion des CS_2 für D-Licht kennen und die Phasengeschwindigkeit c'_D. Es ist $(\mathrm{d}n/\mathrm{d}\lambda)_\mathrm{D} = -1{,}88 \cdot 10^5$/m und $c'_\mathrm{D} = c/n = 1{,}84 \cdot 10^8$ m/sec. Mit diesen Größen erhält man aus Gl. (360) $c^*_\mathrm{D} = 1{,}72 \cdot 10^8$ m/sec.

§ 201. Licht im bewegten Bezugssystem.

1. *Lichtquelle außerhalb des bewegten Bezugssystems. Aberration.*

Die Bahn der Erde um die Sonne ist ein großes, von einem Fixstern aus betrachtet, noch punktförmiges Karussell. Abb. 513 zeigt die Erde an zwei beliebigen, im Abstand eines halben Jahres erreichten Punkten ihrer Bahn. Von ihnen aus wird der Winkel δ zwischen einem der Erdbahn*achse* und einem der Erdbahn*ebene* nahen Fixstern gemessen. Dabei findet man (Abb. 514) eine Winkeldifferenz $2\gamma = \delta_\mathrm{D} - \delta_\mathrm{J} = 41$ Bogensekunden oder ein *Aberration* genanntes Verhältnis $\gamma = u/c \approx 10^{-4}$. Die Geschwindigkeit u_S der Sonne gegenüber dem Fixsternsystem ist unbekannt; bekannt ist lediglich die Differenz $2u \approx$ 60 km/sec.

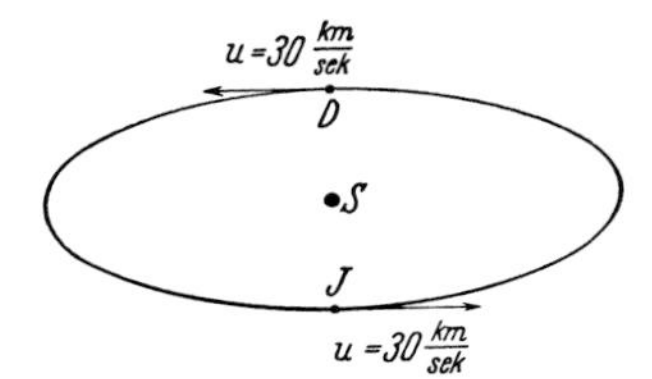

Abb. 513. Änderung der Geschwindigkeit der Erde längs ihrer Bahn um die Sonne

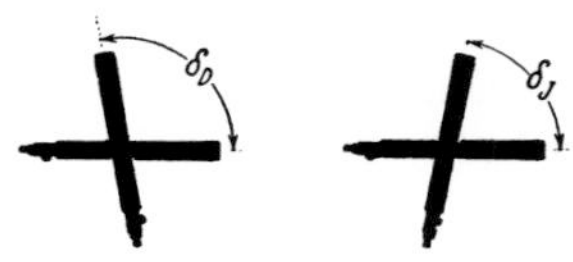

Abb. 514. Der Winkelabstand δ zweier Fixsterne ändert sich mit der Jahreszeit. Astronomische Aberration.[K2]

K2. Zur Richtung des Teleskops: Man denke an Regentropfen, die gegen das Fenster eines fahrenden Zugs schlagen. Wollen wir ihnen entgegensehen, müssen wir in Fahrtrichtung und nach oben geneigt schauen.

Infolge dieser Winkeländerungen vollführen alle Fixsterne nahe der Erdbahn*achse* im Lauf eines Jahres eine *Kreisbahn* von 41 Bogensekunden Durchmesser. Sterne *zwischen* der Achse und der Ebene der Erdbahn durchlaufen im Jahr elliptische Bahnen mit einer großen Achse von 41 Bogensekunden. Die Erscheinung ist von Bradley entdeckt und 1728 gemäß Abb. 515 links gedeutet worden.

Nach der Relativitätstheorie (A. Einstein 1905, s. Kommentar K1 in Kap. V der Elektrizitätslehre) ist die Lichtgeschwindigkeit c ein bei der Addition von Geschwindigkeiten nicht überschreitbarer Grenzwert. Deswegen ist die Abb. 515 links durch das rechte Teilbild zu ersetzen. Ihm entnimmt man

$$c_\mathrm{s} = \sqrt{c^2 - u^2} = c\sqrt{1 - u^2/c^2} \tag{362}$$

und[K3]

$$\tan\gamma = \frac{u}{c_\mathrm{s}} = \frac{u}{c} \cdot \frac{1}{\sqrt{1 - u^2/c^2}} \,. \tag{363}$$

K3. Zur Herleitung mithilfe der Lorentz-Transformation (Lorentz-Zeitdehnung) siehe 13. Aufl. der „Optik und Atomphysik", Kap. 9, § 4.

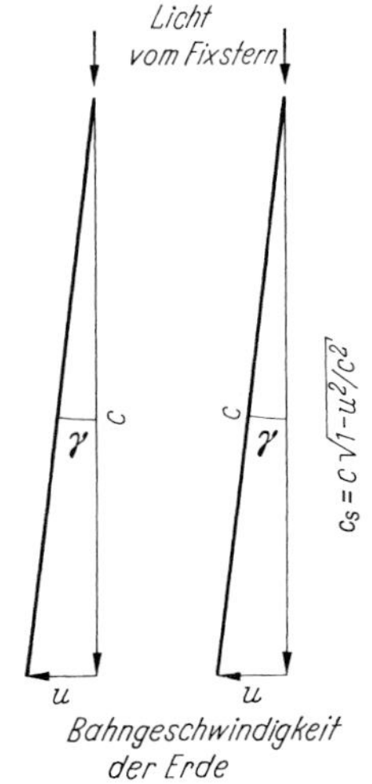

Abb. 515. Zur Messung der Lichtgeschwindigkeit mithilfe der Aberration

Nun aber ist $u \ll c$; deswegen darf man den Tangens durch den Sinus ersetzen und die Wurzel vernachlässigen. Dann verbleibt für die Aberration $\sin\gamma = u/c$ oder $\gamma \approx u/c$. Dies Resultat stimmt mit den Beobachtungen von Bradley überein.

2. *Auch die Lichtquelle im bewegten Bezugssystem.*

Abb. 516 zeigt in Aufsicht ein Karussell, es sei zunächst in Ruhe. Vom Ort A gehen zwei kohärente Lichtbündel 1 und 2 aus. Sie gelangen durch Spiegel an den Ecken eines Polygons reflektiert zum Ort B. Dort werden sie in geeigneter Weise vereinigt, und dabei erzeugen sie eine Interferenzerscheinung, z. B. Kurven gleicher Neigung. Die Lage der Streifen wird fixiert (z. B. fotografisch). Dann wird das Karussell dem Uhrzeigersinn entgegen in Drehung versetzt und die Interferenzerscheinung abermals fotografiert: Jetzt findet man die Streifen um den Bruchteil Z des Streifenabstandes verschoben. Aus der Größe dieser Verschiebung lässt sich die Lichtgeschwindigkeit berechnen.

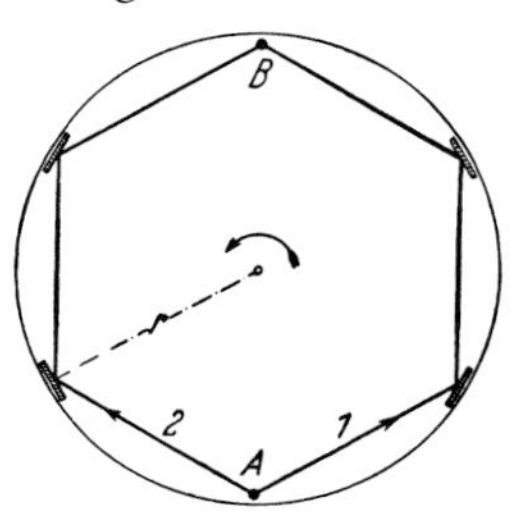

Abb. 516. Zur Messung der Lichtgeschwindigkeit durch Interferenzversuche auf einem Karussel. In diesem einfachen Schema sind die an den Orten A und B befindlichen Teile der Interferometeranordnung nicht mitgezeichnet worden.

Begründung: Wir wählen unseren Standpunkt außerhalb des Karussells. Außerdem denken wir uns den Polygonweg von A nach B durch den Halbkreisumfang ersetzt, also durch πr. Dann heißt es: Jedes der beiden Lichtbündel braucht für den Weg von A nach B die Zeit $t = \pi r/c$. Während dieser Zeit ist das Ziel, der Ort B, mit der Geschwindigkeit $u = \omega r$ vorgerückt, und zwar um die Wegstrecke

$$s = \omega r t = \frac{\omega \pi r^2}{c} \tag{364}$$

($\omega = 2\pi N/t$ = Winkelgeschwindigkeit des Karussells mit der Drehfrequenz N/t. πr^2 ist die von beiden Lichtwegen 1 und 2 umfasste Fläche).

Infolgedessen hat das Lichtbündel 1 einen um s längeren Weg zu durchlaufen, das Lichtbündel 2 einen um s kürzeren. Auf diese Weise entsteht zwischen den beiden Lichtbündeln als Folge der Rotation ein Gangunterschied

$$\Delta = 2s = \frac{2\omega\pi r^2}{c}. \tag{365}$$

Der Gangunterschied ergibt eine Verschiebung der Interferenzstreifen. Sie lässt sich unschwer um den Faktor 4 vergrößern. Erstens legt man die Punkte A und B nebeneinander und *lässt beide Lichtbündel den vollen Karussellumfang durchlaufen.* So verdoppelt man Weg und Streifenverschiebung. Zweitens wechselt man den Drehsinn während des Versuches und verdoppelt dadurch die Streifenverschiebung nochmals. So ergibt sich als Gesamtgangunterschied

$$\Delta = \frac{8\omega\pi r^2}{c} \quad \text{oder} \quad \frac{\Delta}{\lambda} = \frac{8\omega\pi r^2}{c\lambda}. \tag{366}$$

Zahlenbeispiel: Es soll ein Gangunterschied $\Delta = \lambda/3$ erreicht werden, also mit Wechsel des Drehsinns eine Streifenverschiebung von 1/3 Streifenabstand. Es ist für gelbes Licht $\lambda = 0{,}6\,\mu\text{m} = 6 \cdot 10^{-7}\,\text{m}$, ferner $c = 3 \cdot 10^8\,\text{m/sec}$. Also muss das Produkt $N\pi r^2/t = 1{,}2\,\text{m}^2/\text{sec}$ gemacht werden. Das lässt sich experimentell auf recht verschiedene Weise erreichen. Beispiele:

1. Karussell mit $1{,}2\,\text{m}^2$ Fläche und $N/t = 1/\text{sec}$, d. h. ein Umlauf pro Sekunde.

2. Die Interferenzanordnung wird an Bord eines Schiffes aufgestellt. Der Strahlengang umfasst eine Fläche $\pi r^2 = 120\,\text{m}^2$, und das Schiff durchfährt in 100 sec einen vollen Kreis, also $N/t = 10^{-2}/\text{sec}$ (bei Drehbewegungen ist die Winkelgeschwindigkeit von der Orientierung der Drehachse unabhängig).

3. Der Strahlengang umfasst (durch oberirdische luftleere Rohrleitungen geschützt) eine Fläche der Größenordnung $\pi r^2 = 10^5\,\text{m}^2$. Dann genügt als Winkelgeschwindigkeit $\omega = 2\pi N/t$ die zur Erde oder, strenger, ihre zum Beobachtungsort senkrechte Komponente. So erhält man ein optisches Analogon zum FOUCAULT'schen Pendelversuch (Bd. 1, § 62).

Man kann die Erde weder anhalten noch ihren Drehsinn ändern. Infolgedessen verlangt die Bestimmung der ursprünglichen Streifenlage einen Kunstgriff: Man lässt das Licht der Interferenzanordnung erst eine verschwindend kleine Fläche umfassen, und dann später die große. So verliert man zwar in Gl. (366) einen Faktor 2, aber trotzdem hat der von A. A. MICHELSON (1925) ausgeführte Versuch ein einwandfreies Ergebnis geliefert.

Keine dieser Ausführungsformen eignet sich für Schauversuche. Die Sicherung der Anordnung gegen Störungen durch Zentrifugalkräfte und Temperaturschwankungen erfordert erheblichen Aufwand. Deswegen ließen wir es oben mit dem einfachen Schema, ohne Einzelheiten des Strahlenganges, bewenden.[K4]

K4. Das hier beschriebene nach G. SAGNAC benannte Interferometer hat heute zur Messung von Winkelgeschwindigkeiten praktische Bedeutung („optische Kreisel" oder „Ringlaser-Kreisel").

§ 202. Der DOPPLER-Effekt des Lichtes.

Bei mechanischen Wellen, z. B. Schallwellen, kann sich sowohl der Empfänger als auch der Sender gegenüber dem Überträger der Wellen, z. B. Luft, bewegen. Ihre Geschwindigkeit u lässt sich sauber definieren und messen. — Bei beiden Bewegungen stimmt die vom Empfänger beobachtete Frequenz ν' nicht mit der des Senders überein. Das nennt man den DOPPLER-Effekt. Man bekommt (Bd. 1, § 114) bei Bewegung des Empfängers (c = Schallgeschwindigkeit)

$$\nu' = \nu\left(1 \pm \frac{u}{c}\right), \tag{367}$$

hingegen bei Bewegung des Senders (obere Vorzeichen für Abstandsverminderung)

$$\nu' = \frac{\nu}{\left(1 \mp \frac{u}{c}\right)} = \nu\left(1 \pm \frac{u}{c} + \frac{u^2}{c^2} \pm \ldots\right). \tag{368}$$

Wir wollen uns zunächst auf kleine Werte des Verhältnisses u/c beschränken und daher das Glied u^2/c^2 sowie alle höheren vernachlässigen. Dann sind die Gln. (367) und (368) nicht mehr verschieden. Die beobachtete Frequenzänderung $(\nu' - \nu)$ hängt dann nur noch von der *Relativ*geschwindigkeit u zwischen Sender und Empfänger ab. Es gilt

$$\nu' = \nu\left(1 \pm \frac{u}{c}\right). \tag{369}$$

Lässt man die Beschränkung auf kleine Werte von u/c fallen, d. h. wenn die Beobachtungsgenauigkeit auch das Glied zweiter Ordnung u^2/c^2 erfasst, dürfen die in der Mechanik geltenden Gln. (367) und (368) *nicht* auf die Optik übertragen werden. In der Optik darf man nicht zwischen bewegtem Sender und bewegtem Empfänger unterscheiden. Die beiden Gln. (367) und (368) sind durch eine einzige zu ersetzen, nämlich (c = Lichtgeschwindigkeit)

$$\nu' = \nu\left(1 \pm \frac{u}{c}\right) \Big/ \sqrt{1 - \frac{u^2}{c^2}} = \nu\left(1 \pm \frac{u}{c} + \frac{1}{2}\frac{u^2}{c^2} \pm \ldots\right). \tag{370}$$

Zur Herleitung dieser Gleichung benutzt man die LORENTZ-Transformationen (s. Elektrizitätslehre, 21. Aufl., Kap. 7). Die experimentelle Prüfung der Gl. (370) ist erst 1938 an Ionenstrahlen erfolgreich durchgeführt worden.

Für qualitative Schauversuche eignet sich das in Abb. 517 skizzierte Ionenstrahlrohr. Die Geschwindigkeit u muss einige Zehntel der Lichtgeschwindigkeit c betragen.

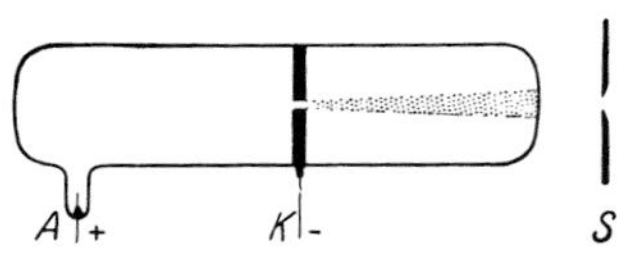

Abb. 517. Einfaches Ionenstrahlrohr zur Beobachtung des DOPPLER-Effektes[K5]

K5. Es handelt sich hier genau genommen um den *longitudinalen* DOPPLER-Effekt. Es gibt daneben auch einen, allerdings viel geringeren, *transversalen* DOPPLER-Effekt (siehe 13. Aufl. der „Optik und Atomphysik", Kap. 9, § 6).

Zwischen der Kathode K und der Anode A befindet sich Wasserstoff mit einem Druck von etwa 10^{-3} mm Hg ($\approx 0{,}1$ Pascal). Eine Spannung von etwa 30 000 Volt erzeugt eine selbständige Entladung. Aus dem Kanal schießen positiv geladene Wasserstoffionen heraus (Kanalstrahlen, s. Elektrizitätslehre, 21. Aufl., Kap. 19). Beim Zusammenstoß mit den ruhenden Wasserstoffmolekülen entstehen schnell bewegte angeregte Wasserstoffatome, die Licht emittieren. Man beobachtet in der Flugrichtung der Wasserstoffionen mit einem Spektralapparat und sieht das in Abb. 518 wiedergegebene Bild. Es zeigt eine Verschiebung der Spektrallinien in Richtung kürzerer Wellenlängen, also größerer Frequenz.

Die Vorführung des optischen DOPPLER-Effektes mit mechanisch bewegten Lichtquellen rechtfertigt nicht den erforderlichen Aufwand. Sie zeigt nicht mehr als irgendein Interferenzversuch, bei dem ein Spiegel in oder entgegen der Lichtrichtung mit der Geschwindigkeit u bewegt wird. Wir wählen für ein Beispiel einen aus zwei spiegelnden Flächen gebildeten Luftkeil (Abb. 441). Wir verschieben die eine Fläche langsam und ändern so stetig den Gangunterschied der beiden einander durchschneidenden Wellenzüge. Dabei wandern die Streifen durch das Gesichtsfeld, die Bestrahlungsstärke an einem bestimmten *Ort* des Gesichtsfeldes schwankt periodisch etwa N-mal während der Zeit t. Infolge des DOPPLER-Effektes ist die Frequenz des reflektierten Wellenzuges um den Betrag $\Delta\nu = 2u/\lambda$ gegen die Frequenz ν des einfallenden Wellenzuges verändert. Die Überlagerung beider Wellenzüge ergibt Schwebungen mit der Frequenz $\nu_s = N/t = \Delta\nu$. (vgl. Bd. 1, § 130)

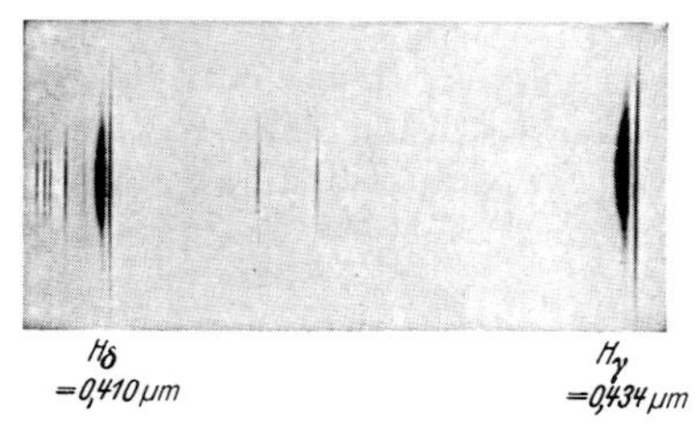

Abb. 518. DOPPLER-Effekt im Spektrum von H-Ionenstrahlen. Die scharfen Linien H_δ und H_γ rühren von ruhenden Atomen her (BALMER-Serie, s. Optik und Atomphysik, 13. Aufl., Abb. 14.11), die links anschließenden breiten von den mit uneinheitlicher Geschwindigkeit bewegten.

Der optische DOPPLER-Effekt hat für die Astronomie außerordentliche Bedeutung gewonnen. Man beobachtet in Spektren ferner Fixsterne oder Sternsysteme die Linienspektren bekannter Elemente oft in Richtung längerer oder kürzerer Wellen verschoben. Diese Verschiebung deutet man in der Mehrzahl der Fälle wohl einwandfrei als DOPPLER-Effekt. Aus seiner Größe berechnet man die Radialgeschwindigkeit u_r zwischen den Sternen und uns. Besonders große Verschiebungen, und zwar immer in Richtung längerer Wellen („Rotverschiebungen"), beobachtet man in den Spektren der außergalaktischen Spiralnebel (Milchstraßensysteme). Sie führen überraschenderweise auf Radialgeschwindigkeiten bis zu einigen Zehnteln der Lichtgeschwindigkeit.

Dabei sind alle Geschwindigkeiten von der Erde fortgerichtet, ihre Größe steigt *proportional* zur Entfernung der Nebel von uns. Das wird durch das Teilbild a in Abb. 519 veranschaulicht (E = Erde). Die Strichlängen entsprechen den Geschwindigkeiten. Die heute beobachtbaren Entfernungen gehen bis zu $5 \cdot 10^8$ Lichtjahren.

Diese von E. HUBBLE entdeckte Beziehung scheint unserer Erde eine unwahrscheinliche Sonderstellung zuzuschreiben. Dem ist aber nicht so. Das Teilbild a kann auch das Wettrennen von Schülern darstellen. Anfänglich waren alle Schüler am Ort E um den Lehrer geschart. Dann haben alle im gleichen Zeitpunkt ihren Lauf in beliebiger Richtung begonnen; ihr Ziel ist ein ferner, um E geschlagener Kreis. Im Augenblick der Beobachtung zeigt jeder schwarze Punkt im Teilbild a den Ort eines Läufers und die Strichlänge seine *Geschwindigkeit* an. Die seit dem Start in E zurückgelegten Entfernungen sind proportional zur Geschwindigkeit der Läufer. Die schnellsten Läufer sind am weitesten gekommen.

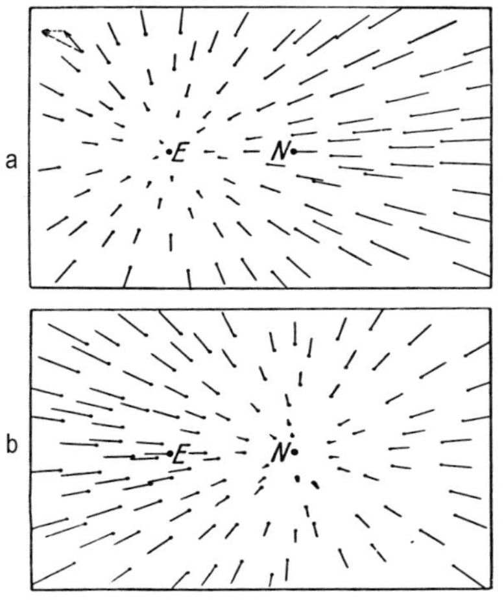

Abb. 519. Zur radialen Fluchtbewegung der Spiralnebel, erhalten aus der „Rotverschiebung" der Spektrallinien. Oben E, unten N Standpunkt des Beobachters.

Das Teilbild b zeigt das gleiche Wettrennen, beobachtet im gleichen Zeitpunkt, jedoch nicht vom Standpunkt des Lehrers E, sondern von dem eines beliebigen, am Lauf beteiligten Schülers N. Das Bild b geht sehr einfach aus dem Bild a hervor. Man braucht nur den zu N gehörigen Geschwindigkeitsvektor im Teilbild a von allen übrigen, im Teilbild a vorhandenen Geschwindigkeitsvektoren zu subtrahieren (links oben für ein Beispiel gestrichelt). Jetzt steht nicht mehr E, sondern N im Mittelpunkt der allgemeinen radialen Fluchtbewegung.

XXIV. Polarisiertes Licht

§ 203. Unterscheidung von Transversal- und Longitudinalwellen. In der Mechanik haben wir Transversal- und Longitudinalwellen zu unterscheiden gelernt. Die Abb. 520 zeigt als Beispiel zwei „Momentbilder". Das obere zeigt eine Transversalwelle, z. B. längs eines Seiles. Man sieht Wellenberge und -täler. Das untere Momentbild zeigt eine Longitudinalwelle, z. B. eine Schallwelle in einem Rohr. Man sieht Verdichtungen und Verdünnungen[1]. — Eine Longitudinalwelle zeigt um ihre Laufrichtung herum ein allseitig gleiches Verhalten, eine Transversalwelle hingegen kann eine ausgesprochene „Einseitigkeit" besitzen. Sie kann, wie in Abb. 520 oben, „linear polarisiert" sein. Das soll näher ausgeführt werden.

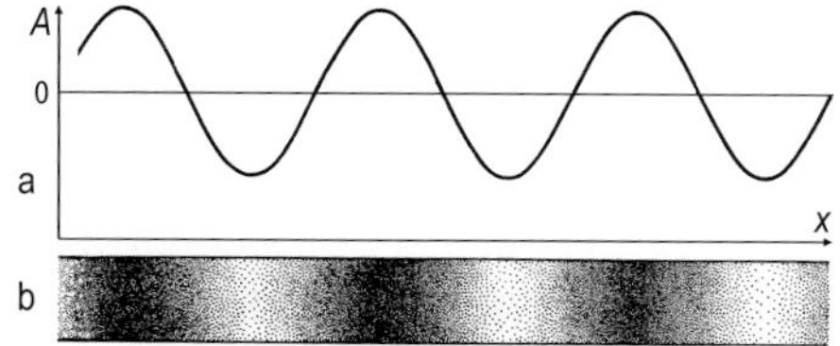

Abb. 520. Momentbild a einer Transversalwelle (A = Auslenkung), b einer Longitudinalwelle

Man blicke senkrecht zur Laufrichtung der Welle und betrachte die Versuche. Zunächst sei die Blickrichtung senkrecht zur Papierebene gestellt: Beide Wellenvorgänge erscheinen in voller Deutlichkeit. Dann denke man sich die Blickrichtung in die Papierebene gelegt: Am Aussehen der Longitudinalwelle hat sich nichts geändert, die Transversalwelle hingegen ist unsichtbar geworden. Man sieht das Seil nur noch als ruhende gerade Linie. Die Transversalwelle besitzt also in Abb. 520 eine Einseitigkeit, genannt „Polarisation" und gekennzeichnet durch eine „Schwingungsebene". Der Vorgang der Transversalwelle wird unsichtbar, wenn sich das Auge in der Schwingungsebene befindet.

In der Mechanik kann also Polarisation nur bei Transversalwellen auftreten. Aber man hüte sich vor der Umkehr des Satzes: Das Fehlen der Polarisation spricht nicht gegen Transversalwellen. Bei Transversalwellen kann nämlich die Lage der Schwingungsebene rasch und regellos wechseln. Dann fehlt auch bei Transversalwellen *im zeitlichen Mittel* eine Polarisation.

Trotzdem ist auch in diesem Fall eine experimentelle Entscheidung zwischen Longitudinal- und Transversalwellen möglich. Das veranschaulichen wir wieder mit einem mechanischen Versuch. In Abb. 521 erzeugt eine Hand Transversalwellen auf einem langen Gummiseil. Die Hand hat feste Frequenz und Amplitude, wechselt aber dauernd und regellos ihre Schwingungsrichtung. Infolgedessen wechselt die Schwingungsebene der Wellen regellos, die Wellen erfüllen einen zylindrischen Bereich mit der Laufrichtung als Achse. Der Schnitt des Zylinders mit der Zeichenebene ist durch zwei gestrichelte Geraden angedeutet. Dann kommt der wesentliche Punkt. Bei P durchsetzt das Seil einen schmalen Spalt. Dieser Spalt wirkt als „Polarisator". Er sondert aus dem Gemisch der rasch wechselnden

[1] Abb. 520 ist als „Momentfotografie" zweier *Experimente* zu denken. Zeichnerisch lässt sich auch jede Longitudinalwelle mit einer Wellenlinie darstellen. In der Zeichnung einer Schallwelle kann dann die Ordinate die Luftdichte bedeuten, also Wellenberg gleich Verdichtung.

K. Lüders, R. O. Pohl (Hrsg.), *Pohls Einführung in die Physik*
DOI 10.1007/978-3-642-01628-8, © Springer 2010

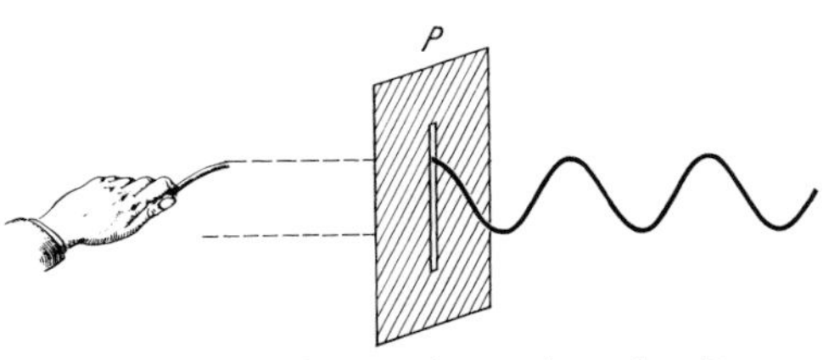

Abb. 521. Ein Spalt P als Polarisator bei mechanischen Transversalwellen

Schwingungsebenen eine einzige feste Schwingungsebene aus. Diese liegt in Abb. 521 parallel zur Papierebene. Daher kann rechts vom Polarisator P eine linear polarisierte Welle beobachtet werden. Ihre Polarisation zeigt eindeutig den Charakter der zum Polarisator laufenden Wellen: Es sind Transversalwellen.

§ 204. Licht als Transversalwelle. Die in der Mechanik gewonnenen Erkenntnisse sind sinngemäß auf die Optik zu übertragen. — Soll man das Licht mit Longitudinal- oder mit Transversalwellen beschreiben?

Wir knüpfen an die Grundbeobachtung der Optik an, die sichtbare Spur des Lichtes in einem trüben Mittel. Als solches wählen wir Wasser mit feinen Schwebeteilchen. Das Lichtbündel zeigt rings um seine Längsrichtung herum ein allseitig gleiches Aussehen, man beobachtet *keine* Polarisation. Aber erst ein *positiver* Befund, das Auftreten einer Polarisation, kann Longitudinalwellen ausschließen und eindeutig zugunsten von Transversalwellen entscheiden. Diesen positiven Befund erhält man auf folgendem Weg:

Erasmus Bartholinus, ein Däne, hat 1669 die *Doppelbrechung* entdeckt. Er ließ ein Lichtbündel n senkrecht auf eine Platte aus isländischem Kalkspat ($CaCO_3$) fallen (Abb. 522). Dabei fand er eine Aufspaltung des Lichtbündels in zwei Teilbündel. — Das eine der beiden, das mit o bezeichnete, durchsetzt die Kristallplatte ohne Knickung in der ursprünglichen Richtung. Es zeigt also den gleichen Verlauf wie bei jeder senkrecht getroffenen Glasplatte. Man nennt das Teilbündel o daher das „ordentliche". Das andere Teilbündel ao erfährt trotz des senkrechten Auftreffens eine Brechung und verlässt den Kristall mit einer Parallelversetzung. Dies zweite Teilbündel heißt das „außerordentliche".

Es gibt mehrere Möglichkeiten, das eine der beiden Teilbündel auszuschalten. Im einfachsten Fall genügt schon die Blende B in Abb. 522. Sie lässt nur das ordentliche Lichtbündel hindurch. — Durch die Ausschaltung des einen Teilbündels entsteht aus einem doppelbrechenden Kristall ein *Polarisator*. Er leistet für das Licht die gleichen Dienste wie der Spaltpolarisator für die mechanischen Seilwellen (Abb. 521). Das wird der nächste Versuch ergeben.

Wir lassen das Licht einen Polarisator durchlaufen und verfolgen dann seine Spur in einem Behälter mit trübem Wasser (Abb. 523). Jetzt zeigt das Lichtbündel eine deutliche

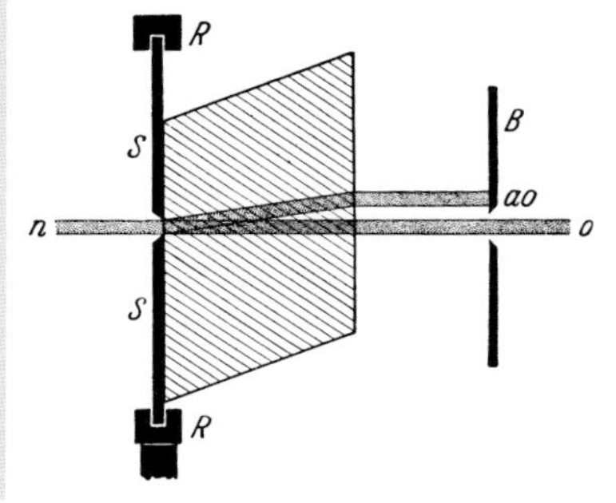

Abb. 522. Zur Vorführung der Doppelbrechung. Eine dicke Kalkspatplatte (natürliches rhomboedrisches Spaltstück) ist auf einer Scheibe SS befestigt. Diese kann innerhalb des Ringes RR um die Richtung n–o als Achse gedreht werden. Durch Hinzufügen der Lochblende B entsteht ein einfacher Polarisator. (Für § 206 ist die Richtung der optischen Achse schraffiert worden.)

Polarisation: Wir können, senkrecht auf das Lichtbündel blickend, das Auge rings um die Bündelachse herumführen. In zwei um 180° getrennten Stellungen vermag das Auge nichts vom Lichtbündel zu sehen. In dieser Stellung befindet sich das Auge innerhalb der Schwingungsebene. Die Lage dieser Schwingungsebene markieren wir am Polarisator mit einem Zeiger $\boldsymbol{E}$.

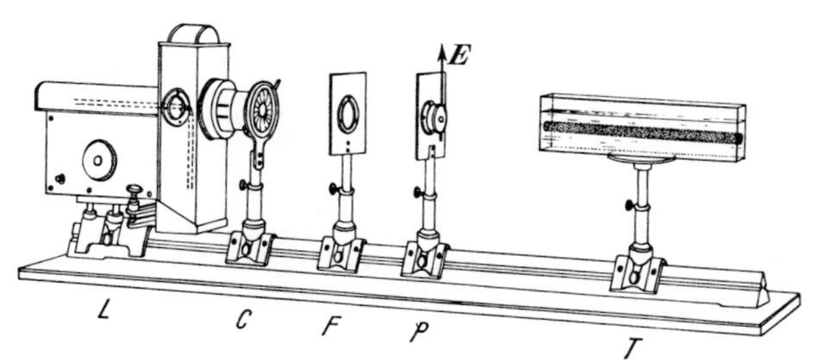

Abb. 523. Vorführung der Schwingungsebene des Lichtes. P = Polarisator (Das Wasser wird durch einen Zusatz getrübt, besonders bequem mit Styrofan (BASF), d. h. Kunststoffkügelchen, deren Durchmesser kleiner als die Lichtwellenlänge sind).[K1] **(Videofilm 30)**

K1. Das Lichtbündel wird durch *Streuung* (Kap. XXVI) sichtbar gemacht. John Tyndall, 1820–1893, irischer Physiker, beobachtete, dass kleine Schwebeteilchen in Flüssigkeiten zu Lichtstreuung führen können (Tyndall-Effekt), siehe Proc. Roy. Soc. (London), Bd. 17 (1868/69), S. 223, ein auch heute noch überaus lesenswerter Artikel.

Videofilm 30: „Polarisiertes Licht"

Nun können wir die Beobachtung bequemer gestalten. Wir behalten unsere Augenstellung bei, benutzen den Zeiger als Handgriff und drehen den Polarisator um die Bündelrichtung als Achse. So lässt sich der Wechsel zwischen guter Sichtbarkeit des Lichtbündels und völliger Unsichtbarkeit eindrucksvoll einem großen Kreis vorführen.

Wir fassen zusammen: Mithilfe eines Polarisators kann man Lichtbündel herstellen, denen man Transversalwellen mit einer festen Schwingungsebene zuordnen muss. *Das Lichtbündel wird unsichtbar, wenn sich das Auge innerhalb der Schwingungsebene befindet.* So kann man die Lage der Schwingungsebene im Polarisator festlegen und mit einem Zeiger markieren.

Durch die Entdeckung der Polarisation hat die Darstellung des Lichtes mithilfe von Wellen erheblich an Inhalt gewonnen. Wir können jetzt sagen: Unser oft benutztes Wellenschema, eine Wellenlinie, im einfachsten Fall eine Sinuslinie, bedeutet in der Optik das Bild einer *Transversalwelle*. Ihre „Ausschläge" können parallel zu einer Ebene erfolgen, die Lichtwelle kann linear polarisiert sein. Folglich ist der „Ausschlag" und sein Höchstwert, „Amplitude"[1] genannt, eine gerichtete Größe, ein quer zur Laufrichtung der Welle gerichteter Vektor. Wir wollen daher den „Ausschlag" einer Lichtwelle fortan den *Lichtvektor* nennen und ihn mit dem Buchstaben $\boldsymbol{E}$ bezeichnen.[K2] Über die physikalische Natur des Lichtvektors brauchen wir einstweilen keine Aussage zu machen. Wir beschränken uns, wie bisher, bei der Darstellung der optischen Erscheinungen auf das unbedingt Notwendige.

K2. Bei dem Buchstaben $\boldsymbol{E}$ handelt es sich gleichzeitig um den Vektor des elektrischen Feldes, mit dem Licht als elektromagnetische Welle beschrieben werden kann. Siehe Elektrizitätslehre, § 91.

§ 205. Polarisatoren verschiedener Bauart. Der in Abb. 522 skizzierte Polarisator liefert nur Lichtbündel von einigen Millimetern Durchmesser, anderenfalls benötigt man dicke und kostspielige Platten aus Kalkspat oder einem anderen doppelbrechenden Kristall. Zur Vermeidung dieses Nachteils hat man eine Reihe anderer Polarisatorkonstruktionen ersonnen.

Bei der ersten Gruppe schaltet man das eine der beiden Teilbündel durch *Reflexion* aus, und zwar durch Totalreflexion. Zu diesem Zweck zerschneidet man ein Kalkspatstück[2]

[1] Vgl. § 131, Schluss.

[2] Alle aus Kalkspat hergestellten Polarisatoren sind im Ultravioletten unbrauchbar. Kalkspat und vor allem der Kitt der Trennflächen absorbieren die kurzen Wellen. Ersatz in Abb. 528. Im Infraroten sind sie bis $\lambda = 2{,}5\,\mu\text{m}$ anwendbar.

in schräger Richtung (Abb. 524) und trennt die beiden Stücke durch eine durchsichtige Zwischenschicht von passender Brechzahl, d. h. einer, die zur Totalreflexion des ordentlichen Strahls führt (z. B. Kanadabalsam oder Leinöl). Bei guten Ausführungsformen sollen die beiden Endflächen senkrecht zur Längsrichtung stehen (Abb. 525). Bei diesen Formen erfährt das durchgelassene Teilbündel keine seitliche Versetzung, beim Drehen des Polarisators „schlägt" es nicht.

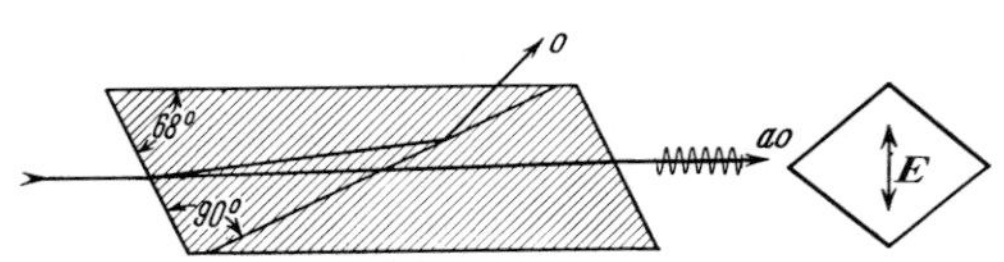

Abb. 524. Ein Nicol'sches Prisma, d. h. ein Polarisator nach William Nicol (1828) im Längs- und Querschnitt. Nur für bescheidene Ansprüche. Durchgelassen wird das außerordentliche Lichtbündel. Seine Schwingungsebene (Lichtvektor ***E***) liegt parallel zur kurzen Diagonale der rautenförmigen Querschnittsfläche. (Die optische Achse genannte Richtung ist durch Schraffierung angedeutet.)

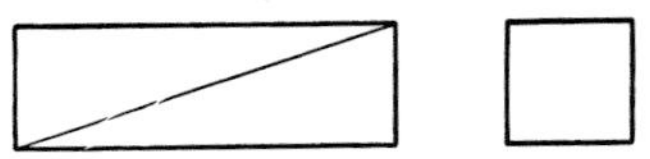

Abb. 525. Polarisator mit Endflächen senkrecht zur Längsachse. Bei einer guten Konstruktion nach Glan-Thompson umfasst das sehr gleichmäßig polarisierte Gesichtsfeld etwa 30°. Verschiedene, äußerlich ähnliche Ausführungsformen unterscheiden sich durch die Orientierung der Achsenrichtung des Kalkspats. Man muss daher bei Unkenntnis der Bauart die Lage der Schwingungsebene experimentell bestimmen, z. B. nach Abb. 523.

Bei der zweiten Gruppe von Polarisatoren schaltet man eines der beiden Teilbündel durch *Absorption* aus. Man benutzt „dichroitische" Stoffe. Diese sind doppelbrechend und absorbieren ihre beiden polarisierten Teilbündel verschieden stark. Im günstigsten Fall wird im ganzen sichtbaren Spektralbereich die eine Schwingungskomponente praktisch ungeschwächt hindurchgelassen, die andere hingegen, die zu ihr senkrecht schwingende, völlig absorbiert. (Siehe auch Elektrizitätslehre, § 93.) Die brauchbarsten Ausführungsformen sind heute die „Polarisationsfolien".[K3] Die eine Sorte enthält in einem festen Bindemittel parallel orientierte winzige dichroitische Kristalle. Die andere Sorte besteht aus Filmen durchsichtiger Kunststoffe mit stabförmigen Bauelementen (Miszellen). Diese Stäbchen werden bei der Herstellung der Filme durch mechanische Deformation parallel orientiert und mit oberflächlich adsorbierten Farbstoffen überzogen. Nach diesem Verfahren (E. Käsemann) kann man auch Polarisationsfolien für ultraviolette und für infrarote Spektralbereiche herstellen.

K3. Solche Polarisationsfolien sind im einschlägigen Fachhandel mit Abmessungen bis zu 1/2 m und mehr zu erhalten. Sie eignen sich u. a. gut für Demonstrationsexperimente, z. B. auf einem Overhead-Projektor.

Eine dritte Art von Polarisatoren wird in § 217 beschrieben (Polarisation durch Reflexion).

§ 206. Doppelbrechung, insbesondere von Kalkspat und Quarz. Polarisiertes Licht spielt in der Optik eine große Rolle. Es wird uns in den späteren Kapiteln ständig begegnen. Wichtige Hilfsmittel zur Herstellung und Untersuchung von polarisiertem Licht beruhen auf der Doppelbrechung der Kristalle. Auch deswegen müssen wir uns mit einigen weiteren Tatsachen aus dem Gebiet der Doppelbrechung bekannt machen.

Quarzkristalle sind allgemein in der Form sechsseitiger Säulen bekannt. Auch Kalkspat wird in der gleichen Form gefunden, bekannter sind allerdings seine rhomboedrischen Spaltstücke.

Wir legen zwei Flächen senkrecht zur Längsrichtung der Säule und lassen ein schmales Lichtbündel parallel zur Längsrichtung einfallen. Dann durchläuft das Lichtbündel den

Kristall ohne jede Knickung, es fehlt die Aufspaltung des Bündels in zwei räumlich voneinander getrennte Teilbündel (Abb. 522). — Die Längsrichtung der sechsseitigen Säule ist also optisch ausgezeichnet, in ihr gibt es keine Doppelbrechung. Diese ausgezeichnete *Richtung* wird — nicht gerade geschickt — *optische Achse* genannt. (Achse bezeichnet hier also abweichend vom üblichen Sprachgebrauch eine Richtung, nicht eine Linie!) Jede die optische Achse enthaltende Ebene wird *Kristallhauptschnitt*[1] genannt. Diesen Begriff werden wir oft gebrauchen.

Für den nächsten Versuch nehmen wir zwei geometrisch gleiche Kalkspatprismen wie in Abb. 526 untereinandergestellt. Im oberen Prisma liegt die optische Achse parallel zur Prismenbasis, im unteren senkrecht zu ihr. Beides ist durch Schraffierung angedeutet.

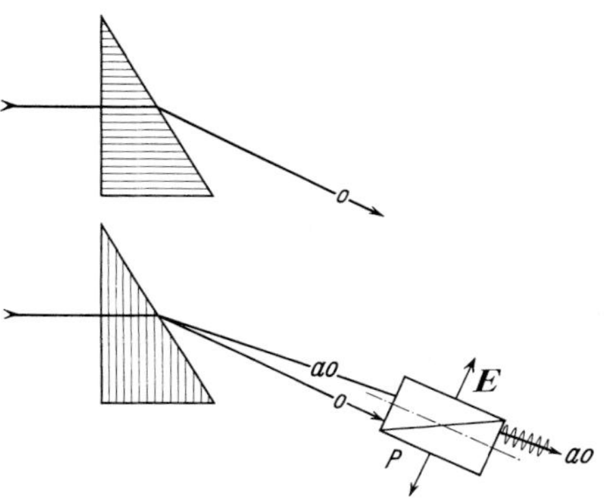

Abb. 526. Zur Doppelbrechung des Kalkspats. Die optische Achse genannte Richtung ist schraffiert, die Schwingungsebene des außerordentlichen Strahles ist bildlich angedeutet. Der Prismenhauptschnitt ist zugleich Kristallhauptschnitt.

Das Licht fällt von links auf beide Prismen senkrecht auf. Im oberen Prisma läuft es parallel, im unteren senkrecht zur optischen Achse. Infolgedessen tritt nur im unteren Prisma Doppelbrechung auf, und nur dort erhalten wir zwei getrennte Teilbündel. Das stärker abgelenkte (*o*) verläuft ebenso wie beim oberen Prisma, also wie beim Fehlen der Doppelbrechung. Daher ist es das ordentliche. Das weniger abgelenkte Teilbündel (*ao*) ist das außerordentliche. Beide Teilbündel durchlaufen dann weiter einen Polarisator *P*. Seine Schwingungsrichtung ist durch den Doppelzeiger $\boldsymbol{E}$ markiert. In der gezeichneten Stellung lässt der Polarisator nur das außerordentliche Bündel passieren, nach einer Drehung um 90° (also $\boldsymbol{E}$ senkrecht zur Papierebene) jedoch nur das ordentliche. Folglich stehen die Schwingungsebenen der beiden Teilbündel senkrecht aufeinander. Die Schwingungsebene des außerordentlichen Bündels liegt innerhalb eines Kristallhauptschnittes, die des ordentlichen hingegen senkrecht zu ihm.

Aus den Ablenkwinkeln lassen sich die Brechzahlen berechnen. Man findet für grünes Licht

$$n_{\mathrm{ao}} = 1{,}49\,,$$
$$n_{\mathrm{o}} = 1{,}66\,.$$

Der außerordentliche Strahl wird schwächer gebrochen (Abb. 526 unten). Deswegen nennt man Kalkspat *negativ* doppelbrechend. Für Quarz gilt das Umgekehrte. Quarz ist *positiv* doppelbrechend.

[1] Zum Unterschied vom Prismenhauptschnitt, einer Ebene senkrecht zur brechenden Kante eines Prismas (§ 128, Anfang).

In Abb. 526 fällt der Strahl im Inneren des Kristalls entweder mit der optischen Achse zusammen (oben) oder steht senkrecht zu ihr (unten), d. h. der Winkel γ zwischen Strahl und optischer Achse war entweder null oder 90°. Man kann die Messungen jedoch auch für Zwischenwerte von γ wiederholen, z. B. gemäß Abb. 527 links. Die Brechzahl n_o des ordentlichen Strahls wird für jede Größe von γ gleich dem oben genannten Wert $n_o = 1{,}66$ gefunden. Die Brechzahl des außerordentlichen Strahls hingegen ändert sich mit α und γ. Sie erreicht für $\gamma = 90°$ ihren kleinsten Wert, für $\gamma = 0°$ ihren größten. Für $\gamma = 0°$ wird $n_{ao} = n_o$, d. h. in Richtung der optischen Achse verschwindet die Doppelbrechung.

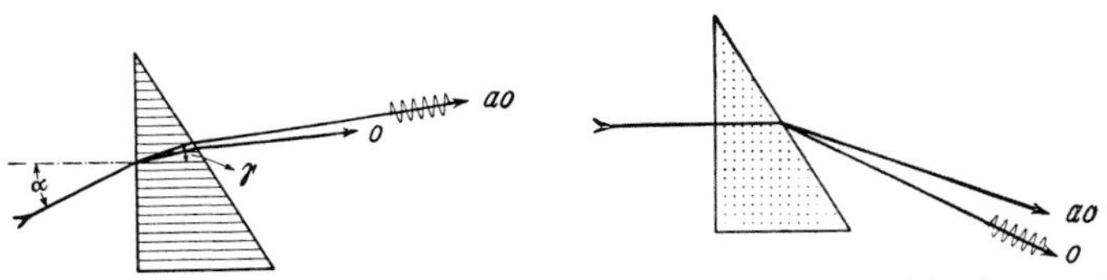

Abb. 527. Zur Doppelbrechung des Kalkspats. Links lassen sich die Brechzahlen bei verschiedenen Neigungswinkeln γ zwischen dem Strahl und der optischen Achse messen. Rechts hingegen ist γ konstant $= 90°$, weil die optische Achse parallel zur brechenden Kante des Prismas liegt.

In Abb. 527 rechts ist ein Prisma mit anderer Orientierung skizziert. Bei ihm liegt die optische Achse parallel zur brechenden Kante, also senkrecht zur Papierebene. Das ist durch Punktierung angedeutet. Die beiden Bündel stehen im Inneren des Kristalls bei jedem Einfallswinkel α auf der optischen Achse senkrecht, also ist γ immer $= 90°$. Folglich misst man für jeden Einfallswinkel die beiden oben genannten Brechzahlen $n_o = 1{,}66$ und $n_{ao} = 1{,}49$.

Die bisher in diesem Paragraphen behandelten Beispiele betreffen einige, auch für Anwendungen wichtige (Abb. 528) Sonderfälle: Sowohl die zuerst vom Licht getroffene Oberfläche als auch die Papierebene lagen parallel oder senkrecht zur optischen Achse. Ohne diese Einschränkung werden die Verhältnisse schon bei einachsigen Kristallen kompliziert.

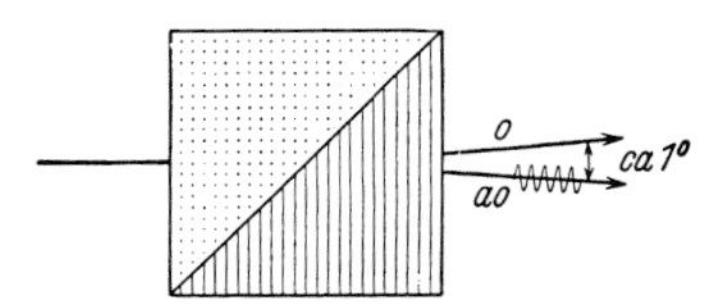

Abb. 528. Ein Doppelprisma aus Quarz liefert zwei nicht achromatisierte (s. § 144), symmetrisch abgelenkte Teilbündel (Wollaston). Es eignet sich, mit Wasser gekittet, zur Polarisation von ultraviolettem Licht. — Mit anderen Achsenrichtungen der Teilprismen kann man den ordentlichen Strahl unabgelenkt hindurchgehen lassen und dadurch achromatisieren. Man verliert aber die Hälfte der Bündeldivergenz (Rochon, Senarmont).

Den wesentlichen Punkt kann man gemäß Abb. 529 vorführen. Man benutzt die gleiche Anordnung wie in Abb. 522, lässt aber das Licht *schräg* einfallen und legt auf diese Weise mit dem Einfallswinkel α eine Einfallsebene fest. In der gezeichneten Stellung fällt die Einfallsebene mit einem Kristallhauptschnitt zusammen. Beide Teilbündel verlaufen in der Einfallsebene.

Dann wird die dicke Kalkspatplatte um das Einfallslot N langsam in Drehung versetzt. Dadurch verlässt die optische Achse die Einfallsebene. Für den ordentlichen Strahl ist das ohne Belang, er bleibt nach wie vor längs seines ganzen Weges in der Einfalls- oder Papierebene. Der außerordentliche Strahl hingegen läuft auch jetzt in einem Hauptschnitt

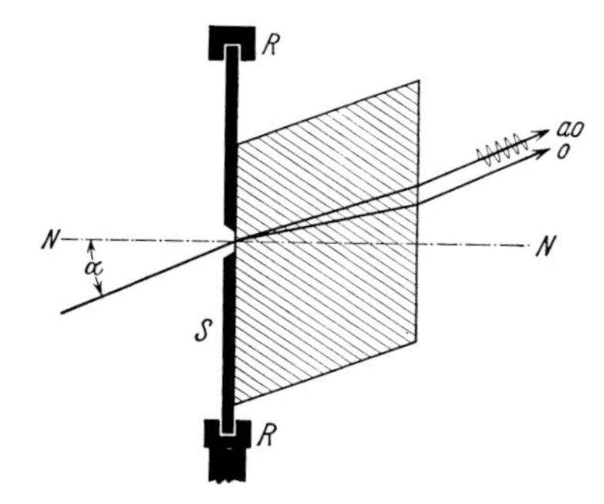

Abb. 529. Brechung außerhalb der Einfallsebene. Bei Drehung der Kalkspatplatte um das Einfallslot *NN* wird der außerordentliche Strahl die Einfallsebene (Papierebene) verlassen.

des Kristalls. Dieser Hauptschnitt geht durch das Einfallslot und die optische Achse hindurch. Er befindet sich nicht mehr in der Einfallsebene und umkreist während der Drehung den ordentlichen Strahl innen auf einem Kegel, außen auf einem Zylindermantel. Abgesehen von den oben behandelten Sonderfällen, erfolgt also die Brechung des außerordentlichen Strahles nicht in der Einfallsebene. *Das elementare Brechungsgesetz* (Abb. 337) *versagt.* Man kann die Brechung des außerordentlichen Strahles im allgemeinen Fall nur in einer räumlich-perspektivischen Darstellung beschreiben.

Noch komplizierter werden die Erscheinungen bei zweiachsigen Kristallen, d. h. bei Kristallen mit zwei von Doppelbrechung freien Richtungen. Bei ihnen gibt es überhaupt kein „ordentliches" Bündel. Beide Bündel sind „außerordentlich", d. h. bei beiden hängt die Brechzahl von der Richtung ab, und beide verlassen im Allgemeinen bei der Brechung die Einfallsebene. Die Schwingungsebenen beider Bündel stehen auch bei den zweiachsigen Kristallen stets senkrecht aufeinander. Für physikalische Zwecke braucht man aus der Gruppe zweiachsiger Kristalle oft Spaltstücke aus klarem *Glimmer*[1].

Glimmerplatten haben mechanisch ausgezeichnete Richtungen. Man lege die Platte auf eine Schreibunterlage und steche mit einer Stecknadel ein Loch in die Platte. Dabei entsteht die in Abb. 530 fotografierte *Schlagfigur.* Sie besteht aus einem sechsstrahligen Stern mit zwei langen Armen. Die Richtung der letzteren heißt die β-Richtung, die auf ihr senkrechte Plattenrichtung die γ-Richtung.

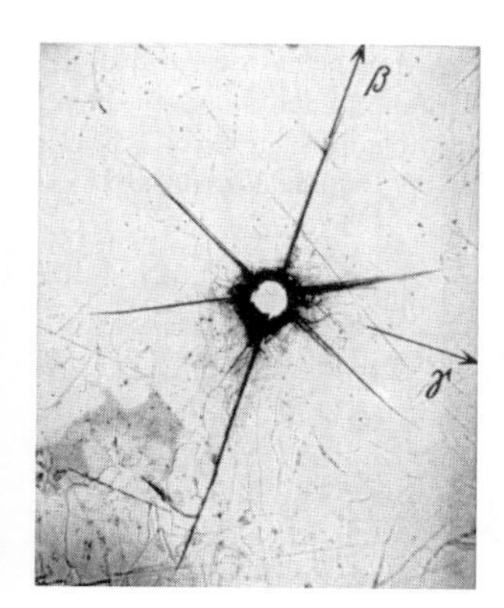

Abb. 530. Schlagfigur auf einem Glimmerblatt

Die beiden bei der Doppelbrechung entstehenden Lichtbündel schwingen parallel zur β-Richtung und zur γ-Richtung. Parallel zur β-Richtung schwingendes Rotfilterlicht (das

[1] Seine beiden optischen Achsen schließen im Kristall einen Winkel von 45° ein. Die Mittellinie dieses Winkels steht nahezu senkrecht auf den Spaltflächen (Abweichungen unter 2°). Die durch die beiden optischen Achsen gelegte Ebene schneidet die Spaltflächen in Abb. 530 in der Richtung γ.

im Kristall schnellere) hat die Brechzahl

$$n_\beta = 1{,}5908\,,$$

parallel zur γ-Richtung schwingendes Rotfilterlicht (das im Kristall langsamere) hat die Brechzahl

$$n_\gamma = 1{,}5950\,.$$

Für die Kristallkunde sind noch viele weitere Einzelheiten der Doppelbrechung wichtig, aber nicht für ihre physikalischen Anwendungen.

§ 207. Elliptisch polarisiertes Licht. In der Mechanik ist die Zusammensetzung zweier zueinander senkrecht stehender Sinus*schwingungen* behandelt worden (Bd. 1, § 25, s. auch Elektrizitätslehre, § 69 und Abb. 206). Bei gleicher Frequenz beider Schwingungen gibt es im allgemeinen Fall elliptische Bahnen; Kreis und gerade Linie erscheinen als Grenzfälle. Die Gestalt der Ellipsen kann nach Belieben verändert werden, wir nennen zwei Verfahren.

1. Man gibt den beiden zueinander senkrechten Sinusschwingungen x und y die Amplituden A und B und verändert die Phasendifferenz δ. In diesem Fall (Abb. 531) liegen die Achsen der Ellipse schräg zwischen den Richtungen der beiden einzelnen Schwingungen

$$x = A\sin(\omega t + \delta)\,,$$
$$y = B\sin(\omega t)$$

$$(\omega = 2\pi\nu = \text{Kreisfrequenz}).$$

Abb. 532 zeigt Beispiele für den Sonderfall $A = B$.

2. Man macht die Phasendifferenz δ beider Einzelschwingungen konstant = 90° und verändert das Verhältnis ihrer Amplituden. Dann liegen die Achsen der Ellipsen parallel zu den Richtungen der beiden Einzelschwingungen (Abb. 533).

Videofilm 14: „Zirkulare Schwingungen"

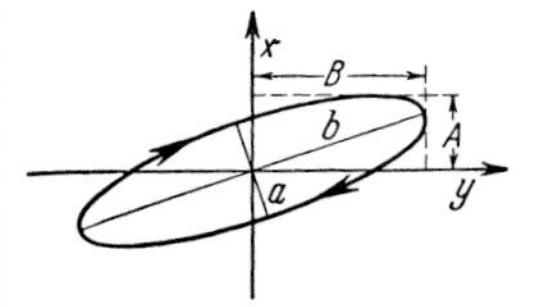

Abb. 531. Entstehung einer elliptischen Schwingung aus zwei zueinander senkrechten linearen Schwingungen mit den Amplituden A und B und der Phasendifferenz $\delta = 45°$. Die vertikale Schwingung längs der x-Achse ist zeitlich voraus. a und b sind die Halbachsen der Ellipse. **(Videofilm 14)**

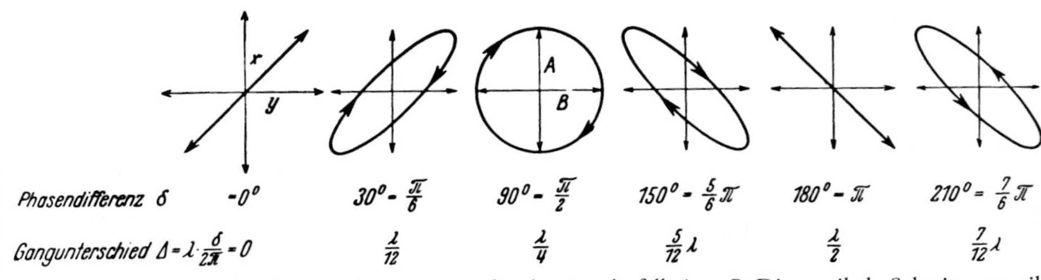

Abb. 532. Beispiele elliptischer Schwingungen für den Sonderfall $A = B$. Die vertikale Schwingung eilt der horizontalen mit einer Phasendifferenz δ *voraus*. Das heißt, die vertikalen Ausschläge beginnen früher mit positiven Werten als die horizontalen. — Will man diese Bilder auf fortschreitende Transversalwellen übertragen (dafür die Angaben der Gangunterschiede), so ergeben die Bilder den Schraubensinn für Licht, das in der positiven z-Richtung (also senkrecht von oben) auf die Papierebene einfällt. λ = Wellenlänge. Man beachte die Abb. 534d und e.

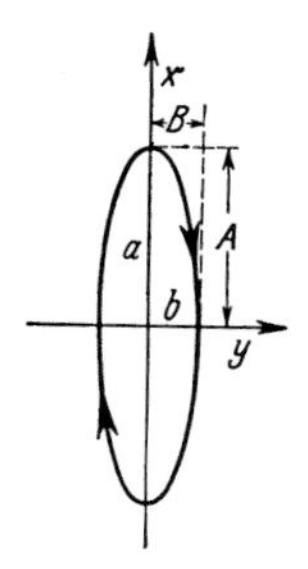

Abb. 533. Entstehung einer elliptischen Schwingung aus zwei zueinander senkrechten linearen Schwingungen mit den Amplituden A und B und der Phasendifferenz $\delta = 90°$. Die Halbachsen der Ellipse a und b sind gleich den Amplituden der linearen Schwingungen A und B.

In entsprechender Weise kann man mit zwei fortschreitenden, linear polarisierten *Wellen* verfahren. Man stellt ihre Schwingungsebenen senkrecht zueinander und addiert an jedem Punkt ihres Weges die „Lichtvektoren".

Wir wollen die Zusammensetzung der Wellen und die Gestalt zirkularer und elliptisch polarisierter Wellen an zwei Beispielen mit perspektivischen Zeichnungen klarmachen (Abb. 534). Diese stellen — wie alle Bilder fortschreitender Wellen — *Momentaufnahmen* dar. Als Laufrichtung wird die z-Achse von links vorn nach rechts hinten benutzt (Abb. 534a). Der Beobachter blickt in der Lichtrichtung z.

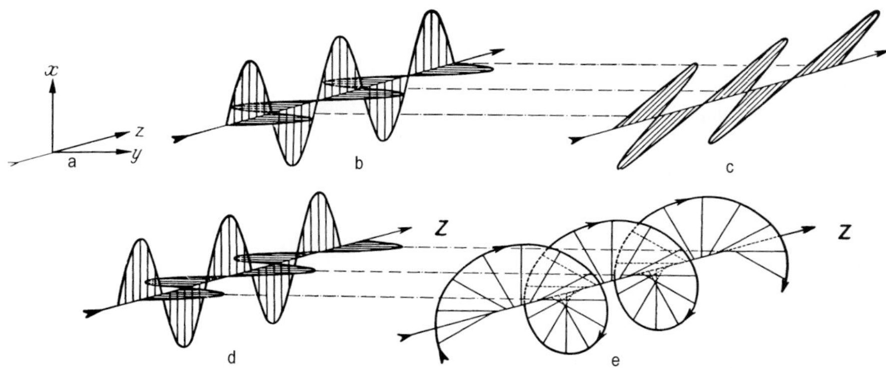

Abb. 534. Zusammensetzung zweier zueinander senkrecht schwingender Transversalwellen, die in der z-Richtung fortschreiten und gleiche Amplituden besitzen. Momentbilder. Positive x-Achse nach oben, positive y-Achse horizontal nach rechts. Im Teilbild d eilt die horizontal schwingende Transversalwelle der vertikal schwingenden um $\lambda/4$ voraus. Die Pfeilspitzen längs des Schraubenumfanges sollen nur die Gestalt der Schraube besser hervortreten lassen. *Die Schraubenfläche rotiert beim Vorrücken der Welle keineswegs um z als Achse. Man denke sich vielmehr die ganze Schraubenfläche ohne Drehung in Richtung z mit der für die Wellen charakteristischen Geschwindigkeit bewegt.* Eine hinten rechts zu z senkrecht stehende Bezugsebene wird dann zeitlich nacheinander von den einzelnen Vektoren (Stufen der Wendeltreppe) durchschnitten. Die Schnittlinie kreist für einen gegen die Laufrichtung z blickenden Beobachter mit dem Uhrzeiger. Es ist eine *rechtszirkulare* Lichtwelle. Eilt die horizontal schwingende Transversalwelle mit einem Gangunterschied von $3\lambda/4$ voraus, so zeigt das Momentbild eine Linksschraube (*linkszirkulare* Lichtwelle).

In Abb. 534b haben die beiden Teilwellen gleiche Amplituden, und ihr Gangunterschied Δ ist null. Bei der Zusammensetzung der Vektoren entsteht wieder eine linear polarisierte Welle. Ihre Schwingungsebene ist um 45° gegen die Vertikale geneigt (Abb. 534c).

In Abb. 534d haben die beiden Teilwellen ebenfalls gleiche Amplituden, jedoch eilt die horizontal schwingende der vertikal schwingenden um $\Delta = \lambda/4$ voraus. Durch Zusammensetzung der Vektoren entsteht eine zirkular polarisierte Welle. In ihrem Momentbild erzeugt die Gesamtheit aller Vektoren eine Schraubenfläche oder Wendeltreppe mit der

Laufrichtung z als Achse. — In je zwei um eine Wellenlänge voneinander entfernten Punkten haben die Vektoren die gleiche Richtung, ein Umlauf der Schraubenfläche entfällt auf eine Wellenlänge.

Dies allgemeine, für jede Art von Transversalwellen gültige Schema lässt sich zur Beschreibung wichtiger, mit der Doppelbrechung verknüpfter Vorgänge benutzen. Das zeigen wir anhand der Abb. 535. — Aus dem Kondensor C fällt angenähert parallel gebündeltes Licht durch ein Rotfilter F auf einen Polarisator P. Seine Schwingungsebene, kenntlich am Zeiger $\boldsymbol{E}$, steht unter 45° zur Vertikalen geneigt. Das linear polarisierte Licht trifft dann senkrecht auf eine doppelbrechende Glimmerplatte G. In der Glimmerplatte zerfällt das Lichtbündel durch Doppelbrechung in zwei Teilbündel. Das im Kristall schnellere hat eine vertikale, das im Kristall langsamere eine horizontale Schwingungsebene. Beide Bündel überlappen sich, im Unterschied von Abb. 522, bei der geringen Plattendicke d praktisch vollständig, und zwar sowohl im Kristall als auch rechts hinter ihm.

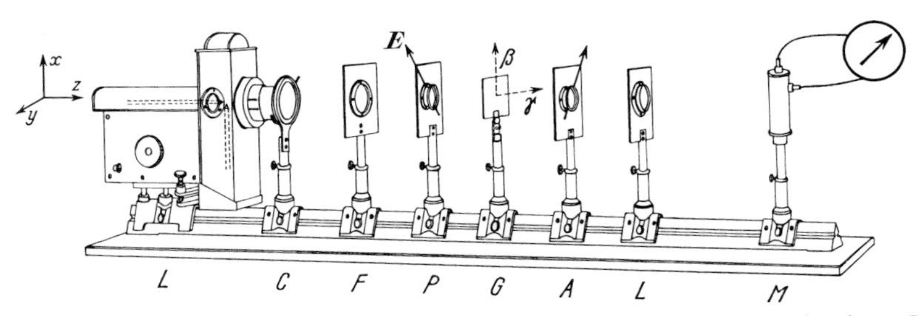

Abb. 535. Zur Herstellung von elliptisch polarisiertem Licht mithilfe eines Glimmerplättchens G. β und γ sind die aus Abb. 530 bekannten Richtungen. Ohne den Strahlungsmesser M dient die Anordnung außerdem zur Vorführung von Interferenzerscheinungen von parallel gebündeltem Licht (§ 208).

Nach dem Austritt aus der doppelbrechenden Platte G besteht zwischen den beiden Lichtbündeln ein Gangunterschied (d. h. Differenz der optischen Weglängen, § 125)

$$\Delta = d(n_\gamma - n_\beta)\,. \tag{371}$$

Wir setzen die oben (S. 342) für die Brechzahl von Rotfilterlicht ($\lambda = 650\,\text{nm} = 6{,}5 \cdot 10^{-4}\,\text{mm}$) angegebenen Werte ein und erhalten

$$\Delta = 42 \cdot 10^{-4} d$$

oder

$$\frac{\Delta}{\lambda} = \frac{42 \cdot 10^{-4}}{6{,}5 \cdot 10^{-4}\,\text{mm}} \cdot d = 6{,}5\,\frac{d}{\text{mm}}\,. \tag{372}$$

Infolge des Gangunterschiedes setzen sich die beiden senkrecht zueinander schwingenden Lichtbündel zu einem elliptisch polarisierten Lichtbündel zusammen (natürlich einschließlich der Grenzfälle „zirkular“ und „linear“).

Zum Nachweis der Polarisationsart dient nun der rechts von G folgende Teil der Anordnung: Das wesentliche Stück ist ein zweiter Polarisator A, in dieser Verwendungsart „Analysator“ genannt. Das von ihm durchgelassene Licht fällt auf eine Linse L, und diese bildet G entweder auf dem Strahlungsmesser M (z. B. Photozelle) oder auf einem Wandschirm ab. — So weit die Anordnung des Versuches, jetzt seine Ausführung:

Man versetzt den Analysator in gleichförmige, langsame Drehung. Gleichzeitig beobachtet man die Ausschläge des Strahlungsmessers für verschiedene Winkel ψ zwischen den Schwingungsebenen des Analysators und des Polarisators. Beispiele:

1. Leerversuch ohne Glimmerblatt G (d. h. $d = 0$). Zum Analysator gelangt nur linear polarisiertes Licht. Der Analysator lässt vom Lichtvektor $\boldsymbol{E}$ des ankommenden Lichtes

jeweils nur die Komponente in seiner Durchlassrichtung, mit dem Betrag $E \cos \psi$ passieren. Die durchgelassene Strahlungsleistung muss also proportional zu $\cos^2 \psi$ sein. Dem entspricht die Messung, man findet ihre Ergebnisse, mit Polarkoordinaten dargestellt, in Abb. 536, Kurve *I*.

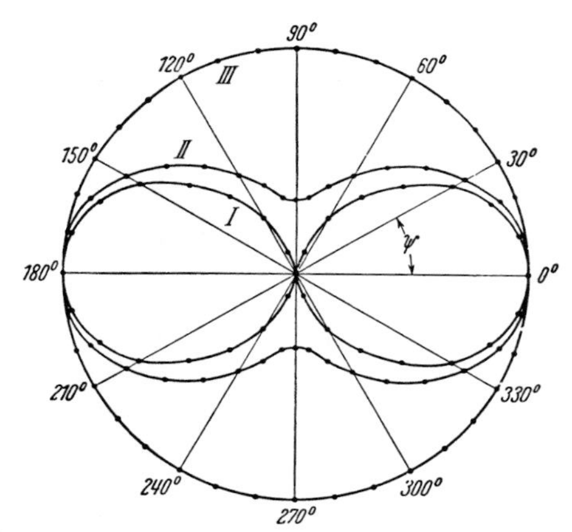

Abb. 536. Die vom Analysator in Abb. 535 durchgelassene Strahlungsleistung (Relativwerte), dargestellt durch die Länge der Fahrstrahlen. ψ ist der Winkel zwischen der Schwingungsebene des Analysators und der des Polarisators. Kurve *I* bedeutet linear, *II* elliptisch, *III* zirkular polarisiertes Licht.

Die Nullwerte erscheinen für $\psi = 90°$ und $= 270°$. Das heißt, zwei „gekreuzte" Polarisatoren (*P* und *A*) lassen kein Licht von der Lampe zum Beobachtungsort gelangen.

2. Es wird ein Glimmerblatt der Dicke $d = 0{,}154$ mm eingeschaltet. Diese erzeugt nach Gl. (372) einen Gangunterschied $\Delta = \lambda$. Das Licht bleibt linear polarisiert, man erhält wieder Kurve *I*. Das Gleiche gilt für Glimmerblätter von einem ganzzahligen Mehrfachen obiger Dicke, also mit Gangunterschieden $\Delta = 2\lambda$, 3λ usw.

3. Glimmerblatt 0,077 mm dick. $\Delta = \lambda/2$. Man erhält wieder eine Kurve der Gestalt *I*, jedoch um 90° gedreht. Bei $\psi = 0°$ und $\psi = 180°$ wird kein Licht durchgelassen. Also ist das Licht wiederum linear polarisiert, seine Schwingungsebene jedoch gegenüber der des Polarisators *P* um 90° gekippt (in Abb. 536 nicht gezeichnet).

4. Glimmerblatt 0,038 mm dick, $\Delta = \lambda/4$ („$\lambda/4$-Plättchen"). Der Ausschlag des Strahlungsmessers ist von ψ unabhängig, Kurve *III*. Das Licht ist zirkular polarisiert.[K4]

5. Glimmerblatt mit der Dicke $d = 0{,}167$ mm. $\Delta = (1\frac{1}{12})\lambda$, gleichwertig mit $d = \frac{1}{12}\lambda$. Das Licht ist elliptisch polarisiert, man misst Kurve *II*, der Analysator lässt bei jedem Winkel ψ Licht hindurch. Für $\psi = 90°$ und $\psi = 270°$ gibt es mehr oder weniger flache Minima, aber nicht mehr, wie bei linear polarisiertem Licht, null.

6. Bis hier haben wir die Amplituden der beiden Teilbündel konstant gehalten und ihren Gangunterschied verändert. Jetzt halten wir den Gangunterschied konstant $= \lambda/4$, d. h. wir benutzen ein $\lambda/4$-Plättchen und verändern das Amplitudenverhältnis. Zu diesem Zweck ändern wir den Winkel zwischen der Schwingungsebene des Polarisators *P* und der Vertikalen (d. h. der β-Richtung des Glimmerblattes). Auf diese Weise können wir mit einem einzigen Glimmerblatt elliptisch polarisiertes Licht beliebiger Schwingungsform herstellen. Wir können alle in Abb. 536 gemessenen Kurven und ihre Zwischenformen erhalten.

K4. Auch dafür gibt es heute Polarisationsfolien (§ 205), die aus linear polarisiertem Licht zirkular polarisiertes machen. Sie sind auch als kombiniert linear und zirkular polarisierende Folien erhältlich (Lichtrichtung beachten!).

Zum Schluss ersetzen wir das bisher ausschließlich verwendete Rotfilterlicht durch gewöhnliches Glühlicht. Außerdem entfernen wir den Strahlungsmesser und beobachten die Bilder auf dem Wandschirm. Die

Konstante der Gl. (372) hat für jeden Wellenlängenbereich eine andere Größe. So gilt z. B. für grünes Licht der Wellenlänge $\lambda = 535$ nm (Thalliumdampflampe)

$$\frac{\Delta}{\lambda} = 7{,}1\,\frac{d}{\text{mm}}\,. \qquad (373)$$

Die einzelnen Wellenlängenbereiche bekommen verschiedene Gangunterschiede und Polarisationszustände. Der Analysator lässt einzelne Spektralbereiche hindurch, andere wenig oder gar nicht, d. h. für die einen gilt Kurve *I* der Abb. 536, für andere Kurve *II* usw. Infolgedessen erscheint das Bild des Glimmerblattes in bunten, bei manchen Kristalldicken herrlich leuchtenden Farben.

§ 208. Interferenz von parallel gebündeltem polarisiertem Licht. Bei den letzten Versuchen haben wir zwei kohärente, aber senkrecht zueinander schwingende Transversalwellen mit beliebigen Gangunterschieden überlagert und zusammengesetzt. Es gab elliptisch polarisierte Wellen (einschließlich der Grenzfälle linear und zirkular), aber keine Interferenzen d. h. keine Änderung in der räumlichen Verteilung der Wellen, keine Maxima und Minima wie etwa in Abb. 440 auf S. 278. Zur Erzeugung von „Interferenzstreifen" genügt also nicht die „Kohärenz" der beiden Lichtbündel, vielmehr müssen beide außerdem eine gemeinsame Schwingungsebene besitzen.

Eine gemeinsame Schwingungsebene kann man stets durch Einführung eines *Analysators* (z. B. *A* in Abb. 535) erzielen. Dieser lässt von den beiden senkrecht zueinander schwingenden Wellen nur die zu seiner eigenen Schwingungsebene parallele Komponente hindurch. In Abb. 535 stehen die Schwingungsebenen des Polarisators und des Analysators senkrecht aufeinander. Man kann sie auch parallel stellen. Dann vertauschen alle Maxima und Minima in den Interferenzfiguren ihre Lage. Beides sei ein für alle Mal angemerkt. — Nach dieser allgemeinen Vorbemerkung bringen wir Beispiele, und zwar in diesem Paragraphen nur für parallel gebündeltes polarisiertes Licht.

1. Das Glimmerblatt *G* in Abb. 535 wird durch einen länglichen flachen *Keil* aus einem doppelbrechenden Kristall ersetzt (z. B. aus Quarz). Die als optische Achse bezeichnete Richtung sei zur Kante des Keiles parallel (Abb. 527 rechts) und diese Kante liege horizontal. Der Strahlungsmesser M wird jetzt als überflüssig entfernt. Auf dem Wandschirm bekommt man mit Rotfilterlicht das in Abb. 537 fotografierte Bild des Keiles. Es ist parallel zur Keilkante von Interferenzstreifen durchzogen. — Deutung: Die Interferenzstreifen sind Kurven gleichen Gangunterschiedes. Der Kristall erzeugt durch Doppelbrechung zwei Teilbündel. Ihr Gangunterschied hängt von der Dicke der jeweils durchlaufenen Schicht ab. Die Interferenzstreifen sind also eine Art Kurven gleicher Dicke. An den Stellen e, f, g usw. ist der Gangunterschied gleich einem ganzzahligen Vielfachen der Wellenlänge, also $\Delta = m \cdot \lambda$. Folglich ist das Licht hinter dem doppelbrechenden Kristall ebenso polarisiert wie ohne ihn. Es kann den Analysator nicht passieren, die Streifen e, f, g usw. erscheinen als Minima tiefschwarz. — Die Maxima E, F, G usw. entstehen bei Gangunterschieden

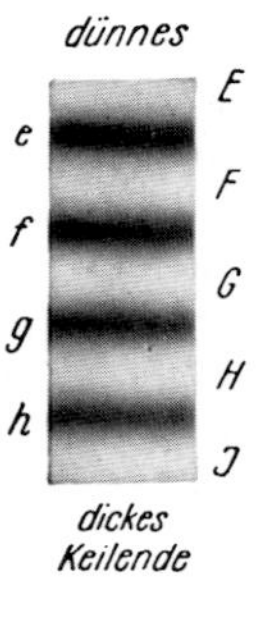

Abb. 537. Äquidistante Interferenzstreifen in einem parallel zur optischen Achse geschnittenen Quarz*keil*. Parallel gebündeltes Rotfilterlicht, Keillänge 38,5 mm, Keildicke von 0,79 auf 0,48 mm abfallend. Fotografisches Positiv, ebenso Abb. 538.

$\Delta = (m \cdot \lambda + \lambda/2)$. Das Licht ist hinter dem doppelbrechenden Kristall wieder linear polarisiert, seine Schwingungsebene ist aber um 90° gekippt und nunmehr parallel zu der des Analysators. In den Übergangsgebieten zwischen e und E, f und F usw. ist das Licht elliptisch polarisiert. Der Analysator lässt je nach der Gestalt der Ellipse Teile des Lichtes hindurch (vgl. Abb. 536).

Mit gewöhnlichem Glühlicht erscheinen die Interferenzstreifen als farbig abschattierte Bänder. Grund: Der Abstand benachbarter Interferenzstreifen vermindert sich mit abnehmender Wellenlänge. Daher überlagern sich im Glühlicht die Interferenzstreifen der verschiedenen Wellenlängenbereiche. Das gilt für alle Interferenzerscheinungen.

2. Eine etwa 1 mm dicke *planparallele* Quarzplatte, parallel zur optischen Achse geschnitten, wird zwischen Analysator und Polarisator gesetzt und deren Schwingungsebenen zueinander senkrecht gestellt. Das Bild der Quarzplatte zeigt im Glühlicht in seiner ganzen Ausdehnung die gleiche bunte Farbe wie ein Keilstück der gleichen Dicke. — Dann bilden wir diese Platte nicht auf dem Wandschirm, sondern auf dem Spalt eines Spektralapparates ab und betrachten das Spektrum auf dem Wandschirm. Das Spektrum ist *quer* zu seiner Längsrichtung von schwarzen Interferenzstreifen durchzogen (Abb. 538). Die fehlenden Wellen sind rechts hinter der doppelbrechenden Platte ebenso linear polarisiert geblieben wie links vor ihr. Infolgedessen können sie den Analysator nicht passieren.

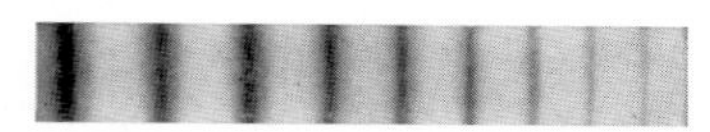

Abb. 538. Interferenzstreifen in kontinuierlichem Spektrum, hergestellt mit einer parallel zur optischen Achse geschnittenen planparallelen Quarz*platte* von etwa 1,1 mm Dicke

§ 209. Interferenz mit divergentem polarisiertem Licht. Interferenz mit divergentem polarisiertem Licht erzeugt man einwandfrei in der Brennebene Z einer Linse. Die Lichtquelle muss eine große Fläche besitzen. Der Strahlengang wird zweckmäßigerweise bildseitig telezentrisch gemacht (Abb. 539 oben). Dann genügen kleine doppelbrechende Kristallplatten. Die zu den Bildpunkten 1 und 4 gehörenden Lichtbündel sind punktiert. Sie durchsetzen, ebenso wie die Lichtbündel aller übrigen Bildpunkte, die Kristallplatte mit parallelen Begrenzungen. Ferner durchlaufen alle Lichtbündel den Polarisator und den Analysator, in diesem Fall zwei Polarisationsfolien (§ 205). Die Schwingungsebenen beider stehen senkrecht aufeinander. Die Bildebene Z ist also zunächst dunkel. Erst nach Einfügen der doppelbrechenden Kristallplatte erscheint in Z das Bild einer links unendlich fernen Ebene. Es ist von Interferenzstreifen durchzogen. — Beispiele:

1. Eine Kalkspatplatte, *senkrecht* zur optischen Achse geschnitten, ergibt die in Abb. 540a fotografierte Interferenzfigur. Sie zeigt kreisförmige Interferenzstreifen und ein dunkles Kreuz. — Deutung: Der Gangunterschied der beiden polarisierten Teilbündel hängt nur vom Neigungswinkel χ (Abb. 539 oben) ab. Daher sind die Kurven gleichen Gangunterschiedes, die Interferenzstreifen, kreisförmig. (Also eine Art „Kurven gleicher Neigung".) — Die Kreuze sind interferenzfreie Gebiete. In ihnen gibt es nur *ein* polarisiertes Bündel. — Begründung: Wir zeichnen die Kristallplatte in Abb. 541 vergrößert in Aufsicht. Die Ziffern 1 und 4 markieren die Durchstoßpunkte der Bündelachse für die beiden in Abb. 539 oben skizzierten Lichtbündel. Außerdem sind noch die Durchstoßpunkte von drei weiteren Bündelachsen markiert. Für jedes sind die Einfallsebene (ein Kristallhauptschnitt) und die zu dieser senkrechten Ebene durch die gestrichelten Schnittlinien angedeutet. Die dicken Doppelpfeile bezeichnen die Schwingungsebene des vom Polarisator kommenden Lichtes. Dieses zerfällt an den Orten 2 und 3 in je ein ordentliches und ein außerordentliches Teilbündel. Das ist durch die dünnen Doppelpfeile angedeutet. An den Orten 1 und

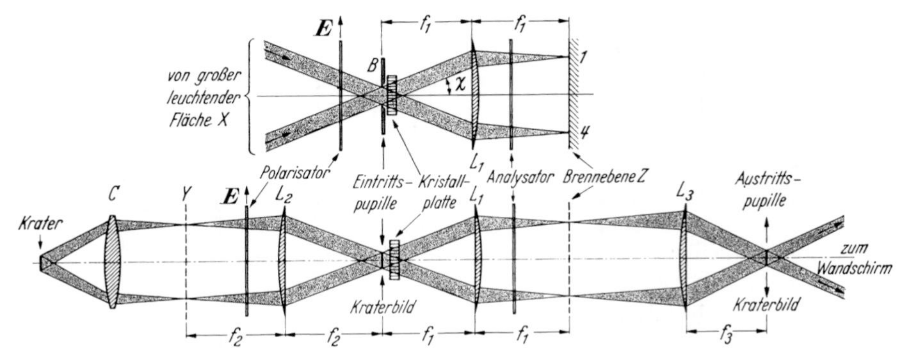

Abb. 539. Oben: Mit *divergierendem* polarisiertem Licht werden Interferenzstreifen in der Brennebene einer Linse hergestellt. — Unten: Desgleichen im Schauversuch. Als leuchtende Fläche X dient eine beleuchtete Linse L_2. Das von L_2 entworfene Kraterbild wirkt als Eintrittspupille. In Z wird nicht nur eine unendlich ferne Ebene abgebildet, sondern auch die durch f_2 bestimmte Ebene Y. Ein *Freihandversuch*: Man legt die Kristallplatte zwischen zwei gekreuzte Polarisationsfolien, hält sie dicht vor den Krater einer Bogenlampe und beobachtet auf dem Wandschirm.

4 hingegen entsteht nur ein außerordentliches und am Ort 5 nur ein ordentliches Bündel. Ein Bündel allein kann nie Interferenz ergeben. Folglich bleibt das einfallende Licht unverändert, es kann daher den Analysator nicht passieren, die Bildorte bleiben dunkel.

2. Eine dicke, einachsige Kristallplatte, *parallel* zur optischen Achse geschnitten, ergibt die in Abb. 540b fotografierte Interferenzfigur. Sie ist nur im monochromatischen Licht sichtbar (z. B. Natriumdampflampe). Für Glühlicht sind die Ordnungszahlen der Interferenzstreifen zu hoch. Die Kurven gleichen Gangunterschiedes haben Hyperbelform. Die Begründung führt hier zu weit.

Bei Abb. 540b war der Gangunterschied Δ in der Bildmitte $= m\lambda$; für $\Delta = (m + \frac{1}{2})\lambda$ vertauschen die hellen und dunklen Gebiete ihre Lage. — In parallel gebündeltem Licht (Abb. 535) haben wir früher mit der gleichen Platte nur die Bildmitte beobachtet.

3. Eine einachsige Kristallplatte, unter 45° zur optischen Achse geschnitten, zeigt praktisch geradlinige Interferenzstreifen. Man kann sie als die Fortsetzung der Hyperbeläste in Abb. 540b bezeichnen.

4. Wir legen zwei solcher Platten zusammen und verdrehen sie gegeneinander um 90°. Dann gibt es die komplizierte, in Abb. 540c fotografierte Interferenzfigur. Im Glühlicht erscheint einer der mittleren Streifen unbunt. Er entsteht also durch den Gangunterschied null. Er ist ein Streifen nullter Ordnung. Seine beiderseitigen Nachbarn erscheinen bunt, die übrige Struktur der Interferenzfigur bleibt im Glühlicht unsichtbar.

F. Savart hat zwei derart gekreuzte, unter 45° zur Achse geschnittene Quarzplatten mit einem Polarisationsprisma zusammen in eine Fassung eingesetzt und so ein sehr empfindliches *Polarimeter* geschaffen. Es dient bei vielen Beobachtungen zum Nachweis kleiner Beimengungen polarisierten Lichtes zu natürlichem Licht. Man betrachte durch ein solches Gerät den Himmel oder einen beliebigen beleuchteten Gegenstand und drehe es dabei um seine Längsachse: Stets sieht man die Interferenzstreifen niedriger Ordnung, den unbunten Mittelstreifen mit seinen bunten Nachbarn. Ein kleiner Anteil des Lichtes ist praktisch in allen Fällen polarisiert. Gänzlich unpolarisiertes Licht ist ein idealisierter Grenzfall.[K5]

K5. Zu weiteren Einzelheiten, insbesondere zur Analyse von elliptisch polarisiertem Licht siehe 13. Aufl. der „Optik und Atomphysik", Kap. 10, § 8.

§ 210. Optisch aktive Stoffe, Drehung der Schwingungsebene, Faraday-Effekt. Wir greifen auf Abb. 535 zurück und ersetzen die Glimmerplatte G durch eine senkrecht zur optischen Achse geschnittene Quarzplatte. Dabei tritt eine neuartige Erscheinung auf: Die Quarzplatte *dreht* die Schwingungsebene des Lichtes. Der Drehwinkel α ist proportional zur Plattendicke d, also

$$\alpha = \text{const} \cdot d\,. \tag{374}$$

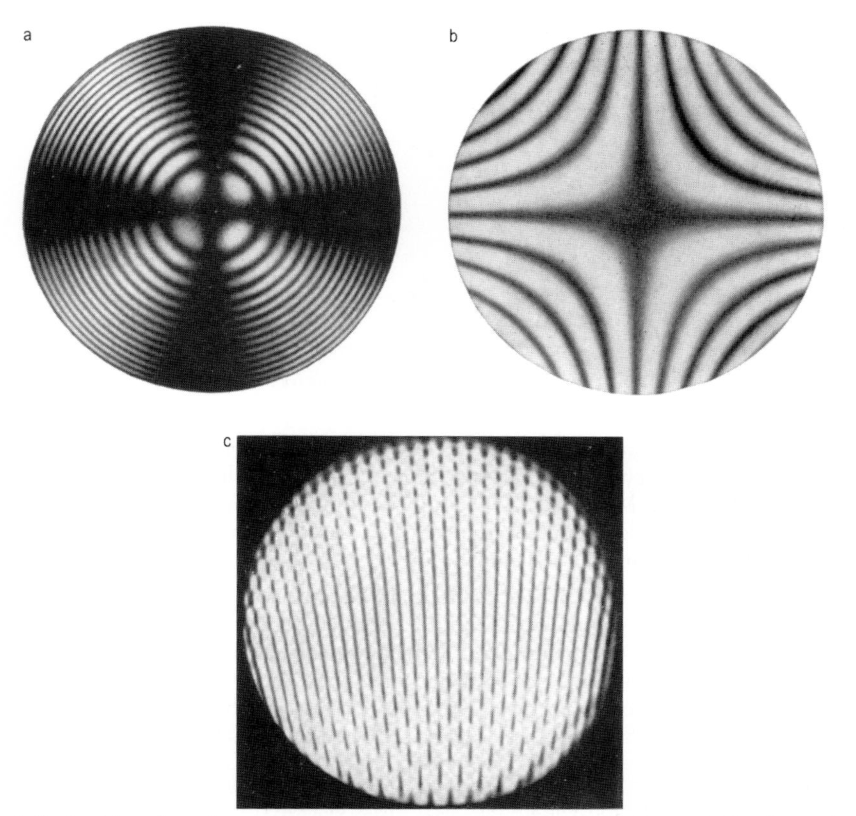

Abb. 540. Drei Interferenzfiguren einachsiger Kristalle in divergentem polarisiertem Licht, fotografiert in der Bildebene Z der Abb. 539 oben, fotografisches Positiv. — a: eine Kalkspatplatte ($d = 2$ mm) senkrecht zur optischen Achse geschnitten (mit zirkular polarisiertem Licht kann man das schwarze Kreuz beseitigen). — b: eine Quarzplatte parallel zur optischen Achse geschnitten ($d = 9$ mm). Na-Licht. — c: zwei ungefähr unter 45° zur optischen Achse geschnittene Quarzplatten gekreuzt aufeinandergelegt (SAVART'sche Doppelplatte).

Alle mit Kristallen und polarisiertem Licht herstellbaren Interferenzfiguren fallen durch ihre große Lichtstärke auf. Sie ist eine Folge der Kohärenzbedingung, Gl. (342) v. S. 274. — Man vergleiche z. B. die Interferenzfigur in Abb. 540a mit der in Abb. 440. War dort der Winkel $2u$ schon sehr klein, so wird er bei Anwendung polarisierten Lichtes gleich null. Das heißt, je zwei zur Interferenz gelangende „Strahlen" haben die gleiche Richtung. Sie bekommen trotzdem einen Gangunterschied, weil sie senkrecht zueinander polarisiert mit verschiedenen Geschwindigkeiten laufen. Bei $\sin 2u = 0$ darf man Lichtquellen beliebig großen Durchmessers anwenden, um mit ihnen große Lichtstärken zu erzielen.

Die Konstante ist für Rotfilterlicht = 18°/mm, sie wächst aber stark mit abnehmender Wellenlänge. Daher gibt es mit Glühlicht statt Rotfilterlicht bei keiner Analysatorstellung Dunkelheit, sondern bei jeder ein helles, verschieden bunt gefärbtes Gesichtsfeld. — Zur Vorführung eignet sich besonders eine Quarzplatte von 3,75 mm Dicke. Am besten setzt man zwei dieser Platten nebeneinander, die eine aus rechtsdrehendem, die andere aus linksdrehendem Quarz.[1] Eine solche „empfindliche Doppelplatte" zeigt nur zwischen streng

---

[1] Es gibt zwei spiegelsymmetrische Formen des Quarzes, die das Licht entweder in der einen oder der anderen Richtung drehen („rechts- und linksdrehend, Enantiomorphie", siehe z. B. Bergmann-Schaefer, „Lehrbuch der Experimentalphysik", Bd. 3, 10. Aufl. 2004, Kap. 4.9.)

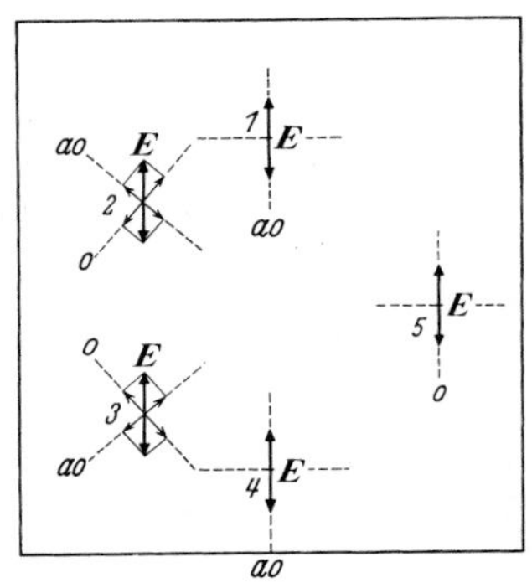

Abb. 541. Zur Deutung des dunklen Kreuzes in Abb. 540a

parallel orientierten Nicol'schen Prismen eine einheitliche Purpurfarbe. Schon bei kleinen Winkelabweichungen schlägt der Farbton der einen Gesichtsfeldhälfte nach Rot, der der anderen nach Blau um. Mit diesem Hilfsmittel kann man in Messinstrumenten, z. B. den gleich zu nennenden Saccharimetern, die Schwingungsebenen von Analysator und Polarisator streng parallel zueinander stellen.

Das optische Drehvermögen, meist *optische Aktivität* genannt, ist nicht an einen kristallinen Aufbau des Stoffes gebunden. Man findet es auch bei Molekülen in Lösungen, z. B. von Zucker in Wasser. Die Drehung der Schwingungsebene ist in diesem Fall außer zur Schichtdicke auch proportional zur Konzentration der Lösung. Infolgedessen kann man unbekannte Konzentrationen aus dem Betrag der Drehung bestimmen („Saccharimeter"). Auch Zuckermoleküle können rechts- oder linksdrehend sein. Eine 50%ige Mischung beider heißt „razemisch".

Jede linear polarisierte Schwingung lässt sich als Überlagerung von zwei zirkularen Schwingungen gleicher Frequenz und Amplitude, aber entgegengesetztem Drehsinn auffassen. In Abb. 542 links ist l der links herum, r der rechts herum kreisende Vektor, R der resultierende Ausschlag. Sein Endpunkt durchläuft den Doppelpfeil AA'. Die halbe Länge OA ist die Amplitude der linearen Schwingung (also der Maximalwert ihres Ausschlages). Rechts ist die gleiche Überlagerung gezeichnet, doch eilt die rechts herum kreisende Schwingung der anderen mit der Phasendifferenz δ voraus. Infolgedessen hat sich die resultierende lineare Schwingung um den Winkel $\delta/2$ im Uhrzeigersinn gedreht.

Auf den Fall des Lichtes übertragen heißt das: Ein rechtsdrehender Stoff lässt eine rechtszirkulare Lichtwelle (s. Abb. 534) früher ans Ziel kommen als eine linkszirkulare. Die rechtszirkulare Welle läuft im Stoff rascher als die andere, sie hat eine kleinere Brechzahl als diese. Ein optisch aktiver Stoff besitzt eine neue

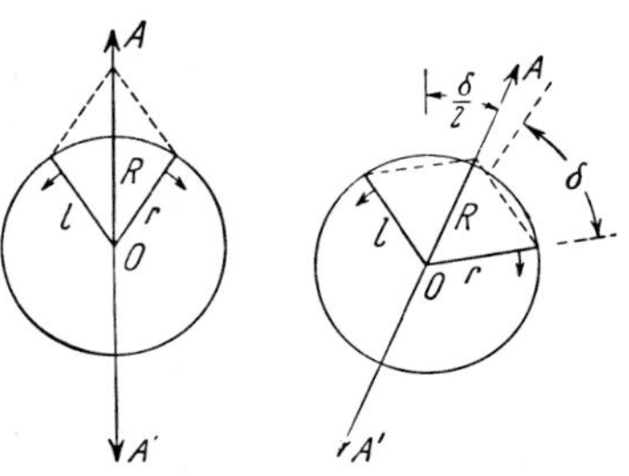

Abb. 542. Zusammensetzung zweier gegenläufig kreisender zirkularer Schwingungen von gleicher Frequenz und Amplitude. Die Richtung r im linken Bild ist im rechten gestrichelt.

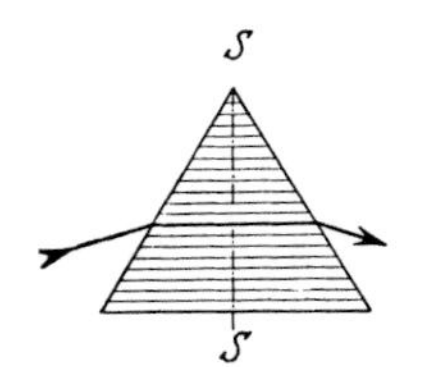

Abb. 543. Quarzprisma mit Doppelbrechung in der schraffierten, als optische Achse bezeichneten Richtung

Art von Doppelbrechung: Sie zerspaltet natürliches Licht nicht in zwei linear, sondern in zwei zirkular polarisierte Teilbündel.

Diese eigenartige Doppelbrechung zeigt sich in allen Spektralapparaten mit einfachen Quarzprismen. Bei der Herstellung dieser Prismen wird die Symmetrielinie *SS* (Abb. 543) senkrecht zur Längsrichtung der Quarzsäule gelegt, also senkrecht zur optischen Achse. Trotzdem sieht man alle Spektrallinien in zwei eng benachbarte Doppellinien aufgespalten. Beide sind zueinander gegenläufig zirkular polarisiert.

Der Betrag der Doppelbrechung ist sehr gering. Die Brechzahlen unterscheiden sich z. B. für $\lambda = 436\,\mathrm{nm}$ nur um 7 Einheiten der zweiten Dezimale nach dem Komma. Man darf daher im Allgemeinen auch bei Quarz unbedenklich die optische Achse als die von Doppelbrechung freie Richtung definieren, ebenso wie für Kalkspat und alle anderen optisch nicht aktiven doppelbrechenden Kristalle.

Wegen der Geringfügigkeit dieser Doppelbrechung eignet sie sich nicht für Schauversuche. Für Einzelbeobachtung empfiehlt sich die blaue Linie einer Hg-Bogenlampe. Vor die Okularlupe schaltet man ein $\lambda/4$-Glimmerblatt und einen Analysator. Dann kann man je nach der Lage der β- und γ-Achse eine der beiden Spektrallinien zum Verschwinden bringen.

Paramagnetische und besonders ferromagnetische Stoffe drehen die Schwingungsebene des Lichtes, wenn man sie in ein Magnetfeld bringt und in der Lichtrichtung parallel zur Feldrichtung beobachtet: FARADAY-Effekt. — Senkrecht zur Feldrichtung blickend findet man eine Doppelbrechung mit der optischen Achse parallel zur Feldrichtung.

§ 211. Spannungsdoppelbrechung. Schlussbemerkung. In der Elektrizitätslehre unterscheidet man Leiter und Isolatoren. Unter den festen Körpern gibt es zahllose Leiter (vor allem die Metalle), aber ein vollkommener Isolator bleibt ein idealisierter Grenzfall. — Ähnlich liegt es in der Optik mit der Einteilung in einfach- und doppelbrechende Substanzen. Unter den festen Körpern gibt es zahllose doppelbrechende, nämlich die Kristalle aller nicht regulären Systeme, aber ein streng einfach brechender Körper ist nur näherungsweise zu erreichen. Man bringe dickere Schichten (etliche Zentimeter) angeblich einfach brechender Körper (reguläre Kristalle, Gläser, durchsichtige Kunstharze) zwischen gekreuzte Polarisatoren, z. B. statt der Platte *G* in Abb. 535. Stets wird das Gesichtsfeld fleckig aufgehellt, und zwar buntfleckig bei der Anwendung von Glühlicht: Die Körper sind in vielen mehr oder weniger ausgedehnten Gebieten doppelbrechend.

„Unter den festen Körpern gibt es zahllose doppelbrechende, nämlich die Kristalle aller nicht regulären Systeme, aber ein streng einfach brechender Körper ist nur näherungsweise zu erreichen."

Diese Doppelbrechung entsteht durch örtlich wechselnde innere Verspannungen. Ihre praktische Beseitigung ist langwierig und kostspielig. Man muss die Körper bis dicht unter den Schmelzpunkt erhitzen und sehr langsam abkühlen. Bei Glasklötzen für große astronomische Linsen muss die Abkühlzeit viele Monate betragen. „Feingekühlte" Gläser kommen dem optischen Ideal eines festen Körpers ohne Doppelbrechung schon recht nahe. Man muss sie aber peinlich vor mechanischen Beanspruchungen schützen. Schon eine Pressung zwischen Fingerspitzen erzeugt eine deutliche Doppelbrechung.

Für die Optotechnik ist die Spannungsdoppelbrechung eine Quelle lästiger Störungen. Für ein anderes technisches Gebiet hingegen, die Festigkeitskunde, ist sie von erheblichem Nutzen. Mit ihrer Hilfe kann man die Verteilung von Druck- und Zugspannungen in Modellversuchen klarstellen. So zeigt z. B. Abb. 544 das aus einem Kunstharz geschnittene Profil eines Kranhakens zwischen zwei gekreuzten Polarisatoren. Die Belastung wird durch den Druck eines einarmigen Hebels erzeugt. Die durch Druck- bzw. Zugspannungen beanspruchten Gebiete sind aufgehellt. Der dunkle Grenzstreifen zwischen ihnen ist das spannungsfreie Übergangsgebiet, die „neutrale Faser". Die quantitative Auswertung solcher Bilder ist nicht einfach. Sie wird in umfangreicher technischer Literatur behandelt.

Die Darstellung der Polarisation hat sich nur auf Versuche mit sichtbarer Strahlung gestützt. Im ultravioletten und infraroten Spektralbereich findet man nichts anderes. Polarisatoren für Ultraviolett sind in Abb. 528 beschrieben worden, für Infrarot folgen sie in § 217. — Die Polarisation im Gebiet des RÖNTGENlichtes wird zweckmäßigerweise erst später behandelt. Sie erfordert eine besondere Versuchstechnik (§ 232).

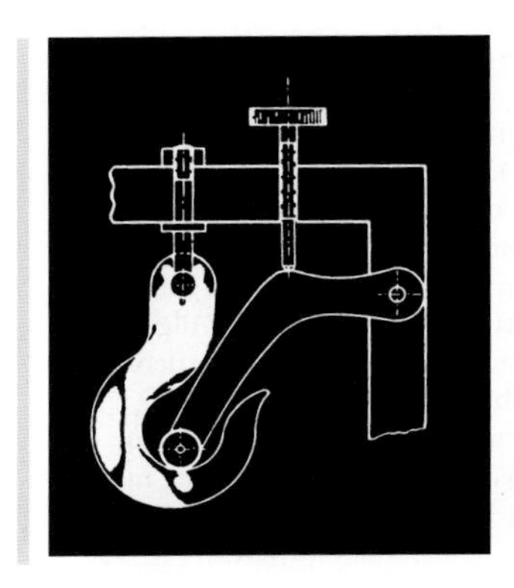

Abb. 544. Spannungsdoppelbrechung im Modell eines Kranhakens. Schwingungsebenen gekreuzt und um 45° gegen die Vertikale geneigt. Fotografisches Positiv. Halter, Belastungshebel und Umriss des Hakens nachgezogen.

XXV. Zusammenhang von Absorption, Reflexion und Brechung des Lichtes

§ 212. Vorbemerkung. Wir setzen in diesem ganzen Kapitel *parallel gebündeltes* Licht voraus, also praktisch ebene Wellen. Die Strahlung soll monochromatisch sein, für Messungen werden also einzelne Spektrallinien einer Metalldampflampe benutzt. — Bei allen Versuchen liegt die Einfallsebene (s. § 125) des Lichtes in der Papierebene. Die in ihr liegende Amplitude des Lichtes wird mit $E_{\parallel}$ bezeichnet, die zu ihr senkrechte mit $E_{\perp}$.[K1]

K1. Bei **E** handelt es sich wie im vorhergehenden Kapitel um den Vektor des elektrischen Feldes, mit dem sich elektromagnetische Wellen beschreiben lassen. $E_{\parallel}$ und $E_{\perp}$ sind die Komponenten parallel und senkrecht zur Einfallsebene.

§ 213. Extinktions- und Absorptionskonstante. Bei allen bisherigen Beobachtungen sollte die Strahlung beim Durchgang durch eine Schicht von Materie nicht geschwächt werden. Dann genügt eine einzige Materialkonstante, nämlich die Brechzahl n. Erfolgt jedoch eine Schwächung, so braucht man zusätzlich eine zweite Materialkonstante, die Extinktionskonstante K (oder eine andere aus ihr hergeleitete Größe). Sie wird, ebenso wie die Brechzahl, durch ein Messverfahren definiert:

In Abb. 545 läuft ein Parallellichtbündel zu einem Strahlungsmesser. In seinen Weg wird abwechselnd eine von zwei Schichten aus gleichem Stoff, aber verschiedener Dicke (x_1 bzw. x_2) eingeschaltet. Die Dickenunterschiede $\Delta x = (x_2 - x_1)$ werden klein gegen die Schichtdicke x_1 gewählt. Die Ausschläge α des Strahlungsmessers geben ein relatives Maß für die Leistungen $\dot{W}$ der bis zum Strahlungsmesser durchgelassenen Strahlung. Diese Leistungen ($\dot{W}_1$ und $\dot{W}_2$) sind in beiden Fällen *mit* den Schichten kleiner als ohne sie. Das hat zwei Gründe: Erstens geht je ein Bruchteil der Strahlung durch Reflexion an der Vorder- und an der Hinterfläche der Schicht verloren. Diese Bruchteile sind für beide Schichten die gleichen. Zweitens wird ein Bruchteil der eindringenden Strahlung in den Schichten entweder „absorbiert" (= verschluckt, d. h. in Wärme, chemische oder elektrische Energie[1] umgewandelt) oder „gestreut". Der so der *eindringenden* Strahlungsleistung insgesamt durch *Extinktion* (= Auslöschung) entzogene Bruchteil ist für die dicke Schicht größer als für die dünne. Die Messungen ergeben

$$\left.\begin{aligned}(\alpha_1 - \alpha_2) &= \text{const} \cdot \alpha_1 \Delta x\,,\\ \Delta \dot{W} = \dot{W}_1 - \dot{W}_2 &= K \cdot \dot{W}_1 \Delta x\,.\end{aligned}\right\} \qquad (375)$$

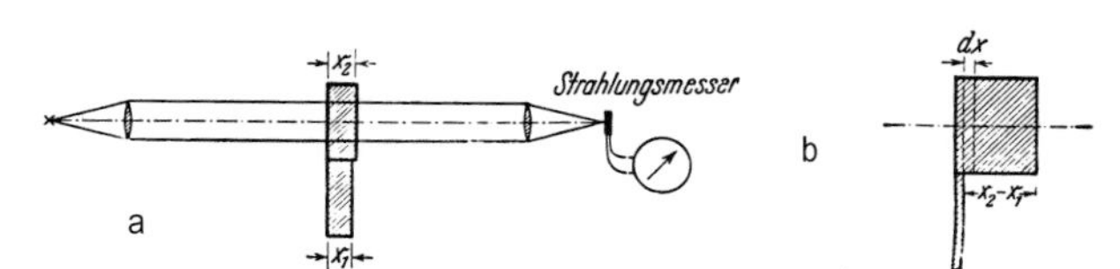

Abb. 545. a: Zur Definition der Extinktionskonstante K, bei Abwesenheit seitlicher Streuung auch Absorptionskonstante genannt. — b: Zu ihrer Messung mit dicken Schichten.

[1] Diese kann hinterher wieder in eine Strahlung zurückverwandelt werden (Fluoreszenz (s. § 132) und Phosphoreszenz).[K2]

K2. Zu einer ausführlicheren Darstellung der Fluoreszenz und Phosphoreszenz siehe 13. Aufl. der „Optik und Atomphysik", Kap. 15.

K. Lüders, R. O. Pohl (Hrsg.), *Pohls Einführung in die Physik*
DOI 10.1007/978-3-642-01628-8, © Springer 2010

Das heißt in Worten: Die Strahlungsleistung $\Delta\dot{W}$, die einem parallel begrenzten Bündel in einer Schicht durch Absorption und Streuung entzogen wird, ist proportional zur *eindringenden* Leistung $\dot{W}_1$ und zur Schichtdicke Δx.[K3] Der Proportionalitätsfaktor K wird *Extinktionskonstante* genannt. Spielt die Streuung neben der Absorption keine Rolle, so werden wir die Extinktionskonstante *Absorptionskonstante* nennen. Kann man hingegen die Absorption neben der Streuung vernachlässigen, so werden wir von der *durch Streuung entstehenden Extinktionskonstante* sprechen. Die Anwendung der Worte Extinktion, Extinktionskonstante usw. allein soll offen lassen, welche Anteile auf Absorption und Streuung entfallen.

K3. Die Proportionalität von absorbierter Strahlungsleistung und Schichtdicke bzw. das sich daraus ergebende Exponentialgesetz (Gl. 376) wird in der Literatur auch als „LAMBERT'sches Absorptionsgesetz" bezeichnet. (Das LAMBERT'sche Kosinusgesetz wurde in § 154 beschrieben.)

Gl. (375) dient zur *Definition* der Extinktionskonstante. Für ihre praktische *Messung* wählt man die Dickendifferenz $(x_2 - x_1)$ fast stets in der Größenordnung der Schichtdicke d, also nicht, wie oben, klein gegen diese (Abb. 545b). Dann ergibt sich durch Integration

$$\int_{\dot{W}_2}^{\dot{W}_1} \frac{\mathrm{d}\dot{W}}{\dot{W}} = \int_0^d K \cdot \mathrm{d}x\,, \quad \text{also} \quad \ln \dot{W}_1 - \ln \dot{W}_2 = K \cdot d\,, \quad \text{und} \quad \dot{W}_2 = \dot{W}_1 e^{-Kd}\,. \tag{376}$$

Die Messung großer Extinktionskonstanten ($K > 10^4\,\text{mm}^{-1}$) ist schwierig. Sie erfordert sehr dünne Schichten. In diesen treten Interferenzen auf, und außerdem ist das Reflexionsvermögen von der Schichtdicke abhängig. Man vermeidet diese Schwierigkeiten mit folgendem Verfahren: Man misst zunächst das Verhältnis von einfallender zu durchgelassener Strahlungsleistung $(\dot{W}_e/\dot{W}_d)$ in seiner Abhängigkeit von der Schichtdicke d. Dann trägt man $\ln(\dot{W}_e/\dot{W}_d)$ als Funktion von d graphisch auf. Dabei erhält man für die größeren Werte von $(\dot{W}_e/\dot{W}_d)$ eine gerade Linie. Ihre Steigung ist die gesuchte Extinktionskonstante.

§ 214. Mittlere Reichweite *w* der Strahlung. Extinktions- und Absorptionskoeffizient *k*. Als nächstes bringen wir in Tab. 10 in der dritten Spalte einige Absorptionskonstanten verschiedener Stoffe für Wellen aus dem sichtbaren Spektrum.

Tabelle 10. Absorptionskonstanten, mittlere Reichweiten und Absorptionskoeffizienten einiger Stoffe

Stoff	Wellenlänge λ in nm	Absorptions-konstante K in mm^{-1}	Mittlere Reichweite des Lichtes $w = 1/K$	$\dfrac{\text{Reichweite } w}{\text{Wellenlänge } \lambda}$	$k = \dfrac{1}{4\pi} \cdot \dfrac{\lambda}{w}$
Wasser	770	$0{,}002_4$	42 cm	550 000	$1{,}4 \cdot 10^{-7}$
Schweres Flintglas[K4]	450	$0{,}004_6$	22 cm	500 000	$1{,}6 \cdot 10^{-7}$
„Schwarzes" Neutralglas	546	10	0,1 mm	180	$4{,}4 \cdot 10^{-4}$
Pech	546	140	7 µm	13	$6 \cdot 10^{-3}$
Brillantgrün	436	7 000	0,14 µm	0,32	0,25
Kohle (Graphit)	436	20 000	0,05 µm	0,11	0,72
Gold	546	80 000	0,01 µm	$0{,}02_2$	3,6

K4. In sorgfältig gereinigten Silikatgläsern sind für infrarotes Licht ($\lambda = 1{,}55\,\mu\text{m}$) Absorptionskonstanten von $3{,}6 \cdot 10^{-8}\,\text{mm}^{-1}$ erreicht worden, also mittlere Reichweiten von etwa 28 km. Daraus werden mit Zwischenverstärkern Lichtwellenleiter-Kabel zur weltweiten Datenübertragung hergestellt (s. Kommentar K11 in Kap. XVI).

Der Kehrwert der Absorptionskonstante K oder allgemein der Extinktionskonstante hat eine recht anschauliche Bedeutung: Längs des Weges $w = 1/K$ sinkt die Strahlungsleistung eines Parallellichtbündels auf $1/e = 1/2{,}718 \approx 37\,\%$. Diesen Weg w nennen wir fortan die *mittlere Reichweite des Lichtes*. Beispiele für diese nützliche Größe finden sich in der vierten Spalte in Tab. 10.

Die *Durchsichtigkeit* (Umgangssprache) einer Körperschicht mit der Dicke d hängt vom Verhältnis d/w ab. Je kleiner dieses Verhältnis, desto durchsichtiger der Körper. Daher wird bei der Dicke von einigen µm auch Pech durchsichtig ($w \approx 7\,\mu$m) und bei etwa hundertmal kleinerer Dicke sogar jedes Metall ($w \approx 10$ nm).

Für Wellenvorgänge ist stets die Wellenlänge die gegebene Vergleichslänge, und zwar die Wellenlänge im Vakuum (Luft). Man bildet also das Verhältnis aus der Wellenlänge λ im Vakuum (Luft) und der mittleren Reichweite w der Strahlung im Stoff, also λ/w. Zur Vereinfachung späterer trigonometrischer Rechnung fügt man noch den Faktor $1/4\pi$ hinzu und definiert den *Extinktionskoeffizienten* (im Sonderfall *Absorptionskoeffizienten*)[K5]

$$k = \frac{1}{4\pi}\frac{\lambda}{w} = \frac{1}{4\pi}K\lambda\,. \tag{377}$$

K5. In manchen Lehrbüchern wird aber auch die durch Gl. (375) definierte Absorptionskonstante K als Absorptions*koeffizient* bezeichnet.

Einige Werte für k sind ebenfalls in Tab. 10 vermerkt. Ob man die Extinktionsgröße K oder k benutzt, hängt im Einzelfall nur davon ab, welche von beiden die bequemere Formulierung einer Aussage ermöglicht.

§ 215. BEER'sches Gesetz. Wirkungsquerschnitt eines einzelnen Moleküls. Zuweilen findet man die Extinktionskonstante eines einheitlichen Stoffes proportional zu seiner Dichte ϱ oder die einer Lösung proportional zur Konzentration c („BEER'sches Gesetz", Abb. 546). In beiden Fällen kann man eine *spezifische Extinktionskonstante* definieren:

$$K_\varrho = K/\varrho \tag{378}$$

und

$$K_c = K/c\,. \tag{379}$$

(ϱ = Dichte $= m/V$; c = Konzentration = Stoffmenge n der gelösten Moleküle/Volumen V der Lösung.)

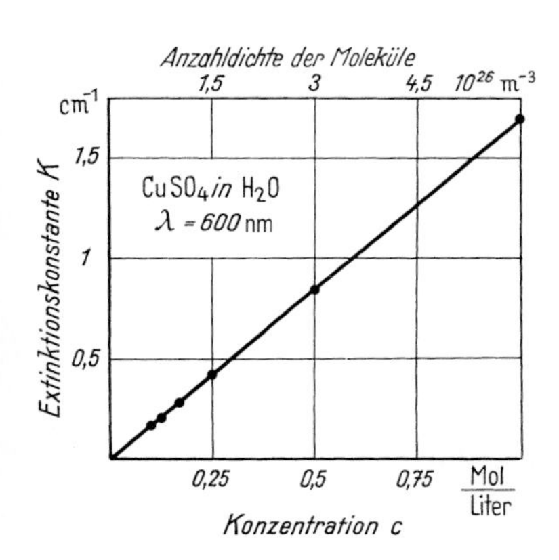

Abb. 546. Zum BEER'schen Gesetz und zur Messung einer spezifischen Extinktionskonstante K/c. Sie ist in diesem Beispiel ungewöhnlich klein.

Beispiel: Aus der Neigung der Geraden in Abb. 546 ergibt sich für eine wässrige Kupfersulfatlösung die spezifische Extinktionskonstante[1]

$$K_c = \frac{K}{c} = \frac{1{,}71\,\mathrm{cm}^{-1}}{1\,\mathrm{mol/Liter}} = 1710\,\frac{\mathrm{cm}^2}{\mathrm{mol}}\,.$$

[1] Von den Chemikern, anknüpfend an die benutzte Einheit, *molare* Extinktionskonstante genannt, was aber nicht ganz konsequent ist, da molare Größen sonst allein auf die Stoffmenge n bezogen sind.

Findet man die genannte Proportionalität experimentell erfüllt, d. h. also K/ϱ oder K/c als konstant, so erfolgt die Extinktion *ohne Wechselwirkung zwischen den einzelnen Molekülen.* Dann kann man sinnvollerweise in den Gln. (378) und (379) anstelle der Dichte ϱ und der Konzentration c die

$$\text{Anzahldichte der Moleküle } N_\text{V} = \frac{\text{Anzahl } N \text{ der wirksamen Moleküle}}{\text{Volumen } V \text{ des Körpers oder der Lösung}}$$

verwenden (wie in Abb. 546, obere Skala), also

$$K = K_\varrho \cdot \varrho = \frac{K_\varrho M_\text{n}}{N_\text{A}} \cdot N_\text{V} \quad \text{und} \quad K = K_\text{c} \cdot c = \frac{K_\text{c}}{N_\text{A}} \cdot N_\text{V}$$

(M_n = molare Masse = M/n; n = Stoffmenge; N_A = AVOGADRO-Konstante = $6{,}022 \cdot 10^{23}\,\text{mol}^{-1}$).

Die Extinktionskonstante K ist der Kehrwert einer Länge. Folglich ist

$$\frac{K}{N_\text{V}} = \frac{KV}{N} \tag{380}$$

eine Fläche. Wir nennen sie den *Wirkungsquerschnitt* σ eines Moleküls. In den aus § 213 bekannten Grenzfällen ist σ eine „absorbierende" oder eine „streuende" Fläche.

Beispiel: Aus Abb. 546 folgt als Wirkungsquerschnitt

$$\sigma = 2{,}82 \cdot 10^{-25}\,\text{m}^2 .$$

Die physikalische Bedeutung des Wirkungsquerschnitts lässt sich anschaulich erläutern. Abb. 547 zeigt die Momentaufnahme eines aus Stahlkugeln gebildeten Modellgases von 1 cm Schichtdicke. Wir sehen die Projektion der Querschnittsflächen der einzelnen Moleküle. In irgendein paralleles Strahlenbündel gebracht, wirkt jede Querschnittsfläche als völlig undurchlässig: die Strahlung kann nur durch die verbleibenden Lücken in der ursprünglichen Richtung hindurchgehen. Legt man derartige Schichten eines Modellgases mit statistisch ungeordneter Molekülverteilung übereinander, so nimmt die Gesamtfläche der verbleibenden durchlässigen Lücken nach einem Exponentialgesetz ab, und dadurch ergibt sich die Gl. (376) von S. 354.[K6]

K6. Hier ist also $\sigma = \pi r^2$. Allgemein gilt

$N_\text{V}\, \sigma\, l = 1$,

wobei l die mittlere freie Weglänge ist. Bei Strahlung ist $l = w$, die mittlere Reichweite, bei Gasen z. B. die mittlere freie Weglänge zwischen Zusammenstößen (Elektrizitätslehre, Abb. 52).

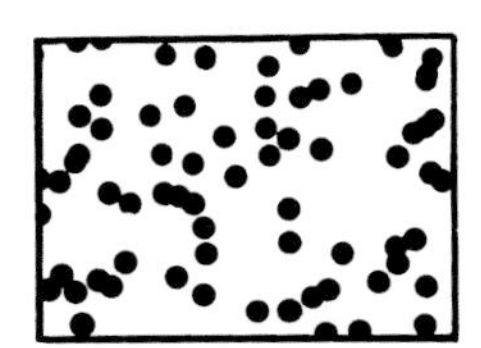

Abb. 547. Modellversuch zur Veranschaulichung des Wirkungsquerschnitts einzelner Moleküle

§ 216. Die Unterscheidung schwach und stark absorbierender Stoffe.

Die Unterscheidung schwach und stark absorbierender Stoffe ist für alles folgende von größter Bedeutung. Für diese Unterscheidung benutzt man die mittlere Reichweite w der Strahlung oder die Absorptionskonstante K.

$$\begin{array}{ll} \text{Schwache Absorption heißt:} & \text{Starke Absorption heißt:} \\ w = \dfrac{1}{K} > \lambda \quad \text{oder}^1 \quad k < 0{,}1 & w = \dfrac{1}{K} < \lambda \quad \text{oder}^1 \quad k > 0{,}1 \end{array} \tag{381}$$

Selten sind physikalische Fachausdrücke so irreführend gewählt worden, wie die Worte „schwache" und „starke" Absorption.

„Selten sind physikalische Fachausdrücke so irreführend gewählt worden, wie die Worte „schwache" und „starke" Absorption."

[1] Wenn man 0,08 auf 0,1 aufrundet.

„Schwach" absorbierende Stoffe, z. B. verdünnte Tinte, können bei ausreichender Schichtdicke d die ganze auffallende Strahlungsleistung absorbieren (abgesehen von den geringfügigen Reflexionsverlusten). „Stark" absorbierende Stoffe hingegen, wie z. B. Metalle, können von einer auffallenden Strahlungsleistung nur einen *kleinen Bruchteil* absorbieren. Der größte Teil kann nicht eindringen, er wird reflektiert.

Das gilt allgemein, es lässt sich gut mit mechanischen Wellen vorführen. — In Abb. 548 ist ein kurzes Stück einer Torsionswellenmaschine skizziert. Diese enthält oberhalb der gestrichelten Geraden eine Dämpfungsvorrichtung, nämlich kleine Haarpinsel an den Enden der schwingenden Glieder. Die Pinsel streichen über rauhe Papierflächen hinweg. Die Flächen lassen sich gemeinsam heben und senken und so die Reibungsdämpfung verändern. Längs dieser Maschine lassen wir eine kurze Wellengruppe ($\lambda \approx 60$ cm) von unten nach oben laufen. Dabei zeigt sich dreierlei:

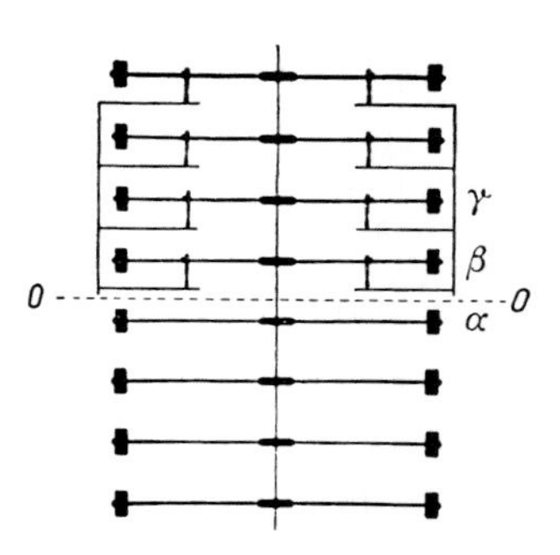

Abb. 548. Einige Glieder einer Torsionswellenmaschine, die oberen mit einer einstellbaren Reibungsdämpfung (**Videofilm 31**)

Videofilm 31: **„Absorption"** Der Absorptionsvorgang wird mit einer **Torsionswellenmaschine** demonstriert.

1. Ohne Dämpfung: Die Wellengruppe nimmt von der Grenze *00* keine Notiz.

2. Mit großer Dämpfung: Die Hantel β wird durch die Dämpfung stark behindert. Sie vermag von α nur einen kleinen Bruchteil der Schwingungsenergie zu übernehmen. Der weitaus größte Teil muss umkehren, die Amplitude der nach unten zurückgelangenden Wellengruppe ist kaum kleiner als die der zuvor nach oben gelaufenen.

3. Die trotz der Dämpfung von β noch aufgenommene Energie wird größtenteils in Reibungswärme verwandelt. Ein verbleibender Rest wird an γ weitergeleitet usw. So stirbt die Wellenbewegung „im absorbierenden Stoff" auf kurzem Weg. Ihre mittlere Reichweite w ist in unserem Beispiel nur ein kleiner Bruchteil der Wellenlänge λ. — Bei „starker" Absorption, d. h. $w < \lambda$, *können die Wellen nicht eindringen. Es wird wenig Energie absorbiert, und dies wenige auf kurzem Weg* (vgl. § 219 unter Gl. 390).

§ 217. Lichtreflexion an ebenen spiegelnden Flächen. Nach der eingehenden Behandlung einer zweiten optischen Materialkonstante, der *Extinktionskonstante* K oder des *Extinktionskoeffizienten* k, bringen wir nun experimentell die Lichtreflexion an ebenen spiegelnden Flächen homogener Stoffe.

In Abb. 549 fällt ein linear polarisiertes Parallellichtbündel (Polarisator P) auf einen Strahlungsmesser, einmal direkt (Ausschlag α_1), das andere Mal gespiegelt (Ausschlag α_2). Die Schwingungsebene des Lichtes wird abwechselnd parallel ($E_\parallel$) und senkrecht ($E_\perp$) zur Einfallsebene gestellt, und außerdem wird der Einfallswinkel φ variiert (der Grenzfall $\varphi = 0$, also senkrechter Einfall, ist mit dieser einfachen Anordnung nur näherungsweise zu verwirklichen). Der Analysator A ist zunächst nicht vorhanden. Wir messen jedesmal das

$$\text{Reflexionsvermögen } R = \frac{\text{reflektierte Strahlungsleistung}}{\text{einfallende Strahlungsleistung}} = \frac{\alpha_2}{\alpha_1}\,. \tag{382}$$

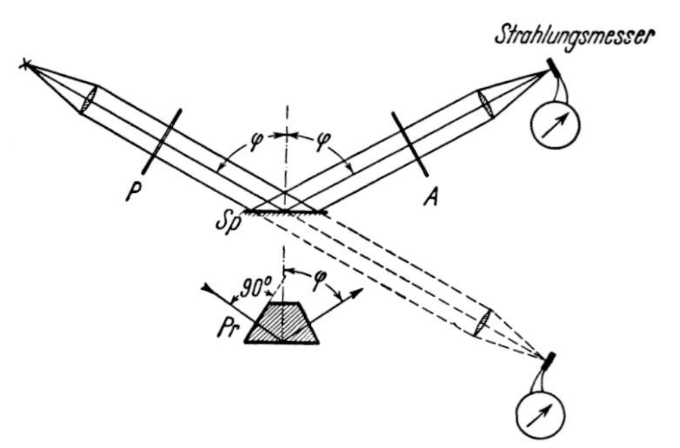

Abb. 549. Zur Messung des Reflexionsvermögens bei verschiedenen Einfallswinkeln φ. *P*: Polarisator, *A*: Analysator. Die Einfallsebene liegt in der Papierebene.

Die Amplitude einer Lichtwelle ist proportional zur Wurzel aus der Strahlungsleistung oder aus dem Ausschlag des Strahlungsmessers.[K7] Wir dürfen daher für das Verhältnis der Amplitude E_r des reflektierten Lichtvektors zur Amplitude E_e des einfallenden Lichtvektors schreiben

$$E_r/E_e = \sqrt{\alpha_2/\alpha_1}\,. \tag{383}$$

K7. Lichtwellen sind elektromagnetische Wellen (s. Kommentar K2 in Kap. XXIV). Zur Aussage, dass die Amplitude proportional zur Wurzel aus der Strahlungsleistung ist, siehe Elektrizitätslehre, Kommentar K6 in Kap. XII.

Die Ergebnisse einiger Messungen finden sich in den Abb. 550a–c. In Abb. 550a und b handelt es sich um Stoffe mit „schwacher" Absorption, in Abb. 550c hingegen um ein Metall mit „starker" Absorption. Diese Nebeneinanderstellung typischer Fälle in den Abb. 550a–c zeigt die gemeinsamen und die unterschiedlichen Züge besser, als es viele Sätze vermögen. Nur auf vier Punkte soll noch besonders aufmerksam gemacht werden:

1. Das Verhältnis E_r/E_e ist *im Bereich kleiner und mittlerer Einfallswinkel* φ bei stark absorbierenden Stoffen viel größer als bei schwach absorbierenden.

2. Liegt der Lichtvektor parallel zur Einfallsebene, so ist bei schwacher Absorption ein Winkel φ_P ausgezeichnet. Er wird *Polarisationswinkel* genannt, und zwar aus folgendem Grund: Ist das einfallende Licht unpolarisiert, wird beim Einfallswinkel φ_P nur der Anteil reflektiert, dessen Vektor zur Einfallsebene senkrecht liegt. Daher ist das reflektierte Licht linear polarisiert.

So hat der Franzose E. L. Malus 1808 die lineare Polarisation des Lichtes entdeckt. Leider verliert man bei diesem Verfahren 84% der einfallenden Strahlungsleistung (Abb. 550a). Außerdem ist die Knickung des Strahlenganges unbequem.

Im Infraroten ist dieses Verfahren auch heute nicht zu entbehren. Für Wellenlängen größer als etwa 3 µm kann man Substanzen sehr hoher Brechzahlen benutzen, z. B. Selen oder Bleisulfid, und daher mit kleineren Verlusten arbeiten als im Sichtbaren. — Spiegelnde Flächen aus diesen Stoffen stellt man ebenso her wie aus den meisten Metallen: Man verdampft den Stoff im Hochvakuum und lässt ihn auf einer polierten (nötigenfalls gekühlten) Glasplatte kondensieren.

3. Beim Polarisationswinkel φ_P steht das reflektierte Bündel senkrecht zum gebrochenen. Daher gilt das Brewster'*sche Gesetz*

$$\tan \varphi_P = n \tag{384}$$

(Herleitung: $\sin \varphi_P = n \sin \chi = n \sin(90° - \varphi_P) = n \cos \varphi_P$, ($\chi$ definiert wie in Abb. 337, S. 213)).

Mit Gl. (384) kann man φ_P benutzen, um die Brechzahl n zu messen.

4. Bei starker Absorption gibt es keinen Polarisationswinkel φ_P. An seine Stelle tritt der *Haupteinfallswinkel* Φ (Abb. 550c). Man kann ihn benutzen, wenn für stark absorbierende Stoffe die beiden optischen Konstanten n und k gemessen werden sollen (§ 223).

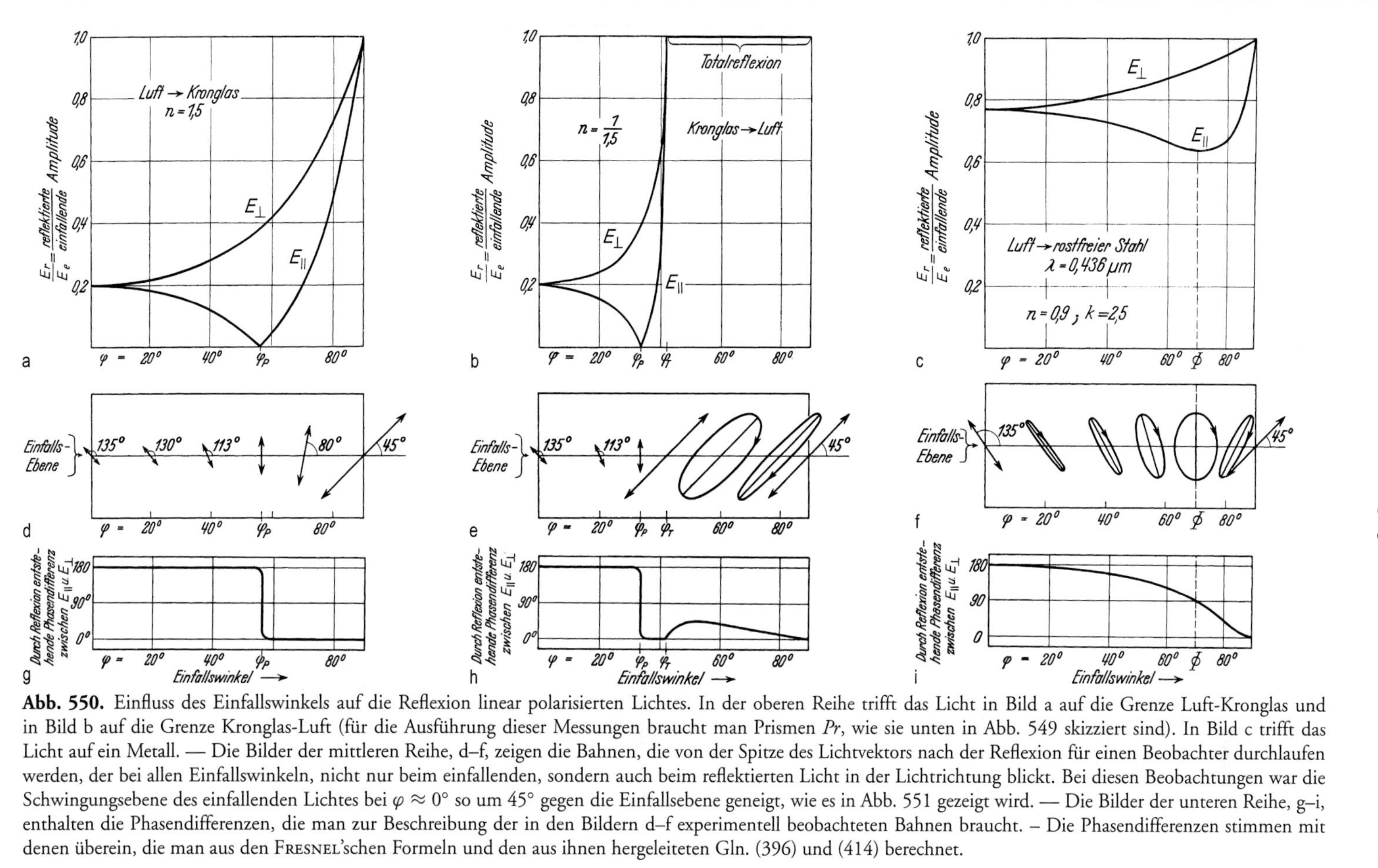

Abb. 550. Einfluss des Einfallswinkels auf die Reflexion linear polarisierten Lichtes. In der oberen Reihe trifft das Licht in Bild a auf die Grenze Luft-Kronglas und in Bild b auf die Grenze Kronglas-Luft (für die Ausführung dieser Messungen braucht man Prismen *Pr*, wie sie unten in Abb. 549 skizziert sind). In Bild c trifft das Licht auf ein Metall. — Die Bilder der mittleren Reihe, d–f, zeigen die Bahnen, die von der Spitze des Lichtvektors nach der Reflexion für einen Beobachter durchlaufen werden, der bei allen Einfallswinkeln, nicht nur beim einfallenden, sondern auch beim reflektierten Licht in der Lichtrichtung blickt. Bei diesen Beobachtungen war die Schwingungsebene des einfallenden Lichtes bei $\varphi \approx 0°$ so um 45° gegen die Einfallsebene geneigt, wie es in Abb. 551 gezeigt wird. — Die Bilder der unteren Reihe, g–i, enthalten die Phasendifferenzen, die man zur Beschreibung der in den Bildern d–f experimentell beobachteten Bahnen braucht. – Die Phasendifferenzen stimmen mit denen überein, die man aus den FRESNEL'schen Formeln und den aus ihnen hergeleiteten Gln. (396) und (414) berechnet.

§ 218. Phasenänderung bei der Lichtreflexion. Wir lassen nun das Licht nicht abwechselnd senkrecht und parallel zur Einfallsebene schwingend einfallen, sondern mit dem festen, Azimut genannten Winkel $\psi = 45°$. Das ist in Abb. 551 für $\varphi \approx 0$ skizziert. Diese Abb. 551 enthält perspektivisch einen Sonderfall einer von uns allgemein befolgten Vereinbarung. Diese wird in Abb. 552 ohne perspektivische Darstellung benutzt, indem die Papierebene wieder zur Einfallsebene gemacht wird. Die Vereinbarung lautet: In jedem Fall folgen die positiven Richtungen von $E_\parallel$, $E_\perp$, und z aufeinander wie die x-, y- und z-Richtungen eines Rechtehand-Koordinatensystems. (In einem solchen muss man in die z-Richtung blickend die x-Achse im Uhrzeiger-Sinn drehen, um sie in die Richtung der y-Achse zu bringen.)

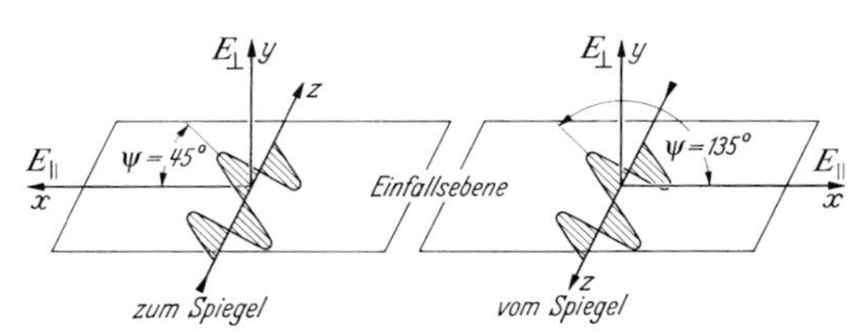

Abb. 551. Zur Orientierung der Lichtvektoren für den Sonderfall einer angenähert senkrechten Lichtreflexion und einen immer in der Lichtrichtung blickenden Beobachter

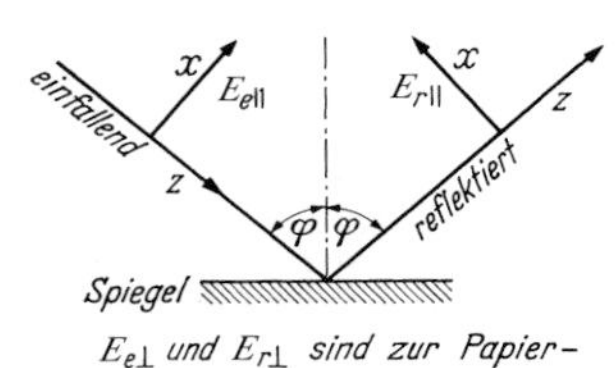

Abb. 552. Zur Orientierung der Lichtvektoren für einen beliebigen Einfallswinkel φ

Die Versuchsanordnung in Abb. 549 wird durch einen Analysator A ergänzt. Er wird um die Bündelachse gedreht. Dabei erhält man Messungen wie in Abb. 536. Ihnen entnimmt man die in den Abb. 550d–i graphisch dargestellten Ergebnisse: Die Reflexion erzeugt nicht nur unterschiedliche Amplituden $E_\parallel$ und $E_\perp$, sondern auch Phasendifferenzen zwischen den Vektoren $\boldsymbol{E}_\parallel$ und $\boldsymbol{E}_\perp$. Weichen diese von 0° und 180° ab, wird das reflektierte Licht elliptisch polarisiert. Bei schwacher Absorption tritt das nur im Gebiet der Totalreflexion auf, bei starker Absorption hingegen bei allen Einfallswinkeln.

Beim Haupteinfallswinkel Φ wird die Phasendifferenz zwischen $E_\parallel$ und $E_\perp = 90°$. Nach zweimaliger Reflexion unter dem Haupteinfallswinkel Φ ist das Licht also wieder linear polarisiert. Darauf gründet sich eine bequeme Messung von Φ, auch im Schauversuch (J. Jamin 1849).

§ 219. Die Fresnel'schen Formeln für schwach absorbierende Stoffe. Anwendungen. Der gesamte Erfahrungsinhalt der linken und der mittleren Spalte von Abb. 550 (a und b, d und e sowie g und h) ist von A. Fresnel (1788 – 1827) in einfachen Formeln zusammengefasst worden. Schreibt man für das Brechungsgesetz $\sin\varphi / \sin\chi = n$, so gilt für die reflektierte Strahlung[K8]

K8. Zur Herleitung der Fresnel'schen Formeln siehe 13. Aufl. der „Optik und Atomphysik", Kap. 11, § 9.

$$\frac{E_{r\perp}}{E_{e\perp}} = -\frac{\sin(\varphi - \chi)}{\sin(\varphi + \chi)}, \tag{385}$$

$$\frac{E_{r\parallel}}{E_{e\parallel}} = \frac{n\cos\varphi - \cos\chi}{n\cos\varphi + \cos\chi} = \frac{\tan(\varphi - \chi)}{\tan(\varphi + \chi)}. \tag{386}$$

Für die durch die Grenzfläche hindurchgehende Strahlung gilt:

$$\frac{E_{d\perp}}{E_{e\perp}} = \frac{2\sin\chi\cos\varphi}{\sin(\varphi + \chi)} \tag{387}$$

und

$$\frac{E_{\mathrm{d}\parallel}}{E_{\mathrm{e}\parallel}} = \frac{2\sin\chi\cos\varphi}{\sin(\varphi+\chi)\cos(\varphi-\chi)}\,. \tag{388}$$

Im Sonderfall senkrechter Inzidenz folgt aus der Gl. (385) für $\varphi \to 0$:

$$\frac{E_{\mathrm{r}}}{E_{\mathrm{e}}} = -\frac{n-1}{n+1}\,. \tag{389}$$

Durch Quadrieren der Gl. (389) erhalten wir für *eine* Grenzfläche das in § 217 eingeführte

$$\text{Reflexionsvermögen } R = \frac{\text{reflektierte Strahlungsleistung}}{\text{einfallende Strahlungsleistung}} = \left(\frac{n-1}{n+1}\right)^2, \tag{390}$$

eine wichtige, oft gebrauchte Gleichung.

Beispiele: Für Glas mit $n = 1{,}5$ ist $R = 4\%$, für Germanium mit $n = 4$ ist $R = 36\%$. Das Eindringen einer Strahlung kann also keineswegs nur durch starke Absorption behindert werden.

Nach Gl. (390) schien es lange nicht möglich zu sein, reflexionsfreie Glasoberflächen herzustellen, doch ist mithilfe von Interferenz in dünnen, aufgedampften Kristallschichten eine weitgehende „Entspiegelung" oder „Vergütung" gelungen (§ 170). Bei dem ersten praktisch erfolgreichen Verfahren wurden dünne Kristallschichten (z. B. aus KBr oder CaF_2) im Hochvakuum auf Quarzglas aufgedampft (G. BAUER 1934).[K9]

K9. GERHARD BAUER, Dr. rer. nat. Göttingen 1931; Ann. Phys. **39**, 434 (1934).

Das Minuszeichen in Gl. (389) bedeutet: E_{r} und E_{e} sind für $n > 1$ einander entgegengesetzt gerichtet und für $n < 1$ gleichgerichtet. Die Reflexion erzeugt bei $n > 1$ einen Phasensprung von $180°$ oder $\lambda/2$.[K2 in Kap. XX] Bei $n < 1$ hingegen bleibt die Phase ungeändert.

Schauversuch von THOMAS YOUNG (1802): In einer Darstellung von NEWTON'schen Ringen (S. 282) begrenzte er die Luftschicht durch ein gewölbtes Glas von kleiner Brechzahl und ein plan geschliffenes Glas von großer Brechzahl. Dann ersetzte er ein Gebiet der Luftschicht durch eine Flüssigkeit, deren Brechzahl zwischen denen der beiden Gläser lag. In diesem Gebiet vertauschten die hellen und die dunklen Interferenzstreifen ihre Lage.[1]

Mit dieser Kenntnis des Phasensprunges wollen wir die senkrechte Reflexion an einer ebenen Oberfläche eines schwach absorbierenden Stoffes graphisch darstellen, und zwar für zwei Beispiele in der Abb. 553. Für die senkrechte Reflexion benutzen wir ein einziges Koordinatensystem, dessen z-Richtung mit der Einfallsrichtung des Lichtes zusammenfällt.

Die FRESNEL'schen Gln. (387) und (388) gelten für das durch die Grenzfläche hindurchgehende Licht. Zweckmäßigerweise stellt man auch ihren Inhalt graphisch dar, Abb. 554. Das Amplitudenverhältnis $E_\parallel/E_\perp$ erreicht bei schrägem Durchgang nicht etwa beim Polarisationswinkel $\varphi_{\mathrm{P}} = 56°19'$ seinen größten Wert, sondern wächst weiter mit zunehmendem Einfallswinkel, wie im Folgenden gezeigt wird.

Bei schrägem Durchgang eines Parallellichtbündels durch eine Glasplatte erhält man teilweise polarisiertes Licht, d. h. ein Gemisch von natürlichem und von linear polarisiertem Licht.

Quantitativ kennzeichnet man es durch den

$$\text{Polarisationsgrad } Q = \left|\frac{\dot W_{E\parallel} - \dot W_{E\perp}}{\dot W_{E\parallel} + \dot W_{E\perp}}\right| \tag{391}$$

($\dot W$ = Strahlungsleistung).

[1] R. W. Pohl, Phys. Bl. **17**, 208 (1961).

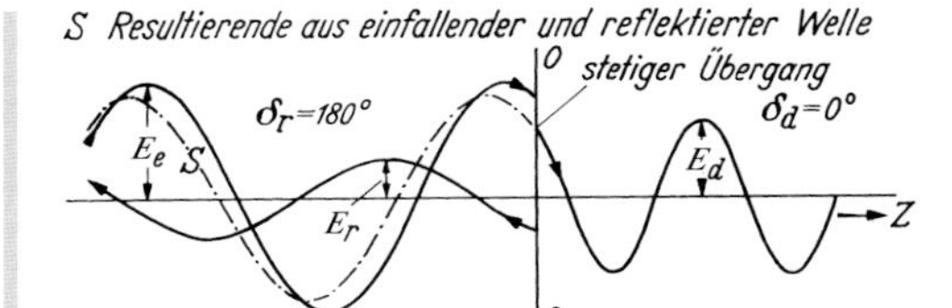

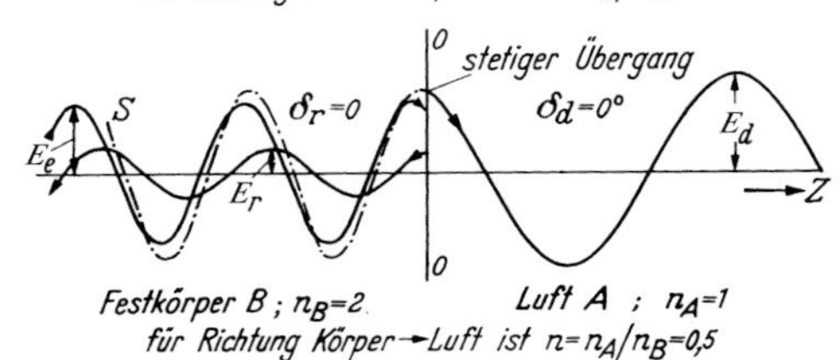

Abb. 553. Zwei Beispiele für den senkrechten Durchgang fortschreitender Wellen durch die Grenze *00* zwischen zwei Stoffen verschiedener Brechzahlen. Momentbilder dieser Art wechseln dauernd ihre Gestalt, wiederholen sich aber in periodischer Folge. In jedem Momentbild, also in jedem Augenblick, ist an der Grenze die Summe von einfallendem und reflektiertem Lichtvektor gleich dem durchgelassenen.

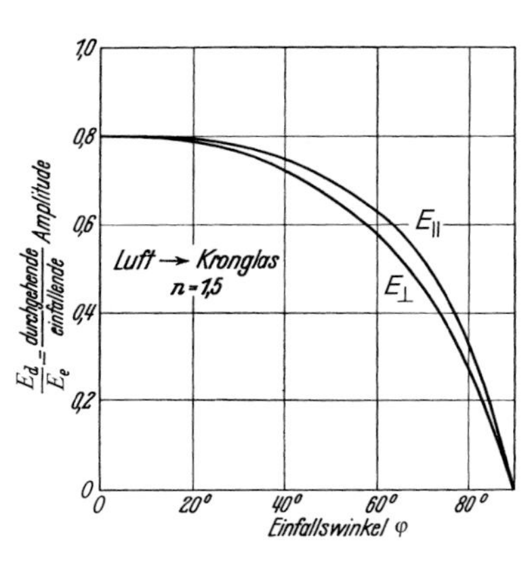

Abb. 554. Zum Eindringen des Lichtes in einen optisch dichteren Stoff bei schwacher Absorption

Erzeugt man das teilweise polarisierte Licht mit einem Parallellichtbündel, das eine Glasplatte schräg durchsetzt, so wird der Polarisationsgrad

$$Q = \frac{1 - \cos^4(\varphi - \chi)}{1 + \cos^4(\varphi - \chi)} \tag{392}$$

(φ: Einfallswinkel; $\sin\chi = \frac{1}{n}\sin\varphi$).

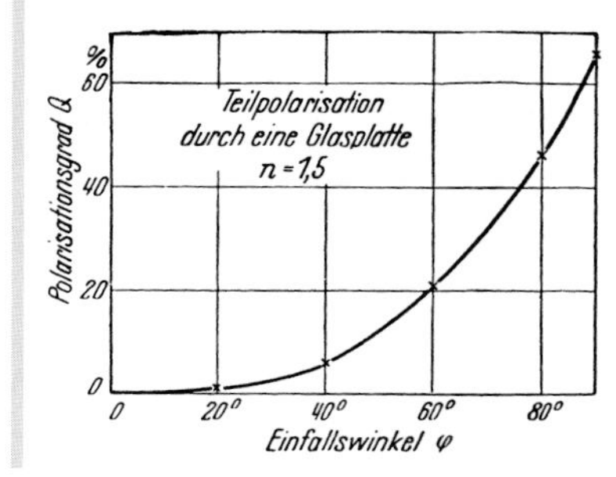

Abb. 555. Einfluss des Einfallswinkels auf den Polarisationsgrad des von einer Glasplatte hindurchgelassenen Lichtes

Der Polarisationsgrad wird also bei gegebener Brechzahl n vom Einfallswinkel φ bestimmt. Abb. 555 zeigt ein praktisch wichtiges Beispiel für $n = 1{,}5$. Aus dem stetigen Anwachsen des Polarisationsgrades Q mit wachsendem Einfallswinkel φ folgt, dass auch das Amplitudenverhältnis $E_{\|}/E_{\perp}$ mit φ anwächst.

Herleitung von Gl. (392): Aus den Gln. (387) und (388) ergibt sich für den Durchtritt durch *eine* Oberfläche

$$\frac{E_{d\|}}{E_{d\perp}} = \frac{1}{\cos(\varphi - \chi)} = a\,, \qquad \text{durch } \textit{zwei} \text{ Oberflächen} \quad \frac{E_{d\|}}{E_{d\perp}} = a^2\,. \tag{393}$$

Die Strahlungsleistungen $\dot{W}$ sind proportional zum Quadrat der Amplituden, also

$$\frac{\dot{W}_{E\|}}{\dot{W}_{E\perp}} = a^4 \tag{394}$$

und nach Gl. (391)

$$Q = \left|\frac{\dot{W}_{E\|} - \dot{W}_{E\perp}}{\dot{W}_{E\|} + \dot{W}_{E\perp}}\right| = \frac{a^4 - 1}{a^4 + 1}\,. \tag{395}$$

Einsetzen von $a = 1/\cos(\varphi - \chi)$ ergibt Gl. (392).

§ 220. Näheres zur Totalreflexion.

In Abb. 556 wird eine dünne Schicht mit der Brechzahl n_A von zwei durch ebene Flächen begrenzten Stoffen mit der größeren Brechzahl n_B umgeben. Von links unten fallen Wellen unter dem Einfallswinkel φ ein. Sie werden total reflektiert, sobald φ den Grenzwinkel φ_T der Totalreflexion überschreitet, definiert durch die Gl. (300) v. S. 216, also $\sin\varphi_T = n_A/n_B$.

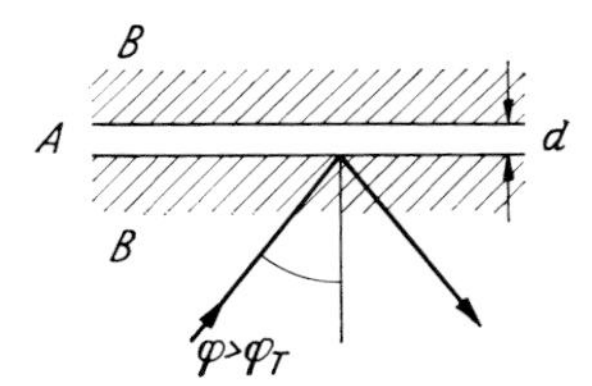

Abb. 556. Zur Behinderung der Totalreflexion, Tunneleffekt. (**Videofilm 43** aus Bd. 1)

Videofilm 43 aus Bd. 1: **„Wasserwellenexperimente"** Die Experimente zu Totalreflexion und Tunneleffekt erscheinen bei der Zeitmarke 5:30.

Die Totalreflexion kann aber nur eintreten, wenn die Schichtdicke d des Stoffes A mindestens die Größenordnung der Wellenlänge besitzt (Bd. 1, § 121). Dünnere Schichten bilden für die Wellen kein ganz unüberwindbares Hindernis. Die Wellen vermögen es, wenn auch geschwächt, die Schicht zu durchdringen, als sei ihnen durch einen Tunnel ein Weg gebahnt: *Tunneleffekt*.[K10]

K10. Totalreflexion und Tunneleffekt werden in Bd. 1 anhand von Wasserwellen ausführlich besprochen (§ 121). Die dortige Bildserie der Abb. 330 befand sich in früheren Auflagen sogar hier in diesem Optikkapitel.

Für Licht zeigt man das mit Wellen des infraroten Spektralbereiches. In Abb. 557 wird ein Bogenlampenkrater mit zwei gleichen Linsen aus Steinsalz auf einem Strahlungsmesser M abgebildet. Das parallel begrenzte Bündel zwischen den Linsen ist durch eine Blende B_1 in zwei Bündel zerteilt. Eine zweite vertikal verschiebbare Blende B_2 gibt nach Wahl eines der beiden Teilbündel frei. Die beiden Teilbündel fallen dann auf drei 90°-Prismen aus Steinsalz. Die Basisflächen der kleinen Prismen sind von der des großen Prismas durch schmale Metallfolien getrennt, oben von 15 μm, unten von 5 μm Dicke.

Der sichtbare Anteil beider Teilbündel wird total reflektiert, er tritt seitlich in Richtung der Pfeile aus. Ebenso wird die infrarote Strahlung des oberen Teilbündels total reflektiert. Beim unteren Bündel hingegen zeigt der Strahlungsmesser einen großen Ausschlag. Es geht also Strahlung durch die Prismen hindurch. Das besagt: Eine 5 μm dicke Luftschicht hinter der Basisfläche des großen Prismas behindert die Totalreflexion. Aber eine 15 μm dicke Luftschicht lässt die Totalreflexion ungestört zur Ausbildung kommen. Folglich sind in der infraroten Strahlung der beiden Bündel Wellen bis zu etwa 15 μm Länge enthalten. (Wellen von mehr als 15 μm Länge werden bereits durch die erste Steinsalzlinse absorbiert. Einzelheiten in § 236.)

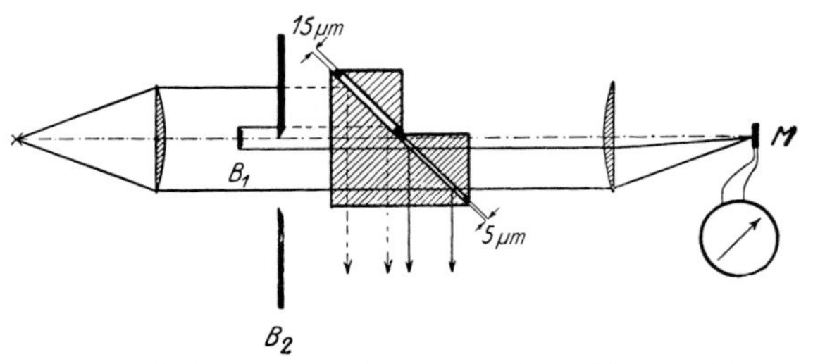

Abb. 557. Vorführung der Totalreflexion von infrarotem Licht und ihrer Behinderung durch den „Tunneleffekt"

Dieser Versuch mit den beiden Prismen ist auch technisch bedeutsam. Man macht den Abstand ihrer Basisflächen veränderlich. Dann hat man die Möglichkeit, mit winzigen Verschiebungen die durchgelassene Strahlungsleistung zu verändern oder zu „steuern". — Ferner kann man die beiden Prismen im infraroten Spektralbereich als Filter benutzen. Sie halten die kurzen Wellen zurück und lassen die langen passieren.

Nach Abb. 550h tritt im Bereich der Totalreflexion zwischen $E_{\parallel}$ und $E_{\perp}$ eine Phasendifferenz δ auf. Daher wird linear polarisiertes Licht, das sowohl in der Einfallsebene als auch senkrecht zu ihr eine Komponente besitzt, durch die Reflexion in elliptisch polarisiertes Licht verwandelt. Dabei gilt (für $n < 1$, $\varphi > \varphi_{\mathrm{T}}$)

$$\tan\frac{\delta}{2} = \frac{\cos\varphi\sqrt{\sin^2\varphi - n^2}}{\sin^2\varphi}\,. \tag{396}$$

Beispiel: Für $n = 1/1{,}5$ wird $\delta = 45°$ bei zwei Einfallswinkeln, sowohl bei $\varphi = 48{,}5°$ als auch bei $\varphi = 54{,}5°$.

Herleitung: Das Brechungsgesetz $\sin\chi = \frac{1}{n}\sin\varphi$ kann für $n < 1$ Werte von $\sin\chi > 1$ ergeben. Dann wird

$$\cos\chi = \sqrt{1-\sin^2\chi} = i\cdot\frac{1}{n}\sqrt{\sin^2\varphi - n^2} \tag{397}$$

eine imaginäre Größe ($i = \sqrt{-1}$). Diese wird in die FRESNEL'schen Formeln eingesetzt, und dann wird nach dem gleichen Schema wie in § 222 gerechnet.[K11]

K11. Eine ausführliche Herleitung der Gl. (396) findet sich in M. Born, „Optik", Springer-Verlag, 3. Aufl. 1933, Nachdruck 1972, § 13.

§ 221. Mathematische Darstellung gedämpfter fortschreitender Wellen. Fortschreitende Wellen sind in § 113 in Bd. 1 behandelt worden. Die Phasengeschwindigkeit wurde c genannt. In der Optik ist die Phasengeschwindigkeit des Lichtes (Lichtgeschwindigkeit c) innerhalb eines Stoffes der Brechzahl n nur c/n. Damit ist in der Optik eine ungedämpft fortschreitende Welle darzustellen durch die Gleichung

$$E_{\mathrm{x}} = A\sin\omega\left(t - \frac{z}{c/n}\right) \tag{398}$$

(E_{x} = Augenblickswert der x-Komponente des Lichtvektors (Vektor des elektrischen Feldes) am Ort z zur Zeit t, die Welle bewegt sich in der positiven z-Richtung; A = Amplitude; $\omega = 2\pi\nu$ = Kreisfrequenz; c/n = Phasengeschwindigkeit im Stoff; n = Brechzahl).

Man rechnet mit Exponentialfunktionen leichter als mit trigonometrischen Funktionen. Deswegen ersetzt man die trigonometrischen Funktionen durch eine Exponentialfunktion, und zwar mithilfe der EULER'schen Beziehung

$$e^{i\varphi} = \cos\varphi + i\sin\varphi; \qquad i = \sqrt{-1}\,. \tag{399}$$

Man schreibt statt Gl. (398)

$$E_x = Ae^{i\omega(t-zn/c)}\,, \tag{400}$$

rechnet also mit komplexen Zahlen[1] und benutzt getrennt entweder den imaginären oder den reellen Anteil.

[1] Komplexe Zahlen sind Zahlenpaare mit bestimmten, für diese Paare entwickelten *Rechenregeln.* Die Worte „imaginär" und „komplex" sind nur historisch bedingt.

Für die nächsten Paragraphen genügen die folgenden Dinge:

Eine komplexe Zahl

$$\zeta = Ae^{i\varphi} = A(\cos\varphi + i\sin\varphi) = a + ib \tag{401}$$

(A = „Betrag"; φ = Winkel der komplexen Zahl) lässt sich graphisch darstellen, Abb. 558.

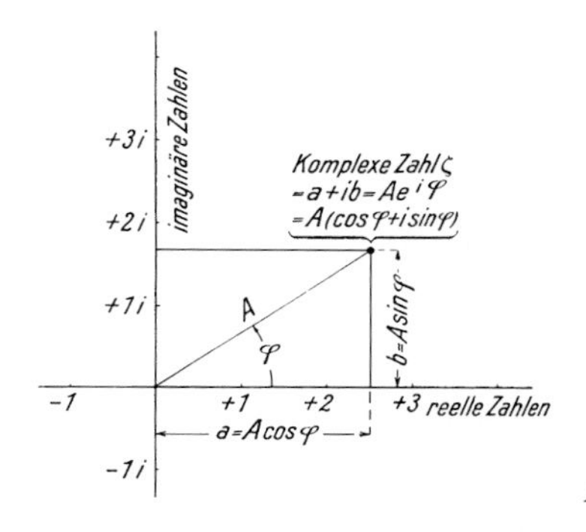

Abb. 558. Darstellung einer komplexen Zahl

Zur Berechnung des Winkels φ benutzt man die Gleichung

$$\tan\varphi = \frac{\sin\varphi}{\cos\varphi} = \left.\frac{\text{Imaginärteil}}{\text{Realteil}}\right\}\text{ der komplexen Zahl } \zeta. \tag{402}$$

Den „Betrag" A einer komplexen Zahl $(a \pm ib)$ bestimmt man, indem man sie mit ihrer „konjugiert komplexen" $(a \mp ib)$ multipliziert, also z. B.

$$A^2 = (a+ib)(a-ib) = a^2 + b^2\,. \tag{403}$$

Bei diesen beiden Rechnungsarten erscheinen im Endergebnis keine imaginären Zahlen. In anderen Fällen findet man im Endergebnis zu beiden Seiten des Gleichheitszeichens irgendwelche komplexe Zahlen, etwa

$$a + ib = C + iB\,. \tag{404}$$

Dann ergibt sowohl $a = C$ als auch $b = B$ ein physikalisches Ergebnis, d. h. einen Zusammenhang zwischen gleichartigen und vergleichbaren Größen.

Beispiel: Gegeben eine Sinusschwingung, die zur Zeit $t = 0$ mit einer Phase δ (positiv oder negativ) beginnt. Dann kann man statt $A\sin(\omega t + \delta)$ in komplexer Darstellung schreiben

$$\zeta = Ae^{i\delta} \cdot e^{i\omega t}\,. \tag{405}$$

Das Produkt $Ae^{i\delta} = A'$ wird *komplexe Amplitude* genannt. Diese enthält *zwei* Bestimmungsstücke der Schwingung, nämlich sowohl die reelle Amplitude als auch den Phasenwinkel δ. — Das Verhältnis zweier komplexer Amplituden

$$\frac{A_1'}{A_2'} = \frac{A_1}{A_2} \cdot e^{i(\delta_1 - \delta_2)} = \varrho\, e^{i\delta} \tag{406}$$

enthält sowohl das Verhältnis $\varrho = A_1/A_2$ der reellen Amplituden als auch die Phasendifferenz δ zwischen ihnen. Dabei ist ϱ der Betrag und δ der Winkel der komplexen Zahl $\varrho\, e^{i\delta}$.

K12. Die Leistung ist proportional zum Quadrat der Amplitude. Siehe Kommentar K6 in Kap. XII der Elektrizitätslehre.

In einem Stoff mit Extinktion wird die Welle exponentiell gedämpft. Am Ende des Weges z ist die Leistung auf den Bruchteil e^{-Kz} abgesunken, die Amplitude also auf den Bruchteil $e^{-Kz/2}$.[K12] Ersetzt man die Extinktionskonstante K durch den Extinktionskoeffizient k mit der Beziehung

$$K = 4\pi k/\lambda\,, \qquad \text{(377) von S. 355}$$

(λ: Wellenlänge im Vakuum) so erhält man für den Augenblickswert am Ort z zur Zeit t

$$E_x = A \cdot e^{-2\pi kz/\lambda} \cdot e^{i\omega(t-zn/c)}\,. \qquad (407)$$

Den Übergang von Gl. (400) (Welle ohne Extinktion) zu Gl. (407) (Welle mit Extinktion) kann man rein formal auch anders vollziehen: Man braucht nur die Brechzahl n in Gl. (400) durch eine komplexe Rechengröße zu ersetzen, nämlich die *komplexe Brechzahl*

$$n' = n - ik\,. \qquad (408)$$

In ihr sind *zwei* Größen, nämlich sowohl die Brechzahl n als auch der Extinktionskoeffizient k, enthalten. Mit einer komplexen Brechzahl gelangt man von Gl. (400) direkt zu Gl. (407).

Dies Ergebnis ist von großer Wichtigkeit. Man kann den Einfluss der Extinktion auf den Verlauf einer Welle nach einer einfachen Regel berechnen: Man nimmt die für die extinktionsfreie Welle hergeleiteten Formeln und ersetzt die reelle Brechzahl n durch die komplexe Brechzahl $n' = n - ik$. Sie leistet als formale Rechengröße ausgezeichnete Dienste, sie ist bei keiner Behandlung irgendwelcher Wellenextinktion zu entbehren.

§ 222. Beer'sche Formel für die senkrechte Reflexion an stark absorbierenden Stoffen. Die Tatsachen sind in § 217 dargestellt worden. Die quantitative Behandlung beruht auf einer Erweiterung der Fresnel'schen Formeln. Man berücksichtigt außer der Brechzahl n auch den Extinktionskoeffizienten k. Das geschieht nach der allgemeinen, oben angeführten Regel: Man ersetzt die reelle Brechzahl n durch die komplexe Brechzahl $n' = n - ik$.

Im Sonderfall senkrechter Inzidenz galt für die Reflexion

$$\frac{E_r}{E_e} = -\frac{n-1}{n+1}\,. \qquad \text{(389) von S. 361}$$

Durch Einsetzen der komplexen Brechzahl erhält man das Verhältnis zweier komplexer Amplituden

$$\frac{E_r'}{E_e'} = -\frac{n-ik-1}{n-ik+1} = \varrho\, e^{i\delta_r}\,. \qquad (409)$$

Hierin bedeutet (vgl. Fußnote in § 221) der Betrag ϱ das Verhältnis der reellen Amplituden, also $\varrho = E_r/E_e$ und δ_r den Phasenwinkel zwischen E_r und E_e, also zwischen reflektierter und einfallender Amplitude. — Beide sind nach den Regeln von § 221 auszurechnen. Wir beginnen mit der Berechnung des

$$\text{Reflexionsvermögens } R = \varrho^2 = \left|\frac{E_r}{E_e}\right|^2\,.$$

Dazu multiplizieren wir die komplexe Zahl in Gl. (409) mit ihrer konjugiert komplexen, also

$$R = \frac{(n-ik-1)(n+ik-1)}{(n-ik+1)(n+ik+1)} \qquad (410)$$

oder

$$R = \left|\frac{E_r}{E_e}\right|^2 = \frac{(n-1)^2 + k^2}{(n+1)^2 + k^2}\,. \qquad (411)$$

Das ist die vielbenutzte Formel von AUG. BEER (1854). Zu jedem Wert des Reflexionsvermögens R gehören viele Paare der optischen Konstanten n und k. die Gesamtheit dieser Paare bildet Kreise. Das zeigt Abb. 559 für Werte von R zwischen 20 und 80 %.

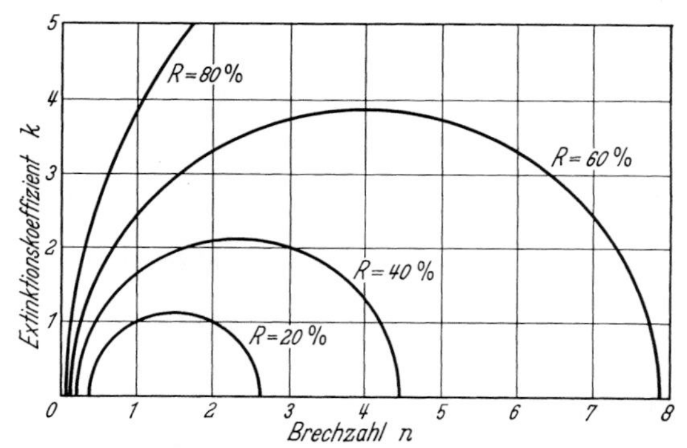

Abb. 559. Eine graphische Darstellung der BEER'schen Formel zeigt Wertepaare von n und k, die für senkrechte Inzidenz die gleichen Reflexionsvermögen R ergeben. Das Zentrum der Kreise liegt bei $n = (1+R)/(1-R)$ und für ihre Radien r gilt $r^2 = 4R/(1-R)^2$.

Bei Metallen überwiegt oft der Summand k^2 im Zähler und Nenner der BEER'schen Formel (411). Dann wird R vergleichbar mit 1. Es wird ein großer Bruchteil der einfallenden Strahlungsleistung reflektiert. Im Beispiel der Abb. 550c waren es über 60%. Silber kann im Sichtbaren über 95 % reflektieren. Im langwelligen Infrarot erreichen alle Metalle ein Reflexionsvermögen von $R \approx 100\,\%$; vgl. Abb. 586.

Zur Berechnung der Phasendifferenz bringen wir die Gl. (409) auf die Form $a + ib$. Zu diesem Zweck multiplizieren wir Zähler und Nenner mit der konjugiert komplexen Größe des Nenners, also

$$\varrho\, e^{i\delta_r} = -\frac{n - ik - 1}{n - ik + 1} \cdot \frac{n + ik + 1}{n + ik + 1} = \frac{1 - n^2 - k^2 + i2k}{n^2 + 2n + 1 + k^2} \tag{412}$$

oder

$$((n+1)^2 + k^2) \cdot \varrho\, e^{i\delta_r} = \underbrace{1 - n^2 - k^2}_{\text{Realteil}} + \underbrace{i2k}_{\text{Imaginärteil}} .$$

Dann benutzen wir die Gl. (402) von S. 365

$$\tan \delta_r = \frac{\text{Imaginärteil}}{\text{Realteil}} \text{ der komplexen Größe} \tag{413}$$

und erhalten für den Phasenwinkel zwischen reflektierter und einfallender Amplitude

$$\tan \delta_r = \frac{2k}{1 - n^2 - k^2} . \tag{414}$$

In gleicher Weise kann man von der FRESNEL'schen Formel (388) von S. 361 ausgehen und das Verhältnis von durchgehender Amplitude E_d und einfallender Amplitude E_e berechnen, desgleichen den Phasenwinkel δ_d zwischen beiden. Man erhält dann für senkrechte Inzidenz

$$\left| \frac{E_\mathrm{d}}{E_\mathrm{e}} \right|^2 = \frac{4}{(n+1)^2 + k^2} \tag{415}$$

$$\text{und} \qquad \tan \delta_\mathrm{d} = \frac{k}{n+1} . \tag{416}$$

In Abb. 553 hatten wir die FRESNEL'sche Formel für senkrechten Lichteinfall und schwache Reflexion mit einem Momentbild erläutert, und zwar für das Zahlenbeispiel

$n = 2$. In entsprechender Weise zeigt Abb. 560 Momentbilder zur Erläuterung der Gln. (411) bis (416), und zwar links für $n = 2$ und $k = 4$ und rechts für $n = 2$ und $k = 0,1$.

Abb. 560 rechts unterscheidet sich nicht mehr nennenswert von Abb. 553 oben. Das heißt, ein Absorptionskoeffizient $k = 0,1$ spielt bei der Reflexion schon praktisch keine Rolle mehr. $k = 0,1$ (genauer 0,08) bedeutet $w = \lambda$, d. h. die mittlere Reichweite des Lichtes ist gleich seiner Wellenlänge (Vakuum-Wellenlänge). $w = \lambda$ hatten wir in § 216 als Grenze zwischen starker und schwacher Absorption eingeführt. Das findet nun hier seine Rechtfertigung.

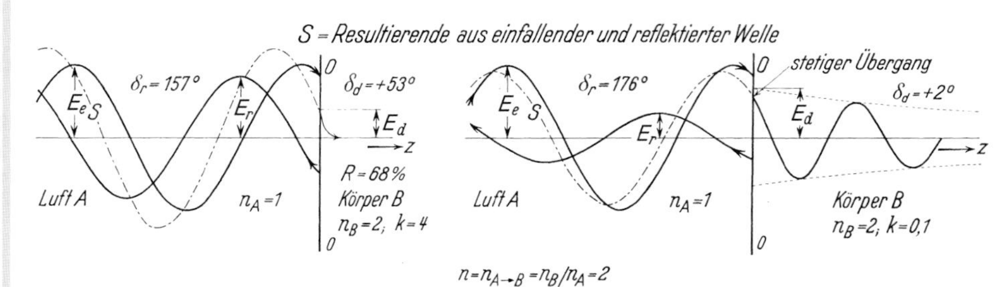

Abb. 560. An Abb. 553 anknüpfende Momentbilder zur Erläuterung der Gln. (411) bis (416). An der Grenze ist in jedem Augenblick der Betrag des Lichtvektors des durchgelassenen Lichtes gleich der Summe der Lichtvektor-Beträge des einfallenden und des reflektierten Lichtes. Das linke Bild passt z. B. für die Reflexion roten Lichtes an Platin. Das rechte Bild übertreibt noch die Verhältnisse an Farbstofflösungen sehr hoher Konzentration.

Hat man für einen stark absorbierenden Stoff zwei von den drei Größen R, n und $k = K\lambda/4\pi$ gemessen, so lässt sich die dritte mit der Beer'schen Formel (411) berechnen. Man kann aber auch R und δ_r messen, um durch eine Zusammenfassung der Gln. (411) und (414) k und n zu erhalten.

§ 223. Lichtabsorption in stark absorbierenden Stoffen bei schrägem Einfall. In § 222 ist die Lichtreflexion bei starker Extinktion und senkrechtem Einfall ($\varphi = 0$) recht ausführlich behandelt worden. Die Bedeutung der hergeleiteten Gleichungen geht weit über den Bereich der Optik hinaus. Die Gleichungen spielen auch in der Akustik und Elektrotechnik eine große Rolle. Sie enthalten ja, unabhängig von näheren Vorstellungen über die Natur der Wellen, nur zwei formal eingeführte Stoffzahlen, die Brechzahl n und den Absorptionskoeffizienten k.

Bei schrägem Lichteinfall ($\varphi > 0$) werden die Dinge komplizierter. Setzt man eine komplexe Brechzahl in das Brechungsgesetz ein, so erhält man einen komplexen Brechungswinkel. Dieser enthält zwei Angaben: Erstens über die Lage der Flächen gleicher Phase und zweitens über die Lage der Flächen gleicher Amplitude. Zur Erläuterung dient Abb. 561. Darin sind die Wellenberge durch breite schwarze Linien markiert. Ihre Dicke soll — ein zeichnerischer Notbehelf — die Größe der Amplituden andeuten. In den ersten beiden Bildern soll die Brechzahl unterhalb der Grenze *00* kleiner sein als oberhalb.

In Abb. 561 oben ist $\varphi = 0$, das Licht fällt senkrecht ein. Die Linien gleicher Phase (Wellenberge) und die Linien gleicher Amplitude (gleicher Strichdicke) fallen zusammen: Wir haben eine Längsdämpfung.

Im mittleren Teilbild der Abb. 561 beträgt φ etwa 33°. Jetzt fallen die Wellenberge unterhalb der Grenze nicht mehr mit Linien gleicher Amplitude, d. h. mit Geraden gleicher Strichdicke zusammen. Die Welle ist „inhomogen“ und „schräggedämpft“.

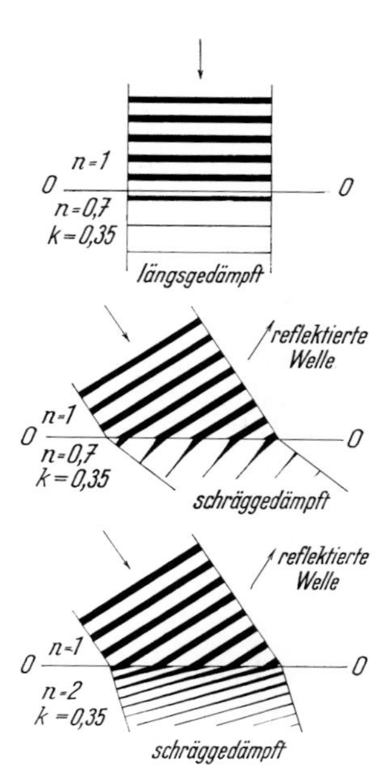

Abb. 561. Die verschiedenen Formen räumlicher Dämpfung fortschreitender Wellen. Strichdicke $\hat{=}$ Wellenamplitude.

In Abb. 561 unten ist die Brechzahl unterhalb der Trennlinie größer als oberhalb. Auch dann gibt es eine Schrägdämpfung.

Experimentell äußert sich diese Schrägdämpfung in unangenehmer Weise: Das mit Prismen gemessene Verhältnis $\sin\varphi/\sin\chi$ hört auf, konstant zu sein, es wird vom Einfallswinkel abhängig (Abb. 562) und kann sich z. B. bei Cu mit wachsendem φ mehr als verdoppeln.

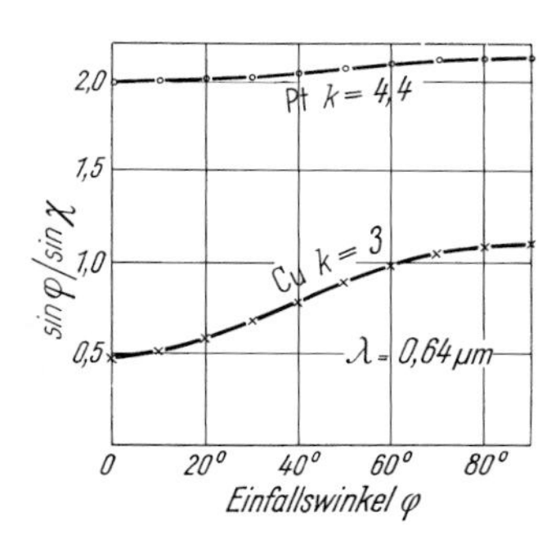

Abb. 562. Bei Stoffen mit starker Absorption hängt das Verhältnis $\sin\varphi/\sin\chi$ vom Einfallswinkel φ ab (von D. Shea mithilfe sehr dünner Metallprismen gemessen)

Trotz dieser Komplikationen kann man auch den schrägen Lichteinfall bei starker Absorption ebenso behandeln wie den senkrechten. Man geht wieder von den entsprechenden Fresnel'schen Formeln für schwache Absorption aus, also von den Gln. (385) und (386). Wiederum ersetzt man die reelle Brechzahl n durch eine komplexe, auch die Absorption berücksichtigende Brechzahl

$$n' = n - ik\,. \tag{408}$$

Leider werden die anschließenden Rechnungen in strenger Form recht umfangreich und unübersichtlich. Aus diesem Grund beschränken wir die Aufgabe und fragen nur: Wie kann man aus *Reflexions*messungen bei *schrägem* Lichteinfall die optischen Konstanten n und k bestimmen?

Für den Sonderfall φ = Haupteinfallswinkel Φ (§ 217) gelten die CAUCHY'schen Formeln[K13]

K13. Zur Herleitung der CAUCHY'schen Formeln siehe 13. Aufl. der „Optik und Atomphysik", Kap. 11, § 15.

$$k = n \tan 2\Psi \tag{417}$$

$$n = \sin\Phi \tan\Phi \cos 2\Psi\,, \tag{418}$$

wobei Ψ definiert ist durch

$$\tan\Psi = \left(\frac{E_{r\parallel}}{E_{r\perp}}\right)_{\varphi=\Phi}\,. \tag{419}$$

Damit hat man zwei Gleichungen für die Bestimmung der optischen Konstanten n und k. Gemessen wird die Größe des Haupteinfallswinkels Φ und $\tan\Psi$, d. h. das Verhältnis der beiden beim Haupteinfallswinkel reflektierten Amplituden (Gl. 419 und Abb. 550c).

Die beiden Gln. (417) und (418) sind in der Messtechnik von großer Bedeutung. Sie sind schon 1849 von A. L. CAUCHY veröffentlicht worden. — Man soll sie daher, den eingebürgerten Darstellungen entgegen, nicht als Ergebnis der MAXWELL'schen Theorie bringen.

§ 224. Schlussbemerkung. In physikalischen Darstellungen benutzte Bilder. Die quantitative Behandlung der „starken" Lichtabsorption, also $w < \lambda$, ist kein erfreuliches Kapitel. Man muss ziemlich viel rechnen und gelangt trotzdem bei schrägem Lichteinfall nur mit Näherungslösungen zu Formeln von brauchbarer Einfachheit.

„Schon der Anfänger verbindet mit optischen Messungen die Vorstellung besonderer Präzision, er kennt die vielen Dezimalen bei Brechzahlen, Wellenlängen usw. Bei starker Absorption ist es mit jeder Präzision vorbei."

Schlimmer aber ist etwas anderes. Schon der Anfänger verbindet mit optischen Messungen die Vorstellung besonderer Präzision, er kennt die vielen Dezimalen bei Brechzahlen, Wellenlängen usw. Bei starker Absorption ist es mit jeder Präzision vorbei. Eine Reproduzierung der Messungen von n und k innerhalb einiger Prozent muss schon als sehr befriedigend gelten. Der Grund ist klar: Bei starker Absorption spielen sich die gesamten Vorgänge innerhalb dünner Oberflächenschichten ab, den Hauptbeitrag liefern Schichten unter 10^{-4} mm Dicke. Diese Schichten sind im Gegensatz zu den inneren des Körpers ungeschützt allen Einwirkungen von außen ausgesetzt, ihre Beschaffenheit ist zeitlich nicht konstant, von der Vorgeschichte abhängig und der Anwesenheit fremder, oberflächlich angelagerter Moleküle. Man denke an analoge Verhältnisse bei der äußeren Reibung in der Grenzfläche zweier sich berührender fester Körper.

Keine Oberflächenschicht zeigt die gleiche Eigenschaft wie der Stoff im Inneren. Man lege z. B. einen Glasklotz mit einer mechanisch sorgfältig polierten Oberfläche in eine Flüssigkeit mit einer (für die benutzte Lichtart) genau übereinstimmenden Brechzahl. Stets macht sich die Trennschicht durch eine Reflexion bis zu einigen Zehntel Prozent bemerkbar. Die Brechzahl der Grenzschicht ist also eine andere als die des Glases in seinem Inneren. Die Dicke der durch die Bearbeitung veränderten Glasschicht beträgt nach Lord RAYLEIGH (1937)[K14] etwa $3 \cdot 10^{-6}$ cm (0,03 μm), die Erhöhung ihrer Brechzahl kann 10 % erreichen.

K14. Proc. Roy. Soc. (London) Ser. A, Bd. 160, S. 507 – 526 (1937).

Diese Tatsache macht sich besonders bei den von CHRISTIANSEN angegebenen Filtern störend bemerkbar. Diese bestehen aus einer mindestens 1 cm dicken Schicht aus feinem, peinlich gesäubertem Glaspulver in einem Gemisch von Benzol und Schwefelkohlenstoff. Bei geeignetem Mischungsverhältnis lassen sich die Dispersionskurven des Glases und der Flüssigkeit zur Durchschneidung bringen. Dann haben Glas und Umgebung für einen engen Wellenbereich praktisch die gleiche Brechzahl; es ist für den Übergang Glas → Flüssigkeit $n = 1$. Licht dieses Bereiches sollte ungeschwächt hindurchgelassen, alles übrige durch Streureflexion seitlich entfernt werden. Das gelingt aber nur näherungsweise, weil die Glaspulverkörner nahe ihrer Oberfläche keine einheitliche Brechzahl besitzen.

Alle physikalischen Darstellungen arbeiten mit vereinfachenden, nur als Näherungen brauchbaren Bildern. Der gleiche Tatbestand lässt sich mit verschiedenen Bildern erfassen.

Dabei müssen die Vereinfachungen in Grenzen gehalten werden, die mit dem Zweck des Bildes noch vereinbar sind. Ein Beispiel ist lehrreicher als wortreiche Erörterungen:

In Zeichnungen, etwa der Skizze einer Linse, beschreibt man die Begrenzung eines Körpers durch eine Fläche. Eine Fläche ist ein vereinfachendes Bild: In Wirklichkeit handelt es sich um eine inhomogene Übergangsschicht mit endlicher Dicke. Wird eine Oberfläche als *ebene* Fläche bezeichnet, so ist auch das ein vereinfachendes Bild.

Physikalisch zeigt eine frische Flüssigkeitsfläche, z. B. von Wasser, die geringsten Unebenheiten. Doch hat jede Flüssigkeit einen Dampfdruck, z. B. Wasser bei Zimmertemperatur 24 hPa. Folglich herrscht an der Grenze Flüssigkeit–Dampf ein statistisches Gleichgewicht zwischen abfliegenden und ins Wasser zurückkehrenden Molekülen. Je Sekunde und Quadratzentimeter vollziehen rund 10^{22} Moleküle diesen Übergang aus der Flüssigkeit zum Dampf und umgekehrt. In einem Quadratzentimeter Oberfläche haben aber nur 10^{15} Moleküle Platz. Jedes einzelne Molekül kann also nur rund 10^{-7} Sekunden in der Oberfläche verweilen. Dann fliegt es wieder davon mit einer Geschwindigkeit von rund 700 m/sec. Dies tobende Gewimmel ist die beste, vom Physiker realisierbare Näherung an das von Mathematikern entworfene Idealbild einer ebenen Fläche!

„Dies tobende Gewimmel ist die beste, vom Physiker realisierbare Näherung an das von Mathematikern entworfene Idealbild einer ebenen Fläche!"

Alle Bilder und Worte sind zeitbedingt. Sie haben sich im Laufe der Jahre der Erweiterung unserer experimentellen Erfahrung anzupassen.

„Alle Bilder und Worte sind zeitbedingt. Sie haben sich im Laufe der Jahre der Erweiterung unserer experimentellen Erfahrung anzupassen."

XXVI. Streuung

§ 225. Vorbemerkung. In den vorangegangenen Kapiteln haben wir den Verlauf der Strahlung vom Sender zum Empfänger *quantitativ* mit *zwei* Größen dargestellt, meist der Brechzahl n und dem Extinktionskoeffizienten k. — Für die *qualitative* Beschreibung wurden die Erscheinungen der Streureflexion und der Streuung hinzugenommen. Beide spielen in der Optik eine große Rolle. Durch sie gelangt man zum Begriff der Lichtbündel und ihrer zeichnerischen Darstellung mit geraden Kreidestrichen, Lichtstrahlen genannt. Streureflexion und Streuung machen uns alle nichtselbstleuchtenden Körper als „Fremdstrahler" sichtbar. Auf beiden beruht die Behandlung wichtiger Beugungs- und Interferenzerscheinungen. Die Streuung lässt durch eine Einseitigkeit die Polarisation des Lichtes erkennen (Abb. 523, S. 337).

Mit diesen Beispielen ist aber die Bedeutung der Streuung noch keineswegs erschöpft. Die Streuung führt noch zu einer Reihe weiterer wichtiger Erkenntnisse, wie z. B. bei der Brechung oder Dispersion (Kap. XXVII). Darum soll sie in diesem Kapitel in einer geschlossenen Darstellung behandelt werden.

§ 226. Grundgedanken für die quantitative Behandlung der Streuung. Die sinnfälligsten Tatsachen der Streuung sind uns bereits aus Schauversuchen bekannt. Die qualitative Deutung benutzt die Analogie mit Wasserwellen: Ein Hindernis, klein gegen die Wellenlänge, z. B. ein Stock, wird von einem Wellenzug getroffen. Dadurch wird das Hindernis zum Ausgangspunkt eines neuen, sich allseitig ausbreitenden „sekundären" Wellenzuges (Bd. 1, Abb. 324).

Das Hindernis wird hierbei als starr und ruhend angenommen. Damit berücksichtigt man aber nur einen Sonderfall. Im Allgemeinen wird das Hindernis ein *schwingungsfähiges* Gebilde (Oszillator) sein und als *Resonator* von den auftreffenden Wellen zu *erzwungenen Schwingungen* angeregt werden. Erzwungene Schwingungen von „harmonischen Oszillatoren" (sinusförmige Schwingungen) sind in Bd. 1 (§ 105) ausgiebig behandelt worden.[1] Das Wichtigste wird, durch quantitative Angaben ergänzt, hier kurz wiederholt.

Eine periodisch auf einen harmonischen Oszillator (z. B. ein sinusförmig schwingendes Federpendel der Masse m, s. Bd. 1, Abb. 48) wirkende Kraft $F = F_0 \cos(2\pi\nu t)$ führt zu erzwungenen Schwingungen, wie in Bd. 1 in Abb. 290b für Drehschwingungen gezeigt. Im stationären Zustand hängt ihre Amplitude von F_0 und von der Frequenz ν ab, und außerdem von der Eigenfrequenz ν_0 des freien Oszillators, und von seiner Dämpfung, ausgedrückt durch das logarithmische Dekrement Λ. Es gilt quantitativ für die Amplitude (s. Kommentar K8 in Kap. XI) (Aufg. 94)

$$l_0 = \frac{1}{4\pi^2} \frac{F_0/m}{\sqrt{(\nu_0^2 - \nu^2)^2 + \left(\frac{\Lambda}{\pi}\right)^2 \cdot \nu_0^2 \nu^2}} . \tag{420}$$

[1] Die analoge erzwungene Schwingung in einem RLC-Kreis wurde in der Elektrizitätslehre, § 85, behandelt.

K. Lüders, R. O. Pohl (Hrsg.), *Pohls Einführung in die Physik*
DOI 10.1007/978-3-642-01628-8, © Springer 2010

Der Oszillator schwingt mit der Frequenz ν, aber mit der Phasenverschiebung φ:

$$l(t) = l_0 \cos(2\pi \nu t - \varphi)\,, \tag{421}$$

wobei gilt

$$\tan\varphi = \frac{\Lambda}{\pi} \cdot \frac{\nu_0 \nu}{\nu_0^2 - \nu^2}\,. \tag{422}$$

Die erzwungenen Schwingungen verursachen ihrerseits die *Ausstrahlung* der Sekundärwellen. Für den Fall der Lichtstreuung muss der Mechanismus dieser Ausstrahlung quantitativ gefasst werden. Das geschieht im folgenden Paragraph.

§ 227. Strahlung schwingender Dipole. PURCELLS Versuch. Das gleichartige Verhalten von elektrischen Wellen und Lichtwellen ist bereits in der Elektrizitätslehre (§ 93) behandelt worden. Hier ergänzen wir es durch eine für die Streuung grundlegende Gegenüberstellung. — Sender für kurze, linear polarisierte elektromagnetische Wellen stehen heute mit großer Einfachheit ihrer Handhabung zur Verfügung. Wir benutzen einen solchen Sender, Abb. 563. Er lässt den wesentlichen Teil klar erkennen, nämlich den kurzen, Antenne genannten Draht. In ihm fließt ein hochfrequenter Wechselstrom. Die Hilfsmittel zur Erzeugung dieses Wechselstromes, das technische Beiwerk (elektronische Komponenten usw.), sind abseits in einem Kasten K untergebracht. Das vom Sender erzeugte elektrische Feld liegt in Ebenen, die die Längsrichtung des Senders enthalten.

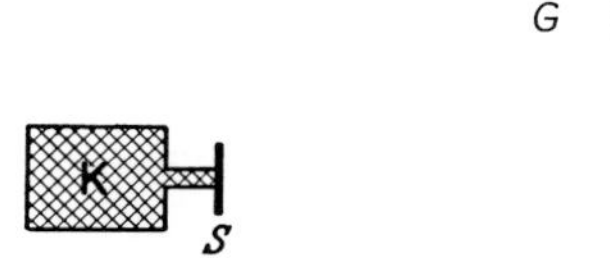

Abb. 563. Links: Sender-Dipol für ungedämpfte Wellen ($\lambda \approx 10$ cm), rechts: nicht abgestimmter Empfänger-Dipol mit Gleichrichter und Galvanometer

Als Empfänger dient, wie auch aus der Elektrizitätslehre (§ 91) bekannt, eine kurze Antenne. Sie enthält in der Mitte einen Gleichrichter, und von ihm aus fließt ein Gleichstrom zum Amperemeter G. — Mit dieser Anordnung messen wir die Strahlungsstärke J_ϑ (Gl. 328, S. 265) der linear polarisierten Strahlung in ihrer Abhängigkeit vom Winkel ϑ. Das Ergebnis ist in Abb. 564 graphisch dargestellt. Es entspricht in der Elektrizitätslehre der Abb. 274.

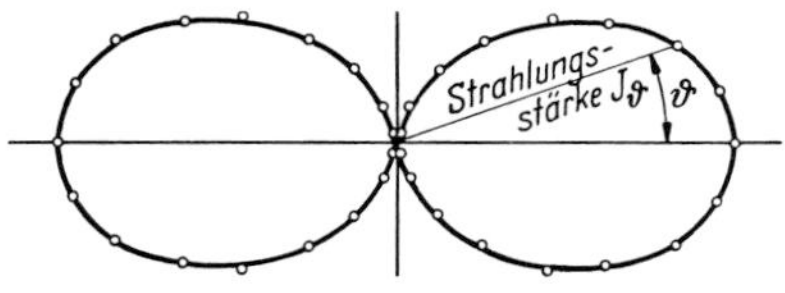

Abb. 564. Die Abbildung zeigt, wie die Strahlungsstärke J_ϑ der vom Sender ausgestrahlten Wellen vom Winkel ϑ abhängt, den die Laufrichtung der Wellen mit einer zur Längsrichtung des Senders senkrechten Ebene einschließt. Bei der Messung steht der Empfänger senkrecht zur Laufrichtung der Wellen, während der Winkel durch die Neigung des Senders verändert wird. — Für $\vartheta = 0$ stehen Sender und Empfänger parallel zueinander.

Nun ein entsprechender Versuch aus der Optik. In Abb. 523 (S. 337) hatten wir mit Streuung linear polarisiertes Licht erzeugt. Dieses Experiment wiederholen wir jetzt in quantitativer Form. In Abb. 565 sei der schraffierte Kreis P die Querschnittsfläche des primären Lichtbündels innerhalb des trüben Mediums. Die Schwingungsebene ist mit einem Doppelpfeil $\boldsymbol{E}$ markiert. Auf dem großen Kreis führen wir einen Strahlungsmesser M um das Bündel P als Mittelpunkt herum. Wir messen die Strahlungsstärke der Streustrahlung ($\hat{=}$ Ausschlag des Amperemeters) in ihrer Abhängigkeit vom Winkel ϑ. Das Ergebnis findet sich in Abb. 566, und zwar in der ausgezogenen Kurve. Die Übereinstimmung zwischen den Abb. 566 und 564 ist evident. In beiden Fällen gilt für die Strahlungsstärke J_ϑ in Richtung ϑ in guter Näherung

$$J_\vartheta = \text{const} \cdot \cos^2 \vartheta \,, \tag{423}$$

d. h. eine streng mit der gestrichelten Kurve dargestellte Beziehung.

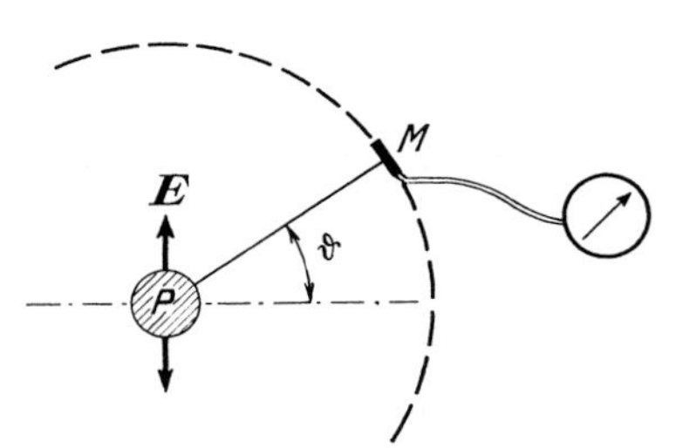

Abb. 565. Zur Messung der Streustrahlung unter verschiedenen Winkeln. Bei P fällt das primäre Licht linear polarisiert senkrecht zur Papierebene ein.

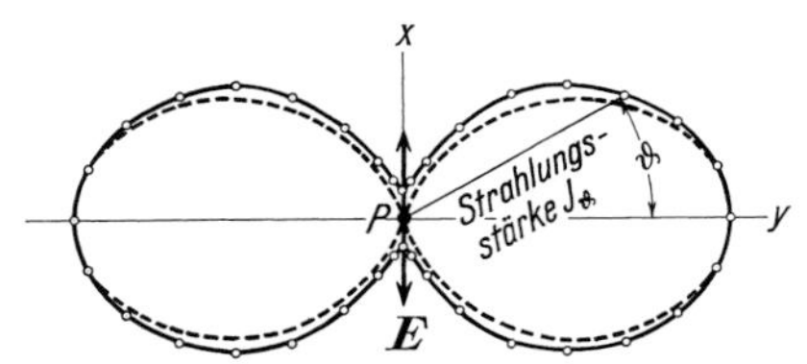

Abb. 566. Zur Streuung von polarisiertem Licht an kugelförmigen isolierenden Teilchen. Das primäre Lichtbündel steht in P senkrecht zur Papierebene, und $\boldsymbol{E}$ markiert seine Schwingungsebene. Der Fahrstrahl entspricht der Strahlungsstärke bzw. dem Ausschlag α des Strahlungsmessers M in Abb. 565. Die Figur ist rotationssymmetrisch um den Doppelpfeil $\boldsymbol{E}$ als Achse zu ergänzen (siehe auch Abb. 571).

Dies gleichartige Verhalten führt zu folgenden Schlüssen: Im optischen Versuch macht das einfallende polarisierte Licht aus Schwebeteilchen der trüben Flüssigkeit winzige Sender, die ebenso strahlen wie Dipolantennen. Das Licht vermag die Schwebeteilchen anzuregen, weil es selbst aus elektromagnetischen Wellen besteht. Ihr elektrisches Feld kann in den Schwebeteilchen periodisch wechselnde, elektrische Dipolmomente erzeugen, oder kurz gesagt, erzwungene elektrische Schwingungen anregen.

E. M. Purcell hat einen Versuch angegeben, in dem *sichtbares* Licht als Dipolstrahlung erzeugt wird.[K1] Der Versuch ist ein elektrisches Analogon zu dem akustischen, mit dem Thomas Young 1801 die Wirkung eines Gitters erklärt hat (§ 194, Kleindruck am Schluss). — Prinzip: In Abb. 567 fliegt ein Elektron mit der Geschwindigkeit u dicht über ein Wellblech hinweg. Seine negative Ladung bildet zusammen mit der positiven Influenzladung einen Dipol. Der Abstand der beiden Ladungen und damit das Dipolmoment ändern sich periodisch mit der Periode $T = d/u$. Ihr entspricht die Frequenz $\nu = u/d$. In Richtung ϑ wird infolge des Doppler-Effektes (§ 202) die Frequenz $\nu' = \nu \Big/ \left(1 - \dfrac{u}{c} \cos \vartheta\right)$ beobachtet oder die Wellenlänge

$$\lambda' = d\,(c/u - \cos \vartheta)\,.$$

K1. Siehe S. J. Smith and E. M. Purcell, Phys. Rev. **92**, 1069 (1953).

Beispiel: Als „Wellblech" ein optisches Gitter mit $d \approx 1{,}7\,\mu\text{m}$; dicht über seiner Oberfläche quer zu den Rillen ein dünnes Elektronenbündel (Durchmesser $\approx 0{,}15\,\text{mm}$; $U = 3 \cdot 10^5\,\text{V}$; $I = 5 \cdot 10^{-4}\,\text{A}$; $u \approx c$). Man sieht die Flugbahn als bunten Streifen, dessen Farbton sich mit ϑ ändert.

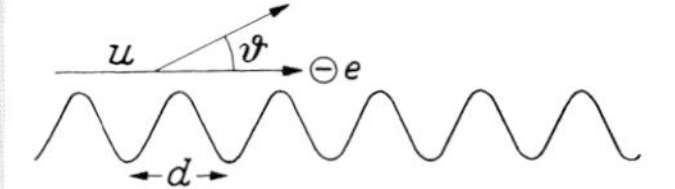

Abb. 567. Zur Erzeugung einer *sichtbaren* Dipolstrahlung

§ 228. Quantitatives zur Dipolstrahlung. Im elektrischen Feld wird jeder Körper zum elektrischen Dipol: Jeder Leiter durch Influenz (Elektrizitätslehre, Abb. 62b), jeder Isolator durch „Polarisierung des Dielektrikums". Diese kann auf zweifache Weise zustande kommen: Erstens durch eine Influenzwirkung auf die einzelnen Moleküle (Elektrizitätslehre, Abb. 93) und zweitens durch eine Parallelausrichtung schon ohne Feld vorhandener, aber infolge der Wärmebewegung regellos orientierter „polarer" Moleküle. Das sind Moleküle mit permanentem elektrischem Dipolmoment, z. B. H_2O und HCl (Elektrizitätslehre, § 106). *Diese polaren Moleküle lassen wir zunächst bei unseren Betrachtungen beiseite.* Wir behandeln sie erst in § 250.

Ein schwingender Dipol ist das Urbild eines elektrischen Strahlers (HEINRICH HERTZ, 1887). Im einfachsten Fall ändert sich sein elektrisches Dipolmoment p sinusförmig, es gilt

$$p = p_0 \sin \omega t\,. \tag{424}$$

Die Amplitude des Dipolmomentes sei $p_0 = Q\,l_0$. Dann ist in großem Abstand r (d. h. $r \gg$ Länge des Dipols) die Strahlungsstärke des Dipols in Richtung ϑ

$$J_\vartheta = \frac{c\pi^2}{2\varepsilon_0} \cdot \frac{p_0^2}{\lambda^4} \cos^2 \vartheta \tag{425}$$

(Einheit: Watt/Steradiant (Gl. 328), c = Lichtgeschwindigkeit; ε_0 = Influenzkonstante = $8{,}86 \cdot 10^{-12}$ As/Vm).

Die Entstehung der Gl. (425) ist qualitativ leicht zu übersehen:[K2] Angenommen, der Dipol vollführe erzwungene Schwingungen mit der Kreisfrequenz $\omega = 2\pi\nu$. Dann entsteht das ausgestrahlte elektrische Feld durch einen *Induktions*vorgang, also ist seine Amplitude $E_0 \sim \mathrm{d}I/\mathrm{d}t$. Ferner ist der im schwingenden Dipol fließende Strom $I \sim \mathrm{d}p/\mathrm{d}t$. Durch diese zweimalige Differentation wird die Amplitude E_0 des ausgestrahlten Feldes $\sim -\omega^2 p_0$, seine Leistung also $\sim \omega^4 p_0^2 \sim p_0^2/\lambda^4$ (das Minus-Zeichen vor $\omega^2 p_0$ bedeutet eine Phasendifferenz von 180° zwischen dem ausgestrahlten Feld und dem Dipolmoment.)

K2. Zur quantitativen Ableitung siehe z. B. F. Hund, „Theoretische Physik", Bd. 2, § 61, B. G. Teubner, Stuttgart 1957 oder P. Lorrain, D. R. Corson, F. Lorrain, „Fundamentals of Electromagnetic Phenomena", Ch. 25, W. H. Freeman, New York 2000.

Eine Integration über die ganze Kugelfläche (also über ϑ und φ) ergibt als gesamte vom Dipol mit der Frequenz ν ausgestrahlte Leistung

$$\overline{\dot{W}} = \frac{4c\pi^3}{3\varepsilon_0} \cdot \frac{p_0^2}{\lambda^4} = \frac{1}{12\pi\varepsilon_0 c^3} \cdot \omega^4 p_0^2 = \frac{4\pi^3}{3\varepsilon_0 c^3} \cdot \nu^4 p_0^2\,. \tag{426}$$

§ 229. Abhängigkeit der RAYLEIGH'schen Streuung von der Wellenlänge. Nun ist alles für eine quantitative Behandlung der Streuung Erforderliche vorhanden. Die RAYLEIGH'sche Streuung wird durch die folgenden Voraussetzungen gekennzeichnet: Die Teilchen sollen kugelförmig sein und ihr Durchmesser klein gegenüber der Wellenlänge. Sie sollen im sichtbaren Spektralbereich durchsichtig sein und ihre Absorption soll erst im ultravioletten Spektralbereich auftreten, also bei hohen Frequenzen. Außerdem soll ihre Anordnung keine Phasenbeziehungen zwischen den Sekundärstrahlungen der einzelnen Teilchen entstehen lassen.[K3] Aus diesem Grund sollen die Abstände der Teilchen größer als die Wellenlänge sein und ihre Anordnung statistisch möglichst ungeordnet. In Abb. 523 (S. 337) haben wir diese Bedingungen mit feinen Schwebeteilchen aus einem schwach absorbierenden Stoff in Wasser verwirklicht. — Die Streuung führt zu einer Extinktion des primären Lichtbündels. Ihre Messung, wie z. B. in § 213 beschrieben, liefert die Extinktionskonstante K proportional zur Anzahldichte N_V der streuenden Teilchen. Also ist für eine gegebene Wellenlänge der Quotient K/N_V, genannt der streuende oder Wirkungsquerschnitt (§ 215) des Teilchens, konstant.

K3. Die wichtige Rolle, die die Phasenbeziehungen zwischen den Streustrahlern spielen, wird in der Fußnote auf S. 377 betont. Sie führen zur Verminderung der Streustrahlung, vergrößern also die geradlinige Ausbreitung des einfallenden Lichtbündels.

Zunächst soll nach RAYLEIGH berechnet werden, wie die allein durch Streuung entstehende Extinktionskonstante K von der Wellenlänge λ abhängt. — Das Lichtbündel sei parallel begrenzt. Dann befinden sich in einem Bündelabschnitt mit der Länge Δx und A als Querschnittsfläche $N_V A \Delta x$ streuende Teilchen. Sie erzeugen eine Extinktionskonstante

$$K = \frac{\Delta \overline{\dot{W}}}{\overline{\dot{W}}_p} \frac{1}{\Delta x} . \quad \text{(Definitionsgl. (375) von S. 353)}$$

Dabei bedeutet hier $\Delta \overline{\dot{W}}$ die Leistung der Sekundärstrahlung und

$$\overline{\dot{W}}_p = \frac{\varepsilon_0}{2} E_0^2 c \cdot A \tag{427}$$

(ε_0 = Influenzkonstante; E_0 = Amplitude der elektrischen Feldstärke; c = Lichtgeschwindigkeit)

die Leistung der A durchsetzenden Primärstrahlung.[K4] — $\Delta \overline{\dot{W}}$ setzt sich additiv aus der durch Gl. (426) gegebenen Strahlungsleistung aller streuenden, im Volumen $A\Delta x$ enthaltenen Teilchen zusammen:

K4. Herleitung im Kommentar K9 in Kap. XXVII.

$$\Delta \overline{\dot{W}} = N_V A \Delta x \frac{4c\pi^3}{3\varepsilon_0} \cdot \frac{p_0^2}{\lambda^4} . \tag{428}$$

Dabei ist $p_0 = Q\, l_0$ die von der Feldstärke E_0 der erregenden Primärstrahlung erzeugte Amplitude des Dipolmomentes eines Teilchens.

Die Zusammenfassung der Gln. (427) und (428) mit der Definitionsgleichung (375) ergibt die allein von Streuung herrührende Extinktionskonstante

$$K = N_V \frac{8\pi^3}{3\varepsilon_0^2} \left(\frac{p_0}{E_0}\right)^2 \cdot \frac{1}{\lambda^4} . \tag{429}$$

Der Zusammenhang von $p_0 = Q\, l_0$ mit der Feldstärke E_0 ist allgemein nach Gl. (420) von S. 372 zu berechnen. Man hat die Kraft $F_0 = QE_0$ zu setzen. Die streuenden Teilchen sind klein gegenüber der Wellenlänge. Folglich haben sie, als Antennen betrachtet, eine sehr große Eigenfrequenz ν_0. Neben ihr darf man in Gl. (420) die Frequenz ν der Primärstrahlung vernachlässigen. Damit wird die Amplitude von ν unabhängig und folglich auch die Polarisierbarkeit $\alpha = Q\, l_0/E_0 = p_0/E_0$. Damit stehen in Gl. (429) vor $1/\lambda^4$ nur konstante Größen, wir erhalten

$$K = \text{const}/\lambda^4 . \tag{430}$$

In Worten: Die von dieser sogenannten Rayleigh'schen Streuung herrührende Extinktionskonstante ist (wie die von den Dipolen ausgestrahlte Leistung) proportional zu $1/\lambda^4$.

Die wichtige Beziehung (430) findet sich experimentell nur als Grenzfall verwirklicht. Ein gutes Beispiel ist die Streuung in einem NaCl-Kristall mit kleinem Zusatz von $SrCl_2$ (Sr^{++}-Ionen : Na^+-Ionen = 1 : 10^3). Der Zusatz erzeugt im Kristall lokale Gitterstörungen. Der Kristall erscheint im auffallenden Tageslicht bläulich, im durchfallenden rotgelb. Abb. 568 zeigt Messungen der von der Streuung herrührenden Konstante K zwischen $\lambda = 0{,}2\,\mu\text{m}$ und $\lambda = 1\,\mu\text{m}$. Die Koordinaten sind logarithmisch geteilt. Die Messpunkte liegen auf der ausgezogenen Geraden, diese bedeutet $K = \text{const}/\lambda^{3{,}8}$. Die gestrichelte Gerade würde $K = \text{const}/\lambda^4$ entsprechen. Wir haben also Gl. (430) in guter Näherung, aber nicht streng bestätigt. Immerhin würde die Näherung ausreichen, um von den beiden Größen N_V und p_0/E_0, also der Teilchenzahldichte und der Teilchen-Polarisierbarkeit, die eine zu bestimmen, wenn die andere bekannt ist.

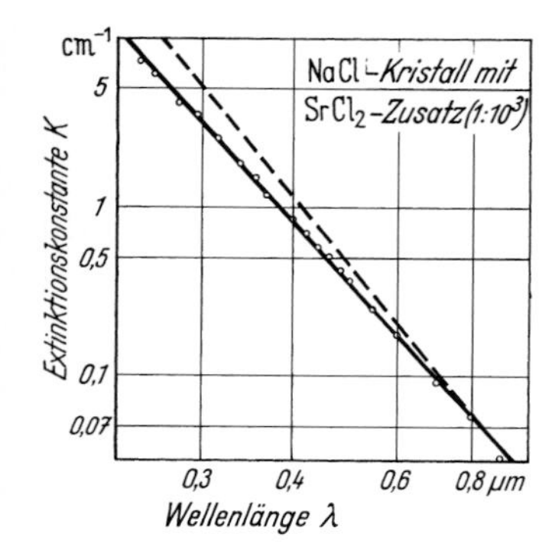

Abb. 568. Zur Abhängigkeit der von RAYLEIGH'scher Streuung herrührenden Extinktionskonstante von der Wellenlänge[K5]

K5. In dem Wellenlängenbereich der Messung variiert K um mehr als den Faktor 200! Lichtstreuung mit einer ähnlichen Wellenlängenabhängigkeit wurde auch in NaCl:Mn und KCl:Ca beobachtet. Die Abweichung der erwarteten Wellenlängenabhängigkeit (Gl. 430) wurde damit erklärt, dass die Teilchen einen Durchmesser von ca. 150 nm haben (Einsetzen von MIE-Streuung). (K. G. Bansigir and E. E. Schneider, J. Appl. Phys. Suppl. zu Bd. 33, S. 383 (1962).)

Qualitative Beispiele für die bevorzugte Streuung der kurzen Wellen sind leicht zu finden.[K6] Wasser, mit etwas Milch versetzt, sieht bläulich aus. Bläulich sieht man zarte Haut auf dem dunklen Grund oberflächennaher Venen, z. B. an der Innenseite der Handgelenke. Das großartigste Beispiel liefert unsere Atmosphäre. Sie streut bevorzugt die kurzen Wellen des sichtbaren Spektrums. Daher erscheint der klare Himmel tiefblau. Am Tag können wir, selbst im Schatten stehend, die Sterne nicht sehen. Die Sekundärstrahlung der Lufthülle blendet uns. Je länger der Weg des Lichtes durch die Luft, desto größer der Extinktionsverlust durch Streuung. Infolgedessen sehen wir die Sonnenscheibe am Horizont mit durchaus erträglicher Helligkeit und gelbrot bis rot gefärbt.

K6. Siehe z. B. den **Videofilm 30 („Polarisiertes Licht")** oder in Bd. 1 den **Videofilm 35 („Rauchringe")**.

In der klaren, staubfreien Atmosphäre streuen nur die einzelnen Moleküle.[1] Daher kann man aus der Extinktionskonstante K unserer Atmosphäre die Anzahldichte der Moleküle bestimmen. Das gelingt folgendermaßen: Quantitativ gilt wieder Gl. (429). Nur bezeichnen wir jetzt das Dipolmoment eines einzelnen Moleküls mit p_0', also $p_0' = Q\,l_0$. Für seine Polarisierbarkeit gilt $p_0'/E_0 = \alpha$ (Elektrizitätslehre, Gl. 233 in § 105). So lautet dann Gl. (429)

$$K = N_V \frac{8\pi^3}{3\varepsilon_0^2} \cdot \alpha^2 \cdot \frac{1}{\lambda^4}\,. \tag{431}$$

Für $\nu \ll \nu_0$ wird die Polarisierbarkeit α von der Frequenz unabhängig und ebenso groß wie in statischen Feldern. Für diese ist die Polarisierbarkeit α der einzelnen Moleküle eines Stoffes eine schon aus der Elektrizitätslehre gut bekannte Größe. Sie wurde dort in § 105 aus der Dielektrizitätskonstante ε des Stoffes bestimmt. Es gilt für Gase mit $\varepsilon \approx 1$ (Gl. 234)

$$\alpha = \frac{\varepsilon_0}{N_V}(\varepsilon - 1)\,. \tag{432}$$

[1] Der Abstand der Moleküle ist zwar klein gegen die Wellenlänge — in Bodennähe rund $3 \cdot 10^{-9}$ m —, aber die in Gasen großen lokalen thermischen Dichteschwankungen wirken ebenso, als ob zwischen den Sekundärstrahlungen der einzelnen Moleküle keine Phasenbeziehungen auftreten. Das lässt sich quantitativ zeigen.[K7] — Flüssigkeiten sind weniger komprimierbar als Gase und Dämpfe. Die Wärmebewegung erzeugt daher in Flüssigkeiten viel kleinere statistisch verteilte Dichteänderungen als in Gasen und Dämpfen. Infolgedessen ist die Lichtstreuung durch Flüssigkeiten nur klein. Um sie einwandfrei vorzuführen, muss man die Flüssigkeit durch Destillation im Vakuum von allen Schwebeteilchen befreien. Für Schauversuche eignen sich Benzol oder Schwefeläther, in beiden zeigt man Lichtstreuung mit Rotfilterlicht. — Noch kleiner als in Flüssigkeiten sind in festen Körpern die statistisch schwankenden lokalen Abweichungen der Anzahldichte vom Mittelwert. In einem kistenförmigen Klotz guten optischen Glases mit polierten Flächen ist ein Streukegel noch leicht zu beobachten. Einen gleichen aus einem Quarzkristall hergestellten Klotz muss man schon auf einige hundert °C erwärmen, um die Streuung erkennbar zu machen.

K7. Siehe z. B. M. Born, „Optik", Springer-Verlag Berlin Heidelberg New York, 3. Aufl. 1972, § 81. Eine kurze Einführung findet man auch in F. S. Crawford, „Waves", Berkeley Physics Course, Bd. 3, McGraw Hill, New York 1968, S. 559.

Wir fassen die Gln. (431) und (432) zusammen und erhalten

$$N_{\mathrm{V}} = \frac{8\pi^3}{3K} \cdot \frac{(\varepsilon - 1)^2}{\lambda^4}\,. \tag{433}$$

Beobachtungen (z. B. auf dem Pik von Teneriffa) ergeben für Luft zwischen $\lambda = 320$ und 480 nm mit leidlicher Konstanz das Produkt $K \cdot \lambda^4 = 1{,}13 \cdot 10^{-30}\,\mathrm{m}^3$, bezogen auf 0°C und 1 013 hPa. Also ist z. B. für $\lambda = 375\,\mathrm{nm}$ die Extinktionskonstante $K = 5{,}7 \cdot 10^{-5}\,\mathrm{m}^{-1}$. Das ist ein außerordentlich kleiner Wert. Er bedeutet erst längs 18 km Weg eine Schwächung auf $1/e = 37\,\%$! Die Dielektrizitätskonstante der Luft ist $\varepsilon = 1{,}00063$. Mit diesen Zahlenwerten ergibt Gl. (433)

$$N_{\mathrm{V}} = 2{,}9 \cdot 10^{25}\,\mathrm{m}^{-3}\,.$$

Die Anzahldichte $N_{\mathrm{V,id}}$ eines idealen Gases unter diesen Bedingungen von Druck und Temperatur ist bekannt. Sie ist (Bd. 1, § 152)

$$N_{\mathrm{V,id}} = 6{,}022 \cdot 10^{26}/22{,}4\,\mathrm{m}^3 = 2{,}7 \cdot 10^{25}\,\mathrm{m}^{-3}\,.$$

Die Übereinstimmung der beiden Anzahldichten bestätigt RAYLEIGHS Theorie, und damit vor allem die vielleicht zunächst unverständlich erschienene Fußnote auf S. 377.

Zum Abschluss soll der Zusammenhang von RAYLEIGH'scher Streuung und Kompressibilität untersucht werden. Man setzt $V = NkT/p$ (Bd. 1, § 152) und benützt die isotherme *Kompressibilität* $\kappa = \frac{\mathrm{d}V}{\mathrm{d}p} \cdot \frac{1}{V}$. Für ein ideales Gas ist der Betrag von $\kappa = \frac{V}{p} \cdot \frac{1}{V} = \frac{1}{p}$. So erhält man aus Gl. (433)

$$K = \frac{8\pi^3}{3} \cdot \frac{(\varepsilon - 1)^2}{\lambda^4} \cdot \kappa k T$$

(BOLTZMANN-Konstante $k = R/N_{\mathrm{A}}$).

In *idealen* Gasen ist das Produkt $\kappa T = T/p$ von T unabhängig, und daher auch K. In *realen* Gasen wird das Produkt κT in der Nähe des kritischen Punktes sehr groß (Mechanik, § 158) und damit auch K, also die Lichtstreuung. Man sieht an diesem Beispiel die Bedeutung der lokalen Dichteschwankungen (Fußnote auf S. 377).

§ 230. Extinktion von RÖNTGENlicht und Streuung. Die Extinktion von RÖNTGENlicht durch Streuung hängt im Allgemeinen in komplizierter Weise von der Wellenlänge und von der molaren Masse $M_{\mathrm{n}} = M/n$ (M = Masse, n = Stoffmenge) der durchstrahlten Stoffe ab. Doch hat man auch für RÖNTGENlicht einen durch große Einfachheit ausgezeichneten Sonderfall der Streuung gefunden. Er wird durch Abb. 569 erläutert.

Für diese Streuung gibt es bei Stoffen mit kleiner molarer Masse M_{n} einen Wellenlängenbereich, in dem die auf die Dichte bezogene Extinktionskonstante K/ϱ unabhängig von der molaren Masse und von der chemischen Bindung den praktisch konstanten Wert

$$K/\varrho = 0{,}02\,\mathrm{m}^2/\mathrm{kg} \tag{434}$$

besitzt. Die Streuung in diesem ausgezeichneten Wellenlängenbereich hat zu zwei wichtigen physikalischen Fortschritten geführt: Erstens hat man durch sie gelernt, dass die Anzahl Z der Elektronen für Atome mit nicht zu großer molarer Masse etwa halb so groß wie die Anzahl A der Nukleonen im Atomkern ist (§ 231). Zweitens hat sie die Möglichkeit gegeben, linear polarisiertes RÖNTGENlicht herzustellen und zu untersuchen (§ 232).

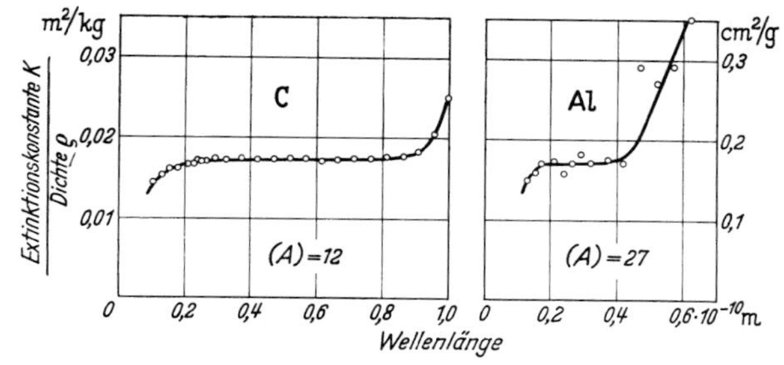

Abb. 569. Einfluss der Wellenlänge auf die Streuung des RÖNTGENlichtes durch leichte Atome. Auf der Ordinate ist die auf die Dichte ϱ bezogene Extinktionskonstante K/ϱ aufgetragen. Dabei bedeutet K die allein von der Streuung herrührende Extinktionskonstante. Nach Messungen von C. W. HEWLETT, bei denen der von der Absorption herrührende Anteil der Extinktionskonstante abgezogen wurde. A: Anzahl der Nukleonen im Atomkern.

§ 231. Die Anzahl streuender Elektronen in Atomen kleiner molarer Masse. Die Streuung des kurzwelligen RÖNTGENlichtes ist von der chemischen Vereinigung der Atome zu Molekülen unabhängig. Infolgedessen wirken für RÖNTGENlicht nur Elektronen im Inneren der Atome als streuende Teilchen. — Entfallen auf ein Atom Z Elektronen, so ist die Anzahldichte der Elektronen

$$N_\mathrm{V} = Z \cdot \frac{N_\mathrm{A}\varrho}{M_\mathrm{n}} \tag{435}$$

(N_A = AVOGADRO-Konstante = $6{,}022 \cdot 10^{23}\,\mathrm{mol}^{-1}$, M_n = molare Masse = M/n).

Die Elektronen sind irgendwie schwingungsfähig an die positive Ladung im Atomkern gebunden. Das elektrische Wechselfeld des einfallenden Lichtes erregt die Elektronen zu erzwungenen Schwingungen um ihre Ruhelage. Die positive Ladung bleibt dabei zusammen mit der großen Masse des Atomkerns in Ruhe. Der Durchmesser der Elektronen ist klein gegenüber der Wellenlänge und ihre Verteilung wechselt statistisch ungeordnet. Soweit stimmen die Bedingungen mit denen der RAYLEIGH'schen Streuung überein. Man kann für die auf Streuung beruhende Extinktionskonstante wieder die Gleichung

$$K = N_\mathrm{V} \frac{8\pi^3}{3\varepsilon_0^2} \cdot \alpha^2 \cdot \frac{1}{\lambda^4} \qquad \text{(431) von S. 377}$$

benutzen. — Nun aber kommt ein wesentlicher Unterschied: Die Eigenfrequenz ν_0 der gebundenen Elektronen ist bei Elementen mit kleiner molarer Masse klein gegenüber der Frequenz ν des RÖNTGENlichtes. Infolgedessen ist die Polarisierbarkeit α nicht mehr konstant, sondern α^2 wächst proportional zu λ^4. Daher wird K in Gl. (431) von λ unabhängig. — Begründung:

Wir setzen wieder in Gl. (420) von S. 372 $F_0 = eE_0$ ein (e = Elektronenladung), vernachlässigen aber diesmal ν_0 als klein neben ν. So erhalten wir für die Amplitude des hin und her schwingenden Elektrons

$$l_0 = \frac{1}{4\pi^2} \cdot \frac{e}{m\nu^2} \cdot E_0$$

oder nach Multiplikation mit der Ladung e

$$\frac{e\,l_0}{E_0} = \alpha = \frac{1}{4\pi^2} \cdot \frac{e^2}{m\nu^2} = \frac{e^2}{m} \cdot \frac{\lambda^2}{4\pi^2 c^2}\,. \tag{436}$$

Beim Einsetzen dieser Größe α in Gl. (431) fällt die Wellenlänge λ heraus. Es verbleibt

$$K = N_V \frac{e^2}{6\pi \varepsilon_0^2 m^2 c^4} \tag{437}$$

(K = auf Streuung beruhende Extinktionskonstante, z. B. in m^{-1}; N_V = Anzahldichte der Elektronen; Elektronenladung $e = -1{,}6 \cdot 10^{-19}$ As; Elektronenmasse $m = 9{,}1 \cdot 10^{-31}$ kg; Influenzkonstante $\varepsilon_0 = 8{,}86 \cdot 10^{-12}$ As/Vm; $c = 3 \cdot 10^8$ m/sec).

Noch einmal in Worten: Im ausgezeichneten Spektralbereich ist die auf Streuung beruhende Extinktionskonstante K des Röntgenlichtes von der Wellenlänge unabhängig; λ kommt in Gl. (437) nicht vor. Die Gleichung enthält außer der Anzahldichte N_V der Elektronen nur Konstanten. Einsetzen ihrer Werte ergibt für ein Elektron

$$K/N_V = 6{,}6 \cdot 10^{-29}\,\text{m}^2 . \tag{438}$$

Für Z Elektronen pro Atom erhält man daraus mit Gl. (435)

$$K/\varrho = 6{,}6 \cdot 10^{-29}\,\text{m}^2 \cdot Z \cdot \frac{N_A}{M_n}$$

oder mit $M_n = A$ kg/Kilomol

$$K/\varrho = 0{,}04 \cdot \frac{Z}{A} \cdot \frac{\text{m}^2}{\text{kg}} . \tag{439}$$

Experimentell gemessen aber war

$$K/\varrho = 0{,}02\,\text{m}^2/\text{kg} . \tag{434}$$

Der Vergleich von (439) und (434) liefert

$$Z = 0{,}5\,A . \tag{440}$$

Das heißt in Worten: *Im Inneren eines Atoms mit nicht zu großer molarer Masse ist die Anzahl Z der vorhandenen Elektronen gleich $A/2$.* (A ist die Maßzahl, wenn die molare Masse in kg/Kilomol angegeben wird, früher Atomgewicht genannt.)[K8] Dieses für die Kenntnis des Atombaues grundlegende Ergebnis verdankt man J. J. Thomson (1906).

K8. Die Zahl A entspricht der mittleren Nukleonenzahl (Protonen und Neutronen) im Atomkern des jeweiligen Elementes. Die hier gemachte Aussage bedeutet also, dass die Anzahl der streuenden Elektronen halb so groß wie die Nukleonenzahl der betreffenden Atomsorte ist.

§ 232. Die Streuung als Hilfsmittel für Herstellung und Nachweis von polarisiertem Röntgenlicht. Im sichtbaren Spektralbereich und den ihm benachbarten Bereichen kann man die Rayleigh'sche Streuung nicht nur zum Nachweis einer linear polarisierten Strahlung benutzen (§ 204), sondern auch zu ihrer Herstellung.

Grundsätzliche Bedeutung gewinnt die Polarisierung des Lichtes mithilfe der Streuung erst im Röntgenlicht. Dort versagen die übrigen, im Ultravioletten, Sichtbaren und Infraroten bewährten Hilfsmittel (Polarisationsprismen und -folien, Spiegelpolarisatoren). *Im Röntgenlicht kann man nur mit Streuung polarisieren.* Allerdings gilt das nur in dem ausgezeichneten Wellenlängenbereich, den wir in § 230 kennengelernt haben. Es dürfen also die streuenden Stoffe, die man zur Herstellung und zum Nachweis von polarisiertem Röntgenlicht benutzt, nur Atome mit nicht zu großer molarer Masse enthalten. Abb. 570 zeigt das Verfahren sowohl für sichtbares als auch für Röntgenlicht.

Die Polarisation des Röntgenlichtes ist 1905, also 10 Jahre nach Röntgens Entdeckung gefunden worden. Es war die erste neue, nicht von Röntgen selbst gefundene und nicht in seinen Orginalarbeiten enthaltene Tatsache.

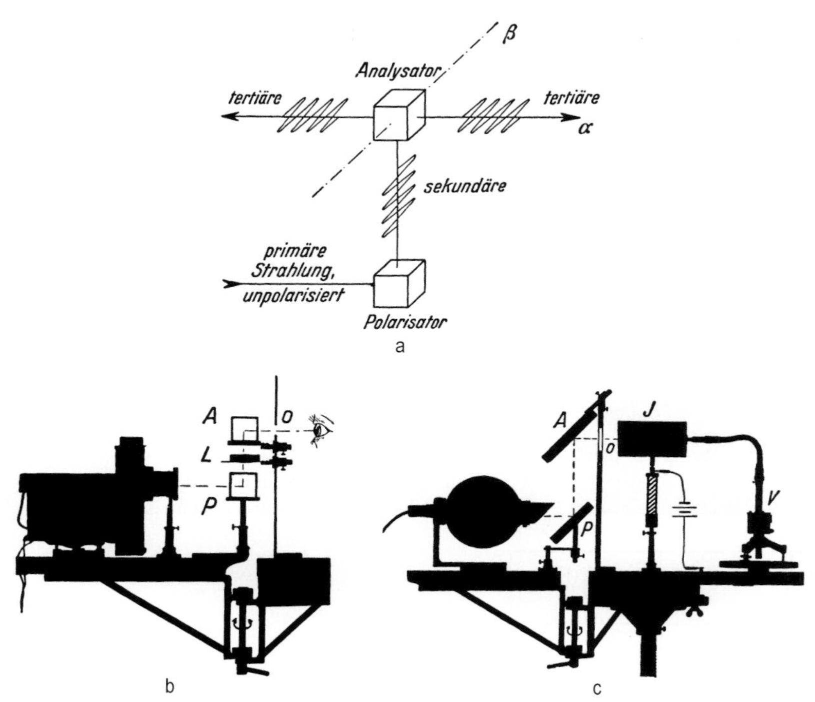

Abb. 570. Herstellung und Nachweis von linear polarisiertem Licht mithilfe von Streuung. a: schematisch, in Richtung β keine Tertiärstrahlung. b: Schauversuch mit sichtbarem, c: mit RÖNTGENlicht. — Analysator A feststehend, Polarisator P und Lampe gemeinsam auf einem Arm um die Vertikalachse schwenkbar. A und P bestehen für sichtbares Licht aus trübem Wasser (vgl. Abb. 523, Bildunterschrift), für RÖNTGENlicht aus Stoffen mit kleiner molarer Masse, z. B. Paraffin. Die Plattenform dient nur zur Verringerung der Absorptionsverluste. Röntgenlampe für Wechselstrom von 220 Volt, J: Ionisationskammer (Abb. 333), V: statisches Voltmeter mit Hilfsspannung und Lichtzeiger, L: Linse. Die im Schattenriss nicht erkennbaren Öffnungen o durch Zeichnung angedeutet, desgleichen ein Bernsteinisolator durch Schraffierung. Selbstverständlich lässt sich das Auge durch einen geeigneten Strahlungsmesser ersetzen.

§ 233. Streuung von sichtbarem Licht durch große schwach absorbierende Teilchen. Oft sind die streuenden Gebilde nicht mehr klein gegenüber der Wellenlänge. Dann verschwinden die einfachen Merkmale der RAYLEIGH'schen Streuung. Es verschwindet z. B. die Symmetrie der Streustrahlung in Richtung des einfallenden Lichtes.[K9] Man erhält überwiegend eine „Vorwärtsstreuung", eine Streuung in Richtung des einfallenden Lichtes. Zur Vorführung eignen sich kleine Schwefelteilchen in Wasser. Man benutzt die Anordnung der Abb. 571. Das Glasrohr enthält eine Lösung von $Na_2S_2O_3$, ihr fügt man ein wenig H_2SO_4 hinzu. Dann wird Schwefel in Form fester Schwebeteilchen ausgeschieden. Die Größe der Teilchen wächst im Lauf einiger Minuten. Dabei tritt die Vorwärtsstreuung mehr und mehr hervor, Abb. 572.

K9. Um diese Symmetrie bei der RAYLEIGH'schen Streustrahlung zu sehen, denke man sich die Abb. 566 dreidimensional erweitert, wie im letzten Satz der Bildunterschrift vorgeschlagen.

Ein weiterer wichtiger Punkt ist die Abhängigkeit der Streuung von der Wellenlänge. Für große Teilchen gilt nicht mehr das RAYLEIGH'sche Gesetz, also die Extinktionskonstante

$$K = \text{const}/\lambda^4 \,. \qquad \text{(430) von S. 376}$$

Der Exponent wird umso kleiner, je größer die Teilchen.[K5(S. 377)] Im Beispiel der Abb. 573 ist K praktisch von λ unabhängig geworden. Die von der Größe der streuenden Teilchen

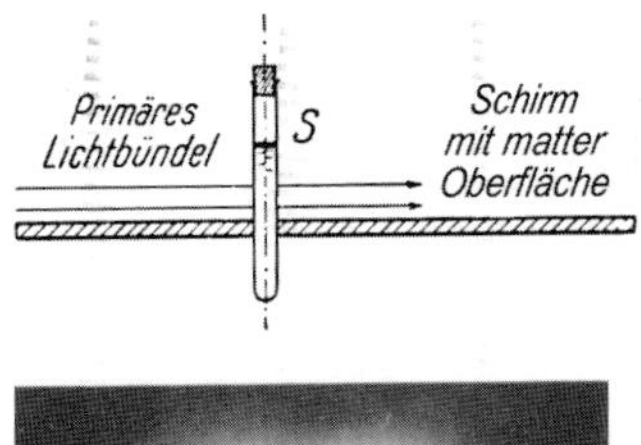

Abb. 571. Oben: Versuchsanordnung zur Vorführung der Streuung, etwa 1/6 natürlicher Größe. Das primäre Lichtbündel läuft über einen Schirm mit matter Oberfläche hinweg, ohne ihn zu berühren. Das Glasrohr *S* enthält Schwebeteilchen in Wasser. Der Schirm wird nur von der Streustrahlung beleuchtet. Unten: Leidliche Symmetrie der Streustrahlung kleiner Schwebeteilchen. Das primäre Lichtbündel (Rotfilterlicht) war linear polarisiert. Seine Schwingungsebene lag parallel zum Schirm (fotografisches Positiv). (vgl. Abb. 566)

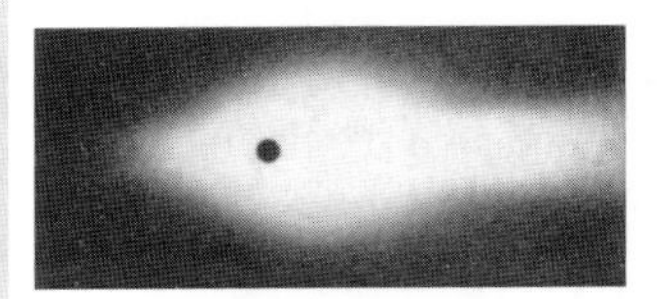

Abb. 572. Unsymmetrie der Streustrahlung großer Schwebeteilchen: Bevorzugte „Vorwärtsstreuung" in Richtung des primären Lichtbündels. Anordnung wie in Abb. 571 oben, unpolarisiertes Glühlicht. Das Glasrohr *S* enthält eine Aufschwemmung feiner Schwefelteilchen in Wasser. Etwa 1/10 natürlicher Größe.

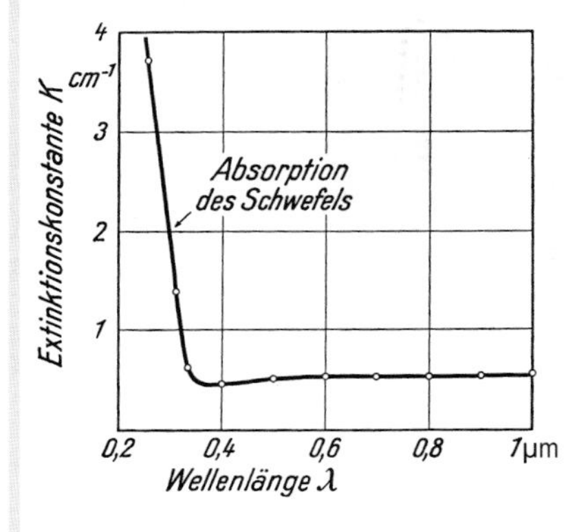

Abb. 573. Einfluss der Wellenlänge auf die Extinktionskonstante der in Abb. 571 benutzten Aufschwemmung feiner Schwefelteilchen. Unterhalb von $\lambda = 350$ nm beginnt der Schwefel zu absorbieren, d. h. die Strahlung nicht mehr zu streuen, sondern in Wärme umzuwandeln (s. § 247).

(„Antennenlänge") bedingte Eigenfrequenz ν_0 ist viel kleiner als die Frequenz ν des einfallenden Lichtes.

Von der Vorwärtsstreuung gelangt man zur Beugung, wenn vom Licht getroffene Teilchen die Größenordnung der Wellenlänge erreichen. Dieser Fall lässt sich gut im Modellversuch mit Wasserwellen vorführen. Die Teilchen werden aus einzelnen Bausteinen zusammengesetzt, kleinen Stahlkugeln von etwa 3 mm Durchmesser unter der Wasseroberfläche. Jede dieser unsichtbaren „Klippen" wird, von den Primärwellen getroffen, zum Ausgangspunkt sekundärer, gestreuter Wellen. Diese interferieren miteinander, und dadurch entsteht für ein ruhendes Teilchen eine *Beugungsfigur*. Abb. 574 zeigt einige Momentbilder auf dem Untergrund der primären Wellen. Bei bewegten, sich drehenden Teilchen verschwinden scharfe Vorzugsrichtungen; die Überlagerung verschieden gestalteter und orientierter Beugungsfiguren ergibt nur noch ein verwaschenes Beugungsbild, überwiegend in Richtung der einfallenden Primärwellen.

Man kann die Stahlkugelanordnung in den Abb. 574a und b als Modell ring- und stabförmiger *Moleküle* betrachten, die Kugeln selbst als Atome, die Wellen als RÖNTGENlicht. Die Richtungsverteilung der gestreuten durch Interferenz zur Beugung vereinigten Wellen erlaubt dann Rückschlüsse auf den Bau der Moleküle.[K10]

K10. Ein Beispiel einer solchen Untersuchung ist die Entdeckung der Doppel-Helix-Struktur der DNA (F. H. C. Crick, J. D. Watson, M. H. F. Wilkins, in Nobel Lectures in Molecular Biology, 1962. Elsevier, NY 1977, S. 147–215).

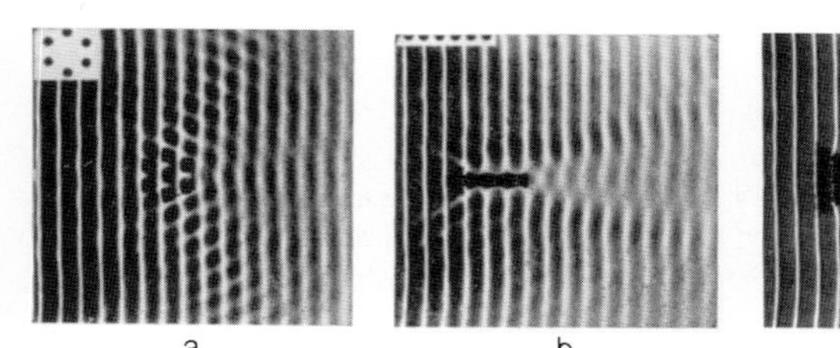

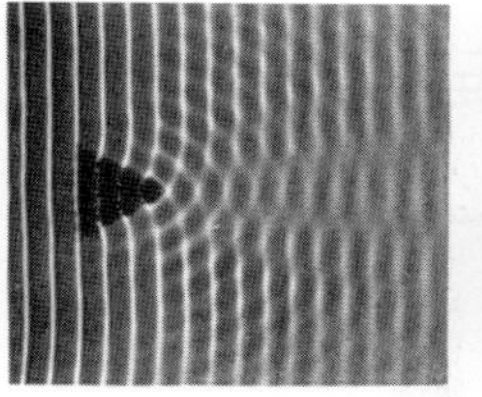

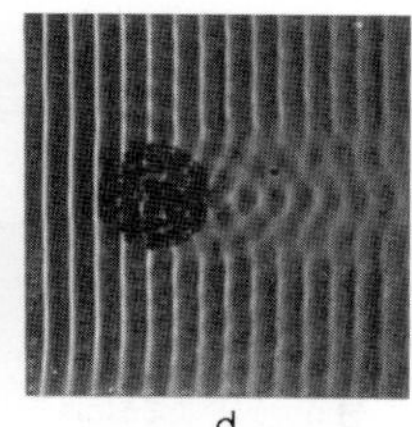

Abb. 574. Modellversuche zum Übergang von Streuung in Beugung durch schwach absorbierende Teilchen, deren Durchmesser ein Mehrfaches der Wellenlänge beträgt. In den Bildern a und b ist die Anordnung der einzelnen Bausteine (Stahlkugeln unter Wasser) links oben im Maßstab der Hauptfigur dargestellt. In Bild c bilden die Bausteine einen dreieckig, in Bild d einen kreisförmig umgrenzten Körper.

§ 234. Streureflexion an matten Flächen. Die bisher über die Streuung mitgeteilten Tatsachen erschließen uns das Verständnis der Streureflexion an matten Flächen. Matte Flächen bestehen aus feinen, meist kristallinen Staubteilchen oder aus Fasern (Papier!) schwach absorbierender Stoffe. Abb. 575 zeigt ein Beispiel. — Wir haben bei der Streureflexion drei Anteile zu unterscheiden.

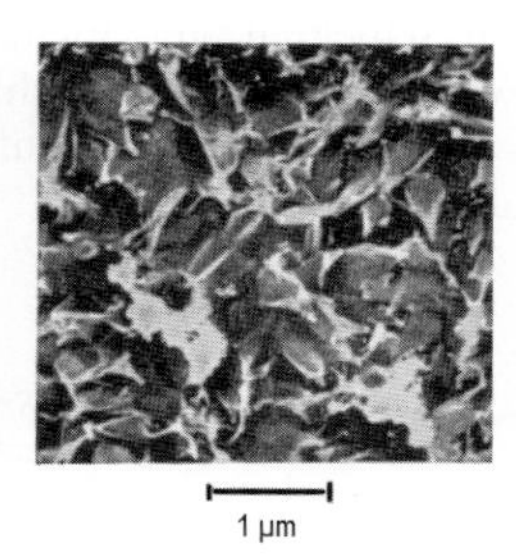

Abb. 575. Mikrofotografien einer matten Zinkoxidschicht, die durch Kondensation des Dampfes hergestellt ist (links lichtoptische, rechts elektronenoptische Aufnahme)

Erstens eine *Reflexion* an zahllosen winzigen ungeordnet orientierten Spiegelchen, den Grenzflächen der Staubteilchen. Die Strahlungsstärke des von den ungeordneten Spiegelchen reflektierten Lichtes folgt bis zu Einfallswinkeln mittlerer Größe dem LAMBERT'schen Kosinusgesetz (§ 154). Erst bei großen Einfallswinkeln werden die der Lichtquelle abgewandten Richtungen bevorzugt: In diese Richtungen gelangen die Strahlungen sehr flach getroffener Spiegelchen und diese Strahlungen sind nach den FRESNEL'schen Formeln (§ 219) größer, als für die steil getroffenen Spiegelchen.

Zur Vorführung des LAMBERT'schen Kosinusgesetzes bei der Streureflexion dient die in Abb. 576 dargestellte Anordnung. Die Primärstrahlung P ist parallel gebündelt. Sie streift eine flache Rampe R und markiert dadurch ihre Richtung und ihren Querschnitt. Dann trifft sie auf die matte ebene Oberfläche eines Stückes Schreibkreide (S). Die durch Streureflexion entstehende Strahlung bestrahlt das Brett und erzeugt an ihm ihrerseits eine Streureflexion. Ihre Strahlung gelangt in das Auge oder in die fotografische Kamera. Beide blicken senkrecht auf das Brett. — Kreide zeigt eine fast „ideal diffuse“ Streureflexion: Die Strahlung ist selbst dann noch symmetrisch zur Flächennormalen der Kreide verteilt, wenn der Einfallswinkel φ der Primärstrahlung $\approx 45°$ wird. Papier und Porzellan geben ebenfalls eine sehr diffuse Streureflexion. Daran wird auch durch eine Glasur nichts geändert. Diese erzeugt nur eine zusätzliche auf die Einfallsebene beschränkte Spiegelung.

Der *zweite* Anteil der Streureflexion ist eine echte *Streuung*, eine Sekundärstrahlung winziger Pulverkristalle. Sie beschränkt sich bei größeren Teilchen überwiegend auf die Richtung des einfallenden Lichtes und einen engen, diese Richtung umhüllenden Kegel.

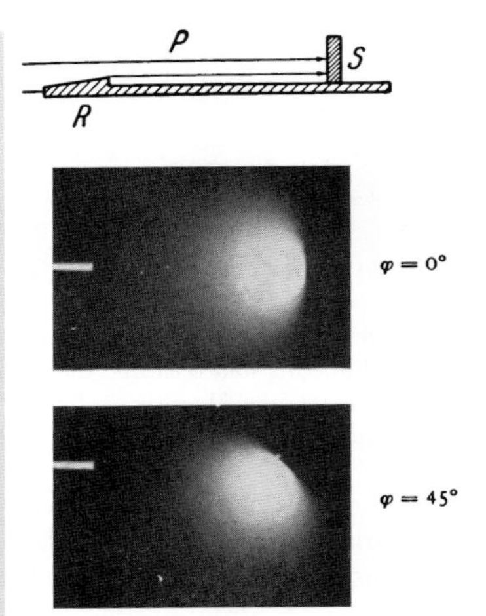

Abb. 576. Zur Vorführung des LAMBERT'schen Kosinusgesetzes für die Streustrahlung einer matten Kreidefläche

Diese Vorwärtsstreuung ist im Allgemeinen in die Pulverschicht hineingerichtet und erzeugt in den tieferen Schichten eine Vielfachstreuung. Auch diese führt für die aus der Schichtoberfläche wieder austretende Strahlung zum LAMBERT'schen Kosinusgesetz. Erst bei großem Einfallswinkel, also flachem Einfall, wird die der Lichtquelle abgewandte Richtung abermals bevorzugt (Abb. 577).

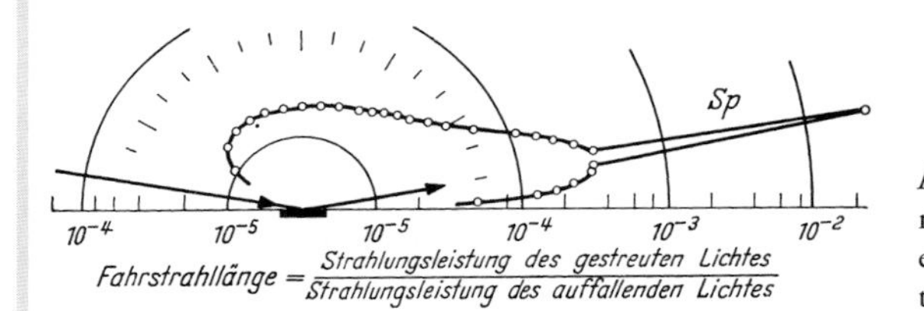

Abb. 577. Die Vorwärtsstreuung einer matten Zinkoxidfläche, überlagert durch eine reguläre Reflexion *Sp* (H. U. Harten, Z. Physik **126**, 27 (1949))

Ein *dritter* Anteil der Streureflexion kommt dadurch zustande, dass auch *matte Flächen* bei großem Einfallswinkel *als gute Spiegel* wirken. Dafür bringen wir zwei Beispiele:

Abb. 577 ist mit der aus Abb. 575 bekannten Zinkoxidschicht erhalten worden. Sie bringt die Verteilung der Sekundärstrahlung für einen Einfallswinkel von $\varphi = 80°$. Man sieht eine starke Vorwärtsstreuung, überlagert von einer Spiegelung (*Sp*). Die Strahlungsstärke des an der matten Fläche gespiegelten Lichtes übertrifft die des gestreuten Lichtes um rund das Hundertfache.

Abb. 578 zeigt zwei Bilder der gleichen Druckschrift. Das untere ist direkt fotografiert, das obere ist bei streifendem Einfall ($\alpha = 89{,}5°$) an einer Mattglasscheibe gespiegelt.

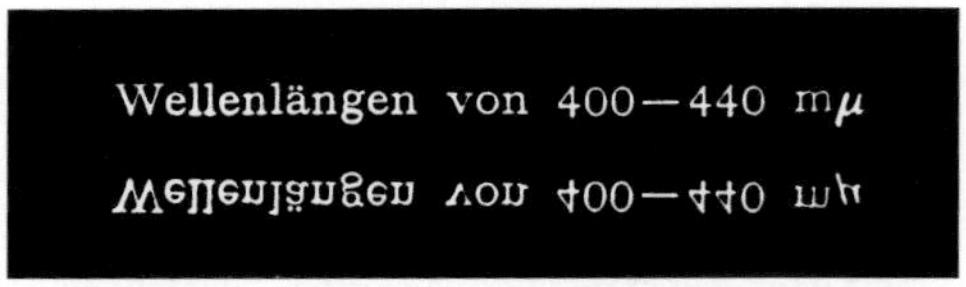

Wellenlängen von 400—440 mμ

Abb. 578. Unten direktes, oben an einer Mattglasscheibe bei streifendem Einfall gespiegeltes Bild einer Druckschrift (Einfallswinkel $\alpha = 89{,}5°$). Man kann statt der Druckschrift auch einen Spalt mit einer Linse auf dem Wandschirm abbilden und dabei ein flach getroffenes Mattglas als Spiegel benutzen. Mit wachsendem Einfallswinkel erscheint auf dem Wandschirm zunächst eine Aufhellung durch die Vorwärtsstreuung. Auf diesem hellen Grund sieht man, anfänglich schwach und rötlich, dann heller und unbunt werdend, das gespiegelte Bild des Spaltes.

Die Erklärung für diese Spiegelung ist unschwer zu geben: Die obersten Gipfel wirken als flächenhafte Punktgitter mit statistisch verteilter Gitterkonstante. Die nullte Ordnung hat für alle Teilgitter die gleiche, dem Reflexionsgesetz entsprechende Richtung. Je flacher der Lichteinfall, desto kleiner die Gitterkonstanten infolge perspektivischer Verkürzung. Dadurch fallen die höheren Ordnungen aus, und schließlich kommt die ganze von den Gitterpunkten herrührende Strahlungsleistung der nullten Ordnung zugute.

XXVII. Dispersion und Absorption

K1. Dies Kapitel geht weit über den Bereich der Lichtoptik hinaus und enthält viele spezielle Einzelheiten aus der Festkörperphysik. Sie zeigen aber deutlich den allgemeinen Zusammenhang der optischen Begriffe *Dispersion* und *Absorption*, den darzustellen das Ziel dieses Kapitels ist.

§ 235. Vorbemerkung und Inhaltsübersicht[K1]**.** Die Brechzahl n hängt von der Wellenlänge λ der Strahlung ab, sie zeigt eine „Dispersion". Die Dispersion ist eng mit der Absorption der Strahlung verknüpft. Diese hängt ihrerseits stark von der Wellenlänge ab. Wir werden in den §§ 236 bis 239 die grundlegenden Tatsachen zusammenstellen. Dann werden wir Brechung und Absorption in ihrer Abhängigkeit von der Wellenlänge quantitativ behandeln. Das gelingt im engen Anschluss an die quantitative Behandlung der Streuung in Kap. XXVI.

§ 236. Abhängigkeit der Brechung und der Extinktion von der Wellenlänge. Wir erinnern an § 213: Wir nennen *Extinktions*konstante K und -koeffizient k dann *Absorptions*konstante und -koeffizient, wenn man die Mitwirkung der Streuung an der Extinktion vernachlässigen kann. Die grundlegenden Tatsachen werden am übersichtlichsten graphisch dargestellt. Für die Brechzahl zeichnet man „Dispersionskurven". Für die Extinktion stellt man je nach dem Verwendungszweck die gleichen Messungen in zweierlei Weise dar: Entweder mit der Extinktionskonstante K oder im Fall starker Absorption mit dem Extinktionskoeffizienten k. Dieser vergleicht bekanntlich die mittlere Reichweite der Strahlung (also $w = 1/K$) mit der Wellenlänge der Strahlung (Gl. 377 v. S. 355). Daher zeigt der Extinktionskoeffizient k im Spektrum natürlich einen ganz anderen Verlauf als die Extinktionskonstante K.

Leider sind sowohl die Dispersionskurven als auch die Extinktionskurven für die meisten Stoffe nur recht lückenhaft bekannt. Am kleinsten sind die Lücken für die einfachsten festen Körper, die regulären Kristalle der Alkalihalogenide. Deswegen beginnen wir in Abb. 579 mit Messungen an NaCl (Steinsalz).

Zunächst richten wir unser Augenmerk auf die Brechzahl. — Im Gebiet des Röntgenlichtes, d. h. $\lambda <$ etwa $5 \cdot 10^{-8}$ m, sind die Brechzahlen durchweg ein wenig kleiner als 1 (§ 243). Die winzigen Abweichungen von 1 kommen aber im Ordinatenmaßstab der Abbildung nicht zum Ausdruck. Im Gebiet langer Wellen nähert sich die Brechzahl der Wurzel aus der statisch gemessenen Dielektrizitätskonstante ε, also $n = \sqrt{\varepsilon}$ (vgl. Elektrizitätslehre, § 93). In den meisten Gebieten steigt die Brechzahl n mit abnehmender Wellenlänge: dann nennt man die Dispersion normal. In einigen Spektralbereichen aber sinkt n mit abnehmender Wellenlänge. Dann nennt man die Dispersion anomal, d. h. von der Regel abweichend.

Die ausgezeichneten Stellen der Dispersionskurven, also die Gebiete der starken Änderungen von n und die des anomalen Verlaufes, fallen mit Gebieten großer Absorptionskoeffizienten k zusammen. Das belegen wir in Abb. 580 noch mit fünf weiteren Beispielen. — Am Rand einer Absorptionsbande kann die Änderung der Brechzahl mit der Wellenlänge, also kurz die „Dispersion" $\mathrm{d}n/\mathrm{d}\lambda$, sehr groß werden. Das zeigt Abb. 581 mithilfe eines Prismas aus ZnO.

Den Zusammenhang von Dispersion und Absorption wollen wir mit einem *eindrucksvollen* Schauversuch vorführen. Für einen solchen eignen sich weder feste Körper noch Flüs-

K. Lüders, R. O. Pohl (Hrsg.), *Pohls Einführung in die Physik*
DOI 10.1007/978-3-642-01628-8, © Springer 2010

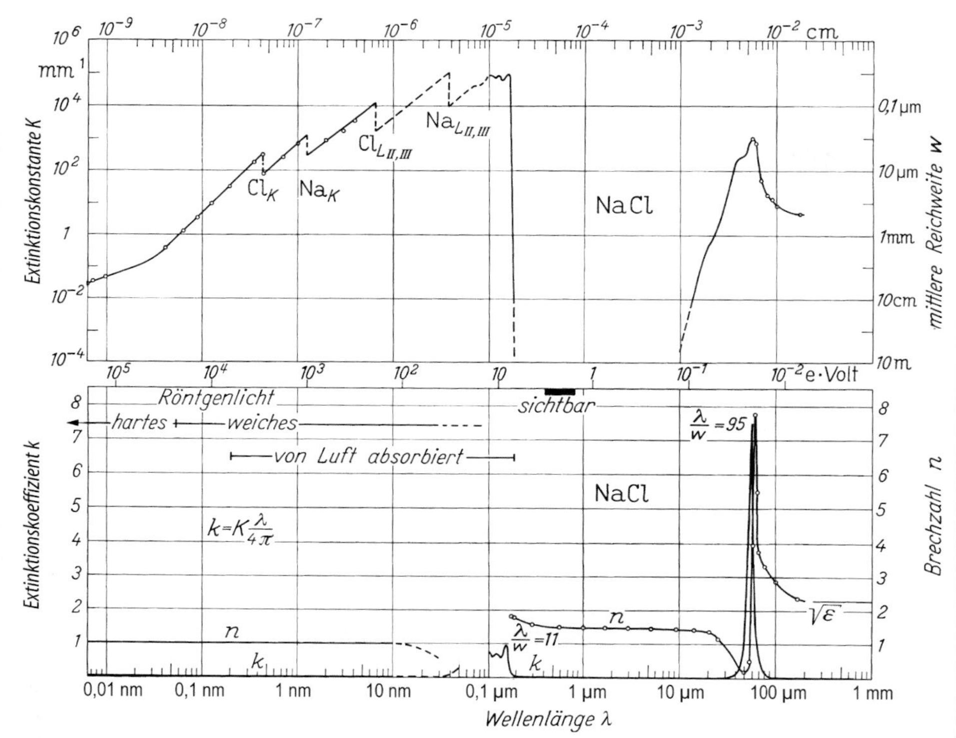

Abb. 579. Brechung und Extinktion (Absorption) des Lichtes durch einen NaCl-Kristall zwischen $\lambda = 6 \cdot 10^{-12}$ m und 1 mm, also in einem Bereich von rund 28 Oktaven.[K2] Der Extinktionskoeffizient k erreicht nur in zwei engen Wellenlängenbereichen, nämlich etwa 0,04 bis 0,2 µm und etwa 30 bis 90 µm, bedeutsame Werte. In diesen Bereichen sind die Höchstwerte des Verhältnisses λ/w vermerkt. — Die kleinste vorkommende Reichweite, $w \approx 0{,}01$ µm, ist etwa gleich dem 30-fachen des Netzebenenabstandes. Die Entstehung der „Kanten" Cl_K usw. im Röntgenlicht hängt damit zusammen, dass mit zunehmender Wellenlänge jeweils die Energie der Lichtquanten nicht mehr ausreicht, Elektronen aus inneren Schalen herauszuschlagen.

K2. Auf der Abzisse ist die Wellenlänge aufgetragen, oben in cm und unten in anderen Längeneinheiten. In der Mitte ist die zugehörige Energie der Lichtquanten in eVolt entsprechend $E = h\nu = hc/\lambda$ angegeben (h = Planck'sche Konstante = $6{,}626 \cdot 10^{-34}$ Ws^2, c = Lichtgeschwindigkeit $= 2{,}998 \cdot 10^8$ m/s, 1 eV $= 1{,}602 \cdot 10^{-19}$ Ws).

sigkeiten,[1] man muss Dämpfe, Gase oder verdünnte Lösungen benutzen. Am bequemsten ist Na-Dampf. Abb. 582 zeigt eine geeignete Anordnung. Sie projiziert mit einem Prisma P das kontinuierliche Spektrum einer Bogenlampe auf einen Wandschirm, und zwar in horizontaler Lage.

Dicht hinter die abbildende Linse wird ein mit Na-Dampf gefülltes Eisenrohr R gesetzt. Es ist beiderseits mit Glasplatten verschlossen und evakuiert. Das Na wird in der Mitte verdampft, Restgas (H_2) und Luftkühlung an den Enden verhindern das Beschlagen der Fenster. Der Na-Dampf erzeugt um $\lambda = 589$ nm eine große Extinktion. Das horizontale Spektrum wird durch einen Extinktionsstreifen D unterbrochen (Abb. 583 oben). Bei dieser Extinktion übertrifft der Anteil der Absorption den der Streuung. Infolgedessen spricht man fast immer von Absorptionsbanden oder -linien.

Nach diesem Vorversuch wird außer den Enden nun auch die Oberseite des Rohres gekühlt. Dadurch bekommt die Na-Dampfwolke eine prismenartige Gestalt (c in Abb. 582).

[1] Die Begründung ergibt sich später aus Gl. (447) auf S. 396. n bekommt nur dann hohe Werte, wenn die Differenz der Frequenz*quadrate*, also $\nu_0^2 - \nu^2$, klein wird. Damit gerät man bei den *breiten* Absorptionsbanden der Flüssigkeiten und festen Körper in das undurchsichtige Gebiet hinein.

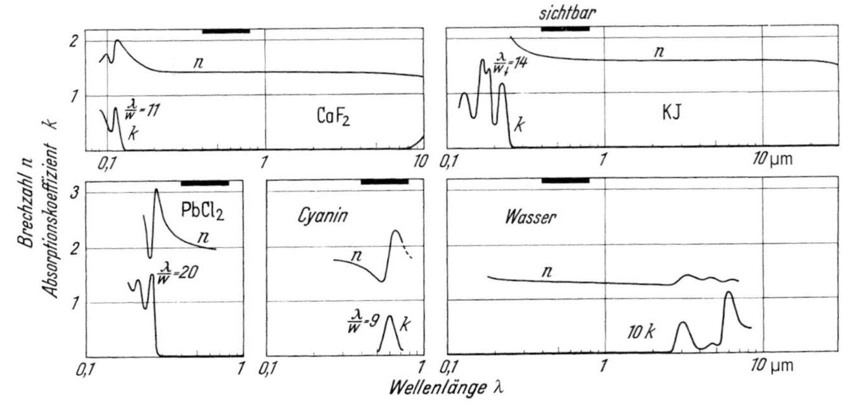

Abb. 580. Fünf weitere Beispiele für Dispersion und Absorption (Die Doppelbrechung des $PbCl_2$ ist im Maßstab der Figur nicht darzustellen. Die Werte von k für Wasser sind mit einem Faktor 10 vergrößert dargestellt.)

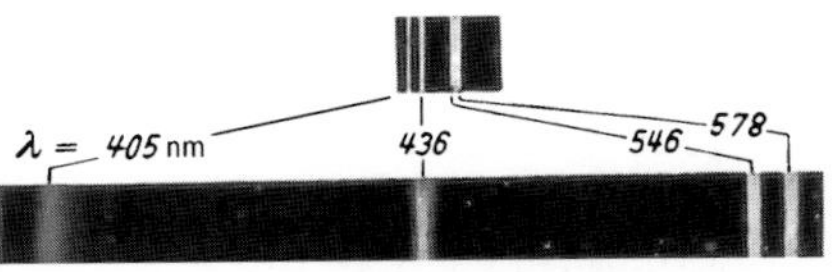

Abb. 581. Schauversuch zur großen Dispersion im Spektralbereich vor einer steil einsetzenden Eigenabsorption. Sichtbares Hg-Linienspektrum, unter gleichen Bedingungen erhalten mit einem 60°-Prisma, unten aus einem ZnO-Einkristall (in Wasser eingebettet), oben aus Quarz (E. Mollwo, Z. Angew. Phys. **6**, 257 (1954)).

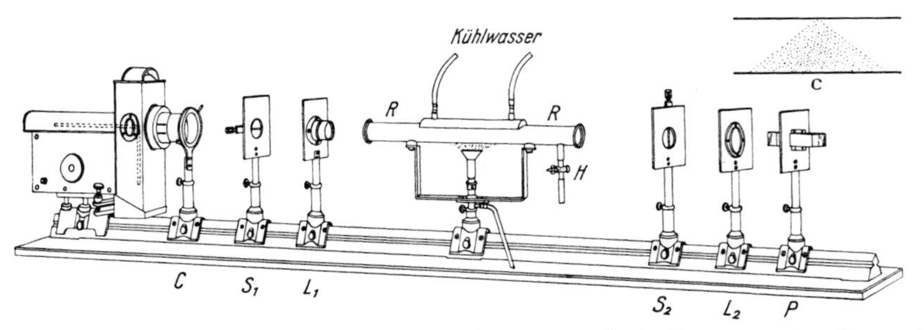

Abb. 582. Zur Vorführung der anomalen Dispersion des Na-Dampfes (A. Kundt, 1880, verbessert durch R. W. Wood 1904[K3]). S_1 horizontaler, S_2 vertikaler Spalt, P geradsichtiges Prisma.[K4] Das Dampfprisma lenkt Wellen mit einer Brechzahl $n > 1$ nach unten ab, Wellen mit einer Brechzahl $n < 1$ nach oben. Beispiel in Abb. 583 unten. Dort wird das untere Ende des Spaltes S_2 *oben* auf dem Schirm abgebildet. Eine Zylinderlinse zwischen R und S_2 verbessert die Sichtbarkeit

An der heißen Stelle, d. h. unten in der Mitte, ist die Dampfdichte groß; nach oben und zu den Seiten hin nimmt sie ab. Dieses Dampfprisma lässt den größten Teil des Spektrums in seiner ursprünglichen Lage. Für diese Spektralgebiete ist also die Brechzahl des Na-Dampfes praktisch gleich 1. Zu beiden Seiten der Absorptionsbande hingegen wird das Licht in vertikaler Richtung abgelenkt. Auf der roten Seite geht die Ablenkung auf dem Spalt S_2 nach unten, d. h. die Brechzahl ist > 1. Auf der violetten Seite der Bande geht die Ablenkung auf dem Spalt S_2 nach oben, d. h. die Brechzahl ist < 1. Das Spektrum bildet also einen aus zwei Ästen bestehenden bunten Kurvenzug (Abb. 583 unten).[K5] Sein

K3. Siehe R. W. Wood, „Physical Optics", McMillan Publishers, NY, 3. Aufl. 1934, S. 492.

K4. Beim „geradsichtigen" Prisma wird durch Kombination von hoch- und niedrigbrechendem Glas erreicht, dass für eine bestimmte Wellenlänge keine Ablenkung auftritt.

K5. Ein Farbbild befindet sich in dem Buch von R. W. Wood, siehe Kommentar K3.

Abb. 583. Anomale Dispersion von Na-Dampf, vorgeführt gemäß Abb. 582. Fotografisches Positiv. Die außer der Absorptionsbande D noch sichtbaren Absorptionsstreifen gehören zu Na-Molekülen. Sie haben infolge kleiner Anzahldichten keinen merklichen Einfluss auf die Brechzahl des Dampfes.

Verlauf entspricht direkt der Dispersionskurve des Na-Dampfes zu beiden Seiten der Extinktionsbande. Das Kurvenstück *innerhalb* der Bande fehlt. Man kann es nur bei mäßiger Absorption sehen und auch dann nur bei Einzelbeobachtung.

§ 237. Sonderstellung der Metalle. Wir greifen auf die wichtige Abb. 579 zurück: Die kleinsten Extinktionskonstanten K oder die größten Reichweiten w finden sich im sichtbaren und den benachbarten, vor allem infraroten Spektralbereichen. In diesen Gebieten kann die mittlere Reichweite viele Meter erreichen und die aller anderen Strahlungen, vor allem auch die des RÖNTGENlichtes, weitaus übertreffen. Eine Ausnahme machen nur die Metalle. Das zeigt Abb. 584 für Silber. Das Bild umfasst einen Wellenlängenbereich von 16 Zehnerpotenzen.

Die Extinktionskonstante K hat im ganzen infraroten und sichtbaren Spektralbereich sehr hohe Werte, ein dort wirksamer Extinktionsvorgang erstreckt sich bis in das ultraviolette Gebiet hinein. Näheres in § 251.

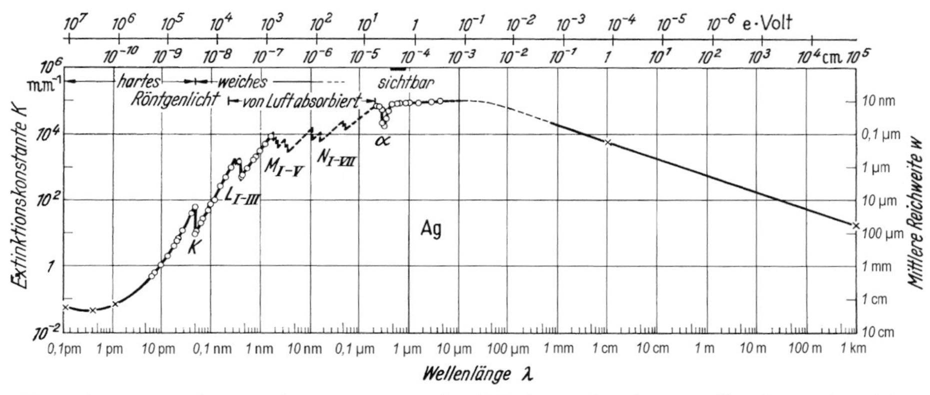

Abb. 584. Das Extinktionsspektrum eines Metalles (Silber) zwischen $\lambda = 10^{-13}$ m (0,1 pm) und $\lambda =$ 1 km. Abszisse im halben Maßstab von Abb. 579. Die dort im NaCl vorhandene Extinktionslücke zwischen 0,2 µm und 20 µm fehlt hier. Das kleine Minimum α bei $\lambda = 0{,}32$ µm ist dieser Lücke in keiner Weise vergleichbar. Die mittlere Reichweite w erreicht in ihr nur einen Wert von 50 nm. Die Kreuz-Punkte sind berechnet. — Bei Al liegt das Minimum der Extinktionskonstante bei $\lambda = 6 \cdot 10^{-14}$ m. In ihm wird die Reichweite $1/K = w = 17$ cm. (1 eV = $1{,}602 \cdot 10^{-19}$ Wattsekunden)

Werte für n und k finden sich für zwei wichtige Metalle in Abb. 585. Die Absorptionskoeffizienten k steigen vom Ultravioletten zu längeren Wellen auf große Werte. Bei der Wellenlänge $\lambda = 4\,\mu\text{m}$ wird z. B. für Silber $k \approx 30$. Die mittlere Reichweite w ist hier also gleich $\frac{1}{400}\lambda$. — Bemerkenswert ist auch oft die Kleinheit der Brechzahl n. Bei Silber geht sie herab bis zu 0,16. Dabei steigt die Phasengeschwindigkeit bis fast $20 \cdot 10^8$ m/sec statt nur $3 \cdot 10^8$ m/sec im Vakuum.[K6]

K6. Die Phasengeschwindigkeit des Lichtes kann in Materie tatsächlich größer sein als die Lichtgeschwindigkeit im Vakuum. Das heißt nicht, dass die Informationsübertragung mit Überlichtgeschwindigkeit erfolgen kann, denn dafür ist die Gruppengeschwindigkeit zuständig (siehe § 200, S. 328 und in der Elektrizitätslehre, § 96), die aber stets kleiner als die Vakuumlichtgeschwindigkeit ist.

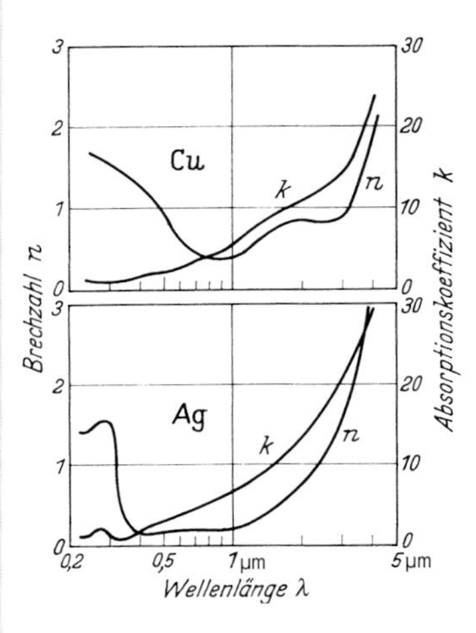

Abb. 585. Die optischen Konstanten n und k für Silber und Kupfer. Die Streuung der Einzelwerte ist selbst bei den besten heute bekannten Messreihen noch immer zu groß. Weitere Beispiele in Abb. 600.

§ 238. Die metallisch genannte Reflexion.

Für das Reflexionsvermögen R gilt bei senkrechter Inzidenz die Beer'sche Formel

$$R = \frac{(n-1)^2 + k^2}{(n+1)^2 + k^2}\,. \qquad \text{Gl. (411) v. S. 366}$$

Überwiegt der Summand (k^2) im Zähler und Nenner, so entsteht das große Reflexionsvermögen, das die Stoffe mit metallischer Bindung im sichtbaren Spektralbereich besitzen (§ 222). Abb. 586 zeigt einige praktisch wichtige Beispiele (Weiteres in § 251).

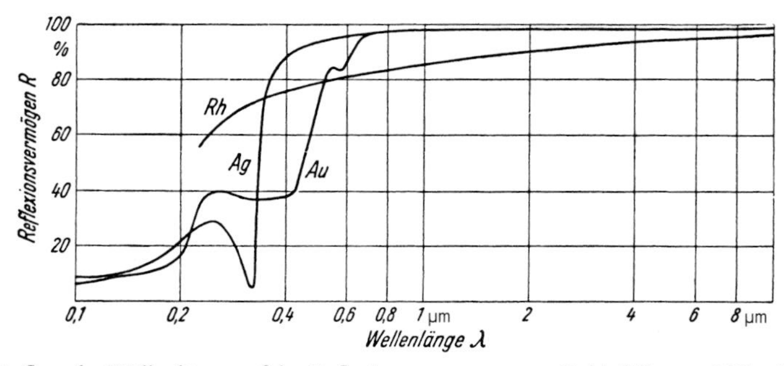

Abb. 586. Einfluss der Wellenlänge auf das Reflexionsvermögen von Gold, Silber und Rhodium. Letzteres ist wegen seiner chemischen Unempfindlichkeit für Spiegel ohne Glasschutz besonders geeignet. Außerdem schwächen dünne durchsichtige Rhodiumspiegel alle Wellenlängenbereiche des sichtbaren Spektrums (400 bis 700 nm) um praktisch gleiche Bruchteile, „Graufilter". Im Minimum bei $\lambda = 316$ nm ist für Silber $R = 4{,}2\%$. Noch tiefer liegen die entsprechenden Werte für die Alkalimetalle. Bei $\lambda = 254$ nm ist $R = 2{,}6\%$ für K und $\approx 1\%$ für Rb und Cs.

Metallische Bindung ist aber keineswegs der einzige Grund für große Werte des Absorptionskoeffizienten k. Werte von k in der Größenordnung 1 finden sich im Ultravioletten bei der Mehrzahl der festen und flüssigen Stoffe; einige Beispiele zeigt Abb. 580. Bei den Farbstoffen, z. B. Cyanin oder Brillantgrün (s. Tab. 10 auf S. 354) und bei manchen Halbleitern erreicht der Absorptionskoeffizient k bereits im Sichtbaren große Werte. Infolgedessen sind manche Halbleiter wie Ge, Si, Antimonit (Sb_2S_3) usw. mit dem Auge nicht von Metallen zu unterscheiden. Doch fehlen den Halbleitern die großen Absorptionskoeffizienten k im Infraroten, die für die Stoffe mit metallischer Bindung charakteristisch und durch deren spezielle Art der Elektronenleitung bedingt sind (§ 251).

Beim Germanium z. B. wird k schon bei $\lambda = 3\,\mu m$ verschwindend klein. Daher sehen Ge-Klötze von einigen Zentimetern Dicke zwar wie ein Stück Metall aus, trotzdem lassen sie Infrarot ungeschwächt hindurch, abgesehen natürlich von den erheblichen, durch die Brechzahl $n = 4$ bedingten Reflexionsverlusten.

Das kann man mit einem sehr überraschenden Schauversuch vorführen. Er benutzt die in Abb. 545 in § 213 beschriebene Anordnung und zeigt eindringlich: *Ob eine metallische Bindung vorliegt, kann man nie mit dem Auge, sondern nur mit Absorptionsmessungen im Infraroten feststellen.*

Schließlich besitzen auch Kristalle mit typischer Ionenbindung, wie die Halogenide der Alkalimetalle, im Infraroten extreme Werte von n und k (vgl. Abb. 579 unten). Infolgedessen zeigen diese Kristalle dort ein sehr großes Reflexionsvermögen R. Abb. 587 zeigt vier Beispiele. Der Wellenlängenmaßstab ist dreimal so groß wie in Abb. 579. Man nennt diese Reflexionsmaxima *Reststrahlbanden*. Ihre Lage wird sowohl von n als auch von k bestimmt. Folglich fallen ihre Maxima nur näherungsweise mit denen der Absorptionskurve k zusammen.

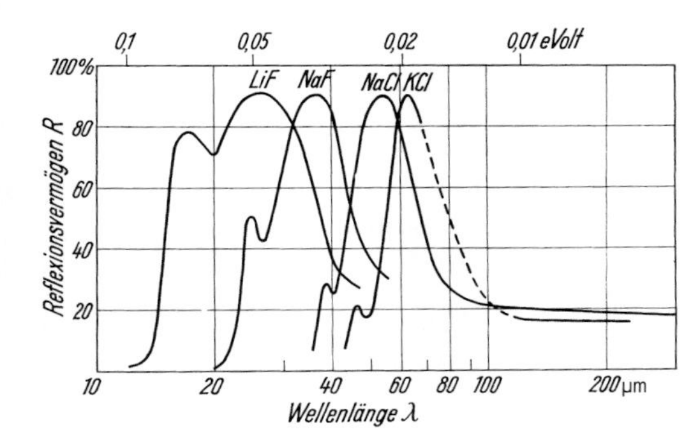

Abb. 587. Reststrahlen von vier Alkalihalogenidkristallen (Die Banden sind älteren Darstellungen entgegen keine einfachen Glockenkurven.)

Der seltsame Name Reststrahlen knüpft an die erste Beobachtungsart an. HEINRICH RUBENS (1865–1922) ließ die Strahlung eines Gasglühlichtbrenners einige Male zwischen Kristallplatten hin und her reflektieren und dann zum Strahlungsmesser gelangen (Thermosäule). Der verbleibende „Rest" umfasste praktisch nur noch Wellen aus dem Spektralbereich der Reflexionsmaxima. Diese „Reststrahlen" werden durch dünne Glimmer- und Glasplatten absorbiert, passieren aber dicke Schichten aus Paraffin usw. Bequemer Schauversuch, am einfachsten mit Platten aus LiF oder CaF_2.

§ 239. Die Reichweiten des RÖNTGENlichtes. *Die Reichweiten des* RÖNTGEN*lichtes sind nur in Metallen denen des sichtbaren Lichtes überlegen* (Abb. 584). *In allen übrigen Stoffen* (z. B. NaCl in Abb. 579) *besitzt* RÖNTGEN*licht auch nicht angenähert die riesigen Reichweiten, die man mit Licht aus dem sichtbaren oder dem benachbarten infraroten Spektralbereich erzielen kann.*

Die Bedeutung des RÖNTGENlichtes für medizinische und technische Zwecke beruht keineswegs auf einer großen Reichweite, sondern auf etwas ganz anderem: *Die Brechzahl des RÖNTGENlichtes weicht praktisch nicht von* 1 *ab* (§ 243). *Infolgedessen* erfährt RÖNTGENlicht in trüben, inhomogenen Stoffen, wie Fleisch, Knochen, Holz usw., *keine Streureflexion*. Es nimmt von den zahllosen unregelmäßigen Grenzflächen zwischen den einzelnen Bestandteilen inhomogener Stoffe keine Notiz. Sichtbares Licht hingegen mit Brechzahlen um 1,5 ist gegen innere Grenzflächen äußerst empfindlich: Die Schaumkrone auf hellem Pilsener Bier ist für sichtbares Licht ganz undurchlässig, für RÖNTGENlicht aber völlig durchlässig.

„Die Schaumkrone auf hellem Pilsener Bier ist für sichtbares Licht ganz undurchlässig, für RÖNTGENlicht aber völlig durchlässig."

Der Fortfall der Streureflexion im RÖNTGENgebiet bedeutet keineswegs einen Fortfall der Streuung (s. §§ 230–232). Diese spielt auch bei hartem RÖNTGENlicht ($\lambda < 10^{-11}$ m) eine erhebliche Rolle. Sie entsteht durch den COMPTON-Effekt (siehe z. B. 13. Auflage der „Optik und Atomphysik", Kap. 17, § 5) und bei noch kleineren Wellenlängen auch durch Kernprozesse.

§ 240. Rückführung der Brechung auf Streuung. Aus den §§ 236 bis 239 sind uns nun die wichtigsten Tatsachen über Brechung und Extinktion bekannt. Jetzt wollen wir versuchen, sie zu deuten und quantitativ zu fassen. Wir behandeln in den §§ 240 bis 245 die Brechung und in den §§ 246 bis 255 die durch Absorption entstehende Extinktion.

Wir greifen auf Abb. 574d zurück. In ihr ist der streuende Modellkörper durchsichtig. Man kann — wenn auch nur mit einiger Mühe — die Wellen im Inneren des Körpers verfolgen. Dabei findet man das in Abb. 588 skizzierte Bild: Die Wellen laufen im Gebiet der Sekundärstrahler langsamer als außerhalb, die Wellenberge bleiben deutlich zurück. Oder anders ausgedrückt: Das kreisförmig eingegrenzte Gebiet hat durch die Sekundärstrahler in seinem Inneren eine *Brechzahl* bekommen. Diese grundlegende Tatsache soll sogleich mit einem noch eindrucksvolleren Schauversuch belegt werden.

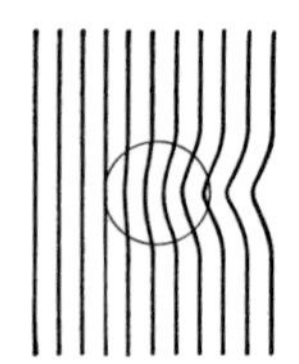

Abb. 588. Entstehung einer Phasenverschiebung durch Sekundärwellen. Nach Abb. 574d skizziert.

Die bekannteste Wirkung der Brechung zeigen die Linsen. Deswegen stellen wir in Abb. 589a die „Sekundärstrahler" auf einer linsenförmigen Fläche zusammen. Die streuenden „Atome" sind wieder kleine Stahlkugeln unterhalb der Wasseroberfläche. Sie sind ungeordnet, ihre Durchmesser und die Abstände ihrer Mittelpunkte sind wieder kleiner als die Wellenlänge. In Abb. 589b laufen Wasserwellen mit gerader Front leicht schräg geneigt gegen einen weiten Spalt. Der Spalt blendet ein parallel begrenztes Wellenbündel aus. (Die Beugung ist gut zu sehen.)

In Abb. 589c ist die „Linse" (Teilbild a) in die Spaltöffnung hineingelegt worden. Erfolg: Die vorher parallel gebündelten Wellen sind in einem Bildpunkt vereinigt. — Jetzt ist jeder Zweifel behoben: Die Wellen durchlaufen den Bereich der Sekundärstrahler mit verminderter Phasengeschwindigkeit. Der Bereich der Sekundärstrahler besitzt eine Brechzahl n. Wir berechnen sie mit der elementaren Linsenformel

$$(n-1)\frac{2}{R} = \frac{1}{f'} \qquad (305) \text{ v. S. 219}$$

(R = Radius der Linsenbegrenzung, in Abb. 589a = 7 cm, $f' \approx 8{,}5$ cm)

und erhalten $n = 1{,}4$.

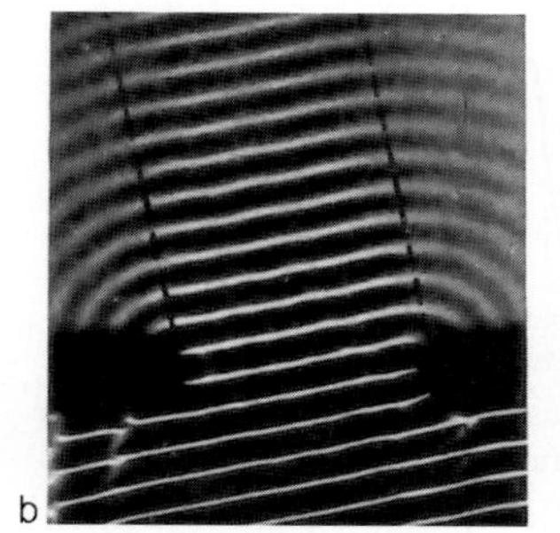
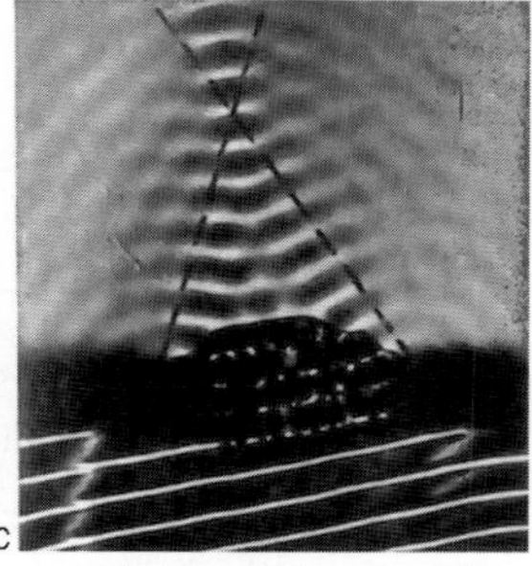

Abb. 589. Wasserwellen zeigen die Entstehung der Brechung durch phasenverschobene Sekundärwellen

Die Deutung ergibt sich zwanglos. Die in und hinter der Linse verlaufende Welle ist eine Resultierende sämtlicher durch Streuung entstandenen Sekundärwellen und der Primärwelle. Die primären Wellen lösen sekundäre aus, diese tertiäre usw. Die Resultierende läuft langsamer als die Einzelwellen. Folglich muss schon jede einzelne durch Streuung entstandene Welle gegenüber der sie erzeugenden eine negative Phasenverschiebung δ' haben. *Die Phasenverschiebung δ' der durch Streuung gebildeten Sekundärwellen ist die Ursache der Brechung.*

§ 241. Qualitative Deutung der Dispersion. Die Abhängigkeit der Brechzahl n von der Wellenlänge zeigt in der Nachbarschaft gewisser ausgezeichneter Wellenlängen oder Frequenzen einen sehr charakteristischen Verlauf (Abb. 579 und 580). Wir wiederholen ihn schematisch in Abb. 590. Diese Abhängigkeit der Brechzahl von der Wellenlänge oder Frequenz ist qualitativ leicht zu deuten. Wir greifen zu diesem Zweck auf die Modellversuche mit mechanischen Wellen zurück.

In Abb. 589 bestanden die Sekundärstrahler aus kleinen *starren* Kugeln unterhalb der Wasseroberfläche. Man denke sich diese Sekundärstrahler durch *schwingungsfähige* Gebilde oder Resonatoren ersetzt, beispielsweise durch „atmende Kugeln" (Bd. 1, § 137). Ihre Eigenfrequenz sei ν_0. Die einfallenden Primärwellen sollen die Frequenz ν besitzen und die Resonatoren zu erzwungenen Schwingungen anregen. Dann werden sowohl die erzwungenen Amplituden l_0 als auch die Phasendifferenzen zwischen Resonator und Primärwelle durch das Verhältnis ν/ν_0 bestimmt (Gl. 422 v. S. 373, siehe auch Bd. 1, Abb. 290). *Außerdem ist die Amplitude jeder Sekundärwelle ihrerseits gegenüber der Amplitude l_0 des Sekundärstrahlers um $-90°$ phasenverschoben.*[1]

So gelangen wir zu den einfachen Zeigerdiagrammen der Abb. 591A–E. In ihnen bedeutet:

E_p die Amplitude der primären Welle,

l_0 die Amplitude der erzwungenen Schwingungen, ihre Relativwerte können aus Abb. 290 in Bd. 1 entnommen werden (z. B. $\Lambda = 1$ gewählt),

δ den Phasenwinkel zwischen l_0 und E_p. Er kann ebenfalls aus der Abb. 290 in Bd. 1 entnommen werden ($\Lambda = 1$),

E_s die Amplitude der von den Resonatoren ausgehenden Sekundärwellen,

E_r die aus primären und sekundären Wellen resultierende Wellenamplitude,

δ' den Phasenwinkel zwischen E_r und E_p. Die Zeit und die Phasenwinkel δ und δ' werden im Uhrzeigersinn positiv gezählt.

---

[1] Das ist eine vereinfachende Behauptung. In Wirklichkeit entsteht diese Phasendifferenz von $-90°$ bei der Summierung sämtlicher Sekundärwellen längs des Weges der Primärwelle.

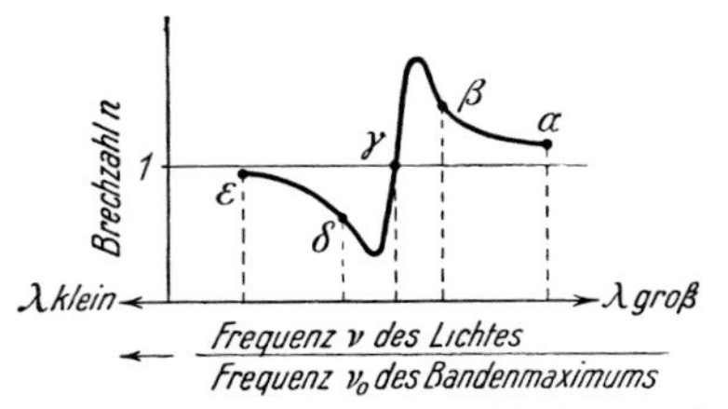

Abb. 590. Schema einer Dispersionskurve im Bereich und in der Nachbarschaft einer optischen Eigenfrequenz (Die Punkte α bis ε entsprechen den Teilbildern A–E in Abb. 591, siehe Text.)

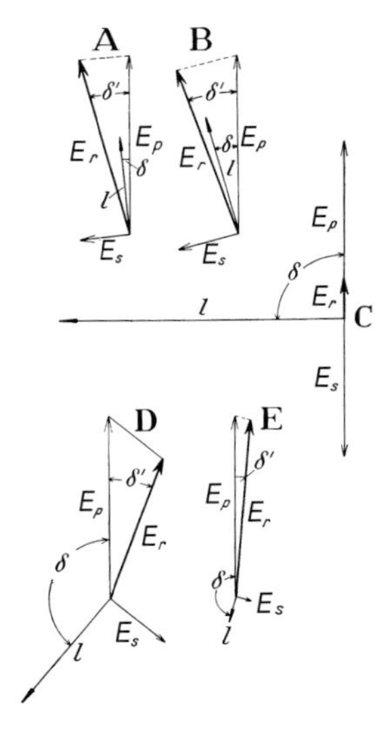

Abb. 591. Zur Entstehung der Dispersion durch phasenverschobene Sekundärwellen. Zeit im Uhrzeigersinn.

Im Teilbild A der Abb. 591 ist $\nu \ll \nu_0$ und δ sehr klein. δ' bekommt einen kleinen *negativen* Wert. Das heißt, die resultierende Welle ist gegenüber der primären ein wenig verzögert oder die Brechzahl n etwas größer als 1. Sie ist als Punkt α in Abb. 590 eingetragen.

Im Teilbild B ist $\nu < \nu_0$, z. B. $\nu = \frac{1}{2}\nu_0$, δ ist auf etwa $-15°$ gewachsen. Dabei ist δ' *negativ* geblieben, aber größer geworden. Das heißt, die Brechzahl n ist gestiegen: Punkt β in Abb. 590.

Im Teilbild C ist $\nu = \nu_0$, also $\delta = -90°$. Die resultierende Amplitude E_r hat (als Differenz $E_p - E_s$) die gleiche Richtung wie E_p. Also ist $\delta' = 0$ oder $n = 1$; Punkt γ.

Im Teilbild D ist $\nu > \nu_0$, z. B. $= 1{,}25\,\nu_0$ und $\delta = -140°$. Dadurch hat δ' einen *positiven* Wert erhalten. Die resultierende Amplitude E_r läuft der primären Amplitude E_p voraus. Das heißt, die Brechzahl ist kleiner als 1, Punkt δ.

Im Teilbild E endlich ist $\nu \gg \nu_0$, und δ fast $-180°$. δ' ist *positiv* geblieben, seine Größe aber hat abgenommen, n hat sich dem Wert 1 genähert, ist aber noch kleiner als 1, Punkt ε.

Wir erhalten in Abb. 590 eine typische Dispersionskurve. Sie zeigt qualitativ die gleichen Züge wie die in der Optik beobachteten. Die ausgezeichnete Wellenlänge entspricht bei den optischen Messungen dem Maximum einer Extinktionsbande.

§ 242. Quantitative Behandlung der Dispersion. In quantitativer Hinsicht war die Darstellung des vorigen Paragraphen durchaus unbefriedigend. Sie unterschied vor allem nur die anregende Primärwelle von den angeregten Sekundärwellen. In Wirklichkeit regen aber die Sekundärwellen ihrerseits Tertiärwellen an und so fort. Erst die Gesamtheit aller Wellen ergibt die schließlich resultierende Welle. Die Summierung ist rechnerisch nicht einfach, aber durchführbar. Im Allgemeinen vermeidet man die Mühe jedoch mit folgendem Verfahren.

Man nimmt je Molekül[1] ein schwingungsfähig gebundenes Elektron an, seine Eigenfrequenz sei ν_0. Es kann unter der Einwirkung einer periodischen Kraft mit der Amplitude $F_0 = e \cdot E_0$ erzwungene Schwingungen ausführen. Seine Amplitude l_0 ergibt sich

[1] Hier, wie stets, gleich kleinste selbständige Einheit, also oft auch Atom oder Ion.

aus Gl. (420) von S. 372 proportional zu E_0, der Amplitude der Primärwelle, umgekehrt proportional zur Elektronenmasse m und außerdem abhängig von der Frequenz ν der Primärwelle. So entsteht ein schwingender Dipol, sein elektrisches Dipolmoment bekommt die Amplitude

$$p_0 = e \cdot l_0 = E_0 \frac{e^2}{m} f(\nu) \tag{441}$$

(der frequenzabhängige Ausdruck $f(\nu)$ folgt aus dem Vergleich mit Gl. (420) v. S. 372).

Der Quotient

$$\frac{p_0}{E_0} = \frac{e^2}{m} f(\nu) = \alpha \tag{442}$$

ist die elektrische Polarisierbarkeit des Moleküls (Elektrizitätslehre, § 105) bei der hohen Frequenz der Lichtwellen.

Bei der Besprechung der Rayleigh-Streuung hatten wir $\nu \ll \nu_0$ angenommen. Dadurch wurde die Polarisierbarkeit α von der anregenden Frequenz *unabhängig* (§ 229). Infolgedessen konnte α aus der statisch (d. h. $\nu = 0$) gemessenen Dielektrizitätskonstante ε berechnet werden. Dazu diente in § 229 die Gleichung von Clausius und Mossotti (Gl. 235 der Elektrizitätslehre)

$$\frac{p}{E} = \alpha = \frac{3\varepsilon_0}{N_V} \left(\frac{\varepsilon - 1}{\varepsilon + 2} \right) \tag{443}$$

(ε_0 = Influenzkonstante, N_V = Anzahldichte der polarisierbaren Moleküle),

die den Einfluss der Umgebung auf die Polarisierbarkeit der Moleküle berücksichtigt.

Jetzt gehen wir den Weg in umgekehrter Richtung. Wir lassen die Beschränkung $\nu \ll \nu_0$ fallen, machen α dadurch von ν *abhängig* (Gl. 442!), setzen die α-Werte in Gl. (443) ein und berechnen so für jeden Wert der anregenden Frequenz ν einen besonderen Wert von ε. So erhalten wir — sprachlich nicht gerade schön — eine von der Frequenz ν *abhängige* Dielektrizitätskonstante.

Dann kommt endlich der entscheidende Schritt. Nach Maxwell gilt für lange elektromagnetische Wellen (Elektrizitätslehre, § 93)

$$n = \sqrt{\varepsilon}\,, \tag{444}$$

dabei bedeutet ε die statische, d. h. für $\nu = 0$ gemessene Dielektrizitätskonstante.

Die gleiche Beziehung wendet man nun auch auf die Lichtwellen an, *benutzt aber für jede Frequenz ν die eigens für sie berechnete, also von ν abhängige Dielektrizitätskonstante*, um aus ihr die Brechzahl n für Licht der Frequenz ν zu berechnen. Auf diese Weise kann man die Abhängigkeit der Brechzahl n von ν oder λ recht befriedigend wiedergeben.

Dieser Gedanke soll jetzt kurz quantitativ durchgeführt werden. Wir nehmen wieder für das erzwungene elektrische Dipolmoment des Moleküls die Gl. (441), rechnen aber l_0 mit der Gl. (420) v. S. 372 wirklich aus. Dabei wollen wir auf den Frequenzbereich nahe der Eigenschwingung ν_0 verzichten. Es genügen die Bereiche $\nu < 0{,}7\,\nu_0$ und $\nu > 1{,}4\,\nu_0$. In diesen Bereichen sind die erzwungenen Ausschläge l praktisch von Λ, dem logarithmischen Dekrement, unabhängig ($\Lambda \leq 1$). Daher können wir den zweiten Summanden im Nenner streichen und bekommen

$$l_0 = \frac{1}{4\pi^2} \cdot \frac{e}{m} E_0 \frac{1}{\nu_0^2 - \nu^2} \tag{445}$$

oder

$$\alpha = \frac{e\,l_0}{E_0} = \frac{p_0}{E_0} = \frac{1}{4\pi^2} \frac{e^2}{m} \cdot \frac{1}{\nu_0^2 - \nu^2}\,. \tag{446}$$

Diesen Wert der *frequenzabhängigen Polarisierbarkeit* α setzen wir in Gl. (443) ein, schreiben n^2 statt des frequenzabhängigen ε und bekommen

$$\frac{n^2-1}{n^2+2} = \frac{1}{12\pi^2\varepsilon_0}\frac{e^2}{m}\cdot N_V\cdot\frac{1}{\nu_0^2-\nu^2} = 26{,}9\,\frac{\mathrm{m}^3}{\mathrm{sec}^2}\cdot N_V\frac{1}{\nu_0^2-\nu^2} \tag{447}$$

(ε_0 = Influenzkonstante $= 8{,}86\cdot 10^{-12}$ As/Vm, $e = 1{,}6\cdot 10^{-19}$ As, m = Masse des Elektrons $= 9{,}11\cdot 10^{-31}$ kg, N_V = Anzahldichte der polarisierbaren Moleküle).

Gl. (447) setzt nur eine einzige Eigenfrequenz ν_0 und *ein* Elektron je Molekül voraus. In Wirklichkeit gehört zu jedem Molekül eine ganze Reihe (Anzahl i) optischer Eigenfrequenzen und oft auch mehrere (Anzahl b) wirksame Elektronen. Daher muss man statt Gl. (447) eine Summe schreiben, nämlich

$$\frac{n^2-1}{n^2+2} = 26{,}9\,\frac{\mathrm{m}^3}{\mathrm{sec}^2}N_V\sum_i\frac{b_i}{\nu_{0i}^2-\nu^2}\,. \tag{448}$$

Diese *Dispersionsformel*[1] bewährt sich gut für Gase und Dämpfe, abgesehen natürlich vom Bereich ihrer Eigenfrequenz ν_0. Für Flüssigkeiten und Festkörper soll man sie aber kaum höher bewerten als eine brauchbare Interpolationsformel. Tab. 11 enthält ein Zahlenbeispiel für Steinsalz, also NaCl.

Tabelle 11. Dispersion des NaCl zwischen 0,3 µm und 5 µm (Abb. 579) ($N_V = 2{,}28\cdot 10^{28}$ Ionenpaare/m^3; $b = 4$; $i = 1$; $\nu_0 = 2{,}85\cdot 10^{15}$ Hz)

λ in µm	0,3	0,4	0,5	0,7	1	2	5
n gemessen	1,607	1,568	1,552	1,539	1,532	1,527	1,519
n nach Gl. (448) berechnet	1,610	1,567	1,550	1,535	1,528	1,522	1,521

Die Abweichungen zwischen Rechnung und Beobachtung überschreiten nirgends 5 Einheiten in der dritten Stelle hinter dem Komma. Dabei ist nur eine einzige Eigenfrequenz $\nu_0 = 2{,}85\cdot 10^{15}$ Hz benutzt worden. Ihr entspricht die Wellenlänge $\lambda_0 = 0{,}105$ µm. Man kann sie als „Schwerpunkt“ der k-Kurve im Ultravioletten (Abb. 579) bezeichnen. Selbstverständlich kann man mit $i = 3$ oder 4 die Übereinstimmung zwischen Rechnung und Messung auch in den höheren Dezimalen erreichen. Das ist aber unergiebig.

§ 243. Brechzahlen für Röntgenlicht. Als weiterer Test der Dispersionsformel (Gl. 448) soll die Brechzahl für Röntgenlicht bestimmt werden. Für Röntgenlicht spielt die chemische Vereinigung von Atomen zu Molekülen keine Rolle (§ 246). N_V in Gl. (448) bedeutet daher die Anzahldichte der Atome, also

$$N_V = \frac{N_A\varrho}{M_n}$$

(N_A = Avogadro-Konstante $= 6{,}022\cdot 10^{23}\,\mathrm{mol}^{-1}$, M_n = molare Masse = Masse M/Stoffmenge n).

Ferner bedeutet b die Anzahl aller Elektronen in einem Atom. Diese Anzahl ist gleich der Ordnungszahl Z, die sich mithilfe der molaren Masse $M_n = A$ kg/Kilomol ausdrücken lässt (s. § 231): Für Atome mit nicht zu großer molarer Masse gilt $Z = 0{,}5\,A$ (Gl. 440, S. 380). Damit wird in Gl. (448)

$$N_V b = \frac{\text{Anzahl der Elektronen}}{\text{Volumen}} = 0{,}5\cdot 6{,}022\cdot 10^{26}\frac{1}{\mathrm{kg}}\,\varrho\,.$$

[1] Der Quotient $\frac{n^2-1}{n^2+2} = R'$ wird als *Refraktion* bezeichnet.

Für hartes RÖNTGENlicht ist $\nu_0 \ll \nu$. Mit $\nu = c/\lambda$ erhält man aus Gl. (448)

$$\frac{n^2-1}{n^2+2} = -1{,}62 \cdot 10^{28} \cdot 0{,}5 \frac{\text{m}^3}{\text{sec}^2\text{kg}} \varrho \left(\frac{\lambda}{c}\right)^2 . \tag{449}$$

Zahlenbeipiel: $\varrho = 10^4$ kg/m^3 und $\lambda = 10^{-10}$ m; Brechzahl $n = 0{,}999\,986$, also etwas kleiner als 1. Das entspricht der Beobachtung, vgl. § 236.

Die Dispersionsgleichung (448) umfasst also den ganzen Spektralbereich vom Infraroten bis zum RÖNTGENlicht. Sie versagt auch nicht im Gebiet der längsten Wellen. Nur muss man dort außer der Sekundärstrahlung von Elektronen auch die Sekundärstrahlung von Ionen oder von noch größeren Gebilden berücksichtigen.

§ 244. Brechzahl und Dichte. Mitführung. Wir haben die Brechung auf die Sekundärstrahlung der bestrahlten Moleküle zurückgeführt und damit die Dispersionsformel (Gl. 448) gewonnen. Diese leistet zweierlei: Erstens beschreibt sie die Abhängigkeit der Brechzahl n von der Lichtfrequenz ν. Das wurde in den §§ 242 und 243 gezeigt. Zweitens beschreibt sie den Einfluss von N_V, der Anzahldichte der Moleküle, auf die Größe der Brechzahl. Das soll jetzt näher ausgeführt werden. Für diesen Zweck setzen wir ν konstant, benutzen also Beobachtungen mit irgendeinem monochromatischen Licht.

Für Gase und verdünnte Lösungen[1] ist n nahezu $= 1$, also die Refraktion $R' = (n^2-1)/(n^2+2)$ nahezu $= \frac{2}{3}(n-1)$. Dann bekommt man statt Gl. (448)

$$(n-1) = \text{const} \cdot N_V , \tag{450}$$

d. h. bei Gasen ist $(n-1)$ proportional zur Anzahldichte und bei Lösungen proportional zur Konzentration. Oder anders ausgedrückt: Jedes Molekül liefert unabhängig von seinesgleichen seinen Beitrag zur Brechzahl. — Dieser Zusammenhang von Brechzahl und Gasdichte eignet sich gut zur Vorführung. Ein Praktikumsversuch wurde in Abb. 461 (S. 291) erläutert.

Der selbständige Beitrag der einzelnen Moleküle zur Brechung bleibt sogar beim Übergang Gas–Flüssigkeit erhalten, also trotz einer Dichteänderung von etwa 1:1 000. In Tab. 12 findet man Zahlenbeispiele sowohl für die Refraktion R' als auch für die aus ihr berechnete *elektrische Polarisierbarkeit* α. Beide Größen sind also weitgehend *unabhängig vom Aggregatzustand und von der chemischen Bindung.*

Tabelle 12. Elektrische Polarisierbarkeit α einzelner Moleküle in Wechselfeldern von der Frequenz gelben Lichtes, $\nu = 5{,}1 \cdot 10^{14}$ Hz, berechnet mithilfe der Gln. (443) und (444). Man vergleiche die hier bestimmten Werte für α mit denen bei kleinen Frequenzen bestimmten, Tab. 5 in § 105. (1 atm $= 1{,}013 \cdot 10^5$ Pascal)

Stoff	Massendichte ϱ in $\frac{\text{kg}}{\text{m}^3}$	Anzahldichte der Moleküle N_V in m^{-3}	Gemessene Brechzahl n für $\lambda = 589$ nm	Refraktion $R' = \frac{n^2-1}{n^2+2}$	Molekulare Polarisierbarkeit α in $\frac{\text{As} \cdot \text{m}}{\text{V/m}}$
O_2 flüssig, -183°C	1 130	$2{,}14 \cdot 10^{28}$	1,222	$1{,}41 \cdot 10^{-1}$	$1{,}77 \cdot 10^{-40}$
O_2 Gas, 0°C und 1 atm	1,43	$2{,}69 \cdot 10^{25}$	$1{,}000\,27_2$	$1{,}82 \cdot 10^{-4}$	$1{,}78 \cdot 10^{-40}$
Wasser, flüssig	1 000	$3{,}36 \cdot 10^{28}$	1,334	$2{,}06 \cdot 10^{-1}$	$1{,}64 \cdot 10^{-40}$
Wasserdampf, 0°C, reduziert auf 1 atm	0,805	$2{,}69 \cdot 10^{25}$	1,000 255	$1{,}7 \cdot 10^{-4}$	$1{,}68 \cdot 10^{-40}$

[1] In Lösungen ist $n = \frac{n_{\text{Lösung}}}{n_{\text{Lösungsmittel}}}$, also die Brechzahl, die allein von den gelösten Molekülen herrührt.

Eine seltsame, „*Mitführung* des Lichtes" genannte Tatsache ist 1818 von A. FRESNEL vorausgesagt und 1851 von A. H. L. FIZEAU aufgefunden worden: Die Ausbreitung einer Lichtwelle wird durch die Bewegung der Moleküle beeinflusst. Eine in der Lichtrichtung mit der Geschwindigkeit u bewegte Flüssigkeit hat für einen außerhalb der Flüssigkeit ruhenden Beobachter eine kleinere Brechzahl, d. h. eine größere Lichtgeschwindigkeit als die gleiche Flüssigkeit in Ruhe. Die Geschwindigkeit u der Flüssigkeit verändert also die Phasengeschwindigkeit c/n des Lichtes in der Flüssigkeit, aber nicht etwa um den vollen Betrag $\pm u$, sondern (Näherung) um den Betrag $\pm u(1 - 1/n^2)$. (Anordnung wie in Abb. 461 (S. 291), nur durchlaufen beide Lichtbündel Kammern, die von Wasser in entgegengesetzter Richtung durchströmt werden.)

Die Mitführung des Lichtes kann man qualitativ mithilfe der Gl. (448) verstehen: Die Anzahldichte N_V der vom Licht erfassten Moleküle wächst, wenn die Flüssigkeit dem Licht entgegenströmt und umgekehrt. Quantitativ erhält man die Mitführung aus den LORENTZ-Transformationen der Relativitätstheorie.

§ 245. Krumme Lichtstrahlen. Die Brechzahl einer monochromatischen Strahlung hängt von der Anzahldichte N_V der wirksamen Moleküle ab (Gl. 448). Diese kann man innerhalb eines Raumes stetig ändern und so der Brechzahl ein Gefälle erteilen. In einem solchen Raum beobachtet man Lichtbündel mit gekrümmten Grenzen, z. B. in Abb. 592. Zeichnerisch stellt man die Grenzen gekrümmter Bündel oder auch ihre Achsen mit krummen Lichtstrahlen dar. Der Krümmungsradius eines Strahles ändert sich im Allgemeinen längs seines Weges. Für jeden Ort x gilt

$$r = \frac{n}{\mathrm{d}n/\mathrm{d}r} \tag{451}$$

(Herleitung in Abb. 593).

Dabei ist $\mathrm{d}n/\mathrm{d}r$ das Brechungsgefälle am Ort x in *der zum Strahl senkrechten Richtung*.

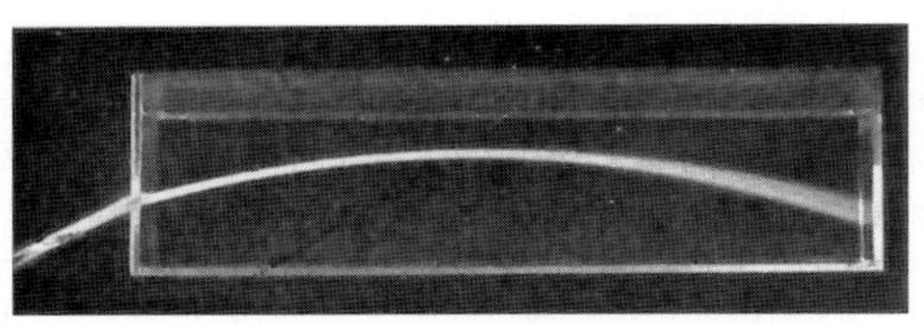

Abb. 592. Ein gekrümmtes Lichtbündel in einer Flüssigkeit mit vertikalem, angenähert linearem Brechungsgefälle. Die rechts auftretende Fächerung ist eine Folge der Dispersion: Die Bahn der kurzen Wellen ist am stärksten gekrümmt. Zugleich Modellversuch zur Entstehung des „grünen Strahles" (S. 400). **(Videofilm 32)**

Videofilm 32: „Krummer Lichtstrahl"
Als Lichtquelle wird ein Laser verwendet, so dass keine Auffächerung infolge der Dispersion auftritt. Zur Herstellung des Brechungsgefälles wurden sieben Lagen Zuckerlösung von 1 cm Dicke und abnehmender Konzentration übereinander geschichtet. Während des Eingießens sorgte eine dünne Korkscheibe dafür, dass sich die Schichten nicht vermischen.

Experimentell lassen sich Brechungsgefälle mit Lösungen herstellen. Am besten nimmt man zwei in jedem Verhältnis mischbare Flüssigkeiten und schichtet Lagen von passend gewählten Zusammensetzungen übereinander. Die anfänglich vorhandenen Schichtgrenzen verschwinden bald durch Diffusion. Auf diese Weise ist in Abb. 592 ein angenähert lineares Brechungsgefälle entstanden. Unten liegt reiner Schwefelkohlenstoff ($n = 1{,}63$), oben reines Benzol ($n = 1{,}50$), der Übergang ist mit etwa 10 Schichten von je 1 cm Dicke hergestellt worden. Das Lichtbündel wird im Scheitel am stärksten gekrümmt, d. h. sein Krümmungsradius r bekommt seinen kleinsten Wert. Das entspricht der Gl. (451): Im Scheitel ist das Gefälle der Brechzahl *senkrecht* zur Lichtrichtung am größten.

In Abb. 594 liegt das Brechungsgefälle ebenfalls vertikal, es wechselt aber in halber Höhe seine Richtung. Auf diese Weise kann man ein Lichtbündel mit wellenförmigem Verlauf vorführen.

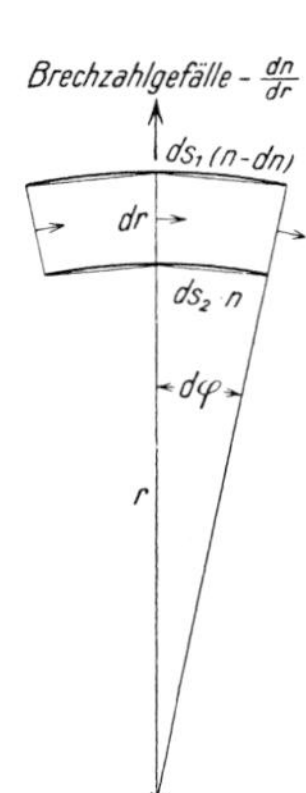

Abb. 593. Zur Herleitung der Gl. (451). Die drei Pfeile markieren die Kippung der an ihren Enden gezeichneten Wellenberge. Für die optischen Weglängen gilt nach Gl. (298), S. 214, $ds_1 \cdot (n - dn) = ds_2 \cdot n$. Ferner entnimmt man der Skizze geometrisch $ds_1 = d\varphi \cdot (r + dr)$, $ds_2 = d\varphi \cdot r$. Die Zusammenfassung der drei Gleichungen ergibt Gl. (451).

Abb. 594. Lichtbündel mit wellenförmigem Verlauf. Die Brechzahl hat in der Mitte ihren größten Wert. Unten gesättigte konzentrierte Alaunlösung, Dichte = 1,04 g/cm^3. Darüber Glyzerin mit Alkohol, etwa 1:1. Dichte = 1,01 g/cm^3. Oben Wasser mit etwa 10% Alkohol, Dichte = 0,98 g/cm^3. Alle Lösungen mit Chininsulfat und Schwefelsäure versetzt und die Grenzen durch eine mehrstündige Diffusion beseitigt. Rezept von R. W. Wood.[K7]

K7. Siehe R. W. Wood, „Physical Optics", McMillan Publishers, NY, 3. Aufl. 1934, S. 90.

Radialsymmetrische Brechungsgefälle, teils mit Zylinder- und teils mit Kugelsymmetrie spielen in den Augen der Tiere eine große Rolle. An erster Stelle sind wohl die Facettenaugen der Insekten in ihren verschiedenen Ausführungsformen zu nennen. Doch sind auch in der Linse des Wirbeltierauges Brechungsgefälle und gewölbte Begrenzung kombiniert. Streng genommen muss man in einer Skizze des menschlichen Auges die Strahlen im Inneren der Linse gekrümmt zeichnen.

„Streng genommen muss man in einer Skizze des menschlichen Auges die Strahlen im Inneren der Linse gekrümmt zeichnen."

Wegen ihrer Wichtigkeit wollen wir die Abbildung mit krummen Strahlen auch in die Wellendarstellung übersetzen. Zu diesem Zweck bringen wir in Abb. 595 einen Modellversuch mit Wasserwellen. — Wir gehen von Abb. 589b, S. 393, aus und legen zwischen die beiden Spaltbacken unter die Wasseroberfläche ein flach zylindrisch gewölbtes Metallblech. Seine Querschnittsfläche ist in Abb. 595 oben skizziert. Seine Achsenrichtung steht senkrecht zum Spalt und seine Gestalt ist *rechteckig*. So entsteht ein rechteckig begrenzter Flachwasserbereich von ungleicher Tiefe. Die Wassertiefe ist in der Mitte bei α am kleinsten und an den seitlichen Rändern am größten. Infolgedessen laufen die Wellen in der Mitte langsamer als an den Rändern (Bd. 1, Gl. 239). Sie verlassen den rechteckigen Bereich konvergent und vereinigen sich in einem Bildpunkt (Abb. 595 unten).

Brechungsgefälle mit Kugelsymmetrie spielen bei astronomischen Beobachtungen eine große Rolle. Wir erwähnen nur ein Beispiel. Die Dichte der Erdatmosphäre nimmt von unten nach oben ab. Ein tangential zur Erdoberfläche einfallender Strahl erreicht das Auge des Beobachters auf gekrümmter Bahn. Die den Horizont berührende Sonne ist in Wirklichkeit gerade untergegangen, die „atmosphärische Strahlenbrechung" lässt sie um 32 Bogenminuten zu hoch erscheinen. Daher kann bei einer Mondfinsternis ein überraschender Fall eintreten: Man sieht die Sonne und den verfinsterten Mond einander gegenüberstehend beide zugleich oberhalb des Horizontes.

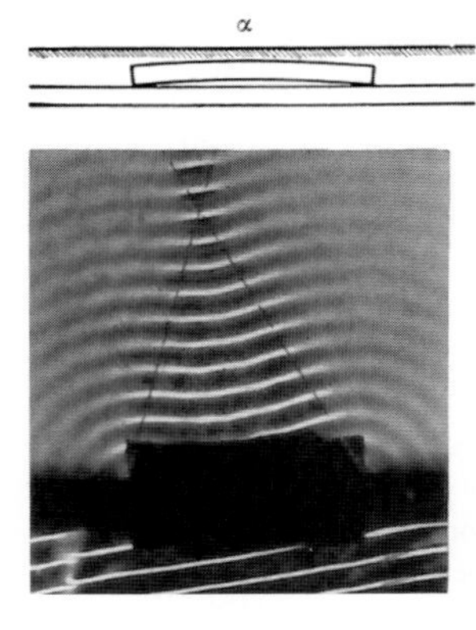

Abb. 595. Zur Linsenwirkung eines zylindersymmetrischen Brechungsgefälles. Oben Querschnitt eines gewölbten rechteckigen Bleches unter Wasser. Momentaufnahme.

Beim Sonnenuntergang sieht man nicht selten, vor allem auf See, den zuletzt verschwindenden Rest der Sonnenscheibe grünblau aufleuchten. Diese als „grüner Strahl" bekannte Erscheinung erklärt sich durch die starke Bahnkrümmung des kurzwelligen Lichtes (Abb. 592) und keineswegs durch eine Kontrastwirkung im Auge.

An der atmosphärischen Strahlenbrechung ist das *Schwerefeld* der Erde nur indirekt beteiligt. Es erzeugt im Verein mit der molekularen Wärmebewegung ein Dichtegefälle der Gasmoleküle und dadurch das Brechungsgefälle.

Überraschenderweise scheinen aber Schwerefelder schon ohne Mitwirkung von Molekülen ein Brechungsgefälle im leeren Raum erzeugen zu können. Das Licht der Fixsterne erfährt (nur bei Sonnenfinsternissen sichtbar) unmittelbar neben der Sonnenscheibe eine Strahlenablenkung von ungefähr 1,75 Bogensekunden.

Für die Hälfte der Ablenkung, also 0,88″, hat bereits 1801 J. G. v. SOLDNER eine Erklärung gegeben: Das Licht benimmt sich im Schwerefeld wie ein von den Fixsternen ausgehendes Geschoss der Geschwindigkeit $u = 3 \cdot 10^8$ m/sec. Es durchläuft eine Hyperbelbahn. Die andere Hälfte hat A. EINSTEIN mit seiner allgemeinen Relativitätstheorie gedeutet.[K8]

K8. Auch EINSTEIN erhielt zunächst (1911) aufgrund der relativistischen Zeitdehnung einen ähnlichen Wert wie v. SOLDNER. Nach Fertigstellung seiner Theorie (1915), die nun auch die Raumdehnung enthielt, sagte er die Lichtablenkung von 1,75 Bogensekunden voraus. Dieser Wert konnte während der Sonnenfinsternis von 1919 dann auch experimentell bestätigt werden. Siehe z. B. H. v. Klueber, „The determination of Einstein's light-deflection in the gravitational field of the sun.", Vistas in Astronomy, Vol. III, S. 47 (1960).

§ 246. Qualitative Deutung der Absorption. Zunächst ein Rückblick auf die Abb. 579 und 580. Die Extinktionsspektren bestehen allgemein aus einer Anzahl einzelner glockenartiger Banden. In der Regel sind sie nur unvollkommen voneinander getrennt, oft fließen einzelne schmale Banden zu breiten „unaufgelösten" Banden zusammen.

Man merke sich für einen vorläufigen Überblick: Im Gebiet des harten RÖNTGENlichtes sind die Extinktionsspektren allein durch die *Atome* bestimmt. Sie setzen sich additiv aus den Extinktionsspektren der anwesenden Atome zusammen. Chemische Bindung und Aggregatzustand sind ohne Einfluss. — Schluss: Die Extinktion der Strahlung erfolgt in weit innen gelegenen, vor Einflüssen der Umgebung geschützten Bereichen der Atome.

Im Gebiet des weichen RÖNTGENlichtes beginnt die chemische Bindung sich bemerkbar zu machen und ebenfalls der Aggregatzustand: Kristalle zeigen einige neue, den einzelnen Molekülen fehlende Banden. — Folgerung: Für den Extinktionsvorgang maßgebend sind die äußeren Bereiche (Schalen) der Atome, die Einflüssen von außen nicht mehr ganz unzugänglich sind.

Im ganzen übrigen Bereich, also im Ultravioletten, Sichtbaren und Infraroten, hängen die Extinktionsspektren der Atome weitgehend vom Aggregatzustand ab. Außerdem entstehen durch ihre Vereinigung zu Molekülen neue Banden. — Schluss: Hier wird die Extinktion durch Vorgänge in den äußersten, auch für chemische Bindung, Flüssigkeitsbildung und Kristallbau maßgebenden Atomschichten erzeugt.

Dispersionskurven ließen sich durch erzwungene Schwingungen deuten: Man hatte im Inneren der Moleküle elektrische Resonatoren anzunehmen; ihre Eigenfrequenzen ν_0 stimmten mit den Frequenzen der Maxima der Absorptionsbanden überein. — Bei dieser Sachlage wird man zwangsläufig auf eine Deutung des *Absorptionsvorganges* geführt: Die *Dämpfung* der Resonatoren verzehrt einen Teil der einfallenden Lichtenergie und wandelt ihn in andere Energieformen um, z. B. in Wärme. Auch dafür ein einfaches Beispiel aus der Mechanik:

Ein mit Rheinwein gefülltes Glas klingt beim Anstoßen. Glas und Inhalt vollführen Schwingungen (stehende Wellen); diese entstehen durch eine Überlagerung fortschreitender, an den Wänden ständig reflektierter Wellen. Ein mit Sekt gefülltes Glas hingegen kann man durch Anstoßen nicht zum Klingen bringen. Sekt enthält Gasblasen. Diese wirken als Resonatoren: Sie werden zu erzwungenen Schwingungen angeregt. Infolge ihrer Dämpfung verzehren sie die Leistung der Wellen.

„Ein mit Rheinwein gefülltes Glas klingt beim Anstoßen. ...Ein mit Sekt gefülltes Glas hingegen kann man durch Anstoßen nicht zum Klingen bringen."

§ 247. Quantitative Behandlung der Absorption. In § 246 haben wir eine qualitative Deutung der Absorption gegeben. Zu ihren Gunsten spricht schon die Gestalt einzelner, d. h. von ihren Nachbarn gut getrennter Absorptionsbanden. Sie zeigen oft eine auffallende Ähnlichkeit mit der Energie-Resonanzkurve erzwungener Schwingungen (Mechanik, Abb. 292). Dabei bedeutet die Ordinate die im Resonator enthaltene kinetische Energie oder die durch die Dämpfung verzehrte mittlere Leistung $\overline{\dot{W}}_\nu$.

Die quantitative Ausführung lehnt sich eng an § 229 an. Es sollen also als elektrische Resonatoren wieder Dipole angenommen werden. Über ihre Natur machen wir zunächst keine Annahme. Ihre Anzahldichte sei N'_V. Das einfallende Licht soll wieder parallel gebündelt sein. Der absorbierende Stoff soll eine *verdünnte Lösung* sein und das Lösungsmittel die Brechzahl n besitzen.

In einem Bündelabschnitt mit der Länge Δx und der Querschnittsfläche A befinden sich $N'_\mathrm{V} A \Delta x$ gedämpfte *Resonatoren*. Sie erzeugen eine Absorptionskonstante

$$K = \frac{\Delta \overline{\dot{W}}_\nu}{\overline{\dot{W}}_\mathrm{p}} \cdot \frac{1}{\Delta x}\,. \qquad \text{(Definitionsgleichung (375) v. S. 353)}$$

Darin bedeutet $\Delta \overline{\dot{W}}_\nu$ die von den Resonatoren verzehrte Leistung und

$$\overline{\dot{W}}_\mathrm{p} = n \frac{\varepsilon_0}{2} E_0^2 c A \tag{452}$$

die Leistung der A durchsetzenden und die Resonatoren anregenden Strahlung.[K9] $\Delta \overline{\dot{W}}_\nu$ setzt sich additiv aus der von allen Resonatoren verzehrten Leistung zusammen. Jeder einzelne von ihnen verzehrt die Leistung

$$\overline{\dot{W}}_\nu = -4\pi H \cdot \overline{W}_\mathrm{kin}\,. \tag{453}$$

H ist die Halbwertsbreite der Energie-Resonanzkurve, wie in Bd. 1, Abb. 292 definiert, $\overline{W}_\mathrm{kin}$ ist der Mittelwert der in einem Resonator enthaltenen kinetischen Energie, wenn er mit der Frequenz ν schwingt.

Herleitung: Die Amplitude $\alpha(t)$ der freien gedämpften Schwingung folgt dem Exponentialgesetz

$$\alpha(t) = \alpha_0 e^{-\Lambda t/T}\,, \tag{454}$$

wobei $T = \nu_0^{-1}$ die Periode des harmonischen Oszillators ist (Bd. 1, § 105). Für die Energie folgt daraus

$$W_{\nu_0} = W_0 e^{-2\Lambda t/T} \quad \text{und} \quad \overline{\dot{W}}_{\nu_0} = -\frac{2\Lambda}{T} \overline{W}_{\nu_0} \tag{455}$$

K9. Herleitung: Im Vakuum gilt

$$\overline{\dot{W}}_\mathrm{p} = \frac{1}{2\mu_0} E_0 B_0 A = \overline{S} A\,,$$

wobei $\overline{S}$ das zeitliche Mittel des Poynting-Vektors ist (Elektrizitätslehre, Kommentar K5 in Kap. XII). In einem dielektrischen Stoff (Brechzahl n) ist

$$B_0 = E_0/(c/n)$$

und daher

$$\overline{\dot{W}}_\mathrm{p} = \frac{n}{2\mu_0 c} E_0^2 A\,,$$

und mit $c = (\varepsilon_0 \mu_0)^{-1/2}$ (Gl. 132) folgt Gl. (452).

(bei der Leistung handelt es sich um den über T gemittelten Wert, da genau genommen die Energieabnahme wegen der Abhängigkeit der die Dämpfung hervorrufenden Reibungskraft von der Geschwindigkeit pulsierend erfolgt). Zusammen mit Gl. (193) aus der Elektrizitätslehre und mit $\overline{W}_{\nu_0} = 2\overline{W}_{\text{kin},\nu_0}$ ergibt sich daraus (Aufg. 95)

$$\overline{\dot{W}}_{\nu_0} = -2\pi H \overline{W}_{\nu_0} = -4\pi H \overline{W}_{\text{kin},\nu_0} . \tag{456}$$

Im stationären Fall muss diese Leistung zugeführt werden. Dies Resultat gilt auch, wenn der Oszillator außerhalb der Resonanzfrequenz ν_0 angeregt wird (hier nicht gezeigt). Daraus folgt Gl. (453).

Alle im Volumen $A\Delta x$ enthaltenen Resonatoren verzehren zusammen die mit $\Delta\overline{\dot{W}}_\nu$ bezeichnete Leistung

$$\Delta\overline{\dot{W}}_\nu = N'_{\text{V}} A\Delta x 4\pi H \overline{W}_{\text{kin}} .$$

Mit Gl. (420) von S. 372 folgt für den zeitlichen Mittelwert der kinetischen Energie eines Oszillators, der mit der Frequenz ν schwingt, (Aufg. 96)

$$\overline{W}_{\text{kin}} = \frac{1}{4} m(\omega l_0)^2 = \left(\frac{1}{4\pi}\right)^2 \frac{e^2 E_{\text{w}}^2}{m} \cdot \frac{\nu^2}{(\nu_0^2 - \nu^2)^2 + \left(\frac{\Lambda}{\pi}\right)^2 \cdot \nu_0^2 \nu^2} . \tag{457}$$

Die Amplitude F_0 der anregenden Kraft ist hier nicht $= eE_0$ gesetzt, sondern $= eE_{\text{w}}$. E_{w} ist die den einzelnen Resonator anregende Amplitude des Lichtes. Sie ist in Körpern mit einer Brechzahl $n > 1$ (Flüssigkeiten und Kristallen) größer als die im Vakuum vorhandene Feldstärkenamplitude E_0. Es gilt Gl. (239), S. 181, aus der Elektrizitätslehre ($n = \sqrt{\varepsilon}$)

$$E_{\text{w}} = \frac{E_0}{3}(n^2 + 2) .$$

Die Zusammenfassung dieser Gleichungen ergibt als Absorptionskonstante

$$K = \frac{N'_{\text{V}} e^2}{2\pi c\varepsilon_0 m} \cdot \frac{(n^2+2)^2}{9n} \cdot \frac{H \cdot \nu^2}{(\nu_0^2 - \nu^2)^2 + \left(\frac{\Lambda}{\pi}\right)^2 \cdot \nu_0^2 \nu^2} . \tag{458}$$

Diese Gleichung macht eine Aussage über die Gestalt der optischen Absorptionskurven (§ 248). Außerdem bietet sie die Möglichkeit, die Anzahldichte N_{V} der Resonatoren auf optischem Weg zu ermitteln: Sie führt zu einer quantitativen Absorptionsspektralanalyse, § 249.

In beiden Fällen ist ein wesentlicher Punkt zu beachten: Bei der Herleitung der Gl. (458) wurde eine wechselseitige Beeinflussung der Resonatoren nicht berücksichtigt. Aus diesem Grund kann Gl. (458) und ihre später folgende Umformung (459) nur für den Grenzfall verdünnter Lösungen oder Gase mäßiger Dichte (siehe Fußnote auf S. 397) gelten.

§ 248. Die Gestalt der Absorptionsbanden. Für eine gegebene Lösung enthalten die beiden ersten Brüche in Gl. (458) nur konstante Größen. (Die geringfügige Abhängigkeit der Brechzahl n von der Frequenz ν kann man im Bereich der Bande vernachlässigen.) Daher kann man über den Höchstwert K_{max} durch Wahl von N'_{V} willkürlich verfügen und aus dem rechtsstehenden Bruch die Gestalt der Absorptionsbande berechnen.

Abb. 596 zeigt zwei Beispiele. Das obere Teilbild bezieht sich auf eine feste Lösung von Kalium in einem KBr-Kristall. In ihr ist ein kleiner Bruchteil der Br-Ionen des Gitters

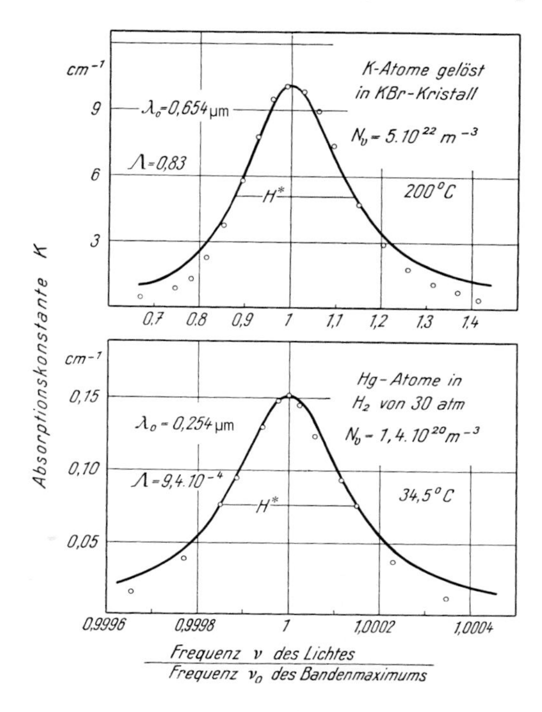

Abb. 596. Darstellung optischer Absorptionsbanden durch Energie-Resonanzkurven. (Unteres Bild nach Messungen von G. Joos). Die berechneten Kurven sind im Bandenmaximum mit den gemessenen zur Deckung gebracht worden. ($H^* = H/\nu_0$; 1 atm = $1{,}013 \cdot 10^5$ Pascal $\approx$ Atmosphärendruck)

durch Elektronen ersetzt.[1] Ihre Anzahldichte ist N_V. Dadurch sind neue absorbierende Zentren entstanden, für die sich der Name *Farbzentren* eingebürgert hat. — Das untere Teilbild gilt für eine dampfförmige Lösung von Quecksilber in verdichtetem Wasserstoff. Auf rund $6 \cdot 10^6$ H_2-Moleküle entfällt ein Hg-Atom.

Man beachte in Abb. 596 die unterschiedliche Teilung der Abszissen. Oben ist die Absorptionskurve eine breite *Bande* mit der Halbwertsbreite $H = 1{,}21 \cdot 10^{14}$ Hz (Güte $\nu_0/H = 3{,}8$). Das untere Teilbild hingegen zeigt eine *Spektrallinie*, deren Breite durch thermische Zusammenstöße bedingt ist. Es ist $H = 3{,}54 \cdot 10^{11}$ Hz ($\nu_0/H = 3{,}3 \cdot 10^3$). In beiden Beispielen stimmen die berechneten Kurven recht befriedigend mit den Messergebnissen überein. Damit liefert die Voraussetzung der Rechnung, die Annahme *exponentiell* gedämpfter Resonatoren, mit einer durch Anpassung bestimmten Anzahldichte N_V, ein durchaus brauchbares Bild der tatsächlichen Verhältnisse. Das ist aber keineswegs bei allen Absorptionsbanden der Fall. Die systematischen Abweichungen zwischen Rechnung und Messung werden in den meisten Fällen erheblich größer als in Abb. 596. Dann kann man *exponentiell* gedämpfte Resonatoren (z. B. quasielastisch an positive Ladungen gebundene Elektronen, Dipole) nur als eine erste Näherung betrachten. Das Bild hat aber den Vorzug der Anschaulichkeit.

§ 249. Quantitative Absorptionsspektralanalyse. Mit $\nu = \nu_0$ erhalten wir aus Gl. (458) die Absorptionskonstante K_{max} im Maximum der Bande. Gleichzeitig lösen wir nach N'_V auf, entfernen das logarithmische Dekrement mithilfe der für $\Lambda \leq 1$ näherungsweise geltenden Beziehung $\Lambda = \pi H/\nu_0$ und erhalten

[1] F-Zentren. Chemisch betrachtet bildet ein K^+-Ion zusammen mit einem Elektron ein neutrales K-Atom. H. Pick, „Struktur von Störstellen in Alkalihalogenidkristallen", Springer Tracts in Modern Physics, Springer-Verlag Berlin, Vol. 38, S. 1 (1965).

$$N'_V = \frac{2\pi c\varepsilon_0 m}{e^2} \frac{9n}{(n^2+2)^2} K_{max} \cdot H\,. \tag{459}$$

Jetzt vergleichen wir die aus der Absorptionsbande bestimmte Anzahldichte N'_V der Resonatoren mit der Anzahldichte N_V der absorbierenden Zentren („Moleküle"). Dazu bestimmen wir das Verhältnis

$$\frac{N'_V}{N_V} = \frac{\text{Anzahl der Resonatoren}}{\text{Anzahl der Moleküle}} = f\,.$$

Diese Zahl f wird „Oszillatorenstärke" genannt. — In Gl. (459) stehen vor dem Produkt $K_{max}H$ nur konstante Größen. Damit erhalten wir für die Anzahldichte der absorbierenden Moleküle

$$N_V = \text{const} \cdot K_{max} \cdot H \tag{460}$$

mit

$$\text{const} = \frac{2\pi c\varepsilon_0 m}{f \cdot e^2} \cdot \frac{9n}{(n^2+2)^2} \tag{461}$$

(c = Lichtgeschwindigkeit; ε_0 = Influenzkonstante; m = Masse, e = Ladung des Elektrons; n ist die zur Frequenz des Bandenmaximums gehörende Brechzahl des Lösungsmittels, im Beispiel der Abb. 596 oben also KBr, f = Oszillatorenstärke).

Diese Konstante lässt sich also aus universellen Konstanten, der Brechzahl n des Lösungsmittels und der Oszillatorenstärke genannten Zahl f berechnen, wobei Gl. (460) die Möglichkeit ergibt, N_V, die Anzahldichte absorbierender Moleküle auf optischem Weg zu messen. Dieses Verfahren ist, der Herleitung der Gln. (459) und (460) entsprechend, auf den Fall beschränkt, dass sich die Resonatoren nicht wechselseitig beeinflussen (BEER'sches Gesetz, § 215). In Einzelfällen darf man $f = 1$ setzen. Meistens aber muss man die Konstante empirisch mit einer relativ großen noch chemisch messbaren Anzahldichte N_V bestimmen.

Die optische Absorptionsspektralanalyse ist der chemischen Analyse an Empfindlichkeit überlegen. Wir überschlagen die Größenordnungen: Die Konstante der Gl. (460) hat die Größenordnung $6 \cdot 10^5\,\text{sec/m}^2$. Bei 10 cm Schichtdicke lassen sich Absorptionskonstanten bis herab zu $K = 0{,}01/\text{cm}$ messen ($e^{-0,1} = 0{,}9$). — Entscheidend wird nun die Halbwertsbreite H. Für feste und flüssige Lösungsmittel wird H nur selten kleiner als 10^{14} Hz. Mit diesen Werten von K_{max} und H kann man noch Anzahldichten $N_V = 10^{20}/\text{m}^3 = 10^{14}/\text{cm}^3$ optisch bestimmen. In festen und flüssigen Stoffen hat die Anzahldichte der Moleküle die Größenordnung $10^{28}/\text{m}^3$. Man kann also optisch ein gelöstes Molekül noch unter 10^8 Molekülen eines festen oder flüssigen Lösungsmittels erfassen. — In Gasen und Dämpfen ist die Halbwertsbreite H erheblich kleiner, Werte von 10^{10} Hz sind nicht selten.[1] Dann genügt eine Absorption in 10 cm Schichtdicke, um Moleküle mit einer Anzahldichte von etwa $10^{16}/\text{m}^3$ nachzuweisen. Einer solchen Anzahldichte entspricht ein Dampfdruck der Größenordnung 10^{-8} atm.[2]

Quecksilber hat bei Zimmertemperatur einen Sättigungsdampfdruck von $1{,}6 \cdot 10^{-6}$ atm. In unzureichend gelüfteten Laboratoriumsräumen, in denen mit Quecksilber ohne hinreichenden Schutz gearbeitet wird, können daher in 1 m³ Luft ebenso viel Hg-Dampfmoleküle enthalten sein wie in einem Hg-Tropfen von 1 mm³ Inhalt. Optisch lässt sich also bereits 1% dieses Gehaltes bestimmen. Man benutzt für die Absorptionsmessungen die Wellenlänge $\lambda = 0{,}2537\,\mu\text{m}$ (13. Auflage der „Optik und Atomphysik", Kap. 14, § 13.).

Auch in flüssigen und festen Stoffen ist die Absorptionsspektralanalyse angewandt worden, so bei der Auffindung des antirachitischen Vitamins[K10] und der physikalischen Untersuchung fotochemischer Reaktionen in Kristallen.[K11]

K10. R. W. Pohl, Naturwissenschaften **15**, 433 (1927); A. Windaus, Nobel Lectures, Chemistry, 1927, Elsevier Amsterdam 1966, S. 105.

K11. A. Smakula (Dr. rer. nat. Göttingen 1927), Z. Physik **59**, 603 (1930), siehe auch Fußnote auf S. 403.

[1] Man beachte, dass die Messungen am Quecksilber in Abb. 596 bei 30 atm ausgeführt wurden.

[2] 1 atm = $1{,}013 \cdot 10^5$ Pascal ≈ Atmosphärendruck.

§ 250. Beschaffenheit optisch wirksamer Resonatoren. Die klassische Deutung von Dispersion und Absorption mithilfe erzwungener Schwingungen vermag die Beobachtungen mit guter Näherung wiederzugeben. Sie soll daher durch einige Angaben über die verschiedenen Arten von Resonatoren ergänzt werden.

Das Licht ruft wie ein elektrisches Wechselfeld in den Molekülen *Influenz* hervor: Die Moleküle werden elektrisch „deformiert" oder „polarisiert", die Schwerpunkte ihrer positiven und negativen Ladungen gegeneinander verschoben. Diese periodische Änderung der Ladungsverteilung ersetzt man durch das Schema eines schwingenden Dipols. An seinen Enden werden zwei Elementarladungen mit entgegengesetztem Vorzeichen angenommen, also $\pm 1{,}6 \cdot 10^{-19}$ Amperesekunden.

Die Masse des Moleküls kann sich in sehr verschiedener Weise auf die Träger der beiden Ladungen verteilen. In einem *Grenzfall* ist der negativen Ladung nur die kleine Masse eines Elektrons zugeordnet, also $9 \cdot 10^{-31}$ kg, und die ganze übrige große Molekülmasse der positiven Ladung. Dann bleibt das Molekül als positives Ion praktisch in Ruhe, der Dipol entsteht nur durch Schwingungen des Elektrons um seine Ruhelage[1]. Man spricht kurz von einem *quasielastisch gebundenen* Elektron. Dies Ersatzschema hat sich oben sowohl für sichtbares Licht als auch für Ultraviolett und RÖNTGENlicht quantitativ gut bewährt.

Anders im infraroten Spektralgebiet. — Dort haben wir die zu den Reststrahlen gehörenden Absorptionsbanden kennen gelernt. Sie wurden an kubischen Ionenkristallen beobachtet (Abb. 587, S. 391). Eine Platte aus diesen Kristallen kann höchstens so dünn werden wie der Abstand D zweier benachbarter Gitterbausteine, also z. B. eines Na^+- und eines Cl^--Ions im NaCl. Eine solche Platte der Dicke D hat eine mechanische Eigenfrequenz

$$\nu_0 = \frac{u}{2D} \,. \qquad (462)$$

Dabei ist u die *Schall*geschwindigkeit im Kristall. — Die so *mechanisch* berechnete Frequenz stimmt mit der *optischen* Frequenz der Reststrahlbande überein. Das zeigen die Zahlen in Tab. 13.[2]

Tabelle 13. Schallgeschwindigkeit, Gitterkonstante und Frequenz der Reststrahlbande einiger Kristalle

Kristall	Schall-geschwindigkeit	Abstand D benachbarter Gitterbausteine (positives Alkaliion und negatives Halogenion)	Frequenz der Reststrahlbande berechnet nach Gl. (462)	Frequenz der Reststrahlbande beobachtet
NaCl	$3{,}3_1 \cdot 10^3$ m/sec	$2{,}81 \cdot 10^{-10}$ m	$5{,}9 \cdot 10^{12}$ Hz	$5{,}8 \cdot 10^{12}$ Hz
KCl	$3{,}0_9$	3,14	4,9	4,7
KBr	$2{,}3_2$	3,29	3,5	3,6
KJ	$1{,}9_5$	3,52	2,8	2,7

Man kann also im Fall der Reststrahlen eine *optische* Frequenz aus Daten *nicht* optischer Art berechnen. Darin liegt die grundsätzliche Bedeutung dieser 1908 von E. MADELUNG entdeckten Tatsache.

[1] Der Eigenfrequenz ν_0 eines solchen Dipols (Resonators oder Oszillators) entspricht im Quantenbild die Frequenz $\nu_0 = \Delta W/h$, wenn sich die Energie eines Moleküls um ΔW verändert.

[2] Die Schwingungsdauer $T = 1/\nu$ für die mechanische Grundschwingung eines Stabes ist $= 2D/u$. Das heißt, eine longitudinale elastische Störung durchläuft während der Zeit T die ganze Stablänge D zweimal, nämlich auf dem Hin- und dem Rückweg. — Als Schallgeschwindigkeit im Inneren eines festen Körpers wird fast immer stillschweigend der für den Sonderfall eines Stabes gültige Wert angegeben (vgl. Bd. 1, Abb. 349 und Gl. (201)). — In Gl. (462) muss jedoch der für einen allseitig ausgedehnten Körper gültige Mittelwert benutzt werden.

Diese Tatsache führt zugleich zu einer Aussage über die Art der Resonatoren im Reststrahlgebiet: Beide Elementarladungen sind an die große Masse von *Ionen* gebunden. Diese Ionen, z. B. Na^+ und Cl^-, schwingen gegeneinander und bilden so einen schwingenden Dipol. Hier ist also das Bild des Dipols schon *mehr* als ein Ersatzschema.

In den einfachsten Ionenkristallen, also vom Typ NaCl, haben die Moleküle jede individuelle Existenz verloren. Das ist aber ein Grenzfall. In vielen anderen Kristallen bewahren ganze Moleküle oder Teile von ihnen ein Sonderdasein. In solchen, auch im Kristallverband selbständigen Molekülen können paarweise entgegengesetzt geladene Bausteine Dipole bilden und durch erzwungene Schwingungen infrarotes Licht absorbieren. Zwei aus vielen Beispielen finden sich in Abb. 597. Beide Teilbilder zeigen je eine der NO_3- und der NO_2-Gruppe zugehörige Absorptionsbande. Sie liegen etwa bei 7,2 und 8,0 µm. Das rechte Teilbild gilt für KNO_3 - und KNO_2 -Kristalle und das linke für eine Lösung dieser Salze in einem KBr-Kristall. In diesem zweiten Fall ist ein Mischkristall gebildet, einzelne Br^--Ionen sind teils durch NO_2^--, teils durch NO_3^--Ionen ersetzt worden. — Trotz des unterschiedlichen Kristallbaues liegen die Absorptionsbanden des NO_3 und des NO_2 in beiden Fällen praktisch gleich. So führt also die Absorption infraroter Strahlung zur Kenntnis *innerer*, für die einzelnen Moleküle charakteristischer Schwingungsfrequenzen. Man hüte sich aber vor einem Irrtum: Große, aus vielen Bausteinen zusammengesetzte Moleküle können viele Eigenfrequenzen besitzen (vgl. Bd. 1, § 100), aber nur ein Teil der Frequenzen gehört zu Schwingungen elektrisch geladener Molekülteile. Nur *diese* Schwingungen können sich durch Absorptionsbanden bemerkbar machen. Der optische Nachweis der übrigen erfolgt auf anderem Weg (siehe 13. Auflage der „Optik und Atomphysik", Kap. 15, § 8, Raman-Streuung).

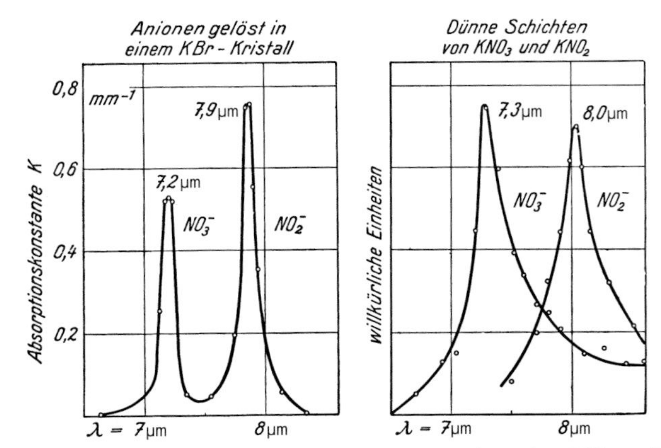

Abb. 597. Absorptionsspektren von NO_3^-- und NO_2^--Ionen. Für das rechte Bild wurden dünne Kristallschichten von KNO_3 und KNO_2 benutzt, für das linke eine Lösung der Ionen in einem KBr-Kristall. Die Konzentration betrug ca. 0,1% im Schmelzfluss, aus dem der Kristall hergestellt wurde. Im Kristall ist die Konzentration ungefähr zehnmal kleiner als in der Schmelze.

Die *permanenten* elektrischen Dipolmomente der *polaren* Moleküle haben für die Absorption und Dispersion im optischen Spektralbereich keine Bedeutung. Ihre Rolle beginnt erst im Gebiet der elektrischen Wellen. Dort können Flüssigkeiten mit Dipolmolekülen starke Absorption zeigen und große Brechzahlen erreichen. Ein bekanntes Beispiel ist Wasser (siehe Elektrizitätslehre, § 107).

§ 251. Mechanismus der Lichtabsorption in Metallen. Die Absorptionsspektren der Metalle zeigen eine Besonderheit: Bei allen *nichtmetallischen* Stoffen folgt auf die Banden der „gebundenen" Elektronen zunächst ein *absorptionsfreier Bereich* (Abb. 579, S. 387).

Erst dann setzt im Infraroten die Absorption durch Ionen ein. Bei den Metallen hingegen beginnt im Ultravioletten eine zusätzliche, mit wachsender Wellenlänge zunächst ansteigende Absorption. Meist überlagert sie sich schon mit den langwelligsten von gebundenen Elektronen herrührenden Banden (Abb. 584, S. 389). Sie lässt keinen absorptionsfreien Bereich entstehen und bringt die Absorptionskonstante im Infraroten auf die Größenordnung $10^5\,\mathrm{mm}^{-1}$.

Diese zusätzliche, allen übrigen Stoffen fehlende Absorption der Metalle wird durch ihre elektrische *Leitfähigkeit* σ verursacht, sie entsteht also durch „freie" oder „Leitungselektronen". — Bei $\lambda > 10\,\mu\mathrm{m}$ kommt praktisch allein diese Absorption durch freie Elektronen in Frage. Dort kann man sie ebenso wie im Bereich elektrischer Wellen aus der Leitfähigkeit σ berechnen: Das Magnetfeld der *eindringenden* Welle erzeugt Wirbelströme, die die Energie der eindringenden Welle in Wärme umwandeln. Es gelten die für elektromagnetische Wellen aufgestellten Beziehungen, nämlich

$$n = k = \sqrt{\frac{1}{4\pi\varepsilon_0}\cdot\frac{\sigma}{\nu}} = 5{,}47\sqrt{\mathrm{Ohm}}\cdot\sqrt{\sigma\cdot\lambda} \tag{463}$$

und

$$K = \sqrt{\frac{4\pi}{\varepsilon_0 c}\cdot\frac{\sigma}{\lambda}} = 68{,}8\sqrt{\mathrm{Ohm}}\cdot\sqrt{\frac{\sigma}{\lambda}} \tag{464}$$

(n = Brechzahl, k = Absorptionskoeffizient, definiert durch Gl. (377) von S. 355. K = Absorptionskonstante, definiert durch Gl. (375) von S. 353. λ = Vakuumwellenlänge, σ = spezifische elektrische Leitfähigkeit, ε_0 = Influenzkonstante = $8{,}86\cdot10^{-12}$ As/Vm).

Herleitung: Die dritte MAXWELL'sche Gleichung (Elektrizitätslehre, Kap. XIV) lautet

$$\mathrm{rot}H = \varepsilon\varepsilon_0\dot{E} + j\,. \tag{465}$$

In ihr ist $\dot{D} = \varepsilon\varepsilon_0\dot{E}$ die Verschiebungsstromdichte und $j = \sigma E$ die Flächendichte des Leitungsstromes. Für eine ungedämpft fortschreitende elektromagnetische Welle mit der Amplitude E_0 gilt nach Gl. (400), S. 365,

$$E = E_0 e^{i\omega(t-zn/c)}, \quad \text{also} \quad \dot{E} = i\omega E \quad \text{oder} \quad E = -i\dot{E}/\omega\,.$$

Einsetzen in Gl. (465) ergibt

$$\mathrm{rot}H = \varepsilon_0\dot{E}(\varepsilon - i\sigma/\varepsilon_0\omega)\,.$$

Der Inhalt der Klammer lässt sich als eine komplexe Dielektrizitätskonstante zusammenfassen, also $\varepsilon' = \varepsilon - i\sigma/\varepsilon_0\omega$. Mit der komplexen Brechzahl $n' = n - ik$ ist sie durch die MAXWELL'sche Beziehung $(n')^2 = \varepsilon'$ verknüpft. Man erhält

$$(n-ik)^2 = \varepsilon - i\sigma/\varepsilon_0\omega \quad \text{bzw.} \quad n^2 - 2nik - k^2 = \varepsilon - i\sigma/\varepsilon_0\omega\,. \tag{466}$$

In Metallen (und manchmal auch in Halbleitern) darf man den Verschiebungsstrom vernachlässigen, d. h. die reelle Dielektrizitätskonstante $\varepsilon = 0$ setzen. Schließlich hat man die reellen und die imaginären Terme der Gl. (466) für sich gleichzusetzen, also

$$n^2 - k^2 = 0 \quad \text{und} \quad -2nik = -i\sigma/\varepsilon_0\omega$$

und daraus folgt Gl. (463).

Zahlenbeispiele: Für Silber ist $\sigma = 62\cdot10^6$/Ohm·Meter. Bei $\lambda = 10\,\mu\mathrm{m}$ ist $n = k = 136$ und $K = 1{,}7\cdot10^5\,\mathrm{mm}^{-1}$ (vgl. dazu Abb. 584). Für Quecksilber, ein schlecht leitendes Metall, lauten die entsprechenden Zahlen: $\sigma = 1{,}04\cdot10^6$/Ohm·Meter, $n = k = 17{,}6$ und $K = 2{,}2\cdot10^4\,\mathrm{mm}^{-1}$.

Für derart große und gleiche Werte von n und k vereinfacht sich die BEER'sche Formel für das Reflexionsvermögen R. Man erhält statt Gl. (411) von S. 366 die gute Näherung von DRUDE

$$R = 1 - 2/k = 1 - 0{,}366/\sqrt{\text{Ohm}}\sqrt{\sigma\lambda}\,. \tag{467}$$

In ihr bedingt der Absorptionskoeffizient k nur die, meist kleine, Abweichung des Reflexionsvermögens vom Wert 1. (Vgl. dazu Abb. 586.)

§ 252. Dispersion durch freie Elektronen bei schwacher Absorption (Plasma-Schwingungen). In § 242 ist die Dispersionsformel (447) hergeleitet worden, und zwar für Spektralbereiche, in denen die Absorption vernachlässigt werden kann. Man kann Gl. (447) nach n^2 auflösen. Dann erhält man

$$n^2 = 1 + \frac{e^2 N_\mathrm{V}}{4\pi^2\varepsilon_0 m} \cdot \frac{1}{\nu_0^2 - (e^2 N_\mathrm{V}/12\pi^2\varepsilon_0 m) - \nu^2}\,. \tag{468}$$

Der Herleitung der Gln. (447) und (468) lag folgender Gedankengang zugrunde:

1. In einem neutralen Molekül können ein negatives Elektron und der positiv geladene „Rest“ des Moleküls gegeneinander quasielastische Schwingungen mit einer Eigenfrequenz ν_0 vollführen.

2. Dies schwingungsfähige Gebilde wird von auffallenden Lichtwellen zu erzwungenen Schwingungen angeregt.

3. Bei dicht gepackten Molekülen (Flüssigkeiten und Festkörpern) hängt die Amplitude dieser erzwungenen Schwingungen nicht nur von der Amplitude der auffallenden Lichtwellen ab, sondern auch von den elektrischen Dipolmomenten $\boldsymbol{p}$, die die Moleküle der Umgebung unter dem Einfluss der Lichtwellen erhalten.

Bei dieser Herleitung war völlig offen gelassen, wie die quasielastische Schwingung mit der Eigenfrequenz ν_0 zustande kommt. — Man kann sie als eine zirkulare Schwingung betrachten, bei der das Elektron auf einer Kreisbahn um die positive Ladung herumläuft. Die dafür erforderliche Radialbeschleunigung $\omega_0^2 r$ ergibt sich aus der Anziehung durch die positive Ladung e (COULOMB'sches Gesetz, Gl. (47) der Elektrizitätslehre). Man erhält

$$\omega_0^2 r = \frac{e^2}{4\pi\varepsilon_0 r^2 m} \tag{469}$$

(ε_0 = Influenzkonstante = $8{,}86 \cdot 10^{-12}$ As/Vm; $e = 1{,}6 \cdot 10^{-19}$ As;
m = Masse des Elektrons = $9{,}11 \cdot 10^{-31}$ kg).

Eine Kreisbahn vom Radius r kann nur in einem Volumen

$$V = \frac{4}{3}\pi r^3 = \frac{e^2}{3\varepsilon_0 m \omega_0^2} \tag{470}$$

zustande kommen. Dies für die Kreisbahn benötigte Volumen V kann nicht größer werden, als $1/N_\mathrm{V}$, d. h. der Kehrwert der Anzahldichte N_V der Moleküle. Damit gilt für den größten Radius

$$r_\mathrm{max}^3 = \frac{3}{4\pi N_\mathrm{V}}\,. \tag{471}$$

Bei diesem Radius erreicht die Kreisfrequenz des umlaufenden Elektrons ihren kleinsten Wert $\omega_{0,\mathrm{min}}$. Für sie gilt

$$\omega_{0,\mathrm{min}}^2 = \frac{e^2 N_\mathrm{V}}{3\varepsilon_0 m}\,. \tag{472}$$

Zu ihr gehört eine Grenzfrequenz $\nu_{0,\min}$ und für sie gilt

$$\nu_{0,\min}^2 = \frac{e^2 N_V}{12\pi^2 \varepsilon_0 m} . \tag{473}$$

Wird diese Grenzfrequenz unterschritten, ist das Elektron frei. Man kann es nicht mehr einem einzelnen positiven Ladungsträger oder Ion zuordnen. Es handelt sich nicht mehr um Schwingungen innerhalb eines einzelnen neutralen Moleküls, sondern um Schwingungen eines Elektronenschwarmes gegenüber einer Gesamtheit positiver Ionen, also um *Schwingungen eines Plasmas. $\nu_{0,\min}$ ist die Eigenfrequenz eines (transversal) schwingenden Plasmas.*[K12] Wir setzen sie statt ν_0 in Gl. (468) ein und erhalten als Dispersionsformel eines Plasmas für die Gebiete schwach absorbierter Wellen

$$n^2 = 1 - \frac{e^2 N_V}{4\pi^2 \varepsilon_0 m \nu^2} = 1 - 80{,}6 \, \frac{\mathrm{m}^3}{\mathrm{sec}^2} \cdot \frac{N_V}{\nu^2} . \tag{474}$$

K12. Zur Herleitung dieser *Plasmafrequenz* siehe F. S. Crawford, „Waves", Berkeley Physics Course, Bd. 3, McGraw Hill, New York 1968, S. 87. Sie ist gegeben durch

$$\omega_p^2 = \frac{e^2 N_V}{\varepsilon_0 m} .$$

§ 253. Totalreflexion elektromagnetischer Wellen durch freie Elektronen in der Atmosphäre.

Bei der (nur in Festkörpern und Flüssigkeiten vorkommenden) *metallischen Bindung* führt eine starke Wechselwirkung eng gepackter Moleküle (großes N_V!) zur Bildung des wohl bekanntesten Plasmas: Eine Wolke frei beweglicher Elektronen befindet sich in einem Gitterwerk positiver Ionen. Doch ist Gl. (474) auf Metalle wegen der starken Lichtabsorption nicht anwendbar.

Elektronen können aber auch ohne Wechselwirkung eng gepackter Moleküle frei werden, z. B. durch Einwirkung ionisierender Strahlungen. So entstehen z. B., vor allem durch ultraviolettes Licht, Elektronen in den oberen Schichten der Atmosphäre. Ihre Anzahldichte hat in 100 km Höhe die Größenordnung $N_V = 10^{11}\,/\mathrm{m}^3$, ist also winzig verglichen mit der in Metallen (z. B. $N_{V,\mathrm{Cu}} = 8{,}4 \cdot 10^{28}/\mathrm{m}^3$).

Die von diesen freien Elektronen erzeugte *Brechzahl* lässt sich mit Gl. (474) berechnen. Für eine Elektronen-Anzahldichte $N_V = 10^{11}/\mathrm{m}^3$ liefert Gl. (474) im Frequenzbereich des sichtbaren und infraroten Lichtes (etwa 10^{15}–10^{12} Hz) noch keine merklich von 1 abweichende Brechzahl. Anders im Gebiet der elektrischen Wellen: Für $\nu = 3 \cdot 10^6$ Hz (entsprechend $\lambda = 100$ m) ergibt Gl. (474) $n = 0{,}32$, also eine Phasengeschwindigkeit von $9{,}4 \cdot 10^8$ m/sec. Für

$$\nu^2/N_V < 80{,}6\,\mathrm{m}^3/\mathrm{sec}^2 \quad \text{oder} \quad N_V\lambda^2 > 1{,}12 \cdot 10^{15}/\mathrm{m} \tag{475}$$

liefert Gl. (474) sogar negative Werte für n^2, d. h. die Brechzahl wird imaginär. Dann erfahren selbst senkrecht einfallende Wellen eine Totalreflexion[1], es dringt keine *fortschreitende* Welle in die ionisierte Schicht ein. Mithilfe der Totalreflexion kann man die Anzahldichte der Elektronen in verschiedenen Höhen bestimmen. Ein Zahlenbeispiel enthält Tab. 14. „Echos" für $\lambda < 30$ m sind selten. Die für sie notwendige Anzahldichte der Elektronen $N_V > 1{,}8 \cdot 10^{12}/\mathrm{m}^3$ kommt nur gelegentlich vor, und dann meist erst in Höhen von etwa 250 km.

Die freien Elektronen der oberen Luftschichten (KENELLY-HEAVISIDE-Schichten) sind für den Nachrichtendienst von großer Bedeutung. Sie reflektieren die elektromagnetischen Wellen und leiten sie (auf gekrümmten Bahnen) ihrem fernen Ziel zu. — Der Fortfall der Reflexion für $\lambda < 30$ m ermöglicht es, dass kurze elektromagnetische Wellen, die von der Sonne und den Fixsternen ausgesandt werden, die Erdoberfläche erreichen können. Sie werden mit riesigen Hohlspiegeln aufgefangen. Mit dieser „Radioastronomie" hat man z. B. den Spiralnebelbau der Milchstraße nachweisen können.

---

[1] Aus Gl. (389) auf S. 361 folgt für eine imaginäre Brechzahl n als Reflexionsvermögen $R = (E_r/E_e)^2 = 1$ (Zähler und Nenner haben den gleichen Betrag).

Tabelle 14. Zur Totalreflexion elektromagnetischer Wellen in der Atmosphäre

Ein Signal mit der Wellenlänge λ =	125 Meter	102 Meter
wird gemäß Gl. (475) total reflektiert bei einer Anzahldichte der Elektronen N_V =	$0{,}7 \cdot 10^{11}/\mathrm{m}^3$	$1{,}1 \cdot 10^{11}/\mathrm{m}^3$
Seine Laufzeit t für Hin- und Rückweg wird gemessen =	$6{,}33 \cdot 10^{-4}$ sec	$1 \cdot 10^{-3}$ sec
Also lag die zur Totalreflexion führende Anzahldichte N_V in der Höhe $H_r = \frac{1}{2}tc$ =	95 km	150 km

§ 254. Extinktion durch kleine Teilchen stark absorbierender Stoffe. In den bisher behandelten Fällen haben wir die beiden Komponenten der Extinktion, die Streuung und die Absorption, getrennt behandeln können; erstere in Kap. XXVI, letztere in diesem Kapitel. Doch lässt sich diese Trennung nicht immer durchführen. Das gilt z. B. bei der Extinktion durch kleine Teilchen, die aus absorbierenden Stoffen bestehen.

Organische Farbstoffe und Metalle besitzen schon im sichtbaren Spektralbereich *starke* Absorption. In feiner Verteilung zeigen sie ganz andere Extinktionsspektren als in zusammenhängender Schicht. Ein altbekanntes Beispiel liefern die Rubingläser. Sie enthalten fein verteiltes Gold, lassen aber nicht, wie eine dünne Goldhaut, grünes Licht hindurch, sondern rotes (Abb. 598). Der Durchmesser der einzelnen Goldteilchen liegt unter der Auflösungsgrenze des Mikroskops, doch erzeugt jedes Teilchen bei Dunkelfeldbeleuchtung im Gesichtsfeld des Mikroskops ein buntes Beugungsscheibchen. Es wird also an jedem Teilchen Licht gestreut.[1] — Die Anteile von Streuung und Absorption hängen nach vielfältigen Erfahrungen sehr von der Größe der Teilchen ab: Kleine Teilchen streuen sehr wenig, sie schwächen das Licht ganz überwiegend durch Absorption.

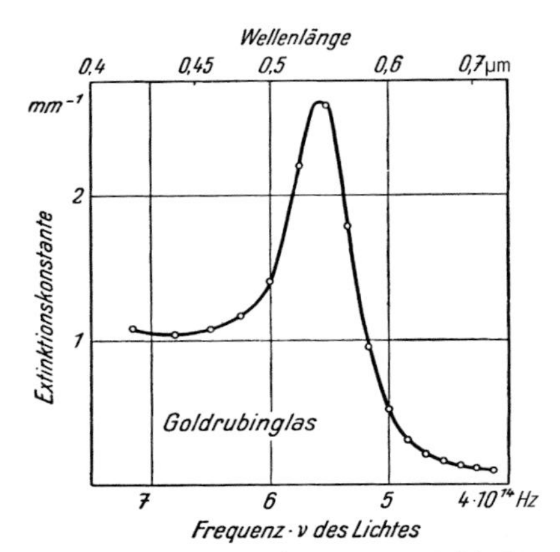

Abb. 598. Extinktionsspektrum eines Goldrubinglases

Zur quantitativen Untersuchung eignet sich eine feste Lösung von Natrium in einem NaCl-Kristall. — Ein heißer NaCl-Kristall nimmt in Na-Dampf überschüssige Na-Atome auf. Der Mechanismus dieses Vorganges ist bekannt: Ein kleiner Teil der negativen Chlor-*Ionen* des Gitters wird durch thermisch hineindiffundierende *Elektronen* verdrängt und ersetzt. Die dabei entstehenden Absorptionszentren sind Farbzentren (siehe § 248).

[1] Diesen Nachweis einzelner Teilchen nennt man „ultramikroskopisch“.

Im Gleichgewicht ist die Anzahldichte N_V der Na-Atome im Kristall nahezu ebenso groß wie im Dampf, bei 500°C ist beispielsweise $N_V = 5 \cdot 10^{22}/\text{m}^3$. Bei Zimmertemperatur würde im thermischen Gleichgewicht im Kristall $N_V = 3 \cdot 10^{11}/\text{m}^3$ sein. Derartig kleine Anzahldichten lassen sich aber selbst durch die Absorptionsspektralanalyse nicht mehr nachweisen (§ 249). Infolgedessen muss man den Kristall „abschrecken" und so die bei hoher Temperatur eingestellte Anzahldichte bis auf Zimmertemperatur „herunterretten".

Abb. 599 zeigt links das Extinktionsspektrum F einer so „eingefrorenen" atomaren Lösung von Na in einem NaCl-Kristall, und zwar für zwei Beobachtungstemperaturen. Die Extinktion entsteht hier lediglich durch *Absorption*. Es ist keine Spur einer *Streuung* bemerkbar.

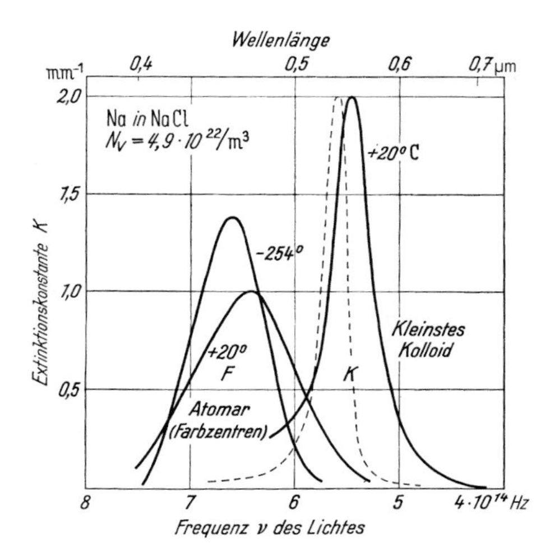

Abb. 599. Extinktionsspektren von atomar und kolloidal gelöstem Metall (Na in NaCl-Kristall). Die gestrichelte Kurve für das kleinste, noch nicht streuende Kolloid ist mit Gl. (477) berechnet worden.

Bei Zimmertemperatur hält sich eine eingefrorene Anzahldichte in einem NaCl-Kristall jahrelang. Bei 300° C hingegen hat die Diffusionsgeschwindigkeit schon eine messbare Größe. Infolgedessen kann das Kristallgitter einen Teil des überschüssigen Natriums ausscheiden und zu kolloidalen Teilchen zusammenflocken lassen. Dadurch wird die Bande F erniedrigt. Gleichzeitig erscheint eine neue Extinktionsbande K mit einem Maximum bei 0,550 µm. Das in ihr ausgelöschte Licht wird auch praktisch nur absorbiert und nicht gestreut. Ihre Lage ändert sich, im Gegensatz zur Bande F, fast gar nicht mit der Temperatur. — Bei längerer Erwärmung wachsen die Teilchen, ihre Extinktionsbande verschiebt und erweitert sich in Richtung längerer Wellen. Erst dann beginnt der Kristall auch zu streuen, anfänglich schwach und später stark.

Das Maximum der neuen Bande K liegt (bei Zimmertemperatur gemessen) stets mindestens 0,08 µm langwelliger als das Maximum der Bande F. Es geht also nicht etwa die Bande F durch eine kontinuierliche Verschiebung in die Bande K über. Infolgedessen muss man die neue Bande K den *kleinsten* überhaupt beständigen Kolloidteilchen zuschreiben.

Für die *atomar* gelösten Metalle in Alkalihalogeniden (Farbzentren) lässt sich die Gestalt der Bande F mithilfe gedämpfter Resonatoren darstellen (Abb. 596). Die Lage der Bande wird von der Gitterkonstante a der Kristalle (Fußnote auf S. 326) bestimmt. Für die Frequenz des Maximums gilt bei 20°C die empirische Beziehung[1]

$$\nu_{\max} \cdot a^2 = 2{,}02 \cdot 10^{-4}\,\text{m}^2/\text{sec}\,. \tag{476}$$

[1] E. Mollwo (Dr. rer. nat. Göttingen 1933), Z. Physik **85**, 56 (1933).

Für die *kolloidal* gelösten Metalle hingegen werden Gestalt und Lage der Bande K von den *optischen Konstanten der Metalle* bestimmt, und zwar den an *massiven* Stücken gemessenen Werten von n und k, und nicht durch gedämpfte Resonatoren. Mit ihrer Hilfe kann man bei den kleinsten Kolloiden (Durchmesser $\phi \ll \lambda$) die Absorptionskonstante K für verschiedene Wellenlängen berechnen. Dazu dient die folgende Gleichung

$$K = 36\pi N_V V \frac{1}{\lambda} \cdot \frac{\frac{nk}{n_u}}{\left[\left(\frac{n}{n_u}\right)^2 + \left(\frac{k}{n_u}\right)^2\right]^2 + 4\left[\left(\frac{n}{n_u}\right)^2 - \left(\frac{k}{n_u}\right)^2 + 1\right]} \tag{477}$$

(n_u ist die Brechzahl des „Lösungsmittels", λ die Wellenlänge in Luft, N_V die Anzahldichte der Teilchen, und V das Volumen des einzelnen Teilchens, Herleitung siehe frühere Auflagen dieses Buches[K13]).

K13. Siehe 9. Aufl. 1954 oder 10. Aufl. 1958 der „Optik und Atomphysik", jeweils S. 206.

Für unser Schulbeispiel, das kleinste Na-Kolloid in einem NaCl-Kristall, sind die optischen Konstanten des Natriums in Abb. 600 oben zusammengestellt. n_u, die Brechzahl der Umgebung, also des NaCl-Kristalls, ist praktisch konstant = 1,55 (Abb. 579 unten). Über N_V und V ist nichts Sicheres bekannt, daher rechnen wir nur das rechtsstehende Produkt der Gl. (477) für verschiedene Werte von λ aus. So gelangen wir zu der in Abb. 599 gestrichelten Kurve. Ihr Höchstwert ist durch Wahl der Konstante in Gl. (477) gleich dem beobachteten Wert gemacht worden. n und k hängen kaum von der Temperatur ab, folglich gilt das Gleiche für die berechnete Funktion.

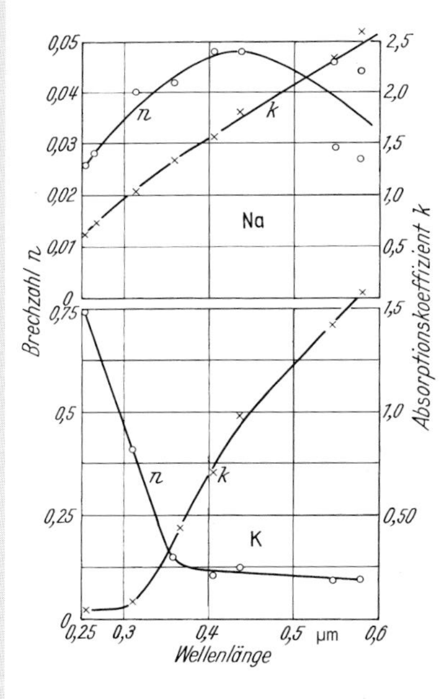

Abb. 600. Optische Konstanten von Na und K. Bei $\lambda < 0{,}31\,\mu m$ besitzt Kalium ein Gebiet mit schwacher Extinktion, d. h. $k < 0{,}1$ (§ 216), doch ist die Extinktionskonstante K noch rund $2 \cdot 10^3\,mm^{-1}$. — Für Rb und Cs verlaufen die Kurven ähnlich wie bei K. Deswegen ist auch für Na bei $\lambda < 0{,}25\,\mu m$ ein steiler Anstieg der Brechzahl n zu erwarten.

Ergebnis: Die Rechnung vermag die beiden wesentlichen Züge der Licht-Extinktion durch kleinste Metallkolloide richtig wiederzugeben, nämlich die geringe Breite ihrer Bande und ihre geringe Abhängigkeit von der Temperatur. Überdies fällt die Frequenz des Bandenmaximums nahezu mit der gemessenen zusammen.[1] Die verbleibende Differenz ist

[1] Die Extinktionskurven K der Kolloide in Abb. 599 sind keine „optischen Resonanzkurven", ihre Gestalt wird vielmehr von der der optischen Konstanten des Teilchenstoffes bedingt.

nicht bedenklich. Man könnte sie durch geringfügige Änderungen der Interpolationskurven für n und k beseitigen.

§ 255. Extinktion durch große Metallkolloide. Künstlicher Dichroismus und künstliche Doppelbrechung. Bei den feinsten Metall- und Farbstoffkolloiden wird keine Sekundärstrahlung beobachtet, sondern nur Absorption. Erst bei Kolloiden mit großen Teilchen (Durchmesser oder Umfang mit λ vergleichbar) gesellt sich zur Absorption eine Sekundärstrahlung oder Streuung hinzu. Dabei werden die einzelnen Abschnitte eines Kolloidteilchens von der Primärwelle nicht mehr mit der gleichen Phase angeregt. Infolgedessen gibt es Interferenzen, die Sekundärstrahlung bekommt Vorzugsrichtungen, insbesondere in Richtung der Primärstrahlung, die Vorwärtsstreuung überwiegt (vgl. mit Abb. 572, S. 382). Man darf also bei der quantitativen Darstellung dieser Vorgänge nicht mehr von der einfachen elektrischen Polarisation kleiner Kugeln ausgehen. Man muss vielmehr ähnlich verfahren wie bei der Berechnung von Oberschwingungen von Antennen. In diese Rechnung geht als wesentliche Größe die Gestalt der Teilchen ein, aber gerade diese ist bei großen Kolloiden meistens unbekannt.

Wir können diese komplizierten Dinge nicht im Einzelnen verfolgen, wir begnügen uns mit einer qualitativen Behandlung des *künstlichen Dichroismus* (§ 205). Dazu benutzen wir ein grobes Na-Kolloid in einem NaCl-Kristall. Der Kristall sieht im durchfallenden Licht violett, im auffallenden gelbbraun aus. Seine breite Extinktionsbande hat ein Maximum bei etwa 0,59 µm, und zwar im polarisierten Licht unabhängig von der Lage der Schwingungsebene.

Der Kristall wird parallel zu einer Würfelkante gepresst. Erfolg: Der Kristall ist dichroitisch geworden, d. h. er zeigt jetzt im polarisierten Licht zwei einander überlappende Extinktionsbanden (Abb. 601). Deutung: Durch die Pressung haben die Teilchen eine längliche Gestalt (Nebenskizze) erhalten. Im Fall $E_\perp$ schwingt die Amplitude parallel zum längeren Teilchendurchmesser x, im Fall $E_\parallel$ parallel zum kürzeren Durchmesser y. Im Fall $E_\perp$ ist vorzugsweise der lange Durchmesser des Teilchens für die Wellenlänge maßgebend, im Fall $E_\parallel$ hingegen der kurze.

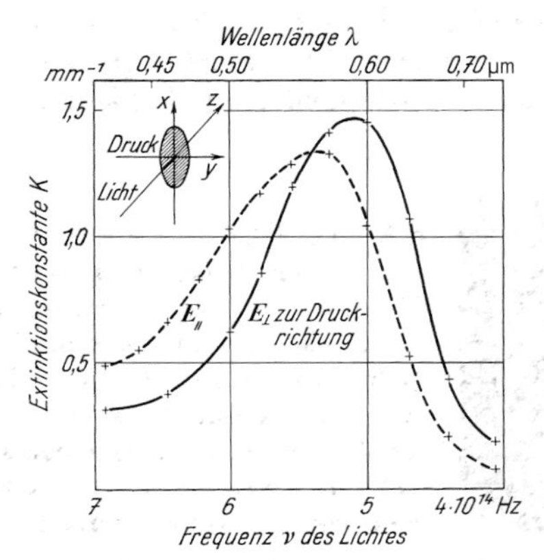

Abb. 601. Druck-induzierter Dichroismus in NaCl mit Na-Kolloiden

Alle doppelbrechenden Stoffe sind dichroitisch, das folgt zwangsläufig aus dem allgemeinen Zusammenhang von Dispersion und Absorption. Der Zusammenhang ist in Abb. 602 schematisch dargestellt. Die ausgezogenen Kurven beziehen sich auf die eine der beiden polarisierten Teilschwingungen, die gestrichelte auf die andere, zu ihr senkrecht schwingende. Bei farblosen Stoffen (Kalkspat, Glimmer, Quarz) enden beide Absorptionsspektren schon vor dem sichtbaren Spektralbereich im Ultravioletten.

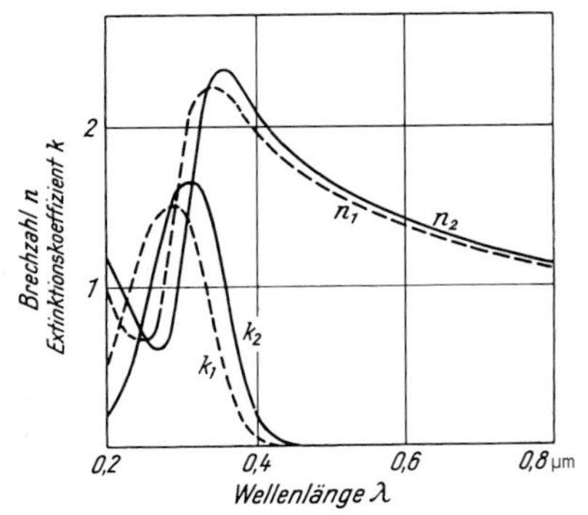

Abb. 602. Schematische Skizze zum Dichroismus aller doppelbrechenden Stoffe

Die Herstellung sehr dünner doppelbrechender Kristallschichten ist recht schwierig. Deswegen sind die für die Doppelbrechung maßgebenden Absorptionsbanden nur in ganz vereinzelten Fällen ausgemessen worden. Beim künstlichen Dichroismus ist die Konzentration der lichtschwächenden Teilchen gering, und daher braucht man sich nicht mit dünnen Kristallschichten zu plagen. Dafür ist nun aber die von den Teilchen erzeugte Doppelbrechung nur klein und überdies von der Doppelbrechung des verspannten festen Lösungsmittels überlagert (§ 211). Daher kann man die Doppelbrechung durch parallel gerichtete längliche Teilchen hier mit einfachen Hilfsmitteln nicht sicher nachweisen. Das gelingt aber in anderen Fällen.

Man kann auf mannigfache Weise auch bei großen Anzahldichten eine Parallelausrichtung winziger Teilchen erzielen, unter anderem durch elektrische Felder oder mithilfe laminar strömender Flüssigkeiten. Man bringe z. B. einige Tropfen einer Aufschwemmung von Vanadiumpentoxid (V_2O_5) in Wasser zwischen zwei Glasplatten, und verschiebe beide Platten gegeneinander um einige Millimeter. Sogleich wird die Schicht doppelbrechend. Sie wirkt in der Anordnung von Abb. 535 (S. 344) genauso wie eine Kristallplatte G („Strömungs-Doppelbrechung"). Noch eindrucksvoller ist der in Abb. 603 beschriebene Schauversuch.

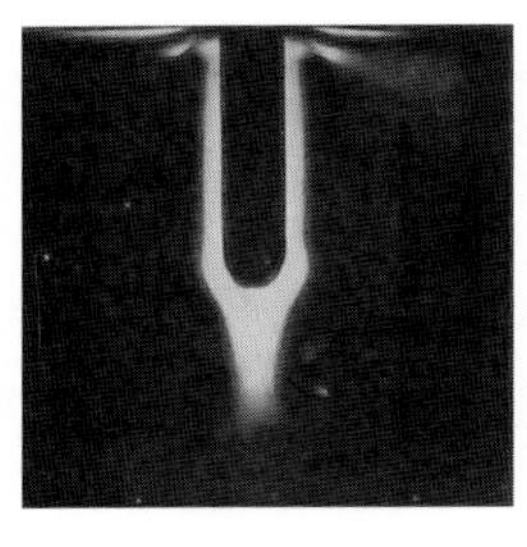

Abb. 603. Schauversuch zur Strömungs-Doppelbrechung, fotografisches Positiv. — Eine etwa 4 cm tiefe Glasküvette mit einer Aufschwemmung von V_2O_5 in Wasser wird zwischen gekreuzten Nicol'schen Prismen (§ 205) beobachtet (Abb. 535). Beim Eintauchen eines Glasstabes flammen die von der Strömung erfassten Schichten hellrot auf. Ebenso lässt sich beim Rühren die Turbulenz zeigen und in einem Rohr die laminare Strömung mit der an der Rohrwand ruhenden Grenzschicht.

Künstliche Doppelbrechung lässt sich auch mithilfe polarer sowie unpolarer, aber elektrisch stark deformierbarer Moleküle herstellen. Die bekanntesten Beispiele sind Nitrobenzol und Schwefelkohlenstoff. Man ersetzt die Kristallplatte G in Abb. 535 durch einen mit diesen Flüssigkeiten gefüllten Plattenkondensator, stellt die Feldrichtung senkrecht zur Lichtrichtung und verwendet Feldstärken E in der Größenordnung 10^4 Volt/cm. Diese

Form der künstlichen Doppelbrechung ist von JOH. KERR (1875) entdeckt worden. Man findet experimentell für das außerordentliche und das ordentliche Lichtbündel der Wellenlänge λ als Differenz der Brechzahlen

$$n_{\mathrm{ao}} - n_{\mathrm{o}} = B \cdot \lambda \cdot E^2 \,. \tag{478}$$

In dieser Gleichung ist die „elektrische KERR-Konstante"

$$B = \frac{n_{\mathrm{ao}} - n_{\mathrm{o}}}{\lambda \cdot E^2} = \frac{\Delta}{\lambda} \cdot \frac{1}{l} \cdot \frac{1}{E^2} \,, \tag{479}$$

wenn das Licht im elektrischen Feld den Weg l durchläuft und dabei den Gangunterschied (Unterschied der optischen Weglängen) $\Delta = (n_{\mathrm{ao}} - n_{\mathrm{o}})\, l$ erhält.

Deutung: Die KERR-Effekt zeigenden Moleküle sind unsymmetrisch gebaut; sie besitzen eine Richtung bevorzugter Polarisierbarkeit. Die vom Feld erzeugten Dipolmomente sind proportional zur Feldstärke E. Außerdem werden die polarisierten Moleküle mit wachsender Feldstärke zunehmend der Wärmebewegung entgegen ausgerichtet. Daher steigt die Doppelbrechung proportional zu E^2.

Zahlenbeispiel: Für sehr reines Nitrobenzol ist $B = \dfrac{4{,}3 \cdot 10^{-10}}{\mathrm{cm(Volt/cm)^2}}$. Also wird für $l = 1\,\mathrm{cm}$ und $E = 10^4\,\mathrm{Volt/cm}$: $\dfrac{\Delta}{\lambda} = B \cdot l \cdot E^2 = \dfrac{4{,}3 \cdot 10^{-10} \cdot 1\,\mathrm{cm} \cdot 10^8\,\mathrm{(Volt/cm)^2}}{\mathrm{cm(Volt/cm)^2}} = 4{,}3 \cdot 10^{-2}$ oder $\Delta \approx 0{,}04\,\lambda$.

Der KERR-Effekt wird technisch zum Bau von Steuerorganen für Licht ausgenutzt. Die vom Analysator durchgelassene Strahlungsleistung steigt anfänglich ungefähr $\sim E^4$.

XXVIII. Temperaturstrahlung

§ 256. Vorbemerkung. Unter den verschiedenen Arten der Anregung von Molekülen und Atomen spielt die thermische seit alters her eine besondere Rolle. Daher ist die thermisch angeregte Strahlung, die „Temperaturstrahlung", sehr ausgiebig erforscht worden. Die Krönung dieser Arbeiten bildete 1900 die Auffindung des PLANCK'schen Strahlungsgesetzes und mit ihr die Entdeckung der Naturkonstante h.

§ 257. Die grundlegenden experimentellen Erfahrungen. Die grundlegenden experimentellen Erfahrungen lassen sich kurz zusammenfassen:

1. *Alle Körper strahlen sich gegenseitig Energie zu. Dabei werden die wärmeren abgekühlt, die kälteren erwärmt.* — Zur Vorführung muss man die Wärme*leitung* ausschalten. Deswegen benutzt man zweckmäßigerweise zwei einander gegenüberstehende Hohlspiegel mit einem Abstand von etlichen Metern. In den Brennpunkt des einen setzt man einen Strahlungsmesser (Thermoelement). In den Brennpunkt des anderen hält man erst einen warmen Finger, dann ein mit Eiswasser gefülltes Gefäß. Im ersten Fall zeigt der Strahlungsmesser Erwärmung, im zweiten Abkühlung (scherzhaft: Kältestrahlung).

2. *Die Strahlungsstärke steigt jäh mit wachsender Temperatur an.* — Zur Vorführung versieht man einen elektrischen Kochtopf mit einem Thermometer und stellt ihn als „strahlenden Sender" in etwa 0,5 m Abstand vor einen Strahlungsmesser als „Empfänger".

3. *Mit wachsender Temperatur ändert sich die Verteilung der Strahlungsstärke im Spektrum.* — Langsam elektrisch angeheizte Metalldrähte zeigen die Reihenfolge: unsichtbare, nur den Wärmesinn reizende Strahlung, dann Rotglut, Gelbglut, Weißglut.

4. *Bei gleicher Temperatur strahlt ein lichtabsorbierender Körper mehr als ein für Licht durchlässiger.* — Zur Vorführung erhitzt man verschiedene gleich große Körper nebeneinander in gleichen, nichtleuchtenden BUNSENflammen und beobachtet das Leuchten der Körper: Ein Stab aus klarem Glas absorbiert praktisch kein sichtbares Licht und leuchtet nur ganz schwach. Ein Stab aus gefärbtem Glas absorbiert einen Teil des sichtbaren Lichtes und leuchtet stark. Ein klares Glasrohr, gefüllt mit feinem *Pulver* des gefärbten Glases, *streut* einfallendes sichtbares Licht. Das Licht kann nur zu einem kleinen Teil in das Innere vordringen und dabei absorbiert werden. Das Pulver *absorbiert* also weniger als das massive Stück, und demgemäß *leuchtet* es auch weniger als das massive. — Oder ein anderes Beispiel: Eine hell leuchtende Flamme von benzoldampfhaltigem („karburiertem") Erdgas wird vor den Kondensor eines Projektionsapparates gestellt: Auf dem Wandschirm erscheint ein tiefdunkles Bild der Flamme (Abb. 604). Die zahllosen feinen in den Flammengasen schwebenden Kohleteilchen (Ruß) absorbieren einen merklichen Teil vom Licht der Projektionslampe. — Dann wird die Flamme in bekannter Weise durch Luftzufuhr in eine BUNSENflamme verwandelt, d. h. es wird aller Kohlenstoff verbrannt und die Rußbildung verhindert. Infolgedessen ist auf dem Wandschirm kein Flammenbild zu sehen, die Flamme absorbiert nicht mehr sichtbares Licht. Zugleich ist ihre Emission verschwunden. Eine sichtbares Licht nicht absorbierende Flamme kann auch kein sichtbares Licht aussenden. — Eine Kerzenflamme ergibt ebenfalls im Projektionsapparat ein dunkles Bild. Allgemein beruht also die thermische Erzeugung des Glühlichtes durch Flammen auf der Strahlung fester, sichtbares Licht *absorbierender Körper*, nämlich der Rußteilchen.

K. Lüders, R. O. Pohl (Hrsg.), *Pohls Einführung in die Physik*
DOI 10.1007/978-3-642-01628-8, © Springer 2010

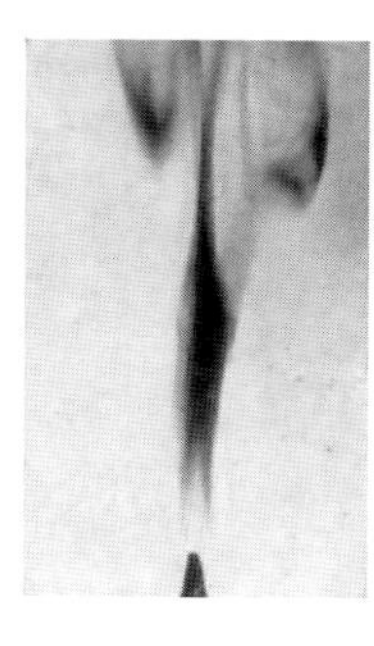

Abb. 604. Eine hell leuchtende, stark turbulente Flamme von Benzoldampf enthaltendem Erdgas wirft, vor den Kondensor eines Projektionsapparates gestellt, einen tief dunklen Schatten

§ 258. Der KIRCHHOFF'sche Satz. Quantitativ werden die eben aufgeführten experimentellen Tatsachen durch den KIRCHHOFF'schen Satz beschrieben. Wir erläutern seinen Inhalt mit einem Gedankenexperiment. — In Abb. 605 seien 1 und 2 kleine Ausschnitte aus zwei sehr ausgedehnten plattenförmigen Körpern. Sie sollen aus zwei verschiedenen, aber beliebigen Stoffen bestehen. Beide strahlen einander thermisch Energie zu und besitzen im Gleichgewicht gleiche Temperatur. Die auf den Rückseiten austretenden Strahlungsleistungen werden von zwei vollkommen reflektierenden Spiegeln *Sp* verlustlos zurückgegeben. Dann bleiben nur die Strahlungen zwischen den beiden Körpern zu beachten. Im stationären Zustand muss der Körper 1 dem anderen 2 gerade so viel zustrahlen, wie er von diesem an Strahlungsleistung empfängt. 1 strahlt nach 2 seine eigene Strahlungsleistung $\dot{W}_1$, außerdem reflektiert er den nicht absorbierten Bruchteil $(1 - A_1)$ der von 2 zugestrahlten Leistung $\dot{W}_2$. Dabei bedeutet A_1 das *Absorptionsvermögen* für nicht monochromatische Strahlung, definiert durch die Gleichung

$$\text{Absorptionsvermögen}\, A = \frac{\text{absorbierte Strahlungsleistung}}{\text{einfallende Strahlungsleistung}}. \qquad (480)$$

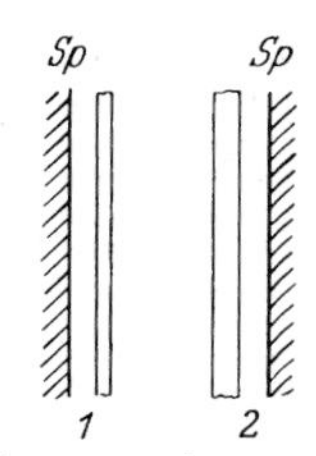

Abb. 605. Zur Erläuterung des KIRCHHOFF'schen Satzes

Die entsprechende Überlegung gilt für die von 2 nach 1 gesandte Strahlung. Daher ist im Gleichgewicht

$$\dot{W}_1 + (1 - A_1)\dot{W}_2 = \dot{W}_2 + (1 - A_2)\dot{W}_1$$

also

$$\dot{W}_1/A_1 = \dot{W}_2/A_2$$

und allgemein

$$S_1^*/A_1 = S_2^*/A_2\,, \qquad (481)$$

wobei S^* die Strahlungsdichte (§ 154) bezeichnet. Diese Beziehung gilt für je zwei ganz beliebige Körper. Daher muss die Größe S^*/A von allen *Stoffeigenschaften* unabhängig sein. Sie kann nur von *anderen* Größen, wie z. B. Temperatur oder Wellenlänge, abhängen. Diese Aussage ist der KIRCHHOFF'sche Satz.

In einer Fortführung des Gedankenexperimentes denke man sich zwischen den Körpern 1 und 2 ein absorptionsfreies Interferenzfilter (§ 171) eingeschaltet, das nur ein schmales Wellenlängenintervall $\Delta\lambda$ hindurchlässt. — War vorher die Strahlungsdichte

$$S^* = \int_0^\infty \frac{\partial S^*}{\partial \lambda} \cdot d\lambda$$

($\partial S^*/\partial\lambda$ = *spektrale* Strahlungsdichte),

so wird sie für das Intervall

$$S^*_\lambda = \int_\lambda^{\lambda+\Delta\lambda} \frac{\partial S^*}{\partial \lambda} \cdot d\lambda$$

und statt Gl. (481) gilt

$$S^*_{\lambda,1}/A_{\lambda,1} = S^*_{\lambda,2}/A_{\lambda,2}\,. \tag{482}$$

Ein Körper 1 mit dem Absorptionsvermögen $A_{\lambda,1} = 1$ absorbiert alle einfallende Strahlung der Wellenlänge λ; man nennt ihn *schwarz* für λ. Dann folgt aus Gl. (482)

$$S^*_{\lambda,2} = S^*_{\lambda,1} \cdot A_{\lambda,2}\,. \tag{483}$$

In Worten: Für eine thermisch angeregte monochromatische Strahlung ist die Strahlungsdichte $S^*_{\lambda,2}$ eines beliebigen Körpers gleich der Strahlungsdichte $S^*_{\lambda,1}$ eines für die Wellenlänge λ „schwarzen" Körpers, multipliziert mit dem Absorptionsvermögen $A_{\lambda,2}$ des für λ nichtschwarzen Körpers.

§ 259. Der schwarze Körper und die Gesetze der schwarzen Strahlung. Die Lichtreflexion null, d. h. das Absorptionsvermögen $A = 1$, lässt sich für alle Wellenlängen mit einem kleinen Loch in der Oberfläche eines lichtundurchlässigen Kastens verwirklichen. Ein solches Loch erscheint noch ausgesprochener schwarz als eine danebengehaltene Rußschicht. Alles einfallende Licht wird absorbiert, und zwar unter mehrfacher, meist diffuser Reflexion. Einem Vorschlag von G. Kirchhoff (1859) folgend hat man solche schwarzen Körper auf gleichförmig verteilte, hohe Temperatur erhitzt und ihre Öffnung als Strahler benutzt. Das aus der *Öffnung* austretende Glühlicht wird *schwarze Strahlung* genannt.

Für einen Schauversuch bringt man ein etwa 15 cm langes Platinrohr von etwa 2 cm Durchmesser in Luft elektrisch zum Glühen. Auf die Rohrwand ist mit Eisenoxid ein schwach reflektierendes Kreuz gezeichnet. In seiner Nähe ist die Rohrwand durch ein kleines Loch unterbrochen. Am wenigsten leuchtet das blanke, gut reflektierende Platin, stärker das schwach reflektierende Kreuz, am stärksten aber das gar nicht reflektierende „schwarze" Loch.

Größere schwarze Körper baut man aus feuerfesten keramischen Stoffen. Meist genügt ein langes Rohr mit ein paar eingesetzten Querblenden. Die Außenwand wird mit Isoliermasse verkleidet, um Heizenergie zu sparen. Für Messzwecke bei hohen Temperaturen sind Wolframkörper gut geeignet. Man montiert und beheizt sie ebenso wie die Wolframkörper in einer Glühlampe, verzichtet also auf einen äußeren Wärmeschutz.

Wesentlich für jeden brauchbaren schwarzen Körper ist eine ganz gleichförmige Verteilung der Temperatur in seinem Inneren. Ist sie erreicht, so kann man, durch ein Loch blickend, im Inneren keinerlei Einzelheiten erkennen, z. B. in den Schmelzöfen der Glashütten oder in den Ofenkammern der Kokereien. Jedes Flächenelement des Inneren hat ganz unabhängig von seiner Beschaffenheit die gleiche Strahlungsdichte: Flächenstücke mit großem Absorptionsvermögen (Gl. 480) *emittieren* selbst viel und *reflektieren* wenig von der Strahlung aller übrigen Flächenstücke. Für Flächenstücke mit kleinem Absorptionsvermögen gilt das Umgekehrte, sie emittieren selbst nur wenig, reflektieren dafür aber umso mehr von der einfallenden Strahlung der übrigen Flächenstücke.

Für die „schwarze" Strahlung, also das Glühlicht aus der Öffnung eines schwarzen Körpers, ist die Verteilung der Strahlungsdichte auf die verschiedenen Spektralintervalle außerordentlich sorgfältig untersucht worden, und vor allem auch ihre Abhängigkeit von der Temperatur. Die Ergebnisse sind in Abb. 606 dargestellt. Die spektralen Strahlungsdichten sind links auf gleiche Wellenlängenbereiche, rechts auf gleiche Frequenzbereiche bezogen.

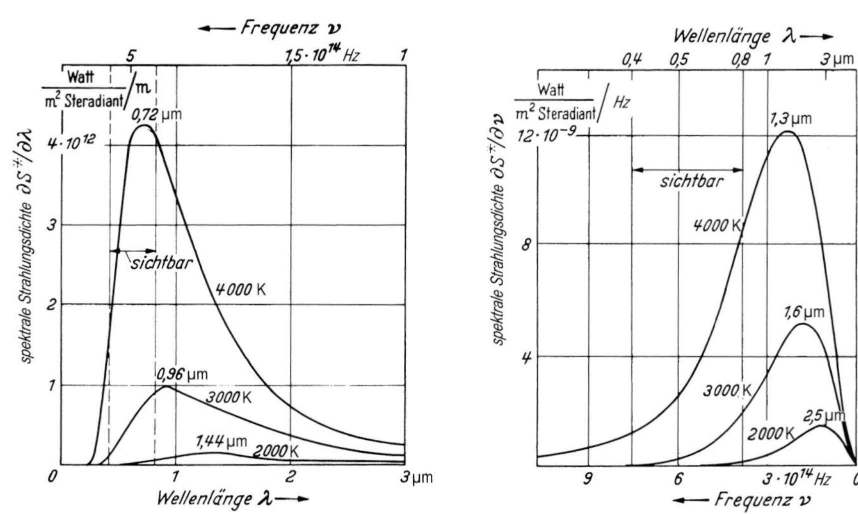

Abb. 606. Verteilung der spektralen Strahlungsdichte im Spektrum eines schwarzen Körpers, links bezogen auf gleiche Wellenlängenintervalle, rechts auf gleiche Frequenzintervalle. Die Kurven und die Gln. (484) und (485) gelten für *unpolarisierte* Strahlung. Bei der quantitativen Behandlung der Verteilung spektraler Strahlungsdichten benutzt man experimentell die in Abb. 421 (Kap. XIX) skizzierte Anordnung (meist für den Sonderfall $\vartheta = 0$, also senkrechte Ausstrahlung). Man misst die Strahlungsleistungen $\mathrm{d}\dot{W}_\lambda$ oder $\mathrm{d}\dot{W}_\nu$, die in den spektral ausgesonderten Bereichen in den Raumwinkel $\mathrm{d}\varphi$ ausgestrahlt werden. Für diese gilt nach der Definitionsgleichung der Strahlungsdichte S^*

$$\mathrm{d}\dot{W}_\lambda = \frac{\partial S^*}{\partial \lambda} \cdot \mathrm{d}\lambda \cdot \mathrm{d}A_\mathrm{s} \cdot \mathrm{d}\varphi \quad \text{oder} \quad \mathrm{d}\dot{W}_\nu = \frac{\partial S^*}{\partial \nu} \cdot \mathrm{d}\nu \cdot \mathrm{d}A_\mathrm{s} \cdot \mathrm{d}\varphi$$

($\mathrm{d}A_\mathrm{s}$ = scheinbare Senderfläche gemäß Abb. 423, also für senkrechte Ausstrahlung $\mathrm{d}A_\mathrm{s} = \mathrm{d}A$).

Um die formelmäßige Darstellung der empirischen Ergebnisse haben sich hervorragende Physiker bemüht, den letzten Erfolg erzielte Ende 1900 MAX PLANCK mit seiner berühmten Strahlungsformel:[1]

$$\frac{\partial S^*}{\partial \lambda} = \frac{C_1}{\lambda^5} \cdot \frac{1}{e^{\frac{C_2}{\lambda T}} - 1} \tag{484}$$

oder

$$\frac{\partial S^*}{\partial \nu} = C_3 \cdot \nu^3 \cdot \frac{1}{e^{\frac{C_4 \nu}{T}} - 1} . \tag{485}$$

[1] Im sichtbaren Spektralbereich, also für $\lambda < 0{,}8\,\mu\mathrm{m}$, kann man bis $T = 3\,000$ Kelvin das Glied -1 im Nenner fortlassen. Der Fehler bleibt unter 0,1% (Strahlungsformel von W. WIEN).

C_1 bis C_4 sind empirische Konstanten mit den Werten

$$C_1 = 1{,}191 \cdot 10^{-16}\,\text{Watt} \cdot \text{m}^2\,, \qquad C_2 = 1{,}439 \cdot 10^{-2}\,\text{Meter} \cdot \text{Kelvin}\,,$$

$$C_3 = 1{,}47 \cdot 10^{-50}\,\frac{\text{Watt} \cdot \text{sec}^4}{\text{m}^2}\,, \qquad C_4 = 4{,}78 \cdot 10^{-11}\,\text{sec} \cdot \text{Kelvin}\,.$$

Diese Konstanten wollte Planck auf universelle Naturkonstanten zurückführen. Dabei machte er eine der größten physikalischen Entdeckungen, er fand die neue universelle Naturkonstante h. Planck benutzte als erster die Energiegleichung $E = h \cdot \nu$ und eröffnete mit ihr den Zugang zur Welt des atomaren Geschehens.

Es gibt heute eine ganze Reihe von Herleitungen für die Planck'sche Formel. Wir verweisen auf die Darstellungen in allen Lehrbüchern der theoretischen Physik. Unabhängig von der Herleitung aber bleibt der Zusammenhang der empirischen Konstanten in der Strahlungsformel mit den universellen Naturkonstanten. Es gilt

$$C_1 = 2hc^2\,, \quad C_2 = \frac{hc}{k}\,, \quad C_3 = \frac{2h}{c^2}\,, \quad C_4 = \frac{h}{k}$$

(h = Planck'sche Konstante = $6{,}62 \cdot 10^{-34}$ Watt · sec^2, k = Boltzmann'sche Konstante = $1{,}38 \cdot 10^{-23}$ Ws/Kelvin, c = Lichtgeschwindigkeit = $3 \cdot 10^8$ m/sec).

Die Planck'sche Strahlungsformel enthält zwei wichtige, schon vorher gefundene Gesetzmäßigkeiten als Sonderfälle:

1. *Das Gesetz von* Stefan-Boltzmann: Die gesamte von einer Fläche[K1] A eines schwarzen Körpers auf ihrer einen Seite ausgestrahlte Leistung steigt proportional zur 4. Potenz der Temperatur T, also

$$\dot{W} = \sigma \cdot A \cdot T^4 \tag{486}$$

$$\left(\sigma = \frac{2\pi^5 k^4}{15 c^2 h^3} = 5{,}67 \cdot 10^{-8}\,\frac{\text{Watt}}{\text{m}^2\,\text{Kelvin}^4}\right).$$

K1. In diesem Kapitel wird der Buchstabe A sowohl für das Absorptionsvermögen als auch für die Fläche benutzt. Das geht aber jeweils klar aus dem Text hervor, so dass keine Verwechslungsgefahr besteht.

Die Sonne strahlt näherungsweise wie ein schwarzer Körper. An der Sonnenoberfläche ist (§ 155)

$$\frac{\dot{W}}{A} = \pi S^* = 6{,}1 \cdot 10^7\,\frac{\text{Watt}}{\text{m}^2}\,.$$

Dem entspricht nach Gl. (486) eine Temperatur von 5 700 Kelvin.

Bei praktischen Anwendungen dieser Gleichung will man oft die einem Körper durch Strahlung entzogene Leistung bestimmen. Dann muss man neben der vom Körper *aus*gestrahlten Leistung auch die von der Umgebung *zu*gestrahlte Leistung berücksichtigen. Dadurch verkleinert sich die durch Strahlung abgegebene Leistung. Es gilt

$$\dot{W} = \sigma \cdot A(T^4 - T_u^4) \tag{487}$$

(T_u = Temperatur der Umgebung, z. B. des Empfängers).

2. *Das Verschiebungsgesetz von* W. Wien: Die Wellenlänge λ_{max}, für die die spektrale Strahlungsdichte den Höchstwert erreicht, ist umgekehrt proportional zur Temperatur T. Es gilt

$$\lambda_{max} \cdot T = \frac{hc}{4{,}97 \cdot k} = 2{,}88 \cdot 10^{-3}\,\text{Meter} \cdot \text{Kelvin}\,. \tag{488}$$

Im Sonnenspektrum beobachtet man den Höchstwert der spektralen Strahlungsdichte bei der Wellenlänge $\lambda = 0{,}48\,\mu\text{m}$. Dem entspricht für einen schwarzen Körper die Temperatur 6 000 Kelvin.

§ 260. Selektive thermische Strahlung. Für einen schwarzen Körper ist das Absorptionsvermögen A für alle Wellenlängen $= 1$. Für alle übrigen Körper ändert sich A mit der Wellenlänge und außerdem ist es immer kleiner als 1. Aus diesem Grund bekommt man bei einer bestimmten Temperatur und Wellenlänge statt der Strahlungsdichte S_λ^* des schwarzen Körpers nur den Bruchteil $A \cdot S_\lambda^*$. Besonders klein ist A in den Grenzfällen „starker" oder „schwacher" Absorption (§ 216). Bei starker Absorption ($w < \lambda$ wie in Metallen, $w =$ mittlere Reichweite der Strahlung) kann die Strahlung nicht tief eindringen, oft müssen über 90 % der einfallenden Leistung reflektiert umkehren, statt absorbiert zu werden. Bei „schwacher Absorption" ($w > \lambda$) werden nur wenige Prozent der Strahlung durch Reflexion am Eindringen gehindert, und daher kann der größte Teil der einfallenden Strahlung absorbiert werden. Das geschieht aber erst in großen, für manche technische Zwecke unbrauchbaren Schichtdicken. — Hinzu kommt eine weitere Komplikation: Die optischen Konstanten ändern sich mit der Temperatur.

Man beherrscht diese Abhängigkeit nur für wenige Fälle in begrenzten Spektralbereichen, z. B. bei den Metallen im Infrarot. Dort wird das Reflexionsvermögen R nur von der elektrischen Leitfähigkeit der Metalle bestimmt (§ 251), und deren Temperaturabhängigkeit ist gut bekannt. Im Allgemeinen kann man daher für nichtschwarze Körper die Abhängigkeit der Strahlungsdichte S_λ^* von λ nur experimentell bestimmen, und das auch nur näherungsweise. Sehr wenige Körper überstehen große Temperaturänderungen ohne bleibende Umwandlungen. Fast immer hängt die Struktur des Inneren und der Oberfläche stark von der thermischen Vorgeschichte ab. Ein mikrokristallines Gefüge wird in ein grobes Mosaik gut reflektierender Einkristalle verwandelt usw.

Im sichtbaren Spektralbereich lässt sich die selektive thermische Emission gut in Schauversuchen vorführen: Eine kleine Quarzglasplatte wird zur Hälfte mit einer Schicht von ZnO, zur Hälfte mit Pt überzogen. Bei der Erhitzung über einer BUNSENflamme beginnt das Platin rot, das ZnO hingegen blaugrün zu glühen. Grund: Heiße ZnO-Kristalle absorbieren mit einer sehr steil ansteigenden Absorptionskurve nur den kurzwelligen Teil des sichtbaren Spektrums; folglich können sie auch nur diesen Teil thermisch emittieren. — Für einen großen Zuschauerkreis erhitzt man elektrisch einen verzinkten Eisendraht (Abb. 607): Das Zink verdampft, oxidiert und der heiße ZnO-Qualm leuchtet weithin als grünblaue Fackel.

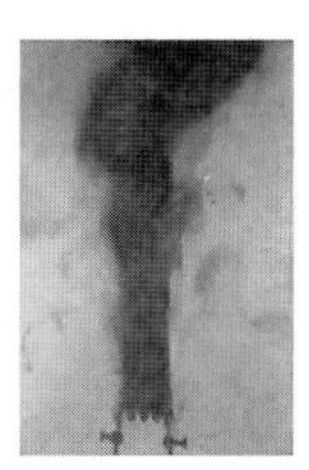

Abb. 607. Grünblau glühender ZnO-Qualm. Im Licht einer Bogenlampe wirft der Qualm einen tiefschwarzen Schatten, wie die Rußteilchen einer leuchtenden Gas- oder Kerzenflamme (Abb. 604).

§ 261. Die thermischen Lichtquellen. Thermische Lichtquellen benutzen ausschließlich die Strahlung *fester* Körper. Diese werden entweder durch chemische Vorgänge (Flamme) oder elektrisch durch Stromwärme (JOULE'sche Wärme) erhitzt. Dabei gibt es grundsätzlich zwei Möglichkeiten, erhebliche Bruchteile der Strahlungsleistung in das sichtbare Spektralgebiet zu verlegen: *Hohe Temperatur* (Abb. 606) und Verwendung von *Selektivstrahlern*: Ihr Absorptionsvermögen muss im Sichtbaren dem des schwarzen Körpers möglichst nahe kommen, in den anderen Gebieten, insbesondere im Infraroten, aber möglichst klein sein.

Die seit grauer Vorzeit gebräuchlichen Flammen erzeugen ein typisches *Gasglühlicht*: Feste Körper (Kienspan, Fackel) oder flüssige, in Dochten aufgesaugte Brennstoffe werden durch die Temperatur der Flammenreaktion in gasförmige Kohlenwasserstoffe umgewandelt. Diese werden nur unvollständig verbrannt. Es entsteht *fester* Kohlenstoff in sehr feiner Verteilung, Ruß genannt (Abb. 604). Diese festen, hoch erhitzten Kohlenstoffteilchen liefern die Strahlung.

Erst am Anfang des 19. Jahrhunderts wurde der Ort der Gaserzeugung von dem des Verbrauchers getrennt. Das Gas wurde aus festen oder flüssigen Brennstoffen zentral hergestellt und den Verbrauchern in Rohrleitungen zugeführt. Das letzte Jahrzehnt des 19. Jahrhunderts brachte dann den zweiten seit PROMETHEUS zu verzeichnenden Fortschritt:[K2] Die auch im Infraroten nahezu „schwarz" strahlenden festen Kohlenstoffteilchen wurden durch einen *selektiv* strahlenden *Glühstrumpf* ersetzt; dieser wurde mit einer nichtleuchtenden BUNSENflamme erhitzt und emittierte bevorzugt sichtbare Strahlung.

„Das letzte Jahrzehnt des 19. Jahrhunderts brachte dann den zweiten seit PROMETHEUS zu verzeichnenden Fortschritt."

K2. Nach der griechischen Mythologie brachte PROMETHEUS mit einem heimlich am Sonnenwagen entzündeten Stengel den Menschen das Feuer zurück, das ZEUS ihnen zuvor genommen hatte.

Der Glühstrumpf besteht aus einer festen Lösung von sehr selektiv absorbierendem Ceroxid (etwa 1%) in einer möglichst dünnen und daher wenig absorbierenden Schicht von Thoriumoxid. Abb. 608 zeigt die spektrale Strahlungsdichte $\partial S^*/\partial\lambda$ für einen technischen AUER-Strumpf (C. AUER, 1885) ($T \approx$ 1 800 Kelvin) und darüber gestrichelt die Gestalt der $\partial S^*/\partial\lambda$-Kurve des schwarzen Körpers bei gleicher Temperatur. Im blauen Spektralbereich fallen die Kurven zusammen, dort ist das Absorptionsvermögen A des AUER-Strumpfes fast gleich 1. Daher strahlt der Strumpf dort nahezu ebenso gut wie ein schwarzer Körper. Zwischen $\lambda = 1$ und $7\,\mu m$ aber ist das Absorptionsvermögen A des Glühstrumpfes klein und daher entfällt auf diesen infraroten, für die Beleuchtung unbrauchbaren Spektralbereich nur eine kleine Strahlungsdichte. Für $\lambda > 9\,\mu m$ nähert sich die Strahlungsdichte wieder der des schwarzen Körpers.

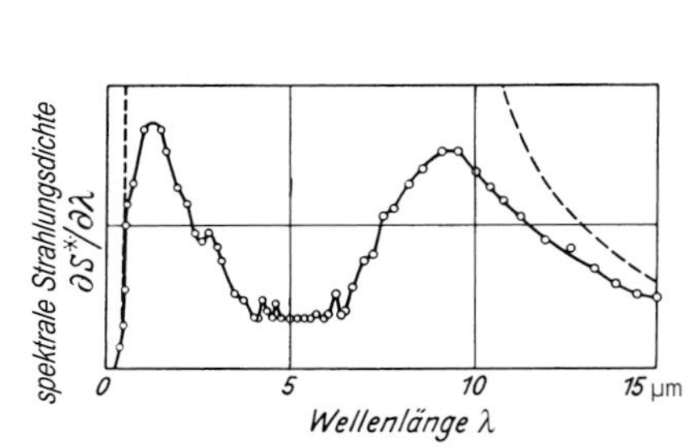

Abb. 608. Spektrale Strahlungsdichte, ausgezogene Kurve für den AUER-Strumpf, gestrichelte Kurve für den schwarzen Körper von gleicher Temperatur

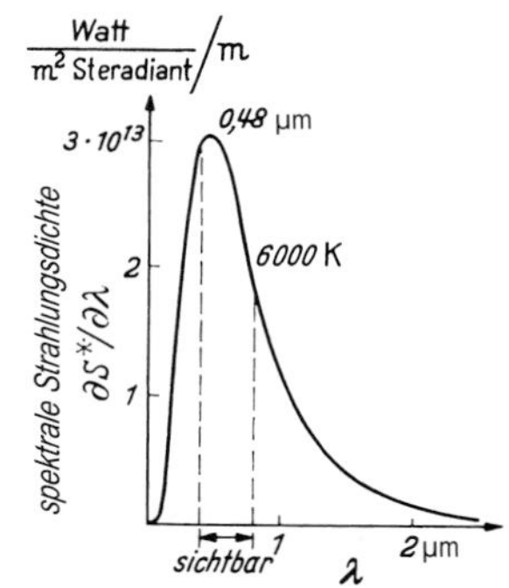

Abb. 609. Verteilung der spektralen Strahlungsdichte eines schwarzen Körpers bei 6 000 Kelvin, der Temperatur der Sonnenoberfläche

Bei der Erhitzung fester Körper durch JOULE'sche Wärme benutzt man heute Drähte aus *Metallen* mit hohem Schmelzpunkt. Metalle haben im Infraroten ein großes Reflexionsvermögen R (Abb. 586) und daher dort ein kleines Absorptionsvermögen $A = 1 - R$. Infolgedessen bevorzugt auch ihre thermische Strahlung die kürzeren Wellen. Erwünscht wären Temperaturen in der Größenordnung 6 000 Kelvin (Abb. 609). Aber selbst Wolfram mit einem Schmelzpunkt von $T_s = 3\,700$ Kelvin verträgt wegen der Verdampfungsverluste auf längere Zeit nur Temperaturen von etwa 2 700 Kelvin. Das ist die normale Betriebstemperatur gasgefüllter Wolframlampen mit Doppelwendeldraht (Abb. 610). Die Wendeln strahlen im Sichtbaren angenähert schwarz. Ihre Lebensdauer ist größer als 1 000 Std. In Wolframlampen mit einer besonders großen Strahlungsdichte S^* geht man bis etwa 3 400 Kelvin. Doch beträgt die Lebensdauer dann nur 1 bis 2 Std. In beiden genannten Lampentypen muss die Verdampfung mithilfe indifferenter Gasatmosphären (Ar, Kr) herabgesetzt werden.

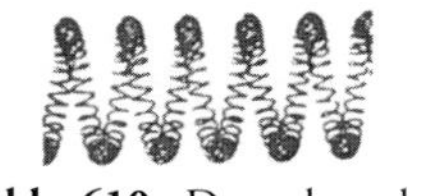

Abb. 610. Doppelwendel

Die neuere Entwicklung der Beleuchtungstechnik ersetzt die thermische Anregung durch eine elektrische. Die heute allgemein bekannten, mit Edelgasen gefüllten „Leuchtröhren" knüpfen an die erste Form der elektrischen Lichterzeugung an (FRANCIS HAUKSBEE,[K3] 1705). Im Gegensatz zur thermischen Anregung entsteht in diesen Leuchtröhren viel für das Auge unwirksame Strahlung im Ultravioletten. Diese benutzt man, um die Glaswände der Leuchtröhren zu sichtbarer Fluoreszenz anzuregen. Für leidlich unbunte Leuchtröhren ist die Lichtausbeute (80–100 Lumen/Watt)[K4] etwa fünfmal so groß wie die gasgefüllter Wolframlampen. — Erwähnt sei in diesem Zusammenhang auch die Elektrolumineszenz in Festkörperdioden (LED) mit einer Lichtausbeute von z. Zt. noch ca. 30 Lumen/Watt.

K3. FRANCIS HAUKSBEE, F.R.S. (gest. um 1713), erzeugte Licht, indem er ein evakuiertes und teilweise mit Quecksilber gefülltes Glasröhrchen schüttelte. (Philosophical Transactions Nr. 303, Vol. 24 (1705); s. auch J. L. Heilbron, „Electricity in the 17th and 18th centuries: A study of early modern physics", Univ. of California Press, Berkeley 1979, Kap. VIII.)

K4. Zur Einheit Lumen siehe Tab. 16 auf S. 428.

§ 262. Optische Temperaturmessung. Schwarze Temperatur und Farbtemperatur.

Die schwarze Strahlung und ihre Gesetze finden in der Messung hoher Temperaturen etwa aufwärts von 600 °C eine wichtige Anwendung. Über 2 600 °C ist man überhaupt allein auf optische Temperaturmessung angewiesen.[1]

Meist vergleicht man in dem gleichen engen Spektralbereich die Strahlungsdichte S_λ^* des Körpers von unbekannter Temperatur mit der Strahlungsdichte S_λ^* eines schwarzen Körpers von bekannter Temperatur T. Am einfachsten ist bei allen Vergleichen eine Nullmethode: Man verändert die bekannte Temperatur des schwarzen Körpers und macht dadurch seine Strahlungsdichte gleich der des zu messenden. Dann definiert man die wahre Temperatur des schwarzen Körpers als die „schwarze" Temperatur des zu messenden. Die schwarze Temperatur T_s eines Körpers bedeutet also: In einem bestimmten, *stets anzugebenden Spektralbereich* strahlt der Körper mit der gleichen Strahlungsdichte wie ein schwarzer Körper bei der wahren Temperatur T. Die wahre Temperatur eines Körpers muss immer höher liegen als seine schwarze. Sonst könnte der Körper trotz seines Absorptionsvermögens $A_\lambda < 1$ nicht die gleiche Strahlungsdichte S_λ^* ergeben wie ein schwarzer Körper mit $A_\lambda = 1$.

Aufgrund dieser Definition baut man die handlichen *Pyrometer*. Ihr Hauptteil besteht aus einer Wolframglühlampe mit regelbarer Belastung, einem Amperemeter und einem Rotfilter. Der Glühdraht wird vor das Bild einer strahlenden Fläche gestellt und seine Strahlungsdichte verändert. Stimmen die Strahlungsdichten des Drahtes und der Fläche überein, so wird der Draht unsichtbar (Schauversuch in Abb. 611). Man eicht das Instrument vor der Fläche eines schwarzen Körpers und vermerkt die *wahren* Temperaturen des schwarzen Körpers auf der Skala des Amperemeters.

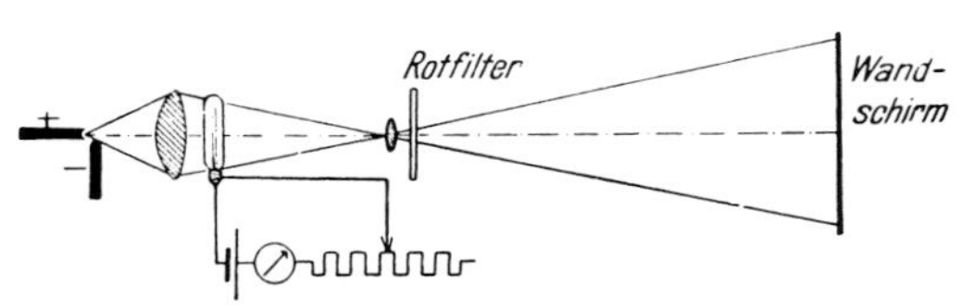

Abb. 611. Zur optischen Temperaturmessung mit einem Pyrometer. In diesem Schauversuch wird die Strahlungsdichte eines Bogenlampenkondensors mit der einer Wolframglühbirne verglichen. Bei passender Stromstärke wird der Lampenfaden unsichtbar.

Die Abweichungen zwischen „schwarzer" und „wahrer" Temperatur sind oft erheblich, selbst bei Stoffen mit wenig selektivem Absorptionsvermögen, wie z. B. beim technisch so wichtigen Wolfram. Das zeigt Tab. 15.

[1] Gasthermometer mit Iridiumgefäßen sind noch bis 2 000 °C brauchbar. Thermoelemente aus Wolfram- und einer Wolfram-Molybdän-Legierung lassen noch 2 600 °C erreichen.

Tabelle 15. Optische Temperaturmessungen an Wolfram

Wahre Temperatur	1 000	1 500	2 000	3 000 Kelvin
Schwarze Temperatur T_s, gemessen aus der Strahlungsdichte S_λ^* im Bereich um $\lambda = 665$ nm	964	1 420	1 857	2 673 Kelvin
Farbtemperatur	1 006	1 517	2 033	3 094 Kelvin

(Das Verhältnis von wahrer zu schwarzer Temperatur ist nicht konstant, weil sich das Absorptionsvermögen des Metalls mit der Temperatur ändert.)

Aus diesem Grund hat man außer der schwarzen Temperatur noch eine weitere Temperatur definiert, nämlich die *Farbtemperatur*. Für diese Definition benutzt man die *unzerlegte* sichtbare Strahlung, also ohne Rotfilter, und vergleicht nicht die Strahlungs*dichte* beider Körper, sondern ihren Farbton (Rot, Rotgelb usw.). Auch hier ist wieder eine Nullmethode, also eine Einstellung auf *Farbgleichheit*, das einfachste. Ein Schauversuch ist in Abb. 612 skizziert. Die bei Farbgleichheit vorhandene *wahre* Temperatur des schwarzen Körpers definiert man als die *Farb*temperatur des mit ihm verglichenen Körpers. Die Farbtemperatur weicht im Allgemeinen viel weniger von der wahren Temperatur ab als die schwarze. Auch dafür enthält Tab. 15 ein Beispiel.

Begründung: In Abb. 613 sind für den sichtbaren Bereich zwei ausgezogene Kurven $\partial S^*/\partial\lambda$ dargestellt, beide gelten für die gleiche beliebig gewählte Temperatur. Bei beiden ist das Absorptionsvermögen im ganzen sichtbaren Spektrum konstant angenommen worden. Bei der oberen ist $A_\lambda = 1$ gesetzt, sie gilt also für einen schwarzen Körper. Für die untere ist $A_\lambda = 0{,}6$ gewählt. Die Ordinaten beider Kurven unterscheiden sich also nur um einen konstanten Faktor 0,6 (Körper mit einem von λ unabhängigen

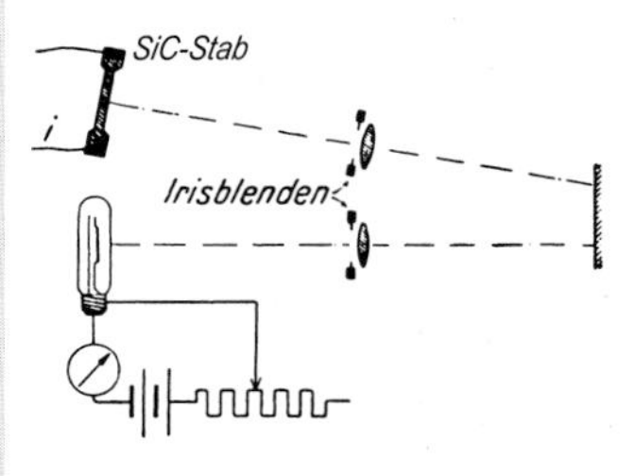

Abb. 612. Schauversuch zur Messung der Farbtemperatur. Als Körper mit unbekannter Temperatur dient ein elektrisch geheizter SiC-Stab. Als Vergleichsstrahler müsste eigentlich ein schwarzer Körper benutzt werden. Für diesen Schauversuch genügt aber vollauf eine Wolfram-Bandlampe mit regelbarer Stromstärke. Ein sicherer Farbvergleich verlangt angenähert gleiche Beleuchtungsstärken auf dem Wandschirm. Diese werden mithilfe der Irisblenden eingestellt.

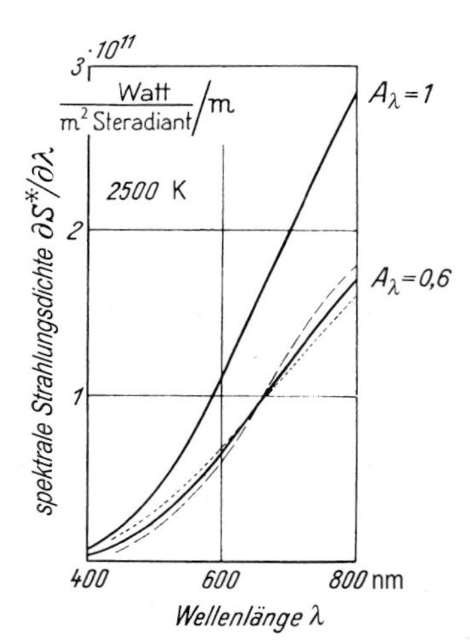

Abb. 613. Zur Messung der Farbtemperatur. Die Angaben gelten für die zur Senderfläche senkrechte Richtung.

Absorptionsvermögen $A_\lambda < 1$ werden nicht selten „grau“ genannt). Das Verhältnis

$$\frac{\text{Strahlungsdichte im Wellenlängenbereich um } \lambda_1}{\text{Strahlungsdichte im Wellenlängenbereich um } \lambda_2} = F \tag{489}$$

ist für die benutzte Temperatur charakteristisch (Gl. 484). Für unseren Lichtsinn bestimmt dies *Verhältnis F* den *Farbton* des strahlenden Körpers. Der Farbton ist also trotz verschiedener Strahlungs*dichte* für den schwarzen und für den nichtschwarzen Körper der gleiche, und umgekehrt bedeutet gleicher Farbton streng gleiche wahre Temperatur.

Im Allgemeinen ist aber der Fall $A_\lambda = \text{const}$ für den nichtschwarzen Körper nicht erfüllt. Die untere Kurve bekommt einen Verlauf wie beispielsweise den gestrichelten oder den punktierten (Abb. 613). Dann bedeutet die Farbgleichheit nur eine angenäherte Gleichheit der Temperaturen. Die Farbtemperatur fällt bei der gestrichelten Kurve kleiner, bei der punktierten größer aus als die wahre. Doch werden die Abweichungen nur bei sehr selektiv absorbierenden Körpern erheblich.

Dem blauen Himmel entspricht eine Farbtemperatur von etwa 12 000 Kelvin, im April und Mai sogar bis zu 27 000 Kelvin. Das heißt, im sichtbaren Spektralbereich ist die Verteilung der Strahlungsdichte für das diffuse (RAYLEIGH-Streuung) Himmelslicht die gleiche wie bei heißen Fixsternen (z. B. Sirius 11 200 Kelvin, β-Centauri 21 000 Kelvin).

XXIX. Lichtsinn und Photometrie

§ 263. Vorbemerkung. Notwendigkeit einer Photometrie. Das Auge ist wie die übrigen Sinnesorgane vor allem Gegenstand physiologischer und psychologischer Forschung. Trotzdem muss auch der Physiker einiges von den wichtigsten Eigenschaften seines Lichtsinnes kennen.

In der Physik bewertet man eine Strahlung nach ihrer *Leistung* $\dot{W}$. Abb. 330 auf S. 208 zeigte die Messung der Strahlungsleistung in einer der üblichen Leistungseinheiten, z. B. in Watt. Die Strahlungsleistung $\mathrm{d}\dot{W}$ war im Raumwinkel $\mathrm{d}\varphi$ enthalten. Dann definierte man

$$\text{Strahlungsstärke}\ J_\vartheta = \frac{\text{Strahlungsleistung}\ \mathrm{d}\dot{W}}{\text{Raumwinkel}\ \mathrm{d}\varphi}\,. \qquad (328)\ \text{v. S. 265}$$

Die Strahlungsstärke wird also in der Physik als *abgeleitete* Größe gemessen mit der Einheit Watt/Steradiant.

Für den Lichtsinn haben die Strahlungsleistung und die aus ihr abgeleiteten Größen (Kap. XIX) keine Bedeutung. Der Lichtsinn bewertet Strahlungsleistungen nur selektiv in einem engen Bereich des Spektrums. Deswegen musste eine Strahlungsmessung entwickelt werden, in der die Strahlungsleistung nur nach ihrer Wirkung auf das Auge, d. h. auf den Lichtsinn, bewertet wird (Photometrie). Die Grundlagen der Photometrie werden in den §§ 264 bis 269 behandelt.

Alles, was unser Auge sieht, unser Körper inbegriffen, besteht aus farbigen, bunten oder unbunten Flächen. Wir sehen sie, meist räumlich verteilt, mehr oder minder hell und nicht selten auch glänzend. — Die §§ 270 bis 275 sollen zeigen, unter welchen Bedingungen die *Empfindungen Farbe und Glanz* entstehen.

§ 264. Experimentelle Hilfsmittel für die Änderung der Bestrahlungsstärke. Für die Vorführungen in diesem Kapitel braucht man eine rasche und bequeme Änderung der

$$\text{Bestrahlungsstärke}\ b = \frac{\text{Strahlungsstärke}\ J_\vartheta\ \text{des Senders}}{(\text{Abstand}\ R\ \text{des Senders})^2}\,. \qquad (330)\ \text{v. S. 265}$$

Diese Definitionsgleichung zeigt die beiden Möglichkeiten: entweder ändert man im Nenner den Abstand R zwischen dem Sender (Strahlungsquelle) und der senkrecht bestrahlten Fläche $\mathrm{d}A'$, oder man ändert im Zähler die Strahlungsstärke J_ϑ des Senders. Von den experimentellen Hilfsmitteln werden im Folgenden zwei genügen:

1. Eine rotierende Sektorscheibe, dargestellt in Abb. 614. Sie ändert nur den zeitlichen Mittelwert der Strahlungsstärke, ist aber dafür völlig unabhängig von dem benutzten Spektralbereich. — Ihr Zeichenschema befindet sich in Abb. 615 (α).

2. Graufilter (s. Abb. 586) veränderlicher Dicke oder zwei hintereinander geschaltete Polarisationsprismen oder -folien (s. § 205). Sie sind nur in begrenzten Spektralbereichen brauchbar. Ihr Zeichenschema befindet sich ebenfalls in Abb. 615 (β).

K. Lüders, R. O. Pohl (Hrsg.), *Pohls Einführung in die Physik*
DOI 10.1007/978-3-642-01628-8, © Springer 2010

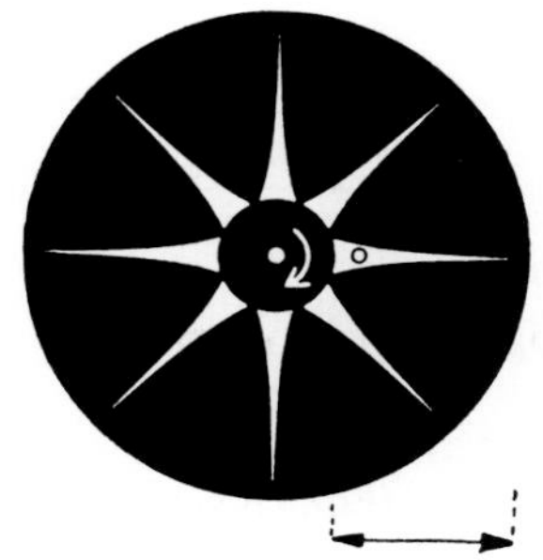

Abb. 614. Rotierende Sektorscheibe zur Änderung des zeitlichen Mittelwertes einer Strahlungsstärke. Mehr als etwa 30 bis 60 Dunkelpausen je Sekunde werden vom Auge nicht mehr wahrgenommen (Filmkamera). Der Kreis bedeutet den Querschnitt des Lichtbündels. Ein Schlitten ermöglicht eine seitliche Verschiebung der Sektorscheibe in Richtung des Doppelpfeils.

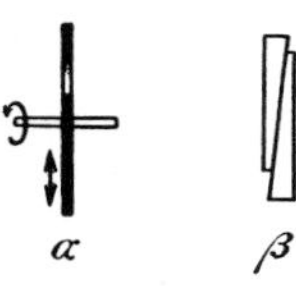

Abb. 615. Zeichenschema für zwei Gruppen technischer Hilfsmittel zur Änderung von Strahlungsstärken

§ 265. Das Prinzip der Photometrie. Das Prinzip der Photometrie ist einfach: Man misst die Strahlungsstärke *mithilfe des Lichtsinns* als eine *neue Grundgröße, genannt Lichtstärke*. Die Einheit dieser neuen Grundgröße wird dargestellt durch die Lichtstärke einer international vereinbarten *Normallichtquelle* und 1 Candela genannt[1] (abgekürzt cd). — Den Sinn dieser Sätze soll die Abb. 616 erläutern. Sie zeigt oben die Glühlampe, deren Lichtstärke gemessen werden soll und unten drei, der Einfachheit halber als Kerzen skizzierte, Normallampen. Auf beide Flächen $\Delta A'$ ist ein Stück des gleichen Drucktextes aufgeklebt. Die Anzahl der Normallampen ist so ausprobiert, dass sie die untere Fläche ebenso „beleuchten" wie die Glühlampe die obere Fläche „beleuchtet": Das heißt, man vermag den Text auf beiden Flächen gleich gut zu *lesen*. Demnach kann man *für das Auge* die Glühlampe an ihrem Ort durch drei Normallampen *ersetzen*. Hat jede Normallampe die Lichtstärke 1 Candela, ist also die Lichtstärke der Glühlampe = 3 Candela.

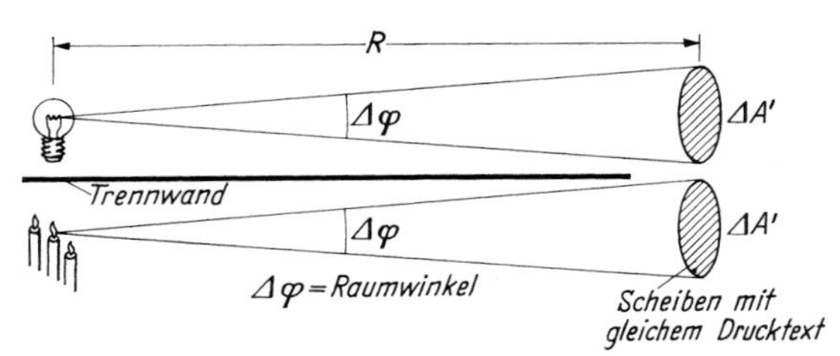

Abb. 616. Ein Beispiel für das Prinzip der Photometrie: *Für das Auge* kann man die Glühlampe durch drei am gleichen Ort befindliche, als Kerzen skizzierte Normallampen ersetzen. — Technische Variante: Man benutzt nur *eine* Normallampe und schwächt die von der Glühlampe auf der oberen Scheibe erzeugte Bestrahlungsstärke auf ein Drittel. Die Hilfsmittel dafür sind aus § 264 bekannt.

Mit der Lichtstärke als neuer Grundgröße ergibt sich dann folgende Gegenüberstellung photometrisch und physikalisch gemessener Größen:

[1] Candela (Betonung auf der zweiten Silbe) ist das lateinische Wort für Kerze. Man benennt also eine Lichtstärke mit dem gleichen Wort, mit dem die Umgangssprache einen käuflichen Gegenstand, z. B. ein Stearinlicht, bezeichnet.

1. Für den *Sender*:

Lichtstärke	statt *Strahlungsstärke*	(Leistung/Raumwinkel)
Leuchtdichte	statt *Strahlungsdichte*	$\left(\frac{\text{Leistung}}{\text{Raumwinkel}} \Big/ \text{Senderfläche } \Delta A\right)$
*Licht*strom oder *Licht*leistung	statt *Energie*strom oder *Strahlungs*leistung	(Leistung)

2. Für den *Empfänger*:

*Beleuchtungs*stärke statt Bestrahlungsstärke (Leistung/Empfängerfläche $\Delta A'$)

3. Sowohl für den *Sender* als auch für den *Empfänger*:

*Licht*menge statt *Strahlungs*energie (Energie)

Als Normallichtquelle diente bis 1979 ein schwarzer Körper mit einer Öffnung von $(1/60)\,\text{cm}^2$ und einer Temperatur von 1 770 °C, der Erstarrungstemperatur von Platin. Davor war es bis 1942 eine nach F. Hefner (1845 – 1904, österreichischer Physiker) benannte Gasflamme. Man nannte ihre Strahlungsstärke in horizontaler Richtung eine Hefner-Kerze (HK). Es ist 1 Hefner-Kerze $\approx$ 0,9 Candela.[K1]

K1. Zur heutigen seit 1979 vereinbarten Definition der Einheit Candela siehe: PTB-Mitteilungen 117 (2007), Heft 2. Als Sekundärnormale benutzt man in der Praxis speziell konstruierte Glühlampen.

Die Grundgröße Lichtstärke genügt, um alle übrigen Größen der Photometrie als abgeleitete zu messen[1]. Gibt man, wie oft geschehen, den Einheiten dieser abgeleiteten Größen besondere *Namen*, so bekommt diese harmlose Messkunst das Ansehen einer wahrhaft esoterischen Lehre. Wir stellen in Tab. 16 die Namen einiger Größen und ihrer Einheiten zusammen.

Tabelle 16. Einige Größen der Photometrie und ihre Einheiten (Candela, Lumen und Lux sind Einheiten des internationalen Einheitensystems SI)

	Begriff	Definition	Einheit	Name der abgeleiteten Einheit bei hell- adaptiertem Auge	Name der abgeleiteten Einheit bei dunkel- adaptiertem Auge
Für den Sender	Lichtstärke	Grundgröße	Candela (cd)	–	–
	Leuchtdichte	Lichtstärke/scheinbare Senderfläche (Abb. 423)	$\frac{\text{Candela}}{\text{Meter}^2}$	$= 10^{-4}$ Stilb (sb) (veraltet)	$\approx 10^3\pi$ Skot (veraltet)
	Lichtstrom	Lichtstärke · Raumwinkel	Candela · Steradiant	= 1 Lumen (lm)	–
Für den Empfänger	Beleuchtungsstärke	$\frac{\text{Lichtstrom}}{\text{Empfängerfläche}} = \frac{\text{Lichtstärke d. Send.}}{(\text{Abstand d. Send.})^2}$	$\frac{\text{Candela} \cdot \text{Steradiant}}{\text{Meter}^2} = \frac{\text{Candela}}{\text{Meter}^2}$	= 1 Lux (lx)	$\approx 10^3$ Nox (veraltet)

§ 266. Definition der Gleichheit zweier Beleuchtungsstärken. Die gesamte Photometrie steht und fällt mit der Möglichkeit, zwei von verschiedenen Lichtquellen bestrahlte Flächen als gleich beleuchtet zu erkennen oder präziser gesagt, ihre Beleuchtungsstärken

[1] Selbstverständlich kann man auch eine andere mit dem Lichtsinn bewertete physikalische Größe als Grundgröße einführen, z. B. die Leuchtdichte, die vom Lichtsinn bewertete Strahlungsdichte. Dann wird die Lichtstärke zur abgeleiteten Größe Leuchtdichte · Senderfläche, usw. — Die Benutzung der Lichtstärke als Grundgröße erleichtert es, die photometrischen Messverfahren *experimentell* zu entwickeln.

als gleich wahrzunehmen. Beim Vergleich zweier Lichtquellen gleicher Bauart, z. B. einer großen und einer kleinen Wolframglühlampe mit normaler Belastung, ist die Einstellung gleicher Beleuchtungsstärken ohne weiteres klar. Man lässt die beiden Flächen $\Delta A'$ der schematischen Abb. 616 irgendwie aneinander grenzen. Bei gleicher Beleuchtungsstärke *verschwindet* die *Grenze*, die beleuchteten Flächen unterscheiden sich überhaupt nicht mehr. — Anders beim *Vergleich verschiedenartiger Lichtquellen*, z. B. einer gelb leuchtenden Na-Dampf-Lampe und einer blaugrün leuchtenden Hg-Dampf-Lampe, oder zweier Bogenlampen mit bunten Filterfenstern, die eine mit einem roten, die andere mit einem blauen. Hier muss der Begriff der gleichen Beleuchtungsstärke erst *definiert* werden. Dafür gibt es etliche Möglichkeiten:

1. *Sehschärfe*. Diese Möglichkeit hatten wir bereits in § 265 benutzt. Jetzt denken wir uns auf einem Zeitungsblatt nebeneinander zwei rechteckige Felder mit je einer Bogenlampe beleuchtet, das eine rot, das andere grün (Abb. 617). Die Beleuchtungsstärke des einen Feldes kann mit der Vorrichtung β in messbarer Weise stetig verändert werden. Man kann mit bemerkenswerter Sicherheit auf gleiche *Lesbarkeit* oder gleiche *Sehschärfe* in beiden Feldern einstellen. Daher kann man unabhängig von der Farbe gleiche Sehschärfe als Kennzeichen gleicher Beleuchtungsstärke *definieren*.

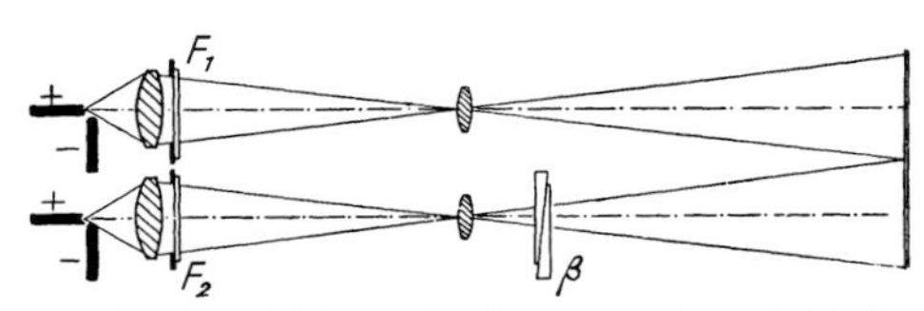

Abb. 617. Zur Definition gleicher Beleuchtungsstärke mithilfe gleicher Sehschärfe. — Das Umfeld soll bei diesen und den folgenden photometrischen Schauversuchen mit einer Beleuchtungsstärke von rund 10 Candela/m^2 beleuchtet werden. Es strahlt dann selbst diffus mit einer Leuchtdichte von etwa 3 Candela/m^2.

2. *Verzögerungszeit*. Die beiden rechteckigen bunten Felder werden nebeneinander mit einer vertikalen Grenze auf einen Wandschirm projiziert, jedoch durch den Schatten eines horizontalen Stabes unterbrochen. Der Stab wird auf und ab bewegt. Dabei bleibt sein Schatten im Allgemeinen keine horizontale Gerade, sondern er zeigt an der Grenze eine Versetzung, z. B. wie in Abb. 618. Das heißt, unser Bewusstsein nimmt die Bewegungen erst mit einer gewissen, von der Beleuchtungsstärke abhängigen *Verzögerung* wahr. Wir können wieder die Beleuchtungsstärke des einen Feldes variieren (Vorrichtung β) und mit großer Sicherheit auf ein Verschwinden der Versetzung einstellen. Daher kann man unabhängig von der Farbe auch die gleiche Verzögerungszeit als Kennzeichen gleicher Beleuchtungsstärke *definieren*.

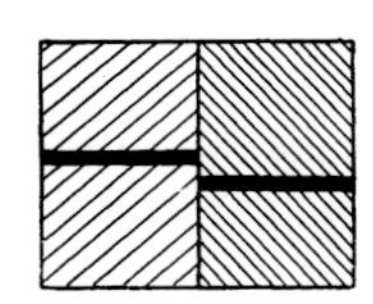

Abb. 618. Zur Definition gleicher Beleuchtungsstärke durch gleiche Verzögerungszeit

In technischen Photometern erzeugt man mit Verzögerungen verschiedener Größe stereoskopische Effekte. Ihr Verschwinden bedeutet gleiche Beleuchtungsstärke. *Schauversuch*: Man lässt eine Metallkugel (Masse $\approx$ 1 kg) bifilar, also an zwei Fäden (Länge $\approx$ 4 m), aufgehängt als Schwerependel *in einer Ebene* schwingen ($T \approx 4$ sec). Der Beobachter betrachtet es von der Seite mit beiden Augen, hält aber vor das eine irgendein dunkles oder gefärbtes Glas. Dann sieht er das Pendel auf einer Ellipsenbahn laufen. Der Umlaufsinn hängt davon ab, ob die Reaktionszeit des rechten oder des linken Auges durch das vorgeschaltete Glas verzögert wird.

3. *Grenzfrequenz des Flimmerns.* Intermittierende Beleuchtung, z. B. hergestellt mit einer rotierenden Sektorscheibe mit radialen Sektorgrenzen in Abb. 619, erzeugt ein Flimmern. Dieses verschwindet oberhalb einer *Grenzfrequenz*[1]. Je höher die Beleuchtungsstärke (Vorrichtung β), desto höher die Grenzfrequenz. Bei verschiedenfarbiger Beleuchtung kann man gleiche Grenzfrequenz des Flimmerns als Kennzeichen gleicher Beleuchtungsstärke *definieren*.

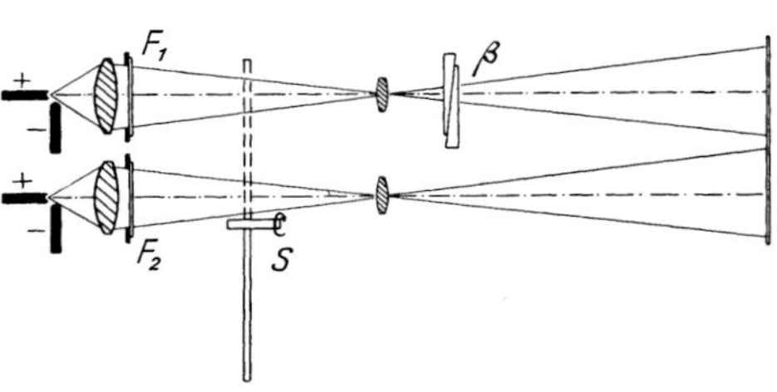

Abb. 619. Zur Definition gleicher Beleuchtungsstärke durch gleiche *Grenzfrequenz* des Flimmerns. Durch die rotierende Sektorscheibe mit radialen Sektorgrenzen werden beide Lichtquellen gleichzeitig und für gleich lange Zeiten freigegeben.

4. *Flimmerfreier Feldwechsel.* Die beiden bunten beleuchteten Felder werden nicht wie bisher *neben*einander, sondern genau passend *auf*einander gelegt (Abb. 620) und mit einem rotierenden Sektorverschluss dem Auge *abwechselnd* dargeboten, etwa 10-mal pro Sekunde. Im Allgemeinen sieht man einen flimmernden Wechsel des Farbtones. Durch Änderung der einen Beleuchtungsstärke (Vorrichtung β) kann man das Flimmern beseitigen. Das Auge sieht dann das Feld in einer ruhigen Mischfarbe. Dieser flimmerfreie Feldwechsel kann unabhängig von der Farbe als Kennzeichen gleicher Beleuchtungsstärke *definiert* werden.

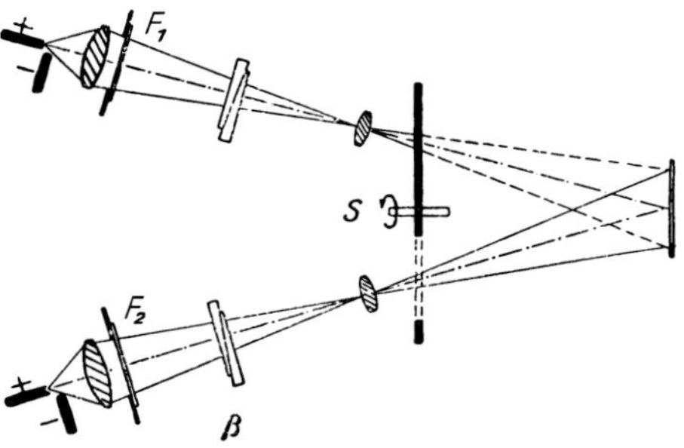

Abb. 620. Zur Definition gleicher Beleuchtungsstärke durch flimmerfreien Feldwechsel

Diese verschiedenartigen Definitionen für die Gleichheit zweier Beleuchtungsstärken führen zu leidlich übereinstimmenden Ergebnissen[2]. Mit ihrer Hilfe kann man die Lichtstärken der verschiedenartigsten Lichtquellen vergleichen und messen, und zwar in Vielfachen der ver-

[1] Sie wird erfahrungsgemäß bei *gleicher* Dauer der Hell- und Dunkelintervalle am kleinsten. (Im Kino je 0,01 sec. Jedes Bild wird zweimal projiziert und nur jedes zweite Dunkelintervall zum Bildwechsel benutzt, Bildfrequenz also 25 Hz.)

[2] Man muss derjenigen Definition den Vorzug geben, deren Ergebnisse ein Additivitätsgesetz befolgen. Addiert werden Beleuchtungsstärken. Man bestimmt z. B. entsprechend den angegebenen Methoden zwei Beleuchtungsstärken A und B. Addiert ergeben sie die Beleuchtungsstärke $C = A + B$. Wenn dann im Experiment auch der Wert C herauskommt, sagt man, dass ein Additivitätsgesetz gilt. Am besten scheint die Definition Nr. 4 zu sein.

einbarten Einheit, der Candela. *Die Zahlenwerte der Photometrie können selbstverständlich nur für einen mittleren Normalmenschen gelten und auch für ihn nur bei seinem normalen, nicht durch irgendwelche besonderen Beanspruchungen geänderten Befinden.*

§ 267. Spektrale Verteilung der Empfindlichkeit des Auges oder der Lichtausbeute.

Nach den Darlegungen des vorigen Paragraphen lassen sich Lichtstärken *unabhängig von ihren Farben* in Candela messen. Infolgedessen kann man experimentell bestimmen, wie das Verhältnis[K2]

$$E_\lambda = \frac{\text{photometrisch in Candela gemessene } \textit{Licht}\text{stärke}}{\text{physikalisch in Watt/Steradiant gemessene } \textit{Strahlungs}\text{stärke}} \tag{490}$$

K2. Gleichbedeutend ist die Definition

$$E_\lambda = \frac{\text{Lichtstrom}}{\text{Strahlungsleistung}}$$

(Einheit: Lumen/Watt), die am rechten Rand von Abb. 621 aufgetragen ist.

von der Wellenlänge der Strahlung abhängt. Man kann E_λ als spektrale Empfindlichkeit des Auges oder als Lichtausbeute für eine Wellenlänge λ bezeichnen.

Die Messmethoden sind aus den vorangehenden Paragraphen zur Genüge bekannt. Das Ergebnis — ein Jahresmittel über Hunderte von Individuen — ist in Abb. 621 dargestellt. Es gilt für das hell adaptierte Auge, d. h. für den Zustand des Auges, der sich einstellt, wenn die Leuchtdichte von Eigenstrahlern (Lampen) oder die Beleuchtungsstärke von Fremdstrahlern (Möbel, Druckschrift) > 3 Candela/m^2 wird. Das Maximum der Kurve liegt dann bei der Wellenlänge $\lambda = 555$ nm, dort ist $E_{\max} = 680 \, \frac{\text{Candela}}{\text{Watt/Steradiant}} = 680 \, \frac{\text{Lumen}}{\text{Watt}}$.

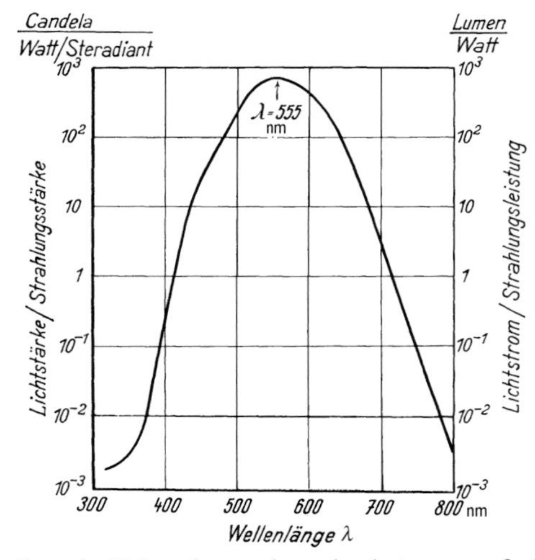

Abb. 621. Spektrale Verteilung der Lichtausbeute oder spektrale Augenempfindlichkeit E_λ für das hell adaptierte Auge nach den zur Zeit international vereinbarten Werten. Man kann auch die 10 % aller männlichen Beobachter mit leichten Störungen des Farbensinnes ausschalten. Dann verschiebt sich das Maximum zur Wellenlänge 565 nm. Üblicherweise bezeichnet man für den Wellenlängenbereich von 400 bis 750 nm als sichtbar. Das ist also nicht frei von Willkür.

Die Lage des Maximums der Augenempfindlichkeit lässt sich qualitativ schon mit ganz einfachen Schauversuchen vorführen. Man projiziert ein Spektrum mit einer Bogenlampe auf den Wandschirm und betrachtet die Strahlungsstärke der einzelnen Wellenlängenbereiche in roher, aber genügender Näherung als konstant. In den Strahlengang setzt man eine Sektorscheibe und steigert allmählich die Drehfrequenz: Zunächst flimmert das ganze Spektrum, dann werden die Enden (violett und rot) flimmerfrei. Der flimmernde Bereich wird mehr und mehr eingeengt. *Zuletzt wird die Grenzfrequenz des Flimmerns im Grünen, also im Bereich der Höchstempfindlichkeit, erreicht.* — Oder noch einfacher: Man entfernt die Sektorscheibe und hält quer vor den Spalt eine Nadel. Sie unterteilt das Spektrum in seiner ganzen Länge horizontal durch einen geraden schwarzen Strich. Dann bewegt man die Nadel langsam auf und nieder. Dadurch wird der schwarze Strich durchgebogen, die beiden Enden im Rot und Violett bleiben zurück. Der Scheitel des Bogens liegt im Grünen, d. h. im Gebiet der Höchstempfindlichkeit ist die Verzögerungszeit des Auges am kleinsten.

Bei kleinen Beleuchtungsstärken des Auges treten die Empfangsorgane der hell adaptierten Netzhaut, die Zäpfchen, außer Funktion. Statt ihrer treten andere Empfangsorgane, die Stäbchen, in Tätigkeit. Bei Beleuchtungsstärken $< 3 \cdot 10^{-3}$ Candela/m^2 arbeiten diese allein. Die spektrale Empfindlichkeitsverteilung des Auges ist dann in Richtung kürzerer Wellen verschoben. Das Maximum liegt bei ungefähr 510 nm. Dabei reagiert das Auge noch auf eine Bestrahlungsstärke von etwa $6 \cdot 10^{-13}$ Watt/m^2, d. h. durch seine Pupille von $5 \cdot 10^{-5}\,m^2$ Fläche muss eine Strahlungsleistung von etwa $3 \cdot 10^{-17}$ Watt oder ein Lichtstrom von etwa $2 \cdot 10^{-14}$ Lumen eintreten.[1] Mit den Stäbchen kann das Auge die Dinge nicht mehr farbig sehen. „Bei Nacht sind alle Katzen grau." Die Stäbchen fehlen im Winkelbereich der größten Sehschärfe (letzter Absatz von § 150). Daher verschwinden die Dinge beim Fixieren, beim Vorbeiblicken treten sie wieder auf. Man sieht „Irrlichter" und huschende Gespenster.

„Bei Nacht sind alle Katzen grau."

Zur Vorführung dieser Tatsachen projiziert man in einem völlig verdunkelten Hörsaal ein Spektrum auf den Wandschirm und regelt die Beleuchtungsstärke des Spaltes mithilfe zweier gekreuzter NICOL'scher Prismen oder Polarisationsfolien (§ 205). Nach einigen Minuten sind die Beobachter dunkeladaptiert. Das Spektrum erscheint als silbrig glänzendes Band, das Maximum im zuvor „blauen" Gebiet hebt sich deutlich hervor. Beim Fixieren sieht man nichts, man muss vorbeiblicken.

Mit der Bestimmung der beiden spektralen Empfindlichkeitsverteilungen des hell- und des dunkeladaptierten Auges sind die physiologischen Grundlagen der Lichtmesskunst (Photometrie) geschaffen. Für technisch-wirtschaftliche Zwecke kann man in internationaler Vereinbarung geschickt ausgewählte Mittelwerte (z. B. Abb. 621) als verbindlich erklären. Auf ihnen fußend, kann man dann die praktischen Lichtmessungen ohne den Lichtsinn allein durch *Instrumente* ausführen lassen. Man kann unschwer einem lichtelektrischen Strahlungsmesser (Photozelle + Strommesser, Abb. 332) eine gleiche spektrale Empfindlichkeitsverteilung geben wie dem Auge. Sehr geeignet ist der selektive Photoeffekt (13. Aufl. der „Optik und Atomphysik", Kap. 18, § 22) der Alkalimetalle, speziell des Cäsiums, in Verbindung mit bestimmten Filtern. Solche Zusammenstellungen werden oft *objektive Photometer* genannt. Sie bewerten die Leistung einer Strahlung (Watt) mit dem gleichen, *mit der Wellenlänge wechselnden* Maß wie ein vereinbartes mittleres Normalauge. Die Skala des Amperemeters kann direkt auf eine photometrische Einheit, z. B. Candela umgeeicht werden. In dieser und in anderen Formen löst die technische Photometrie durch Vereinbarung messtechnischer Spielregeln die Aufgabe, wirtschaftlich brauchbare Angaben zu liefern und Streitereien zu vermeiden. — Für das Sehen eines einzelnen Individuums sind ihre Zahlenangaben durchaus nicht verbindlich. Wo sich Folgerungen aus den Zahlen und das Sehen widersprechen, ist stets das Auge im Recht!

„Wo sich Folgerungen aus den Zahlen und das Sehen widersprechen, ist stets das Auge im Recht!"

§ 268. Ankling- und Summierungszeit des Auges. Die Ausführungen des § 267 gelten nur für eine stationäre Bestrahlung des Auges. Nur dann ist die Lichtstärke proportional zur Strahlungs*leistung*. Die Lichtempfindung wird durch photochemische Vorgänge in der Netzhaut hervorgerufen. Die Konzentration ihrer Reaktionsprodukte steigt keineswegs dauernd proportional zur absorbierten *Energie*. Thermische Vorgänge und biologische Regeneration in den lebenden Zellen bewirken eine Rückbildung. Infolgedessen überschreitet die Konzentration nicht einen stationären, zur Strahlungs*leistung* proportionalen Grenzwert. Er wird erst nach einer, kurz *Anklingzeit* genannten, Zeitdauer erreicht.

[1] Entsprechend etwa 100 Lichtquanten/Sekunde.

So lange die Einstrahlzeit noch klein gegen die Anklingzeit ist, werden die photochemischen Reaktionsprodukte summiert. Während der Summierungszeit kommt es allein auf das *Produkt* aus Strahlungsleistung und Einstrahlzeit an, also auf die eingestrahlte *Energie*.

Beispiel: Für das hell adaptierte Auge ist die Summierungszeit $\tau \approx 0{,}05$ sec. Infolgedessen kann man z. B. $5 \cdot 10^{-5}$ sec lang die Sonnenscheibe (Leuchtdichte $\approx 10^9$ Candela/m^2) betrachten, ohne sie heller zu sehen als eine kontinuierlich betrachtete schwach glühende Wolframbandlampe (Leuchtdichte $\approx 10^6$ Candela/m^2).

Anwendung: Man kann eine Lampe kontinuierlich strahlen und zusätzlich durch kurzzeitige Überlastung Lichtblitze für Signalzwecke aussenden lassen. Ein Auge nimmt die Signale nicht wahr, sondern nur ein als Empfänger benutzter sehr trägheitsfreier Photodetektor.

§ 269. Helligkeit. Dies häufige Wort der Gemeinsprache ist sehr vieldeutig. Es bezeichnet z. B. die Qualität einer Empfindung: Die bunte Farbe Violett können wir nie als so hell empfinden wie die bunte Farbe Gelb. Meistens wird Helligkeit im Sinn von *Leuchtdichte*, als Candela/m^2, angewandt, und zwar sowohl für Eigenstrahler als auch für Fremdstrahler. Daneben benutzt die Gemeinsprache das Wort Helligkeit auch für die *Lichtstärke* einer Lampe, eines Leuchtkäfers usw., ohne Rücksicht auf die *Größe* der strahlenden Fläche. Die *Astronomen* endlich benutzen das Wort Helligkeit in dreierlei verschiedenen Bedeutungen, darunter am häufigsten im Sinn von *Beleuchtungsstärke*

$$B = \frac{\text{Lichtstrom}}{\text{Empfängerfläche}} = \frac{\text{Lichtstärke } i \text{ des Sternes}}{(\text{Abstand } R \text{ des Sternes})^2}\,. \tag{491}$$

Die Astronomen vergleichen nur die von zwei Sternen auf der Erde hervorgerufenen Beleuchtungsstärken B_1 und B_2. Dann definieren sie (aufgrund einer langen historischen Entwicklung) mit der Gleichung

$$m_2 - m_1 = 2{,}5 \log \frac{B_1}{B_2} \tag{492}$$

eine Differenz zweier Zahlen m_2 und m_1 und nennen diese Zahlen die *visuellen Größenklassen* der beiden Sterne. Der Wert m_1 wird in willkürlicher Vereinbarung für den Polarstern $= +2{,}12$ gesetzt. In dieser Skala ist die visuelle Größenklasse m_2 für gerade noch mit dem bloßen Auge erkennbare Sterne $+6$, für α-Cygni (Deneb) $+1{,}3$, für Sirius $-1{,}6$, für die Sonne $-26{,}7$. (Man vergleiche die Definition des Phon in § 141 in Bd. 1)

In Gl. (492) werden die Beleuchtungsstärken B benutzt. Bei bekannten Abständen R verwenden die Astronomen stattdessen die *Lichtstärken* $i = BR^2$ (Gl. 491) und definieren mit der Gleichung

$$M_2 - M_1 = 2{,}5 \log \frac{i_1}{i_2} = 2{,}5 \log \frac{B_1 R_1^2}{B_2 R_2^2} \tag{493}$$

eine Differenz zweier Zahlen M_2 und M_1 und nennen *diese* Zahlen die *absoluten Helligkeiten* oder die *absoluten Größenklassen*. Die Zusammenfassung der Gln. (492) und (493) ergibt

$$M_2 - M_1 = m_2 - m_1 + 5 \log \frac{R_1}{R_2}\,. \tag{494}$$

Für einen Fixstern, der im Abstand $R_1 = 10$ Parsec[1] zur „visuellen Größenklasse" $m_1 = 0$ gehört, wird $M_1 = 0$ gesetzt. So ergibt sich für einen Fixstern mit dem Abstand R_2 und der visuellen Größenklasse m_2 als *absolute Helligkeit* die *Zahl*

$$M_2 = m_2 + 5 \log \frac{10 \text{ Parsec}}{R_2} \tag{496}$$

[1] Als Längeneinheit Parsec benutzen die Astronomen den Abstand R_0, aus dem der Erdbahnradius r unter einem Winkel von $1''$ gesehen wird, also

$$R_0 = r/1'' = 1 \text{ Parsec} = 3{,}08 \cdot 10^{16} \text{ Meter} \tag{495}$$

$$(1'' = (1/3600)^\circ = 4{,}85 \cdot 10^{-6};\; r = 1{,}49 \cdot 10^{11} \text{ m}).$$

oder, wenn man mit Gl. (498) seinen Abstand R_2 durch seine Parallaxe[1] α_2 ersetzt,

$$M_2 = m_2 + 5 + 5 \log \frac{\alpha_2}{1''} . \tag{499}$$

Die absolut genannten Helligkeiten oder Größenklassen sind also diejenigen, die man aus 10 Parsec Abstand beobachten würde.

Als *fotografische Helligkeit* bezeichnen die Astronomen das Verhältnis

$$B' = \frac{\text{fotochemisch bewertete Strahlungsstärke } J \text{ des Sternes}}{(\text{Abstand } R \text{ des Sternes})^2} . \tag{500}$$

Mit den Größen B' statt B definieren sie dann mit einer der Gl. (492) entsprechenden Gleichung *Zahlen*, die sie als „fotografische Größenklassen" bezeichnen.

Als *Leuchtkraft* bezeichnen die Astronomen zwei verschiedene Größen: Erstens die gesamte von einem Stern ausgehende *Strahlungsleistung* (messbar z. B. in Watt); zweitens eine *reine Zahl*, nämlich das Verhältnis der absoluten Größenklasse eines Sterns zur absoluten Größenklasse der Sonne ($M_\odot = +4{,}8$). Diese Zahlen liegen zwischen etwa 10^5 (Riesensterne) und 10^{-6} (Zwergsterne).

„Bei diesem trostlosen Durcheinander soll man das Wort Helligkeit nach Möglichkeit vermeiden."

Bei diesem trostlosen Durcheinander soll man das Wort Helligkeit nach Möglichkeit vermeiden. — Die

$$\text{Leuchtdichte} = \frac{\text{Lichtstärke}}{\text{scheinbare Senderfläche (Abb. 423)}} \tag{501}$$

ist bei Gültigkeit des LAMBERT'schen Kosinusgesetzes (§ 154), also sowohl bei Eigenstrahlern als auch bei ideal diffus streuenden *Fremd*strahlern, von der Emissionsrichtung unabhängig. Daher sehen wir die Sonnen*kugel* als gleichförmig leuchtende *Scheibe* wie eine allseitig beleuchtete Kreidekugel (s. aber auch Fußnote auf S. 267).

Das Auge vermag sich einem erstaunlich großen Leuchtdichtebereich anzupassen oder zu *adaptieren*, nämlich dem Bereich zwischen $2 \cdot 10^{-6}$ und $2 \cdot 10^5$ Candela/m^2. Bei jedem Adaptierungszustand darf eine gewisse Leuchtdichte nicht überschritten werden, sonst tritt *Blendung* ein, d. h. die Sehschärfe und das Unterscheidungsvermögen für Farben wird stark beeinträchtigt. An der oberen Grenze des Adaptierungsvermögens warnen erst Unbehagen, dann Schmerz vor einer dauernden Schädigung des Auges. Die Leuchtdichten vieler Lichtquellen gehen über den Adaptierungsbereich des Auges hinaus. Das zeigt Tab. 17.

Wichtig ist der Einfluss der optischen Instrumente, wie z. B. Fernrohre, auf die Leuchtdichte der betrachteten Gegenstände. Doch spielen hier auch psychologische Dinge eine wesentliche Rolle.

§ 270. Unbunte Farben, Entstehungsbedingungen. Die unbunten Farben lassen sich in einer Reihe, der *Grauleiter*, anordnen. An einem Ende steht Weiß, am anderen Schwarz. Der Übergang führt über die grauen Farben. Er kann stetig erfolgen oder in mehreren, z. B. 10 kontrastgleichen Stufen. Zur Vorführung der Grauleiter benutzt man anfänglich handelsübliche matte weiße, graue und schwarze Papiere (Abb. 622 auf Tafel 1 am Schluss des Buches) und beleuchtet sie mit *Tageslicht* oder mit *Glühlicht* (s. Schluss von § 123).

Physikalisch ist allen diesen unbunten Flächen eines gemeinsam: Im sichtbaren Spektralbereich hängt ihr diffuses Reflexionsvermögen nur wenig — im Idealfall gar nicht

---

[1] Als *Parallaxe* α eines Fixsterns definieren sie den Winkel

$$\alpha = \frac{\text{Erdbahnradius } r}{\text{Fixsternabstand } R} . \tag{497}$$

Aus den Gln. (495) und (497) ergibt sich für einen Fixstern mit der Parallaxe α der Abstand

$$R = \frac{1''}{\alpha} \cdot R_0 = \frac{1''}{\alpha} \text{ Parsec} . \tag{498}$$

Tabelle 17. Beispiele für Leuchtdichten

	Leuchtdichte in Candela/m²
Eigenstrahler	
Nachthimmel	etwa 10^{-11}
Neonlampe	etwa 10^{-5}
Gasglühlichtlampe	$6 \cdot 10^{-4}$
Hg-Bogenlampe	$(2–6) \cdot 10^{6}$
Wolframglühlampe mit Gasfüllung	$(5–35) \cdot 10^{6}$
Kohlebogenkrater (schwarze Temperatur = 3 820 Kelvin)	$1{,}8 \cdot 10^{8}$
Desgl. mit Zusatz von Cerfluorid (BECK-Lampe)	$(4–12) \cdot 10^{8}$
Hg-Hochdrucklampe (Quarzkugel, 45 bar)	bis[1] $6 \cdot 10^{8}$
Sonne	$(10–15) \cdot 10^{8}$
Fremdstrahler (Sekundärstrahler)	
Gegenstände in beleuchteten Arbeits- und Wohnräumen	$< 10^{2}$
Gegenstände auf Arbeitsplätzen für sehr feine Arbeiten	etwa 10^{3}
Gegenstände auf der Straße, Sonne im Rücken	etwa $5 \cdot 10^{3}$
Gegenstände im Freien bei trübem Wetter	etwa $3 \cdot 10^{3}$

[1] Für kurze Zeiten (Bruchteile einer Sekunde) lässt sich der Wert erheblich überschreiten, er kann die Leuchtdichte der Sonne um ein Vielfaches übertreffen.

— von der Wellenlänge ab. Die verschiedenen unbunten Flächen unterscheiden sich nur durch ihr Reflexionsvermögen. Dies beträgt beim weißen Papier etwa 90 %, beim schwarzen nur etwa 6 %. Aus diesem Grund reflektieren alle unbunten Flächen (weiße, graue und schwarze) eine sichtbare Strahlung von gleicher spektraler Verteilung, verschieden ist nur die Strahlungsdichte $\left(\frac{\text{Leistung}}{\text{Raumwinkel} \cdot \text{Fläche}}, \text{ Einheit: } \frac{\text{Watt}}{\text{Steradiant} \cdot \text{m}^2}\right)$, oder photometrisch gemessen, die Leuchtdichte (Candela/m²). — Dem entspricht eine sehr wichtige Erfahrung: *Jede unbunte Fläche zeigt, für sich allein in einem dunklen Raum von Glühlicht beleuchtet, stets die gleiche Farbe, nämlich Weiß.*

Schauversuch: In Abb. 623 wird eine kreisförmige Lochblende vor den Kondensor einer Bogenlampe gestellt und auf einem Schirm abgebildet. Dazu wird zunächst im erleuchteten Hörsaal eine weiße Papptafel aufgehängt und danach im verdunkelten Hörsaal beobachtet: Man sieht eine leuchtende weiße Kreisscheibe. Dann wird die Bogenlampe ausgeschaltet, die weiße Papptafel heimlich durch eine schwarze ersetzt, die Leistung der Bogenlampe vergrößert und von neuem beobachtet. Der Beobachter sieht wieder eine leuchtende weiße Fläche, etwa wie den *weißen Mond auf dem Himmelsgrund.*

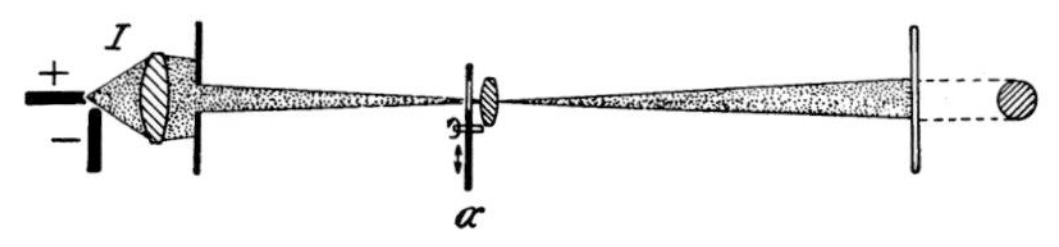

Abb. 623. Zur Entstehung der Farbe Weiß (**Videofilm 33**)

Videofilm 33: „Die Farbe Weiß"

Eine unbunte Fläche *allein* kann also nie grau oder schwarz gesehen werden. *Zum Grau- oder Schwarzsehen braucht das Auge im Gesichtsfeld noch eine zweite Fläche von größerer Leuchtdichte.* Das lässt sich auf zweierlei Weise erreichen: Entweder benutzt man mindestens zwei unbunte Flächen von verschiedenem Reflexionsvermögen und beleuchtet die Flächen gemeinsam mit Glühlicht. Oder man benutzt nur *eine* unbunte Fläche und beleuchtet auf ihr zwei getrennte Felder mit zwei Lampen verschiedener Lichtstärke. Das geschieht in Abb. 624. Die Lampe *I* beleuchtet ein kreisrundes „Innenfeld", die Lampe *II* ein außen rechteckig begrenztes „Umfeld". Beide Beleuchtungsstärken können mit den Vorrichtungen α in weiten Grenzen stetig verändert werden.

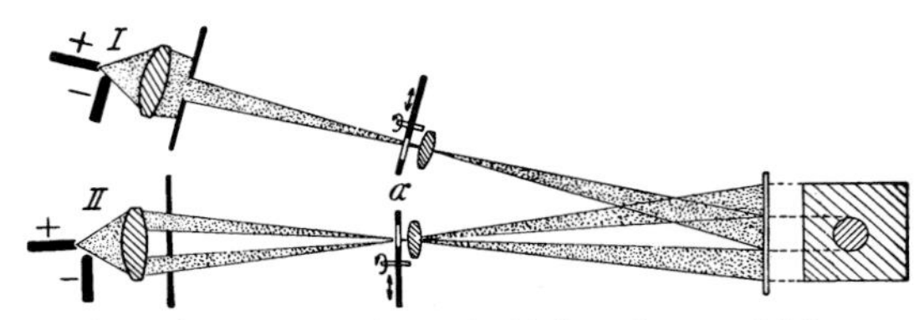

Abb. 624. Zur Entstehung der Farben Grau und Schwarz

Zunächst wird nur das Innenfeld bestrahlt und die Leuchtdichte seiner Streustrahlung auf einen mittleren Wert gebracht. Das Innenfeld erscheint rein weiß. Dann wird das Innenfeld — ohne an seiner Bestrahlung etwas zu ändern — von einem leuchtenden Umfeld umgeben. Sofort schlägt die Farbe des Innenfeldes in ein Grau um. Je stärker die Bestrahlung des Umfeldes, desto dunkler das Grau. Man kann die ganze Grauleiter bis zu tiefem Schwarz durchlaufen, ohne, wir wiederholen, an der Strahlung des Innenfeldes irgend etwas zu ändern. Zum Schluss wird die Bestrahlung des Innenfeldes fortgenommen, also allein sein beleuchteter *Rahmen* gelassen. Jetzt erscheint das Innenfeld noch schwärzer als das beste mattschwarze Papier oder selbst als Ruß.

Ergebnis: Eine Fläche bekommt die Farbe Schwarz nicht durch *eigene* Strahlung, sondern durch Strahlung der Umgebung. Ohne Licht sieht man gar nichts, Schwarz sieht man erst durch Licht aus der Umgebung. — An den grauen Farben sind *zwei* sichtbare Strahlungen beteiligt. Die eine geht von dem *Körper* aus, die andere von seiner *Umgebung*. Das Verhältnis beider Leuchtdichten unterscheidet die verschiedenen grauen Farben.

§ 271. Bunte Farben, ihr Farbton und ihre Verhüllung. Wir erzeugen mit Glühlicht ein kontinuierliches Spektrum. Schon bei flüchtiger Betrachtung überrascht die *geringe* Zahl verschiedener Farben. Eine große Gruppe, die Purpurtöne (Rotwein usw.), fehlt gänzlich. Vergeblich sucht man nach den häufigsten Farben unserer Kleidung, der Möbel und Tapeten. Es gibt kein Braun, kein Rosa, kein Dunkelgrün usw. *Neben einer Farbentafel des Handels erscheint der Farbenbestand eines Spektrums geradezu armselig.*

Mit Recht nennt man zwar eine Strahlung aus einem schmalen Wellenlängenbereich *monochromatisch*, also einfarbig: *Sie wird in einem charakteristischen bunten Farbton gesehen.* Doch darf der Satz nicht umgekehrt werden: *Nur in seltenen Fällen ist monochromatisches*, also einfarbig gesehenes Licht, die Strahlung aus einem *schmalen* Wellenlängenbereich! (§ 272)

In die schier unübersehbare Fülle bunter Farben ist unschwer Ordnung zu bringen. Jede bunte Farbe zeigt einen bestimmten, nicht näher definierbaren Farbton, nämlich Rot, Gelb, Purpur usw. Zu diesem Farbton *kann* als zusätzliches Bestimmungsstück eine *Verhüllung hinzukommen*, d. h. ein Rot kann weißlich oder schwärzlich sein, auch ein zusätzliches Grau kann oft deutlich hervortreten.

Unverhüllte oder freie Farben lassen sich mit Filtergläsern herstellen und nach ihrer Ähnlichkeit auf einem geschlossenen Kreis anordnen (Abb. 625 auf Tafel 1 am Schluss des Buches). In diesem *Farbenkreis* ist jeder Farbton seinen beiden Nachbarn ähnlicher als jedem anderen Farbton.

Zur *Vorführung der Verhüllung* ergänzt man Abb. 624 durch eine dritte Projektionslampe (Abb. 626). Sie bestrahlt ebenfalls nur das *Innenfeld*, und zwar zunächst durch einen Rotfilter. Dann werden nacheinander vier Versuche ausgeführt:

1. Es brennt nur die Lampe *III*, das Innenfeld erscheint in einem unverhüllten oder *freien Rot*.

2. Das Rot des Innenfeldes soll *weiß verhüllt* werden. Zu diesem Zweck wird das Innenfeld zusätzlich vom Licht der Lampe *I* bestrahlt und die Bestrahlungsstärke langsam

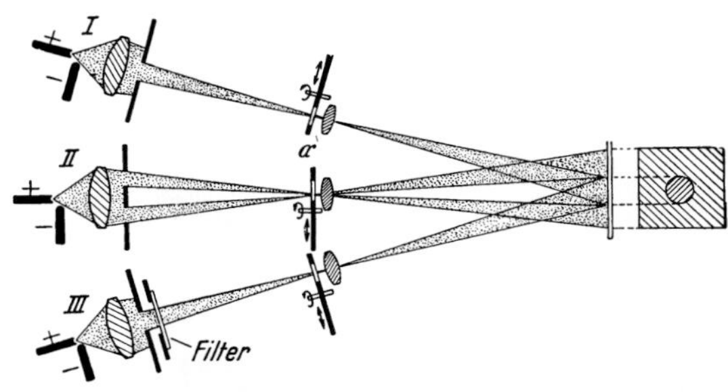

Abb. 626. Zur Verhüllung bunter Farben (**Videofilm 34**)

Videofilm 34: „Verhüllung bunter Farben"

mit der Vorrichtung α gesteigert. Damit gelangen wir vom unverhüllten Rot über Rosa zu unbuntem Weiß.

3. Das Rot des Innenfeldes soll *schwarz verhüllt* werden. Die Lampe *I* wird abgeschaltet und dafür das Umfeld in steigendem Betrag mit dem Glühlicht der Lampe *II* bestrahlt. Wir gelangen vom unverhüllten Rot über schöne dunkelrote Farben zu unbuntem Schwarz.

4. Das Rot des Innenfeldes soll *grau verhüllt* werden. Dazu muss man es gleichzeitig mit Weiß und Schwarz verhüllen, also sowohl das Innenfeld (Lampe *I*) als auch das Umfeld (Lampe *II*) mit Glühlicht bestrahlen. Mithilfe der Vorrichtungen α kann man beide Bestrahlungsstärken variieren und von unverhülltem Rot über Graurot zu jedem beliebigen unbunten Grau gelangen.

Sämtliche Verhüllungen eines einzigen Farbtones lassen sich flächenhaft mit dem Hering'schen Verhüllungsdreieck darstellen (Abb. 627 auf Tafel 1 am Schluss des Buches). Ein solches *Verhüllungsdreieck* gehört also zu jedem einzelnen Farbton des Farbenkreises. In dieser Weise lassen sich, passend abgestuft, alle die mannigfachen Farben in Natur und Technik katalogisieren und mit Zahlen und Buchstaben bezeichnen. Das geschieht in den gebräuchlichen Farbtafeln des Handels. Diese beruhen ausnahmslos auf den klassischen Arbeiten von Ewald Hering (1834 – 1918).

Eine schwarz oder grau verhüllte bunte Farbe kann ebenso wenig wie eine schwarze oder graue Farbe allein im Gesichtsfeld erscheinen. In Abb. 628 wird eine braune Papierscheibe vor einen unbunten Schirm gestellt und im verdunkelten Hörsaal zunächst allein mit Glühlicht bestrahlt. Man sieht kein Braun, sondern nur den zu Braun gehörigen unverhüllten Farbton, ein stark rötliches Gelb[1]. Dann erweitert man den beleuchtenden Lichtkegel und bestrahlt auch den Schirm. Sofort ist die Schwarzverhüllung vorhanden, aus dem rötlichen Gelb ist ein typisches Braun geworden.

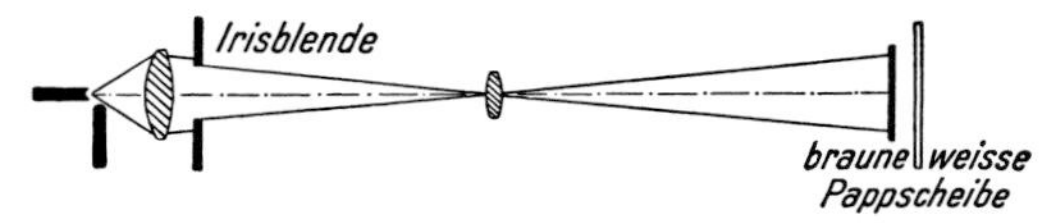

Abb. 628. Schwarzverhüllung einer bunten Farbe gelingt nur bei Anwesenheit einer zweiten beleuchteten Fläche

§ 272. Farbfilter zur Herstellung unverhüllter Farben.

Im vorigen Paragraph haben wir lichtstarke, von aller Weißverhüllung freie Farben mithilfe passend ausgewählter

[1] Die Entstehung von Braun lässt sich mit ganz einfachen Mitteln vorführen. Man beklebt eine Kreisscheibe mit drei Sektoren aus farbigem Papier, und zwar etwa 210° schwarz, 90° rot, 60° gelb und versetzt die Scheibe in rasche Rotation. Durch die Bewegung verschwinden die drei einzelnen Farben in einem einheitlichen Braun.[K3]

K3. Dieses wenig ehrerbietige Experiment wurde schon seit der 1. Auflage (1940) in Pohls Optik beschrieben. Siehe auch den Nachtrag zu diesem Kommentar am Ende des Kapitels.

Filter herstellen können. Welche Bereiche $\Delta\lambda$ aus dem Spektrum des Glühlichtes muss ein derartiges Filter hindurchlassen? Das wollen wir anhand der Abb. 629 experimentell beantworten, und zwar beispielsweise für einen ganz unverhüllten grünen Farbton.

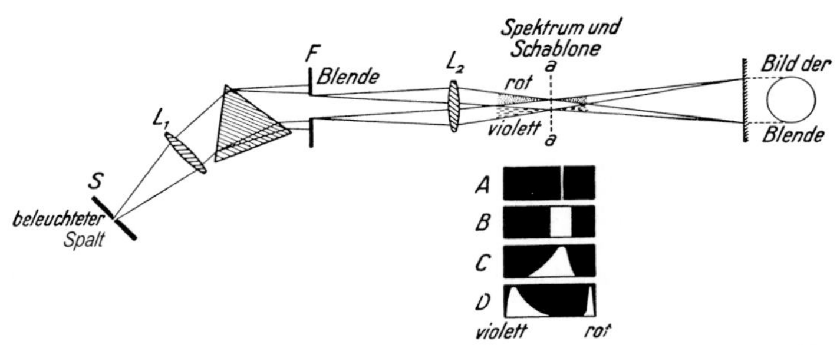

Abb. 629. Zur Spektralverteilung unverhüllter Farben mit großer Lichtstärke. Mit einer kleinen Abänderung eignet sich diese Anordnung auch zur Vorführung von *Komplementärfarben*. Man ersetzt die Schablone durch ein schmales Prisma mit kleinem brechendem Winkel. Dann kann man auf dem Schirm zwei, am besten einander noch teilweise überlappende Bilder der Kreisblende erhalten. Sie sind komplementär gefärbt, im Überlappungsgebiet erscheint ein unbuntes Kreiszweieck. Durch eine Verschiebung des Hilfsprismas längs des Spektrums kann man sehr viele Farbenpaare einstellen. (**Videofilm 35**)

Videofilm 35: **„Komplementärfarben"** Im Film werden Teile des Spektrums nicht durch Schablonen beseitigt, sondern mithilfe eines schmalen Quarzprismas quer zum Spektrum abgelenkt.

Das Glühlicht der Bogenlampe kommt aus einem Spalt S und beleuchtet die Lochblende F. Diese wird mit der Linse L_2 auf dem Wandschirm abgebildet. Unterwegs wird das Glühlicht mithilfe des Prismas und der Linsen spektral zerlegt. Das kontinuierliche Spektrum erscheint in der Ebene aa. In dies Spektrum setzt man eine Schablone aus undurchsichtigem Karton. Dazu benutzt man zuerst einen schmalen Schlitz (A in Abb. 629) und sucht den gewünschten Farbton heraus. Dann erweitert man den Schlitz allmählich beiderseits zu einem breiten Rechteck. Durch Probieren findet man bald die größte, noch zulässige Breite (Schablone B), sie liefert die größte, noch ohne Weißverhüllung erzielbare Lichtstärke. Das Verhältnis $\Delta\lambda/\lambda$ erreicht dabei den Wert von einigen Zehnteln, die Strahlung ist also durchaus nicht monochromatisch! Zum Schluss kann man die steilen Flanken der Schablone beiderseits abschrägen (C). Das ändert weder die Lichtstärke noch die Verhüllungsfreiheit. — In gleicher Weise wie soeben für einen grünen Farbton lassen sich breite Schablonen für jeden anderen von Weißverhüllung freien Farbton des Farbenkreises herstellen. Die Schablone D in Abb. 629 zeigt ein Beispiel für einen Purpurton.[1]

Solche Schablonen mit schrägen und gebogenen Flanken lassen sich nun durch Filter aus selektiv absorbierenden Stoffen ersetzen. Das Filter muss die gleichen breiten Bereiche des Spektrums hindurchlassen wie die Schablone. Für Schauversuche verfährt man nach Abb. 630. Man bildet das Spektrum des Glühlichtes (Bogenlampe) auf dem Wandschirm ab, stellt aber vor den Spalt eine Filterküvette mit diagonaler Trennwand. Die klar gezeichnete Kammer enthält reines Wasser, in die schraffierte Kammer wird die Farbstofflösung eingefüllt. Dann erscheint das Spektrum auf dem Schirm wie von einer Schablone eingeengt. Man ändert die Zusammensetzung der Lösung und die Schichtdicke, bis der Umriss des Spektrums mit der Öffnung der gewünschten Schablone übereinstimmt.

Zum Schluss entfernt man das Prisma, erweitert den Spalt erheblich und bildet ihn allein auf dem Wandschirm ab. Hinter der größten Filterdicke erscheint er in freier bunter Farbe, mit abnehmender Schichtdicke zeigt sich eine zunehmende Weißverhüllung.

[1] Für die Purpurtöne braucht man zwei schmale Schlitze, einen im Blauen oder Violetten, den anderen im Roten.

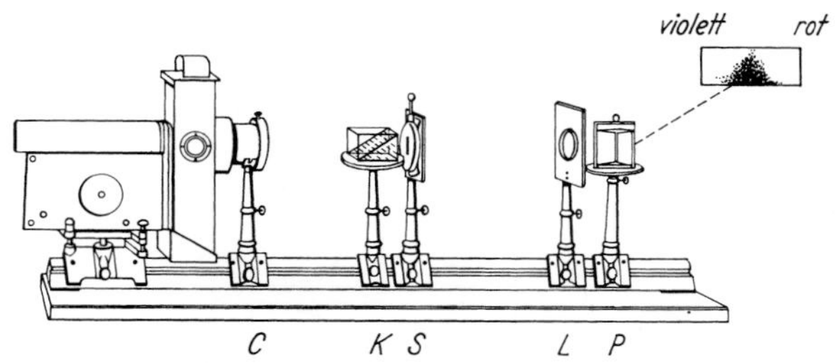

Abb. 630. Schauversuch zur selektiven Lichtabsorption von Lösungen. Die Lösungen werden in einer keilförmigen Schicht vor den Spalt des Spektralapparates gestellt. Eine gleich große keilförmige Wasserschicht verhindert eine störende Ablenkung durch Prismenwirkung. Oben rechts sieht man den durchgelassenen Bereich des Spektrums. Dichte Punktierung bedeutet große Lichtstärke. Man denke sich das Spektrum in horizontale Streifen zerlegt. Dem obersten Streifen entspricht (Bildumkehrung!) die größte Schichtdicke der Lösung, es wird nur ein schmaler Bereich des Spektrums durchgelassen. Einem mittleren Horizontalstreifen des Spektrums entspricht eine mittlere Schichtdicke, der durchgelassene Bereich umfasst bereits einige Zehntel des Spektrums, und so fort.

Aus einem größeren Vorrat von Lichtfiltern sind die zur Herstellung freier, unverhüllter Farben geeigneten unschwer herauszufinden. Man betrachtet durch die Filter einen Farbenkreis. Bei den brauchbaren sieht man die eine *Hälfte* des Kreises hell, die andere dunkel. Die hellste Stufe des Farbenkreises zeigt den mit dem Filter herstellbaren Farbton.

Konzentration und Schichtdicke bestimmen bei Farbfiltern keineswegs nur den Grad der Weißverhüllung, sondern oft auch den *Farbton*. Zur Vorführung dessen bildet man eine Wolframglühlampe auf dem Wandschirm ab und lässt ihre Strahlung ein in seiner Längsrichtung verschiebbares keilförmiges Filter, z. B. aus Indigolösung, passieren (Keil $\approx 20^\circ$, $c \approx 0{,}05$ g/Liter). Hinter einer kleinen Schichtdicke sieht man die Lampe blaugrün, hinter einer großen weinrot. Der *Farbumschlag* erfolgt recht scharf bei einer Schichtdicke von etwa 3,5 cm, falls die Lampe ihre normale Temperatur hat.

Die Deutung ergibt sich aus Abb. 631. Das Teilbild a zeigt die Abhängigkeit der Absorptionskonstante K von der Wellenlänge. Sie ist im Roten klein, dann steigt sie zu einem Maximum im Orange ($\lambda = 605$ nm), bleibt aber im Blauen größer als im Roten.

Die Teilbilder b und c ergeben die Durchlässigkeiten D, definiert durch die Gleichung

$$D = \frac{\text{durchfallende Strahlungsleistung}}{\text{einfallende Strahlungsleistung}}, \tag{502}$$

für eine kleine und für eine große Schichtdicke. Von der kleinen Schichtdicke (b) werden die kurzen und die langen Wellen gleich gut hindurchgelassen: Es überwiegt der breite Bereich der kurzen Wellen und daher erscheint das Lampenlicht blaugrün. Bei großer Schichtdicke (c) werden die kurzen Wellen viel stärker geschwächt als die langen. Daher überwiegt der rote Spektralbereich, das Lampenlicht erscheint weinrot.

Die zum Farbumschlag gehörende Dicke ändert sich mit der Temperatur der Lampe (Schauversuch). Man kann daher eine Dickenskala in eine Temperaturskala umeichen. So entsteht ein sehr kleines handliches Instrument zur Messung von Farbtemperaturen (§ 262).

§ 273. Farbstoffe (Pigmente). Die Filter enthalten als feste oder flüssige Lösungen selektiv absorbierende Stoffe. Zu derartigen Lösungen gehören auch die meisten technischen Farbstoff- oder Pigmentschichten. Diese Schichten werden in zweierlei Weise auf die Körper aufgebracht:

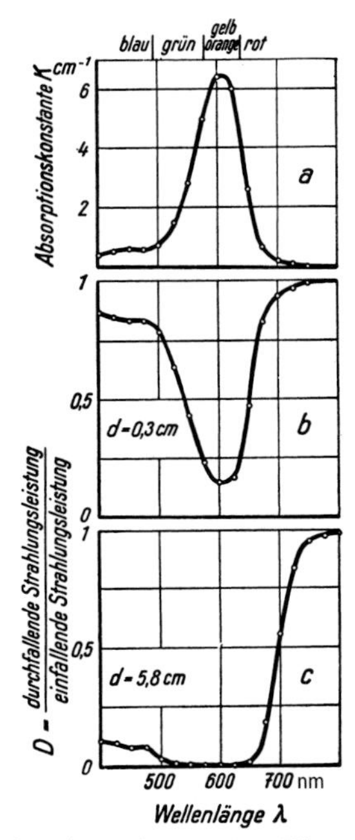

Abb. 631. Zur Abhängigkeit des Farbtones eines Filters von seiner Schichtdicke d

Bei den *Lackfarbenschichten* ist die Lösung frei von allen trübenden Inhomogenitäten. Man kann durch die Schicht hindurch Einzelheiten der Körperoberfläche erkennen. Das Licht gelangt von der Lichtquelle bis zur Oberfläche des Körpers und wird an ihr gestreut. Daher durchsetzt es auf dem Weg von der Lichtquelle bis zum Auge *zweimal* die ganze absorbierende Schicht. Infolgedessen lassen sich bei richtiger Konzentration recht freie, kaum verhüllte Farbtöne erzielen. Die Lichtreflexion an der Oberfläche der Lackschicht kann zwar eine schwache Weißverhüllung liefern, doch kann man die Oberfläche der Lackschicht spiegelglatt machen und die Störung auf den Winkelbereich des gespiegelten Lichtes beschränken. Noch besser ist eine *Beseitigung* der oberflächlichen Reflexion. Sie gelingt am besten bei den als Samt bekannten Geweben. *Schwarzverhüllung* (z. B. bei zahllosen Kleiderstoffen) ist in beliebigem Grad zu erzielen. Man braucht nur die *Konzentration* der absorbierenden Stoffe zu erhöhen.

Die *Deckfarbenschichten* werden künstlich *trübe* gemacht. Meist wird der selektiv absorbierende Stoff nicht gelöst, sondern als Pulver fein verteilt in ein Bindemittel eingebettet. Das einfallende Licht kann nicht bis zur Oberfläche des überzogenen Körpers vordringen. Es kehrt schon vorher, durch Streuung abgelenkt, zurück. So wird zwar die Oberfläche des Körpers abgedeckt, aber ein wesentlicher Anteil der Strahlung durchsetzt nur einen *Bruchteil* der Schichtdicke. Infolgedessen entsteht eine erhebliche *Weißverhüllung*. Eine Schwarzverhüllung ist auch bei den Deckfarbenschichten durch hohe Konzentration zu erreichen, aber die stets gleichzeitig vorhandene Weißverhüllung stört. Beide Verhüllungen zusammen ergeben eine *Grauverhüllung*, und viele Grauverhüllungen erscheinen ausgesprochen „schmutzig".

„Den Gegensatz von Lackfarben- und Deckfarbenschichten kann man mit jeder Tasse Tee vorführen."

Den Gegensatz von Lackfarben- und Deckfarbenschichten kann man mit jeder Tasse Tee vorführen. Klarer Tee bildet eine Lackfarbenschicht, die Teeblätter auf dem Boden sind gut zu sehen. Einträufeln von etwas Milch verwandelt die Lackfarbenschicht in eine trübe Deckfarbenschicht. Der Boden wird unsichtbar, und gleichzeitig tritt eine starke Weißverhüllung hervor.

Im Allgemeinen entstehen die Farben der Körper, sowohl die natürlichen als auch die durch Farbstoffüberzüge erzeugten, durch selektive *Absorption*. Selektive Reflexion spielt praktisch nur bei den Farben der Metalle eine Rolle. Mehrfach an Gold oder Kupfer gespiegeltes Bogenlampenlicht erzeugt auf dem Wandschirm nur wenig verhüllte rötliche Farben.

§ 274. Entstehung des Glanzes. Oft sehen wir Körper nicht nur farbig, sondern auch glänzend. Als Beispiele nennen wir poliertes Holz und sauber geputzte Metallgegenstände, z. B. einen Kupferkessel. — *Glanz sehen wir bei jeder Lichtstreuung mit ausgesprochenen Vorzugsrichtungen.* Bei derartiger Streuung genügen schon kleine Bewegungen des Körpers oder des Beobachters, um die vom Auge gesehene Leuchtdichte stark zu verändern. Das Wesentliche erläutert ein einfacher Schauversuch.

In Abb. 632 steht rechts ein glanzloses, mattes orangerotes Papier. In einigen Millimetern Abstand vor ihm befindet sich ein berußtes und daher ebenfalls glanzloses, leicht welliges Drahtsieb. Links steht die beleuchtende Bogenlampe. Papier und Sieb können gemeinsam gedreht oder geschwenkt werden. Jeder Beobachter glaubt, eine etwas verbeulte, aber stark *glänzende Kupferplatte* zu sehen. Grund: Auf der Papierfläche liegt der Schatten des Siebes. Bei bestimmten Stellungen blickt der Beobachter durch die Maschen des Siebes auf die Schatten der Drähte, die Leuchtdichte ist klein. — Aus einer etwas anderen Stellung aber sieht er durch die Siebmaschen auf die nicht abgeschatteten Teile des Papiers, die Leuchtdichte ist groß. — Glanz wird also *gesehen*, er ist ebensowenig wie die Farbe eine physikalische Eigenschaft der Körper.

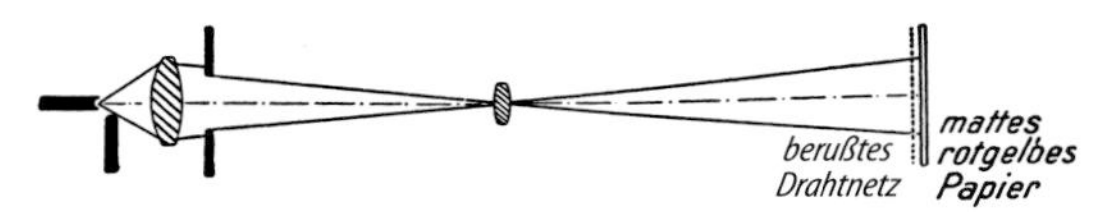

Abb. 632. Zur Entstehung des Glanzes (**Videofilm 36**)

Videofilm 36: „Entstehung des Glanzes"

§ 275. Schillerfarben. Schillerfarben sind glänzende Farben, bei denen ein Wechsel der Beobachtungs- oder Lichteinfallsrichtung die Farbtöne stark verändert.

Die Farbtöne allein, also ohne Richtungsabhängigkeit, kann man z. B. mit der Anordnung der Abb. 629 erzeugen. Man hat lediglich die Schablone durch einen Schirm zu ersetzen und mit ihm, vom violetten oder roten Ende beginnend, große Teile des kontinuierlichen Spektrums abzudecken.

Glänzende, also stark richtungsabhängige Schillerfarben sieht man z. B. auf Flügeln von Schmetterlingen und Käfern oder auf manchen Ziergefäßen. In diesen Fällen handelt es sich stets um Substanzen mit *Schichtstruktur*. In ihnen entsteht entweder eine selektive Licht*reflexion* an einer Folge äquidistanter Ebenen (Abb. 348c in Bd. 1) oder eine selektive Licht*durchlässigkeit*: Diese gibt es schon an der Grenze zweier Stoffe, wenn entweder der kurzwellige oder der langwellige Anteil des Glühlichtes total reflektiert wird. Zuweilen handelt es sich auch um die in § 171 gebrachten Interferenzfilter.

Zum Schluss verweisen wir noch einmal auf die Vorbemerkungen in § 263. Es ist keinerlei Vollständigkeit angestrebt worden. Dies Kapitel sollte nur zu eigener Beschäftigung mit dem ebenso mannigfaltigen wie reizvollen Gebiet der Farben anregen.

„Dies Kapitel sollte nur zu eigener Beschäftigung mit dem ebenso mannigfaltigen wie reizvollen Gebiet der Farben anregen."

Nachtrag zum Kommentar K3 in § 271:

Zur Entstehung der Farbe Braun seien noch folgende von Herrn E. Sieker zusammengestellten Zitate angefügt:

1. Als die ersten SA-Uniformen im Hörsaal auftauchten, sah das Pohl nicht gerne, „Entweder gehen Sie zur SA oder Sie treiben Physik – für beides haben Sie keine Zeit!" (Quelle: *Praxis der Naturwissenschaften Physik* 6/77, 15. Juni 1977, Seite 159)

2. Als Pohl in der Vorlesung seinen bekannten Versuch zur Wanderung farbiger Ionen in KCl-Kristallen vorführte, kommentierte er nebenbei: „Sie sehen, die braunen Massen schieben sich voran." (Dieser bekannte Pohlversuch ist z.B. in der 21. Auflage der Elektrizitätslehre 1975 in Kap. 25, § 22 beschrieben. Quelle: *Praxis der Naturwissenschaften Physik* 6/77, 15. Juni 1977, Seite 159)

3. Die Ortsgruppenleitung der NSDAP verdächtigte nach dem Attentat auf Hitler am 20. Juli 1944 Pohl als Sympathisanten. Wie sich nach dem Krieg herausstellte, war der NSDAP Pohls Kontakt zum Goerdeler-Kreis des bürgerlichen Widerstandes nicht einmal in Ansätzen bekannt – die Kenntnis davon hätte Pohl vermutlich das Leben gekostet –, sondern das Misstrauen gegenüber Pohl ergab sich nach Aussagen des damaligen Rektors der Universität Göttingen für die NSDAP allein schon aus seinen doppeldeutig-kritischen Kommentaren zur Farbe Braun, z. B. dass Braun keine Farbe sei. (Quelle: H. Becker, H.-J. Dahms, C. Wegeler, *Die Universität Göttingen unter dem Nationalsozialismus*, 2. Aufl. 1998, Seite 572)

4. Im Kriegswinter 1944/45 rief Pohl in einem Vorlesungsversuch indirekt zur Kapitulation Deutschlands auf. Pohl bestückte einen beweglichen Gegenstand mit einem weißen Fähnchen und bemerkte dazu, er sei 1919 wegen eines schwarzweißroten und später wegen eines schwarzrotgoldenen Fähnchens kritisiert worden. Nun nehme er eben ein weißes. (Quelle: H. Becker, H.-J. Dahms, C. Wegeler, *Die Universität Göttingen unter dem Nationalsozialismus*, 2. Aufl. 1998, Seite 572f)

Aufgaben

A. Elektrizitätslehre

1. Bei der Eichung eines Amperemeters mit der in § 4 beschriebenen elektrolytischen Methode wurden zweiwertige Kupferionen (Cu++) verwendet. Dabei wurde auf der negativen Elektrode ein Massenzuwachs von 5,9 g pro Stunde gemessen. Das Amperemeter zeigte dabei einen Strom von 4,5 A an. Wie groß war der Strom I tatsächlich? (Die molare Masse von Kupfer ist 63,54 g/mol.) (§ 4)
2. Bei der elektrolytischen Darstellung von Aluminium wird Bauxit ($Al(OH)_3$) verwendet (sogenannte Schmelzfluss-Elektrolyse). Die molare Masse von Aluminium ist 26,97 g/mol. Wie lange dauert die Herstellung von 1 Tonne Aluminium bei einem Strom von 4 000 A? (§ 4)
3. Wie kann man den Vollausschlag eines Voltmeters mit dem inneren Widerstand $R_i = 1\,\Omega$ von 0,15 V auf 15 V erhöhen? (§ 8)
4. Der Vollausschlag eines Amperemeters mit dem inneren Widerstand $R_i = 1\,\Omega$ soll von 0,05 A auf 10 A erhöht werden. Dazu wird ein Widerstand R_{Shunt} zwischen seinen Anschlüssen parallel geschaltet (ein sogenannter Shunt-Widerstand). Man bestimme R_{Shunt}. (§ 8)
5. Man ersetze in Abb. 28 das statische Voltmeter durch ein umgeeichtes Drehspulamperemeter, das den endlichen OHM'schen Widerstand R_V besitzt. R_V sei bekannt. Gemessen wird die Spannung U mit dem Voltmeter und der Strom I mit dem Amperemeter. Wie kann daraus der Widerstand R des Leiters KA bestimmt werden? (§ 8)
6. Eine Spannung U_a wird an zwei parallel geschaltete OHM'sche Widerstände R_1 und R_2 angelegt und der Strom I gemessen. Wenn die Widerstände in Serie geschaltet werden, muss die Spannung auf 4,5 U_a erhöht werden, um den gleichen Strom zu messen. Man bestimme R_2 für den Fall, dass $R_1 = 2\,\Omega$ ist. (§ 8)
7. Eine Batterie mit der Spannung $U_0 = 1{,}5$ V wird mit einem Leiter mit dem Widerstand $R = 5\,\Omega$ verbunden. Mit einem Amperemeter mit vernachlässigbarem Innenwiderstand wird der Strom $I = 0{,}25$ A gemessen. Man erkläre das Resultat und berechne die Spannung U_I zwischen den Polen der Batterie, während der Strom fließt. (§ 9)
8. Zur Beleuchtung eines Hörsaals sollen 20 Glühbirnen mit je 220 V und 5 A aus einer Akkumulatorenbatterie gespeist werden, die aus N hintereinander geschalteten Zellen besteht, jede mit einer Spannung von 2 V. Jede Zelle hat den Innenwiderstand $R_Z = 5\,\text{m}\Omega$. Man bestimme N. (§ 9)
9. Ein Elektromotor arbeitet mit einem Wirkungsgrad von 80 %, d. h., er wandelt 80 % der ihm zugeführten elektrischen Energie in mechanische um. Bei einer Spannung von 220 V (Gleichstrom) soll er einen Gewichtsklotz der Masse 1,5 kg mit einer Geschwindigkeit von 2 m/s anheben. Wie groß ist dabei der Strom I? (§ 12)
10. In einer RÖNTGENlampe (s. Abb. 430) besteht die Antikathode (Anode) aus einem hohlen, wassergekühlten Zylinder. Im Betrieb werden darin pro Stunde 100 cm^3 Wasser verdampft. Der Elektronenstrom in der Lampe ist 10 mA. Man bestimme die Spannung U zwischen Kathode und Anode (das eintretende Kühlwasser hat Zimmertemperatur, 20 °C, mit der Verdampfungswärme $r = 2{,}45 \cdot 10^6$ Ws/kg, s. Bd. 1, Abb.

414). Der Nutzeffekt, mit dem das RÖNTGENlicht erzeugt wird, ist sehr gering (< 1 %, s. R.W. Pohl, Optik und Atomphysik, 13. Aufl., S. 220), so dass die im RÖNTGENlicht enthaltene Energie hier vernachlässigt werden kann. (§ 12)

11. a) Zwei Leiter mit den Widerständen R_1 und R_2 sind in Serie geschaltet ($R_1 = 2\,\Omega$). Bei einer Spannung von $U = 10\,\text{V}$ ist die Wärme, die in R_2 entwickelt wird, dreimal so groß wie in R_1. Man bestimme den Strom I, der durch die Leiter fließt. b) Die Leiter werden parallel geschaltet und die gleiche Spannung $U = 10\,\text{V}$ angelegt. Man bestimme die Ströme I_1 und I_2 und das Verhältnis der Wärmen, $\dot{Q}_2/\dot{Q}_1$, die pro Zeit in beiden Leitern entstehen. (§ 12)
12. Für eine einfache Anwendung der Gl. (22) soll angenommen werden, dass die Wolke der positiven Raumladung in Abb. 83 bis zur Höhe $x = h$ eine konstante räumliche Ladungsdichte ϱ hat mit $\varrho = 0$ für $x > h$. Gegeben sei die negative Flächenladungsdichte σ der Erde und die Höhe h. Man bestimme a) die räumliche Ladungsdichte ϱ, b) das elektrische Feld E als Funktion der Höhe x über der Erdoberfläche, c) die Spannung U_x zwischen der Erde und einem Punkt x darüber und d) die Spannung U zwischen $x = h$ und $x = 0$. (§ 26)
13. In dem in Abb. 72 gezeigten Experiment erfolgt die Elektrolyse von Wasser durch die Entladung eines Kondensators. Wie groß muss die Kapazität C des Kondensators sein, wenn dieser bis zu einer Spannung von 220 V aufgeladen wird und bei der Entladung $10\,\text{mm}^3$ Wasserstoffgas entsteht? Die Anzahldichte N_V der H_2-Moleküle bei 300 K und Atmosphärendruck ist $N_V = 2{,}45 \cdot 10^{25}\,\text{m}^{-3}$. (§ 27, s. auch § 4)
14. Zwei Kondensatoren mit den Kapazitäten C_1 und C_2 sind in Reihe geschaltet. Man bestimme die Gesamtkapazität C für den Fall, dass $C_1 = 1\,\text{nF}$ (eine kleine Leidener Flasche) und $C_2 = 2\,\mu\text{F}$ (ein technischer Papierkondensator) ist. (§ 27)
15. Ein ungeladener Plattenkondensator mit der Kapazität $C = 0{,}1\,\text{nF}$ wird mit einem statischen Voltmeter verbunden, das vorher aufgeladen war und die Spannung U anzeigte. Dabei nimmt die Spannung um 10 % ab. Man bestimme die Kapazität C_V des Voltmeters. (§ 27)
16. Die Spannung U zwischen einer negativ geladenen Kugel mit dem Radius $r = 1\,\text{cm}$ und den weit entfernten Zimmerwänden ist $U = 10^5\,\text{V}$ (s. Videofilm 3). Man bestimme die Flächenladungsdichte an ihrer Oberfläche, ausgedrückt als Flächenanzahldichte N_e der Elektronen. (§ 27)
17. Ein Drehspulgalvanometer (Abb. 19) hat einen Widerstand von $100\,\Omega$. Wenn ein geladener Kondensator (Kapazität $0{,}1\,\mu\text{F}$, Spannung 10 V) über das Galvanometer entladen wird, macht dieses einen ballistischen Ausschlag von 10 Skalenteilen. Man bestimme den Spannungsstoß $\int U\,\text{d}t$, der einen Ausschlag von einem Skalenteil erzeugen würde. (§ 28)
18. Ein Kondensator mit der Kapazität C wird über einen Leiter mit dem Widerstand R entladen. a) Man bestimme die Zeit $t_{1/2}$, in der die Spannung auf die Hälfte ihres Anfangswertes abnimmt. b) Wie groß ist die Kapazität C des Kondensators, wenn $R = 10^{12}\,\Omega$ ist und die Spannung in 10 Sekunden um 20 % abnimmt? (§ 28)
19. Eine Leuchtstofflampe (Neon-Röhre, Abb. 16) brennt bei einer Spannung zwischen 160 und 220 V, wobei der Strom linear mit der Spannung zusammenhängt, und zwar nach der Gleichung $I = (U - 157\,\text{V})/7{,}63\,\text{k}\Omega$ (der „differentielle Widerstand" $\text{d}U/\text{d}I$ ist also $7{,}63\,\text{k}\Omega$). Die Lampe wird an einen auf 220 V geladenen Kondensator mit der Kapazität $C = 50\,\mu\text{F}$ (Abb. 92) angeschlossen. Man bestimme die Zeit τ bis zum Erlöschen der Lampe. (§ 28)
20. Ein Drehkondensator (Abb. 90) hat halbkreisförmige Platten mit 5 cm Radius und Abständen von 1,1 mm. Wie viele Platten werden benötigt, um eine maximale Kapazität von 500 pF zu erreichen? (§ 29)

21. Man bestimme die Dielektrizitätskonstante ε des Papierstreifens P in Abb. 92, wenn bei den dort angegebenen Abmessungen die Kapazität $C = 10\,\mu\text{F}$ ist. (§ 29)
22. Ein Koaxialkabel der Länge l bestehe aus einem inneren Leiter mit dem Durchmesser $2r = 2\,\text{mm}$ in einer 5 mm dicken Plastik-Isolation mit der Dielektrizitätskonstante $\varepsilon = 3$, die den äußeren Leiter trägt. Man bestimme die Kapazität pro Länge, C/l. (§§ 27, 29)
23. Man bestimme die effektive Dielektrizitätskonstante ε des Modellversuchs in Abb. 93, in dem Metallkugeln mit dem Durchmesser d in einem kubischen Gitter mit der Gitterkonstante $2d$ im sonst leeren Raum zwischen den Kondensatorplatten angeordnet sind. (§ 29)
24. Zu Abb. 100 (Videofilm 5): Im Film wird die Steinplatte mit einer Spannung angehoben (460 V), bei der sie gerade noch an der Messingplatte klebt. Man bestimme den mittleren Abstand l der Platten, wobei der Einfachheit halber angenommen werden soll, dass die gesamte Spannung über l abfällt. Diese Annahme soll geprüft werden. Die Messingplatte hat ein Volumen von $5 \cdot 8 \cdot 0{,}5\,\text{cm}^3$ und eine Dichte von $\varrho = 8\,\text{g/cm}^3$. (§ 33)
25. Ein Wassertropfen sei mit einem Elektron geladen. Wie groß muss der Radius R des Tropfens sein, wenn er im elektrischen Erdfeld (130 V/m, § 26) schweben soll? (§ 35)
26. Ein Plattenkondensator mit der Kapazität C ist mit einer Stromquelle der Spannung U verbunden. Man bestimme die Änderung der im Kondensator gespeicherten Energie W_e, wenn der Plattenabstand um den Faktor $1/n$ verändert wird. (§ 36)
27. Ein Kondensator (C), ein OHM'scher Widerstand (R), eine Batterie (U_0) und ein Schalter sind hintereinander in einem Kreis geschaltet. Der Schalter wird geschlossen, so dass sich der Kondensator über den Widerstand bis zur Spannung U_0 auflädt. Man bestimme die von der Batterie dabei abgegebene Energie W_{Batt} und vergleiche sie mit der im Kondensator gespeicherten Energie W_C. Welche Rolle spielt der Widerstand R dabei? (§§ 28, 36)
28. Ein Plattenkondensator (rechteckige Platten, Höhe a, Breite b, Abstand l) wird senkrecht in eine Flüssigkeit (Dichte ϱ, Dielektrizitätskonstante ε) gebracht und zwar so, dass die Unterkanten der Platten gerade eintauchen. Wenn eine Spannung U an die Platten angelegt wird, steigt die Flüssigkeit zwischen den Platten bis zur Höhe h an, so dass das Volumen $h \cdot l \cdot b$ mit Flüssigkeit gefüllt ist. Man bestimme die Höhe h. (§§ 29, 36)
29. Das Volumen zwischen den Platten eines Plattenkondensators ($V = A \cdot l$, $A =$ Fläche und $l =$ Abstand der Platten) sei ganz mit einer Flüssigkeit der Dielektrizitätskonstante ε gefüllt. Wie groß ist die Kraft, mit der sich die Platten anziehen, wenn die Spannung U anliegt? (§§ 29, 36)
30. Zwei Punktladungen $Q_1 = Q$ und $Q_2 = -3Q$ befinden sich in 1 m Abstand auf einer geraden Linie. An welcher Stelle der Linie ist a) die elektrische Feldstärke $E = 0$ und b) das Potential $\varphi = 0$ (außer im Unendlichen)? (§§ 27, 37)
31. Man berechne mit den zum Videofilm 7 gegebenen Informationen (S. 74) den zu erwartenden Spannungsstoß $\int U \mathrm{d}t$ und vergleiche ihn mit dem im Videofilm beobachteten. (§ 47)
32. Man berechne mit den zum Videofilm 8 gegebenen Informationen (S. 75) a) die Geschwindigkeit u, mit der der Läufer in Abb. 141 bewegt werden muss, um zwischen seinen Enden (mit einem Voltmeter kurzer Einstelldauer) die Spannung $U = 1\,\text{mV}$ zu beobachten und b) den (mit einem langsam schwingenden Galvanometer, § 45) zu erwartenden Spannungsstoß $\int U \mathrm{d}t$ und vergleiche ihn mit dem im Videofilm beobachteten. (§ 48)

33. Zur Messung des magnetischen Erdfeldes im Göttinger Hörsaal wird ein Erdinduktor mit einer Querschnittsfläche von 10^3 cm^2 und 200 Windungen mithilfe einer Kompassnadel so orientiert, dass seine Achse in die magnetische Nord-Süd-Richtung zeigt. Dann wird die Achse horizontal gestellt. Wird der Erdinduktor jetzt um einen Durchmesser um 180° gedreht, beobachtet man einen Spannungsstoß von 10^{-3} Vs. a) Man bestimme damit die horizontale Komponente B_{h} des Erdfeldes. b) In einem weiteren Experiment wird die Achse des Erdinduktors vertikal gestellt. Bei Drehung um einen Durchmesser um 180° wird jetzt ein Spannungsstoß von $2{,}25 \cdot 10^{-2}$ Vs beobachtet. Man bestimme den Winkel φ zwischen der Richtung des Erdfeldes und der Horizontalen, genannt die Inklination. (§ 48)
34. Das endlose Metallband in Abb. 142 ist 10 cm breit und möge die Form eines Kreises mit einem Durchmesser von 1 m haben. Das Magnetfeld ist das in der Mitte einer 50 cm langen Spule mit 1000 Windungen und einem Strom von 1,2 A. Man bestimme die Frequenz ν, mit der das Band rotieren muss, um zwischen den Schleifkontakten A und K eine Spannung von 1 mV zu erzeugen. (§ 48)
35. Man berechne mit Gl. (83) die Spannung U, die in der in § 49 besprochenen rotierenden Spule (Abb. 137) induziert wird, wenn diese um eine senkrecht zur Zeichenebene stehende Achse rotiert. Die Fläche der Spule ist A, ihre Windungszahl N und ihre Rotationsfrequenz ν. (§ 49)
36. Zum Videofilm 9: Man bestimme mit den auf S. 81 gemachten Angaben zum magnetischen Spannungsmesser a) den Strom I im Leiter der Abb. 151, b) das mittlere H-Feld der langen Spule (Abb. 154, Informationen dazu am Rand auf S. 83) und c) die magnetische Spannung $\int H \mathrm{d}s$ des Permanentmagneten (Abb. 155). (§ 52)
37. Aus einem Bündel langer quadratischer Einzelspulen (Abb. 120, Windungszahl N, Länge l, alle vom gleichen Strom I durchflossen) wird aus dem Inneren eine Spule entfernt. a) In den entstandenen Tunnel wird ein magnetischer Spannungsmesser gesteckt. Wie groß ist die magnetische Spannung U_{mag}, wenn sich die Enden des Spannungsmessers außerhalb des Bündels berühren? b) Man vergleiche die magnetischen Spannungen, die man messen würde, wenn der Spannungsmesser entweder ganz im Tunnel liegt ($U_{\mathrm{mag,i}}$) oder wie in Abb. 154 ganz außerhalb um das Bündel herumgeführt wird ($U_{\mathrm{mag,a}}$). (§ 52)
38. Ein Flugzeug mit einer Spannweite von 50 m fliegt in konstanter Höhe mit einer Geschwindigkeit von 960 km/Stunde. Der Pilot hat ein Voltmeter, das mit isolierten Drähten an die Flügelspitzen angeschlossen ist. Flügel und Rumpf des Flugzeugs sind elektrisch leitend verbunden. Die Vertikalkomponente des magnetischen Erdfeldes ist $6 \cdot 10^{-5}$ Tesla. Welche Spannung zeigt das Voltmeter an? (§§ 57, 48)
39. Für das auf S. 94 im Kommentar K1 beschriebene Experiment bestimme man das Feld B, in dem Elektronen, die durch die Spannung $U = 100$ V beschleunigt wurden, auf einer Kreisbahn mit dem Radius $r = 10$ cm fliegen. (§ 60)
40. Eine flache stromdurchflossene Spule, die aus 10 Windungen der Querschnittsfläche $A = 100\,\mathrm{cm}^2$ besteht, befindet sich, wie in Abb. 174 gezeigt, in einem Magnetfeld. Der Strom ist $I = 10$ A und die Flussdichte des Magnetfeldes ist $B = 0{,}1$ Tesla. Wie groß ist das auf die Spule wirkende Drehmoment M_{mech}? (§ 64)
41. Man schätze den magnetischen Fluss Φ in der Spule aus den in Abb. 179 gezeigten Messergebnissen ab und vergleiche ihn mit dem im Videofilm 7 (Abb. 139) an einer anderen Spule gemessenen. (§ 65)
42. Durch eine senkrecht hängende, locker gewickelte Spirale fließt ein Strom. Dadurch wird sie in ihrer Längsrichtung zusammengezogen. Welche Kraft F ist notwendig, um diese Verkürzung zu verhindern? Die Anzahldichte der Windungen ist $N/l = 2\,\mathrm{cm}^{-1}$,

der Durchmesser der Spirale $2r = 5$ cm und der Strom $I = 14$ A. Man beginne, indem man die magnetische Feldenergie W_{magn} in der Spirale bestimmt. (§ 65)

43. Man berechne die Induktivität L einer der im Videofilm 9 „Magnetischer Spannungsmesser" verwendeten Spulen. Ihre Kenndaten sind am Rand auf S. 83 angegeben: Windungszahl $N = 4\,300$, Länge $l = 40$ cm und Durchmesser $2r = 11$ cm. (§ 70)
44. Ein Draht wird zu einem Kreisring gebogen. Seine Induktivität ist L_1. Man bestimme die Induktivität L_N, wenn N solche Kreisringe zu einem Bündel zusammengefasst und alle vom gleichen Strom I durchflossen werden. (§ 70)
45. Die Spule in Abb. 214 habe die Induktivität $L = 50$ H. Wie groß muss der Widerstand R gewählt werden, damit der Strom 10 s nach Schließen des Schalters die Hälfte seines Maximalwertes erreicht? (§ 71)
46. Eine Wechselspannung mit der Frequenz $\nu = 100$ Hz und dem Effektivwert der Spannung $U_{eff} = 150$ V wird an eine Spule der Induktivität $L = 0{,}3$ H angelegt. Man bestimme den Effektivwert des Stromes I_{eff}. (§ 73)
47. An einen Wechselstromgenerator werden in Reihe ein Widerstand mit dem Wert $R = 13{,}7\,\Omega$ und eine Spule der Induktivität $L = 50$ mH angeschlossen. Als Effektivwert des Stromes wird $I_{eff} = 12$ A gemessen. Man bestimme die Frequenz ν des Wechselstromes. (§ 73)
48. An einen Stromkreis mit dem Widerstand $R = 10\,\Omega$ wird ein Generator mit der Frequenz $\nu = 50$ Hz und mit dem Effektivwert der Spannung $U_{eff} = 80$ V angeschlossen. Um den Strom auf einen Effektivwert von $I_{eff} = 2$ A zu begrenzen, soll eine Induktivität L mit dem Widerstand in Reihe geschaltet werden. Man bestimme L. (§ 73)
49. In einem Wechselstromkreis sind ein Widerstand mit dem Wert $R = 10\,\Omega$ und eine Spule der Induktivität $L = 100$ mH in Reihe geschaltet. Wie groß muss die Frequenz ν sein, damit eine Vergrößerung von L um 1 % die Impedanz so viel vergrößert wie eine Vergrößerung von R um 50 % sie verkleinern würde? (§ 73)
50. Ein Wechselstrom der Frequenz $\nu = 50$ Hz fließt durch einen Kupferdraht mit dem Ohm'schen Widerstand $R = 5\,\Omega$ und vernachlässigbarer Induktivität. Durch Wickeln zu einer Spule soll die Impedanz des Drahtes verzehnfacht werden. Welche Induktivität L muss dazu die Spule haben? (§ 73)
51. Eine Spule mit der Induktivität L und dem Ohm'schen Widerstand R ist mit einem Kondensator mit der Kapazität C in einem Wechselstromkreis in Reihe geschaltet (s. Abb. 221). Welche Beziehung zwischen L und C muss eingehalten werden, damit die Impedanz Z des Kreises gleich R wird, Strom und Spannung also in Phase sind? Die Frequenz ist $\nu = 1$ kHz. (§ 75)
52. In dieser und der folgenden Aufgabe wird das in den Abb. 226 und 227 beschriebene Experiment untersucht (s. auch Aufg. 59). Die an den Parallelkreis angeschlossene Wechselstromquelle hat die Spannung $U = U_0 \sin \omega t$, $U_0 = 73$ V. Die Frequenz ν sowie Werte für C, L und R sind in Abb. 226 angegeben. a) Man bestimme mit einem Zeigerdiagramm (Abb. 219) die Spannungen $U_{L,0}$ und $U_{R,0}$ im linken Zweig des Kreises in Abhängigkeit von U_0 und daraus die Impedanz Z_{RL} und den Phasenwinkel φ_1 zwischen dem Strom I_{RL} und der Spannung U. Zur Definition von φ siehe die Gln. (176) und (177). b) Man bestimme die Amplituden $I_{RL,0}$ und $I_{C,0}$ in beiden Zweigen des Parallelkreises. In einem Zeigerdiagramm zeichne man diese Amplituden und ihre Phasenwinkel relativ zur angelegten Spannungsamplitude U (der Zeiger U_0 möge dabei nach rechts parallel zur „x-Achse" zeigen). Aus diesem Zeigerdiagramm bestimme man die Amplitude I_0 und ihren Phasenwinkel φ_2 zu U_0. c) Man vergleiche die so bestimmte Impedanz des Parallelkreises und den Phasenwinkel φ_2 mit den aus den Gln. (186) und (187) bestimmten Werten. (§ 76)

53. a) Aus dem in Aufg. 52 erhaltenen Wert für I_0 bestimme man den Wirkstrom $I_0 \cos 15°$, also die Komponente des Stromes in Phase mit der Spannung U, und den Blindstrom $I_0 \sin 15°$, also die Komponente, die 90° außer Phase ist. b) Man bestimme die von der Stromquelle gelieferte Leistung $\dot{W}$ und vergleiche sie mit der im Parallelkreis vernichteten Leistung $\dot{W}_{\mathrm{RLC}}$. (§ 77)
54. Für ein Spulenpaar wie in Abb. 136 links soll die Transformatorgleichung (192) hergeleitet werden. An die Feldspule sei eine Wechselstromquelle mit der Spannung $U_{\mathrm{p}} = U_{\mathrm{p},0} \cos \omega t$ und an die Induktionsspule ein Wechselspannungs-Voltmeter angeschlossen. Die Feldspule habe N_{p} Windungen, die Querschnittsfläche sei A_{p} und die Länge l_{p}. Die Induktionsspule, die die Feldspule außen umfasst, habe N_{s} Windungen. Der OHM'sche Widerstand im Primärkreis werde vernachlässigt und der des Voltmeters sei unendlich. Man leite das Verhältnis von Sekundärspannung $U_{\mathrm{s},0}$ und Primärspannung $U_{\mathrm{p},0}$ mithilfe des Induktionsgesetzes und der Kenntnis der Induktivität der Primärspule ab (da die beiden Spannungen entgegengesetztes Vorzeichen haben, ist nach dem Verhältnis der Beträge gefragt). (§ 78)
55. a) Man bestimme den zeitlichen Mittelwert der in Aufg. 54 von der Stromquelle gelieferten Leistung $\overline{\dot{W}} = (1/T) \int \dot{W} \mathrm{d}t$. b) Wie verändert sich diese Leistung, wenn im Sekundärkreis das Voltmeter durch einen endlichen OHM'schen Widerstand R ersetzt wird? Eine qualitative Antwort genügt hier. (§§ 78, 77)
56. In einem verlustfreien LC-Schwingkreis trägt der Kondensator zur Zeit $t = 0$ die Ladung Q_0 (Abb. 233 rechts), seine Spannung ist also $U_{\mathrm{C},0} = Q_0/C$. Es entsteht eine elektrische Schwingung. Man bestimme die zeitabhängige Spannung $U_{\mathrm{C}}(t)$ am Kondensator und den zeitabhängigen Strom $I(t)$ im Schwingkreis. (§ 80)
57. In einem elektrischen Schwingkreis (Abb. 233) sind zwei Spulen mit den Induktivitäten L_1 und L_2 in Reihe geschaltet. Ihre „gegenseitige Induktivität", also der gegenseitige Einfluss ihrer Magnetfelder, sei vernachlässigbar (z. B. durch genügend großen Abstand; das ändert nichts am Prinzip dieser Aufgabe). Die Amplitude der Spannung am Kondensator sei $U_{\mathrm{C},0}$. Man bestimme die Amplitude der Spannung $U_{\mathrm{L}1,0}$ an der Spule mit der Induktivität L_1. (§§ 80, 81)
58. In dem im Videofilm 17 (TESLA-Transformator, Abb. 236) untersuchten Schwingkreis soll die Frequenz ν_0 abgeschätzt werden, wenn bei den in Abb. 240–242 gezeigten Experimenten nur die große Primärspule an den Kondensator angeschlossen ist. Der Kondensator, eine Leidener Flasche (Abb. 91), hat den Durchmesser $d = 12\,\mathrm{cm}$ und ist bis zur Höhe $h = 18\,\mathrm{cm}$ innen und außen metallisiert. Die Wandstärke des Glases ist $t = 1{,}52\,\mathrm{mm}$ und für die Dielektrizitätskonstante sei ein Wert von $\varepsilon = 7$ angenommen (Tab. 1, S. 174). Die Spule besteht aus $N = 8$ kreisförmigen Windungen mit dem Radius $a = 12{,}5\,\mathrm{cm}$. Der Durchmesser des Drahtes ist $2b = 3\,\mathrm{mm}$. Unter der Voraussetzung $b \ll a$ ist die Induktivität eines einzelnen Kreisrings durch $L = \mu_0 a(\ln 8a/b - 1{,}75)$ gegeben (s. z. B. Becker/Sauter, „Theorie der Elektrizität", Bd. 1, 21. Aufl. 1973, B. G. Teubner Stuttgart). (§ 81)
59. Man bestimme das logarithmische Dekrement Λ des Parallelkreises in Abb. 226 und vergleiche das Resultat mit dem in Abb. 227 angegebenen Wert. (§ 85)
60. In Abb. 271 zeigt das Galvanometer, das ja nur auf Ströme sehr kleiner Frequenz reagiert, einen Strom an. Man erkläre seinen Ursprung. (§ 91)
61. Um die Entstehung der in Abb. 278 beobachteten stehenden elektrischen Welle als Überlagerung zweier fortschreitender Wellen zu verstehen, betrachte man eine elektromagnetische Welle, die entlang der z-Achse von $z > 0$ auf den Metallspiegel bei $z = 0$ einfällt. Die Bewegung ihrer elektrischen Komponente werde mit $E_{\mathrm{x}} = E_{\mathrm{x},0} \sin \omega(t + z/c)$ beschrieben. Am Spiegel wird diese Welle reflektiert und läuft in positiver z-Richtung der einfallenden Welle entgegen. Die beiden überlagern

sich zur resultierenden Welle E_{tot} (Abb. 278). a) Man finde die Gleichung, mit der die reflektierte Welle zu beschreiben ist, damit wie in Abb. 278 am Spiegel bei $z = 0$ ein Knoten entsteht. b) Neben der elektrischen Komponente E_x haben elektromagnetische Wellen auch eine magnetische Komponente B_y. Diese schwingt in Phase mit der elektrischen Komponente (Gl. 198), wobei E, B und die Laufrichtung wie in einem rechtshändigen Koordinatensystem orientiert sind (s. Abb. 281). Auch hierfür führt die Reflexion zu einer stehenden Welle B_{tot}. Man bestimme die Ausdrücke für die beiden sich überlagernden magnetischen Wellen und für B_{tot}. Welchen Ausschlag hat B_{tot} an der Spiegeloberfläche? (§ 91)

62. Die Heizspirale einer Kochplatte ist 1 m lang und hat den Durchmesser $2r = 1$ cm. a) Für eine Spannung von 220 V und einen Strom von 4,5 A (Effektivwerte) berechne man das elektrische Feld E in der Spirale, die Flussdichte B des Magnetfeldes an ihrer Oberfläche und den daraus resultierenden Poynting-Vektor $\boldsymbol{S}$. b) Man vergleiche die Werte mit denen für die Sonneneinstrahlung (Solarkonstante b, § 155). (§ 91)
63. In Abb. 262 wird ein Dipol in destilliertem Wasser durch elektromagnetische Wellen zu Schwingungen angeregt, die von außen senkrecht zur Gefäßoberfläche eingestrahlt werden. Man bestimme das Reflexionsvermögen R des Wassers in diesem Experiment. (s. Kommentar K7 in Kap. XII) (§ 93)
64. In einen geladenen Plattenkondensator mit der Ladung Q wird eine dielektrische Platte mit der Dielektrizitätskonstante ε geschoben, so dass sie das Volumen zwischen den Platten völlig ausfüllt (Abb. 40 auf S. 18). Wie verändert sich dabei die im Kondensator gespeicherte Energie und was geschieht mit der Differenz? (§ 97)
65. Wie bestimmt man mit der Brückenschaltung in Abb. 291 die Kapazität C_x? (§ 98)
66. Ein langer dielektrischer Stab mit der Dielektrizitätskonstante ε wird in ein elektrisches Feld E parallel zur Feldrichtung gebracht. Wie groß ist die Verschiebungsdichte D im Stab? (§ 102)
67. Man bestimme die Polarisation P einer dielektrischen Kugel mit der Dielektrizitätskonstante ε in einem homogenen elektrischen Feld E_0. (§ 102)
68. Man versuche mithilfe der Clausius-Mossotti-Gleichung (235) das Dipolmoment p_p von Wasser in der flüssigen Phase aus der in Tab. 3 (S. 175) angegebenen Dielektrizitätskonstante ε zu bestimmen und vergleiche das Ergebnis mit dem ebenfalls in Tab. 3 angegebenen richtigen Wert, der aber für die Gasphase bestimmt wurde. Offenbar darf die Clausius-Mossotti-Gleichung für Wasser in der flüssigen Phase nicht verwendet werden. Warum wohl? (§ 105)
69. Im Landolt-Börnstein, 6. Aufl., Springer-Verlag Berlin 1959, Band II, Teil 6, S. 874 wird für Ammoniak (NH_3) für die Temperatur 22,5 °C und den Druck $p = 1$ atm ($= 1{,}013 \cdot 10^5$ Pa) die Dielektrizitätskonstante $\varepsilon = 1{,}00612$ angegeben. Man erkläre den Unterschied zu dem in Tab. 3 (S. 175) angegebenen Wert. (§ 106)
70. In einem Mikrowellenofen (Frequenz $\nu = 2{,}5$ GHz) wird ein Liter Wasser in einer Minute um 10 °C erwärmt. a) Man bestimme die Wellenlänge λ_W der Strahlung im Wasser. b) Man bestimme den Mittelwert der Leistung $\overline{\dot{W}}$, die im Wasser absorbiert wird. c) Das Wasser befinde sich in einem würfelförmigen Plastikbecher mit 10 cm Kantenlänge, auf den die Strahlung von allen Seiten einfällt. Man vergleiche die Strahlungsleistung pro Fläche (den Betrag des Poynting-Vektors $\boldsymbol{S}$, § 91) mit derjenigen, mit der die Sonne auf die Erdoberfläche einstrahlt (Solarkonstante $b = 1{,}35\,\mathrm{kW/m^2}$, § 155). Man vernachlässige hierbei Reflexionsverluste. (§ 107)
71. Um die magnetische Suszeptibilität χ_m von Graphit (Bogenlampenkohle) zu bestimmen, wird das Gewicht einer Kugel aus diesem Material mit dem Durchmesser $d = 6$ mm in einem inhomogenen Magnetfeld gemessen (Abb. 305). Für die magnetische Flussdichte B am Ort der Kugel wird $B = 2{,}0$ Tesla und für den Gradienten

dieses Feldes $\mathrm{d}B/\mathrm{d}z = -20{,}0\,\mathrm{Vs/m^3}$ bestimmt (z-Richtung der Erdanziehungskraft entgegengesetzt nach oben gerichtet). Wenn das Magnetfeld eingeschaltet wird, nimmt das Gewicht der Kugel um $5{,}1 \cdot 10^{-5}$ Newton ($\approx 5\,\mathrm{mg} \cdot g$, also $\approx 2\,\%$) ab. Man berechne χ_m. Muss dabei die Entmagnetisierung berücksichtigt werden? (§§ 110, 113)

72. In Abb. 155 wurde die magnetische Spannung $U_{\mathrm{mag,a}}$ außen zwischen den Enden eines Permanentmagneten gemessen (Videofilm 9). Nun denke man sich einen schlanken Längskanal durch den Magneten gebohrt. Man vergleiche die magnetische Spannung $U_{\mathrm{mag,i}}$, die darin zwischen den Enden des Magneten gemessen wird, mit $U_{\mathrm{mag,a}}$. (§§ 52, 112)
73. a) In Analogie zur Herleitung des elektrischen Feldes E_p im Inneren einer gleichmäßig polarisierten Kugel, die in § 102 (Gln. 219 bis 223) beschrieben wurde, leite man das Magnetfeld H_m im Inneren einer gleichmäßig magnetisierten Kugel (Permanentmagnet, Magnetisierung M) her, ausgehend von den Gln. (260) bis (263). b) Was ergibt sich in diesem Fall für die Flussdichte B_m in dieser Kugel? (§ 113)
74. Als einfaches Beispiel einer magnetischen Abschirmung gegen ein äußeres Magnetfeld H_0 soll das Feld H_i in einem kugelförmigen Hohlraum in einer magnetisierbaren Platte der Permeabilität μ_a bestimmt werden, die senkrecht zu H_0 orientiert ist (analog zu Abb. 297). Analog zum elektrischen Fall gilt Gl. (224) auch für Magnetfelder (s. z. B. M.H. Naifeh and M.K. Brussel, „Electricity and Magnetism", John Wiley, New York 1985, S. 308). Man bestimme den Zusammenhang von H_i und H_0. (§ 113)
75. Für den Topfmagnet in Abb. 185 (Videofilm 13) sollen die Kräfte F_0 für die Spaltbreite null und F_d für die Spaltbreite $d = 0{,}4\,\mathrm{mm}$ abgeschätzt werden. Die Permeabilität des Eisens sei $\mu = 727$, die Windungszahl $N = 175$ und der Strom $I = 0{,}75\,\mathrm{A}$. Die Stirnfläche des inneren Pols sei $A = 7{,}55\,\mathrm{cm^2}$ und gleich der des äußeren Pols (des Ringes), so dass Gl. (269) benutzt werden darf. Die Länge des Wegintegrals (Gl. 272) sei $l = 12\,\mathrm{cm}$ (man beachte, dass bei der Berechnung des Wegintegrals die Größe d zweimal auftaucht). (§ 113)
76. Im Videofilm 15, „Trägheit des Magnetfeldes", wird der langsame Auf- und Abbau eines Magnetfeldes gezeigt (§ 71, Kommentar K5). a) Zunächst wird Schalter 1 (Abb. 213) geschlossen und der Anstieg des Stromes bis zu seinem Sättigungswert 15 mA verfolgt (der OHM'sche Widerstand der Spule ist $R = 130\,\Omega$). Man werte diesen Anstieg durch halblogarithmische Auftragung aus und suche nach einem exponentiellen Verlauf. b) Im zweiten Experiment wird der Stromabfall bestimmt, indem Schalter 2 geschlossen und kurz danach Schalter 1 geöffnet wird. Man suche wieder nach einem exponentiellen Verlauf. c) Schließlich werden die Zuleitungen zur Spule vertauscht, Schalter 2 geöffnet, Schalter 1 geschlossen und wieder der Anstieg des Stromes verfolgt. Welche Zeitabhängigkeit ergibt sich jetzt? Wie kann man in allen drei Experimenten den zeitlichen Verlauf qualitativ erklären? (§ 118)
77. Man erkläre, warum die magnetische Flussdichte B vor der Keramikscheibe in Abb. 326 kleiner ist als die vor einem langen Stabmagnet mit der gleichen homogenen Magnetisierung M. Zur Vereinfachung nähere man die Formen von Scheibe und Stab durch Rotationsellipsoide an. Bei der Scheibe sei das Verhältnis von Länge zu Durchmesser $l/d = 0{,}1$. (§ 118)

B. Optik

78. a) Man leite für ein Prisma Gl. (301) durch Anwendung des Brechungsgesetzes (295) her. Hinweis: Man wende das Brechungsgesetz auf jede Prismenseite an, bilde die Summe und Differenz der jeweiligen Ausdrücke und forme in Produkte um. b) Ein Licht-

strahl falle unter dem Einfallswinkel $\alpha_1 = 30°$ auf ein 60°-Prisma mit der Brechzahl $n = 1{,}5$. Man berechne den Ablenkwinkel δ, um den der Lichtstrahl insgesamt abgelenkt wird (Hinweis: man berechne β_1 aus Gl. (295) und setzte den Wert in Gl. (301) ein). (§ 128)

79. Man zeige, dass bei Abbildungen mit einem Hohlspiegel (Abb. 357) für achsennahe Lichtbündel die Brennweite f gleich der Hälfte seines Krümmungsradius R ist. (§ 129)
80. Bei Spiegelprismen (Abb. 368) wirkt außer der Reflexion stets auch Brechung mit. Wird Glühlicht verwendet, tritt also Dispersion (§ 132) auf. Nach Verlassen des Spiegelprismas sind dann die verschieden stark gebrochenen Lichtbündel parallel gegeneinander versetzt. Warum sieht man bei der Benutzung von Spiegelprismen die Gegenstände trotzdem ohne farbige Ränder? (§ 133)
81. Die Internationale Raumstation (ISS) umkreist die Erde in einer durchschnittlichen Flughöhe von ca. 350 km. a) Welchen Abstand d müssen zwei Leuchtfeuer mindestens haben, damit sie von einem Raumfahrer mit bloßem Auge noch getrennt gesehen werden können? b) Welchen Durchmesser B müsste ein Kameraobjektiv in dieser Höhe haben, um zwei Menschen im Abstand von 2 m noch getrennt (entsprechend dem Rayleigh-Kriterium) auf dem Kamerabild wahrnehmen zu können? (Man rechne mit einer mittleren Wellenlänge des Lichtes von 600 nm.) (§ 136)
82. Man vergleiche den kleinsten auflösbaren Winkelabstand $2w_{\text{min}}$ für das Hubble-Teleskop bei der Wellenlänge $\lambda = 250$ nm mit dem Winkel 2α, unter dem die Scheibe des Sterns α orionis (Beteigeuze) erscheint ($\alpha = 0{,}047$ Bogensekunden). (§ 136)
83. Abb. 382 zeigt die graphische Konstruktion des zum Dingpunkt P gehörigen Bildpunktes P'. Man leite aus dieser Konstruktionszeichnung die Linsenformel $1/a + 1/b = 1/f'$ (Gl. 306) ab (a = Abstand Ding – Linse, b = Abstand Bild – Linse). (§ 138)
84. Man zeige, dass die Linsenformel (Gl. 306) für achsennahe Lichtbündel auch für Abbildungen mit einem Hohlspiegel gilt. (§§ 138, 129)
85. Der in Abb. 440 dargestellte Interferenzversuch werde mit einer Luftplatte der Dicke $d = 40\,\mu\text{m}$ durchgeführt. Die benutzte Wellenlänge des Lichtes sei $\lambda = 600$ nm. a) Welchen Wert hat die größte Ordnungszahl m_{max} und wie groß ist der Radius x des zugehörigen Interferenzringes, wenn der Abstand der Platte von der Hörsaalwand $A = 3$ m beträgt? b) Wie groß ist bei diesem Abstand der Radius des zehnten Interferenzringes x_{10} (von innen nach außen gezählt)? (§ 164)
86. Die Anwendung der Interferenz-Mikroskopie zur Bestimmung der Dicke S einer aufgedampften Metallschicht ergebe eine Verschiebung der Interferenzstreifen von 1/3 des Abstandes zweier Streifen, die sich in ihrer Ordnungszahl m um 1 unterscheiden (Abb. 446). Die benutzte Wellenlänge des Lichtes sei $\lambda = 600$ nm. Wie ergibt sich daraus die Schichtdicke S und welchen Wert hat sie? (§ 168)
87. Wie verändert sich die Beugungsfigur eines Spaltes, a) wenn er mit einer durchsichtigen Glasplatte (mikroskopisches Deckglas, Dicke $d = 175\,\mu\text{m}$, Brechzahl $n = 1{,}50$) vollständig verdeckt wird, b) wenn er parallel zu seiner Längsrichtung nur zur Hälfte damit verdeckt wird? c) Um welchen Winkel α muss man das Glas kippen, um von einer Einordnungsstellung zu einer Zweiordnungsstellung zu gelangen? (Die Wellenlänge des Lichtes sei $\lambda = 600$ nm und der Einfluss der Lichtbrechung im Glas auf die Phasendifferenz sei vernachlässigt.) (§§ 181, 131)
88. Man leite die Beugungsfigur der Zweiordnungsstellung in Abb. 476 links unten mithilfe der graphischen Konstruktion in Abb. 341 in Bd. 1 her. (§ 181)
89. Warum muss bei einem Gitterspektrometer die Spaltbreite B klein im Vergleich zur Gitterkonstante D sein, wenn man Beugungsmaxima mit großen Ordnungszahlen m erzeugen will? Zur Beantwortung dieser Frage überlege man sich, bis zu welcher

Ordnung m man Interferenzmaxima im intensitätsstarken Hauptmaximum der Beugungsfigur der Einzelspalte beobachten kann a) für $D = 2B$ (Abb. 477) und b) für $D = 20B$, d. h. ($B \ll D$). (§§ 182, 192)

90. Aus dem Strichgitter in Abb. 477 entsteht ein Phasengitter, wenn die undurchsichtigen Gitterstäbe durch durchsichtige Stäbe ersetzt werden, die eine Phasendifferenz der Lichtwellen erzeugen. Die Gitterkonstante sei B und Stäbe und Spalte haben die gleiche Breite $B/2$. Bei welchen Winkeln liegen die Interferenzmaxima, wobei nur die Hauptmaxima berücksichtigt werden sollen (s. Abb. 503), wenn die Phasendifferenz a) 360° und b) 180° beträgt?
91. Aus dem in Abb. 481 gezeigten Beugungsbild bestimme man das Verhältnis von Breite L der eingeritzten Lücken und Gitterkonstante D. (§ 183)
92. Im Debye-Sears-Experiment (Abb. 482) beobachtet man bei einer Schallwelle der Frequenz $\nu = 10^6$ Hz in Xylol mit Rotfilterlicht ($\lambda = 700$ nm) die Beugungsmaxima m-ter Ordnung bei den Winkeln $\alpha_m = m \cdot 8 \cdot 10^{-4}$. Die Gitterkonstante des Sinus-Phasengitters ist gleich der Schallwellenlänge Λ. Man bestimme die Schallgeschwindigkeit c in der Flüssigkeit. (§ 183)
93. Das Gitter in Abb. 501 habe die Gitterkonstante $D = 40\,\mu$m. Auf einem 2 m entfernten Schirm erscheint das Maximum erster Ordnung ($m = 1$) in 3 cm Abstand vom zentralen Maximum ($m = 0$). a) Welche Wellenlänge λ hat das benutzte Licht?
b) Nach Eintauchen der ganzen Anordnung in eine Flüssigkeit beträgt der Abstand des Maximums erster Ordnung nur noch 2,25 cm. Welche Brechzahl n hat die Flüssigkeit? (§ 192)
94. Der bei der quantitativen Behandlung der Streuung erwähnte harmonische Oszillator (§ 226) sei ein Federpendel mit der Masse m (Auslenkung l, logarithmisches Dekrement Λ). Es werde durch die periodisch wirkende Kraft $F_p = F_0 \cos(2\pi\nu t)$ zu erzwungenen Schwingungen angeregt (Gl. 421), wobei die Amplitude l_0 und die Phasenverschiebung φ durch die Gln. (420) und (422) gegeben sind. Diese beiden Gleichungen sollen aus der Newton'schen Grundgleichung $F = m\mathrm{d}^2l/\mathrm{d}t^2$ (Bewegungsgleichung, Bd. 1, Kap. IV) abgeleitet werden. a) In einem ersten Schritt zeige man, dass die Bewegungsgleichung für ein frei schwingendes durch eine geschwindigkeitsproportionale Reibungskraft $F_R = -\alpha\mathrm{d}l/\mathrm{d}t$ gedämpftes Federpendel durch die Gleichung $l = l_0 e^{-\delta t}$ mit $\delta = (1/2)(\alpha/m)$ gelöst wird und bestimme den Zusammenhang von α und Λ. b) Man stelle die Bewegungsgleichung für die erzwungenen Schwingungen auf, löse sie mit dem komplexen Lösungsansatz $l = l_0 e^{i(2\pi\nu t)}$ und leite die Gln. (420) und (422) ab (zu komplexen Zahlen siehe Fußnote auf S. 365). (§ 226)
95. Der in Gl. (456) benutzte Zusammenhang zwischen der Halbwertsbreite H und dem logarithmischen Dekrement Λ eines linearen Federpendels (Abb. 48 in Bd. 1) soll hergeleitet werden, und zwar für den Fall geringer Dämpfung ($\Lambda < 1$), also einer schmalen Resonanzkurve. In diesem Fall kann die Amplitude l_0 in Gl. (420) auf S. 372 angenähert werden durch $l_0 \approx F_0 / \left[4\pi^2 m \sqrt{(2\nu_0^2)(\nu_0 - \nu)^2 + (\Lambda/\pi)^2\nu_0^4}\right]$, wie man leicht zeigen kann (bei einer schmalen Resonanzkurve ist $\nu \approx \nu_0$). Man beachte ferner, dass die Energie des Oszillators proportional zum Quadrat der Amplitude ist. (§ 247)
96. Ein lineares Federpendel mit der Masse m schwinge mit der Kreisfrequenz ω. Seine Amplitude sei l_0. Man bestimme den Mittelwert seiner kinetischen Energie $\overline{W}_{\mathrm{kin}}$ (Gl. 457). (§ 247)

Lösungen der Aufgaben

A. Elektrizitätslehre

1. $I = 4{,}98\,\text{A}$
2. 745 Stunden
3. Durch Reihenschaltung des Voltmeters mit einem Widerstand von $99\,\Omega$.
4. $R_{\text{Shunt}} = 5{,}025\,\text{m}\Omega$
5. $R = U/(I - U/R_V)$ (Wenn für den Leiter das OHM'sche Gesetz nicht gilt, hängt R von I ab.)
6. Zwei Werte von R_2 erfüllen diese Bedingung: $R_2 = 1\,\Omega$ und $4\,\Omega$!
7. Die Batterie hat den Innenwiderstand $R_i = 1\,\Omega$. $U_I = 1{,}25\,\text{V}$
8. $N = 147$
9. $I = 0{,}167\,\text{A}$
10. $U = 6{,}8\,\text{kV}$
11. a) $I = 1{,}25\,\text{A}$; b) $\dot{Q}_2/\dot{Q}_1 = 3$
12. a) $\varrho = -\sigma/h$; b) $E = -(1/\varepsilon_0)\varrho(h - x)$, bis zur Höhe h ist E negativ und für $x \geq h$ ist $E = 0$; c) $U_x = -(1/\varepsilon_0)\varrho(x^2/2 - hx)$; d) $U = (1/\varepsilon_0)\varrho h^2/2$
13. $C = 356\,\mu\text{F}$
14. $C = 0{,}9995\,\text{nF}$
15. $C_V = 0{,}9\,\text{nF}$
16. $N_e = 5{,}54 \cdot 10^{10}\,\text{cm}^{-2}$
17. $\int U\text{d}t = 10^{-5}\,\text{Vs}$
18. a) $t_{1/2} = RC \ln 2$; b) $C = 44{,}8\,\text{pF}$
19. Mit $I = \text{d}Q/\text{d}t$ und $U = -Q/C$ ergibt sich $\text{d}Q/\text{d}t = -Q/RC + U_g/R$, ($U_g = 157\,\text{V}$), mit der Lösung $Q = Ae^{-t/RC} + U_g C$, ($A = U_{\max} - U_g, U_{\max} = 220\,\text{V}$). Daraus folgt $\tau = 1{,}16\,\text{s}$.
20. 17 Platten
21. $\varepsilon = 2{,}8$
22. $C/l = 93\,\text{pF/m}$
23. 6,5 % des Volumens zwischen den Platten ist mit Metall gefüllt. Dadurch wird der Plattenabstand effektiv um 6,5 % verringert, d. h. die Kapazität um rund 7 % vergrößert. Daraus ergibt sich $\varepsilon = 1{,}07$.
24. Das Gewicht der Platte ist $F = 1{,}6\,\text{N}$. Damit ergibt sich nach Gl. (51) $l = 50\,\mu\text{m}$ (das entspricht etwa der Dicke eines Haares, Bd. 1, S. 3). Der durch die Rauigkeit des polierten Steins bedingte mittlere Abstand ist aber sicher viel kleiner, so dass ein erheblicher Bruchteil der Spannung über dem Stein abfallen muss!
25. $R = 80\,\text{nm}$
26. Die Kapazität C und damit auch die Energie W_e verändern sich um den Faktor n. Ist $n < 1$, wird Energie in die Stromquelle zurückgeschickt.

27. $W_{\text{Batt}} = U_0 \int I \mathrm{d}t = U_0 Q = U_0^2 C, W_C = (1/2) U_0^2 C$ (Gl. 59), die Hälfte der von der Batterie gelieferten Energie wird also im Widerstand in Wärme umgewandelt, unabhängig von seiner Größe! Dies Resultat gilt allerdings nicht für $R = 0$, da sich dann der Kondensator in unendlich kurzer Zeit aufladen würde, ohne dass dabei irgendwelche Energie in Wärme umgewandelt werden kann. Siehe hierzu Kap. XI, „Elektrische Schwingungen".
28. Entsprechend den Gln. (25) und (39) wäre die Kapazität des vollständig gefüllten Kondensators $C = \varepsilon\varepsilon_0(ab/l)$ und damit die in ihm gespeicherte Energie $W_e = (1/2)\varepsilon\varepsilon_0(U/l)^2 abl$. Im vorliegenden Experiment nimmt die Energie also zu, wenn h zunimmt, und zwar um $\Delta W_e = (1/2)(\varepsilon - 1)\varepsilon_0(U/l)^2 hbl = Fh$. Die Flüssigkeit wird also mit der konstanten Kraft F in den Kondensator gezogen. h ergibt sich dann, wenn F entgegengesetzt gleich dem Gewicht der hereingezogenen Flüssigkeit ist: $h = (1/2)(\varepsilon - 1)\varepsilon_0(U/l)^2/(\varrho g)$.
29. Die elektrische Energie ist $W_e = (1/2)\varepsilon\varepsilon_0(U/l)^2 Al$. Daraus ergibt sich (Vergleich der Gln. (57) und (50) in § 36) die Kraft $F = (1/2)\varepsilon\varepsilon_0(U/l)^2 A$.
30. a) 1,37 m von Q_1 entfernt außerhalb auf der von Q_2 abgewandten Seite; b) 25 cm von Q_1 entfernt zwischen den beiden Ladungen
31. $\int U \mathrm{d}t = 3{,}2 \cdot 10^{-4}$ Vs, in guter Übereinstimmung mit den beobachteten 10 Skalenteilen
32. a) $u = 2{,}04$ m/s; b) $\int U \mathrm{d}t = 3{,}9 \cdot 10^{-5}$ Vs, in guter Übereinstimmung mit den beobachteten 1,2 Skalenteilen ($3{,}8 \cdot 10^{-5}$ Vs)
33. a) $B_h = 2{,}5 \cdot 10^{-5}$ Vs/m^2; b) $\varphi = 66°$ (In Göttingen zeigt die Horizontalkomponente des Erdfeldes nach Norden und die Vertikalkomponente nach unten.)
34. $\nu = 1{,}06$ Hz
35. Der Winkel zwischen dem Feldvektor $\boldsymbol{B}$ und dem Flächenvektor $\boldsymbol{A}$ ist $\alpha = 2\pi\nu t$. Damit folgt aus Gl. (83): $U = -\mathrm{d}/\mathrm{d}t(BAN\cos(2\pi\nu t)) = 2\pi\nu BAN\sin(2\pi\nu t)$, eine Wechselspannung, wie sie in Kap. IX besprochen wird (Abb. 189). Man beachte, dass das Ergebnis nicht vom Bezugssystem abhängt.
36. a) $I = 93$ A ($\int H \mathrm{d}s = 1{,}85$ Skt.); b) gemessen: $H = 1\,360$ A/m, gerechnet mit Gl. (70): $H = 1\,610$ A/m; c) $\int H \mathrm{d}s = 500$ A
37. a) Da der Spannungsmesser außerhalb aller verbleibenden Einzelspulen auf einem geschlossenen Weg misst (Abb. 150), ist $U_{\text{mag}} = 0$. b) Aus a) folgt, dass $U_{\text{mag,i}} = -U_{\text{mag,a}}$ ist. (s. auch Aufg. 72)
38. Das Voltmeter zeigt null an! (s. auch den Kleindruck auf S. 75). Der Pilot könnte zwar ein elektrisches Feld nachweisen, z. B. mit dem am Ende von § 57 angegebenen Experiment von W. Wien, aber nicht die hierdurch an den Flügelspitzen entsprechend Gl. (82) entstehende Spannung von $U = 0{,}8$ V, da diese durch die an den Flügelspitzen angehäuften Ladungen kompensiert wird. (Der „isolierte Draht" entspricht dem Leiter KA in Abb. 160.)
39. $B = 3{,}37 \cdot 10^{-4}$ Tesla
40. $M_{\text{mech}} = 0{,}1$ Nm
41. Aus der gestrichelt markierten Fläche erhält man den Fluss $\Phi \approx 1{,}5 \cdot 10^{-6}$ Vs. Der im Videofilm 7 gemessene magnetische Fluss ist $8 \cdot 10^{-6}$ Vs.
42. $W_{\text{magn}} = (1/2)\mu_0(N^2/l)I^2\pi r^2$. W_{magn} wird größer, wenn l kleiner wird. Um das zu verhindern, ist die Kraft $F = 10^{-2}$ N notwendig.
43. $L = 0{,}55$ H
44. $L_N = N^2 L_1$
45. $R = 3{,}466\,\Omega$
46. $I_{\text{eff}} = 0{,}796$ A
47. $\nu = 50$ Hz

48. $L = 123\,\text{mH}$
49. $\nu = 97{,}5\,\text{Hz}$
50. $L = 158\,\text{mH}$
51. $LC = 2{,}53 \cdot 10^{-8}\,\text{s}^2$
52. a) $Z_{\text{RL}} = 849\,\Omega, \varphi_1 = 87{,}4°$ (der Strom im RL-Zweig „hinkt" hinter der angelegten Spannung her); b) $I_{\text{RL},0} = 86\,\text{mA}$, $I_{\text{C},0} = 84{,}85\,\text{mA}$, $I_0 = 86\,\text{mA} \cdot \sin 2{,}6° = 3{,}9\,\text{mA}$, $\varphi_2 = 15{,}2°$; c) Aus diesen Werten folgt $Z = 73\,\text{V}/3{,}9\,\text{mA} = 1\,872\,\Omega$ und aus Gl. (186): $Z = 1\,840\,\Omega$ in Übereinstimmung mit dem in b) ermittelten Wert (man vergleiche diesen Wert auch mit dem in Abb. 227 im Maximum der Kurve abgelesenen Wert).
53. a) Wirkstrom $= 3{,}77\,\text{mA}$, Blindstrom $= 1{,}0\,\text{mA}$; b) $\dot{W} = (1/2)U_0 I_0 \cos 15° = 0{,}138\,\text{W}$, $\dot{W}_{\text{RLC}} = (1/2)(I_{\text{RL},0})^2 R = 0{,}141\,\text{W}$, also innerhalb der Fehlergrenzen die gleichen Werte.
54. Der Strom in der Primärspule ist $I_\text{p} = I_{\text{p},0} \sin \omega t$ mit $I_{\text{p},0} = U_{\text{p},0} l_\text{p} / (\mu_0 \omega N_\text{p}^2 A_\text{p})$ (Gl. 157). Daraus ergibt sich nach den Gln. (70) und (77) die Flussdichte B des Magnetfeldes der Primärspule und daraus mithilfe des Induktionsgesetzes (§ 49) die Spannung der Sekundärspule $U_\text{s} = N_\text{s}(-\text{d}B/\text{d}t) A_\text{p}$. Damit erhält man schließlich Gl. (192).
55. a) Aufgrund der Phasendifferenz von 90° zwischen Strom und Spannung ist im Primärkreis $\overline{\dot{W}} = 0$. b) Bei endlichem R fließt im Sekundärkreis ein Strom. Die hierdurch in JOULE'sche Wärme umgewandelte Energie muss im Primärkreis zugeführt werden. Dies geschieht, indem der Strom im Sekundärkreis einen zusätzlichen Strom im Primärkreis induziert, so dass die Phasendifferenz nicht mehr 90° beträgt und ein Wirkstrom entsteht.
56. Die Spannung am Kondensator ist $U_\text{C} = Q/C$. Die Spannung an der Spule ist $U_\text{L} = L\text{d}I/\text{d}t = L\text{d}^2 Q/\text{d}t^2$. Die Spannungen sind zu allen Zeiten entgegengesetzt gleich: $Q_\text{C}/C + L\text{d}^2 Q/\text{d}t^2 = 0$. Diese Differentialgleichung kann mit dem Ansatz $Q_\text{C} = Q_{\text{C},0} \cos \omega t$ gelöst werden. Daraus ergibt sich $\omega = \sqrt{(1/LC)}$. Also ist $U_\text{C} = (Q_0/C) \cos \omega t$ und $I = \text{d}Q/\text{d}t = -U_{\text{C},0} \omega C \sin \omega t$.
57. $U_\text{L} = L\text{d}I/\text{d}t$ (Gl. 169). Also ist $U_{\text{L},1} = L_1 \text{d}I/\text{d}t$ und $U_\text{L} = (U_{\text{L},1} + U_{\text{L},2}) = (L_1 + L_2)\text{d}I/\text{d}t$. Daraus folgt $|U_{\text{L},1}/U_\text{L}| = L_1/(L_1 + L_2)$. Die Spulen bewirken also eine Spannungsteilung. Eine Anwendung findet sich in dem in Abb. 238 beschriebenen Experiment. Durch die richtige Wahl der Induktivität des Drahtbügels relativ zur Gesamtinduktivität des Schwingkreises wird eine Spannung erzeugt, bei der die Lampe leuchtet ohne durchzubrennen.
58. Mit den Werten für die Kapazität $C = 3{,}2\,\text{nF}$ und die Induktivität $L = 0{,}048\,\text{mH}$ ergibt sich als Frequenz $\nu_0 = 400\,\text{kHz}$.
59. $\Lambda = 0{,}139$, in Übereinstimmung mit dem Wert in Abb. 227
60. Der Gleichrichter lässt nur eine Hälfte des sinusförmigen Stromes durch. Die Drosselspulen in Abb. 271 lassen nur niederfrequente FOURIER-Komponenten dieses Stromes durch (zur FOURIER-Analyse s. Bd. 1, § 98). Diese enthalten eine zur Amplitude I_0 proportionale Gleichstromkomponente, die vom Galvanometer angezeigt wird.
61. a) Mit dem Ansatz $E_\text{x} = E_{\text{x},0} \sin \omega(-t + z/c)$ ergibt die Überlagerung mit der einfallenden Welle $E_\text{tot} = 2E_{\text{x},0} \sin \omega(z/c) \cos \omega t$, also eine stehende Welle mit dem Wert null bei $z = 0$, wie in Abb. 278 beobachtet. b) Die magnetische Komponente der einfallenden Welle wird durch $B_\text{y} = -B_{\text{y},0} \sin \omega(t + z/c)$ beschrieben, ihre Amplitude zeigt also in negativer y-Richtung (rechtshändiges System, Ausbreitung in negativer z-Richtung). Die reflektierte magnetische Komponente wird durch $B_\text{y} = B_{\text{y},0} \sin \omega(-t + z/c)$ beschrieben (in Phase mit der elektrischen Komponente,

Vorzeichen wieder aus der Rechtshändigkeit). Die Überlagerung der beiden magnetischen Komponenten ergibt $B_{\text{tot}} = 2B_{y,0} \cos\omega(z/c) \sin\omega t$, also wieder eine stehende Welle, die aber an der Spiegeloberfläche ($z = 0$) einen Schwingungsbauch mit der Amplitude $2B_{y,0}$ hat.

62. a) $E = 220\,\text{V/m}$, $B = 1{,}8 \cdot 10^{-4}\,\text{Vs/m}^2$, $S = 31{,}5\,\text{kW/m}^2$, der Poynting-Vektor zeigt in das Innere der Spirale, so als ob die Wärmeleistung vom Außenraum in der Spirale deponiert wird. b) $b = 1{,}35\,\text{kW/m}^2$, $E = 713\,\text{V/m}$, $B = 2{,}38 \cdot 10^{-6}\,\text{Vs/m}^2$ (auch Effektivwerte).
63. Die elektromagnetische Welle, die der zur Anregung des Dipols im Wasser verwendete Dipol (Abb. 256) abstrahlt, hat die Wellenlänge $\lambda = 3\,\text{m}$. Mit der Ausbreitungsgeschwindigkeit $c = 3 \cdot 10^8\,\text{m/s}$ folgt als Frequenz $\nu = 10^8\,\text{Hz}$. Die Dielektrizitätskonstante des Wassers bei dieser Frequenz ist $\varepsilon = 81$ (Tab. 3, S. 175 und Abb. 300), also ist die Brechzahl $n = 9{,}0$. Daraus folgt $R = 0{,}64$ (bei senkrechtem Einfall). 36 % der einfallenden Strahlung dringen also in das Wasser ein, genug, um den kleinen Dipol anzuregen.
64. Die Energie verändert sich von $(1/2)QU_0$ auf $(1/2)QU_{\text{m}}$, wobei $U_{\text{m}} = U_0/\varepsilon$ ist. Die überschüssige Energie muss von der Person aufgenommen werden, die die Platte in den Kondensator schiebt.
65. Die Spannung zwischen den Punkten 1 und 2 ist null, wenn der Spannungsabfall über C_1 gleich dem über R_1 ist. Da die Ladungen Q auf den beiden Kondensatoren dann gleich sind, ist $Q/C_1 = I/R_1$ und $Q/C_x = I/R_2$. Daraus folgt $C_x = C_1 R_1/R_2$.
66. Das elektrische Feld E erfährt keine Entelektrisierung (Gl. 218). Daraus folgt $D = \varepsilon D_0$. Die Verschiebungsdichte ist also im Stab größer als im Außenraum. Der Begriff „Entelektrisierung" bezieht sich auf das Feld E. (s. auch „Entmagnetisierung", § 113)
67. $P = 3((\varepsilon - 1)/(\varepsilon + 2))\varepsilon_0 E_0$ (man vergleiche dies Resultat mit der Magnetisierung einer Kugel, Gl. (264))
68. $p_{\text{p}} = 3{,}04 \cdot 10^{-30}\,\text{As·m}$, also nur halb so groß wie in der Gasphase gemessen. Der Grund für diese Diskrepanz ist, dass in der Herleitung der Clausius-Mossotti-Gleichung im „Hohlraum" die Wechselwirkung zwischen Nachbar-Molekülen nicht berücksichtigt wird, bei Wasser also die Wasserstoffbrücken zwischen den Wasser-Molekülen (s. H. Fröhlich, „Theory of dielectrics", Oxford Press 1949, S. 137).
69. Bei parelektrischen Stoffen hängt ε von der Temperatur ab, sowohl aufgrund der Zustandsgleichung idealer Gase als auch aufgrund der Langevin-Debye-Theorie. Man findet für die elektrische Suszeptibilität $\chi_e = \varepsilon - 1 = (1/3\varepsilon_0)p_{\text{p}}^2/(kT)^2 \cdot p$ (zur Unterscheidung vom Druck p ist das Dipolmoment hier mit p_{p} bezeichnet). Damit lässt sich der Unterschied der Messergebnisse für χ_e mit einer Genauigkeit von besser als 1 % erklären.
70. a) Aus Abb. 300 entnimmt man die Dielektrizitätskonstante bei dieser Frequenz, womit man die Brechzahl $n = 9{,}0$ erhält. Daraus folgt $\lambda_W = 1{,}36\,\text{cm}$. b) $\overline{\dot{W}} = 697\,\text{Watt}$. c) $S = 11{,}6\,\text{kW/m}^2 = 8{,}6\,b$ (das ist ungefähr die Größe der Solarkonstante auf dem Merkur!) (zu Reflexionsverlusten s. Aufg. 63).
71. $\chi_{\text{m}} = -1{,}42 \cdot 10^{-5}$. Die Permeabilität μ ist also nur sehr wenig von 1,0 verschieden, so dass die Entmagnetisierung vernachlässigt werden kann.
72. Wenn man die beiden Wege zur Messung der magnetischen Spannungen, $U_{\text{mag,a}}$ und $U_{\text{mag,i}}$, zusammenfügt, ergibt sich ein geschlossener Weg. Auf diesem ist die magnetische Spannung immer gleich null, falls kein Strom umfasst wird. Das ist aber hier der Fall, da, wie schon in § 52 gesagt wurde, jeder gebohrte Tunnel nicht durch die Moleküle verläuft, sondern zwischen ihnen, d. h. keine Molekularströme umfasst werden können. Es gilt also: $U_{\text{mag,i}} = -U_{\text{mag,a}}$. Das gleiche Ergebnis folgt auch aus der Maxwell'schen Gleichung (258). (s. auch Aufg. 37)

73. a) Analog zu Gl. (222) ist $H = H_0 + H_\mathrm{m}$. Durch Vergleich mit Gl. (264) folgt dann $H_\mathrm{m} = -M/3 = -((\mu - 1)/(\mu + 2))H_0$. b) Aus Gl. (253) folgt $B_\mathrm{m} = (2/3)\mu_0 M$.

74. $H_\mathrm{i} = 3\mu_\mathrm{a} H_\mathrm{a}/(\mu_\mathrm{i} + 2\mu_\mathrm{a})$, daraus folgt für $\mu_\mathrm{i} = 1$ und $H_\mathrm{a} = H_0/\mu_\mathrm{a}$: $H_\mathrm{i} = 3H_0/(1 + 2\mu_\mathrm{a})$ und für $\mu_\mathrm{a} \gg 1$: $H_\mathrm{i} \approx (1{,}5/\mu_\mathrm{a})H_0$.

75. $F_0 = 600\,\mathrm{N}$, $F_\mathrm{d} = 17{,}6\,\mathrm{N}$. Wegen der Hysterese des Eisens (Abb. 309) sind diese Werte nur als Abschätzungen zu betrachten.

76. a) und b) Nach rascher Stromänderung in der ersten Sekunde beginnt in beiden Messungen eine exponentielle Änderung mit der Relaxationszeit $\tau_\mathrm{r} = 10\,\mathrm{s}$. c) Auch hier beginnt nach anfänglich rascher Änderung ein exponentieller Verlauf, aber mit einer Relaxationszeit von 110 s. Erst in der Nähe des Sättigungswertes wird die Änderung schneller und erreicht wieder die Relaxationszeit von 10 s. Zur qualitativen Erklärung: während der anfänglichen raschen Änderung, die sogar im Experiment c) andeutungsweise zu sehen ist, können die magnetischen Bereiche noch nicht folgen. Die Spule hat also eine kleine Induktivität. Danach behindern die umklappenden Bereiche die zeitliche Stromänderung in der gleichen Weise wie der sich ändernde Spulenstrom durch Induktion die zeitliche Stromänderung behindert. Die Spule hat jetzt durch den Eisenkern also eine größere Induktivität. Aus den Experimenten a) und b) ergibt sich $L = \tau_\mathrm{r} R = 1\,300\,\mathrm{H}$. Im Experiment c) wird die Verzögerung des Spulenstromes sogar noch vergrößert, da in den ersten 60 Sekunden die magnetischen Bereiche (remanente Magnetisierung) um 180° umklappen, wodurch die den Strom verzögernde induzierte Spannung noch erhöht wird. Dadurch ergibt sich eine noch größere Induktivität: $L = 14\,000\,\mathrm{H}$. Erst gegen Ende des Stromanstiegs, nach Beseitigung der remanenten Magnetisierung, erfolgt die Änderung wieder mit der gleichen Zeitkonstante wie in den Experimenten a) und b), L ist also wieder kleiner.

77. In Aufg. 73 wurde an einer magnetisierten Kugel gezeigt, dass das Feld H_m in ihrem Inneren durch $H_\mathrm{m} = -NM$ gegeben ist (N = Entmagnetisierungsfaktor). Ausgehend von Gl. (260), S. 193, kann man zeigen, dass das gleiche Resultat für jedes Rotationsellipsoid gilt, das parallel zu seiner Rotationsachse magnetisiert ist. Für die Scheibe mit $l/d = 0{,}1$ ist $N = 0{,}863$ (Tab. 4). Für einen langen Stab ($l/d = \infty$) ist $N = 0$, das Feld H_m also null. Daraus ergibt sich nach Gl. (253) für das Feld B_m in der Scheibe $B_\mathrm{m} = \mu_0(M - 0{,}863M) = 0{,}137\mu_0 M$ und für den Stab $B_\mathrm{m} = \mu_0 M$. Diese Flussdichten setzen sich im Außenraum fort, da $\operatorname{div} B = 0$ ist (Maxwell'sche Gleichung (259)).

B. Optik

78. Aus den Ausdrücken für das Brechungsgesetz auf beiden Prismenseiten, $\sin\alpha_1 = n \cdot \sin\beta_1$ und $\sin\alpha_2 = n \cdot \sin\beta_2$, erhält man als Summe und Differenz: $\sin\alpha_1 \pm \sin\alpha_2 = n \cdot (\sin\beta_1 \pm \sin\beta_2)$. Das ergibt umgeformt: $\sin((\alpha_1 + \alpha_2)/2) \cdot \cos((\alpha_1 - \alpha_2)/2) = n \cdot \sin((\beta_1 + \beta_2)/2) \cdot \cos((\beta_1 - \beta_2)/2)$ und $\cos((\alpha_1 + \alpha_2)/2) \cdot \sin((\alpha_1 - \alpha_2)/2) = n \cdot \cos((\beta_1 + \beta_2)/2) \cdot \sin((\beta_1 - \beta_2)/2)$ und durch Division beider Gleichungen: $\tan((\alpha_1 + \alpha_2)/2)/\tan((\alpha_1 - \alpha_2)/2) = n \cdot \tan((\beta_1 + \beta_2)/2)/\tan((\beta_1 - \beta_2)/2)$. Mit $\beta_1 + \beta_2 = \varphi$ und $\alpha_1 + \alpha_2 = \delta + \varphi$ folgt dann Gl. (301). b) Setzt man die Werte für $\beta_1 = 19{,}47°$ und $\varphi/2 = 30°$ in Gl. (301) ein, erhält man eine quadratische Gleichung für $\tan(\delta/2)$ und damit zunächst zwei Lösungen für δ. Um die richtige Lösung zu bestimmen, nehme man eine Skizze entsprechend Abb. 346 zu Hilfe. Man erhält schließlich $\delta = 47°$.

79. Der Punkt, an dem der einfallende Strahl in Abb. 357 am Spiegel reflektiert wird, heiße A und der Reflexionswinkel α. Dann gilt $AF = FZ = R/(2\cos\alpha)$. Für achsennahe Strahlen ist α klein und damit $\cos\alpha \approx 1$. Daraus folgt $f = R - FZ = R/2$.
80. Eine Parallelversetzung von Lichtbündeln, auch mit verschiedener Wellenlänge, lässt das Bild in der Brennebene des Auges unverändert (siehe z. B. Abb. 405, mit Parallellichtbündeln zwischen Linse und Augenlinse).
81. a) $d \approx 100\,\mathrm{m}$; b) $B \approx 11\,\mathrm{cm}$
82. $2w_{\mathrm{min}} = 1{,}04 \cdot 10^{-7}$, $\alpha = 2{,}28 \cdot 10^{-7}$
83. Aus zwei Paaren von ähnlichen Dreiecken in Abb. 382 entnimmt man: $y/y' = a/b = f'/(b - f')$. Daraus folgt $1/a + 1/b = 1/f'$.
84. Eine der Abb. 382 entsprechende Konstruktionszeichnung für einen Hohlspiegel mit einem Gegenstand (Ding) y im Abstand a und dem dazugehörigen Bild y' im Abstand b ergibt ebenfalls durch Vergleich ähnlicher Dreiecke: $y/y' = f/(b-f) = a/b$, woraus $1/f = 1/a + 1/b$ folgt.
85. a) $m_{\mathrm{max}} = 133$, $x = 21\,\mathrm{cm}$; b) $x_{10} = 1{,}19\,\mathrm{m}$
86. Beobachtet wird bei einem Neigungswinkel β_{m}, der für kleine Änderungen der Ordnungszahl als konstant betrachtet werden kann. Damit ergibt sich aus Gl. (345) in § 164: $d = (1/3)\lambda/2 = 0{,}1\,\mu\mathrm{m}$.
87. a) Keine Änderung, da im gesamten Spalt der gleiche Gangunterschied auftritt; b) ebenfalls keine Änderung, da der durch das Glas auftretende Gangunterschied $\Delta = d(n - 1)$ ein ganzzahliges Vielfaches der Wellenlänge ist ($\Delta = 145{,}8\,\lambda$, also nahezu „Einordnungsstellung"); c) $\alpha = 8{,}2°$. Da im Allgemeinen die Größen d, n und λ nicht mit hinreichender Genauigkeit bekannt sind, zeigt diese Rechnung, wie man praktisch die beiden Einstellungen erreichen kann.
88. Wegen der Phasendifferenz von $\lambda/2$ zwischen den beiden Spalthälften muss man bei der Konstruktion die Pfeile 7 bis 12 um 180° drehen und erhält dann die Beugungsfigur der Zweiordnungsstellung, also mit Extremwerten bei $\sin\alpha = N\lambda/B$ mit $N = 1,3,\ldots$ für Maxima und $N = 0,2,4,\ldots$ für Minima. (Eine genaue Rechnung zeigt, dass die Maxima für $N = 1$ (Abb. 476) leicht verschoben sind.)
89. Der durch die Spaltbreite B bestimmte Winkelbereich des Hauptbeugungsmaximums reicht von $\sin\alpha = \pm\lambda/B$. Die durch Interferenz direkt benachbarter Spalte entstehenden Maxima liegen bei $\sin\alpha_{\mathrm{m}} = \pm\, m\lambda/D$ ($m = 0,1,2,\ldots$). Damit ergeben sich für a) nur drei, für b) aber 39 Maxima.
90. a) In diesem Fall strahlt die ganze Gitterfläche mit der gleichen Phase, Beugung entsteht nur an den Rändern des Gitters. b) Die aus zwei benachbarten Stäben und Spalten gebeugt austretenden Wellen erzeugen ein Beugungsbild wie in Abb. 476 unten links gezeigt. Die Überlagerung der aus allen Stäben und Spalten austretenden Wellen führt zwar zu einer Verschärfung der Maxima (Nebenmaxima, Abb. 492), lässt aber die Lage und relative Höhe der Maxima unverändert.
91. Da in der Zweiordnungsstellung (β) die Strahlungsleistung für den unabgelenkten Strahl ($\alpha = 0$) null ist, müssen die Leistungen des die Lücken und die „Gitterstäbe" durchsetzenden Lichtes gleich sein. Sie müssen also, wenn eine evtl. Absorption in den Stäben vernachlässigt werden kann, gleich breit sein, also: $L/D = 1/2$.
92. $c = m\lambda\nu/(m\sin\alpha) = 875\,\mathrm{m/s}$
93. a) $\lambda = 600\,\mathrm{nm}$; b) $n = 1{,}33$
94. a) Die Bewegungsgleichung für die freien gedämpften Schwingungen heißt: $F_{\mathrm{R}} + F_{\mathrm{D}} = m\mathrm{d}^2 l/\mathrm{d}t^2$ mit $F_{\mathrm{R}} = -\alpha\mathrm{d}l/\mathrm{d}t$ (Reibungskraft) und $F_{\mathrm{D}} = -Dl$ (Federkraft). Dass durch den Ausdruck $l = l_0 e^{-\delta t}$ mit $\delta = (1/2)(\alpha/m)$ die Bewegungsgleichung gelöst wird, kann man durch Einsetzen zeigen. Für den Zusammenhang von α und Λ erhält man damit $\alpha = 2\delta m = 2\Lambda\nu_0 m$. b) Die Bewegungsgleichung heißt jetzt:

$F_p + F_R + F_D = m\mathrm{d}^2l/\mathrm{d}t^2$ oder nach Einsetzen der Kräfte und Division durch m: $\mathrm{d}^2l/\mathrm{d}t^2 + 2\Lambda\nu_0\mathrm{d}l/\mathrm{d}t + 4\pi^2\nu_0^2 l = (F_0/m)\cos(2\pi\nu t)$. Setzt man den komplexen Lösungsansatz $l = l_0 e^{i(2\pi\nu t)}$ sowie dessen erste und zweite zeitliche Ableitung in die Bewegungsgleichung ein, erhält man $4\pi^2[(\nu_0^2 - \nu^2) + i(\Lambda/\pi)\nu_0\nu] = (F_0/l_0 m)e^{i\varphi}$. Daraus ergeben sich unter Anwendung der mathematischen Formeln $a + ib = r(\cos\varphi + i\sin\varphi) = re^{i\varphi}$ (Gl. 401, S. 360) und $\sin^2\varphi + \cos^2\varphi = 1$ die Gln. (420) und (422). (Literatur zu „erzwungenen Schwingungen" siehe z. B. F. Hund, Theoretische Physik, Bd. 1, Teubner Verlagsgesellschaft Stuttgart 1962, Kap. III.21 oder W. Nolting, Grundkurs Theoretische Physik 1, Springer-Verlag, 7. Aufl. 2005, Kap. 2.3.)

95. $(1/2)l_{0,\max}^2/l_{0,\max}^2 = (\Lambda/\pi)^2\nu_0^4/[(2\nu_0)^2(\nu_0 - \nu)^2 + (\Lambda/\pi)^2\nu_0^4]$;
$(1/2)(2\nu_0)^2(\nu_0 - \nu)^2 = (1/2)(\Lambda/\pi)^2\nu_0^4$; $2(\nu_0 - \nu) = H = (\Lambda/\pi)\nu_0$. Das Resultat gilt für jeden harmonischen Oszillator, insbesondere auch für einen elektrischen Resonator.
96. Die Auslenkung sei $x = l_0 \sin\omega t$, nach der Zeit abgeleitet: $\dot{x} = \omega l_0 \cos\omega t$. Die kinetische Energie ist also $W_{\mathrm{kin}} = (1/2)m\dot{x}^2 = (1/2)m(\omega l_0 \cos\omega t)^2$. Mit dem Mittelwert von $\cos^2\omega t = 1/2$ folgt $\overline{W}_{\mathrm{kin}} = (1/4)m(\omega l_0)^2$.

Periodisches System der Elemente

Ordnungszahlen (Kernladungszahlen) Z (fett) und auf das Isotop ^{12}C bezogene Nukleonenzahlen (Massenzahlen).
Für Elemente ohne stabile Isotope sind die Nukleonenzahlen der Isotope größter Lebensdauer in Klammern angegeben.

Periode \ Gruppe	I	II	III	IV	V	VI	VII	VIII	IX
I	**1** H 1,008								**2** He 4,003
II	**3** Li 6,940	**4** Be 9,013	**5** B 10,82	**6** C 12,01	**7** N 14,01	**8** O 15,999	**9** F 19,00		**10** Ne 20,18
III	**11** Na 22,99	**12** Mg 24,32	**13** Al 26,97	**14** Si 28,09	**15** P 30,97	**16** S 32,06	**17** Cl 35,45		**18** Ar 39,95
IV	**19** K 39,10	**20** Ca 40,08	**21** Sc 44,96	**22** Ti 47,90	**23** V 50,95	**24** Cr 52,00	**25** Mn 54,94	**26** Fe 55,85 **27** Co 58,93 **28** Ni 58,71	
	29 Cu 63,54	**30** Zn 65,37	**31** Ga 69,72	**32** Ge 72,60	**33** As 74,92	**34** Se 78,96	**35** Br 79,91		**36** Kr 83,80
V	**37** Rb 85,47	**38** Sr 87,62	**39** Y 88,91	**40** Zr 91,22	**41** Nb 92,91	**42** Mo 95,94	**43** Tc (99)	**44** Ru 101,1 **45** Rh 102,9 **46** Pd 106,4	
	47 Ag 107,87	**48** Cd 112,4	**49** In 114,8	**50** Sn 118,7	**51** Sb 121,8	**52** Te 127,6	**53** J 126,9		**54** Xe 131,3
VI	**55** Cs 132,9	**56** Ba 137,4	**57** La 138,9 Lanthaniden	**72** Hf 178,5	**73** Ta 180,9	**74** W 183,9	**75** Re 186,2	**76** Os 190,2 **77** Ir 192,2 **78** Pt 195,1	
	79 Au 197,0	**80** Hg 200,6	**81** Tl 204,4	**82** Pb 207,2	**83** Bi 209,0	**84** Po (209)	**85** At (210)		**86** Rn (222)
VII	**87** Fr (223)	**88** Ra (226)	**89** Ac (227) Aktiniden						

Lanthaniden	**58** Ce 140,1	**59** Pr 140,9	**60** Nd 144,3	**61** Pm (145)	**62** Sm 150,4	**63** Eu 152,0	**64** Gd 156,9	**65** Tb 158,9	**66** Dy 162,5	**67** Ho 164,9	**68** Er 167,2	**69** Tm 168,9	**70** Yb 173,1	**71** Lu 175,0
Aktiniden	**90** Th (232)	**91** Pa (231)	**92** U (238)	**93** Np (237)	**94** Pu (244)	**95** Am (243)	**96** Cm (247)	**97** Bk (247)	**98** Cf (251)	**99** Es (252)	**100** Fm (257)	**101** Md (258)	**102** No (259)	**103** Lr (262)

Wichtige Konstanten

AVOGADRO-Konstante	N_A	$= 6{,}022 \cdot 10^{23}\ \text{mol}^{-1}$
Gravitationskonstante	γ	$= 6{,}674 \cdot 10^{-11}$ Newton m^2/kg^2
Influenzkonstante	ε_0	$= 8{,}854 \cdot 10^{-12}$ As/Vm
Induktionskonstante	μ_0	$= 4\pi \cdot 10^{-7}$ Vs/Am
Lichtgeschwindigkeit im Vakuum	c	$= (\varepsilon_0\mu_0)^{-1/2} = 2{,}9979 \cdot 10^8$ m/sec
Strahlungswiderstand des Vakuums	Z_{el}	$= (\mu_0/\varepsilon_0)^{1/2} = 376{,}7$ Ohm
Molare Masse des H-Atoms	$(M_n)_H$	$= 1{,}008$ g/mol
Molare Masse des Neutrons	$(M_n)_n$	$= 1{,}00866$ g/mol
Masse des H-Atoms	m_H	$= 1{,}6732 \cdot 10^{-27}$ kg
Masse des Neutrons	m_n	$= 1{,}6749 \cdot 10^{-27}$ kg
Masse des Protons	m_P	$= 1{,}6726 \cdot 10^{-27}$ kg
Ruhmasse des Elektrons	m_0	$= 9{,}109 \cdot 10^{-31}$ kg
Ruhenergie des Protons	$(W_P)_0$	$= 9{,}38 \cdot 10^8$ eVolt
Ruhenergie des Elektrons	$(W_e)_0$	$= 5{,}11 \cdot 10^5$ eVolt
Protonenmasse/Elektronenmasse	m_P/m_0	$= 1836$
Elektrische Elementarladung	e	$= 1{,}602 \cdot 10^{-19}$ As
Spezifische Elektronenladung	e/m_0	$= 1{,}759 \cdot 10^{11}$ As/kg
BOLTZMANN-Konstante	k	$= 1{,}38 \cdot 10^{-23}$ Ws/Kelvin
		$= 8{,}62 \cdot 10^{-5}$ eVolt/Kelvin
PLANCK'sche Konstante (Wirkungsquantum)	h	$= 6{,}626 \cdot 10^{-34}$ Watt sec^2
		$= 4{,}136 \cdot 10^{-15}$ eVolt sec
	$h/2\pi$	$= 1{,}055 \cdot 10^{-34}$ Watt sec^2 oder kg $\text{m}^2\ \text{sec}^{-1}$
Kleinster Bahnradius des H-Atoms	a_H	$= \varepsilon_0 h^2/\pi m_0 e^2 = 5{,}292 \cdot 10^{-11}$ m
BOHR'sches Magneton	m_{Bohr}	$= he/4\pi m_0 = 9{,}274 \cdot 10^{-24}$ Ampere m^2
Magnetfluss-Quantum	$h/2e$	$= 2{,}068 \cdot 10^{-15}$ Vs
COMPTON-Wellenlänge	λ_C	$= h/m_0 c = 2{,}426 \cdot 10^{-12}$ m
SOMMERFELD'sche Feinstrukturkonstante	α	$= e^2/2\varepsilon_0 hc = e^2 Z_{el}/2h = 1/137{,}04$

(Ausführlichere Listen mit genaueren Zahlenwerten siehe z.B.: P.J. Mohr, B.N. Taylor, CODATA Recommended Values of the Fundamental Physical Constants, Rev. Mod. Phys. **77**, 1 (2005), oder: http://physics.nist.gov/constants)

Sachverzeichnis

Tafel 1

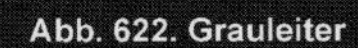

Abb. 622. Grauleiter

Abb. 625. Farbenkreis

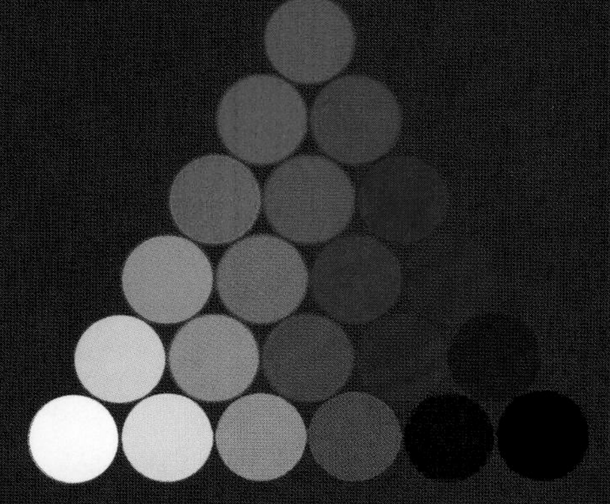

Abb. 627. Verhüllungsdreieck (E. Hering 1874)

Printing and Binding: Stürtz GmbH, Würzburg